建筑抗震设计手册

Seismic Design Manual for Buildings

（按 GB 50011—2010（2016 年版）编写）

（According to GB 50011-2010（2016 Edition））

（上 册）

（Part 1）

罗开海 唐曹明 黄世敏 主编

地 震 出 版 社

图书在版编目（CIP）数据

建筑抗震设计手册：按 GB 50011—2010（2016 年版）编写/罗开海，唐曹明，黄世敏主编.
—北京：地震出版社，2023. 10

ISBN 978-7-5028-5603-8

Ⅰ.①建… Ⅱ.①罗… ②唐… ③黄… Ⅲ.①建筑结构—抗震设计—手册
Ⅳ.①TU352. 104-62

中国国家版本馆 CIP 数据核字（2023）第 218970 号

地震版 XM4607/TU（6424）

建筑抗震设计手册（按 GB 50011—2010（2016 年版）编写）（上册）

Seismic Design Manual for Buildings(According to GB 50011-2010 (2016 Edition))(Part 1)

罗开海 唐曹明 黄世敏 主编

责任编辑：王 伟 俞怡岚

责任校对：凌 樱

出版发行：地 震 出 版 社

北京市海淀区民族大学南路 9 号　　邮编：100081

销售中心：68423031 68467991　　传真：68467991

总 编 办：68462709 68423029

编辑二部（原专业部）：68721991

http://seismologicalpress. com

E-mail：68721991@ sina. com

经销：全国各地新华书店

印刷：河北文盛印刷有限公司

版（印）次：2023 年 10 月第一版 2023 年 10 月第一次印刷

开本：787×1092 1/16

字数：2471 千字

印张：96. 5

书号：ISBN 978-7-5028-5603-8

定价：480. 00 元（上下册）

本手册编委会成员及分工

主　编	罗开海　唐曹明　黄世敏	中国建筑科学研究院有限公司
第 1 篇	唐曹明	中国建筑科学研究院有限公司
	罗开海（第 2 章）	中国建筑科学研究院有限公司
	黄世敏（第 3 章）	中国建筑科学研究院有限公司
	吴乐乐（第 4 章）	中国建筑科学研究院有限公司
第 2 篇	周燕国	浙江大学
	陈云敏（第 6 章）	浙江大学
	凌道盛（第 9 章）	浙江大学
	黄　博（第 12 章）	浙江大学
第 3 篇	罗开海	中国建筑科学研究院有限公司
	姚志华（第 19 章）	中国建筑科学研究院有限公司
	保海娥（第 20 章）	中国建筑科学研究院有限公司
第 4 篇	周炳章	北京市建筑设计研究院有限公司
	薛慧立（第 21 章）	北京市建筑设计研究院有限公司
	吴明舜（第 22 章）	同济大学
	程才渊（第 23 章）	同济大学
第 5 篇	林元庆	中国核电工程有限公司郑州分公司
	杨小卫（第 25 章）	中原工学院
	鲍永健（第 26 章）	中国核电工程有限公司郑州分公司
	赵柏玲（第 27 章）	中国核电工程有限公司郑州分公司
	鲁晓旭（第 29 章）	中国核电工程有限公司郑州分公司
第 6 篇	徐　建	中国机械工业集团有限公司
	陈　炯（第 34、36 章）	宝钢工程技术集团有限公司
	刘大海（第 32 章）	中国建筑西北设计研究院有限公司

	杨翠如（第 32 章）	中国建筑西北设计研究院有限公司
	裘民川（第 33 章）	中国中元国际工程公司
	李　亮（第 35 章）	中国中元国际工程公司
	路志浩（第 36 章）	宝钢工程技术集团工程设计院
	王建宁（第 33 章）	中国机械工业集团有限公司
第 7 篇	肖　伟	中国建筑科学研究院有限公司
	袁金西（第 38 章）	新疆维吾尔自治区建筑设计研究院有限公司
	涂　锐（第 38 章）	新疆维吾尔自治区建筑设计研究院有限公司
	唐曹明（第 39 章）	中国建筑科学研究院有限公司
	邓　华（第 41 章）	浙江大学
	保海娥（第 40 章）	中国建筑科学研究院有限公司
第 8 篇	郁银泉	中国建筑标准设计研究院有限公司
	王　喆	中国建筑标准设计研究院有限公司
第 9 篇	张　超	广州大学
	周　云	广州大学
第 10 篇	罗开海	中国建筑科学研究院有限公司
	秦　权	清华大学
第 11 篇	陈之毅	同济大学
	杨林德	同济大学

前　　言

抗震设计手册在我国的抗震工程实践中历来有着非常重要的地位，是指导我国工程技术人员做好抗震设防工作十分重要的工具书和技术指南，也是贯彻和落实《建筑抗震设计规范》等技术法规的重要途径和手段。

在我国抗震发展进程中，为配合各版本抗震规范的实施，已先后编制了三个版本的抗震设计手册。第一本抗震设计手册是为了配合TJ 11—74《工业与民用建筑抗震设计规范（试行）》的实施于1975年着手编制，1977年形成《工业与民用建筑抗震设计手册（讨论稿）》，发至各设计单位试用。唐山地震后，又依据TJ 11—78《工业与民用建筑抗震设计规范》进行了修改和补充，于是，形成了第一版抗震设计手册，名称为《工业与民用建筑抗震设计手册》。第二本抗震设计手册是20世纪90年代初依据GBJ 11—89《建筑抗震设计规范》编写的，名称为《建筑抗震设计手册》。2002年为了配合GB 50011—2001《建筑抗震设计规范》的实施，依据抗震规范的修订情况对《建筑抗震设计手册》进行了调整和修订，形成了《建筑抗震设计手册（第二版）》。

本次抗震设计手册系依据GB 50011—2010（2016年版）《建筑抗震设计规范》编写而成，名称定为《建筑抗震设计手册（按GB 50011—2010（2016年版）编写）》。随着计算机技术的发展，计算机辅助设计的手段不断丰富和完善，与20世纪70~80年代相比，最近20年工程设计业态已经发生了重大变化。故而，此次手册在保持历次抗震设计手册框架体例的基础上，调整了部分内容，删除了主要用于手工计算的若干计算图表，同时，增补了地下建筑和大跨屋盖建筑等内容。

本手册共11篇51章，全面覆盖了现行规范GB 50011—2010（2016年版）的技术内容。手册在编写时，着重对规范条文的背景与来源、技术要点、实施注意事项等进行阐述，并辅以必要的算例进行说明。参加本手册编写工作的人员，大多为参与规范修订工作或多年从事本专业勘察、设计、科研、教学等的专业工作者，他们出色的技术背景和扎实的理论功底保证了本手册的规范性与专业性。

然而，需要提醒注意的是，工程抗震是一门涉及内容极其广泛的复杂学科。到目前为止，工程抗震的很多问题仍然等待研究解决，还没有确定性解答；有些措施未经实际地震考验，规范也未能给出明确的规定；还有一些问题涉及不同的理解和认识，手册编写者的意见也不是唯一的答案，……，凡此种种。因此，手册内容仅供同行们参考使用。

综上，本手册既包含规范背景资料、条文要义及算例应用等内容，又充分吸纳了各位编写人员多年从事工程抗震工作的科研成果和工程经验，是一本有关建筑抗震防灾的综合性资料库，既可以作为工程技术人员正确理解、把握和应用规范条文规定的技术指南，又可供高等院校、科研机构的广大师生和科研工作者参考使用。

限于编者水平，本手册有疏漏不当之处，欢迎读者批评指正。

2023 年 8 月于北京

Preface

Seismic design manual which has always played a very important role in China's seismic engineering practice, is a very important tool book to guide China's engineers and technical personnel to do a good job in seismic protection and is also an important way and means to implement technical regulations such as "*Code for Seismic Design of Buildings*".

In the development process of earthquake and disaster prevention in China, in order to cooperate with the implementation of various versions of seismic specifications, three versions of seismic design manuals have been compiled. The first seismic design manual was compiled in 1975 to cooperate with the implementation of TJ 11-74 "*Code for Seismic Design of Industrial and Civil Buildings* (*Trial*)", and in 1977, the "*Seismic Design Manual for Industrial and Civil Buildings* (*Discussion Draft*)" was formed and sent to each design company for trial. After the Tangshan earthquake (1976), it was revised and supplemented according to TJ 11-78 "*Code for Seismic Design of Industrial and Civil Buildings*", and as a result, the first version of the seismic design manual was formed, titled "*Seismic Design Manual for Industrial and Civil Buildings*". The second seismic design manual, called "*Seismic Design Manual for Buildings*", was compiled in the early 90s of the 20th century according to GBJ 11-89 "*Code for Seismic Design of Buildings*". In 2002, in order to cooperate with the implementation of GB 50011-2001 "*Code for Seismic Design of Buildings*", the "*Seismic Design Manual for Buildings*" was adjusted and revised according to the revision of the seismic code, and the "*Seismic Design Manual for Buildings* (*Second Edition*)" was formed.

This edition of the Seismic Design Manual is compiled according to GB 50011-2010 (2016 edition) "*Code for Seismic Design of Buildings*", and the name is set as "*Seismic Design Manual for Buildings* (*According to GB 50011-2010* (*2016 edition*))". With the development of computer technology, the means of computer-aided design have been continuously enriched and improved, and compared with the 70-80s of the 20th century, the engineering design format has undergone major changes in the past 20 years. To this end, on the basis of maintaining the framework of previous seismic design manuals, some of the contents have been adjusted, and some calculation charts mainly used for manual calculations have been deleted, and some contents related to underground buildings and large-span roof buildings have been added.

This manual consists of 11 articles and 51 chapters, which comprehensively cover the technical content of the current specification GB 50011-2010 (2016 edition). During the preparation of the manual, it focuses on the background and sources of normative provisions, technical points, implementation considerations, etc., supplemented by necessary examples to illustrate. Most of the personnel participated in the preparation of this manual are professional workers who have participated in the revision of the specifications or have been engaged in survey, design, scientific research, teaching, etc. for many years, and their excellent technical background and solid theoretical foundation ensure the standardization and professionalism of this manual.

However, it is important to note that earthquake engineering is a complex discipline involving an extremely wide range of topics. So far, many problems of earthquake engineering still need to be studied and solved, and there are no definitive answers. Some seismic measures have not been tested by actual earthquakes, and the specifications also fail to provide clear provisions. There are also questions that involve different understandings and perceptions, and the opinions of the authors of the manual are not the only answers. … and so on. Therefore, the contents of the manual are for the reference of peers only.

In summary, this manual not only contains the background information, the essence of the provisions and the application of examples, but also fully absorbs the scientific research achievements and engineering experience of the compilers engaged in engineering earthquake resistance for many years, and it is a comprehensive database on building earthquake resistance and disaster prevention. So, it can be used as a technical guide for engineers and technicians to correctly understand, grasp and apply the provisions of the specifications, and also can be used as a reference book for teachers, students and scientific research workers in colleges, universities and scientific research institutions.

Limited to the level of editors, readers are welcome to criticize and correct any omissions in this manual.

August 2023 in Beijing

目　录

上册：

第1篇　总　论

第2篇　场地、地基和基础

第3篇　地震作用和结构抗震验算

第4篇　多层砌体房屋

第5篇　多层和高层钢筋混凝土房屋

下册：

第6篇　工业厂房

第7篇　底部框架砌体房屋、空旷房屋和大跨屋盖建筑

第8篇　钢结构房屋

第9篇　隔震与消能减震

第10篇　非结构构件

第 11 篇 地下建筑

第1篇　总　　论

本篇主要编写人

唐曹明　　　　　　中国建筑科学研究院有限公司

罗开海（第2章）　中国建筑科学研究院有限公司

黄世敏（第3章）　中国建筑科学研究院有限公司

吴乐乐（第4章）　中国建筑科学研究院有限公司

本篇涉及的部分规范、标准、文件及其他名称：

规范（不加“《》”）：范指相对应的规范

抗震规范（不加“《》”）：范指《74规范》《78规范》《89规范》《抗震规范》

《超限高层建筑工程抗震设防管理规定》

《超限高层建筑工程抗震设防专项审查技术要点》——**其他名称：**《审查技术要点》

《城市抗震防灾规划标准》（GB 50413）

《地震基本烈度6度区重要城市抗震设防和加固暂行规定》

《电影院建筑设计规范》（JGJ 58）

《钢筋混凝土薄壳结构设计规程》（JGJ 22—2012）

《港口客运站建筑设计规范》（JGJ 86—1992）

《高层建筑混凝土结构技术规程》（JGJ 3）——**其他名称：**《高规》

《建设工程勘察设计管理条例》

《建设工程质量管理条例》

《建筑地震破坏等级划分标准》

《建筑工程抗震设防分类标准》（GB 50223）——**其他名称：**《分类标准》、GB 50223

《建筑抗震设防分类标准》（GB 50223—95）——**其他名称**：《95 分类标准》
《建筑工程抗震设防分类标准》（GB 50223—2004）——**其他名称**：《04 分类标准》
《建筑工程抗震设防分类标准》（GB 50223—2008）——**其他名称**：《08 分类标准》
《建筑工程抗震性态设计通则（试用）》
《建筑结构可靠度设计统一标准》（GB 50068）——**其他名称**：《统一标准》、GB 50068
《工业与民用建筑抗震设计规范（试行）》（TJ 11—74）——**其他名称**：《74 规范》
《工业与民用建筑抗震设计规范》（TJ 11—78）——**其他名称**：《78 规范》
《建筑抗震设计规范》（GBJ 11—89）——**其他名称**：《89 规范》
《建筑抗震设计规范》（GB 50011）——**其他名称**：《规范》《抗震规范》、GB 50011
《建筑抗震设计规范》（GB 50011—2001）——**其他名称**：《2001 规范》、GB 50011—2001
《建筑抗震设计规范》（GB 50011—2001）（2008 年局部修订版）
　　其他名称：《2001 规范》（2008 年局部修订版）、GB 50011—2001（2008 年局部修订版）
《建筑抗震设计规范》（GB 50011—2010）——**其他名称**：《2010 规范》、GB 50011—2010
《建筑抗震设计规范》（GB 50011—2010）（2016 年版）
　　其他名称：《2010 规范》（2016 年版）、GB 50011—2010（2016 年版）
《建筑设计防火规范》（GB 50016—2006）
《京津地区工业与民用建筑抗震鉴定标准（试行）》
《京津地区工业与民用建筑抗震设计暂行规定（草案）》
《剧场建筑设计规范》（JGJ 57）
《空间网格结构技术规程》（JGJ 7—2010）
《膜结构技术规程》（CECS 158：2004）
《汽车客运站建筑设计规范》（JGJ 60—1999）
《全国超限高层建筑工程抗震设防审查专家委员会抗震设防专项审查办法》
《室外给水排水和煤气热力工程抗震设计规范》（GB 50032—2002）
《索结构技术规程》（JGJ 257—2012）
《体育建筑设计规范》（JGJ 31）
《铁路旅客车站建筑设计规范》（GB 50226—2007）
《图书馆建筑设计规范》（JGJ 39）
《文化馆建筑设计规范》（JGJ 41）
《中国地震烈度区域划分图（1957）》——**其他名称**：一代图、1957 年版地震区划图
《中国地震烈度区划图（1977）》——**其他名称**：二代图、1977 年版地震区划图
《中国地震烈度区划图（1990）》——**其他名称**：三代图、1990 年版地震区划图
《中国地震动参数区划图》（GB 18306）——**其他名称**：地震区划图、GB 18306
《中国地震动参数区划图》（GB 18306—2001）
　　其他名称：四代图、2001 年版地震区划图、GB 18306—2001
《中国地震动参数区划图》（GB 18306—2015）
　　其他名称：五代图、2015 年版地震区划图、GB 18306—2015
《中国地震烈度表（1980）》
《中华人民共和国防震减灾法》——**其他名称**：《防震减灾法》
《中华人民共和国建筑法》——**其他名称**：《建筑法》
《中华人民共和国行政区划简册》

第 1 章　地震及设计地震动参数

地震具有突发性强、难以预测的特点，目前地震的预测预报还是世界性难题，况且即使做到了震前预报，如果建筑工程自身的抗震能力薄弱，也难以避免建筑工程严重破坏造成的巨大损失。因此，必须继续执行预防为主的方针，抓好建筑工程的抗震设防工作。

1.1　地震动的特点

地震动是指由震源释放出的能量产生的地震波引起的地表附近土层的振动，是地震工程研究的主要内容，同时，它又是结构抗震设防时所必须考虑的依据。地震动可以用地面的加速度、速度或位移的时间函数表示。

地震动是引起震害的外因，其作用相当于结构分析中的各种荷载，差别在于结构工程中常用的荷载以力的方式出现，而地震动是以运动方式出现；常用的荷载一般为短期内大小不变的静力，地震动是迅速变化的振动；常用的活载大多是竖向作用的，地震动则是水平、竖向甚至扭转同时作用的[1]。

地震动是一个复杂的时间过程，之所以复杂是因为存在着太多的影响地震动的因素，而人们对其中的很多重要因素难以精确估计，从而产生许多不确定性的变化，地震动的显著特点是其时程函数的不规则性。为了解地震动的特性和随时间变化规律，需要有大量的地震动样本即地震动记录，因此，关于地震动的研究强烈地依赖于地震动观测的现状与发展。

1.1.1　地震动的主要特点

（1）随机性。表现为不规则的振动，无法预先确定。

（2）非平稳性。包括时域非平稳和频域非平稳。时域非平稳表现为幅值的非平稳，而频域非平稳则表现为频谱的非平稳。

1.1.2　地震动的特性

对工程抗震而言，地震动的特性至少需要用三个参数来描述，即地震动的振幅、频谱和持时三要素。

（1）地震动的振幅可以是指地震动加速度、速度、位移三者的峰值、最大值或某种意义的有效值。

（2）表示一次振动中幅值与频率的关系（曲线），通称为频谱（曲线），它反映了地震动对结构破坏的选择性。地震工程中常用的频谱有三种，即傅里叶谱、反应谱和功率谱。

（3）地震动持时是指到达或超过地震动某一强度或可能引起工程结构破坏的那段地震动的持续时间，它是影响工程结构低周疲劳、累积损伤破坏的重要参数。

1.1.3 影响地震动特性的因素[2]

包括震级、震中距、局部场地条件、传播介质、震源条件和地震机制。下面仅讨论其中一些主要影响因素。

1. 震级的影响

地震震级的大小对地震动三要素的影响明显。当震中距相同时，震级越大，则地震动的峰值大、持时长、长周期（低频）分量显著。

2. 震中距的影响

震中距对峰值加速度的影响规律总体上表现为：随震中距的增加，峰值加速度减小，持时增加，长周期分量越显著。震中距对长周期分量的影响，是导致区分地震分组的主要原因。产生这一特点的原因是：随震中距的增加，高频波动衰减快，低频波动（长周期）衰减慢。单从震级和震中距上看，对于大地震、远距离场地，地震动的长周期成分显著，地震持时长，对长周期结构震害大，而对短周期结构的损坏则较轻；对于中小地震，在震中区，则正好相反，尽管地震动强度（峰值）可能与大震远震相同，但高频成分丰富，持时短，对低层房屋（自振周期短）造成的震害较严重，而长周期结构的震害则较轻。说明在很多情况下地震的破坏是有选择的。

3. 场地的影响

场地是指工程群体所在地，具有相似的反应谱特征。其范围大体相当于厂区、居民点和自然村或不小于1.0km^{2}的平面面积。场地条件包括场地土、土层厚度、地形、不均匀地质条件或地质构造。

1）场地土的影响

场地土对地震动的影响很复杂，不能一概而论。地震现场常有地震烈度异常，大都是由于特殊的土质条件（构造）引起的。一般来说，基岩上地震动小，烈度低，震害轻；软土上地震动大，烈度高，震害重；硬土上刚性结构震害重一些，长周期结构震害轻一些，软土则相反。

（1）对地震动峰值的影响。

一般情况下软土上比基岩上大，但不总是如此，因为软土上卓越周期长，对于强震非线性反应时，软土地基有可能出现“隔震”现象。

（2）对频谱的影响。

一般情况下，硬土场地上地震动的高频（短周期）成分丰富，而软土场地的低频（长周期）成分丰富。

（3）对持时的影响。

在其他条件相同的情况下，一般表现为，软土上持时长，基岩上持时短。

2）土层厚度的影响

（1）对地震动峰值的影响。

土层厚度对地震动峰值的影响与土层之下入射波的频率成分有关。确切地说是与场地的自振频率（与土层厚度关系密切）与入射地震波的卓越频率相关，当两者接近时，振幅将发生较大的放大。

（2）对频谱的影响。

土层越厚则场地的自振周期越长，导致对长周期地震动成分的放大；而土层薄，场地的自振周期短，更易于放大短周期分量。

（3）对持时的影响。

一般情况下，土层厚则持时长。因为当土层变厚时，地震波在土层中的往复传播时间变得更长。

3）地形的影响

（1）对地震动峰值的影响。

一般突出山顶地震动放大，山脚缩小；斜坡形场地，坡顶地震动放大，坡底缩小。

（2）对频谱的影响。

对与山体自振周期接近的频谱放大。一般山顶的震害高于山脚及平坦地形的震害。

（3）对持时的影响。

与无地形影响的结果相比，持时略有增长，但变化不太大。

4）地质构造的影响

这里所说的地质构造是指沉积盆地。

（1）对地震动峰值的影响。

与土层厚度的影响相类似。

（2）对频谱的影响。

与盆地的自振周期有关，其自振周期除与土层厚度有关外，还与盆地形状有关。

（3）对持时的影响。

可使地震动的持时显著增大。主要原因是在盆地边缘能产生转换面波，而转换的面波可以在盆地中反复传播。

5）地下水的影响

地下水除对地震波的传播有一定影响外，最主要是可以影响土层的液化。地下水位高则易液化。砂土液化时，液化土层对地震波的传播有阻碍作用，消耗波动能量，使地震地面运动变小。但砂土液化易引起地基失效，使结构基础破坏，即对结构的破坏有两重性。

1.2　地震宏观破坏现象与震害

地震发生时及发生后，将引起人们有震动感觉、自然和人工环境的变化，通常称之为地震后的宏观现象（地震影响），常可概括为四类：人们的感觉、人工结构物的损坏、物体的反应和自然界状态的变化。研究这些现象，不仅可以理解地震作用本质，更主要的是防止或减少地震所产生的破坏与人民生命财产的损失。所以人工结构物的损坏，应该说是最值得研究的宏观现象。通过对它的研究，不仅能定性地理解地震现象，而且可以总结经验教训，为制订和改进抗震规范以及制订抗震防灾对策措施提供依据。

1.2.1 地表破坏

强烈的地震常常伴生许多地表破坏现象，其中包括地面沿发震断裂产生错动并造成永久性的移位，强烈的震动造成山体崩塌和滑坡泥石流，严重的还造成堵塞河流，形成堰塞湖而使山河改观。

1.2.2 建筑物的典型震害

多层砖房的典型震害为外墙外闪、倾倒，纵横墙墙面出现X形裂缝，纵横墙开裂和屋顶塌落等等。

多高层钢筋混凝土房屋的典型震害为梁柱节点破坏，柱子上混凝土保护层脱落，钢筋外崩，呈灯笼状，特别是当箍筋的数量不足时这种情况更是常见。钢筋混凝土墙的破坏形态与砖墙差不多，主要差别是裂缝比较分散，缝宽比较窄。

底层空旷（柔性底层）的房屋，包括底部框架砖房和底部框架支承的钢筋混凝土抗震墙和框架抗震墙房屋在历次地震中破坏都很严重。如果多高层房屋中间某一层的强度和刚度比上下层小得比较多时，破坏也会集中在这一层中。日本1995年阪神地震中许多房屋的中间层倒塌通常属于这种情况。钢筋混凝土厂房的破坏形态有屋面板掉落，柱顶连接破坏，阶形柱上段破坏、折断，导致屋顶塌落。平面和体形不规则的房屋如果处理不适当，地震中的破坏也是比较严重的。1999年10月17日土耳其7.4级地震中，某街道两边的底层柔性商业建筑都倒向街心方向，其原因除底部形成薄弱层外，还与前面的柱和后面的墙刚度相差悬殊，沿纵向产生明显的偏心和扭转作用有关。

1.2.3 其他结构和设施的震害

在强烈地震中，城市和区域的基础设施，其中包括道路桥梁、电力通信、给水排水、煤气热力、港口码头、水利设施、航空设施等常常也会遭到破坏，与房屋建筑一样，构筑物、管线和各种设施的受灾破坏程度除了决定于其自身的抗震能力外，还受到场地地基和周围环境的影响。

1.3 抗震设防烈度

1.3.1 地震烈度及其用途

地震烈度是指某一地区的地面和人工建筑物遭受一次地震影响的强弱程度。概括起来地震烈度这一概念的用途可以分为以下三个方面：

（1）作为震害的简便估计。一次强震之后，政府或社会为了解震害的大小和分布情况，需要有一个极为综合而简便的描述，便于了解各地区的灾情。经过 100 多年的实践，人们采用了地震烈度。

（2）为地震工作者提供一种宏观尺度来描述地震影响的大小。由于地震活动性是地震工作研究的核心，地震预报和地震工程都以此为根据，地震预报的精度和抗震工作的成效，都依赖于我们对地震活动性的认识程度，所以历史地震资料是必须利用的。

（3）作为一种粗略而简便的指标，为地震工程总结抗震经验、进行烈度区划，从而规定地震动设计参数。世界许多国家如美国、加拿大、俄罗斯、中国、印度及欧洲诸国都曾采用地震烈度作为地震区划的指标，一些国家现在仍然继续使用。

1.3.2　地震烈度的性质及其适用性

衡量地震动强弱的地震烈度尺度具有三个特性，即多指标的综合性、分等级的宏观模糊性和以后果表示原因的间接性。

了解了地震烈度概念的形成过程及其性质之后，在使用它时，就可以认清其适用范围和优缺点。地震烈度是一个简单的概念，它综合考虑了多种地震宏观影响后果，给出了简单的定性等级划分。对于只需要一个表示地震后果强弱程度的简单量时，地震烈度是极为恰当的工具。

但即使在上述简单要求的情况下，实际应用时，仍然存在下述两方面的问题。

1. 烈度的综合评定

由于烈度具有多指标综合性，在多个指标评定结果相差较多时，如何综合评定，多由评定者个人主观决定，不同的着重点，会使综合结果有很大差异，因为烈度表中并未规定如何综合。

2. 地基失效的影响

由于地震烈度具有以后果表示原因的间接性，在存在地基失效时，如何根据地震烈度来确定地震动大小，是一个困难问题。

上述两方面的问题是在人们只需要用一个简单的量来表示地震动时的情况，现在的抗震工程界已经普遍认为需要考虑地震动的多个独立可变的特性了。当后果是由多个独立的原因共同引起时，从后果简单地反推原因就存在更大的问题了。

1.3.3　抗震设防烈度

根据鲍霭斌、李中锡等[3]对我国华北地区 16 个、西北地区 13 个、西南地区 16 个和新疆地区 20 个等总共 65 个城镇地震发生概率的统计分析，《建筑抗震设计规范》（GB 50011—2001）定义 50 年基准期超越概率 10%的地震作为基本烈度地震，《中国地震动参数区划图》（GB 18306）规定的峰值加速度对应的烈度称为基本烈度，俗称中震，作为第二设防水准。定义 50 年基准期超越概率 63.2%的地震为多遇地震，俗称小震。对应的烈度比基本烈度约低 1.55 度，作为第一设防水准。定义 50 年基准期超越概率 2%～3%的地震为罕遇地震，俗称大震。对应的烈度比基本烈度约高 1 度，作为第三设防水准[3]。

抗震设防烈度是指按国家规定的权限批准作为一个地区抗震设防依据的地震烈度。一般情况，取50年内超越概率10%的地震烈度。

《建筑抗震设计规范》（GB 50011—2010）第1.0.4条和1.0.5条规定："抗震设防烈度必须按国家规定的权限审批、颁发的文件（图件）确定。一般情况下，建筑的抗震设防烈度应采用根据中国地震动参数区划图确定的地震基本烈度（本规范设计基本地震加速度值所对应的烈度值）。"

1.4 设计地震动参数

地震时，从震源发出的振动，以地震波的方式向各个方向传播，在地面引起一种很不规则的复杂的运动，既有水平分量也有竖向分量，一般有三个阶段：开始由小逐渐增大，随后在最大值附近持续一段时间，然后逐渐衰减。这种运动对房屋建筑产生什么样的破坏作用？也是一个十分复杂的问题，设计上称为"地震动"，包括各个方向的加速度、速度和位移。

由于地震运动和结构地震反应的复杂性，作为结构设计基础的烈度和反应谱中包含着相当大的不确定性，设计标准中的规定不能涵盖迄今为止已经知道的强烈地震破坏作用的多样性和复杂性，按规范的规定进行设计并不十分有把握；而且，在高层建筑和复杂结构抗震设计中采用时程分析方法日益增多。因此，结构工程师有必要了解强烈地震的设计地震动参数的一些基本概念。

地震动的衡量参数有三方面，称为三要素：震动幅值、频谱特性和持续时间。震动幅值是表示地震强弱程度的物理量，强震记录用峰值加速度表示；频谱特性是地面运动对具有不同自振周期结构的响应特征，是反映震源机制、传播介质和距离影响以及结构阻尼大小的物理量，用反应谱曲线表示；持续时间长短与结构的累积损伤效应有关，按反应谱方法设计时不考虑，在弹塑性分析中可以发现其明显的影响。

《抗震规范》所采用的"设计地震动参数"，是对未来可能遭遇地震的一种预计，是工程设计人员在计算分析中用来评价结构安全性的地震动。它不仅取决于地震学家对地震发生概率水准的预测，还要充分考虑建设者对结构安全和投资二者的风险决策。按抗震规范的规定，设计地震动参数是指抗震设计用的地震加速度（速度、位移）时程曲线、加速度反应谱和峰值加速度。这些参数应满足下列要求：

（1）应给出明确的概率水准，如重现期为50年、100年、475年、1600年、2400年，或者50年（或100年）内超越概率63.2%、10%、3%、2%等。

（2）应给出地面而不是基岩处对应于各个概率水准的有效峰值加速度 *EPA* 或峰值加速度 A_{max} 的设计取值。

（3）当提供设计用的反应谱时，应明确阻尼比，并给出对应于各个概率水准的地震影响系数最大值（α_{max}）、平台段和下降段的拐点周期（设计特征周期 T_g）、下降段的衰减指数（γ）。

（4）当提供时程分析用的加速度时程曲线时，其数量不少于三条，持续时间不小于结构基本周期的5倍。

（5）考虑地震发生的不确定性和概率分析基础数据的实际精度，峰值加速度、地震影响系数最大值、特征周期、衰减指数等的有效数字不能过多，应与工程设计的需要和现实可能相协调。在抗震设计规范中，充分考虑我国的国情，经过专家们的讨论、审查和国家主管部门的审批，阻尼比 5%的地震影响系数最大值是有效峰值加速度 EPA 的 2.25 倍（即 $\alpha_{max}=2.25EPA$），设计特征周期比按强震记录计算的反应谱拐点周期的统计平均值有所减小，使中、短周期结构的地震作用略有减小；而衰减指数则比统计平均值有所减小，使长周期结构的地震作用不致衰减过快[6]。

按宏观震害定义的烈度缺乏一个统一的标准，且具有主观性。1990 年《中国地震烈度区划图》颁布以来，我国开展了千余项重大工程地震安全性评价工作，这些工作多数提供了地震动参数，为以地震动参数表示的全国地震区划图提供了坚实的理论基础和可行的技术路径。《中国地震动参数区划图》（GB 18306—2001）于 2001 年 2 月 2 日由国家质量技术监督局发布，并于 2001 年 8 月 1 日实施。它用峰值加速度表示反应谱平台的高低，用特征周期表示平台右边的宽度，克服了地震烈度区划图使用期间地震的远近对反应谱的影响无法考虑的不足之处。它的颁布表示了地震区划图已经从古老的、宏观定性的、非物理量的烈度过渡到了可以直接为工程抗震设计规范使用的、可以定量的物理量[7]。

2015 年 5 月 15 日，国家质量监督检验检疫总局、国家标准化管理委员会联合发布了《关于批准发布〈中国地震动参数区划图〉等 357 项国家标准的公告》（中华人民共和国国家标准公告 2015 年第 15 号），《中国地震动参数区划图》（GB 18306—2015）将替代 GB 18306—2001，并于 2016 年 6 月 1 日起在全国正式实施。

1.5　2015 年版区划图调整统计及《抗震规范》局部修订简介

1.5.1　前言

地震区划图是依据当地可能的地震危险程度对国土进行区域划分，是一般建设工程的抗震设防要求和编制社会经济发展、国土利用规划、防灾减灾规划及环境保护规划等相关规划的依据。与 2001 年版区划图相比，《中国地震动参数区划图》（GB 18306—2015）一个显著变化是取消了不设防区，全国设防参数整体上有了一定程度的提高。为了配合新版区划图的实施，住房和城乡建设部适时启动了《建筑抗震设计规范》（GB 50011—2010）的局部修订工作，对其中的附录 A“我国主要城镇抗震设防烈度、设计基本地震加速度和设计地震分组”进行适应性修订。

本节根据《中国地震动参数区划图》（GB 18306—2015）、《中华人民共和国行政区划简册 2015》以及民政部门公布的行政区划变更资料，对全国城镇抗震设防的变化情况进行统计分析，然后，简要介绍《建筑抗震设计规范》（GB 50011—2010）局部修订时附录 A 的修订情况以及工程实施注意事项等。

1.5.2　2015 年版地震区划图简介

《中国地震动参数区划图》（GB 18306）修订工作始于 2007 年，经地震系统内外科技工作者的努力，并与住建、水利、核电等相关使用部门的充分协调，最终于2015年5月15日发布。此次区划图修订的主要特点有[3]：①将抗倒塌作为编图的基本准则，以50年超越概率10%的地震动峰值加速度与50年超越概率2%地震动峰值加速度除以1.9所得商值的较大值作为编图指标；②取消了基本烈度<6度的地区，全国设防参数整体上有了适当提高，基本地震动峰值加速度0.10g及以上地区面积有所增加，从49%上升到51%，其中8度及以上地区的面积从12%增加到18%。

1.5.3 2015年版地震区划图城镇抗震设防变更情况统计

1. 新旧地震区划图城镇抗震设防比较

根据《中华人民共和国行政区划简册2015》以及中华人民共和国民政部发布的《2015年县级以上行政区划变更情况（截至2015年9月12日）》，我国大陆地区共有县级城镇2860个，按2001年版地震区划图和2015年版地震区划图各烈度区县级城镇数量统计结果如表1.5-1和图1.5-1所示。从中可以看出，由于GB 18306—2015取消了小于6度的地区，即全国取消非抗震设防区，随之带来的变化是6度、7度、7度（0.15g）、8度、8度（0.30g）等抗震设防区的扩大，各设防区城镇数量较2001年版地震区划图均有不同程度的增加，其中6度增加169个，增幅15.7%；7度增加76个，增幅10.8%；7度（0.15g）增加11个，增幅3%；8度增加105个，增幅37.6%；8度（0.30g）增加25个，增幅65.8%。从绝对数量上看，6度增加169个，数量最多，8度次之，数量达到105个；从相对数量上看，8度（0.30g）变化的幅度最大，65.8%，8度次之37.6%。

表1.5-1 大陆地区主要城镇抗震设防烈度统计表

烈度		非设防	6度	7度	7度（0.15g）	8度	8度（0.30g）	9度
城镇数量	2001年版	386	1077	703	368	279	38	9
	2015年版	—	1246	779	379	384	63	9
	增加	—	169	76	11	105	25	

从总体比例上看，地震区划图修订后，6度区城镇增加169个，总数1246个，占比由2001年版的37.7%扩大到2015年版43.6%；7度区（包括0.15g区域）城镇增加87个，总数1158个，占比由37.4%扩大到40.5%；8度区（包括0.30g区域）城镇增加130个，总数447个，占比由11.1%扩大到15.6%；9度区维持不变，城镇总数9个，占比0.3%。

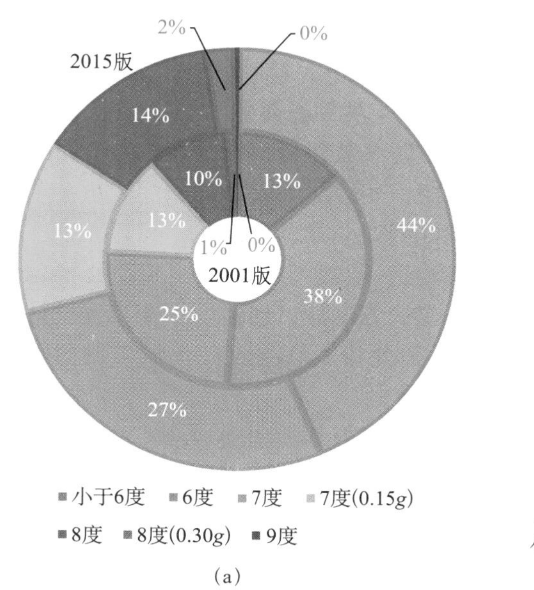

(a)

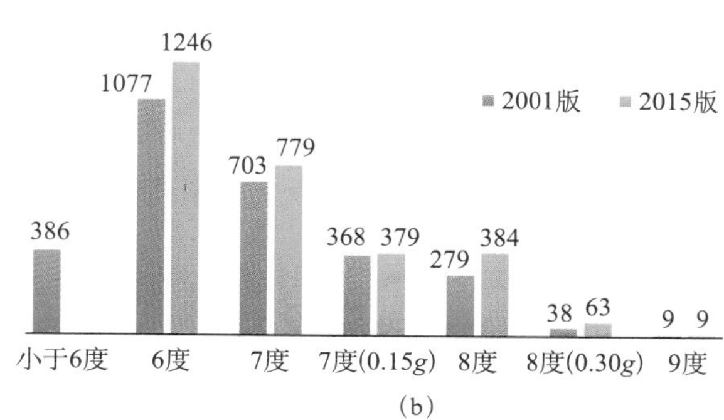

(b)

图 1.5-1　大陆地区各烈度区主要城镇统计图

(a) 各烈度区占比分布图；(b) 各烈度区城镇数量分布图

2. 2001 年版地震区划图各烈度区的变化分析

如表 1.5-2 所示为《中国地震动参数区划图》(GB 18306—2001)(含第一号、第二号修改单) 各烈度区城镇，经 GB 18306—2015 修订调整后的设防变更统计表，从中可以看出：

表 1.5-2　2001 年版地震区划城镇设防变更统计表

2001 年版地震区划图	不变	加速度变化				加速度不变分组调整	合计
		降一档	升一档	升二档	升三档		
非设防			384	2			386
6 度	814		202	12	1	48	1077
7 度	473		113	16		101	703
7 度 (0. 15g)	176	1	117			74	368
8 度	129	4	25			121	279
8 度 (0. 30g)	20					18	38
9 度	6					3	9
总计	1618	5	841	30	1	365	2860

（1）原非设防区，共有县级及以上城镇（以下简称城镇）386个，占全国县级以上城镇总数13.5%；此次调整后，升为6度设防的有384个，升为7度设防的有2个，即海南的三沙市和河南省的西峡县。

（2）原6度设防区，共有城镇1077个，占全国县级以上城镇总数的37.7%。此次区划图修订后，原6度区城镇抗震设防变化情况如下：抗震设防参数保持不变的有814个；加速度提升一档，变为7度设防的有202个；加速度提升两档，变为7度（0.15g）设防的有12个，分别为内蒙古的阿拉善右旗，吉林的安图县，黑龙江的依兰县、通河县、延寿县，四川的阿坝县，西藏的双湖县，新疆的和布克赛尔蒙古自治县、哈巴河县、托里县以及阿勒泰市；加速度提升三档，变为8度设防的有1个，即黑龙江的方正县；加速度不变，仅设计地震分组变化的有48个，其中内蒙古的四子王旗、河南的汝州市、新疆克拉玛依市的白碱滩区由三组降为二组，其余45个城镇地震分组均有所提升。

（3）原7度设防区，共有城镇703个，占全国县级以上城镇总数的24.6%。此次区划图修订后，原7度区城镇抗震设防变化情况如下：抗震设防参数保持不变的有473个；加速度提升一档，变为7度（0.15g）设防的有113个；加速度提升两档，变为8度设防的有16个，分别为内蒙古的乌拉特后旗，吉林的舒兰市，四川的白玉县和得荣县，云南的福贡县、贡山独龙族怒族自治县、德钦县和维西傈僳族自治县，西藏的昌都县、定结县和嘉黎县，甘肃的玛曲县，青海的曲麻莱县，新疆乌鲁木齐市的达坂城区、和硕县和阿合奇县；加速度不变，仅设计地震分组变化的有101个，其中一组提为二组的有48个，二组提为三组的有49个，由三组降为二组的有4个，分别为河北秦皇岛市的北戴河区、山东的淄博市的博山区、四川的乡城县、新疆的阿拉尔市。

（4）原7度（0.15g）设防区，共有城镇368个，占全国县级以上城镇总数的12.9%。此次区划图修订后，原7度（0.15g）区城镇抗震设防变化情况如下：抗震设防参数保持不变的有176个，占比47.8%；加速度提升一档，变为8度设防的有117个，占比31.8%；加速度降一档，变为7度设防的有1个，即四川的剑阁县；加速度不变，仅设计地震分组变化的有74个，其中一组提为二组的有41个，二组提为三组的有31个，二组降为一组的有1个，即河北的河间市，三组降为二组的有1个，即甘肃的阿克塞哈萨克族自治县。

（5）原8度设防区，共有城镇279个，占全国县级以上城镇总数的9.8%。此次区划图修订后，原8度区城镇抗震设防变化情况如下：抗震设防参数保持不变的有129个，占比46.2%；加速度提升一档，变为8度（0.30g）设防的有25个，占比9%；加速度下降一档，变为7度（0.15g）设防的有4个，占比1.4%，分别是广东汕头市的潮南区、西藏的萨嘎县、甘肃兰州市的红古区、青海的玛多县；加速度不变，仅设计地震分组变化的有121个，占比43.4%，其中一组提为二组的有98个，一组提为三组的有1个即山西的永济市，二组提为三组的有21个，三组降为二组的有1个，即甘肃的阿克塞哈萨克族自治县。

（6）原8度（0.30g）设防区，共有城镇38个，占全国县级以上城镇总数的1.3%。此次区划图修订后，原8度（0.30g）区城镇抗震设防变化情况如下：抗震设防参数保持不变的有20个，占比52.6%；加速度不变，仅设计地震分组变化的有18个，占比47.4%，其中一组提为二组的有8个，二组提为三组的有10个。

（7）原9度设防区，共有城镇9个，占全国县级以上城镇总数的0.3%。此次区划图修订后，抗震设防参数保持不变的有 6 个，设防烈度 9 度不变，设计地震分组二组提为三组的有 3 个。

3. 2015 年版地震区划图各烈度区的构成分析

如表 1.5－3 所示，为 GB 18306—2015 各设防区城镇在 2001 年版地震区划图中设防情况的统计表，从中可以看出：

（1）6 度设防区现有县级及以上城镇 1246 个，其中，由原非设防提升为 6 度设防的有 384 个，保持原 6 度设防参数（峰值加速度和特征周期）不变的有 814 个，另外，保持原 6 度设防不变，但地震分组有所调整的有 48 个。

（2）7 度设防区现有县级及以上城镇 779 个，其中，由原非设防提升为 7 度设防的有 2 个（海南的三沙市和河南的西峡县），由原 6 度设防提升为 7 度设防的有 202 个，保持原 7 度设防参数（峰值加速度和特征周期）不变的有 473 个，保持原 7 度设防不变但地震分组有所调整的有 101 个，由原 7 度（0.15*g*）设防降为 7 度设防的有 1 个（四川的剑阁县）。

（3）7 度（0.15*g*）设防区现有县级及以上城镇 379 个，其中，由原 6 度设防提升为 7 度（0.15*g*）设防的有 12 个，由原 7 度设防提升为 7 度（0.15*g*）设防的有 113 个，保持原 7 度（0.15*g*）设防参数（峰值加速度和特征周期）不变的有 176 个，保持原 7 度（0.15*g*）设防不变但地震分组有所调整的有 74 个，由原 8 度设防降为 7 度（0.15*g*）设防的有 4 个（广东汕头市的潮南区、西藏的萨嘎县、甘肃兰州市的红古区、青海的玛多县）。

（4）8 度设防区现有县级及以上城镇 384 个，其中，由原 6 度设防提升为 8 度设防的有 1 个（黑龙江的方正县），由原 7 度设防提升为 8 度设防的有 16 个，由原 7 度（0.15*g*）设防提升为 8 度设防的有 117 个，保持原 8 度设防参数（峰值加速度和特征周期）不变的有 129 个，保持原 8 度设防不变但地震分组有所调整的有 121 个。

（5）8 度（0.30*g*）设防区现有县级及以上城镇 63 个，其中，由原 8 度设防提升为 8 度（0.30*g*）设防的有 25 个，保持原 8 度（0.30*g*）设防参数（峰值加速度和特征周期）不变的有 20 个，保持原 8 度（0.30*g*）设防不变但地震分组有所调整的有 18 个。

（6）9 度设防区现有县级及以上城镇 9 个，其中，保持原 9 度设防参数（峰值加速度和特征周期）不变的有 6 个，保持原 9 度设防不变但地震分组有所调整的有 3 个。

表 1.5－3　GB 18306—2015 各设防区城镇数量构成统计表

2015 年版地震区划图	原设防不变	原加速度变化				原加速度不变分组调整	合计
		降一档	升一档	升二档	升三档		
6 度	814		384			48	1246
7 度	473	1	202	2		101	779
7 度（0.15*g*）	176	4	113	12		74	379
8 度	129		117	16	1	121	384

续表

2015 年版地震区划图	原设防不变	原加速度变化				原加速度不变分组调整	合计
		降一档	升一档	升二档	升三档		
8 度（0.30g）	20		25			18	63
9 度	6					3	9
总计	1618	5	841	30	1	365	2860

1.5.4 《建筑抗震设计规范》（GB 50011—2010）局部修订工作简介

1. 局部修订工作过程

为了配合《中国地震动参数区划图》（GB 18306—2015）的实施，根据住房和城乡建设部《关于印发 2014 年工程建设标准规范制订修订计划的通知》（建标〔2013〕169 号文）的要求，《建筑抗震设计规范》（GB 50011—2010）及时启动了局部修订工作。此次修订主要是根据《中国地震动参数区划图》（GB 18306—2015）和《中华人民共和国行政区划简册 2015》以及民政部发布 2015 行政区划变更公报，修订《建筑抗震设计规范》（GB 50011—2010）附录 A：我国主要城镇抗震设防烈度、设计基本地震加速度和设计地震分组。

《2010 规范》局部修订编制组成立暨第一次工作会议于 2015 年 8 月 5 日在北京召开，会议主要对局部修订编制大纲以及局部修订的讨论稿进行讨论。根据第一次工作会议纪要，局部修订编制组对《2010 规范》局部修订讨论稿进行修改、完善，形成了《2010 规范》局部修订征求意见稿，于 2015 年 9 月 20 日通过书面信函和网络向各省（自治区、直辖市）抗震防灾主管部门和主要设计单位、高校、研究机构等征求意见。2015 年 9 月 30 日通过国家工程标准化信息网向全社会公开征求意见。局部修订编制组共计向有关单位和个人发出发送 80 份征求意见稿，至 2015 年 10 月 20 日，收到反馈回复的数量 29 份，收到征求意见稿后，回函并有建议或意见的单位数 27 个，没有回函的单位数 53 个，收到修改意见和建议共 71 条。局部修订编制组逐条讨论了征求意见回函中的各种意见、建议，以及相应的处理意见，并根据征求意见的反馈情况对《2010 规范》局部修订征求意见稿进行了修改、完善，形成了《2010 规范》局部修订送审稿。《2010 规范》局部修订送审稿审查会于 2015 年 11 月 24 日在北京召开。

2. 局部修订内容

此次局部修订的主要工作内容包括两个方面：①根据《中国地震动参数区划图》（GB 18306—2015）和《中华人民共和国行政区划简册 2015》以及民政部发布 2015 行政区划变更公报，修订《2010 规范》附录 A：我国主要城镇抗震设防烈度、设计基本地震加速度和设计地震分组。②根据《2010 规范》实施以来各方反馈的意见和建议，对部分条款进行文字性调整。

此次局部修订的基本原则为：①保持《2010 规范》现有的章节体例不变。②保持规范要求的连贯性和延续性原则。根据各方反馈意见调整或修订部分条文时，以文字性调整为主。③便于管理和使用的原则。此次附录 A 的调整，考虑根据新的地震区划图和行政区划图进行编制，以省级行政单位为条，以地级市为款，以县级城镇为基本元素采用表格的形式进行编制。对于县以下的镇、乡的抗震设防参数，暂不给出。

需要说明的是，此次局部修订还给出了附录 A 的使用说明：明确指出附录 A 仅给出我国各县级及县级以上城镇的中心地区（如城关地区）的抗震设防烈度、设计基本地震加速度和所属的设计地震分组。当在各县级及县级以上城镇中心地区以外的行政区域从事建筑工程建设活动时，应根据工程场址的地理坐标查询《中国地震动参数区划图》（GB 18306—2015）的“附录 A（规范性附录）中国地震动峰值加速度区划图”和“附录 B（规范性附录）中国地震动加速度反应谱特征周期区划图”，以确定工程场址的地震动峰值加速度和地震加速度反应谱特征周期，并根据表 1.5－4、表 1.5－5 所述原则确定工程场址所在地的抗震设防烈度、设计基本地震加速度和所属的设计地震分组。

表 1.5－4　抗震设防烈度、设计基本地震加速度和 GB 18306 地震动峰值加速度的对应关系

抗震设防烈度	6	7		8		9
设计基本地震加速度值	0.05g	0.10g	0.15g	0.20g	0.30g	0.40g
GB 18306：地震动峰值加速度	0.05g	0.10g	0.15g	0.20g	0.30g	0.40g

注：g 为重力加速度。

表 1.5－5　设计地震分组与 GB 18306 地震动加速度反应谱特征周期的对应关系

设计地震分组	第一组	第二组	第三组
GB 18306：地震加速度反应谱特征周期	0.35s	0.40s	0.45s

1.5.5　关于 2015 年版地震区划图的几点讨论

1. 关于多级地震动峰值加速度取值的讨论

与 2001 年版地震区划图相比，2015 年版地震区划图在保持双参数编图的基础上，明确提出了“四级地震作用”的概念，并规定了“四级地震动作用”相应的地震动参数取值。所谓“四级地震作用”分别指的是 50 年超越概率 63.2%的多遇地震动、50 年超越概率 10%的基本地震动、50 年超越概率 2%的罕遇地震动和年超越概率 1/10000 的极罕遇地震动。按照 GB 18306—2015 第 6.2.1~6.2.3 条的规定，多遇地震动峰值加速度宜按不低于基本地震动峰值加速度 1/3 确定；罕遇地震动峰值加速度宜按基本地震动峰值加速度 1.6~2.3 倍确定；极罕遇地震动峰值加速度宜按基本地震动峰值加速度 2.7~3.2 倍确定。

根据《GB 18306—2015〈中国地震动参数区划图〉宣贯教材》，极罕遇地震动峰值加速度与基本地震动峰值加速度的比值 K_1、罕遇地震动峰值加速度与基本地震动峰值加速度的比值 K_2、多遇地震动峰值加速度与基本地震动峰值加速度的比值 K_3 是基于全国 104850 个场点（0.1°×0.1°）计算值的概率统计结果。根据上述统计结果，K_1 的平均值为2.9，K_2 的平均值为1.9，K_3 的平均值为0.33，而且 K_1、K_2、K_3 的各统计指标与基本地震峰值加速度值关系不大（图1.5－2），因此，按照这样的统计结果，我国各烈度区的地震危险性特征或地震危险性曲线的形状是基本相同的。

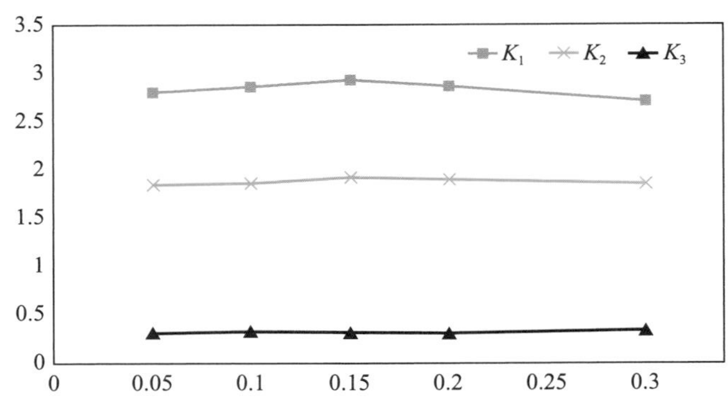

图1.5－2　不同加速度分区 K_1、K_2、K_3 平均值变化趋势

然而，国际地震工程界一个熟知的基本规律是，地震活动性越强的地区，地震危险性曲线越平缓。因此，一般情况下，地震活动性越强的地区（通常也是地震烈度越高的地区），K_1、K_2 值越小，K_3 值越大；反之，地震活动性越弱的地区（通常也是地震烈度越低的地区），K_1、K_2 值越大，K_3 值越小。《建筑抗震设计规范》（GB 50011—2010）给出了三级地震动水准的概率标定和相应的参数取值，据此推定的各烈度地震危险性特征曲线如图1.5－3所示，与上述基本规律是一致的；如图1.5－4所示，为美国部分城市的地震危险性曲线，与上述基本规律也是一致的。但GB 18306—2015关于 K_1、K_2、K_3 取值的规定并不能体现这一基本规律。因此，《2010规范》此次局部修订暂未根据GB 18306—2015的规定对多遇地震和罕遇地震的设计参数取值进行调整，下一次全面修订时将结合我国建筑抗震设防政策的调整情况以及地震工程领域的科研动态进行专门研究确定。

2. 关于场地地震动参数调整的讨论

2015年版地震区划图第8.1条规定，"I_0、I_1、Ⅲ、Ⅳ类场地地震动峰值加速度应根据Ⅱ类场地地震动峰值加速度进行调整，调整系数可参见附录E确定"。在GB 18306—2015的附录E（资料性附录）中规定，场地地震动峰值加速度调整系数 F_a，可按表1.5－6分段线性插值确定。

如图1.5－5所示为GB 18306—2015的场地地震动峰值加速度调整系数曲线及各类场地的峰值加速度曲线。从中可以看出，①对于 I_0、I_1类场地，低烈度区的调整（降低）幅度偏大，高烈度地区的调整幅度偏小。根据近几十年的地震宏观经验可以看出，目前我国工程抗震面临的形势是，中低烈度地区房屋建筑的地震风险要明显高于高烈度地区，这样的调整方案会导致中低烈度地区房屋建筑的地震安全形势进一步恶化。②Ⅳ类场地的 F_a 取值均低于Ⅲ类场地，这意味着同等条件下，Ⅳ类场地的峰值加速度要小于Ⅲ类场地，这与震害规

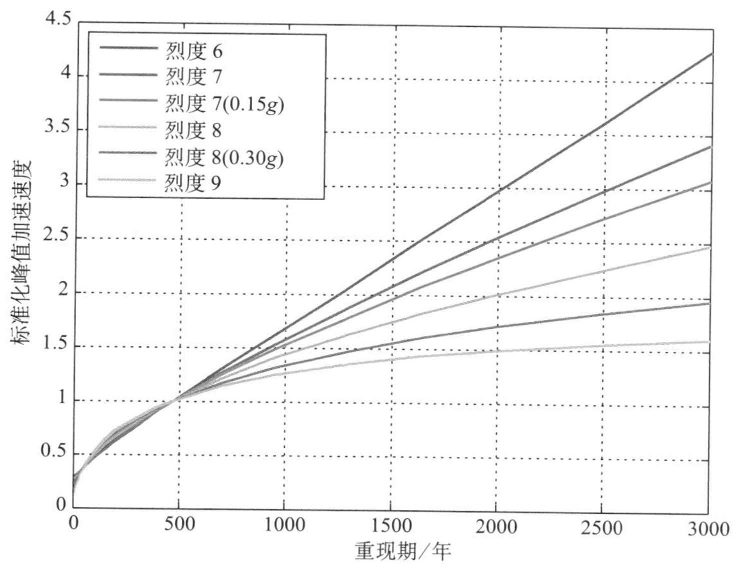

图 1.5-3　GB 50011—2010 各烈度区地震危险性曲线[6]

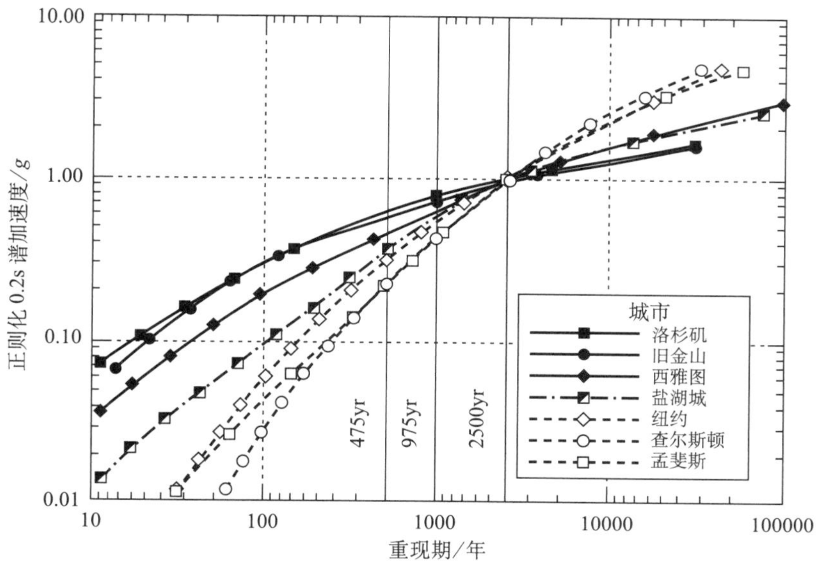

图 1.5-4　美国部分城市地震危险性曲线[7]

律也不完全相符，也与国际公认的作法不一样。美国规范 FEMA450、FEMA750、ASCE7-05、ASCE7-10 以及 IBC 系列规范等，其 F_a 的取值均为软场地高于硬场地。欧洲规范 EN1998（EC8），也仅是在主导地震的面波震级不大于 5.5 时，E 类场地的调整系数稍大于 D 类场地。但需要注意的是，我国的地震地质环境与欧洲的差异较大，相反地，与北美的地震环境更为接近。

表 1.5－6　GB 18306—2015 规定的场地地震动峰值加速度调整系数 F_a

Ⅱ类场地地震动峰值加速度值	场地类别				
	I_0	I_1	Ⅱ	Ⅲ	Ⅳ
≤0.05g	0.72	0.80	1.00	1.30	1.25
0.10g	0.74	0.82	1.00	1.25	1.20
0.15g	0.75	0.83	1.00	1.15	1.10
0.20g	0.76	0.83	1.00	1.00	1.00
0.30g	0.85	0.95	1.00	1.00	0.95
≥0.40g	0.90	1.00	1.00	1.00	0.90

鉴于上述原因，同时考虑到规范局部修订的任务要求，此次《建筑抗震设计规范》（GB 50011—2010）局部修订时，并未对场地地震动参数调整的相关内容进行修订。下一次抗震规范修订时，将根据专题研究成果、全国各级建筑抗震设防主管部门的意见以及各勘察设计单位的反馈意见综合研究确定。

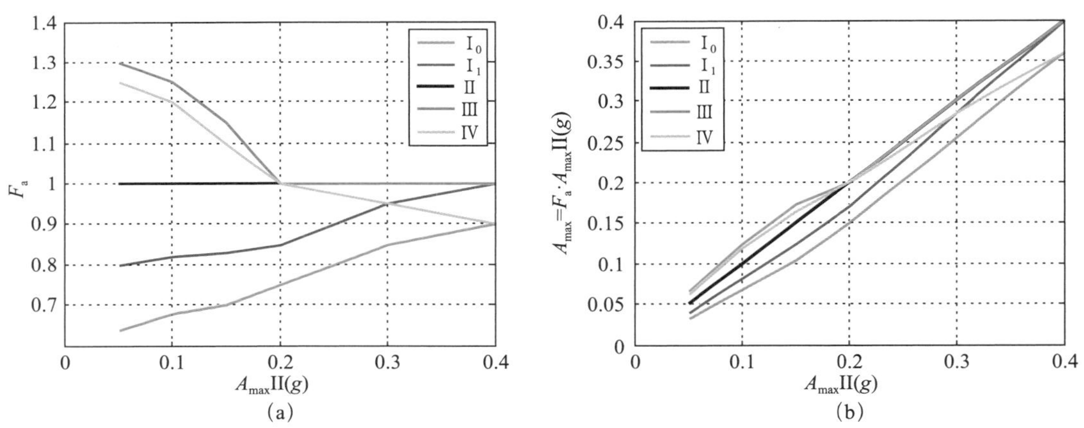

图 1.5－5　GB 18306—2015 的 F_a 曲线及各类场地的峰值加速度曲线

（a）F_a 曲线；（b）各场地峰值加速度

参　考　文　献

[1] 胡聿贤，地震工程学，北京：地震出版社，2006

[2] 建筑结构抗震理论与设计方法，北京：清华大学土木工程系研究生讲义

[3] 沈聚敏、周锡元、高小旺、刘晶波等，抗震工程学，北京：中国建筑工业出版社，2015

附：《建筑抗震设计规范》（GB 50011—2010）（2016 年版）关于“我国主要城镇抗震设防烈度、设计基本地震加速度和设计地震分组”的规定

说明：

本附录系根据《中国地震动参数区划图》（GB 18306—2015）和《中华人民共和国行政区划简册 2015》以及中华人民共和国民政部发布的《2015 年县级以上行政区划变更情况（截至 2015 年 9 月 12 日）》编制。

本附录仅给出了我国各县级及县级以上城镇的中心地区（如城关地区）的抗震设防烈度、设计基本地震加速度和所属的设计地震分组。当在各县级及县级以上城镇中心地区以外的行政区域从事建筑工程建设活动时，应根据工程场址的地理坐标查询《中国地震动参数区划图》（GB 18306—2015）的“附录 A（规范性附录）　中国地震动峰值加速度区划图”和“附录 B（规范性附录）　中国地震动加速度反应谱特征周期区划图”，以确定工程场址的地震动峰值加速度和地震加速度反应谱特征周期，并根据下述原则确定工程场址所在地的抗震设防烈度、设计基本地震加速度和所属的设计地震分组。

抗震设防烈度、设计基本地震加速度和 GB 18306 地震动峰值加速度的对应关系

抗震设防烈度	6	7		8		9
设计基本地震加速度值	0.05g	0.10g	0.15g	0.20g	0.30g	0.40g
GB 18306：地震动峰值加速度	0.05g	0.10g	0.15g	0.20g	0.30g	0.40g

注：g 为重力加速度。

设计地震分组与 GB 18306 地震动加速度反应谱特征周期的对应关系

设计地震分组	第一组	第二组	第三组
GB 18306：地震加速度反应谱特征周期	0.35s	0.40s	0.45s

A.0.1　北京市

烈度	加速度	分组	县级及县级以上城镇
8 度	0.20g	第二组	东城区、西城区、朝阳区、丰台区、石景山区、海淀区、门头沟区、房山区、通州区、顺义区、昌平区、大兴区、怀柔区、平谷区、密云区、延庆区

A. 0. 2　天津市

烈度	加速度	分组	县级及县级以上城镇
8 度	0. 20*g*	第二组	和平区、河东区、河西区、南开区、河北区、红桥区、东丽区、津南区、北辰区、武清区、宝坻区、滨海新区、宁河区
7 度	0. 15*g*	第二组	西青区、静海区、蓟县

A. 0. 3　河北省

	烈度	加速度	分组	县级及县级以上城镇
石家庄市	7 度	0. 15*g*	第一组	辛集市
	7 度	0. 10*g*	第一组	赵县
	7 度	0. 10*g*	第二组	长安区、桥西区、新华区、井陉矿区、裕华区、栾城区、藁城区、鹿泉区、井陉县、正定县、高邑县、深泽县、无极县、平山县、元氏县、晋州市
	7 度	0. 10*g*	第三组	灵寿县
	6 度	0. 05*g*	第三组	行唐县、赞皇县、新乐市
唐山市	8 度	0. 30*g*	第二组	路南区、丰南区
	8 度	0. 20*g*	第二组	路北区、古冶区、开平区、丰润区、滦县
	7 度	0. 15*g*	第三组	曹妃甸区（唐海）、乐亭县、玉田县
	7 度	0. 15*g*	第二组	滦南县、迁安市
	7 度	0. 10*g*	第三组	迁西县、遵化市
秦皇岛市	7 度	0. 15*g*	第二组	卢龙县
	7 度	0. 10*g*	第三组	青龙满族自治县、海港区
	7 度	0. 10*g*	第二组	抚宁区、北戴河区、昌黎县
	6 度	0. 05*g*	第三组	山海关区
邯郸市	8 度	0. 20*g*	第二组	峰峰矿区、临漳县、磁县
	7 度	0. 15*g*	第二组	邯山区、丛台区、复兴区、邯郸县、成安县、大名县、魏县、武安市
	7 度	0. 15*g*	第一组	永年县
	7 度	0. 10*g*	第三组	邱县、馆陶县
	7 度	0. 10*g*	第二组	涉县、肥乡县、鸡泽县、广平县、曲周县

续表

	烈度	加速度	分组	县级及县级以上城镇
邢台市	7 度	0.15g	第一组	桥东区、桥西区、邢台县[1]、内丘县、柏乡县、隆尧县、任县、南和县、宁晋县、巨鹿县、新河县、沙河市
	7 度	0.10g	第二组	临城县、广宗县、平乡县、南宫市
	6 度	0.05g	第三组	威县、清河县、临西县
保定市	7 度	0.15g	第二组	涞水县、定兴县、涿州市、高碑店市
	7 度	0.10g	第二组	竞秀区、莲池区、徐水区、高阳县、容城县、安新县、易县、蠡县、博野县、雄县
	7 度	0.10g	第三组	清苑区、涞源县、安国市
	6 度	0.05g	第三组	满城区、阜平县、唐县、望都县、曲阳县、顺平县、定州市
张家口市	8 度	0.20g	第二组	下花园区、怀来县、涿鹿县
	7 度	0.15g	第二组	桥东区、桥西区、宣化区、宣化县[2]、蔚县、阳原县、怀安县、万全县
	7 度	0.10g	第三组	赤城县
	7 度	0.10g	第二组	张北县、尚义县、崇礼县
	6 度	0.05g	第三组	沽源县
	6 度	0.05g	第二组	康保县
承德市	7 度	0.10g	第三组	鹰手营子矿区、兴隆县
	6 度	0.05g	第三组	双桥区、双滦区、承德县、平泉县、滦平县、隆化县、丰宁满族自治县、宽城满族自治县
	6 度	0.05g	第一组	围场满族蒙古族自治县
沧州市	7 度	0.15g	第二组	青县
	7 度	0.15g	第一组	肃宁县、献县、任丘市、河间市
	7 度	0.10g	第三组	黄骅市
	7 度	0.10g	第二组	新华区、运河区、沧县[3]、东光县、南皮县、吴桥县、泊头市
	6 度	0.05g	第三组	海兴县、盐山县、孟村回族自治县
廊坊市	8 度	0.20g	第二组	安次区、广阳区、香河县、大厂回族自治县、三河市
	7 度	0.15g	第二组	固安县、永清县、文安县
	7 度	0.15g	第一组	大城县
	7 度	0.10g	第二组	霸州市

续表

	烈度	加速度	分组	县级及县级以上城镇
衡水市	7度	0.15*g*	第一组	饶阳县、深州市
	7度	0.10*g*	第二组	桃城区、武强县、冀州市
	7度	0.10*g*	第一组	安平县
	6度	0.05*g*	第三组	枣强县、武邑县、故城县、阜城县
	6度	0.05*g*	第二组	景县

注：1. 邢台县政府驻邢台市桥东区；2. 宣化县政府驻张家口市宣化区；3. 沧县政府驻沧州市新华区。

A.0.4 山西省

	烈度	加速度	分组	县级及县级以上城镇
太原市	8度	0.20*g*	第二组	小店区、迎泽区、杏花岭区、尖草坪区、万柏林区、晋源区、清徐县、阳曲县
	7度	0.15*g*	第二组	古交市
	7度	0.10*g*	第三组	娄烦县
大同市	8度	0.20*g*	第二组	城区、矿区、南郊区、大同县
	7度	0.15*g*	第三组	浑源县
	7度	0.15*g*	第二组	新荣区、阳高县、天镇县、广灵县、灵丘县、左云县
阳泉市	7度	0.10*g*	第三组	盂县
	7度	0.10*g*	第二组	城区、矿区、郊区、平定县
长治市	7度	0.10*g*	第三组	平顺县、武乡县、沁县、沁源县
	7度	0.10*g*	第二组	城区、郊区、长治县、黎城县、壶关县、潞城市
	6度	0.05*g*	第三组	襄垣县、屯留县、长子县
晋城市	7度	0.10*g*	第三组	沁水县、陵川县
	6度	0.05*g*	第三组	城区、阳城县、泽州县、高平市
朔州市	8度	0.20*g*	第二组	山阴县、应县、怀仁县
	7度	0.15*g*	第二组	朔城区、平鲁区、右玉县
晋中市	8度	0.20*g*	第二组	榆次区、太谷县、祁县、平遥县、灵石县、介休市
	7度	0.10*g*	第三组	榆社县、和顺县、寿阳县
	7度	0.10*g*	第二组	昔阳县
	6度	0.05*g*	第三组	左权县

续表

	烈度	加速度	分组	县级及县级以上城镇
运城市	8 度	0.20*g*	第三组	永济市
	7 度	0.15*g*	第三组	临猗县、万荣县、闻喜县、稷山县、绛县
	7 度	0.15*g*	第二组	盐湖区、新绛县、夏县、平陆县、芮城县、河津市
	7 度	0.10*g*	第二组	垣曲县
忻州市	8 度	0.20*g*	第二组	忻府区、定襄县、五台县、代县、原平市
	7 度	0.15*g*	第三组	宁武县
	7 度	0.15*g*	第二组	繁峙县
	7 度	0.10*g*	第三组	静乐县、神池县、五寨县
	6 度	0.05*g*	第三组	岢岚县、河曲县、保德县、偏关县
临汾市	8 度	0.30*g*	第二组	洪洞县
	8 度	0.20*g*	第二组	尧都区、襄汾县、古县、浮山县、汾西县、霍州市
	7 度	0.15*g*	第二组	曲沃县、翼城县、蒲县、侯马市
	7 度	0.10*g*	第三组	安泽县、吉县、乡宁县、隰县
	6 度	0.05*g*	第三组	大宁县、永和县
吕梁市	8 度	0.20*g*	第二组	文水县、交城县、孝义市、汾阳市
	7 度	0.10*g*	第三组	离石区、岚县、中阳县、交口县
	6 度	0.05*g*	第三组	兴县、临县、柳林县、石楼县、方山县

A.0.5　内蒙古自治区

	烈度	加速度	分组	县级及县级以上城镇
呼和浩特市	8 度	0.20*g*	第二组	新城区、回民区、玉泉区、赛罕区、土默特左旗
	7 度	0.15*g*	第二组	托克托县、和林格尔县、武川县
	7 度	0.10*g*	第二组	清水河县
包头市	8 度	0.30*g*	第二组	土默特右旗
	8 度	0.20*g*	第二组	东河区、石拐区、九原区、昆都仑区、青山区
	7 度	0.15*g*	第二组	固阳县
	6 度	0.05*g*	第三组	白云鄂博矿区、达尔罕茂明安联合旗
乌海市	8 度	0.20*g*	第二组	海勃湾区、海南区、乌达区

续表

	烈度	加速度	分组	县级及县级以上城镇
赤峰市	8度	0.20g	第一组	元宝山区、宁城县
	7度	0.15g	第一组	红山区、喀喇沁旗
	7度	0.10g	第一组	松山区、阿鲁科尔沁旗、敖汉旗
	6度	0.05g	第一组	巴林左旗、巴林右旗、林西县、克什克腾旗、翁牛特旗
通辽市	7度	0.10g	第一组	科尔沁区、开鲁县
	6度	0.05g	第一组	科尔沁左翼中旗、科尔沁左翼后旗、库伦旗、奈曼旗、扎鲁特旗、霍林郭勒市
鄂尔多斯市	8度	0.20g	第二组	达拉特旗
	7度	0.10g	第三组	东胜区、准格尔旗
	6度	0.05g	第三组	鄂托克前旗、鄂托克旗、杭锦旗、伊金霍洛旗
	6度	0.05g	第一组	乌审旗
呼伦贝尔市	7度	0.10g	第一组	扎赉诺尔区、新巴尔虎右旗、扎兰屯市
	6度	0.05g	第一组	海拉尔区、阿荣旗、莫力达瓦达斡尔族自治旗、鄂伦春自治旗、鄂温克族自治旗、陈巴尔虎旗、新巴尔虎左旗、满洲里市、牙克石市、额尔古纳市、根河市
巴彦淖尔市	8度	0.20g	第二组	杭锦后旗
	8度	0.20g	第一组	磴口县、乌拉特前旗、乌拉特后旗
	7度	0.15g	第二组	临河区、五原县
	7度	0.10g	第二组	乌拉特中旗
乌兰察布市	7度	0.15g	第二组	凉城县、察哈尔右翼前旗、丰镇市
	7度	0.10g	第三组	察哈尔右翼中旗
	7度	0.10g	第二组	集宁区、卓资县、兴和县
	6度	0.05g	第三组	四子王旗
	6度	0.05g	第二组	化德县、商都县、察哈尔右翼后旗
兴安盟	6度	0.05g	第一组	乌兰浩特市、阿尔山市、科尔沁右翼前旗、科尔沁右翼中旗、扎赉特旗、突泉县
锡林郭勒盟	6度	0.05g	第三组	太仆寺旗
	6度	0.05g	第二组	正蓝旗
	6度	0.05g	第一组	二连浩特市、锡林浩特市、阿巴嘎旗、苏尼特左旗、苏尼特右旗、东乌珠穆沁旗、西乌珠穆沁旗、镶黄旗、正镶白旗、多伦县

续表

	烈度	加速度	分组	县级及县级以上城镇
阿拉善盟	8 度	0.20*g*	第二组	阿拉善左旗、阿拉善右旗
	6 度	0.05*g*	第一组	额济纳旗

A.0.6　辽宁省

	烈度	加速度	分组	县级及县级以上城镇
沈阳市	7 度	0.10*g*	第一组	和平区、沈河区、大东区、皇姑区、铁西区、苏家屯区、浑南区（原东陵区）、沈北新区、于洪区、辽中县
	6 度	0.05*g*	第一组	康平县、法库县、新民市
大连市	8 度	0.20*g*	第一组	瓦房店市、普兰店市
	7 度	0.15*g*	第一组	金州区
	7 度	0.10*g*	第二组	中山区、西岗区、沙河口区、甘井子区、旅顺口区
	6 度	0.05*g*	第二组	长海县
	6 度	0.05*g*	第一组	庄河市
鞍山市	8 度	0.20*g*	第二组	海城市
	7 度	0.10*g*	第二组	铁东区、铁西区、立山区、千山区、岫岩满族自治县
	7 度	0.10*g*	第一组	台安县
抚顺市	7 度	0.10*g*	第一组	新抚区、东洲区、望花区、顺城区、抚顺县[1]
	6 度	0.05*g*	第一组	新宾满族自治县、清原满族自治县
本溪市	7 度	0.10*g*	第二组	南芬区
	7 度	0.10*g*	第一组	平山区、溪湖区、明山区
	6 度	0.05*g*	第一组	本溪满族自治县、桓仁满族自治县
丹东市	8 度	0.20*g*	第一组	东港市
	7 度	0.15*g*	第一组	元宝区、振兴区、振安区
	6 度	0.05*g*	第二组	凤城市
	6 度	0.05*g*	第一组	宽甸满族自治县
锦州市	6 度	0.05*g*	第二组	古塔区、凌河区、太和区、凌海市
	6 度	0.05*g*	第一组	黑山县、义县、北镇市
营口市	8 度	0.20*g*	第二组	老边区、盖州市、大石桥市
	7 度	0.15*g*	第二组	站前区、西市区、鲅鱼圈区
阜新市	6 度	0.05*g*	第一组	海州区、新邱区、太平区、清河门区、细河区、阜新蒙古族自治县、彰武县

续表

	烈度	加速度	分组	县级及县级以上城镇
辽阳市	7 度	0.10g	第二组	弓长岭区、宏伟区、辽阳县
	7 度	0.10g	第一组	白塔区、文圣区、太子河区、灯塔市
盘锦市	7 度	0.10g	第二组	双台子区、兴隆台区、大洼县、盘山县
铁岭市	7 度	0.10g	第一组	银州区、清河区、铁岭县[2]、昌图县、开原市
	6 度	0.05g	第一组	西丰县、调兵山市
朝阳市	7 度	0.10g	第二组	凌源市
	7 度	0.10g	第一组	双塔区、龙城区、朝阳县[3]、建平县、北票市
	6 度	0.05g	第二组	喀喇沁左翼蒙古族自治县
葫芦岛市	6 度	0.05g	第二组	连山区、龙港区、南票区
	6 度	0.05g	第三组	绥中县、建昌县、兴城市

注：1. 抚顺县政府驻抚顺市顺城区新城路中段；2. 铁岭县政府驻铁岭市银州区工人街道；3. 朝阳县政府驻朝阳市双塔区前进街道。

A. 0. 7　吉林省

	烈度	加速度	分组	县级及县级以上城镇
长春市	7 度	0.10g	第一组	南关区、宽城区、朝阳区、二道区、绿园区、双阳区、九台区
	6 度	0.05g	第一组	农安县、榆树市、德惠市
吉林市	8 度	0.20g	第一组	舒兰市
	7 度	0.10g	第一组	昌邑区、龙潭区、船营区、丰满区、永吉县
	6 度	0.05g	第一组	蛟河市、桦甸市、磐石市
四平市	7 度	0.10g	第一组	伊通满族自治县
	6 度	0.05g	第一组	铁西区、铁东区、梨树县、公主岭市、双辽市
辽源市	6 度	0.05g	第一组	龙山区、西安区、东丰县、东辽县
通化市	6 度	0.05g	第一组	东昌区、二道江区、通化县、辉南县、柳河县、梅河口市、集安市
白山市	6 度	0.05g	第一组	浑江区、江源区、抚松县、靖宇县、长白朝鲜族自治县、临江市
松原市	8 度	0.20g	第一组	宁江区、前郭尔罗斯蒙古族自治县
	7 度	0.10g	第一组	乾安县
	6 度	0.05g	第一组	长岭县、扶余市

续表

	烈度	加速度	分组	县级及县级以上城镇
白城市	7 度	0. 15g	第一组	大安市
	7 度	0. 10g	第一组	洮北区
	6 度	0. 05g	第一组	镇赉县、通榆县、洮南市
延边朝鲜族自治州	7 度	0. 15g	第一组	安图县
	6 度	0. 05g	第一组	延吉市、图们市、敦化市、珲春市、龙井市、和龙市、汪清县

A. 0. 8　黑龙江省

	烈度	加速度	分组	县级及县级以上城镇
哈尔滨市	8 度	0. 20g	第一组	方正县
	7 度	0. 15g	第一组	依兰县、通河县、延寿县
	7 度	0. 10g	第一组	道里区、南岗区、道外区、松北区、香坊区、呼兰区、尚志市、五常市
	6 度	0. 05g	第一组	平房区、阿城区、宾县、巴彦县、木兰县、双城区
齐齐哈尔市	7 度	0. 10g	第一组	昂昂溪区、富拉尔基区、泰来县
	6 度	0. 05g	第一组	龙沙区、建华区、铁峰区、碾子山区、梅里斯达斡尔族区、龙江县、依安县、甘南县、富裕县、克山县、克东县、拜泉县、讷河市
鸡西市	6 度	0. 05g	第一组	鸡冠区、恒山区、滴道区、梨树区、城子河区、麻山区、鸡东县、虎林市、密山市
鹤岗市	7 度	0. 10g	第一组	向阳区、工农区、南山区、兴安区、东山区、兴山区、萝北县
	6 度	0. 05g	第一组	绥滨县
双鸭山市	6 度	0. 05g	第一组	尖山区、岭东区、四方台区、宝山区、集贤县、友谊县、宝清县、饶河县
大庆市	7 度	0. 10g	第一组	肇源县
	6 度	0. 05g	第一组	萨尔图区、龙凤区、让胡路区、红岗区、大同区、肇州县、林甸县、杜尔伯特蒙古族自治县
伊春市	6 度	0. 05g	第一组	伊春区、南岔区、友好区、西林区、翠峦区、新青区、美溪区、金山屯区、五营区、乌马河区、汤旺河区、带岭区、乌伊岭区、红星区、上甘岭区、嘉荫县、铁力市

续表

	烈度	加速度	分组	县级及县级以上城镇
佳木斯市	7 度	0.10*g*	第一组	向阳区、前进区、东风区、郊区、汤原县
	6 度	0.05*g*	第一组	桦南县、桦川县、抚远县、同江市、富锦市
七台河市	6 度	0.05*g*	第一组	新兴区、桃山区、茄子河区、勃利县
牡丹江市	6 度	0.05*g*	第一组	东安区、阳明区、爱民区、西安区、东宁县、林口县、绥芬河市、海林市、宁安市、穆棱市
黑河市	6 度	0.05*g*	第一组	爱辉区、嫩江县、逊克县、孙吴县、北安市、五大连池市
绥化市	7 度	0.10*g*	第一组	北林区、庆安县
	6 度	0.05*g*	第一组	望奎县、兰西县、青冈县、明水县、绥棱县、安达市、肇东市、海伦市
大兴安岭地区	6 度	0.05*g*	第一组	加格达奇区、呼玛县、塔河县、漠河县

A. 0. 9　上海市

烈度	加速度	分组	县级及县级以上城镇
7 度	0.10*g*	第二组	黄浦区、徐汇区、长宁区、静安区、普陀区、虹口区、杨浦区、闵行区、宝山区、嘉定区、浦东新区、金山区、松江区、青浦区、奉贤区、崇明县

A. 0. 10　江苏省

	烈度	加速度	分组	县级及县级以上城镇
南京市	7 度	0.10*g*	第二组	六合区
	7 度	0.10*g*	第一组	玄武区、秦淮区、建邺区、鼓楼区、浦口区、栖霞区、雨花台区、江宁区、溧水区
	6 度	0.05*g*	第一组	高淳区
无锡市	7 度	0.10*g*	第一组	崇安区、南长区、北塘区、锡山区、滨湖区、惠山区、宜兴市
	6 度	0.05*g*	第二组	江阴市
徐州市	8 度	0.20*g*	第二组	睢宁县、新沂市、邳州市
	7 度	0.10*g*	第三组	鼓楼区、云龙区、贾汪区、泉山区、铜山区
	7 度	0.10*g*	第二组	沛县
	6 度	0.05*g*	第二组	丰县

续表

	烈度	加速度	分组	县级及县级以上城镇
常州市	7 度	0. 10g	第一组	天宁区、钟楼区、新北区、武进区、金坛区、溧阳市
苏州市	7 度	0. 10g	第一组	虎丘区、吴中区、相城区、姑苏区、吴江区、常熟市、昆山市、太仓市
	6 度	0. 05g	第二组	张家港市
南通市	7 度	0. 10g	第二组	崇川区、港闸区、海安县、如东县、如皋市
	6 度	0. 05g	第二组	通州区、启东市、海门市
连云港市	7 度	0. 15g	第三组	东海县
	7 度	0. 10g	第三组	连云区、海州区、赣榆区、灌云县
	6 度	0. 05g	第三组	灌南县
淮安市	7 度	0. 10g	第三组	清河区、淮阴区、清浦区
	7 度	0. 10g	第二组	盱眙县
	6 度	0. 05g	第三组	淮安区、涟水县、洪泽县、金湖县
盐城市	7 度	0. 15g	第三组	大丰区
	7 度	0. 10g	第三组	盐都区
	7 度	0. 10g	第二组	亭湖区、射阳县、东台市
	6 度	0. 05g	第三组	响水县、滨海县、阜宁县、建湖县
扬州市	7 度	0. 15g	第二组	广陵区、江都区
	7 度	0. 15g	第一组	邗江区、仪征市
	7 度	0. 10g	第二组	高邮市
	6 度	0. 05g	第三组	宝应县
镇江市	7 度	0. 15g	第一组	京口区、润州区
	7 度	0. 10g	第一组	丹徒区、丹阳市、扬中市、句容市
泰州市	7 度	0. 10g	第二组	海陵区、高港区、姜堰区、兴化市
	6 度	0. 05g	第二组	靖江市
	6 度	0. 05g	第一组	泰兴市
宿迁市	8 度	0. 30g	第二组	宿城区、宿豫区
	8 度	0. 20g	第二组	泗洪县
	7 度	0. 15g	第三组	沭阳县
	7 度	0. 10g	第三组	泗阳县

A. 0. 11　浙江省

	烈度	加速度	分组	县级及县级以上城镇
杭州市	7 度	0. 10*g*	第一组	上城区、下城区、江干区、拱墅区、西湖区、余杭区
	6 度	0. 05*g*	第一组	滨江区、萧山区、富阳区、桐庐县、淳安县、建德市、临安市
宁波市	7 度	0. 10*g*	第一组	海曙区、江东区、江北区、北仑区、镇海区、鄞州区
	6 度	0. 05*g*	第一组	象山县、宁海县、余姚市、慈溪市、奉化市
温州市	6 度	0. 05*g*	第二组	洞头区、平阳县、苍南县、瑞安市
	6 度	0. 05*g*	第一组	鹿城区、龙湾区、瓯海区、永嘉县、文成县、泰顺县、乐清市
嘉兴市	7 度	0. 10*g*	第一组	南湖区、秀洲区、嘉善县、海宁市、平湖市、桐乡市
	6 度	0. 05*g*	第一组	海盐县
湖州市	6 度	0. 05*g*	第一组	吴兴区、南浔区、德清县、长兴县、安吉县
绍兴市	6 度	0. 05*g*	第一组	越城区、柯桥区、上虞区、新昌县、诸暨市、嵊州市
金华市	6 度	0. 05*g*	第一组	婺城区、金东区、武义县、浦江县、磐安县、兰溪市、义乌市、东阳市、永康市
衢州市	6 度	0. 05*g*	第一组	柯城区、衢江区、常山县、开化县、龙游县、江山市
舟山市	7 度	0. 10*g*	第一组	定海区、普陀区、岱山县、嵊泗县
台州市	6 度	0. 05*g*	第二组	玉环县
	6 度	0. 05*g*	第一组	椒江区、黄岩区、路桥区、三门县、天台县、仙居县、温岭市、临海市
丽水市	6 度	0. 05*g*	第二组	庆元县
	6 度	0. 05*g*	第一组	莲都区、青田县、缙云县、遂昌县、松阳县、云和县、景宁畲族自治县、龙泉市

A. 0. 12　安徽省

	烈度	加速度	分组	县级及县级以上城镇
合肥市	7 度	0. 10*g*	第一组	瑶海区、庐阳区、蜀山区、包河区、长丰县、肥东县、肥西县、庐江县、巢湖市
芜湖市	6 度	0. 05*g*	第一组	镜湖区、弋江区、鸠江区、三山区、芜湖县、繁昌县、南陵县、无为县

续表

	烈度	加速度	分组	县级及县级以上城镇
蚌埠市	7度	0.15g	第二组	五河县
	7度	0.10g	第二组	固镇县
	7度	0.10g	第一组	龙子湖区、蚌山区、禹会区、淮上区、怀远县
淮南市	7度	0.10g	第一组	大通区、田家庵区、谢家集区、八公山区、潘集区、凤台县
马鞍山市	6度	0.05g	第一组	花山区、雨山区、博望区、当涂县、含山县、和县
淮北市	6度	0.05g	第三组	杜集区、相山区、烈山区、濉溪县
铜陵市	7度	0.10g	第一组	铜官山区、狮子山区、郊区、铜陵县
安庆市	7度	0.10g	第一组	迎江区、大观区、宜秀区、枞阳县、桐城市
	6度	0.05g	第一组	怀宁县、潜山县、太湖县、宿松县、望江县、岳西县
黄山市	6度	0.05g	第一组	屯溪区、黄山区、徽州区、歙县、休宁县、黟县、祁门县
滁州市	7度	0.10g	第二组	天长市、明光市
	7度	0.10g	第一组	定远县、凤阳县
	6度	0.05g	第二组	琅琊区、南谯区、来安县、全椒县
阜阳市	7度	0.10g	第一组	颍州区、颍东区、颍泉区
	6度	0.05g	第一组	临泉县、太和县、阜南县、颍上县、界首市
宿州市	7度	0.15g	第二组	泗县
	7度	0.10g	第三组	萧县
	7度	0.10g	第二组	灵璧县
	6度	0.05g	第三组	埇桥区
	6度	0.05g	第二组	砀山县
六安市	7度	0.15g	第一组	霍山县
	7度	0.10g	第一组	金安区、裕安区、寿县、舒城县
	6度	0.05g	第一组	霍邱县、金寨县
亳州市	7度	0.10g	第二组	谯城区、涡阳县
	6度	0.05g	第二组	蒙城县
	6度	0.05g	第一组	利辛县
池州市	7度	0.10g	第一组	贵池区
	6度	0.05g	第一组	东至县、石台县、青阳县

续表

	烈度	加速度	分组	县级及县级以上城镇
宣城市	7 度	0.10g	第一组	郎溪县
	6 度	0.05g	第一组	宣州区、广德县、泾县、绩溪县、旌德县、宁国市

A.0.13　福建省

	烈度	加速度	分组	县级及县级以上城镇
福州市	7 度	0.10g	第三组	鼓楼区、台江区、仓山区、马尾区、晋安区、平潭县、福清市、长乐市
	6 度	0.05g	第三组	连江县、永泰县
	6 度	0.05g	第二组	闽侯县、罗源县、闽清县
厦门市	7 度	0.15g	第三组	思明区、湖里区、集美区、翔安区
	7 度	0.15g	第二组	海沧区
	7 度	0.10g	第三组	同安区
莆田市	7 度	0.10g	第三组	城厢区、涵江区、荔城区、秀屿区、仙游县
三明市	6 度	0.05g	第一组	梅列区、三元区、明溪县、清流县、宁化县、大田县、尤溪县、沙县、将乐县、泰宁县、建宁县、永安市
泉州市	7 度	0.15g	第三组	鲤城区、丰泽区、洛江区、石狮市　、晋江市
	7 度	0.10g	第三组	泉港区、惠安县、安溪县、永春县、南安市
	6 度	0.05g	第三组	德化县
漳州市	7 度	0.15g	第三组	漳浦县
	7 度	0.15g	第二组	芗城区、龙文区、诏安县、长泰县、东山县、南靖县、龙海市
	7 度	0.10g	第三组	云霄县
	7 度	0.10g	第二组	平和县、华安县
南平市	6 度	0.05g	第二组	政和县
	6 度	0.05g	第一组	延平区、建阳区、顺昌县、浦城县、光泽县、松溪县、邵武市、武夷山市、建瓯市
龙岩市	6 度	0.05g	第二组	新罗区、永定区、漳平市
	6 度	0.05g	第一组	长汀县、上杭县、武平县、连城县
宁德市	6 度	0.05g	第二组	蕉城区、霞浦县、周宁县、柘荣县、福安市、福鼎市
	6 度	0.05g	第一组	古田县、屏南县、寿宁县

A. 0. 14　江西省

	烈度	加速度	分组	县级及县级以上城镇
南昌市	6 度	0. 05*g*	第一组	东湖区、西湖区、青云谱区、湾里区、青山湖区、新建区、南昌县、安义县、进贤县
景德镇市	6 度	0. 05*g*	第一组	昌江区、珠山区、浮梁县、乐平市
萍乡市	6 度	0. 05*g*	第一组	安源区、湘东区、莲花县、上栗县、芦溪县
九江市	6 度	0. 05*g*	第一组	庐山区、浔阳区、九江县、武宁县、修水县、永修县、德安县、星子县、都昌县、湖口县、彭泽县、瑞昌市、共青城市
新余市	6 度	0. 05*g*	第一组	渝水区、分宜县
鹰潭市	6 度	0. 05*g*	第一组	月湖区、余江县、贵溪市
赣州市	7 度	0. 10*g*	第一组	安远县、会昌县、寻乌县、瑞金市
	6 度	0. 05*g*	第一组	章贡区、南康区、赣县、信丰县、大余县、上犹县、崇义县、龙南县、定南县、全南县、宁都县、于都县、兴国县、石城县
吉安市	6 度	0. 05*g*	第一组	吉州区、青原区、吉安县、吉水县、峡江县、新干县、永丰县、泰和县、遂川县、万安县、安福县、永新县、井冈山市
宜春市	6 度	0. 05*g*	第一组	袁州区、奉新县、万载县、上高县、宜丰县、靖安县、铜鼓县、丰城市、樟树市、高安市
抚州市	6 度	0. 05*g*	第一组	临川区、南城县、黎川县、南丰县、崇仁县、乐安县、宜黄县、金溪县、资溪县、东乡县、广昌县
上饶市	6 度	0. 05*g*	第一组	信州区、广丰区、上饶县、玉山县、铅山县、横峰县、弋阳县、余干县、鄱阳县、万年县、婺源县、德兴市

A. 0. 15　山东省

	烈度	加速度	分组	县级及县级以上城镇
济南市	7 度	0. 10*g*	第三组	长清区
	7 度	0. 10*g*	第二组	平阴县
	6 度	0. 05*g*	第三组	历下区、市中区、槐荫区、天桥区、历城区、济阳县、商河县、章丘市

续表

	烈度	加速度	分组	县级及县级以上城镇
青岛市	7 度	0.10*g*	第三组	黄岛区、平度市、胶州市、即墨市
	7 度	0.10*g*	第二组	市南区、市北区、崂山区、李沧区、城阳区
	6 度	0.05*g*	第三组	莱西市
淄博市	7 度	0.15*g*	第二组	临淄区
	7 度	0.10*g*	第三组	张店区、周村区、桓台县、高青县、沂源县
	7 度	0.10*g*	第二组	淄川区、博山区
枣庄市	7 度	0.15*g*	第三组	山亭区
	7 度	0.15*g*	第二组	台儿庄区
	7 度	0.10*g*	第三组	市中区、薛城区、峄城区
	7 度	0.10*g*	第二组	滕州市
东营市	7 度	0.10*g*	第三组	东营区、河口区、垦利县、广饶县
	6 度	0.05*g*	第三组	利津县
烟台市	7 度	0.15*g*	第三组	龙口市
	7 度	0.15*g*	第二组	长岛县、蓬莱市
	7 度	0.10*g*	第三组	莱州市、招远市、栖霞市
	7 度	0.10*g*	第二组	芝罘区、福山区、莱山区
	7 度	0.10*g*	第一组	牟平区
	6 度	0.05*g*	第三组	莱阳市、海阳市
潍坊市	8 度	0.20*g*	第二组	潍城区、坊子区、奎文区、安丘市
	7 度	0.15*g*	第三组	诸城市
	7 度	0.15*g*	第二组	寒亭区、临朐县、昌乐县、青州市、寿光市、昌邑市
	7 度	0.10*g*	第三组	高密市
济宁市	7 度	0.10*g*	第三组	微山县、梁山县
	7 度	0.10*g*	第二组	兖州区、汶上县、泗水县、曲阜市、邹城市
	6 度	0.05*g*	第三组	任城区、金乡县、嘉祥县
	6 度	0.05*g*	第二组	鱼台县
泰安市	7 度	0.10*g*	第三组	新泰市、肥城市
	7 度	0.10*g*	第二组	泰山区、岱岳区、宁阳县
	6 度	0.05*g*	第三组	东平县
威海市	7 度	0.10*g*	第一组	环翠区、文登区、荣成市
	6 度	0.05*g*	第二组	乳山市

续表

	烈度	加速度	分组	县级及县级以上城镇
日照市	8 度	0.20g	第二组	莒县
	7 度	0.15g	第三组	五莲县
	7 度	0.10g	第三组	东港区、岚山区
莱芜市	7 度	0.10g	第三组	钢城区
	7 度	0.10g	第二组	莱城区
临沂市	8 度	0.20g	第二组	兰山区、罗庄区、河东区、郯城县、沂水县、莒南县、临沭县
	7 度	0.15g	第二组	沂南县、兰陵县、费县
	7 度	0.10g	第三组	平邑县、蒙阴县
德州市	7 度	0.15g	第二组	平原县、禹城市
	7 度	0.10g	第三组	临邑县、齐河县
	7 度	0.10g	第二组	德城区、陵城区、夏津县
	6 度	0.05g	第三组	宁津县、庆云县、武城县、乐陵市
聊城市	8 度	0.20g	第二组	阳谷县、莘县
	7 度	0.15g	第二组	东昌府区、茌平县、高唐县
	7 度	0.10g	第三组	冠县、临清市
	7 度	0.10g	第二组	东阿县
滨州市	7 度	0.10g	第三组	滨城区、博兴县、邹平县
	6 度	0.05g	第三组	沾化区、惠民县、阳信县、无棣县
菏泽市	8 度	0.20g	第二组	鄄城县、东明县
	7 度	0.15g	第二组	牡丹区、郓城县、定陶县
	7 度	0.10g	第三组	巨野县
	7 度	0.10g	第二组	曹县、单县、成武县

A.0.16　河南省

	烈度	加速度	分组	县级及县级以上城镇
郑州市	7 度	0.15g	第二组	中原区、二七区、管城回族区、金水区、惠济区
	7 度	0.10g	第二组	上街区、中牟县、巩义市、荥阳市、新密市、新郑市、登封市

续表

	烈度	加速度	分组	县级及县级以上城镇
开封市	7 度	0.15g	第二组	兰考县
	7 度	0.10g	第二组	龙亭区、顺河回族区、鼓楼区、禹王台区、祥符区、通许县、尉氏县
	6 度	0.05g	第二组	杞县
洛阳市	7 度	0.10g	第二组	老城区、西工区、瀍河回族区、涧西区、吉利区、洛龙区、孟津县、新安县、宜阳县、偃师市
	6 度	0.05g	第三组	洛宁县
	6 度	0.05g	第二组	嵩县、伊川县
	6 度	0.05g	第一组	栾川县、汝阳县
平顶山市	6 度	0.05g	第一组	新华区、卫东区、石龙区、湛河区[1]、宝丰县、叶县、鲁山县、舞钢市
	6 度	0.05g	第二组	郏县、汝州市
安阳市	8 度	0.20g	第二组	文峰区、殷都区、龙安区、北关区、安阳县[2]、汤阴县
	7 度	0.15g	第二组	滑县、内黄县
	7 度	0.10g	第二组	林州市
鹤壁市	8 度	0.20g	第二组	山城区、淇滨区、淇县
	7 度	0.15g	第二组	鹤山区、浚县
新乡市	8 度	0.20g	第二组	红旗区、卫滨区、凤泉区、牧野区、新乡县、获嘉县、原阳县、延津县、卫辉市、辉县市
	7 度	0.15g	第二组	封丘县、长垣县
焦作市	7 度	0.15g	第二组	修武县、武陟县
	7 度	0.10g	第二组	解放区、中站区、马村区、山阳区、博爱县、温县、沁阳市、孟州市
濮阳市	8 度	0.20g	第二组	范县
	7 度	0.15g	第二组	华龙区、清丰县、南乐县、台前县、濮阳县
许昌市	7 度	0.10g	第一组	魏都区、许昌县、鄢陵县、禹州市、长葛市
	6 度	0.05g	第二组	襄城县
漯河市	7 度	0.10g	第一组	舞阳县
	6 度	0.05g	第一组	召陵区、源汇区、郾城区、临颍县

续表

	烈度	加速度	分组	县级及县级以上城镇
三门峡市	7 度	0.15g	第二组	湖滨区、陕州区、灵宝市
	6 度	0.05g	第三组	渑池县、卢氏县
	6 度	0.05g	第二组	义马市
南阳市	7 度	0.10g	第一组	宛城区、卧龙区、西峡县、镇平县、内乡县、唐河县
	6 度	0.05g	第一组	南召县、方城县、淅川县、社旗县、新野县、桐柏县、邓州市
商丘市	7 度	0.10g	第二组	梁园区、睢阳区、民权县、虞城县
	6 度	0.05g	第三组	睢县、永城市
	6 度	0.05g	第二组	宁陵县、柘城县、夏邑县
信阳市	7 度	0.10g	第一组	罗山县、潢川县、息县
	6 度	0.05g	第一组	浉河区、平桥区、光山县、新县、商城县、固始县、淮滨县
周口市	7 度	0.10g	第一组	扶沟县、太康县
	6 度	0.05g	第一组	川汇区、西华县、商水县、沈丘县、郸城县、淮阳县、鹿邑县、项城市
驻马店市	7 度	0.10g	第一组	西平县
	6 度	0.05g	第一组	驿城区、上蔡县、平舆县、正阳县、确山县、泌阳县、汝南县、遂平县、新蔡县
省直辖县级行政单位	7 度	0.10g	第二组	济源市

注：1. 湛河区政府驻平顶山市新华区曙光街街道；2. 安阳县政府驻安阳市北关区灯塔路街道。

A.0.17　湖北省

	烈度	加速度	分组	县级及县级以上城镇
武汉市	7 度	0.10g	第一组	新洲区
	6 度	0.05g	第一组	江岸区、江汉区、硚口区、汉阳区、武昌区、青山区、洪山区、东西湖区、汉南区、蔡甸区、江夏区、黄陂区
黄石市	6 度	0.05g	第一组	黄石港区、西塞山区、下陆区、铁山区、阳新县、大冶市

续表

	烈度	加速度	分组	县级及县级以上城镇
十堰市	7度	0.15g	第一组	竹山县、竹溪县
	7度	0.10g	第一组	郧阳区、房县
	6度	0.05g	第一组	茅箭区、张湾区、郧西县、丹江口市
宜昌市	6度	0.05g	第一组	西陵区、伍家岗区、点军区、猇亭区、夷陵区、远安县、兴山县、秭归县、长阳土家族自治县、五峰土家族自治县、宜都市、当阳市、枝江市
襄阳市	6度	0.05g	第一组	襄城区、樊城区、襄州区、南漳县、谷城县、保康县、老河口市、枣阳市、宜城市
鄂州市	6度	0.05g	第一组	梁子湖区、华容区、鄂城区
荆门市	6度	0.05g	第一组	东宝区、掇刀区、京山县、沙洋县、钟祥市
孝感市	6度	0.05g	第一组	孝南区、孝昌县、大悟县、云梦县、应城市、安陆市、汉川市
荆州市	6度	0.05g	第一组	沙市区、荆州区、公安县、监利县、江陵县、石首市、洪湖市、松滋市
黄冈市	7度	0.10g	第一组	团风县、罗田县、英山县、麻城市
	6度	0.05g	第一组	黄州区、红安县、浠水县、蕲春县、黄梅县、武穴市
咸宁市	6度	0.05g	第一组	咸安区、嘉鱼县、通城县、崇阳县、通山县、赤壁市
随州市	6度	0.05g	第一组	曾都区、随县、广水市
恩施土家族苗族自治州	6度	0.05g	第一组	恩施市、利川市、建始县、巴东县、宣恩县、咸丰县、来凤县、鹤峰县
省直辖县级行政单位	6度	0.05g	第一组	仙桃市、潜江市、天门市、神农架林区

A.0.18　湖南省

	烈度	加速度	分组	县级及县级以上城镇
长沙市	6度	0.05g	第一组	芙蓉区、天心区、岳麓区、开福区、雨花区、望城区、长沙县、宁乡县、浏阳市
株洲市	6度	0.05g	第一组	荷塘区、芦淞区、石峰区、天元区、株洲县、攸县、茶陵县、炎陵县、醴陵市
湘潭市	6度	0.05g	第一组	雨湖区、岳塘区、湘潭县、湘乡市、韶山市

续表

	烈度	加速度	分组	县级及县级以上城镇
衡阳市	6 度	0.05g	第一组	珠晖区、雁峰区、石鼓区、蒸湘区、南岳区、衡阳县、衡南县、衡山县、衡东县、祁东县、耒阳市、常宁市
邵阳市	6 度	0.05g	第一组	双清区、大祥区、北塔区、邵东县、新邵县、邵阳县、隆回县、洞口县、绥宁县、新宁县、城步苗族自治县、武冈市
岳阳市	7 度	0.10g	第二组	湘阴县、汨罗市
	7 度	0.10g	第一组	岳阳楼区、岳阳县
	6 度	0.05g	第一组	云溪区、君山区、华容县、平江县、临湘市
常德市	7 度	0.15g	第一组	武陵区、鼎城区
	7 度	0.10g	第一组	安乡县、汉寿县、澧县、临澧县、桃源县、津市市
	6 度	0.05g	第一组	石门县
张家界市	6 度	0.05g	第一组	永定区、武陵源区、慈利县、桑植县
益阳市	6 度	0.05g	第一组	资阳区、赫山区、南县、桃江县、安化县、沅江市
郴州市	6 度	0.05g	第一组	北湖区、苏仙区、桂阳县、宜章县、永兴县、嘉禾县、临武县、汝城县、桂东县、安仁县、资兴市
永州市	6 度	0.05g	第一组	零陵区、冷水滩区、祁阳县、东安县、双牌县、道县、江永县、宁远县、蓝山县、新田县、江华瑶族自治县
怀化市	6 度	0.05g	第一组	鹤城区、中方县、沅陵县、辰溪县、溆浦县、会同县、麻阳苗族自治县、新晃侗族自治县、芷江侗族自治县、靖州苗族侗族自治县、通道侗族自治县、洪江市
娄底市	6 度	0.05g	第一组	娄星区、双峰县、新化县、冷水江市、涟源市
湘西土家族苗族自治州	6 度	0.05g	第一组	吉首市、泸溪县、凤凰县、花垣县、保靖县、古丈县、永顺县、龙山县

A.0.19　广东省

	烈度	加速度	分组	县级及县级以上城镇
广州市	7 度	0.10g	第一组	荔湾区、越秀区、海珠区、天河区、白云区、黄埔区、番禺区、南沙区
	6 度	0.05g	第一组	花都区、增城区、从化区
韶关市	6 度	0.05g	第一组	武江区、浈江区、曲江区、始兴县、仁化县、翁源县、乳源瑶族自治县、新丰县、乐昌市、南雄市

续表

	烈度	加速度	分组	县级及县级以上城镇
深圳市	7 度	0.10g	第一组	罗湖区、福田区、南山区、宝安区、龙岗区、盐田区
珠海市	7 度	0.10g	第二组	香洲区、金湾区
	7 度	0.10g	第一组	斗门区
汕头市	8 度	0.20g	第二组	龙湖区、金平区、濠江区、潮阳区、澄海区、南澳县
	7 度	0.15g	第二组	潮南区
佛山市	7 度	0.10g	第一组	禅城区、南海区、顺德区、三水区、高明区
江门市	7 度	0.10g	第一组	蓬江区、江海区、新会区、鹤山市
	6 度	0.05g	第一组	台山市、开平市、恩平市
湛江市	8 度	0.20g	第二组	徐闻县
	7 度	0.10g	第一组	赤坎区、霞山区、坡头区、麻章区、遂溪县、廉江市、雷州市、吴川市
茂名市	7 度	0.10g	第一组	茂南区、电白区、化州市
	6 度	0.05g	第一组	高州市、信宜市
肇庆市	7 度	0.10g	第一组	端州区、鼎湖区、高要区
	6 度	0.05g	第一组	广宁县、怀集县、封开县、德庆县、四会市
惠州市	6 度	0.05g	第一组	惠城区、惠阳区、博罗县、惠东县、龙门县
梅州市	7 度	0.10g	第二组	大埔县
	7 度	0.10g	第一组	梅江区、梅县区、丰顺县
	6 度	0.05g	第一组	五华县、平远县、蕉岭县、兴宁市
汕尾市	7 度	0.10g	第一组	城区、海丰县、陆丰市
	6 度	0.05g	第一组	陆河县
河源市	7 度	0.10g	第一组	源城区、东源县
	6 度	0.05g	第一组	紫金县、龙川县、连平县、和平县
阳江市	7 度	0.15g	第一组	江城区
	7 度	0.10g	第一组	阳东区、阳西县
	6 度	0.05g	第一组	阳春市
清远市	6 度	0.05g	第一组	清城区、清新区、佛冈县、阳山县、连山壮族瑶族自治县、连南瑶族自治县、英德市、连州市
东莞市	7 度	0.10g	第一组	东莞市
中山市	6 度	0.05g	第一组	中山市

续表

	烈度	加速度	分组	县级及县级以上城镇
潮州市	8 度	0.20*g*	第二组	湘桥区、潮安区
	7 度	0.15*g*	第二组	饶平县
揭阳市	7 度	0.15*g*	第二组	榕城区、揭东区
	7 度	0.10*g*	第二组	惠来县、普宁市
	6 度	0.05*g*	第一组	揭西县
云浮市	6 度	0.05*g*	第一组	云城区、云安区、新兴县、郁南县、罗定市

A.0.20　广西壮族自治区

	烈度	加速度	分组	县级及县级以上城镇
南宁市	7 度	0.15*g*	第一组	隆安县
	7 度	0.10*g*	第一组	兴宁区、青秀区、江南区、西乡塘区、良庆区、邕宁区、横县
	6 度	0.05*g*	第一组	武鸣区、马山县、上林县、宾阳县
柳州市	6 度	0.05*g*	第一组	城中区、鱼峰区、柳南区、柳北区、柳江县、柳城县、鹿寨县、融安县、融水苗族自治县、三江侗族自治县
桂林市	6 度	0.05*g*	第一组	秀峰区、叠彩区、象山区、七星区、雁山区、临桂区、阳朔县、灵川县、全州县、兴安县、永福县、灌阳县、龙胜各族自治县、资源县、平乐县、荔浦县、恭城瑶族自治县
梧州市	6 度	0.05*g*	第一组	万秀区、长洲区、龙圩区、苍梧县、藤县、蒙山县、岑溪市
北海市	7 度	0.10*g*	第一组	合浦县
	6 度	0.05*g*	第一组	海城区、银海区、铁山港区
防城港市	6 度	0.05*g*	第一组	港口区、防城区、上思县、东兴市
钦州市	7 度	0.15*g*	第一组	灵山县
	7 度	0.10*g*	第一组	钦南区、钦北区、浦北县
贵港市	6 度	0.05*g*	第一组	港北区、港南区、覃塘区、平南县、桂平市
玉林市	7 度	0.10*g*	第一组	玉州区、福绵区、陆川县、博白县、兴业县、北流市
	6 度	0.05*g*	第一组	容县

续表

	烈度	加速度	分组	县级及县级以上城镇
百色市	7 度	0. 15g	第一组	田东县、平果县、乐业县
	7 度	0. 10g	第一组	右江区、田阳县、田林县
	6 度	0. 05g	第二组	西林县、隆林各族自治县
	6 度	0. 05g	第一组	德保县、那坡县、凌云县
贺州市	6 度	0. 05g	第一组	八步区、昭平县、钟山县、富川瑶族自治县
河池市	6 度	0. 05g	第一组	金城江区、南丹县、天峨县、凤山县、东兰县、罗城仫佬族自治县、环江毛南族自治县、巴马瑶族自治县、都安瑶族自治县、大化瑶族自治县、宜州市
来宾市	6 度	0. 05g	第一组	兴宾区、忻城县、象州县、武宣县、金秀瑶族自治县、合山市
崇左市	7 度	0. 10g	第一组	扶绥县
	6 度	0. 05g	第一组	江州区、宁明县、龙州县、大新县、天等县、凭祥市
自治区直辖县级行政单位	6 度	0. 05g	第一组	靖西市

A. 0. 21　海南省

	烈度	加速度	分组	县级及县级以上城镇
海口市	8 度	0. 30g	第二组	秀英区、龙华区、琼山区、美兰区
三亚市	6 度	0. 05g	第一组	海棠区、吉阳区、天涯区、崖州区
三沙市	7 度	0. 10g	第一组	三沙市[1]
儋州市	7 度	0. 10g	第二组	儋州市
省直辖县级行政单位	8 度	0. 20g	第二组	文昌市、定安县
	7 度	0. 15g	第二组	澄迈县
	7 度	0. 15g	第一组	临高县
	7 度	0. 10g	第二组	琼海市、屯昌县
	6 度	0. 05g	第二组	白沙黎族自治县、琼中黎族苗族自治县
	6 度	0. 05g	第一组	五指山市、万宁市、东方市、昌江黎族自治县、乐东黎族自治县、陵水黎族自治县、保亭黎族苗族自治县

注：1. 三沙市政府驻地西沙永兴岛。

A.0.22　重庆市

烈度	加速度	分组	县级及县级以上城镇
7 度	0.10g	第一组	黔江区、荣昌区
6 度	0.05g	第一组	万州区、涪陵区、渝中区、大渡口区、江北区、沙坪坝区、九龙坡区、南岸区、北碚区、綦江区、大足区、渝北区、巴南区、长寿区、江津区、合川区、永川区、南川区、铜梁区、璧山区、潼南区、梁平县、城口县、丰都县、垫江县、武隆县、忠县、开县、云阳县、奉节县、巫山县、巫溪县、石柱土家族自治县、秀山土家族苗族自治县、酉阳土家族苗族自治县、彭水苗族土家族自治县

A.0.23　四川省

	烈度	加速度	分组	县级及县级以上城镇
成都市	8 度	0.20g	第二组	都江堰市
	7 度	0.15g	第二组	彭州市
	7 度	0.10g	第三组	锦江区、青羊区、金牛区、武侯区、成华区、龙泉驿区、青白江区、新都区、温江区、金堂县、双流县、郫县、大邑县、蒲江县、新津县、邛崃市、崇州市
自贡市	7 度	0.10g	第二组	富顺县
	7 度	0.10g	第一组	自流井区、贡井区、大安区、沿滩区
	6 度	0.05g	第三组	荣县
攀枝花市	7 度	0.15g	第三组	东区、西区、仁和区、米易县、盐边县
泸州市	6 度	0.05g	第二组	泸县
	6 度	0.05g	第一组	江阳区、纳溪区、龙马潭区、合江县、叙永县、古蔺县
德阳市	7 度	0.15g	第二组	什邡市、绵竹市
	7 度	0.10g	第三组	广汉市
	7 度	0.10g	第二组	旌阳区、中江县、罗江县
绵阳市	8 度	0.20g	第二组	平武县
	7 度	0.15g	第二组	北川羌族自治县（新）、江油市
	7 度	0.10g	第二组	涪城区、游仙区、安县
	6 度	0.05g	第二组	三台县、盐亭县、梓潼县
广元市	7 度	0.15g	第二组	朝天区、青川县
	7 度	0.10g	第二组	利州区、昭化区、剑阁县
	6 度	0.05g	第二组	旺苍县、苍溪县
遂宁市	6 度	0.05g	第一组	船山区、安居区、蓬溪县、射洪县、大英县

续表

	烈度	加速度	分组	县级及县级以上城镇
内江市	7度	0.10*g*	第一组	隆昌县
	6度	0.05*g*	第二组	威远县
	6度	0.05*g*	第一组	市中区、东兴区、资中县
乐山市	7度	0.15*g*	第三组	金口河区
	7度	0.15*g*	第二组	沙湾区、沐川县、峨边彝族自治县、马边彝族自治县
	7度	0.10*g*	第三组	五通桥区、犍为县、夹江县
	7度	0.10*g*	第二组	市中区、峨眉山市
	6度	0.05*g*	第三组	井研县
南充市	6度	0.05*g*	第二组	阆中市
	6度	0.05*g*	第一组	顺庆区、高坪区、嘉陵区、南部县、营山县、蓬安县、仪陇县、西充县
眉山市	7度	0.10*g*	第三组	东坡区、彭山区、洪雅县、丹棱县、青神县
	6度	0.05*g*	第二组	仁寿县
宜宾市	7度	0.10*g*	第三组	高县
	7度	0.10*g*	第二组	翠屏区、宜宾县、屏山县
	6度	0.05*g*	第三组	珙县、筠连县
	6度	0.05*g*	第二组	南溪区、江安县、长宁县
	6度	0.05*g*	第一组	兴文县
广安市	6度	0.05*g*	第一组	广安区、前锋区、岳池县、武胜县、邻水县、华蓥市
达州市	6度	0.05*g*	第一组	通川区、达川区、宣汉县、开江县、大竹县、渠县、万源市
雅安市	8度	0.20*g*	第三组	石棉县
	8度	0.20*g*	第一组	宝兴县
	7度	0.15*g*	第三组	荥经县、汉源县
	7度	0.15*g*	第二组	天全县、芦山县
	7度	0.10*g*	第三组	名山区
	7度	0.10*g*	第二组	雨城区
巴中市	6度	0.05*g*	第一组	巴州区、恩阳区、通江县、平昌县
	6度	0.05*g*	第二组	南江县
资阳市	6度	0.05*g*	第一组	雁江区、安岳县、乐至县
	6度	0.05*g*	第二组	简阳市

续表

	烈度	加速度	分组	县级及县级以上城镇
阿坝藏族羌族自治州	8 度	0.20g	第三组	九寨沟县
	8 度	0.20g	第二组	松潘县
	8 度	0.20g	第一组	汶川县、茂县
	7 度	0.15g	第二组	理县、阿坝县
	7 度	0.10g	第三组	金川县、小金县、黑水县、壤塘县、若尔盖县、红原县
	7 度	0.10g	第二组	马尔康县
甘孜藏族自治州	9 度	0.40g	第二组	康定市
	8 度	0.30g	第二组	道孚县、炉霍县
	8 度	0.20g	第三组	理塘县、甘孜县
	8 度	0.20g	第二组	泸定县、德格县、白玉县、巴塘县、得荣县
	7 度	0.15g	第三组	九龙县、雅江县、新龙县
	7 度	0.15g	第二组	丹巴县
	7 度	0.10g	第三组	石渠县、色达县、稻城县
	7 度	0.10g	第二组	乡城县
凉山彝族自治州	9 度	0.40g	第三组	西昌市
	8 度	0.30g	第三组	宁南县、普格县、冕宁县
	8 度	0.20g	第三组	盐源县、德昌县、布拖县、昭觉县、喜德县、越西县、雷波县
	7 度	0.15g	第三组	木里藏族自治县、会东县、金阳县、甘洛县、美姑县
	7 度	0.10g	第三组	会理县

A.0.24　贵州省

	烈度	加速度	分组	县级及县级以上城镇
贵阳市	6 度	0.05g	第一组	南明区、云岩区、花溪区、乌当区、白云区、观山湖区、开阳县、息烽县、修文县、清镇市
六盘水市	7 度	0.10g	第二组	钟山区
	6 度	0.05g	第三组	盘县
	6 度	0.05g	第二组	水城县
	6 度	0.05g	第一组	六枝特区

续表

	烈度	加速度	分组	县级及县级以上城镇
遵义市	6度	0.05g	第一组	红花岗区、汇川区、遵义县、桐梓县、绥阳县、正安县、道真仡佬族苗族自治县、务川仡佬族苗族自治县凤、冈县、湄潭县、余庆县、习水县、赤水市、仁怀市
安顺市	6度	0.05g	第一组	西秀区、平坝区、普定县、镇宁布依族苗族自治县、关岭布依族苗族自治县、紫云苗族布依族自治县
铜仁市	6度	0.05g	第一组	碧江区、万山区、江口县、玉屏侗族自治县、石阡县、思南县、印江土家族苗族自治县、德江县、沿河土家族自治县、松桃苗族自治县
黔西南布依族苗族自治州	7度	0.15g	第一组	望谟县
	7度	0.10g	第二组	普安县、晴隆县
	6度	0.05g	第三组	兴义市
	6度	0.05g	第二组	兴仁县、贞丰县、册亨县、安龙县
毕节市	7度	0.10g	第三组	威宁彝族回族苗族自治县
	6度	0.05g	第三组	赫章县
	6度	0.05g	第二组	七星关区、大方县、纳雍县
	6度	0.05g	第一组	金沙县、黔西县、织金县
黔东南苗族侗族自治州	6度	0.05g	第一组	凯里市、黄平县、施秉县、三穗县、镇远县、岑巩县、天柱县、锦屏县、剑河县、台江县、黎平县、榕江县、从江县、雷山县、麻江县、丹寨县
黔南布依族苗族自治州	7度	0.10g	第一组	福泉市、贵定县、龙里县
	6度	0.05g	第一组	都匀市、荔波县、瓮安县、独山县、平塘县、罗甸县、长顺县、惠水县、三都水族自治县

A.0.25 云南省

	烈度	加速度	分组	县级及县级以上城镇
昆明市	9度	0.40g	第三组	东川区、寻甸回族彝族自治县
	8度	0.30g	第三组	宜良县、嵩明县
	8度	0.20g	第三组	五华区、盘龙区、官渡区、西山区、呈贡区、晋宁县、石林彝族自治县、安宁市
	7度	0.15g	第三组	富民县、禄劝彝族苗族自治县

续表

	烈度	加速度	分组	县级及县级以上城镇
曲靖市	8 度	0.20g	第三组	马龙县、会泽县
	7 度	0.15g	第三组	麒麟区、陆良县、沾益县
	7 度	0.10g	第三组	师宗县、富源县、罗平县、宣威市
玉溪市	8 度	0.30g	第三组	江川县、澄江县、通海县、华宁县、峨山彝族自治县
	8 度	0.20g	第三组	红塔区、易门县
	7 度	0.15g	第三组	新平彝族傣族自治县、元江哈尼族彝族傣自治县
保山市	8 度	0.30g	第三组	龙陵县
	8 度	0.20g	第三组	隆阳区、施甸县
	7 度	0.15g	第三组	昌宁县
昭通市	8 度	0.20g	第三组	巧家县、永善县
	7 度	0.15g	第三组	大关县、彝良县、鲁甸县
	7 度	0.15g	第二组	绥江县
	7 度	0.10g	第三组	昭阳区、盐津县
	7 度	0.10g	第二组	水富县
	6 度	0.05g	第二组	镇雄县、威信县
丽江市	8 度	0.30g	第三组	古城区、玉龙纳西族自治县、永胜县
	8 度	0.20g	第三组	宁蒗彝族自治县
	7 度	0.15g	第三组	华坪县
普洱市	9 度	0.40g	第三组	澜沧拉祜族自治县
	8 度	0.30g	第三组	孟连傣族拉祜族佤族自治县、西盟佤族自治县
	8 度	0.20g	第三组	思茅区、宁洱哈尼族彝族自县
	7 度	0.15g	第三组	景东彝族自治县、景谷傣族彝族自治县
	7 度	0.10g	第三组	墨江哈尼族自治县、镇沅彝族哈尼族拉祜族自治县、江城哈尼族彝族自治县
临沧市	8 度	0.30g	第三组	双江拉祜族佤族布朗族傣族自治县、耿马傣族佤族自治县、沧源佤族自治县
	8 度	0.20g	第三组	临翔区、凤庆县、云县、永德县、镇康县
楚雄彝族自治州	8 度	0.20g	第三组	楚雄市、南华县
	7 度	0.15g	第三组	双柏县、牟定县、姚安县、大姚县、元谋县、武定县、禄丰县
	7 度	0.10g	第三组	永仁县

续表

	烈度	加速度	分组	县级及县级以上城镇
红河哈尼族彝族自治州	8 度	0.30g	第三组	建水县、石屏县
	7 度	0.15g	第三组	个旧市、开远市、弥勒市、元阳县、红河县
	7 度	0.10g	第三组	蒙自市、泸西县、金平苗族瑶族傣族自治县、绿春县
	7 度	0.10g	第一组	河口瑶族自治县
	6 度	0.05g	第三组	屏边苗族自治县
文山壮族苗族自治州	7 度	0.10g	第三组	文山市
	6 度	0.05g	第三组	砚山县、丘北县
	6 度	0.05g	第二组	广南县
	6 度	0.05g	第一组	西畴县、麻栗坡县、马关县、富宁县
西双版纳傣族自治州	8 度	0.30g	第三组	勐海县
	8 度	0.20g	第三组	景洪市
	7 度	0.15g	第三组	勐腊县
大理白族自治州	8 度	0.30g	第三组	洱源县、剑川县、鹤庆县
	8 度	0.20g	第三组	大理市、漾濞彝族自治县、祥云县、宾川县、弥渡县、南涧彝族自治县、巍山彝族回族自治县
	7 度	0.15g	第三组	永平县、云龙县
德宏傣族景颇族自治州	8 度	0.30g	第三组	瑞丽市、芒市
	8 度	0.20g	第三组	梁河县、盈江县、陇川县
怒江傈僳族自治州	8 度	0.20g	第三组	泸水县
	8 度	0.20g	第二组	福贡县、贡山独龙族怒族自治县
	7 度	0.15g	第三组	兰坪白族普米族自治县
迪庆藏族自治州	8 度	0.20g	第二组	香格里拉市、德钦县、维西傈僳族自治县
省直辖县级行政单位	8 度	0.20g	第三组	腾冲市

A. 0. 26　西藏自治区

	烈度	加速度	分组	县级及县级以上城镇
拉萨市	9 度	0.40g	第三组	当雄县
	8 度	0.20g	第三组	城关区、林周县、尼木县、堆龙德庆县
	7 度	0.15g	第三组	曲水县、达孜县、墨竹工卡县

续表

	烈度	加速度	分组	县级及县级以上城镇
昌都市	8 度	0.20g	第三组	卡若区、边坝县、洛隆县
	7 度	0.15g	第三组	类乌齐县、丁青县、察雅县、八宿县、左贡县
	7 度	0.15g	第二组	江达县、芒康县
	7 度	0.10g	第三组	贡觉县
山南地区	8 度	0.30g	第三组	错那县
	8 度	0.20g	第三组	桑日县、曲松县、隆子县
	7 度	0.15g	第三组	乃东县、扎囊县、贡嘎县、琼结县、措美县、洛扎县、加查县、浪卡子县
日喀则市	8 度	0.20g	第三组	仁布县、康马县、聂拉木县
	8 度	0.20g	第二组	拉孜县、定结县、亚东县
	7 度	0.15g	第三组	桑珠孜区（原日喀则市）、南木林县、江孜县、定日县、萨迦县、白朗县、吉隆县、萨嘎县、岗巴县
	7 度	0.15g	第二组	昂仁县、谢通门县、仲巴县
那曲地区	8 度	0.30g	第三组	申扎县
	8 度	0.20g	第三组	那曲县、安多县、尼玛县
	8 度	0.20g	第二组	嘉黎县
	7 度	0.15g	第三组	聂荣县、班戈县
	7 度	0.15g	第二组	索县、巴青县、双湖县
	7 度	0.10g	第三组	比如县
阿里地区	8 度	0.20g	第三组	普兰县
	7 度	0.15g	第三组	噶尔县、日土县
	7 度	0.15g	第二组	札达县、改则县
	7 度	0.10g	第三组	革吉县
	7 度	0.10g	第二组	措勤县
林芝市	9 度	0.40g	第三组	墨脱县
	8 度	0.30g	第三组	米林县、波密县
	8 度	0.20g	第三组	巴宜区（原林芝县）
	7 度	0.15g	第三组	察隅县、朗县
	7 度	0.10g	第三组	工布江达县

A. 0. 27　陕西省

	烈度	加速度	分组	县级及县级以上城镇
西安市	8 度	0. 20*g*	第二组	新城区、碑林区、莲湖区、灞桥区、未央区、雁塔区、阎良区、临潼区、长安区、高陵区、蓝田县、周至县、户县
铜川市	7 度	0. 10*g*	第三组	王益区、印台区、耀州区
	6 度	0. 05*g*	第三组	宜君县
宝鸡市	8 度	0. 20*g*	第三组	凤翔县、岐山县、陇县、千阳县
	8 度	0. 20*g*	第二组	渭滨区、金台区、陈仓区、扶风县、眉县
	7 度	0. 15*g*	第三组	凤县
	7 度	0. 10*g*	第三组	麟游县、太白县
咸阳市	8 度	0. 20*g*	第二组	秦都区、杨陵区、渭城区、泾阳县、武功县、兴平市
	7 度	0. 15*g*	第三组	乾县
	7 度	0. 15*g*	第二组	三原县、礼泉县
	7 度	0. 10*g*	第三组	永寿县、淳化县
	6 度	0. 05*g*	第三组	彬县、长武县、旬邑县
渭南市	8 度	0. 30*g*	第二组	华县
	8 度	0. 20*g*	第二组	临渭区、潼关县、大荔县、华阴市
	7 度	0. 15*g*	第三组	澄城县、富平县
	7 度	0. 15*g*	第二组	合阳县、蒲城县、韩城市
	7 度	0. 10*g*	第三组	白水县
延安市	6 度	0. 05*g*	第三组	吴起县、富县、洛川县、宜川县、黄龙县、黄陵县
	6 度	0. 05*g*	第二组	延长县、延川县
	6 度	0. 05*g*	第一组	宝塔区、子长县、安塞县、志丹县、甘泉县
汉中市	7 度	0. 15*g*	第二组	略阳县
	7 度	0. 10*g*	第三组	留坝县
	7 度	0. 10*g*	第二组	汉台区、南郑县、勉县、宁强县
	6 度	0. 05*g*	第三组	城固县、洋县、西乡县、佛坪县
	6 度	0. 05*g*	第一组	镇巴县
榆林市	6 度	0. 05*g*	第三组	府谷县、定边县、吴堡县
	6 度	0. 05*g*	第一组	榆阳区、神木县、横山县、靖边县、绥德县、米脂县、佳县、清涧县、子洲县

续表

	烈度	加速度	分组	县级及县级以上城镇
安康市	7 度	0.10g	第一组	汉滨区、平利县
	6 度	0.05g	第三组	汉阴县、石泉县、宁陕县
	6 度	0.05g	第二组	紫阳县、岚皋县、旬阳县、白河县
	6 度	0.05g	第一组	镇坪县
商洛市	7 度	0.15g	第二组	洛南县
	7 度	0.10g	第三组	商州区、柞水县
	7 度	0.10g	第一组	商南县
	6 度	0.05g	第三组	丹凤县、山阳县、镇安县

A.0.28　甘肃省

	烈度	加速度	分组	县级及县级以上城镇
兰州市	8 度	0.20g	第三组	城关区、七里河区、西固区、安宁区、永登县
	7 度	0.15g	第三组	红古区、皋兰县、榆中县
嘉峪关市	8 度	0.20g	第二组	嘉峪关市
金昌市	7 度	0.15g	第三组	金川区、永昌县
白银市	8 度	0.30g	第三组	平川区
	8 度	0.20g	第三组	靖远县、会宁县、景泰县
	7 度	0.15g	第三组	白银区
天水市	8 度	0.30g	第二组	秦州区、麦积区
	8 度	0.20g	第三组	清水县、秦安县、武山县、张家川回族自治县
	8 度	0.20g	第二组	甘谷县
武威市	8 度	0.30g	第三组	古浪县
	8 度	0.20g	第三组	凉州区、天祝藏族自治县
	7 度	0.10g	第三组	民勤县
张掖市	8 度	0.20g	第三组	临泽县
	8 度	0.20g	第二组	肃南裕固族自治县、高台县
	7 度	0.15g	第三组	甘州区
	7 度	0.15g	第二组	民乐县、山丹县
平凉市	8 度	0.20g	第三组	华亭县、庄浪县、静宁县
	7 度	0.15g	第三组	崆峒区、崇信县
	7 度	0.10g	第三组	泾川县、灵台县

续表

	烈度	加速度	分组	县级及县级以上城镇
酒泉市	8 度	0.20g	第二组	肃北蒙古族自治县
	7 度	0.15g	第三组	肃州区、玉门市
	7 度	0.15g	第二组	金塔县、阿克塞哈萨克族自治县
	7 度	0.10g	第三组	瓜州县、敦煌市
庆阳市	7 度	0.10g	第三组	西峰区、环县、镇原县
	6 度	0.05g	第三组	庆城县、华池县、合水县、正宁县、宁县
定西市	8 度	0.20g	第三组	通渭县、陇西县、漳县
	7 度	0.15g	第三组	安定区、渭源县、临洮县、岷县
陇南市	8 度	0.30g	第二组	西和县、礼县
	8 度	0.20g	第三组	两当县
	8 度	0.20g	第二组	武都区、成县、文县、宕昌县、康县、徽县
临夏回族自治州	8 度	0.20g	第三组	永靖县
	7 度	0.15g	第三组	临夏市、康乐县、广河县、和政县、东乡族自治县
	7 度	0.15g	第二组	临夏县
	7 度	0.10g	第三组	积石山保安族东乡族撒拉族自治县
甘南藏族自治州	8 度	0.20g	第三组	舟曲县
	8 度	0.20g	第二组	玛曲县
	7 度	0.15g	第三组	临潭县、卓尼县、迭部县
	7 度	0.15g	第二组	合作市、夏河县
	7 度	0.10g	第三组	碌曲县

A. 0. 29　青海省

	烈度	加速度	分组	县级及县级以上城镇
西宁市	7 度	0.10g	第三组	城中区、城东区、城西区、城北区、大通回族土族自治县、湟中县、湟源县
海东市	7 度	0.10g	第三组	乐都区、平安区、民和回族土族自治县、互助土族自治县、化隆回族自治县、循化撒拉族自治县
海北藏族自治州	8 度	0.20g	第二组	祁连县
	7 度	0.15g	第三组	门源回族自治县
	7 度	0.15g	第二组	海晏县
	7 度	0.10g	第三组	刚察县

续表

	烈度	加速度	分组	县级及县级以上城镇
黄南藏族自治州	7 度	0.15g	第二组	同仁县
	7 度	0.10g	第三组	尖扎县、河南蒙古族自治县
	7 度	0.10g	第二组	泽库县
海南藏族自治州	7 度	0.15g	第二组	贵德县
	7 度	0.10g	第三组	共和县、同德县、兴海县、贵南县
果洛藏族自治州	8 度	0.30g	第三组	玛沁县
	8 度	0.20g	第三组	甘德县、达日县
	7 度	0.15g	第三组	玛多县
	7 度	0.10g	第三组	班玛县、久治县
玉树藏族自治州	8 度	0.20g	第三组	曲麻莱县
	7 度	0.15g	第三组	玉树市、治多县
	7 度	0.10g	第三组	称多县
	7 度	0.10g	第二组	杂多县、囊谦县
海西蒙古族藏族自治州	7 度	0.15g	第三组	德令哈市
	7 度	0.15g	第二组	乌兰县
	7 度	0.10g	第三组	格尔木市、都兰县、天峻县

A.0.30　宁夏回族自治区

	烈度	加速度	分组	县级及县级以上城镇
银川市	8 度	0.20g	第三组	灵武市
	8 度	0.20g	第二组	兴庆区、西夏区、金凤区、永宁县、贺兰县
石嘴山市	8 度	0.20g	第二组	大武口区、惠农区、平罗县
吴忠市	8 度	0.20g	第三组	利通区、红寺堡区、同心县、青铜峡市
	6 度	0.05g	第三组	盐池县
固原市	8 度	0.20g	第三组	原州区、西吉县、隆德县、泾源县
	7 度	0.15g	第三组	彭阳县
中卫市	8 度	0.20g	第三组	沙坡头区、中宁县、海原县

A. 0. 31 新疆维吾尔自治区

	烈度	加速度	分组	县级及县级以上城镇
乌鲁木齐市	8 度	0. 20g	第二组	天山区、沙依巴克区、新市区、水磨沟区、头屯河区、达阪城区、米东区、乌鲁木齐县[1]
克拉玛依市	8 度	0. 20g	第三组	独山子区
	7 度	0. 10g	第三组	克拉玛依区、白碱滩区
	7 度	0. 10g	第一组	乌尔禾区
吐鲁番市	7 度	0. 15g	第二组	高昌区（原吐鲁番市）
	7 度	0. 10g	第二组	鄯善县、托克逊县
哈密地区	8 度	0. 20g	第二组	巴里坤哈萨克自治县
	7 度	0. 15g	第二组	伊吾县
	7 度	0. 10g	第二组	哈密市
昌吉回族自治州	8 度	0. 20g	第三组	昌吉市、玛纳斯县
	8 度	0. 20g	第二组	木垒哈萨克自治县
	7 度	0. 15g	第三组	呼图壁县
	7 度	0. 15g	第二组	阜康市、吉木萨尔县
	7 度	0. 10g	第二组	奇台县
博尔塔拉蒙古自治州	8 度	0. 20g	第三组	精河县
	8 度	0. 20g	第二组	阿拉山口市
	7 度	0. 15g	第三组	博乐市、温泉县
巴音郭楞蒙古自治州	8 度	0. 20g	第二组	库尔勒市、焉耆回族自治县、和静镇、和硕县、博湖县
	7 度	0. 15g	第二组	轮台县
	7 度	0. 10g	第三组	且末县
	7 度	0. 10g	第二组	尉犁县、若羌县
阿克苏地区	8 度	0. 20g	第二组	阿克苏市、温宿县、库车县、拜城县、乌什县、柯坪县
	7 度	0. 15g	第二组	新和县
	7 度	0. 10g	第三组	沙雅县、阿瓦提县、阿瓦提镇
克孜勒苏柯尔克孜自治州	9 度	0. 40g	第三组	乌恰县
	8 度	0. 30g	第三组	阿图什市
	8 度	0. 20g	第三组	阿克陶县
	8 度	0. 20g	第二组	阿合奇县

续表

	烈度	加速度	分组	县级及县级以上城镇
喀什地区	9 度	0.40g	第三组	塔什库尔干塔吉克自治县
	8 度	0.30g	第三组	喀什市、疏附县、英吉沙县
	8 度	0.20g	第三组	疏勒县、岳普湖县、伽师县、巴楚县
	7 度	0.15g	第三组	泽普县、叶城县
	7 度	0.10g	第三组	莎车县、麦盖提县
和田地区	7 度	0.15g	第二组	和田市、和田县[2]、墨玉县、洛浦县、策勒县
	7 度	0.10g	第三组	皮山县
	7 度	0.10g	第二组	于田县、民丰县
伊犁哈萨克自治州	8 度	0.30g	第三组	昭苏县、特克斯县、尼勒克县
	8 度	0.20g	第三组	伊宁市、奎屯市、霍尔果斯市、伊宁县、霍城县、巩留县、新源县
	7 度	0.15g	第三组	察布查尔锡伯自治县
塔城地区	8 度	0.20g	第三组	乌苏市、沙湾县
	7 度	0.15g	第二组	托里县
	7 度	0.15g	第一组	和布克赛尔蒙古自治县
	7 度	0.10g	第二组	裕民县
	7 度	0.10g	第一组	塔城市、额敏县
阿勒泰地区	8 度	0.20g	第三组	富蕴县、青河县
	7 度	0.15g	第二组	阿勒泰市、哈巴河县
	7 度	0.10g	第二组	布尔津县
	6 度	0.05g	第三组	福海县、吉木乃县
自治区直辖县级行政单位	8 度	0.20g	第三组	石河子市、可克达拉市
	8 度	0.20g	第二组	铁门关市
	7 度	0.15g	第三组	图木舒克市、五家渠市、双河市
	7 度	0.10g	第二组	北屯市、阿拉尔市

注：1. 乌鲁木齐县政府驻乌鲁木齐市水磨沟区南湖南路街道；2. 和田县政府驻和田市古江巴格街道。

A. 0. 32　港澳特区和台湾省

	烈度	加速度	分组	县级及县级以上城镇
香港特别行政区	7 度	0.15g	第二组	香港
澳门特别行政区	7 度	0.10g	第二组	澳门

续表

	烈度	加速度	分组	县级及县级以上城镇
台湾省	9 度	0. 40g	第三组	嘉义县、嘉义市、云林县、南投县、彰化县、台中市、苗栗县、花莲县
	9 度	0. 40g	第二组	台南县、台中县
	8 度	0. 30g	第三组	台北市、台北县、基隆市、桃园县、新竹县、新竹市、宜兰县、台东县、屏东县
	8 度	0. 20g	第三组	高雄市、高雄县、金门县
	8 度	0. 20g	第二组	澎湖县
	6 度	0. 05g	第三组	妈祖县

第 2 章　建筑抗震设防思想及设计对策

2.1　建筑抗震设防思想的概念

本质上讲，建筑抗震设防思想是一个哲学问题，包括建筑抗震设防的基本原则和根本目的等，它解决的是建筑抗震设防的一些根本性问题，即为什么要进行抗震设防、进行什么样的抗震设防以及如何进行抗震设防等等。这些问题是建筑抗震设防技术对策或技术标准的根本出发点，也是落脚点，是抗震防灾技术标准的思想和灵魂；另一方面，抗震防灾技术对策服务于抗震设防思想，为实现抗震设防思想的宗旨而工作。抗震设防思想不同，相应的抗震防灾技术标准必然不同。因此，评价一个国家和地区的抗震防灾技术标准先进与否，首先应看它的抗震设防理念亦即抗震设防思想是否先进；其次是考察它的抗震设防思想落实情况，即，考察它的抗震防灾技术对策能否实现抗震设防思想的预期目标；最后，才是具体的抗震技术是否先进，即实现抗震设防目标的技术手段是否先进和“漂亮”等。

2.2　近现代建筑抗震设防思想的演化进程

近现代建筑抗震设防思想的演变，是与地震灾害的特点以及人类社会对抗震设防需求的变化紧密相连的。历史上，地震给人类社会造成的灾难莫过于人员的伤亡，尤其是像我国这样人口相对稠密、内陆型地震频繁的国家，一旦发生陆地地震或城市直下型地震，往往就会造成人员的大量伤亡。正是基于这样的地震灾害事实，近现代建筑抗震设防首先是以保障生命安全、减少人员伤亡为基本出发点。随着建筑抗震理论的不断推进和发展以及人类社会防灾需求的不断提高，在房屋建筑初步具备了预期地震下的抗倒塌能力的前提下，建筑抗震设防的目标或出发点出现了新的变化，由初期的单一水准的生命安全、向多级水准的多目标以及基于性能要求的动态目标演变。因此，近现代建筑抗震设防思想的演变也大致可以分为以下三个阶段：

2.2.1　单一目标阶段（20 世纪初期至 80 年代）

在 20 世纪 80 年代以前，国际上，建筑抗震设防的基本理念就是防止建筑物在未来预期的地震中倒塌，避免因房屋建筑倒塌造成人员的直接伤亡。这一阶段的主要标志是日本与美国建筑抗震设防理念的提出与工程实施[1]。

在日本，1915 年佐野利器根据 1906 年美国旧金山地震的经验与教训提出了水平震度法。1924 年，基于关东大地震的震害教训，日本发布了《市街地建筑物法》，要求建筑物考虑抗震，采用震度法进行设计，取 $k=0.1$。1950 年，日本发布了《建筑基准法》，一直沿用到 1981 年。在 1981 年新建筑基准法之前，日本的建筑抗震设防一直是以防止地震中建筑倒塌、避免人员的直接伤亡为宗旨的。

在美国，1929 年第一版 UBC 规范（Uniform Building Code，简称）附录中以非强制性条文的形式，给出了第一套综合性抗震设计方法，包含了地震区划、结构细部设计以及侧向抵抗力等今天仍然使用的基本概念。1933 年 Long Beach 地震后，加州采取了 Field 法案和 Riley 法案，对建筑抗震提出了强制性要求。之后，随着建筑抗震理论与技术的不断发展，美国的主要建筑规范也不断进行更新，但是直到 2009 年为止，美国建筑规范的抗震设防思想一直未发生实质性的变化，均是以防止建筑倒塌作为设防目标。

2.2.2 多水准多目标阶段（20 世纪 80~90 年代）

从 20 世纪 50 年代开始，国际建筑抗震设防理念开始发生了一些变化。随着民用核能的发展，基于核电站的安全考虑，提出了二级设计思想：要求小震下核电站不停止运转使用，大震下可安全地停止运转，且不容许破坏。这种多级设防思想首先由核电站抗震设计提出，继而在其他重大工程中得到发展和应用，最后，到 20 世纪 80 年代开始在民用建筑工程中全面实施，其主要标志是日本 1981 年新建筑基准法和我国 1989 年《建筑抗震设计规范》的发布和实施。

1. 日本的二级设计方法

日本 1981 年新建筑基准法的最主要特色之处在于，采用了二级设计方法：首先将结构物按类型和高度分为 4 类，第 4 类是高度大于 60m 的结构物，其设计应作专门研究。所谓专门研究指的是更详细的分析研究，通常要进行弹塑性时程分析，设计结果要由日本建筑中心超高层建筑结构审查委员会审查，再经建设省特批。第 1 类是高度小于 31m 的最普通的建筑结构形式，其中包括有较多剪力墙的矮房屋。日本对此类房屋有丰富的抗震经验，按第一级设计即可保证足够的抗震能力，故不要求进行第二级设计；其他两类房屋，要求进行二级设计。

所谓二级设计，是要求对建筑物先后进行两级设计。第一级是常规设计或使用极限状态设计，与日本过去所用的抗震设计方法相同，取地震力系数 $k=0.2$，其作用在于要求建筑物有足够强度，以保证小震不坏；第二级设计是倒塌极限状态设计，取地震力系数 $k=1.0$，按倒塌极限状态计算地震反应，其作用在于使结构物有足够的极限强度和极限变形能力，以保证大震不倒。

2. 中国的三水准两阶段设计方法[2]

按大小很不相同的两种地震动分别进行结构设计，要求结构处于弹性状态或不倒塌，以保证小震不坏、大震不倒意图的实现。如前所述，这种方法不是日本首创，但日本 1981 年新建筑基准法规定的更为详细明确，具体充实，更具有工程实践的可操作性。之后，我国在《89 规范》的编制过程中，也借鉴了这种二级设计思想以及美国 ATC3-06 的研究成果，并结合我国的震害经验和科研成果，进行了适当的发展和补充，形成了我们自己的三水准两阶段设计方法，即：在遭受本地区规定的基本烈度地震影响时，建筑（包括结构和非结构部分）可能有损坏，但不致危及人民生命和生产设备的安全，不需修理或稍加修理即可恢复使用；在遭受较常遇到的、低于本地区规定的基本烈度的地震影响时，建筑不损坏；在遭受预估的、高于基本烈度的地震影响时，建筑不致倒塌或发生危及人民生命财产的严重破坏。上述三点规定可概述为“小震不坏、中震可修、大震不倒”这样一句话，即《89 规范》以来，我国建设工程界秉承的抗震设防思想。

按照上述抗震设防思想，从结构受力角度看，当建筑遭遇第一水准烈度地震（小震）时，结构应处于弹性工作状态，可以采用弹性体系动力理论进行结构和地震反应分析，满足强度要求，构件应力完全与按弹性反应谱理论分析的计算结果相一致；当建筑遭遇第二水准烈度地震（中震）时，结构越过屈服极限，进入非弹性变形阶段，但结构的弹塑性变形被控制在某一限度内，震后残留的永久变形不大；当建筑遭遇第三水准烈度地震（大震）时，建筑物虽然破坏比较严重，但整个结构的非弹性变形仍受到控制，与结构倒塌的临界变形尚有一段距离，从而保障了建筑内部人员的安全。

2.2.3　动态多目标的性能化设计理念兴起与初步发展阶段（20 世纪 90 年代至今）

现行的各国抗震规范，无论是基于单一设防目标的，还是基于多水准多目标，其基本目的都是保障生命安全，然而近十几年来大震震害却显示，按现行抗震规范设计和建造的建筑物，在地震中没有倒塌、保障了生命安全，但是其破坏却造成了严重的直接和间接的经济损失，甚至影响到了社会的发展，而且这种破坏和损失往往超出了设计者、建造者和业主原先的估计。例如 1994 年 1 月 17 日美国 Northridge 地震，震级仅为 6.7 级，死亡 57 人，而由于建筑物损坏造成 1.5 万人无家可归，经济损失达 170 亿美元，这是一个震级不大，伤亡人数不多，但经济损失却非常大的地震；1995 年日本阪神（Kobe）地震，震级 7.2 级，直接经济损失高达 1000 亿美元，死亡 5438 人，震后的重建工作花费了两年多时间，耗资近 1000 亿美元。

另一方面，随着经济和现代化城市的发展，城市人口密度加大，城市设施复杂，地震造成的损失和影响会越来越大，社会和公众对建筑抗震性能的需求也逐渐呈现出层次化和多样化的趋势，不再仅仅满足于固定的设防目标要求。

基于上述两个方面的原因，20 世纪 90 年代初期美国的一些科学家和工程师首先提出了动态多目标的基于性能（Performance-Based）的建筑抗震设计理念，随后引起了我国、日本和欧洲等国家和地区同行的极大兴趣，纷纷开展多方面的研讨。目前地震工程界已经公认它将是未来抗震设计的主要方向，很多国家都积极探求如何把性能设计的概念纳入他们的结构设计规范中。

2.3 国内外建筑抗震设防思想的现状

2.3.1 我国建筑抗震设防思想现状

《建筑抗震设计规范》（GB 50011—2010）第 1.0.1 条规定：“为贯彻执行《中华人民共和国建筑法》和《中华人民共和国防震减灾法》并实行以预防为主的方针，使建筑经抗震设防后，减轻建筑的地震破坏，避免人员伤亡，减少经济损失，制定本规范。按本规范进行抗震设计的建筑，其抗震设防目标是：当遭受低于本地区抗震设防烈度的多遇地震影响时，一般不受损坏或不需修理可继续使用；当遭受相当于本地区抗震设防烈度的地震影响时，可能损坏，经一般修理或不需修理仍可继续使用；当遭受高于本地区抗震设防烈度的预估的罕遇地震影响时，不致倒塌或发生危及生命的严重破坏”。作为抗震设计规范的第一条规定，其目的是明确建筑抗震设防的政策、方针及基本目的，同时，给出了现阶段抗震设计的基本思想，即抗震设防目标问题。我国现行抗震设计规范沿用了《89 规范》的“三水准”的抗震设计思想，即通常所说的“小震不坏、中震可修、大震不倒”。正确理解三水准设防目标，需要弄清楚以下两个问题：

1. 三水准设防目标的由来及涵义

我国的《74 规范》《78 规范》曾明确规定，“建筑物遭遇到相当于设计烈度的地震影响时，建筑物允许有一定的损坏，不加修理或稍加修理仍能继续使用”。这一标准表明，当地震发生时，建筑物并不是完整无损，而是允许有一定程度的损坏，特别是考虑到强烈地震不是经常发生的，因此遭受强烈地震后，只要不使建筑物受到严重破坏或倒塌，经一般修理可继续使用，基本上可达到抗震的目的。

但是，在《74 规范》颁布之后的第二年，即 1975 年，在我国重工业区的辽宁海城发生 7.3 级大地震，1976 年又在人口稠密的唐山地区发生了 7.8 级大地震。这两次大地震的震中烈度都比预估的高，特别是唐山大地震竟比预估高出 5 度。基于这种基本烈度地震具有很大不确定性的事实，《89 规范》在修订过程提出要对 78 规范的设防标准进行适当的调整，显然是非常必要的。另一方面，在《89 规范》修订的同期，即 20 世纪 70 年后期至 80 年代中期，国际上关于建筑抗震设防思想出现了一些新的趋势，其中最具代表性的当属美国应用技术委员会（Applied Technology Council，ATC）研究报告 ATC 3-06。在总结 1971 年 San Fernando 地震经验教训，回顾、反思 1976 年以前 UBC 等规范抗震设计方法的基础上，ATC 3-06 第一次尝试性地对结构抗震设计的风险水准进行了量化，同时，还明确提出了建筑的三级性能标准：①允许建筑抵抗较低水准的地震动而不破坏；②在中等水平地震动作用下主体结构不会破坏，但非结构构件会有一些破坏；③在强烈地震作用下，建筑不会倒塌，确保生命安全。另外，对某些重要设备，特别是应急状态下对公众的安全和生命起重要作用的设备，在地震时和地震后要保持正常运行。

基于上述趋势，《89 规范》结合我国的经济能力，在《78 规范》的基础上对抗震设防标准做了如下一些规定：①在遭受本地区规定的基本烈度地震影响时，建筑（包括结构和非结构部分）可能有损坏，但不致危及人民生命和生产设备的安全，不需修理或稍加修理即可恢复使用；②在遭受较常遇到的、低于本地区规定的基本烈度的地震影响时，建筑不损坏；③在遭受预估的、高于基本烈度的地震影响时，建筑不致倒塌或发生危及人民生命财产的严重破坏。上述三点规定可概述为“小震不坏、中震可修、大震不倒”这样一句话，即《89 规范》以来，我国建设工程界秉承的三水准抗震设防思想。

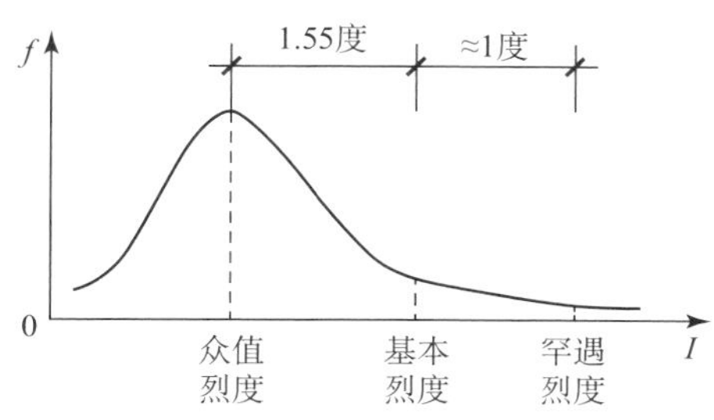

图 2.3-1　三水准烈度的对应关系

2. 关于“大震”和“小震”的界定

由于我国的地震烈度区划图或地震动参数区划图只给出了基本烈度或基本设计地震加速度，因此，为了贯彻上述三水准设防思想，首要问题是如何确定“小震”和“大震”，即多遇地震和罕遇地震的界定问题，找出它们与基本烈度地震之间的关系。《89 规范》根据对我国华北、西北和西南地区 45 座城镇地震危险性分析给出结论：多遇地震烈度可取为 50 年超越概率为 63.2%的众值烈度，其大小比基本烈度约低 1.55 度；而 50 年超越概率为 2%~3%的罕遇地震烈度约比基本烈度高一度左右（图 2.3-1）。这就是我国抗震规范沿用至今的关于“大震”和“小震”的界定。

2.3.2　国外主要抗震规范的设计思想

1. 美国

美国在 2000 年以前的建筑抗震设计规范主要有西部的 UBC、中东部的 BOCA 和南部的 SBCCI 三部，其中 UBC 规范的理论和技术相对先进，UBC 规范的抗震设计思想是，建筑结构的整体或局部在 50 年超越概率 10%（475 年重现期）的地震地面运动作用下不应倒塌。2000 年以后，上述三本建筑规范整合为 IBC 规范，并且要求全国所有地区的建筑物均应在 50 年超越概率 2%（2475 年重现期）的地震地面运动作用下不发生倒塌，从而将全国的建筑倒塌设防水准统一为 2%/50 年。2009 年以后，进一步要求全国所有的建筑在 50 年设计使用期内因地震发生倒塌的概率不能超过 1%，即美国的抗震设防思想由统一的倒塌设防水准（2%/50 年）变为统一的倒塌风险目标（1%/50 年）。

此外，2014 版洛杉矶高规，即 2014 LATBSDC Alternative Analysis and Design Procedure，对超限高层建筑明确提出了二级水准设计要求：①在频遇地震（50%/30 年，重现期 43 年）作用下，建筑结构应能保持正常使用功能，设计时需要按照正常使用极限状态的荷载组合验算该水准下的结构变形；②在极端罕遇地震（MCE_R）作用下，倒塌概率不超过 1%，设计时，按照美国 IBC-2012 的相关要求进行结构强度验算。由此可见，美国工程抗震界除了在倒塌设防理念上不断推陈出新外，在整体设防思想上也在不断汲取其他国家和地区的做法，逐步向多级设防靠拢。

2. 欧洲

欧洲的抗震设计规范 EN 1998 Eurocode 8：Design of structures for earthquake resistance 采用的两级设防思想：①防倒塌设计要求，即 No-collapse requirement，要求建筑物在 50 年超越概率 10%地震（重现期 475 年）作用下，不出现局部或整体倒塌破坏，设计时，采用该水准地震作用进行结构强度验算；②正常使用要求，即 Damage limitation requirement，要求建筑物在 10 年超越概率 10%的地震重现期 95 年）作用下，不出现损伤破坏，维持正常的使用功能，设计时，采用该水准地震作用进行结构变形验算。

3. 日本

现行的日本建筑基准法，采用的是两级设计方法：第一级是常规设计或使用极限状态设计，取地震力系数 $k=0.2$ 进行结构的强度验算，保证小震不坏；第二级设计是倒塌极限状态设计，取地震力系数 $k=1.0$ 进行结构的极限强度和极限变形验算，保证建筑物在预期的大震不发生倒塌。

2.4　我国的三水准抗震设防思想及其设计对策

抗震设防思想是编制抗震设计规范以及进行实际抗震设计所依据的技术指导思想。我国现阶段采用的基本抗震设防思想是三水准抗震设防思想，即通常所谓的“小震不坏、中震可修、大震不倒”的基本抗震设防目标，而实现这一设防思想的手段则是“两阶段设计步骤”。

我国的三水准设防思想是在《建筑抗震设计规范》（GB J11—89）中确立的，之后，《建筑抗震设计规范》（GB 50011—2001）继续采纳，《建筑抗震设计规范》（GB 50011—2010）的基本目标继续保持了《89 规范》《2001 规范》的表述。

2.4.1　三水准设防的表述

《建筑抗震设计规范》（GB 50011—2010）在第 1.0.1 条规定了三水准设防的基本目标，对三水准设防思想做出了完整的表述：

第一水准，当建筑遭受低于本地区抗震设防烈度的多遇地震影响时，主体结构不受损坏或不需进行修理可继续使用。

第二水准，当遭受相当于本地区抗震设防烈度的设防地震影响时，可能发生损坏，但经一般性修理仍可继续使用。

第三水准，当遭受高于本地区抗震设防烈度的罕遇地震影响时，不致倒塌或发生危及生命的严重破坏。

三水准基本的抗震设防目标的通俗说法为：“小震不坏、中震可修、大震不倒”。

2.4.2　三水准地震的超越概率

三水准的地震作用水平，仍按三个不同的超越概率（或重现期）来区分：

在建筑结构设计基准期 50 年内，对当地可能发生的对建筑结构有影响的各种强度（即大致为有感地震及更强烈的地震）的地震次数进行概率统计分析，小震为超越概率约 63.2%的地震烈度，对应的重现期约 50 年，是出现概率最大（统计上称为“众值”）的地震影响，规范称为“多遇地震”。

中震为超越概率约 10%的地震烈度，对应的重现期约 475 年，规范称为“设防地震”。

大震为超越概率 2%~3%（基本烈度 7 度为 3%，9 度为 2%）的地震烈度，对应的重现期约 1641~2475 年，规范称为“罕遇地震”。

2.4.3　三水准设防的建筑性能要求

“小震不坏”，指遭遇多遇地震影响时，建筑仍处于可基本正常使用状态，其损坏属于日常维修范围内，从结构抗震分析角度，可以假定结构处于弹性状态，采用弹性反应谱进行弹性分析。

“中震可修”，指遭遇设防地震影响时，结构进入非弹性工作阶段，但非弹性变形或结构体系的损坏控制在可修复的范围。

“大震不倒”，指遭遇罕遇地震影响时，结构有较大的非弹性变形，但能控制在规定的范围内，使结构不致倒塌。

2.4.4　两阶段设计步骤

第一阶段设计是承载力验算，取多遇地震的地震动参数计算结构的弹性地震作用标准值和相应的地震作用效应，继续采用《建筑结构可靠度设计统一标准》（GB 50068）规定的分项系数设计表达式进行结构构件的截面承载力抗震验算，这样，由于非抗震构件设计可靠性水准的提高而使抗震结构的可靠性也有所提高，既满足多遇地震下具有必要的承载力可靠度，又满足设防地震下损坏可修的目标。对大多数的结构，可只进行第一阶段设计，而通过概念设计和抗震构造措施定性地实现罕遇地震下的设防要求。

第二阶段设计是弹塑性变形验算，对地震时易倒塌的结构、有明显薄弱层的不规则结构以及有专门要求的建筑，除进行第一阶段设计外，还要进行结构薄弱部位的弹塑性层间变形验算并采取相应的抗震构造措施，定量地实现罕遇地震下的设防要求。

2.4.5　GB 50011—2010 关于三水准设防对策的修订与完善

为进一步完善三水准设防对策，GB 50011—2010 对《2001 规范》的相关规定进行了一系列的改进和补充。

1. 结构抗震分析方面的改进

（1）改进了不同阻尼比的设计反应谱。

《2001 规范》不同阻尼比的设计反应谱在 5s 后出现交叉，且阻尼比 0.25 的反应谱直线下降段按公式计算将变为倾斜上升段，条文硬性规定斜率为 0。2010 版修订，阻尼比 0.05

保持不变，调整后公式的形式不变，参数略有变化，使钢结构的地震作用有所减少，消能减震结构的最大阻尼比可取 0.30，除 I 类场地外，在周期 6s 以前，不同阻尼比基本不交叉。

平台段的调整数值，钢结构阻尼比 0.02 时由 1.32 降为 1.27；阻尼比 0.30 时为 0.55。

倾斜下降段的斜率，阻尼比 0.02 时由 0.024 改为 0.027，阻尼比 0.30 时为 0.002。

（2）设计特征周期的调整。

对于 I_0类场地，明确其特征周期比《2001 规范》 I 类减少 0.05s。

对于罕遇地震的特征周期，6、7 度与 8、9 度一样，也要求增加 0.05s。

（3）增加了 6 度设防的设计参数。

《2010 规范》增加了 6 度设防的一些要求，包括：不规则结构应计算地震作用；6 度最小地震剪力系数取 0.008、6 度罕遇地震影响系数最大值取 0.28 等。

（4）配合大跨屋盖建筑的设计需要，新增有关多点、多向地震输入的要求，以及竖向地震作用振型分解反应谱法、竖向地震为主的地震作用基本组合。

（5）配合钢结构构件承载力验算方法的改进，调整了钢结构构件承载力抗震调整系数 γ_{RE}的取值：强度破坏取 0.75，屈曲稳定取 0.80。

2. 抗震概念设计和建筑结构延性设计要求方面的改进

1）不规则建筑抗震概念设计的改进

《2010 规范》明确，规范 3.4.3 条的规定，只是主要的不规则类型而不是全部。

在《2001 规范》（2008 年局部修订版）的基础上，参照 IBC 的规定，明确将扭转位移比不规则判断的计算方法，改为“在规定的水平力作用下并考虑偶然偏心”，以避免位移按振型分解反应谱组合时出现刚性楼盖边缘中部的位移大于角点位移的不合理现象。

对于扭转位移比的上限 1.5，明确在层间位移很小的情况下，采取措施可予以放宽。

对于竖向不连续构件传递给水平转换构件的地震内力调整系数，参照 IBC 的规定，将上限 1.5 提高到 2.0。

2）钢筋混凝土结构的抗震等级划分、内力调整和构造措施的改进

（1）抗震等级的高度分界。

配合建筑设计通则中关于高层建筑的高度划分，增加了 24m 作为钢筋混凝土结构的抗震等级划分的一个指标。还补充了 8 度（0.30g）的最大适用高度规定。

（2）提高框架结构强柱弱梁、强剪弱弯内力调整和构造要求。

根据汶川地震的经验，比《2001 规范》提高了框架结构中框架柱的内力调整系数，而其他各类结构中框架柱的内力调整系数保持不变。

《2001 规范》还规定，甲、乙类框架结构不得采用单跨；框架结构柱的最小截面尺寸，除不超过 2 层和四级外，比《2001 规范》增加 100mm；柱纵向受力钢筋的最小总配筋率比一般框架增加 0.1%、最大轴压比控制比 2001 版加严 0.05。

此外，柱体积配箍率计算时，对是否扣除箍筋重叠的部分不做要求。

（3）提高抗震墙的构造要求。

《2001 规范》明确规定，抗震墙厚度可按无支长度控制，提高了最小分布钢筋直径的要求，并要求在小震下不宜出现小偏心受拉。

对于《2001 规范》执行中意见较多的约束边缘构件，《2010 规范》提出了按轴压比适当减小配箍特征值的改进方法：轴压比为约束边缘构件上限时，保持《2001 规范》的 0.20；当轴压比为约束边缘构件下限时，取 0.12。

（4）对于框架与抗震墙组成的结构，明确区分为三种情况：框架所占比例很小时属于抗震墙结构范畴；墙体所占比例很小时属于框架结构范畴；一般的框架抗震墙结构，指墙体分配的倾覆力矩占总地震倾覆力矩的 50%以上。为提高框架-筒体结构的多道防线，其框架部分按刚度分配的最大楼层地震剪力，不宜小于结构总地震剪力的 10%；当小于 10%时，框架应承担总地震剪力的 15%，且筒体承担的地震作用和构造也需要适当加强。

（5）对板柱结构，继续要求设置抗震墙；《2010 规范》放松了《2001 规范》最大适用高度控制；当高度不大于 12m 时，不要求墙体承担全部地震作用。

3）砌体结构总高度、结构布置和构造柱（芯柱）设置的改进

（1）砌体房屋的使用范围控制仍保持层数和总高度双控。降低了 6 度设防的普通砖房屋的最大高度限值，补充了 0.15g 和 0.30g 的高度控制要求；并根据试设计的结果，调整了横墙较少房屋的高度控制—改为 6、7 度时丙类建筑，采取加强措施可与一般房屋有相当的高度和层数。

（2）补充了墙体布置规则性的有关规定。包括：减少最大横墙间距，局部尺寸放松时不小于规定的 80%，纵向墙体开洞面积控制，以及不应布置转角窗等。

（3）在《2001 规范》（2008 年局部修订版）的基础上，进一步提高和细化构造柱设置和构造要求，小砌块房屋楼梯间的芯柱要求，也与砖房一样提高。

（4）加强底框房屋的设计要求：底层的砌体抗震墙仅用于 6 度设防；底框房屋次梁托墙的数量和位置，严格控制在楼梯间附近等个别轴线处；过渡层墙体需形成约束砌体的要求等。

（5）配筋小砌块房屋，按《2010 规范》加强抗震措施后高度控制有所放宽，也可用于 9 度设防。墙体要求满灌，短肢小砌块墙严格控制，增加约束边缘构件和三级墙肢的体积配筋率。

4）钢结构的抗震等级、内力调整和构造措施的改进

（1）补充 0.15g 和 0.30g 最大适用高度的规定。

（2）新增钢结构抗震等级划分的规定，以 50m 为界，按设防类别、设防烈度和高度划分为四个抗震等级，规定相应的内力调整和构造要求。

（3）参考国外规范，将《2001 规范》的内力增大系数按四个抗震等级归纳整理，并修改了钢结构构件的承载力抗震调整系数，使之更为配套、合理。

（4）将《2001 规范》的构件长细比、板件宽厚比等构造要求，重新按四个抗震等级归纳整理。

（5）调整了钢结构的阻尼比，按高度的不同分别取 0.02、0.03 和 0.04。当偏心支撑承担的地震倾覆力矩大于总地震倾覆力矩 50%时，阻尼比尚可增加 0.005。

（6）对单层钢结构厂房，补充了柱间支撑的设计要求，调整了屋盖支撑构造和构件长细比要求，并按地震作用是否控制确定板件宽厚比等构造要求。

（7）增加了关于约束屈曲支撑的基本设计方法。

3. 隔震建筑相关规定的调整

（1）隔震减震设计，不限于《2001 规范》的 8、9 度设防区。

（2）隔震设计不要求隔震前结构的基本周期小于 1.0s，大底盘顶的塔类结构也可采用隔震设计；但保持《2001 规范》隔震后的地震作用需满足各类结构共同的最小值控制要求，且高宽比不大于 4，大震时严格控制隔震垫的拉应力。

（3）修改了水平向减震系数的定义—直接取各层地震剪力（或倾覆力矩）在隔震后与隔震前的最大比值，调整了 2001 版隔震后水平地震作用的取值，并依据该系数简化隔震后结构的抗震措施。

（4）根据相关产品标准和工程实践，调整了《2001 规范》关于隔震、减震元件性能检验的规定。

4. 新增若干类结构的抗震设计规定

1）大跨度屋盖建筑（《2010 规范》第 10.2 节）

《2010 规范》规定了刚性大跨钢结构屋盖建筑的抗震设计要求，主要包括：屋盖选型、分类（单向传力类和空间传力类），计算模型、多向和多点输入要求、阻尼比确定方法、挠度控制和关键构件应力比控制，以及屋盖构件节点和支座的基本构造要求。

2）地下空间建筑（《2010 规范》第 14 章）

《2010 规范》规定了地下建筑抗震设计的范围和基本要求，包括：地基选型、结构布置，计算模型和地震作用计算方法，以及不同于地上建筑的抗震构造要求。

3）框排架厂房（《2010 规范》附录 H）

《2010 规范》提出了框排架混凝土和钢结构厂房，包括左右并列和上排下框厂房的基本设计要求，主要明确不同于一般多层框架厂房、一般排架厂房的抗震设计要点：结构布置、重力荷载取值、贮仓竖壁影响、短柱、牛腿等设计，以及屋盖支撑和柱间支撑的构造要求。

4）钢支撑-混凝土框架和钢框架-混凝土筒体结构（《2010 规范》附录 G）

对于高度大于混凝土框架、筒体的结构，部分采用钢结构提高抗震性能后，总高度可有所增加。《2010 规范》规定了一些基本设计要求，包括：抗震等级、结构布置、地震作用在钢结构和混凝土结构之间的分配和调整，结构总体计算的阻尼比、不同结构材料连接部位的构造等。

2.5 建筑抗震性能化设计方法

2.5.1 结构抗震设计方法的发展

结构抗震设计方法的发展历史是人们对地震作用和结构抗震能力认识不断深化的过程。对结构抗震设计方法发展历史的回顾，有助于对结构抗震原理的认识。

结构抗震设计方法经历了静力法、反应谱法、延性设计法、基于能量平衡的极限设计法、能力设计法、基于损伤设计法和近年来正在发展的基于性能/位移设计法几个阶段。有些设计方法的发展阶段相互交错，并相互渗透。

1. 基于承载力设计方法

基于承载力设计方法又可分为静力法和反应谱法。结构抗震计算和设计始于 20 世纪初，将地震作用看成是作用在结构上的一个总水平力，并取为建筑物总重量乘以一个地震系数，这即是静力法。静力法没有考虑结构的动力效应，即认为结构在地震作用下，随地基做整体水平刚体移动，其运动加速度等于地面运动加速度，由此产生的水平惯性力，沿建筑高度均匀分布。根据结构动力学的观点，地震作用下结构的动力效应，即结构上质点的地震反应加速度不同于地面运动加速度，而是与结构自振周期和阻尼比有关。采用动力学的方法可以求得不同周期单自由度弹性体系质点的加速度反应。以地震加速度反应为纵坐标，以体系的自振周期为横坐标，所得到的关系曲线称为地震加速度反应谱，以此来计算地震作用引起的结构上的水平惯性力更为合理，这即是反应谱法。结构可以简化为多自由度体系，多自由度体系的反应可以用振型组合由多个单自由度体系的反应求得。然而，静力法和早期的反应谱法都是以惯性力的形式来反映地震作用，并按弹性方法来计算结构地震作用效应。当遭遇超过设计烈度的地震作用，结构进入弹塑性状态，这种方法显然无法应用。

2. 基于承载力和构造保证延性设计方法

由于结构非弹性地震反应分析的困难，因此只能根据震害经验采取必要的构造措施来保证结构自身的非弹性变形能力，以适应和满足结构非弹性地震反应的需求。而结构的抗震设计方法仍采用小震下按弹性反应谱计算的地震力来确定结构的承载力。

与考虑地震重现期的抗震设防目标相结合，采用反应谱的基于承载力和构造保证延性设计方法成为目前各国抗震设计规范的主要方法。应该说这种设计方法是在对结构非弹性地震反应尚无法准确预知情况下的一种以承载力设计为主方法。

3. 基于损伤和能量的设计方法

在超过设防地震作用下，虽然非弹性变形对结构抗震和防止结构倒塌有着重要作用，但结构自身将因此产生一定程度的损伤。当非弹性变形超过结构自身非弹性变形能力时，则会导致结构的倒塌。因此，对结构在地震作用下非弹性变形以及由此引起的结构损伤就成为结构抗震研究的一个重要方面，并由此形成基于结构损伤的抗震设计方法。由于涉及结构损伤机理较为复杂，如需要确定结构非弹性变形以及累积滞回耗能等指标，同时结构达到破坏极限状态时的阈值与结构自身设计参数关系的也有许多问题未得到很好的解决。

从能量观点来看，结构能否抵御地震作用而不产生破坏，主要在于结构能否以某种形式耗散地震输入到结构中的能量。地震对体系输入能量最终由体系的阻尼、体系的塑性变形和滞回耗能所耗散。因此，从能量观点来看，只要结构的阻尼耗能与体系的塑性变形耗能和滞回耗能能力大于地震输入能量，结构即可有效抵抗地震作用，不产生倒塌。由此形成了基于能量平衡的极限设计方法。

基于能量平衡概念来理解结构的抗震原理简洁明了，但将其作为实用抗震设计方法仍有许多问题尚待解决，如地震输入能量谱、体系耗能能力、阻尼耗能和塑性滞回耗能的分配，以及塑性滞回耗能体系内的分布规律。

4. 能力设计方法

20 世纪 70 年代后期，新西兰 T. Paulay 和 R. Park 提出了保证钢筋混凝土结构具有足够弹塑性变形能力的能力设计方法。该方法的核心是：①引导框架结构或框架–剪力墙（核心筒）结构在地震作用下形成梁铰机构，即控制塑性变形能力大的梁端先于柱出现塑性铰，即所谓“强柱弱梁”；②避免构件（梁、柱、墙）剪力较大的部位在梁端达到塑性变形能力极限之前发生非延性破坏即控制脆性破坏形式的发生，即所谓“强剪弱弯”；③通过各类构造措施保证将出现较大塑性变形的部位确实具有所需要的非弹性变形能力。到 20 世纪 80 年代，各国规范均在不同程度上采用了能力设计方法的思路。

5. 基于性能/位移设计方法

在现代化充分发展的今天，研究人员意识到再单纯强调结构在地震作用下不严重破坏和不倒塌，已不是一种完善的抗震思想，不能适应现代工程结构抗震需求。在这样的背景下，美、日学者提出了基于性能的抗震设计思想。基于性能设计的基本思想就是使所设计的工程结构在使用期间满足各种预定的性能目标要求，而具体性能要求可根据建筑物和结构的重要性确定。现行设计理论是以保证人的生命安全为目的的一级设计理论，而结构性能设计理论所确定的抗震性能目标包含人身安全与财产损失两方面。这一理论认为，影响人身安全的结构失效是财产损失的一部分；而因结构地震反应引起的非主体结构的损失和内部设施的损失，同样在财产损失中占有很大比重，同时它也对人身安全造成严重威胁。因此，应在设计中进行全面费效分析，选择经济效果最优的抗震设计方案，不能仅偏重人身安全，而低估其他损失，造成投资虽省一点，但地震损失却大得令业主难以忍受的后果。结构的抗震能力不是设计完成后的抗震验算的结果，而是按选定的抗震性能目标进行设计，因此，结构在未来地震中的抗震能力是可预期的。应该说，基于性能抗震设计是比单一抗震设防目标推广了的新理念，或者说是它给了设计人员一定“自主选择”抗震设防标准的空间。

2.5.2　结构抗震设计方法的比较

我国现行规范为了实现三水准的抗震设防目标，采用两阶段的抗震设计。第一阶段设计主要是结构构件承载力计算和弹性变形验算，采用多遇烈度的地震参数，按弹性反应谱计算结构的地震作用标准值和相应的地震作用效应（内力和变形），将地震作用效应与相应的重力荷载效应组合，据此进行构件截面承载力计算；通过概念设计（如采取内力调整和相应的抗震构造措施）来满足第二水准和第三水准地震的宏观性能控制要求。第二阶段设计是结构在大震作用下的弹塑性变形验算，对复杂和有特殊要求的建筑结构，按罕遇烈度的地震参数计算水平地震作用，据此对结构进行弹塑性变形验算；要求其薄弱部位应满足在预期的大震作用下不倒塌的弹塑性位移限值，并采取专门的抗震构造措施。

由于用承载力作为单独的指标难以全面描述结构的非弹性性能及破损状态，而用能量和损伤指标又难以实际应用，因此目前基于性能抗震设计方法的研究主要用位移指标对结构的抗震性能进行控制，根据预先选择的性能目标，用量化的位移指标确定结构的目标侧移曲线，据此计算等效单自由度体系的等效参数及原多自由度体系的基底剪力和各质点的水平地震作用；然后对结构进行刚度设计和承载力设计；对如此设计的结构进行推覆分析（静力弹塑性分析），将结构推覆至某一层或几层达到目标侧移时的侧移曲线与初始目标侧移曲线比较，若两者基本符合，则上述设计结果有效，否则应重新设计，直至满意为止。在上述计算中，如要求结构在多遇地震下达到某一性能水平，则按多遇烈度的地震参数计算结构的基底剪力和各质点的水平地震作用；同样，如要求结构在基本烈度或罕遇地震作用下达到某一性能水平，则按基本烈度或罕遇烈度的地震参数计算结构的基底剪力和各质点的水平地震作用。由上述可见：

（1）现行规范的设计方法是基于承载力的设计，虽然也进行变形验算，但只是将变形作为校核手段，设计人员和业主不清楚结构的性能水平。

（2）基于性能/位移的抗震设计一开始就将位移作为设计变量，其设计过程就是对结构性能目标的控制过程，因此，结构在未来地震中的性态是可以预测的。

（3）现行规范仅要求计算小震作用下结构构件的承载力和验算大震作用下结构的弹塑性变形，对中震作用下的结构性态未进行控制。而基于性能的抗震设计，要求对不同的地震设防水准、不同的性能水平均应进行控制。

现行规范规定的构件截面的抗震构造措施，主要是根据结构类型和重要性、房屋高度、地震烈度、场地类别等因素确定，是对结构抗震性能的宏观定性控制。设计人员被动地采取抗震构造措施，并不清楚在采取了这些措施以后，结构在地震时的性能如何。基于性能的抗震设计是根据结构在一定强度地震作用下的变形需求，通过对构件截面进行变形能力设计，使结构有能力达到预期的性能水平。这样可以把结构的性能目标要求与抗震措施联系起来，是一种定量的抗震措施，设计人员主动通过抗震措施来控制结构的抗震性能，因而对结构在未来地震时的性能比较清楚。与现行抗震设计方法相比，基于性能的抗震设计理念更科学、更合理。

2.5.3　性能化设计原则

《建筑抗震设计规范》（GB 50011—2010）提供了关于性能化设计的原则规定和参考指标，包括：性能化设计的地震动水准、预期破坏状态、结构和非结构的承载力水平和相应的变形控制要求，弹塑性分析的模型和基本分析方法，并提供了结构构件、非结构构件性能化设计的一些参考指标——承载力达到高、中、低的划分指标，延性要求高、中、低的抗震等级，层间位移角与破坏状态的对应关系，非结构构件性能系数等等。

（1）当建筑结构采用抗震性能化设计时，应根据其抗震设防类别、设防烈度、场地条件、结构类型和不规则性，建筑使用功能和附属设施功能的要求、投资大小、震后损失和修复难易程度等，对选定的抗震性能目标提出技术和经济可行性综合分析和论证。应根据实际需要和可能，具有针对性：可分别选定针对整个结构、结构的局部部位或关键部位、结构的关键部件、重要构件、次要构件以及建筑构件和机电设备支座的性能目标。

（2）建筑结构的抗震性能化设计应符合下列要求：

①选定地震动水准。对设计使用年限 50 年的结构，可选用《2010 规范》的多遇地震、设防地震和罕遇地震的地震作用，其中，设防地震的加速度应按规范表 3.2.2 的设计基本地震加速度采用，设防地震的地震影响系数最大值，6 度、7 度（0.10g）、7 度（0.15g）、

8 度（0.20g）、8 度（0.30g）、9 度可分别采用 0.12、0.23、0.34、0.45、0.68 和 0.90。对设计使用年限超过 50 年的结构，宜考虑实际需要和可能，经专门研究后对地震作用做适当调整。对处于发震断裂两侧 10km 以内的结构，地震动参数应计入近场影响，5km 以内宜乘以增大系数 1.5，5km 以外宜乘以不小于 1.25 的增大系数。

②选定性能目标。即对应于不同地震动水准的预期损坏状态或使用功能，应不低于规范第 1.0.1 条对基本设防目标的规定。

③选定性能设计指标。设计应选定分别提高结构或其关键部位的抗震承载力、变形能力或同时提高抗震承载力和变形能力的具体指标，尚应计及不同水准地震作用取值的不确定性而留有余地。宜确定在不同地震动水准下结构不同部位的水平和竖向构件承载力的要求（含不发生脆性剪切破坏、形成塑性铰、达到屈服值或保持弹性等）；宜选择在不同地震动水准下结构不同部位的预期弹性或弹塑性变形状态，以及相应的构件延性构造的高、中、低要求。当构件的承载力明显提高时，相应的延性构造可适当降低。

（3）建筑结构的抗震性能化设计的计算应符合下列要求：

①分析模型应正确、合理地反映地震作用的传递途径、楼盖在不同地震动水准下是否整体或分块处于弹性工作状态。

②弹性分析可采用线性方法，弹塑性分析可根据性能目标所预期的结构弹塑性状态，分别采用增加阻尼的等效线性化方法以及静力或动力非线性分析方法。

③结构非线性分析模型相对于弹性分析模型可有所简化，但二者在多遇地震下的线性分析结果应基本一致；应计入重力二阶效应、合理确定弹塑性参数，应依据构件的实际截面、配筋等计算承载力，可通过与理想弹性假定计算结果的对比分析，着重发现构件可能破坏的部位及其弹塑性变形程度。

（4）建筑构件和建筑附属设备支座抗震性能设计：

各类建筑构件在强烈地震下的性能，一般允许其损坏大于结构构件，在大震下损坏不对生命造成危害。固定于结构的各类机电设备，则需考虑使用功能保持的程度，如检修后照常使用、一般性修理后恢复使用、更换部分构件的大修后恢复使用等。建筑构件和建筑附属设备抗震计算可采用楼面谱方法。

建筑抗震性能化设计包含了结构和非结构抗震性能化设计，《建筑抗震设计规范》（GB 50011—2010）附录 M 给出了实现抗震性能设计目标的参考方法。

2.5.4 建筑抗震性能化设计基本流程与示例

抗震性能化设计仍然是以现有的抗震科学水平和经济条件为前提的，一般需要综合考虑使用功能、设防烈度、结构的不规则程度和类型、结构发挥延性变形的能力、造价、震后的各种损失及修复难度等等因素。不同的抗震设防类别，其性能设计要求也有所不同。性能化设计基本的设计框图如图 2.5－1。

鉴于目前强烈地震下结构非线性分析方法的计算模型和计算参数的选用尚存在不少经验因素，缺少从强震记录、设计施工资料到实际震害的详细验证，对结构性能的判断难以十分准确，因此在性能设计指标的选用中宜偏于安全一些。

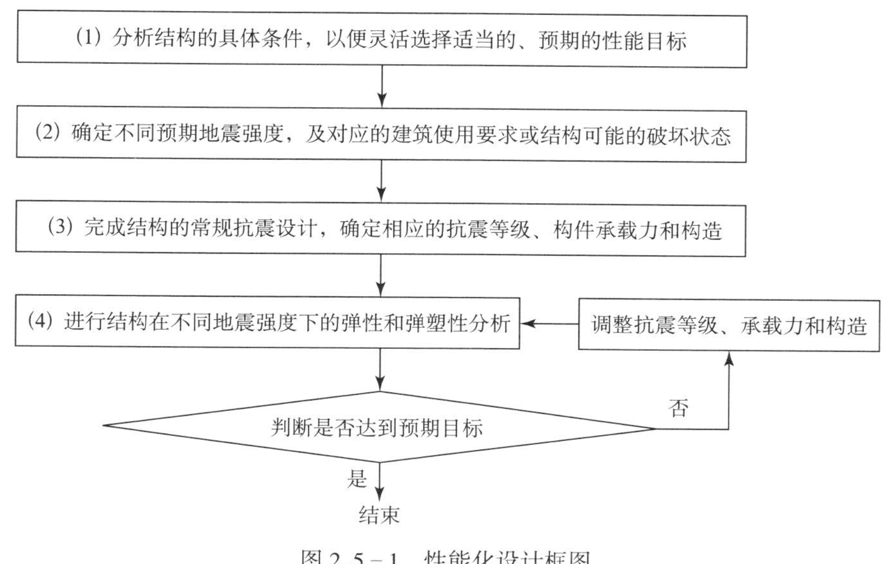

图 2.5－1　性能化设计框图

1. 针对性和灵活性

建筑的抗震性能化设计，立足于承载力和变形能力的综合考虑，具有很强的针对性和灵活性。针对具体工程的需要和可能，可以对整个结构，也可以对某些部位或关键构件，灵活运用各种措施达到预期的性能目标——着重提高抗震安全性或满足使用功能的专门要求。

例如，可以根据楼梯间作为“抗震安全岛”的要求，提出确保大震下楼梯间具有安全避难通道的具体目标和性能要求；可以针对特别不规则、复杂建筑结构的具体情况，对抗侧力结构的水平构件和竖向构件分别提出相应的性能目标，提高其整体或关键部位的抗震安全性；也可以针对水平转换构件，为确保大震下自身及相关构件的安全而提出大震下的性能目标；对于地震时需要连续工作的机电设施，其相关部位的层间位移需满足设备运行所需的层间位移限值的专门要求；其他情况，可对震后的残余变形提出满足设施检修后运行的位移要求，也可提出大震后可修复运行的位移要求。建筑构件采用与结构构件柔性连接，只要可靠拉结并留有足够的间隙，如玻璃幕墙与钢框之间预留变形缝隙，震害经验表明，幕墙在结构总体安全时可以满足大震后继续使用的要求。还可以提高结构在罕遇地震下的层间位移控制值，如国外对抗震设防类别高的建筑，其弹塑性层间位移角比普通建筑的规定值减少20%～50%。

2. 可供选择的性能目标

抗震性能化设计，要尽可能达到可操作性——相对定量的预期地震水准、结构破坏状态和使用功能保持程度。

（1）鉴于地震具有很大的不确定性，性能化设计首先需要估计在结构设计使用年限内可能遭遇的各种水准的地震影响，通常可取规范所规定的三个水准的地震影响，在必要时还需要考虑近场地震的影响。结构设计使用年限是国务院《建设工程质量管理条例》规定的在设计时考虑施工完成后正常使用、正常维护情况下不需要大修仍可完成预定功能的保修年限，国内外的一般建筑结构均取 50 年。结构抗震设计的基准期是抗震规范确定地震作用取值时选用的统计时间参数，也取为 50 年，即地震发生的超越概率是按 50 年统计的。对于设计使用年限不同于 50 年的结构，其地震作用需要做适当调整，取值经专门研究提出并按规定的权限批准后确定。当缺乏当地的相关资料时，可参考《建筑工程抗震性态设计通则（试用）》的附录 A，其调整系数的范围大体是：设计使用年限 70 年，取 1.15~1.2；100 年取 1.3~1.4。

（2）建筑结构遭遇各种水准的地震影响时，其可能的损坏状态和继续使用的可能，通常采用与《89 规范》配套的《建筑地震破坏等级划分标准》（建设部 90 建抗字 377 号）作为评判的依据。该文件已经明确划分了多类房屋（普通砖房、混凝土框架、底层框架砖房、单层工业厂房、单层空旷房屋等）的地震破坏分级和地震直接经济损失估计方法，总体上可分为五级（表 2.5－1），与此后国外标准的相关描述不完全相同。

表 2.5－1　建筑地震破坏等级划分简表

名称	破坏描述	继续使用的可能性	变形参考值
基本完好（含完好）	承重构件完好；个别非承重构件轻微损坏；附属构件有不同程度破坏	一般不需修理即可继续使用	<$[\Delta u_e]$
轻微损坏	个别承重构件轻微裂缝（对钢结构构件指残余变形），个别非承重构件明显破坏；附属构件有不同程度破坏	不需修理或需稍加修理，仍可继续使用	1.5~2$[\Delta u_e]$
中等破坏	多数承重构件轻微裂缝（或残余变形），部分明显裂缝（或残余变形）；个别非承重构件严重破坏	需一般修理，采取安全措施后可适当使用	3~4$[\Delta u_e]$
严重破坏	多数承重构件严重破坏或部分倒塌	应排险大修，局部拆除	<0.9$[\Delta u_p]$
倒塌	多数承重构件倒塌	需拆除	>$[\Delta u_p]$

注：个别指 5%以下，部分指 5%~30%，多数指 50%以上。
中等破坏的变形参考值，大致取规范弹性和弹塑性位移角限值的平均值，轻微损坏取 1/2 平均值。

对于每个预期水准的地震，结构的破坏和可否继续使用的情况均可参照上述等级加以划分。于是，建筑结构在不同地震水准下可供选定的高于常规设计的一般情况的预期性能目标可大致归纳如表 2.5－2 的四个性能目标。

表 2.5－2　预期性能目标描述

地震水准	性能目标 1	性能目标 2	性能目标 3	性能目标 4
多遇地震	完好	完好	完好	完好
设防地震	完好，正常使用	基本完好，检修后继续使用	轻微损坏，简单修理后继续使用	轻微至接近中等损坏，变形<3$[\Delta u_e]$

续表

地震水准	性能目标 1	性能目标 2	性能目标 3	性能目标 4
罕遇地震	基本完好，检修后继续使用	轻微至中等破坏，修复后继续使用	其破坏需加固后继续使用	接近严重破坏，大修后继续使用

表 2.5－2 中有关完好、基本完好、轻微损坏、中等破坏和接近严重破坏相应的构件承载力和变形状态可描述如下：

完好，即所有构件保持弹性状态：各种承载力设计值（拉、压、弯、剪、压弯、拉弯、稳定等）满足规范对抗震承载力的要求 $S<R/\gamma_{RE}$，层间变形（以弯曲变形为主的结构宜扣除整体弯曲变形）满足规范多遇地震下的位移角限值 $[\Delta u_e]$。显然，这是各种预期性能目标在多遇地震下的基本要求——多遇地震下必须满足规范所规定的承载力和弹性变形的要求。

基本完好，即构件基本保持弹性状态：各种承载力设计值基本满足规范对抗震承载力的要求 $S\leqslant R/\gamma_{RE}$（其中的效应 S 不含抗震等级的调整系数），层间变形可能略微超过弹性变形限值。

轻微损坏，即结构构件可能出现轻微的塑性变形，但不达到屈服状态，按材料标准值计算的承载力大于作用标准组合的效应。

中等破坏，部分结构构件出现明显的塑性变形，但总体上控制在一般加固即可恢复使用的范围。

不严重破坏，结构多数关键的竖向构件出现明显的残余变形，部分水平构件可能失效需要更换，经过大修加固后可恢复使用。

（3）实现上述性能目标，需要落实到具体设计指标，即各个地震水准下构件的承载力、变形和细部构造的指标。仅提高承载力时，安全性有相应提高，但使用上的变形要求不一定满足；仅提高变形能力，则结构在小震、中震下的损坏情况大致没有改变，但抗御大震倒塌的能力提高。因此，性能设计目标往往侧重于通过提高承载力推迟结构进入塑性工作阶段并减少塑性变形，必要时还需同时提高刚度以满足使用功能的变形要求，而变形能力的要求——抗震延性构造可根据结构及其构件在中震、大震下进入弹塑性的程度加以调整。例如：

对性能目标 1，结构构件在预期大震下仍基本处于弹性状态，则其细部构造仅需要满足最基本的构造要求，工程实例表明，采用隔震、减震技术或低烈度设防且风力很大时有可能实现；条件许可时，也可对某些关键构件提出这个性能目标。

对性能目标 2，结构构件在中震下完好，在预期大震下可能屈服，其细部构造需满足低延性的要求。例如，某 6 度设防的核心筒－外框结构，其风力是小震的 2.4 倍，风荷载下的层间位移是小震的 2.5 倍。结构所有构件的承载力和层间位移均可满足中震（不计入风载效应组合）的设计要求；考虑水平构件在大震下损坏使刚度降低和阻尼加大，按等效线性化方法估算，竖向构件的最小极限承载力仍可满足大震下的验算要求。于是，结构总体上可达到性能目标 2 的要求。

对性能目标 3，在中震下已有轻微塑性变形，大震下有明显的塑性变形，因而，其细部构造需要满足中等延性的构造要求。

对性能目标 4，在中震下的损坏已大于性能 3，结构总体的抗震承载力仅略高于一般情况，因而，其细部构造仍需满足高延性的要求。

3. 性能化设计计算的注意事项

抗震性能化设计时，计算分析的主要工具是结构的弹塑性分析。一般情况，应考虑构件在强烈地震下进入弹塑性工作阶段和重力二阶效应。鉴于目前的构件弹塑性参数、分析软件对构件裂缝的闭合状态和残余变形、结构自身阻尼系数、施工图中构件实际截面、配筋与计算取值的差异等等的处理，还需要进一步研究和改进，当预期的弹塑性变形不大时，可利用等效阻尼等模型简化估算。为了判断弹塑性计算结果的可靠程度，建议借助于理想弹性假定的计算结果，从下列几方面进行工程上的综合分析和判断：

（1）结构弹塑性计算所采用的计算模型，一般可以比结构在多遇地震下反应谱计算时的分析模型有所简化，但二者在弹性阶段的主要计算结果应基本相同。即，从工程所允许的误差程度看，两种模型的嵌固端、主要振动周期、振型和总地震作用应一致。若计算得到的结果明显异常，则计算方法或计算参数存在问题，需仔细复核、排除。

（2）弹塑性阶段，结构构件和整个结构实际具有的抵抗地震作用的承载力是客观存在的，在计算模型合理时，不因计算方法、输入地震波形的不同而改变。整个结构客观存在的、实际具有的最大受剪承载力（底部总剪力）应控制在合理的、经济上可接受的范围，不需要接近更不可能超过按同样阻尼比的理想弹性假定计算的大震剪力，如果弹塑性计算的结果超过，则该计算的方法、弹塑性计算参数等需认真检查、复核，判断其合理性。

（3）进入弹塑性变形阶段的薄弱部位会出现某种程度的塑性变形集中。由于薄弱楼层和非薄弱楼层之间的塑性内力重分布，在大震下结构薄弱楼层的层间位移（以弯曲变形为主的结构宜扣除整体弯曲变形）应大于按同样阻尼比的理想弹性假定计算的该部位大震的层间位移；如果明显小于此值，则该位移数据需认真检查、复核，判断其合理性。需要注意，由于薄弱楼层和非薄弱楼层之间的塑性内力重分布，大震下非薄弱层的层间位移要小于按理想弹性假定计算的层间位移，使结构顶点弹塑性位移随结构进入弹塑性程度而变化的规律，与薄弱层弹塑性层间位移的上述变化规律是不相同的，结构顶点的弹塑性位移一般明显小于按理想弹性假定计算的位移。

（4）薄弱部位可借助于上下相邻楼层或主要竖向构件的屈服强度系数（其计算方法参见规范第 5.5.2 条的说明）的比较予以复核。结构弹塑性时程分析表明，不同的逐步积分方法、不同的波形，尽管彼此计算的承载力、位移、进入塑性变形的程度差别较大，但发现的薄弱部位一般相同——屈服强度系数相对较小的楼层或部位。

（5）影响弹塑性位移计算结果的因素很多，现阶段，其计算值的离散性，与承载力计算的离散性相比较大。注意到常规设计中，考虑到小震弹性时程分析的波形样本数量较少，而且计算的位移多数明显小于反应谱法的计算结果，需要以反应谱法为基础进行对比分析；大震弹塑性时程分析时，由于阻尼的处理方法不够完善，波形的数量也较少（建议尽可能增加数量，如不少于 7 条；数量较少时宜取包络），不宜直接把计算的弹塑性位移值视为结构实际弹塑性位移，建议借助小震的反应谱法计算结果进行分析。例如，按下列方法确定其层间位移参考数值：用同一软件、同一波形进行小震弹性和大震弹塑性的计算，得到同一波形、同一部位弹塑性位移（层间位移）与小震弹性位移（层间位移）的比值，然后将此比值取平均或包络值，再乘以反应谱法计算的该部位小震位移（层间位移），从而得到大震下该部位的弹塑性位移（层间位移）的参考值。

4. 性能化设计方法示例

结构构件在地震中的破坏程度，可借助构件的承载力和变形的状态予以适当的定量化，作为性能设计的参考指标。

（1）关于中等破坏时竖向构件变形的参考值，大致可取为规范弹性限值和弹塑性限值的平均值；构件接近极限承载力时，其变形比中等破坏小些；轻微损坏，构件处于开裂状态，大致取中等破坏的一半。不严重破坏，大致取为规范不倒塌的弹塑性变形限值的 90%。

不同性能要求的位移及其延性要求，对于非隔震、减震结构可参见图 2.5－2。从中可见：性能目标 1，在罕遇地震时层间位移可按线性弹性计算，约为 $[\Delta u_e]$，震后基本不存在残余变形；性能目标 2，震时位移小于 2 $[\Delta u_e]$，震后残余变形小于 0.5 $[\Delta u_e]$；性能目标 3，考虑阻尼有所增加，震时位移约为 4～5 $[\Delta u_e]$，按退化刚度估计震后残余变形约 $[\Delta u_e]$；性能目标 4，考虑等效阻尼加大和刚度退化，震时位移约为 7～8 $[\Delta u_e]$，震后残余变形约 2 $[\Delta u_e]$。

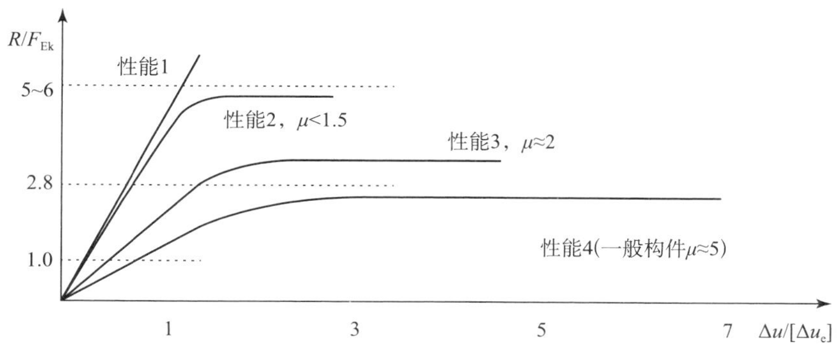

图 2.5－2　不同性能要求的位移和延性需求示意

从抗震能力的等能量原理，当承载力提高一倍时，延性要求减少一半，故构造措施所对应的抗震等级大致可按降低 1 度的规定采用。延性的细部构造，对混凝土构件主要指箍筋、边缘构件和轴压比等构造，不包括影响正截面承载力的纵向受力钢筋的构造要求；对钢结构构件主要指长细比、板件宽厚比、加劲肋等构造。

（2）实现不同性能要求的构件承载力验算表达式，分为设计值复核、标准值复核和极限值复核。其中，中震和大震均不再考虑地震效应与风荷载效应的组合。

①设计值复核，计算公式如下：

$$\gamma_G S_{GE} + \gamma_E S_{Ek}(I,\ \lambda,\ \zeta) \leq R/\gamma_{RE} \tag{2.5-1}$$

式中　I——表示不同水准的地震动，隔震结构可包含水平向减震影响；

λ——表示抗震等级的地震效应调整系数，不计入时取 1.0；

ζ——考虑部分次要构件进入塑性的刚度降低或消能减震结构附加的阻尼影响。

该公式需计入作用分项系数、抗力的材料分项系数、承载力抗震调整系数，但计入和不计入不同抗震等级的内力调整系数时，其安全性的高低略有区别。

②标准值复核，计算公式如下：

$$S_{GE} + S_{Ek}(I, \zeta) \leqslant R_k \tag{2.5-2}$$

式中　R_k——按材料强度标准值计算的承载力。

该公式不计入作用分项系数、承载力抗震调整系数和内力调整系数，且材料强度取标准值。对于地震作用标准值效应，当考虑双向水平地震和竖向地震的组合时，双向水平地震作用效应按 1∶0.85 的平方和方根组合，水平与竖向的地震作用效应按 1∶0.4 组合（大跨空间结构的屋盖按 0.4∶1 组合）。

③极限值复核，计算公式如下：

$$S_{GE} + S_{Ek}(I, \zeta) < R_u \tag{2.5-3}$$

式中　R_u——按材料强度最小极限值计算的承载力。

该公式不计入作用分项系数、承载力抗震调整系数和内力调整系数，但材料强度取最小极限值。即，钢材强度可取最小极限值，钢筋强度可取屈服强度的 1.25 倍，混凝土强度可取立方强度的 0.88 倍。

（3）竖向构件弹塑性变形验算。

对于不同的破坏状态，弹塑性分析的地震作用和变形计算的方法也不同，需分别处理。

地震作用下构件弹塑性变形计算时，必须依据其实际的承载力——取材料强度标准值、实际截面尺寸（含钢筋截面）、轴向力等计算，考虑地震强度的不确定性，构件材料动静强度的差异等等因素的影响，从工程允许的误差范围看，构件弹塑性参数可仍按杆件模型适当简化，参照 IBC 的规定，建议混凝土构件的初始刚度至少取短期刚度，一般按 $0.85E_cI_0$ 简化计算。

结构的竖向构件在不同破坏状态下层间位移角的参考控制目标，若依据试验结果并扣除整体转动影响，墙体的控制值要远小于框架柱。从工程应用的角度，参照常规设计时各楼层最大层间位移角的限值，若干结构类型变形最大的楼层中竖向构件最大位移角限值，如表 2.5-3 所示。

表 2.5－3　结构竖向构件对应于不同破坏状态的最大层间位移角参考控制目标

结构类型	完好	轻微损坏	中等破坏	不严重破坏
钢筋混凝土框架	1/550	1/250	1/120	1/60
钢筋混凝土抗震墙、筒中筒	1/1000	1/500	1/250	1/135
钢筋混凝土框架-抗震墙、板柱-抗震墙、框架-核心筒	1/800	1/400	1/200	1/110
钢筋混凝土框支层	1/1000	1/500	1/250	1/135
钢结构	1/300	1/200	1/100	1/55
钢框架-混凝土内筒、型钢混凝土框架-混凝土内筒	1/800	1/400	1/200	1/110

参　考　文　献

[1] 谢礼立、马玉宏、翟长海，基于性态的抗震设防与设计地震动，北京：科学出版社，2009
[2]《建筑抗震设计规范》(GBJ 11—89)，北京：中国建筑工业出版社，1990

第3章　抗震设防分类及区别对待对策

3.1　我国建筑抗震设防对策的演化进程

3.1.1　我国建筑抗震设防决策的历史进程

自新中国成立以来，我国的抗震防灾工作大致经历了以下几个阶段：

1. 第一阶段：1949年至1966年邢台地震之前，开创阶段

在这一阶段，限于当时的国民经济状况和历史条件，除了少数极为重要的工程外，我国的一般工业与民用建筑是不考虑抗震的。在20世纪50年代，国家曾正式规定“在8度及以下地震区的一般民用建筑与建筑物，如办公楼、宿舍、车站、码头、学校、研究所、图书馆、博物馆、俱乐部、剧院及商店等，均暂不设防。在9度及以上地区，则用降低建筑物高度和改善建筑物的平面布置来达到减轻地震灾害。”

在这一阶段，虽然总体倾向是不设防的，但是在当时的156项国家重点工程的建设过程中，相继开展了地震区的厂址选择、抗震设防和城镇地震基本烈度等研究工作，对当时国家重点建设项目得以顺利进行，起到了很大作用；同时，也逐步探索了抗震防灾工作的路子，锻炼和培养了抗震防灾的技术人才和管理干部，积累了一定经验，为此后我国抗震防灾工作的开展创造了一定条件。

2. 第二阶段：1966年邢台地震至1975年海城地震，起步阶段

1966年3月8日和22日，河北邢台地区相继发生了6.5级和7.2级两次强烈地震，造成重大人员伤亡和财产损失，这是新中国成立后发生在我国人口密集地区的第一次大地震，影响极大。根据周恩来总理有关指示精神，当时的国家建委组织了有关省、市、部门、学校和科研设计单位共1000多人赴地震灾区进行调查研究和总结经验。邢台地震经验的总结，对于发展我国的抗震防灾工作，制订抗震工作的各项规定，编制抗震鉴定标准和设计规范，宣传、普及抗震防灾知识起到了十分重要的作用。

1967年3月27日，位于邢台和北京之间的河间地区发生了6.3级地震。鉴于当时京津冀地区的地震情势，国务院决定在国家基本建设委员会内设立“京津地区抗震办公室”，主管京津地区的抗震防灾工作；在国家科委内设立“京津地区地震办公室”，主管京津地区的地震预报。之后，为了配合京津地区抗震防灾工作的需要，国家建委抗震办公室组织编制了《京津地区工业与民用建筑抗震设计暂行规定（草案）》《京津地区工业与民用建筑抗震鉴定标准（试行）》《工业与民用建筑抗震设计规范（试行）》（TJ 11—74）等技术标准。这标志着我国抗震防灾工作进入新阶段，一般建筑开始进行抗震设防。

3. 第三阶段：1976 年唐山地震至 1985 年，全面发展阶段

1976 年 7 月 28 日河北唐山发生 7.8 级地震，造成 24.2 万人死亡，16.5 万人伤残。唐山地震以后，在国家建委京津地区抗震办公室的基础上组建了“全国抗震办公室”，统一归口管理全国的抗震防灾工作，并立即召开了第一次全国抗震工作会议，全面总结唐山地震经验，并提出了加强抗震工作的有力措施，强调了对多地震的省要迅速建立抗震防灾管理机构。至 1982 年，全国除西藏、台湾外，都已建立了省级抗震办公室，初步建立了全国性抗震防灾管理体制，把抗震防灾的经费、材料纳入国家计划，制定了一系列抗震防灾工作的规章、制度和标准规范。

这一阶段，在初步总结了唐山地震经验和教训的基础上，为了满足唐山灾后恢复重建工作的需要，国家建委抗震办公室先后组织制定并发布了《工业与民用建筑抗震鉴定标准（试行）》（TJ 23—77）、《工业与民用建筑抗震设计规范》（TJ 11—78），对我国 7 度以上地区的新建工程的抗震设防和既有建筑工程的抗震加固做出技术规定。之后，国家建委抗震办公室于 1979 年在厦门召开了全国建筑抗震科研协调会，组织全国有关的勘察设计单位、科研机构和高等院校就涉及建筑抗震设防的若干技术问题进行统筹协调和规划布局，举全国之力，历时 2 年科研攻关，取得了丰硕成果，为《89 规范》的编制奠定了扎实的基础。1982 年国家建委抗震办公室在海口组织召开了《工业与民用建筑抗震设计规范》（TJ 11—78）修订预备会，正式拉开了《89 规范》的编制序幕，至 1985 年基本完成技术内容的编制。

4. 第四阶段：1986~2002 年，6 度设防及《89 规范》的全面实施

《74 规范》和《78 规范》都明确规定，6 度区不进行抗震设防。然而，实际的地震灾害表明这样的规定存在明显的安全隐患：首先是 6 度区内有房屋破坏。几十年来，我国发生的数次地震震害表明，6 度区内的房屋也会遭到不同程度的损坏。如 1976 年河北唐山 7.8 级地震，北京市位于 6 度区内，破坏和倒塌房屋 1299m^2；1984 年江苏省南黄海海域 6.2 级地震，位于 6 度区的南通市，有 500 户房屋倒塌。《中国地震烈度表（1980）》说明书在总结以往经验的基础上也指出：“一般未经抗震设计的房屋，通常从Ⅵ开始破坏，到Ⅺ度时全部倒毁”。其次，是一些原划定的 6 度区，曾发生过高于 6 度的地震烈度，如邢台、海城、唐山等地震都发生在 6 度区，震中烈度分别达到Ⅹ、Ⅸ和Ⅺ度。

6 度设防决策的形成大致经历了三个阶段：1979 年根据地震部门对苏鲁皖、晋冀豫地区地震形势的分析，对位于 6 度区的 9 个重要城市作出开展抗震工作的决策；1984 年，第六次全国抗震工作会议在总结上述 6 度区城市抗震工作经验的基础上，对 6 度区抗震问题进行了专门讨论，并印发了《地震基本烈度 6 度区重要城市抗震设防和加固暂行规定》，解决了上海、武汉、青岛等一批重要城市、省会城市和百万人口以上城市的抗震问题；1986 年第八次全国抗震工作会议进一步指出要正确解决 6 度区的抗震问题，同时，从设计规范、加固规定、城市抗震防灾规划等方面制定了相应的对策。

根据国家的 6 度设防决策要求，正在修订之中的《89 规范》在 1986 年的无锡工作会议上调整相应的修订内容，把规范的适用范围扩大到 6 度地区，并增加了有关规定要求，最终形成了送审稿。1987 年 4 月，在浙江富阳，由原城乡建设环境保护部组织专家对“送审稿”进行审查。根据审查会的意见，规范编制组对送审稿进行修改最终形成了“报批稿”，并于 1989 年 3 月由建设部以（89）建标字第 145 号文正式颁布，于 1990 年 1 月 1 日起实施。

《89 规范》历经 10 年编制而成，是我国现代建筑抗震防灾的里程碑式工程，其主要特点是采用了以概率可靠度为基础的三水准（小震不坏、中震可修、大震不倒）两阶段（小震下的截面抗震验算和大震下的结构变形验算）的抗震设计思想，同时将适用范围扩大到 6 度区，另一方面，建筑抗震设计规范也是其他行业编制相关抗震规范的基础性规范。因此，《89 规范》的全面实施，极大提高了我国各类建筑工程的抗震防灾能力。

5. 第五阶段：2002 年以后，超限高层抗震设防审查的全面实施阶段

随着改革开放的推进，国民经济和城市化进程得到了快速发展，对居住、休闲、办公和商业等空间提出了更高的要求，进而推动了我国高层建筑的迅猛发展。另一方面，鉴于我国高层建筑的研究资料、震害经验和工程经验等均较为匮乏，相关工程建设标准关于高层建筑的技术规定均存在一定局限性，难以完全满足实际工程建设的需要。因此，为了保证超限高层建筑结构的设计质量，1997 年 12 月 23 日建设部颁布的《超限高层建筑工程抗震设防管理暂行规定》（建设部令第 59 号），加强了对抗震设防区内超限高层建筑的抗震设防管理。之后，经过 5 年的试运行，2002 年 7 月 25 日建设部正式发布了《超限高层建筑工程抗震设防管理规定》（建设部令第 111 号），设立了全国超限高层建筑工程抗震设防审查专家委员会，编写了《超限高层建筑工程抗震设防专项审查技术要点》，并规定由省级及以上政府部门在初步设计阶段组织专家对超限高层建筑进行专项审查，审查通过后方可实施。

超限审查制度的确立和实施，一方面保证了超限高层建筑的抗震质量安全，另一方面也推动了建筑技术和抗震设计理论的发展，进而提高了国内高层建筑结构的设计水平。

3.1.2　我国建筑抗震防灾的具体对策

为了贯彻落实国家有关建筑工程抗震设防决策，需要有一系列专门的、具体的实施对策。总的来说，我国建筑抗震设防的对策主要有：

1. 设防标准对策

这是一项具体的技术政策，它主要取决于我国一定时期的经济水平。在 20 世纪 70 年代，我国的设防标准是“裂而不倒”，即允许建筑物在遭遇相当设计烈度的地震影响时，建筑物的损坏不致使人民生命和重要生产设备遭受危害，建筑物不需修理或经一般修理仍可继续使用，这是一个基本的标准要求。随着国民经济的发展和抗震防灾科学技术水平的不断提高，设防标准也将不断提高。《89 规范》的设防标准是基于概率的三水准设防，即通常所谓的“小震不坏、中震可修、大震不倒”。《2001 规范》和《2010 规范》继承了三水准设防的思想，但在具体的技术规定上，仍有不同程度的提高，同时，《2010 规范》还增加了抗震性能化设计的原则规定。

2. 区别对待对策

根据建筑物和工程的重要性以及震后可能产生的后果，采取不同的设防标准的对策。如特别重要的水工建筑（大坝）等、城市生命线工程中的关键要害部位、有可能产生严重次生灾害的装置等，采用提高设防烈度或者采用地震危险性分析方法按不同概率水准确定设计用地震动参数等。

3. 技术立法对策

这是一个强制性对策。我国自唐山地震以来已经制定了一系列抗震技术标准和规范，并作为国家的技术法规颁布实施，要求抗震设防区的各类工程都必须执行。此外，在设计、施工、管理等各方面也有一系列的规定。因此，我国的抗震防灾技术标准，除了必须具备的技术属性外，还具有明显的政策属性和管理属性。

3.2　我国建筑抗震设防分类的历史沿革

在《建筑抗震设计规范》（GBJ 11—89）发布实施以前，我国并没有明确的建筑抗震设防分类，但是建筑抗震要区别对待的做法可追溯到 20 世纪 50 年代，当时对特别重要的建筑才按照苏联的标准进行设防，一般建筑不设防，这应该是区别对待对策的最早雏形。总体上建筑抗震设防分类的历史沿革，大致有以下几个阶段：

1. 第一阶段：1966 年邢台地震至 1989 抗震规范发布，宏观定性阶段

1966 年邢台地震后，鉴于当时京津地区的地震形势，国家建委抗震办公室于 1969 年发布了《京津地区工业与民用建筑抗震设计暂行规定（草案）》，用于指导京津地区一般的工业与民用建筑（不包括框架结构）的抗震设计，对于特殊的和特别重要的建筑可进行专门研究。对于一般的工业与民用建筑，其设计烈度应根据建筑物的重要性、永久性以及修复的困难程度在地震基本烈度的基础上进行调整，一般不宜高于基本烈度，如表 3.2－1 所示。

表 3.2－1　《京津地区工业与民用建筑抗震设计暂行规定（草案）》的设计烈度

项目	建筑类别	基本烈度		附注
		7	8	
1	教学楼、办公楼	7*	7	
2	医院、幼儿园	7	8	
3	住宅、宿舍	7*	7	
4	食堂、礼堂等	7*	7	跨度≤20m，檐高≤8m
5	一般厂房	7*	7	详见注（2）
6	一般仓库	7*	7*	详见注（2）
7	烟囱、水塔	7	8	

续表

项目	建筑类别	基本烈度		附注
		7	8	
8	次要的或临时性的建筑物	—	—	

注：(1) 7* 表示应按照 7 度的建筑结构布置和构造要求执行（注明者除外），但不须进行抗震强度核算。对于设计烈度为 7 度和 8 度的砖房屋（包括内框架房屋）除满足构造措施外，还应进行辅助性的抗震核算。对于设计烈度为 8 度及 8 度以下的单层钢筋混凝土排架厂房、砖烟囱、砖筒壁水塔，除按规定采取构造措施外，不再进行抗震强度核算。

(2) 第 5、6 两项不包括下列建筑物：

①不能中断使用的重要建筑物；

②破坏后可能引起严重次生灾害者（例如火灾、爆炸、毒气扩散等）；

③有重要设备的厂房以及生产的枢纽。

1974 年，我国第一本建筑抗震设计通用规范《工业与民用建筑抗震设计规范（试行）》（TJ 11—74）正式发布，其适用范围为设计烈度为 7~9 度的工业与民用建筑物（包括房屋和构筑物），对于有特殊抗震要求的建筑物或设计烈度高于 9 度的建筑物，应进行专门研究设计。至于设计烈度，则应根据建筑物的重要性，在基本烈度的基础上按下列原则调整确定：

一、对于特别重要的建筑物，经过国家批准，设计烈度可比基本烈度提高一度采用。

二、对于重要的建筑物（例如：地震时不能中断使用的建筑物，地震时易产生次生灾害的建筑物，重要企业中的主要生产厂房，极重要的物资贮备仓库，重要的公共建筑，高层建筑等），设计烈度应按基本烈度采用。

三、对于一般建筑物，设计烈度可比基本烈度降低一度采用，但基本烈度为 7 度时不降。

四、对于临时性建筑物，不设防。

唐山地震后，在总结海城地震和唐山地震宏观经验的基础上，国家基本建设委员会建筑科学研究院对《工业与民用建筑抗震设计规范（试行）》（TJ 11—74）进行了修订，并于 1978 年发布《工业与民用建筑抗震设计规范》（TJ 11—78）。《78 规范》的适用范围为设计烈度 7~9 度的工业与民用建筑物（包括房屋和构筑物）；有特殊抗震要求的建筑物或设计烈度高于 9 度的建筑物，应进行专门研究设计。建筑物的设计烈度，一般按基本烈度采用；对特别重要的建筑物，如必须提高一度设防时，应按国家规定的批准权限报请批准后，其设计烈度可比基本烈度提高一度采用；次要的建筑物，如一般仓库、人员较少的辅助建筑物等，其设计烈度可比基本烈度降低一度采用，但基本烈度为 7 度时不应降低。对基本烈度为 6 度的地区，工业与民用建筑物一般不设防。

2. 第二阶段：1989~1995 年，初步分类阶段

这一阶段，仍然没有正式的有关建筑抗震设防分类的标准，《建筑抗震设计规范》（GBJ

11—89）在规范条文中给出了各类建筑的界定以及相应的抗震设防标准。

《89 规范》第 1. 0. 4 条规定，建筑应根据其重要性分为下列四类，即甲类建筑，指的是有特殊要求的建筑，如遇地震破坏会导致严重后果的建筑等，必须经国家规定的批准权限批准；乙类建筑一般指的是国家重点抗震城市的生命线工程的建筑；丙类建筑是指甲、乙、丁类以外的建筑；丁类建筑是次要的建筑，如遇地震破坏不易造成人员伤亡和较大经济损失的建筑等。

《89 规范》第 1. 0. 5 条从地震作用取值和抗震措施两个方面规定了各类建筑抗震设计的标准。在地震作用方面，甲类建筑的地震作用，应按专门研究的地震动参数计算；其他各类建筑的地震作用，应按本地区的设防烈度计算，但设防烈度为 6 度时，除本规范有具体规定外，可不进行地震作用计算。在抗震措施上，甲类建筑应采取特殊的抗震措施；乙类建筑除本规范有具体规定外，可按本地区设防烈度提高一度采取抗震措施，但设防烈度为 9 度时可适当提高；丙类建筑应按本地区设防烈度采取抗震措施；丁类建筑可按本地区设防烈度降低一度采取抗震措施，但设防烈度为 6 度时可不降低。

3. 第三阶段：1995 年至 2008 年汶川地震，详细分类阶段

这一阶段发布了两个版本的分类标准，即《建筑抗震设防分类标准》（GB 50223—95）和《建筑工程抗震设防分类标准》（GB 50223—2004）。

1）《95 分类标准》

《95 分类标准》明确给出了建筑抗震设防类别划分的影响因素，强调划分的直接依据是建筑物的使用功能的重要性，将建筑物划分为甲、乙、丙、丁四个类别，并给出了相应的设防标准。

《95 分类标准》规定，建筑抗震设防类别划分主要是针对单体建筑而言的，应综合考虑以下因素研究确定：①社会影响和直接、间接经济损失的大小；②城市的大小和地位、行业的特点、工矿企业的规模；③使用功能失效后对全局的影响范围大小；④结构本身的抗震潜力大小、使用功能恢复的难易程度；⑤建筑物各单元的重要性有显著不同时，可根据局部的单元划分类别；⑥在不同行业之间的相同建筑，由于所处地位及受地震破坏后产生后果及影响不同，其抗震设防类别可不相同。

总体上，应根据建筑使用功能的重要性分为甲类、乙类、丙类、丁类四个类别，其中，甲类建筑主要指地震破坏后对社会有严重影响，对国民经济有巨大损失或有特殊要求的建筑；乙类建筑主要指使用功能不能中断或需尽快恢复，且地震破坏会造成社会重大影响和国民经济重大损失的建筑；丙类建筑主要指地震破坏后有一般影响及其他不属于甲、乙、丁类的建筑；丁类建筑是指地震破坏或倒塌不会影响甲、乙、丙类建筑，且社会影响、经济损失轻微的建筑，一般为储存物品价值低、人员活动少的单层仓库等建筑。

关于设防标准，《95 分类标准》规定，甲类建筑，应按提高设防烈度 1 度设计（包括地震作用和抗震措施）；乙类建筑，地震作用应按本地区抗震设防烈度计算。抗震措施，当设防烈度为 6~8 度时应提高一度设计，当为 9 度时，应加强抗震措施。对较小的乙类建筑，可采用抗震性能好、经济合理的结构体系，并按本地区的抗震设防烈度采取抗震措施。乙类建筑的地基基础可不提高抗震措施；丙类建筑，地震作用和抗震措施应按本地区设防烈度设计；丁类建筑，一般情况下，地震作用可不降低；当设防烈度为 7~9 度时，抗震措施可按本地区设防烈度降低一度设计，当为 6 度时可不降低。

2)《04 分类标准》

《04 分类标准》继续保持《95 分类标准》的分类原则，即鉴于所有建筑均要求“大震不倒”，对需要增加抗震安全性的乙类建筑控制在较小的范围内，主要采取提高抗倒塌变形能力的措施；对甲类建筑控制在极小的范围内，同时提高其承载力和变形能力。与《95 分类标准》相比，《04 分类标准》的主要变化是：①增加了基础设施建筑的内容；②按《中华人民共和国防震减灾法》，调整了甲类建筑等的划分方法和设防标准；③当一个建筑中具有不同功能的若干区段时，各部分地震破坏后影响后果不同时，明确可按区段划分设防类别；④将地震中自救能力较弱人群众多的幼儿园、小学教学楼以及一个结构单元内经常使用人数特别多的高层建筑，划为乙类建筑等。

《04 分类标准》关于建筑抗震设防类别划分的依据、定义以及相应的设防标准的规定如下：

关于划分依据，《04 分类标准》规定，建筑抗震设防类别划分，应根据下列因素的综合分析确定：①建筑破坏造成的人员伤亡、直接和间接经济损失及社会影响的大小；②城市的大小和地位、行业的特点、工矿企业的规模；③建筑使用功能失效后，对全局的影响范围大小、抗震救灾影响及恢复的难易程度；④建筑各区段的重要性有显著不同时，可按区段划分抗震设防类别；⑤不同行业的相同建筑，当所处地位及地震破坏所产生的后果和影响不同时，其抗震设防类别可不相同。这里的区段指由防震缝分开的结构单元、平面内使用功能不同的部分、或上下使用功能不同的部分。

关于建筑类别的界定，《04 分类标准》规定，建筑应根据其使用功能的重要性分为甲类、乙类、丙类、丁类四个抗震设防类别。其中，甲类建筑应属于重大建筑工程和地震时可能发生严重次生灾害的建筑，乙类建筑应属于地震时使用功能不能中断或需尽快恢复的建筑，丙类建筑应属于除甲、乙、丁类以外的一般建筑，丁类建筑应属于抗震次要建筑。

关于设防标准，《04 分类标准》规定，各抗震设防类别建筑的抗震设防标准，应符合下列要求：

1　甲类建筑，地震作用应高于本地区抗震设防烈度的要求，其值应按批准的地震安全性评价结果确定；抗震措施，当抗震设防烈度为 6~8 度时，应符合本地区抗震设防烈度提高一度的要求，当为 9 度时，应符合比 9 度抗震设防更高的要求。

2　乙类建筑，地震作用应符合本地区抗震设防烈度的要求；抗震措施，一般情况下，当抗震设防烈度为 6~8 度时，应符合本地区抗震设防烈度提高一度的要求，当为 9 度时，应符合比 9 度抗震设防更高的要求；地基基础的抗震措施，应符合有关规定。

对较小的乙类建筑，当其结构改用抗震性能较好的结构类型时，应允许仍按本地区抗震设防烈度的要求采取抗震措施。

3　丙类建筑，地震作用和抗震措施均应符合本地区抗震设防烈度的要求。

4　丁类建筑，一般情况下，地震作用仍应符合本地区抗震设防烈度的要求；抗震措施应允许比本地区抗震设防烈度的要求适当降低，但抗震设防烈度为 6 度时不应降低。

4. 第四阶段：2008 年汶川地震~，加强保护与提高阶段

2008 年汶川 8.0 级地震造成重大人员伤亡，尤其是一些中小学教学楼等校舍建筑的倒塌导致在校中小学生的严重伤亡。震后，按照《汶川灾后恢复重建条例》等法律法规要求，“对学校、医院、体育场馆、博物馆、文化馆、图书馆、影剧院、商场、交通枢纽等人员密集的公共服务设施，应当按照高于当地房屋建筑的抗震设防要求进行设计，增强抗震设防能力”，及时启动了对《04 分类标准》的修订工作，提高了某些建筑的抗震设防类别，并发布了《建筑工程抗震设防分类标准》（GB 50223—2008）。

《08 分类标准》继续保持《95 分类标准》和《04 分类标准》的分类原则：鉴于所有建筑均要求达到“大震不倒”的设防目标，对需要比普通建筑提高抗震设防要求的建筑控制在较小的范围内，并主要采取提高抗倒塌变形能力的措施。与《04 分类标准》相比，《08 分类标准》的主要变化有：①调整了分类的定义和内涵；②特别加强对未成年人在地震等突发事件中的保护；③扩大了划入人员密集建筑的范围，提高了医院、体育场馆、博物馆、文化馆、图书馆、影剧院、商场、交通枢纽等人员密集的公共服务设施的抗震能力；④增加了地震避难场所建筑、电子信息中心建筑的要求等。

关于划分依据，《08 分类标准》规定，建筑抗震设防类别划分，应根据下列因素的综合分析确定：

1　建筑破坏造成的人员伤亡、直接和间接经济损失及社会影响的大小。

2　城镇的大小、行业的特点、工矿企业的规模。

3　建筑使用功能失效后，对全局的影响范围大小、抗震救灾影响及恢复的难易程度。

4　建筑各区段的重要性有显著不同时，可按区段划分抗震设防类别。下部区段的类别不应低于上部区段。

5　不同行业的相同建筑，当所处地位及地震破坏所产生的后果和影响不同时，其抗震设防类别可不相同。

注：这里的区段指由防震缝分开的结构单元、平面内使用功能不同的部分、或上下使用功能不同的部分。

关于分类的定义和内涵，《08 分类标准》规定，建筑工程应分为以下四个抗震设防类别：

1　特殊设防类：指使用上有特殊设施，涉及国家公共安全的重大建筑工程和地震时可能发生严重次生灾害等特别重大灾害后果，需要进行特殊设防的建筑。简称甲类。

2　重点设防类：指地震时使用功能不能中断或需尽快恢复的生命线相关建筑，以及地震时可能导致大量人员伤亡等重大灾害后果，需要提高设防标准的建筑。简称乙类。

3　标准设防类：指大量的除 1、2、4 款以外按标准要求进行设防的建筑。简称丙类。

4　适度设防类：指使用上人员稀少且震损不致产生次生灾害，允许在一定条件下适度降低要求的建筑。简称丁类。

关于设防标准，《08 分类标准》规定，各抗震设防类别建筑的抗震设防标准，应符合下列要求：

1 标准设防类，应按本地区抗震设防烈度确定其抗震措施和地震作用，达到在遭遇高于当地抗震设防烈度的预估罕遇地震影响时不致倒塌或发生危及生命安全的严重破坏的抗震设防目标。

2 重点设防类，应按高于本地区抗震设防烈度一度的要求加强其抗震措施；但抗震设防烈度为 9 度时应按比 9 度更高的要求采取抗震措施；地基基础的抗震措施，应符合有关规定。同时，应按本地区抗震设防烈度确定其地震作用。

3 特殊设防类，应按高于本地区抗震设防烈度提高一度的要求加强其抗震措施；但抗震设防烈度为 9 度时应按比 9 度更高的要求采取抗震措施。同时，应按批准的地震安全性评价的结果且高于本地区抗震设防烈度的要求确定其地震作用。

4 适度设防类，允许比本地区抗震设防烈度的要求适当降低其抗震措施，但抗震设防烈度为 6 度时不应降低。一般情况下，仍应按本地区抗震设防烈度确定其地震作用。

注：对于划为重点设防类而规模很小的工业建筑，当改用抗震性能较好的材料且符合抗震设计规范对结构体系的要求时，允许按标准设防类设防。

3.3 建筑抗震设防分类的依据和原则

总结我国自 1966 年邢台地震以来历次强烈地震的经验教训可知，我国的基本烈度地震具有很大的不确定性，因此，要减轻强烈地震造成的灾害，根本的对策就是提高各类建设工程的抗震能力。制定恰当的“设防标准对策、区别对待对策和技术立法对策”，是从抗震设防管理上提高建设工程抗震能力的三大对策。对建筑工程进行抗震设防分类，就是贯彻落实区别对待对策的具体措施。强烈地震是一种巨大的突发性自然灾害，减轻建筑地震破坏所需的建设费用相当于投入抗震保险的费用。按照遭受地震破坏后可能造成的人员伤亡、经济损失和社会影响的程度及建筑功能在抗震救灾中的作用，将建筑划分为不同的类别，区别对待，采取不同的设计要求，包括抗震措施和地震作用计算的要求，是根据我国现有技术和经济条件的实际情况，达到减轻地震灾害又合理控制建设投资的重要策略，也是世界各国抗震设计规范、规定中普遍的抗震对策。

1. 基本要求

《建筑抗震设防分类标准》（GB 50223—2008）第 1.0.3 条规定：“抗震设防区的所有建筑工程应确定其抗震设防类别。新建、改建、扩建的建筑工程，其抗震设防类别不应低于本标准的规定。”

作为强制性条文，《08 分类标准》第 1.0.3 条主要明确以下几点：

（1）所有建筑工程进行抗震设计时，不论新建、改建、扩建工程还是现有的建筑工程进行加固、改造的抗震设计都应进行设防分类，在结构计算分析以及结构设计文件中，必须明确给出抗震设防类别，遵守相应的要求。

（2）《08 分类标准》的各条规定是新建、改建、扩建工程的最低要求。表示有条件的建设单位、业主可以采用比分类标准更高的抗震设防标准，例如：按更高的抗震设防类别进行设计，按更长的设计使用年限要求设计，或按照设计规范采用隔震、消能减震等新技术，使建筑在遭遇强烈地震影响时的损坏程度比本标准的规定有所减轻。

（3）鉴于既有建筑工程的情况复杂，允许根据实际情况处理，因此，《08 分类标准》的规定不包括既有建筑。既有建筑工程的实际情况比较复杂：就设防标准来看，有未考虑抗震设防的，有按《74 规范》或《78 规范》设防的，有按《89 规范》设防的，还有按《2001 规范》设防的；就使用年限看，已经使用的年限不同，而且，使用过程中是否注意维修或局部改变使用功能等也不相同；就设防要求看，不同建造年代所采用的设计规范的要求不同，最初的抗震设防烈度也可能与现行的地震烈度区划图或地震动参数区划图规定的基本烈度不相同。考虑到既有建筑的数量巨大且涉及面很广，建筑所有者、使用者的条件和要求差异很大，一律按《08 分类标准》的要求难以执行。因此，根据抗震设防区别对待的基本原则，允许根据实际情况确定其设防类别和设防标准，例如：可采用《08 分类标准》的类别，也可仍按《04 分类标准》的类别但适当提高设防标准的要求，或改变使用性质后按新的使用性质确定设防类别等；还可采用《08 分类标准》规定的设防类别，但结合现有建筑不同的后续设计使用年限，如 30 年或 40 年等，不同于新建建筑工程的 50 年，在设计使用年限内具有相同的保证概率下确定不同于《08 分类标准》规定的设防标准。

（4）作为强制性条文，要求参与建筑活动的各方必须严格执行，各地主管部门也应据此对执行情况实施监督。该条规定意味着：当新建、改建、扩建工程进行抗震设计时，凡是《08 分类标准》中各条明确规定的所有建筑示例，其抗震设防类别和相应的设防标准也应按强制性要求对待。

2. 分类依据

《建筑工程抗震设防分类标准》（GB 50223—2008）第 3. 0. 1 条“建筑抗震设防类别划分，应根据下列因素的综合分析确定：

建筑破坏造成的人员伤亡、直接和间接经济损失及社会影响的大小。

城镇的大小、行业的特点、工矿企业的规模。

建筑使用功能失效后，对全局的影响范围大小、抗震救灾影响及恢复的难易程度。

建筑各区段的重要性显著不同时，可按区段划分抗震设防类别。下部区段的类别不应低于上部区段。

不同行业的相同建筑，当所处地位及地震破坏所产生的后果和影响不同时，其抗震设防类别可不相同。

注：区段指由防震缝分开的结构单元，平面内使用功能不同的部分、或上下使用功能不同的部分。”

（1）该条规定了划分抗震设防类别所需要考虑的因素，即根据各方面影响的综合分析来划分。这些影响因素主要包括：

①从性质看有人员伤亡、经济损失、社会影响等。

②从范围看有国际、国内、地区、行业、小区和单位。

③从程度看有对生产、生活和救灾影响的大小，导致次生灾害的可能，恢复重建的快慢等。

④在对具体的对象作实际分析研究时，建筑工程自身抗震能力、各部分功能的差异及相同建筑在不同行业所处的地位等因素，对建筑损坏的后果也有不可忽视的影响，在进行设防分类时应对以上因素做综合分析。

例如，目前比较常用的大底盘多塔一类的商住建筑方案，其底部几层大底盘一般为商业建筑，上部塔楼为住宅，塔楼底部 1~2 层（大底盘之上）一般为住宅会所。对这样的建筑工程进行分类时，除了要考虑《08 分类标准》第 6.0.5 条关于商业建筑的规定外，还应考虑住宅会所的人流密集效应，综合分析判断。比如，当底部大底盘商业用房的建筑面积为 16000 多平方米，接近但达不到 6.0.5 条大型商场的界限 17000m^2 时，单纯按 6.0.5 条的规定，不够重点设防类的标准，但是，如考虑人流密集的住宅会所，总建筑面积将超过 17000m^2，此时，应将大底盘与会所作为一个区段，划为重点设防类。

（2）作为划分抗震设防类别所依据的规模、等级和范围的大小界限，对于城镇的大小是以人口的多少区分，但对于不同行业的建筑，则定义不一样，例如，有的以投资规模区分，有的以产量大小区分，有的以等级区分，有的以座位多少区分。因此，特大型、大型和中小型的界限，与该行业的特点有关，还会随经济的发展而改变，需由有关标准和该行业的行政主管部门规定。由于不同行业之间对建筑规模和影响范围尚缺少定量的横向比较指标，不同行业的设防分类只能通过对上述多种因素的综合分析，在相对合理的情况下确定。

（3）在一个较大的建筑中，若不同区段使用功能的重要性有显著差异，应区别对待，可只提高某些重要区段的抗震设防类别，其中，位于下部的区段，其抗震设防类别不应低于上部的区段。例如，区段按防震缝划分：对于面积较大的建筑工程，若设置防震缝分成若干个结构单元，各自有单独的疏散出入口而不是共用疏散口，各结构单元独立承担地震作用，彼此之间没有相互作用，人流疏散也较容易。这里，单独的出入口应符合《建筑设计防火规范》（GB 50016—2006）的规定。因此，当每个单元按规模划分属于标准设防类建筑时，可不提高抗震设防要求。又如，区段在一个结构单元内按上下划分：对于大底盘的高层建筑，当其下部裙房属于重点设防类的建筑范围时，一般可将其及与之相邻的上部高层建筑二层定为加强部位，按重点设防类进行抗震设计，其余各楼层仍可不提高设防要求；但是，当上部结构为重点设防类时，下部结构不论是什么类型，均应按重点设防类提高要求。

3.4　建筑抗震设防标准

建筑工程抗震设防分类，是依据建筑在地震时和地震后的功能的重要程度来分类，并按不同的重要性提出不同的抗震安全要求，采取相应的抗震设计（地震作用及抗震措施）。《建筑工程抗震设防分类标准》（GB 50223—2008），于 2008 年 7 月 30 日由中华人民共和国住房和城乡建设部发布，自发布之日起实施。《建筑抗震设计规范》（GB 50011—2010）第 3.1.1 条规定，抗震设防的所有建筑应按现行国家标准《建筑工程抗震设防分类标准》（GB 50223）确定其抗震设防类别及其抗震设防标准。

3.4.1　抗震设防标准的概念

抗震设防标准，指衡量建筑工程所应具有的抗震防灾能力这个要求高低的尺度。结构的抗震防灾能力取决于结构所具有的承载力和变形能力两个不可分割的因素，因此，建筑工程抗震设防标准具体体现为抗震设计所采用的抗震措施的高低和地震作用取值的大小。这个要求的高低，依据抗震设防类别的不同在当地设防烈度的基础上分别予以调整。

抗震措施，按《建筑抗震设计规范》（GB 50011—2010）第 2.1.10 条的定义，指“除地震作用计算和抗力计算以外的所有抗震设计内容”，即包括规范对各类结构抗震设计的一般规定、地震作用效应（内力）调整、构件的尺寸、最小构造配筋等细部构造要求等等设计内容，需要注意“抗震措施”和“抗震构造措施”二者的区别和联系。

3.4.2　抗震设防标准的规定

1.《建筑工程抗震设防分类标准》（GB 50223—2008）的一般规定

《建筑工程抗震设防分类标准》（GB 50223—2008）第 3.0.3 条，各抗震设防类别建筑的抗震设防标准，应符合下列要求：

1　标准设防类，应按本地区抗震设防烈度确定其抗震措施和地震作用，达到在遭遇高于当地抗震设防烈度的预估罕遇地震影响时不致倒塌或发生危及生命安全的严重破坏的抗震设防目标。

2　重点设防类，应按高于本地区抗震设防烈度一度的要求加强其抗震措施；但抗震设防烈度为 9 度时应按比 9 度更高的要求采取抗震措施；地基基础的抗震措施，应符合有关规定。同时，应按本地区抗震设防烈度确定其地震作用。

3　特殊设防类，应按高于本地区抗震设防烈度提高一度的要求加强其抗震措施；但抗震设防烈度为 9 度时应按比 9 度更高的要求采取抗震措施。同时，应按批准的地震安全性评价的结果且高于本地区抗震设防烈度的要求确定其地震作用。

4　适度设防类，允许比本地区抗震设防烈度的要求适当降低其抗震措施，但抗震设防烈度为 6 度时不应降低。一般情况下，仍应按本地区抗震设防烈度确定其地震作用。

注：对于划为重点设防类而规模很小的工业建筑，当改用抗震性能较好的材料且符合抗震设计规范对结构体系的要求时，允许按标准设防类设防。

在当代的地震科学发展阶段，地震区划图所给出的烈度具有很大不确定性，抗震措施对于保证结构抗震防灾能力是十分重要的。因此，在现有的经济技术条件下，我国抗震设防标准的不同主要体现在抗震措施的差别，与某些发达国家侧重于只提高地震作用（10%～30%）而不提高抗震措施，在设防概念上有所不同：提高抗震措施，目的是增加结构延性，提高结构的变形能力，着眼于把有限的财力、物力用在增加结构关键部位或薄弱部位的抗震能力上，是经济而有效的方法；而提高地震作用，目的是增加结构强度，进而提高结构的抗震能力，结构的所有构件均需全面增加材料，投资全面增加而效果不如前者。

各类建筑设防标准的差别汇总如表 3.4－1 所示，需要注意的是：标准设防类的要求是最基本要求，是其他各类建筑抗震设防标准提高或降低的基准。重点设防类和特殊设防类的抗震措施均是在标准设防类的基础上，再提高一度进行加强；适度设防类的抗震措施，允许根据实际情况，在标准设防类的基础上适当降低。除特殊设防类外，其他各类建筑的地震作用均应根据本地区的设防烈度确定；特殊设防类建筑的地震作用应按地震安全性评价结果确定，且安评结果要满足以下两个条件方可使用：①安评结果必需经过地震主管部门的审批；②安评结果不应低于现行抗震规范的地震作用要求。

表3.4-1 各类建筑抗震设防标准比较表

设防类别	设防标准	
	抗震措施	地震作用
标准设防类	按设防烈度确定	按设防烈度，根据抗震规范确定
重点设防类	提高一度确定	按设防烈度，根据抗震规范确定
特殊设防类	提高一度确定	按批准的安评结果确定，且不应低于抗震规范
适度设防类	适度降低	按设防烈度，根据抗震规范确定

建筑工程所处场地的地震安全性评价，通常包括给定年限内不同超越概率的地震动参数，应由具备资质的单位按相关规定执行。地震安全性评价的结果需要按规定的权限审批。

2. 抗震设防标准的例外规定

关于各类建筑的抗震设防标准，除了《建筑工程抗震设防分类标准》第3.0.3条的一般规定外，《建筑抗震设计规范》（GB 50011—2010）等另补充了若干例外规定，在实际工程应用需要注意把握：

（1）9度设防的特殊设防、重点设防建筑，其抗震措施为高于9度，不是提高一度。

（2）重点设防的小型工业建筑，如工矿企业的变电所、空压站、水泵房，城市供水水源的泵房，通常采用砌体结构，《08分类标准》修订时明确规定：对于这一类建筑，当改用抗震性能较好的材料且结构体系符合《建筑抗震设计规范》的有关规定（见《2010规范》第3.5.2、3.5.3条）时，其抗震措施允许按标准设防类的要求采用。

（3）《2010规范》第3.3.2和3.3.3条给出某些场地条件下抗震设防标准的局部调整。根据震害经验，对Ⅰ类场地，除6度设防外均允许降低一度采取抗震措施中的抗震构造措施；对Ⅲ、Ⅳ类场地，当设计基本地震加速度为$0.15g$和$0.30g$时，宜提高0.5度（即分别按8度和9度）采取抗震措施中的抗震构造措施。表3.4-2汇总了乙、丙类建筑与场地相关的抗震构造措施的调整要求。

（4）《2010规范》第4.3.6条给出地基抗液化措施方面的专门规定：确定是否液化及液化等级与设防烈度有关而与设防分类无关；但对同样的液化等级，抗液化措施与设防分类有关，其具体规定不按提高一度或降低一度的方法处理。

表 3.4-2　乙、丙类建筑的抗震措施和抗震构造措施

类别	设防烈度	6		7 (0.10g)		7 (0.15g)	8 (0.20g)		8 (0.30g)	9	
乙类	场地类别	Ⅰ	Ⅱ~Ⅳ	Ⅰ	Ⅱ~Ⅳ	Ⅲ，Ⅳ	Ⅰ	Ⅱ~Ⅳ	Ⅲ，Ⅳ	Ⅰ	Ⅱ~Ⅳ
乙类	抗震措施	7	7	8	8	8	9	9	9	9^*	9^*
丙类	抗震构造措施	6	7	7	8	8^*	8	9	9^*	9	9^*
丙类	抗震措施	6	6	7	7	7	8	8	8	9	9
丁类	抗震构造措施	6	6	6	7	8	7	8	9	8	9

注：8^*、9^* 表示适当提高而不是提高一度的要求。

（5）《2010 规范》第 7.1.2 条给出多层砌体结构抗震措施之一（最大总高度、层数）的局部调整：重点设防建筑的总高度比标准设防建筑降低 3m、层数减少一层，即 7 度设防按提高一度的一般情况控制，而对 6、8、9 度设防时不按提高一度的规定控制。

3.5　建筑抗震设防分类示例

《建筑工程抗震设防分类标准》（GB 50223—2008）第 3.0.4 条规定，“本标准仅列出主要行业的抗震设防类别的建筑示例；使用功能、规模与示例类似或相近的建筑，可按该示例划分其抗震设防类别。本标准未列出的建筑宜划为标准设防类”。《08 分类标准》在第 4~8 章分别给出了各行业主要建筑的设防类被示例。

3.5.1　防灾救灾建筑

防灾救灾建筑应根据其社会影响及在抗震救灾中的作用划分抗震设防类别。

1. 医疗建筑

三级医院中承担特别重要医疗任务的门诊、医技、住院用房，抗震设防类别应划为特殊设防类。

二、三级医院的门诊、医技、住院用房，具有外科手术室或急诊科的乡镇卫生院的医疗用房，县级及以上急救中心的指挥、通信、运输系统的重要建筑，县级及以上的独立采供血机构的建筑，抗震设防类别应划为重点设防类。

工矿企业的医疗建筑，可比照城市的医疗建筑示例确定其抗震设防类别。

2. 消防建筑

消防车库及其值班用房，抗震设防类别应划为重点设防类。

3. 应急指挥建筑

20 万人口以上的城镇和县及县级市防灾应急指挥中心的主要建筑，抗震设防类别不应低于重点设防类。

工矿企业的防灾应急指挥系统建筑，可比照城市防灾应急指挥系统建筑示例确定其抗震设防类别。

4. 疾控中心建筑

承担研究、中试和存放剧毒的高危险传染病病毒任务的疾病预防与控制中心的建筑或其区段，抗震设防类别应划为特殊设防类。

不属于 1 款的县、县级市及以上的疾病预防与控制中心的主要建筑，抗震设防类别应划为重点设防类。

5. 应急避难建筑

作为应急避难场所的建筑，其抗震设防类别不应低于重点设防类。

3.5.2　市政建筑

城镇和工矿企业的给水、排水、燃气、热力建筑，应根据其使用功能、规模、修复难易程度和社会影响等划分抗震设防类别。其配套的供电建筑，应与主要建筑的抗震设防类别相同。

1. 给水建筑工程

给水建筑工程中，20 万人口以上城镇、抗震设防烈度为 7 度及以上的县及县级市的主要取水设施和输水管线、水质净化处理厂的主要水处理建（构）筑物、配水井、送水泵房、中控室、化验室等，抗震设防类别应划为重点设防类。

2. 排水建筑工程

排水建筑工程中，20 万人口以上城镇、抗震设防烈度为 7 度及以上的县及县级市的污水干管（含合流），主要污水处理厂的主要水处理建（构）筑物、进水泵房、中控室、化验室，以及城市排涝泵站、城镇主干道立交处的雨水泵房，抗震设防类别应划为重点设防类。

3. 燃气建筑

燃气建筑中，20 万人口以上城镇、县及县级市的主要燃气厂的主厂房、贮气罐、加压泵房和压缩间、调度楼及相应的超高压和高压调压间、高压和次高压输配气管道等主要设施，抗震设防类别应划为重点设防类。

4. 热力建筑

热力建筑中，50 万人口以上城镇的主要热力厂主厂房、调度楼、中继泵站及相应的主要设施用房，抗震设防类别应划为重点设防类。

3.5.3　电力建筑

电力建筑包括电力生产建筑和城镇供电设施。电力建筑应根据其直接影响的城市和企业的范围及地震破坏造成的直接和间接经济损失划分抗震设防类别。

1. 电力调度建筑

国家和区域的电力调度中心，抗震设防类别应划为特殊设防类。

省、自治区、直辖市的电力调度中心，抗震设防类别宜划为重点设防类。

2. 电力生产建筑

火力发电厂（含核电厂的常规岛）、变电所的生产建筑中，下列建筑的抗震设防类别应划为重点设防类：

（1）单机容量为 300MW 及以上或规划容量为 800MW 及以上的火力发电厂和地震时必须维持正常供电的重要电力设施的主厂房、电气综合楼、网控楼、调度通信楼、配电装置楼、烟囱、烟道、碎煤机室、输煤转运站和输煤栈桥、燃油和燃气机组电厂的燃料供应设施。

（2）330kV 及以上的变电所和 220kV 及以下枢纽变电所的主控通信楼、配电装置楼、就地继电器室；330kV 及以上的换流站工程中的主控通信楼、阀厅和就地继电器室。

（3）供应 20 万人口以上规模的城镇集中供热的热电站的主要发配电控制室及其供电、供热设施。

（4）不应中断通信设施的通信调度建筑。

3.5.4　交通运输建筑

交通运输建筑包括铁路、公路、水运和空运系统建筑和城镇交通设施。交通运输系统生产建筑应根据其在交通运输线路中的地位、修复难易程度和对抢险救灾、恢复生产所起的作用划分抗震设防类别。

1. 铁路建筑

铁路建筑中，高速铁路、客运专线（含城际铁路）、客货共线Ⅰ、Ⅱ级干线和货运专线的铁路枢纽的行车调度、运转、通信、信号、供电、供水建筑，以及特大型站和最高聚集人数很多的大型站的客运候车楼，抗震设防类别应划为重点设防类。

2. 公路建筑

公路建筑中，高速公路、一级公路、一级汽车客运站和位于抗震设防烈度为 7 度及以上地区的公路监控室，一级长途汽车站客运候车楼，抗震设防类别应划为重点设防类。

3. 水运建筑

水运建筑中，50 万人口以上城市、位于抗震设防烈度为 7 度及以上地区的水运通信和导航等重要设施的建筑，国家重要客运站，海难救助打捞等部门的重要建筑，抗震设防类别应划为重点设防类。

4. 空运建筑

空运建筑中，国际或国内主要干线机场中的航空站楼、大型机库，以及通信、供电、供热、供水、供气、供油的建筑，抗震设防类别应划为重点设防类。

航管楼的设防标准应高于重点设防类。

5. 城镇交通设施

城镇交通设施的抗震设防类别，应符合下列规定：

（1）在交通网络中占关键地位、承担交通量大的大跨度桥应划为特殊设防类；处于交通枢纽的其余桥梁应划为重点设防类。

（2）城市轨道交通的地下隧道、枢纽建筑及其供电、通风设施，抗震设防类别应划为重点设防类。

3.5.5　邮电通信、广播电视建筑

邮电通信、广播电视建筑，应根据其在整个信息网络中的地位和保证信息网络通畅的作用划分抗震设防类别。其配套的供电、供水建筑，应与主体建筑的抗震设防类别相同；当特殊设防类的供电、供水建筑为单独建筑时，可划为重点设防类。

1. 邮电通信建筑

国际出入口局、国际无线电台、国家卫星通信地球站、国际海缆登陆站，抗震设防类别应划为特殊设防类。

省中心及省中心以上通信枢纽楼、长途传输一级干线枢纽站、国内卫星通信地球站、本地网通枢纽楼及通信生产楼、应急通信用房，抗震设防类别应划为重点设防类。

大区中心和省中心的邮政枢纽，抗震设防类别应划为重点设防类。

2. 广播电视建筑

国家级、省级的电视调频广播发射塔建筑，当混凝土结构塔的高度大于 250m 或钢结构塔的高度大于 300m 时，抗震设防类别应划为特殊设防类；国家级、省级的其余发射塔建筑，抗震设防类别应划为重点设防类。国家级卫星地球站上行站，抗震设防类别应划为特殊设防类。

国家级、省级广播中心、电视中心和电视调频广播发射台的主体建筑，发射总功率不小于 200kW 的中波和短波广播发射台、广播电视卫星地球站、国家级和省级广播电视监测台与节目传送台的机房建筑和天线支承物，抗震设防类别应划为重点设防类。

3.5.6　公共建筑和居住建筑

公共建筑，应根据其人员密集程度、使用功能、规模、地震破坏所造成的社会影响和直接经济损失的大小划分抗震设防类别。

1. 体育建筑

体育建筑中，规模分级为特大型的体育场，大型、观众席容量很多的中型体育场和体育馆（含游泳馆），抗震设防类别应划为重点设防类。

2. 文化娱乐建筑

文化娱乐建筑中，大型的电影院、剧场、礼堂、图书馆的视听室和报告厅、文化馆的观演厅和展览厅、娱乐中心建筑，抗震设防类别应划为重点设防类。

3. 商业建筑

商业建筑中，人流密集的大型的多层商场抗震设防类别应划为重点设防类。当商业建筑与其他建筑合建时应分别判断，并按区段确定其抗震设防类别。

4. 博物馆、档案馆建筑

博物馆和档案馆中，大型博物馆，存放国家一级文物的博物馆，特级、甲级档案馆，抗震设防类别应划为重点设防类。

5. 会展建筑

会展建筑中，大型展览馆、会展中心，抗震设防类别应划为重点设防类。

6. 教育建筑

教育建筑中，幼儿园、小学、中学的教学用房以及学生宿舍和食堂，抗震设防类别应不低于重点设防类。

7. 科学实验建筑

科学实验建筑中，研究、中试生产和存放具有高放射性物品以及剧毒的生物制品、化学制品、天然和人工细菌、病毒（如鼠疫、霍乱、伤寒和新发高危险传染病等）的建筑，抗震设防类别应划为特殊设防类。

8. 信息中心建筑

电子信息中心的建筑中，省部级编制和贮存重要信息的建筑，抗震设防类别应划为重点设防类。

国家级信息中心建筑的抗震设防标准应高于重点设防类。

9. 高层建筑

高层建筑中，当结构单元内经常使用人数超过 8000 人时，抗震设防类别宜划为重点设防类。

10. 居住建筑

居住建筑的抗震设防类别不应低于标准设防类。

3.5.7　矿业生产建筑

矿业生产建筑包括采煤、采油和天然气以及采矿的生产建筑等。采煤、采油和天然气、采矿的生产建筑，应根据其直接影响的城市和企业的范围及地震破坏所造成的直接和间接经济损失划分抗震设防类别。

1. 采煤生产建筑

采煤生产建筑中，矿井的提升、通风、供电、供水、通信和瓦斯排放系统，抗震设防类别应划为重点设防类。

2. 采油、采气生产建筑

采油和天然气生产建筑中，下列建筑的抗震设防类别应划为重点设防类：

（1）大型油、气田的联合站、压缩机房、加压气站泵房、阀组间、加热炉建筑。

（2）大型计算机房和信息贮存库。

（3）油品储运系统液化气站，轻油泵房及氮气站、长输管道首末站、中间加压泵站。

（4）油、气田主要供电、供水建筑。

3. 采矿生产建筑

采矿生产建筑中，下列建筑的抗震设防类别应划为重点设防类：

（1）大型冶金矿山的风机室、排水泵房、变电、配电室等。

（2）大型非金属矿山的提升、供水、排水、供电、通风等系统的建筑。

3.5.8 原材料生产建筑

原材料生产建筑包括冶金、化工、石油化工、建材和轻工业原材料等工业原材料生产建筑，主要以其规模、修复难易程度和停产后相关企业的直接和间接经济损失划分抗震设防类别。

1. 冶金、建材生产建筑

冶金工业、建材工业企业的生产建筑中，下列建筑的抗震设防类别应划为重点设防类：

（1）大中型冶金企业的动力系统建筑，油库及油泵房，全厂性生产管制中心、通信中心的主要建筑。

（2）大型和不容许中断生产的中型建材工业企业的动力系统建筑。

2. 化工和石油化工生产建筑

化工和石油化工生产建筑中，下列建筑的抗震设防类别应划为重点设防类：

（1）特大型、大型和中型企业的主要生产建筑以及对正常运行起关键作用的建筑。

（2）特大型、大型和中型企业的供热、供电、供气和供水建筑。

（3）特大型，大型和中型企业的通讯、生产指挥中心建筑。

3. 轻工原材料生产建筑

轻工原材料生产建筑中，大型浆板厂和洗涤剂原料厂等大型原材料生产企业中的主要装置及其控制系统和动力系统建筑，抗震设防类别应划为重点设防类。

4. 危险源建筑

冶金、化工、石油化工、建材、轻工业原料生产建筑中，使用或生产过程中具有剧毒、易燃、易爆物质的厂房，当具有泄毒、爆炸或火灾危险性时，其抗震设防类别应划为重点设防类。

3.5.9 加工制造业生产建筑

加工制造业生产建筑包括机械、船舶、航空、航天、电子（信息）、纺织、轻工、医药等工业生产建筑。

加工制造工业生产建筑，应根据建筑规模和地震破坏所造成的直接和间接经济损失的大小划分抗震设防类别。

1. 航空工业生产建筑

航空工业生产建筑中，下列建筑的抗震设防类别应划为重点设防类：

（1）部级及部级以上的计量基准所在的建筑，记录和贮存航空主要产品（如飞机、发动机等）或关键产品的信息贮存所在的建筑。

（2）对航空工业发展有重要影响的整机或系统性能试验设施、关键设备所在建筑（如大型风洞及其测试间，发动机高空试车台及其动力装置及测试间，全机电磁兼容试验建筑）。

（3）存放国内少有或仅有的重要精密设备的建筑。

（4）大中型企业主要的动力系统建筑。

2. 航天工业生产建筑

航天工业生产建筑中，下列建筑的抗震设防类别应划为重点设防类：

(1) 重要的航天工业科研楼、生产厂房和试验设施、动力系统的建筑。

(2) 重要的演示、通信、计量、培训中心的建筑。

3. 电子信息工业生产建筑

电子信息工业生产建筑中，下列建筑的抗震设防类别应划为重点设防类：

(1) 大型彩管、玻壳生产厂房及其动力系统。

(2) 大型的集成电路、平板显示器和其他电子类生产厂房。

(3) 重要的科研中心、测试中心、试验中心的主要建筑。

4. 纺织工业生产建筑

纺织工业的化纤生产建筑中，具有化工性质的生产建筑，其抗震设防类别宜按化工和石油化工生产建筑的要求进行划分。

5. 医药生产建筑

大型医药生产建筑中，具有生物制品性质的厂房及其控制系统，其抗震设防类别宜按科学实验建筑的相关要求进行划分。

6. 危险源建筑

加工制造工业建筑中，生产或使用具有剧毒、易燃、易爆物质且具有火灾危险性的厂房及其控制系统的建筑，抗震设防类别应划为重点设防类。

7. 动力建筑

大型的机械、船舶、纺织、轻工、医药等工业企业的动力系统建筑应划为重点设防类。

8. 其他生产厂房

机械、船舶工业的生产厂房，电子、纺织、轻工、医药等工业的其他生产厂房，宜划为标准设防类。

3.5.10　仓库类建筑

仓库类建筑，应根据其存放物品的经济价值和地震破坏所产生的次生灾害划分抗震设防类别。

储存高、中放射性物质或剧毒物品的仓库不应低于重点设防类，储存易燃、易爆物质等具有火灾危险性的危险品仓库应划为重点设防类。

一般的储存物品的价值低、人员活动少、无次生灾害的单层仓库等可划为适度设防类。

3.6　《08 分类标准》修订要点及实施注意事项

3.6.1　《08 分类标准》修订简介

根据住房和城乡建设部贯彻落实国务院《汶川地震灾后恢复重建条例》第 45 条“……

对工程建设标准进行复审；确有必要修订的，应当及时组织修订”、第 50 条“对学校、医院、体育场馆、博物馆、文化馆、图书馆、影剧院、商场、交通枢纽等人员密集的公共服务设施，应当按照高于当地房屋建筑的抗震设防要求进行设计，增强抗震设防能力”的要求，对工程建设基础标准之一的《04 分类标准》进行了修订。修订稿在四川省及各地广泛征求了设计、科研及抗震管理部门意见的基础上，通过建设部召开的并有有关主管部门参加的标准审查会逐条审查，最后经建设部领导审查定稿。

《04 分类标准》共有 8 章 72 条 102 款；修订后的《08 分类标准》共有 8 章 75 条 110 款，其中，新增 3 条，修改 27 条 33 款。主要变化如下：

（1）进一步明确分类标准的适用范围和抗震设防类别的内涵。

（2）进一步完善全国范围防灾救灾的建筑保障体系，包括指挥中心、医疗急救系统、应急疏散系统等。

（3）特别加强对未成年人在地震等突发事件中的保护，包括幼儿园、小学、中学和各类具有未成年人的初等、中等职业学校，以及相关的学生宿舍和食堂等。

（4）适当扩大体育建筑、文化娱乐建筑、商业建筑、高层建筑等人流密集场所以及市政基础设施、交通运输和广播电信建筑中提高设防要求的范围。

（5）修改相对落后的术语等文字表达的修改。

以下将主要修改内容加以对照，并给出执行中的注意事项。

3.6.2 关于分类标准的适用范围和分类的内涵

本次修订涉及适用范围和分类内涵的条文，共有以下 5 条：

1.《分类标准》的适用范围

1.0.2 本标准适用于抗震设防区建筑工程的抗震设防分类。

［原条文］本标准适用于抗震设防烈度为 6~9 度地区房屋建筑工程和市政基础设施工程的抗震设防分类。

［文字变动说明］

本条文字表达的变动有二处：其一，将设防烈度 6~9 度地区改为抗震设防区。其二，将房屋建筑工程和市政基础设施工程统称为建筑工程。

［实施注意事项］

（1）按照《建设工程抗御地震灾害管理规定》建设部令第 38 号（1994 年 12 月 1 日起施行），抗震设防区指地震烈度为 6 度及 6 度以上地区和今后可能发生破坏性地震的地区。因此，抗震设防区比 6~9 度地区的覆盖面更大。鉴于所有抗震设防区的建筑工程均要进行抗震设防分类，《08 分类标准》不对适用的设防烈度加以区分。

（2）建筑工程，按照《建筑法》的规定，指各类房屋建筑及其附属设施，包括配套的线路、管线和设备。《04 分类标准》比《95 分类标准》明确增加了基础设施建筑的相关内容。《08 分类标准》直接采用统称“建筑工程”，不再区分房屋建筑和其他建筑。

2. 设防分类的强制性要求

1.0.3　抗震设防区的所有建筑工程应确定其抗震设防类别。
新建、改建、扩建的建筑工程，其抗震设防类别不应低于本标准的规定。

[实施注意事项]

(1) 将建筑工程划分为不同的抗震设防类别，区别对待，采取不同的设计要求，是根据我国现有技术和经济条件的实际情况，达到减轻地震灾害又合理控制建设投资的重要对策之一。本条作为强制性条文，要求所有建筑工程，不论新建、改建、扩建工程还是现有的建筑工程进行加固、改造的抗震设计时，均应确定其设防类别。在结构设计总说明中、结构计算时，必须明确给出抗震设防类别，遵守相应的要求。

(2) 本条是新增的，对标准的适用范围作进一步的规定，作为强制性条文，参与建筑活动的各方必须严格执行，各地主管部门也据此对执行情况实施监督。本条规定意味着：当新建、改建、扩建工程进行抗震设计时，凡是《08 分类标准》中各条明确规定的所有建筑示例，其抗震设防类别和相应的设防标准也要按强制性要求对待。

(3) 现有建筑工程的实际情况比较复杂：有未考虑抗震设防的，有按《74 规范》或《78 规范》设防的，有按《89 规范》设防的，还有按《2001 规范》设防的；已经使用的年限不同，使用过程中是否注意维修或局部改变使用功能等也不相同；不同建造年代所采用的设计规范的要求不同，抗震设防烈度也可能因发布的地震烈度或地震动参数区划图的改变而提高或降低。考虑到现有建筑的数量巨大且涉及面很广，建筑所有者、使用者的条件和要求差异很大，一律按《08 分类标准》的要求难以执行。按照本标准所体现的抗震设防区别对待的基本原则，允许根据实际情况确定其设防类别和设防标准。例如。可采用《08 分类标准》的类别，也可仍按《04 分类标准》的类别但适当提高设防标准的要求，或改变使用性质后按新的使用性质确定设防类别等；还可采用《08 分类标准》规定的设防类别，但结合现有建筑不同的后续设计使用年限，如 30 年或 40 年等，不同于新建建筑工程的 50 年，在设计使用年限内具有相同的保证概率下确定不同于《08 分类标准》规定的设防标准。

(4) 本标准的各条规定是新建、改建、扩建工程的最低要求。表示有条件的建设单位、业主可以比本标准提高抗震设防要求，例如。按更高的抗震设防类别进行设计，按更长的设计使用年限的要求设计，或按照设计规范采用隔震、消能减震等新技术，使建筑在遭遇强烈地震影响时的损坏程度比本标准的规定有所减轻。

3. 设防分类依据

3.0.1　建筑抗震设防类别划分，应根据下列因素的综合分析确定：

1　建筑破坏造成的人员伤亡、直接和间接经济损失及社会影响的大小。

2　城镇的大小、行业的特点、工矿企业的规模。

[原条款] 城市的大小和地位、行业的特点、工矿企业的规模。

3　建筑使用功能失效后，对全局的影响范围大小、抗震救灾影响及恢复的难易程度。

4　建筑各区段的重要性有显著不同时，可按区段划分抗震设防类别，但下部区段的类别不应低于上部区段。

［原条款］建筑各区段的重要性有显著不同时，可按区段划分抗震设防类别。

5　不同行业的相同建筑，当所处地位及地震破坏所产生的后果和影响不同时，其抗震设防类别可不相同。

注：区段指由防震缝分开的结构单元、平面内使用功能不同的部分、或上下使用功能不同的部分。

［文字变动说明］

本条文字表达的变动有二处：其一，将城市的大小和地位改为城镇的大小。其二，增加了下部区段的类别不应低于上部区段的规定。

［实施注意事项］

（1）本条规定了划分抗震设防类别所需要考虑的因素，即对各方面影响的综合分析来划分。这些影响因素主要包括：

①从性质看有人员伤亡、经济损失、社会影响等。

②从范围看有国际、国内、地区、行业、小区和单位。

③从程度看有对生产、生活和救灾影响的大小，导致次生灾害的可能，恢复重建的快慢等。

④在对具体的对象作实际的分析研究时，建筑工程自身抗震能力、各部分功能的差异及相同建筑在不同行业所处的地位等因素，对建筑损坏的后果也有不可忽视的影响，在进行设防分类时应对以上因素做综合分析。

本标准在各章中，对若干行业和使用功能的建筑如何按上述原则进行划分，给出了较为具体的方法和示例。

（2）作为划分抗震设防类别所依据的规模、等级和范围的大小界限，对于城镇的大小是以人口的多少区分，但对于不同行业的建筑，则定义不一样，例如，有的以投资规模区分，有的以产量大小区分，有的以等级区分，有的以座位多少区分。因此，特大型、大型和中小型的界限，与该行业的特点有关，还会随经济的发展而改变，需由有关标准和该行业的行政主管部门规定。由于不同行业之间对建筑规模和影响范围尚缺少定量的横向比较指标，不同行业的设防分类只能通过对上述多种因素的综合分析，在相对合理的情况下确定。

（3）在一个较大的建筑中，若不同区段使用功能的重要性有显著差异，应区别对待，可只提高某些重要区段的抗震设防类别，其中，位于下部的区段，其抗震设防类别不应低于上部的区段。例如，区段按防震缝划分：对于面积较大的建筑工程，若设置防震缝分成若干个结构单元，各自有单独的疏散出入口而不是共用疏散口，各结构单元独立承担地震作用，彼此之间没有相互作用，人流疏散也较容易。这里，单独的出入口应符合《建筑设计防火规范》（GB 50016—2006）的规定。因此，当每个单元按规模划分属于标准设防类建筑时，可不提高抗震设防要求。又如，区段在一个结构单元内按上下划分：对于大底盘的高层建筑，当其下部裙房属于重点设防类的建筑范围时，一般可将其及与之相邻的上部高层建筑二层定为加强部位，按重点设防类进行抗震设计，其余各楼层仍可不提高设防要求；但是，当上部结构为重点设防类时，下部结构不论是什么类型，均应按重点设防类提高要求。

4. 设防类别

3.0.2　建筑工程应分为以下四个抗震设防类别：

1　特殊设防类：指使用上有特殊设施，涉及国家公共安全的重大建筑工程和地震时可能发生严重次生灾害等特别重大灾害后果，需要进行特殊设防的建筑。简称甲类。

2　重点设防类：指地震时使用功能不能中断或需尽快恢复的生命线相关建筑，以及地震时可能导致大量人员伤亡等重大灾害后果，需要提高设防标准的建筑。简称乙类。

3　标准设防类：指大量的除 1、2、4 款以外按标准要求进行设防的建筑。简称丙类。

4　适度设防类：指使用上人员稀少且震损不致产生次生灾害，允许在一定条件下适度降低要求的建筑。简称丁类。

[原条文] 建筑应根据其使用功能的重要性分为甲类、乙类、丙类、丁类四个抗震设防类别。

甲类建筑应属于重大建筑工程和地震时可能发生严重次生灾害的建筑，乙类建筑应属于地震时使用功能不能中断或需尽快恢复的建筑，丙类建筑应属于除甲、乙、丁类以外的一般建筑，丁类建筑应属于抗震次要建筑。

[文字变动说明]

本条文字的主要变动有三处：其一，删去使用功能的重要性作为划分依据。其二，修改了分类的名称，突出表达了特殊设防、重点设防、标准设防、适度设防等抗震设防的性质，保留甲类、乙类、丙类、丁类作为简称。其三，增加了特别重大灾害后果、重大灾害后果、不致产生次生灾害等区分灾害程度的用词。

[实施注意事项]

(1) 划分抗震设防类别，是为了体现抗震防灾对策的区别对待原则。划分的依据，不仅仅是使用功能的重要性，而是 3.0.1 条所列举的多个因素的综合分析判别。

(2) 各个抗震设防类别的名称，在各设计规范和建筑工程的设计文件中，仍可继续使用甲类、乙类、丙类、丁类的简称。

(3) 抗震防灾是针对强烈地震而言的，一次地震在不同地区、同一地区不同建筑工程造成的灾害后果不同，把灾害后果区分为“特别重大、重大、一般、轻微（无次生）灾害”是合适的。所谓严重次生灾害，指地震破坏引发放射性污染、洪灾、火灾、爆炸、剧毒或强腐蚀性物质大量泄漏、高危险传染病病毒扩散等灾难。

(4) 针对我国地震区划图所规定的烈度有很大不确定性的事实，在建设部领导下，自《建筑抗震设计规范》(GBJ 11—89) 发布以来，按技术标准设计的所有房屋建筑，均应达到“多遇地震不坏、设防烈度地震可修和罕遇地震不倒”的设防目标。这里，多遇地震、设防烈度地震和罕遇地震，一般按地震基本烈度区划或地震动参数区划对当地的规定采用，该等级的地震在 50 年内出现的超越概率分别为 63%、10% 和 2%～3%，或重现期分别为 50 年、475 年和 1600～2400 年。考虑到上述抗震设防目标可保证：房屋建筑在遭遇设防烈度地震影响时不致有灾难性后果，在遭遇罕遇地震影响时不致倒塌。汶川地震表明，严格按照现行规范进行设计、施工和使用的建筑，在遭遇比当地设防烈度高一度的地震作用下，没有出现倒塌破坏，有效地保护了人民的生命安全。吸取这个震害经验，绝大部分建筑均可划为标准设防类，一般简称丙类；需要提高防震减灾能力的建筑控制在很小的范围，按重点设防和特殊设防对待。

市政工程中，按《室外给水排水和煤气热力工程抗震设计规范》（GB 50032—2002）设计的给排水和热力工程，应在遭遇设防烈度地震影响下不需修理或经一般修理即可继续使用，其管网不致引发次生灾害，因此，绝大部分给排水、热力工程等市政基础设施的抗震设防类别也可划为标准设防类。

5. 设防标准

3.0.3 各抗震设防类别建筑的抗震设防标准，应符合下列要求：

1 标准设防类，应按本地区抗震设防烈度确定其抗震措施和地震作用，达到在遭遇高于当地抗震设防烈度的预估罕遇地震影响时不致倒塌或发生危及生命安全的严重破坏的抗震设防目标。

2 重点设防类，应按高于本地区抗震设防烈度一度的要求加强其抗震措施；但抗震设防烈度为 9 度时应按比 9 度更高的要求采取抗震措施；地基基础的抗震措施，应符合有关规定。同时，应按本地区抗震设防烈度确定其地震作用。

3 特殊设防类，应按高于本地区抗震设防烈度提高一度的要求加强其抗震措施；但抗震设防烈度为 9 度时应按比 9 度更高的要求采取抗震措施。同时，应按批准的地震安全性评价的结果且高于本地区抗震设防烈度的要求确定其地震作用。

4 适度设防类，允许比本地区抗震设防烈度的要求适当降低其抗震措施，但抗震设防烈度为 6 度时不应降低。一般情况下，仍应按本地区抗震设防烈度确定其地震作用。

注：对于划为重点设防类而规模很小的工业建筑，当改用抗震性能较好的材料且符合抗震设计规范对结构体系的要求时，允许按标准设防类设防。

[原条文] 各抗震设防类别建筑的抗震设防标准，应符合下列要求：

1 甲类建筑，地震作用应高于本地区抗震设防烈度的要求，其值应按批准的地震安全性评价结果确定；抗震措施，当抗震设防烈度为 6~8 度时，应符合本地区抗震设防烈度提高一度的要求，当为 9 度时，应符合比 9 度抗震设防更高的要求。

2 乙类建筑，地震作用应符合本地区抗震设防烈度的要求；抗震措施，一般情况下，当抗震设防烈度为 6~8 度时，应符合本地区抗震设防烈度提高一度的要求，当为 9 度时，应符合比 9 度抗震设防更高的要求；地基基础的抗震措施，应符合有关规定。

对较小的乙类建筑，当其结构改用抗震性能较好的结构类型时，应允许仍按本地区抗震设防烈度的要求采取抗震措施。

3 丙类建筑，地震作用和抗震措施均应符合本地区抗震设防烈度的要求。

4 丁类建筑，一般情况下，地震作用仍应符合本地区抗震设防烈度的要求；抗震措施应允许比本地区抗震设防烈度的要求适当降低，但抗震设防烈度为 6 度时不应降低。

[文字变动说明]

本条文字表达的变动有三处：其一，条款的顺序有调整，首先明确标准设防类的设防标准——大震不倒。其二，先明确抗震措施的要求后规定地震作用的要求，更突出各个设防类别在抗震措施上的区别。其三，规模较小的重点设防类建筑，进一步限制在小型工业建筑中，并要求有合理的结构体系。

［实施注意事项］

（1）抗震设防标准，指衡量建筑工程所应具有的抗震防灾能力这个要求高低的尺度。结构的抗震防灾能力取决于结构所具有的承载力和变形能力两个不可分割的因素，因此，建筑工程抗震设防标准具体体现为抗震设计所采用的抗震措施的高低和地震作用取值的大小。这个要求的高低，依据抗震设防类别的不同在当地设防烈度的基础上分别予以调整。

（2）抗震措施，按《建筑抗震设计规范》（GB 50011—2001）第 2.1.9 条的定义，指"除地震作用计算和抗力计算以外的所有抗震设计内容"，即包括设计规范对各类结构抗震设计的一般规定、地震作用效应（内力）调整、构件的尺寸、最小构造配筋等细部构造要求等等设计内容，需要注意"抗震措施"和"抗震构造措施"二者的区别和联系。

（3）在当代的地震科学发展阶段，地震区划图所给出的烈度具有很大不确定性，抗震措施对于保证结构抗震防灾能力是十分重要的。因此，在现有的经济技术条件下，我国抗震设防标准的不同主要采用抗震措施的差别，与某些发达国家侧重于只提高地震作用（10%～30%）而不提高抗震措施，在设防概念上有所不同：提高抗震措施，着眼于把有限的财力、物力用在增加结构关键部位或薄弱部位的抗震能力上，是经济而有效的方法；只提高地震作用，则结构的所有构件均全面增加材料，投资全面增加而效果不如前者。

（4）设防标准的差别表现如下：标准设防类的要求是最基本的。重点设防类需按提高一度加强其抗震措施——增加关键部位的投资即可达到提高安全性的目标；特殊设防类在提高一度加强其抗震措施的基础上，还需要进行"场地地震安全性评价"等专门研究。适度设防类，允许适当降低抗震措施的要求。

（5）建筑工程所处场地的地震安全性评价，通常包括给定年限内不同超越概率的地震动参数，应由具备资质的单位按相关规定执行。地震安全性评价的结果需要按规定的权限审批。

（6）作为抗震设防标准的例外，有下列几种情况：

①9 度设防的特殊设防、重点设防建筑，其抗震措施为高于 9 度，不是提高一度。

②重点设防的小型工业建筑，如工矿企业的变电所、空压站、水泵房，城市供水水源的泵房，通常采用砌体结构，局部修订明确：当改用抗震性能较好的材料且结构体系符合抗震设计规范的有关规定时（见 GB 50011—2001 第 3.5.2 条），其抗震措施允许按标准设防类的要求采用。

③GB 50011—2001 第 3.3.2 和 3.3.3 条给出某些场地条件下抗震设防标准的局部调整。根据震害经验，对 Ⅰ 类场地，除 6 度设防外均允许降低一度采取抗震措施中的抗震构造措施；对Ⅲ、Ⅳ类场地，当设计基本地震加速度为 0.15g 和 0.30g 时，宜提高 0.5 度（即分别按 8 度和 9 度）采取抗震措施中的抗震构造措施。

④GB 50011—2001 第 4.3.6 条给出地基抗液化措施方面的专门规定：确定是否液化及液化等级与设防烈度有关而与设防分类无关；但对同样的液化等级，抗液化措施与设防分类有关，其具体规定不按提高一度或降低一度的方法处理。

⑤GB 50011—2001 第 6.1.1 条给出混凝土结构抗震措施之一（最大适用高度）的局部调整：重点设防建筑的最大适用高度与标准设防建筑相同，不按提高一度的规定采用。

⑥GB 50011—2001 第 7.1.2 条给出多层砌体结构抗震措施之一（最大总高度、层数）的局部调整：重点设防建筑的总高度比标准设防建筑降低 3m、层数减少一层，即 7 度设防按提高一度的一般情况控制，而对 6、8、9 度设防时不按提高一度的规定控制。

3.6.3　关于抗震防灾建筑

本次修订涉及抗震防灾建筑的条文，共有以下 3 条：

1. 医疗建筑

4.0.3　医疗建筑的抗震设防类别，应符合下列规定：

1　三级医院中承担特别重要医疗任务的门诊、医技、住院用房，抗震设防类别应划为特殊设防类。

2　二、三级医院的门诊、医技、住院用房，具有外科手术室或急诊科的乡镇卫生院的医疗用房，县级及以上急救中心的指挥、通信、运输系统的重要建筑，县级及以上的独立采供血机构的建筑，抗震设防类别应划为重点设防类。

3　工矿企业的医疗建筑，可比照城市的医疗建筑确定其抗震设防类别。

[原条文] 医疗建筑的抗震设防类别，应符合下列规定：

1　三级特等医院的住院部、医技楼、门诊部，抗震设防类别应划为甲类。

2　大中城市的三级医院住院部、医技楼、门诊部，县及县级市的二级医院住院部、医技楼、门诊部，抗震设防烈度为 8、9 度的乡镇主要医院住院部、医技楼，县级以上急救中心的指挥、通信、运输系统的重要建筑，县级以上的独立采、供血机构的建筑，抗震设防类别应划为乙类。

3　工矿企业的医疗建筑，可比照城市的医疗建筑确定其抗震设防类别。

[文字变动说明]

本条文字的变动有三处：其一，将三级特等医院改为三级医院中承担特别重要医疗任务的相关建筑。其二，将县及县级市的二级医院改为所有二级医院。其三，将 8、9 度的乡镇主要医院改为具有外科手术室和急诊科的乡镇卫生院。

[实施注意事项]

（1）医院的级别（一、二、三级），是反映设置规划所确定的规模和服务人口的多少，使用过程中不变，街道的医疗机构为街道卫生院，乡镇中的医疗机构为乡镇卫生院；医院的等次（甲、乙、丙等），是由医疗机构评审委员会评定的表示医疗水平的高低，经过评定可以提高或降低，会发生变化，迄今我国尚没有评为三级特等的医院。因此，本次修订只保留医院的级别而不考虑其等次。

（2）自《95 分类标准》发布以来，尚没有划为甲类的医院。本次修订，将《04 分类标准》在条文说明中“承担特别重要医疗任务”的提法移到正文，以便今后可能将涉及国家公共安全需要特殊设防的某些医疗用房按特殊类设防。

（3）我国在 100 万人口以上的大城市才建立三级医院，并且需联合二级医院才能完成所需的服务任务。截至 2007 年底，大陆共有三级医院 1182 所，200～499 床位的各类医院 2869 所，城镇人均仅达到约 22 万人/所。总结汶川地震的经验教训，在当前的经济条件下，本次修订明确为所有二级、三级医院均提高为重点类，以提高突发事件时的救灾能力。其中，仍需按《04 分类标准》考虑与急救处理无关的专科医院和综合医院的不同，区别对待。

（4）总结新疆伽师、巴楚地震中边远地区实际医疗急救情况的经验，《04 分类标准》规定 8、9 度区的乡镇主要医疗建筑提高抗震设防类别的要求。本次修订，考虑到在二级医院的急救处理范围不能或难以覆盖的乡镇，要求建立具有外科手术室或急诊科的卫生院，并提高其抗震设防类别，目的是逐步形成覆盖城乡范围具有地震等突发灾害时医疗卫生急救处理和防疫设施的完整保障系统。

（5）医院的级别，按国家卫生主管部门的规定，三级医院指该医院总床位不少于 500 个且每床建筑面积不少于 60m^2，二级医院指床位不少于 100 个且每床建筑面积不少于 45m^2。

2. 应急指挥中心建筑

4.0.5　20 万人口以上城镇和县及县级市防灾应急指挥中心的主要建筑，抗震设防类别不应低于重点设防类。

工矿企业的防灾应急指挥系统建筑，可比照城市防灾应急指挥系统建筑确定其抗震设防类别。

[原条文] 大中城市和抗震设防烈度为 8、9 度的县级以上抗震防灾指挥中心的主要建筑，抗震设防类别应划为乙类。

工矿企业的抗震防灾指挥系统建筑，可比照城市抗震防灾指挥系统建筑确定其抗震设防类别。

[文字变动说明]

本条文字的变动有三处：其一，将大、中城市明确为 20 万人口以上的城镇。其二，将 8、9 度区的县级扩大到所有抗震设防区的县。其三，将抗震防灾指挥中心纳入防灾应急指挥中心。

[实施注意事项]

（1）防灾应急指挥中心应具有必需的信息、控制、调度系统和相应的动力系统。

（2）需要提高抗震设防类别的防灾应急指挥中心的范围，首先是所有城镇按管辖人口 20 万以上控制；不足 20 万人口的，只对县和县级市提高。

（3）当一个建筑只在某个局部区段的房间具有防灾指挥中心的功能时，按本标准 3.0.1 条的规定，可仅提高该区段（自该房间至基础的部分）的设防标准。

3. 应急避难场所建筑

4.0.7　作为应急避难场所的建筑，其抗震设防类别不应低于重点类。

[文字变动说明]

本条是新增的。

[实施注意事项]

作为强烈地震突发事件的“避震疏散场所”有三种类型：紧急避震疏散场所，如小公园、小花园、小广场、绿地等，步行大约 10min 内可以到达，属于临时、就近、过渡性的场所；固定避震疏散场所，如面积较大的公园、广场、体育场馆、停车场、抗震能力强的公共建筑等，步行大约 1h 内可以到达，属于较长时间避震和集中性救援的场所；中心避震疏散场所，指大型的救灾设施、人员齐全、救灾能力完善的固定避震疏散场所。本条规定的建筑，应属于城镇防灾规划中核定的具有避震功能、可有效保证内部人员生命安全的固定避震疏散场所的建筑。

按照 2007 年发布的国家标准《城市抗震防灾规划标准》（GB 50413）等相关规划标准的要求，当建筑作为地震等突发灾害的应急避难场所时，需要提高其抗震设防类别，确保安全和发挥救灾功能。

3.6.4 关于未成年人在地震突发事件中的保护

本次修订，特别加强了涉及未成年人保护的有关规定。

> 6.0.8 教育建筑中，幼儿园、小学、中学的教学用房以及学生宿舍和食堂，抗震设防类别应不低于重点设防类。
>
> [原条文] 教育建筑中，人数较多的幼儿园、小学的低层教学楼，抗震设防类别应划为乙类。这类房屋采用抗震性能较好的结构类型时，可仍按本地区抗震设防烈度的要求采取抗震措施。

[文字变动说明]

本条文字的变动有四处：其一，删去人数较多和低层房屋的限制。其二，由幼儿园、小学扩大到中学。其三，将教学楼改为教学用房、学生宿舍和食堂。其四，删去采用抗震性能较好的结构类型时仍按丙类设计的规定。

[实施注意事项]

（1）承担幼儿和中、小学生教育职责的机构，在突发地震时提供对未成年人的保护措施，国内外均随着经济、技术发展的情况呈日益增加的趋势。本次修订，教育建筑中提高设防标准的范围明显扩大。

我国在《89 规范》中，就明确规定采用砌体结构的教学楼，应严格降低总高度并提高设置构造柱的要求，大体相当于一般砌体结构房屋乙类设防的构造要求，并在 2000 年列为强制性条文；《04 分类标准》中，进一步明确规定了地震时自救能力较弱人群所在的人数较多的幼儿园、小学教学用房提高抗震设防类别的要求。

汶川地震中，学校建筑倒塌的比例，在 7~9 度区不到 10%，与一般房屋相近；严格按《89 规范》和《2001 规范》设计和施工的学校建筑，虽遭遇到高于当地设防烈度一度时仍没有倒塌，有效地保护了许多学生的生命。然而，地震时学校正在上课，学生伤亡人数的比例要比一般房屋大得多。本次修订征求意见时，大多数意见是：为在发生地震灾害时特别加强对未成年人的保护，在我国经济有较大发展的条件下，《04 分类标准》“人数较多”的规定应予以修改，不仅幼儿园、小学的教学用房需要提高设防类别，中学中有未成年人的教学用房，也需要同样对待。鉴于中小学寄宿学生宿舍和学生食堂的未成年人比较密集，建议也考虑提高其抗震设防类别。

（2）幼儿园和中小学的范围，主要指城乡规划中属于公共服务设施中的教育设施，按教育主管部门的规定，包括托儿所、幼儿园、初小、完小、初中、高中、完全中学、九年一贯制学校等普通中小学，具有未成年人的职业初中、中等专业学校、技工学校，以及特殊教育学校，少数民族学校。不仅包括教育部门办的学校，还包括集体办、民办、其他部门办的学校。不包括成年人的大专院校、业余学校。

（3）教学用房指教学及辅助用房，如普通教室、实验室、微机室、图书室、语音室、音乐教室、多功能教室、体育活动室和体育馆、礼堂，不包括学校的行政办公用房和生活用房。

3.6.5　关于人流密集场所的公共服务设施建筑

本次修订，涉及公共服务设施中人流密集场所的条文，共有以下 4 条：

1. 体育建筑

6.0.3　体育建筑中，规模分级为特大型的体育场，大型、观众席容量很多的中型体育场和体育馆（含游泳馆），抗震设防类别应划为重点设防类。

［原条文］体育建筑中，使用要求为特级、甲级且规模分级为特大型、大型的体育场和体育馆，抗震设防类别应划为乙类。

［文字变动说明］

本条文字的变动有二处：其一，删去使用要求的分级，只保留规模的大小。其二，增加了观众席容量很多的中型体育场馆。

［实施注意事项］

（1）在国家经济进一步发展的情况下，将接近大型的体育场馆——观众席容量很多的中型体育场馆的设防类别也提高到重点类，适当扩大作为重点保护的人员密集场所的范围，体现了《汶川地震灾后恢复重建条例》的精神。

（2）按照《体育建筑设计规范》（JGJ 31）的规定，大型体育场指观众席容量不少于 40000 人，中型指 20000~40000 人，接近大型取平均值约为 30000 人。具体工程设计时，若观众席被防震缝分割为若干结构单元，可按每个具有独立的消防疏散出入口的结构单元大于 5000 人考虑。

（3）按照《体育建筑设计规范》（JGJ 31）的规定，大型体育馆（含游泳馆）指观众席容量不少于 6000 人，中型指 3000~6000 人，接近大型取平均值约为 4500 人。

2. 文化娱乐建筑

6.0.4　文化娱乐建筑中，大型的电影院、剧场、礼堂，图书馆的视听室和报告厅、文化馆的观演厅和展览厅、娱乐中心建筑，抗震设防类别应划为重点设防类。

［原条文］影剧院建筑中，大型的电影院、剧场、娱乐中心建筑，抗震设防类别应划为乙类。

［文字变动说明］

本条文字的变动有二处：其一，将影剧院建筑改为城镇公共服务设施的文化娱乐建筑；其二，增加了大型礼堂、图书馆建筑中的大型视听室和报告厅、文化馆建筑中的大型观演厅和展览厅。

［实施注意事项］

（1）影剧院、礼堂、图书馆、文化馆、娱乐中心，均属于城镇公共服务设施。按《汶川地震灾后恢复重建条例》第 50 条要求的精神，当人员密集时应提高建筑的抗震能力。

（2）影剧院的规模以观众席的容量划分。按照《电影院建筑设计规范》（JGJ 58）和《剧场建筑设计规范》（JGJ 57）的有关规定，特大型为 1601 座以上，大型为 1201 ~ 1600 座。本标准中，大型电影院、剧场，包括功能相当的大专院校和单位的礼堂，大致指座位不少于 1200 个。

（3）根据《图书馆建筑设计规范》（JGJ 39）和《文化馆建筑设计规范》（JGJ 41）的规定，图书馆（包括公共图书馆、专业图书馆、大专院校的图书馆）的视听室和报告厅、文化馆的观演厅和展览厅，以及大众的娱乐中心，也可能属于人员密集的场所。这些建筑，当单独建造时，座位数不少于 1200 个为大型；当分布于多个楼层时，指合计座位明显多于 1200 座且其中至少有一个 500 座以上的大厅。按照本标准 3. 0. 4 条的比照原则。图书馆的普通阅览室、文化馆的游艺室和舞厅，当按上述方法计算属于人员密集场所时，也需提高抗震设防类别。

3. 商业建筑

6. 0. 5　商业建筑中，人流密集的大规模多层商场抗震设防类别应划为重点设防类。当商业建筑与其他建筑合建时应分别判断，并按区段确定其抗震设防类别。

［原条文］商业建筑中，大型的人流密集的多层商场，抗震设防类别应划为乙类。当商业建筑与其他建筑合建时应分别判断，并按区段确定其抗震设防类别。

［文字变动说明］

本条文字表达略有调整，将大型改为大规模。

［实施注意事项］

（1）大型商业零售的多层商场是城镇中为数不多的人员密集的商业活动场所。《商店建筑设计规范》（JGJ 48）正在修订大型商场的界限，参照美国 IBC2003，对一个区段顾客容量多于 5000 人的多层商场提高设防类别，比《04 分类标准》条文说明中的 7500 人，适当扩大了需要保护的人员密集场所的范围。取平均每位顾客 1. 35m^2 计算，5000 人相当于营业面积 7000m^2，或建筑面积大约 17000m^2。

（2）当商业建筑与其他建筑合建时，如商住楼或综合楼，其划分以区段按比照原则确定。例如，高层建筑中多层的商业裙房区段或者下部的商业区段为重点类，而上部的住宅可以仍为标准类。当多层商场设置防震缝分为若干区段时，按每个具有独立消防出入口的结构单元的建筑面积或营业面积计算。

（3）所有大型的仓储式商场和单层商场，不属于提高设防类别的范围。

4. 高层建筑

6.0.11　高层建筑中，当结构单元内经常使用人数超过 8000 人时，抗震设防类别宜划为重点设防类。

[原条文] 高层建筑中，当结构单元内经常使用人数超过 10000 人时，抗震设防类别宜划为乙类。

[文字变动说明]

本条文字略有变动，将 10000 人改为 8000 人。

[实施注意事项]

(1) 考虑到现行的抗震设计规范、规程中，已经对某些相对重要的房屋建筑的抗震设防有很具体的提高要求。例如，混凝土结构中，高度大于 30m 的框架结构、高度大于 60m 的框架-抗震墙结构和高度大于 80m 的抗震墙结构，其抗震措施比一般的多层混凝土房屋有明显的提高；钢结构中，层数超过 12 层的房屋，其抗震措施也高于一般的多层钢结构房屋。因此，本标准在划分高层建筑抗震设防类别时，注意与设计规范、规程的设计要求配套，力求避免出现重复性的提高抗震要求。

(2) 汶川地震后，为更好地保护高层建筑中密集人员的生命，将 2004 年版的 10000 人改为 8000 人。按办公建筑 $10m^2$/人估算，建筑面积大约 $80000m^2$。这个 8000 人按大约数据控制，也可结合高层建筑各个避难层所容纳的人数累计得到。

(3) 本条的用词“宜”，是考虑到在一个结构单元内集中如此多人数属于高层建筑，且大多属于超出规范适用高度的超限高层建筑，设计时需要进行可行性论证，其抗震措施需要经过专门研究后予以提高。这意味着，抗震措施提高的程度是按重点设防类的要求总体提高一度，还是仅提高一个抗震等级或在关键部位采取比标准设防类更有效的加强措施，包括采用抗震性能设计方法等，应进行专门研究和论证，并按行政许可的有关规定经过抗震设防专项审查确定。

3.6.6　关于基础设施建筑

本次修订涉及基础设施建筑的条文，共有以下 9 条：

1. 给水建筑

5.1.3　给水建筑工程中，20 万人口以上城镇和抗震设防烈度为 7 度及以上的县及县级市的主要取水设施和输水管线、水质净化处理厂的主要水处理建（构）筑物、配水井、送水泵房、中控室、化验室等，抗震设防类别应划为重点设防类。

[原条文] 给水建筑工程中，20 万人口以上城镇和抗震设防烈度为 8、9 度的县及县级市的主要取水设施和输水管线、水质净化处理厂的主要水处理建（构）筑物、配水井、送水泵房、中控室、化验室等，抗震设防类别应划为乙类。

[文字变动说明]

本条文字略有变动，将 8、9 度修改为 7 度及以上。

［实施注意事项］

（1）现行的给排水工程的抗震设计规范，要求给排水工程在遭遇设防烈度地震影响下不需修理或经一般修理即可继续使用，因此，需要提高设防标准的，一般以城区人口20万划分；少于20万人口的，指7度及以上设防的小城市和县城。

（2）给水工程设施是城镇生命线工程的重要组成部分，涉及居民生活用水、生产用水和震后救灾。本条的给水建筑工程是广义的范畴，包括厂、站的建筑物和各种功能的水处理构筑物（圆形、矩形水池、水塔等），以及各种材质的埋地管线。

（3）地震时首先要保证主要水源不能中断（取水构筑物、输水管道安全可靠）；水质净化处理厂能基本正常运行。要达到这一目标，需要对水处理系统的建（构）筑物、配水井、送水泵房、加氯间或氯库和作为运行中枢机构的控制室和水质化验室加强设防。对一些大城市，尚需考虑供水加压泵房。

水质净化处理系统的主要建构筑物，包括反应沉淀池、滤站（滤池或有上部结构）、加药、贮存清水等设施。对贮存消毒用的氯库加强设防，是避免震后氯气泄漏，引发二次灾害。

（4）条文强调“主要”，指在一个城镇内，当有多个水源引水、分区设置水厂，并设置环状配水管网可相互沟通供水时，仅规定主要的水源和相应的水质净化处理厂的建构筑物提高设防标准，而不是全部给水建筑。

2. 排水建筑

5.1.4　排水建筑工程中，20万人口以上城镇和抗震设防烈度为7度及以上的县及县级市的污水干管（含合流），主要污水处理厂的主要水处理建（构）筑物、进水泵房、中控室、化验室，以及城市排涝泵站、城镇主干道立交处的雨水泵房等，抗震设防类别应划为重点设防类。

［原条文］排水建筑工程中，20万人口以上城镇和抗震设防烈度为8、9度的县及县级市的污水干管（含合流），主要污水处理厂的主要水处理建（构）筑物、进水泵房、中控室、化验室，以及城市排涝泵站、城镇主干道立交处的雨水泵房等，抗震设防类别应划为乙类。

［文字变动说明］

本条文字略有变动，将8、9度修改为7度及以上。

［实施注意事项］

（1）现行的给排水工程的抗震设计规范，要求给排水工程在遭遇设防烈度地震影响下不需修理或经一般修理即可继续使用，因此，需要提高设防标准的，一般以城区人口20万划分；少于20万人口的，指7度及以上设防的小城市和县城。

（2）排水工程设施包括排水管网、提升泵房和污水处理厂，当系统遭受地震破坏后，将导致环境污染，成为震后引发传染病的根源；特别是大容量的污水处理池，一旦破坏可能引发数以万吨计的污水泛滥，修复困难，后果严重。地震时一旦大直径污水管损坏，将使地下水涌入管道两侧的基土而引发房屋下沉、开裂或倾斜；城市排涝泵站和道路立交处的雨水泵房遭受地震破坏将导致积水过深，影响救灾车辆的通行，加剧震害，故予以加强。

（3）污水厂（含污水回用处理厂）的水处理建构筑物，包括进水格栅间、沉砂池、沉淀池（含二次沉淀）、生物处理池（含曝气池）、消化池等。

（4）条文强调“主要”，指一个城镇内，当有多个污水处理厂时，需区分水处理规模和建设场地的环境，确定需要加强抗震设防的污水处理工程，而不是全部提高。

3. 燃气建筑

5.1.5　燃气建筑中，20 万人口以上城镇和县及县级市的主要燃气厂的主厂房、贮气罐、加压泵房和压缩间、调度楼及相应的超高压和高压调压间、高压和次高压输配气管道等主要设施，抗震设防类别应划为重点设防类。

[原条文] 燃气建筑中，20 万人口以上城市和抗震设防烈度为 8、9 度的县及县级市的主要燃气厂的主厂房、贮气罐、加压泵房和压缩间、调度楼及相应的超高压和高压调压间、高压和次高压输配气管道等主要设施，抗震设防类别应划为乙类。

[文字变动说明]

本条文字略有变动，将 8、9 度修改为所有抗震设防区。

[实施注意事项]

（1）燃气系统遭受地震破坏后，既影响居民生活又可能引发火灾或煤气、天然气泄漏等重大次生灾害，需予以提高。

（2）贮气设施中的贮气罐，分为球形贮罐、卧式贮罐、湿式螺旋轨贮罐、干式圆柱形贮罐等，还有高、低压之分，有的贮气容量可达 100000m^2 以上。输配气管道按运行压力区别对待，超高压指压力大于 4.0MPa，高压指 1.6~4.0MPa，次高压指 0.4~1.6MPa。

（3）本次修订，考虑到燃气建筑地震破坏容易造成重大的次生灾害后果，凡抗震设防区的县及县级市的主要供气设施，均提高为重点设防类，立足于避免燃气工程严重损坏、避免产生次生灾害，以便震后恢复供应，有利于抗震救灾、安定震后居民生活。

4. 铁路建筑

5.3.3　铁路建筑中，高速铁路、客运专线（含城际铁路）、客货共线Ⅰ、Ⅱ级干线和货运专线的铁路枢纽的行车调度、运转、通信、信号、供电、供水建筑，以及特大型站和最高聚集人数很多的大型站的客运候车楼，抗震设防类别应划为重点设防类。

[原条文] 铁路建筑中，Ⅰ、Ⅱ级干线和位于抗震设防烈度为 8、9 度地区的铁路枢纽的行车调度、运转、通信、信号、供电、供水建筑以及特大型站的客运候车楼，抗震设防类别应划为乙类。

工矿企业铁路专用线枢纽，可比照铁路干线枢纽确定其抗震设防类别。

[文字变动说明]

本条文字的变动有三处：其一，铁路的等级增加了高速铁路、客运专线。其二，工矿铁路专用线不需要经过“比照”。其三，删去 8、9 度设防区的特别规定。

[实施注意事项]

（1）铁路系统的建筑中，需要提高设防类别的建筑主要是五所一室和人员密集的候车室。铁道线路的分级随着铁路的发展而有所改变，如增加了高速铁路、客运专线等，由铁道工程设计规范和铁道主管部门规定。

（2）特大型站，按《铁路旅客车站建筑设计规范》（GB 50226—2007）的规定，指全年上车旅客最多月份中，一昼夜在候车室内瞬时（8~10min）出现的最大候车（含送客）人数的平均值，即最高聚集人数大于10000人的车站；大型站的最高集聚人数为3000~10000人。本次修订，将人员密集的人数很多的大型站大致界定为最高聚集人数6000人。

5. 公路建筑

5.3.4 公路建筑中，高速公路、一级公路、一级汽车客运站和位于抗震设防烈度为7度及以上地区的公路监控室以及一级长途汽车站客运候车楼，抗震设防类别应划为重点设防类。

［原条文］公路建筑中，高速公路、一级公路、一级汽车客运站和位于抗震设防烈度为8、9度地区的公路监控室以及一级长途汽车站客运候车楼，抗震设防类别应划为乙类。

［文字变动说明］

本条文字的略有变动，将8、9度修改为7度及以上。

［实施注意事项］

（1）公路系统的建筑中，需要提高设防类别的建筑是承担主要运输干线运营管理的监控室。公路运输的规模分级，由公路工程设计规范和交通主管部门规定。

（2）一级汽车客运站的候车楼，按《汽车客运站建筑设计规范》（JGJ 60—1999）的规定，指日发送旅客折算量（指车站年度平均每日发送长途旅客和短途旅客折算量之和）大于7000人次的客运站的候车楼。

6. 水运建筑

5.3.5 水运建筑中，50万人口以上城市和位于抗震设防烈度为7度及以上地区的水运通信和导航等重要设施的建筑、国家重要客运站、海难救助打捞等部门的重要建筑，抗震设防类别应划为重点设防类。

［原条文］水运建筑中，50万人口以上城市和位于抗震设防烈度为8、9度地区的水运通信和导航等重要设施的建筑、国家重要客运站、海难救助打捞等部门的重要建筑，抗震设防类别应划为乙类。

［文字变动说明］

本条文字的略有变动，将8、9度修改为7度及以上。

［实施注意事项］

（1）水运系统的建筑中，需要提高设防类别的建筑是承担主要运输干线运营管理的通信、导航设施的房屋以及海难救助相关的建筑。水运工程的规模分级，由水运工程设计技术规范和交通主管部门规定。

（2）国家重要客运站，指《港口客运站建筑设计规范》（JGJ 86—1992）规定的一级客运站，其设计旅客聚集量（取设计旅客年发客人数除以年客运天数再乘以聚集系数和客运不平衡系数）大于 2500 人。

7. 空运建筑

5.3.6　空运建筑中，国际或国内主要干线机场中的航空站楼、大型机库，以及通信、供电、供热、供水、供气的建筑抗震设防类别应划为重点设防类。航管楼的设防标准应高于重点设防类。

［原条文］空运建筑中，国际或国内主要干线机场中的航空站楼、大型机库，以及通信、供电、供热、供水、供气的建筑抗震设防类别应划为乙类。

［文字变动说明］

本条文字的变动是，增加了关于航管楼的规定。

［实施注意事项］

（1）空运系统的建筑中，需要提高设防类别的建筑是承担主要航线运营管理的航管楼、大型机库及旅客集聚的航站楼等相关建筑，以保证地震时的安全和救灾的正常运行。国内主要干线的含义应遵守民用航空技术标准和民航主管部门的规定。

（2）本次修订，考虑航管楼在抗震救灾时发挥功能的需要，将其设防标准略为提高。

8. 邮电通信建筑

5.4.3　邮电通信建筑的抗震设防类别，应符合下列规定：

1　国际出入口局、国际无线电台，国家卫星通信地球站，国际海缆登陆站，抗震设防类别应划为特殊设防类。

2　省中心及省中心以上的通信枢纽楼、长途传输一级干线枢纽站、国内卫星通信地球站、本地网通枢纽楼及通信生产楼、应急通信用房，抗震设防类别应划为重点设防类。

3　大区中心和省中心的邮政枢纽，抗震设防类别应划为重点设防类。

［原条文］邮电通信建筑的抗震设防类别，应符合下列规定：

1　国际海缆登陆站、国际卫星地球站，中央级的电信枢纽（含卫星地球站），抗震设防类别应划为甲类。

2　大区中心和省中心的长途电信枢纽、邮政枢纽、海缆登陆局，重要市话局（汇接局，承担重要通信任务和终局容量超过 50000 门的局），卫星地球站，地区中心和抗震设防烈度为 8、9 度的县及县级市的长途电信枢纽楼的主机房和天线支承物，抗震设防类别应划为乙类。

［文字变动说明］

本条文字表达的变动有四处：其一，将邮政和电信的建筑分开规定。其二，按电信发展的现状调整了重要电信枢纽的相关术语和范畴。其三，提高海缆登陆局的设防类别。其四，删去 8、9 度设防的县级邮电机构的相关内容。

［实施注意事项］

（1）邮政、电信工程的规模分级，分别由相关技术标准和行业主管部门规定。

（2）为在地震等突发事件中保持必要的通信能力，所有应急的通信用房均提高其抗震设防类别。

（3）县及县级市的长途电信枢纽楼已经不存在，《04 分类标准》的相关规定删去。

9. 广播电视建筑

5.4.4 广播电视建筑的抗震设防类别，应符合下列规定：

1 国家级、省级的电视调频广播发射塔建筑，当混凝土结构塔的高度大于 250m 或钢结构塔的高度大于 300m 时，抗震设防类别应划为特殊设防类；国家级、省级的其余发射塔建筑，抗震设防类别应划为重点设防类。国家级卫星地球站上行站，抗震设防类别应划为特殊设防类。

2 国家级、省级广播中心、电视中心和电视调频广播发射台的主体建筑，发射总功率不小于 200kW 的中波和短波广播发射台、广播电视卫星地球站、国家级和省级广播电视监测台与节目传送台的机房建筑和天线支承物，抗震设防类别应划为重点设防类。

［原条文］广播电视建筑的抗震设防类别，应符合下列规定：

1 中央级、省级的电视调频广播发射塔建筑，当混凝土结构的塔高大于 250m 或钢结构塔高大于 300m 时，抗震设防类别应划为甲类；中央级、省级的其余发射塔建筑，抗震设防类别应划为乙类。

2 中央级、省级广播中心、电视中心和电视调频广播发射台的主体建筑，发射总功率不小于 200kW 的中波和短波广播发射台、广播电视卫星地球站、中央级和省级广播电视监测台与节目传送台的机房建筑和天线支承物，抗震设防类别应划为乙类。

［文字变动说明］

本条文字的变动是：增加了国家级卫星地球站上行站的抗震设防类别。

［实施注意事项］

（1）广播、电视系统在地震等突发事件中具有重要作用，一旦使用功能破坏或中断，不仅影响应急防灾，而且对国内、国际可能产生重大的社会影响。1964 年河北邢台地震以来，有关主管部门就对其抗震设防类别有明确的规定，并一直沿用至今，只对提高设防类别的范围作了适当的调整。

（2）广播电视建筑抗震设防分类的详细规定，按《广播电影电视工程抗震设防分类标准》（GY 5060）执行。

（3）国家级卫星地球站上行站的节目编制、发送具有关键性的功能，本次修订，对其设防类别予以提高。

3.6.7 其他修订

本次修订，涉及文字表达等方面的修订共有以下 8 条：

1. 科学实验建筑

6.0.9 科学实验建筑中，研究、中试生产和存放高放射性物品、剧毒的生物制品和化学制品、天然和人工细菌、病毒（如鼠疫、霍乱、伤寒和新发高危险传染病等）的建筑。抗震设防类别应划为特殊设防类。

［原条文］科学实验建筑中，研究、中试生产和存放剧毒的生物制品、天然和人工细菌、病毒（如鼠疫、霍乱、伤寒和新发高危险传染病等）的建筑，抗震设防类别应划为甲类。

［修订说明］

本条改进文字表达，除了《04分类标准》的生物制品外，明确与高放射性物品、剧毒的化学制品相关的科学实验建筑，也应划为特殊设防类。

2. 电子信息中心的建筑

6.0.10　电子信息中心的建筑中，省部级编制和贮存重要信息的建筑，抗震设防类别应划为重点设防类。

国家级信息中心建筑的抗震设防标准应高于重点设防类。

［修订说明］

本条是新增的，将《04分类标准》第7.3.5条1款的规定移此，从而进一步明确各类信息中心的设防类别和设防标准。

3. 居住建筑

6.0.12　居住建筑的抗震设防类别不应低于标准设防类。

［原条文］住宅、宿舍和公寓的抗震设防类别可划为丙类。

［修订说明］

本条改进文字表达，与全文强制的《居住建筑设计规范》一致，体现了1.0.3条所表达的最低要求，即有条件时可按高于标准类设防的原则。

4. 采煤生产建筑

7.1.3　采煤生产建筑中，矿井的提升、通风、供电、供水、通信和瓦斯排放系统，抗震设防类别应划为乙类。

［原条文］采煤生产建筑中，产量3Mt/a及以上矿区和产量1.2Mt/a及以上矿井的提升、通风、供电、供水、通信和瓦斯排放系统，抗震设防类别应划为乙类。

［修订说明］

鉴于小煤矿已经被禁止，采煤矿井的规模均大于《04分类标准》的规定值，本条改进文字表达，删去大型的界限。

5. 原材料生产建筑

7.2.6　冶金、化工、石油化工、建材、轻工业原料等原材料生产建筑中，使用或产生具有剧毒、易燃、易爆物质的厂房，当具有泄毒危险性、爆炸或火灾危险性时，其抗震设防类别应划为重点设防类。

> ［原条文］冶金、化工、石油化工、建材、轻工业原料生产中，使用或产生具有剧毒、易燃、易爆物质的厂房以及存放这些物品的仓库，当具有火灾危险性时，其抗震设防类别应划为乙类；存放有放射性物品的仓库，其抗震设防类别应划为乙类。

［修订说明］

本条的文字表达作了修改。将原材料生产活动中，储存剧毒、易燃、易爆物质的仓库移到第 8 章，参见 8.0.3 条。

6. 航空工业生产建筑

> 7.3.3 航空工业生产建筑中，下列建筑的抗震设防类别应划为重点设防类：
>
> 1 部级及部级以上的计量基准所在的建筑，记录和贮存航空主要产品（如飞机、发动机等）或关键产品的信息贮存所在的建筑。
>
> ［原条款］部级及部级以上的计量基准所在的建筑，记录和贮存航空主要产品（如飞机、发动机等）或关键产品的信息贮存（如光盘、磁盘、磁带等）所在的建筑。
>
> 2 对航空工业发展有重要影响的整机或系统性能试验设施、关键设备所在建筑（如大型风洞及其测试间，发动机高空试车台及其动力装置及测试间，全机电磁兼容试验建筑）。
>
> 3 存放国内少有或仅有的重要精密设备的建筑。
>
> 4 大中型企业主要的动力系统建筑。

［修订说明］

本条删去相对落后的术语。

7. 电子信息工业生产建筑

> 7.3.5 电子信息工业生产建筑中，下列建筑的抗震设防类别应划为重点设防类：
>
> 1 大型彩管、玻壳生产厂房及其动力系统。
>
> 2 大型的集成电路、平板显示器和其他电子类生产厂房。
>
> 3 重要的科研中心、测试中心、试验中心的主要建筑。

［修订说明］

本条的第 1 款移到 6.0.10 条，新增第 3 款。

8. 仓库类建筑

> 8.0.3 仓库类建筑的抗震设防类别，应符合下列规定：
>
> 1 储存高、中放射性物质或剧毒物品的仓库不应低于重点设防类，储存易燃、易爆物质等具有火灾危险性的危险品仓库应划为重点设防类。
>
> 2 一般的储存物品的价值低、人员活动稀少、无次生灾害的单层仓库等可划为适度设防类。
>
> ［原条文］仓库类建筑中，储存放射性物质及剧毒、易燃、易爆物质等具有火灾危险性的危险品仓库应划为乙类建筑；一般的储存物品的价值低、人员活动少、无次生灾害的单层仓库等可划为丁类建筑。

［文字变动说明］

本条文字的变动有二处：其一，将放射性、剧毒物质与易燃、易爆物质区别表达。其二，将关于原材料生产中储存剧毒、易燃、易爆物品仓库的规定移到本条。

［实施注意事项］

（1）关于剧毒、易燃、易爆物品，通常认为包括以下几种：锂、氢、氯、溴、氯化钾、二氧化氯、硫化氢、二硫化碳、黄磷、赤磷、甲醇、乙醇、酒精、甲烷、乙硫醇、丙烷、丁烷、戊烷、异戊烷、正己烷、苯、甲苯、二甲苯、甲乙酮、丙酮、环己酮、乙烯、乙醚、环氧乙烷、环氧丙烷、氟化氢、氢化钠、钠、硝酸钠、电石、液化石油气、天然气、汽油、轻镏粉、油漆、香蕉水、砒霜、赛璐珞、60°（含 60°）以上白酒。

然而，爆炸和火灾危险的判断是比较复杂的。例如，有些原料和成品都不具备火灾危险性，但生产过程中，在某些条件下生成的中间产品却具有明显的火灾危险性；有些物品在生产过程中并不危险，而在贮存中危险性较大。

（2）存放物品的火灾危险性，需根据《建筑设计防火规范》（GB 50016—2006）确定。

若易燃、易爆物质的量较少，不足以构成爆炸或火灾等危险时，可根据实际情况确定其抗震设防类别。

（3）仓库类建筑，各行各业都有多种多样的规模、各种不同的功能、破坏后的影响也十分不同，除上述重点设防类建筑外，仓库并不能都划为适度设防类，需按其储存物品的性质和影响程度来确定，由各行业在行业标准中予以规定。例如，《冷库设计规范》（GBJ 72）规定的公称容积大于 15000m^3 的冷库，《汽车库建筑设计规范》（JGJ 100）规定的停车数大于 500 辆的特大型汽车库，均不属于“储存物品价值低”的仓库。

第 4 章　超限高层建筑工程抗震设防与实践

4.1　超高层建筑的发展趋势与特点

4.1.1　超高层建筑的发展趋势

高层、超高层建筑除了作为标志性建筑成为一个城市甚至国家的名片之外，还解决了大城市中心区用地紧张的问题，也为建筑行业的技术进步和发展提供了机遇和舞台。

随着中国经济的发展和城市化进程的继续，人口不断涌入城市，对城市居住、休闲、办公和商业等空间都提出了更高的要求，尤其是我国人均土地面积很小的情况下，在城市发展高层建筑是必须的。高层建筑使各种设施能够就近布局，在有效利用土地和市政资源的同时，也降低了企业成本，使城市的综合竞争力得到提高。我国大中城市新开工的住宅和公共建筑中，高层建筑的比例不断升高，并且这种趋势目前正在向二、三线城市蔓延，俨然已经成为量大面广的主要建筑形式。

随着结构高度的不断攀升，框架结构、剪力墙结构、框架筒体结构、筒中筒结构等结构形式不断发展，近年来又发展出交叉网筒、巨型结构等新型的结构形式，这些结构形式的发展，推动了结构技术的进步，提高了建筑材料的利用效率，改善了建筑的使用功能。

近十几年来，我国内地成为世界高层、超高层建筑发展的中心之一，492m 高的上海环球金融中心和 632m 的上海中心已先后投入使用，尚有多栋高度超过 600m 的超高层建筑正在建设中。此外，由于业主和建筑师为实现建筑功能以及在建筑艺术建筑造型方面体现创新，设计了众多复杂体形和内部空间多变的高层、超高层建筑，使得我国高层、超高层建筑的复杂程度也走在世界前列。

4.1.2　超高层建筑的发展特点

1. 发展迅速，数量多，地域分布广泛

根据中国建筑学会建筑结构分会高层建筑委员会的统计，1998 年我国大陆建成的最高的 100 栋高层建筑中，第 100 名的主体结构高度为 150m；2004 年的统计资料中，第 100 名的主体结构高度为 165m，150m 以上的高层建筑超过 150 栋；2008 年的统计数据中，第 100 名的主体结构高度为 180m，150m 以上的高层建筑超过 250 栋；2012 年年底，据不完全统计，我国大陆已建成高度 200m 及以上的高层建筑约 66 栋，已经设计并通过超限审查的还有 279 栋，合计约 345 栋；截至 2016 年 11 月，各地结构高度不小于 200m 的高层建筑（已

建和审查）数量统计汇总如表 4.1－1，从这些数字中我们可以看出我国高层建筑的迅猛发展，不仅在数量和高度上不断发展，从地域上看分布也越来越广泛，原来只是沿海的经济发达地区、大中城市高层建筑较多，现在内地、西部等地的中型城市也大量出现高层、超高层建筑。

表 4.1－1　各地结构高度不小于 200m 的高层建筑（已建和审查）

区域	总数/高度	区域	总数/高度	区域	总数/高度	区域	总数/高度
北京	21/522m 5/320m	上海	26/574m 22/574m	天津	27/596m 2/596m	重庆	37/440m 4/259m
广东	98/540m 35/439m	江苏	88/598m 12/305m	湖北	25/575m 5/281m	湖南	15/720m
辽宁	40/548m 8/300m	山东	20/331m 4/241m	浙江	24/338m 1/323m	福建	25/250m 3/201m
安徽	19/505m	江西	9/294m	河南	5/295m	广西	16/508m
四川	15/452m	云南	17/342m 1/215m	贵州	12/350m 2/309m	海南	4/403m
陕西	7/339m	甘肃	4/251m	新疆	8/275m	宁夏	4/273m
山西	3/378m	河北	5/232m	内蒙古	2/239m	黑龙江	1/288m
吉林	1/235m	青海		西藏			

注：表中第一栏表示已审查通过的，第二栏是指已建成的。

2. 建筑高度不断增加，超高层建筑以混合结构、组合结构为主

2008 年，我国的超高层建筑高度又被刷新，492m 高的上海环球金融中心已正式投入使用，国内此前的最高楼是 1998 年建成的上海金茂大厦，高度 420m，用了 10 年的时间把这个高度提高了 70m；2016 年 3 月，塔顶高度达 632m、结构高度为 580m 的上海中心竣工，标志着我国高层建筑高度的发展又进入了一个新的阶段。

全国各地尚有一批正在建造与即将建成的超高层建筑，如 597m 的天津 117 大厦，530m 的天津周大福滨海中心，530m 的广州周大福中心，528m 的中国尊。除了高层建筑聚集的南方沿海地区，北方也有大量的超高层建筑正在设计、建造和即将建成，如 518m 的大连绿地中心，350m 的沈阳恒隆市府广场等；内陆地区也酝酿建设大量的超高层建筑，如位于西部的重庆“嘉陵帆影”高度达 468m，建成后将成为西部第一高楼、重庆未来的新地标（图 4.1－1）。

超高层建筑高度的不断攀高，其意义不仅仅在于高度的突破，它还带动了整个建筑业的发展，包括材料技术、设备制造技术等行业的进一步发展。超高层建筑发展是经济发展的大势所趋。

国外高层、超高层建筑以纯钢结构为主，而我国以钢-混凝土的混合结构应用居多。据

上海环球金融中心 (492m)　南京绿地紫峰大厦 (450m)　广州西塔 (440m)　上海金茂大厦 (420m)

上海中心 (632m)

深圳平安金融中心 (660m)

深圳京基金融中心 (439m)

天津津塔 (337m)

沈阳恒隆市府广场 (350m)

大连裕景 (383m)

天津嘉里中心办公楼 (333m)　嘉陵帆影 (468m)

图 4.1－1　国内近年来兴建或拟建的部分高层建筑

不完全统计，在我国已建成的高度超过 200m 的超高层建筑中，有 50%左右为混合结构，超过 300m 的超高层建筑中，有 66%以上都是混合结构。如上海环球金融中心及金茂大厦均为钢筋混凝土核心筒，外框为型钢混凝土柱及钢柱；北京国际贸易中心三期，为筒中筒结构，外部为型钢混凝土框筒，内部为型钢混凝土巨型柱与斜撑及钢梁组成的筒体，74 层，高度 330 米。

钢–混凝土混合结构之所以在我国得到了较大发展，一方面因为它可有效地将钢、混凝土以及钢–混凝土组合构件进行组合，既具有钢结构的技术优势又具有混凝土造价相对低廉的特点；另一方面，我国现场施工的人力成本比国外低，采用混合结构比采用纯钢结构经济方面更有优势。因此混合结构是符合我国国情的超高层建筑结构体系，预计将来混合结构仍将得到较大的发展。

3. 结构体型日趋复杂

随着国民经济发展，高层建筑除了要满足建筑使用功能的要求，越来越重视建筑个性化的体现，使高层建筑的平面、立面均很不规则，各种新的复杂体型及复杂结构体系大量出现，如体型复杂的连体结构，带不同类型转换层的高层建筑，楼板开大洞形成长、短柱，立面开大洞，楼板与外框结构仅通过若干节点连接，悬挑、悬挂，大跨度连体的滑动连接，多重组合巨型结构体系等。

大底盘、多塔楼连体高层建筑，如深圳大学科技楼（图 4.1－2）、上海国际设计中心大厦（图 4.1－3）、苏州东方之门（图 4.1－4）、北京当代万国城（图 4.1－5）等。深圳大学科技楼东西翼 7~11 层立面开洞，南北翼 11~13 层立面开洞，其中东西翼洞口宽 29.5m，南北翼洞口宽 34m，采用型钢混凝土多层空腹桁架整体结构实现洞口跨越构成整体连体结构。上海国际设计中心为不等高双塔钢框架–混凝土核心筒连体结构，主塔楼高度约为副塔楼的 2 倍，主塔楼高 100m，主、副塔楼连体悬挑端长度达 7.5m，且位于地面以上约 50m 处。苏州东方之门由两座塔楼在顶部刚性相连而成，地上部分 1 号塔楼总高度 278m，与 2 号塔楼连体部分共 8 层，构成巨大的空腹桁架。北京当代万国城工程由 8 个最高 21 层的塔楼及其他建筑组成，包括一个中心影院和地下停车库，8 个塔楼在结构顶部通过架空连廊大跨度连接成一个环形超大规模的复杂连体，连廊与主体结构之间采用摩擦摆式隔震支座弱连接。该类结构受力特点及动力反应特点较为复杂，地震作用下连体部分可能会出现较大振动，和主体部分出现碰撞，同时，主体部分扭转效应增强。

图 4.1－2　深圳大学科技楼

图 4.1－3　上海国际设计中心

图 4.1 – 4 苏州东方之门

图 4.1 – 5 北京当代万国城

采用各种类型转换的结构，如北京中银大厦采用钢结构桁架转换，深圳五洲宾馆、翠海花园采用宽扁梁作转换梁进行转换，深圳大学科技楼采用型钢混凝土空腹转换桁架，珠海信息大厦工程采用斜撑转换结构，深圳福建兴业银行大厦采用搭接柱转换，天津嘉里中心办公楼采用搭接墙转换等。带转换层结构上、下层竖向构件不连续，转换层上下楼层构件内力、位移容易发生突变，对抗震不利，需要采取合理的措施。

某些高层建筑立面复杂、多次体型收进。如成都来福士广场（图 4.1 – 6）立面多次收进，收进形状复杂，顶部小塔楼建筑平面尺寸很小。模拟振动台模型试验表明，经过抗震性能化设计，结构主要指标满足设计规范要求，结构总体可达到预设的抗震设计性能目标。结构立面收进对抗震性能有明显的影响，顶部小塔楼的鞭梢效应非常明显。斜撑转换可以有效地解决竖向构件不连续的问题，避免了截面巨大的转换梁柱，但斜撑的水平分力可能对柱节点区造成剪切破坏。结构设计时，需要对这些问题采取相应措施进行加强。

带大悬挑的高层建筑，如深圳京基大梅沙酒店（图 4.1 – 7）、北京新保利大厦（图 4.1 – 8）、CCTV 新台址（图 4.1 – 9）、陕西法门寺（图 4.1 – 10）等。深圳京基大梅沙酒店采用中心支撑钢结构体系，转换桁架部分存在 20m 左右悬挑。北京新保利大厦建筑总高度约 105m，层 2 ~ 9 局部由钢筋混凝土筒体挑出，并在顶部由 4 根钢索悬挂。CCTV 新台址高约 234m，悬挑部分达 75m。陕西法门寺总高度约 148m，44 ~ 74m 处，以 36°角度向外倾斜，74 ~ 127m 处，以 36°向内倾斜，并在顶部相互连接形成连体结构，呈双手合十状。悬挑结构体型不规则，而且结构冗余度低，结构设计时应给予足够的重视。

图 4.1 – 6 成都来福士广场

图 4.1 – 7 深圳京基大梅沙酒店

图 4.1－8　北京新保利大厦

图 4.1－9　CCTV 新台址

图 4.1－10　陕西法门寺

图 4.1－11　广东省博物馆新馆

近十几年来，国内大跨度悬挂结构也有应用，2010 年完工的广东省博物馆新馆（图 4.1－11），建筑总高度 44.65m，二层以上的外围 23m 左右的建筑部分采用钢桁架外挑悬挂。该类结构对地震作用和风荷载作用比较敏感，地震作用下的破坏形态较为复杂。

这些复杂体型的高层建筑，许多超出了现行设计规范的要求，以往的工程经验和震害资料都无法借鉴，需要进行更深入的研究。特别是许多项目采用了国外设计师的作品，但一些境外建筑师来自非地震区，缺乏抗震设计经验，有些建筑方案特别不规则。而在日本神户、我国台湾及“5.12”汶川地震中，一些特别不规则建筑受到严重破坏。因此对这些复杂体型的高层建筑抗震安全问题必须引起重视。

4. 一批新型结构体系涌现

目前我国已建成的超高层建筑中，结构体系主要有框架－筒体结构体系、巨型柱框架－核心筒结构体系、筒中筒结构体系以及其他新型结构体系。

框架－筒体结构体系比较典型的工程实例有：南京绿地紫峰大厦、深圳地王大厦（图 4.1－12）等。南京绿地紫峰大厦屋顶高度 381m，天线顶尖高度 450m，是一栋地下 4 层、地上 70 层的办公及酒店双用建筑。结构采用了带伸臂桁架的框架－核心筒混合结构体系，型钢混凝土柱、钢梁和钢筋混凝土核心筒，在 10、35、60 层处共设置了三个加强层。核心筒位于结构三角形平面的中心位置。

图 4.1－12　深圳地王大厦

图 4.1－13　广州中信大厦

图 4.1－14　香港国际金融中心

巨型柱框架–核心筒结构体系的典型工程实例有上海金茂大厦、香港国际金融中心（图 4.1－14）、广州东塔、上海环球金融中心（图 4.1－15）、上海中心（图 4.1－16）等。1999 年建成的上海金茂大厦，地下 3 层，地上 88 层，主体结构高度为 372.1m，总高 421m，采用巨型柱框架–核心筒–伸臂桁架结构体系，外周边有 8 个钢筋混凝土巨型柱，与钢筋混凝土核心筒组成主要的抗侧力体系，内筒和巨型柱之间设置了 3 道伸臂桁架，分别位于 24~26、51~53 及 85~87 层，伸臂桁架是 2 层高的钢桁架。上海环球金融中心主楼地上 101 层，地下 3 层，地面以上高度为 492m。上部结构同时采用以下三重抗侧力结构体系：①由巨型柱、巨型斜撑和周边带状桁架构成的巨型结构框架；②钢筋混凝土核心筒（79 层以上为带混凝土端墙的钢支撑核心筒）；③联系核心筒和巨型结构柱之间的外伸臂桁架。以上三个体系共同承担了由风荷载和地震作用引起的倾覆弯矩，前两个体系承担了由风荷载和地震作用引起的剪力。上海中心大厦结构塔楼高度约 632m，其体系和上海环球金融中心结构类似，为“巨型空间框架–核心筒–外伸臂”，包括由 8 根巨型柱、4 根角柱及 8 道两层高的箱型环带桁架组成的巨型框架，内埋型钢的钢筋混凝土核心筒，以及连接上述两者的 6 道外伸臂桁架，结构竖向分 8 个区域，每个区顶部两层为加强层，设置伸臂桁架和箱型环状桁架。多重结构体系之间的传力关系复杂，结构整体协同工作机理复杂。

筒中筒结构体系是在结构内部和外部同时布置了筒体的结构体系，该体系的典型工程实例有：天津 117 大厦（图 4.1－17）、广州西塔、香港中国银行、广州中信大厦（图 4.1－13）等。广州西塔采用了外部交叉网格结构体系，该体系具有较强的抗侧刚度及抗扭刚度，能较好地抵御风荷载和地震作用。

其他新型的结构体系典型工程实例有北京国贸三期、天津津塔（图 4.1－18）等。北京国贸三期主塔楼高 330m，采用钢–混凝土框架–核心筒结构，内筒采用了型钢、钢板混凝土巨型组合柱及型钢混凝土支撑结构体系。337m 高的天津津塔主要抗侧力体系由钢管混凝土框架+核心钢板剪力墙体系+外伸臂桁架抗侧力体系组成，具有较高的抗侧刚度和延性，是目前世界上应用钢板剪力墙最高的高层建筑。随着高层建筑结构的发展，相信还会有更多新颖合理的结构体系出现。

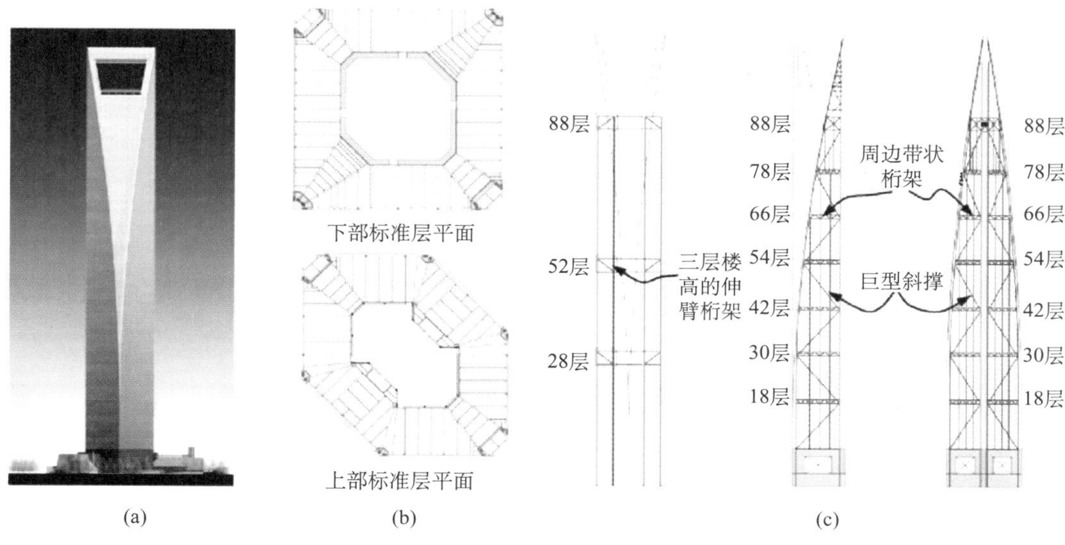

图4.1－15　上海环球金融中心结构示意图

(a) 建筑效果图；(b) 标准层平面；(c) 结构剖面

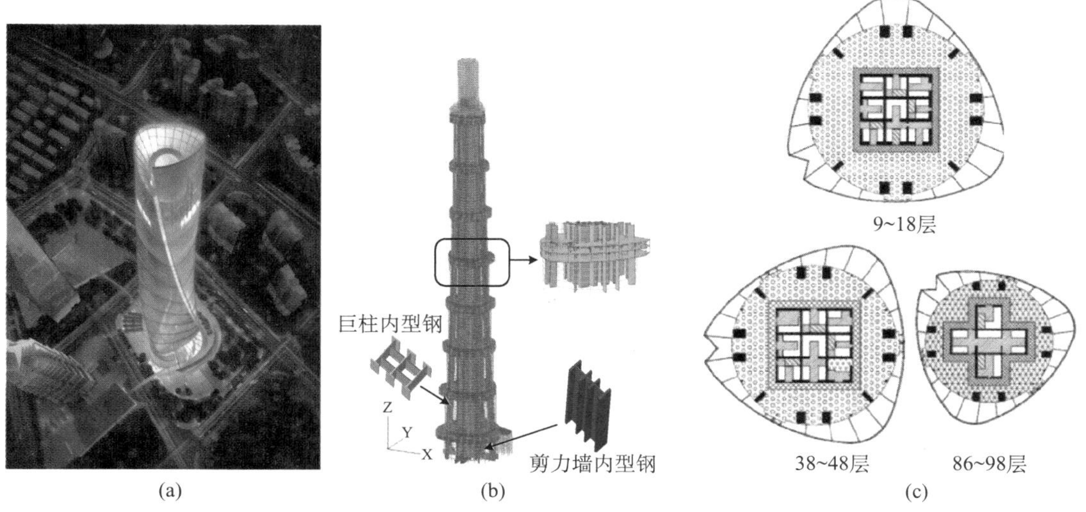

图4.1－16　上海中心结构示意图

(a) 建筑效果图；(b) 结构体系；(c) 结构平面

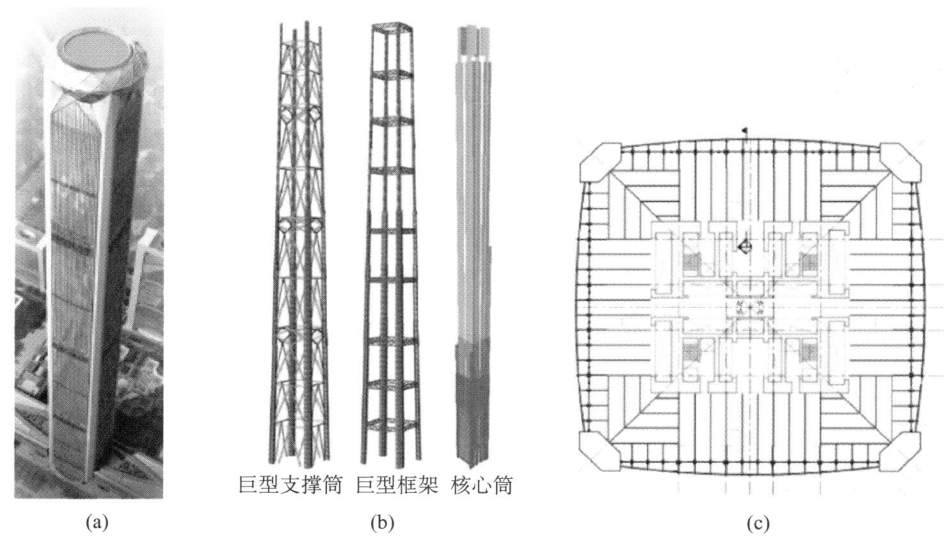

(a)　(b)　(c)

图 4.1－17　天津 117 大厦结构示意图

（a）建筑效果图；（b）结构体系；（c）结构平面

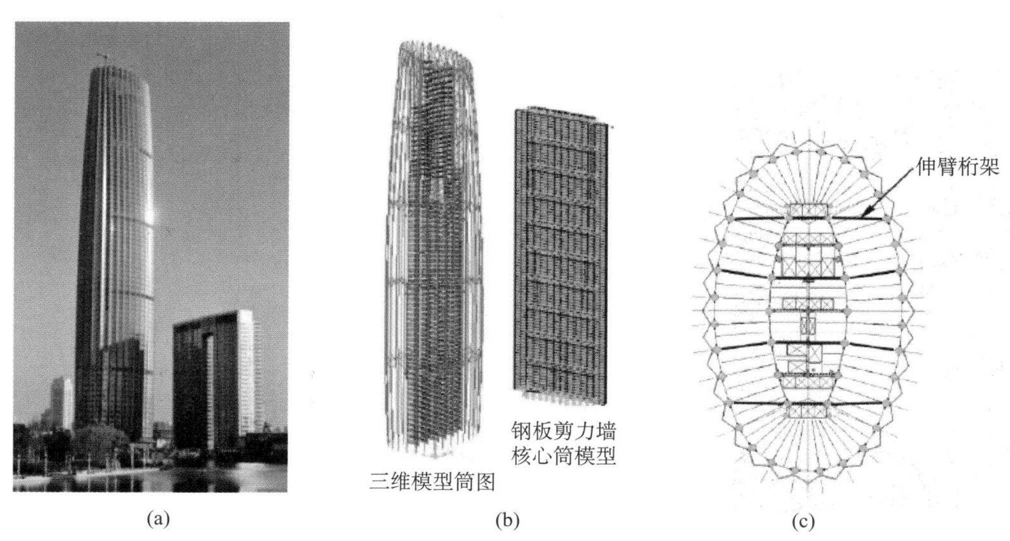

(a)　(b)　(c)

图 4.1－18　天津津塔结构示意图

（a）建筑效果图；（b）结构体系；（c）结构平面

4.2　超限审查制度的推进与实践

4.2.1　超限审查的基本概念、与现有相关制度的关系

依据现行规范、规程等技术标准对建筑结构进行抗震设计，一直是抗震减灾工作中的重点。然而随着改革开放程度的逐步深入以及经济建设的蓬勃发展，自 20 世纪 80 年代开始，特别是 90 年代及 21 世纪初，我国许多城市出现的现代高层建筑中都出现了大量超出现行技术标准适用范围或者根本未规定的情况，使得现行抗震规范的设计思想在该类建筑的设计实践中遇到了很大的困难。

众所周知，我国是地震多发国家，建筑工程的抗震安全性一直受到党和政府的高度重视。我国工程建设技术标准规定了最基本的安全要求，是勘察、设计和施工图审查的依据，对超过抗震设计规范适用范围的工程，现有的研究工作还不够，很可能存在严重的安全隐患，这些高层建筑如不通过专门的研究，对其可行性进行论证，并采取有效的抗震措施，将危及结构的抗震安全。

所称超限高层建筑工程，是指超出国家现行规范、规程所规定的适用高度和适用结构类型的高层建筑工程，体型显著不规则的高层建筑工程，以及有关规范、规程规定应当进行抗震专项审查的高层建筑工程。超限高层建筑的抗震审查，主要是审查其超限的可行性，限制严重不规则的建筑结构；对于超高或特别不规则的结构，则需要审查其理论分析、试验研究或所依据震害经验的可靠性，所采取的抗震措施是否有效。其目的就是要避免、消除抗震安全隐患。

目前超限高层建筑抗震设防专项审查已被住建部列入行政许可项目，成为针对超限高层建筑抗震设计所采取的重要技术管理手段，为勘察、设计以及施工图审查提供了重要的技术支持与审查依据，是对现有设计方法与设计制度的重要补充，是满足我国城市建设发展需要，保证建筑工程抗震安全性的重要机制。

4.2.2　国外情况

根据掌握的资料，国际上目前建立建筑物抗震设防专项审查制度的国家主要是日本和美国。

日本：日本 20 世纪 80 年代开始超限高层建筑抗震审查。日本的“建筑基准法”做出规定，具体委托日本建筑中心（财团法人）负责审查，原则上高度超过 45m 的高层建筑及形体复杂的高层建筑均应进行专项审查，高度超过 60m 的高层建筑，专项审查后须由国土交通省大臣签字确认后方可实施。

美国：美国旧金山市于 2007 年委托北加州工程师协会为旧金山制定了新建高层建筑用非规范方法进行抗震设计及审查的要求和指导性准则（见下图），针对抗震评审专家（组）、审查范围、审查程序、专项审查内容、审查的技术性能评估方法以及审查成果等方面给出了明确要求。官方文告书要求专项审查必须在北加州采用基于 IBC2006 的建筑规范之前进行审

核。此外，该文告还要求应该综合今后在强震地面运动特征和高层建筑性能研究方面的成果进行修订。抗震设防专项审查结论的批准和工程项目实施由旧金山市政府建筑审查处（SFDBI）负责。

4.2.3　国内现状及问题

1. 国内现状

随着我国城市化进程的加速发展，城市将要建设更多的配套设施以适应社会发展的要求。近年来，城市建设发展呈现出新特点。大型文化体育场馆、商业娱乐设施、大型会议展览中心、大型交通枢纽中心、超高层或异形地标建筑等项目，成为体现城市建设发展的一个重要标志。这些建筑具有体量大、功能复杂、造型怪异的特点，且多为国外建筑师进行方案设计，突破了我国现行相关技术标准与规范的要求，甚至超出国际上现有的规范和标准要求，而这种发展趋势可能仍将持续一个时期。由此引发了一系列的抗震安全问题，引起了我国政府以及工程技术人员的关注，同样也成为公众议论的焦点。

建筑物安全直接关系到人的生命、财产，甚至关系到社会的稳定，党和国家历来十分重视安全问题。美国“911”事件、法国巴黎戴高乐机场 2E 候机厅坍塌事件发生后，人们对重要建筑工程安全性能的关注更加提高了。法国巴黎戴高乐机场事后公布的事故调查报告显示，事故主要是由于设计上的缺陷造成的。事故发生后，国务院领导要求建设部“关注大剧院安全”，随后建设部对北京、上海、广东等大型建筑集中的地区进行了设计方案和施工质量评估。这次事故再次提醒我们，时刻防范工程技术风险，确保大型公共建筑工程的质量安全。

重要建筑工程具有建设投入大、规模大、体型复杂、人员高度集中的特点，它们既是现代化城市的一个重要标志，更是维系城市功能的一个重要组成部分。在其全寿命期内如果没有足够的安全储备，使用过程中没有一定的安全监测与预警，一旦发生突发性自然灾害或人为恐怖事件，必定会造成严重的经济损失和人员伤亡，甚至引起城市功能的局部瘫痪，其社会和政治影响是十分恶劣的。

随着一大批大型工程和基础设施项目纷纷上马，大量的建筑设计追求外观新颖、风格独特，与之配套的结构承重体系相当复杂，相当一部分工程突破了现行技术标准，超大、超长、超高、超深、超厚，潜在技术风险加大。为了加强超限高层建筑工程的抗震设防管理，提高超限高层建筑工程抗震设计的可靠性和安全性，保证超限高层建筑工程抗震设防的质量，建设部在 1993 年就开始对高层建筑工程进行抗震设防审查的试点工作，1998 年正式在全国各地开展超限高层的抗震设防专项审查，国家和省市自治区分别成立了超限高层建筑工程抗震设防审查专家委员会，按照国务院、建设部办法的有关管理条例及审查办法指导全国各地开展超限高层建筑工程抗震设防专项审查。国务院建设行政主管部门负责全国超限高层建筑工程抗震设防的管理工作，省、自治区、直辖市人民政府建设行政主管部门负责本行政区内超限高层建筑工程抗震设防的管理工作。

2. 存在的问题

随着建筑高度越来越高，建筑体形、平面布置日趋复杂，特别是来自非地震区、缺乏抗震设计经验的境外设计师所作的体型特别不规则的设计方案，对抗震设计特别不利，所有这些因素都使我们的超限审查面临新的挑战。同时，由于很多超限高层建筑形体极其复杂，超出规范适用范围较多，技术积累不够，设计技术上尚不完全成熟，设计依据不足。如未经充分研究论证及审查，结构的安全性得不到充分保证。

基本烈度地震（设防烈度）存在着很大的不确定性。地震局根据地震危险性分析确定设防烈度，其理论基础基于不成熟的地震预报技术，存在着很大的不确定性，汶川地震、唐山地震等都证明了这一点。给建筑物抗震特别是超限高层建筑抗震设计带来不确定因素。

另外，由于专项审查和事后监管检查制度尚在完善中，在实际超限高层建筑工程专项审查过程中发现部分项目存在“漏审”“补审”的现象。建设方和设计单位通过各种关系和“攻关”手段，回避超限审查，经发现后即使经过补审，审查意见无法落实，存在隐患，或未落实审查意见，施工中就必须加固。

超限高层建筑工程抗震设防专项审查工作还存在上报信息不及时、审查管理行为不规范、数据无法沉淀、审查上报数据不能尽快为政府提供决策依据，政府管理部门无法实现对超限高层建筑抗震设防专项审查工作的动态监管等问题。

由此可见，我国高层建筑结构设计和审查工作的技术难度很大，抗震安全风险也较大。

值得肯定的是，自 2002 年建设部令第 111 号《超限高层建筑工程抗震设防管理规定》以及《全国超限高层建筑工程抗震设防审查专家委员会抗震设防专项审查办法》和《超限高层建筑工程抗震设防专项审查技术要点》等重要文件发布，特别是住建部将超限高层建筑工程抗震设防专项审查列入行政许可项目后，国家和各地建设行政主管部门的执法力度加大；全国和省级超限审查专家委员会认真执行住建部颁发的《审查工作实施方法》和《审查技术要点》等技术性文件，注重把握审查质量；各地建设、勘察、设计及审图单位增强了守法意识，提高了执行审查技术文件的自觉性，全国超限审查工作开展比较顺利并且取得良好的成效。

考虑到我国较大规模的城市建设或将持续一段时间，各省、自治区、直辖市建设行政主管部门应进一步加强对超限审查工作的执法力度，全国和省级超限审查专家委员会要认真执行《审查技术要点》，避免放松超限“界定”条件和审查要求，按国家《标准化法》，协会标准和地方标准中个别条款规定低于国家标准、行业标准规定要求时，应以国标和行业标准作为超限审查的依据。各级审查专家委员会应严格把握审查质量，秉公办事，以保证工程质量安全为重，委员会全体委员需努力提高超限审查的技术水平。

此外，各级建设行政主管部门和超限审查专家委员会都感到目前缺乏超限审查情况及相关信息的沟通。因此，抓紧进行全国超限审查信息平台的建设工作十分必要。

4. 2. 4 设立该制度的必要性

1. 通过抗震审查，提高抗震设计的可靠性，避免安全隐患

近 30 多年来，我国高层建筑工程的建设规模一直处于世界之前列。房屋的高度不断增加，各种十分复杂的体型和结构时常出现，不少高层建筑结构超出抗震设计规范、规程的适用范围和有关的抗震设计规定。

建设部在高层建筑抗震设防审查试点时，先后组织福建、云南、甘肃、江西五省及北京、上海两市，对 170 多项高层建筑工程的抗震设防质量及抗震设计进行抽查，发现大多数高层建筑在抗震设防上都存在这样或那样的问题，有的问题还十分严重，特别是危及安全的问题。因此，建设部以部长令规定超限审查是十分必要的。

2. 通过抗震审查，促进技术进步，为规范、规程的修订创造条件

工程建设标准规范是从事建设活动的有关各方组织协调一致的约束性文件，是以科学技术发展和实践经验结合的总结为基础的，是体现两者有机结合的综合成果。按照国务院《建设工程质量管理条例》和《建设工程勘察设计管理条例》的要求，建筑工程的设计单位必须按照工程建设强制性标准进行设计，当建筑工程设计没有相应的技术标准作为依据时，应当进行论证，并经国务院或省级人民政府主管部门组织的工程技术专家委员会审定。工程设计中应以严肃科学的态度，认真执行强制性标准。但是，标准的强制性规定并不排斥新技术、新材料的应用，更不会桎梏技术人员创造性的发挥，束缚科技的发展，我们应该建立既有利于标准贯彻实施又有利于科技发展的机制。

事实上，为了实现超限建筑的设计和建造，往往需要改变传统的结构体系，采用轻质、高强、高延性的材料，优化设计方案，采用隔震和消能减震新技术，以及在施工建造中采用新工艺。超限高层建筑的审查，就是以严肃科学的态度对待可超过规范、规程规定的工程，通过专家的讨论和反复研究，结合理论计算、试验研究和震害经验，论证超出规范、规程规定的新技术、新材料的可行性和合理性，从而促进新技术的研究和工程试点应用，推动科学技术的发展，并通过工程经验的积累，将一些行之有效的抗震设计技术逐步纳入规范和规程。在《2001 规范》《2010 规范》《高层建筑混凝土结构技术规程》的修编中，已经吸收了不少超限高层建筑工程积累的经验和技术，显著促进了规范技术水平的进步与发展。

4. 2. 5 设立该制度的可行性

我国的超限高层建筑工程抗震设防专项审查工作始于 1994 年，由建设部抗震办公室组织专家在福建、江苏和云南等地进行试点。1997 年发布了建设部令第 59 号，1998 年成立了第一届全国超限高层建筑抗震设防专项审查委员会，国家和省市自治区分别成立了超限高层建筑抗震设防审查专家委员会，并正式在全国各地开展超限高层建筑工程的抗震专项审查工作。随着国务院《建筑工程质量管理条例》和《建筑工程勘察设计管理条例》的施行，2002 年发布了建设部令第 111 号《超限高层建筑工程抗震设防管理规定》，以及《全国超限高层建筑工程抗震设防审查专家委员会抗震设防专项审查办法》和《超限高层建筑工程抗震设防专项审查技术要点》等重要文件，指导全国各地开展超限高层建筑工程抗震设防专项审查工作。为了进一步适应近年来超限高层建筑新形势的要求，由第四届全国超限委完成修订，住建部于 2015 年颁发了新的《超限高层建筑工程抗震设防专项审查技术要点》（建质〔2015〕67 号），要点补充了超限的“界定条件、审查内容和控制要求”，进一步加大了对超限高层建筑工程抗震设防审查的管理和指导。

天津117 (596m)

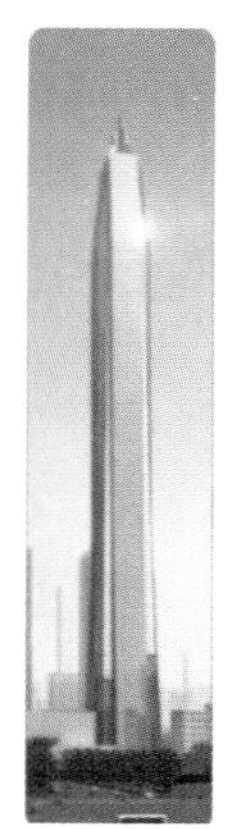
深圳平安 (588m)

广州东塔 (518m)

天津周大福 (443m)

苏州九龙仓 (415m)

武汉中心 (395m)

天津恒富 (388m)

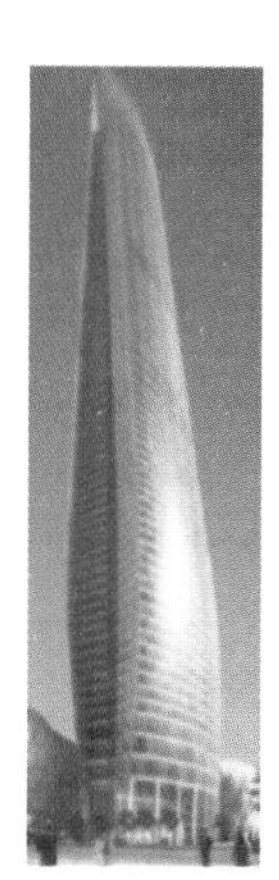
南京苏宁 (388m)

北京CBD (522m)

武汉绿地 (575m)

深业上城 (388m)

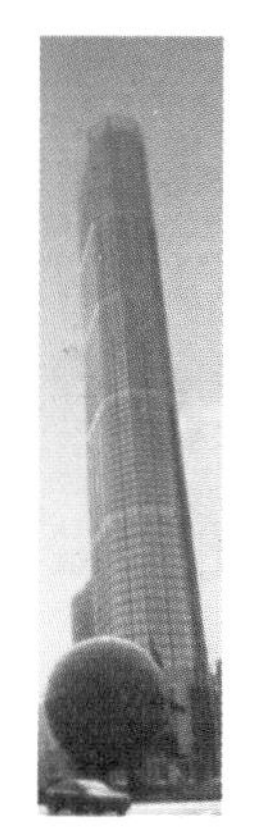
大连国贸 (365m)

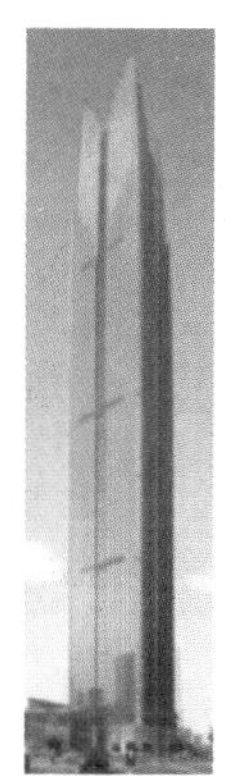
南宁龙光 (354m)

图 4.2-1　部分典型案例示意图

多年来，在住建部和全国超限委的管理和指导下，超限审查工作开展情况良好，审查工作除大量超高层建筑外，还涉及了大型体育场馆、机场航站楼、会展中心、火车站站房、剧院等人流密集的大型公共建筑，为我国城市化进程的深化及城市建设的蓬勃开展提供了重要的技术支撑作用。

实践证明，对超限工程开展抗震专项审查是可行，更是必要的。

4.2.6 实践（典型案例）

统计数据显示，自2000年以来，全国大量超限工程完成了抗震专项审查工作，近年来发展十分迅速，超限高层建筑工程遍及全国各省、自治区、直辖市，仅2010~2013年总数即达4360栋。除高、大、形体复杂的趋势明显外，超限高层建筑还呈现出由一线城市向二、三线城市发展的态势。这些建筑中，结构高度超过350m的有15栋。审查通过的最大高度为天津117大厦596m；依次是广东深圳的平安金融中心588m，湖北武汉绿地中心575m，北京的中国尊522m，广州的珠江新城东塔518m，天津周大福滨海中心443m，江苏苏州的九龙仓主塔415m，湖北武汉中心395m，天津恒富南塔、江苏南京河西苏宁广场主塔、广东深圳深业上城均为388m，辽宁大连国贸中心365m，广西南宁的龙光世纪主塔354m，南京金鹰天地的高塔352m。部分案例示意如图4.2-1所示。

部分项目在高度明显超高的同时，形体也十分复杂。例如，江苏南京金鹰天地广场（图4.2-2），由结构高度352m、318m和284m的三座塔楼在192m高度处设置六层高的三角形平台相连所组成。审查要求进行振动台试验。陕西西安迈科商业中心项目（图4.2-3），由高度207m和154m的菱形塔楼呈斜向布置且在标高93m处用二层的钢结构连体相连而成。

图4.2-2　南京金鹰天地广场

图4.2-3　西安迈科商业中心

此外，总高度未超而建筑形体复杂的项目也日益增多：

示例1　北京金雁饭店（图4.2-4）

高度79m，外形呈扁椭球形的型钢混凝土柱-钢梁-剪力墙混合结构，并与偏置的裙房相连。重点审查其重力和地震作用的传递途径，并要求椭球底部、转换部位、伸臂部位杆件承载力满足中震弹性，分叉柱承载力满足大震不屈服，确保结构的安全性。

示例2　嘉裕-宁波酒店（图4.2-5）

高度72m，由平面正交布置的高低钢支撑框架与L形斜连体组成的双塔结构。审查要求主要斜柱和大梁按大震不屈服核算承载力，位移按1/1000控制。

图 4.2-4 北京金雁饭店

图 4.2-5 嘉裕-宁波酒店

示例3 河南煤业化工科技研发中心（图 4.2-6）

由高度130m和105m的塔楼呈八字斜放布置与跨度34m的滑动连体组成的结构。除要求按两个单塔模型和整体模型进行抗震计算并包络设计外，重点审查连体钢结构的布置，要求构件满足承载力中震弹性的要求；对于支承滑动连体的支座，则要求按大震弹性设计。

示例4 北京嘉德艺术中心（图 4.2-7）

高度30m，由四个混凝土筒体在上部外挂回形平面的钢框架结构。因结构体系特殊，在多次咨询不断调整结构布置基础上，四个筒体需承担全部地震作用且承载力满足大震不屈服，四周悬挑、转换的钢桁架结构承载力大震不屈服；并建议进行振动台模型试验验证。

图 4.2-6 河南煤业化工科技研发中心

图 4.2-7 北京嘉德艺术中心

示例5 长春规划展览博物馆（图 4.2-8）

高度33m，最大长度160m，外形呈花瓣，由跨度不一的平面桁架屋盖与型钢柱框剪结构组成复杂的结构体系。重点审查屋盖体系的可行性，要求屋盖构件自身中震不屈服、关键构件中震弹性，其竖向支承构件承载力中震弹性，节点满足强连接要求。

示例 6　沈阳文化艺术中心（图 4.2－9）

高度 58m，由内部复杂的混凝土框剪结构与跨度 110m×190m 的多面体单层网壳外罩组成的结构。要求音乐厅、观众厅悬挑构件承载力满足中震弹性；钢外罩的多面体交界和支承处的关键构件承载力大震不屈服。

图 4.2－8　长春规划展览博物馆

图 4.2－9　沈阳文化艺术中心

4.3　超限高层建筑的结构设计与研究进展

4.3.1　结构设计

我国是一个多地震的国家，而大部分高层建筑所在地区恰巧又是地震活动较为频繁的地区，如上海、深圳、广州等，基本风压也较大，因此高层建筑大多要考虑抗震、抗风问题。

2001 年前后，国内陆续颁布了修编的设计规范、规程。与高层建筑整体结构方案布置、内力调整、构造措施密切相关的规范、规程有《建筑抗震设计规范》（GB 50011—2001）及《高层建筑混凝土结构技术规程》（JGJ 3—2002），上述规范、规程吸收了我国 20 世纪 90 年代的工程经验和研究成果以及国内外震害的经验教训，借鉴、参考了国外相关规程、规范的内容，并根据国内外的几次震害经验教训，特别加强了对结构方案布置的宏观指标控制要求，补充了结构平面和竖向布置的规则性界限，强调概念设计的重要性，一定程度上提高了结构的安全度。

为保证建筑结构的设计质量，对于特殊的超过规范要求的高层建筑（超限高层建筑），建设部于 2003 年发布了《超限高层建筑工程抗震设防管理规定》（建设部令第 111 号），设立了全国超限高层建筑工程抗震设防审查专家委员会，编写了《超限高层建筑工程抗震设防专项审查技术要点》。由政府部门组织专家对超限高层建筑进行专项审查（超限审查），在审查通过后方可实施。通过抗震设防专项审查，可以为相关技术发展进行充分的论证，从而促进建筑技术的发展。进行复杂及超限结构设计时不再局限于“小震不坏、中震可修、大震不倒”，所采取的论证及加强措施体现了基于性能的抗震设计思想。在超限高层抗震专项审查中，中震弹性设计、大震动力弹塑性分析、模型振动台试验、复杂节点分析与试验等新的设计思想和分析、试验方式得到广泛应用，提高了结构的安全度和国内设计水平。

2008 年 5 月 12 日在汶川发生了 8 级特大地震，造成了极大的人员伤亡与财产损失，因此高层建筑的抗震引起了大家更进一步的关注。在“5 · 12”汶川大地震中，10 层以上的高层建筑没有发生倒塌或严重破坏的情况，主要的破坏集中在连梁开裂和底部墙体出现水平或交叉裂缝，这些破坏形态与规范设想的破坏模式是一致的，说明我国的高层建筑经受住了地震的考验。根据汶川地震灾后恢复重建要求，住建部组织对国家标准《建筑抗震设计规范》进行了修订，并于 2008 年 7 月 30 日正式发布实施。此次地震中，高层建筑虽没有发生严重的倒塌破坏，但震害表明，不规则且具有明显薄弱部位的建筑物，地震时扭转作用对薄弱部位（底层角柱）造成严重破坏，因此抗震规范进一步加强了对建筑抗震概念设计以及建筑结构体系的规定，专门补充规定：采用“不规则的建筑方案应按规定采取加强措施；特别不规则的建筑方案应进行专门研究和论证，采取特别的加强措施”。

2011 年，修订的《高层建筑混凝土结构技术规程》批准执行，规程的此次修订，吸取了汶川地震及国内外其他地震震害的经验，也结合了近年来进行的大量试验、计算分析和工程实践的经验，尤其是吸收了大量经过超限审查的超限高层建筑的设计经验，增加了性能化设计的内容、完善了结构规则性的要求，并提高了部分不规则结构的抗震、抗风措施，对提高我国高层建筑结构的安全性和设计水平都有极大的帮助。

减、隔震技术研究及应用有较大进展。隔震技术较为成熟，在工程中有一定应用，主要用于高烈度区的多层、小高层建筑，如北京通惠家园某地铁枢纽建筑、太原某 19 层高层建筑等。有关资料表明，受汶川地震影响的甘肃陇南市采用了橡胶隔震垫的三栋 6 层砖混结构楼房完好无损，这说明目前建筑中采用的隔震技术经受住了地震的考验。汶川地震后，隔震技术的应用有了突破性进展，中国建筑科学研究院在成都设计了“凯德风尚”隔震高层住宅小区，总计 26 栋近 60 万平方米的 20 层高层建筑采用了隔震技术，成为国内规模最大的采用隔震技术的住宅小区；昆明机场新航站楼也采用了隔震技术，成为最大的单体隔震建筑；还有许多学校、医院等重要项目采用了隔震技术。消能减震技术近年在新建高层建筑工程中开始得到应用，如北京银泰中心主塔楼、上海世茂国际广场、深圳大梅沙酒店等采用了黏滞流体阻尼器；主动控制技术在我国大陆超高层建筑中首次得到应用，上海环球金融中心在第 90 层安装了两台各重 250 吨的质量阻尼器，它将有效地减小建筑结构在风以及地震时的反应。

4.3.2　计算分析

大量复杂高层建筑的出现，在给结构设计带来挑战的同时，对高层建筑结构的计算分析手段也提出了更高要求。规范要求，体型复杂、结构布置不规则的高层建筑进行多遇地震作用下的内力与变形分析时，应采用至少两个不同力学模型的软件进行弹性整体计算。

近年来随着计算机软、硬件的发展，在高层建筑结构设计领域的弹塑性分析计算方面也取得了一定的进展。许多体型特殊的实际工程结构，除进行弹性计算分析外，补充进行了弹塑性分析计算，以找出结构的薄弱部位并采取构造措施进行加强。目前弹塑性分析计算方法主要有两大类：静力弹塑性分析和动力弹塑性分析。

静力弹塑性分析方法最早由国外学者 Fajfar 等提出，国内也逐渐受到广大学者和工程技术人员重视。但静力弹塑性分析主要适用于高度不是很高的高层建筑结构。

高层建筑结构弹塑性分析方法的另一类是动力弹塑性分析。这种分析方法可以得到建筑结构在不同地震波、不同烈度、不同输入方式下的损伤破坏和能量转换及耗散等全过程地震响应，是揭示地震作用下建筑工程的损伤累积、失效机理和倒塌机制的有效计算方法。国外很多研究者基于有限元方法对建筑工程的地震响应进行了研究。Ger 等使用三维有限元模型模拟了结构在真实地震中的响应，发现结构的大部分纵梁发生显著的塑性变形，导致结构的延性需求超过了结构的延性能力。同时由于梁的破坏引起内力重分布，并导致第 2~4 层柱产生局部屈曲，最终产生很大的侧向位移。有限元模拟结果与地震中结构的反应符合良好，其研究工作的意义在于：采用三维有限元方法建立数值模型，预测结构在地震作用下的破坏过程是可能的。Challa 和 Hall 用纤维杆模型模拟框架的梁柱构件、用剪切板模型模拟节点域，成功地模拟了地震作用下框架结构的破坏。

尽管动力弹塑性分析方法很早提出，但由于动力非线性分析比较复杂，对计算软件和计算机的要求比较高，在实际高层建筑工程中的应用还是近年来的事情。尤其是国际通用大型非线性分析程序 ABAQUS 的逐步应用，为弹塑性分析计算工作开辟了新的局面。迄今为止我国许多高度较大的重点建设项目（如上海环球中心、CCTV 新台址工程、国贸三期、广州西塔、上海中心大厦以及深圳平安国际金融中心等）均进行了整体结构地震作用下的动力弹塑性分析，为提高结构抗震设计安全性提供了有力保障。

但需要指出的是，鉴于我国高层建筑结构体型复杂，且多以混合结构或钢筋混凝土结构为主，弹塑性分析工作还有许多值得深入研究、探讨的问题，如合理模拟结构阻尼、合理确定材料本构关系、开发高精度单元、改善非线性分析算法等。另外，针对复杂及超限结构，除进行整体计算分析外，还需作一些补充计算，如对关键部位、关键构件进行中震或大震结构构件内力验算等，是基于性能的抗震设计思想的具体体现。

4.3.3　研究进展

结合复杂高层建筑的设计工作，高层建筑相关的研究工作也有了很大进展，主要侧重于抗震、抗风的研究。

通过总结国内、外的震害情况，中国建筑科学研究院结合振动台试验及模型静力试验，并利用各种计算机分析软件进行计算分析工作，完成了关于转换层、加强层、体型收进、连体结构等复杂高层建筑结构的研究应用。

国内对混合结构开展了系列研究工作：

1991 年底，中国建筑科学研究院进行了一个缩尺为 1∶20 的 23 层钢框架-钢筋混凝土筒体混合结构拟静力试验。研究结果表明：混合结构模型整体工作性能较好，优于钢结构和混凝土结构。

1999 年，同济大学进行了一个 1∶20 的 25 层钢-混凝土混合结构模型振动台试验。通过对试验破坏现象的观测和试验数据的分析得出结论，只要按照《建筑抗震设计规范》进行合理设计，混凝土结构及钢结构 7 度设防要求设计的混合结构，能满足“小震不坏、中震可修、大震不倒”的要求。

2002 年，北京市建筑设计研究院和同济大学联合进行了 LG 北京大厦东塔结构 1∶20 整体缩尺模型振动台试验，为型钢混凝土框架–核心筒混合结构。

2004 年，同济大学吕西林等进行了上海环球金融中心 1∶50 整体缩尺模型模拟地震振动台试验。该工程主体结构为钢–混凝土混合结构，采用三重结构体系抵抗水平荷载，即：由巨型柱、巨型单向斜撑以及带状桁架构成的三维巨型框架结构、钢筋混凝土核心筒结构以及构成核心筒和巨型结构柱之间相互作用的伸臂钢桁架。

2004 年底，中国建筑科学院完成了一个 1∶10 的 30 层带转换层钢–混凝土混合结构模型拟静力试验，试验结果表明：框架–核心筒混合结构模型表现出良好的抗震性能。

2008 年，中国建筑科学院针对一个 1∶15 的带底部转换层的 30 层框架–核心筒混合模型结构进行了模拟地震振动台试验研究，提出了混合结构抗震设计概念和方法。

现有的研究成果和工程实践均表明，钢–混凝土混合结构是具有良好抗震、抗风性能和较好经济性的结构形式，其在高层及超高层建筑中具有广阔的应用前景。对混合结构的延性、耗能及地震作用下构件的协同工作能力、破坏机制和倒塌过程尚未完全了解，混合结构也缺少实际震害的考验，有必要对该种结构开展进一步的研究。

除上述试验之外，中国建筑科学研究院近年来还进行了北京国贸三期、天津周大福滨海中心、广州珠江新城西塔、中国尊等高层混合结构的地震模拟振动台试验（图 4.3－1），研究结构抗震性能，对结构相对薄弱部位有针对性采取加强措施；除振动台试验外，还开展了有关组合结构的多方面研究，进行了 58 个钢管混凝土构件的抗剪性能试验研究，26 个型钢混凝土压弯构件试验研究，15 个组合剪力墙高轴压比压弯性能试验研究。许多工程进行了大比例构件、节点试验研究，以检验结构设计的安全性并为设计提供参考。

在各类组合结构构件及节点研究方面，国内也结合实际工程进行了大量的试验研究，对组合构件的受力、变形性能有了比较一致的认识，形成了相对成熟的计算理论和设计方法。

抗风研究工作主要针对复杂体型及复杂风环境开展工作。结合具体的高层建筑工程，开展了大量的风洞试验（图 4.3－2），为进行高层建筑结构的设计提供了更为可靠的依据。随着人们对居住环境的重视，风工程研究工作会越来越引起设计人员的关注。

近年国际上关于防止结构连续倒塌问题引起了人们的关注。尤其是 2001 年 9 月 11 日美国世贸中心大楼由于飞机撞击发生灾难性连续倒塌，引起工程界的广泛关注，不少专家对防止结构连续倒塌问题进行了研究。中国建筑科学研究院、清华大学、同济大学等高校和科研机构，已经进行了钢筋混凝土结构、砌体结构、钢结构等在多种灾害下（包括地震）的倒塌过程计算机模拟和机理分析，以及振动台试验研究，并基于国内外相关资料，对建筑结构在地震灾害下的抗倒塌能力和结构的整体牢固性等问题进行了分析，但是研究有待深入。

现行规范的“安全性”目标不能满足重要大型高层建筑工程的需要，现行规范最基本、最主要的目标就是防止建筑物在地震中倒塌，确保人的生命不受威胁。然而，近年来，随着国民经济的快速发展，人们对建筑抗震的要求除了基本的生命安全外，还对地震期间建筑的使用功能提出了更高要求。特别是汶川大地震中震害显示，按现行抗震规范设计和建造的高层建筑，在地震中虽没有倒塌、保障了生命安全，但是其填充墙等非结构构件破坏却造成了较大程度的直接和间接经济损失。鉴于此，需要加强研究基于性能的抗震设计方法。此方法

北京国贸三期　　天津周大福滨海中心　　广州东塔

中国尊　　重庆嘉陵帆影　　天津117

上海中心　　深圳京基金融中心　　广州西塔

图 4.3－1　部分振动台试验模型照片

北京国贸三期　　北京电视中心　　成都来福士广场

大连万达中心　　中钢天津响螺湾测压测力　　昆明万达广场

鄂尔多斯国泰商务广场　　北京Z15地块中国尊超高层　　成都天玺超高层

图 4.3-2　部分风洞试验模型照片

目前在超限及复杂工程设计中得到了较多的应用，但在一般工程中还未得到广泛应用，还有一些问题有待研究、改进，诸如：地震作用的不确定性、结构分析模型和参数的选用存在不少经验因素、震害及试验资料欠缺、对非结构和设施的抗震性能要求和震后灾害估计缺乏研究。此外，汶川地震还暴露出我们在地震动监测方面的薄弱。美国、日本等先进国家早就建立了大量的数字化观测台网，尤其是高层结构、长大桥梁、核电站等都建立观测台阵，并取得了大量有价值的记录，为这些重要结构的抗震设计、建筑抗震规范的修订、抗震设计理论的发展奠定了基础。在日本，所有高层与重要结构都按规范要求布有强震观测仪。

减振控制技术是抗震、抗风设计的一条重要途径，在日本、美国等发达国家得到了较为广泛的应用，我国消能减震技术的研究始于 20 世纪 90 年代，并在国内一些重要的建筑抗震加固中获得应用，如北京火车站、北京饭店、北京展览馆和国家博物馆抗震加固等等。隔震技术在我国一些地震高烈度区的高层中进行了试点应用。我国江苏宿迁市的宿迁海关业务大楼、华夏丽景等，但我们的研究工作与世界先进水平尚有较大差距，需要深入开展相关研究工作。

此外，现行规范关于消能和减震结构的规定还偏于笼统，需要加强对隔震与消能结构体系的组成和地震反应研究，细化和改进相关的设计方法，补充完善相关规范标准。我国在消能、减震器件如阻尼器、屈曲约束支撑、新型抗拉隔震支座等的研发和生产上仍需要加强，新技术的推广工作仍面临较大的难度，需在规范及国家政策等层面予以支持。

高层建筑施工过程中结构的安全问题也是需要予以关注。超高层建筑施工周期长，在施工建造过程中，整体结构往往还没有形成，受力性能与建成后的结构截然不同，或者施工过程对结构内力有很大的影响，部分复杂的结构还需要搭设高大的支撑结构。国内有些重要工程施工过程中进行了模拟分析和施工过程检测，中国建筑科学研究院、清华大学、同济大学等多家科研单位进行了相关研究，并成功将研究成果应用在多个工程实践中，典型的有陕西法门寺、天津津塔、CCTV 新台址的施工模拟及预变形分析，但仍然缺乏必要的重视，施工过程中的事故也时有发生。

目前国内的试验设备和测试设备仍不能完全满足工程实际的需求，需要提高试验设备的能力，研究更合理的试验方法，在结构抗震、抗风及抗火设计方面加强研究，为工程提供必要的技术支持。

4.4　2015 版《审查技术要点》及解读

4.4.1　建质〔2015〕67 号《审查技术要点》的主要修改及研究背景

我国高层、超高层建筑结构的工程与科研发展存在的重大问题就是科研积累落后于工程实践的需求。高层、超高层建筑的发展非常迅速，并且仍处于一个高速发展时期，从工程实践中可以看出，高层建筑的高度不断突破，我们的科研总是被实际工程推动着向前发展，相当数量的研究是针对具体工程、在工程的设计阶段进行的。科研结合工程当然是必要的，但我国目前的建设速度非常快，设计、建造的周期都很短，没有充分的前瞻性研究，仅仅结合工程的实际情况、在短期内进行验证性的研究，往往只能得到一些局部的、妥协的研究成果，研究成果也就缺少对工程实践的引领作用。这点我们是和国外有差距的，国外的结构工程师和研究者已经根据高层建筑的发展趋势，对更高的超高层建筑进行方案性的分析和研究，探讨新型的结构形式，也在不断摸索着新型的建筑材料和组合构件。

虽然在前瞻性研究方面一直存在一定差距，但是根据多年来超限审查的经验积累，各科研单位和高校针对超高和复杂高层建筑还是进行了大量的研究，以及国家“十一五”和“十二五”持续对重大建筑结构方面的科研投入，在超高和复杂高层建筑结构方面获得了一些新的研究成果，这些成果在 2015 版《审查技术要点》的修订中得到了体现。

1. 对超限工程的类型及判定标准进行了梳理

此次修订，将超限高层建筑归纳为三个类型，即：高度超限、规则性超限和屋盖超限。

对于规则性超限的高层建筑工程，修改了判定标准，将原来“具有一项不规则”即判定为超限工程的条件进行了细分，其中部分指标超限变为“具有一项不规则且具有表二中一项不规则”的判定为超限工程（详见《审查技术要点》）。这样的修改，在一定程度上减少了超限工程的数量。

针对在高层建筑中采用复杂大跨度屋盖的情况，规定了“屋盖超限”的超限工程，列出了“屋盖超限”工程的判别准则，主要包括屋盖跨度、悬挑长度、屋盖结构类型和屋盖支撑条件等，并提出了“屋盖超限”工程的审查要点。在附录中给出了“超限高层建筑工程初步设计抗震设防审查申报表”，用于“屋盖超限”工程申报使用。

2. 补充完善了“屋盖超限”工程的审查要点

针对我国大型公共建筑快速发展需要及屋盖结构中采用复杂大跨度结构的情况，鉴于大跨度屋盖结构在安全方面的重要性，建设部 2006 年“关于印发《超限高层建筑工程抗震设防专项审查技术要点》的通知”（建质〔2006〕220 号），首次将大型公共建筑工程中一些结构复杂、跨度超大的屋盖结构列入超限审查范围，并将该类屋盖结构当其结构形式或跨度超出规范编制要求的定义为“超限大跨空间结构”。该版技术要点中以独立一章对超限大跨空间结构的超限审查提出初步要求，主要包括对可行性论证报告、结构计算分析、屋盖构件的抗震措施、屋盖的支承结构这四个方面。按大跨空间结构的受力特性要求，对超限结构除了要重点考虑抗震验算外，还对结构布置要求、风与雪荷载及温度对结构的影响、结构的整体稳定提出了要求。

2010 版的《审查技术要点》是住建部 2010 年 7 月 16 日建质〔2010〕109 号颁布实施的，其中对“超限大跨空间结构”的审查要求基本上依据 2006 年版的技术要求，没有进行大的改动。

此次技术要点修改中涉及超限大跨空间结构的主要内容为：

（1）在技术要点中将“超限大跨空间结构”统称为“屋盖超限工程”，并在第二条第（三）款中明确了“屋盖超限工程”的定义，其主要目的是明确大型公共建筑的“屋盖超限工程”为“超限高层建筑工程”的一个方面，保证了《超限高层建筑工程抗震设防管理规定》（建设部令第 111 号）对“超限大跨空间结构”的可执行性。

（2）在相关条文中增加了对“屋盖超限工程”的定义与要求，使技术要点条文更易理解与实施。

（3）将依据的标准规范进行了重大修改，在结构形式与体系方面：原《网架结构设计与施工规程》、《网壳结构技术规程》二本规程改为《空间网格结构技术规程》（JGJ 7—2010），以用于网架、网壳、立体桁架与张弦结构；新增《索结构技术规程》（JGJ 257—2012），主要考虑大跨度空间结构中索结构已广泛应用；新增《钢筋混凝土薄壳结构设计规程》（JGJ 22—2012），主要考虑薄壳结构已开始得到工程界的重视，而其整体稳定问题关系到结构安全；新增《膜结构技术规程》（CECS 158：2004），主要考虑膜结构发展很快，同时整体张拉式膜结构涉及结构安全。对于跨度限值方面应依据《建筑抗震设计规范》（GB 50011—2010）。

（4）进一步明确与完善超限审查的内容，包括结构的抗震性能要求、结构的整体稳定性、结构的风荷载分析与设计、结构的温度作用、屋盖结构与下部支承结构的相互作用、支座与节点的要求等。

（5）在附录中给出了“超限高层建筑工程初步设计抗震设防审查申报表（示例二）”，

该表中充分反映了“超限大跨空间结构”的结构形式、受力特点、超限控制要求，便于“屋盖超限工程”的申报使用。

3. 对框架–核心筒结构外框承担剪力提出了明确规定

对于框架–核心筒结构，外框架在抗剪上起到二道防线的作用，在抗倾覆上则与核心筒起到几乎同等甚至更主要的作用，因此在近年来的审查中，对框架–核心筒结构中外框架的刚度都有一定要求，其主要依据《高层建筑混凝土结构技术规程》中对于外框承担剪力比例的规定。对具体项目的审查时经常提出更严格的要求，但因为原来的技术要点中没有明确的规定，各个项目在执行标准上并不十分统一，因此此次修订进行了如下的明确规定：

框架与墙体、筒体共同抗侧力的各类结构中，框架部分计算分配的地震剪力，最大的楼层不小于基底剪力的10%，多数楼层不低于8%，最小的楼层不小于5%；剪力的调整应依据其超限程度比规范的规定适当增加。

近年来对超高层建筑的振动台试验也验证了加大外框架刚度对提高结构抗震性能的贡献。图 4.4 – 1 列出了中国建筑科学研究院进行的多个超高层建筑振动台试验的结果（涵盖了几乎我国所有 500m 以上结构），其中外框架带有支撑的项目，明显在经历罕遇地震后具有更好的刚度。

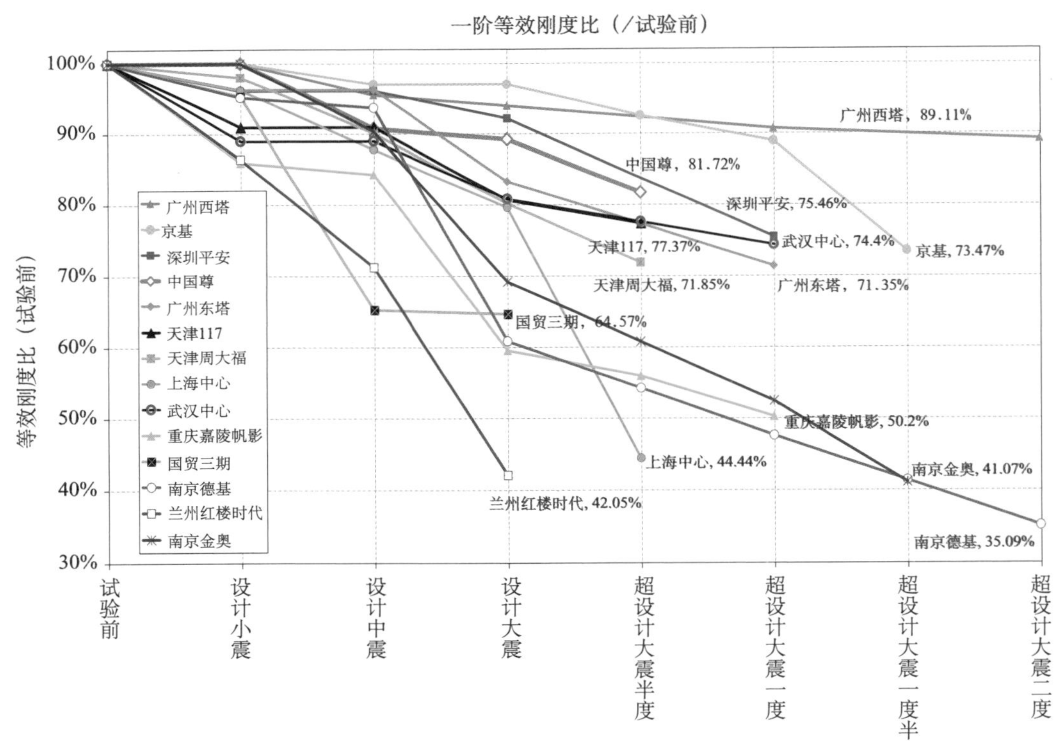

图 4.4 – 1　超高层结构模型振动台实验刚度退化结果

4. 对剪力墙受拉的情况提出了明确规定

中国建筑科学研究院模型试验表明，在中震或大震作用下，高层、超高层建筑的核心筒剪力墙可能出现受拉的情况（图 4.4－2），在钢筋混凝土剪力墙拉应力超过混凝土抗拉强度时，混凝土将开裂，可能造成剪力墙丧失继续承受剪力的能力，而剪力墙又是高层建筑结构中主要的承受剪力构件，因此有必要对这种情况进行考虑。

图 4.4－2 核心筒剪力墙被拉起

在近年的超限审查中，对核心筒剪力墙在中震下受拉的情况已经有所控制，但审查技术要点中并没有明确的规定，在各个具体工程的审查过程中，剪力墙拉应力的计算方法和拉应力的控制界限也不够统一，因此此次修订中对此进行了规定：

双向水平地震下墙肢全截面由轴向力产生的平均拉应力不宜超过两倍混凝土抗拉强度标准值（可适当考虑型钢的作用）。

4.4.2 建质〔2015〕67 号部分《审查技术要点》解读

为使广大技术人员更好地理解和应用现行《超限高层建筑工程抗震设防专项审查技术要点》，在统计全国质量大检查中发现的问题和分析施工图审查现状及存在若干问题的基础上，结合平时解答来自全国各地对有关抗震热点问题的经验，仔细分解、研读技术要点，对容易产生歧义的条款予以详细解读。

1. 复杂高层建筑结构

1）《高层建筑混凝土结构技术规程》（JGJ 3—2010）第 3.9.3 和 3.9.4 条中框支框架的含义？托墙和托柱的梁设计上有何不同？

框支框架是指转换构件（如框支梁）以及其下面的框架柱和框架梁，不包括不直接支承转换构件的框架。如考虑结构变形的连续性，在水平方向上与框支框架直接相连的非框支框架的抗震构造设计可适当加强，加强的范围可不少于相连的一个跨度。

习惯上，框支梁一般指部分框支剪力墙结构中支承上部不落地剪力墙的梁，是有了“框支剪力墙结构”，才有了框支梁。JGJ 3—2010 第 10. 2. 4 条所说的转换结构构件中，包括转换梁，转换梁具有更确切的含义，包含了上部托柱和托墙的梁，因此，传统意义上的框支梁仅是转换梁中的一种。

实际上，从 JGJ 3—2010 第 10. 2 节的许多规定上，已经明显区分了这两种梁所构成的转换梁的不同要求，如第 10. 2. 5 条关于转换层设置位置的要求、10. 2. 6 条关于提高抗震等级的要求、10. 2. 7 条第 3 款关于梁纵向钢筋和腰筋的要求、第 10. 2. 8 条第 2 款和第 4 款的要求等。

托柱的梁一般受力也是比较大的，有时受力上成为空腹桁架的下弦，设计中应特别注意。因此，采用框支梁的某些构造要求是必要的，这在 JGJ 3—2010 第 10. 2 节中已有反映。

2）位于地下室内的框支梁、柱，是否计入规范允许的框支层数之内？

若地下室顶板作为上部结构的嵌固部位，则位于地下室内局部的框支梁、柱，不计入规范允许的框支层数之内，但该部位的梁、柱仍应按框支结构设计。

当结构的嵌固部位在±0. 0 时，地下一层的框支柱和转换构件仍应执行 JGJ 3—2010 的有关规定；地下一层以下框支柱的轴压比可按普通框架柱的要求设计，但其截面、混凝土强度等级和配筋设计结果不宜小于其上面对应的柱。

3）GB 50011—2010 第 6. 2. 10 条 1 款中，框支柱的最小地震剪力计算以框支柱的数目 10 根为分界，若框支柱与钢筋混凝土抗震墙相连，如何计算框支柱的数目？

GB 50011—2010 第 6. 2. 10 条 1 款中，框支柱承受的最小地震剪力计算以框支柱的数目 10 根为分界，此规定对于结构的纵、横两个方向是分别计算的。

若框支柱与钢筋混凝土抗震墙相连成为抗震墙的端柱，则沿抗震墙平面内方向统计时端柱不计入框支柱的数目，沿抗震墙平面外方向统计时其端柱计入框支柱的数目。

当框支层同时含有框支柱和框架柱时，首先应按框架-剪力墙结构的要求进行地震剪力调整，然后再复核框支柱的剪力要求。

4）转换层以下落地剪力墙往往带端柱（边框柱），要否将框支梁或框架梁在墙内拉通或设暗梁？落地墙端柱是否按独立框支柱要求设计？

JGJ 3—2010 第 8. 2. 2 条规定了一般带边框剪力墙的构造要求，从截面厚度、墙体分布筋、混凝土强度等级、到边框梁、边框柱的截面和配筋，均做了详细的规定。框支结构的落地墙采用带边框剪力墙时，仍然要符合其规定，此种情况的框架梁或框支梁应在与之重合的墙内拉通，或至少设置暗梁；暗梁的截面高度宜与该片框支梁或框架梁等高，配筋应符合相应抗震等级框架梁的构造要求。

当落地剪力墙的端柱同时承托墙体平面外的转换构件时，应视为该方向的框支柱，按框支柱的有关规定执行，包括内力调整和构造；当落地剪力墙的端柱同时承托墙体平面内的转换构件时，内力调整系数可不按框支柱的规定执行，但有关构造要求应符合框支柱的规定。

5）转换厚板分布筋总配筋率不宜小于 0. 6%，如何在板底面和顶面分配？

转换厚板在抗震设防区使用，迄今尚没有震害经验，工程实践和相关研究也较少。

JGJ 3—2010 第 10. 2. 14 条规定了转换厚板的基本设计要求，包括厚度、厚板结构形式（如全部实心或局部减薄、夹心板等）、截面内力分析、配筋构造等。

其中第 3 款要求，受弯纵向钢筋可沿转换板上、下部双层双向配置，每一方向总配筋率不宜小于 0. 6%，如果是构造配筋，则板顶面和板底面每个方向的最小构造配筋率可分别取 0. 3%；转换板内暗梁的抗剪箍筋面积配筋率不宜小于 0. 45%。

6）地下室连为整体、地上分为若干独立结构时，是否必须执行多塔的规定？

这种情况，地上的各个结构一般不属于 JGJ3—2010 第 10. 6 节规定的多塔楼结构，因此不必执行 10. 6 节的有关规定。但地下室顶板设计应符合“作为上部结构嵌固部位”的要求，如 JGJ 3—2010 第 5. 3. 7 条的相关规定。

地下室设计时，应考虑地上各个结构高度、重力荷载、结构类型不同等的影响，可以借鉴多塔模型进行静力计算分析。

7）抗规及高规中高度分界数值如何理解？

根据《工程建设标准编写规定》（住建部，建标〔2008〕182 号）的规定，“标准中标明量的数值，应反映出所需的精确度”，因此，规范（规程）中关于房屋高度界限的数值规定，均应按有效数字控制，规范（规程）中给定的高度数值均为某一有效区间的代表值，比如，24m 代表的有效区间为［23. 5~24. 4］m。

实际工程操作时，房屋总高度按有效数字取整数控制，小数位四舍五入。如：7 度区的某抗震墙房屋，高度为 24. 4m，取整时为 24m，抗震墙抗震等级为四级；如果其高度为 24. 8m，取整时为 25m，落在 25~60m 区间，抗震墙的抗震等级为三级。

8）有关“抗震等级”的解读。

《抗震规范》的 6. 1. 2 条、《高规》的 3. 9. 3 条及 3. 9. 4 条均对现浇钢筋混凝土房屋的抗震等级作了规定，是根据设防类别、烈度、结构类型和房屋高度四个因素确定的。抗震等级的划分，体现了对结构体系及构件延性要求的差别。钢筋混凝土房屋结构应根据抗震等级采取相应的抗震措施。抗震措施包括抗震计算时的内力调整措施和抗震构造措施。

一般来讲，混凝土结构构件的抗震等级属于结构抗震措施的范畴，是抗震设防标准的内容。而抗震设防标准通常是与建筑的场地条件无关的。但宏观震害表明，相同的地震强度下，不同的场地条件震害程度却大不一样。正因如此，GB 50011—2010 第 3. 3. 2 条和第 3. 3. 3 条分别作出规定，对Ⅰ类场地及 0. 15g 和 0. 30g 的Ⅲ、Ⅳ类场地条件下的设防标准进行了局部调整，但调整的内容仅限于结构构件的抗震构造措施。因此，从严格意义上讲，混凝土结构构件应有两个抗震等级，即①抗震措施的抗震等级和②抗震构造措施的抗震等级。

此外，JGJ 3—2010 第 10. 2. 6 条均规定：对部分框支剪力墙结构，当转换层的位置设置在 3 层及 3 层以上时，其框支柱、剪力墙底部加强部位的抗震等级宜按《高规》表 3. 9. 3 和表 3. 9. 4 的规定提高一级采用，已为特一级时可不再提高。此条规定中的抗震等级提高可理解为对应于“抗震构造措施的抗震等级”，也就是只提高与抗震构造措施相关的内容，而与抗震措施相关的如内力调整系数等可不加大。对于托柱转换结构，因其受力情况和抗震性能比部分框支剪力墙结构有利，故未要求根据转换层设置高度采取更严格的措施。

（1）裙房抗震等级。

GB 50011—2010 第 6.1.3 条第 2 款及 JGJ 3—2010 第 3.9.6 条均规定：裙房与主楼相连，除应按裙房本身确定抗震等级外，相关范围不应低于主楼的抗震等级；主楼结构在裙房顶板对应的相邻上下各一层应适当加强抗震构造措施。裙房与主楼分离时，应按裙房本身确定抗震等级。即：

①裙房与主楼相连时：a. 相关范围以内的裙房部分，按裙房本身确定抗震等级，且不应低于主楼的抗震等级；b. 相关范围以外的裙房部分，按裙房本身确定抗震等级；c. 主楼位于裙房顶板的部位，裙房顶板处的上、下各一层应适当加强抗震构造措施。

②裙房与主楼分离时，按裙房本身确定抗震等级。

此处的“相关范围”为抗震等级由高向低的延伸范围，有条件时应适当扩大。一般外延不小于 3 跨或 20m；而楼层侧向刚度计算时，可取不超过 3 跨（不大于 20m）的范围。

【示例 1】　部分框支抗震墙结构的裙房抗震等级

如图 4.4-3 所示，7 度区某钢筋混凝土高层房屋，丙类建筑，主楼为部分框支抗震墙结构，沿主楼周边外扩 2 跨为裙房，裙房采用框架体系，主楼高度为 100m，裙房屋面标高为 24m。试依据上述信息，确定裙房部分的抗震等级。

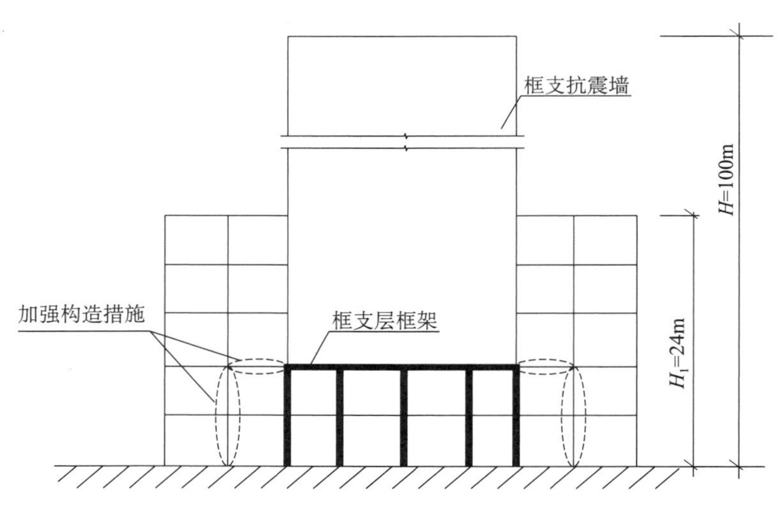

图 4.4-3　部分框支抗震墙结构裙房抗震等级示例

释义：

按抗震规范的规定，当主楼为部分框支抗震墙结构体系时，其框支框架应按部分框支抗震墙结构确定抗震等级，裙楼可按框架-抗震墙体系确定抗震等级。此时，裙楼中与主楼框支框架直接相连的非框支框架，当其抗震等级低于主楼框支框架的抗震等级时，则应适当加强抗震构造措施。

解答：

相关范围复核：

此工程裙房为主楼周边外扩 2 跨，小于 3 跨，应按相关范围内的相关规定确定抗震等级。

框支框架的抗震等级：

按 7 度 100m 高的部分框支抗震墙结构确定，查 GB 50011—2010 表 6.1.2，应为一级。

裙房抗震等级：

按裙房本身确定，7 度 24m 高的框架-抗震墙结构，查 GB 50011—2010 表 6.1.2，框架为四级。

按主楼确定，7 度 100m 高的框架-抗震墙结构，查 GB 50011—2010 表 6.1.2，框架为二级。

综上，裙房的抗震等级应为二级，低于主楼框支框架的抗震等级，因此，与主楼框支框架直接相连的裙房框架，应适当加强抗震构造措施（图 4.4-3）。

【示例 2】　抗震墙结构的裙房抗震等级

如图 4.4-4 所示，7 度区某钢筋混凝土高层房屋，丙类建筑，主楼为抗震墙结构，沿主楼周边外扩 2 跨为裙房，裙房采用框架体系，主楼高度为 70m，裙房屋面标高为 24m。试依据上述信息，确定房屋各部分的抗震等级。

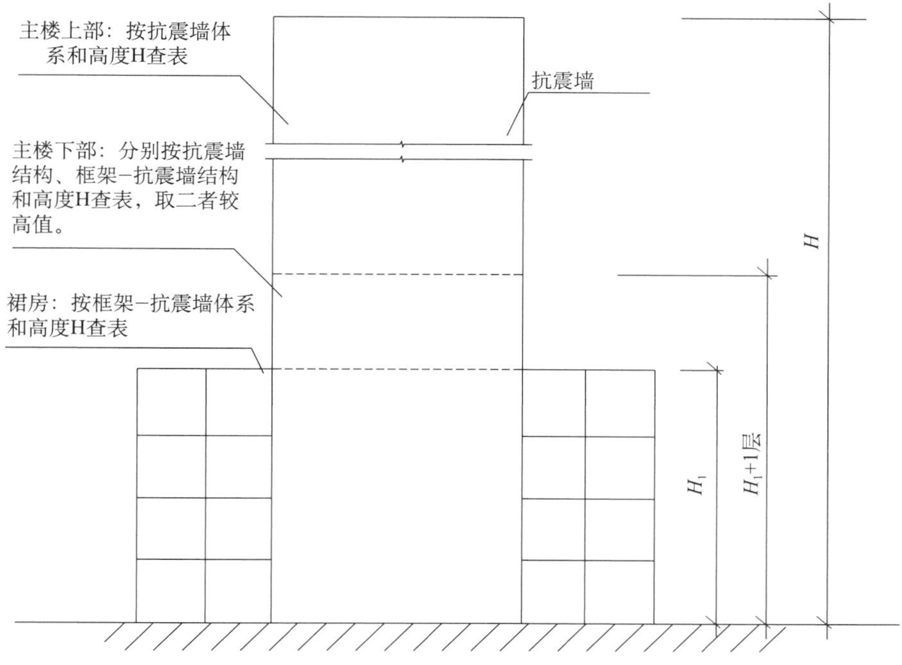

图 4.4-4　抗震墙结构裙房抗震等级示例

释义：

裙房为纯框架且楼层面积不超过同层主楼面积，主楼为抗震墙结构。此时裙楼框架的地震作用可能大部分由主楼的抗震墙承担，其抗震等级不应低于整个结构按框架-抗震墙结构体系和主楼高度确定框架部分的抗震等级；主楼抗震墙的抗震等级，上部的墙体按总高度的抗震墙结构确定抗震等级；而主楼下部（高度范围至裙房顶以上一层）的抗震墙，抗震等级可按主楼高度的框架-抗震墙结构和主楼高度的抗震墙结构二者的较高等级确定（图 4.4-4）。

解答：

相关范围复核：

此工程裙房为主楼周边外扩 2 跨，小于 3 跨，应按相关范围内的有关规定确定抗震等级。

裙房抗震等级：

按裙房本身确定，7 度 24m 高的框架-抗震墙结构，查 GB 50011—2010 表 6.1.2，框架为四级。

按主楼确定，7 度 70m 高的框架-抗震墙结构，查 GB 50011—2010 表 6.1.2，框架为二级。

综上，裙房的抗震等级应为二级。

主楼墙体的抗震等级：

上部：裙房顶一层以上，按 7 度 70m 高的抗震墙结构确定，查 GB 50011—2010 表 6.1.2，为三级。

下部：裙房顶一层以下，按 7 度 70m 高的抗震墙结构确定，查 GB 50011—2010 表 6.1.2，抗震墙为三级；按 7 度 70m 高框架-抗震墙结构确定，查 GB 50011—2010 表 6.1.2，抗震墙为二级。

综上，主楼下部墙体的抗震等级应为二级。

（2）地下室抗震等级。

GB 50011—2010 第 6.1.3 条第 3 款及 JGJ 3—2010 第 3.9.5 条均规定：当地下室顶板作为上部结构的嵌固部位时，地下一层相关范围的抗震等级应与上部结构相同，地下一层以下抗震构造措施的抗震等级可逐层降低一级，但不应低于四级。地下室中无上部结构的部分，抗震构造措施的抗震等级可根据具体情况采用三级或四级。

此处的“相关范围”，也是为抗震等级由高向低的延伸范围，有条件时应适当扩大，一般外延不小于 3 跨或 20m。地下室的刚度和受剪承载力与上部楼层相比较大时，地下室顶部可视为嵌固部位，在地震作用下屈服部位将发生在上部楼层，同时会影响到地下一层，所以规范规定地下一层的抗震等级不能降低。而随着地面下地震响应的逐渐减小，地下一层以下不要求计算地震作用，且其抗震等级可逐层降低。

①地下一层：抗震等级与地上一层相同，包括相关的内力调整及抗震构造，均应按地上一层的要求执行。

②地下一层以下：仅要求满足相应等级的抗震构造规定，不要求进行内力调整。

③规范此条规定仅适用于地下室顶板可作为嵌固端的情况。当结构计算嵌固端位于地下一层底板或以下时，应以计算嵌固端为界，嵌固端之上按地上结构对待，嵌固端之下按地下结构对待。

（3）乙类建筑的抗震等级。

根据《建筑工程抗震设防分类标准》（GB 50223）的规定，乙类混凝土结构房屋应提高一度确定其抗震等级，并采取相应的抗震措施。但是，按现行规范的相关规定，查表确定下列建筑结构的抗震等级时，会因为建筑高度超过《2010 规范》表 6. 1. 2 的上限而无法确定的情况，因此，《2010 规范》修订时明确规定，应采取比一级更有效的抗震构造措施，即对于下列结构构件可采取两个不同的抗震等级，抗震措施（主要为内力调整等）的抗震等级为一级；抗震构造措施（配筋率、配箍率等）的抗震等级为特一级：

①7 度区，高度超过 80m 的乙类部分框支抗震墙结构房屋。

②8 度区，高度超过 60m 的乙类抗震墙结构房屋。

③8 度区，高度超过 24m 的乙类框架结构房屋。

④8 度区，高度超过 50m 的乙类框架-抗震墙结构房屋。

⑤8 度区，高度超过 35m 的乙类板柱-抗震墙结构房屋。

9）有关“嵌固部位”的解读

GB 50011—2010 第 6. 1. 14 条及 JGJ 3—2010 第 3. 6. 3 条、第 5. 3. 7 条、第 12. 2. 1 条等均对地下室顶板作为上部结构的嵌固部位应符合的要求作出了明确规定。

（1）地下室顶板作为嵌固部位时，必须具有足够的平面内刚度，以有效地传递基底剪力。因此，应满足下述要求：

①楼板厚度（刚度要求）：一般情况，厚度不宜小于 180mm；当采用密梁楼盖（应根据工程经验确定，一般可按板跨度不大于 4m 考虑）时，可适当减小，但也不应小于 160mm 厚。

②楼板配筋（强度要求）：混凝土强度不宜小于 C30，应采用双层双向配筋，且每层每个方向的配筋率不宜小于 0. 25%。

③楼盖体系：上部结构相关范围内，应采用现浇梁板体系，相关范围以外，宜采用现浇梁板体系。

一般来说，无梁楼盖的平面外刚度较普通梁板结构小得多，在竖向荷载作用下无梁楼盖将产生较大的面外变形，地震作用时，地下室顶板作为上部结构的嵌固部位将承受很大的水平地震剪力，加剧了无梁楼盖的面外变形，对传递水平地震剪力和协调结构变形不利。无梁楼盖体系很难满足柱端塑性铰位置在地下室顶板处的要求，故不能采用无梁楼盖体系。

④楼板开洞：避免开设大洞口。

这里“大洞口”的界定可按 GB 50011—2010 表 3. 4. 3 - 1 关于楼板局部不连续的定义来确定。即：开洞后有效楼板宽度小于该层楼板典型宽度的 50%，或开洞面积大于该层楼面面积的 30%，或较大的楼层错层时，可认定为“大洞口”。此规定的目的就是要确保上部结构嵌固部位的整体性。常有建筑因设置下沉式广场、商场自动步梯等，导致楼板开大洞，对楼板整体性削弱太多，迫使嵌固部位下移。

（2）关于嵌固部位的水平刚度要求。

高层建筑结构整体计算中，当地下室顶板作为上部结构嵌固部位时，地下一层与首层侧向刚度比不宜小于 2。

①计算地下室结构楼层刚度时，可考虑“地上结构”以外的地下室相关部位，一般指“地上结构”四周每边外扩不超过三跨（不大于 20m）的范围。

②楼层侧向刚度比按高规附录 E. 0. 1 条的公式计算，即等效剪切刚度比值法。

（3）关于嵌固部位的强度要求。

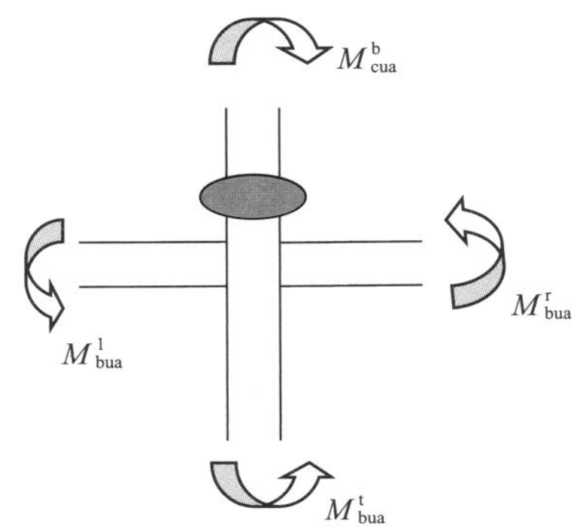

图 4. 4 - 5　嵌固端节点示意图

①基本要求：框架柱或抗震墙墙肢的嵌固端屈服时，地下一层对应的框架柱或抗震墙墙肢不应屈服。

②实现方法：为了实现首层柱底先屈服的设计概念（图 4. 4 - 5），抗震规范提供了两种方法：

方法一：按下式复核嵌固节点各构件的实际强度

$$\sum M_{bua} + M_{cua}^{t} \geqslant 1.3M_{cua}^{b}$$

式中　$\sum M_{bua}$——节点左右梁端截面反时针或顺时针方向实配的正截面抗震受弯承载力所对应的弯矩值之和，根据实配钢筋面积（计入梁受压筋和相关楼板钢筋）和材料强度标准值确定；

M_{cua}^{t}——地下室柱上端与梁端受弯承载力同一方向实配的正截面抗震受弯承载力所对应的弯矩值，应根据轴力设计值、实配钢筋面积和材料强度标准值等确定；

M_{cua}^{b}——地上一层柱下端与梁端受弯承载力不同方向实配的正截面抗震受弯承载力所对应弯矩值，应根据轴力设计值、实配钢筋面积和材料强度标准值等确定。

设计时，梁柱纵向钢筋增加的比例可不同，但柱的每侧纵向钢筋应增加10%。

方法二：简化方法

当地下一层梁刚度较大时，也可采用下述方法：

①柱截面每侧的纵向钢筋面积应大于地上一层对应柱每侧纵向钢筋面积的1.1倍。

②两侧梁的梁端顶面和底面的纵向钢筋面积均应比计算增大10%以上，两侧抗剪箍筋也应相应调整。

注意：所谓“地下一层梁刚度较大”，指的是节点两侧梁抗弯刚度之和大于地下一层柱的抗弯刚度的二倍，亦即节点两侧梁按计算分配的弯矩之和大于下柱上端的分配弯矩的二倍。

（4）注意事项。

①地下室应完整，山（坡）地建筑地下室各边填埋深度差异较大时，宜单独设置支挡结构。

②地下室柱截面每侧纵筋面积，除满足计算要求外，不应小于地上一层对应柱每侧纵筋的1.1倍，多出的纵筋不应向上延伸，应锚固于地下室顶板梁内。

③地下室抗震墙的配筋不应少于地上一层抗震墙的配筋。

④当上部结构的嵌固端不在地下一层顶板时，仍应考虑地下室顶板对上部结构实际存在的嵌固作用，应按不同嵌固部位分别进行计算，配筋取大值。

⑤地下室顶板作为上部结构的嵌固部位是最经济、合理的选择。

10）JGJ 3—2010关于短肢剪力墙高度限制是如何规定？

JGJ 3—2010第7.1.8条规定：抗震设计时，高层建筑结构不应全部采用短肢剪力墙；B级高度高层建筑以及抗震设防烈度为9度的A级高度高层建筑，不宜布置短肢剪力墙，不应采用具有较多短肢剪力墙的剪力墙结构。当采用具有较多短肢剪力墙的剪力墙结构时，应符合下列规定：

（1）在规定的水平地震作用下，短肢剪力墙承担的底部倾覆力矩不宜大于结构底部总地震倾覆力矩的50%。

（2）房屋适用高度应比JGJ 3—2010表3.3.1-1规定的剪力墙结构的最大适用高度降低，7度、8度（0.2g）和8度（0.3g）时分别不应大于100m、80m和60m。

①短肢剪力墙是指截面厚度不大于300mm、各肢截面高度与厚度之比的最大值大于4但不大于8的剪力墙；对于L形、T形、十字形剪力墙，其各肢的肢长与截面厚度之比的最大值大于4且不大于8时，才划分为短肢剪力墙。对于采用刚度较大的连梁与墙肢形成的开洞剪力墙，不宜按单独墙肢判断其是否属于短肢剪力墙。这里刚度较大的连梁是指连梁的净跨度与连梁截面高度的比值不大于2.5，且连梁截面高度不小于400mm（洞高不宜大于层高的0.5倍，不应大于层高的0.8倍）。

②具有较多短肢剪力墙的剪力墙结构是指，在规定的水平地震作用下，短肢剪力墙承担的底部倾覆力矩不小于结构底部总地震倾覆力矩的30%的剪力墙结构。

11）JGJ 3—2010关于错层结构高度限制是如何规定？

JGJ 3—2010第10.1.3条规定：7度和8度抗震设计时，剪力墙结构错层高层建筑的房屋高度分别不宜大于80m和60m；框架-剪力墙结构错层高层建筑的房屋高度分别不应大于80m和60m。

12）JGJ 3—2010关于混合结构是如何定义的？

JGJ 3—2010第11.1.1条规定：本章规定的混合结构，系指由外围钢框架或型钢混凝土、钢管混凝土框架与钢筋混凝土核心筒所组成的框架-核心筒结构，以及由外围钢框筒或型钢混凝土、钢管混凝土框筒与钢筋混凝土核心筒所组成的筒中筒结构。为减少柱子尺寸或增加延性而在混凝土柱中设置构造型钢，而框架梁仍为钢筋混凝土梁时，该体系不宜视为混合结构；此外，对于体系中局部构件（如框支梁柱）采用型钢梁柱（型钢混凝土梁柱）也不应视为混合结构。

2. 超限高层建筑结构

1）哪些高层建筑工程属于超限高层建筑工程？

所谓"超限"是指建筑结构主体的主要参数超出规范使用范围或限值，包括：

（1）高度超限工程：指房屋高度超过规定，包括超过《建筑抗震设计规范》第6章钢筋混凝土结构和第8章钢结构最大适用高度，超过《高层建筑混凝土结构技术规程》第7章中有较多短肢墙的剪力墙结构、第10章中错层结构和第11章混合结构最大适用高度的高层建筑工程。

（2）规则性超限工程：指房屋高度不超过规定，但建筑结构布置属于《抗震规范》《高规》规定的特别不规则的高层建筑工程。

（3）屋盖超限工程：指屋盖的跨度、长度或结构形式超出《抗震规范》第10章及《空间网格结构技术规程》《索结构技术规程》等空间结构规程规定的大型公共建筑工程（不含骨架支承式膜结构和空气支承膜结构）。

2）B级高度高层建筑是否属于超限高层建筑范围？

B级高度高层建筑是相对A级高度高层建筑而言的，是指房屋高度超过《高层混凝土结构技术规程》（JGJ 3—2010）表3.3.1-1规定的框架-剪力墙、剪力墙及筒体结构高层建筑，其适用的最大高度不应超过JGJ 3—2010表3.3.1-2的规定，并应遵守JGJ 3—2010规定的更严格计算和构造措施要求。

B级高度高层建筑属于超限高层建筑工程，仍然需要进行抗震设防专项审查；审查可由各地超限高层建筑工程审查委员会完成，审查的主要依据是JGJ 3—2010中有关B级高度高层建筑的规定，其目的是检查、复核结构设计是否符合JGJ 3—2010的相关要求。

3）超限高层建筑抗震概念设计应注意哪些问题？

关于建筑结构抗震概念设计内容详见技术要点第十一条。

（1）房屋高度（m）超过《超限高层建筑工程抗震设防专项审查技术要点》附件1表1规定高度时为超限高层建筑工程，平面和竖向均不规则时（部分框支结构指框支层以上的楼层不规则），其高度应比表内数值降低至少10%。

（2）楼层最大层间位移和扭转位移比应符合有关规范、规程（如JGJ 3—2010第3.4.5条、3.7.3条）的要求。结构楼层位移和层间位移控制值验算时，仍采用CQC的效应组合，且可不考虑偶然偏心的影响（即取不考虑偶然偏心影响的楼层最大位移或层间位移角最大值)；而扭转位移比计算时，按国外的规定明确改为取“给定水平力”计算，该水平力一般采用振型组合后的楼层地震剪力换算的水平作用力，并考虑偶然偏心。

(3) 当计算的楼层最大层间位移角不大于 JGJ 3—2010 第 3.7.3 条规定限值的 40%时，该楼层竖向构件的最大水平位移和层间位移与该楼层平均值的比值可适当放松，但不应大于 1.6（对于 JGJ 3—2010 第 3.4.5 条规定中扭转位移比限值为 1.4 的结构，不应大于 1.5）。

(4) 多道防线要求。框架与墙体、筒体共同抗侧力的各类结构中，框架部分地震剪力的调整宜依据其超限程度比规范的规定适当增加；超高的框架-核心筒结构，其混凝土内筒和外框之间的刚度宜有一个合适的比例，框架部分计算分配的楼层地震剪力，除底部个别楼层、加强层及其相邻上下层外，多数不低于基底剪力的 8%且最大不宜低于 10%，最小不低于 5%。主要抗侧力构件中沿全高不开洞的单肢墙，应针对其延性不足采取相应措施。

(5) 避免软弱层和薄弱层出现在同一楼层。

(6) 合理确定结构的嵌固部位。JGJ 3—2010 第 5.3.7 条规定“高层建筑结构整体计算中，当地下室顶板作为上部结构嵌固部位时，地下一层与首层侧向刚度比不宜小于 2”。①计算地下室结构楼层刚度时，可考虑“地上结构”以外的地下室相关部位，一般指“地上结构”四周每边外扩不超过三跨（不大于 20m）的范围；②楼层侧向刚度比按高规附录 E.0.1 条的公式计算，即等效剪切刚度比值法；③当上部结构的嵌固端不在地下一层顶板时，仍应考虑地下室顶板对上部结构实际存在的嵌固作用，应按不同嵌固部位分别进行计算，配筋取大值；④地下室顶板作为上部结构的嵌固部位是最经济、合理的选择。

4）为什么对超限高层建筑结构提倡基于性能的抗震设计？

基于性能的抗震设计是建筑结构抗震设计一个新的重要发展，它的特点是：使抗震设计从宏观定性的目标向具体量化的多重目标过渡，业主（设计者）可选择所需的性能目标；抗震设计中更强调实施性能目标的深入分析和论证，有利于建筑结构的创新，经过论证（包括试验）可以采用现行规范、规程中还未规定的新结构体系、新技术、新材料；有利于针对不同设防烈度、场地条件及建筑的重要性采用不同的性能目标和抗震措施。

建筑结构常规抗震设计与基于性能抗震设计的简单比较如表 4.4-1。

表 4.4-1　常规设计方法与性能设计方法的比较

项目	常规的抗震设计	基于性能的抗震设计
设防目标	小震不坏、中震可修、大震不倒；小震有明确的性能指标，大震有位移指标，其余是宏观的性能要求。 按使用功能重要性分甲、乙、丙、丁四类，其防倒塌的宏观控制有所区别	按使用功能类别及遭遇地震影响的程度，提出多个预期的性能目标，包括结构的、非结构的、设施的各种具体性能指标。 由业主选择具体工程的预期目标

续表

项目	常规的抗震设计	基于性能的抗震设计
实施方法	按指令性、处方形式的规定进行设计。 通过结构布置的概念设计、小震弹性设计、经验性的内力调整、放大和构造以及部分结构大震变形验算，即认为可实现预期的宏观设防目标	除满足基本要求外，需提出符合预期性能要求的论证，包括结构体系、详尽的分析、抗震措施和必要的试验，并经过专门的评估予以确认
工程应用	目前广泛应用，设计人员已经熟悉。 对适用高度和规则性等有明确的限制，有局限性，有时不能适应新技术、新材料、新结构体系的发展	目前较少采用，设计人员不易掌握，所承担的风险较大。 为实现“超限”结构的设计提供了可行的方法，有利于技术进步和创新。技术上还有些问题有待研究改进

这个比较说明，基于性能要求的抗震设计方法是一个重要的发展。

超限高层建筑工程在房屋高度、规则性等方面都不同程度地超过现行标准规范的适用范围，如何进行抗震设计缺少明确具体的目标、依据和手段。按照建设部第 111 号部长令《超限高层建筑工程抗震设防管理规定》的要求，设计者需要根据具体工程实际的超限情况，进行仔细的分析、专门的研究和论证，必要时还要进行模型试验，从而确实采取比标准规范的规定更加有效的具体抗震措施；业主也需要提供相应的资助；设计者的论证还需要经过抗震设防专项审查，以期保证结构的抗震安全性能。这个设计程序某种意义上类似于抗震性能设计的基本步骤。

这些年来，高层建筑工程抗震设防专项审查的实践表明，不少工程的设计和专项审查已经涉及基于性能抗震设计的理念和方法，目前在超限高层建筑结构设计中应用是可行的。

5）超限高层建筑结构基于性能抗震设计的性能水准和性能目标是什么？

JGJ 3—2010 第 3.11.1 条、3.11.2 条将高层建筑结构抗震性能分为五个水准，详见表 4.4－2。

表 4.4－2 各性能水准结构预期的震后性能状况的要求

结构抗震性能水准	宏观损坏程度	损坏部位			继续使用的可能性
		关键构件	普通竖向构件	耗能构件	
1	完好、无损坏	无损坏	无损坏	无损坏	一般不需修理即可继续使用
2	基本完好、轻微损坏	无损坏	无损坏	轻微损坏	稍加修理即可继续使用

续表

结构抗震性能水准	宏观损坏程度	损坏部位			继续使用的可能性
		关键构件	普通竖向构件	耗能构件	
3	轻度损坏	轻微损坏	轻微损坏	轻度损坏、部分中度损坏	一般修理后才可继续使用
4	中度损坏	轻度损坏	部分构件中度损坏	中度损坏、部分比较严重损坏	修复或加固后才可继续使用
5	比较严重损坏	中度损坏	部分构件比较严重损坏	比较严重损坏	需排险大修

注："普通竖向构件"是指"关键构件"之外的竖向构件；"关键构件"是指该构件的失效可能引起结构的连续破坏或危及生命安全的严重破坏；"耗能构件"包括框架梁、剪力墙连梁及耗能支撑等。

关于结构完好、基本完好、轻微损坏、中等破坏、严重破坏和倒塌的划分，可按建设部（90）建抗字第 377 号文《建筑地震破坏等级划分标准》的有关规定确定（表 4.4－3）。

表 4.4－3　建筑地震破坏等级划分

名称	破坏描述	继续使用的可能性
基本完好（含完好）	承重构件完好；个别非承重构件轻微破坏；附属构件有不同程度破坏	一般不需修理即可继续使用
轻微破坏	个别承重构件轻微破坏，个别非承重构件明显破坏；附属构件有不同程度破坏	不需修理或需稍加修理，仍可继续使用
中等破坏	多数承重构件轻微破坏，部分明显裂缝；个别非承重构件严重破坏	需一般修理，采取安全措施后可适当使用
严重破坏	多数承重构件严重破坏或部分倒塌	应排除大修局部拆除
倒塌	多数承重构件倒塌	需拆除

注：个别指 5%以下，部分指 30%以下，多数指超过 50%。

JGJ 3—2010 第 3.11.1 条将高层建筑结构抗震性能目标分为 A、B、C 及 D 四个等级。

A 级性能目标，是最高等级，中震作用下要求结构达到第 1 抗震性能水准，大震作用下要求结构达到第 2 抗震性能水准，即结构仍处于基本弹性状态，其高度和不规则性一般不需要专门限制。

B 级性能目标，要求结构在中震作用下满足第 2 抗震性能水准，大震作用下满足第 3 抗震性能水准，结构仅有轻度损坏，其高度不需专门限制，重要部位的不规则性限制可比现行标准的要求放宽。

C 级性能目标，要求结构在中震作用下满足第 3 抗震性能水准，大震作用下满足第 4 抗震性能水准，结构中度损坏，其高度可适当超过现行高层混凝土结构规程 B 级的规定，某些不规则性限制可有所放宽。

D 级性能目标，是最低等级，要求结构在中震作用下满足第 4 抗震性能水准，大震作用下满足第 5 抗震性能水准，结构有比较严重的损坏，但不致倒塌或发生危及生命的严重破坏。其高度一般不宜超过现行高层混凝土结构规程 B 级的规定，规则性限制一般也不宜放宽。

A、B、C、D 四级性能目标的结构，在小震作用下均应满足第 1 抗震性能水准，即满足弹性设计要求。

6）如何判断超限高层建筑结构是否满足性能设计的要求？

判别超限高层建筑结构是否满足性能水准的参考准则如下。其中，对各项性能水准，结构的楼盖体系必须有足够安全的承载力，以保证结构的整体性，一般应使楼板在地震中基本上处于弹性反应状态，否则，应有合理可靠的结构计算模型并加以论证（包括试验）；为避免混凝土结构构件发生脆性剪切破坏，设计中应控制受剪截面尺寸，满足现行标准对剪压比的限制要求；性能水准中的抗震构造，“基本”要求相当于混凝土结构中四级抗震等级的构造要求，“低、中、高和特种延性”要求，可参照混凝土结构中抗震等级为三、二、一和特一级的构造要求。

（1）性能水准 1。应满足弹性设计要求。在多遇地震作用下，其承载力和变形应符合 JGJ 3—2010 的有关规定；结构构件的抗震等级不宜低于 JGJ 3—2010 的有关规定，需要特别加强的构件可适当提高抗震等级，已为特一级的不再提高。在设防烈度地震作用下，结构构件的抗震承载力应符合下式规定：

$$\gamma_{G}S_{GE} + \gamma_{Eh}S_{Ekh}^{*} + \gamma_{Ev}S_{Ekv}^{*} \leqslant R_{d}/\gamma_{RE} \qquad (4.4-1)$$

不计入风荷载作用效应的组合，地震作用标准值的构件内力计算中不需要乘以与抗震等级有关的增大系数。

需注意的是：在“小震弹性”的设计计算中，地震作用标准值的构件内力不带“ * ”，需要考虑抗震等级有关的增大系数，具体详见 JGJ 3—2010 第 5.6.3 条之规定，属于承载力设计值的弹性要求。

（2）性能水准 2。在设防烈度地震或罕遇地震作用下，关键构件及普通竖向构件的抗震承载力、耗能构件的受剪承载力宜符合式（4.4－1）的规定；耗能构件的正截面承载力应符合式（4.4－2）的规定：

$$S_{GE} + S_{Ehk}^{*} + 0.4S_{Evk}^{*} \leqslant R_{k} \qquad (4.4-2)$$

与性能水准 1 的差别是：框架梁、剪力墙连梁等耗能构件的正截面承载力只需要满足式（4.4－2）的要求，即满足“屈服承载力设计”。“屈服承载力设计”是指构件按材料强度标准值计算的承载力 R_k 不小于按重力荷载及地震作用标准值计算的构件组合内力。对耗能构件只需验算水平地震作用为主要可变作用的组合工况，式（4.4-2）中重力荷载分项系数、水平地震作用分项系数及抗震承载力调整系数均取1.0，竖向地震作用分项系数取0.4。

（3）性能水准3。应进行弹塑性计算分析。在设防烈度地震或预估的罕遇地震作用下，关键构件及普通竖向构件的正截面承载力应符合式（4.4-2）的规定，水平长悬臂结构和大跨度结构中的关键构件正截面承载力尚应符合式（4.4-3）的规定；部分耗能构件进入屈服阶段，但其受剪承载力应符合式（4.4-2）的规定。在预估的罕遇地震作用下，结构薄弱部位的层间位移角应满足JGJ 3—2010第3.7.5条的规定。

$$S_{GE} + 0.4S_{Ehk}^{*} + S_{Evk}^{*} \leqslant R_{k} \tag{4.4-3}$$

式（4.4-3）表示竖向地震为主要可变作用的组合工况，式中重力荷载分项系数、竖向地震作用分项系数及抗震承载力调整系数均取1.0，水平地震作用分项系数取0.4。

构件总体上处于开裂阶段或刚刚进入屈服阶段。为方便设计，允许采用等效弹性方法计算竖向构件及关键部位构件的组合内力，计算中可适当考虑结构阻尼比的增加（增加值一般不大于0.02）以及剪力墙连梁刚度的折减（刚度折减系数一般不小于0.3）。抗震等级取计算程序中“不考虑”项。实际工程设计中，可先对底部加强部位和薄弱部位的竖向构件承载力按前述方法计算，再通过弹塑性分析校核全部竖向构件均未屈服。

①普通竖向构件及关键构件正截面承载力不屈服，受剪承载力弹性。

②耗能构件正截面屈服，受剪承载力不屈服。

③大震层间位移角满足高规JGJ 3—2010第3.7.5条的要求。

整个结构应进行非线性计算，允许有些选定的部位进入屈服阶段但不得发生剪切等脆性破坏；各构件的细部抗震构造要满足中等延性的要求。

（4）性能水准4。应进行弹塑性计算分析。在设防烈度地震或预估的罕遇地震作用下，关键构件的抗震承载力应符合式（4.4-2）的规定，水平长悬臂结构和大跨度结构中的关键构件正截面承载力尚应符合式（4.4-3）的规定；部分竖向构件以及大部分耗能构件进入屈服阶段，但钢筋混凝土竖向构件的受剪截面应满足截面限制条件即符合式（4.4-4）的规定，钢-混凝土组合剪力墙的受剪截面应符合式（4.4-5）的规定，这是防止构件发生脆性受剪破坏的最低要求。在预估的罕遇地震作用下，结构薄弱部位的层间位移角应满足JGJ 3—2010第3.7.5条的规定。

$$V_{GE} + V_{Ek}^{*} \leqslant 0.15f_{ck}bh_{0} \tag{4.4-4}$$

$$(V_{GE} + V_{Ek}^{*}) - (0.25f_{ak}A_{a} + 0.5f_{spk}A_{sp}) \leqslant 0.15f_{ck}bh_{0} \tag{4.4-5}$$

比较式（4.4-4）和式（4.4-5）不难看出，在剪力墙内配置型钢（型钢端柱和腹板型钢）可有效提高墙肢的抗剪承载力，其中$0.25f_{ak}A_{a}$为端部型钢的抗剪承载力，$0.5f_{spk}A_{sp}$为腹板型钢的抗剪承载力，实际工程中，在剪力墙受剪较大的部位可考虑设置型钢，以增大剪力墙的抗剪能力并提高延性。

①关键构件承载力不屈服。

②部分竖向构件及大部分耗能构件屈服。

③构件受剪截面应满足截面限制条件。

④大震构件屈服次序、塑性铰分布、结构的薄弱部位、竖向构件破坏程度及层间位移角满足要求。

结构在所要求的地震作用下（中震或大震）应进行非线性计算，薄弱部位或重要部位构件允许达到屈服阶段但满足选定的变形限制，竖向构件不发生剪切等脆性破坏；各构件的细部抗震构造要满足高延性的要求。

（5）性能水准 5。应进行弹塑性计算分析。在预估的罕遇地震作用下，关键构件的抗震承载力宜符合式（4.4-2）的规定；较多的竖向构件进入屈服阶段，同一楼层的竖向构件不宜全部屈服；竖向构件的受剪截面应满足截面限制条件即符合式（4.4-4）或式（4.4-5）的规定；允许部分耗能构件发生比较严重的破坏；结构薄弱部位的层间位移角应满足 JGJ 3—2010 第 3.7.5 条的规定。

性能水准 5 与性能水准 4 的差别在于关键构件承载力宜满足“屈服承载力设计”的要求，允许比较多的竖向构件进入屈服阶段，并允许部分“梁”等耗能构件发生比较严重的破坏，但应注意同一楼层的竖向构件不宜全部进入屈服并宜控制整体结构承载力下降的幅度不超过 10%。

①关键构件承载力不屈服。

②较多竖向构件屈服，但不允许同一楼层竖向构件全部屈服。

③竖向构件受剪截面应满足截面限制条件。

④大震构件屈服次序、塑性铰分布、结构的薄弱部位、竖向构件破坏程度及层间位移角满足要求。

⑤各构件的细部抗震构造满足特种延性的要求。

7）如何选择超限高层建筑结构的性能设计目标？

抗震性能设计的抗震设防目标应不低于规范的基本抗震性能目标。

选用性能目标时，需综合考虑抗震设防类别、设防烈度、场地条件、结构的特殊性、建造费用、震后损失和修复难易程度等因素。鉴于地震地面运动的不确定性以及对结构在强烈地震下非线性分析方法（计算模型及参数的选用等）存在不少经验因素，缺少从强震记录、设计施工资料到实际震害的验证，对结构抗震性能的判断难以十分准确，尤其是对于长周期的超高层建筑或特别不规则结构的判断难度更大，因此在性能目标选用中宜偏于安全一些。

（1）特别不规则的、房屋高度超过 B 级高度很多的高层建筑或处于不利地段的特别不规则结构，可考虑选用 A 级性能目标；某些建筑物，由于其特殊的重要性而需要结构具有足够的承载力，以保证它在中震、大震下始终处于基本弹性状态；也有一些建筑虽然不特别重要，但其设防烈度较低（如 6 度）或结构的地震反应较小，它仍可能具有在中震、大震下只出现基本弹性反应的承载力水准；某些结构属于特别不规则，但业主为了实现建筑造型和满足特殊建筑功能的需要，愿意付出经济代价，使结构设计满足在大震下仍处于基本弹性状态。以上情况以及其他特殊情况，可选用性能目标“A”，此时，房屋的高度和不规则性一般不需要专门限制。

（2）房屋高度超过 B 级高度较多或不规则性超过 JGJ 3—2010 适用范围很多时，可考虑选用 B 级或 C 级性能目标。

（3）房屋高度超过 B 级高度或不规则性超过适用范围较多时，可考虑选用 C 级性能目标。

（4）房屋高度超过 A 级高度或不规则性超过适用范围较少时，可考虑选用 C 级或 D 级性能目标。

（5）结构方案中仅有部分区域结构布置比较复杂或结构的设防标准、场地条件等特殊性，使设计人员难以直接按 JGJ 3—2010 规定的常规方法进行设计时，可考虑选用 C 级或 D 级性能目标。

任何超限高层建筑的结构，在小震作用下均应满足第 1 抗震性能水准，即满足弹性设计要求。

选择性能目标时，一般需征求业主和有关专家的意见。

8）何谓扭转效应明显的结构？

扭转效应明显与否，一般可由考虑耦联的振型分解反应谱法分析结果判断，例如前三个振型中，二个水平方向的振型参与系数为同一个量级，即存在明显的扭转效应。扭转效应明显的结构，是指考虑偶然偏心的楼层最大水平位移（或层间位移）大于楼层平均水平位移（或层间位移）1.2 倍的结构。

4.5　超限高层建筑结构抗震计算分析

由于地震动的不确定性、地震的破坏作用、结构地震破坏机理的复杂性，以及结构计算模型的各种假定与实际情况的差异，迄今为止，依据所规定的地震作用进行结构抗震验算，不论计算理论和工具如何发展，计算怎样严格，计算的结果总还是一种比较粗略的估计，过分地追求数值上的精确是不必要的。然而，从工程的震害看，这样的抗震验算是有成效的，不可轻视。因此，我国的抗震设计规范自《工业与民用建筑抗震设计规范》（TJ 11—74）以来，对抗震计算着重于把方法放在比较合理的基础上，不拘泥于细节，不追求过高的计算精度，力求简单易行，以线性的计算分析方法为基本方法，并反复强调按概念设计进行各种调整。本节结合《超限高层建筑工程抗震设防专项审查技术要点》、《建筑抗震设计规范》（GB 50011—2010）及《高层混凝土结构技术规程》（JGJ 3—2010）等有关规定，对其注意事项进行解读，以期能对工程设计人员正确理解和应用有所帮助。

4.5.1　建筑结构抗震分析的主要内容

《建筑抗震设计规范》（GB 50011—2010）第 3.6.1、3.6.2 条规定了建筑结构抗震计算分析的主要任务与内容以及相应的计算分析方法。

1. 多遇地震作用下的内力和变形分析

这是我国抗震规范对结构地震反应、截面承载力和变形验算最基本的要求，也是我国三水准抗震设计思想中“小震不坏”的具体落实。

按 GB 50011—2010 第 1. 0. 1 条的规定，建筑物当遭受低于本地区抗震设防烈度的多遇地震影响时，一般不受损坏或不需修理可继续使用，与此相应，结构在多遇地震作用下的反应分析方法，截面抗震验算（按照国家标准《建筑结构可靠度设计统一标准》（GB 50068）的基本要求），以及层间弹性位移的验算，都是以线弹性理论为基础，因此，当建筑结构进行多遇地震作用下的内力和变形分析时，可假定结构与构件处于弹性工作状态。

2. 罕遇地震作用下的弹塑性变形分析

按 GB 50011—2010 第 1. 0. 1 条的规定：当建筑物遭受高于本地区抗震设防烈度的罕遇地震影响时，不致倒塌或发生危及生命的严重破坏，这也是我国抗震规范的基本要求，是“大震不倒”思想的具体体现。当建筑物的体型和抗侧力系统复杂时，将在结构的薄弱部位发生应力集中和弹塑性变形集中，严重时会导致重大的破坏甚至有倒塌的危险。因此，规范提出了检验结构抗震薄弱部位采用弹塑性（即非线性）分析方法的要求。

考虑到非线性分析的难度较大，规范只限于对不规则并具有明显薄弱部位可能导致重大地震破坏，特别是有严重的变形集中可能导致地震倒塌的结构，应按 GB 50011—2010 第 5 章具体规定进行罕遇地震作用下的弹塑性变形分析。

JGJ 3—2010 第 5. 1. 13 条：抗震设计时，B 级高度的高层建筑结构、混合结构和规程第 10 章规定的复杂高层建筑结构，尚应符合下列规定：

（1）宜考虑平扭耦联计算结构的扭转效应，振型数不应小于 15，对多塔楼结构的振型数不应小于塔楼数的 9 倍，且计算振型数应使各振型参与质量之和不小于总质量的 90%。

（2）应采用弹性时程分析法进行补充计算。

（3）宜采用弹塑性静力或弹塑性动力分析法补充计算。

实际工程在地震作用下都存在扭转效应，对不规则结构其扭转效应更不能忽略；振型数不小于 15，目的是控制振型参与质量不小于总质量的 90%；多塔楼结构的振型较为复杂，各单塔振型较多，更应注意对振型参与质量的控制；采用弹性时程分析法进行补充计算，主要是为了解决高振型影响问题，弥补主要适用于加速度反应谱的振型分解反应谱法对地震速度和位移影响估计的不足；弹塑性分析法适用于对薄弱层的判别及罕遇地震下的薄弱层弹塑性变形验算。

4. 5. 2　屋顶小塔楼鞭梢效应

1. 屋顶小塔楼的震害

一些高层建筑常因功能上的需要，在屋顶上面设置比较细高的小塔楼。这些屋顶小塔楼在风力等常规荷载下都表现良好，无一发生问题；然而在地震作用下却一反常态，即使在楼房主体结构无震害或震害很轻的情况下，屋顶小塔楼也发生严重破坏。2008 年汶川地震中也存在大量的出屋面小塔楼破坏现象（图 4. 5 - 1）。

2. 鞭梢效应的原理

屋顶塔楼，在平面尺寸和抗推刚度方面，均比高层建筑的主体小得多。因此，当建筑在地震动作用下产生振动时，屋顶小塔楼不可能作为主楼的一部分，与主楼一起作整体振动；

(a)

(b)

图 4.5－1　汶川地震中混凝土结构出屋面小塔楼破坏状况
（a）6 度区某 15 层框架-剪力墙结构，主体结构完好；
（b）出屋面小塔楼破坏严重，柱端混凝土压碎，钢筋呈灯笼状

而是在高层建筑屋顶层振动的激励下，产生二次型振动，屋顶塔楼的振动得到了两次放大（图 4.5－2）。第一次放大，是高层建筑主体在地震动的激发下所产生的振动，其质量中心处的振动放大倍数，大致等于反应谱曲线给出的地震影响系数与地面运动峰值加速度的比值，屋顶处的振动又大致等于质心处振动的两倍。第二次放大，是屋顶塔楼在建筑主体屋盖振动的激发下所产生的振动。第二次振动的放大倍数取决于塔楼自振周期与建筑主体自振周期的接近程度。当屋顶塔楼的某一自振周期与下部建筑主体的某一自振周期相等或接近时，塔楼将会因共振而产生最大的振动加速度；即使两者周期有较大的差距，屋顶塔楼也会产生比建筑主体屋盖处加速度大得多的振动加速度。此外，根据结构弹塑性时程分析结果，屋顶塔楼还会因其刚度的突然减小，产生塑性变形集中，进一步加大塔楼在地震作用下所产生的侧移。所以，高层建筑顶部塔楼的强烈局部振动效应，在结构设计中应该得到充分考虑。

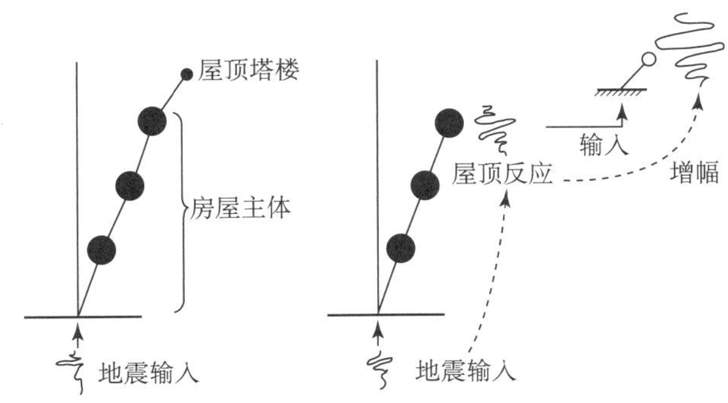

图 4.5－2　地震时屋顶小塔楼的两次振动放大

3. 设计措施

地震时高层建筑屋顶上的小塔楼，由于动力效应的两次放大，以及出现塑性变形集中，

振动强烈。屋顶小塔楼不仅受到比一般情况大得多的水平地震作用，而且产生较大的层间变形。因此，对于屋顶塔楼，设计时应采取相应的对策，一是在计算中采用适当放大地震作用，二是在构造上采取提高结构延性的措施。

关于小塔楼地震力取值的大小，尚存在认识问题。目前有一种看法，认为建筑物屋顶塔楼地震反应的鞭梢效应，是建筑物的高阶振型影响所造成的，主张把塔楼结构作为主体结构的一部分，采用多质点系的振型分解法，计算出包括塔楼在内的整个结构的前若干个高振型地震反应，进行耦合，即解决了塔楼的鞭梢效应。事实上，这样做仅解决了上述的第一次振动放大，还应再乘以反映第二次振动放大效应的增大系数。要正确解决包括第二次振动放大及塑性变形集中效应在内的鞭梢效应，只有采取结构弹塑性地震反应时程分析法。但是，这一方法的工作量很大，不是所有工程都有条件采用的。为此，国内外的一些规范和手册，给出了简化方法，可供参考。

日本建设省 1982 年批准的《高层建筑抗震设计指南》，对建筑主体所规定的水平地震系数约为 0.2；而对屋顶小塔楼，则取 1.0，约增大到 5 倍。苏联 1981 年的《地震区建筑抗震设计规范》规定，一般高层建筑的动力放大系数 β_n 约等于 1，而对屋顶小塔楼，则规定 β_n 值取 5，也是大约增大到 5 倍。需要说明，上述放大倍数是包括高振型影响在内的一揽子简化处理。

我国《高层建筑混凝土结构技术规程》（JGJ 3—2010）对屋顶小塔楼地震作用效应增大系数也作出了明确规定。根据屋顶小塔楼与主体结构的楼层抗推刚度比值，以及楼层重力荷载的比值，给出增大系数的具体数值，需要说明的是，放大后的小塔楼地震作用，仅用于设计小塔楼自身以及与小塔楼直接连接的主体结构的构件。

4.5.3　超限高层建筑结构对计算分析模型的特别要求

《高层混凝土结构技术规程》（JGJ 3—2010）第 5 章对结构分析模型作出了相关规定，这里注意几个概念的理解。

从理论分析上看，楼盖的刚性决定着水平地震剪力在竖向抗侧力构件之间的分配方式，反过来，也可以从水平力在竖向抗侧力构件之间的分配方式来判定楼盖的刚性：

刚性楼盖：如果水平力是可按各竖向抗侧力构件的刚度分配，楼板可看作是刚性楼板，这时楼板自身变形相对竖向抗侧力构件的变形来说比较小。

柔性楼盖：如果水平力的分配与各竖向抗侧力构件间的相对刚度无关，楼板可看作是柔性楼板，此时楼板自身变形相对竖向抗侧力构件的变形来说比较大。柔性楼板传递水平力的机理是类似于一系列支撑于竖向抗侧力构件间的简支梁。

半刚性楼盖：实际结构的楼板既不是完全刚性，也不是完全柔性，但为了简化计算，通常情况下是可以这样假定的。但是，如果楼板自身变形与竖向抗侧力构件的变形是同一个数量级，楼板体系不可假定为完全刚性或柔性，而为半刚性楼板。

通常情况下，现浇混凝土楼盖、带有叠合层的预制板楼盖、浇筑混凝土的钢板楼盖被看作是刚性楼盖，而不带叠合层的预制板楼盖、不浇筑混凝土的钢板楼盖以及木楼盖被视为柔性楼盖。一般情况下，这样分类是可以的，但在某些特殊场合，应注意楼板体系和竖向抗侧力体系之间的相对刚度，否则，会导致计算结果的误差大大超过工程设计的容许范围，进而造成设计结果存在安全隐患。因此，《建筑抗震设计规范》和《高层建筑混凝土结构技术规程》对抗侧力构件（抗震墙或剪力墙）间楼盖的长宽比、抗侧力构件间距以及楼盖的构造措施提出了明确的规定，目的是保证楼盖的刚度符合刚性假定。

有关楼盖刚性与柔性的界定，美国的 ASCE 7—05 规范给出了明确的规定，我国工程设计人员在进行结构计算时可以参考使用：当两相邻抗侧力构件之间的楼板在地震作用下的最大变形量超过两端抗侧力构件侧向位移平均值的 2 倍时，该楼板即定义为柔性楼板（图 4.5 - 3）。

《建筑抗震设计规范》（GB 50011—2010）第 3.6.6 第 3 款规定：复杂结构在多遇地震作用下的内力和变形分析时，应采用不少于两个合适的不同力学模型，并对其计算结果进行分析比较。《高层建筑混凝土结构技术工程》（JGJ 3—2010）第 5.1.12 条规定：体型复杂、结构布置复杂以及 B 级高度高层建筑结构，应采用至少两个不同力学模型的结构分析软件进行整体计算。实际工程操作时应注意以下几个问题的把握。

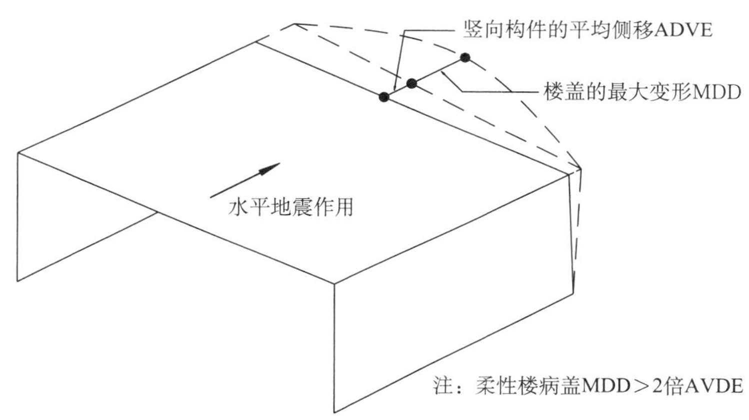

图 4.5 - 3 美国 ASCE 7 规范关于柔性楼盖的定义

1. 结构计算模型应符合结构的实际工作情况

结构建模时，应进行必要的、合理的简化，确保计算分析模型与结构的实际工作状况相符。对于楼梯斜板构件，通常是按照静力荷载下两端简支的斜板进行设计，结构整体模型中不予以考虑；而实际工程中，楼梯构件与主体结构整浇施工，楼梯构件对主体结构，尤其是刚度相对较小的框架结构的影响不可忽略。2008 年汶川地震和 2010 年玉树地震中大量楼梯震害进一步表明，结构计算时应考虑楼梯构件的影响。为此，《2010 规范》在 2008 年局部修订时规定，结构的计算模型应考虑楼梯构件的影响。需要注意的是，由于楼梯斜板的支撑效应，楼梯在结构整体中类似于 K 型支撑的作用，一般处于整体结构的第一道防线的地位，参与计算之后必然会对结构的整体刚度以及构件间的内力分配产生明显的影响，楼梯间局部构件的内力会有明显的增大，而其余构件内力普遍较小，因此，为确保整体结构的安全，应采用楼梯参与计算和不参与计算两种模型的较大值进行结构构件设计。

2. 关于复杂结构的界定

所谓复杂结构指计算的力学模型十分复杂、难以找到完全符合实际工作状态的理想模型，只能依据各个软件自身的特点在力学模型上分别作某些程度不同的简化后才能运用该软件进行计算的结构。《高层建筑混凝土结构技术规程》（JGJ 3—2010）第 10 章专门给出了复杂高层建筑的结构设计规定。一般来说，复杂结构主要有①带转换层结构；②带加强层结构；③连体结构；④竖向收进和悬挑结构；⑤平面不规则结构；⑥大跨空间结构；⑦其他复杂结构等几种类型。

3. 关于超限高层建筑结构计算分析模型和计算结果的规定

具体详见技术要点第十三条。

（1）结构总地震剪力以及各层的地震剪力与其以上各层总重力荷载代表值的比值，应满足 GB 50011—2010 第 5. 2. 5 条的要求，Ⅲ、Ⅳ类场地时尚宜适当（10%左右）增加。当结构底部计算的总地震剪力偏小需调整时，其以上各层的剪力、位移也均应适当调整。

本款为新增内容：基本周期大于 6s 的结构，计算的底部剪力系数比规定值低 20%以内，基本周期 3. 5~5s 的结构比规定值低 15%以内，即可采用规范关于剪力系数最小值的规定进行设计。基本周期 5~6s 的结构可以插值采用，6 度（0. 05g）设防且基本周期大于 5s 的结构，当计算的底部剪力系数比规定值低但按底部剪力系数 0. 8%换算的层间位移满足规范要求时，即可采用规范关于剪力系数最小值的规定进行抗震承载力验算。

（2）钢结构和钢-混结构中，钢框架部分承担的地震剪力应依超限程度比规范的规定适当增加。

4. 6 超限高层建筑抗震设计检查表

1. 超限高层建筑工程抗震设防检查表（一）

工程基本情况表

工程所在省（市、县）：______________

单位工程名称				
工程地点			性质	
建筑层数、面积	________层 ________m^2		高度	________m
结构类型			进度	
质量责任主体和有关机构				
单位	单位名称	单位资质	项目负责人姓名	项目负责人执业资格
建设单位				

续表

单位	单位名称			单位资质	项目负责人姓名	项目负责人执业资格
勘察单位						
设计单位						
施工图审查机构						
初步设计审查组	审查日期		审查结论		审查组长	
备　注						

注：①性质填住宅或公共建筑；
②进度填“未建”“在建”或“已建成”；
③备注填“未完成审查”或“已完成审查”及“初次审查通过、初次审查未通过”；
④初步设计专项审查存在“审查结论为修改”的工程，审查日期按结论分别填写。
调研组成员签字：　　　　　　　　　　　　调研日期：

2. 超限高层建筑工程抗震设防检查表（二）

超限审查工作情况表

审查时间			审查地点		
审查组专家名单		组长：　　　　　成员：			
调研项目		调研内容		评价	
				符合	不符合
1	建设行政主管部门	是否按照《审查技术要点》（建质〔2015〕67 号）对工程进行超限判断			
2		是否按照《审查技术要点》（建质〔2015〕67 号）对建设单位申报材料进行合规性审查			
3		是否按照《审查技术要点》（建质〔2015〕67 号）要求核实填写超限高层结构设计质量控制信息表			
4		是否根据有关规定核实勘察、设计单位资质			
5		设计单位法定代表人是否签署授权书明确项目设计负责人			
6		注册结构工程师在结构设计文件上签章情况是否符合有关法规规定			
7		是否核实专项审查会之前有无召开过专家咨询会			
8		审查组专家组成是否符合有关文件规定			

续表

9	建设行政主管部门	是否在接到抗震设防专项审查全部申报材料 25 日之内完成审查工作，并将审查结果通知建设单位		
10		审查结论“通过”，是否符合《审查技术要点》（建质〔2015〕67 号）第二十三条“抗震设防标准正确，抗震措施和性能设计目标基本符合要求；对专项审查所列举的问题和修改意见，勘察设计单位明确其落实方法”的规定		
11		审查结论“修改”，是否符合《审查技术要点》（建质〔2015〕67 号）第二十三条“抗震设防标准正确，建筑和结构的布置、计算和构造不尽合理、存在明显缺陷；对专项审查所列举的问题和修改意见，勘察设计单位落实后所能达到的具体指标尚需经原专项审查专家组再次检查”的规定		
12		审查结论“复审”，是否符合《审查技术要点》（建质〔2015〕67 号）第二十三条“存在明显的抗震安全问题、不符合抗震设防要求、建筑和结构的工程方案均需大调整”的规定		
13		审查结论为“修改”的，补充修改后提出的书面报告是否经原专项审查专家组确认已达到“通过”的要求		
14		审查结论为“复审”的，修改后提出修改内容的详细报告，是否由建设单位按申报程序重新申报审查		
15		当工程项目有重大修改时，是否按申报程序重新申报审查		
16		施工图审查机构是否具有超限审查资格		
17	建设单位	是否在初设阶段提出专项审查申报		
18		是否按要求填写了超限高层建筑工程抗震设防专项审查申报表（情况表）		
19		是否提供了符合条件的建筑结构工程超限设计的可行性论证报告		
20		是否提供了建设项目的岩土工程勘察报告		
21		是否提供了结构工程初步设计计算书		
22		是否提供了初步设计文件		
23		采用国外标准的，是否提供国外有关抗震设计标准、工程和震害资料及计算机程序		
24		需进行试验的，是否提供了恰当的抗震试验研究报告		
25		是否对专项审查意见予以回复		
结果统计		符合________项　/　不符合________项		

调研组成员签字：　　　　　　　　　　调研日期：

3. 超限高层建筑工程抗震设防检查表（三）

超限审查意见落实情况表

<table>
<tr><th colspan="2" rowspan="2">调研项目</th><th rowspan="2">调研内容</th><th colspan="2">评价</th></tr>
<tr><th>符合</th><th>不符合</th></tr>
<tr><td>1</td><td>结构体系</td><td>是否与初设报审时一致</td><td></td><td></td></tr>
<tr><td>2</td><td>审查意见落实</td><td>是否按专项审查意见逐条回复并落实</td><td></td><td></td></tr>
<tr><td>3</td><td rowspan="3">抗震性能目标</td><td>结构关键部位的墙、柱是否达到性能目标</td><td></td><td></td></tr>
<tr><td>4</td><td>转换、连体构件自身及其支承部位是否达到性能目标</td><td></td><td></td></tr>
<tr><td>5</td><td>其他部位是否达到审查意见要求的性能目标</td><td></td><td></td></tr>
<tr><td>6</td><td>超限设计对策</td><td>超限设计对策是否与超限情况逐一对应</td><td></td><td></td></tr>
<tr><td rowspan="2">7</td><td rowspan="2">计算</td><td>需要补充的计算是否符合审查意见的要求</td><td></td><td></td></tr>
<tr><td>抗震验算需调整参数是否满足初步设计批准要求</td><td></td><td></td></tr>
<tr><td>8</td><td>地基基础</td><td>需要改进的地基基础设计是否符合审查意见的要求</td><td></td><td></td></tr>
<tr><td>9</td><td>局部结构布置</td><td>需要调整的构件布置是否符合审查意见的要求</td><td></td><td></td></tr>
<tr><td>10</td><td rowspan="10">抗震加强措施</td><td>整体或局部的抗震等级是否提高</td><td></td><td></td></tr>
<tr><td>11</td><td>墙肢的约束边缘构件是否加强</td><td></td><td></td></tr>
<tr><td>12</td><td>框架柱的多道防线调整系数是否提高</td><td></td><td></td></tr>
<tr><td>13</td><td>构件的截面控制是否符合审查意见的要求</td><td></td><td></td></tr>
<tr><td>14</td><td>穿层柱等薄弱部位的构件是否按审查意见加强</td><td></td><td></td></tr>
<tr><td>15</td><td>是否采用两种模型或整体、分块模型设计</td><td></td><td></td></tr>
<tr><td>16</td><td>构件的竖向地震是否由时程法确定</td><td></td><td></td></tr>
<tr><td>17</td><td>对弹塑性计算发现的薄弱部位是否加强</td><td></td><td></td></tr>
<tr><td>18</td><td>组合构件截面的型钢布置及节点构造是否符合审查意见的要求</td><td></td><td></td></tr>
<tr><td>19</td><td>特殊构件的分析、设计与构造，如电梯吊钩、悬臂构件、短柱、梁或楼板上立柱等是否符合要求</td><td></td><td></td></tr>
<tr><td colspan="2">结果统计</td><td colspan="3">符合________项　/　不符合________项</td></tr>
</table>

注：结构体系与初设报审不一致时，需重新申报审查。

调研组成员签字：　　　　　　　　　　　　　　调研日期：

4. 超限高层建筑工程抗震设防检查表（四）

超限高层建筑工程设计强制性标准执行情况表

<table>
<tr><th rowspan="2">序号</th><th rowspan="2">调研项目</th><th rowspan="2">调研内容</th><th colspan="2">评价</th></tr>
<tr><th>符合</th><th>不符合</th></tr>
<tr><td>1</td><td rowspan="3">地基、基础设计</td><td>设计、计算采用的场地类别、地基参数是否符合勘察成果</td><td></td><td></td></tr>
<tr><td>2</td><td>地基承载力及变形计算是否符合《建筑地基基础设计规范》相关强制性条文的规定；挡土墙、地基或滑坡稳定以及基础抗浮验算是否符合《建筑地基基础设计规范》等相关强制性条文的规定；存在液化土层的地基，采取的处理措施是否符合《建筑抗震设计规范》等相关强制性条文的规定</td><td></td><td></td></tr>
<tr><td>3</td><td>桩基础设计是否符合《建筑地基基础设计规范》《建筑桩基技术规范》及《建筑抗震设计规范》等相关强制性条文的规定</td><td></td><td></td></tr>
<tr><td>4</td><td>设计荷载</td><td>设计采用的荷载取值及组合是否符合《建筑结构荷载规范》等相关强制性条文的规定</td><td></td><td></td></tr>
<tr><td>5</td><td>抗震设防</td><td>抗震设防类别、设防依据、设防标准是否符合《建筑抗震设防分类标准》《建筑抗震设计规范》等相关强制性条文的规定</td><td></td><td></td></tr>
<tr><td>6</td><td rowspan="2">建筑形体及其构件布置的规则性</td><td>建筑形体的规则性判定是否符合《建筑抗震设计规范》等相关强制性条文的规定</td><td></td><td></td></tr>
<tr><td>7</td><td>结构体系布置是否符合《建筑抗震设计规范》等相关强制性条文的规定</td><td></td><td></td></tr>
<tr><td>8</td><td>结构材料</td><td>设计说明中，抗震结构对材料的特殊要求（含钢筋代换）是否符合《建筑抗震设计规范》等相关强制性条文的规定</td><td></td><td></td></tr>
<tr><td>9</td><td rowspan="3">地震作用和抗震验算</td><td>地震作用计算和结构的楼层剪力系数是否符合《建筑抗震设计规范》《高层建筑混凝土结构技术规程》等相关强制性条文的规定</td><td></td><td></td></tr>
<tr><td>10</td><td>重力荷载与设计地震动参数取值是否符合《建筑抗震设计规范》等相关强制性条文的规定；考虑局部地形影响对地震动参数的增大处理是否符合《建筑抗震设计规范》等相关强制性条文的规定</td><td></td><td></td></tr>
<tr><td>11</td><td>结构构件的抗震验算是否符合《建筑抗震设计规范》《高层建筑混凝土结构技术规程》等相关强制性条文的规定</td><td></td><td></td></tr>
</table>

续表

序号	调研项目	调研内容	评价	
			符合	不符合
12	混凝土结构	结构的抗震等级是否符合《建筑抗震设计规范》《高层建筑混凝土结构技术规程》及《混凝土结构设计规范》等相关强制性条文的规定		
13		框架梁、柱的钢筋配置及剪力墙分布钢筋的最小配筋率是否符合《建筑抗震设计规范》《高层建筑混凝土结构技术规程》等相关强制性条文的规定		
14		框支梁、框支柱的钢筋配置是否符合《建筑抗震设计规范》《高层建筑混凝土结构技术规程》等相关强制性条文的规定		
15	钢结构	钢结构房屋的抗震等级是否符合《建筑抗震设计规范》等相关强制性条文的规定		
16		钢结构房屋构件的设计是否符合《钢结构设计规范》《高层民用建筑钢结构技术规程》等相关强制性条文的规定		
17		框架柱、支撑的长细比及支撑板件的宽厚比等是否符合《建筑抗震设计规范》等相关强制性条文的规定；梁柱刚接焊缝是否符合《建筑抗震设计规范》等相关强制性条文的规定		
18	混合结构	结构的抗震等级是否符合《高层建筑混凝土结构技术规程》相关强制性条文的规定		
19	减、隔震结构	地震作用计算（含最小地震剪力）是否符合《建筑消能减震技术规程》相关强制性条文的规定		
		消能减震设计时，消能部件是否符合《建筑抗震设计规范》相关强制性条文的规定		
		与消能器相连的预埋件、支撑和支墩、剪力墙及节点板的作用力取值否符合《建筑消能减震技术规程》相关强制性条文的规定		
		隔震设计是否符合《建筑抗震设计规范》相关强制性条文的规定		
20	地方标准	如项目所在地有地方标准，是否符合强制性条文要求		
结果统计		符合________项　/　不符合________项		

调研组成员签字：　　　　　　　　　　　　调研日期：

4.7　超限高层建筑抗震性能设计示例

高层建筑采用抗震性能化设计已是一种趋势。正确应用性能设计方法有利于判断高层建筑结构的抗震性能，有针对性地加强结构的关键部位和薄弱部位，为发展安全、适用、经济的结构方案提供创造性的空间。

4.7.1　抗震性能设计的应用

（1）建筑抗震性能指标应根据建筑物的重要性、房屋高度、结构体系、不规则程度等情况灵活把握，确定的一般原则可见表4.7－1。

表4.7－1　抗震性能指标确定的一般原则

序号	工程情况	结构关键部位设计建议	说明
1	超B级高度的特别不规则结构	性能目标1	应进行抗震超限审查
2	超B级高度的一般不规则结构	性能目标2	应进行抗震超限审查
3	超B级高度的规则结构	性能目标3	应进行抗震超限审查
4	超A级高度但不超B级高度的特别不规则结构	性能目标2	应进行抗震超限审查
5	超A级高度但不超B级高度的一般不规则结构	性能目标3	应进行抗震超限审查
6	超A级高度但不超B级高度的规则结构	性能目标4	应进行抗震超限审查
7	A级高度的特别不规则结构	性能目标4	应进行专门研究
8	A级高度的一般不规则结构	按一般情况设计	可直接按《抗震规范》设计
9	大跨度复杂结构	根据复杂情况确定相应的性能目标	应进行抗震超限审查

（2）抗震性能设计中常见做法见表4.7－2。一般情况下，抗剪要求不应低于抗弯要求。

表 4.7－2　抗震性能设计的常见做法

情况分类	要求		说明
抗剪	大震剪应力控制	大震下抗震墙的剪压比≤0.15	确保大震下抗震墙不失效
	中震弹性	按中震要求进行抗侧力结构的抗剪控制、与抗震等级相对应的调整系数均取 1.0	$S \leqslant R/\gamma_{RE}$
	中震不屈服	按中震不屈服要求进行抗侧力结构的抗剪控制、抗力及效应均采用标准值、与抗震等级相对应的调整系数均取 1.0。$S_k \leqslant R_k$	由于抗力和效应均采用标准值，与抗震等级相对应的调整系数均取 1.0，其计算结果需与小震弹性设计比较，取大值设计
抗弯	大震不屈服	按大震不屈服要求进行结构的抗弯设计，抗力及效应均采用标准值，与抗震等级相对应的调整系数均取 1.0。$S_k \leqslant R_k$	一般不要求大震完全弹性
	中震弹性	按中震弹性要求进行结构的抗弯设计，与抗震等级相对应的调整系数均取 1.0	$S \leqslant R/\gamma_{RE}$
	中震不屈服	按中震不屈服要求进行结构的抗弯设计，抗力及效应均采用标准值，与抗震等级相对应的调整系数均取 1.0。$S_k \leqslant R_k$	由于抗力和效应均采用标准值，与抗震等级相对应的调整系数均取 1.0，其计算结果需与小震弹性设计比较，取大值设计
其他	剪力调整应根据不同结构体系确定相应目标	取 $0.25Q_0$ 及 $1.8V_{f\,max}$ 的较大值	多用于钢框架—支撑结构、且较不容易实现
		取 $0.2Q_0$ 及 $1.5V_{f\,max}$ 的较大值	用于钢筋混凝土框架—核心筒结构、且较不容易实现
		取 $0.25Q_0$ 及 $1.8V_{f\,max}$ 的较小值	用于混合结构、且较容易实现
	提高抗震等级	根据抗震性能目标确定适当提高结构的抗震等级	提高抗震构造措施
	延性要求	设置型钢、芯柱等	提高抗震构造措施

4.7.2　抗震性能设计工程示例[11]

1. 工程概况

抗震设防烈度 7 度（0.15g），场地类别为Ⅳ类。主楼房屋高度 196m，地上 44 层，采用带钢斜撑的钢管混凝土外框架与钢筋混凝土核心筒组成的混合结构体系，钢框架梁，现浇混凝土板。裙楼房屋高度 36m，地上 9 层，采用现浇钢筋混凝土框架结构，楼盖采用梁板结构。

2. 主楼不规则情况

见表 4.7－3 及表 4.7－4

表 4.7－3　主楼不规则情况 1

序	不规则类型	涵义	计算值	是否超限	备注
1	扭转不规则	考虑偶然偏心的扭转位移比大于 1.2	1.20	否	GB 50011——3.4.3
2	偏心布置	偏心率大于 0.15 或相邻层质心相差大于相应边长 15%	无	否	JGJ 99——3.2.2
3	凹凸不规则	平面凹凸尺寸大于相应边长 30%等	无	否	GB 50011——3.4.3
4	组合平面	细腰形或角部重叠形	无	否	JGJ 3——3.4.3
5	楼板不连续	有效宽度小于 50%，开洞面积大于 30%，错层大于梁高	2~3、6~9 层局部楼板不连续、开洞面积大于 30%	是	GB 50011——3.4.3
6	刚度突变	相邻层刚度变化大于 70% 或连续三层变化大于 80%	无	否	GB 50011——3.4.3 及 JGJ 3——3.5.2
7	立面尺寸突变	缩进大于 25%，外挑大于 10% 和 4m（楼面梁悬挑除外）	无	否	JGJ 3——3.5.5
8	构件间断	上下墙、柱、支撑不连续、含加强层	首层以下部分支撑不连续	是	GB 50011——3.4.3
9	承载力突变	相邻层受剪承载力变化大于 80%	0.95	否	GB 50011——3.4.3

表 4.7－4　主楼不规则情况 2

序	简称	涵义	计算值	是否超限
1	扭转偏大	不含裙房的楼层，较多楼层考虑偶然偏心的扭转位移比大于 1.4	1.20	否
2	抗扭刚度弱	扭转周期比大于 0.9，混合结构扭转周期比大于 0.85	0.55	否
3	层刚度偏小	本层侧向刚度小于相邻上层的 50%	无	否

续表

序	简称	涵义	计算值	是否超限
4	高位转换	框支墙体的转换构件位置：7 度超过 5 层，8 度超过 3 层	无	否
5	厚板转换	7~9 度设防的厚板转换	无	否
6	塔楼偏置	单塔或多塔与大底盘（其高度超过总高度 20%）的质心偏心距大于底盘相应边长 20%	无	否
7	复杂连接	各部分层数、刚度、布置不同的错层或连体结构	无	否
8	多重复杂	结构同时具有转换层、加强层、错层、连体和多塔类型的 2 种以上	无	否

3. 主楼超限情况分析

主楼在 2~4 层、6~9 层局部楼板不连续，有效宽度小于 50%。房屋高度超过 7 度时混合结构的最大高度限值 190m，属于一般不规则、高度超限的高层建筑。

4. 主楼超限结构性能目标

见表 4.7－5。

表 4.7－5　主楼性能目标

地震烈度		多遇地震	设防烈度地震	罕遇地震
整体结构抗震性能		完好	可修复	不倒塌
允许层间位移		1/627		1/100
底部加强部位及上下层构件性能	核心筒墙体抗剪	弹性	弹性	允许进入塑性、控制塑性变形
	核心筒墙体抗弯	弹性	不屈服	不屈服
	跨层柱、钢斜撑	弹性	弹性	允许进入塑性、控制塑性变形
	其他外框柱、钢斜撑	弹性	不屈服	允许进入塑性、控制塑性变形
	框架梁	弹性	不屈服	允许进入塑性、控制塑性变形
5~9 层跨层柱		弹性	弹性	不屈服
其余各层构件性能		弹性	允许进入塑性、控制塑性变形	允许进入塑性、控制塑性变形

5. 主楼的主要设计措施

（1）外框架柱的地震剪力取总地震剪力的 20% 和框架按刚度分配最大层剪力的 1.5 倍二者的较大值。

（2）底部加强部位混凝土筒体的受剪承载力满足中震弹性和大震下截面剪压比不大于 0.15 的要求。

（3）底部加强部位混凝土筒体的抗震等级按特一级（即提高一级）采取抗震构造措施，核心筒四角沿房屋全高设置约束边缘构件，其他约束边缘构件向上延伸至轴压比不大于 0.25 处。

（4）在核心筒四角处设置通高钢骨。

（5）在楼层大开洞的顶层即 5、10 层的楼板下设置水平交叉钢支撑（按大震楼层剪力设计），以增强楼层的整体刚度，确保楼层在大震下的整体性及传递水平力的有效性。同时适当加厚混凝土楼板至不小于 150mm，并按双层双向配筋，每层每方向的配筋率不小于 0.3%。

（6）与裙楼的连桥采用钢结构，连桥与主楼采用滑动连接，其支座按大震下位移量设计，并采取防跌落措施。连接部位按大震不屈服计算。

6. 裙楼不规则情况

见表 4.7－6 及表 4.7－7。

表 4.7－6 裙楼不规则情况 1

序	不规则类型	涵义	计算值	是否超限	备注
1	扭转不规则	考虑偶然偏心的扭转位移比大于 1.2	1.40	是	GB 50011——3.4.3
2	偏心布置	偏心距大于 0.15 或相邻层质心相差较大	无	否	JGJ 99——3.2.2
3	凹凸不规则	平面凹凸尺寸大于相应边长 30%	无	否	GB 50011——3.4.3
4	组合平面	细腰形或角部重叠形	无	否	JGJ 3——3.4.3
5	楼板不连续	有效宽度小于 50%，开洞面积大于 30%，错层大于梁高	2、6~8 层大开洞	是	GB 50011——3.4.3
6	刚度突变	相邻层高度变化大于 70% 或连续三层变化大于 80%	无	否	GB 50011——3.4.3
7	立面尺寸突变	缩进大于 25%，外挑大于 10% 和 4m（楼面梁悬挑除外）	斜柱挑出 9m	是	JGJ 3——3.5.5
8	构件间断	上下墙、柱、支撑不连续、含加强层	2 层局部梁托柱	是	GB 50011——3.4.3

续表

序	不规则类型	涵义	计算值	是否超限	备注
9	承载力突变	相邻层受剪承载力变化大于 80%	0.9	否	GB 50011——3.4.3

表 4.7－7　裙楼不规则情况 2

序	简称	涵义	计算值	是否超限
1	扭转偏大	不含裙房的楼层，较多楼层考虑偶然偏心的扭转位移比大于 1.4	1.40	否
2	抗扭刚度弱	扭转周期比大于 0.9，混合结构扭转周期比大于 0.85	0.66	否
3	层刚度偏小	本层侧向刚度小于相邻上层的 50%	无	否
4	高位转换	框支转换构件的位置：7 度超过 5 层，8 度超过 3 层	无	否
5	厚板转换	7~9 度设防的厚板转换	无	否
6	塔楼偏置	单塔或多塔与大底盘（其高度超过总高度 20%）的质心偏心距大于底盘相应边长 20%	无	否
7	复杂连接	各部分层数、刚度、布置不同的错层或连体结构	无	否
8	多重复杂	结构同时具有转换层、加强层、错层、连体和多塔类型的 2 种以上	无	否

7. 裙楼超限情况分析

裙楼为扭转不规则、立面尺寸有突变及个别竖向构件不连续的工程，属于一般不规则的超限高层建筑。

8. 裙楼超限结构性能目标

见表 4.7－8。

表 4.7－8　裙楼性能目标

地震烈度	多遇地震	设防烈度地震	罕遇地震
整体结构抗震性能	完好	可修复	不倒塌
允许层间位移	1/550		1/50
地下一层柱、一层框架及斜框架柱	弹性	不屈服，不发生剪切等脆性破坏	允许进入塑性，控制塑性变形
其余各层构件性能	弹性	允许进入塑性、控制塑性变形	允许进入塑性，控制塑性变形

9. 裙楼的主要设计措施

（1）对地下一层柱、一层框架及斜框架柱等重要构件进行中震不屈服验算。

（2）底层柱的抗震等级按一级（即提高一级）采取抗震构造措施。

（3）对大开洞周边的楼板采取加强措施，楼板厚度不小于150mm，并按双层双向配筋，每层每方向的配筋率不小于0.3%。

（4）对大开洞周边的梁、各层房屋周边的梁及开洞形成的无楼板梁，采取加大通长钢筋及腰筋等加强措施。

10. 超限审查的申报

超限工程应按规定进行抗震超限审查，需填写超限申报表。当进行超限审查申报时，应根据当地建设行政主管部门制定的表格申报。

第 5 章　名词术语含义

5.1 名 词 术 语

5.1.1　与抗震设防有关的名词术语含义

地震动　地震引起的地表及近地表介质的振动。

超越概率　某场地遭遇大于或等于给定的地震动参数值的概率。

多遇地震动（多遇地震烈度）　相应于 50 年超越概率为 63.2%的地震动（地震烈度）。

基本地震动（基本烈度）　相应于 50 年超越概率为 10%的地震动（地震烈度）。

罕遇地震动（罕遇地震烈度）　相应于 50 年内超越概率为 2%的地震动（地震烈度）。

抗震设防烈度　按国家规定的权限批准作为一个地区抗震设防依据的地震烈度。一般情况，取 50 年超越概率为 10%的地震烈度。

建筑抗震重要性分类　从建筑抗震的安全和经济的两个方面综合考虑，按建筑在地震发生后的影响大小进行分类，并按不同类别提出不同的抗震设计要求。与《建筑结构可靠度设计统一标准》对非地震情况下的重要性分类不同，也与其他诸如地基、防火等的分类不同。

城市或区域生命线工程　与人们生活所需密切相关的工程，如给水、供电、交通、电信、煤气、热力、医疗、消防等工程，这些工程一旦在地震时破坏，会导致城市（或一个区域）局部或全部瘫痪，并发生次生灾害，如火灾等。

设计地震动参数　抗震设计用的地震加速度（速度、位移）时程曲线、加速度反应谱和峰值加速度。

设计基本地震加速度　50 年设计基准期超越概率 10%的地震加速度的设计取值。

设计特征周期　抗震设计用的地震影响系数曲线中，反映地震震级、震中距和场地类别等因素的下降段起始点对应的周期值，简称特征周期。

抗震措施　除地震作用计算和抗力计算以外的抗震设计内容，包括抗震构造措施。

抗震构造措施　根据抗震概念设计原则，一般不需计算而对结构和非结构各部分必须采取的各种细部要求。

5.1.2　抗震设计基本要求有关的名词术语含义

抗震结构体系　抗震设计所采用的，主要功能为承担侧向地震作用，由不同材料组成的不同结构形式的统称，如砌体抗震墙结构，钢筋混凝土框架结构，钢筋混凝土抗震墙结构，框架-抗震墙结构，土、木结构等。

抗震防线　结构抗震能力依赖于结构各部分的吸能和耗能作用，抗震结构体系中，吸收和消耗地震输入能量的各个部分称抗震防线。如果抗震结构体系中，部分结构因出现破坏（形成机构）降低或丧失抗震能力，而其余部分结构（或构件）能继续抵抗地震作用，称之为抗震的赘余度，或称多道抗震防线。

变形能力　在地震作用下，结构产生了弹性或弹塑性变形，这个变形的大小量值，在一定范围内不致引起结构功能的丧失或超越容许的破坏程度。

耗能能力　在地震作用下，地震输入结构以能量，这个能量需通过结构及其构件的塑性变形和摩擦等吸收和消耗，如果输入同消耗的能量得到平衡，则结构可以在地震作用下保存下来，耗能能力即是结构能发挥的克服地震输入能量大小而保存下来的能力。

塑性变形集中　结构在强烈地震作用下，某些部位率先进入屈服，从而这些部位的刚度迅速退化，塑性变形进一步发展，以至严重破坏或引起结构倒塌，称为塑性变形集中。产生塑性变形集中的部位为结构的抗震薄弱部位。

抗震结构的塑性破坏　结构在地震作用下在某些部位产生弯曲屈服形成塑性铰，地震后可以恢复的破坏。

抗震结构的脆性破坏　结构在地震作用下产生剪切破坏或混凝土压溃，或钢筋锚固滑移，地震后不可恢复，或不可修复的破坏。

剪切破坏　地震中，砌体结构或混凝土结构构件常出现斜拉破坏，形成“X”形裂缝或与轴线呈 45°的剪切裂缝。

5.1.3　场地、地基和基础有关的名词术语含义

活断裂　地质历史上形成的晚更新世以来有活动，且将来有可能再度活动的断裂；活断裂可以分为发震断裂与非发震断裂两种。

发震断裂　具有一定程度的地震活动性，其破裂将引起设防中所考虑的地震的那些断裂；发震断裂的地震活动性表明，不论地表有无最新的地质运动的迹象，在该断裂上有显著的连续的活动。

非发震断裂　除发震断裂以外的断裂，在确定设防烈度或地震危险性时，并不认为它在工程设计基准期内会有活动的断裂。

场地　工程群体所在地，具有相近的反应谱特性，其范围相当于厂区、居民小区和自然村或不小于 1.0km^2 的平面面积。

场地类别　为适应抗震设计需要（选取设计反应谱特征周期和抗震措施），对建筑场地作类别划分；决定场地类别的因素主要是：场地土的软硬和覆盖层的厚度。

场地土　场地范围内，地表面深 20m 且不深于覆盖层厚范围内的土层。

场地土类型　为确定场地类别而对场地土的软硬做分类，一般可以根据场地土层的等效剪切波速划为坚硬、中硬、中软和软弱场地土。

场地覆盖层厚度　一般情况下，应按地面至剪切波速大于 500m/s 且其下卧各层岩土的剪切波速均不小于 500m/s 的土层顶面的距离确定；当地面 5m 以下存在剪切波速大于其上

部各土层剪切波速2.5倍的土层，且该层及其下卧岩土的剪切波速均不小于400m/s时，可按地面至该土层顶面的距离确定。

饱和土 吸水饱和的土，《规范》主要考虑饱和的砂土和粉土。

砂土液化 地震引起饱和砂土和粉土的颗粒趋向紧密，同时孔隙水来不及排出，致使孔隙水压力增大，颗粒间的有效应力减小，到达一定程度，完全丧失抗剪能力，呈液体状态，称砂土液化。砂土液化导致地面喷水冒砂，地面沉陷，斜坡失稳、漂移和地基失效。

液化初步判别 利用土层的地质年代、黏粒含量、地下水位深度、上覆非液化土层厚度等进行液化与否的评估。

标准贯入试验判别 在地面下20m深度范围内，用63.5kg的穿心锤，以760mm的自由落距，将一定规格的对开式取样器打入土层300mm，记录打入击数，根据打入击数多少，与《规范》规定的公式计算出临界值比较，进行是否液化的判别方法。

液化指数 评定地基液化危害程度或划分地基液化等级的一种指标，与液化土的密实程度（标贯击数与临界击数的比值愈大，液化指数愈小，愈不易液化）、可液化土的厚度（厚度愈大，液化指数愈高，愈容易液化）、液化土层的层位深度（埋藏愈浅，指数愈高，愈容易液化）有关。

液化等级 按液化指数的高低对地基液化危害程度进行划分，如液化指数（0，6］为轻微液化，（6，18］为中等液化，大于18为严重液化。液化等级系参照实际建筑的地震液化震害，计算其液化指数，并按震害的不同程度与液化指数高低的关系区分确定。

5.1.4 地震作用与抗震验算有关名词术语含义

地震作用 由地震动引起的结构动态作用，包括地震的加速度、速度和位移所产生的动态作用，可分为水平地震作用和竖向地震作用。

地震作用效应 结构和构件由地震作用产生的内力（弯矩、轴力、剪力、扭矩等）和变形。

抗震验算 抗震验算包括截面强度验算、弹性变形验算、弹塑性变形验算，通过相应的验算表达式，选择合适的构件截面，使所受的地震内力（效应）与截面抗震承载能力取得平衡，或结构由地震产生的变形与结构变形能力取得平衡。

主要抗侧力构件 结构主要承受水平地震作用的构件，有相互正交，也有相互斜交的。

时程分析法 结构地震作用计算分析时，以地震动的时间过程作为输入，用数值积分求解运动方程，把输入时间过程分为许多足够小的时段，每个时段内的地震动变化假定是线性的，从初始状态开始逐个时段进行逐步积分，每一时段的终止作为下一时段积分的初始状态，直至地震终了，求出结构在地震作用下，从静止到振动，直至振动终止整个过程的反应（位移、速度、加速度）。逐步积分法有：中点加速度法、线性加速度法、威尔逊θ法、纽马克β法等。

振型分解法 根据结构动力学原理，结构在任意振动状态都可以分解为许多独立正交的振型，每一个振型都有一定的振动周期和振型位移，利用这个结构振动特性，可以将一个多自由度体系结构分解成若干个相当于各自振周期的单自由度体系结构，求结构的地震反应，然后用振型组合法求出多自由度体系的地震反应。

振型分解反应谱法 采用反应谱求各振型的反应时，称振型分解反应谱法。

振型分解时程分析法 采用时程分析法求各振型的反应时，称振型分解时程分析法。

底部剪力法 根据地震反应谱，以工程结构的第一周期和等效单质点的重力荷载代表值求得结构的底部地震总剪力，然后以一定的法则将底部总剪力在结构高度方向进行分配，确定各质点的地震作用。

平方和平方根（SRSS）法 振型组合方法之一，在多自由度体系中，取各振型独立反应效应平方和的开平方作为总反应效应的方法，又称均方根法。

完全二次项平方根（CQC）法 振型组合方法之一，在多自由度体系中，与 SRSS 法略有不同，总反应效应等于各振型独立反应效应的平方和加上不同振型间的耦联效应项然后开平方。此法用于结构自振周期密集，各振型之间的耦联效应不可忽视时。

重力荷载代表值 抗震设计时，在地震作用标准值的计算和结构构件作用效应的基本组合中的重力荷载取值，它包括永久荷载（恒载）的标准值和可变荷载（活荷载）的组合值之和。

荷载标准值 结构或构件设计时，采用的各种荷载的基本代表值，其值根据结构使用期最大荷载的概率分布的某一分位数确定，或根据实践经验通过分析判断规定的公称值。抗震设计时即沿用《建筑结构荷载规范》规定值。

荷载组合值 当结构或构件承受两种或两种以上可变荷载、按承载能力极限状态或正常使用极限状态短期效应组合设计时，采用的一种可变荷载代表值，其值等于标准值乘以荷载组合值系数。

荷载设计值 荷载代表值乘以荷载分项系数的值。

效应增大系数 由于计算分析时采用了简化方法或计算分析的假定条件有局限性，致使计算得到的地震作用效应与实际有出入，需加以调整而采用的系数，如《规范》第五章第 5.2.4 条的规定。效应增大一般只对被增大的局部产生影响，不对相邻部分产生影响（不往下传递）。

地震影响系数 即设计反应谱，它是地震系数（地面运动峰值加速度与重力加速度的比值）与地震动动力放大系数（或称标准反应谱）的乘积。它与建筑所在地的设防烈度、影响本地区的地震震级和震中距以及建筑场地的条件有关，是根据现有的实际强地震记录的反应谱统计分析并结合我国的经济条件协调确定的。

作用效应系数 指作用效应值与产生该效应的作用值的比值，如集中荷载作用在简支梁的跨中时，跨中弯矩作用效应系数为 1/4 乘以简支梁的跨度。

5.1.5 多层砌体房屋有关名词含义

烧结普通砖 以黏土为主要原料，经过焙烧而成，其外形为 240mm×115mm×53mm 的实心砖。

烧结多孔黏土砖 以黏土为主要材料，经焙烧而成，带孔，孔的方向与竖向荷载方向平行；带孔率在 30% 以下为承重砖，带孔率在 30% 以上为非承重砖，承重砖外形尺寸有：240mm×115mm×90mm（P 型砖）和 190mm×190mm×90mm（M 型砖）。

砌块 以混凝土、粉煤灰等制作的实心或空心砌块；高度 180～380mm 的为小型砌块。

横向（水平向）配筋砖墙　沿砖墙的高度，每隔若干皮砖在水平灰缝中配置纵向钢筋以提高墙体的延性和抗震承载力。

圈梁　沿楼板平面（或底面）的周边纵、横墙上设置并形成封闭状的水平构件。分钢筋混凝土圈梁和钢筋砖圈梁。

钢筋混凝土构造柱　在房屋内外墙（或纵横墙）交接处设置的竖向钢筋混凝土构件，其功能为同圈梁结合对墙体起约束作用。

钢筋混凝土芯柱　混凝土砌块房屋的纵横墙交接处，在砌块孔洞中插入竖向钢筋，并填实混凝土，形成钢筋混凝土柱，以增加砌块房屋的整体性和延性。

檐口高度　《规范》所指檐口高度，算至房屋屋顶顶板上皮平面处的高度。

进深梁　与纵墙方向垂直布置的梁。

5.1.6　多层和高层钢筋混凝土房屋有关名词术语含义

有框支层抗震墙结构　抗震墙结构因底层需要大空间，一部分抗震墙由柱支承，抗震墙不到达基础（不落地）。

框支层　部分抗震墙不落地由柱支承，部分抗震墙到达基础的楼层。

框支层的框架　框支层的梁柱组成的框架。

框支墙　有框支层的抗震墙，在框支层以上为抗震墙，在框支层由柱支承。

落地抗震墙　在有框支层抗震结构中，一部分连续到达基础的抗震墙。

单肢墙　墙面无洞口或有很小洞口，由于结构构件截面上内力分布大体一致，为独立悬臂单肢墙，或称整体墙。

小开洞墙　墙面上开有稍大洞口，整个墙体截面上正应力分布基本呈直线变化，称为小开洞整体墙。

联肢墙　墙面上有较大洞口，明显地由成列的洞口将墙体分成若干个墙肢，有一列较大洞口时，称双肢抗震墙，有两列以上较大洞口时，称多肢抗震墙。

弱连梁联肢墙　弱连梁联肢墙指在地震作用下各层墙段截面总弯矩，不小于该层以上连梁总约束弯矩 5 倍的联肢墙。

壁式框架　墙面开有很大洞口，其墙肢刚度大大降低，连梁与墙肢的刚度十分接近，受力情况已接近框架的受力特性，这类抗震墙称壁式框架。

抗震墙底部加强部位　在抗震墙的底部一定高度范围内加强抗剪能力，使该部位地震时可能出现塑性铰，而不致产生剪切破坏。

抗震墙边缘构件　为加强抗震墙的延性，在抗震墙的两端一定范围内集中配筋，形成端柱、暗柱和翼柱。

长柱　剪跨比大于 2 的柱。通常指柱净高与截面高度（圆柱直径）之比大于 4 的柱。

短柱　剪跨比大于 1.5 不大于 2 的柱。通常指柱净高与截面高度（圆柱直径）之比不大于 4 的柱。

大偏心受压构件　计算偏心距不小于限界偏心距的混凝土受压构件，构件受拉钢筋的屈服先于混凝土压碎，是延性较好的偏压构件。

小偏心受压构件　计算偏心距小于限界偏心距的混凝土受压构件，构件混凝土压碎先于受拉钢筋的屈服，是属于脆性破坏的构件。

界限偏心距　混凝土偏心受压构件的主要受压区高度取等于界限受压区高度时的相应偏心距。

强柱弱梁　框架结构抗震设计时的一个原则，要求框架节点两侧的框架梁先于框架柱形成塑性铰。

强剪弱弯　结构构件抗震设计时的一个原则，要求与正截面受弯承载能力相对应的剪力值，低于该构件斜截面受剪承载能力。

剪力增大系数　钢筋混凝土框架梁、柱和抗震墙抗震设计时，为避免剪切破坏先于弯曲屈服，将梁、柱端部的截面和抗震墙底部加强部位，按计算分析得到的剪力予以增大而采用的系数。

钢筋间距　钢筋纵轴线之间的距离。

箍筋间距　沿构件纵轴线方向，箍筋轴线之间的距离。

箍筋肢距　箍筋平面内，单肢轴线之间的距离。

5.1.7　钢结构房屋有关名词术语含义

支撑框架　带中心或偏心支撑的，作为抗侧力系统的竖向桁架。

中心支撑框架　各构件基本上承受轴向力的支撑框架。

偏心支撑框架　支撑框架的斜向支撑至少有一端同梁连接，其连接点与梁柱节点或其他支撑的端部保持一段短的距离。

消能梁段　偏心支撑框架中，斜向支撑一端同梁连接点与梁柱节点间或二交叉支撑端点间的梁段，该梁段受弯屈服，消耗地震输入能量，保证支撑框架的延性性能。

节点域　梁柱连接处，梁柱翼缘范围内，柱的面积。

侧向支承杆件　为阻止构件侧向屈曲或侧扭转屈曲而设的杆件。

V 形支撑框架　中心支撑框架中，一对斜向支撑的端点交会于梁的中间，交于梁上面的为 V 形，交于梁下面的为倒 V 形支撑框架。

X 形支撑框架　中心支撑框架中，一对交叉支撑在中点附近相交。

Y 形支撑框架　在偏心支撑框架中，二斜向支撑的交会点与梁之间有一段支腿形成消能段。

5.1.8　隔震与消能减震有关名词术语含义

隔震建筑　为降低地震响应，在结构中设置隔震层而实现隔震功能的建筑，包括上部结构、隔震层、下部结构和基础。

隔震层　隔震建筑设置在上部结构与下部结构（或基础）之间的全部部件的总称，包括隔震支座、阻尼装置、抗风装置、限位装置、抗拉装置、附属装置及相关的支承或连接构件等。

上部结构　隔震建筑位于隔震层以上的结构部分。

下部结构　隔震建筑位于隔震层以下的结构部分，不包括基础。

基底隔震　隔震层设置在建筑物底部的隔震体系。

层间隔震　隔震层设置在建筑物底部以上某层间位置的隔震体系。

屋盖隔震　隔震层设置在建筑物顶层屋盖与柱（墙）顶之间的隔震体系。

隔震支座　隔震层用于承载上部结构，并具有隔震变形能力的支座。

限位装置　限制隔震层位移超过合理设计范围的装置。

等效刚度　隔震层（或隔震支座）对应于某特定水平位移的割线刚度。

等效阻尼比　隔震层（或隔震支座）对应于某特定水平位移的阻尼比。

建筑消能减震　在建筑的抗侧力结构中设置消能部件（由阻尼器、连接支撑等组成），通过阻尼器局部变形提供附加阻尼，吸收与消耗地震能量，输入到建筑中的地震能量一部分被阻尼器消耗，其余部分转换为结构的动能和变形能，以达到降低结构地震反应的目的。

消能装置　一种非承受重力荷载，但在地震反复作用下消耗地震能量的装置，其中吸收地震能量的阻尼器是关键部位，有粘弹性阻尼器、粘滞阻尼器、金属阻尼器、电流变阻尼器、磁流变阻尼器等。

速度相关型消能器　这种消能器具有这样的性质：力是与相对速度相关的。

位移相关型消能器　这种消能器具有这样的性质：力是与相对位移相关的。

有效阻尼　是等效的粘性阻尼值，相当于一个循环作用下，建筑结构消耗的能量。

有效刚度　建筑结构的侧向力除以位移所得的值。

5.1.9　非结构构件有关名词术语含义

建筑非结构构件　建筑中除承重骨架体系以外的固定构件和部件，主要包括非承重墙体、附着于楼面和屋面结构的构件、装饰构件和部件、固定于楼面的大型储物架等。

建筑附属机电设备　为现代建筑使用功能服务的附属机械、电气构件、部件和系统，主要包括电梯、照明和应急电源、通信设备、管道系统、空气调节系统、烟火监测和消防系统，公用天线等。

柔性部件　基本周期大于 0.06s 的构件或部件（包括其支承或接触部分）。

刚性部件　基本周期不大于 0.06s 的构件或部件（包括其支承或接触部分）。

柔性连接　构件或部件间允许转动（或移动）而不减弱其功能的连接，例如方向接头、膨胀接头、柔性金属软管、非结构构件与结构间的非刚性连接等。

楼面反应谱　安装在某楼面上的，具有不同自振周期和阻尼的单自由度系统，对楼面地震运动反应最大值的平均值组成的曲线，或称楼面谱。

5.2　本手册简化用词

《规范》　《建筑抗震设计规范》（GB 50011—2010）的简写。

《2001 规范》　《建筑抗震设计规范》（GB 50011—2001）的简写。

《89 规范》　《建筑抗震设计规范》（GBJ 11—89）的简写。

《78 规范》　《工业与民用建筑抗震设计规范》（TJ11—78）的简写。

刚度　除专门说明者外，均指结构在水平地震作用下的侧向刚度。

柔度 除专门说明者外，均指结构侧移（向）柔度。

侧移 水平方向的位移。

周期 除专门说明者外，均指结构第一振型的自振周期。

地震作用（效应、内力） 均指水平方向的地震作用（效应、内力）。

框-墙结构 框架-抗震墙结构。

底框房屋 底部框架-抗震墙砖房。

内框房屋 内框架砖房。

烈度 设防烈度。

第2篇　场地、地基和基础

本篇主要编写人

周燕国	浙江大学
陈云敏（第6章）	浙江大学
凌道盛（第9章）	浙江大学
黄　博（第12章）	浙江大学

第6章　概　　述

6.1　地震作用下土的力学状态

土体的应力应变行为与地震作用强弱直接相关。在弱地震作用下，土颗粒间的连结几乎没有破坏，土骨架的变形能够恢复，而且土颗粒之间错动所耗损的能量也很少，这时土处于弹性状态。在中等地震作用下，土颗粒间的连结部分破坏，土产生不可恢复的变形，土颗粒之间错动所耗损的能量也增加，土体越来越显示出弹塑性。在强地震作用下，土颗粒之间的连结几乎全部破坏，土处于流动大变形或破坏状态。

地震作用下土所处的力学状态与剪应变幅值的关系示于图6.1－1。从图可见：

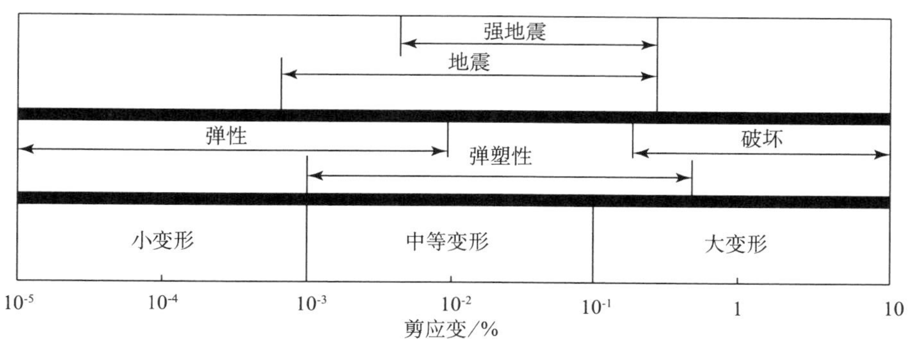

图6.1－1　在动荷载作用下土的力学状态

（1）当剪应变幅值小于10^{-3}%时，土处于小变形阶段；剪应变幅值大于10^{-3}%而小于10^{-1}%时，土处于中等变形阶段；当剪应变幅值大于10^{-1}%时，土处于大变形阶段。

（2）在小变形阶段，土的应力－应变关系是弹性的。

（3）在中等变形阶段，土的应力－应变关系是弹塑性的。

（4）在大变形阶段，土处于破坏或将要破坏状态，这种状态下土的应力－应变关系更为复杂，目前还处于研究阶段。在实用中常以非线性弹性应力－应变关系来表示。

以上所述地震作用的特点和地震作用下土的力学状态，对进行室内模拟地震动力试验和地震反应时程分析是非常有用的，以它们为依据才能正确地确定试验条件和计算模型及参数。

6.2 土在地震作用下的反应

6.2.1 模量与阻尼的非线性反应

土在地震作用下的变形分两部分，一部分是弹性变形，另一部分是永久变形或残余变形。随着地震作用的增强，永久变形部分越来越成为变形的主要部分。土的变形模量（压缩模量与剪切模量）随应变的变化也越来越偏离线性而成为非线性，亦即应变越大则模量越小（图 6.2－1）。在工程抗震理论中不能不考虑土的应力-应变的非线性特性。土的模量与应变之间的非线性关系是土动力学与工程抗震中的重要关系，在求解土体或地层或结构-地基的地震反应时必须用到它，表 6.2－1 给出了几种典型土的剪切模量比的平均数值，即剪应变极小时的最大剪切模量（G_{max}）与某个较大剪应变时对应的剪切模量（G）之比。其中，G_{max}一般是通过室内或现场测得的剪切波速根据公式（6.2－1）换算得来：

表 6.2－1 几类典型土的动剪切模量和阻尼比

	土类 / 剪应变	淤泥	淤泥质黏土	淤泥质粉质黏土	黏土	粉质黏土	粉土（密）	粉土（松）	密实砂	中密砂	松砂	基岩
模量比 G/G_{max}	5×10^{-6}	0.860	0.985	0.985	0.980	0.980	0.985	0.960	0.980	0.965	0.920	1.000
	1×10^{-5}	0.790	0.970	0.970	0.960	0.970	0.975	0.930	0.965	0.935	0.880	1.000
	5×10^{-5}	0.600	0.845	0.845	0.825	0.840	0.858	0.770	0.885	0.775	0.700	1.000
	1×10^{-4}	0.470	0.730	0.730	0.710	0.730	0.754	0.650	0.805	0.660	0.575	1.000
	5×10^{-4}	0.165	0.320	0.320	0.330	0.400	0.417	0.300	0.560	0.300	0.260	1.000
	1×10^{-3}	0.090	0.210	0.210	0.200	0.250	0.285	0.200	0.448	0.250	0.178	1.000
	5×10^{-3}	0.015	0.085	0.085	0.050	0.070	0.095	0.060	0.220	0.105	0.058	1.000
	1×10^{-2}	0.010	0.058	0.058	0.025	0.030	0.035	0.035	0.174	0.090	0.018	1.000
阻尼比	5×10^{6}	0.030	0.012	0.012	0.012	0.012	0.005	0.012	0.005	0.006	0.015	0.050
	1×10^{5}	0.035	0.015	0.015	0.015	0.015	0.008	0.017	0.007	0.010	0.022	0.050
	5×10^{5}	0.055	0.033	0.033	0.037	0.037	0.025	0.036	0.020	0.030	0.050	0.050
	1×10^{4}	0.077	0.055	0.055	0.056	0.056	0.040	0.050	0.035	0.045	0.065	0.050
	5×10^{4}	0.137	0.136	0.136	0.130	0.112	0.095	0.087	0.080	0.088	0.104	0.050
	1×10^{3}	0.165	0.170	0.170	0.165	0.137	0.117	0.105	0.100	0.103	0.125	0.050
	5×10^{3}	0.220	0.200	0.200	0.235	0.170	0.148	0.148	0.120	0.124	0.145	0.050
	1×10^{2}	0.235	0.205	0.205	0.254	0.180	0.159	0.155	0.124	0.130	0.150	0.050

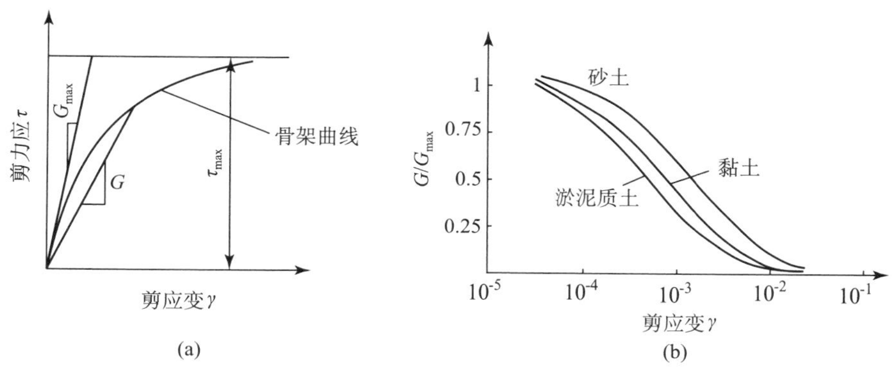

图 6.2－1　土的动剪切模量

（a）剪应力、剪应变与剪切模量的关系；（b）天津土的剪模比随剪应变的变化

$$G_{max} = \rho V_s^2 \tag{6.2-1}$$

式中　V_s——土层的剪切波速（m/s）；

ρ——土的质量密度（g/cm^3）。

由表 6.2－1 及图 6.2－1 中可以看出，当应变达到 1×10^{-2}时，土的模量多数会降到 G_{max} 的 1/10 以下，对软弱的淤泥质土，松砂等类土更降到 0.06～0.01 以下。

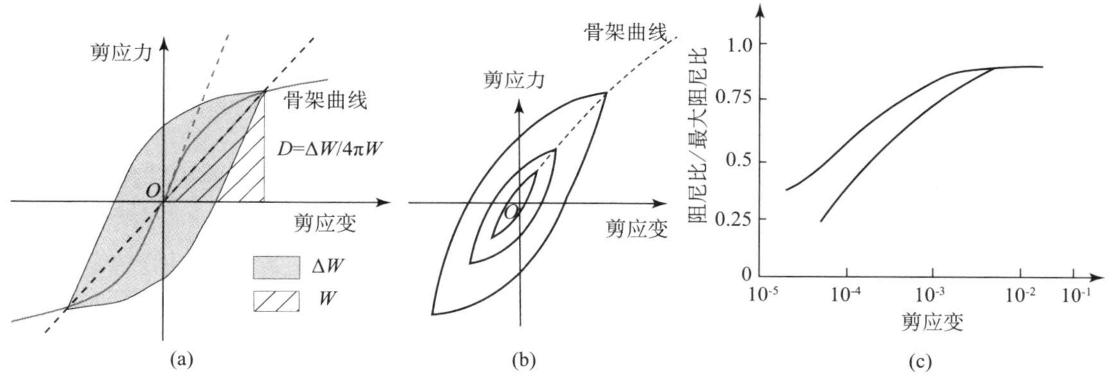

图 6.2－2　土的阻尼比

（a）剪应力与剪应变滞回圈；（b）滞回圈随剪应变的增加而增大；

（c）二种土的阻尼比-剪应变关系曲线示例

土的阻尼则与模量相反，应变越大则阻尼越大，因为残余变形消耗的能量越大（图 6.2－2），由表 6.2－1 中可以看出，小剪应变（$\gamma=5\times10^{-6}$）时与大应变（1×10^{-2}）时的阻尼比相比，对一般土而言可增加 8～30 倍。

只有基岩，被认为是弹性体，因而剪切模量与阻尼比均不变。

6.2.2　产生超静孔隙水压力

地震时较松的土体有向外排水和震密的趋势，这时孔压上升，产生正孔压增量。相反，密实的土或超固结土可能被震松，向土中吸水，产生负孔压增量。室内试验和现场观测表明，饱和砂土的超静孔隙水压力反应明显，有时可上升到与初始有效应力值相等。对于松的中密砂土，超静孔隙水压力升高可以使其强度降低甚至完全丧失，同时变形也很大。但是对密实的饱和砂土，即使其超静孔隙水压力值升高到静有效应力值时，砂土仍有一定的抵抗能力，其原因在于剪切时密实砂出现剪胀性，产生负孔压增量；另一方面，地震作用下饱和黏性土的超静孔隙水压力都很小，发展慢，其原因在于黏性土土颗粒之间的连结。因此，黏土颗粒含量是影响地震作用下超静土体性能的一个重要因素。

根据对地震作用的反应，土可以分为两大类：

第一类土在地震作用下超静孔隙水压力明显升高或是产生较大的剪应变。这类土包括松的和中等密度的饱和砂土，黏粒含量小于10%~16%的饱和粉土，处于松或中密含砾量小于70%~80%的砂砾石也属于这一类。除此之外，孔隙比很大的淤泥和淤泥质土会产生大的变形。

第二类是在地震作用下反应不明显的土。这类土包括干砂、饱和密实砂、碎石土、密实砾石、密实黏性土。由于超静孔隙水压力发展很慢，或者由于剪胀性，它们具有较高的抵抗变形的能力。

震害调查表明，地震时丧失稳定性的地基、天然土坡和土工结构物均与其中存在第一类土有关。例如，1976年唐山地震时，离震中150km的密云水库白河主坝斜墙保护层在6度地震作用下就产生了滑坡。然而，当只存在第二类土时，在高烈度区仍可保持稳定性，例如1970年通海地震时，许多由残积红黏土和含砾黏土修建的土坝在9度强地震作用下仍保持了稳定。

6.2.3 岩土在地震下的主要作用

（1）岩土作为地震波的传播介质并对其起放大与滤波作用，将基岩地震动传到结构物上，使结构产生惯性力。大多数上部结构的震害多由于这种振动效应引起。

（2）岩土的地震失稳与土体破坏。这是地震引起的岩土本身的破坏。如地基失稳，滑坡、泥石流、崩塌等，由此而导致结构的开裂、倾斜、位移和倾覆。这类结构破坏比上面一种要少，有区域性。但破坏后修复较难，因此绝不能因为发生率较上部结构的破坏低而对其忽视。

参 考 文 献

陈国兴、卜屹凡、周正龙等，2017，沉积相和深度对第四纪土动剪切模量和阻尼比的影响［J］，岩土工程学报，39（7）：1344~1350

袁晓铭、李瑞山、孙锐，2016，新一代土层地震反应分析方法［J］，土木工程学报，49（10）：95~102

袁晓铭、孙静，2005，非等向固结下砂土最大动剪切模量增长模式及Hardin公式修正［J］，岩土工程学报，27（3）：264~269

张建民，2012，砂土动力学若干基本理论探究［J］，岩土工程学报，34（1）：1~50

第 7 章　地震概率危险性分析要点

现阶段，作为工程抗震设防依据的地震烈度区划图或地震动参数区划图均是采用地震危险性分析方法进行编制的。因此，工程设计人员也需要了解这个方法的基本要点。

从建筑抗震设计的角度，所谓地震危险性（Hazard）是指某一场地（或某一区域）在一定时期内可能遭受到的最大地震破坏影响，它可以用地震烈度或地面运动参数来表示：从概率意义上说，地震危险性是一种概率，即在某一给定场地上的一定年限内，最大地面运动超过某一特定强度的概率，它可以用年超越概率或它的倒数即重现期表示。

因此，地震危险性分析概率方法，就是通过地震活动、地质构造、地球物理等资料，用概率方法研究分析决定一个场地的最大地面运动的超越概率。

7.1　地震危险性分析方法的基本假定和方法步骤

7.1.1　基本假定

1968 年美国 Cornell（1968）采用了极值理论中超越概率及平均重现期的表达方式，对他的地震危险性分析模型（时间、空间、强度）作了下列四个基本假定：

（1）假定地震活动是非均匀分布的，表现为地震只发生在一些特定的区域内，这些特定的区域称之为潜在震源区。在潜在震源区内，地震发生的可能性处处相同，潜在震源区的划分，是综合历史地震、大地构造和地质条件确定的。

（2）地震发生的时间过程，符合泊松模型，即在时段 t 内发生几次地震的概率为

$$p(n,\ t) = (vt)^{n}\exp(-vt)/n! \qquad (7.1-1)$$

式中　v——地震年平均发生率。

（3）在潜在震源区内，地震事件的震级分布为指数分布，可用古登堡-里克特震级频度关系描述：

$$\ln N = \alpha - \beta M \qquad (7.1-2)$$

（4）场地地震动参数（或烈度）是震中距（或震源距）和震级的函数，即

$$Y = f(M,\ R) \qquad (7.1-3)$$

7.1.2　方法步骤

根据上述一些基本假定，可以分为下列四个步骤进行分析工作（Algermissen 和 Perkins，1977）：

第一步，确定潜在震源区，根据地震发生规律，发生条件的认识，划出所有可能发生破坏性地震的区域。

第二步，给出潜在震源区的地震活动性参数，以 $\ln N=a-bM$ 关系式为代表，设定区内地震活动性能够有效地代表未来的地震活动性，并假设由 $\ln N$ 和 M 关系式所确定的各级地震在潜在震源区内任何地方发生的可能性是相同的。

第三步，拟合本地区的地震动随震级和距离的衰减关系。

第四步，计算给定场地（或地区）的地震动概率分布，从这一分布可以得出给定场地、给定年限内具有任何概率水平的地震动分布，或给定年限、给定地震动值的概率分布等。

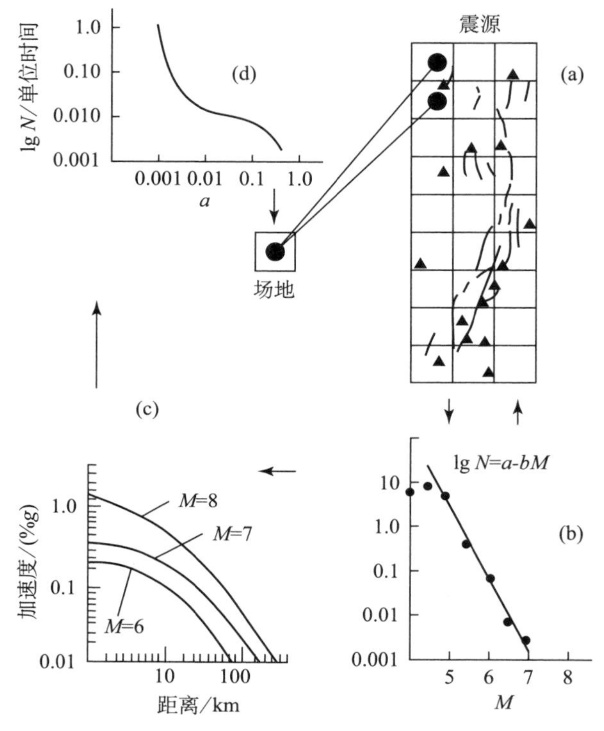

图 7.1-1　地震区划方法的基本要点（Algermissen 和 Perkins，1977）

7.2　潜在震源区划分

潜在震源区是可能发生大地震的震源所在地区，其范围一般限定在 250~300km 半径范围，因为即使 8 级地震，在 250~300km 以外的影响可以略去不计。

为简化数学处理，震源模型可以理想化为点源、线源和面源三种：

（1）点源模型。假定地震能量释放在一个点上。

（2）线源模型。假定地震起因于沿着断层破裂滑动，破裂源可在震源区内任何地方发生。根据断层体系情况是否充分确定，线源可再分为三类：

i 类源，这类震源模型的断层长度，走向及相对于场地的位置假设都是已知的，它适用于根据充分确定的断层线来推测潜在震源。

ii 类源，断层的总体走向虽为已知，但相对于场地的位置不详，它适用于许多走向相同的断层带，潜在的震源滑动破裂只可能沿着一个特定的方向发生。

iii 类源，断层的位置及走向都不确定的震源，可作面源处理。

（3）面源模型。断层位置及走向都不确定的震源，可划分为若干子区，每个子区可当作相互独立的震源对待。

对潜在震源进行区分时，需要对历史地震震中位置进行核对和调整，对断层的活动性进行鉴别，分析第四纪地质的历史确定重现期间隔等，然后依据确定的基本原则进行划分。基本原则一般为：

（1）地震重复性原则，即根据文献记载或仪播记录、过去曾发生过破坏性地震的地方，今后有可能重复发生震级相近的地震。

（2）构造类比原则，即地质构造相似的地区，有可能发生震级相近的地震。

这种划分在一定程度上取决于分析者的主观判断和工作经验，各个分析者对一个地区的背景资料的处理可能有所差别，但最终结果不应相差很大。

潜在震源区划分并确定震源类型后，即可建立数学模型和确定待定参数。

7.3　地震活动性参数的确定

地震活动性参数指震级频度斜率 β，地震年平均发生率 ν 及震级上限 M_u，它们是描述区域地震活动水平的特征量，是决定地震区划图等震线数值大小的主要因素。

7.3.1　β 值

某一地区在一定时期内地震重现关系，服从古登堡-里克特统计关系，即震级频度关系：

$$\lg N(M) = a - bM \tag{7.3-1}$$

式中　$N(M)$——震级 $\geq M$ 的地震发生数；

a、b——回归常数。

上式也可写成 $\ln N(M) = \alpha - \beta M$，（此处 $\beta = b\ln 10 = 2.3b$）

由上式可见，β 值是震级频度曲线的斜率（图 7.3-1），β 值是一个震源区地震活动性强弱的尺度，其绝对值越大地震活动水平越低，其绝对值越小地震活动水平就越高，图中，M_0 为震级下限，取 $M_0 = 4$，因为 $M<4$ 的地震对工程上已无实际意义，M_u 为震级上限最大值。

α 是震级大于或等于零的地震数量的尺度。

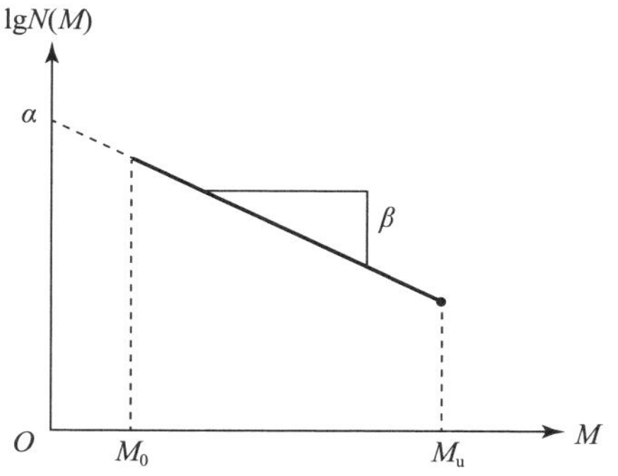

图 7.3-1　震级的线性重现关系

7.3.2 ν 值

ν 值，就是震级频度曲线公式中的$\frac{N(M)}{T}$，是以各潜在震源区为统计单元，在给定的震级上下限范围内通过所有地震数除以统计时段 T 得到，也就是平稳泊松过程公式中取为常数的年平均发生率。

ν 值是表征地震活动水平的参数，要考虑地震活动趋势，即地震活动是处于平静期或活动期。如果一个地震带的地震活动在未来百年内面临的是相对平静期，则使用长时间的平均值，如果未来百年内面临是显著活动期，则应对长时间的平均值给以适当修正。

用实际发生地震数确定年平均发生率，只有当该区记载完整并地震数量足够多时才有可能。

对于缺少地震资料地区，可选定可信历史的震级上下限范围的地震结合区域性β值，外推所需震级的年平均发生率 ν。

对于无资料的潜在震源区，可根据地质资料类比，或将该区的 ν 值按面积分配。

对于有现代地震观测资料的地区，可结合区域性 β 值，外推所需震级的年平均发生率 ν。

历史地震资料不足的地区，必要时可根据地震地质和地球物理资料等用专家的主观判断来估计年平均发生率，将其作为先验信息，再将地震资料与主观判断两者结合起来以得到后验概率分布。

7.3.3 震级上限 M_u

震级上限指潜在震源区内未来可能发生一群地震的震级极限值，只能发生比极限值小的地震，而且大小地震的频次比例关系遵从修正的古登堡-李克特的震级频度关系。

确定震级上限的方法有多种：

(1) 对已经历了几次地震活动周期的地区，可将历史上的最大地震作为震级上限，从安全考虑，也常将历史上的最大震级加 0.5 级。

(2) 从震级频度曲线 $N(M)$ 的图上，高震级部位斜率变化的渐近值作为震级上限，这时该潜在震源已经历完了完整的地震活动周期。

(3) 在地质上可以根据构造类比原则、活动断层长度等参数来估计潜在震源震级上限。

(4) 在数学上可以用极值理论确定潜在震源区的震级上限。

在实际工作中常用极值Ⅲ型，当震级上限有界时，其渐近分布函数为：

$$F_n^{(3)}(M)=\exp\left\{-\left[\frac{M_u-M}{M_u-b_n}\right]^{k_n}\right\} \tag{7.3-2}$$

式中　k_n——形状参数，$k_n>0$；

M_u——最大值的上限，$M_u\geq M$；

b_n——特征最大值，$b_n<M_u$，$F_n^{(3)}(b_n)=e^{-1}$。

7.4　地震动的衰减

从震源区的震级强度 M 到场地上的地震动强度，有一个衰减过程，用地震动衰减公式来表达。地震动衰减关系有地区性特征，不同的地质构造、震级大小、距离远近的影响很大，因此有很强的地区性特征。

一般情况下，一个地区的地震动参数衰减公式可以从下面几种途径取得：

（1）对于已经积累了比较多的强震观测仪器记录的地区，并且这些记录能反映不同距离，不同的强度信息，可以用统计方法建立起该地区的地震动衰减公式。

（2）对于没有强震观测仪器记录，但有一定数量宏观烈度资料地区，利用烈度资料估算地震动参数，一般是通过等震线衰减建立地震动衰减公式。

（3）用数学模拟建立地震动参数衰减公式。

（4）基于两个地区的地质构造类比和专家论证，直接沿用参考地区的地震动衰减关系。

地震的衰减可以表示为地震烈度的衰减关系，水平加速度的衰减关系，加速度反应谱的衰减关系。

7.4.1　地震烈度的衰减关系

地震烈度的衰减关系，是根据一定范围内的历史地震等震线资料按长、短两个轴向统计得到，常用的烈度 I 函数形式为：

$$I = C_1 + C_2 I_0 - C_3 \ln(R + C_4) + \varepsilon \tag{7.4-1a}$$

$$I = C_1 + C_2 M - C_3 \ln(R + C_4) + \varepsilon \tag{7.4-1b}$$

式中　I_0——震中烈度；

M——震级；

R——震中距，各种公式中的距离定义不尽相同；

C_1、C_2、C_3——统计回归常数；

C_4——预设常数，用来限制当 R 接近于零时出现过大烈度值；

ε——均值为零，标准差为 s 的正态分布随机量，用来考虑衰减关系中的不确定性。

中国地震动参数区划图（2015）对全国各地的地震动参数进行明确的规定，该图主要包括中国地震动峰值加速度区划图和中国地震动反应谱特征周期区划图（简称："两图"）、全国城镇Ⅱ类场地基本地震动峰值加速度和基本地震动加速度反应谱特征周期列表、场地地震动峰值加速度调整系数表和场地基本地震动反应谱特征周期调整表（简称："两表"），明确规定了各标准的适用范围、地震动参数确定方法等，全国各地的地震动参数可直接参考该图获得。

7.4.2　水平加速度的衰减关系

地震动水平加速度的衰减一般表达式可描述如下：

$$y = b_1 f_1(M) f_2(R) f_3(M_1 R) f_4(P_1)\varepsilon \tag{7.4-2}$$

式中　y——预测的地震动参数；

$f_1(M)$——震级 M 的函数，取 $f_1(M)=\exp[b_2 M]$；

$f_2(R)$——距离 R 的函数，取 $f_2(R)=[\exp(b_4 R)](R+b_5)^{-b_3}$；

$f_3(M_1 R)$——M 与 R 的联合函数，取 $f_3(M,R)=[R+b_6 e^{b_7 M}]^{-b_3}$；

$f_4(P_1)$——为描述地震传播途径、场地条件和结构参数的函数，取 $f_4(P_1)=\sum\exp[b_1 P_1]$；

ε——描述 y 的不确定性的随机参数，假定为对数正态分布。

若干加速度衰减公式，举例为表 7.4－1。

表 7.4－1　若干加速度衰减公式

所用数据	衰减公式	建议者
世界各地	$A=1320e^{0.58M}\ (R+25)^{-1.52}$	Donovan（1973）
214 条圣弗南多记录，100 条日本记录，356 条美国西部记录	$A=1080e^{0.5M}\ (R+25)^{-1.32}$	Donovan（1973）
515 条记录	$A=1230e^{0.8M}\ (R+25)^{-2}$	Esteva（1970）
—	$A=472.3e^{0.64M}\ (R+25)^{-1.302}$	McGuire（1974）
岩石上取得 29 条，硬土上 74 条日本记录	$A_{岩}=46\times10^{0.208M}\ (R+10)^{-0.686}$ $A_{土}=24.5\times10^{0.333M}\ (R+10)^{-0.924}$	Ohasi 等（1977）
美国西部记录	$A_{岩}=e^{1.71+0.657M}\ (R+30)^{-2.18}$	胡聿贤（1982）

7.4.3　加速度反应谱衰减关系

基岩地震动加速度反应谱衰减关系，可以看成是几个周期为 T_i 的基岩地震动加速度衰减关系式，将它们代入地震危险性分析的计算模型，便可得到几条与周期 T 相应的危险性曲线，根据选定的概率水准（如 50 年超越概率为 10%），就能得到同一概率水准（概率一致）的基岩地震动反应谱（图 7.4－1）。若以此概率一致的基岩反应谱为目标谱，即可得到概率一致的人造地震波。

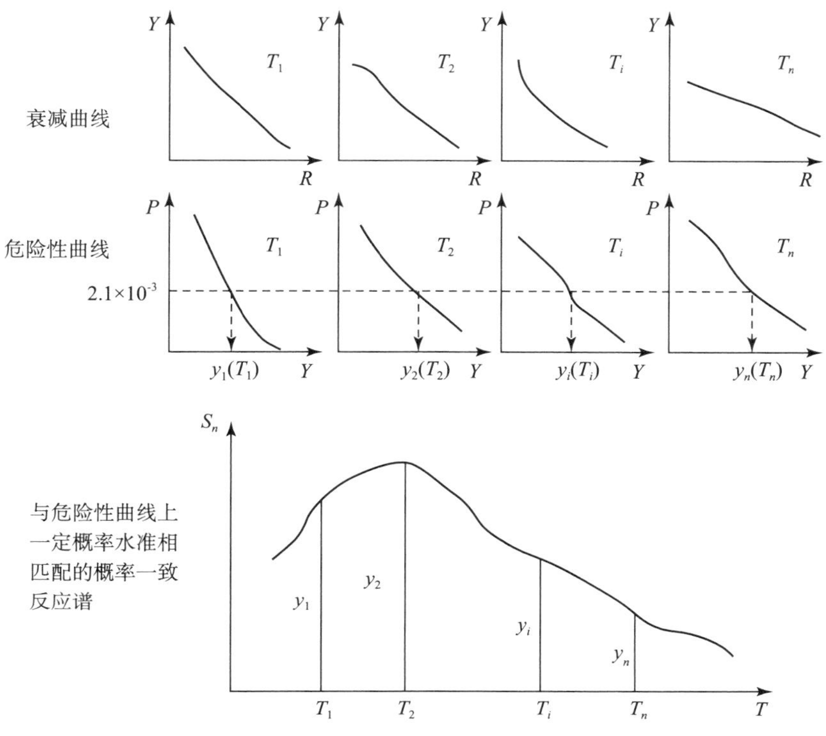

图 7.4-1　概率一致基岩反应谱示意图

7.5　计算超越概率

7.5.1　年超越概率

假定未来地震发生为具有年平均发生率为常数 ν 的平稳泊松过程。

若场地周围有几个潜在震源，第 i 个震源的震级 $M>M_0$ 的年发生率为 ν_i，则与场地所在地区相应的年平均发生率为

$$\nu = \sum_{i=1}^{n} \nu_i \tag{7.5-1}$$

场地上地面运动物理量的随机强度 I，超过给定值 $\hat{I}$ 的概率为 $P(I>\hat{I})$，根据全概率公式：

$$P(I > \hat{I}) = \sum_{i=1}^{n} P(I > \hat{I}/E_i)P(E_i) \tag{7.5-2}$$

式中　E_i——震源 i 处发生的地震。

假定震源 i 处的年平均发生率，相对于整个地区来说，不随时间而变，则 E_i 的发生概率为：

$$P(E_i) = \frac{\nu_i}{\nu} \tag{7.5-3}$$

于是式（7.5－2）可写为：

$$P(I > \hat{I}) = \frac{1}{\nu}\sum_{i=1}^{n} P(I > \hat{I}/E_i)\nu_i \tag{7.5-4}$$

地震发生的积累分布函数，按泊松过程，可写为：

$$F_I(\hat{I})_{1年} = \sum_{k=0}^{\infty} P(I > \hat{I}/k_{地震})P(k_{地震}) \tag{7.5-5}$$

式中　$P(I>\hat{I}/k_{地震}) = [1-P(I>\hat{I})]^k$——根据相互独立事件之积的概率；

k——当时段 t 为 1 年时发生地震的次数；

则

$$P(k_{地震}) = \frac{\nu^k \exp(-\nu)}{k!} \tag{7.5-6}$$

并得到

$$\begin{aligned} F_I(\hat{I})_{1年} &= \sum_{k=0}^{\infty} [1 - P(I > \hat{I})]^k \cdot \frac{\nu^k \exp(-\nu)}{k!} \\ &= \exp(-\nu)\sum_{k=0}^{\infty} \frac{[1 - P(I > \hat{I})]^k \cdot \nu^k}{k!} \\ &= \exp(-\nu)\exp\{\nu[1 - P(I > \hat{I})]\} \\ &= \exp[-\nu P(I > \hat{I})] \end{aligned} \tag{7.5-7}$$

由于

$$P(I > \hat{I})_{1年} = 1 - [F_I(\hat{I})_{1年}]$$

因此

$$P(I > \hat{I})_{1年} = 1 - \exp\left[-\sum_{i=1}^{n} P(I > \hat{I}/E_i)\nu_i\right]$$

根据上述假定的地震危险性估算，最终可归结为求得场点一年中至少遭到一次地震动强度 I 超过某一给定值 $\hat{I}$ 的概率，即年超越概率：

$$\begin{aligned} P(I > \hat{I})_{1年} &= 1 - \exp\left[-\sum_{i=1}^{n} P(I > \hat{I}/E_i)\nu_i\right] \\ &= \sum_{i=1}^{n} P(I > \hat{I}/E_i)\nu_i \end{aligned} \tag{7.5-8}$$

7.5.2　*T* 年内超越概率

假定各年之间最大地震动强度在统计上是独立的，并且各年的年超越概率保持常数，则 T 年内相应的超越概率为

$$P(I > \hat{I})_{T年} = 1 - \left[1 - \sum_{i=1}^{n} P(I > \hat{I}/E_i)\nu_i\right]^T \tag{7.5-9}$$

式中　ν_i——第 i 震源的年平均发生率；

E_i——第 i 震源发生的 $M>M_0$ 地震；

n——研究范围内理想化潜在震源数。

用简单一点的表达式：

$$P_T = 1 - [1 - p_1]^T \tag{7.5-10}$$

式中　P_T——T 年内烈度 $I>\hat{I}$的超越概率，《规范》用设计基准期 50 年（$T=50$ 年）内常遇地震、基本地震、罕遇地震的 P_T 分别为：63.2%、10%、2%~3%；

P_1——1 年（1 年内）超越概率。

相应的地震重现期：

$$RP = \frac{1}{1 - [1 - P_T]^{\frac{1}{T}}} = \frac{1}{P_1} \qquad (7.5-11)$$

年限 T、超越概率 P_T 和重现期 RP 之间的关系，如表 7.5－1

表 7.5－1　以年限和超越概率表示的重现周期　$RP = \frac{1}{p_1}$（年）

年限（T 年） 超越概率 P_T/%	10	20	30	40	50	100
2	495	990	1485	1980	2475	4950
3	328	657	985	1313	1642	3283
10	95	190	285	390	475	950
20	45	90	135	180	225	449
30	29	57	84	113	140	281
40	20	40	59	79	98	196
50	15	29	44	58	72	145
60	11	22	33	44	55	110
63.2	10	20	30	40	50	100
70	9	17	25	34	42	84
80	7	13	19	25	31	63
90	5	9	14	18	22	44
95	4	7	11	14	18	34
99	3	5	7	9	11	22
99.5	2	4	6	8	10	19

7.6　不同设计基准期建筑的设计地震作用取值

《建筑抗震设计规范》（GB 50011—2010）的建筑地震作用取值是以 50 年设计基准期取的。不同重要性的建筑应有不同的合理使用年限和相应的设计基准期。如按性能设计的思想和原则及适应市场经济的要求等，可对建筑抗震设计提出不同于《规范》规定的要求，诸如：从单体抗震设防转向同时考虑单体工程和相关系统的安全；将统一的设防标准改变为满足不同性能要求的更合理的抗震设防目标和标准；设计人员通过费用—效益的工程决策分析确定最优的设防标准和设计方案；随着工程建设投资的多元化，业主提出对房屋使用年限更长（如：75年、100年）的要求等。

《建设工程质量管理条例》要求设计文件应符合国家规定的设计深度要求，注明工程合理使用年限。

上述的不同的使用年限、不同的安全等级、不同的设防目标等，都应有相应一致的设计基准期，而不同的设计基准期建筑的地震作用取值应该是不同的（包括：基本地震、多遇地震、罕遇地震）。

不同设计基准期的设计地震作用，可以从地震危险性分析获得的年超越概率推算出来，但这就要求有各地的年超越概率，不便轻易获得。本节拟在《规范》规定的设计基准期给定的地震作用（地震烈度和设计基本地震加速度）基础上进行调整，以获得相应的设计地震作用，供设计参考使用。

7.6.1 多遇地震取值

1. 不同设计基准期的多遇地震定义和相应于它在50年内的超越概率

《规范》规定，一般建筑结构构件截面抗震验算的多遇地震作用水准为50年一遇的地震烈度，即50年内地震烈度的概率密度函数的峰点，亦即在50年内超越概率为63.2%，亦称众值烈度。

对不同设计基准期的多遇地震仍定义为该设计基准期期限内的众值烈度，其重现期即等于设计基准期。这样，可以把不同设计基准期内的众值烈度，换算成它们在50年期限内相应超越概率的烈度，然后计算出它与50年内超越概率10%（即《规范》规定的基本地震）的烈度的差；通过这一步骤；便可建立不同设计基准期的多遇地震烈度与基本烈度之间的关系。

重现期为T_j年（$T_j=30$、40、60、75、100年等）的地震烈度，在$T=50$年内的超越概率可用下式求得：

$$P(I \geqslant i|T) = 1 - \exp(-T/T_j) \tag{7.6-1}$$

表7.6-1列出了按式（7.6-1）计算出的重现期为T_j年的烈度在50年内相应的超越概率值，按此值查当地的地震危险性分析结果或地震烈度的概率分析，便可得到相应的烈度，于是就进一步得到与当地基本烈度的差值。

表7.6-1 重现期为T_j的烈度在50年内的超越概率

T_j/年	30	40	50	60	75	100	475
$P(I \geqslant i\|50)$	0.811	0.714	0.632	0.565	0.487	0.394	0.10

这样，就把计算不同设计基准期T_j内的众值烈度与基本烈度的差值。归结为计算重现期T年的烈度与重现期475年（50年内超越概率为10%）的烈度的差值，也就是把不同设计基准期的众值烈度换算成50年内相应超越概率的烈度，再计算它与50年内超越概率为10%的烈度的差。

2. 以不同设计基准期为重现期的地震烈度与50年超越概率10%的烈度间差值

《建筑抗震设计规范》（GB 11—89、GB 50011—2001、GB 50011—2010）的地震作用取值是依据对我国华北、西北、西南三个地区45个城镇地震危险性分析结果的统计分析给出的（龚思礼等，1993）。对于不同设计基准期的地震作用取值，可以统计分析每个城市不同设计基准期的地震烈度与50年超越概率10%的烈度间的差值及45个城市总体差值的平均值。表7.6－2列出了以不同的设计基准期作为重现期的地震烈度与50年内超越概率10%的地震烈度差值 m_1。

表7.6－2　不同重现期 T_j 的地震烈度与50年内超越概率10%的烈度差值的平均值表

T_j/年	30	40	50	60	75	100	475
m_1/度	1.98	1.73	1.55	1.41	1.21	1.02	0

3. 不同设计基准期地震峰值加速度的比值

在抗震设计中，需要将地震烈度转为地震地面运动加速度 A，可采用下式计算：

$$A = 10^{(I\lg2-0.1072)} \tag{7.6-2}$$

不同烈度 I_1 相应的地面运动峰值加速度 A_1 与A的比值为：

$$\frac{A_1}{A} = 10^{(I_1-I)\lg2} \tag{7.6-3}$$

如以不同设计基准期作为重现期的地震烈度相对应的地面峰值加速度取值为 $A_{I-\triangle}$，以50年内超越概率为10%的地震烈度相对应的地面峰值加速度取值为 A_{10}，则各不同设计基准期 T_j 的 $A_{I-\triangle}$ 与 A_{10} 的比值如表7.6－3。

表7.6－3　地震峰值加速度 $A_{I-\triangle}$ 与 A_{10} 的比值表

T_j/年	30	40	50	60	75	100	475
$A_{I-\triangle}/A_{10}$	0.25	0.30	0.34	0.38	0.43	0.49	1.00

对不同设计基准期的建筑物的截面抗震设计的地震作用取值，也可以在《规范》规定的截面设计的地震作用值（重现期为50年）乘以比例系数得到，如表7.6－4。

表7.6－4　不同设计基准期截面设计用的地震作用与重现期为50年的地震作用取值之比 γ_1' 和建议取值 γ_1 表

T_j/年	30	40	50	60	75	100	475
γ_1'	0.74	0.88	1.00	1.12	1.26	1.44	2.94
γ_1	0.75	0.90	1.00	1.10	1.25	1.45	2.95

7.6.2 罕遇地震取值

（1）不同设计基准期建筑物抗震设计的罕遇地震取值。

《建筑抗震设计规范》（GBJ 11—89、GB 50011—2001 和 GB 50011—2010）中罕遇地震烈度取值为设计基准期 50 年内超越概率为 3%～2%的地震烈度。对于不同设计基准期的建筑物，罕遇地震烈度的取值，应为各自的设计基准期 T_j 年内超越概率为 3%～2%的地震烈度。于是可由式（7.6－4）求得在已知设计基准期 T_j 年内，超越概率为 3%～2%的烈度的地震重现期 T_k，表 7.6－5 列出了部分设计基准期（年）的 T_k 值。

$$T_k = RP(I \geqslant i) = \frac{-T_j}{\ln(1 - P(I \geqslant i | T_j))} \qquad (7.6-4)$$

表 7.6－5　不同设计基准期 T_j 年内超越概率为 3%～2%的烈度重现期 T_k

T_j/年		30	40	50	60	75	100
T_k	超越概率 3%	985	1313	1642	1970	2462	3283
	超越概率 2%	1485	1980	2475	2970	3712	4950

（2）把不同设计基准期 T_j 年内超越概率为 3%～2%的烈度重现期 T_k 代入式（7.6－1），便可得到 50 年内的相应超越概率 $P(I \geqslant i|50)$，如表 7.6－6 和表 7.6－7 所示。由此，可从当地的地震危险性分析结果查出相应的地震烈度 i，即为不同基准期的罕遇地震烈度。

表 7.6－6　不同设计基准期内超越概率 3%的烈度在 50 年内的超越概率表

设计基准期/年	30	40	50	60	75	100
$P(I \geqslant i\|50)$	5.0%	3.7%	3.0%	2.5%	2.0%	1.5%

表 7.6－7　不同设计基准期内超越概率 2%的烈度在 50 年内的超越概率表

设计基准期/年	30	40	50	60	75	100
$P(I \geqslant i\|50)$	3.3%	2.5%	2.0%	1.7%	1.3%	1.0%

也可以把不同设计基准期 T_j 内超越概率为 3%～2%的地震作用表示为 50 年内超越概率为 3%～2%的地震作用乘以比例系数 γ_2，表 7.6－8 列出了某些基准期（年）的 γ_2 值。

表 7.6－8　不同设计基准期的罕遇地震与设计基准期为 50 年罕遇地震作用的比例系数 γ_2 表

设计基准期/年	30	40	50	60	75	100
γ_2	0.70	0.85	1.0	1.05	1.15	1.30

7.6.3　当缺乏地震危险性分析的结果时，也可采用已有的研究成果或式（7.6－5）的统计经验公式[5]

$$F_{\mathrm{III}}(I)=\exp\left[-\left(\frac{\omega-I}{\omega-I_{\varepsilon}}\right)^{k}\right] \tag{7.6-5}$$

式中　$F_{\mathrm{III}}(I)$——50 年内发生的地震烈度 I 的概率分布；

ω——地震烈度上限值，取 $\omega=12$；

I_{ε}——烈度概率密度分布的众值，比 50 年超越概率低 1.55 度；

k——分布形状参数，见表 7.6－9。

表 7.6－9　分布形状参数 k 表

基本烈度	6	7	8	9
k	9.732	8.3339	6.8713	5.4028

应用式（7.6－5），也可将其转化为已知其在 50 年的超越概率并求其相应的地震烈度。

这里要说明的是，《建筑抗震设计规范》给出的罕遇地震作用的取值，采用表 7.6－9 所给出的拟合参数时，7、8、9 度时用式算得的 50 年超越越概率分别为 1.2%、1.5% 和 2.8%。

7.7　算　　例

【算例 1】

某大型工程所在地区的抗震设防烈度为 8 度，拟考虑采用设计基准期 75 年和 100 年两种方案，试给出该工程抗震设计中采用的多遇地震与罕遇地震的取值及其水平地震峰值加速度值。

解：

7.6 节已给出了设计基准期 75 年和 100 年的多遇地震与罕遇地震的取值，对于多遇地震取值可查表 7.6－4、罕遇地震取值可查表 7.6－8。

（1）由表 7.6－4 可知，设计基准期 75 年和 100 年的多遇地震取值分别为设计基准期 50 年多遇地震取值的 1.25 倍和 1.45 倍；即水平地震作用影响系数最大值分别为 $\alpha_{max}(75)=1.25\times0.16=0.2$，$\alpha_{max}(100)=1.45\times0.16=0.23$。相应的时程分析采用的水平地震作用加速度峰值分别为 $87\mathrm{cm/s^2}$ 和 $100\mathrm{cm/s^2}$。

（2）由表 7.6－8 可知，设计基准期为 75 年和 100 年的罕遇地震取值分别为设计基准期 50 年罕遇地震取值的 1.15 倍和 1.30 倍；即水平地震作用影响系数最大值分别为 $\alpha'_{max}(75)=1.15\times0.90=1.035$，$\alpha'_{max}(100)=1.30\times0.90=1.17$；相应的时程分析采用的水平地震作用加速度峰值分别为 450cm/s^2 和 510cm/s^2。

【算例 2】

某大型工程所对应的抗震设防烈度为 7 度，拟考虑采用设计基准期为 70 年和 90 年两种方案，试给出该工程抗震设计中采用的多遇地震与罕遇地震的取值及其水平地震作用峰值加速度值。

解：

（1）由式（7.6－1）可求得设计基准期为 70 年和 90 年地震作用的多遇地震相应于 50 年内的超越概率，分别为 0.510 和 0.426；由式（7.6－6）和式（7.6－7）和表 7.6－9 中给出的形状参数 k，可得出相应于设计基准期为 70 年的多遇地震烈度。

$$F_{Ⅲ}(I) = 1 - P = 1 - 0.51 = 0.49$$

$$\begin{aligned} I &= \omega - \{(\omega - I_\varepsilon)[-\ln(F_{Ⅲ}(I))^{\frac{1}{k}}]\} \\ &= 12 - \{(12 - 5.45)[-\ln(0.49)^{\frac{1}{8.3339}}]\} \\ &= 12 - \{6.55 \times 0.9603\} = 12.6.29 = 5.71 \text{ 度} \end{aligned}$$

同理可得设计基准期为 90 年的多遇地震烈度 I 为 5.9 度。

（2）取罕遇地震作用的在其设计基准期的超越概率为 2%，应用式（7.6－4）可得到设计基准期为 70 年和 90 年相应罕遇地震烈度的重现期，再应用式（7.6－1）求得设计基准期为 70 年和 90 年的罕遇地震烈度相应于 50 年的超越概率；然后用式（7.6－7）求得相应于 70 年和 90 年的罕遇地震烈度分别为 8.28 度和 8.39 度。运用式（7.6－2）可得到相应的水平地震作用峰值加速度分别为：$A_{max}(70) = 240\text{cm/s}^2$、$A_{max}(90) = 260\text{cm/s}^2$。

【算例 3】

某大型工程所在场地 50 年超越概率为 10% 的地震烈度为 6.45 度，其多遇地震烈度为 4.9 度，试给出 50 年超越概率 2% 的罕遇地震烈度和拟采用设计基准为 70 年时的多遇地震与罕遇地震取值。

解：

（1）应用式（7.6－5）求得其极值Ⅲ型的形状参数 k 值：

$$k = \frac{\ln(-\ln 0.9)}{\ln\left(\dfrac{\omega - I}{\omega - I_\varepsilon}\right)} = \frac{-2.25037}{-0.246297} = 9.1368$$

（2）用式（7.6－7）求得 50 年超越概率为 2% 的罕遇地震烈度：

$$\begin{aligned} I &= \omega - \{(\omega - I_\varepsilon)[-\ln(F_{Ⅲ}(I))^{\frac{1}{k}}]\} \\ &= 12 - \{(12 - 4.9)[-\ln(0.98)^{\frac{1}{9.1368}}]\} \\ &= 12 - 7.1 \times 0.6524 = 7.37 \text{ 度} \end{aligned}$$

$$A_{max} = 10^{(7.37\lg 2 - 0.1072)} = 129\text{cm/s}^2$$

（3）用式（7.6－1）求得设计基准期为 70 年的相应于 50 年的超越概率：

$$P(I > i|50) = 1 - \exp(-50/70) = 0.51$$

$$I = \omega - \{(\omega - I_\varepsilon)[-\ln(F_{Ⅲ}(I))^{\frac{1}{k}}]\}$$

$$= 12 - \{(12 - 4.9)\ [-\ln(1 - 0.51)^{\frac{1}{9.1368}}]\}$$
$$= 12 - 7.1 \times 0.964 = 5.16 \text{ 度}$$
$$A_{max} = 10^{(5.16\lg2 - 0.1072)} = 28\text{cm/s}^2$$

（4）用式（7.6－4）求得 70 年超越概率 2%的重现期以及相应于 50 年的超越概率，再用式（7.6－7）算得相应的罕遇地震烈度：

$$T_k = \frac{-70}{\ln(0.98)} = 3465$$
$$P(I > i|50) = 1 - \exp(-50/3465) = 0.014$$
$$I = \omega - \{(\omega - I_\varepsilon)\ [-\ln(F_{\rm III}(I))^{\frac{1}{k}}]\}$$
$$= 12 - \{(12 - 4.9)\ [-\ln(1 - 0.014)^{\frac{1}{9.1368}}]\}$$
$$= 8.12 \text{ 度}$$
$$A_{max} = 10^{(8.12\lg2 - 0.1072)} = 217\text{cm/s}^2$$

参 考 文 献

GB 18306—2015　中国地震动参数区划图［S］

高小旺、鲍蔼斌，1985，地震作用的概率模型及其统计参数，地震工程与工程振动

龚思礼、高小旺等，1993，地震建筑抗震设计新规范讲评，北京：中国建筑工业出版社

龚思礼、周锡元等，1992，建筑抗震设计新发展，北京：中国建筑工业出版社

胡聿贤、张继栋、邹夕林、齐心，1982，基岩地震动参数与震级和距离的关系［J］，地震学报，（02）：199～207

章在墉，1996，地震危险性分析及其应用，上海：同济大学出版社

Algermissen S T，Perkins D M，1977，Earthquake-hazard map of United States，United States：N. p.

Cornell C A，1968，Engineering seismic risk analysis，Bulletin of the Seismological Society of America，58（5）：1583－1606

Donovan N C，1973，A statistical evaluation of strong motion data：Including the February 9，1971 San Fernando earthquake［M］，San Francisco，CA，USA：Dames & Moore

Esteva L，1970，Seismic risk and seismic design input for nuclear power plants［J］，Seismic design for nuclear power plants，RF Hansen，ed.，MIT Press，Cambridge，MA，438－483

Mcguire R K，1974，Seismic structural response risk analysis，incorporating peak response regressions on earthquake magnitude and distance［J］，Report R74－51，Structures Publication

第 8 章　场址动力分析确定设计地震动

8.1 概　　述

采用土层动力反应分析方法进行设计地震动分区是抗震设防区划的主要工作。本章介绍的内容是一种确定设计地震动参数的方法。对于重要工程或者场地条件比较复杂难于按现有的规定确定设计地震动时可采用本方法确定设计地震动参数。

由图 8.1－1 地震波由 b 点通过土层传到 c 点，地面 c 点的地震动受 b 点和 c 点间土层的构成和它的物理力学性质的影响，需要建立合适的力学模型和分析方法来反映这种关系，取得分析结果并对分析结果进行评估，这便是基于场址动力分析确定设计地震动的基本方法。

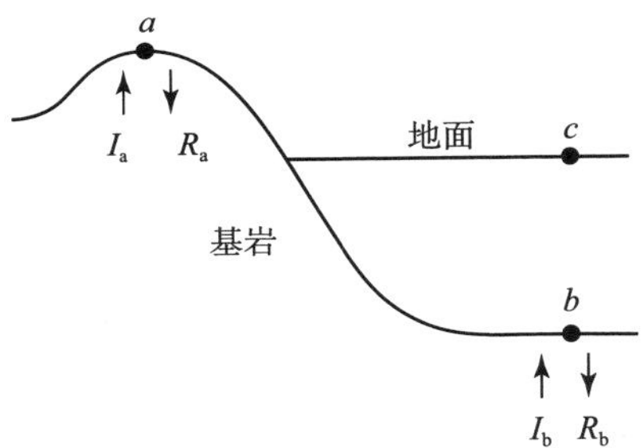

图 8.1－1　入射波和反射波

8.2　场址动力分析的输入运动

8.2.1　入射波和反射波

对于一维剪切波在无限弹性体中传播时，可以取单元介质如图 8.2－1 所示，图中 τ 为剪应力建立动力平衡方程：

$$\rho\partial^2 u/\partial t^2 = G\partial^2 u/\partial z^2 \tag{8.2-1}$$

或

$$\partial^2 u/\partial t^2 = V_s^2\partial^2 u/\partial z^2 \tag{8.2-2}$$

式中　ρ——质量密度（g/cm^3）；

u——位移（m）；

G——剪切模量（kPa）；

$V_s = (G/\rho)^{1/2}$——剪切波速度（m/s）。

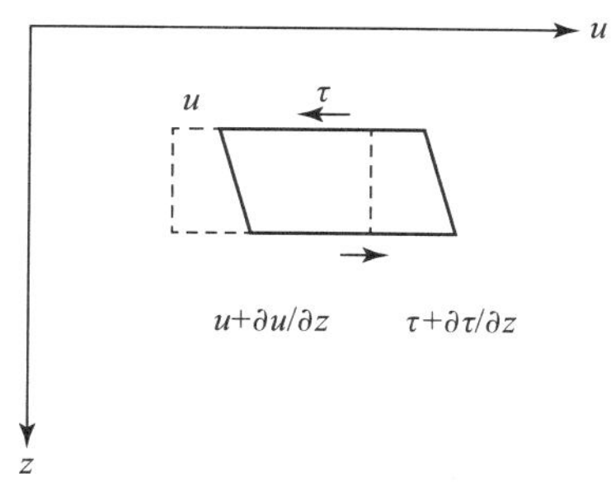

图 8.2－1　单元介质

这是双曲线型偏微分方程，它的通解为：

$$u(z,\ t) = f_1\left(t + \frac{z}{V_s}\right) + f_2\left(t - \frac{z}{V_s}\right) \tag{8.2-3}$$

这个解表明任点的运动都是上行波和下行波的合成。根据这个结果可以得到露头基岩表面（图 8.1－1 中 a 点）运动：

$$u(0,\ t) = f_1(t) + f_2(t) \tag{8.2-4}$$

并且从自由表面剪应力等于零的边界条件得：

$$f_1(t) = f_2(t) \tag{8.2-5}$$

即入射波和反射波相等，因此露头基岩运动成为：

$$u(0,\ t) = 2f_1(t) \tag{8.2-6}$$

也就是说入射波是露头基岩运动幅值的一半。

对于图 8.1－1 所示情形，在土层下面的基岩面的入射波（I_b）不受土层的影响，可以认为它与附近露头基岩运动的入射波（I_a）是相等的：

$$I_a = I_b = f_1(t) = \frac{1}{2}u(0,\ t) \tag{8.2-7}$$

因此，如果一个场址的露头基岩运动即 a 点的运动 $u(0,\ t)$，已经确定，也就等于知道了场址反应的输入运动 I_b，可以由 I_b 通过场址动力分析求出地面 c 点（图 8.1－1）的地震。

8.2.2　基岩输入的概率水准

中国地震动参数区划图给出 50 年超越概率为 10%的Ⅱ类场地的地震动加速度和特征周期，并且规定这是各地区一般工程抗震设防的基本水平。《建筑抗震设计规范》在此基础上对结构抗震验算规定了两个设防水准，即多遇地震和罕遇地震，分别与 50 年超越概率为 63.2%和 2%～3%的地震作用水平相对应。因此，在决定基岩的输入运动时必须与这些概率水平的地震作用相一致。

8.2.3　基岩加速度谱

为了获得所需的基岩运动，一般需要先决定能反映基岩运动的强度和频谱特性的谱值，这个谱值可以是加速度反应谱或加速度的付氏谱等。然后，再由基岩运动的谱特性求出相应的基岩运动。

目前有多种方法可以确定基岩运动谱值，例如：

（1）通过震源机制理论解求出本地区的基岩运动谱值。

（2）地震危险性分析给出基岩运动的加速度谱或加速度付氏谱等。

（3）通过地震危险性分析明确影响本地区的主要震源和震级，并由此用确定性的方法确定相应的基岩运动谱曲线。

（4）由本地区的基岩强震记录确定基岩运动。

第一种方法的理论解正在研究之中，有待进一步发展和实用化，在实际工程上用得较多的是第二种方法，其次是第三种方法，第四种方法只限于那些有强震记录的地方。接下来的问题是如何由已知的基岩运动谱求出相应的基岩运动。

8.2.4　基岩加速度时程

（1）最简单的办法就是选取合适的强震记录，根据上述基岩运动的谱特性对其幅值和主频率进行修正。这样所得的加速度时程只是在主频率和最大幅值上满足人们的要求。

（2）由已知的基岩运动加速度谱作为目标谱来拟合地震波[1]。对于这种方法通常用一系列正弦函数来合成地震波。考虑到地震波在时间轴上的非平稳性，将其合成运动乘以包线函数 $I(t)$，因此，人工拟合的加速度时程 $A(t)$ 可用下式表示：

$$A(t) = I(t)\sum_{i=1}^{N} a_i\cos(\omega_i t + \varphi_i) \qquad (8.2-8)$$

式中　N——频率范围分隔点数可根据所要求的频率范围来确定；

ω_i——圆频率；

ϕ_i——相位角，用随机数产生的方法给出，它们在 0~2π 区段上均匀分布；

a_i——加速度幅值，可以由功率谱求出：

$$a_i = [4G(\omega_i)\Delta\omega_i]^{1/2} \qquad (8.2-9)$$

$\Delta\omega_i$——频率间隔；

$G(\omega_i)$——功率谱。

按下式将加速度谱变换为功率谱：

$$G_j(\omega_i) = \frac{2\zeta}{\pi\omega_i}S_a^2(\omega_i)\Big/\left\{-2\ln\left[-\frac{\pi}{\omega_i T}\ln p\right]\right\} \qquad (8.2-10)$$

式中　$S_a(\omega_i)$——加速度谱，作为目标谱；

ζ——阻尼比；

p——反应不超过反应谱值的概率，一般可取大于或等于 0.85；其他符号同前。

包线函数 $I(t)$ 可用具有三段不同特性（即上升、平稳和衰减）的曲线来表示，如图

8.2-2所示。w一般等于2.0，q等于0.3左右。运动持续时间与所考虑的震级大小有关，7~7.5级一般取持时20s左右，此时可令$t_1=20\text{s}$，$t_2=10.0\text{s}$，其他情况可参考此值估计。

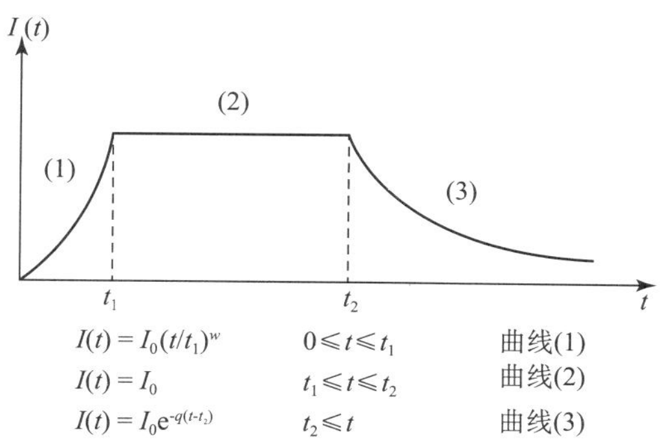

图8.2-2　包络函数

为了使地震波满足定精度，尚需进行迭代，用目标加速度谱和本次的人工波时程的加速度谱S_{aj}的比值修正本次的加速度功率谱G_j，得到下次的加速度功率谱G_{j+1}，即：

$$G_{j+1}(\omega_i)=G_j(\omega_i)[S_a(\omega_i)/S_{aj}(\omega_i)]^2 \tag{8.2-11}$$

然后再由新的功率谱求出新的加速度谱值，并重新进行计算，直到满足定的精度为止。最后还要对地震波进行零线调整，以保证其加速度时程最后的速度为零。

(3) 方法2比方法1较合理，但是这种方法只考虑了幅值的非平稳性，忽略了实际强震运动频率的非均匀性。自从1979年Ohsaki[2]指出相位角对地震动的重要性后，文献[3]及其他许多研究者在人工合成地震波中考虑了相位角分布的不均匀性，改进了人造地震波的方法。另外有些研究者[4]则引入时变功率谱概念来考虑地震动的强度和频率的非稳性，用下式表示人工合成的加速度时程$A(t)$：

$$A(t)=\sum_{k=1}^{N}\sqrt{2G(t,\ \omega)\Delta\omega}\ \cos(\omega_k t+\varphi_k)$$

式中　$G(t,\ \omega)$——时变功率谱，是时间和频率的函数；

ϕ——相位角在0~2π间均匀分布。无须强加包线函数。

(4) 无论是哪种人工拟合地震波的方法，所给出的地震动在幅值上不定与抗震设计规定的当地抗震设防水准相当。可根据地震区划图所规定的当地Ⅱ类场地的地面最大加速度(设为A_0)，并利用岩石场地和Ⅱ类场地加速度比值（$A_r/A_s=R$）的一般经验关系，对上面所得的基岩运动时程$A_1(t)$、$A_2(t)$和$A_3(t)$（50年超越概率分别为63.2%、10%和2%~3%）进行修正得到与当地基本抗震设防水平相对应的岩石场地运动：

$$A_{2r}(t)=A_2(t)\times R\times A_0/A_{2\max} \tag{8.2-12}$$

式中　$A_{2\max}$——$A_2(t)$的最大加速度（cm/s^2）；

$A_{2r}(t)$——修正后的基岩运动加速度（cm/s^2）；

R——一般在0.80~0.90，因地区而异。

(5) 抗震设计规范分多遇地震和罕遇地震两档对结构抗震进行验算，因此，还要根据这两个抗震验算水平和基本设防水平的地震动强度之间的关系，做进一步的换算得到相应的设计基岩运动。

对于多遇地震情形：

$$A_{1r}(t)=A_1(t)\times R\times A_0\times\frac{1}{A_{1max}}\times\alpha_{1max}/\alpha_{2max} \quad (8.2-13)$$

式中　$A_{1r}(t)$——修正后的多遇地震设计基岩加速度时程；

A_{1max}——$A_1(t)$ 的最大加速度幅值。

α_{1max}、α_{2max}分别为多遇地震影响系数（见规范）和基本抗震设防水准的地震影响系数（即设计基本地震加速度值的 2.25 倍）。

对于罕遇地震情形：

$$A_{3r}(t)=A_3(t)\times R\times A_0\times\frac{1}{A_{3max}}\times\alpha_{3max}/\alpha_{2max} \quad (8.2-14)$$

式中　$A_{3r}(t)$——修正后的罕遇地震设计基岩加速度时程；

A_{3max}——$A_3(t)$ 的最大加速度幅值；

α_{3max}——罕遇地震影响系数（见规范）。

前面已经证明了露头基岩运动的幅值为入射波幅值的 2 倍，所以，场址动力反应分析计算应取这些设计基岩加速度时程幅值的一半作为输入运动。

8.3　地震时土的动力性质和本构关系

为了实现场址动力分析计算，需要确定下列土的动力参数：

（1）土的动模量比和阻尼比与应变幅值的关系。

（2）土层中波的传播速度特别是土的剪切波速度。

（3）对饱和砂土或粉土，如果要考虑孔压的产生和消散对地震动的影响，需要测定其液化强度、孔压特性及渗透系数。

8.3.1　地震时土的动模量和阻尼比

（1）土的应力应变滞回曲线。

在实验室中土的应力-应变呈滞回曲线的形状，如图 8.3-1 所示。把不同幅值的滞回曲线的顶点和原点连起来的曲线称为骨架曲线。骨架曲线般和初始加载曲线非常接近。每一滞回曲线顶点和原点连线的正切就是与该应变幅值对应的正割模量 G（图 8.3-1），用下式表示：

$$G=\tan\phi \quad (8.3-1)$$

由滞回曲线可确定土的临界阻尼比：

$$\beta=\frac{\Delta W}{4\pi W} \quad (8.3-2)$$

式中　β——土的临界阻尼比；

W——弹性位能；

ΔW——循环一周所耗散的能量。

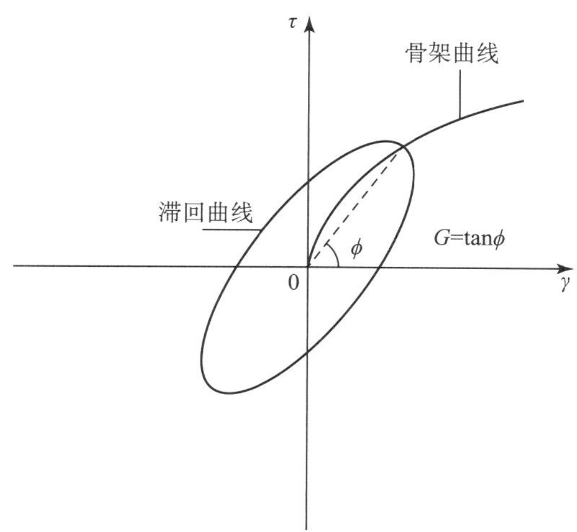

图 8.3－1　土的应力-应变滞回曲线

有关土模量和阻尼比与应变幅值的关系，下列的一些实验结果对场址动力分析很重要。

（2）对于同类土的相对模量比（即任一应变时的模量和最大模量的比值 G/G_{max}）和应变幅值的关系可用一条曲线表示，有时也可用下式表示：

$$G/G_{max} = \frac{1}{1 + \alpha\gamma} \tag{8.3-3}$$

式中　γ——剪应变幅值；

α——与土类有关常数，由实验确定；

G_{max}——最大模量（MPa），为应变等于零时骨架曲线的斜率。

（3）对同类土的阻尼比与应变的关系，也可用同一条曲线来表示，有时也可用下式反映阻尼比 β 与应变幅值的关系：

$$\beta = b\gamma^{c} \tag{8.3-4}$$

式中　b、c——是常数，由实验确定。

8.3.2　土的剪切波速和动力参数

根据无限弹性体中波的传播理论可以得到波在土中传播速度的表达式，从而再由波速换算成土的模量。

不引起体积膨胀的波的传播速度，即剪切波传播速度用下式表示：

$$V_S = \sqrt{G/\rho} \tag{8.3-5}$$

不引起旋转的波（即 P 波）的传播速度为：

$$V_P = \sqrt{(\lambda + 2G)/\rho} \tag{8.3-6}$$

式中　V_S——剪切波速度（m/s）；

V_P——纵波速度（m/s）；

λ——拉梅常数（MPa）。

用上式可以算出土的弹性常数：

土的剪变模量 G：

$$G = V_S^2\rho \tag{8.3-7}$$

土的杨氏模量 E：

$$E = \frac{G(3\lambda + 2G)}{\lambda + G} \tag{8.3-8}$$

土的泊松比 μ：

$$\mu = \frac{\lambda}{2(\lambda + G)} \tag{8.3-9}$$

8.3.3 砂土的液化强度和液化特性

在土层地震反应计算中如要考虑孔压对地震动的影响，除了土的渗透系数外，尚需测定砂土的液化特性。

为了方便，用下面的经验关系来表示液化振动次数 N_l（发生液化时的振动次数）与液化剪应力比 S（即剪应力和初始固结压力的比值）的关系：

$$N_l = \exp(AS^{-1} + BS^{-2}) \tag{8.3-10}$$

式中，A、B 为两个常数，由实验数据统计确定，与土类及密度有关，例如有一种中砂，当相对密实度为 0.60 时，$A = 0.215$，$B = 0.267$。实验还表明，砂土液化强度近似与相对密实度成正比，因此，对同一类砂土，可由一种密度的强度推定其他密度状态的强度。同时，由动力三轴试验还可测定超静孔隙水压力随振动次数的变化规律，这种规律一般用超静孔隙水压力比（$\Delta u/\sigma_0$）和液化振动次数比（N/N_l）的关系表示：

$$\frac{\Delta u}{\sigma_0} = \frac{2}{\pi}\arcsin\left(\frac{N}{N_l}\right)^C \tag{8.3-11}$$

式中 N——振动次数；

C——常数，与土类有关，和土样密度无关，例如有一种中砂 $C=0.54$。

8.3.4 土介质的本构关系

在场址动力分析中有关土介质的本构关系模型很多，因为下面介绍的场址地震反应分析方法中要用到种埃万（Iwan）模型，这里作较详细的讨论。这是种机械模型，分为并联和串联两种。并联埃万模型是由很多的弹塑性元件并联而成（图 8.3-2），串联埃万模型则将系列弹塑性元件串联而成（图 8.3-3）。下面只讨论并联埃万模型。在这个模型中，每个弹塑性元件由弹簧和库仑摩阻元件串联而成如图 8.3-4 所示。

在这个模型中，弹簧元件服从虎克定律，库仑摩阻元件在受荷时，如果变形大于屈服值，则该元件滑动，因而该弹塑性元件不能承受超过它的极限荷载，但变形可以继续；当卸载时，应力路径平行于初始加载路径，负的加荷至屈服，应力保持不变，变形仍在继续，其应力应变关系如图 8.3-5 所示。由足够数量（一般 60 个左右）的具有这样特性元件并联组成的模型，将足以近似地表示地震时土应力应变关系的非线性。对于并联埃万模型，当受荷

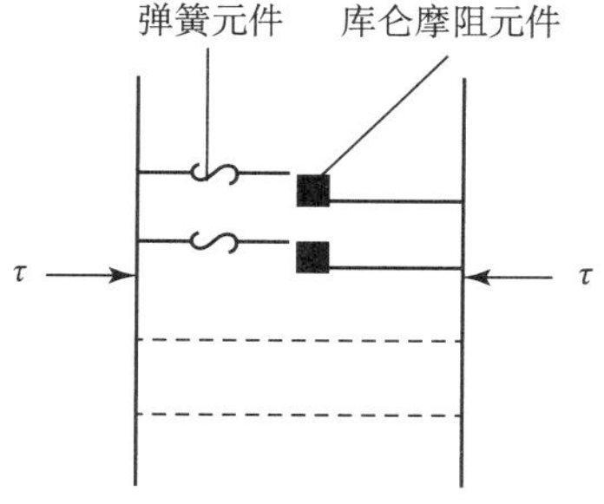

图 8.3－2　并联埃万模型

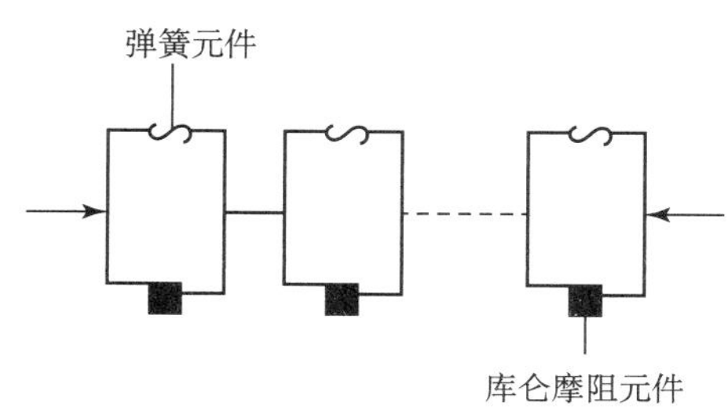

图 8.3－3　串联埃万模型

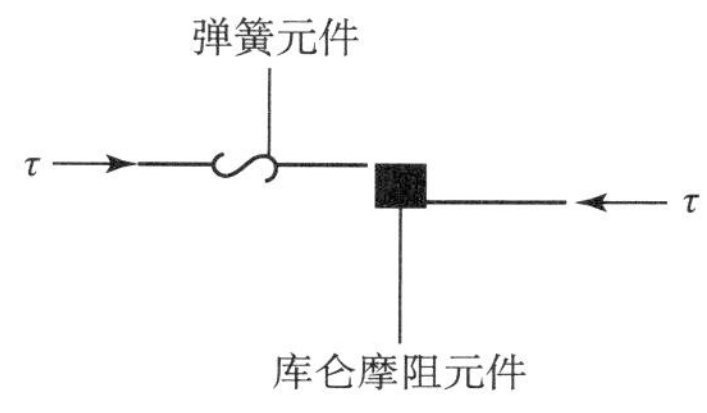

图 8.3－4　单个弹塑元件

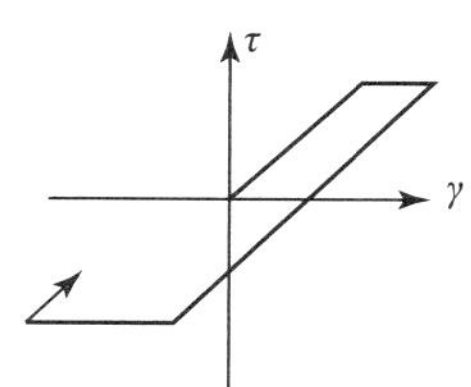

图 8.3－5　单个元件的应力应变曲线

时每个元件的应变是一样的，但由于各个弹塑性元件中的弹簧刚度和库仑摩阻元件的屈服应变不同，所以每个弹塑性元件所分摊的荷载也不同。那么如何确定模型的弹簧参数和摩阻元件的屈服应变？

如果并联埃万模型总共有 N 个弹塑性元件，在事件可能出现的应变范围内按大小顺序对每个库仑摩阻元件规定不同的屈服应变值（$\gamma_1^y > \gamma_2^y > \gamma_3^y \cdots$）。屈服应变值在应变轴上的分布可以是不均匀的，模量变化较大部分可布密些。规定了屈服应变后，可用计算方法确定弹簧的刚度。现在对一个单元土体加荷，土体的应变为 γ_i，由初始加荷曲线得到此时土的正割模量为 G_{0i}，如图 8.3－6 所示。则相应的剪应力为：

$$\tau_i = G_{0i}\gamma_i \qquad (8.3-12)$$

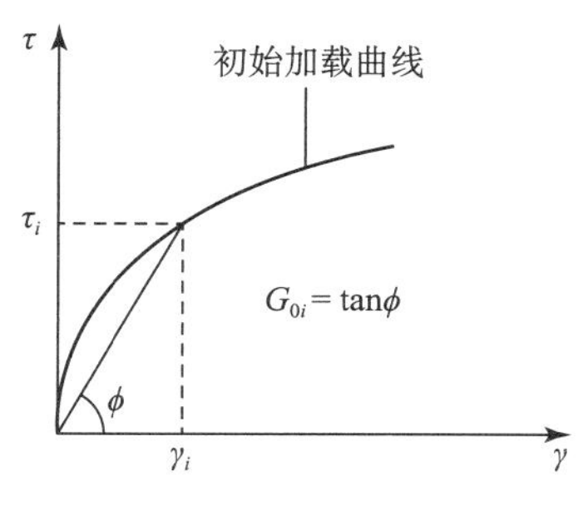

图 8.3－6　正割模量

如果单元土体的应变 γ_i 值介于 $L-1$ 和 L 个元件屈服应变值之间，即

$$\gamma_{L-1}^y < \gamma_i < \gamma_L^y$$

则根据上述并联埃万模型的力学性质，此时模型的应力应变可表示为

$$\tau_m = \sum_{j=1}^{L-1} \gamma_j^y G_j + \gamma_i \sum_{j=L}^{N} G_j \qquad (8.3-13)$$

式中　τ_m——模型剪应力（kPa）；

γ_j^y——第 j 个弹塑性元件的屈服剪应变；

G_j——第 j 个弹簧的剪切模量（MPa）。

显然，$\tau_i=\tau_m$，因此由式（8.3－12）和式（8.3－13）得：

$$\frac{1}{\gamma_i}\sum_{j=1}^{L-1}\gamma_j^y G_j+\sum_{j=L}^{N}G_j=G_{0i} \tag{8.3-14}$$

因为有 N 个元件，可以对不同的应变值建立 N 个方程，组成 N 阶联立方程组，解该方程组就可确定模型的弹簧模量。

一般室内实验给出的是某种土类的剪变模量比随应变幅值变化的关系式或曲线，可以由该关系式和现场测得的该类土的剪变模量来确定与应变 γ_i 相对应的正割剪切模量 G_{0i}：

$$G_{0i}=\rho V_s^2(G/G_{max}) \tag{8.3-15}$$

式中　G/G_{max}——与应变 γ_i 相对应的剪变模量比，其值由实验确定。

如果并联埃万模型总共有 N 个塑性元件，并且已确定了各个弹塑性元件的参数，则它的应力应变关系可用下列各式来表示。

初始加载情形：

$$\tau=\sum_{j=1}^{L}\gamma_j^y G_j+\gamma\sum_{j=L+1}^{N}G_j \tag{8.3-16}$$

卸载或重新加载情形：

$$\tau=\sum_{j=1}^{L}(-\gamma_j^y G_j)+\sum_{j=L+1}^{m}(\gamma_j^y+\gamma-\gamma_c)G_j+\gamma\sum_{j=m+1}^{N}G_j \tag{8.3-17}$$

对于负的初始加载或重新加载 γ_j^y 用负号；m 为拐弯时已有 m 个元件屈服。

在实际计算过程中，需要对元件的屈服与否进行判别。和应力-应变关系一样要按四种加荷情形分别对待。

1. 初始加载情形

由前面应力应变关系式可得到正的初始加载时 $L+1$ 的元件屈服条件为：

$$\tau_{t+\Delta t}-\sum_{j=1}^{L}\gamma_j^y G_j-(\gamma_t+\Delta\gamma)\sum_{j=L+2}^{N}G_j\geqslant\gamma_{L+1}^y G_{L+1} \tag{8.3-18}$$

当屈服应变用负号时就成为负的初始加载的屈服条件。

2. 卸载或重新加载情形

对于卸载，第 $L+1$ 个元件的屈服条件为

$$\tau_{t+\Delta t}-\left\{\sum_{j=1}^{L}(-\gamma_j^y G_j)+\sum_{j=L+2}^{m}(\gamma_j^y+\gamma_t+\Delta\gamma-\gamma_c)G_j+(\gamma_t+\Delta\gamma)\sum_{j=m+1}^{N}G_j\right\}\geqslant\gamma_{L+1}^y G_{L+1} \tag{8.3-19}$$

当屈服应变用负号时就成为重新加荷情形的第 $L+1$ 个元件屈服条件。

8.4　场址动力分析方法

为了预测场址地震反应，20 世纪 70 年代初期 Schnabel 等[6]发展了计算程序 SHAKE。后来又相继出现了多种计算程序。从维数来分有一维、二维和三维的；从土介质的应力-应变关系来分，又有线性的和非线性的；从分析方法来分又有波动法和振型叠加法等。多维的

一般多采用有限元方法。在这节简要地介绍 SHAKE 的一维波动法，然后再详细讨论一维非线性方法。

8.4.1　一维波动法

SHAKE 程序是在频率域对一维剪切波方程进行分析，采用线性化的方法考虑土应力–应变的非线性。

因为土层不是弹性体，常常把它看作是粘弹性体，仿 8.2 节可得剪切波的波动方程：

$$\rho\frac{\partial^2 u}{\partial t^2}=G\frac{\partial^2 u}{\partial t^2}+\eta\frac{\partial^3 u}{\partial z^2\partial t} \tag{8.4-1}$$

右端第二项为阻尼力，η 为阻尼系数。当为简谐运动时、圆频率 ω，设该方程的解为

$$u(z,\ t)=U(z,\ t)\mathrm{e}^{\mathrm{i}\omega t} \tag{8.4-2}$$

代入上式得该方程的解：

$$u(z,\ t)=E(\omega)\mathrm{e}^{\mathrm{i}(\omega t+kz)}+F(\omega)\mathrm{e}^{\mathrm{i}(\omega t-kz)} \tag{8.4-3}$$

考虑到土的剪切模量和阻尼与频率无关，令 $\omega\eta=2G\beta$，参数 β 见式（8.3－4），所以

$$k^2=\rho\omega^2/G(1+2\mathrm{i}\beta) \tag{8.4-4}$$

显然，这个解与式（8.2－3）是相当的，由上行波和下行波组成，而且对于任层土都是适用的。

现在利用 j 层和 $j-1$ 层交界面的边界条件确定项 $E_j(\omega)$ 和 $F_j(\omega)$。每层土设有自己的坐标，零点放在每层土的顶面，向下为正，第 j 层土的厚度用 h_j 表示，见图 8.4－1。在两层的界面上，应满足剪应力相等和位移连续条件。由这两个边界条件得递推公式：

$$E_j(\omega)=0.5E_{j-1}(1+\alpha_{j-1})\mathrm{e}^{\mathrm{i}k_{j-1}h_{j-1}}+0.5F_{j-1}(1-\alpha_{j-1})\mathrm{e}^{-\mathrm{i}k_{j-1}h_{j-1}} \tag{8.4-5}$$

$$F_j(\omega)=0.5E_{j-1}(1-\alpha_{j-1})\mathrm{e}^{\mathrm{i}k_{j-1}h_{j-1}}+0.5F_{j-1}(1+\alpha_{j-1})\mathrm{e}^{-\mathrm{i}k_{j-1}h_{j-1}} \tag{8.4-6}$$

式中

$$\alpha_j(\omega)=\{[\rho_{j-1}G_{j-1}(1+2\mathrm{i}\beta_{j-1})]/[\rho_jG_j(1+2\mathrm{i}\beta_j)]\}^{1/2} \tag{8.4-7}$$

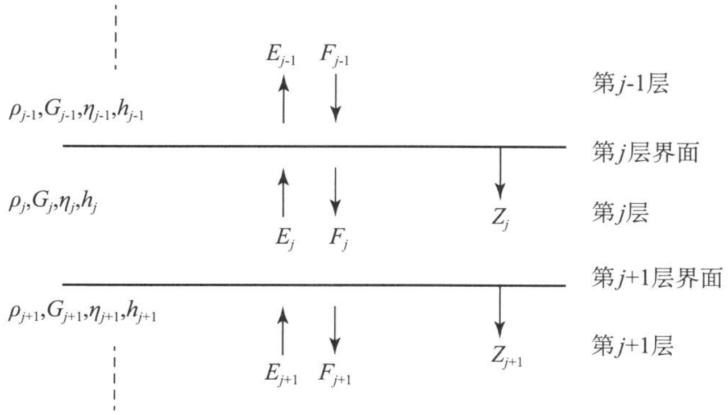

图　8.4－1

对于基底层，由上面的递推公式（8.4－5）可以得到基岩入射波 E_{r}：

$$E_{\mathrm{r}}(\omega)=0.5E_n(1+\alpha_n)\mathrm{e}^{\mathrm{i}k_nh_n}+0.5F_n(1-\alpha_n)\mathrm{e}^{-\mathrm{i}k_nh_n} \tag{8.4-8}$$

有了上述递推公式，但求解还没有完成，尚需考虑自由地面的边界条件。由自由地面剪应力为零条件得：

$$E_1(\omega)=F_1(\omega) \tag{8.4-9}$$

因此，上面所得的任一 j 层界面上的上行波和下行波 $E_j(\omega)$ 和 $F_j(\omega)$ 都可用 E_1 来表示，如果知道基岩的入射波 E_r 或任层的地震动，可以利用递推公式求出任层的解。不过需要指出，上述方法是在频率域求解的，入射波一般用加速度时程表示，需要通过付氏变换转换到频率域，最后再将所得频率域的分析结果，作逆变换给出用时程表示的地震动。前面说过 SHAKE 程序用线性化的方法来考虑土的非线性。所谓线性化就是在一次的全程计算中假设土是线性的，先假设土的初始模量和阻尼比进行分析，求出整个时程中最大应变，再求出有效应变幅值（最大值的 0.65 倍）及与有效应变相应的模量和阻尼比，并和上一次所用模量和阻尼比进行比较，如果其精度满足要求，则计算结束，否则用上述新的模量和阻尼比重新计算，直到满足所要求的精度为止。

8.4.2 一维非线性方法

下面我们介绍 Joyner 等（1975）所提出的非线性土层地震反应分析方法。和 SHAKE 程序一样，在这个方法中，假设土层是水平的，每层土质均匀，对于这种情形，可取单位面积土柱来代表该场地，并用一维多质点模型将其离散化，每层土的质量分别集中于每层土的顶部和底部，模型的基底层为弹性边界，能量可以反射到基底下面的土层（图 8.4-2）。与 SHAKE 程序不同，不是用线性化的方法考虑土介质的应力应变关系的非线性，而是用如前面所介绍的埃万（Iwan）模型来表示土应力应变的非线性，此外还有一点不同的是，此法是在时域里求解。

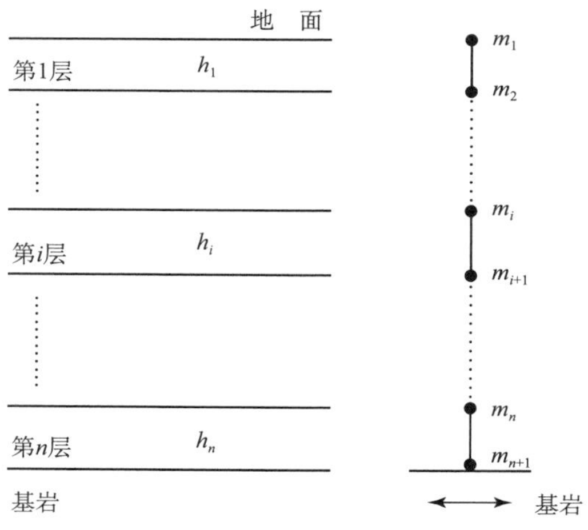

图 8.4-2 一维多质点模型

对于这种一维多质点模型，当地震波由下往上传播时，任一时刻 t 的运动状态可以用各个质点的振动速度和剪应力来描述。如果模型的质点编号由上到下按小到大顺序排列，则任一质点的运动按下列步骤来求：

（1）质点 i 在 $t+\Delta t/2$ 时刻的应变增量 $\Delta\gamma_i$ 的确定：

设任一点的水平位移用 u_i 表示，则 i 点 t 时刻的速度为：

$$V_{i,\ t}=(u_{i,\ t+\Delta t/2}-u_{i,\ t-\Delta t/2})/\Delta t \tag{8.4-10}$$

同样得 $i+1$ 点的速度为：

$$V_{i+1,\ t}=(u_{i+1,\ t+\Delta t/2}-u_{i+1,\ t-\Delta t/2})/\Delta t \tag{8.4-11}$$

两式相减并除以 i 层的厚度 h 得应变增量：

$$\Delta\gamma_{i,\ t+\Delta t/2}=(V_{i+1,\ t}-V_{i,\ t})\Delta t/h_i \tag{8.4-12}$$

式中　$V_{i,t}$和 $V_{i+1,t}$——为第 i 和 $i+1$ 质点在 t 时刻的振动速度（cm/s）；

Δt——时间步长（s）。

（2）将剪应变增量 $\Delta\gamma_{i,\ t+\Delta t/2}$ 代入埃万模型所表示的应力–应变关系式可求出第 i 质点在 $t+\Delta t/2$ 时刻的剪应力 $\Delta\tau_{i,t+\Delta t/2}$。

（3）由 i 质点及 $i-1$ 质点在 $t+\Delta t/2$ 时刻的剪应力 τ和 i 质点在 t 时刻的振动速度 $V_{i,t+\Delta t}$求出质点 i 在 $t+\Delta t$ 时刻的振动速度。

i 点的加速度：

$$a_{i,\ t+\Delta t/2}=(V_{i,\ t+\Delta t}-V_{i,\ t})/\Delta t \tag{8.4-13}$$

由牛顿定律得：

$$\tau_{i,\ t+\Delta t/2}-\tau_{i-1,\ t+\Delta t/2}=m_i a_{i,\ t+\Delta t/2} \tag{8.4-14}$$

将式（8.4－14）代入式（8.4－13）得：

$$V_{i,\ t+\Delta t}=V_{i,\ t}+(\tau_{i,\ t+\Delta t/2}-\tau_{i-1,\ t+\Delta t/2})\Delta t/m_i \tag{8.4-15}$$

式中　m_i——质点 i 的质量，$m_i=(\rho_i h_i+\rho_{i-1}h_{i-1})/2$。

此外，还应考虑最顶层和最底层的边界条件。最顶层的质点振动速度由式（8.4－15）容易得到：

$$V_{1,\ t+\Delta t}=V_{1,\ t}+\tau_{1,\ t+\Delta t/2}\Delta t/m_1 \tag{8.4-16}$$

根据假设，基底层，即 $n+1$ 层为弹性边界，地震时将有部分能量透射到底部，应用前面所述波动方程可建立应力与入射波和反射波速的关系，从而导得该层质点在 $t+\Delta t$ 时刻的振动速度：

$$\begin{aligned}V_{n+1,\ t+\Delta t}=&[1-1/(1+\rho_{n+1}V_s\Delta t)/m_{n+1}][2V_{I,\ t+\Delta}\\&-(\tau_{n,\ t+\Delta t/2}-V_{n+1,\ t}m_{n+1}/\Delta t)/(\rho_{n+1}V_s)]\end{aligned} \tag{8.4-17}$$

式中　ρ_{n+1}——$n+1$ 层质量密度（g/cm^3）；

V_s——$n+1$ 层的剪切波传播速度（cm/s）；

m_{n+1}——n 层单位面积质量的一半（g/cm^3）；

$V_{I,t+\Delta t}$——$t+\Delta t$ 时刻输入振动速度（cm/s），由基岩输入运动确定。

式（8.4－17）意味着基底层的剪切波速和质量密度对地震动有影响。计算由下到上逐点进行，当求出所有质点的振动速度后，再求下个时刻的应变增量、剪应力和振动速度，按此循环直到整个输入运动终了。如需要用加速度时程表示地震动时，可将速度时程换算为加速度时程。

对于饱和砂层和饱和粉土层，由于地震时土层出现剪应变，将可能引起超静水压力，土颗粒之间的有效正应力也将减少，因而土层的刚度变小，阻尼增大，这就势必影响土层的地震反应。

如果通过实验已经测定了饱和砂类土的液化强度和超静孔隙水压力特性，在土层地震反应分析中就可以计算地震过程中所产生的孔压大小对地震动的影响[9]。超静孔隙水压力对震动的影响主要反映在对土刚度的影响，也可以归结为对土层最大剪切模量的影响。通常用下式来考虑超静孔隙水压力的产生对最大剪切模量进行修正得新的最大剪切模量：

$$G_{max}^{0} = G_{max}\sqrt{1 - r_u} \quad (8.4-18)$$

式中　r_u——超静孔隙水压力比，$r_u = \Delta u/\sigma_0$。

一维非线性土层地震反应计算程序 DGMP[10]就是根据上画所述分析方法编制的。

8.5　设计地震动参数

应用前面的分析方法可以给出每个场址的加速度谱曲线、地面最大加速度和地面最大速度等地震动参数。这些结果无疑是对该场址地震动的一种估计，在某种程度上反映了该场地的地震动特性。但不能将它直接用于设计，因为在分析计算过程中涉及许多不确定性因素，计算模型对实际问题也做了很大的简化，需要对这些结果做进一步的分析，结合工程经验和规范有关规定给出设计值。

基于大量的强震观测记录的分析，建筑抗震设计规范规定设计地震动用弹性加速度反应谱表示。由于设计谱曲线的形状特征作了规定，对于给定场地只需两个地震动参数，即水平地震影响系数最大值和反应谱的特征周期，就可表示该场地的设计谱曲线。如何根据场址动力反应分析结果合理地确定这两个设计地震动参数，有待进一步的研究，目前没有统一的方法。下面推荐三种方法：

第一种方法

1. 特征周期

如果认为由场址反应分析得的一个场地的地面震动的主峰波可用正弦函数表示，则它的周期为

$$T_g = 2\pi V_{max}/A_{max} \quad (8.5-1)$$

式中　V_{max}——与主峰波相应的地面最大速度（cm/s）；

A_{max}——与主峰波相应的地面最大加速度（cm/s^2）。

日本的坂神地震[11]表明，可近似用上式表示地震波峰值的卓越周期。

2. 最大地震影响系数

当场地的特征周期和1s周期处的反应谱值已知时，根据《建筑抗震设计规范》规定的谱曲线长周期部分衰减的斜率表示式，最大加速度谱设计值可按下式求得：

$$\alpha_{max} = \alpha_1/(T_g)^{0.9} \quad (8.5-2)$$

式中　α_{max}——最大加速度谱设计值（cm/s^2）；

α_1——场地反应谱周期1s处的谱值。

如果采用美国规范反应谱曲线长周期部分的衰减斜率为周期的一次方[1]，则用下式来计算最大加速度谱设计值有更好的效果：

$$\alpha_{max} = \alpha_1 / T_g \tag{8.5-3}$$

地震影响系数为加速度谱值和重力加速度的比值，求出了谱值也就得到了地震影响系数。

第二种方法

1. 特征周期

我国地震动参数区划图用速度反应谱的最大值和加速度反应谱最大值的比值[12]来确定特征周期，即

$$T_g = 2\pi \times S_v / S_a \tag{8.5-4}$$

式中　S_v——速度反应谱的最大值（cm/s）；

S_a——加速度反应谱最大值（cm/s^2）。

2. 最大地震影响系数

最大地震影响系数的确定方法和第一种方法相同。

第三种方法

1. 特征周期

在《抗震规范》中实际隐含着规准设计谱的最大值为 $\beta_{max}=2.25$，因此对于给定场地的反应谱曲线可以把与该值相对应的最大周期定义为该场地特征周期 T_g。

2. 最大地震影响系数

我们知道最大加速度谱设计值可用规准谱表示：

$$\alpha_{max} = A_{dm}\beta_{max} \tag{8.5-5}$$

式中　A_{dm}——最大地面加速度设计值（cm/s^2）；

β_{max}——动力放大系数最大值。

应用 DGMP 程序对 7 个城市上千个土层钻孔做了反应分析计算，这些城市分布于 7、8 和 9 度地震烈度区，对所得的最大地面加速度进行统计分析，认为地面加速度设计值可用下式表示：

$$A_{dm} = 0.63A_{max} \tag{8.5-6}$$

式中　A_{max}——土层地震反应分析所得的最大地面加速度（cm/s^2）。

在这里需要指出，上式中的折减系数 0.63 显然与场址动力反应分析方法有关。

因此，最大加速度谱设计值表示为：

$$\alpha_{max} = 0.63A_{max}\beta_{max} \tag{8.5-7}$$

取 $\beta_{max}=2.25$。

我们将上述三种确定特征周期的方法，对上百条实际强震记录做了分析，结果表明三种方法所得的特征周期基本一致，第二种方法的特征周期一般偏短，但差别不大。

从我们的大量土层地震反应计算结果来看，上述三种方法所得的特征周期和最大地震影响系数虽然有所差别，但是与抗震规范的规定值比较也是可以接受的。

一个场地的地震动与地震地质环境和场地条件关系密切，影响地震动的因素很多，在许多方面人们至今仍很不清楚。因此，在决定一个场地，特别是重大工程场地的设计地震动时，宜根据多种方法分析结果通过综合分析研究选取合适的设计地震动参数，尽量做到既经济合理又安全。

8.6　设计地震动参数的确定步骤

综上所述基于场址动力反应分析的设计地震动参数的确定步骤可归纳如下：

8.6.1　场址动力分析输入运动的确定

根据地震危险性分析或其他方法给出与本地区抗震设防水平相应的露头基岩地震动谱值，然后结合国家地震区划图给出相应的露头基岩运动，由该运动确定场址反应分析输入运动。

8.6.2　场址岩性构成和动力参数的确定

（1）工程勘察查明场地土层的构成、物理力学性质和地下水位，给出钻孔柱状图。

（2）原位测定各土层的剪切波和纵波的传播速度。

（3）实验测定各类土的动模量、阻尼比与应变幅值的关系。

（4）实验测定砂类土和粉土的液化强度及超静孔隙水压力特性。

8.6.3　场址动力反应分析

（1）确定土的本构关系。

（2）土层剖面计算模型的确定。

（3）动力反应分析计算方法的选用。

可用 DGMP 或 SHAKE 程序实现场址动力分析计算。

8.6.4　设计地震动参数的确定

根据场址动力反应分析的结果，采用合理的方法计算场地的特征周期和最大地震影响系数。通过综合分析研究选取合理的设计值。

计算例题

根据《中国地震动参数区划图》，这是个位于 7 度地震烈度区（0.15g）的场地。该场地 20m 内土层的平均剪切波速为 178m/s，覆盖层厚度小于 50m，根据抗震设计规范判定，该场地为类Ⅱ场地，该场址的设计地震分组为第一组，因此该场地的特征周期 $T_g=0.35$s，罕遇地震的地震影响系数为 0.72。

1. 土层剖面和土的力学性质

场地的土层剖面和土层剪切波速度见图 8.6－1，地下水位为地面下 1.8m。

人工填土，	$V_s=185$m/s，$\gamma=1.91$g/cm^3，$h=1.0$m
粉质黏土，	$V_s=138$m/s，$\gamma=1.77$g/cm^3，$h=4.5$m
中　砂，	$V_s=124$m/s，$\gamma=1.83$g/cm^3，$h=3.2$m
粉质黏土，	$V_s=262$m/s，$\gamma=1.90$g/cm^3，$h=2.8$m
粉质黏土，	$V_s=223$m/s，$\gamma=1.90$g/cm^3，$h=8.5$m
中　砂，	$V_s=331$m/s，$\gamma=1.97$g/cm^3，$h=1.5$m
粉质黏土，	$V_s=284$m/s，$\gamma=1.98$g/cm^3，$h=3.2$m
粉质黏土，	$V_s=292$m/s，$\gamma=2.00$g/cm^3，$h=2.3$m
黏　土，	$V_s=332$m/s，$\gamma=2.02$g/cm^3，$h=3.0$m
基　岩	

图 8.6－1　土层剖面

剪变模量比用式（8.3－3）表示，由实验测定该式的土参数 α 如下：

中砂 $\alpha=446$；粉质黏土 $\alpha=569$；黏土 $\alpha=202$。

阻尼比用式（8.3－4）表示，实验测得该式中常数 b 和 c 如下：

中砂：$b=0.77$，$c=0.22$；粉质黏土：$b=1.19$，$c=0.35$；黏土 $b=0.57$，$c=0.20$。

最大剪切模量一般由土层剪切波速度和质量密度确定。根据上述土层力学性质参数可建立各层土应力应变关系的埃万模型，或等效模量和阻尼比与应变幅值的关系。

2. 基岩输入运动

用地震危险性分析方法[13]估计当地可能遭受的地震作用，给出 50 年三个概率水平的基岩场地加速度谱曲线，见图 8.6－2。

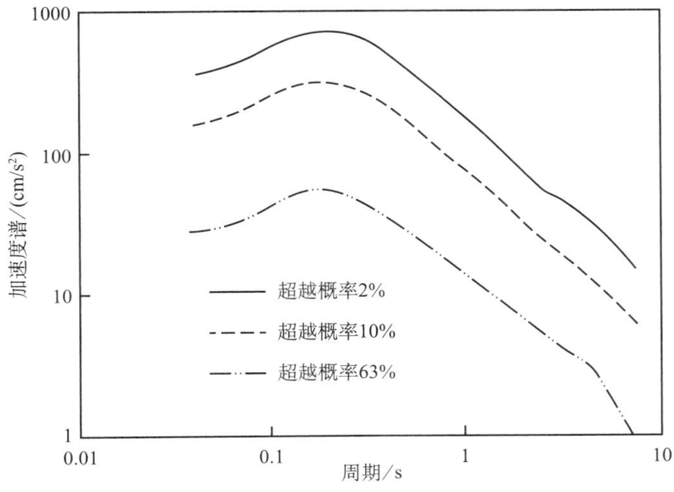

图 8.6－2　岩石场地的加速度谱

将上述谱曲线分别作为目标谱用时变功率谱合成地震波[6]，得到三条与当地抗震设防水平相当的露头基岩运动，如图 8.6－3 所示，按《中国地震动参数区划图》对地震波幅值进行修正后得输入运动。

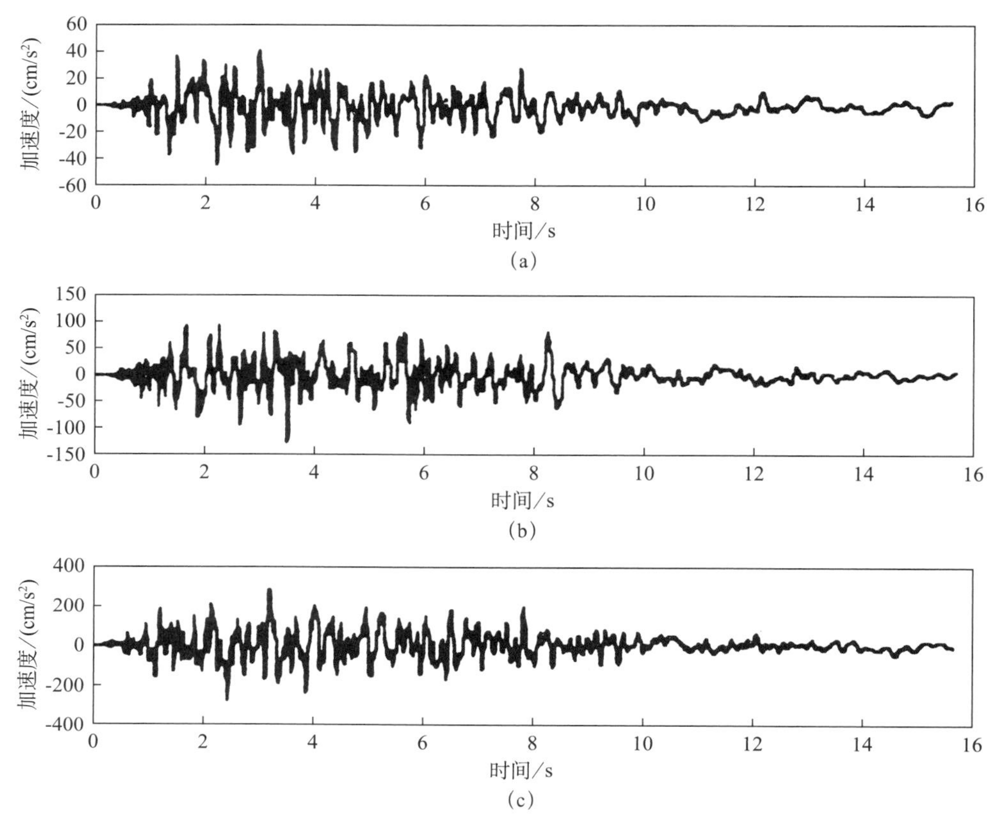

图 8.6－3　基岩输入人工地震波时程曲线

（a）常遇地震；（b）基本地震；（c）罕遇地震

3. 场址动力分析

采用 DGMP 计算程序对上述土层剖面进行场址动力分析。该程序可以自动将土层剖面离散化。当输入上述罕遇地震的基岩运动时，得到罕遇地震时地面的加速度时程（图 8.6－4），其规准加速度反应谱曲线见图 8.6－5。速度和加速度最大值分别为 18.8cm/s 和

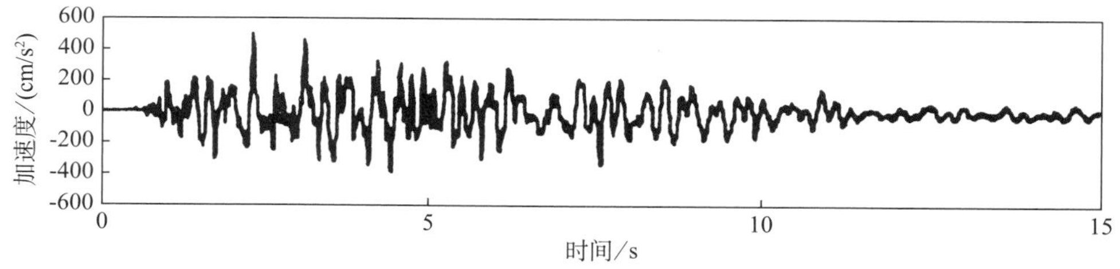

图 8.6－4　地面加速度时程曲线

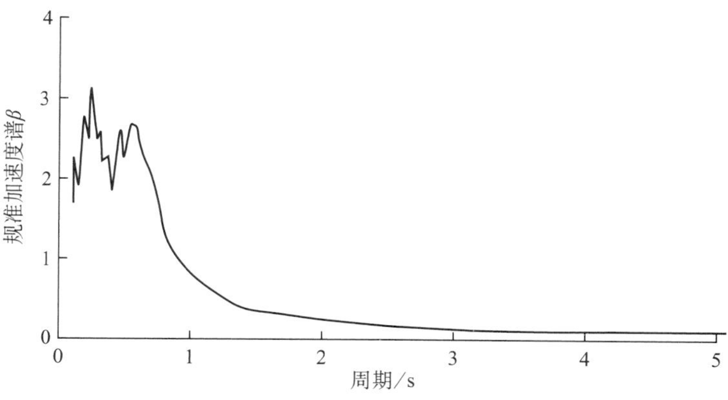

图 8.6-5　地面规准加速度谱曲线

328.0cm/s²；速度谱和加速度谱最大值分别为 57.5cm/s 和 1167.0cm/s²；周期为 1s 时的加速度谱值为 205.0cm/s²。

4. 设计地震动参数

利用上述计算结果和前面所述设计地震动参数的确定方法给出该场址的设计地震动参数。

按第一种方法：

由式（8.5-1）得场地特征周期设计值：$T_g=6.28\times18.8/328=0.36s$

由式（8.5-3）得最大加速度谱设计值：$\alpha_{max}=205/0.36=569cm/s^2$

按第二种方法：

由式（8.5-4）得场地特征周期设计值：$T_g=6.28\times57.6/1167=0.31s$

由式（8.5-3）得最大加速度谱设计值：$\alpha_{max}=205/0.31=661cm/s^2$

按第三种方法：

场地特征周期设计值：$T_g=0.37s$

由式（8.5-7）得最大加速度谱设计值：$\alpha_{max}=0.63\times430\times225=610cm/s^2$

上面的计算结果表明第二种方法得到的 α_{max} 和第三种方法得到的 α_{max} 与规范规定的值比较接近，第一种方法得到的 α_{max} 稍小。而特征周期则是第一、三种方法得到的 T_g 与规范规定的值基本一致，第二种方法得到的 T_g 稍小，但差别都不大。应当说所得结果是合理的。

参　考　文　献

符圣聪、江静贝，1984，Iwan 模型用于场址动力分析［J］，地震工程与工程振动，(3)：50~61

符圣聪、江静贝，1985，两个典型场地的液化和动力反应分析［J］，岩土工程学报，7 (4)：45~53

符圣聪、江静贝，2002，用时变功率谱拟合地震动［J］，工程抗震，(1)：29~33

廖振鹏，1990，设计地震动的合成［C］，中国地震学会全国地震工程会议集，(1)：23~40

Joyner W B and Chen A T F, Calculation of Nonlinear Ground Response in Earthquakes, BSSA, Vol. 105, No. 5, 1975

第 9 章　场地效应与场地分类

9.1　对建筑抗震有利、不利与危险地段

在强震区（一般指 6 度以上的地震区）选择建筑场地时，宜选择对抗震有利地段，避开不利地段，当无法避开时应采取适当的抗震措施。《建筑抗震设计规范》（GB 50011—2010）提高了对危险地段的防护，规定严禁建造甲、乙类的建筑，不应建造丙类的建筑。按全文强制性执行《住宅设计规范》（GB 50096—2011）的规定，严禁在危险地段建造住宅。

按抗震规范，对建筑抗震有利、一般、不利与危险地段的划分如表 9.1－1 所示。

表 9.1－1　有利、一般、不利和危险地段的划分

地段类别	地质、地形、地貌
有利地段	稳定基岩，坚硬土、开阔、平坦、密实、均匀的中硬土等
一般地段	不属于有利、不利和危险的地段
不利地段	软弱土，液化土，条状突出的山嘴，高耸孤立的山丘，陡坡，陡坎，河岸和边坡的边缘，平面分布上成因、岩性、状态明显不均匀的土层（如故河道、疏松的断层破碎带、暗埋的塘浜沟谷和半填半挖地基），高含水量的可塑黄土，地表存在结构性裂缝等
危险地段	地震时可能发生滑坡、崩塌、地陷、地裂、泥石流等及发震断裂带上可能发生地表位错的部位

《建筑抗震设计规范》(GB 50011—2010) 相比《建筑抗震设计规范》(GB 50011—2001) 的变化是：考虑到高含水量的可塑黄土在地震作用下会产生震陷，历次地震的震害也比较重，此外当地表存在结构性裂缝时对建筑物抗震也是不利的，因此将其列入不利地段，并明确其他地段划为可进行建设的一般地段。

有利地段的地震反应往往较不利地段或危险地段小而预测的把握较大。

抗震不利地段的地震反应与抗震有利地段相比，则往往更为强烈与复杂，也不易预测。此外土、岩石在地震作用下易发生失稳、液化或震陷等现象，见表 9.1－2 及表 9.1－3。由表 9.1－3 中可以看出，建于高突地形上的建筑物所遭受到的地震烈度可能会比平地上的建筑物高出 0.5~3 度，震害更为严重，而这一点在《建筑抗震设计规范》（GBJ 11—89）的设计中因为工作做的不够，未能反映这种差异，《建筑抗震设计规范》（GB 50011—2010）

（2016 版）已对这空白作了弥补。

表 9.1－2　抗震不利和危险地段可能产生的震害

地质、地形、地貌	可能产生的震害
条状突出的山脊，孤凸的山丘，非岩质陡坡	（1）岩土失稳；（2）山坡与山顶地震作用加强，较坡脚下可高 1～3 度；（3）石块抛射现象
软土、液化土、高含水量的可塑黄土	液化或震陷引起的地下结构上浮、地基、边坡失稳；侧向扩展与流滑
河岸与边坡边缘、海滨、古河道、地表存在结构性裂缝	（1）地裂与边坡失稳；（2）不均匀震陷
不均匀地基（断层破碎带、半填半挖地基、暗藏的塘坑等）	（1）土层变化处地震作用增强且复杂；（2）不均匀震陷
采空区	（1）塌陷；（2）地震反应异常
抗震危险地段	（1）滑坡、地陷、地裂、崩塌、泥石流等；（2）地表错位

表 9.1－3　高突地形对烈度的影响

地震名称	震害差异描述	高差（m）	烈度差异
海原地震（1920，M=8.5）	（1）甘谷县坐落在河谷地，冲积黄土上的姚庄，烈度为 7，而相距仅 2km 的牛家山庄，坐落在黄土山嘴上，高出河谷 100m 左右，地基土与姚庄相似，烈度 9 度	100	2
	（2）天水县东柯河谷中街事的烈度不足 8 度，而附近高出河谷 150m 左右黄土山梁上的北堡子、王家沽沱、何家堡子等村，烈度均为 9 度	150	1
东川地震（1966，M=6.5）	位于震中的狮子坡村，建在两条河谷交汇处突出山角上的房屋，倒塌率达 83%，而相距仅约 50m，建在洼地上的另一自然村，房屋仅受到严重破坏	/	1
邢台地震（1966，M=7.2）	宁晋上安村，位于高出平地 500～100m 的黄土台地前缘，地震时房屋倒塌 1/3 以上，而附近平地上的村庄同类房屋破坏约 5%	50～100	1
通海地震（1970，M=7.7）	（1）建水县利民乡某村位于狭长坝状山体的顶部：两边深切 60m 以上。该村震中距 12.5km，震害指数达 0.70 （2）建水县曲溪区位于平缓山坡上的王马寨，房屋倒塌率为 31%，而紧邻东端位于山嘴上的大红坡，房屋倒塌率高达 91%	>60	2
永善—大关地震（1974，M=7.7）	卢家湾六队居屋分别位于一狭长山梁的端部，为一孤立突出的小山丘，在孤立突出最为显著的小山丘上烈度高达 9 度；在孤立突出较小的山梁靠近大山根部烈度就降低到 8 度；在孤立突出程度最小的山梁鞍部，烈度最低为 7 度	等高	2

续表

地震名称	震害差异描述	高差（m）	烈度差异
海城地震（1975，M=7.3）	他山铺某部队房屋建在山梁坡脚处，当地平缓地形的基岩上震害指数 0.20，而位于山梁中、上部，高出约 40m 左右且地形较陡的基岩上房屋破坏较重，震害指数达 0.27	40	0.5
唐山地震（1976，M=7.6）	迁西县景忠山顶部庙宇式建筑大多严重破坏和倒塌，烈度 9 度；而位于山脚周围 7 个村庄的烈度，普遍为 6 度，高差为 300m	300	3

图 9.1－1 是条状突出上嘴使地震反应复杂化的典型事例。1974 年云南昭通地震时芦家湾六队地形复杂，在不大的范围内，同一等高线上的震害却不相同。在条形的舌尖端，烈度相当于 9 度，稍向内则为 7 度，近大山处则为 8 度。计算分析的结果与宏观震害相一致。

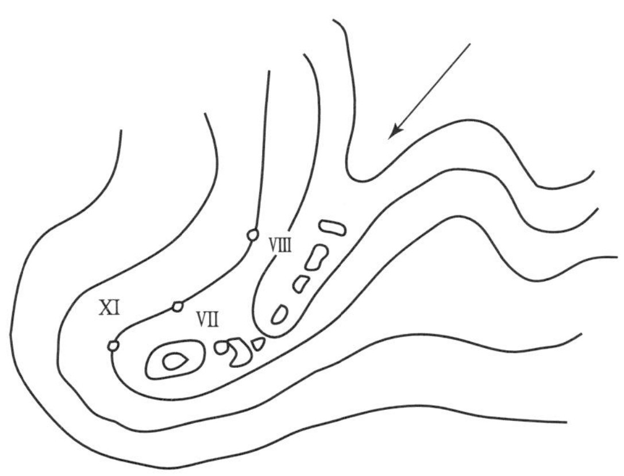

图 9.1－1　芦家湾大队地形及烈度示意图
（方块或长方块为建筑物）

图 9.1－2 是 1968 年十胜冲地震时该地 A、B 测点上的不同地震反应。由图 9.1－2b、c 图可以看出，不论是常时微动或是 1968 年地震时，沼泽地上的地震都比较好土层上的反应大，而建筑物却横跨在地震反应不同的土层上，无疑是处于很不利的工作状态。其他类型的不均匀地基，如表 9.1－1 中的断层破碎带，半挖半填地基，暗藏的坑、塘等也都有如图 9.1－2 所示的类似问题。在这类不利地段，如果地段的范围比较规则，土性比较均匀，则在必要时尚可用地震反应分析方法对地震的反应作预测。但在许多情况下很难做到准确的预估。因此对抗震不利地段，以避开为首选的处置办法。

抗震危险地段主要是在地震时可能对建筑物产生灾难性震害的地段，如岩土崩塌、滑坡、地陷等土体失稳或产生建筑物很难抵抗的地表错动，从而导致建筑物与人员的毁灭。

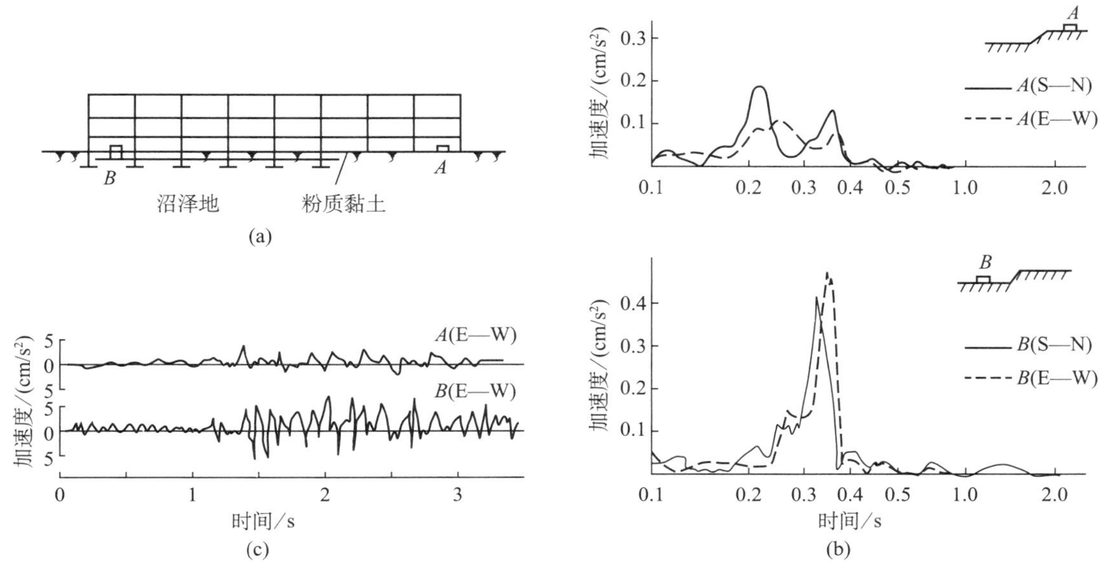

图 9.1-2　建筑不均匀地基上的八户东高中校舍地震记录

（a）校舍示意和测点 A、B 位置；（b）常时微动的记录；（c）1968 年十胜冲地震余震波形记录

9.2　场地分类

场地指建筑物所在的地域，其范围大体相当于厂区、居民点和自然村的区域，范围不应太小，一般不小于 $1km^2$。我国对场地土的定义通常是指场地范围内深度在 20m 左右的地基土，它们的类型与性状对场地反应的影响比深层土大，而欧、美、日本对场地土的定义为 30m。

建筑场地的类别划分，应以土层等效剪切波速和场地覆盖层厚度为准。在初步勘察阶段，对大面积的同一地质单元，测量土层剪切波速的钻孔数量，应为控制性钻孔数量的 1/3~1/5，山间河谷地区可适量减少，但不宜少于 3 个。详细勘察阶段，单幢建筑不宜少于 2 个；数据变化较大时，可适量增加。对同一地质单元小区中的密集高层建筑群的剪切波速测试孔可适当减少，但每幢高层建筑和大跨空间结构钻孔数量均不得少于 2 孔。波速测试的多层与高层建筑的分界，参照《民用建筑设计统一标准》（GB 50352—2019）取 24m，大跨空间结构的范围根据《钢结构通用规范》（GB 55006—2021）规定为跨度 60m 以上的空间结构。

9.2.1　场地土类型和剪切波速

对丁类建筑及丙类建筑中层数不超过 10 层、高度不超过 24m 的多层建筑，当无实测剪切波速时，可根据岩土名称和性状，按表 9.2-1 划分土的类型，再利用当地经验在表 9.2-1 的剪切波速范围内估算各土层的剪切波速。

表 9.2-1　土的类型划分和剪切波速范围

土的类型	岩土名称和性状	土层剪切波速范围/（m/s）
岩石	坚硬、较硬且完整的岩石	$v_s>800$
坚硬土或软质岩石	破碎和较破碎的岩石或软和较软的岩石，密实的碎石土	$800\geqslant v_s>500$
中硬土	中密、稍密的碎石土，密实、中密的砾、粗、中砂，$f_{ak}>150$ 的黏性土和粉土，坚硬黄土	$500\geqslant v_s>250$
中软土	稍密的砾、粗、中砂，除松散外的细、粉砂，$f_{ak}\leqslant 150$ 的黏性土和粉土，$f_{ak}>130$ 的填土，可塑新黄土	$250\geqslant v_s>150$
软弱土	淤泥和淤泥质土，松散的砂，新近沉积的黏性土和粉土，$f_{ak}\leqslant 130$ 的填土，流塑黄土	$v_s\leqslant 150$

注：f_{ak} 为由载荷试验等方法得到的地基承载力特征值（kPa）；v_s 为岩土剪切波速。

对于分层土，在划分场地类别时需要依据等效剪切波速划分。所谓的等效剪切波速，是规范规定的计算深度 d_0 范围内的一个假想波速，它穿透 d_0 所需的时间与波在各分层土中以不同的波速穿过 d_0 深度所需的时间相同。根据这个定义，土层等效剪切波速应按下列公式计算：

$$v_{se}=d_0/t \tag{9.2-1}$$

$$t=\sum_{i=1}^{n}(d_i/v_{si}) \tag{9.2-2}$$

式中　v_{se}——土层等效剪切波速（m/s）；

d_0——计算深度（m），取覆盖层厚度和 20m 两者的较小值；

t——剪切波在地表与计算深度之间传播的时间（s）；

d_i——计算深度范围内第 i 土层的厚度（m）；

n——计算深度范围内土层的分层数；

v_{si}——计算深度范围内第 i 上层的剪切波速（m/s），宜用现场实测数据。

9.2.2　场地判别

1. 确定场地类别

场地类别划分的原则是按地面加速度反应谱相近者划为一类。这样，对同一类的场地就可以用一个标准反应谱来确定建筑上的地震作用以进行抗震设计。

根据研究，影响场地类别的最主要因素有 2 个，其一是土层的等效剪切波速，其二是场地的覆盖层厚度。因此，规范规定，建筑场地的类别划分，应以等效剪切波速和场地覆盖层厚度为准。

一般情况下，场地类别的划分应按一下步骤进行：

（1）计算等效剪切波速，按式（9.2－1）进行。

（2）确定场地覆盖层的厚度，按下列要求进行。

①一般情况下，应按地面至剪切波速大于 500m/s 且其下卧各层岩土的剪切波速均不小于 500m/s 的土层顶面的距离确定。

②当地面 5m 以下存在剪切波速大于其上部各土层剪切波速 2.5 倍的土层，且该层及其下卧各层岩土的剪切波速均不小于 400m/s 时，可按地面至该土层顶面的距离确定。

③剪切波速大于 500m/s 的孤石、透镜体，应视同周围土层。

④土层中厚度不大于 5m、剪切波速大于 500m/s 或剪切波速大于 400m/s 且大于相邻上层土剪切波速 2.5 倍的火山岩硬夹层等，应视为刚体，其厚度应从覆盖土层中扣除。

（3）确定场地类别。

根据土层的等效剪切波速和场地覆盖层厚度，按表 9.2-2 确定建筑场地的类别。

表 9.2－2　各类建筑场地的覆盖层厚度（m）

岩石的剪切波速或土的等效剪切波速/（m/s）	场地类别				
	I_0	I_1	Ⅱ	Ⅲ	Ⅳ
$V_s>800$	0				
$800\geqslant V_s>500$		0			
$500\geqslant V_{se}>250$		<5	≥5		
$250\geqslant V_{se}>150$		<3	3～50	>50	
$V_{se}\leqslant 150$		<3	3～15	15～80	>80

注：V_s 系岩石的剪切波速

2. 关于场地类别划分的几点注意事项

1）d_0 与 v_{se} 在分档界线附近时的处理

按表 9.2－2 确定场地类别的一个缺陷，就是当 v_{se} 与覆盖层厚度 d_0 的值在分档线附近时，可能因小小的差值就会得出不同的场地类别，而导致地震作用的差别甚大，所谓分界线附近，仍按《建筑抗震设计规范》（GB 50011—2010）条文说明的±15%控制。为了弥补这一缺陷，规范容许当剪切波速和覆盖层厚度在表 9.2－1 的场地类别分界线附近时可以按插入法确定场地反应谱特征周期 T_g，这也就相当于修正了地震力由 1 类场地到 2 类或由 2 类场地到 3 类场地的分界线附近出现阶梯式跳跃的弊端。具体的插入方法是根据 d_0 与 v_{se} 之值参照图 9.2－1 进行。该图在场地覆盖层厚度 d_0 和等效剪切波速 v_{se} 平面上用等步长和按线性规则改变步长的方案进行连续化插入，相邻等值线的 T_g 值均相差 0.01s。

2）高层建筑的场地类别问题

目前高层建筑日益增多，其基础埋深常都在 10m 以上，由土层传到高层地下部分的地震波是基底处的地震波和地下室外墙接收到的地震波。

显然，高层建筑基底处的地震波与地表的地震波不会是一样的。按理论与实测，一般土

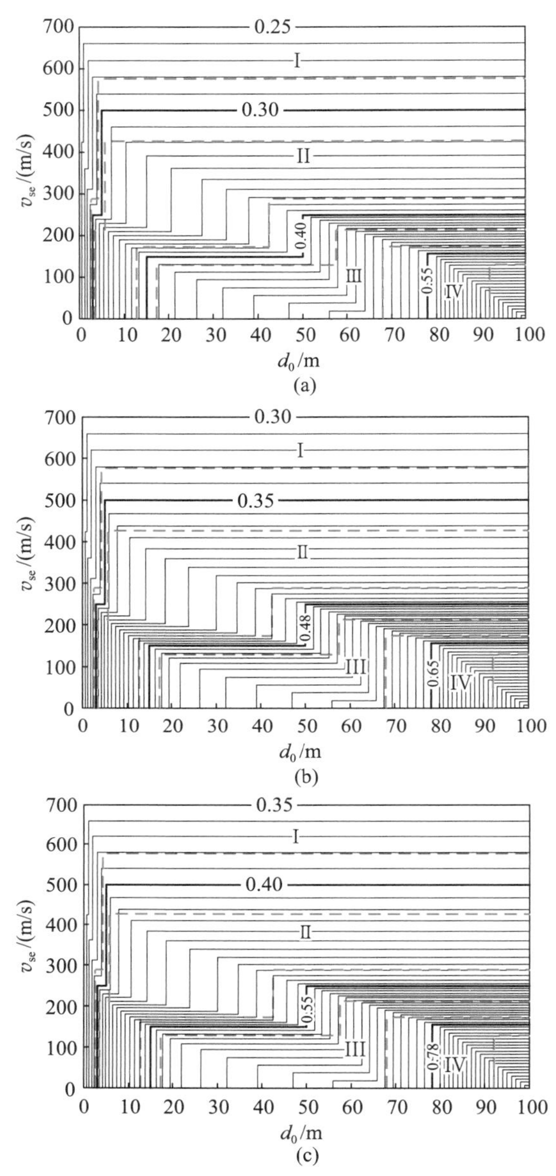

图 9.2－1　特征周期内插方法

（a）适用于设计特征周期一组；（b）适用于设计特征周期二组；（c）适用于设计特征周期三组

层的地震加速度随深度的增加而渐减。图 9.2－2 及图 9.2－3 是 5 个场地的实测地震加速度随深度的变化。由图可见除液化场地 PI 外，其余非液化场地的加速度均为越近地表越大；日本规范规定，－20m 时的土中加速度为地面加速度的 1/2～2/3，中间深度则按插入法确定加速度。因此，有人建议，对高层建筑，其场地类别从基底深度起算进行判别；另一建议认为如果深度仍从地表起算进行场地类别的判别，则应折减其地震力，因为与浅基础相比，深基础的基底地震输入小，埋深大，抗水平摇摆又好，不应与浅基础同样看待。这些看法是有道理的，但因目前尚未能总结出实用的规律。因此暂时对高层建筑的场地类别仍按浅基础同样考虑。

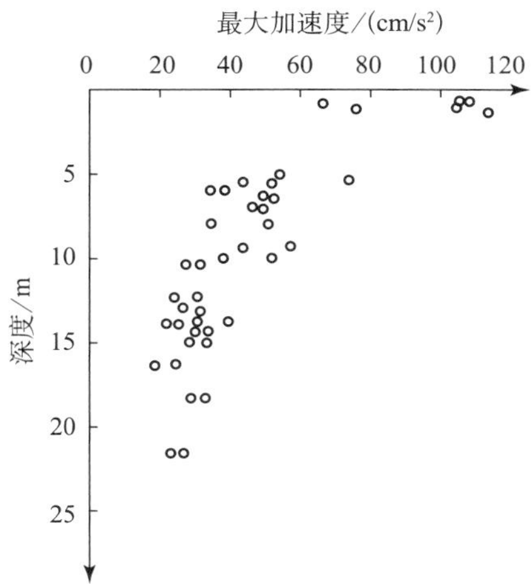

图 9.2－2　土中最大加速度和深度的关系

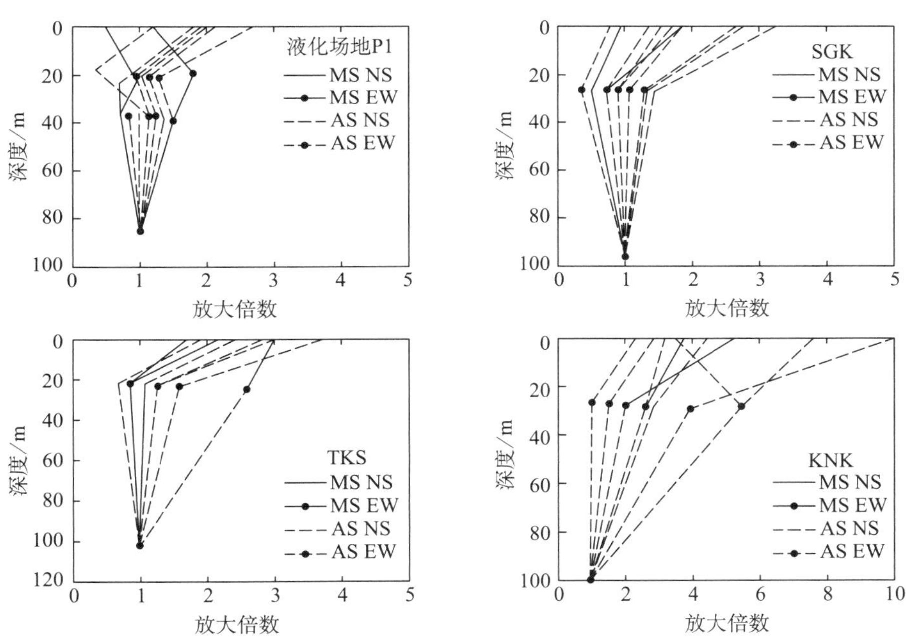

图 9.2－3　四个场地的水平加速度随深度的变化（1995，日本）

MS：主震，AS：余震，NS：南北向，EW：东西向；PI、SGK、TKS 及 KNK 为场地代号

3）场地土中有较厚软土夹层时的处理

表 9.2－2 的场地分类主要适用于剪切波速随深度呈递增趋势的场地。对于有较厚软土夹层的场地则不太适用，因为软土夹层对短周期地震动有抑制作用，将改变地表地震波的组成成分。有学者认为，当软夹层位于剖面顶部时，输入地震动的幅值越小，基岩加速度峰值

被放大的倍数越明显；输入地震动的幅值越大，基岩加速度峰值被放大的倍数越小[1]。因此，宜根据地震反应分析结果适当调整场地类别和设计地震动参数。

9.3　发震断裂对工程影响的评价

发震断层在地震中的破坏行为主要表现在两方面：一方面是地震地表破裂造成横跨断层结构的损坏，另一方面是断层发震时两侧地震动强度不同。从而造成断层两侧一定范围内震害的显著差异。

1906 年美国旧金山大地震以来，全球发生的一系列的破坏地震，特别是土耳其大地震（1999）和中国台湾集集大地震（1999）的震害显示，活断层的地表破裂对横跨断层的各类结构几乎是无坚不摧，使得横跨断层的结构物无一幸免。活断层两侧地震动场的分布比较复杂，总体来说，断层的上盘（主动盘）的地震活动强度大于断层下盘（被动盘）。中国台湾集集大地震的强震资料显示，车龙铺断层（发震断层）的上盘以东地区最大水平加速度峰值大多超过 0.4g，而断层下盘以西地区最大水平加速度峰值大多不超过 0.2g。断层上下盘的地表地震动峰值相差 1 倍，如果基岩表面存在覆盖土层，地表峰值加速度的变化更为复杂。一般在断层带附近的强震区，由于土层的非线性影响，松散土体的放大作用并不明显，远离断层带时，松散土明显地表现出放大作用[6]。

2008 年汶川地震中，北川县城属于地震近场区域，断裂活动导致地表产生大规模的地表破裂带，造成了建筑物地基的严重破坏，使建筑物开裂或垮塌。从城区地表破裂带延伸的长度和宽度统计，地表破裂带面积占城区面积比例不小于 6.5%，对位于地表破裂带两侧 50~80m 范围内的建筑物破坏影响较大[7]。

活动断裂对工程的影响问题一直受到各方的关注。近年来我国已投入了相当的力量进行研究，取得有意义的成果，对某些问题取得了一致看法。

（1）在活动断裂时间下限方面已取得了一致意见：即对一般工业与民用建筑只考虑 1.0 万年（全新世）以来活动过的断裂，在此地质时期以前的活动断裂可不予考虑。对于核电、水电等工程则应考虑 10 万年以来（晚更新世）活动过的断裂，晚更新世以前活动过的断裂亦可不予考虑。

（2）另外一个较为一致的看法是，在地震烈度小于 8 度的地区，可不考虑断裂对工程的错动影响，因为多次国内外地震中的破坏现象均说明，在小于 8 度的地震区，地面一般不产生断裂错动。

（3）关于隐伏断裂的评价。

隐伏断裂是埋藏在覆盖土层下面的断裂。当断裂产生岩层错位时，由于有覆盖层，错位的影响有时不会导致地面也产生错位，但过去对覆盖层多厚，什么样的土层才可以不考虑下部断裂错位的影响，研究者们看法并不一致。有人认为 30m 后土层就可以不考虑，有些学者认为是 50m，还有人提出用基岩位错量大小来衡量，如土层厚度是基岩位错量的 25~30 倍以上就可不考虑等等。唐山地震震中区的地裂缝经有关单位详细工作证明，不是沿地下岩石错动直通地表的构造断裂形成的，而是由于地面振动，表面应力形成的表层地裂。这种裂缝仅分布在地面以下 3m 左右，下部土层并未断开（挖探井证实），在采煤巷道中也未发现错动，对有一定深度基础的建筑物影响不大。

为了对该问题进行更深入的研究，北京市勘察设计研究院曾在建设部抗震办公室申请立项，对发震断裂上覆土层厚度对工程的影响做了专项研究。此项研究主要采用大型离心机模拟实验。此实验主要优点是可以将缩小的模型，通过提高离心加速度的办法达到与原应力状况接近的状态。为了模拟断裂错动专门加工了模拟断裂突然错动装置，可进行垂直与水平两种错动。其位错量大小是根据国内外历次地震不同震级条件下位错量统计分析结果确定的。实验时的位错量为 1.0~4.0m，基本上包括 8、9 度情况下的位错量。上覆土层按不同岩性、不同厚度分为数种情况。通过离心机提高加速度，当达到与原型应力条件相同时，下部基岩突然错动，观察上部土层破裂高度，以便确定安全厚度，根据实验结果，考虑了三倍的安全系数后提出：

当设防烈度为 8、9 度，前第四纪基岩以上的土层覆盖厚度分别大于 60m 及 90m 时，可不考虑断裂错动对地面建筑的影响。

当不满足上述覆盖土厚的要求时，应将建筑物避开主断裂带，避让距离不小于表 9.3－1 的规定。这里所说的避让距离是断层面在地面上的投影或到断层破裂线的距离，不是指到断裂带的距离。在避让距离的范围内确有需要建造分散的、低于三层的丙、丁类建筑时，应采用整体性好的结构类型和基础，抗震措施应提高一度，且不得跨越断层线。

表 9.3－1　发震断裂的最小避让距离（m）

建造烈度	建筑抗震设防类别			
	甲	乙	丙	丁
8	专门研究	200	100	不考虑
9	专门研究	400	200	不考虑

关于断裂的上述《建筑抗震设计规范》（GB 50011—2010）规定是基于模拟试验与宏观震害经验，虽然有的影响因素尚未考虑，但有一定的可信度。

9.4　局部地形的放大作用

震害调查已多次证实，局部高凸地形对地震动的反应较山脚的开阔地更为强烈，表 9.1－3为过去历次地震调查的结果。由此表可以看出，山坡、山顶处建筑物遭到的地震烈度较平地要高出 1~3 度。

国外很多学者对地形放大效应做了深入的研究。Schultz 指出，相对于平坦的盆地，在山腰附近放大 2 倍是很容易达到的；而且在 1~10Hz 的范围内剪切波能量能够在短距离范围内充分地放大和衰减。Bouchon 等指出，在山顶附近，剪切波能够在 1.5~20Hz 的频带放大 50%~100%，这与 1994 年 Northridge 地震观测到的一致。一般将地面地形对地震动的反应分成 3 种情形来考虑：山岭，峡谷和边坡。对于山岭而言，如果 SH 波垂直入射，山顶和靠近山顶的部位放大作用比较明显，山腰及以下部位直到平地往往在不同的频率范围有所放大；对于峡谷而言，如果SH波垂直入射，当入射波的波长接近或小于峡谷的尺度时，放大作用是显著的，而且随频率而变化。峡谷边缘的放大作用最大，大约是1.4倍。对于边坡，其放大作用一般随着边坡角度的增加而增加，而且边坡高度和波长之比等于0.2时，其放大作用达到最大。Ashford等发现，当入射波斜入射到垂直的边坡面时，放大作用会显著地增加[8]。

前人曾用一维地震反应分析程序分析了山包、山梁、悬崖、陡坎等高凸地形的地震反应。但由于实际地形的变化复杂、远非简单的二维空间所能包纳，因此，这些结果主要是定性的与初步定量的。从计算结果与宏观震害归纳出高凸地形地震反应的总体趋向是：

（1）距基准面越高，反应越强烈。

（2）距顶部边缘越远，反应越小。

（3）土质构成比岩质构成的反应大。

（4）高突地形顶面愈开阔，远离边缘的中心部位的反应明显减小。

（5）边坡越陡，顶部的放大效应越大。

为了反映局部高凸地形的地震放大作用，可取平坦开阔地的放大作用为1，而高凸地形的放大作用为λ，则λ可按式（9.4-1）计算：

$$\lambda = 1 + \xi\alpha \tag{9.4-1}$$

式中　ξ——附加调整系数，当：

$L/H<2.5$ 时，　$\xi=1$

$2.5\leqslant L/H<5$ 时，　$\xi=0.6$

$5\leqslant L/H$ 时，　$\xi=0.3$

L——建筑距台地或陡坡边缘的最近距离（m）；

H——高差（m）；

α——地震影响系数的增大幅度，按表9.4-1采用。

《建筑抗震设计规范》（GB 50011—2001）原条文没有指明地震影响系数相应于什么方向，隐含的意思是包括水平和竖向地震影响系数。近几年来获得的一些强震观测资料表明（如美国2003年San Simeon $M5.5$地震和2004年Parkfield $M6.0$地震）地形对竖向地面运动加速度的影响不大。因此，《建筑抗震设计规范》（GB 50011—2010）修订中明确不考虑地形对竖向地震影响系数的影响。并且规定放大系数在1.1~1.6中取值。

表9.4-1　局部突出地形的地震动参数的增大参数

突出高度 H/m	非岩质地层	$H<5$	$5\leqslant H<15$	$15\leqslant H<25$	$H\geqslant25$
	岩质地层	$H<20$	$20\leqslant H<40$	$40\leqslant H<60$	$H\geqslant60$
局部突出台地边缘的侧向平均坡降（H/L）	$H/L<0.3$	0	0.1	0.2	0.3
	$0.3\leqslant H/L<0.6$	0.1	0.2	0.3	0.4
	$0.6\leqslant H/L<1.0$	0.2	0.3	0.4	0.5
	$H/L\geqslant1.0$	0.3	0.1	0.5	0.6

9.5 地面破坏小区划

9.5.1 小区划的概念

工程抗震的第一步是确定哪些地方有发生破坏性地震的危险。为此，世界各多地震国家都按地震危险性的程度将国土划分为若干区，对不同的区规定不同的抗震设防标准，这就是地震区划，通常用图来表示。这种全国规模的区划图采用小比例尺，例如 1∶4000000，它只能提供较大地区内地震危险性的平均估计，即只能提供“设计基准期为 50 年时期内，一般场地条件下可能遭遇超越概率为 10% 的地震烈度（基本烈度）”。

但是，人们根据震害经验早就认识到，地震破坏作用的大小在几百米甚至几十米的范围内就可能有明显的差别。很明显，全国地震区划图不可能用来预测地震破坏作用在小范围内的变化。为了显示地震破坏作用在小范围内的变动情况，它的编图比例尺远大于地震区划图的比例尺，一般采用 1∶10000～1∶50000。地震小区划的任务是：为一般工程和重大工程（例如大型水坝、核电厂等）的抗震设计提供设计地震动参数，为制定城市或厂矿的建设和土地利用规划提供基础资料，为震害预测、防灾与救灾提供基础资料。

9.5.2 地震震害的特点

由于地区特点和地形地质条件的复杂性，强烈地震造成的地面和建筑物的破坏类型多种多样。典型的地震震害有震陷、地震滑坡、地基土液化、崩塌、泥石流和堰塞湖几种。

1. 震陷

震陷是指地基土由于地震作用而产生的明显的竖向永久变形。在发生强烈地震时，如果地基由软弱黏性土和松散砂土构成，其结构受到扰动和破坏，强度严重降低，在重力和基础荷载的作用下会产生附加的沉陷。在我国沿海地区及较大河流的下游软土地区，震陷往往也是主要的地基震害。当地基土的级配较差、含水量较高、孔隙比较大时震陷也大。砂土的液化也往往引起地表较大范围的震陷。此外，在溶洞发育和地下存在大面积采空区的地区，在强烈地震的作用下也容易诱发震陷。

2. 液化

在地震的作用下，饱和砂土的颗粒之间发生相互错动而重新排列，其结构趋于密实，如果砂土为颗粒细小的粉细砂，则因透水性较弱而导致超静孔隙水压力加大，同时颗粒间的有效应力减小，当地震作用大到使有效应力减小到零时，将使砂土颗粒处于悬浮状态，即出现砂土的液化现象。

砂土液化时其性质类似于液体，抗剪强度完全丧失，使作用于其上的建筑物产生大量的沉降、倾斜和水平位移，可引起建筑物开裂、破坏甚至倒塌。在国内外的大地震中，砂土液化现象相当普遍，是造成地震灾害的重要原因。

影响砂土液化的主要因素为：地震烈度、振动的持续时间、土的粒径组成、密实程度、饱和度、土中黏粒含量以及土层埋深等。

3. 地震滑坡

在山区和陡峭的河谷区域，强烈地震可能引起诸如山崩、滑坡、泥石流等大规模的岩土体运动，从而直接导致地基、基础和建筑物的破坏。此外，岩土体的堆积也会给建筑物和人类的安全造成危害。

4. 崩塌

崩塌（崩落、垮塌或塌方）是较陡斜坡上的岩土体在重力作用下突然脱离母体崩落、滚动、堆积在坡脚（或沟谷）的地质现象。产生在土体中的称为土崩，产生在岩体中的称为岩崩。规模巨大、涉及山体者称为山崩。大小不等、零乱无序的岩块（土块）呈锥状堆积在坡脚的堆积物，称崩积物，也可称为岩堆或倒石堆。

5. 泥石流

泥石流是指在山区或者其他沟谷深壑、地形险峻的地区，因为暴雨暴雪或其他自然灾害引发的山体滑坡并携带有大量泥沙以及石块的特殊洪流。地震泥石流绝大多数由暴雨激发，但在同一地区，激发泥石流的降雨条件在地震前后变化很大，地震后同样的暴雨条件所激发泥石流不仅数量多，而且规模也明显增大。泥石流具有突然性以及流速快、流量大、物质容量大和破坏力强等特点[3]。

6. 堰塞湖

堰塞湖是由火山熔岩流、冰碛物或由地震活动使山体岩石崩塌下来等原因引起山崩滑坡体等堵截山谷、河谷或河床后贮水而形成的湖泊。地震堰塞湖生成的重要背景条件为 6 级以上的强烈地震，所在区域地震烈度大于或等于Ⅷ度，地震堰塞湖的分布与活动性断裂关系密切[4]。

9.5.3　地面破坏小区划

地面破坏可根据破坏发生的原因及危害性分为：滑坡与崩塌、地表断裂与裂缝以及地基失效。下面分别讨论这三类地面破坏的区划方法。

1. 滑坡与崩塌小区划

滑坡、崩塌、泥石流、岩石散落等都是地震引起的岩体或土体的斜坡失稳现象，其中滑坡与崩塌造成的危害较大，它有巨大的破坏力，也常为非地震作用（如大雨、人力扰动）所触发，或由地震与其他因素联合触发。

根据现有的经验，地震引起的滑坡与斜坡的外形、岩性和地质条件有关。当岩层倾斜向外，且倾角小于坡面倾角时，或由厚度较大的松散碎石土堆积物构成斜坡且坡角较陡时，容易发生滑坡。另外，黄土地区、沿河谷两侧一带也容易产生滑坡。

为了确定可能发生滑坡与崩塌的地段，近年来开始利用航空摄影、卫星图像等手段。

最主要的预防办法是通过小区划勾划出可能受到滑坡灾害的地段，并在建设规划中避开这一地段。

2. 地表断裂小区划

绝大多数破坏性地震是由沿着地壳断层的某一薄弱面突然破裂错动而发生的。在许多情况下断层错动直通地表，威胁位于地面破裂带上的结构物。预防的办法是在地面破坏小区划图上划出可能出现的地面破裂带，避免在破裂带上进行建设。根据震害经验，破裂带的宽度一般不超过 0.5km（走滑断层）或 1~2km（倾滑断层）。

勾划地面破裂带必须确定未来发震断层的位置，这是十分困难的任务。大多数情况下只能作很不准确的推断。幸好地面破裂产生的严重震害只是局部性的，受灾的面积很小。而且这种地基变形对结构物破坏具有准静态性质，一般较少能威胁到人身安全。

鉴于目前对地面破裂的认识水平及其破坏特征，在评估地面破裂危险带时应考虑在经济上（进一步勘察活断层的费用）和实际效果（确定活断层的可靠性）之间取得平衡。一般宜根据已掌握的地质构造和活断层的资料加以推断，并考虑推断的不确定性。

3. 地基失效小区划

地基失效是指地基土在地震作用下丧失强度或丧失抵抗变形的能力，导致上部结构破坏或无法正常使用。造成地基失效的主要原因是：①砂土和粉土地震液化；②软弱黏性土地震附加沉陷；③不均匀地基的震陷。现在的任务是在一个城市或一个厂矿的范围内，把在未来的地震中可能出现地基失效的地段勾画出来，并在此基础上提出土地利用和基础设计的原则性建议。

编制地基失效小区划的工作内容与步骤如下：

1）收集已有的资料

预测地面破坏分布所需的资料有：

（1）城市（或行政）建设方面的资料：

①城市（或行政）平面图。

②交通、地形图。

③主要建筑类型的设计图（特别是基础图）。

④城市建设规划图。

⑤地下管网分布图。

（2）工程地质方面的资料：

①城市土层钻孔分布及相应土层柱状图。

②基岩埋深状态图（第四纪等厚线图）。

③城市填土分布图。

④地基土类别分区图。

⑤地基承载力分布图。

⑥剪切波速分布图。

⑦标准贯入试验结果和静力触探试验结果分布图。

（3）水文地质方面的资料：

①地下水位分布图。

②古（故）河道或河流变迁图。

③深井打井记录。

以上所列资料，在城市（特别是老城市）一般都有现成的，应尽量利用现有资料，必要时再作补充钻探。

2）补充钻探

（1）钻孔位置应根据土层、地质和地形的变化、原有钻孔的位置等选定，通常将市区按一定要求（不一定等距离）划成网格，每格内至少应有 1 个钻孔，用钻孔取得的资料描述地层的主要特征。钻孔的深度一般为 15~20m，这是从地基失效的要求考虑的，这里未将设计地震动小区划所需要的深孔考虑在内。

（2）钻探时每隔 1~3m（视土性的变化而定）取土样作常规物理力学试验和指定的动力试验，以及标准贯入试验与现场剪切波速测量。

（3）根据地震动小区划图（或基本烈度）按规范的初步判别方法或经验对比，初步勾画出：

①可能发生液化的地段。

②可能产生大震陷的地段。

③可能产生侧向移动、地裂缝和不均匀沉陷地段。

（4）在地基可能失效地段的边界附近，用规范的判别方法或其他公认有效的定量简化方法，作进一步的检查，最终划定分界线或勾画出异常带。

（5）提出地面破坏小区划最终结果。

地面破坏小区划的成果由一套图件和一篇说明与建议性报告所组成。图件的比例为 1∶50000~1∶10000，主要图件有：

①地基液化势分布图（根据需要，可绘出相应的基本烈度或地震危险性分析结果图，下同）。

②软弱黏性土震陷分布图。

③地面断裂、滑塌、侧向移动，地面裂缝和不均匀沉陷分布图。

9.6　对勘察的要求

对勘察工作的要求，总体说应满足：

（1）首先是建筑静力设计的勘察要求。

（2）抗震方面的特殊要求：

①勘察工作应满足地面破坏小区划中的特殊要求，主要是提供小区划工作需要的各种图、表，以划分出对抗震有利、不利和危险等不同的工程地质段（区）。

对一些不利地段，如暗埋的故河道、沟、坑、塘、湖，或者地基土层复杂，分布不均匀时，勘察工作要特别注意，应尽量查明隐患。

②进行必要的土动力性质试验，以满足场地类别划分、重要或复杂场地的地震反应分析、地震小区划，重要工程的地震反应分析等各项工作的需要。

为抗震设计所需的重要勘察试验手段可见表 9.6－1。

表 9.6－1　为抗震设计进行的常用勘察试验

勘察试验名称	主要用途	具体要求
土层剪切波速测定	场地类别划分；换算土的最大剪切模量；液化判别；土性的一般评价	初堪时孔数为控制孔数的 1/3～1/5，山间谷地可减少，但不少于 3 个；详勘时对单幢建筑不宜少于 2 个，对同一地质单元小区中的密集高层建筑群孔数可减少，但每幢高层建筑和大跨空间结构钻孔数量均不得少于 2 孔
标准贯入试验	液化判别的主要手段；计算液化指数；计算液化震陷；土性评价	对民用建筑而言，一个场地标贯孔不宜少于 3；对地震小区化，每 km^2 面积中不少于 3 孔。孔内竖向测点间距一般为 1m
静力触探	液化判别；土性评价	
动模量与阻尼比	场地或结构的地震反应分析；地震小区划	原状土样用量较多，（砂土可不取原样）
动强度及抗液化强度	地震反应分析；土体动力下稳定分析；动承载力	（同上）

9.7　场地类别划分算例

【算例 1】

某高层建筑工程，波速测试成果如柱状图 9.7－1 所示，求等效剪切波速 v_{se}，并判别建筑场地类别。

【解答】

第一步：确定覆盖层厚度

根据《建筑抗震设计规范》第 4.1.4 条第 1 款的规定，建筑场地覆盖层厚度，“一般情况下，应按地面至剪切波速大于 500m/s 且其下卧各层岩土的剪切波速均不小于 500m/s 的土层顶面的距离确定”。

根据上述规定并依据柱状图中 v_s 值，该场地的覆盖层厚度为 58m，大于 50m，且大于 $1.15\times50=57.5$。

第二步：计算等效剪切波速 v_{se}

（1）计算深度 d_0：

根据《建筑抗震设计规范》第 4.1.5 条规定，计算土层等效剪切波速时，计算深度 d_0 取覆盖层厚度和 20m 两者的较小值。本例中，覆盖层厚度为 58m，因此，$d_0=20m$。

（2）等效剪切波速 v_{se}：

根据《建筑抗震设规范》（GB 50011—2010），第 4.15 条公式：

地层深度(m)	岩土名称	地　层柱状图	剪切波速度v_s(m/s)
2.5	填土		120
5.5	粉质黏土		180
7.0	黏质粉土		200
11.0	砂质粉土		220
18.0	粉细砂		230
21.0	粗砂		290
48.0	卵石		510
51.0	中砂		380
58.0	粗砂		420
60.0	砂岩		800

图　9.7－1

$$v_{se} = d_0/t$$

$$t = \sum_{i=1}^{n}(d_i/v_{si}) = \frac{2.5}{120} + \frac{3.0}{180} + \frac{1.5}{200} + \frac{4.0}{220} + \frac{7.0}{230} + \frac{2}{290} = 0.0998\text{s}$$

$$v_{se} = \frac{20}{0.0998} = 200.4 > 1.15 \times 150 = 172.5\text{m/s}$$

第三步：判定场地类别

根据《建筑抗震设计规范》（GB 50011—2010）第 4.1.6 条规定，该场地应为Ⅲ类场地。

【算例 2】

某高层建筑工程，波速测试成果柱状图如图 9.7－2 所示。求等效剪切波速 v_{se}，并判别建筑场地类别。

【解答】

第一步：确定覆盖层厚度

根据《建筑抗震设计规范》（GB 50011—2010）第 4.1.4 条第 2 款规定，当地面 5m 以下存在剪切波速大于其上部各土层剪切波速 2.5 倍的土层，且该层及其下卧各层岩土的剪切波速均不小于 400m/s 时，场地覆盖层厚度可按地面至该土层顶面的距离确定。

本例中，粗砂层波速为 160m/s，圆砾层波速为 420m/s>2.5×160＝400m/s，而且，圆砾

地层深度(m)	岩土名称	地层柱状图	剪切波速度v_s(m/s)
6.0	填土		130
12.0	粉质黏土		150
17.0	粉细砂		155
22.0	粗砂		160
27.0	圆砾		420
51.0	卵石		450
55.0	砂岩		780

图　9.7－2

层以下各土层均波速大于 400m/s，因此，该场地覆盖层厚度为 22m。

第二步：计算等效剪切波速 v_{se}

（1）计算深度 d_0：

根据《建筑抗震设计规范》（GB 50011—2010）第 4.1.5 条规定，计算土层等效剪切波速时，计算深度 d_0 取覆盖层厚度和 20m 两者的较小值。本例中，覆盖层厚度为 22m，因此，$d_0 = 20$m。

（2）等效剪切波速 v_{se}：

根据《建筑抗震设计规范》（GB 50011—2010）第 4.1.5 条公式：

$$v_{se} = d_0/t$$

$$t = \sum_{i=1}^{n}(d_i/v_{si}) = \frac{6}{130} + \frac{6}{150} + \frac{5}{155} + \frac{3}{160} = 0.046 + 0.04 + 0.032 + 0.019 = 0.137\text{s}$$

$$v_{se} = \frac{20}{0.137} = 145.99 < 150\text{m/s} > 0.85 \times 150 = 127.5\text{m/s}$$

第三步：判定场地类别

根据《建筑抗震设计规范》（GB 50011—2010）第 4.1.6 条规定，该工程场为Ⅲ类。由于该工程场地的等效剪切波速值位于Ⅱ、Ⅲ类场地的分界线附近，因此，工程设计时，场地特征周期应按规定插值确定。

参 考 文 献

巴振宁、黄棣旸、梁建文等，2017，层状半空间中周期分布凸起地形对平面 SH 波的散射，地球物理学报，60（03）：1039~1052

薄景山、李秀领、李山有，2003，场地条件对地震动影响研究的若干进展［J］，世界地震工程，19（2）：11~15

陈国兴、丁杰发、方怡、彭艳菊、李小军，2020，场地类别分类方案研究，岩土力学，（11）：3509~3522

陈国兴、李磊、丁杰发等，2020，巨厚沉积土夹火山岩场地非线性地震反应特性［J］，岩土力学，41（9）：3056~3065

高玉峰、代登辉、张宁，2021，河谷地形地震放大效应研究进展与展望［J］，防灾减灾工程学报，41（04）：734~752

郭锋，2010，抗震设计中有关场地的若干问题研究［D］，华中科技大学硕士学位论文

郭锋、吴东明、许国富、仅雨林，2011，中外抗震设计规范场地分类对应关系［J］，土木工程与管理学报，28（2）：63~66

姜纪沂、迟宝明、谷洪彪、宋洋，2009，汶川 8.0 级地震北川县城震害原因分析［J］，地震研究，32（4）：382~386

孔宪京、周扬、邹德高等，2012，汶川地震紫坪铺面板堆石坝地震波输入研究［J］，岩土力学，33（7）：2110~2116

李秀领，2003，土层结构对地表地震动参数影响的研究［D］，哈尔滨：中国地震局工程力学研究所

彭艳菊、吕悦军、黄雅虹等，2009，工程地震中的场地分类方法及适用性评述［J］，地震地质，31（2）：349~362

石玉成、王兰民、张颖，1999，黄土场地覆盖层厚度和地形条件对地震动放大效应的影响，西北地震学报，（02）：203~208

王海云、谢礼立，2008，近断层地震动模拟现状［J］，地球科学进展，2008，23（10）：1043~1049

周国良、李小军、侯春林等，2012，SV 波入射下河谷地形地震动分布特征分析，岩土力学，33（04）：1161~1166

周燕国、谭晓明、陈捷、裴向军、陈云敏，2017，易液化深厚覆盖层地震动放大效应台阵观测与分析［J］，岩土工程学报，39（7）：1282~1291

Borcherdt R D，1994，Estimates of Site-Dependent Response Spectra for Design（Methodology and Justification）［J］，Earthquake Spectra，10（4）：617－653

Bouchon M，Schultz C A，1996，Toksoz M N，Effect of three dimensional topography on seismic motion，Journal of Geophysical Research，101（B3）：5835－5846

Craig A，Schultz M，Nafi T，1994，Enhanced backscattering of seismic waves from a highly irregular，random interface：P-SV case，Geophysical Journal International，117（3）：783－810

Scott A A，Nicholas S，John L，Nan D，1997，Topographic effects on the seismic response of steep slopes，Bulletin of the Seismological Society of America，87（3）：701－709

第 10 章　天然地基基础抗震验算

10.1　地基震害的特点

建筑地基作为场地的一个组成部分，既是地震波的传播介质，又支撑着上部结构传来的各种荷载，具有明显的双重作用。作为地震波的传播媒介，土层条件将影响地震地面运动的大小和特征，即通常所说的放大效应和滤波作用。在很多情况下，这种场地效应是抗震设计的主要组成部分，目前在抗震设计中一般通过场地分类和设计反应谱加以考虑。作为上部结构物的地基，承受上部结构传来的动的和静的水平、竖向荷载以及倾覆力矩，并要求不至于产生过大的沉降或变形，保证上部结构在地震后能够正常使用。

10.1.1　场地地基的典型震害

1. 地表断裂

断裂是地质构造上的薄弱环节。从对建筑危害的角度来看，断裂可以分为发震断裂和非发震断裂。所谓发震断裂，是指具有一定程度的地震活动性，其断裂属于抗震设防所应考虑地震的地层断裂。全新世活动断裂中，近期（近 500 年来）发生过震级 $M\geqslant5$ 级地震的断裂，可定义为发震断裂。所谓非发震断裂，是指除发震断裂以外的地层断裂，在确定抗震设防烈度或进行地震危险性分析时，不认为其在工程设计基准期内会有活动的断裂。所谓全新世活动断裂，是指在全新世地质时期（1 万年）内有过地震活动或近期正在活动、今后 100 年可能继续活动的断裂。

发震断裂的突然错动，要释放能量，引起地震动。强烈地震时，断裂两侧的相对移动还可能出露于地表，形成地表断裂。1976 年唐山地震，在极震区内，一条北东走向的地表断裂，长 8km，水平错位达 1.45m。1999 年台湾集集地震，地震破裂长度 80 多千米，最大错动约 6.5m，断层所过之处，建筑物严重破坏（图 10.1－1、图 10.1－2）。2008 年 5 月 12 日的汶川大地震，断层长度更是达到了 300km，位于断层之上的映秀镇几乎被夷为平地（图 10.1－3），小渔洞镇断层穿过的建筑物全部倒塌（图 10.1－4）。上述事例说明，发震断裂附近地表，地震时很可能产生新的错动，其上若有建筑物，将会遭到严重破坏。此种危险性应该在工程场址选择时加以考虑。

对于非发震断裂，应该查明其活动情况。中国地震局工程力学研究所曾对云南通海地震以及海城、唐山地震中，相当数量的非活动断裂对建筑震害的影响进行了研究。对正好位于非活动断裂带上的村庄，与断裂带以外的村庄，选择震中距和场地土条件基本相同的进行了震害对比。大量统计数字表明，两者房屋震害指数大体相同。表明非活动断裂本身对建筑震害程度无明显影响。所以，工程建设项目无须特意远离非活动断裂。不过，在建筑物具体布置时，不宜将建筑物横跨在断裂或破碎带上，以避免地震时可能因错动或不均匀沉降带来的危害。

图 10.1-1　1999 年台湾集集地震，断层切过万佛寺，庙宇毁损，仅留七丈高药师佛像

图 10.1-2　1999 年台湾集集地震，光复国中三层教室被断层通过全倒

图 10.1-3　2008 年汶川地震，断层之上的映秀镇几乎被夷为平地

图 10.1-4　2008 年汶川地震，小渔洞镇断层穿过的建筑物全部倒塌

2. 山体崩塌

陡峭的山区，在强烈地震的震撼下，常发生巨石滚落、山体崩塌。1932 年云南东川地震，大量山石崩塌，阻塞了小江。1966 年再次发生的 6.7 级地震，震中附近的一个山头，一侧山体就崩塌了近 $8\times10^5 m^3$。1970 年 5 月秘鲁北部地震，也发生了一次特大的塌方，塌体

以每小时 20~40km 的速度滑移 1.8km，一个市镇全部被塌方所掩埋，约 2 万人丧生。1976 年意大利北部山区发生地震，并连下大雨，山体在强余震时崩塌，掩埋了山脚下村庄的部分房屋。2008 年汶川地震中大量的山体崩塌，北川县城几乎被滑坡体掩埋（图 10.1－5），山体崩塌产生的巨大滚石，直接造成了建筑的破坏（图 10.1－6）。所以，在山区选址时，经踏勘，发现有山体崩塌、巨石滚落等潜在危险的地段，不能建房。

图 10.1－5　2008 年汶川地震中大量的山体崩塌，北川县城几乎被滑坡体掩埋

图 10.1－6　2008 年汶川地震中山体崩塌产生的巨大滚石，造成了建筑的破坏

3. 边坡滑移

1971 年云南通海地震，山脚下的一个土质缓坡，连同上面的一座村庄向下滑移了 100 多米，土体破裂、变形，房屋大量倒塌。1964 年美国阿拉斯加地震，岸边含有薄砂层透镜体的黏土沉积层斜坡，因薄砂层的液化而发生了大面积滑坡，土体支离破碎，地面起伏不平（图 10.1－7）。1968 年日本十胜冲地震，一些位于光滑、湿润黏土薄层上面的斜坡土体，也发生了较大距离的滑移。1971 年 2 月 9 日的 San Fernando 地震使 Lower San Fernando 大坝内部发生液化，几乎导致大坝漫顶（图 10.1－8），对人口密集的 San Fernando 流域居住在大坝下游的成千上万居民造成了威胁。

1966 年邢台地震、1975 年海城地震、1976 年唐山地震和 2008 年汶川地震中均可以发现，河岸地面出现多条平行于河流方向的裂隙，河岸土质边坡发生滑移（图 10.1－9），坐落于该段河岸之上的建筑，因地面裂缝穿过破坏严重。另外，在历次地震震害调查中还发现，位于台地边缘或非岩质陡坡边缘的建筑，由于避让距离不够，地震时边坡滑移或变形引起建筑的倒塌、倾斜或开裂（图 10.1－10）。

图 10.1－7　1964 年 Alaska 大地震引起 Turnagain 高地产生滑坡，长度约 1.5 英里，宽度为 1/4~1/2 英里

图 10.1－8　1971 年 San Fernando 地震后的 Lower San Fernando 大坝

图 10.1－9　2008 年汶川地震北川县城河岸边坡滑移

(a)　(b)

图 10.1－10　2008 年汶川地震某住宅楼因边坡避让距离不足导致的开裂破坏

（a）距离陡坡不足 2m；（b）内部墙体裂缝

4. 地面下陷

地下煤矿的大面积采空区，特别是废弃的浅层矿区，地下坑道的支护，或被拆除，或因年久损坏，地震时的坑道坍塌可能导致大面积地陷，引起上部建筑毁坏（图 10.1－11），也应视为抗震危险地段，不得在其上建房。

10.1－11　2008 年汶川地震，地面塌陷引起的建筑物倒塌

5. 土壤液化

地震中的土壤液化会导致土壤强度或刚度的损失，从而使结构产生沉降，使土坝产生滑坡、突然破坏，或引起其他形式的灾害。据观察，土壤液化在疏松的饱和沉积砂土上发生最频繁。

在强烈的地震振动过程中，疏松的饱和沉积砂土压紧密实，体积减小。若砂土中的水不能迅速排出，则超静孔隙水压力增加。沉积砂土中的有效应力为上覆压力与超静孔隙水压力之差，随着振动的延续，超静孔隙水压力持续增大，直至与上覆压力相等，由于无黏性土的剪切强度与有效应力成正比，所以此时砂土不具有任何剪切强度，处于液化状态。地震中若地面出现“砂沸”现象即表明液化已发生。

当支撑房屋的上部土壤未考虑液化效应时，有可能造成重大的甚至破坏性的后果：①建筑物下沉或整体倾斜（图 10.1－12 至图 10.1－14）；②地基不均匀下沉造成上部结构破坏；③地坪下沉或隆起；④地下竖向管道的弯曲变形；⑤房屋基础的钢筋混凝土桩折断。所以，当建筑地基内存在可液化土层时，对于高层建筑，应该采取人工地基，或采取完全消除土层液化性的措施。当采用桩基础时，桩身设计还应考虑水平地震力和地基土下层水平错位所带来的不利影响。

图 10.1－12　1964 年日本的 Niigata 地震中公寓大楼由于液化造成地基承载能力丧失，建筑物整体倾覆

图 10.1－13　1999 年土耳其 Kocaeli 地震，一座 5 层楼房因液化引起的承载能力丧失及下沉，底层大部分沉入地下

图 10.1－14　1999 年台湾的 Chi-Chi 地震，台湾中区一座 3 层住房因液化引起倾斜

10. 1. 2　地基基础震害的特点

（1）地基基础地震破坏的实例是比较少的。例如 1962～1971 年，根据已有的地震宏观调查资料，只有 43 例地基在地震作用下破坏的实例，而相应的房屋破坏实例数以万计。1976 年唐山地震，在Ⅶ～Ⅺ度地震烈度区内，调查了软弱场地上各类房屋的 224 例震害，有明显地基基础震害的仅 7 例，占 3%。机械工业部有关单位于 1976 年唐山地震后调查了软弱场地土上 52 例单层厂房的震害中，与地基基础有关的仅 3 例，占 6%。冶金工业部有关单位于 1975 年海城地震后对软弱场地上 39 例工业建筑的震害作了考察，其中地基基础破坏仅有 4 例，占 10%。又如铁道部第三设计院等四单位对唐山、海城、邢台多次地震的Ⅶ～Ⅹ度烈度区内位于各类场地上的 174 座水塔的震害资料作了分析和验算，除了液化地基外，未发现地基基础有明显破坏现象。

由于房屋倒塌之后难确定地基和基础是否破坏，因此，上述统计数值肯定是不完全的和偏小的。但是可以认为，即使把这些因素都估计进去，无论从相对数量或绝对数量来者，地基基础的震害实例较上部结构的震害而言都是少的。

地基基础震害较少的原因主要有两方面：一是在地震作用前有较多的安全储备，地基承载力采用的安全系数通常在 2 以上。有时（特别是低层房屋）基础的尺寸是由构造确定的，强度储备就更大了；二是大多数地基土在地震作用下来不及变形。

（2）地基破坏的原因较集中和明确。虽然地基失效导致各种各样的破坏现象，例如，沉降、倾斜、墙裂缝、地表裂缝、滑移、隆起等等，但这些破坏现象的原因不外乎砂性土的震动液化、软黏土震动软化和不均匀地基引起的差异沉降。

（3）地基基础震害有明显的地区性，虽然总数比上部结构的震害少，但是就某个地区来说却可能是造成该区大多房屋震害的主要原因，如唐山地震时天津市的海河故道区，房屋与构筑物多受液化危害，从而累及上部结构者较多。天津的汉沽、新港、北塘等区软土震陷相当普遍，上部结构的震害多因此而起。

（4）对地基基础震害认识仍具有局限性，未知的领域还很多。现有的地基基础震害资料，绝大多数是根据低层民用住宅（5 层以下）、学校、办公楼和单层厂房等的震害总结出来的。对于一些缺乏震害经验的地基基础，例如高层建筑的箱形深基础，抗震墙的基础，化工、冶金企业许多特殊构筑物的基础，等等，它们在地震作用下的性能如何，能否搬用已总结的经验都是有待研究的。因此，在讨论或应用地基基础抗震特点时，不应忽视上述经验的局限性。但从国外看，特别是在日本，高层建筑的箱、筏基础震害不多；但桩基的震害不少，这些经验可供我们参考。

10. 1. 3　地基基础抗震验算现状

地基基础的抗震设计比上部结构的抗震设计要粗糙得多、原始得多，其原因可归纳为：

（1）对地基基础的抗震性能的了解远不如对上部结构的了解。这是由于地基基础破坏的实例本身就少，也是因为考察地基基础震害困难重重，离不开开挖、钻探、试验，需要人力、经费和时间，很难大量进行，远不如上部结构直观和方便。例如，有的地方喷砂冒水与房屋沉降、裂缝同时出现，而有的地方房间内大量喷砂但建筑物完好无损。这种差别本应该

（也完全可能）在现场考察中查明原因，但因为缺乏开挖和钻探（包括试验）的条件，很少能进行深入工作，只能作一些推断。其次，从理论上说，地基基础在地震作用下的状态属于非弹性半空间动力学范畴，比杆件（甚至板壳）体系要复杂得多，其理论分析、模型试验及原位观测要困难得多，现有的研究成果离实际应用还有一定距离。

（2）地基基础的抗震设计，目前仍采用拟静力法。方法的理论基础与对动力特点的考虑程度，均比上部结构的抗震计算理论的成熟度低。

地基基础的抗震设计仍有一定的经验性：

①总结地基基础震害，找出容易发生震害的土类和条件，对它们采取回避或加固的方法，把它们与一般不发生震害的地基区分出来。

②对大多数未发现震害的地基基础，规定不验算的范围。

③对于高层建筑、特殊结构等，它们的地基基础很少经受强震考验，缺乏实践经验，规范要求做抗震验算，为此规定了计算方法，给出了地震作用下的地基承载力，其要求是考虑地震作用后基础的面积一般不大于或稍大于不考虑地震时的基础面积（此原则还有待实践验证）。

10.2　不验算范围和抗震措施

10.2.1　地基基础不验算范围

如上所述，从我国多次强地震中遭受破坏的建筑来看，只有少数房屋是因为地基的原因而导致上部结构破坏的；而这类地基多是液化地基、软弱黏性土地基和严重不均匀地基。大量的一般性地基具有较好的抗震性能，极少发现震害。基于这一事实，对于大量的一般地基，地基与基础可不做抗震验算。

《建筑抗震设计规范》（GB 50011—2010）规定，对下列建筑可不进行天然地基及基础的抗震承载力验算：

（1）地基主要持力层范围内不存在软弱黏性土层的下列建筑：

①一般单层厂房和单层空旷房屋。

②砌体房屋。

③不超过 8 层且高度在 24m 以下的一般民用框架和框架-抗震墙房屋。

④基础荷载与其③项相当的多层框架厂房和多层混凝土抗震墙房屋。

（2）规范规定可不进行上部结构抗震验算的建筑。

注：软弱黏性土层指 7 度、8 度和 9 度时，地基土静承载力特征值分别小于 80、100 和 120kPa 的土层。

10.2.2　地基基础一般抗震措施

对液化地基、震陷地基和不均匀地基上的建筑有时可采用一些抗震措施来减少地基震害。常用的抗震措施包括：

（1）建筑的平、立面布置，尽量规则、对称，建筑的质量分布和刚度变化尽量均匀，这对于减少不均匀沉降是非常有效的。

（2）对于《建筑地基基础设计规范》（GB 50007—2011）规定的一般原则、强度验算和构造措施应从严掌握，确保地震前地基与基础具备应有的强度储备。经验表明，这样做对抗震非常有利。

（3）同一结构单元不要设置在性质截然不同的地基土上；同一结构单元也不要部分采用天然地基，部分采用桩基。

（4）在地基条件无可选择，也无力加固地基的情况下，可考虑采用加强上部结构和基础的整体性和刚性的途径，例如选择合适的基础埋置深度和基础型式，调整基础面积以减小基础偏心，设置基础圈梁、基础系梁等。

（5）边坡附近建筑基础应与土质、强风化岩质边坡边缘留有足够的距离。

10.3　地基抗震承载力及抗震验算

10.3.1　地基抗震承载力

进行天然地基基础抗震验算时，地基土抗震承载力应按式（10.3-1）计算：

$$f_{aE}=\zeta_s f_s \tag{10.3-1}$$

式中　f_{aE}——调整后的地基土抗震承载力设计值（kPa）；

ζ_s——地基土抗震承载力调整系数，应按表 10.3-1 采用；

f_s——地基土静承载力设计值（kPa），应按国家标准《建筑地基基础设计规范》（GB 50007—2011）采用。

表 10.3-1　地基土抗震承载力调整系数

岩土名称和性状	ζ_s
岩石，密实的碎石土，密实的砂、粗、中砂，$f_k \geqslant 300$kPa 的黏性土和粉土	1.5
中密、稍密的碎石土，中密和稍密的砾、粗、中砂，密实和中密的细、粉砂，150kPa$\leqslant f_k \leqslant$300kPa 的黏性土和粉土，坚硬的黄土	1.3
稍密的细、粉砂，$100\leqslant f_k\leqslant 150$ 的黏性土和粉土，可塑黄土	1.1
淤泥，淤泥质土，松散的砂，填土，新近堆积的黄土，流塑黄土	1.0

由表中数值看出 ζ_s 之值大于或等于 1，这是因为较好的土在地震下的强度（以达到一定的破坏变形来衡量）比静载时高，因为地震的快速反复变化作用使土来不及产生足够的变形。根据试验，各类土的动、静强度比如表 10.3-2。

表 10.3－2　黏性土和软土地基抗震承载力提高系数

土的名称及状态		$\eta_R=\frac{R_d}{R_s}$	$\eta_K=\frac{K_s}{K_d}$	ζ_s 值	
				$\eta_s=\eta_R\eta_K$	取值
老黏性土		1.15	2.0/1.5	1.53	1.5
一般黏性土	$q_k \geqslant 300$kPa	1.15	2.0/1.5	1.53	1.5
	$q_k<300$kPa	0.95	2.0/1.5	1.14	1.1
新近沉积黏性土		0.85	2.0/1.5	1.13	1.1
软土		0.85	2.0/1.5	1.02	1.0

一方面，考虑到地震作用的偶然性与瞬时性，以及工程的经济性，认为抗震设计采用的安全系数可比通常设计采用的安全系数略低。参考日本等国规范和我国行业规范；取其值为 1.5。

另一方面，根据我国地基规范编制说明和勘察规范，除软土与粉细砂的安全系数取 1.8 外，其他类土地基承载力设计安全系数均不小于 2。

同时考虑土的动、静强度比和动、静安全系数比之后，地震作用下地基承载力比静承载力提高的调整系数可表示如下：

$$\zeta_s=\frac{q_E}{q}=\frac{P_{ud}/K_d}{P_{us}/K_s}=\frac{P_{ud}}{P_{us}}\frac{K_s}{K_d}=\eta_R\eta_K \tag{10.3-2}$$

式中　q_E、q——地基土抗震和静力容许承载力（kPa）；

P_{ud}、P_{us}——地基土抗震和静力极限承载力（kPa）；

K_d、K_s——抗震设计和静力设计时容许承载力的安全系数；

η_R——土的动力与静力极限承载力的比值，在数值上，可近似地取土的动力与静力强度之比（R_d/R_s）；

η_K——土的静力和抗震容许承载力安全系数的比值。

按上式计算的黏性土和软土的地基土抗震承载力提高系数列于表 10.3－2。

岩石、砾石和砂的调整系数是参考各国抗震规范给出的地基土抗震承载力提高系数确定的。《建筑抗震设计规范》（GB 50011—2010）最终采用的 ζ_s 列于表 10.3－1。

10.3.2　竖向承载力验算

《建筑抗震设计规范》（GB 50011—2010）对地基和基础的抗震验算仍采用“拟静力法”，假定地震作用如同静力，承载力的验算方法与静力状态下的相同，即基础底面压力不超过承载力的设计值，但考虑地震作用后静承载力有所调整。验算地基时，规定采用地震作用效应标准组合计算基底压力，一般只考虑水平方向的地震作用，只有个别情况下才计算竖向地震作用。

验算天然地基地震作用下的竖向承载力时，基础底面平均压力和边缘最大压力应符合下列各式要求：

$$P \leqslant f_{aE} \tag{10.3-3}$$

$$P_{max} \leqslant 1.2 f_{aE} \tag{10.3-4}$$

式中　P——基础底面地震组合的平均压力设计值（kPa）；

P_{max}——基础边缘地震组合的最大压力设计值（kPa）。

对于高宽比大于 4 的高层建筑，地震作用下基底不宜出现拉应力。对其他建筑出现拉应力的范围（零应力区）不应超过基底面积的 15%。

10.3.3　基础水平滑移验算

对平时以承受垂直荷载为主的基础，通常不需作抗水平滑移验算，因为土与基础间的摩阻力已可抵抗地震水平力。

对拱支座、抗震墙基础、挡土墙及有柱间竖向支撑的柱基础等需进行基础水平抗滑验算。因这类基础承受较大的静水平力，地震时基础在动、静水平力作用下可能产生水平滑移，震害调查中常发现挡土墙、河岸护岸、工厂中的斜皮带输送机有此类震害。

抗水平滑移的验算如下：

$$1.1F_E \leqslant \left(T + \frac{1}{3}E_P gB\right) \tag{10.3-5}$$

式中　F_E——水平地震力（kN）；

T——基底摩阻力，其中摩擦系数可按表 10.3-3 取值（kN）；

B——基础宽（m）；

E_P——基础旁的被动土压力（kN/m），

$$E_P = \frac{1}{2}\gamma H^2 \tan^2\left(45 + \frac{\varphi}{2}\right) \tag{10.3-6}$$

γ、H 和 φ——分别为土的重度（kN/m^3）、基础埋深（m）及土的内摩擦角（°）。

当抗滑验算不满足要求时，可采取下列措施：

表 10.3-3　基底与土间的摩擦系数

土的类别	摩擦系数	土的类别	摩擦系数
流塑黏性土	0.05~0.1	非液化饱和粉土及粉细砂	0.25~0.3
软塑黏性土	0.1~0.25		
可塑黏性土	0.25~0.3	中、粗、砾砂	0.4~0.5
硬塑黏性土	0.3~0.35	碎石	0.4~0.6
坚硬黏性土	0.35~0.4	软质岩石	0.4~0.6
粉土（饱和度<0.5）	0.3~0.4	粗糙的硬质岩石	0.65~0.7

（1）加大基础埋深 H。

（2）基础下设抗滑趾。

（3）换土以提高摩擦力。

（4）利用基础旁的混凝土地坪的抗力。

（5）在柱基间加系梁，将水平力传给相邻基础。

（6）减轻基础自重，在条件允许的情况下采用全钢结构而不采用钢混结构。

10.3.4　抗倾覆验算

对孤立的高重心结构，如杆、塔、石碑、水塔、烟囱等，宜进行地震作用下的抗倾覆验算。验算方法与挡土墙的抗倾覆验算相同，安全系数宜大于1.2。

如地基土为软土或液化土，则在倾覆时旋转中心有向内倾转动的倾向，使计算不能反映实际情况，宜在验算中考虑这一情况，或适当提高安全储备或增加抵抗力矩的力臂或采取其他措施。

参考文献

DB 50/143—2003　地质灾害防治工程勘察规范（重庆地方标准）
DB 50/143—2003　地质灾害防治工程勘察规范（重庆地方标准），第12.1.16条
DZT 0219—2006　滑坡防治工程设计与施工技术规范，第5.1条
GB 50007—2011　建筑地基基础设计规范，第5.1、5.2条
GB 50011—2010　建筑抗震设计规范，第4.3条
GB 50111—2006　铁路工程抗震设计规范，第6.1.3条
GB 50330—2002　建筑边坡工程技术规范，第4.5条
公路路基设计手册（第二版）

第 11 章　液 化 地 基

11.1　液化机理，影响因素与液化土类

11.1.1　液化机理

从状态而言，物质可以分为固体、液体和气体。物质在固体状态时拥有剪切刚度（剪切模量 $G>0$）和抗剪强度（$\tau_f>0$），所以在重力场内能够“自我”保持一定的形状，但是液体状态则不能“自我”保持一定的形状，因为后者在状态分类中属于没有剪切刚度（$G=0$）和抗剪强度（$\tau_f=0$）的物体。物质从固体状态转化成液体状态的行为和过程，可称为液化[1]。

饱和砂土与粉土等无黏性土类在地震循环剪切作用下有剪缩变密的趋势。如果饱和土在变密过程中排水受阻，将导致超静孔隙水压力上升。当超静孔隙水压力上升到等于土骨架的初始有效应力时，土颗粒相互脱离接触、处于悬浮状态，成为可以发生大变形甚至流动的悬浊液，这就是砂土地震液化的物理力学机制。

11.1.2　液化的标准

如何判断土体达到了液化状态，这个问题在不同的场合有不同的判定标准：

（1）在自由场地上作震害考察时，不论我国还是国外，均以是否有液化产生的地面破坏迹象，如喷砂冒水、地裂等作为判定液化的标准。这种判定方法虽然有将未喷出地面的液化情况漏去的缺点，但因未喷出地面的液化造成的建筑震害较少，因而这种“误判”还不会带来严重后果。

（2）在室内试验中，砂性土常以孔压上升至等于初始有效围压 σ_3' 或双幅轴向应变达到5%时作为液化标准，砂砾料常以双幅轴向应变达到2%~2.5%作为液化标准[2]。

11.1.3　影响液化的因素

液化是一个相当复杂的现象，它的产生需要一定的区域地震条件、场地条件和地基土质条件，其主要影响因素如下：

1. 振动特性

1）振动的大小

砂土在一定的初始约束力下，地震时是否发生液化取决于地震时产生的动剪应力的大

小。没有一定的地震动强度，饱和土不会液化，根据统计，震级在 5 级及其以下，烈度在 6 度以下，很少发现液化现象[3]。

2）地震持续时间

砂土液化室内试验说明，对于同一性质的土，施加同样大小的动应力时是否发生液化，还取决于振动的次数或振动时间的长短。对于同一种土类来说，往复应力越小，即强度越低，则需越多的振动次数才可产生液化，即地震的历时如果较长，即使地震强度较低也容易发生液化。反之，则在很少振动次数时，就可产生液化。现场的震害调查也证明了这一点。如 1964 年日本新潟地震时，记录到地面最大加速度为 1. 6m/s^2，发生了典型的场地液化；其余 22 次地震的地面加速度变化为 0. 005~0. 12m/s^2，但都没有发生液化。同年美国阿拉斯加地震时，安科雷奇滑坡是在地震开始后 90s 才发生，这表明要有足够的动应力重复次数，土体才发生液化和失去稳定性。

2. 土的性质

1）土有无黏性

黏粒（直径小于 0. 005mm 的颗粒）含量越高，黏性越大，则土越不易液化，因为黏性有助于土粒维持稳定，因此实践中遇到的液化土多为砂土、粉土等无黏性或黏性很弱的土类。

2）土的渗透性

渗透性大的土，排水速度快，超静孔压不易上升，因而也不易液化。砾砂、碎石等粗颗粒较多的土类孔隙较大，渗透性较好，振动时排水速度较快，超静孔压不易上升，因而砾砂、碎石等不易液化。

3）土的密度

在砂土与粉土类中并非所有的砂土、粉土都会液化。如果土体相对较密实，在某一强度的振动下没有振密的趋势，则孔压不会上升因而也不会液化。因此一般会液化的土是密度不太高的砂性土，十分密实的砂土、粉土并不液化，甚至有震松，体积胀大，向内吸水的现象，孔隙水压增量反变成负值。

3. 土的应力状态

土所受的压力越大，则土粒间的有效应力增大，较之压力小的土不易液化。因此，基础的附加应力是有助于抗液化的，使基础直下方的土的抗液化能力高于基础外同标高的土。

主应力 σ_1 与 σ_3 的比值也是影响液化的一个因素，当 $\sigma_1>\sigma_3$ 时，土的抗液化强度比 $\sigma_1=\sigma_3$ 时要高。

11. 1. 4 可液化土类

1. 砂与粉土

最常见到的液化土多属于这两种土类，因而各国的抗震规范都列入对这两类土的液化判别方法。我国多种行业的抗震规范均有判别砂土与粉土液化的判别法。

2. 黄土

西北黄土区是我国的强震区，历史上震害频多，其中不乏黄土产生流滑、液化与震陷的报道，如 1920 年海原大地震就产生黄土高坡的大规模流滑[3]，最大一处流滑的土呈流态的迹象，至今仍可在探槽中清晰辨别[4]。

室内试验研究也证明黄土在含水量高于塑限时会产生液化[4]。由于缺乏较详细的评价资料，《建筑抗震设计规范》仅提出黄土液化问题，希望引起各方面注意与加强研究，但未列出黄土的液化判别法[5]。

3. 砾石

砾石的液化问题在国内外一直陆续有现场资料与室内研究。1995 年日本阪神大地震中获得了不少砾石液化的现场资料[5]，震后日本抗震规范中增加了关于判断砾石是否液化的条款，2008 年我国汶川 8.0 级特大地震也获得了部分砂砾料液化的现场资料[6]，由于对砂砾料液化机理缺乏详细研究，因此《建筑抗震设计规范》中没有列入，但此问题应引起注意。表 11.1－1 是砾石液化实例，可供参考。

表 11.1－1　砾石液化工程实录表

顺序	场地及地震名称	当地地震强度	砾质土性质	来源
1	辽宁营口石门水库土坝，海城地震（1975）	7 度（坝体上较 7 度为大）	松砂（未专门碾压）砂砾料坝体浅层滑动	文献［1］
2	北京密云水库白河主坝砂砾壳，唐山地震（1976）	6 度（0.55g）持时 140s	中密	文献［27］
3	Alaska 地震（1964，美国）		冲积扇，松而浅处砾质土液化	文献［28］
4	Pence Ranch 地区 Whidkey Spring Road Slope Borah Prak 地震（1983，美国）		冲积阶地，有渗透性低的覆盖层，土质松，路破约 5°，坡脚喷冒	文献［29］ 文献［30］ 文献［31］
5	Friuli 地区 Avasinis 村，意大利北东部地震（1976，意大利）	M_L＝6.2（M_L 地区震级）地面加速度 0.2g	Leale 河冲积扇前缘砂土液化，中部砾石液化在 196 年 5～9 月的三次地震中重复液化，V_s＝140～120m/s	文献［5］
6	福井地震（1948，日本）		冲积扇，土质中密至密室，普遍喷冒引起破坏	文献［42］ 文献［2］
7	日本 Hakkaido-Nansei-oki 地震（1993，7MT，Komagatake 地区）		崩落土，D_r＝100%～30%，D_{10}＝0.4mm，D_{50}＝30mm，D_{100}＝150mm，砾粒占 80% 以上，上覆土层为火山灰。	文献［5］
8	德阳市松柏村，汶川地震（2008）	地表峰值加速度在 0.2g 左右较集中	地表下 1～13m 均为比较松散的砂砾层	文献［6］

11.2　液化危害的类型与特点

液化造成的地面破坏大体上有下列类型：喷水冒砂、上浮、下沉与地基失效、侧向扩展与流滑。各种类型破坏带来的后果不同，现分别阐述如下。

11.2.1　喷水冒砂

这是因为土的有效应力转化为超静孔隙水压力之后，水头增高了许多，当水头压力高于上覆非液化土所形成的自重应力时就会喷涌而出（图 11.2－1），先水后砂或水砂一齐涌出地面，形如喷泉。喷水冒砂使农田淤砂，或阻塞水井、水渠（海城地震时仅辽宁盘锦地区就喷出砂土 817 万立方米，压盖农田 7.57 万亩），但对建筑工程而言，其危害不如其他液化形式大。

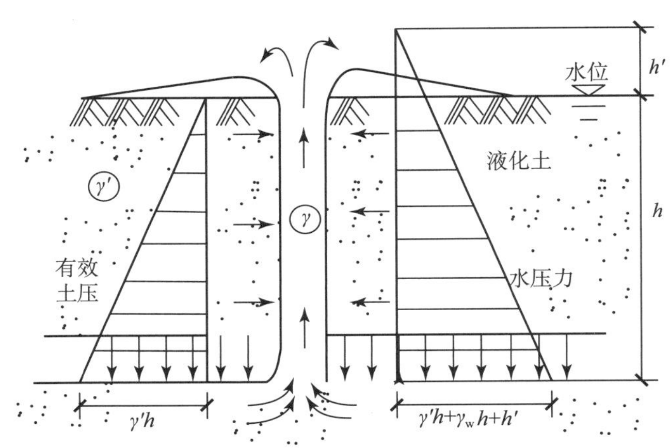

图 11.2－1　土中有效应力变成孔压，总水头超出地面

喷冒对建筑地基造成下列危害[7]：

（1）喷冒使得土的均匀性变得极差，喷孔旁的回流和喷孔四周的水土流动，使得土体原来结构全然改变，变成极松的沉积，甚至出现标贯击数为零的情况。兖州煤炭设计院在液化场地上进行的震前、震后标贯对比资料说明，浅层土的标贯值变小而较深处变大，日本也有类似结果。刘慧珊等根据振动台试验中的喷冒后的土体变形情况认为：喷冒深度通常小于液化深度。喷冒深度以内总的说是喷孔附近变松，较远处变密。

（2）大量水土流失造成地面与结构物的不均匀下沉，地面标高改变。

（3）即使没有喷冒，但液化水夹层的发展也破坏了土的连续与匀质体假定。沿水夹层面抗剪强度可认为是零。

11.2.2　上浮

液化后的土像液体一样，处于土中的质量相对较轻的物体会上浮，如暗井、水池、地下或半地下的油槽、地下管道、埋于土中的木电杆、工厂中的深槽等这类物体会上抬，底板或地板会上鼓、产生裂缝。

由于液压是没有方向性的，有多大上浮力就有多大的侧压力。因此，不仅上浮力，而且侧压力也比液化前增大很多，常造成井壁、地下室外墙的破坏。

上浮对地下结构会造成很多麻烦，海城地震和唐山地震中使许多水利设施、地下管线，地下沟槽或井壁遭到破坏或移位。

11.2.3　下沉与地基失效

液化时孔隙水压上升，土中有效应力减少，使土的抗剪强度降低很多，地基承载力下降，基础下方外侧的地方首先液化（图 11.2－2），基础直下方的土失去侧向支承，从而使液化前土能支承的重物或基础现在却不能有足够的支承，产生很大的下沉与地基失稳，下沉值通常达到数十厘米，甚至达到 2~3m。即使地基土未完全液化，也会因孔压上升而使抗剪能力下降从而增加基础的沉降与不均匀沉降。液化与孔压上升引起的沉降、不均匀沉降和地基失效是建筑物最常遇到的液化震害形式，基础外侧的喷水冒砂造成的水土流失，往往会加剧这类震害，震后难于修复。

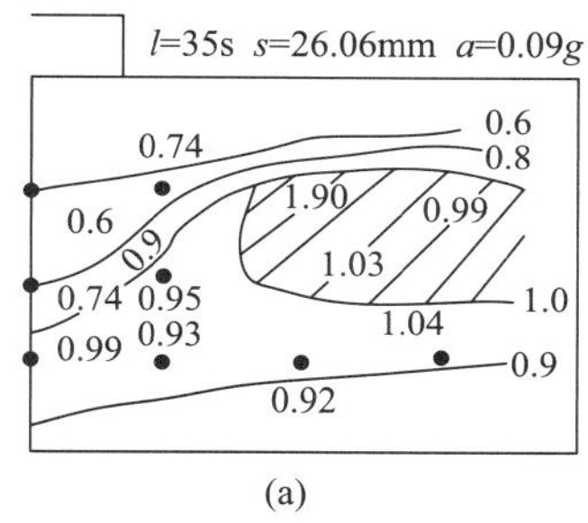

(a)

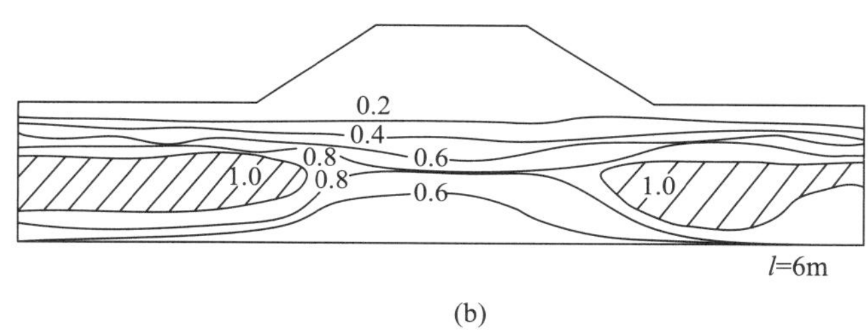

(b)

图 11.2－2　模型试验中得到的地基液化区

（a）基础下；（b）路堤下

图中数字为孔压比，阴影部分为已液化区

11.2.4　侧向扩展与流滑

1. 液化侧向扩展

液化层多属河流中、下游的冲积层，在地质成因上就常使液化层面稍稍带有走向河心的倾斜。在液化之后，液化层上覆的非液化层土自重在倾斜方向形成的分力，还有尚未消失的水平地震力，二者的合力或仅仅土自重分力就可能超过已液化土的抗剪强度，从而导致已液化层与上覆非液化层一齐流向河心。这种现象称为“液化侧向扩展”（图 11.2－3），通常发生于地面倾斜度小于 3°~5°的平缓岸坡或海滨，给港口结构（码头、护岸、堆、仓库等）与滨河、滨岸的旅游娱乐设施与建筑，工厂的取水建筑物带来很大危害；对安全系数比铁路桥小的公路桥的桥墩与桥台，其危害更加严重，因为侧扩使桥台、桥墩向河中心位移，缩短跨径，破坏桥梁的连接体系。

液化侧扩对河岸边、海边与故河道地段的工业与民用房屋危害甚大，其发生率虽比液化地基失效要少，但其后果却往往是灾难性的。液化侧扩发生的范围根据刘惠珊等的统计多在距河边 100~200m，大的河流如黄河、辽河下流则可达 500m。对河曲或河流频繁改道的区域地裂缝可遍及河湾区。表（11.2-1）为地震液化后大变形实例表[8]。

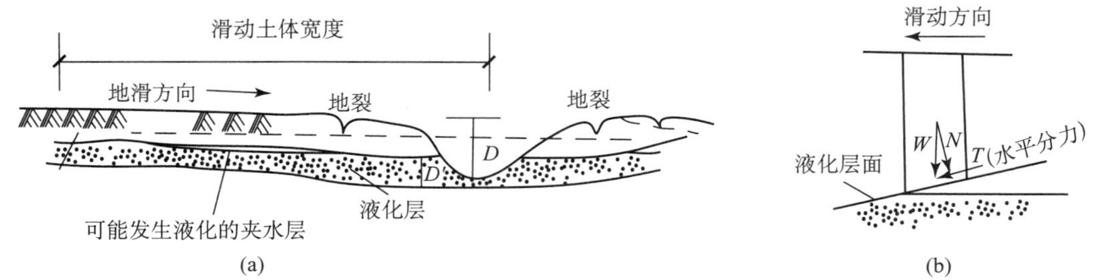

图 11.2-3　液化侧扩示意图
（a）剖面；（b）滑动面上的土重力分力

表 11.2-1　地震液化侧扩实例

地震时间	地震名称	震害情况
1964.6	日本新潟地震（$M=7.5$）	Shinano 河两岸大面积液化，地裂，Yachiyo 桥、Showa 桥—Echigo 铁路桥、Kawagishi 桥等处地面最大位移达 12.71m，大量挡墙及生命线工程遭到严重破坏。 Agano 河左岸 Oghata 区、Ebigase 区、Matsuhama 区、Shinakawa 区及 5hitayama 区地面最大水平位移达 7m
1971.2	美国圣费尔南多地震（$M=6.4$）	坡度 1.5%~3%的液化地段发生严重地面位移，最长地裂 1.2km；生命线系统破坏严重；11 条穿过大位移区的管线遭破坏
1975.2	海城地震（$M=7.3$）	海城温家沟地裂带宽 100~200m，距河 100~200m 的铁路滑移 20~30cm；营口辽河公路桥桥墩普遍倾斜位移；盘山公路桥地裂带宽 40m、8m 高路堤向河心滑移 20~30cm
1976.7	唐山大地震（$M7.8$）	陡河、滦河、海河故道及月牙河等河岸滑移、地裂，滑移带宽度 100~150m；胜利桥、越河桥等多座公路桥长度缩短（最大 9.1m）；天津毛巾厂等数家单位的房屋被拉断或开裂
1983.5	日本海中部地震（$M=7.7$）	能代市南部地表坡度 2%~3%，有大量垂直于等高线的地面位移，最大水平位移超过 5m，大量民宅被破坏，生命线工程破坏严重；秋田港码头仓库向海位移，护堤及基础桩被破坏
1999.9	台湾集集地震（$M=7.2$）	造成台湾中部地壳地表大变形和扭曲；台湾地理中心——南投埔里虎子山三角原点发生平面位移 2.8m，高度约下陷 50cm

2. 流滑

天然或人工的含液化土的土坡，若其坡度大于3°~5°（如路堤、水工的土坝，矿厂的尾矿坝，热电厂的灰坝等），液化时也会产生大规模的滑坡，这种现象叫“流滑”。由于坡度高，且又往往贮水，一旦发生流滑，将对下游的居民点与设施造成巨大灾害。

11.3　液化判别与危害性分析

液化判别通常以设防烈度为依据，不考虑罕遇地震。

液化判别的方法很多，中外学者提出的各种方法不下百余种，大体上可划分为以下几类：原位测试法、室内试验法、剪应力计算法、时程分析法、模糊数学方法等。用得最普遍的是原位测试类的判别方法，即根据宏观液化与非液化场地得到的标贯、静探或波速等资料，经统计分析后得到的经验规律。液化判别及其危害性分析可按图 11.3－1 所示的步骤进行。

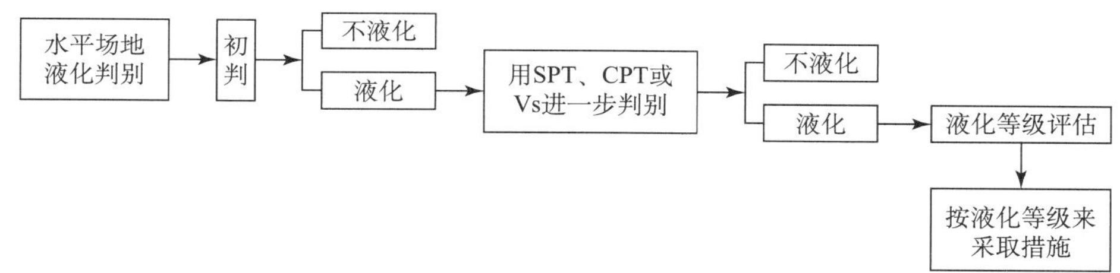

图 11.3－1　液化判别及危害性分析步骤[9]

11.3.1　液化的初步判别

液化初步判别的目的在于初勘阶段即能判断出不液化的情况，这样在详勘阶段就不必考虑液化问题，从而节省详勘费用与时间。目前，我国各抗震规范所用的初判指标大致相同，基本上采用粘粒含量百分率、地质年代、地下水位深和上覆非液化土层厚度四个指标。但各个规范的表述不完全一致，有关规范的表述如下：

1.《建筑抗震设计规范》(GB 50011—2010)

《建筑抗震设计规范》（GB 50011—2010）第 4.3.1 条：当建筑物地基有饱和砂土和饱和粉土时，应经过勘察试验确定在地震时是否液化。对 6 度地震区，一般情况下可不进行判别和处理，但是对液化沉陷敏感的乙类建筑可按 7 度的要求进行判别和处理。对 7~9 度的地震区，乙类建筑可按本地区抗震设防烈度的要求进行判别和处理。

第 4.3.3 条规定：饱和的砂土或粉土（不含黄土），当符合下列条件之一时，可初步判别为不液化或可不考虑液化影响：

（1）地质年代为第四纪晚更新世（Qp_3）及其以前时，7、8 度时可判为不液化。

（2）粉土的黏粒（粒径小于 0.005mm 的颗粒）含量百分率，7、8 和 9 度分别不小于

10、13 和 16 时，可判为不液化土。

注：用于液化判别的黏粒含量系采用六偏磷酸钠作分散剂测定，采用其他方法时应按有关规定换算。

（3）浅埋（2010 版新增）天然地基的建筑，当上覆非液化土层厚度和地下水位深度符合下列条件之一时，可不考虑液化影响：

$$d_u > d_0 + d - 2 \quad (11.3-1)$$

$$d_w > d_0 + d - 3 \quad (11.3-2)$$

$$d_u + d_w > 1.5d_0 + 2d - 4.5 \quad (11.3-3)$$

式中 d_w——地下水位深度（m），宜按设计基准期内年平均最高水位采用，也可按近几内年最高水位采用；

d_u——上覆非液化土层厚度（m），计算时宜将淤泥和淤泥质土层扣除；

d——基础埋置深度（m），不超过 2m 时采用 2m；

d_0——液化土的特征深度（m），可按表 11.3－1 采用。

表 11.3－1　液化土特征深度（m）

饱和土类别	7 度	8 度	9 度
粉土	6	7	8
砂土	7	8	9

注：当区域的地下水位处于变动状态时，应按不利的情况考虑。（2010 版新增）

2. 《岩土工程勘察规范》（GB 50021—2001）

《岩土工程勘察规范》（GB 50021—2001）第 5.7.7 条规定：液化初步判别除按现行国家有关抗震规范进行外，尚宜包括下列内容进行综合判别：

（1）分析场地地形、地貌、地层、地下水等与液化有关的场地条件。

（2）当场地及其附近存在历史地震液化遗迹时，宜分析液化重复发生的可能性。

（3）倾斜场地或液化层倾向水面或临空面时，应评价液化引起土体滑移的可能性。

3. 《铁路工程抗震设计规范》（GB 50111—2006）

《铁路工程抗震设计规范》（GB 50111—2006）第 4.0.3 条规定：可液化土层符合下列条件之一时，可不考虑液化的影响，并不再进行液化判定：

（1）地质年代属于上更新统及其以前年代的饱和砂土、粉土。

（2）土中采用六偏磷酸钠作分散剂测得的黏粒含量百分比 ρ_c，当设防烈度为 7 度区时大于 10%，为 8 度区时大于 13%，为 9 度时大于 16%。

（3）基础埋深不超过 2m 的天然地基，应符合图 11.3－2 的要求。

4. 《公路工程抗震设计规范》（JTJ 404—89）

《公路工程抗震设计规范》（JTJ 404—89）第 2.2.2 条规定：当在地面以下 20m 范围内有饱和砂土或饱和亚砂土层时，可根据下列情况初步判定其是否有可能液化：

（1）地质年代为第四纪晚更新世（Qp_3）及其以前时，可判为不液化。

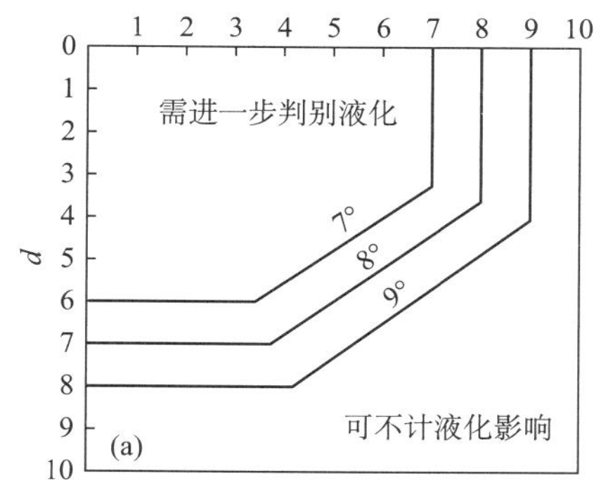

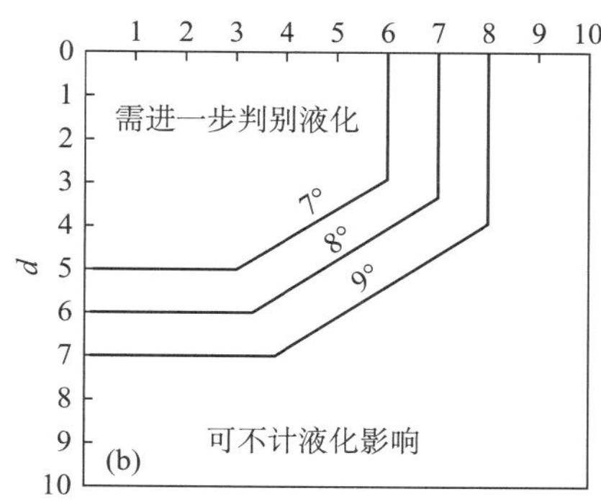

图 11.3－2　液化初步判别

（a）砂土；（b）粉土

d_u 为第一层液化土层顶面至地面或一般冲刷线之间所有上覆非液化土层厚度，

不包括软土、砂土与碎石土的厚度；d_w 为常年地下水位埋深。

（2）基本烈度为 7、8、9 度区，亚砂土的黏粒（粒径<0.005mm 的颗粒）含量百分率（按重量计）分别不小于 10、13、16 时，可判为不液化。

（3）基础埋置深度不超过 2m 的天然地基，可根据图 11.3－2 中规定的上覆非液化土层厚度 d_u 或地下水位深度 d_w，判定土层是否考虑液化影响。

注：（1）上覆非液化土层厚度 d_u，不包括软土层。软土的定义参照现行的《公路土工试验规程》的有关规定。

（2）黏粒含量百分率的测定，应采用六偏磷酸钠作分散剂。

5.《水利水电工程地质勘查规范》（GB 50487—2008）

《水利水电工程地质勘查规范》（GB 50487—2008）附录 P.0.3 条说明：满足下列初判条件之一者，可判为不液化，如不满足则再进行下一步判别：

（1）地层年代为第四纪晚更新期（Qp_3）或以前，可判为不液化土。

（2）粒径小于 5 mm 的土颗粒的质量百分率小于或等于 30%时，可判为不液化土。

（3）对于粒径小于 5mm 的颗粒含量质量百分率大于 30%的土，其中粒径小于 0.005mm 的颗粒含量质量百分率（ρ_c）相应于地震峰值加速度为 0.1g、0.15g、0.2g、0.3g 和 0.4g 分别不小于 16%、17%、18%、19%和 20%时，可判为不液化，当黏粒含量不满足上述规定时，可通过实验确定。

（4）工程正常运用以后，地下水位以上的非饱和土，可判为不液化土。

（5）当土层剪切波速大于式（11.3－4）计算的上限剪切波速时：

$$V_{st} = 291\sqrt{K_H \cdot Zr_d} \tag{11.3-4}$$

式中　V_{st}——上限剪切波速度（m/s）；

K_H——地面最大水平地震加速度系数，按地震设防烈度 7 度、8 度和 9 度分别采用 0.1、0.2 和 0.4；

Z——土层深度（m）；

r_d——深度折减系数，按下式采用：

$$Z = 1 \sim 10\text{m} \qquad r_d = 1.0 - 0.01Z \tag{11.3-5}$$

$$Z = 10 \sim 20\text{m} \qquad r_d = 1.1 - 0.02Z \tag{11.3-6}$$

$$Z = 20 \sim 30\text{m} \qquad r_d = 0.9 - 0.01Z \tag{11.3-7}$$

6. 各抗震规范液化初判对比[9]

由上述各抗震规范关于液化初判的描述可知，各抗震规范的初判指标基本一样，都是由《建筑抗震设计规范》（GBJ 11—89）发展而来，即黏粒含量百分率 ρ_c（%）、地质年代、地下水位深（d_w）和上覆非液化土层厚度（d_u）四个指标。

《建筑抗震设计规范》《岩土工程勘察规范》和《水利水电工程勘察规范》没有规定初判深度，《铁路工程抗震设计规范》规定初判深度 7 度区为地面下 15m，8 度和 9 度区为地面下 20m，《公路工程抗震设计规范》规定初判深度为地面以下 20m。

地下水位深度 d_w 和上覆非液化土层厚度 d_u 的初判界限值，《建筑抗震设计规范》用不等式表示，《铁路工程抗震设计规范》和《公路工程抗震设计规范》用图表示，两者实际上是等效的，《水利水电工程勘察规范》没有给出相关说明。对地下水位深度 d_w 的计算，《建筑抗震设计规范》指出应考虑设计基准期内年平均最高水位或近几年内最高水位、即考虑最不利情况，《铁路工程抗震设计规范》考虑常年地下水位，《公路工程抗震设计规范》没有给出明确说明。考虑水利水电工程的特殊性，工程运行时地下水位会发生变化，因此在评价时，应考虑工程运行以后的地下水位，认为工程正常运用以后，地下水位以上的非饱和土均为非液化土。对上覆非液化土层厚度的计算，各规范的描述也不尽相同。《建筑抗震设计规范》和《公路工程抗震设计规范》的说明比较确切，《铁路工程抗震设计规范》指出在计算 d_u 时应扣除软土、砂土与碎石土的厚度，但并未给出软土的定义。另应该指出的是，上述确定的上覆非液化土层厚度 d_u(m) 和地下水位深度 d_w(m)的界限值，是直接依据海城地震和唐山地震时砂土和粉土液化与非液化事例中 d_u 和 d_w 的界限值给出的，并高于上述资料的统计界限值。这实际上是遵循了两个原则：一是以前地震中未发生的现象，在以后的地震中也不会发生；二是凡是没有发现的现象就认为该现象不存在，如地面未见到喷砂冒水等液化迹象就认为未液化。这两个原则都有值得商讨的地方，但考虑到界限值已取得很保守，它们失误的可能性很小，对于一般的浅埋天然地基多层建筑是可以接受的[10]。

对于基础埋深大于 2m 的浅基础，《建筑抗震设计规范》规定了处理方法：当埋深大于 2m 时，应将 d_w 和 d_u 各减去 2m 后再运用不等式进行判别，其他规范没有给出说明。

对于地质年代为 Qp_3 及其以前的饱和砂性土，各规范都规定为非液化土，但《建筑抗震设计规范》给出限定条件：在 7、8 度时为不液化土，其他规范均未给出说明。规范中这条主要是根据我国邢台、海城和唐山等地震的调查结果建立的，但是这一结论在高烈度区不一定成立，白铭学、张苏民[11]等发现华县大地震引起 Qp_3 砂土层发生液化的事实，石兆吉等[12]进行了山西某电厂 Qp_3 地层室内液化实验研究，实验结果表明，Qp_3 地层是可能液化的，因此，《铁路工程抗震设计规范》等把 Qp_3 地层一律视为“非液化土”或不考虑其影响是值得商榷的，在地震烈度 8 度及其以上条件下 Qp_3 地层是可能产生液化的，设计人员在运用时应慎重考虑。

对于黏粒含量百分率 ρ_c 的界限值，《建筑抗震设计规范》《公路工程抗震设计规范》和《铁路工程抗震设计规范》均采用基本烈度为 7 度、8 度、9 度区，黏粒含量百分率 ρ_c 分别不小于 10、13、16 时，可判为不液化，但各规范对含黏粒土的表述不一致，《建筑抗震设计规范》指出含黏粒土为粉土，《公路工程抗震设计规范》指出含黏粒土为亚砂土，而《铁路工程抗震设计规范》没有给出具体说明。《水利水电工程勘察规范》中关于黏粒含量百分率 ρ_c 的界限值的考虑从峰值加速度方面入手，认为黏粒含量质量百分率（ρ_c）相应于地震峰值加速度为 0.1g、0.15g、0.2g、0.3g 和 0.4g 分别不小于 16%、17%、18%、19% 和 20%时，可判为不液化，相较于《建筑抗震设计规范》《公路工程抗震设计规范》和《铁路工程抗震设计规范》划分更细。另各规范中均指出黏粒含量百分率 ρ_c 测定时，应采用六偏磷酸钠作分散剂，采用其他方法测定时应按相关规定换算。

11.3.2　《规范》的标准贯入试验判别

《建筑抗震设计规范》（GB 50011—2010）第 4.3.4 条规定：当饱和砂土、粉土的初步判别认为需要进一步进行液化判别时，应采用标准贯入试验判别法判别地面下 20m 范围内土的液化，但对《建筑抗震设计规范》第 4.2.1 条规定可不进行天然地基及基础的抗震承载力验算的各类建筑可只判别地面下 15m 范围内土的液化。当饱和土标准贯入锤击数（未经杆长修正）小于或等于式（11.3－8）计算的标准贯入锤击数临界值时，应判为液化土，否则为不液化土。

$$N_{cr} = N_0\beta[\ln(0.6d_s + 1.5) - 0.1d_w]\sqrt{3/\rho_c} \tag{11.3-8}$$

式中　N_{cr}——液化判别标准贯入锤击数临界值；

N_0——液化判别标准贯入锤击数基准值，可按表 11.3－2 采用；

d_s——饱和土标准贯入深度（m）；

d_w——地下水位（m）；

ρ_c——黏粒含量百分率，当小于 3 或为砂土时，应采用 3；

β——调整系数，设计地震第一组取 0.80，第二组取 0.95，第三组取 1.05。

表 11.3－2　液化判别标准贯入锤击数基准值 N_0

设计基本地震加速度/g	0.1	0.15	0.2	0.3	0.4
液化判别标准贯入锤击数基准值	7	10	12	16	19

须说明几点：

（1）所谓液化都是指场地已发生喷冒等明显液化迹象而言的，至于那些实际深处发生液化但地表未发生喷冒现象的场地，未纳入液化场地的统计中，但如果没有喷冒一般震害也比有喷冒时为小，因而不至带来严重后果。

（2）规范经验公式的判别成功率一般达到 90%以上，但不是 100%。由于地震中包含的不确定因素太多，再加上标贯，土工试验等各方面的可能错差，要达到 100%的保证率实际很难，保证率达到 90%已满足工程要求。

（3）经验公式适用于自由场地，严格来讲对建筑物基础旁边的液化判别并不适用，因为公式的原始资料多是来自自由场地。

（4）式（11.3－8）中调整系数 β 与震级有关，近似用式 $\beta=0.25M-0.89$ 表示[13,14]。鉴于原《建筑抗震设计规范》（GB 50011—2001）按地震设计分组进行抗震设计，而各地震分组又没有明确的震级关系，《建筑抗震设计规范》（GB 50011—2010）依据原规范两个地震组的液化判别标准以及 β_M 所对应的震级大小的代表性，规定了三个地震组 β 的数值，如果知道场地的设计地震震级，由式 $\beta=0.25M-0.89$ 计算震级调整系数 β 较好。

（5）液化判别深度由的 15m 改为 20m，是适应高层建筑与桩基和深基础发展的需要。

（6）液化判别公式。自 1994 年美国 Northridge 地震和 1995 年日本 Kobe 地震以来，北美和日本都对其使用的地震液化简化判别方法进行了改进与完善，1996、1997 年美国举行了专题研讨会，2000 年左右，日本的几本规范皆对液化判别方法进行了修订。考虑到影响土壤液化的因素很多，而且它们具有显著的不确定性，采用概率方法进行液化判别是一种合理的选择。自 1988 年以来，特别是 20 世纪末和 21 世纪初，国内外在砂土液化判别概率方法的研究都有了长足的进展。我国学者在 H. B. Seed 的简化液化判别方法的框架下，根据人工神经网络模型与我国大量的液化和未液化现场观测数据，可得到极限状态时的液化强度比函数，建立安全裕量方程，利用结构系统的可靠度理论可得到液化概率与安全系数的映射函数，并可给出任一震级不同概率水平、不同地面加速度以及不同地下水位和埋深的液化临界锤击数。式（11.3－8）是基于以上研究结果并考虑规范延续性修改而成的。选用对数曲线的形式来表示液化临界锤击数随深度的变化，比 2001 规范折线形式更为合理。

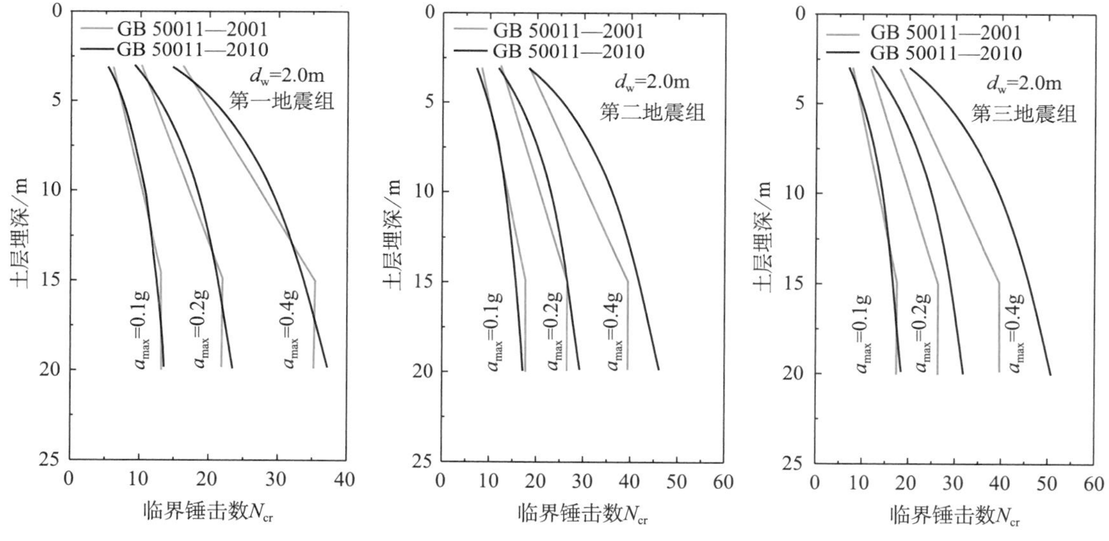

图 11.3－3　临界锤击数随深度变化[13]

（7）初判条件是从大量液化与非液化场地的对比资料中总结得到的且偏于安全，凡符合初判条件者即可认定为非液化土，不应再用式（11.3－8）进行判别，否则可能出现混乱。

（8）当采用其他方法进行饱和砂土和粉土的液化判别时，请参考本手册 11.4 节内容。

11.3.3 《规范》的液化危害性分析及抗液化措施

1. 液化指数的计算和液化等级的判定

对经过判别确定为地震时可能液化的土层，从工程的需要看最要紧的是预估液化土可能带来的危害。一般液化层土质越松，土层越厚位置越浅，地震强度越高则液化危害越大。目前，对没有侧向扩展危险的液化层，建筑抗震设计规范用液化指数来衡量液化危害程度。液化指数 I_{LE} 由式（11.3-9）计算：

$$I_{LE} = \sum_{i=1}^{n}\left(1 - \frac{N_i}{N_{cri}}\right) d_i w_i \tag{11.3-9}$$

式中　I_{LE}——液化指数；

n——在判别深度范围内每个钻孔中标贯实验点的总数；

N_i 和 N_{cri}——分别为液化层中第 i 个标贯点的实测击数（未经杆长修正）和临界击数，当实测值大于临界值是应取临界值的数值；当只需判别 15m 范围以内的液化时，15m 以下的实测值可按临界值采用；

d_i——第 i 个标贯点代表的土层厚度（m），可采用与该标准贯入试验点相邻上、下两标准贯入试验点深度差的一半，但上界不高于地下水位深度，下界不深于液化深度；

w_i——d_i 的中点位置所对应的权函数的值，w_i 是考虑液化层位置的影响而设。

权函数的图形见图 11.3-4。当 d_i 层的中点深度小于 5m 时 $w_i=10$；当 d_i 层的中点深度为 20m 时取零，5~20m 时内插求 w_i。

根据液化指数 I_{LE} 之值，按表 11.3-3 来判定液化等级（即液化危害的等级）。液化指数反映了液化造成地面破坏的程度，因而也能大体上反映浅基础的结构物所受的液化震害。根据液化指数与实际震害的对照，可以看出，液化指数越大，则地面破坏越烈，房屋的震害就越大的趋势。

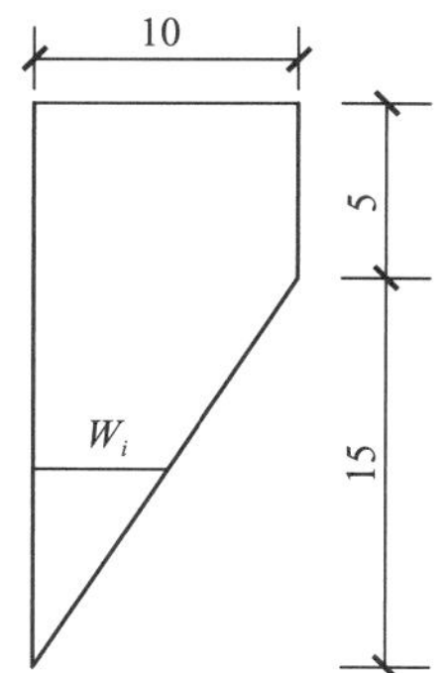

图 11.3-4　权函数 W_i 随深度的变化

表 11.3－3 液化等级与液化指数的对应关系

液化等级	轻微	中等	严重	非常严重
液化指数 I_{LE}	$0<I_{LE}\leqslant 6$	$6<I_{LE}\leqslant 18$	$I_{LE}>18$	$I_{LE}>30$

2. 抗液化措施

地基抗液化措施，应根据建筑的抗震设防类别，地基的液化等级，结合具体情况综合确定。当液化砂土层、粉土层较平坦且均匀时，宜按表 11.3－4 选用抗液化措施；尚可考虑上部结构重力荷载的影响，根据液化震陷量的估计适当调整抗液化措施。不宜将未经处理的液化土层作为天然地基持力层。

表 11.3－4 抗液化措施

建筑抗震	地基抗液化措施		
设防类别	轻微	中等	严重
乙类	部分消除液化沉陷，或对基础和上部结构处理	全部消除液化沉陷，或部分消除液化沉陷且对基础和上部结构处理	全部消除液化沉陷
丙类	基础和上部结构处理，亦可不采取措施	基础和上部结构处理，或更高要求的措施	全部消除液化沉陷，或部分消除液化沉陷且对基础和上部结构处理
丁类	可不采取措施	可不采取措施	基础和上部结构处理，或其他经济的措施

注：甲类建筑的地基抗液化措施应进行专门的研究，但不宜低于乙类的相应要求。

全部消除地基液化沉陷的措施应符合下列要求：

（1）采用桩基时，桩端伸入液化深度以下稳定土层中的长度（不包括桩尖部分），应按计算确定。且对碎石土，砾、粗、中砂，坚硬黏性土和密实粉土尚不应小于 0.8m，对其他非岩石土尚不宜小于 1.5m。

（2）采用深基础时，基础底面应埋入液化深度以下的稳定土层中，其深度不应小于 0.5m。

（3）采用加密法（如振冲、振动加密、挤密碎石桩、强夯等）加固时应处理至液化深度下界。振冲或挤密碎石桩加固后，桩间土的标准贯入锤击数，不应小于液化标准贯入锤击数的临界值。

（4）用非液化土替换全部液化土层，或增加上覆非液化土层厚度。

（5）采用加密法或换土法处理时，在基础边缘以外的处理宽度，应超过基础底面下处理深度的 1/2 且不小于基础宽度的 1/5。

部分消除地基液化沉陷的措施，应符合下列要求：

（1）处理深度应使残留液化层的液化指数不宜大于 5，大面积筏基、箱基的中心区域，处理后的液化指数可比上述规定降低 1，对独立基础和条形基础，上部应小于基础底面下液化土特征深度值和基础宽度的较大值。

（2）采用振冲或挤密碎石桩加固后桩间土或的标准贯入锤击数不应小于液化标准贯入锤击数的临界值。

（3）基础边缘以外的处理宽度，应符合《规范》4.3.7 条 5 款的要求。

（4）采取减小液化震陷的其他方法，如增厚上覆非液化土层的厚度和改善周边的排水条件等。

减轻液化影响的基础和上部结构处理，可综合考虑采用下列各项措施：

（1）选择合适的基础埋置深度。

（2）调整基础底面积，减少基础偏心。

（3）加强基础的整体刚度性，如采用筏基、箱基或钢筋混凝土交叉条形基础，加设基础圈梁等。

（4）减轻荷载，增强上部结构的整体刚度和均匀对称性，合理设置沉降缝，避免采用对不均匀沉降敏感的结构形式等。

（5）管道穿过建筑处应预留足够尺寸或采用柔性接头等。

11.4　其他液化判别方法

11.4.1　SPT 方法

当饱和砂土、粉土不满足初判要求时，应进行进一步判别。目前，国内常用方法为《建筑抗震设计规范》中基于标准贯入试验（SPT）的判别方法，国内其他规范的液化判别方法大多是以此液化判别方法的基本思想发展起来的。国外常用方法大多是在 Seed 和 Idriss[32] 提出的“简化方法”上发展起来的。本部分将介绍国内常用规范中利用标准贯入锤击数进行液化判别的方法及部分国外标贯判别方法。

1.《铁路工程抗震设计规范》（GB 50111—2006）的标贯方法

《铁路工程抗震设计规范》（GB 50111—2006）附录 B 第 B.1.1 条规定：当实测标准贯入锤击数值 N 小于液化临界标准贯入锤击数 N_{cr}时，应判为液化土。N_{cr}值应按式（11.4－1）计算：

$$N_{cr} = N_0\alpha_1\alpha_2\alpha_3\alpha_4 \quad (11.4-1)$$

$$\alpha_1 = 1 - 0.065(d_w - 2) \quad (11.4-2)$$

$$\alpha_2 = 0.52 + 0.175d_s - 0.005d_s^2 \quad (11.4-3)$$

$$\alpha_3 = 1 - 0.05(d_u - 2) \quad (11.4-4)$$

$$\alpha_4 = 1 - 0.17\sqrt{\rho_c} \quad (11.4-5)$$

式中　N_0——当 d_s 为 3m，d_w 和 d_u 为 2m 时，α_4 为 1 时土层的液化临界标准贯入锤击数，应按下表 11.4－1 取值；

α_1——地下水位埋深 d_w(m) 修正系数，应按式（11.4－2）计算，当地面常年有水且与地下水有水力联系时，d_w 为零；

α_2——标准贯入试验点的深度 d_s(m) 修正系数，应按式（11.4－3）计算；

α_3——上覆非液化土层厚度 d_u(m) 修正系数，应按式（11.4－4）计算，对于深基础取 α_3 为 1；

α_4——黏粒重量百分比 ρ_c 修正系数，应按式（11.4－5）计算，也可按表 11.4－2 取值。

表 11.4－1　临界锤击数 N_0 值

特征周期分区	地震动峰值加速度				
	0.1g	0.15g	0.2g	0.3g	0.4g
一区	6	8	10	13	16
二区、三区	8	10	12	15	18

表 11.4－2　ρ_c 修正系数 α_4 值

土性	砂土	粉土	
		塑性指数 $I_P \leqslant 7$	塑性指数 $7 \leqslant I_P \leqslant 10$
α_4 值	1.0	0.6	0.45

2.《公路工程抗震设计规范》（JTJ 44—89）的标贯方法

《公路工程抗震设计规范》（JTJ 44—89）第 2.2.3 条规定：经初步判定有可能液化的土层，可通过标准贯入试验（有成熟经验时，亦可采用其他方法），进一步判定土层是否液化。当土层实测的修正标准贯入锤击数 N_1 小于按式（11.4－7）计算的修正液化临界标准贯入锤击数 N_0 时，则判为液化，否则为不液化。

$$N_1 = C_n N_{63.5} \tag{11.4－6}$$

$$N_0 = \left[11.8\left(1 + 13.06\frac{\sigma_0}{\sigma_e}K_h C_v\right)^{1/2} - 8.09\right]\varepsilon \tag{11.4－7}$$

式中　C_n——标准贯入锤击数的修正系数，应按表 11.4－3 采用；

$N_{63.5}$——实测的标准贯入锤击数；

K_h——水平地震系数，应按表 11.4－4 采用；

σ_0——标准贯入点处土的总上覆压力（kPa）：

$$\sigma_0 = \gamma_u d_w + \gamma_d (d_s - d_w) \tag{11.4－8}$$

σ_e——标准贯入点处土的有效覆盖压力（kPa）：

$$\sigma_e = \gamma_u d_w + (\gamma_d - 10)(d_s - d_w) \tag{11.4－9}$$

γ_u——地下水位以上土容重。砂土 $\gamma_u = 18.0$（kN/m^3），亚砂土 $\gamma_u = 18.5$（kN/m^3）；

γ_d——地下水位以下土容重。砂土 $\gamma_d = 20.0$（kN/m^3），亚砂土 $\gamma_d = 20.5$（kN/m^3）；

d_s——标准贯入点深度（m）；

d_w——地下水位深度（m）；

C_v——地震剪应力随深度的折减系数，应按表 11.4－5 采用；

ε——黏粒含量修正系数：

$$\varepsilon = 1 - 0.17\sqrt{\rho_c} \tag{11.4-10}$$

ρ_c——黏粒含量百分率（%）。

表 11.4－3　标准贯入锤击数的修正系数 C_n

σ_e/kPa	0	20	40	60	80	100	120	140	160	180
C_n	2	1.70	1.46	1.29	1.16	1.05	0.97	0.89	0.83	0.78
σ_e/kPa	200	220	240	260	280	300	350	400	450	500
C_n	0.72	0.69	0.65	0.60	0.58	0.55	0.49	0.44	0.42	0.40

表 11.4－4　水平地震系数 K_h

基本烈度	7	8	9
水平地震系数 K_h	0.1	0.2	0.4

表 11.4－5　地震剪应力随深度的折减系数 C_v

d_s/m	1	2	3	4	5	6	7	8	9	10
C_v	0.994	0.991	0.986	0.976	0.965	0.958	0.945	0.935	0.920	0.902
d_s/m	11	12	13	14	15	16	17	18	19	20
C_v	0.884	0.866	0.844	0.822	0.794	0.741	0.691	0.647	0.631	0.612

3.《水利水电工程地质勘察规范》（GB 50487—2008）标贯方法

《水利水电工程地质勘察规范》（GB 50487—2008）附录 P 第 P.0.4 条第 1 点指出运用标贯判别液化方法如下：

当符合 $N_{63.5} < N_{cr}$ 时，应判为液化土，其中：

$$N_{cr} = N_0[0.9 + 0.1(d_s - d_w)]\sqrt{\frac{3}{\rho_c}} \tag{11.4-11}$$

式中　N_{cr}——液化判别标准贯入锤击数临界值；

N_0——液化判别标准贯入锤击数基准值，按表 11.4－6 取值；

d_s——饱和土标准贯入深度（m），当标准贯入点在地面以下 5m 以内时，应采用 5m 计算；

d_w——地下水位（m）；

ρ_c——黏粒含量百分率，当小于 3 或为砂土时，应采用 3。

表 11.4－6　液化判别标准贯入锤击数基准值 N_0

地震设防烈度	7 度	8 度	9 度
近震	6	10	16
远震	8	12	

当标准贯入试验贯入点深度和地下水位在试验地面以下的深度，不同于工程正常运行时，实测标准贯入锤击数应按式（11.4－12）进行修正，并应以修正后的标准贯入锤击数 N 作为复判的依据。

$$N = N'\left(\frac{d_s + 0.9d_w + 0.7}{d_s' + 0.9d_w' + 0.7}\right) \tag{11.4-12}$$

式中　N'——实测标贯击数；

d_s——工程正常运行时，标准贯入点在当时地面以下的深度（m）；

d_w——工程正常运行时，地下水位在当时地面以下的深度（m），当地面淹没与水面以下时取 0；

d_s'——标准贯入试验时，标准贯入点在当时地面以下的深度（m）；

d_w'——标准贯入试验时，地下水位在当时地面以下的深度（m），当地面淹没与水面以下时取 0。

值得注意的是，校正后标准贯入锤击数和实测标准贯入锤击数均不进行杆长修正。上面液化判别公式只适用于标准贯入点地面以下 15m 以内的深度，当大于 15m 深度内有饱和砂土和饱和少黏性土需要判别液化时，可采用其他方法。

4. 美国国家地震研究中心（NCEER）建议的标贯方法[15]

2001 年 10 月，Youd 和 Idriss 在 Seed 和 Idriss 的“简化方法”的基础上提出了 NCEER 判别方法，其基本概念是先求出地震作用在不同深度的土处产生的剪应力比 CSR，再求出令该处发生液化所必需的剪应力比 CRR，如果 CSR 大于 CRR 则该处将在地震中发生液化。该方法在国外应用很广，是著名的液化判别法，被美国 ASCE/SE I 7-05 推荐，其计算步骤如下[15]：

1）计算地震引起的等效循环应力比 $CSR_{7.5}$

地震引起的等效等幅往返应力比 CSR 按下式计算：

$$CSR = \frac{\tau_{av}}{\sigma'_{v0}} = 0.65\frac{a_{max}}{g}\frac{\sigma_{v0}}{\sigma'_{v0}}r_d/MSF \tag{11.4-13}$$

式中　a_{max}——地表峰值水平加速度（cm/s^2）；

σ_{v0}——竖向总应力（kPa）；

σ'_{v0}——竖向有效上覆应力（kPa）；

r_d——深度折减系数，按下面两式计算[16]：

$$r_d = 1.0 - 0.00765z \qquad 当\ z \leqslant 9.15m \tag{11.4-14}$$

$$r_d = 1.174 - 0.0267z \qquad 当\ 9.15m < z \leqslant 23m \tag{11.4-15}$$

MSF——震级影响因子，按下式计算：

$$MSF=\left(\frac{M_{W}}{7.5}\right)^{-2.56} \tag{11.4-16}$$

2）计算以标准贯入锤击数表示的砂土抗液化强度 CRR

当震级为7.5级，土中细粒（粒径小于0.075mm的颗粒）含量百分率小于5%（称之为洁净砂）时，可按下式计算洁净砂的抗液化强度 $CRR_{7.5}$：

$$CRR_{7.5}=\frac{1}{34-(N_1)_{60}}+\frac{(N_1)_{60}}{135}+\frac{50}{(10(N_1)_{60}+45)^2}-\frac{1}{200} \tag{11.4-17}$$

式中 $(N_1)_{60}$——将实测标准贯入击数修正到有效上覆压力大约为100kPa、落锤能量比或效率为60%时的修正标准贯入击数。

当细粒含量处在 $5\%<FC<35\%$ 或 $FC\geqslant35\%$ 区间时，应按下式将含细粒砂土的 $(N_1)_{60}$ 修正为等效洁净砂土的 $(N_1)_{60cs}$：

$$(N_1)_{60cs}=\alpha+\beta(N_1)_{60} \tag{11.4-18}$$

式中 α 和 β——按下述规定确定的系数：

当 $FC\leqslant5\%$ 时：$\alpha=0$、$\beta=1.0$

当 $5\%<FC<35\%$ 时：$\alpha=\exp(1.76-190/FC^2)$、$\beta=0.99+(FC^{1.5}/1000)$

当 $FC\geqslant35\%$ 时：$\alpha=5.0$、$\beta=1.2$

修正标准贯入锤击数 $(N_1)_{60}$ 与实测标准贯入锤击数的换算关系如下：

$$(N_1)_{60}=C_n\cdot N \tag{11.4-19}$$

式中 C_n——标准贯入击数的修正系数。

当有效上覆应力 $\sigma'_{v0}<200\text{kPa}$ 时，修正系数 C_n 按下式计算：

$$C_n=(P_a/\sigma'_{v0})^{0.5} \tag{11.4-20}$$

当有效上覆应力 $200\text{kPa}<\sigma'_{v0}<300\text{kPa}$，修正系数 C_n 按下式计算：

$$C_n=\frac{2.2}{1.2+\sigma'_{v0}/P_a} \tag{11.4-21}$$

当有效上覆应力 $\sigma'_{v0}>300\text{kPa}$ 时，不同研究者建议的修正系数 C_n 计算公式，处于这一有效上覆应力的情况已超出了“简化方法”的判别范围，NCEER没有给出相应的计算公式。上面式中 P_a 为一个大气压，$P_a\approx100\text{kPa}$。在运用上述公式计算修正系数 C_n 时，NCEER建议其最大值取1.7。

3）计算安全系数 F_s

$$F_s=\frac{CRR_{7.5}}{CSR} \tag{11.4-22}$$

当 $F_s>1$ 时，应判为不液化，当 $F_s\leqslant1$ 时，判为液化。

5.《日本道路桥梁抗震设计规范》的标贯方法

日本道路桥梁抗震设计规范采用岩崎-龙冈方法，此法基本概念来自Seed的“简化判别法”，即以地震剪应力与液化强度相比较。但岩崎敏男在Seed“简化判别法”的基础上，提出了液化安全系数的概念。运用该方法的基本步骤如下：

1）土的液化强度按下式计算

$$R_l = 0.082\sqrt{\frac{N}{0.7 + \sigma'_v}} \tag{11.4-23}$$

式中　R_l——液化强度比，即液化强度 τ_d 与竖向有效应力 σ'_v（kg/cm^2）之比；

N——标准贯入试验锤击数。

由于粗粒土与细粒土的性质有异，如果对不同平均粒径的土进行区分，则上式可以更精确一些。

当 $0.04mm<D_{50}\leqslant 0.6mm$ 时：

$$R_l = -0.00882\sqrt{\frac{N}{0.7\sigma'_v}} + 0.225\lg\frac{0.35}{D_{50}} \tag{11.4-24}$$

当 $0.6mm<D_{50}\leqslant 1.5mm$ 时：

$$R_l = -0.00882\sqrt{\frac{N}{0.7 + \sigma'_v}} - 0.05 \tag{11.4-25}$$

式中　D_{50}——均值粒径，

2）地震剪应力比按下式计算

$$L_{max}\frac{\tau_d}{\sigma'_v} = (1 - 0.015z)\frac{a_{max}}{g}\frac{\sigma_v}{\sigma'_v} \tag{11.4-26}$$

式中　σ_v——深度 z 处的竖向总应力（kPa），$\sigma_v=\gamma z$；

σ'_v——有效应力（kPa），$\sigma'_v=\gamma' z$；

γ'——为土的天然重度（kN/m^3），水位以上 $\gamma=\gamma'$，水位以下的 $\gamma'=\gamma-10$。

3）计算

抗液化安全系数 $F_L=R_l/L_{max}$，当 $F_L\geqslant 1$ 时，土不发生液化；$F_L<1$ 时则发生液化。

6.《日本港口设施技术标准》的标贯方法

《日本港口设施技术标准》采用两步判别地震时地基液化，首先利用粒径级配和标准贯入击数进行判断，当无法判定地基是否液化时，再根据不扰动砂的三轴振动试验结果作进一步判断。

1）利用粒径级配和 N 值进行预测和判定

如图 11.4-1，对土按粒径进行分类。以 $U_C=D_{60}/D_{10}=3.5$ 为判断标准，其中 U_C 为不均匀系数，D_{60} 为累计重量占 60%的粒径，D_{10} 为有效粒径（占 10%的粒径）。当粒径分布曲线跨越两个区域，分类困难且根据分类结果与利用粒径级配和 N 值判定的结果有明显差异时，则需进行循环三轴试验进行判别。若地基土粒径处于 A、B_f 和 B_c 范围之外，判为不液化。

对于粒径级配处于范围 A 和 B_c 内的土层，用下式计算等效 N 值（有效覆盖压力为 $0.66kgf/cm^2$ 时的 N 值）：

$$(N)_{0.66} = \frac{N - 1.828(\sigma'_v - 0.66)}{0.399(\sigma'_v - 0.66) + 1} \tag{11.4-27}$$

式中　σ'_v——土层的有效上覆应力（kgf/cm^2）。

对处于 A、B_f 和 B_c 范围内的土层，用下式计算各土层的等效加速度：

$$a_{eq} = 0.7\frac{\tau_{max}}{\sigma'_v}g \tag{11.4-28}$$

式中 a_{eq}——等效加速度（m/s²）；

τ_{max}——最大剪应力（kgf/cm²）；

g——重力加速度（m/s²）。

根据等效 N 值和等效加速度，分析所研究土层属于图 11.4-2 和图 11.4-3 中Ⅰ～Ⅳ类的哪个范围。之后根据土层分类，按调查资料、土质勘查、地震时地下剪应力计算、液化预测判定、防液化设施、施工顺序来预测和判定各土层的液化可能性；下表为对液化预测结果作出的液化判定。根据表中对土层是否液化的判定结果，对整个地基进行液化判定。

表 11.4-7 根据粒径级配和值判定土层的液化

图 11.4-3 所示范围	液化预测	液化判定
Ⅰ	液化	判为液化或由循环三轴试验判定
Ⅱ	液化可能性大	判为液化或由循环三轴试验判定
Ⅲ	不液化可能性大	判为不液化或由循环三轴试验判定
Ⅳ	不液化	判为不液化

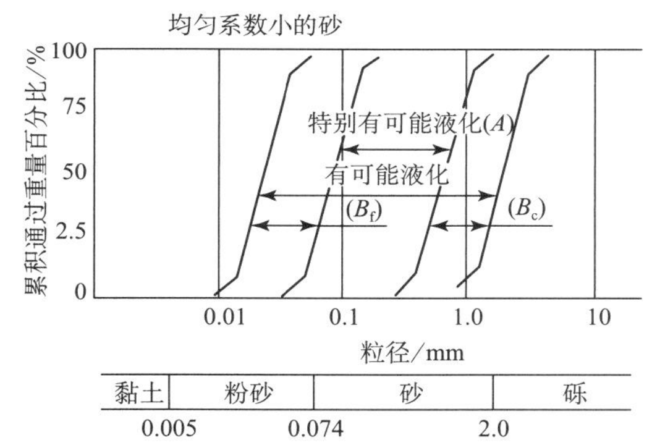

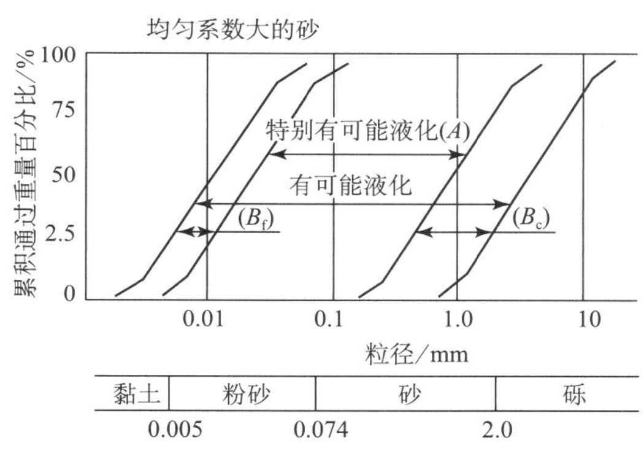

图 11.4-1 可能液化的土的颗粒级配

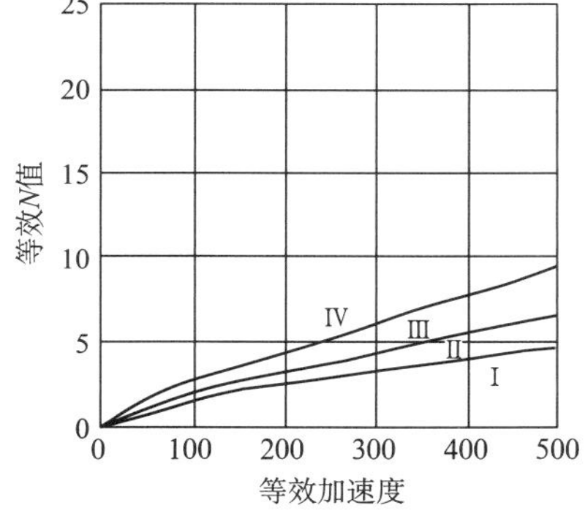

图 11.4-2 粒径级配范围 A 的土层分类

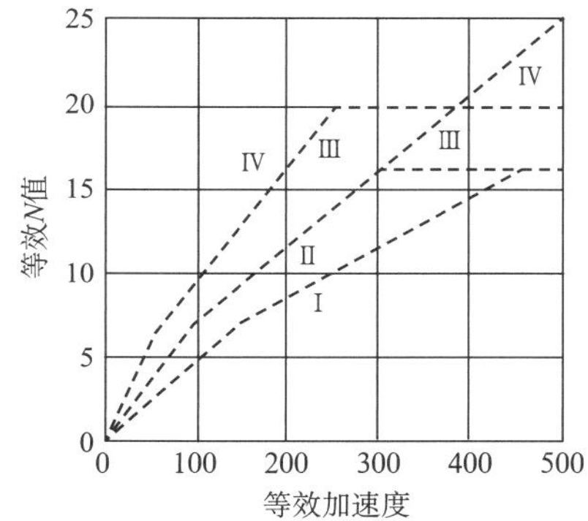

图 11.4-3 粒径级配范围 B_f 和 B_c 的土层分类

2）根据循环三轴试验结果进行判定

若利用粒径级配和 N 值无法判定地基是否液化，需进行地基反应计算和不扰动砂样振动三轴试验，将所得地震时地基剪应力与地基液化时的强度进行比较，判定地基是否液化。

7. 液化判别标贯方法比较[20]

如前 11.1 节所述，砂土液化的影响因素主要包括土体的物理特性、初始应力条件、地层岩石构成以及地震动的特性。各标贯方法判别砂土液化时，均结合标准贯入试验（SPT），在砂土埋深 d_s、相对密实度 D_r、地下水埋深 d_w、细粒含量 F_c、上覆土有效应力 σ_v'、砂土平均粒径 D_{50}、标准贯入锤击数 N 等几个影响因素中选取若干个参数来建立判别公式。表 11.4-8列出了各方法选取的主要考虑因素。

表 11.4-8　液化判别公式考虑因素

标贯方法出处	考虑因素						
	d_s	D_r	d_w	F_c	σ_v'	D_{50}	N
《建筑抗震设计规范》	√		√	√	√		√
《铁路工程抗震设计规范》	√		√	√			√
《公路工程抗震设计规范》	√		√	√	√		√
《水利水电工程地质勘察规范》	√	√	√	√			√
美国国家地震研究中心（NCEER）	√		√	√	√		√
《日本道路桥梁抗震设计规范》	√	√	√		√	√	√
《日本港口设施技术标准》	√		√		√	√	√

如上表所示，各方法采用标准贯入试验并考虑了标准贯入锤击数 N、砂土埋深 d_s 与地下水位 d_w 对液化的影响。而对其他因素的考虑，各方法各有差异，现将其比较如下：

（1）国外规范中仅日本道桥规范采用相对密实度 D_r 对不同平均粒径的土进行区分以计算液化强度，《水工建筑物抗震设计规范》则利用 D_r 进行复判（作为标贯的补充），其他国内规范未考虑 D_r 的影响。

（2）美国 NCEER 法和我国各规范中得标贯方法均考虑细粒含量 F_c 的影响，但两者考虑的形式不一样，美国 NCEER 的方法所考虑的细粒（粒径以 0.075mm 为分界线）包括粉粒和黏粒，而我国各规范所考虑的细粒均为黏粒，且认为土体黏粒质量百分比小于等于 3%时对土体的抗液化强度没有影响。

（3）我国仅《建筑抗震设计规范》和《公路工程抗震设计规范》考虑了 σ_v'对饱和砂土的影响，且两者的考虑形式不一致，《建筑抗震设计规范》未直接考虑上覆土有效应力 σ_v'对饱和砂土的影响，而是在计算 N_{cr}考虑了上覆土厚度的影响，可认为是对 σ_v'的间接考虑，《公路工程抗震设计规范》则直接考虑 σ_v'对饱和砂土的影响。国外各方法均考虑 σ_v'对饱和砂土的影响，认为 σ_v'对饱和砂土的抗液化强度起着至关重要的作用。

（4）仅日本规范考虑砂土粒径的影响，其他方法均未涉及。砂土颗粒大小对液化与否也有影响，粒径越大，越不易液化。

（5）各国规范均未考虑土体的先期应力历史、地震动持续时间及振幅、排水条件、地层岩石构成对砂土抗液化强度的影响。通常认为上述条件是相当重要的，但由于很难确定，难以量化其对砂土抗液化强度影响。

11.4.2　CPT 方法

现场静力触探试验（CPT）具有速度快、数据沿土层剖面深度连续性好、再现性好和操作简单易行的优点。目前，基于 CPT 测试资料已经提出了许多砂土液化势的评价方法，但国内外采用 CPT 判别砂土液化的方法是不同的。我国目前工程上所用的 CPT 液化判别方法，代表为《岩土工程勘察规范》（GB 50021—2001）中规定的方法，国外目前使用较多的 CPT 液化判别方法，代表为 P. K. Robertson 基于 Seed 的“简化方法”发展而来的判别方法，该法被美国国家地震研究中心（NCEER）推荐。

1.《岩土工程勘察规范》（GB 50021—2001）的静力触探方法

《岩土工程勘察规范》（GB 50021—2001）对第 5.7.9 条规定的说明指出：对地面下 15m 深度范围内的饱和砂土或饱和粉土、可采用单桥探头或双桥探头静力触探试验法判别。当实测得的比贯入阻力 p_s 或实测得的锥尖阻力 q_c 小于液化比贯入阻力临界值 p_{scr} 或液化锥尖阻力临界值 q_{ccr} 时，应判别为液化土。饱和土静力触探液化比贯入阻力临界值 p_{scr} 与锥尖阻力临界值 q_{ccr}，分别按下列公式计算：

$$p_{scr} = p_{s0}\alpha_w\alpha_u\alpha_p \tag{11.4-29}$$

$$q_{scr} = q_{s0}\alpha_w\alpha_u\alpha_p \tag{11.4-30}$$

$$\alpha_w = 1 - 0.065(d_w - 2) \tag{11.4-31}$$

$$\alpha_u = 1 - 0.05(d_u - 2) \tag{11.4-32}$$

式中　p_{scr}、q_{scr}——分别为饱和土静力触探液化比贯入阻力临界值与锥尖阻力临界值（MPa）；

p_{s0}、q_{s0}——分别为地下水位深度 $d_w = 2$m，上覆非液化土层厚度 $d_u = 2$m 时，饱和土液化判别比贯入阻力基准值和液化判别锥尖阻力基准值（MPa），可按表 11.4-9 取值；

α_w——地下水位影响系数；

α_u——上覆非液化土层影响系数；

d_w——地下水位深度（m），按建筑使用期年平均最高水位采用，也可按近期年最高水位采用；

d_u——上覆非液化土层厚度（m）。计算时宜将淤泥和淤泥质土层厚度扣除；

α_p——土性综合影响系数，可按表 11.4-10 取值。

表 11.4-9　比贯入阻力和锥尖阻力基准值 p_{s0}、q_{s0}

抗震设防烈度	7 度	8 度	9 度
p_{s0}/MPa	5.0~6.0	11.5~13.0	18.0~20.0
q_{s0}/MPa	4.6~5.5	10.5~11.8	16.4~18.2

表 11.4－10　土性修正系数 α_p 值

土类	砂土	粉土	
静力触探摩阻比 R_f	$R_f \leqslant 0.4$	$0.4<R_f \leqslant 0.9$	$R_f>0.9$
α_p	1.0	0.6	0.45

2. 美国国家地震研究中心（NCEER）建议的静力触探方法

该法是 P. K. Robertson 基于 Seed 的“简化方法”发展而来的，其基本概念是先求出地震作用在不同深度的土处产生的剪应力比 *CSR*，再求出令该处发生液化所必需的剪应力比 *CRR*，如果 *CSR* 大于 *CRR* 则该处将在地震中发生液化。该方法在国外应用很广，是著名的液化判别法，被美国 ASCE/SE I 7-05 推荐，其计算步骤如下：

（1）按式（11.4－19）至式（11.4－22）计算地震引起的等效循环应力比 $CSR_{7.5}$。

（2）计算以静力触探锥尖阻力 q_c 表示的砂土抗液化强度 *CRR*：

当震级为 7.5 级，土中细粒（粒径小于 0.075mm 的颗粒）含量百分率小于 5%（称之为洁净砂）时，可按式（11.4－33）或式（11.4－34）计算洁净砂的抗液化强度 $CRR_{7.5}$：

当 $(q_{C1N})_{CS}<50$ 时，

$$CRR_{7.5} = 0.833\left[\frac{(q_{C1N})_{CS}}{1000} + 0.05\right] \tag{11.4－33}$$

当 $50 \leqslant (q_{C1N})_{CS}<160$ 时，

$$CRR_{7.5} = 93\left[\frac{(q_{C1N\,CS}}{1000}\right]^3 + 0.08 \tag{11.4－34}$$

式中　$(q_{C1N})_{CS}$——洁净砂的归一化锥尖阻力，其计算步骤如下：

①按式（11.4－35）计算归一化锥尖阻力 q_{C1N}：

$$q_{C1N} = C_q\left(\frac{q_c}{P_a}\right) \tag{11.4－35}$$

其中，C_q 为锥尖阻力归一化系数，按式（11.4－36）计算：

$$C_q = \left(\frac{P_a}{\sigma'_{v0}}\right)^n \tag{11.4－36}$$

式中，在浅层土中，C_q 的值大于 1.7 时不宜采用，P_a 为一个大气压，约等于 100kPa，*n* 为与土性有关的指数，其取值范围根据土类不同为 0.5～1。

②按式（11.4－44）计算土的特性指数 I_C：

$$I_C = [(3.47 - \lg Q)^2 + (1.22 + \lg F)^2]^{0.5} \tag{11.4－37}$$

式中

$$Q = \left[\frac{(q_c - \sigma_{v0})}{P_a}\right]\left[\left(\frac{P_a}{\sigma'_{v0}}\right)^n\right] \tag{11.4－38}$$

$$F = \left[\frac{f_s}{(q_c - \sigma_{v0})}\right] \times 100\% \tag{11.4－39}$$

计算 I_C 的步骤如下：

首先假设 $n=1.0$，按上面三式计算 I_C，当 $I_C>2.6$ 时，认为土体为黏性土，不会发生液化。当存在疑问时，可以采用 Seed 和 Idriss[33] 年定义的中国标准进行复核，中国标准认为当土体同时符合下列三个条件时，才有可能发生液化：

（a）黏粒（粒径小于0.005mm）含量小于15%。

（b）土体的液限小于35%。

（c）天然含水量大于0.9倍液限。

当用 $n=1.0$ 计算的 $I_C<2.6$ 时，此时认为土体很可能为颗粒土，应当用 $n=0.5$ 重新对 C_q 和 Q 进行计算，当重新计算的 $I_C<2.6$ 时，此时 I_C 可用于将计算的归一化锥尖阻力换算至洁净砂的归一化锥尖阻力（如步骤③所示），且有：

$$q_{C1N}=\left(\frac{P_a}{\sigma'_{v0}}\right)^{0.5}\left(\frac{q_c}{P_a}\right) \tag{11.4-40}$$

当用 $n=0.5$ 计算的 $I_C>2.6$ 时，此时应当用 $n=0.7$ 重新计算 C_q 和 Q，此时有：

$$q_{C1N}=\left(\frac{P_a}{\sigma'_{v0}}\right)^{0.7}\left(\frac{q_c}{P_a}\right) \tag{11.4-41}$$

③将计算得到的归一化锥尖阻力 q_{C1N} 换算为洁净砂的归一化锥尖阻力，运用下式计算：

$$(q_{C1N})_{CS}=K_C q_{C1N} \tag{11.4-42}$$

式中　K_C——颗粒特征修正因素，按下面情况考虑：

当 $I_C\leqslant 1.64$ 或 $1.64<I_C<2.36$ 且有 $FC<0.5\%$ 时，$K_C=1.0$

当 $1.64<I_C<2.6$ 时，$K_C=-0.403I_C^4+5.58I_C^3-21.6I_C^2+33.75I_C-17.88$

当 $I_C>2.6$ 时，停止计算。

（3）计算安全系数 F_s：

$$F_s=\frac{CRR_{7.5}}{CSR_{7.5}} \tag{11.4-43}$$

当 $F_s>1$ 时，应判为不液化，当 $F_s\leqslant 1$ 时，判为液化。

3. 液化判别静力触探方法对比[17]

我国《岩土工程勘察规范》的静力触探判别法属于经验法，是根据在邢台地震（1966年）、通海地震（1970年）、海城地震（1975年）、唐山地震（1976年）及国外历史上地震后出现喷水、冒砂、滑移与沉陷等地面变形为标志的液化场地上进行的对比试验数据，运用概率统计法建立起来的，该方法考虑了近震与远震的不同影响，并考虑了黏粒含量对液化的影响，具有较强的实用性和针对性。但该方法缺乏理论基础，对深层地基土的判别结果偏于保守。美国国家地震研究中心（NCEER）推荐的静力触探方法属于试验-分析法，其实质是将砂土中由振动作用产生的剪应力与产生液化所需的剪应力（即在相应动力作用下砂土的抗剪强度）进行比较，它是基于对薄层土锥尖阻力修正和对场地及土性修正的基础上建立的，其最大优点是分析流程中的每一步骤均以数学式表达，可以直接应用 CPT 试验成果计算周期阻力比 CRR，逐步计算该深度的液化潜能，但是该方法计算相对复杂，且对深层地基土的判别偏于不安全。两类方法有如下差异[17]：

（1）在确定地震影响时，我国《岩土工程勘察规范》的静力触探判别法是按“烈度”

来考虑的，而美国国家地震研究中心（NCEER）推荐的静力触探方法是按“震级”来考虑的。地震最大加速度 a_{max} 与抗震设防烈度之间的大致关系可以通过《中国地震动参数区划图》查表获得。

（2）我国《岩土工程勘察规范》的静力触探判别法直接采用现场实测的锥尖阻力进行判别，不需要修正，而 NCEER 推荐的静力触探方法则考虑了土层上覆应力对 CPT 锥尖阻力的影响，在计算时需要用上覆有效应力对实测锥尖阻力进行修正。

（3）我国《岩土工程勘察规范》的静力触探判别法中除了设防烈度外，主要考虑了测点深度和地下水位的影响，而 NCEER 推荐的静力触探方法中还含有其他一些影响因素，如颗粒特征等。

11.4.3　V_s 方法 [18]

自 1980 年 Dorby R. Powell 首先按应变法原理提出用剪切波速 V_s 预测砂土液化势的方法以来，该类方法在国内外受到普遍关注，是当前抗震工程研究中的热点问题之一。用剪切波速判别饱和砂土的振动液化具有物理意义明确、波速值离散性小、预测可靠性高、可重复、经济性好、快速等优点。目前，在用剪切波速判别饱和砂土的振动液化方面国内外已有一些研究成果，国内如中国地震局工程力学研究所石兆吉等提出的判别方法和浙江大学岩土工程研究所提出的基于初始液化的饱和砂土抗液化强度剪切波速表征模型（“周-陈模型”），国外如美国国家地震研究中心（NCEER）建议的剪切波速判别法。

1.《岩土工程勘察规范》（GB 50021—2001）的剪切波速方法

当实测剪切波速 V_s 大于按式（11.4-44）计算的临界剪切波速时，可判为不液化；

$$V_{scr}=V_{s0}(d_s-0.0133d_s^2)^{0.5}\left[1.0-0.185\left(\frac{d_w}{d_s}\right)\right]\left(\frac{3}{\rho_c}\right)^{0.5} \qquad (11.4-44)$$

式中　V_{scr}——在砂土或饱和粉土液化剪切波速临界值（m/s）；

V_{s0}——与烈度、土类有关的经验系数，按表 11.4-11 取值；

d_s——剪切波速测点深度（m）；

d_w——地下水深度（m）。

表 11.4-11　与烈度、土类相关的经验系数 V_{s0}

土类	V_{s0}/（m/s）		
	7 度	8 度	9 度
砂土	65	95	130
粉土	45	65	90

该法是石兆吉研究员根据 Dobry 刚度法原理和我国现场资料推演出来的，现场资料经筛选后共 68 组砂土，其中液化 20 组，未液化 48 组；粉土 145 组，其中液化 93 组，不液化 52 组，有黏粒含量值的 33 组[18]。

2. 基于初始液化的地震液化剪切波速判别法[19]

浙江大学岩土工程研究所针对当前地震液化判别方法以经验法为主，土体抗液化强度无法在现场直接测得，而剪切波速反映了土体结构性且具有可同时在室内和现场测量的特点，深入研究了砂土剪切变形、强度、刚度及液化特性，首次提出了饱和砂土抗液化强度与剪切波速 4 次方成正比的关系[19]，被 USGS 等国际同行称为“周-陈模型”。基于全球 50 年来历次大地震中 422 个场地的地震液化调查结果，验证了该模型对实际场地地震液化的有效性。以该模型为基础，提出了基于初始液化剪切波速判别法，该方法在高烈度地区的判别效果明显优于目前国际通用经验方法，成功运用于汶川大地震现场高烈度区液化判别。该方法简介如下：

当实测剪切波速小于式（11.4－45）计算的临界剪切波速 V_{scr} 时，则判为可液化土，否则为不液化土。

$$V_{scr}=V_0\beta\left\{d_s\left[\frac{\rho}{\rho_s}\frac{d_w}{d_s}+\left(1-\frac{d_w}{d_s}\right)\right]r_d\right\}^{\frac{1}{4}} \tag{11.4－45}$$

式中 V_0——液化判别基准值（对应土层深度 $d_s=1$，地下水位 $d_w=0$），其取直如表 11.4－12；

β——调整系数，设计地震第一组取值为 0.89，第二组 0.97，第三组 1.02；

r_d——为应力折减系数，其取值如下：

$r_d=1.0-0.00765z$　　当 $z\leqslant 9.15\text{m}$

$r_d=1.174-0.267z$　　当 $9.15\text{m}<z<23\text{m}$

$r_d=0.774-0.008z$　　当 $23\text{m}<z\leqslant 30\text{m}$

$r_d=0.5$　　当 $z>30\text{m}$

z——应力计算点距离地表的距离。

表 11.4－12　砂土液化判别基准值 V_0（对应土层深度 $d_s=1$，地下水位 $d_w=0$）

细粒含量	$a_{max}=0.1g$	$a_{max}=0.15g$	$a_{max}=0.2g$	$a_{max}=0.3g$	$a_{max}=0.4g$
$FC\leqslant 5\%$	100.6	111.4	119.7	132.5	142.3
$5\%<FC<35\%$	94.4	104.5	112.2	124.2	133.5
$FC\geqslant 35\%$	85.2	94.3	101.4	112.2	120.6

3. 美国国家地震研究中心（NCEER）建议的剪切波速方法

该法与前述 NCEER 建议的 SPT、CPT 方法一样，是 Andrus 和 Stokoe 根据 26 次地震中 70 多各液化或不液化场地的地震现场调查结果，基于 Seed 的“简化方法”发展而来的，其基本概念是先求出地震作用在不同深度的土处产生的剪应力比 CSR，再求出令该处发生液化所必需的剪应力比 CRR，如果 CSR 大于 CRR 则该处将在地震中发生液化。其计算步骤如下[15]：

（1）按式（11.4－19）至式（11.4－22）计算地震引起的等效循环应力比 $CSR_{7.5}$。

（2）计算以剪切波速 V_s 表示的砂土抗液化强度 $CRR_{7.5}$：

当震级为7.5级，可按式（11.4－46）计算砂土的抗液化强度 $CRR_{7.5}$：

$$CRR = 0.022\left(\frac{V_{s1}}{100}\right)^2 + 2.8\left(\frac{1}{V_{s1}^* - V_{s1}} - \frac{1}{V_{s1}^*}\right) \tag{11.4-46}$$

式中 V_{s1}——将实测剪切波速修正到有效上覆应力为100kPa时的修正剪切波速（m/s），按式（11.4－47）计算：

$$V_{s1} = V_s\left(\frac{P_a}{\sigma'_{v0}}\right)^{0.25} \tag{11.4-47}$$

V_{s1}^*——土层可能发生液化的 V_{s1} 上界极限值（m/s），按下述情况考虑：

$V_{s1}^* = 215$ 当 $FC \leqslant 5\%$ 时

$V_{s1}^* = 215-0.5\ (FC-5)$ 当 $5\% < FC < 35\%$ 时

$V_{s1}^* = 200$ 当 $FC \geqslant 35\%$ 时

（3）计算安全系数 F_s：

$$F_s = \frac{CRR_{7.5}}{CSR_{7.5}} \tag{11.4-48}$$

当 $F_s > 1$ 时，应判为不液化，当 $F_s \leqslant 1$ 时，判为液化。

4. 液化判别剪切波速方法对比

上述各判别砂土液化的剪切波速方法，均为在砂土埋深 d_s、相对密实度 D_r、地下水埋深 d_w、细粒含量 F_c、上覆土有效应力 σ'_v、砂土平均粒径 D_{50}、剪切波速 V_s 等几个影响因素中考虑若干个参数建立起来的判别公式。《岩土工程勘察规范》中的剪切波速判别法是我国石兆吉研究员在Dobry刚度法原理的基础上，结合我国海城地震（1975年）、唐山地震（1976年）中砂土和粉土液化与剪切波速等有关资料推演出来的，该方法考虑了剪切波速测点深度 d_s、地下水位深 d_w、土体类型、黏粒含量 ρ_c 和地震烈度几个因素，是在已知地震烈度情况下进行液化判别的一种方法。浙江大学软弱土与环境土工教育部重点实验室提出的基于初始液化的地震液化剪切波速判别法指出饱和砂土抗液化强度与剪切波速4次方成正比，并且用全球50年来历次大地震中300个场地的地震液化调查结果对此关系进行了验证，该方法考虑了剪切波速测点深度 d_s、地下水位深 d_w、细粒含量 F_c、地震震级 M_W 和地表峰值加速度 a_{max} 等几个因素，在高烈度地区判别效果要优于其他剪切波速判别法。美国国家地震研究中心推荐的剪切波速判别法是Andrus和Stokoe根据26次地震中70多各液化或不液化场地的地震现场调查结果，基于Seed的“简化方法”发展而来的，该方法考虑了上覆总应力 σ_{v0}、上覆有效应力 σ'_{v0}、细粒含量 F_c、地震震级 M_W 和地震峰值加速度 a_{max} 等几个因素。各类方法的异同点如下：

（1）三类方法均考虑了剪切波速测点深度 d_s 和地下水位深 d_w 这两个因素对饱和砂土抗液化强度的影响，其中国内的两个方法为直接考虑，而NCEER推荐的方法以上覆总应力 σ_{v0} 和上覆有效应力 σ'_{v0} 的形式考虑剪切波速测点深度 d_s 和地下水位深 d_w 对饱和砂土抗液化强度的影响，为间接考虑。

（2）三类方法均考虑了细粒含量对饱和砂土抗液化强度的影响，但考虑的形式不一致，

《岩土工程勘察规范》中的剪切波速判别法考虑的细粒为黏粒（粒径小于 0.005mm）且认为土体黏粒重量百分含量小于等于 3%时对土体的抗液化强度没有影响，浙江大学软弱土与环境土工教育部重点实验室提出的基于初始液化的地震液化剪切波速判别法和美国 NCEER 推荐的剪切波速法所考虑的细粒（粒径以 0.075mm 为分界线）包括粉粒和黏粒，且将细粒的影响分为三个区间。

（3）在地震动参数方面，《岩土工程勘察规范》中的剪切波速法考虑了烈度的影响，但没有考虑震级的影响，而浙江大学软弱土与环境土工教育部重点实验室提出的基于初始液化的地震液化剪切波速判别法和美国 NCEER 推荐的剪切波速法没有考虑烈度的影响，但考虑了震级和地表峰值加速度的影响，值得注意的是，《岩土工程勘察规范》中的剪切波速法考虑的烈度与浙江大学软弱土与环境土工教育部重点实验室提出的基于初始液化的地震液化剪切波速判别法考虑的地表峰值加速度的大致关系可通过《中国地震动参数区划图》获得。

11.4.4 不同参数的液化判别方法比较

对于饱和砂土液化判别，目前规范要求以标准贯入试验为主，以静力触探为辅，有经验地区可采用剪切波速测试，但目前的每种判别方法都有一定的局限性。SPT、CPT 的场地贯入参数指标在很多场地条件下（如砾石场地）并不可靠，甚至无法开展贯入试验，而土体剪切波速测试能在绝大多数场地开展，而且物理意义明确，能综合反映现场土体结构特征，但其在国内研究较晚，尚需进一步研究[15]。表 11.4－13 给出了现场判别方法的比较，设计人员应根据场地条件及各类方法的特点选择合适的方法，在条件允许的情况下应进行综合判别，同时采用多种方法以得到更合理的结论。

表 11.4－13 现场判别抗液化强度方法特点归纳

方法特点	试验类型		
	V_s	SPT	CPT
液化场地已有测量	有限	很多	很多
影响试验的应力应变行为	小应变，不产生超静孔压	大应变，部分排水	大应变，不排水
质量控制与可重复性	好	差到好	很好
土层变化的探测	一般	对紧密试验好	很好
推荐测量的土类型	所有土类	非砾石土类	非砾石土类
取样与否	否	是	否
试验指标/工程特性	工程特性	试验指标	试验指标

11.5　液化沉陷计算

在 11.3 节中虽然有了液化危害分析方法，但毕竟简化和不完善，它存在下列缺点：

（1）没有考虑上部结构对液化和液化危害性的影响，在计算液化指数时没有顾及建筑物的存在。

（2）没有考虑非液化土层和未完全液化砂和粉土层对沉陷的影响。很多情况下地基是由砂土、粉土和软黏土互层构成的，忽略这些土层的作用有时会导致不符合实际的结果。

（3）液化指数只是一个相对指标，其大小和因次都只有相互比较的作用，像烈度的度数一样，没有给出可直接用于工程的定量指标。

因此，目前已提出了一些直接预估建筑物在土液化后沉陷的方法，以便更好地评估液化危害。以下介绍两种预估液化震陷的方法。

11.5.1　模量软化法（石兆吉、谢君斐等）

软化模型的基本思路是地震作用对土体变形的影响主要是使土的剪切模量降低，土体变软，而地震作用产生的动应力则认为影响不大，可以忽略，因此地震应变是在静力作用下由于剪切模量降低而产生的。这种软化概念可用图 11.5－1 模型表示。设土的总刚度由两部分组成，即：

$$K_{ip} = \frac{1}{\dfrac{1}{k_i} + \dfrac{1}{k_p}} \tag{11.5-1}$$

式中　K_{ip}——土的总刚度（MPa）；

k_i、k_p——震前及地震时土的刚度（MPa），由室内试验测定。

地震作用前，在静荷载作用下产生初始沉降 u_i，因为此时 k_p 比 k_i 大得多，$K_{ip} \approx k_i$，故 u_i 基本由 A 元件产生。在等效地震力作用下，k_i 保持不变，k_p 则随着振动次数增加而减小，故总刚度也逐渐减小。

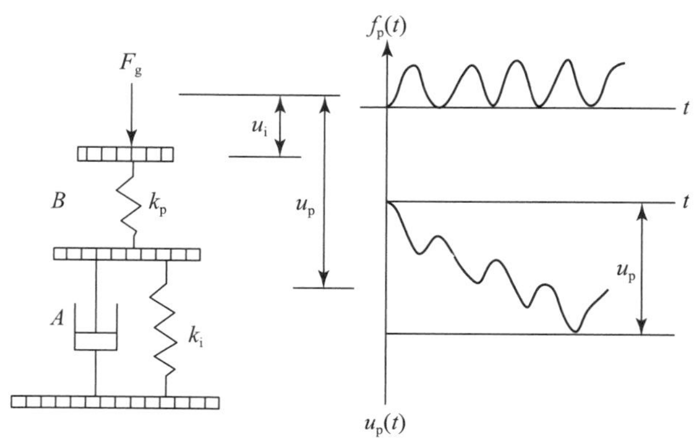

图 11.5－1　软化模型示意图

根据软化模型概念，建筑物地基地震沉陷分析简化为用有限元做两次静力分析，第一次用震前的模量 E_i，第二次用软化后的模量 E_{ip}，两次分析的位移之差即为地震作用引起的附加沉陷。此法目前已有分析计算程序。

根据计算结果，可按表 11.5－1 评估液化震陷的危害。

表 11.5－1　液化等级和危害性程度的划分

计算震陷值/mm	液化等级	液化危害程度
≤40	轻微	无地基破坏
>40 和≤80	中等	建筑物稍有开裂，不均匀下沉和倾斜
>80	严重	建筑物严重开裂，不均匀下沉和倾斜

该法的试验与计算步骤简介如下：

（1）静三轴试验：用固结排水试验确定震前土的静变形模量，考虑土的非线性用邓肯－张模型表示土的应力－应变关系并测定其有关参数，由模量即得震前土的刚度。

（2）第一次静力有限元计算，求出震前地基的初始沉降和各单元应力。

（3）动三轴（或共振柱）试验，确定动变形模量－应变关系曲线与动阻尼比应变关系曲线。

（4）动力有限元分析确定土单元的动应力。

（5）震陷试验求得动力下的残余应变 ε_p 与振动次数的关系曲线并以数学公式表达之。

（6）第二次静力有限元计算，根据已知的静应力和动应力状态及静三轴和震陷实验结果，计算地震软化后各土单元的变形模量。

图 11.5－2 是震前某一土单元的应力－应变关系，由固结排水静三轴试验测得。假设 A 点表示震前该单元的应力－应变状态，相应的偏应力为 $(\sigma_1-\sigma_3)_A$，应变为 $\varepsilon_{a,A}$。地震后假定应力不变（地震应力忽略不计），则地震后该单元的偏应力仍为 $(\sigma_1-\sigma_3)_A$，但应变增加了。以 B 点表示震后的应力－应变状态，相应的偏应力为 $(\sigma_1-\sigma_3)_B=(\sigma_1-\sigma_3)_A$，应变为 $\varepsilon_{a,B}=\varepsilon_{a,A}+\varepsilon_{p,\lambda}$。按假定与定义，地震后该单元的应力－应变关系曲线通过 B 点。我们规定这条曲线仍可用邓肯－张模型表示，并规定参数 n、R_f、c、φ 与地震前相同，只有刚度 k 改变，与震前的取值不一样。设地震前后的 k 值分别以 k_A 和 k_B 表示，则 k_B 之值可确定如下：

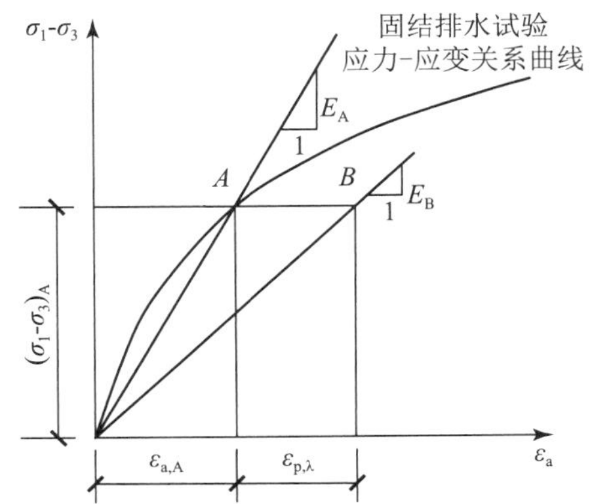

图 11.5－2　地震前后土单元的模量确定

以 E_A 表示该单元地震前的割线模量，则

$$E_A=\frac{(\sigma_1-\sigma_s)_A}{\varepsilon_{a,A}} \tag{11.5-2}$$

以 E_B 表示地震后的割线模量，则

$$E_B=\frac{(\sigma_1-\sigma_s)_A}{\varepsilon_{a,A}+\varepsilon_{p,\lambda}} \tag{11.5-3}$$

由此可得：

$$E_B=\frac{\varepsilon_{a,A}}{\varepsilon_{a,A}+\varepsilon_{p,\lambda}}E_A \tag{11.5-4}$$

因为 n、R_f、c、φ 及（$\sigma_1-\sigma_3$）地震前后不改变，故得：

$$k_B=\frac{\varepsilon_{a,A}}{\varepsilon_{a,A}+\varepsilon_{p,\lambda}}k_A \tag{11.5-5}$$

根据式（11.5－5）求得的各单元软化后的变形模量，再进行一次静力有限元计算，将所得结点位移减去第一次静力有限元计算求得的初始结点位移，即为待求的地震沉陷。

（7）计算结果分析及处理。参考表 11.5－1 及计算得到的震陷及不均匀震陷值考虑对策。一般当计算震陷值>80mm，多半应考虑软土地基加固。

（8）简化的模量软化分析法：由上述可知，模量软化法需进行三批试验，即静三轴试验、动二轴试验和震陷试验。还要做三次有限元计算（二次静力的和一次动力的）。工作量较大，因此只对重要工程才做。对一般工程可不作专门试验而采用土的经验参数，计算方面也可不作有限元分析而以分层总和法计算沉陷。这就是简化的模量软化法。

表 11.5－2 给出了各类土的邓肯公式中的土性参数经验值，也给出了各类土的震陷参数经验值。在用简化的模量软化法时可参考该表取用各参数值代入计算震陷永久应变表达式中。

表 11.5－2　各类土的邓肯参数和震陷参数

土类	邓肯参数					震陷参数				
	K_s/kPa	n_s	Φ（°）	c/kPa	R_f	S_L	C_6	S_6	C_7	S_7
淤泥	422	0.655	12	20	0.741	−0.159	0.44	0.22	0.16	0
淤泥质黏土	1237	0.465	12	20	0.678	−0.145	0.47	0.24	0.18	0
淤泥质粉质黏土	2930	0.390	12	44	0.687	−0.194	0.50	0.20	0.16	0
黏土	1500	0.500	23.8	50	0.664	−0.129	0.90	0.60	0.18	0
粉质黏土	3000	0.400	25	35	0.550	−0.129	0.85	0.55	0.17	0
粉土（密）	3500	0.600	33	22	0.693	−0.150	0.45	0.50	0.16	0
粉土（松）	2500	0.500	30	14	0.728	−0.170	0.25	0.40	0.15	0
密实砂	9600	0.600	40	0	0.850	−0.120	1.0	0.60	0.18	0.05
中密砂	4800	0.500	32	0	0.840	−0.100	0.45	0.50	0.10	0.05
松砂	3500	0.550	28	0	0.770	−0.063	0.25	0.44	0.011	0.05

11.5.2　震陷经验公式

由刘惠珊提出的经验公式主要来源于三个方面[20, 21]：

（1）液化震陷的宏观资料：来自日本的液化震陷资料如图 11.5－3 所示。图中显示出液化震陷量与液化深度之比 S/D_l 与建筑物基础宽度与液化深度之比 B/D_l 之间有很好的规律性。

表 11.5－2 是中国的液化震陷资料。由于场地比较分散，液化层有时是持力层，有时是液化层，有时是砂土有时是粉土，因此不易整理成如图 11.5－3 那样的较直观的图形。因而，表中的资料主要用于校核公式的可信度。

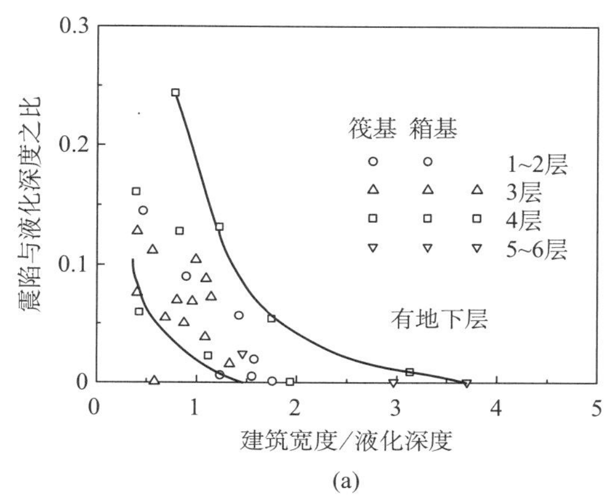

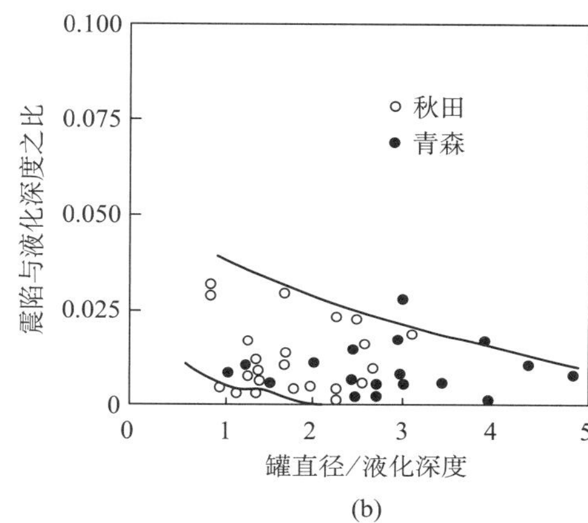

图 11.5－3　日本液化震陷资料（液化砂层位持力层，地震烈度相当于 8 度）

（a）新潟地震；（b）日本海地震

（2）孙建民等的系列室内砂箱试验所展示的液化震陷值与基底压力的关系。液化震陷值与液化砂土相对密实度的关系。

（3）孙建民等用有限元分析一系列典型液化持力层地基所得的震陷计算结果。

综合以上几方面的研究结果，得出液化震陷经验公式如下：

砂土
$$S_E = 0.44\frac{S_0\varepsilon}{B}(D_1^2 - D_2^2)(0.01p)^{0.6}\left(\frac{1 - D_r}{0.5}\right)^{1.5} \tag{11.5-6}$$

粉土
$$S_E = 0.44\frac{S_0k\varepsilon}{B}(D_1^2 - D_2^2)(0.01p)^{0.6} \tag{11.5-7}$$

式中　S_E——液化震陷量平均值（m），液化层位多层时，先按各层次分别计算后在相加；

B——为基础宽度（m）；对住房等密集型基础以建筑平面的宽度代入；当 $B \leqslant 0.4D_l$ 时取 $B = 0.4D_l$；

S_0——经验系数，对 7、8、9 度分别取 0.05、0.15 及 0.3；

D_1——由地面算起的液化深度（m）；

D_2——由地面算起的上覆非液化土层深度（m）。若液化层为持力层，则取 $D_2 = 0$；

p——宽度为 B 的基础底面压力设计值（kPa）；

D_r——砂土相对密实度（%），可根据标贯锤击数 N 取，$D_r=\left(\frac{N}{0.23\sigma_v'+16}\right)^{0.5}$；

k——与粉土承载力有关的经验系数，由表 11.5－3 确定；

ε——基底下非液化持力层的影响系数。当持力层厚度满足式（11.3－1）至式（11.3－3）的不考虑液化影响的厚度条件时，$\varepsilon=0$；当无非液化持力层时，$\varepsilon=1$。当其厚度在上述两种情况之间时，ε 则以插值求之。

表 11.5－3　液化粉土 k 值

土的承载力 f_k/kPa	≤80	100	120	140	160	180	200	220	240	260	280	300
k	0.3	0.28	0.28	0.24	0.22	0.2	0.18	0.15	0.14	0.12	0.10	0.08

经验公式（11.5－6）、式（11.5－7）反映了土性、非液化持力层厚度、基底压力、液化深度等因素对震陷的影响，比较直观。为了验证公式的可信度，将实测液化震陷与计算值做了对比。图 11.5－4 与图 11.5－5 为对比结果。

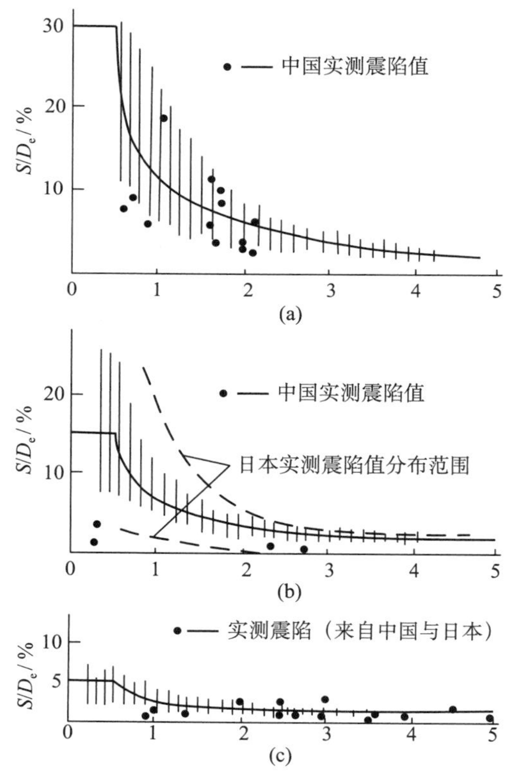

图 11.5－4　实测液化砂土震陷（持力层型）与式（11.5－6）计算的比较

（a）9 度区；（b）8 度区；（c）7 度区

实线为 $p=100$kPa，$D_r=50\%$时的计算结果；图中阴影为 $D_r=0.3\sim0.7$，$p=100$kPa 的计算震陷值分布范围

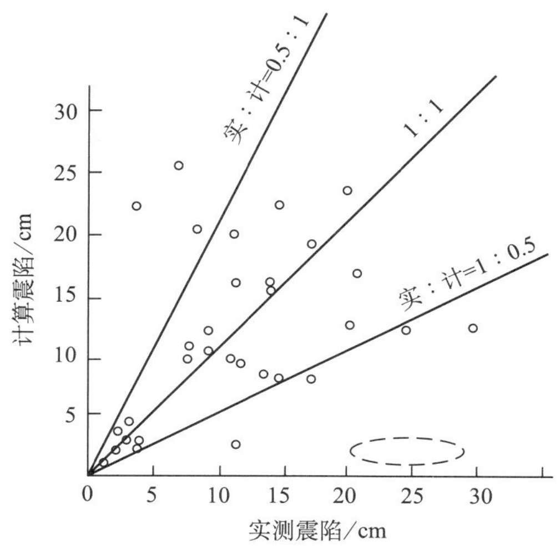

图 11.5－5　震陷实测值与计算值对比（中国资料）

图 11.5－4 为 7、8 、9 度区的液化砂土分区比较结果，图中的实线为基底压力 p 为 100kPa，土相对密实度为 $D_r=50\%$时的公式计算结果。图中阴影为 $D_r=0.3\sim0.7$，$p=100$kPa 时，计算震陷值的分布范围；虚线为图 11.5－3 中日本的震陷实测值的分布范围；图中的黑点为中国的实测 7~9 度区砂土震陷值及 7 度时的少量日本震陷值。

由图 11.5－4 中可以看出：

（1）对 9 度区（图 11.5－4a），公式计算出的震陷随液化深度变化发展趋势（图中的实线与阴影部分）与我国实例的液化震陷散点分布趋势比较一致。

（2）对 8 度区（图 11.5－4b），公式计算得到的震陷发展趋势（即图中的实线与阴影部分）与日本实测资料的分布形态（即图中的虚线来源于图 11.5－3）二者的趋势相当一致。至于 8 度区的中国液化砂土持力层型震陷实例资料数量很少，目前难以判断。

（3）对 7 度区（图 11.5－4c），仅有中国的实测震陷资料，即图中的黑点，它们与公式计算得出的震陷变化规律，即图中的阴影与实线，大致趋势相符。

从而可以认为，经验公式在反映 $S/D_l\sim B/D_l$ 的关系上，可以较正确的反映宏观震害的规律。

图 11.5－5 是将我国的实测震陷（表 11.5－4）值与计算震陷值逐点对比结果。由该图可以看出多数实际震陷与计算值之比在（0.5：1.0）～（1：0.5），就一般的沉降计算精度而言，该离散度可以接受。特别是考虑到：

①唐山地震中天津市水准点移位，实测震陷实际是相对于室外地面或个别柱基的差异沉降，或是由桥式吊车开动情况及目测等方法间接估计的。

表 11.5－4　建筑结构的液化实际震陷

地点	结构状况	地基土状况	液化震陷量
天津毛条厂	单厂	$H_1=3.5$m，$H_2=5$m	80～220mm
天津上古林石化 108 栋住宅	多层，混砖	$H_1=2.4$，$H_2=4.3$m	200～380mm
开滦范各庄选煤厂	厂房	喷冒	200～700mm
吕家坨托儿所锅炉房	框架，筏基	喷冒	187mm（倾斜 20°）
徐家搂矿井塔	塔架，高 50m	$H_1=2$m，$H_2=8$m	200～290mm
天津第一机床厂	单厂	$H_1\approx5$m，$H_2\approx5$m	75～300mm
天津医院	多层框架	$H_1=6.5$m，$H_2=8$m	20～40mm
天津气象台塔楼	多层	$H_1=4$m，$H_2=1.5$m	12～29mm
天津化工厂盐水罐	容积 50m^3	液化深度 14m	不均匀沉降 500mm，倾斜 8°
天津化工厂苯储罐	直径 15m，高 13m 筏基	液化深度 14m	不均匀沉降 500mm，倾斜 6°
通县西集粮仓		$H_1=4$m，$H_2=10$m	60mm
通县王庄农舍		$H_1=3.5$m，，$H_2=3.7$m	1000mm
邯郸电厂	厂房	液化粉土	100mm
营口高家农场草堆	高 3m	液化砂土	2000mm
营口田庄台选纸厂座吊		液化砂土	竖向 40，水平位移 900mm
营口新生农场水塔	高 30m		1000mm
营口东风排灌站三个闸门	混凝土结构	液化砂土	闸门间相互不均匀沉降 690mm
天津大沽化工厂合成车间		液化砂土	沉降差 100mm
天津吴咀煤厂	单层厂房	$H_1=4$m，$H_2=1$m	<6mm
天津 7201 油库 8 个 5000 m^3 罐	钢罐，地震时无油	液化喷冒	100～200mm

注：H_1 为上覆非液化层厚，H_2 为液化层厚。

②不少地质勘察资料并非针对产生震陷的房屋的专门调查，资料不全，不准或对震陷的描述不明确，未指明是平均震陷或最大震陷。

③石化总厂（图 11.5－5 中虚线所示区域）18 栋住宅的实测震陷中含有震前沉降、软土持力层的震陷等未扣除，基底静压力又超过勘察报告提供值，凡此种种使实测震陷远大于计算震陷。

考虑到上述情况，震陷经验公式（11.5－6）及式（11.5－7）具有初步的定量可信度，比液化指数考虑的因素更多，可作为在施工设计时采取抗液化措施的依据之一。

11.5.3　基于现场指标的液化震陷估算方法

砂土场地的液化沉陷量基于现场指标的估算方法，目前主指标有标准贯入试验（SPT）指标和静力触探（CPT）指标两种。经研究发现，砂土场地的震陷量可以由砂土的液化后残余应变分层累积计算获得。而砂土的残余应变与地震过程中土地产生的最大剪应变 γ_{max} 有密切关系。最大剪应变 γ_{max} 可以由两个变量来近似表征，即液化安全系数 F_s（factor of safety for liquefaction）和相对密实度 D_r。其中，液化安全系数 F_s 是砂土的循环抗力比 CRR 与地震在土体中产生循环剪应力比 CSR 之比；相对密实度 D_r 与现场指标（标准锤击数 N、端阻 q_c）有相应的经验关系。因而，砂土的残余应变就建立了关于 F_s 和 D_r（或者是 N、q_c）的关系图。运用分层总和法将各个液化土层的残余应变累计，即可得到液化场地的震陷。

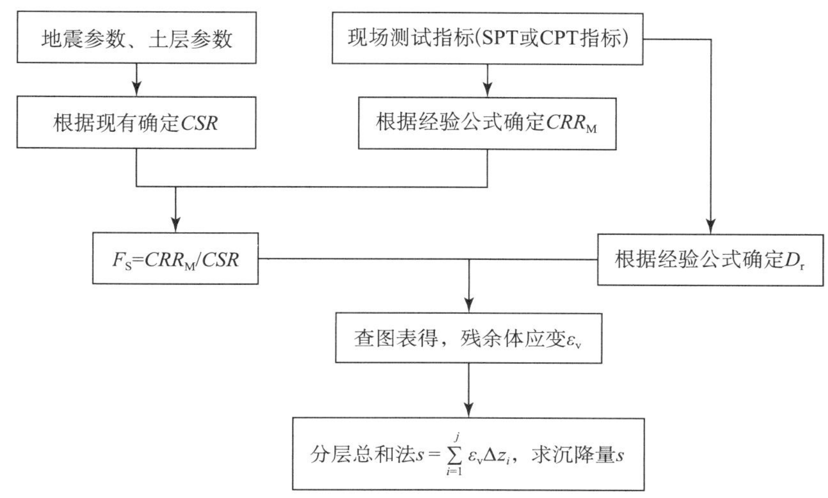

图 11.5－6　基于现场指标的液化震陷估算方法的流程图

其计算步骤：

（1）液化安全系数：

$$F_s = CRR_M/CSR \tag{11.5-8}$$

式中　CSR——循环剪应力比，可由公式 $CSR=\dfrac{\tau_{av}}{\sigma'_{v0}}=0.65(a_{max}/g)(\sigma_{v0}/\sigma'_{v0})\gamma_d$ 计算；

γ_d——应力折减系数，当 $z\leqslant 9.15$m 时，$\gamma_d=1.0-0.000765z$；

当 $9.15\text{m}<z\leqslant 23\text{m}$，$\gamma_d=1.174-0.0267z$；

CRR_M——M 级地震下土单元的循环抗力比，$CRR_M=CRR_{7.5}$（MSF）；

$CRR_{7.5}$——可由现场指标计算；

$MSF=(M_W/7.5)^{-2.56}$

下面介绍 $CRR_{7.5}$ 的计算：

基于 SPT 指标的 $CRR_{7.5}$：

$$CRR_{7.5}=\frac{1}{34-(N_1)_{60}}+\frac{(N_1)_{60}}{135}+\frac{50}{[10(N_1)_{60}+45]^2}-\frac{1}{200} \tag{11.5-9}$$

式中　$(N_1)_{60}$——现场标准锤击数 N 转化到有效应力为 1 个标准大气压，能量为锤击能量的 60%的等效锤击数，$(N_1)_{60}=NC_NC_EC_BC_RC_S$。

表 11.5－5　现场锤击数的修正参数取值

影响因素	设备差异	表示符号	调整系数
竖向有效应力	圆饼锤	C_N	$C_N=2.2/(1.2+\sigma'_{v0}/P_a)$
竖向有效应力	安全锤	C_N	$C_N\leqslant1.7$
能量比	自动圆饼锤	C_E	0.5~1.0
能量比	65~115mm	C_E	0.7~1.2
能量比	150mm	C_E	0.8~1.3
钻孔直径	200mm	C_E	1.0
钻孔直径	<3m	C_B	1.05
钻孔直径	3~4m	C_B	1.15
钻杆长度	4~6m	C_R	0.75
钻杆长度	6~10m	C_R	0.8
钻杆长度	10~30m	C_R	0.85
钻杆长度	标准取样器	C_R	0.95
钻杆长度	无衬垫取样器	C_R	1.0
取样方法		C_s	1.0
取样方法		C_s	1.1~1.3

若现场砂土含有较多的粉粒或者黏粒，则要将 $CRR_{7.5}$ 所用的 $(N_1)_{60}$ 用等效洁净砂的锤击数 $(N_1)_{60cs}$ 代替。

$$(N_1)_{60cs}=\alpha+\beta(N_1)_{60} \tag{11.5-10}$$

其中：

$FC\leqslant5\%$ 时，$\alpha=0$，$\beta=1.0$

$5\%<FC<35\%$ 时，$\alpha=\exp[1.76-(190/FC^2)]$，$\beta=[0.99+FC^{1.5}/1000]$

$FC\geqslant35\%$ 时，$\alpha=5.0$，$\beta=1.2$

基于 CPT 指标的 $CRR_{7.5}$：

当 $(q_{c1N})_{cs}<50$ 时，

$$CRR_{7.5}=0.833[(q_{c1N})_{cs}/1000]+0.05 \tag{11.5-11a}$$

当 $50\leqslant(q_{c1N})_{cs}<160$ 时，

$$CRR_{7.5}=93[(q_{c1N})_{cs}/1000]^3+0.08 \tag{11.5-11b}$$

其中，$(q_{c1N})_{cs}$ 表示洁净砂在 100kPa 的有效应力下的静力触探端阻值。

砂土场地的现场 q_c 转化为 1 个标准大气压下端阻 q_{c1N}：

$$q_{c1N}=C_Q(q_c/P_a) \tag{11.5-12}$$

其中，$C_Q=(P_a/\sigma'_{v0})^n$，

其中 $I_c=[(3.47-\lg Q)^2+(1.22+\lg F)^2]^{0.5}$，

$Q=[(q_c-\sigma_{v0})/P_a][P_a/\sigma'_{v0}]^n, F=[f_s/(q_c-\sigma_{v0})]\times100\%$

为了确定 n 的取值，$\sigma'_{v0}>300\text{kPa}$，则 n 直接取 1.0，若 $\sigma'_{v0}<300\text{kPa}$，$n$ 的取值由下述方法确定。

首先取 $n=1$，求得 I_c，若 $I_c\leqslant1.64$，$n=0.5$

若 $1.64<I_c<3.30$，$n=(I_c-1.64)\times0.3+0.5$

若 $I_c\geqslant3.30$，$n=1.0$

然后循环迭代，直至两次相邻的 n 之差小于 0.01.

若现场砂土含有较多的粉粒或者黏粒，需要将现场 q_c 转换为 100kPa 下得 q_{c1N}，然后等效为洁净砂的端阻值（q_{c1N}）$_{cs}$。

$$(q_{c1N})_{cs}=K_cq_{c1N} \tag{11.5-13}$$

当 $I_c\leqslant1.64$ 时，$K_c=1.0$

当 $1.64<I_c\leqslant2.60$ 时，$K_c=-0.403I_c^4+5.581I_c^3-21.63I_c^2+33.75I_c-17.88$

但是，当 $1.64<I_c<2.36$，并且 $F<0.5\%$时，$K_c=1.0$

当 $I_c>2.60$ 时，需要运用其他标准判断是否液化。

（2）D_r 与现场指标的关系式。

$$D_r=\sqrt{\frac{(N_1)_{60cs}}{C_d}} \tag{11.5-14}$$

$$D_r=0.478((q_{c1N})_{cs})^{0.264}-1.063 \tag{11.5-15}$$

其中关于 C_d 的取值，I. M. Idriss 和 Ross W. Boulanger 在《SPT-AND CPT-Based Relationships For The Residual Shear Strength Of Liquefied Soils》中有相关介绍。

（3）查的各土层的 ε_v。

根据由各土层的现场指标，计算得到的液化安全系数 F_s 和相对密实度 D_r，查图 11.5-7 得到永久体应变 ε_v。

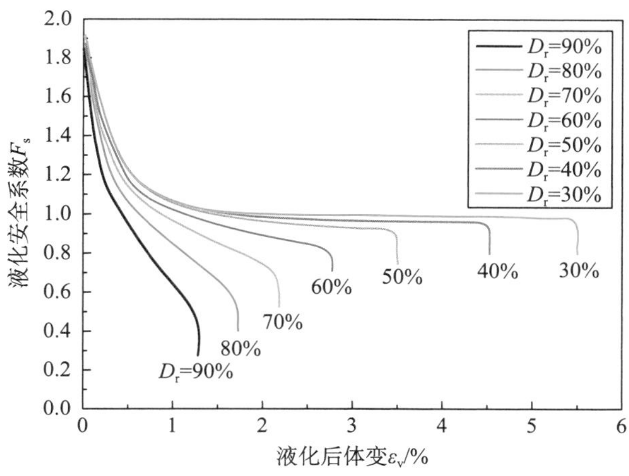

图 11.5-7 不同相对密实度的洁净砂液化体应变与液化安全系数的关系图

（4）运用分层总和法 $s=\sum_{i=1}^{j}\varepsilon_{\mathrm{v}}\Delta z_i$，求沉降量 s。

基于现场指标的液化震陷估算方法中涉及一些经验参数，对于某一种土来说，这些参数的准确性，直接影响到震陷值计算的精度。另外，由于各国的静力触探试验或者标准贯入试验的仪器有差异，运用该方法时，应该注意这些指标值的换算。（此处的公式使用的参数是美国的仪器标准）

11.6　液化土中地下结构的抗浮、抗侧压及抗地裂验算

11.6.1　无侧向扩展情况下的抗浮与抗侧压

土体在液化后类似悬浊液，其重度等于土的饱和重度（约 20kN/m³），此时土体内压力值与深度成正比，且大小不随方向而改变，因此，液化土中某点的压力不论是水平向或竖向，都等于该点以上所有竖向压力的总和。对地下室外墙所受侧压及地下室底板所受的浮力均需按上述校核土液化后墙、板的强度及抗浮。

图 11.6－1 为土体液化后地下室外墙的侧压力及底板处的上浮力示意图，如图所示，在液化土中任意深度 h 处液化后的侧压或上浮力均由下式决定：

$$\sigma_{\mathrm{h}}=\sum\gamma_i h_i \tag{11.6-1}$$

式中　γ_i——第 i 层土的自然重度（kN/m³）；

h_i——第 i 层土的厚度（m）。

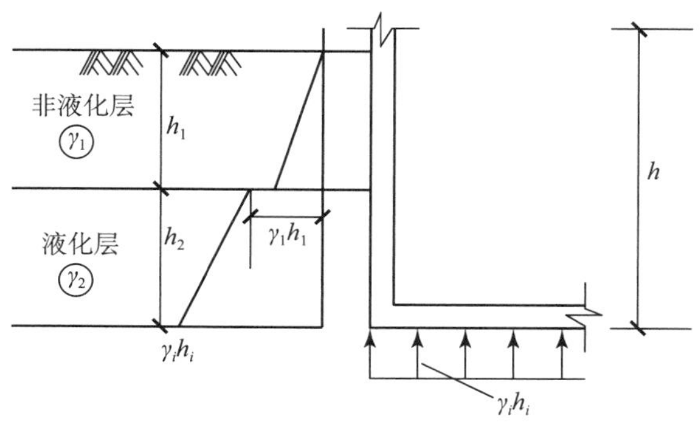

图 11.6－1　土液化后地下结构所受的侧压力及上浮力

在土液化前，地下室外墙所受的侧压一般按主动土压力或按静止土压力计算，地下室底板所受的上浮力按静水压力计算，与液化后所受压力下相比，后者要远大于前者，当结构完全处于液化层中时，上浮力增加约 1 倍，侧压力增加稍小于 1 倍，液化层越深，液化前后的侧压与上浮力的差异也就越大。因此，在震害调查中常常发现竖井井壁在液化层位置出现裂缝或地下轻型结构上浮的现象。

在设计时，设计者常因已处理了基底以下的液化层，而忘记基底以上还有未加处理的液

化层，这是应该引起注意的。

（1）抗浮验算时应使：

$$\frac{p}{\sigma_h} \geqslant 1.1 \tag{11.6-2}$$

式中　p——基底平均压力（kPa），应按经常出现的不利情况考虑（如油罐不满载等）。

（2）抗侧压的验算应使侧墙的强度满足抗剪与抗弯要求。

11.6.2　有侧向扩展时的抗浮与抗侧压

1. 抗浮验算

抗浮验算的方法与无侧向扩展时一样，按式（11.6-1）和式（11.6-2）计算。

2. 抗侧向压力的验算

液化侧向扩展时液化土与其上覆非液化层均向侧向滑动。如果建筑物保持不动，则需验算其抗侧压能力是否足够。根据阪神地震后对发生侧向扩展区内结构物的反算，得出如下结果：

（1）非液化上覆层的侧压力按被动土压力计算。

（2）液化层中的侧压为总的竖向压力（不扣浮力）的 1/3。

图 11.6-2 显示了破坏土楔与流动的土体的相对运动方向，土楔向上而流动土体向下，这与挡土墙后被动破坏时的土楔、土体的相对运动方向一致，所不同的只是：侧扩情况下结构物不动而土体流动；挡土墙情况下则相反，土体不动而墙向土体挤压。

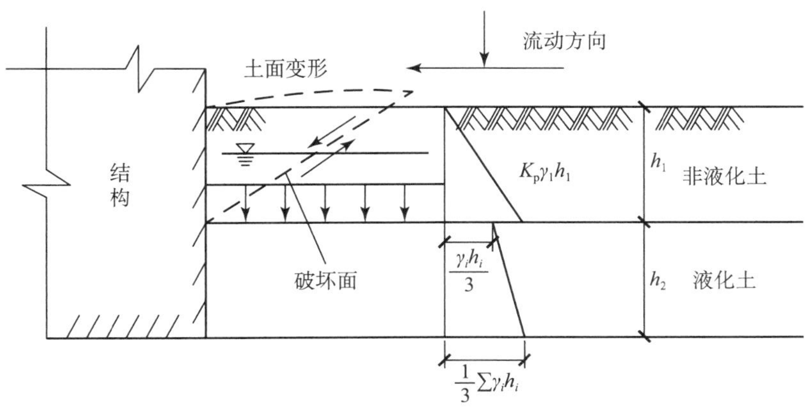

图 11.6-2　侧扩时的侧向压力

（3）日本规范规定，在距岸边水线 50m 范围内的结构按（1）、（2）所规定的侧压力计算；距水线 100m 以上则不需计算侧压，即按侧压为零考虑；在 50~100m 范围内的结构所受侧压按线性内插求。

（4）对桩基则认为是假想的实体基础计算其所受侧压，实体基础的尺寸由边桩的外缘间距离决定。

11.6.3　侧扩时的抗地裂措施

在液化侧扩范围内的结构常因地裂缝穿过结构而被拉裂。如唐山地震时天津月牙河旁天津钢厂的 4 层宿舍被地裂缝彻底拉断；天津 605 所铸工车间下多道地裂穿过，厂房严重破坏，局部塌落，另外二个厂房亦遭类似破坏；天津毛条厂的二个厂房及一所学校楼因地裂穿过而完全倒塌；海城地震时营口造纸厂俱乐部因地裂穿过而遭受严重破坏等。

当结构的地下部分具有足够强度时，结构可以不被地裂拉撕坏，甚至还有地裂绕过结构筏基的事例。

抗地裂措施应使地裂发生时结构不被拉裂。考察图 11.6－3 中的两种情况：

情况 a：地裂缝穿过房屋而房屋保持完整。

情况 b：地裂缝绕过房屋。

比较情况 a 与情况 b，以往的案例表明，情况 b 比情况 a 更容易发生。地裂发展的自然趋势应该是直行穿过建筑物的，而现在却变成绕行，其原因是因为穿过建筑物时遇到的阻碍比绕行时大，因而形成了绕过建筑物的地裂缝。

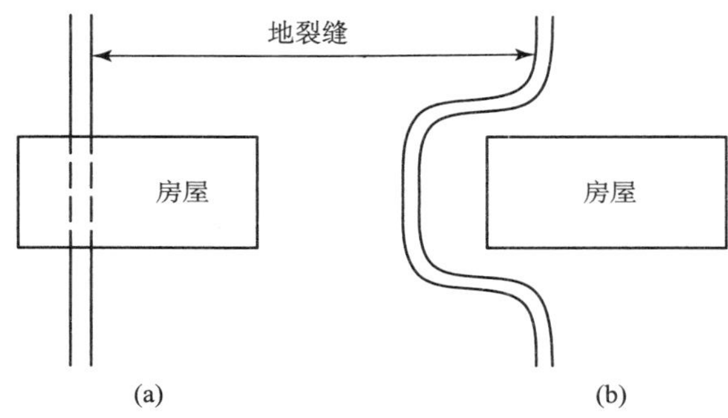

图 11.6－3　地裂缝与房屋的关系
（a）穿过房屋；（b）绕过房屋

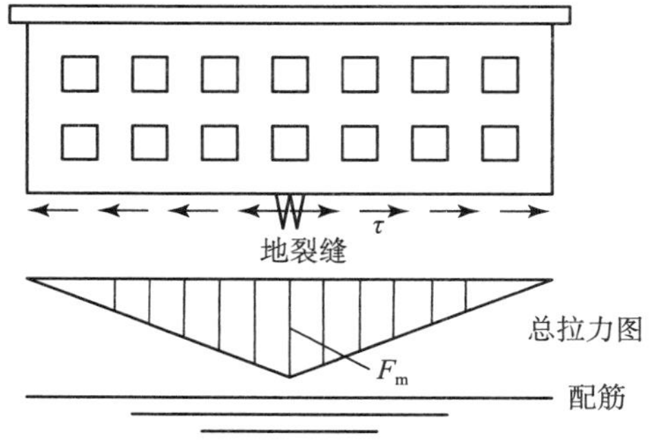

图 11.6－4　基础中拉力及配筋

由此可以将情况 a 作为抗地裂的计算依据。假设在产生地裂后，部分基底下的土与基底产生相对滑动，基底所受的最大的拉力应是地裂缝产生在房屋中部时，此最大拉力 F_m 应等于：

$$F_m = \frac{A}{2}\tau = \frac{G}{2}\mu \qquad (11.6-3)$$

式中　F_m——基底最大摩擦力（kN）；

A——基底面积（m^2）；

G——结构物基底以上的竖向荷载（kN）；

μ——基底与土体之间的摩擦系数，可按地基基础教本或规范取值；

τ——基础底面每平方米上的摩擦力（kPa）。

力 F_m 就是基础中部所受的拉力。严格讲，力 F_m 是由整个结构承受的，F_m 对结构形成一个偏心力矩与一个拉力。为了简化，可将力假定是一个仅由基础板承受的拉力，由基础板中的纵向钢筋来抵抗它。此纵筋可由原来静载时板内的纵筋兼任，不足部分再行增补，且增补的纵筋应放在基础板的下部。由式（11.6－3）估算的 F_m 来确定撕拉力值，一般偏于保守，其原因如下[22]：

（1）地裂发生时往往伴随着地面的竖向阶梯形落差发生，因而土与基底之间不一定是完全接触的，常会出现空隙。

（2）地裂的位置恰好发生于房屋中间，将房屋等分的概率不高，式（11.6－3）是按可能出现的最大值来计算撕拉力的值。

基于上述的两点，可将原来基础板内的纵筋兼作抗撕拉钢筋。唐山地震中，只有吕家坨煤矿的水池底板被地裂拉断，此外尚无筏基被地裂拉断的记录。

拉力 F 是按三角形变化的，中部最大（F_m），而房屋端部则为零。因此抗拉钢筋可分段配置（图 11.6－4）。此外，为了有利于抗地裂，宜采取下列措施：

（1）建筑的主轴应平行河流放置。

（2）建筑的长高比宜小于 2.5。

（3）采用筏基、箱基。

11.7　抗液化措施

当地基土已判定为可液化土，在液化等级或震陷已确定后应针对场地选择合理的抗液化措施，并对场地进行抗液化处理。

抗液化措施的选择首先应考虑建筑物的重要性和地基液化等级，对不同重要性的建筑物和不同液化等级的地基，有不同要求的抗液化措施。《规范》第 4.3.6 条及该条的说明中已将这些要求作了原则性的规定，当根据这些原则采取具体措施时，还应考虑当地的经济条件、机械设备、技术条件和材料来源等。

对液化地基从液化判别开始到采取抗液化措施的一系列分析过程可见图 11.7－1。对于重要建筑可以进行液化震陷计算，为确定抗液化措施提供依据。

通常，抗液化措施分为两类：

（1）地基加固方面的措施。

（2）结构构造方面的措施。

这两类措施在前面 11.3 节中已涉及，下面再作进一步的阐述。

11.7.1　地基基础方面的抗液化措施

地基加固是减轻或消除地基震害的有效措施之一。加固的方法有多种，表 11.7-1 是可用于加固液化地基的常用方法，其中多数方法为静载作用下的地基加固方法。下面对一些常用方法及某些抗震特殊要求加以阐述。

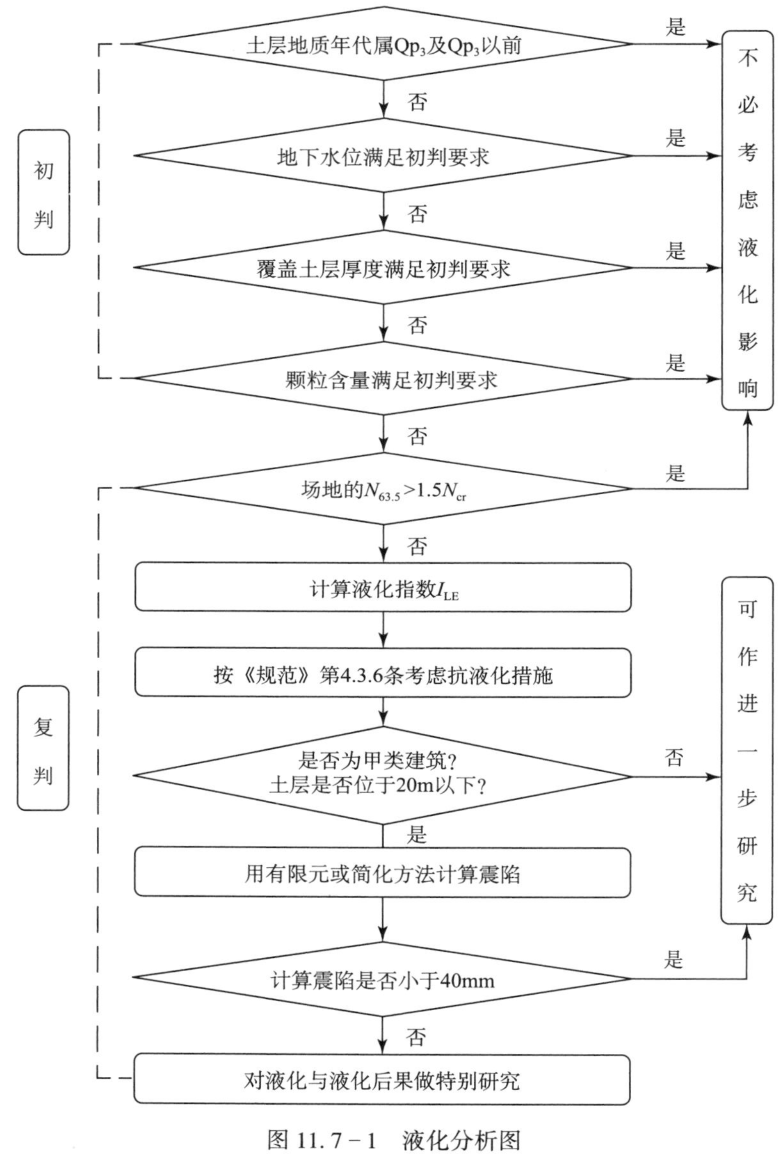

图 11.7-1　液化分析图

表 11.7－1　液化地基加固方法

原理	方法名称	有效深度	效果	污染问题	应用情况
加密	振冲法	一般 15m 以内	N 值提高到 15～20	有排泥水及水平振动	应用广，但因城市环保要求高，今后可能应用受到限制
	挤密砂石桩	一般小于 18～20m	N 值提高到 20～30	有垂直振动	应用广，但因城市环保要求高，今后可能应用受到限制
	爆破	20m 以内	相对密实度可提高至 70%～80%	巨大冲击	常用于水工建筑物的地基处理，施工管理困难
	强夯加密	10m 以内	易于实施，细砂以上的粗颗粒砂中应用效果较好	巨大冲击	常用于浅层压实，但环保要求高的场所不宜用
	振夯	3m 以内	易于实施	无	浅层加密
	碾压	0. 5m	相对密实度可提高到 70%～80%	无	浅层加密
	打入桩	10～12m 以内	易于实施	桩锤振动和噪声	国外已有应用，环保要求高的场所不宜用
置换	换土	3m 以内	易于实施，用砾石回填很有效	无	浅层处理
	强夯置换	15m 以内	对可液化粉土实施	振动问题	已用于高速公路、厂房、机场、油罐等液化地基处理，同时有加密效果
土性改良	灌浆加固	由钻孔深度确定		对临近建筑有影响	用于已有建筑
	深层搅拌	一般 20m 以内	易行，但宜布置成格栅式	无	应用于城市，代替振冲与挤密桩，但设计不规范
抑制孔压增长	排水桩法	一般 15m 以内	需经计算确定桩距	无	已用于既有建筑液化地基加固
	压盖法	5～6m 以内	需经计算确定桩距	无	已用于既有建筑液化地基加固
抑制喷冒	覆盖法	5～6m 以内	需经计算确定桩距	无	已用于既有建筑液化地基加固

续表

原理	方法名称	有效深度	效果	污染问题	应用情况
降低水位	井点降水	降低水位 5~6m	取决于土的渗透性	对临近建筑有影响	需长期降水，或至少在临震预报时降水，国外有应用
	深层降水	降低水位 15~20m	取决于土的渗透性	对临近建筑有影响	需长期降水，或至少在临震预报时降水，国外有应用
抑制剪应变	地下连续墙		墙需刚性，方有效果	无	国外已有应用，国内情况不明
	板桩	10m 以内	效果难以评价	振动问题	国外已有应用，国内情况不明

1. 强夯加密法

强夯加密主要适合于砂性土和非饱和的黄土，因此，液化土中常见的砂土和粉土都可应用这种方法处理。对于能产生震陷的饱和黏性土，强夯加密的效果很差。因为冲击下土中孔压升高后，却由于土的渗透性低，不能在下次冲击前的间歇中有效地排水固结从而土体的加密得不到提高。相反，一次次的冲击造成孔压累积起来，能达到很大的数值，使土的有效应力和抗剪强度降低，最终可能出现橡皮土的情况。我从国多年的强夯经验来看，在饱和软黏土中如果没有有效的加快土中孔压消散的措施，强夯是不适用于软土的。

强夯加密的机理：

根据黄土中的实测，夯击下土体发生塑性破坏和侧向挤出，从而被击实。侧移主要发生在坑底下深度为 1.5D（D 为锤直径）和左右各 1.5D 的范围内。按建筑科学研究院的室内砂箱（尺寸 100×100×80cm）试验，夯击的压实范围大体按 35°~40°角向下扩散，布置每一遍夯点是宜使加固深度下部的扩散角相交，上部加固影响小的盲区则用小能量夯来补充。一般夯点间距以（2.5~4.0）D 者为多，间距过小则会表层夯得太密，影响深层的夯实效果。

强夯加固设计：

（1）夯击能的确定取决于所需的加固深度 H：

$$H = a\sqrt{\frac{Wh}{10}} \tag{11.7-1}$$

式中　H——加固深度（m）；

W——锤重（kN）；

h——下落高度（m）；

a——经验系数，黄土取值范围为 0.34~0.5，砂土取值范围为 0.5~0.8。

根据式（11.7-1），当 H 确定后可反求出所需的夯击能 Wh，并选择 W 和 h 之值。我国目前常用的夯击能级为 1500~3000kN·m，落锤重为 100~200kN，最大的夯击能为

8000kN · m，落锤重约 400kN，国外已有重 2000kN、落距 25m 的落锤，其加固深度可达 40m。此式中的加固深度 H 是指土的物性指标有较明显变化的深度，一般是用土的干重度来表示，例如夯击前后干重度相差达到 1～2kN/m^3 或夯击后干重度达 15kN/m^3。但求出的 H 并不等于可以抗液化的深度，因为抗液化的要求最后是按 N_{cr}，即临界标贯值决定的。深度 H 范围内土性的改变常比抗液化的要求低，故在选能级时应考虑比按上式求出值加大。

（2）夯击遍数：砂土多为 2～3 遍，每遍之间不留间歇时间，最后一遍是满夯，此时一般锤重不变但落距降低，夯击能变小，以加固浅层土在前面几遍未夯击到的盲区。对于软黏土一般要夯 2～5 遍，每遍的间歇时间视土中孔压消散情况而定，应等到孔压基本消散，才能开始下一遍夯击，否则会夯成橡皮土或无加密效果。

（3）强夯后的地面下沉：地面下沉与加固深度有关，可用夯击能的关系大致如表 11.7－2。

表 11.7－2　夯击能量与地面下沉量对应关系

能级/（kN · m）	1000	2000	3000	4000	5000	6000
地面下降值/m	0.5	0.6～0.8	0.8～1.2	1～1.5	约 1.5	1.5～2.0

设计时要预留一定高度的土层，以使夯击后场地标高接近设计标高。

（4）夯点间距：常为（2.5～4）D，取值与加固深度及土类有关。黄土、砂土等取较小值，软土取较大值，加固深度大者应取较大值。

夯点的锤击数：在一个夯点上应夯击多少次，应视夯实效果而定，如图 11.7－2 所示，随夯击次数的增加，每一击下的沉落（或称贯入）越来越小，当累计的贯入曲线趋于水平时，表示土已夯到该能量下的密实限度，根据夯前试验得到的贯入度–击数曲线，选出一合适的单击下贯入度（一般取 5cm 左右）作为正式施工时的控制标准，夯至此贯入度时即可停夯，转至下一夯点。

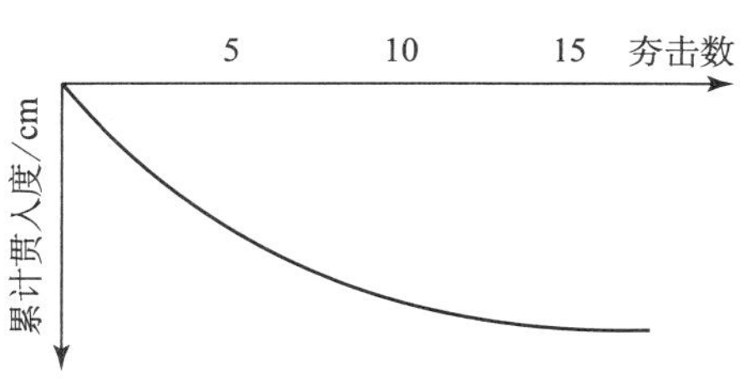

图 11.7－2　击数–贯入度关系

2. 强夯置换法

强夯置换法适用于可液化粉土和震陷性软土地基处理，该方法实质是向夯坑中填砂石、矿渣、建筑垃圾等粗粒料，强行挤走软土或液化土，经过多次夯填，逐渐形成砂石墩或其他填料的粗墩，与墩间土形成复合地基（图 11.7－3）。

根据工程经验，强夯置换处理可液化土时应考虑下列各点：

（1）强夯置换墩本身的强度高，标准承载力可达 500kPa 以上。墩直径可取锤径的 1.1

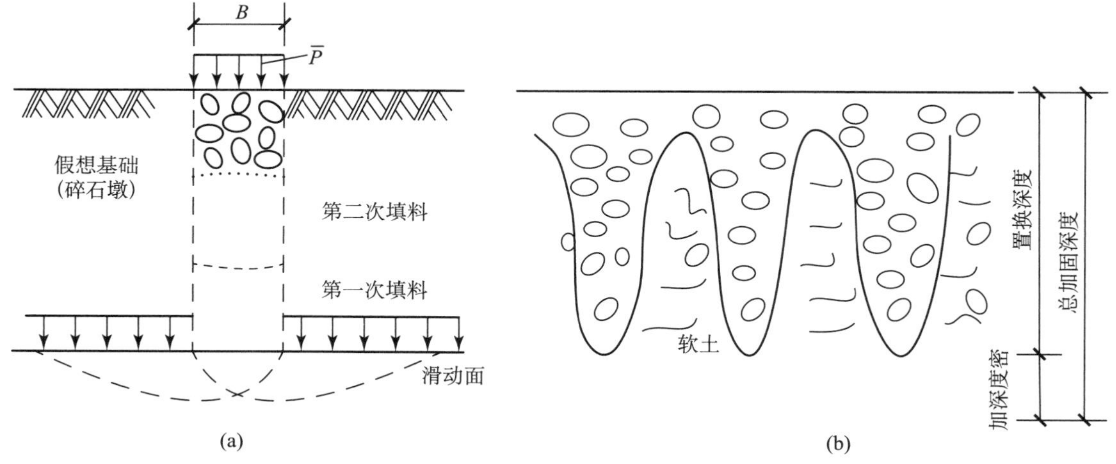

图 11.7-3　强夯置换[23]

（a）强夯挤土；（b）加固后复合地基情况

倍。墩间的可液化粉土因为振动而加密，而砂石墩排水性能很好，可以由砂石墩向上排出孔隙水。由强夯置换形成的复合地基的承载力可达 240~350kPa，并消除液化。

（2）根据国内工程和国外的工程的归纳，强夯置换的能级与置换深度有较好的相关性。必须的最小的能级 E_{min} 可表达为[24]：

$$E_{min} = 940(H_1 - 3.3) \tag{11.7-2}$$

较适中的能级 $E_{中}$ 为：

$$E_{中} = 940(H_1 - 2.1) \tag{11.7-3}$$

式中　$E_{中}$ 及 E_{min}——分别为宜采用的较适中的能级及最低能级（kN · m）；

H_1——置换墩深度（m）。

上述二式适用于 $E > 150$kN · m 且 $H_1 > 3.5$m 的情况，在置换深度 H_1 确定后，可按式（11.7-2）和式（11.7-3）确定最低夯击能，在置换深度在进行地基处理时，如果选取的能级大于 $E_{中}$ 则可能不经济，小于 E_{min} 则可能达不到置换深度。

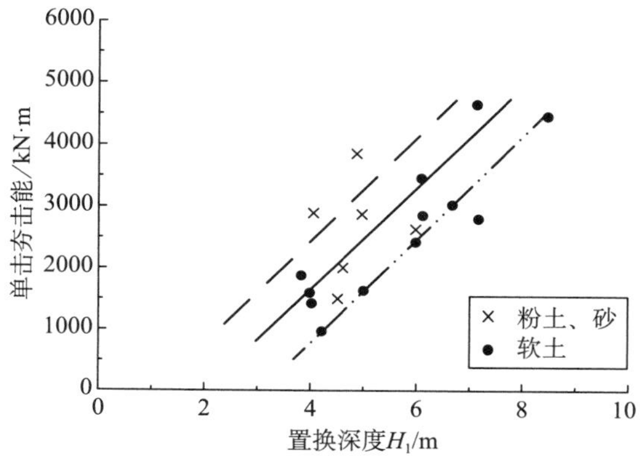

图 11.7-4　夯能与实测置换深度关系

（3）墩间距可取 2~2.5 倍墩直径。墩长一般在 7m 以内（国外也有采用 12000kN·m 能级而置换深度达 14m 的）。

（4）强夯置换的影响深度约为墩深加墩下加密区的深度，后者约比强夯加密加固深度略小。

（5）当地面松软无法施工时应铺 1~2m 的砂石施工层，土中孔压上升到土面翻浆妨碍施工时，可再铺砂石继续施工或转至下一夯点。强夯置换法原则上可以连续夯击，不分遍数，可不因孔压上升而停止，但应跳点施工，以利于土体由夯点下对称挤出。

（6）对小型基础，可采用一桩一墩，此时形成的不是复合地基而是砂石垫层。

（7）在饱和粉土中，置换墩可悬在粉土层中但对软土则不宜用悬浮墩，而应穿过软土落在较好土层上，因悬浮墩下软土的加密与排水情况不及粉土，在置换墩比墩间土强度相差时，墩可能产生较多的贯入下沉。

（8）在粉土中强夯置换后的地基可按复合地基考虑，在软土中则可按当地经验及夯前试验情况处理，在墩间土加强不多时，可仅考虑墩的承载力。

3. 旋喷法加固

旋喷法亦称高压喷射注浆法。我国 1972 年由日本引进，至今已成为广泛采用的地基加固方法之一。旋喷法以其适用性广、作业空间小、无噪声、可以对已有建筑或施工时的紧急情况进行处理等特点而受到重视。旋喷法对抗震能力不强的软土及液化土很为实用，在需加固已有建筑物的地基时显得很优越，因此不少场合用于已有建筑物的液化地基加固或其他原因的事后加固。

高压喷射注浆法实质是先用钻机钻进至预定位置后再用特殊的注浆管和喷嘴将水泥浆等浆液或水以 20MPa 的高压由喷嘴喷出，冲击破坏土体并与水泥浆等浆液混合，固结后成为水泥与土的混合固结体。固结体的形状与喷射方式有关，旋转喷射时固结体为圆形，定向喷射时可成扇形或板形，如图 11.7-5 所示，如设计需要，可将单个的固结体连成一片或围成一圈。当前高压喷射注浆法分为：单管法、二重管法、三重管法与多重管法等几种。

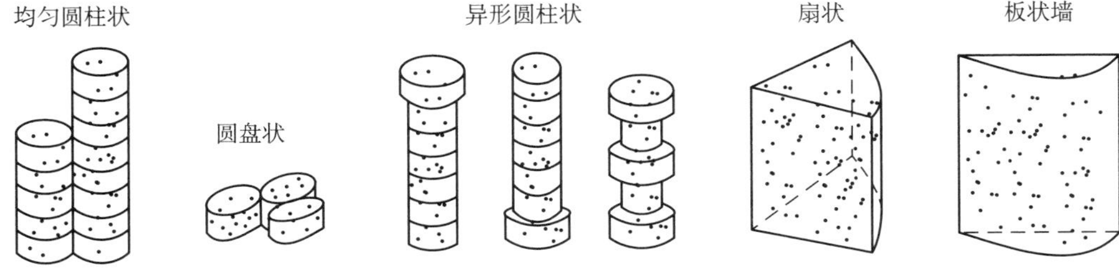

图 11.7-5　固结体基本形状

（1）单管法：只喷高压浆液，借旋转与提升使得土与浆液混合，逐段形成固结体，其主要设备基本与二重管相同，但不需要图中的空压机。

（2）二重管法：由一个二通道的注浆管和双重喷嘴，同时喷出高压浆液与空气，在浆液与气流双重作用下，破坏土体的能力明显比单管增大，固结体的直径增加（表 11.7-3）。

（3）三重管法：利用三重管（即三个通道的注浆管），分别向土中输送水、气、浆三种

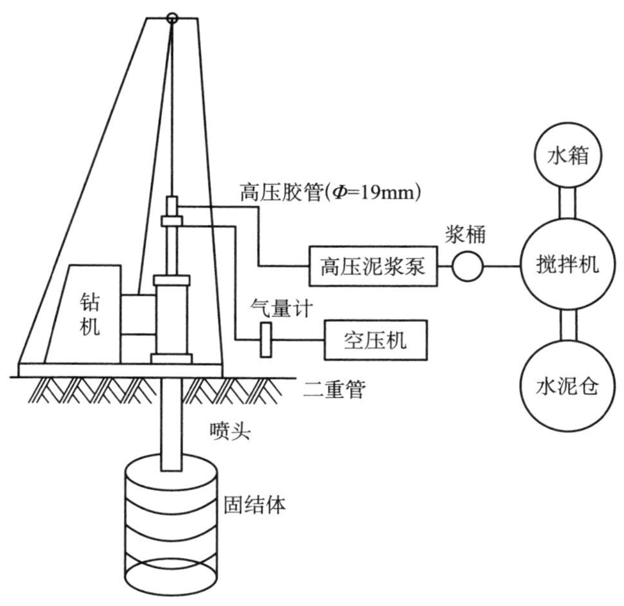

图 11.7－6　二重管旋喷注浆示意图

物质。与二重管不同之处是在 20MPa 左右的高压水四周有 0.7MPa 左右的筒状气流环绕，水与气二者同时冲击土体。另由泥浆泵注入 2～5MPa 的浆液填充冲出的空隙，从而在土中逐段形成较大的固结体，直径可达到 1.2～2.2m，比二重管法更大（表 11.7－3）。

（4）多重管法：先在地面钻孔，置入多重管，用 4MPa 的高压水，切削破坏四周土体，冲击形成的泥浆用真空泵抽出。如此反复冲和抽，在土中形成较三重管形成的固结体更大的空间（2～4m 直径），然后用浆液填充。

多重管法与前面三种不同的是冲击下来的土全部被抽出，而不是如前面三种那样部分土和浆液混合形成固结体，部分土则流出地面，因而多重管法形成的是由浆液固结形成的单一固结体。

高压喷射注浆法适用于砂土、黏性土、黄土和淤泥，对于含砾较多的土、砾石土、泥炭土等则因纤维质或土的硬度大等原因、喷射质量差，不宜采用。此外，它也不适合于地下水流速过大、地下水或可能渗入地下的工业废水具有侵蚀性及冰冻土地区等场合。

表 11.7－3 和表 11.7－4 给出了有关固结体的直径与力学性质等有关资料，一般其抗压强度的变化范围为 5～20MPa，土越软则强度越低。在设计计算上一般均认为由固结体承受全部基础上的荷载，不按复合地基考虑，当然在有依据时也可以按复合地基考虑。

这种方法的主要缺点是造价较高，因而一般多用于工程量不大的情况或紧急情况。如果能回收利用溢出地面的水泥浆液，则可降低成本。

表 11.7－3　旋喷注浆加固土体直径

旋喷直径/m 方法 土质		单管法	二重管法	三重管法	多重管法
黏性土	0<*N*<10	1.2±0.2	1.6±0.3	2.2±0.3	2~4
	10<*N*<20	0.8±0.2	1.2±0.3	1.8±0.3	
	20<*N*<30	0.6±0.2	0.8±0.3	1.2±0.3	
砂性土	0<*N*<10	1.0±0.2	1.4±0.3	2.0±0.3	
	10<*N*<20	0.8±0.2	1.2±0.3	1.6±0.3	
	20<*N*<30	0.6±0.2	1.0±0.3	1.2±0.3	
砂砾	20<*N*<30	0.6±0.2	1.0±0.3	1.2±0.3	

注：定喷加固土的长度约为旋喷长度的 1 倍；*N* 值为标贯击数。

表 11.7－4　高压喷射注浆固结体性质一览表

喷注种类 固结体性质	单管法	二重管法	三重管法
单桩垂直极限荷载/kN	50~60		
单桩水平极限荷载/kN	3~4		
最大抗压强度/MPa	砂类土 10~20，黏性土 5~10，黄土 5~20，砂砾 8~20		
平均抗拉、压强度比	1/5~1/10		
弹性模量/MPa	$K\times10^3$		
干容重/(g/cm^3)	砂类土 1.6~2.0	黏性土 1.4~1.5	黄土 1.3~1.5
渗透系数/(cm/s)	砂类土 10^{-5}~10^{-6}	黏性土 10^{-6}~10^{-7}	砂砾 10^{6}~10^{7}
C/MPa	砂类土 0.4~0.5	黏性土 0.7~1.0	
Φ（°）	砂类土 30~40	黏性土 20~30	
N（击数）	砂类土 30~50	黏性土 20~30	
P 波波速/(km/s)	砂类土 2~3	黏性土 1.5~2.0	
S 波波速/(km/s)	砂类土 1.0~1.5	黏性土 0.8~1.0	
化学稳定性能	较好		

4. 围封法

围封法也可称为抑制剪应变法，即利用刚性的地下连续墙等结构与地下室底板相连，形成一封闭空间，将液化土围在其中，下面是低压缩性、低渗透性土层。被围土体在透水与剪应变方面受到抑制，土体难以达到液化时所需要的剪应变（平均值为 2%），进而达到提高土体的抗液化强度的目的。如果完全不容许土产生剪应变，则土不会液化。运用围封法进行地基处理时，应注意以下几点：

(1) 地下连续墙的构成材料最好是钢筋混凝土，它可以作为地下室的永久外墙，这种墙的刚度与强度都大，可以仅在建筑物周围设一道即可，不需设内隔墙（图 11.7－7a）。

(2) 近年来由于振冲加固与碎石挤密利加固均有某些环境公害，因而在城市中已减少采用，而无公害的水泥土深层搅拌桩却代之而起在我国已有一些工程将它用于加固液化土，在国外更有用水泥土桩抗液化成功的实例。但应注意，水泥土桩或旋喷桩应在平面上布置成格栅式，对液化土才有可靠的围封作用（图 11.7－7c），如果散点式布置（图 11.7－7b），则围遮与限制剪应变的作用就难于估计，且与格栅布置相比，相差较大，因而不宜采用。

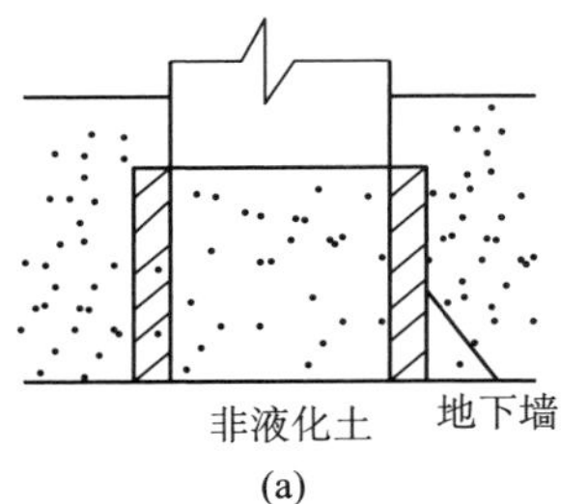

(a)

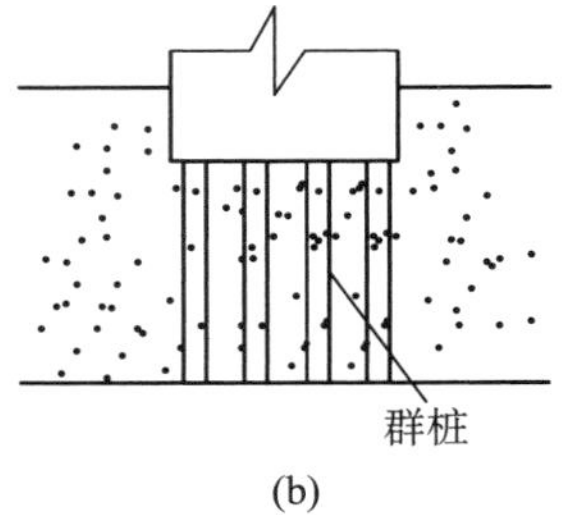

(b)

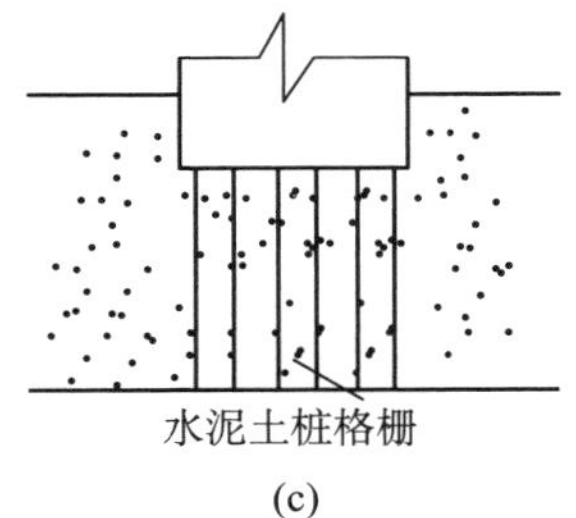

(c)

图 11.7－7　抑制可液化土剪切变形的加固方法示例

（a）钢筋混凝土墙；（b）密布的桩（围封效果不可靠）；（c）水泥土桩栅格

根据试验，格栅间的净距如满足≤0.8H，（H 为液化土层厚度）的要求，格栅内的土就不会液化。图 11.7－8 是神户市某建筑用格栅式围封防止土体液化的实例，该建筑经过阪神大地震的考验，证明了围封法防止土体液化的有效性。

(3) 围封结构应满足抗地震剪应力与抗弯矩的要求，计算方法可参考桩的抗震计算方法或挡墙的计算方法，视地下墙的工作状态而定。

5. 排水法

用排水法防液化，在我国及日本均有应用。与其他方法相比，排水法无噪声与振动，施工及造价均较易实现，故常为中小型建筑或已有建筑采用。其基本理论为：假定土中水在地震时，只在排水桩间进行横向排水，而无向上的渗流，因而可用二维轴对称的固结方程解得土中的孔压分布。一般容许的孔压比为 0.5~0.6，根据这个条件可确定排水桩的间距。

排水法分为主动排水法和被动排水法：

(1) 主动排水即利用事先在建筑物周围设计好的排水系统，如深井、井点或盲沟等，实施长期或至少在得到地震预报后不断降水，使液化土全部或大部分处于地下水位以上，成为非液化土。这种方法主要的问题在于需长期降水，时间长短难以预估，需对排水系统进行维护。

(2) 被动排水即利用碎石桩或排水板等在地基中构成竖向通道，使得地震时土中孔隙水能够及时排走，从而使土中孔压不至上升至使得土体竖向有效应力为零，在静载时也可加速地基的沉降过程。在工程实践中，这种方法较主动排水法用得多。

排水桩的平面布置应成行或成等距的梅花式，所用材料的渗透性应比液化土的渗透性高 200 倍以上，通常不含泥的清洁碎、卵石可满足要求。

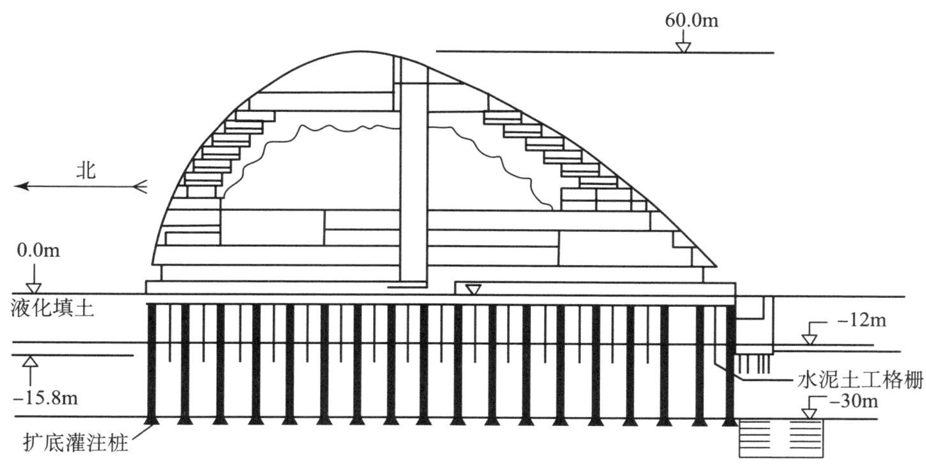

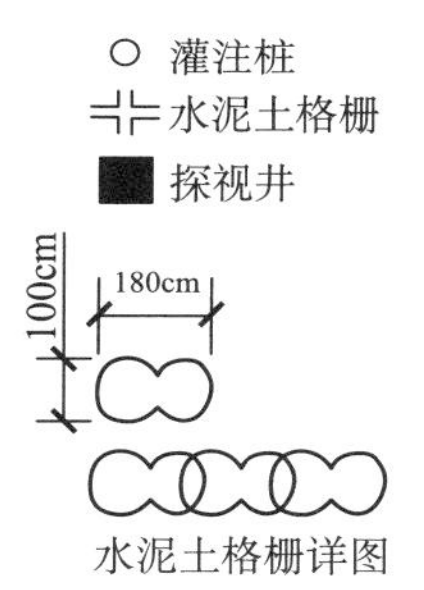

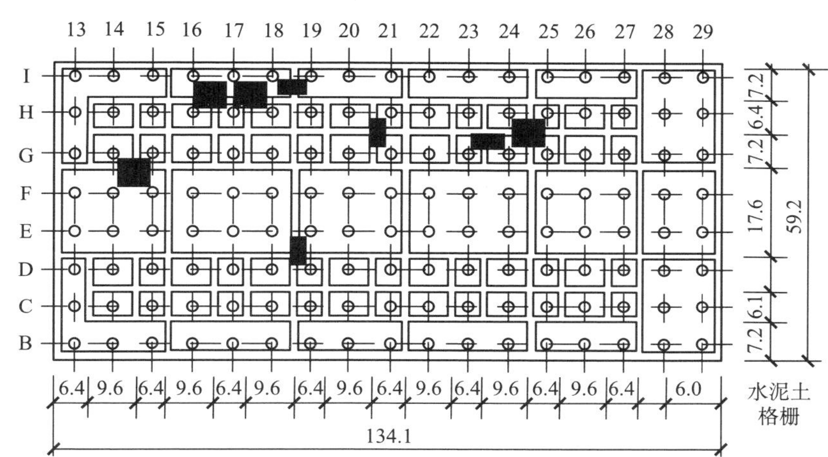

图 11.7－8　水泥土栅格抗液化实例

排水法的计算原理按土中水仅通过横向渗流流向排水井来考虑，可通过排水法诺谟图查询。控制条件为桩间土的容许最大孔压比（孔隙水压与土有效自重压力之比），其取值范围为 0.5~0.6，按此确定桩的影响半径 b（1/2 桩间距）。为利用图 11.7－9 的诺谟图确定 b 值。需下列资料：

液化土的渗透系数 k 与体积压缩系数 m_v；

液化循环数 N_1（即在与实际土所受压力相近的压力作用下，动荷载使土达到液化所需的循环作用次数）；

由震级（或烈度）决定的等价循环数 N_{eq} 及 N_{eq}/N_1；

桩半径 a（图 11.7－9 中所用桩径为 200mm）；

使用该图时按图中所示箭头方向查找 a/b 之值，因 $a = 200\text{mm}$，从而由 a/b 可定出桩间距 $2b$。

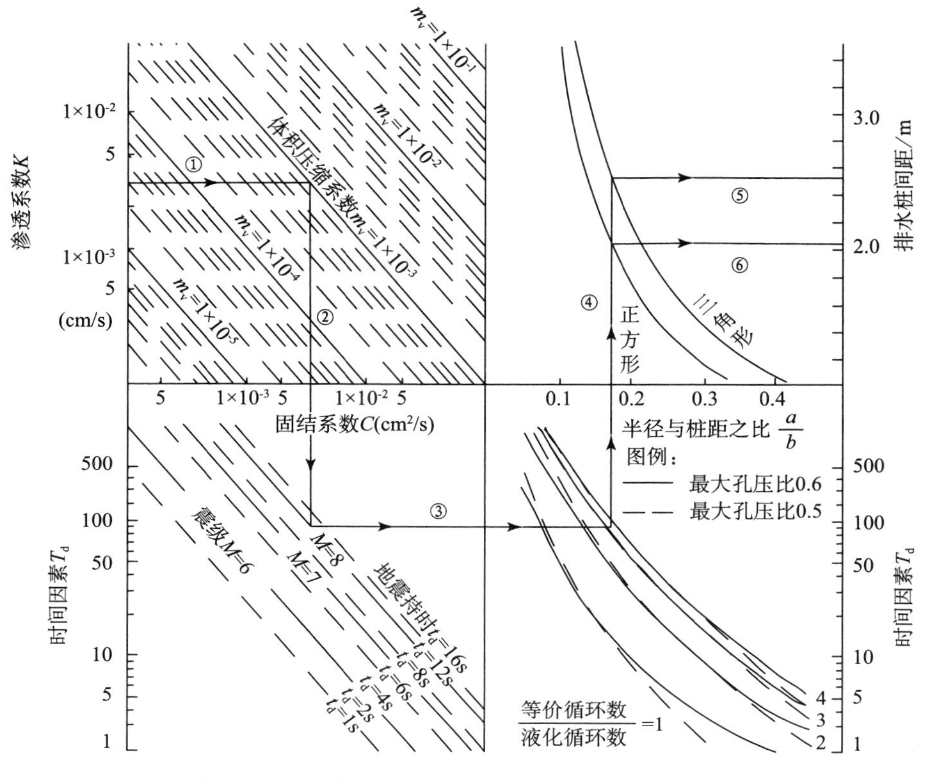

图 11.7－9 排水法的诺谟图（对应桩径为 200mm）

6. 压盖法与覆盖法

压盖法与覆盖法都是在建筑物周围铺上一圈重物或混凝土地面。当采用铺重物（砂石、土层或混凝土块）时为压盖法；当在建筑四周地面覆盖一层仅像路面一样的混凝土时则为覆盖法。

1）压盖法

压盖法的抗液化原理是增加基础外侧的竖向应力，从而增加基础外侧液化敏感区的抗液化能力与减少地震剪应力，使原应发生在基础外侧的液化区推移到更远的地方或消失。图 11.7－10 是建筑物四周采用压盖法将基础外侧高孔压区转移到较远处的例子。

压盖法的设计应根据地震反应分析程序的计算结果确定压盖的压力与压盖的范围。一般可根据理论或经验设计 2~3 个压盖方案，通过地震反应计算结果选用其最佳方案。压盖层与地面之间应设置 0.2m 左右厚度的砂砾层以利排水。此外，可以考虑压盖法与排水法并用，以收到更好的效果。根据实际震害与已有经验，当液化在浅层时，一般只须 50kPa 左右的压力和数米的压盖范围，即可防止液化。图 11.7－10 是某个场算例显示的压盖与否的液化情况。

在我国及国外，均有不少由于压盖而提高土体抗液化强度的实例，下面仅列举几例，以说明压盖法在提高土体抗液化强度方面的效果：

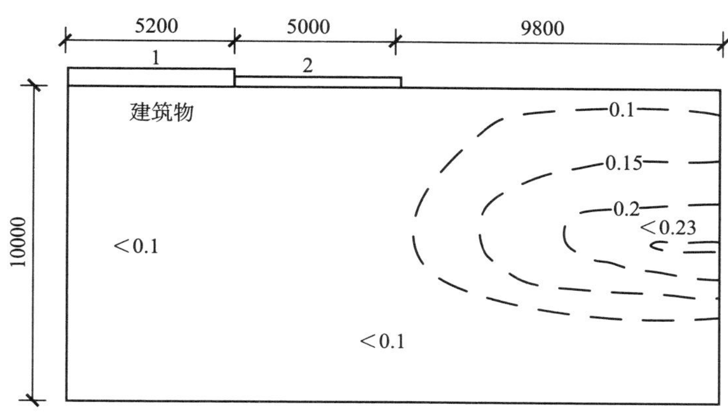

图 11.7－10 建筑物周围增加压盖时孔压比等值线示例

（1）营口水源公社苗家庄附近 10km² 处，由于修水库（后未建）填了一层土，1975 年海城地震时，所在公社普遍喷砂冒水，而该填土范围内基本未出现喷砂冒水。

（2）辽宁盘锦辽滨水产局冷库地基，多年前将 0.5km² 的长条地块填高 lm，海城地震时周围喷水冒砂，该地块未出现喷冒。

（3）盘锦新兴农场坨子里为一高岗，面积约 1km²，比周围高出 1～2m，地震时周围喷水冒砂，高岗处未出现喷冒。

（4）新潟地震时，某高砂丘地比低湿地高出 1.5m，液化震害轻微；比低湿地高出 2.7m 的填土区则无液化破坏现象，而低湿地则液化严重。

2）*覆盖法*

此法的主要作用是防止建筑物周围近基础处发生喷冒，震害证明，有地面覆盖处很少喷冒，而裸露地面则容易喷冒。覆盖层的另一作用是防止或减轻孔压上升后因地基承载力下降而产生的基础下沉与土体向上隆起。

覆盖法应采用整体浇筑的钢筋混凝土板，板与结构的基础应有可靠连接。板所承受的力是喷冒的上冲力，这种力不大，根据观察到的喷冒水柱高度，多在 1m 以下，且水柱越粗 则压力越小，这种力一般不能均匀分布在整个覆盖面积下，因此一般板的配筋采用与防收缩时相同的构造配筋即可。板厚度可采用 100～150mm。板下应铺一层砂砾层，以利于地震时空隙水由砂砾层中排出。

覆盖的范围宜采用地震反应分析程序计算。根据计算结果，应将孔压比高的容易发生喷冒的区域覆盖上，并不少于 5m 宽。

覆盖法可与排水法并用，在高孔压比区域设碎石桩。桩上端有覆盖层防淤，既可防喷冒又可保护碎石桩不会在震前淤塞失效。图 11.7－11 是某已有建筑联合采用排水法与覆盖法示例。采用这种抗液化措施后，使基础外侧的高孔压区的孔压比降到 0.4 左右，小于一般可以接受的容许孔压比（0.5～0.6），从而有效提高了基础外侧土体的抗液化强度。

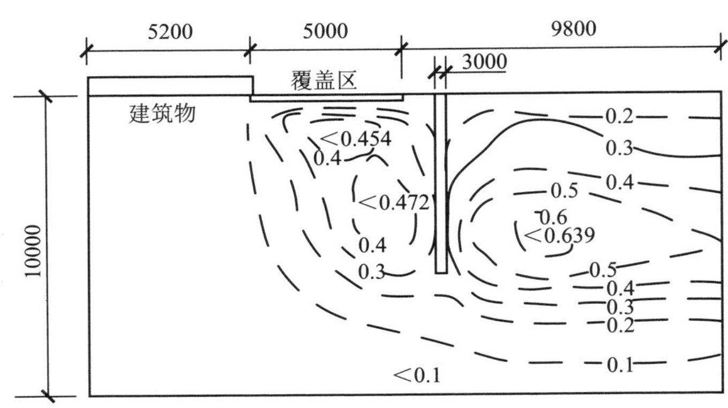

图 11.7－11　覆盖与排水桩合用示例[34]

11.7.2　地基加固的基本要求

1. 密度要求

液化地基加固目的主要是防止土体液化，提高地基承载力是次要的。在加固后的土的密度应达到不液化的要求：

（1）对以强夯加密法加固的液化地基应使加固后土的密度、标贯值、波速或静探值处于 11.3 节所述的抗液化临界值以上。

（2）对碎石桩等复合地基，11.3 节的要求偏于安全，因为未考虑碎石桩本身强度与排水性高于桩间土，如果考虑考虑桩身的排水作用与抗剪强度较桩间土为高，可以降低对桩间土的密度要求，宜按复合地基标贯值来评价其液化可能性。加固后复合地基应的锤击数应满足复合地基的临界锤击数的要求。

复合地基的标准贯入垂击数可按下式计算：

$$N_{COM} = N_s[1 + m(n - 1)] \tag{11.7-4}$$

式中　N_{COM}——加固后复合地基的标准贯入锤击数；

N_s——桩间土加固后的标准贯入锤击数（未经杆长修正）；

n——桩土应力比，取 2~4；

m——面积置换率。

（3）对面积大的基础（例如油罐、箱基、筏基等）边缘土的加固要求不低于抗液化临界值，对地基中部的土则可降低一些要求。因为实验及理论分析均证明，最先发生液化的区域为基础下外侧的地方，最不易液化的区域是基础直下方的土，自由场的土则液化发生的时间在两者之间。基于此，日本规定对油罐边缘内外各 5m 范围内的土，加固后标贯值要高于罐底中部土加固后的标贯值。

2. 加固深度要求

（1）对液化不均匀沉降敏感的建筑，其加固深度可直达液化深度的底部。

（2）对一般建筑，加固深度可小于液化深度，但残留的液化层所产生的液化指数应不大于 5，因为根据液化震害调查，当液化指数小于 5 时，一般不致产生承重结构裂缝等震害。

3. 加固宽度要求

确定加固宽度的规定或建议有许多。综合日本的抗液化规定和我国工程上习惯做法，以及我国有关技术规定，认为对强夯、振冲、碎石桩、覆盖等方法的加固宽度宜满足下列要求：

加固区较基础边缘超出 1/2~1/3 加固深度（自基底算起）且不小于 3m。

表 11.7－5 是国内外有关规定中对加固宽度的各种提法，可与上述本文中的建议相比较。可见上述建议已够。

表 11.7－5　关于液化加固宽度与深度的意见与规定

来源	规定或建议的内容
日本防火厅	较基础边缘超宽 2/3 基础下加固深度，且加固深度达 5~10m
日本建筑结构设计规范	较基础边缘超宽 1/2 基础下加固深度，且加固深度达 5~10m
畑中等的试验（1987）	超宽 0.3 倍加固深度时收效较好
一机部抗震规范（1982）	由基础边缘按 45°线外放，且不小于 2m
煤炭部抗震规范（1982）	基础边缘每边超宽 2m 以上
冶金建筑抗震设计规范（1997）	对独立基础超宽不小于 1m，对筏基 2~3m
建筑地基处理技术规范（2002）	基础外缘扩大宽度不应小于基底下可液化土层厚度的 1/2
建筑抗震加固技术（2009）	采用覆盖法时，地坪下应设厚度为 300mm 的砂砾或碎石排水桩，室外地坪宽度宜为 4~5m；采用排水桩法时，排水桩不宜少于两排，桩距基础外缘的净距不小于 1.5m
建筑抗震设计规范（2010）	采用加密法或换填法时，在基础边缘以外的处理宽度，应超过基础地面以下处理深度的 1/2 且不小于基础宽度的 1/5（全部消除地基液化）
工程习惯做法	基础外加 1~2 排振冲桩或碎石，实际超宽约 1~2m，大型基础再适当放宽

11.7.3　结构构造方面的抗液化措施

结构构造方面的抗液化措施很多与软土地基或湿陷黄土地基上的措施相似，主要是减少不均匀沉降的影响。此外还有一些专用于液化土的措施。

常用的构造措施有：

（1）控制荷载的对称与均匀性，使基础底面静荷载的偏心值不超过边长的 3%；严格控制建筑物的长高比在 2~3 以内；提高建筑物的整体刚度。

（2）采用简支结构等，使得结构在出现不均匀沉降时易于修复。

（3）吊车轨距与轨道标高应设计成可调的，柱基、油罐等基础应有预留的千斤顶座槽，在必要时可顶升调平柱子、油罐标高。

（4）对工业厂房宜屋架下弦预留净空，对民用房屋则预先提高地板标高以防震陷，在缺少依据时，下列数值可作为粗估时参考：

8、9度震陷性软土	10~25cm 或静沉降的 0.5 倍
轻微液化场地	震陷值≤ 5cm
中等液化场地	10 ~20cm
严重液化场地	>20cm

（5）采用筏基、箱基等整体性好的基础形式，在这方面有不少成功实例，如天津医院12.8m宽的筏基下有2.3m的可液化粉土、液化层顶距基底3.5m，未做处理，震后室外有喷水冒砂但房屋完好（图11.7－12a），仅有轻微倾斜。营口饭店筏基直接放在4.2m厚的可液化砂层上，海城地震后仅沉降缝（筏基与群房间）有错位（图11.7－12b）。日本1995年阪神地震中也发现直接位于液化层上的建筑震后无损害的实例：

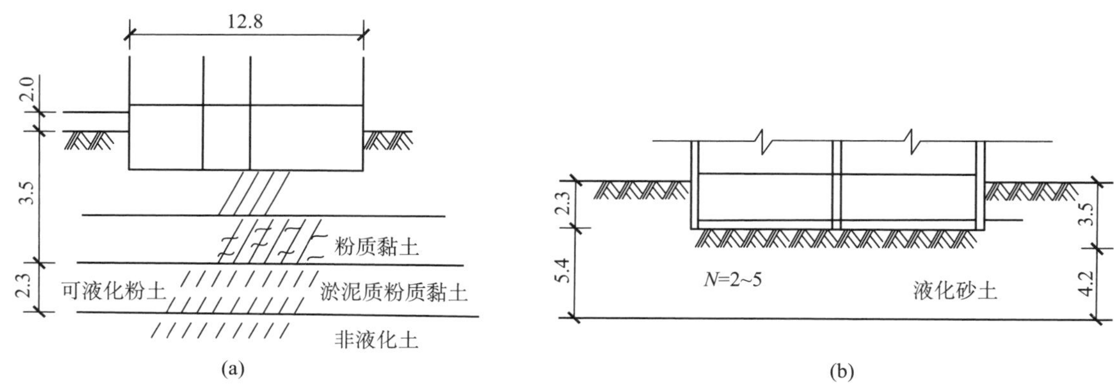

图11.7－12　筏基示例（图中尺寸：m）

（a）天津医院；（b）营口饭店

①神户市液化严重的六甲人工岛上的二栋仓库采用补偿式筏基，尺寸为36m×24m，阪神地震后筏基震陷，但建筏物无损，设计中采用了轨道调平和加长地脚螺栓等构造措施，以减少不均匀震陷的影响。

②该岛上另一平面为116.8m×54.5m的仓库建在厚15m液化土上，采用筏基补偿式基础，仅基础下2m以内用水泥土加固，设计上采用调节不均匀震陷措施，阪神地震后房屋有震陷但情况良好。

目前我国已有一些房屋直接置于可液化地基上。

实验与实测结果均说明，基底直下方的土因为附加应力的影响，比自由场地的土更难液化而基础外侧的土则比自由场更早液化。当液化层较薄而基础相对较宽，则基础外侧的液化区不会对基础的稳定产生影响，当基础宽度与基底下液化层厚之比大于3时，震陷值很小。因此，在液化层厚且液化层性质比较均匀，建筑物对沉降的要求不太严格，液化层与基础层宽度之比小于1∶3时，可以容许采用液化层作天然地基持力层，但应经过研究考虑。

筏基与箱基还有抗地裂的优点，唐山地震时，有筏基处于地裂带上，但在筏基附近，地裂缝有绕行现象，说明筏基的抗拉能力较好，可以抗地裂。

（6）选择合适的基础埋深。对宽度不大的柱基、条基等，不应将基础直接放在液化层上，应尽量增大从基底至液化层面的距离，通常要求超过基础的宽度。震害经验表明以可液化层为下卧层造成的震陷比以液化层为持力层造成的震陷要轻。以烈度相近的日本新潟与我国天津的液化震陷对比，前者以液化层为持力层，浅基建筑物的震陷达到 600～700mm 者很多，后者以液化层为下卧层，液化层顶距基底有 2～4m 以上的距离，震陷值多在 200～300mm 以内。

（7）在墩、柱间设置抗水平力的刚性地坪、地梁等，以防止水平位移或相互间的移位。美、日、法等国的抗震规范中要求在柱子间设拉梁，并按承受 1/10 的柱子轴向力设计。我国铁路工程抗震经验证明，中、小型桥梁如果河床上设置防止桥台、桥墩基础下土被冲刷的片石铺砌，则桥台向河心滑移就可避免或减轻。这种满河床铺砌虽然厚度仅数十厘米，并由片石砌成（图 11.7－13），但平面内刚度大可防止地震时桥台的滑移。

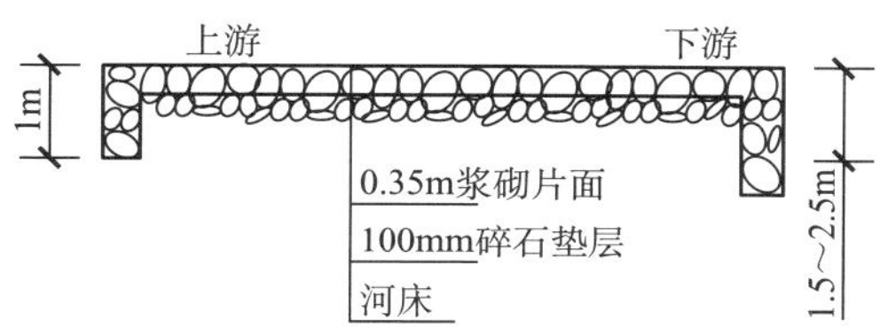

图 11.7－13　防桥台位移的满河床石铺砌（铁道部门经验）

房屋中地坪的抗水平力作用，国内外均有实例。例如，柱子常在距地面 1m 左右处剪裂，说明地坪起着水平力的支承点的作用，从而可以设计抗拉或抗压的地坪以减小震害。图 11.7－14 为局部加厚的地坪，是震后为了加强柱间支撑的下节点而设，可使柱间支撑传来的剪力大分由地坪承受。地坪的设计可按天然地基抗震验算进行计算。

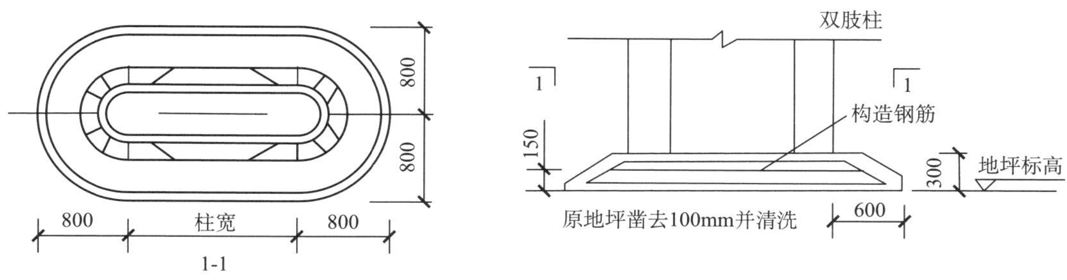

图 11.7－14　利用加高的地坪改善柱间支撑点受力情况（北京钢铁设计院）（尺寸：mm）

（8）增加房屋刚度和抗拉能力，按相关抗震规范的要求设置圈梁。圈梁的作用有二：作为抗震后不均匀沉降的构件，增加墙体的抗拉能力；其次，地震时墙体外闪，圈梁与构造柱共同防止墙的震裂和坍塌。圈梁的造价不高，但提高房屋抗震能力方面成效显著。

（9）对液化地基上的已有建筑可在其已有建筑周围设置加筋室外地坪或覆盖重物（堆土），以防止地基土在液化时隆起、防止基础旁喷冒，降低土中液化势。但是采用覆盖地坪或压重法减轻液化危害时应经过专门的分析计算。

11.8 液化减震

震害表明，液化土虽然使地基抗震能力降低，产生侧向扩展、基础下沉等震害，但又有降低地表地震加速度的效果，从而减少上部结构的惯性力，使很多房屋免于遭受倒塌。液化土的减震效应为工程界注意，应当能在理性控制下利用减震效应。至今，这一问题虽未得到明确公认的应用方法，但在实践与理论上的资料已越来越丰富。

11.8.1 液化减震的实例

液化减震现象有两方面含义：一是液化场地比非液化场地的地面峰值加速度小，二是场地本身液化后比液化前的地表加速度小。

在这方面有不少实例：

（1）阪神大地震（1995），实测数据如下：

基岩（-83m）	472Gal（NS） 254Gal（EW）
液化场地地表	341Gal（NS） 281Gal（EW）

由此可见，NS方向的地表加速度甚至低于基岩，而EW方向的放大作用也不明显。由于液化减震，神户市液化区的房屋震害轻于非液化区，地表加速度也低于邻近的非液化区，这是阪神地震液化的显著特点之一。

（2）1964年日本新潟地震，重灾区是液化区，但主要灾害是建筑与结构的不均匀沉降与倾斜，而上部结构倒塌者较少，保全了不少生命和财产。图11.8-1是在某公寓录到的地表地震波，波的前段峰值大，而周期短，据认为是液化前的波，而波的后半段，加速度减小而周期变长，据认为是液化后的波。

（3）1980年南斯拉夫蒙特内哥罗地震（7级），地面喷冒，建筑下沉，但上部结构无损坏。一个月之后该市又遭一次强度稍低的地震，地面未见喷冒，房屋亦无下沉，但上部结构却大量破坏。根据分析，第一次上部结构破坏小是由于液化减震的原因，而第二次地震时因无液化减震作用，上部结构的惯性力较大，导致严重破坏。

（4）1990年7月菲律宾发生震级7.8级的强震，Degupan市厚10m左右的液化层造成2500栋以上的建筑产生不同程度下沉（0.5~1.5m），但上部结构破坏较轻，某5层钢筋混凝土结构最大下沉达1.5m，倾斜3度，但墙柱无损，经纠偏后能够正常使用。

（5）1970年云南通海地震，有10余个村庄因液化减震，灾害较近邻非液化地区为轻。

（6）1975年辽宁海城地震中液化区的榆树农场与水源公社的农村房屋倒塌情况远比非液化区轻。

（7）1976年唐山地震，天津附近处于10度区的稻地公社500多间房屋全部倒塌，而相邻液化区的丘庄只倒塌50%左右。

（8）唐山地震中，唐山、乐亭等地人民总结出“湿震不重，干震重”的经验，表明当

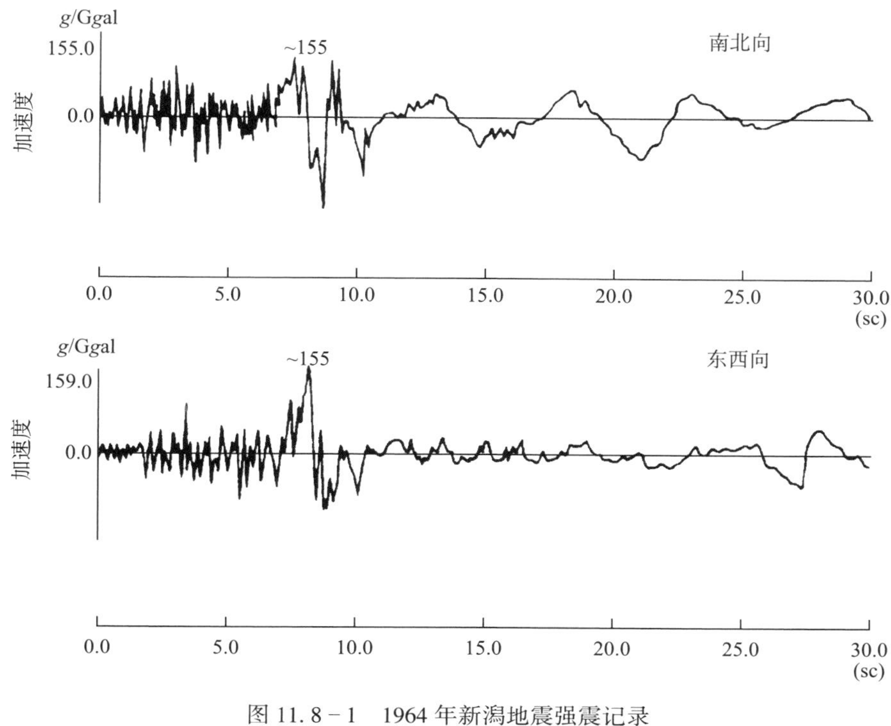

图 11.8－1 1964 年新潟地震强震记录

下面地基土有液化时，上部结构破坏不严重，而没有液化时上部结构破坏较严重。

11.8.2 液化层减震的机理与力学模型

1. 液化层减震的机理

液化减震主要是土的塑性变形耗能的结果。土在液化后的抗剪强度极低，其剪切模量约为小应变时的 0.01～0.001 倍，剪应变值达到 1%～10%，应力－应变滞回圈面积很大，此时土的塑性变形能耗去输入液化层能量的大部分，因而能够通过液化层向地面传播的弹性波能量就很少了，从而表现出减震效果。

在土中孔压上升不大时，液化土与非液化土对地震波的反应上差别不大，一般情况下具有对地震波的放大作用，即增震，而在孔压上升较大和液化时，土体变软，塑性变形增大，对地震波就具有减震作用。从这里可以看出，液化场地上的峰值地面加速度出现在土体液化前，此时土中孔压上升不大，土具有相当刚度，实例资料与地震反应分析也证实了这一观点。

2. 液化层减震的力学模型

根据李学宁等[25]的多层剪切砂箱（这种砂箱在输入水平振动时可容许土层产生水平剪切变形）液化试验，上覆非液化层在液化层未液化时的剪切变形与液化层相近，而在液化层液化后，液化层本身剪应变很大，而上覆非液化层的剪应变很小，类似块体。由此如果上覆层性质比较均匀，可以将液化层已液化后的上覆非液化层简化作一个块体，其质量为 M，而液化层则视作具有刚度为 K、阻尼为 C 的阻尼器。在液化层底受到一个加速度为 $\ddot{x}_b$ 的水平地震作用，从而液化减震的力学模型可以用图 11.8－2 来表示。

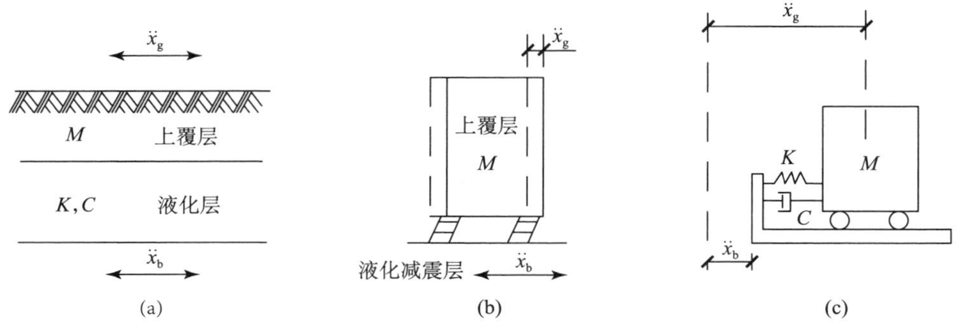

图 11.8－2　液化减震力学模型

（a）土层剖面；（b）简化图；（c）动力分析模型

图 11.8－2c 中模型的动力平衡方程为：

$$M\ddot{x}_g + C\dot{x}_g + Kx_g = C\dot{x}_b + Kx_b \tag{11.8-1}$$

式中　x_b 与 $\dot{x}_b$——输入液化层底的位移（m）与速度（m/s）；

x_g、$\dot{x}_g$、$\ddot{x}_g$——地表的（亦即上覆非液化层的）位移（m）、速度（m/s）与加速度（m/s²）。

解式（11.8－1），得：

$$R = \frac{\ddot{x}_g}{\ddot{x}_b} = \sqrt{\frac{1 + 2(\xi\omega/\omega_1)^2}{\left[1 - \left(\frac{\omega}{\omega_1}\right)^2\right]^2 + \left(\frac{2\xi\omega}{\omega_1}\right)^2}} \tag{11.8-2}$$

式中　ω——输入波的主频率（rad/s）；

ω_1——隔震体系（图 11.8－2b）的自振频率与阻尼比；

ξ——隔震体系（图 11.8－2b）的阻尼比。

图 11.8－3 为式（11.8－2）中 $\frac{\ddot{x}_g}{\ddot{x}_b}$、$\xi$ 与 $\frac{\omega}{\omega_1}$ 间的关系曲线，图中 A 点之右均有减震效果 $\left(\frac{\ddot{x}_g}{\ddot{x}_b}<1\right)$，此时 $\frac{\omega}{\omega_1}>1.414$。

11.8.3　关于减震效果的评估

由上面的分析可以看出几点[25,26]：

（1）输入波的主频率与隔震体系的自振频率之比 ω/ω_1。其比值越大则减震效果越好。因此上覆层越刚硬越好。海城地震（1975 年）正值冬季，地表有冻土层，减震现象就很明显。

（2）由图 11.8－3 中可以看出，当 $\omega/\omega_1>3$ 时，$\frac{\ddot{x}_g}{\ddot{x}_b}$之值在 0.3~0.1 左右，减震效果很明

显。这时地面加速度为输入液化层的加速度的 0.3～0.1 倍。由于土液化后其剪切模量降到液化前的 0.01 以下，因而达到输入波的主频率 ω 与隔震体系的自振频率 ω_1 之比大于 3 是很容易的。

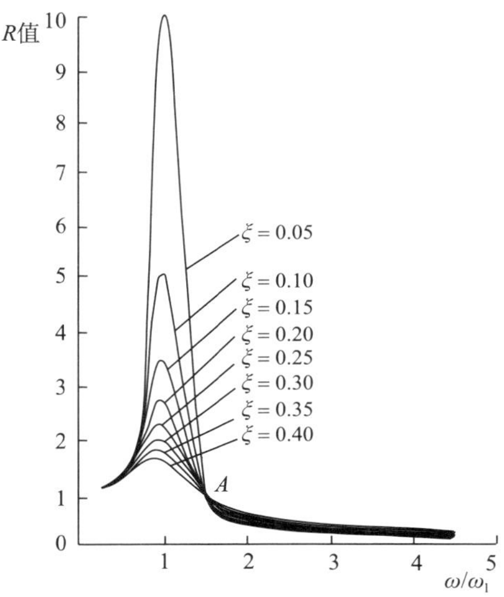

图 11.8－3　R 与 ξ、ω/ω_1 间的关系

（3）上覆非液化层构造越简单，无软黏性土夹层，则越接近图 11.8－2 的力学模型，其性状越接近一个块体，对减震就越有利。如果像图 11.8－4 中所示上覆层中夹有软土层则会降低减震效果。

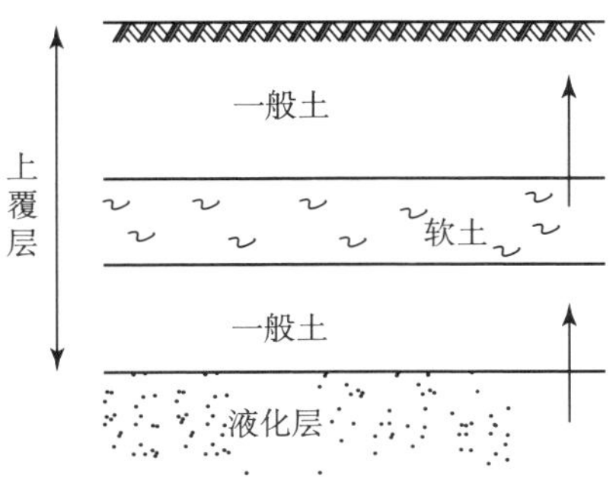

图 11.8－4　液化层有软土

（4）液化层分布范围大，土性均匀，则有利于减震。如果液化区域不大，则地震波仍可由非液化区的土层向地面传递。

（5）液化层对短周期的波反应明显，能够使其衰减很多，因而上传的波中长周期波成为主要组成部分，故对长周期结构，减震作用是不可靠的，因为即使地面加速度减小了，仍可能因地震波与结构的共振效应而使结构的反应增大。

（6）当液化层厚度很大时，尚应注意液化后再固结产生的震陷对结构的影响。

参 考 文 献

[1] 汪闻韶，土的动力强度和液化特性［M］，北京：中国电力出版社，1997

[2] Hatanaka M，Uchida A，Suzuki Y，Correlation Between Undrained Cyclic Shear Strength And Sheal Wave Velocity For Gravelly Soils［J］，Soils And Foundations，1997，27（4）：85－92

[3] 何开明、王兰民、王峻等，黄土液化与砂土液化的差异浅析［J］，地震研究，2001（2）：146～149

[4] 王兰民、刘红玫、李兰等，饱和黄土液化机理与特性的试验研究［J］，岩土工程学报，2000（1）：92～97

[5] 刘惠珊，1995年阪神大地震的液化特点［J］，工程抗震.2001（1）：22～26

[6] 袁晓铭、曹振中、孙锐等，汶川8.0级地震液化特征初步研究［J］，岩石力学与工程学报，2009，28（6）：1288～1296

[7] 刘惠珊、张在明，地震区的场地与地基基础［M］，北京：中国建筑工业出版社，1995

[8] 周云东，地震液化引起的地面大变形试验研究［D］，河海大学，2003

[9] 陈国兴，对我国六种抗震设计规范中液化判别规定的综述和建议［J］，南京建筑工程学院学报，1995（2）：54～61

[10] 陈国兴、谢君斐，砂性土液化势的评估方法［J］，地震学刊，1996，（3）：11～22

[11] 白铭学、张苏民，高烈度地震时黄土地层的液化移动［J］，工程勘察，1990，（6）：1～5

[12] 石兆吉、张荣祥、顾宝和，地震液化判别和评价的初判条件［J］，工程勘察，1995，（3）

[13] 符圣聪、江静贝，关于改进中国规范中土液化判别准则的建议［J］，岩土工程学报，2011，33（1）：112～116

[14] 符圣聪、江静贝，关于建立新的液化判别标准的建议［J］，工程抗震与加固改造，2005，27（2）：61～66

[15] Youd T L，Idriss I M，Andrus R D et al.，Liquefaction Resistance Of Soils：Summary Report From The 1996 Nceer And 1998 Nceer/Nsf Workshops On Evaluation Of Liquefaction Resistance Of Soils[a]［Z］，2001：127，817－833

[16] Liao S S C，Whitman R V，Overburden correction factors for SPT in sand［J］，Journal of Geotechnical Engineering. 1986，112（3）：373～377

[17] 蔡国军、刘松玉、童立元等，基于静力触探测试的国内外砂土液化判别方法［J］，岩石力学与工程学报，2008（5）：1019～1027

[18] 石兆吉、郁寿松、丰万玲，土壤液化势的剪切波速判别法［J］，岩土工程学报，1993（1）：74～80

[19] Zhou Y G，Chen Y M，Laboratory investigation on assessing liquefaction resistance of sandy soils by shear wave velocity［J］，Journal of geotechnical and geoenvironmental engineering，2007，133：959

[20] 刘惠珊，液化震陷预估的经验公式初探［J］，冶金工业部建筑研究总院院刊，1997（3）：24～28

[21] 刘惠珊，预估液化震陷经济公式再探讨［J］，工程抗震，1997（4）：35～37

[22] 刘惠珊、谷平，对滑移地裂带上房屋设计的建议［J］，工程抗震，1993（3）：27～31

[23] 刘惠珊、陈克景，强夯加固软土的新发展——强夯置换［J］，工业建筑，1990（7）：41～45

[24] 刘惠珊、饶志华，强夯置换的设计方法与参数［J］，地基基础工程，1996，6（2）：6～13

[25] 李学宁、王士风，液化层减震机理研究［J］，地震工程与工程振动，1992，12（3）：84～91

[26] 刘惠珊、周根寿，液化层的减震机理及对地面地震反应的影响［J］，冶金工业部建筑研究总院院刊，1994（002）：19～22

[27] 徐金城，关于砂砾坝壳土坝的地震稳定性问题，北京水利科学研究所，1980

[28] Coulter H W, The Alaska earthquake, March 27, 1964: effects on communities, effects of the earthquake of March 27, 1964 at Valdez, Alaska, US Geological Survey Prof. Paper 542-C, 1966

[29] Stokoe K H, Roesset J M, Bierschwale J G, et al, Liquefaction potential of sands from shear wave velocity [C] // Proceedings, 9nd World Conference on Earthquake, 1988, 13: 213 - 218

[30] Andrus R D, Liquefaction of gravelly soil at Pence Ranch during the 1983 Borah Peak, Idaho earthquake [J], Soil Dynamics and Earthquake Engineering V. Comp. Mech. Publication, 1991: 251 - 262

[31] Harder Jr L F, Stewart J P, Failure of Tapo Canyon tailings dam, J. Perf. Constr. Fac., 1996, 10 (3): 110 - 114

[32] Seed H B, Idriss I M, Simplified procedure for evaluating soil liquefaction potential, Journal of the Soil Mechanics and Foundations division, 1971, 97 (9): 1249 - 1273

[33] Seed H B, Idriss I M, Ground motions and soil liquefaction during earthquakes, Monogr. 5, Earthquake Engineering Research Institute, University of California, Berkeley, 1982

[34] 刘惠珊、乔太平，已有建筑物下液化地基处理 [J]，工业建筑，1983 (03): 1~5

[35] Zhou Y G, Chen Y M and Yasuhiro Shamoto, Verification of the soil-type specific correlation between liquefaction resistance and shear-wave velocity of sand by dynamic centrifuge test, Journal of Geotechnical and Geoenvironmental Engineering, ASCE, 2010, 136 (1): 165 - 177

[36] Zhou Y G, Xia P, Ling DS, Chen YM, Liquefaction case studies of gravelly soils during the 2008 Wenchuan earthquake, Engineering Geology, 2020, 274: 105691

[37] Zhou Y G, Liu K, Sun ZB, Chen YM, Liquefaction mitigation mechanisms of stone column-improved ground by dynamic centrifuge model tests, Soil Dynamics and Earthquake Engineering, 2021, 150: 106946

[38] 袁晓铭、秦志光、刘荟达、曹振中、徐鸿轩，砾性土层液化的触发条件，岩土工程学报，2018，40 (5): 777~785

[39] 张建民，王刚，砂土液化后大变形的机理，岩土工程学报，2006，28 (7): 835~840

[40] 周燕国，谭晓明，梁甜等，利用地震动强度指标评价场地液化的离心模型试验研究，岩土力学，2017，38 (7): 1869~1870

[41] 陈国兴，金丹丹，常向东等，最近 20 年地震中场地液化现象的回顾与土体液化可能性的评价准则，岩土力学，2013，34 (10): 2737~2755

[42] Ishihara K, Stability of natural deposits during earthquakes [C], Proc. 11th International Conference on Soil Mechanics and Foundation Engineering, San Francisco, 1985, 321-376

第 12 章　软土地基与不均匀地基

12.1　软土地基抗震

在 1971 年制定《74 规范》时，曾收集了我国 70 年代之前 8 次大地震的震害考察资料，在 40 多例地基震害中，只有 5 例是软土地基，而且它们之中有 4 例是在地震以前已有破坏，地震后又有发展。由于缺乏经验，只是根据地震烈度和地基承载力两个指标划分了是否要进行抗震验算的范围，即当地震烈度为 7、8 和 9 度时，软黏性土的静承载力分别小于 80、100、120kPa 的才需要考虑抗震问题。1975 年海城地震和 1976 年唐山地震，营口、塘沽、天津等大中城市的软土地基受到 8~9 度的强地震的考验，很多建筑物的地基产生了很大的震陷，导致建筑物开裂、倾斜和管道破坏或因附加沉陷过大妨碍正常使用（表 12.1－1）。1985 年的墨西哥城地震同样也造成了大量的软土建筑物的震陷（表 12.1－2）。至此，软弱黏性土会产生大的震陷，使上部结构破坏的事实已被公认。

表 12.1－1　天津市建筑物震陷观测资料[1]

编号	工程名称	建筑类型	结构类型	基础型式	基础埋深（m）	观测平均沉降量（mm）
1	华北供应站“〇九”单位住宅	6 层住宅	砖混	筏片基础	1.1	22.53
2	天津物资局办公楼	6 层（局部 7 层）办公楼	内框架砖围护墙	筏片基础局部有地下室	1.8	7.84
3	天津气象台业务楼	4 层办公楼	预制板-砖混结构	钢筋混凝土条形基础	2.45	2.18
4	滨江道同善里住宅一号楼	6 层住宅楼	砖混结构	筏片基础	1.15	5.39
5	交通运输部一航局设计研究院设计楼	4 层（局部 5 层）办公楼	砖混结构	钢筋混凝土条基加地梁	1.4	2.90
6	天津志成道中学	5~7 层教学楼	砖混结构	钢筋混凝土条形基础	1.6	3.57

续表

编号	工程名称	建筑类型	结构类型	基础型式	基础埋深（m）	观测平均沉降量（mm）
7	塘沽望海楼住宅（24 栋）	3~4 层住宅楼	砖混结构	筏片基础	0.6	173~220
8	塘沽建港村住宅（7 栋）	3 层住宅楼	砖混结构	钢筋混凝土条形基础	1.1	78

表 12.1-2　1985 年墨西哥城地震建筑震陷观测资料[2]

编号	基础类型	地基土	地震沉陷值/m	备注
1	筏板基础	软黏土	0.95	6 层
2	筏板基础	软黏土	1.02	钢混结构
3	补偿基础	软黏土	0.26~0.53	有较大的差异沉降
4	补偿基础	软黏土	0.1~0.93	框架结构，有差异沉降
5	桩基础（摩擦型）	软黏土	0.78~1.1	地震的瞬时沉降约 0.5m

《岩土工程勘察规范》（GB 50021—2001）（2009 年版）：天然孔隙比大于或等于 1.0，且天然含水量大于液限的细粒土应判定为软土，包括淤泥、淤泥质土、泥炭、泥炭质土等。震陷是地震引起的土的残余变形；或是指地基、土堤坝于地震荷载作用下不排水情况的永久变形。软土震陷是指地震作用下软弱土层塑性区的扩大或强度的降低，从而使建筑物产生的附加下沉。关于软土震陷，由于缺乏资料，各国都未列入抗震规范。从唐山地震现场经验表明，高压缩性饱和软黏土和强度较低的淤泥质土最可能产生震陷。例如在天津的汉沽、新港、北塘及南郊分布的海相沉积淤泥质土层，其孔隙比一般在 1.3 以上，含水量一般大于 45%，承载力很低，一般为 60~80kPa，有的甚至只有 20~30kPa。在建筑物自重作用下，震前房屋下沉可达 300~500mm。地震中发生突然下沉及倾斜，例如新港望海楼建筑群 1975 年建成的 4 层住宅，震前最大沉降为 470mm，地震时附加沉陷 380mm，倾斜 30%，造成房屋使用困难（图 12.1-1 及表 12.1-3）。又如汉沽化肥厂深井泵房地面下沉 300mm，造成井管联结部位错断。

表 12.1-3　唐山地震中望海楼建筑群的震陷

建筑物名称地点	建筑物情况	地基情况	震前沉降（mm）	震陷值（mm）
天津新港望海楼建筑群	住宅			
3#楼	3 层，筏基，埋深 0.6m	允许承载力为 55kPa	220	140
4#楼	3 层，筏基，埋深 0.6m	允许承载力为 55kPa	220	170

续表

建筑物名称地点	建筑物情况	地基情况	震前沉降（mm）	震陷值（mm）
7#楼	3 层，筏基，埋深 0.6m	允许承载力为 55kPa	230	144
15#楼	4 层，筏基，埋深 0.6m	允许承载力为 60kPa	380	244
17#楼	4 层，筏基，埋深 0.6m	允许承载力为 60kPa	230	250
20#楼	4 层，筏基，埋深 0.6m	允许承载力为 60kPa	300	150

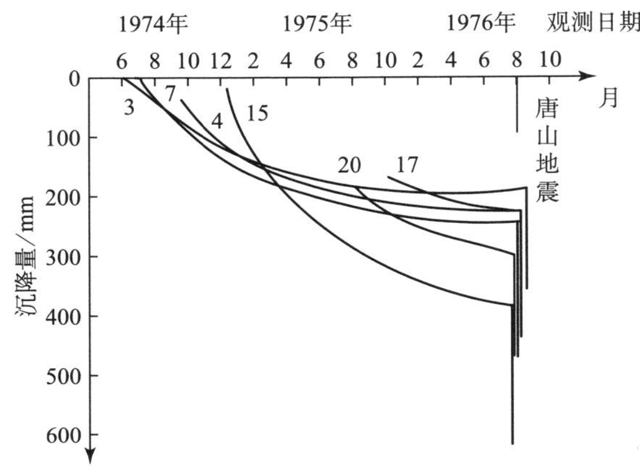

图 12.1－1　望海楼住宅沉降曲线
（曲线上数字表示楼号）

12.1.1　软土震陷的原因

饱和软土于振动荷载下由于不能及时排水，使土骨架呈振缩势，粒间的有效应力转换为超静孔隙水压力，致使土变形模量降低，呈软化现象。再者，振动荷载作为一个加速度过程，将在土中产生惯性力，直接导致土体发生变形。因此土体的震陷是两种效应综合作用的结果。软土震陷的原因可能有下列各因素的作用：

（1）软土在振动作用下的触变，如同扰动会使软土触变一样，振动作用下土粒的反复剪切会使软土的黏着水膜中水分子的规则排列受到破坏，从而降低了软土的抗剪强度。

（2）振动破坏土的加固黏着力。软土的加固黏着力本来就很脆弱，在土粒的往复运动下很容易遭到破坏，使土的强度降低。

（3）地震剪应力的作用使土中的剪应力除静剪应力外又加上动剪应力，剪应力的总值增加。即使土的抗剪强度不降低也会导致软土中塑性区增大，塑性变形增加。

（4）振动下的排水、排气，使土体积减少，即使在没有建筑物的情况下也可产生地面沉降。

（5）竖向地震力使地基中的应力增加。

表 12.1－4 是不同类型地基与基础在唐山地震时的震陷实测值。可以看出，软土的震陷

与地基承载力有相关性，承载力特征值在 80～90kPa 以上的一般软土在地震烈度 8 到 9 度时，平均震陷对不同类型基础为 1.9～33.8mm，而淤泥与淤泥质土则为 66～150mm，且表 12.1－1 中则要达到 2cm 以上。

表 12.1－4　天津市不同类型地基与基础的软土震陷

地基土性	基本承载力（kPa）	基础类型	平均震陷（mm）	备注
一般性软土	120～140	条基	7.6	天津市区
		筏基	8.6	
		桩基	1.9	
上有杂填土的一般软土	80～90	条基	5.7	天津市区
		筏基	33.8	
		桩基	4.8	
淤泥和淤泥质软土	40～50	条基	66.8	塘沽新港区
		筏基	150.5	
		桩基	/	

目前，地基的震陷分析仍以分析均匀震陷为主，对实际震害中存在的危害性更大的不均匀震陷无法合理估计。建筑物的不均匀震陷是土层、建筑物荷载分配及输入地震动波形三者协同作用的结果，其中地震动波形的不对称性和不规则性对基底动压力形式、地基孔压水平乃至建筑物的倾斜方向有重要影响。因此，即使建筑物体型简单、荷载均衡，其仍有发生不均匀震陷的可能性，这也是唐山地震中天津塘沽地区建筑物大多发生不均匀震陷的原因之一。从这个角度来讲，以简谐波代替地震波进行地震动响应分析可能会得到建筑物发生均匀震陷的结果。

12.1.2　软土震陷量的特性

与砂土地基液化震陷不同，软黏土地基上建筑物不均匀震陷还存在震后再固结的问题。1976 年唐山地震中，天津塘沽新港等沿海地区软土地基上 3 层或 4 层建筑瞬时不均匀震陷达 10～30cm，且震后几年内随着地基孔压消散沉降还在发展。这种现象在 1957 年和 1985 年两次墨西哥城地震、1987 年日本宫城县地震中表现得更为典型。图 12.1－2 给出了 1957 年墨西哥城地震中软土地基上某建筑基础不同位置地震前后的沉降情况。由图 12.1-2 可见，建筑物不仅在地震时产生了较大震陷（3～5cm），震后 4 年时间内发生了更大的再固结沉降（10～12cm），最终不均匀沉降量达到了 15cm 左右。这些震害现象表明，软土地基不均匀震陷不仅涉及地震瞬时沉降，更要考虑震后长期由孔压消散导致的再固结沉降。

为揭示软土地基不均匀震陷机理并实现定量分析，需开展基于土与结构动力相互作用的模型试验研究。常规重力条件下的 1g 缩尺模型无法产生与原型相同的应力场，因而不能再

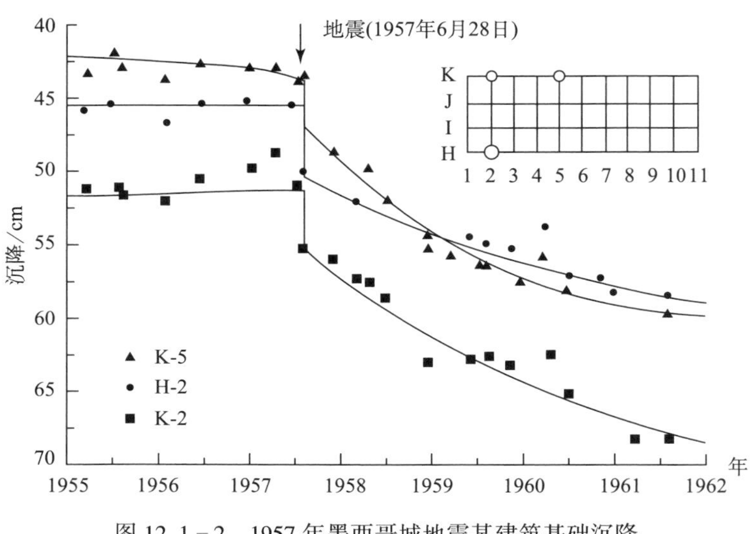

图 12.1－2　1957 年墨西哥城地震某建筑基础沉降

现原型特性，而超重力离心机试验则可以提供与原位场地相似的重力场，能补偿模型因缩尺造成的应力损失，因此在条件允许时，超重力离心机试验是研究软土震陷问题的理想研究手段。目前已经有离心机软土震陷试验研究地震波输入特性、结构形式等因素对软土地基震陷的影响。

12.1.3　软土震陷的评估方法介绍

软土震陷量的大小除与土的性状有关外，还与振动加速度（或动剪应力）、震动次数、震动频率有关。震陷量的评估是震陷问题的难点，可用下述的模量软化法或者等效结点法进行。

1. 模量软化法

由于地震作用而使土体的静模量降低，而地震时所产生的动应力对于土体的影响不大，可忽略。

土体的附加沉降变形是由于静力作用下土体静模量减小而产生的，其模型如下：

$$K_{ip} = \frac{1}{\dfrac{1}{K_i} + \dfrac{1}{K_p}} \tag{12.1-1}$$

式中　　K_{ip}——土的总刚度（MPa）；

K_i、K_p——地震前及地震后的土的刚度（MPa）。

在地震作用前，K_p 远远大于 K_i，故 $K_{ip}=K_i$；在地震作用下，K_i 保持不变，K_p 则随着振动次数的增加而降低，故土体的整体刚度也在不断地降低。根据以上模型，软土震陷计算过程可简化为分别用地震前后的土体静变形模量进行两次有限元静力分析，两次有限元分析的位移差值即为软土的震陷值。王忆等[3]提出了以软化模型和分层总和法为基础分析地震引起建筑物附加沉降的简化方法，还研究了影响地震引起附加沉降的因素，并用该法计算了唐山地震时天津和塘沽以及海城地震时营口和盘锦的一些建筑物的沉降值。

在软化模量法计算中用到残余应变 ε_p，不同学者提出了不同的经验公式。

郁寿松、石兆吉等[4]提出了残余应变的定义，并给出了计算公式：

$$\varepsilon_p = 10\left(\frac{1}{C_5}\cdot\frac{\sigma_d}{\sigma_3}\right)^{\frac{1}{S_5}}\left(\frac{N}{10}\right)^{-\frac{S_1}{S_5}} \quad (12.1-2a)$$

或

$$\varepsilon_p = 10\left\{\frac{\sigma_d}{\sigma_3[C_6+S_6(k_c-1)]}\right\}^{\frac{1}{C_7+S_7(k_c-1)}}\cdot\left(\frac{N}{10}\right)^{-\frac{S_1}{C_7+S_7(k_c-1)}} \quad (12.1-2b)$$

式中　S_1、C_6、S_6、C_7、S_7——动三轴试验常数，其中

$$C_5=C_6+S_6(k_c-1) \quad (12.1-3)$$

$$S_5=C_7+S_7(k_c-1) \quad (12.1-4)$$

C_1——N 等于 10 次产生某一 ε_p 值时的动应力 σ_d 值；

S_1——σ_d-N 的双对数坐标下直线关系的斜率；

C_5——ε_p 等于 10%时的 C_1/σ_3 值；

S_5——以 C_1/σ_3 为纵坐标、ε_p 为横坐标的双对数坐标中直线关系的斜率；

C_6、S_6——C_5 与 k_c-1 的直线关系图中的纵截距和斜率；

C_7、S_7——S_5 与 k_c-1 的直线关系图中的纵截距和斜率。

当缺乏试验资料时，在其论文中也建议了估算的各类土的震陷参数。

王建华[5]在偏压固结饱和软黏土（渤海海底饱和软黏土）动三轴试验的基础上，将弱化参数 δ 引入到软化模量法中，得到了能够反映累积偏应变变化的振动弱化关系，并建立了累积偏应变与弱化参数间唯一对应关系：

$$\varepsilon_p = \frac{A_2(1-\delta)}{1-B_2(1-\delta)} \quad (12.1-5)$$

式中　A_2、B_2——试验常数；

δ——循环弱化参数；

$$A_2 = \frac{k_c-1}{0.086+0.89(k_c-1)} \quad (12.1-6)$$

$$B_2 = 1.21(k_c-1)+0.5892 \quad (12.1-7)$$

袁晓铭等[6]提出了随机地震荷载下黏性土残余应变的半经验计算公式，对随机地震应力时程保留其有效幅值，筛选成一系列不同幅值的往返荷载；然后，以增量方法逐波累计计算残余应变，可参考《随机地震荷载下黏性土残余应变的半经验计算公式》。

2. 等效结点力法

黏性土在动荷载作用下产生沉陷/沉降，目前来看主要有两大类：①在诸如地震等瞬间动荷载作用下产生的。此类沉陷是由于动荷载持续时间较短，黏性土基本处于不排水状态而产生的；②在诸如交通荷载等周期性动荷载作用下产生的。此类沉陷是由于周期性动荷载持续时间较长，使得黏性土有足够的时间进行部分（全部）的孔压消散，从而引起土体的再固结，产生沉陷。

目前的软化模型计算基本上都是以 Seed 等[7]于 20 世纪 60 年代提出的软化效应为基础，将软化模型与试验数据相结合，只能计算土体的最终震陷值。而等效结点力法则可分别计算土体在动荷载作用下的瞬时沉降变形以及孔压消散引发的再固结沉降变形，两者叠加后即为土体的最终震陷值。

采用等效结点力模型，将地震引起的孔压与剪切变形转化为作用在各个土体单元结点上的等效荷载，运用动力分析方法计算地震作用下土体沉降变形的形成过程及最终的震陷值。

周健等[8]提出了软黏土（炭泥）的残余应变计算模式，进而可以确定剩余超静孔隙水压力及不排水残余应变以及附加沉降，既适用于地震短期不排水的加载形式，又适用于交通荷载这种长期的部分排水的加载模式，从而可以确定长期或短期动荷载作用下的最终附加沉降量。他们在 Biot 固结模式及不排水动三轴试验的基础上建立了分析方法，用于预测动荷载作用下炭泥中超静孔隙水压力的消散，同时将计算值与日本 1987 年 Miyagioki 地震中在 Sendai 的观测值进行了比较，验证其适用性。

12.1.4 不考虑软土震陷的条件

抗震设计时，首先应对土体类别进行判定，然后评估软土是否产生震陷和产生震陷量的大小。根据《建筑抗震设计规范》（GB 50011—2010）（2016 年版），8 度（0.30g）和 9 度时，当塑性指数小于 15 且符合下式规定的饱和粉质黏土可判别为震陷性软土：

天然含水量 $W_S \geqslant 0.95W_L$（液限含水量，采用液、塑限联合测定法测定），液性指数 $I_L \geqslant 0.75$。

除上述指标，软弱黏土层的评价还可采用《水电工程水工建筑物抗震设计规范》（NB 35047—2015）中的标准。一般情况下，地基中的土层只要满足以下任一指标，即可判定为软弱黏土层：

液性指数 $I_L \geqslant 0.75$；无侧限抗压强度 $q_u \leqslant 50$kPa；标准贯入锤击数 $N \leqslant 4$；灵敏度 $S_t \geqslant 4$。

6 度和 7 度区软黏性地基上的构筑物，当地基基础满足现行国家标准《建筑地基基础规范》（GB 50007）的有关规定时可不计及地基震陷的影响。《岩土工程勘察规范》（GB 50021—2001）（2009 年版）则认为：抗震设防烈度等于或大于 7 度的厚层软土分布区，宜判别软土震陷的可能性和估算震陷量。综合来讲，目前尚无足够的资料来讨论 7 度区的震陷问题，但 7 度区是否会产生软土震陷问题应持慎重态度。因为在我国江浙以南的软土承载力较 80kPa 小者，分布地区甚广。其承载力常常只有 40~60kPa，而厚度又常常较大。因此在 7 度区遇到承载力小于 70kPa 的软土时，还是应当考虑震陷的可能性并宜用室内动三轴试验或离心机振动台试验加以判定。

对 8 度和 9 度区，《建筑抗震设计规范》（GB 50011—2010）（2016 年版）中根据天津实际震陷资料并考虑地震偶发性及所需的设防费用，暂时规定软土震陷量小于 5cm 时可不采取措施，8 度区 f_{ak} 大于 90kPa，9 度区 f_{ak} 大于 100kPa 的土亦可不考虑。在实际应用时会出现软土承载力特征值和等效剪切波速判定结果相矛盾的情况，对于重要工程，必要时也应进行土动力试验，确定其在相应的动荷载下是否产生震陷，这是目前比较稳妥的办法。对于自重湿陷性黄土和黄土状土，研究表明具有湿陷性。若孔隙比大于 0.8，含水量在缩限与 25%之间时，根据需要评估其沉陷量。含水率在 25%以上的黄土或黄土状土的震陷量可按照一般软土评估。关于软土及黄土的可能震陷目前已有一些研究成果可以参考。例如，当建筑基础底面以下非软土层的厚度符合表 12.1－5 的要求，可不采取消除软土地基的震陷影响措施。

表 12.1－5　基础底面以下非软土层厚度

烈度	基础底面以下非软土层的厚度/m
7	≥0.5b，且≥3
8	≥1.0b，且≥5
9	≥1.5b，且≥8

12.1.5　抗震措施

上面介绍过的一部分液化地基抗震措施，例如砂桩排水预压等，也可用作软土地基的抗震措施。软土地基的抗震应该从上部结构（特别是基础）设计和地基处理的综合考虑着手，特别强调认真做好静力条件下的地基基础设计，因为这对软弱黏性土地基的抗震十分重要。充分满足静力设计要求的良好的静力设计能够提高建筑物地基和基础的抗震能力，避免或减轻地基基础震害。

常用的软弱黏性土地基的抗震措施还有如下几项：

（1）采用桩基或地基加固处理。桩基比天然地基的震陷量要小得多。如唐山地震时天津化工厂的实测资料表明，桩基为 10～20mm，天然地基上钢筋混凝土条形基础为 100～300mm，筏式基础大于 300mm。

（2）选择合适的基础埋置深度。在软弱黏性上地基上修建普通的民用建筑时，大量打桩或加固地基常常是经费所不容许的。在这种情况下，有时也可根据地层构造，地基土性质和建筑物的具体情况，选择合适的埋置深度。当软弱黏性土层有较好的上覆土层时，基础应尽量浅埋，但不宜将基础直接埋置在具有高灵敏度的软弱黏性土层上，此时应作适当的地基处理。有条件在整个建筑单元设置地下室或半地下室时，设置筏式基础或箱形基础具有增加基础整体刚度与减小基底压力的作用，对提高建筑物抗震能力与减轻震害有明显的好处，这已为国内外多次震害调查所证实。但较浅的筏式基础沉降量与震陷量均大，亦应予以注意。

（3）减轻基础荷载、调整基础底面积和减小偏心，使建筑单元各部分基底压力尽量减小或比较均匀，以达到减小震陷与不均匀震陷的目的。

（4）加强基础的整体性与刚度，加采用箱基、筏基或钢筋混凝土十字条形基础，加设基础圈梁、基础系梁等。

（5）增加上部结构的整体刚度和均衡对称性，合理设置沉降缝，预留结构净空，避免采用对不均匀沉降敏感的结构形式。

（6）室内外管道的设置与连接应采取能适应不均匀沉陷的措施。

12.2　不均匀地基抗震

不均匀地基是由岩性、成因或状态不同的土层构成的地基。它是一种震害数量多、分布面广的不利地基类型，在 6 度地震时即能出现震害。平原、丘陵和山地都具有构成不均匀地基的条件，在静力条件下也很容易发生破坏，而地震时又往往加剧发展，工程设计时应结合具体情况，按成因、岩性或状态的差别的定性描述作出判断。

不均匀地基种类繁多，情况复杂多变，对其做出定量的判别，目前尚缺乏足够的资料。实际上任何建筑物的地基土层，严格地说都不是均匀的，只是当其不均匀性达到一定程度时才会在地震作用下有明显的影响。

12.2.1 不均匀地基的类型

《建筑抗震设计规范》（GB 50011—2010）指出了一些不均匀地基：

（1）故河道、暗藏沟坑边缘地带。

（2）边坡的半挖半填地段。

（3）局部的或不均匀的可液化土层（如建筑物的一端或一侧有液化土层）。

（4）其他成因、岩性或状态明显不均匀的地基（如采空区、防空洞或隧道之上等）。

另外，从震害实例中还发现下列容易产生不均匀沉降的情况：

（1）同一建筑物的地基，部分为基岩，部分为非岩质土层。而且后者越软越不利。

（2）同一建筑物的地基，部分为老土，部分为新填土。

（3）同一建筑物地基压缩层范围内，土层厚薄差异很大、基岩坡面较陡或基岩面为双向或多向倾斜。

（4）同一建筑物地基中，有大块孤石、个别有芽或局部软土等。

（5）现有河湖沟坑的边缘地带。

如上所述，这类地基情况复杂，分布面广，现有设计经验不显，《规范》只作原则性的规定："应详细查明地质、地貌、地形条件，并根据具体情况采取适当的抗震措施"。如果条件允许，应尽可能避开，因为这类地基大多数属局部性的。

12.2.2 不均匀地基的震害特点

根据 1970 年前 8 次地震的震害统计结果，不均匀地基震害一般较均匀地基为重，且大多数发生在严重不均匀的地基上。平面上软硬土层交界附近或土层厚度变化处易发生不均匀沉降，有崩塌、失稳、下陷或沿倾斜岩（土）层面滑移的可能。

第一种不均匀地基为半填半挖地基，其震害多以填土沿其下基岩面滑移的形式发生，1965 年四川自贡 4.6 级地震时一些地基就发生了这种形式的震害，甚至在烈度 7 度的情况下导致住宅严重破坏。第二种严重不均匀地基为故河、湖、沟、坑边缘地基，其震害为边缘附近软硬不同的两部分地基的过大差异沉降导致上部结构产生裂缝。1988 年云南澜沧—耿马 7.6 级地震一些半填半挖地基震害实例表明，一部分为基岩一部分为填土的严重不均匀地基，在烈度 6 度、7 度地震作用下就有可能因填土部分的沉降或滑移引起比较严重的地基基础震害[9]。

表 12.2-1　1970 年前国内 8 次强地震中不均匀地基的震害统计

地震烈度	严重不均匀地基												一般不均匀地基		
	山区平整场地形成的，一部分为基岩，一部分为填土			埋藏的河湖沟坑边缘，在河湖沟坑中的土质											
				松散填土			软黏土			饱和砂土					
	轻	中	重	轻	中	重	轻	中	重	轻	中	重	轻	中	重
6	—	—	1	2	—	—	—	1	—	—	—	—	1	—	—
7	1	1	3	2	2	—	—	—	—	—	—	1	—	—	—
8	—	—	1	—	—	1	—	—	—	—	—	—	—	—	—
9	—	—	—	—	—	1	—	—	—	—	—	—	1	—	—
总数	1	1	5	4	2	2	—	1	—	—	—	1	2	—	—
	7			8			1			1			2		

地震波在土层界面处的反射、折射等情况，使土层的交界面附近地震反应增强与复杂化。如图 12.2-1 显示局部软区处地面反应的变化，无软土区时，地震剪切波作用下地面不同点的地震反应在理论上是同样的，即图 12.2-1b 中的一条水平线，但在有软土区时，地面各点的地震反应却因软土区的范围及深宽比而变。总的说，在软土区边界（图中虚线所示）附近地震加速度最大，且整个软土区域的地面加速度均比软土区外的地面加速度大。由于软土宽度内加速度增大而又各点不一致，则横跨软区的结构必将产生较大震害。在前面的图 9.1-2 中显示某横跨软硬不同土层交界处的房屋在 A、B 二点处的不同地震反应。由此图可以看出，不论在平时微振或强震时，A、B 二点的反应差异均大，从而使结构在左右两侧受到不同的地震作用。可想而知，对结构的工作极为不利，产生的震害比均匀地基上严重是理所当然的了。

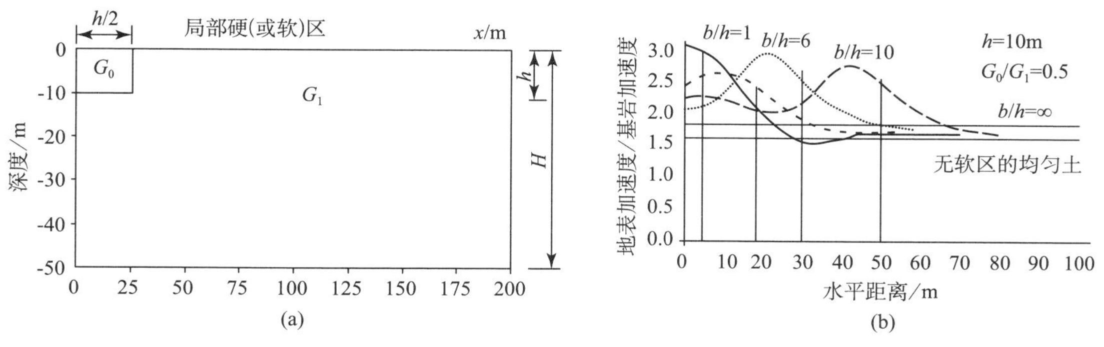

图 12.2-1　局部软区的地面反应计算值（范敏等）

（a）有限元计算模型；（b）有局部软区时的地表加速度

（迁安波，H=50m，竖向虚线为软区界限，G_0、G_1 为土的剪切模量）

12.2.3　不均匀震陷问题的其他方面的新探讨

关于不均匀震陷机理的解释，目前还存在偏差。通常认为结构不均匀震陷主要是由地基土层横向不均匀或结构不对称造成的。但事实上，除长大工程结构等外，建筑物长（宽）通常很窄，其下的土层在这么小的范围内一般不会出现很大的不均匀性，结构一般也不存在明显的不均衡，如果仅认为地基土的横向分布不均匀和结构的自重不均衡是造成不均匀震陷的唯一原因，就难以解释 1976 年 7 月 28 日的唐山大地震中天津塘沽地区民宅在地震中出现的大面积、大幅度的不均匀震陷现象。因为该地区软土层相当厚，沉积环境相对简单，土层可被看作横向均匀，且建筑物几乎全部为 3、4 层砖房，体型简单，荷载分布也较均衡，因此仅用土层的横向不均匀和建筑物的荷载不均衡来解释不均匀震陷现象难以让人接受。

石兆吉等[10]曾对天津塘沽新港地区震陷问题进行过计算分析，指出造成不均匀震陷的主要因素有三个：土层不均匀、结构物荷载不对称和地震荷载不对称。实际的土层基本上是均匀的，在石的文章计算中，曾考虑了结构物荷载的不对称性，但结果表明这种差别不足以产生明显的不均匀震陷，石的文章认为问题在于分析方法中是以作用一定次数的等幅动荷载来代替不规则的地震荷载的缘故。在其后的分析中，石兆吉等也曾将土层改成不均匀分布，但采用文献［2］中的方法所计算出的不均匀震陷仍不明显。也就是说，无论将土层改成不均匀还是将结构物改成不对称，以作用一定次数的等幅动荷载来代替不规则的地震荷载的做法，目前的计算方法都得不到明显的不均匀震陷，无法给出与实际震害现象定性上相一致的结果。

袁晓铭等[11]曾针对均匀地基上的不均匀震陷问题进行了理论分析和计算、动三轴实验和大型振动台试验研究。理论分析可以得到下述结论：采用基岩各点输入相同的水平运动，只要结构和土体为对称分布，则对于结构和土体两侧的对称点，由任何竖向传播的剪切波引起的结构和土体中的竖向反应（竖向加速度、竖向动正应力等），其时程对于结构和土体的中心线来说呈反对称分布，对于时间来说呈对称反应，即数值反应为等值反向；结构和土体两侧对称点的水平反应，其时程对于结构和土体的中心线来说也呈反对称分布，但对时间来说为等值同向。同样数值计算的算例也证明了这一结论。动三轴实验表明荷载的不对称性和不规则性对土体残余变形有很大影响，大的动压力脉冲后残余变形增长显著，大的动拉压力脉冲后残余变形略有回弹，即动应力中的压应力对残余变形的增长起控制作用，而拉应力脉冲对残余变形增长的作用不明显。大型振动台实验表明，在单方向剪切型地震波作用下，建筑物对称基底竖向动应力呈等值反向的反对称分布，使对称地基土中产生程度明显不同的竖向永久变形，造成土体和结构震陷显著不均匀，出现不均匀震陷的根本原因是地震波本身的不对称和不规则性。

建筑物不均匀震陷取决于地震波输入类型、土层类型及建筑物类型，不均匀震陷是其中一个因素或多个因素组合作用的结果。一般情况下，地震波的不对称性和不规则性对建筑物不均匀震陷起重要作用，其作用不容忽视；在土层较均匀和结构较对称时，建筑物仍可能出现明显的不均匀震陷，这时地震波的不对称性和不规则性起决定作用。

周燕国、陈云敏等[12]利用土工离心机振动台试验研究了软黏土地基上建筑物不均匀震陷问题，考察了结构物不对称性对不均匀震陷的影响，发现建筑物上覆荷载的存在造成了软土地基具有应力和刚度的空间不均匀性，使得地震过程中软土场地产生不均匀孔压，即基础下方超静孔压比低于基础周围自由场地孔压比。地震时，由于黏土渗透性很低，自由场地软土地基瞬时沉降很小，而结构物下地基由于振动软化，在上部结构荷载作用下产生显著的瞬时不均匀沉降，导致结构物倾斜和扭转；震后随孔压消散，结构物下方地基和自由场地都发生显著的再固结沉降，但沉降相对均匀，而且自由场地沉降量比结构物基础下方地基更大（约为 2 倍关系）。地震引起沉降由瞬时沉降和震后长期固结沉降组成，其中不均匀震陷占总沉降的一半左右；结构物对称性对软土地基震陷影响显著。与一维或二维结构相比，三维不对称结构引起了更显著的不均匀震陷，结构物基础呈现出复杂的空间扭转破坏特征，会对建筑物本身及基础附近地下设施造成严重破坏。因此，这些现象值得进一步深入研究并在工程设计中加以考虑。

12.2.4　抗震设计宜采用的措施

（1）宜将基础坐落在性质相同的土上。为此，基础埋深与桩长可以不同（图 12.2－2a）。

（2）必要时采用地震时程分析法研究地表地震反应的特点，区分出地震反应异常的范围并采取对策。

（3）考察岩、土的地震稳定性与塌陷、滑动等土体破坏失稳的可能。

（4）采用跨越、填充、褥垫等方法处理不均匀地基，或采用桩、墩基础穿透土性差的地层。

（5）对过长的结构，宜用沉降缝分隔成数个独立单元，使每单元都具有较高的整体性与刚度，以抵抗土层交界处的复杂地震反应。在不便设沉降缝的情况下，则可设计筏基或用桩基将基础荷载传递到刚度一致的土上（图 12.2－2）。

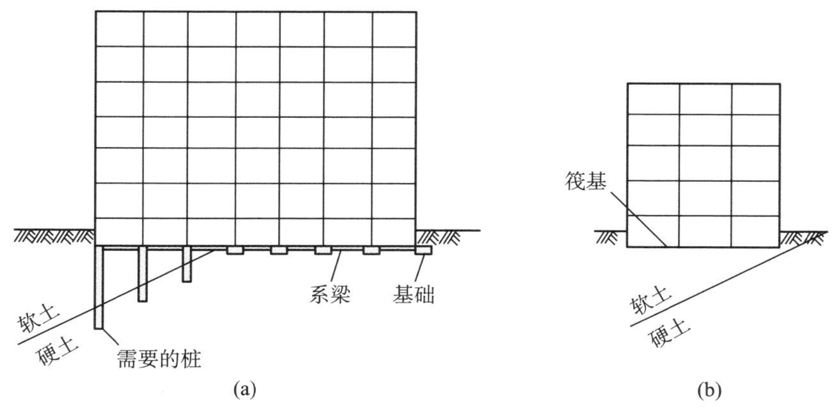

图 12.2－2　不均匀地基上采取的措施示例

（a）局部建筑物用桩基将荷载传至硬土上；（b）采用筏基减少不均匀沉降

参 考 文 献

[1] 杨石红、刘静蓉、刘金珠等，软弱地基土层震陷简化计算方法研究 [J]，世界地震工程，1997，13 (2)：53~61

[2] Mendoza M J, Auvinet G, The Mexico earthquake of September 19, 1985-behavior of building foundations in Mexico city, Earthquake Spectra, 1988, 5 (1): 51－88

[3] 王忆，张克绪，谢君斐，地震引起建筑物沉降的简化分析 [J]，土木工程学报，1992，25 (5)：63~70

[4] 郁寿松、石兆吉，土壤震陷试验研究 [J]，岩土工程学报，1989，11 (4)：35~44

[5] 王建华、要明伦、贾有权，软土地基震陷分析 [J]，天津大学学报，1993，4，67~72

[6] 袁晓铭、孟上九、孙锐，随机地震荷载下黏性土残余应变的半经验计算公式 [J]，水利学报，2004 (11)：62~67

[7] Seed H B, Chan C K, Clay strength under earthquake loading conditions, ASCE Soil Mechanics and Foundation Division Journal, 1966, 92 (2): 53－78

[8] 周健、蔡宏英、许朝阳，软粘土地基震陷分析，工程抗震，2000，1：39~42

[9] 陈国兴、谢君斐、张克绪，天然地基浅基础的震害分析，岩土工程学报，1995，17 (1)：66~72

[10] 石兆吉、郁寿松、翁鹿年，塘沽新港地区震陷计算分析，土木工程学报，1988，21 (4)：24~34

[11] 袁晓铭、孙锐、孟上九，软弱地基土上建筑物不均匀震陷机理研究，土木工程学报，2004，37 (2)：67~72

[12] 周燕国、陈云敏、社本康广等，软粘土地基上建筑物不均匀震陷离心机试验研究，中国科学（E辑），2009，39 (6)：1129~1137

[13] 李平、田兆阳、肖瑞杰等，基于三轴试验的软土震陷简化计算方法研究，震灾防御技术，2017，12 (01)：145~156

[14] 汪云龙、王进、袁晓铭等，管状地下结构对软土场地浅埋筏式基础震陷影响规律模拟研究，岩土力学，2021，42 (12)：3485~3495

第 13 章　桩　　基

13.1　桩基典型震害

桩基抗震历来属于工程中的难题，困难是多方面的：一方面由地基输入桩基的地震作用在有桩时比无桩时更难准确估计。另一方面，桩在土中承受水平向荷载时，其工作状态属于弹性地基梁或弹塑性地基梁，视地震作用令地基土处纯弹性或弹塑性状态而定。强震时土的非线性应力–应变关系很明显，土的刚度随震动历程与强弱而变。此外，还有一系列问题使情况进一步复杂化，如桩头与承台的连接，按目前常用的方法，桩嵌入承台 50~100mm，桩身主筋伸入承台一定长度（按拉锚要求）。桩与承台的连接既够不上嵌固，更不能认为铰接，其嵌固度至今还不能有把握地确定，这在桩基承受竖向荷载时影响较小，但在桩承受地震作用等水平荷载时，对桩身弯矩与剪力的分布却影响颇大。地震过程中土的液化、震陷、桩身上部因摇摆而与土分离等又使桩身受力的解析增加了难度。

桩基抗震之所以成为难题的又一方面实为桩基破坏资料的难于获得。因之对种种桩基抗震理论缺乏有力的检验论证。过去因为检测手段或经费不足等原因，对桩基震害往往只能从上部结构状态间接反映与推测。进入 20 世纪 80 年代后，桩基震后开挖资料逐渐积累，特别是 1995 年日本阪神大地震（$M=7.2$）后，对桩基震害的调查、桩身内照相技术与动力测桩法等监测手段的发达，使得桩基震害资料的累积已渐丰富。此外，地震时程分析法较广泛的应用也加深了对桩基抗震性能和地震作用下桩身内力分布的认识。因此目前对桩基抗震的认识，比之十年前已有很大不同，尽管还有不少问题需进一步查明。

桩基典型震害情况如下：

（1）木桩：桩与承台的连接不牢，桩身长度一般不大，因而从承台中拔脱或产生刚体式桩基倾斜下沉等形成的破坏多。桩材抗弯性能好，因而桩身破坏少。

（2）钢筋混凝土桩：在非液化土中以桩头的剪压或弯曲破坏为主。空心桩有产生纵向裂缝者，原因是桩头处后填的混凝土在桩头压坏后楔入空心部分，使之迸裂；预应力桩在顶部 300mm 左右预应力不足，抗弯能力不够。

（3）钢管桩：常因液化土侧向扩展引起的土体水平滑移而生弯曲破坏，或因桩顶位移过大而弯曲破坏，纵向压屈者少见。

（4）桩基震害中因地基变形（土体位移）引起的占主要，而由上部结构惯性力引起的破坏占少数。常见的地震作用下的土体变形包括滑坡，挡墙后填土失稳，液化，软土震陷，地面堆载影响等。

（5）目前的桩头-承台连接方式（嵌入承台 50～100mm，桩内伸出钢筋、按拉锚要求埋入承台）抗拔与嵌固均不足，致使钢筋拔出，剪断或桩头与承台相对位移，以及桩头处承台混凝土破坏。

（6）非液化土中的桩的破坏主要是：

上部结构惯性力引起桩-承台连接处和上部桩身破坏、破坏型式为压、拉、弯、剪压为主（图 13.1－1）。

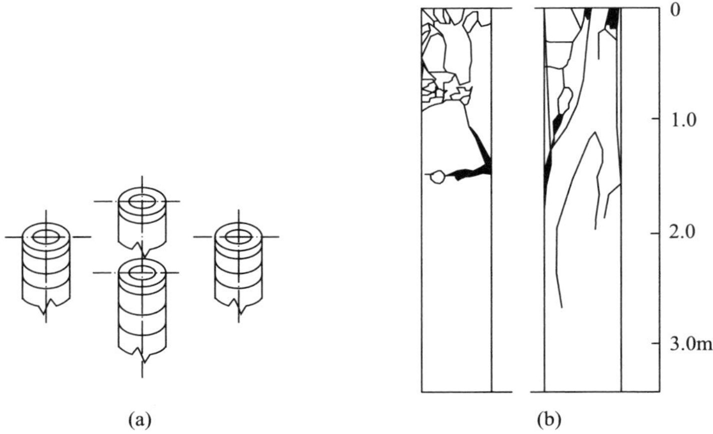

图 13.1－1　桩头部的弯曲破坏、剪压破坏示例
（a）桩头环向弯曲裂缝；（b）日本宫城郡山高层住宅桩基桩头压剪破坏

①软硬土界面处的弯矩剪力过大导致桩身破坏，而一般的计算桩在水平力作用下桩身内力的 m 法或 c 法不能反映土层界面处的情况。因为 m 法和 c 法都是采用分层土的平均水平抗力参数来计算桩身内力的，因而不能反映土层界面的存在。

图 13.1－2 是位于旧金山海岸边的某建筑物的用二种时程分析方法的有代表性的计算结果。这个建筑物是 1971 年建造的一座 14 层钢筋混凝土结构，支承在 95 英尺（28.96m）长，12 英寸（305mm）宽的预应力钢筋混凝土桩上。

图 13.1－2 中的集中质量法与 SHAKE/LUSH/FLEX 法的计算结果显示在软硬土层交界面（图中 25 英尺（7.62m）及 50 英尺（15.24m）左右深度处），桩的计算曲率急剧增大，显示该处弯矩的剧烈变化。类似的破坏也可产生于液化层与非液化层界面处，并已为 1995 年的阪神大地震的多个桩基震害实例所证实。

②软土在地震中因“触变”而摩擦力下降，桩轴向承载力不足而震陷。图 13.1－3 为 1985 年墨西哥城地震时产生震陷的 15 层大厦：该建筑由桩基支承。地震使大楼产生 3～4m 的震陷，分析其原因为地震令软土的桩侧摩阻力下降及上部倾斜使重心水平位移导致对地基的倾覆力矩增加所致。

③桩基附近的地面荷载、土坡、挡墙等在地震下土体失稳，波及建筑物下的桩基。使桩身受到侧向挤压，弯矩增大。

（7）液化但无侧向扩展土中桩的震害典型型式是：

①液化震陷。

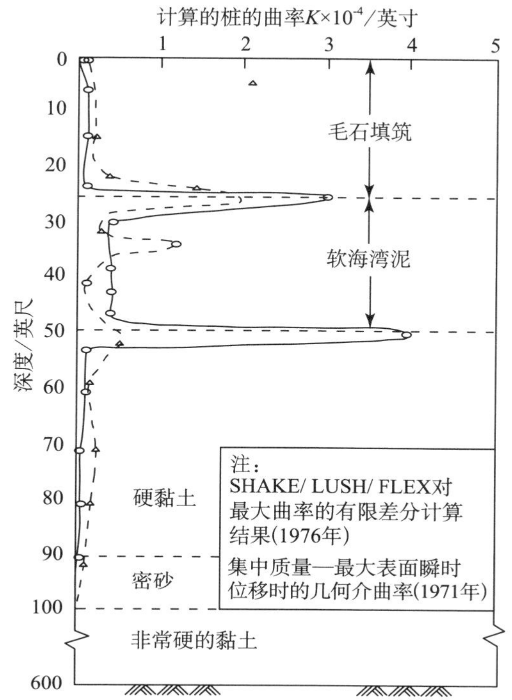

图 13.1-2　软硬土层界面处旧金山海湾桩的计算曲率

图 13.1-3　软土中桩的震陷，下沉量 3~4m（1985 年墨西哥城地震）

建筑物周围常有喷砂冒水，建筑物本身无水平位移，桩承台常相对上升而液化土则下沉，导致承台与土脱空，如果建筑物荷载在平面分布上不均匀，或液化土层性质或厚度不均匀则可能震后产生相当大的不均匀下沉。当荷载分布均匀而液化土层厚度或性质也比较均匀的时候则建筑物一般不会有大的不均匀沉降（图 13.1-4）。

②桩身在液化层界面附近处破坏，主要是因为地震时土层的相对剪切位移很大，使桩

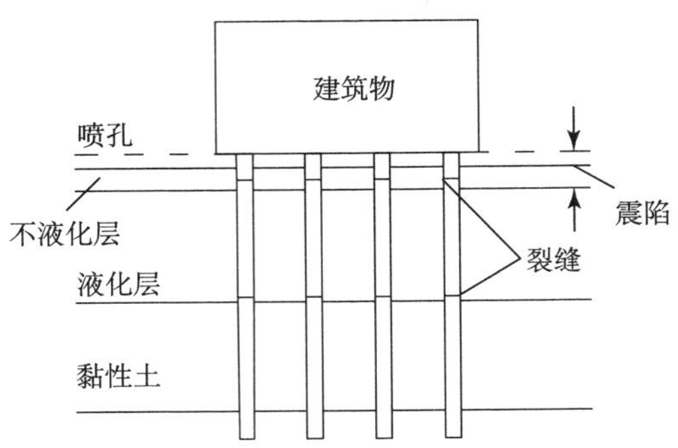

图 13.1－4　液化但无侧扩时的桩破坏示例

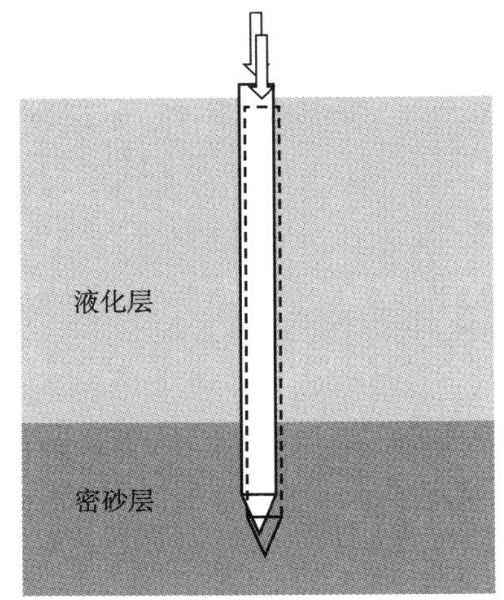

图 13.1－5　桩身在液化、非液化层交界处位移大

身在液化层范围内或其界面上下受到过大的剪、弯作用所致。1995 年日本神户地震后，对于液化场地下破坏桩基的震害调查发现，大量的桩在液化、非液化层交界处发生严重破坏。

③桩基失效。

由于桩长不足未伸入下卧非液化层足够深度或甚至悬在液化层中，桩基因竖向承载力不足而失效，桩基及其上建筑产生下沉与倾斜，1964 年日本新潟地震时，有不少桩基产生此类震害。图 13.1－7 为 1976 年唐山大地震时塘沽散装糖库柱基下的桩，其中短悬在液化土中，液化后桩失去承载力而下沉，将长桩拉偏折断。

④地面荷载使液化地基失效，土体侧移挤压相邻桩身使之折断。图 13.1－8 是天津钢厂原料栈桥的钢锭堆场。粉砂、粉土液化后，钢锭下沉，液化土外挤造成桩身折断，桩基倾斜。

（8）有液化侧扩时的桩基震害。

除上述 7 种无侧扩时的种种震害表现外。更有液化侧向流动时土推力造成的桩基破坏，因而桩的损坏远比无侧扩时严重。液化侧向流动情况下同时可能出现桩轴向屈曲破坏。2001

图 13.1－6 1995年日本神户地震后灾害图

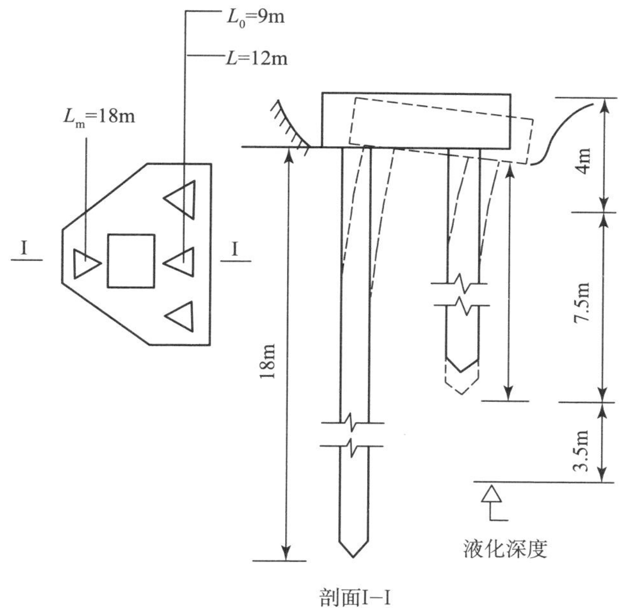

图 13.1－7 塘沽散装糖库桩基破坏（1975年）

年，印度普杰地震，坎德拉港周围的一幢房屋的桩基由于液化侧向流动引起侧向挠曲，建筑物在平面内倾斜11°，如图13.1－9。

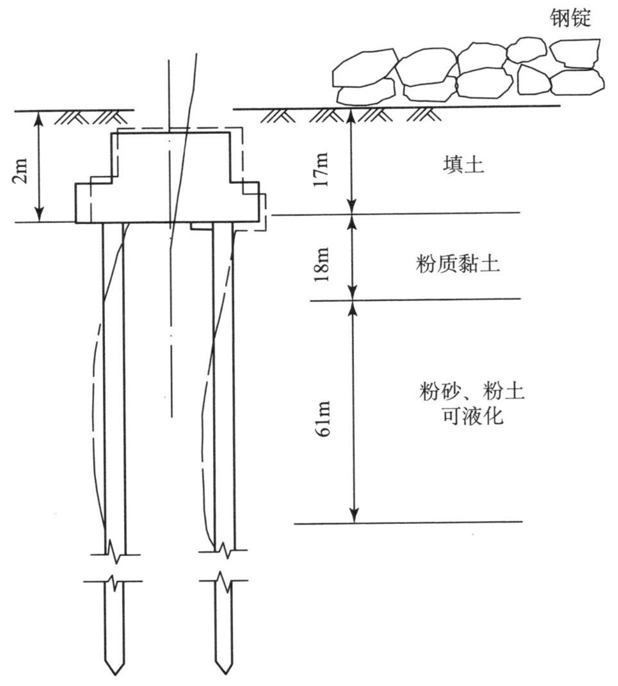

图 13.1－8　天津某厂的桩基因地面荷载下的侧向挤压而折断

图 13.1－9　2001 年印度普杰地震灾害图

1964 年新潟地震，新潟地区发生大面积液化及侧移，信浓河岸最大位移达 5m，昭和大桥因液化侧扩导致桩侧向位移过大及屈曲破坏，造成严重破坏，如图 13.1－10。

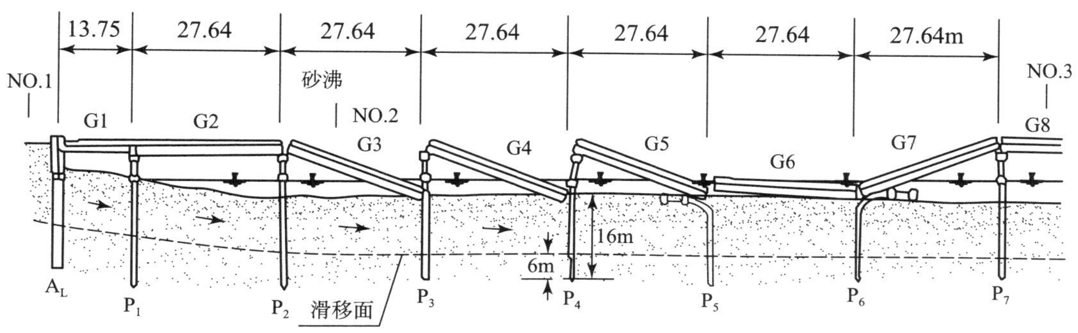

图 13.1－10　昭和大桥因液化侧扩导致桩侧向位移过大及屈曲破坏

桩及上部结构震害的主要表现为：桩身在液化层底和液化层中部剪坏或弯折，因为承受不住流动土体的压力造成的巨大弯矩与剪力；桩头部分连结破坏或形成铰；上部结构因桩身折断产生不均匀沉降；对高层建筑则因重心的水平位移而产生较大的附加弯矩，使内陆一侧的桩产生拉力，从而只出现一个塑性铰；建筑物一般都有平面上的移位（图 13.1－11）。

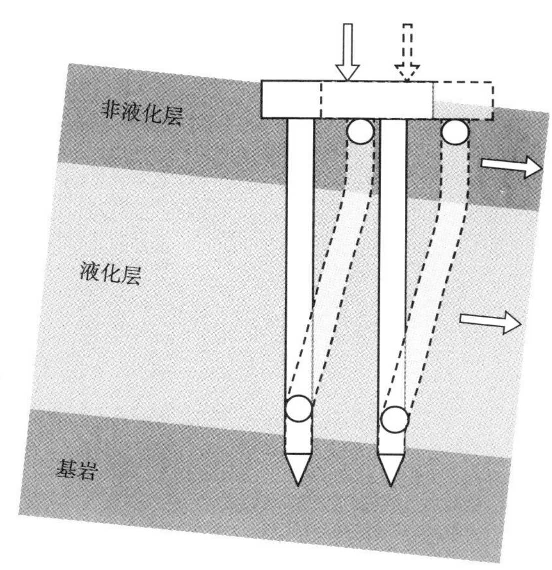

图 13.1－11　桩及上部结构震害

综合上述桩基震害的经验，从中可得到下列设计计算中有用的认识：

①建筑桩基震害事实上还是较多的。对房屋建筑而言，桩基的破坏原因除了施工原因（运输、锤击、灌注质量等）外，可能要数震害造成的桩的破坏较多了，只不过过去了解较少。

②桩基本身即使在地震中受到损伤、折断或剪错位，造成的后果多半是建筑物的沉降、开裂、倾斜、水平位移等，但造成房屋倒塌者极少，有的房屋甚至可以在震后继续使用若干年。日本新潟地震（1964 年，是有名的液化严重的一次地震）10~20 年后房尾拆迁时挖出桩身考查，才发现桩身破损严重，有两个塑性铰。这样的事例已有数起。由此可知桩基破坏

的后果不及上部结构的柱折、墙倒、屋塌、人员伤亡那样严重。但造成房屋倾斜与不均匀沉降则是常见的后果。

③尽管目前习惯用的桩顶—承台连接方式（桩顶埋入承台 50~100mm，主筋按抗拉要求伸入承台）不能视作完全固接，但桩顶弯曲力矩仍然很大，因此抗震计算中桩顶的抗拉、弯、剪的能力应受到保证。

④由于桩顶部位受力大，为使承台旁填土也能分担部分水平力与限制基础的转动，承台旁回填土的密实度应保证达到干重度为 $16kN/m^3$ 的要求，必要时应以级配砂石或灰土代替不合格的过湿黏性土回填。

⑤常用的水平荷载下桩身内力分析的常数法或 m 法用于求算均质土中或刚度相差不多的多层土中的桩，误差不大，也为多数国家的抗震设计规范采用。但这种方法需将多层土的侧向刚度折换成平均刚度，忽略了多层土的特点，因而在用于相邻土层刚度相差很多的场合（如填海造陆时常遇到块石下接海底淤泥；上部表层硬壳层下接可液化土等），在刚度相差大的土层界面处会出现相当大的弯矩和剪力，其值比桩顶处最大弯矩与剪力值相差不多，比常数法或 m 法计算结果大很多。这一点已为日本阪神地震后实测桩基震害和理论分析所证实（图 13.1－2 及图 13.1－10）。因此常数法或 m 法用于液化土场合或软硬土层相邻场合的桩基计算，很不安全，深部土层界面处计算值偏小。比较能反映软硬土界面而或液化土层界面处桩身受力情况的方法是地震时程反应分析法，然此法目前尚未能作为普遍应用的实用计算分析法。

尽管目前桩基抗震设计方法有不足之处，但若明确各设计法的优缺点与适用条件，对其不足之处设法弥补，当不致造成严重不良后果。

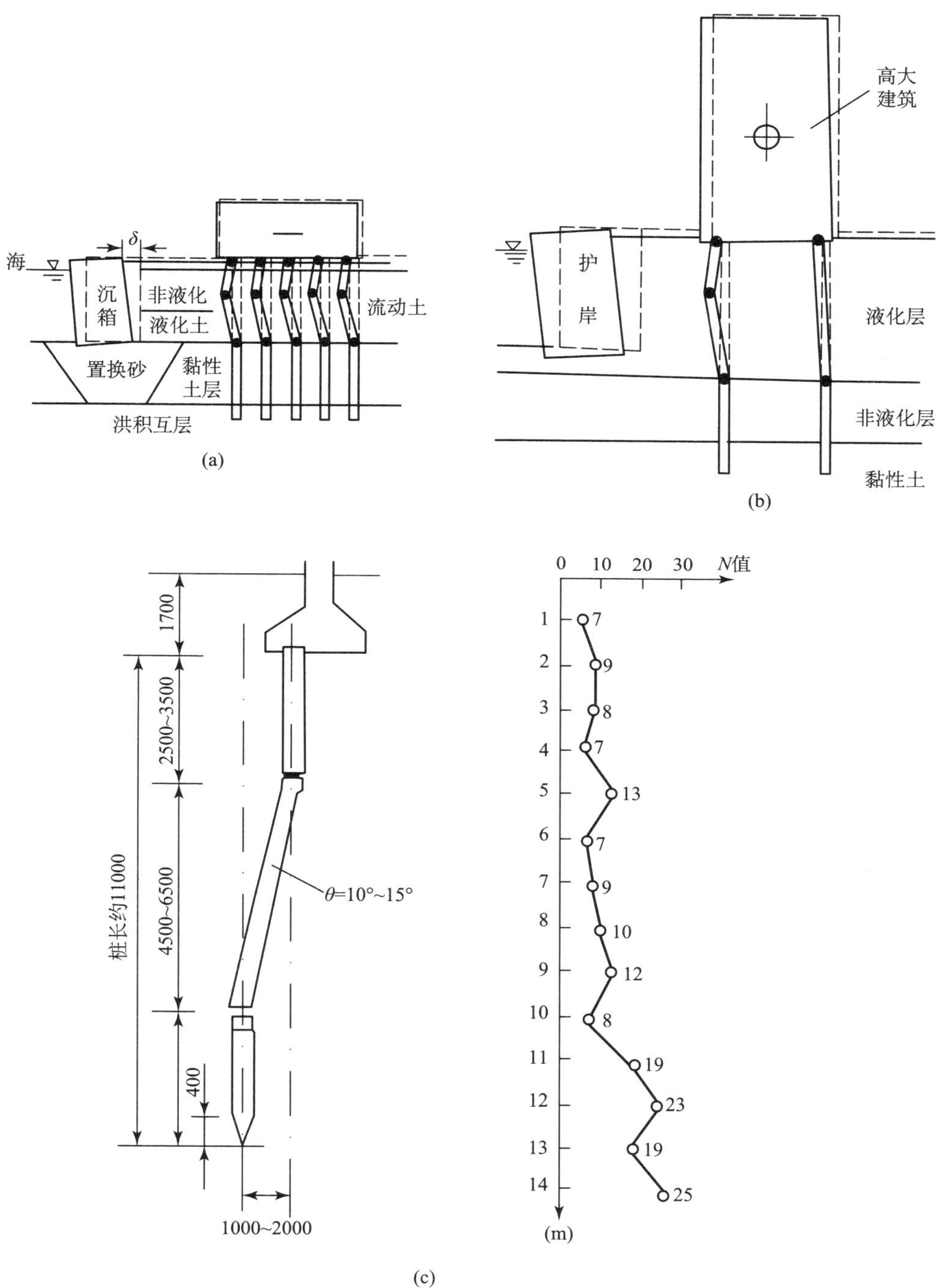

图 13.1－12　侧扩情况下桩的震害（图中黑点为塑性铰或链接破坏）

（a）高度不大的建筑；（b）高大建筑的震害；（c）地面位移 1.2m 的桩的破坏及土的标贯值

13.2 桩基抗震的一般要求

13.2.1 桩基选择

(1) 宜优先采用普通钢筋或预应力混凝土预制桩（以下简称预制桩），也可采用配筋的混凝土灌注桩（以下简称灌注桩），当技术经济合理时也可采用钢管桩。

(2) 宜优先采用长桩；当承台底面标高上下土层为软弱土或液化土时，7~9 度地区不宜采用桩端未嵌固于稳定岩石中的短桩（长桩指桩长不小 $4/\alpha$ 的桩，短桩指桩长小于 $2.5/\alpha$）的桩，α 为 m 法的桩长变形系数）。

(3) 一般宜采用竖直桩，当竖直桩不能满足抗震要求且施工条件容许时，可在适当部位布置少量的斜桩，如高层建筑抗震墙或单层厂房柱间支撑桩基承台的两端。

(4) 同一结构单元中桩基类型宜相同。不宜部分采用端承桩，另一部分采用摩擦桩；不宜部分采用预制桩，另一部分采用灌注桩；部分采用扩底桩（即桩端带扩大头的灌注桩，上部桩身直径不小于 800mm，又称大直径扩底墩），另一部分采用不扩底桩。

(5) 同一结构单元中，桩的材料、截面、桩顶标高和长度宜相同；当桩的长度不同时，桩端宜支承在同一土层或抗震性能基本相同的上层土。

(6) 桩顶与承台的连接应按固接设计。

(7) 桩基承台宜埋于地下，习称低承台桩基。

13.2.2 桩基布置

(1) 作用于承台的水平力，宜通过桩群平面刚心（即各桩身截面刚度 EI 的中心），避免或减少承台和上部结构受扭。

(2) 在不能设置基础系梁的方向（如单层厂房跨度方向），单独桩基不宜设置单桩，条形基础不宜设置单排桩，否则应在该方向增设基础系梁。

(3) 独立桩承台宜沿二主轴方向设基础系梁，系梁按拉压杆设计。其值为桩基竖向承载力的 1/10。

13.3 桩基的构造要求

13.3.1 规范要求

《建筑桩基技术规范》(JGJ 94—2008)（以下简称《桩基规范》）的 3.3.2-3 条，抗震设防烈度为 8 度及以上地区，不宜采用预应力混凝土管桩（PC）和预应力混凝土空心方桩（PS）。

根据《桩基规范》和《全国民用建筑工程设计技术措施（结构）》(2003)，一般桩基础的构造要求：

（1）承台周围应采用灰土、级配砂石、压实性较好的素土回填，并分层夯实，也可采用素混凝土回填。

（2）桩嵌入承台内的长度对中等直径桩（直径为 250~800mm）不宜小于 50mm；对大直径桩（直径不小于 800mm）不宜小于 100mm。

（3）混凝土桩的桩顶纵向主筋应锚入承台内，其锚入长度不宜小于 35 倍纵向主筋直径。对于抗拔桩，桩顶纵向主筋的锚固长度应按现行国家标准《混凝土结构设计规范》（GB 50010）确定。

（4）灌注桩桩身混凝土强度等级不得小于 C25，混凝土预制桩尖强度等级不得小于 C30；预制桩的混凝土强度等级不宜低于 C30；预应力混凝土实心桩的混凝土强度等级不应低于 C40。

（上海《地基基础设计规范》（DGJ 08-11—2010）规定灌注桩桩身混凝土强度等级不得小于 C30，采用水下浇筑方法施工时不宜高于 C40。）

（5）灌注桩主筋的混凝土保护层厚度不应小于 35mm，水下灌注桩的主筋混凝土保护层厚度不得小于 50mm；四类、五类环境中桩身混凝土保护层厚度应符合国家现行标准《港口工程混凝土结构设计规范》（JTJ 267）、《工业建筑防腐蚀设计规范》（GB 50046）的相关规定；预制桩纵向钢筋的混凝土保护层厚度不宜小于 30mm；上海《地基基础设计规范》（DGJ 08-11—2010）规定灌注桩钢筋的混凝土保护层厚度不应小于 50mm。

（注：《混凝土结构设计规范》（GB 50010—2015）规定钢筋混凝土保护层厚度不再以纵向受力钢筋的外缘起算，而是以最外层钢筋的外缘起算。上述规定，均未按照新的定义进行调整。）

（6）灌注桩配筋率：当桩身直径为 300~2000mm 时，正截面配筋率可取 0.65%~0.2%（小直径桩取高值）；对受荷载特别大的桩、抗拔桩和嵌岩端承桩应根据计算确定配筋率，并不应小于上述规定值；对于受水平荷载的桩，主筋不应小于 8Φ12；对于抗压桩和抗拔桩，主筋不应少于 6Φ10；纵向主筋应沿桩身周边均匀布置，其净距不应小于 60mm；预制桩的桩身配筋应按吊运、打桩及桩在使用中的受力等条件计算确定。采用锤击法沉桩时，预制桩的最小配筋率不宜小于 0.8%。静压法沉桩时，最小配筋率不宜小于 0.6%，主筋直径不宜小于 14mm，打入桩桩顶以下（4~5）d 长度范围内箍筋应加密，并设置钢筋网片。

（上海《地基基础设计规范》（DGJ 08-11—2010）规定灌注桩桩身配筋按计算确定，如为构造配筋，竖向承压桩的配筋率不小于 0.42%，承受水平力桩的配筋率不小于 0.65%。）

（《构筑物抗震设计规范》（GB 50191—2012）：灌注桩，应在桩顶 10 倍桩径长度范围内配置纵向钢筋，当桩的设计直径为 300~600mm 时，其纵向钢筋最小配筋率不应小于 0.65%~0.40%；钢筋混凝土预制桩，其纵向钢筋的配筋率不应小于 1%。）

（7）灌注桩箍筋应采用螺旋式，直径不应小于 6mm，间距宜为 200~300mm；受水平荷载较大的桩基、承受水平地震作用的桩基以及考虑主筋作用计算桩身受压承载力时，桩顶以下 5d 范围内的箍筋应加密，间距不应大于 100mm；当桩身位于液化土层范围内时箍筋应加密；当考虑箍筋受力作用时，箍筋配置应符合现行国家标准《混凝土结构设计规范》

(GB 50010)的有关规定；当钢筋笼长度超过4m时，应每隔2m设一道直径不小于12mm的焊接加劲箍筋。

(上海《地基基础设计规范》(DGJ 08-11—2010) 规定灌注桩宜采用直径为6~8mm的螺旋箍，间距200~300mm，桩顶以下5d范围内箍筋应加密，间距不应大于100mm。)

(8) 灌注桩纵筋配筋长度：摩擦型灌注桩配筋长度不应小于2/3桩长；当受水平荷载时，配筋长度尚不宜小于4.0/α(α为桩的水平变形系数)；对于受地震作用的基桩，桩身配筋长度应穿过可液化土层和软弱土层，进入稳定土层的深度应按计算确定，对于碎石土，砾、粗、中砂，密实粉土，坚硬黏性土尚不应小于 (2~3)d，对其他非岩石土尚不宜小于(4~5)d；受负摩阻力的桩、因先成桩后开挖基坑而随地基土回弹的桩，其配筋长度应穿过软弱土层并进入稳定土层，进入的深度不应小于 (2~3)d。

当遇下列情况之一时，应通长配筋：

①端承型桩和位于坡地、岸边的基桩。

②抗拔桩及因地震作用、冻胀或膨胀力作用而受拔力的桩。

③8度及8度以上地震区的基桩。

按《构筑物抗震设计规范》(GB 50191—2012) 的4.5.6条，桩基的抗震构造等级，应根据烈度和构筑物类别，按表13.3-1确定。各级构造措施的内容见表13.3-2。

表13.3-1 桩基抗震构造等级

地震设防烈度	构筑物类别			
	甲	乙	丙	丁
7	C	C	C	C
8	B	B	C	C
9	A	A	B	B

注：构造等级以A级最严格，C级相当于静力设计要求。

表13.3-2 桩基各抗震构造等级的要求

等级	构造要求
C级	应满足一般桩基础的构造要求
B级	(1) 除满足C级以外，尚应满足下列要求： (2) 灌注桩，应在桩顶10倍桩径长度范围内配置纵向钢筋，当桩的设计直径为300~600mm时，其纵向钢筋最小配筋率不应小于0.65%~0.40%；在桩顶600mm长度范围内，箍筋直径不应小于6mm，间距不应大于100mm，且宜采用螺旋箍或焊接环箍。 (3) 钢筋混凝土预制桩，其纵向钢筋的配筋率不应小于1%；在桩顶1.6m长度范围内，箍筋直径不应小于6mm，间距不应大于100mm；当需要接桩时，应采用钢板焊接连接。 (4) 钢筋混凝土桩的纵向钢筋应锚入承台，锚固长度应满足受拉钢筋的抗震构造措施要求。 (5) 钢管桩顶部填充混凝土时应配置纵向钢筋，配筋率不应低于混凝土截面面积的1%，锚固长度应满足受拉钢筋的抗震构造措施要求

续表

等级	构造要求
A 级	（1）除满足 B 级以外，尚应满足下列要求： （2）灌注桩，应按计算配置纵向钢筋；在桩顶 1.2m 长度范围内的箍筋间距不应小于 80mm 且不应大于 8 倍纵向钢筋直径；当桩径不大于 500mm 时，箍筋直径不应小于 8mm，其他桩径时不应小于 10mm。 （3）钢筋混凝土预制桩，其纵向钢筋的配筋率不应小于 1.2%；在桩顶 1.6m 长度范围内，箍筋直径不应小于 8mm，间距不应大于 100mm。 （4）钢管桩与承台的连接应按受拉进行设计，其拉力值可采用桩竖向承载力设计值的 1/10

另据美国 ATC-3，软硬土层界面（二者剪切波速比小于 0.6）处上下 1.2m 范围内，箍筋的数量与间距应不低于桩顶。

对 7~9 度区的桩基，《冶金建筑抗震设计规范》（1997）还有下列规定：

（1）混凝土预制桩应采用钢板焊接接头或法兰盘（对预应力管桩）接头，不得用硫磺胶泥接头。

（2）承台板中的纵向钢筋网应位于桩顶以上 200mm，桩嵌入承台的长度不小 100mm。

（3）在 8、9 度地震区，钢管桩在桩顶 1m 且不小 45 倍纵向钢筋直径范围内用钢筋混凝土填实，纵筋的配筋率不小于 1%，而其锚固长度为 40 倍钢筋直径。

（4）在 8、9 度地震区，钢筋混凝土桩纵筋伸入承台的最小锚固长度为 $40d$（d 为纵筋直径）。

13.3.2　液化地基上的桩基

（1）存在液化土层的桩基，桩伸入非液化土中的长度（不包括桩尖部分），应按计算确定，且对于碎石土、砾砂、粗砂、中砂、坚硬黏性土和密实粉土还不应小于 0.5m；对于其他非岩石土，还不宜小于 1.5m。

（2）当承台底面标高上下为液化土层时，除丁类建筑外，7~9 度地区宜进行浅层地基抗液化处理，处理深度不宜浅于承台下 2m，处理宽度宜延伸至建筑物外缘桩基承台以外，不小于 6m。

（3）当不能进行地基处理时，承台应作为高承台桩基计算桩下端伸入液化深度下界以下稳定土层的深度不宜小于 $4/\alpha$。

13.3.3　基础系梁

（1）桩基承台在下列条件下应设置基础系梁：

①A 级桩基和有抗滑要求的桩基。

②严重不均匀地基上的 B~C 级桩基。

③软弱土或新近填土地基上的 B、C 级桩基。

④一般液化地基上的 B、C 级桩基，当 7~9 度承台底面上下有未经处理的液化土层时的 B~D 级桩基。

⑤一、二级框架柱的桩基。

（2）单层厂房除下列情况外，一般可仅沿纵向柱列设置（当纵向柱列设有基础梁时，可不再设基础系梁）：

①单桩承台以及单独承台底面上下有未经处理的液化上层时。

②采用单排桩的条形承台，以及条形承台底面上下有未经处理的液化土层时，此时可按横向基础系梁隔 2~3 个柱设置一道考虑。

（3）框架柱单独承台应在纵横两个方向设置基础系梁。

（4）基础系梁的设计应符合下列要求：

①混凝土强度等级、保护层厚度应与承台（基础）相同。

②截面高度不小于系梁净长的 1/30，且不小于 250mm；截面宽度不小于 200mm，且不小于界面高度 1/2。

③纵向钢筋配筋率不小于 1%，直径不小于 $\phi12$，箍筋直径不小于 $\phi6$，间距不大于 250mm。

④系梁纵向钢筋应穿过承台，或按受拉钢筋要求与承台伸出的钢筋接。

⑤同一方向的系梁宜位于同一标高，一般系梁底面与承台底面标高相同；当各承台埋置标高不同时，力求同一方向的系梁标高相同。

⑥系梁纵向钢筋的连接应经计算确定：

a. 一般按承受承台竖向压力设计值的 10%（8、9 度）、5%（6、7 度）的拉力和压力计算。

b. 当系梁位于框架基础顶面时，尚应考虑框架柱底传递的部分弯矩，适当增加配筋。

c. 当下柱支撑柱承台（基础）不能承受支撑传来的水平剪力，需将水平剪力传递给相邻桩基时，系梁承受的拉力合压力尚不应小于下柱支撑水平设计值的 1/4。

d. 当用基础梁代替系梁时，基础梁应用现浇或装配整体式接头。

13.4　桩基不验算范围

根据《桩基规范》第 3.1.3-6 条，对于抗震设防区的桩基，应进行抗震承载力验算（强制性规范条文）。第 3.1.7-2 条，计算荷载作用下的桩基沉降和水平位移时，应采用荷载效应准永久组合；计算水平地震作用、风载作用下的桩基水平位移时，应采用水平地震作用、风载效应标准组合。3.1.7-3 验算坡地、岸边建筑桩基的整体稳定性时，应采用荷载效应标准组合；抗震设防区，应采用地震作用效应和荷载效应的标准组合。3.1.7-6 对桩基结构进行抗震验算时，其承载力调整系数 γ_{RE} 应按现行国家标准《建筑抗震设计规范》（GB 50011）的规定采用。

上海《地基基础设计规范（DG J08—11—2010）》7.1.3 桩基设计采用以分项系数表达的极限状态设计表达式：

（1）桩基承载力验算：基本组合，但分项系数均为 1.0。

（2）承台内力配筋和桩身强度验算：基本组合，分项系数按规范取。

（3）桩基变形：正常使用状态下的准永久组合。

（4）裂缝验算：正常使用状态下的标准组合。

1. 基本组合

取最不利值：

（1）由可变荷载效应控制：

$$S = \gamma_G S_{Gk} + \gamma_{Q1} S_{Q1k} + \sum_{i=2}^{n} \gamma_{Qi} \psi_{ci} S_{Qik} \tag{13.4-1}$$

（2）由永久荷载效应控制：

$$S = \gamma_G S_{Gk} + \sum_{i=1}^{n} \gamma_{Qi} \psi_{ci} S_{Qik} \tag{13.4-2}$$

2. 标准组合

$$S = S_{Gk} + S_{Q1k} + \sum_{i=2}^{n} \psi_{ci} S_{Qik} \tag{13.4-3}$$

3. 准永久组合

$$S = S_{Gk} + \sum_{i=1}^{n} \psi_{qi} S_{Qik} \tag{13.4-4}$$

当分项系数取为 1.0 时，由可变荷载控制的基本组合其实就是标准组合。

承受竖向荷载为主的低承台桩基，当地面下无液化土层，且桩承台周围无淤泥、淤泥质土和地基承载力特征值不大于 100kPa 的填土时，当满足下列任何一款要求时，可不进行桩基竖向抗震承载力、桩基水平抗震承载力和桩身抗震承载力验算，但应满足本章的构造要求：

（1）6 度时不位于斜坡或地震时可能导致滑移、地裂的地段。

（2）7 度和 8 度且同时满足下列要求时：

①桩端和桩身周围无液化土层。

②桩承台周围无液化或软弱土层。

③建筑类型：

a. 多层砌体房屋、多层内框架砖房、底层框架砖房和水塔。

b. 柱顶标高不超过 15m 或吊车起重量不大于 75t 的单层厂房（无纵向基础系梁的柱间基除外）。

c.《规范》规定的可不进行上部结构抗震验算的建筑不位于斜坡或地震时可能导致滑移、地裂的地段。

13.5　非液化地基上桩基竖向抗震承载力的验算

13.5.1　验算公式

根据《桩基规范》5.1.2 对于主要承受竖向荷载的抗震设防区低承台桩基，在同时满足下列条件时，桩顶作用效应计算可不考虑地震作用；

（1）按国家标准《建筑抗震设计规范》（GB 50011—2010）规定可不进行桩基抗震承

载力验算的建筑物。

（2）建筑场地位于建筑抗震的有利地段。

（3）属于下列情况之一的桩基，计算各基桩的作用效应、桩身内力和位移时，宜考虑承台（包括地下墙体）与基桩协同工作和土的弹性抗力作用，其计算方法可按本规范附录C进行：

①位于8度和8度以上抗震设防区的建筑，当其桩基承台刚度较大或由于上部结构与承台协同作用能增强承台的刚度时。

②其他受较大水平力的桩基。

地震作用效应和荷载效应标准组合：

轴心竖向力作用下：$N_{Ek} = \frac{F+G}{n} \leqslant 1.25R$

偏心竖向力作用下，除满足上式外，尚应满足下式的要求：

$$N_{Ek\,max} = \frac{F+G}{n} \pm \frac{M_x y_{max}}{\sum y_i^2} \pm \frac{M_y x_{max}}{\sum x_i^2} \leqslant 1.5R \tag{13.5-1}$$

式中　N_{Ek}——地震作用效应和荷载效应标准组合下，基桩或复合基桩的平均竖向力（kN）；

$N_{Ek\,max}$——地震作用效应和荷载效应标准组合下，基桩或复合基桩的最大竖向力（kN）；

R——基桩或复合基桩竖向承载力特征值（kN）；

F——上部结构作用于桩顶的轴向力（kN）；

G——承台（基础）自重及其上的土重（kN）；

M_x、M_y——绕桩群重心x、y轴的力矩（kN·m）；

n——桩数；

x_{max}、y_{max}——各桩距y、x轴的最大距离（m）；

$\sum x_i^2$、$\sum y_i^2$——各桩距y、x轴距离的平方和（m^2）。

考虑承台效应的复合基桩竖向承载力特征值可按下列公式确定：

考虑地震作用时

$$R = R_a + \frac{\zeta_a}{1.25}\eta_c f_{ak} A_c \tag{13.5-2}$$

$$A_c = (A - nA_{ps})/n \tag{13.5-3}$$

式中　η_c——承台效应系数；

f_{ak}——承台下1/2承台宽度且不超过5m深度范围内各层土的地基承载力特征值按厚度加权的平均值（kPa）；

A_c——计算基桩所对应的承台底净面积（m^2）；

A_{ps}——桩身截面面积（m^2）；

A——承台计算域面积。对于柱下独立桩基，A为承台总面积；对于桩筏基础，A为柱、墙筏板的1/2跨距和悬臂边2.5倍筏板厚度所围成的面积；桩基中布置于单片墙下的桩筏基础，取墙两边各1/2跨距围成的面积，按条形承台计算η_c；

ζ_a——地基抗震承载力调整系数，应按现行国家标准《建筑抗震设计规范》（GB 50011—2010）采用。

根据上海市《地基基础设计规范》，承压桩竖向承载力验算：

轴心竖向力作用：$Q_d = \dfrac{F_d + G_d}{n} \leqslant R_d$　　(13.5-4)

偏心竖向力作用：$Q_{d\max} \leqslant 1.2R_d$　　(13.5-5)

$$Q_{di} = \frac{F_d + G_d}{n} \pm \frac{M_x y_{\max}}{\sum y_i^2} \pm \frac{M_y x_{\max}}{\sum x_i^2} \tag{13.5-6}$$

不同之处：①公式两边都是设计值（Q_d 虽然是基本组合，但是分项系数均为 1，相当于是标准组合。）②单桩竖向承载力设计值 $R_d = R_k/\gamma_k$，R_k：标准值，γ_k：分项系数，预制桩取 1.8，灌注桩取 1.9。相当于国标比上海规范保守。

13.5.2　单桩竖向（轴向）抗震承载力标准值 R_E 的确定

《建筑抗震设计规范》（GB 50011—2010）4.4.2 非液化土中低承台桩基单桩的竖向和水平向抗震承载力特征值，可均比非抗震设计时提高 25%。

1. 《桩基规范》

5.2.2　单桩竖向承载力特征值应按下式确定：

$$R_a = \frac{1}{K} Q_{uk} \tag{13.5-7}$$

通常，安全系数 K 取 2.0。（《港口工程技术规范》总安全系数取值：根据经验参数法确定取 2.0；根据载荷试验法确定：1.7~2.0。）

5.3.1　设计采用的单桩竖向极限承载力标准值应符合下列规定：

1）设计等级为甲级的建筑桩基，应通过单桩静载试验确定；

2）设计等级为乙级的建筑桩基，当地质条件简单时，可参照地质条件相同的试桩资料，结合静力触探等原位测试和经验参数综合确定；其余均应通过单桩静载试验确定；

3）设计等级为丙级的建筑桩基，可根据原位测试和经验参数确定。

2. 上海《地基规范》

7.2.3　单桩竖向承载力设计值宜采用静荷载试验按下式确定：

$$R_d = \frac{R_k}{\gamma_R} \tag{13.5-8}$$

分项系数：预制桩取 1.8，灌注桩取 1.9。（Eurocode7 分项系数取值：根据经验方法确定：2.0；根据载荷试验确定：1.6；对于作载荷试验的桩：1.4。）

7.2.4　当没有静载荷试验时，可由下式估算：

$$R_d = \frac{R_{sk}}{\gamma_s} + \frac{R_{pk}}{\gamma_p} \tag{13.5-9}$$

桩侧摩阻力和桩端阻力分项系数按端阻比确定：

$$\rho_d = \frac{R_{pk}}{R_{pk} + R_{sk}} \tag{13.5-10}$$

表 13.5－1　分项系数 γ_s、γ_p

ρ_p	0.05	0.10	0.15	0.20	0.25	0.30	0.35
γ_p	1.08	1.20	1.37	1.61	1.93	2.34	2.83
γ_s	2.09	2.16	2.18	2.13	2.03	1.88	1.73

3.《构筑物抗震设计规范》

4.5.2　非液化土中低承台桩基的抗震验算：

按计算确定单桩竖向承载力设计值时，桩周摩擦力标准值可提高 25%，端承力标准值可提高 40%。

按荷载试验确定标准值时，单桩竖向承载力可提高 40%。

（1）当按土静承载力计算公式确定时，桩端承载力可提高 40%，桩周摩擦力可提高 25%；

（2）当按单桩竖向静载荷试验确定时，可取安全系数 1.5；

（3）当钢筋混凝土桩按桩身轴压承载力确定时，可取承载力抗震调整系数 $\gamma_{RE}=0.8$，稳定系数 $\varphi\approx1.0$。

13.5.3　摩擦群桩竖向抗震承载力的验算

（1）将群桩视作一假想实体基础，支承在桩端土层上，验算桩端土层及其软弱下卧层的天然地基抗震承载力。计算方法与静载时的桩基验算相同。

（2）假想实体基础的底面积按外排桩外缘尺寸确定，即不考虑沿桩身的扩散。

桩端土及其软弱下卧上层的抗震承载力采用调整后的天然地基抗震承载力设计值，验算方法同天然地基。

注：摩擦群桩指桩的中心距小于 6 倍桩径，且桩数不少于 9 根的摩擦桩基，除按单桩验算抗震承载力外，尚应按群桩验算抗震承载力。

根据《美国加州抗震规范》：

$$V_o^{col}-\sum V_{(i)}^{pile}-R_s=0 \tag{13.5-11}$$

$$M_o^{col}-V_o^{col}\times D_{ftg}+\sum M_{(i)}^{pile}-R_s\times(D_{ftg}-D_{R_s})-\sum(C_{(i)}^{pile}\times c_{(i)})-\sum(T_{(i)}^{pile}\times c_{(i)})=0 \tag{13.5-12}$$

$c(i)$——第 i 根桩在 X 方向或 Y 方向上到群桩重心的距离（m）；

$C_{(i)}^{pile}$——第 i 根桩的轴向压缩要求（kN）；

D_{ftg}——基础的深度（m）；

D_{R_s}——从地基顶部开始计算土体阻力合成深度（m）；

$M_{(i)}^{pile}$——第 i 根桩产生的力矩要求（kN·m），如果桩嵌入到基础里则力矩为 0；

R_s——底部基础底部计算所得土体合成阻力（kN）；

$T_{(i)}^{pile}$——第 i 根桩的轴向拉力要求（kN）；

$V_{(i)}^{pile}$——第 i 根桩的抗剪切强度（kN）。

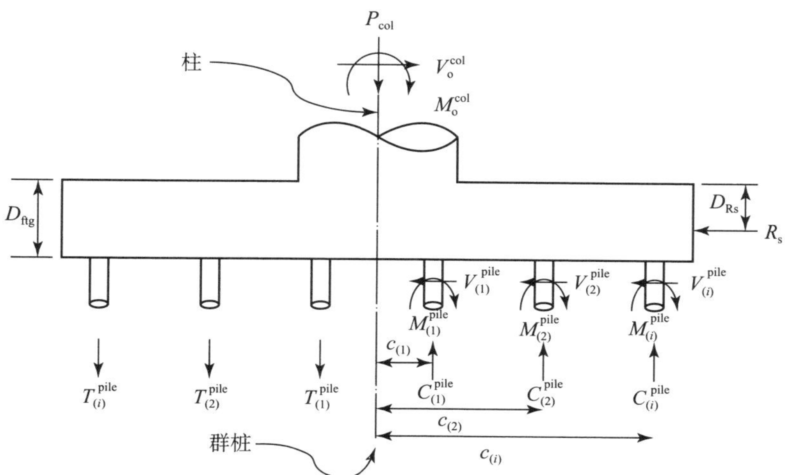

图 13.5－1　仅右侧区域桩体剪力与力矩，左侧区域相似的基础重量与土体上覆重量没有展示

简化模型：

$$\left.\begin{matrix} C_{(i)}^{pile} \\ T_{(i)}^{pile} \end{matrix}\right\} = \frac{P_c}{N} \pm \frac{M_{P(y)}^{col} \times c_{x(i)}}{I_{p\cdot g(y)}} \pm \frac{M_{P(x)}^{col} \times c_{y(i)}}{I_{p\cdot g(x)}} \tag{13.5－13}$$

$$I_{p\cdot g(y)} = \sum n \times c_{y(i)}^2 \qquad I_{p\cdot g(x)} = \sum n \times c_{x(i)}^2 \tag{13.5－14}$$

$I_{p\cdot g}$——群桩惯性矩（m^2）；

$M_{p(y),(x)}^{col}$——绕桩体 X 或 Y 方向的塑性弯矩分量（kN · m）；

N_p——群桩中桩体的总量；

n——距离群桩中心 $c(i)$ 距离处的桩体总数；

P_c——包括桩体轴向荷载（静载+等效荷载）、基地重量和上覆土体重量在内的群桩总轴向荷载（kN）。

所有的基础/桩体的弯矩应按比例计算，使主应力满足以下标准：

主压应力：

$$P_c \leqslant 0.25 \times f_c' \tag{13.5－15}$$

主拉应力：

$$P_t \leqslant \begin{cases} 12 \times \sqrt{f_c'} & (\text{psi}) \\ 1.0 \times \sqrt{f_c'} & (\text{MPa}) \end{cases} \tag{13.5－16}$$

$$P_t = \frac{f_v}{2} - \sqrt{\left(\frac{f_v}{2}\right)^2 + \nu_{jv}^2} \tag{13.5－17}$$

$$P_c = \frac{f_v}{2} + \sqrt{\left(\frac{f_v}{2}\right)^2 + \nu_{jv}^2} \tag{13.5－18}$$

$$\nu_{jv} = \frac{T_{jv}}{B_{eff}^{ftg} + D_{ftg}} \tag{13.5－19}$$

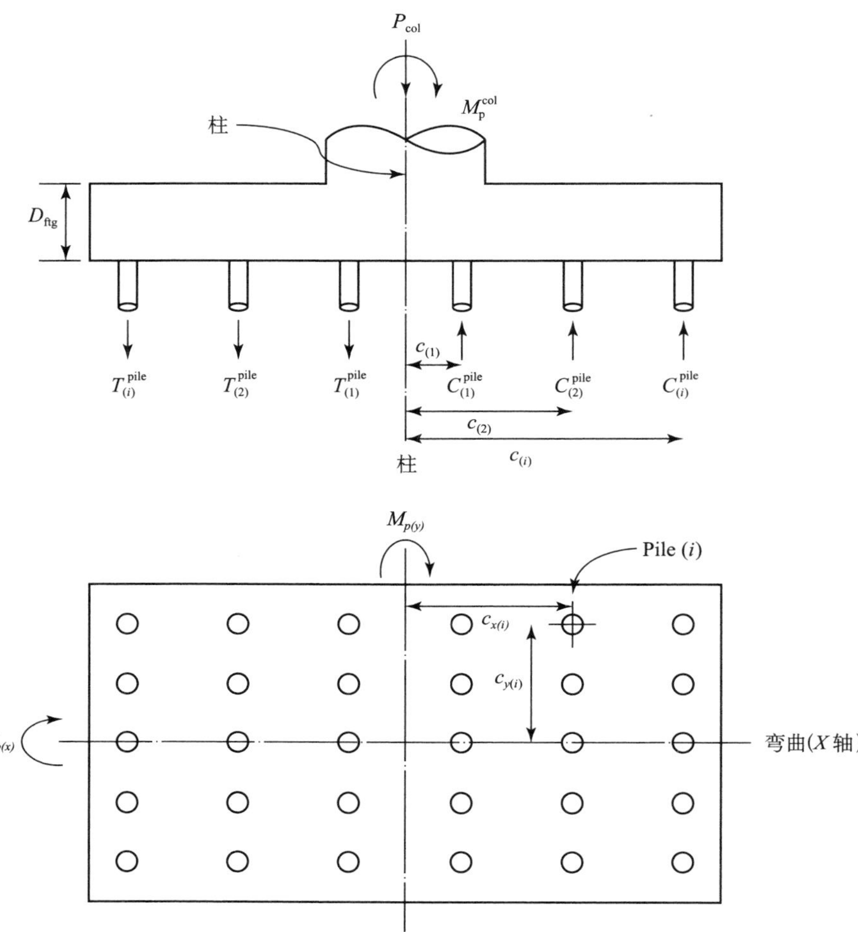

图 13.5-2　土中桩基础简化模型

$$T_{jv} = T_c - \sum T_{(i)}^{pile} \tag{13.5-20}$$

T_c——与初始力矩 M_o^{col} 相关的桩体拉力（kN）；

$\sum T_{(i)}^{pile}$——所有拉伸桩的拉力总和（kN）；

$$B_{eff}^{ftg} = \begin{cases} \sqrt{2D_c} & \text{圆形桩} \\ B_c + D_c & \text{方形桩} \end{cases} \tag{13.5-21}$$

$$f_v = \frac{P_{col}}{A_{jh}^{ftg}} \tag{13.5-22}$$

P_{col}——包括倾覆在内的桩体轴向压力（kN）；

$$A_{jh}^{ftg}=\begin{cases}(D_c+D_{ftg})^2 & \text{圆形柱}\\ \left(D_c+\dfrac{D_{ftg}}{2}\right)\times\left(D_c+\dfrac{D_{ftg}}{2}\right) & \text{方形柱}\end{cases} \tag{13.5-23}$$

A_{jh}^{ftg}——基础中部有效水平截面积（m^2），假定从桩边界向各个方向延伸 45°。

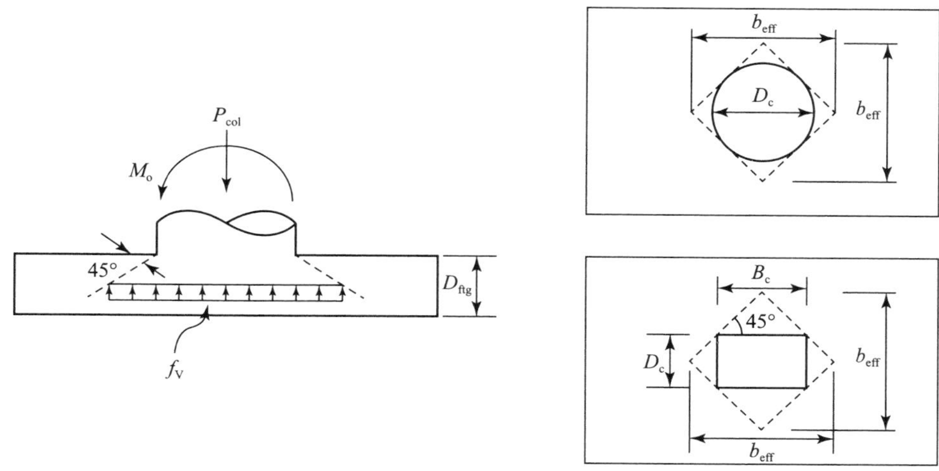

图 13.5－3 节点应力计算中的有效节点宽度

根据《Eurocode 1997－1:2004》

竖向受压：$F_{c;d}\leqslant R_{c;d}$ 竖向受拉：$F_{t;d}\leqslant R_{t;d}$

R_c、d 的确定方法：

（1）静载试验（static load tests）

$$R_{c;k}=\text{Min}\left\{\frac{(R_{c;m})_{mean}}{\xi_1};\ \frac{(R_{c;m})_{min}}{\xi_2}\right\} \tag{13.5-24}$$

表 13.5－2 从桩基静载试验中得出特征值的相关系数（*n* 为测试桩的数量）

不同 n 值时的 ξ	1	2	3	4	≥5
ξ_1	1.40	1.30	1.20	1.10	1.00
ξ_2	1.40	1.20	1.05	1.00	1.00

特征值（the characteristic compressive resistance）与设计值（the design resistance）：

$$R_{c;d}=\frac{R_{c;k}}{\gamma_t}\quad \text{或者}\quad R_{c;d}=\frac{R_{b;k}}{\gamma_b}+\frac{R_{s;k}}{\gamma_s} \tag{13.5-25}$$

（b：桩端阻力；s：桩侧阻力）

（2）地基土工试验（ground test results）

$$R_{b;d}=R_{b;d}+R_{s;d}=\frac{R_{b;k}}{\gamma_b}+\frac{R_{s;k}}{\gamma_s}, \tag{13.5-26}$$

标准值：

$$R_{b;k} = A_b \cdot q_{b;k}; \quad R_{s;k} = \sum_i A_{s;i} \cdot q_{s;i;k} \tag{13.5-27}$$

动测（dynamic impact tests）

（3）经验公式（applying pile driving formulae）

（4）波动方程分析（wave equation analysis）

分项系数（partial resistance factors）：

表 13.5-3　分项系数表

			①	②	③	④
打入桩（driven piles）	桩端阻力（base）	γ_b	1.0	1.1	1.0	1.3
	桩侧受压阻力（shaft in compression）	γ_s	1.0	1.1	1.0	1.3
	综合受压阻力（Total/combined compression）	γ_t	1.0	1.1	1.0	1.3
	桩侧受拉阻力（Shaft in tension）	$\gamma_{s;t}$	1.25	1.15	1.1	1.6
钻孔灌注桩（bored piles）	桩端阻力（base）	γ_b	1.25	1.1	1.0	1.6
	桩侧受压阻力（shaft in compression）	γ_s	1.0	1.1	1.0	1.3
	综合受压阻力（Total/combined compression）	γ_t	1.15	1.1	1.0	1.5
	桩侧受拉阻力（Shaft in tension）	$\gamma_{s;t}$	1.25	1.15	1.1	1.6
旋压桩（continuous flight auger）	桩端阻力（base）	γ_b	1.1	1.1	1.0	1.45
	桩侧受压阻力（shaft in compression）	γ_s	1.0	1.1	1.0	1.3
	综合受压阻力（Total/combined compression）	γ_t	1.1	1.1	1.0	1.4
	桩侧受拉阻力（Shaft in tension）	$\gamma_{s;t}$	1.25	1.15	1.1	1.6

四种极限状态：①计算设计（geotechnical design by calculation）；②构造设计（design by prescriptive measures）；③载荷及模型试验（load tests and tests on experimental models）；④观察方法（observational method）

13.6　非液化地基上桩基水平抗震承载力的验算

《建筑抗震设计规范》（GB 50011—2001）规定，对于承受竖向荷载为主的低承台桩基，当地面下无液化土层，且桩承台周围无淤泥、淤泥质土和地基承载力特征值不大于 100kPa 的填土时，不超过 8 层且高度在 25m 以下的一般民用框架房屋，可以不进行桩基抗震承载力验算。《建筑抗震设计规范》（GB 50011—2010）做出了更为严格的规定，将“不超过 8

层且高度在 25m 以下”修改为“不超过 8 层且高度在 24m 以下”（参考《建筑抗震设计规范》（GB 50011—2010）第 4.4.1 条）。同时，新规范还规定基础荷载与“不超过 8 层且高度在 24m 以下的一般民用框架房屋”相当的多层混凝土抗震房屋之桩基，也可以不做抗震承载力验算。

（1）可考虑承台（箱基、地下室）正侧面的土抗力。

（2）一般不考虑承台底面和旁侧面与土的摩擦力。

（3）桩的水平抗力计算方法

水平荷载作用下，桩、土之间发生复杂的相互作用，桩周土的侧向抗力 p 和桩侧位移 y 是水平受荷桩基设计的两个重要参数。桩侧土抗力沿桩身的通用表达式可以写成如下格式：

$$p(Z,\ y) = kZ^i y^n \tag{13.6-1}$$

式中　k——水平地基抗力系数；

Z——埋深（m）。

根据 i、n 值的取值不同，目前主要桩基水平承载力计算分为四类：①极限平衡法；②弹性地基反力法；③p-y 曲线法；④有限元法。其中极限平衡法中桩的横向抗力是在极限状态下的静力平衡确定的，没有考虑地基变形，因此一般不适用于有变形的一般桩基结构。下面主要介绍弹性地基反力法和 p-y 曲线法。

13.6.1 弹性地基反力法

弹性地基反力法，是指将桩作为竖放在弹性地基上的梁按文克勒假设进行求解。①假定水平地基系数沿深度为常数，这就是通常的常数法（张有龄法），日本、美国及我国台湾地区应用广泛。②假定地面处水平地基系数为零，沿深度逐渐增大，到桩身第一弹性零点处增大到 K，再往下则为常数，这就是曾经常用的 K 法。③假定地面处的水平地基系数为零，之后沿土层深度的增加而线性增加，这是 m 法，在我国、美国应用较广。④日本学者根据大规模的试验分析，假定水平地基系数随深度的 0.5 次幂（呈凸抛物线形）增加，该方法被称为港研法，其特点是与土质相对应的地基常数是通过试验确定的。

（1）目前《建筑桩基技术规范》（JGJ 94—2008）规定，桩基水平承载力按 m 法计算，地基土水平抗震抗力系数的比例系数 m_E 可较静力值提高 25%；当为多层土时，应取主要影响深度 $h_m = 2(d+1)$ （d 为桩身直径或边长，以 m 为单位）范围内的加权平均值作为计算值。

（2）桩身变形系数 α 的计算：

$$\alpha = \sqrt[5]{\frac{m_E b_0}{EI}} \tag{13.6-2}$$

式中　α——桩身变形系数（m^{-1}）；

m_E——地基水平抗震抗力的比例系数（kN/m^4），$m_E = 1.25m$，m 宜按单桩水平静荷载试验确定，当无数据时，可参考有关静力资料采用；

b_0——桩身的计算宽度（m）：

对圆形截面：当 $d \leqslant 1m$ 时，$b_0 = 0.9\ (1.5d + 0.5)$　　(13.6-3)

当 $d>1m$ 时，$b_0=0.9\ (d+1)$　　(13.6-4)

d 为圆桩直径

对方形截面：当 $b\leqslant 1m$ 时，$b_0=1.5b+0.5$　　(13.6-5)

当 $b>1m$ 时，$b_0=b+1$　　(13.6-6)

b 为方桩边长

E——桩身材料弹性模量（kN/m^2），当为钢筋混凝土桩时，可取 $E=0.85E_c$，E_c 为混凝土弹性模量；

I——桩身截面惯性矩（m^4）。

（3）桩身所受水平力的分配：

①桩身所受的总水平力 H 可按下二式之大者确定：

$$H = F_E - E_P \tag{13.6-7}$$

式中　H——桩身所受的总水平力设计值（kN）；

F_E——承台所受的总水平地震作用设计值（kN）；

E_P——承台（含箱基，地下室）正侧面的水平抗力（kN），一般取被动土压力的1/3。

$$H = F_E \frac{0.2\sqrt{h_b}}{\sqrt[4]{d_f}} \tag{13.6-8}$$

式中　H——桩承担总水平力（kN），当 $H<0.3F_E$ 时取 $0.3F_E$，当 $H>0.9F_E$ 时取 $0.9F_E$；

h_b——建筑物地上部分高度（m）；

d_f——基础埋深（m）。

以上考虑地震水平力的前方土有被动土压力，侧面外墙上的土摩擦力及桩本身的水平抗力的能力等三部分的水平抗力，并假设建筑物的水平位移超出10mm时侧墙的摩阻力不再增长的条件下，对一系列建筑物进行试算后，得出的经验公式，在日本应用此式较多。试算中所采用的结构型式为带地下室的平面为的塔楼，14m×14m及14m×28m的塔楼，最高层数为10层。

②单桩所受水平力，按同一承台各桩桩顶水平位移相等的条件进行分配：

a. 当各桩桩径（边长）相同时，由各桩平均承受，即

$$H_P = H/n \tag{13.6-9}$$

式中　H_p——单桩桩顶承受的水平力设计值（kN）；

n——同一承台的桩数。

b. 当各桩桩径（边长）不同时，取

$$H_{Pi} = \frac{E_i I_i}{\sum E_i I_i} H \tag{13.6-10}$$

式中　H_{Pi}——第 i 根桩承受的水平力设计值（kN）；

$E_i I_i$——第 i 根桩桩身截面刚度（kN/m^2）；

$\sum E_i I_i$——各根桩桩身截面刚度之和（kN/m^2）。

c. 桩身不同深度所受的水平剪力：

$$V = H_P \beta_v \tag{13.6-11}$$

式中　V——桩所受的水平剪力设计值（kN）；

H_P——单桩桩顶承受的水平力设计值（kN）；

β_v——剪力系数，与桩顶以下的深度 Z 有关，见表 13.6－1。

d. 不同深度的桩身弯矩：

$$M = \frac{H_P}{\alpha}\beta_m \tag{13.6-12}$$

式中　V——z 深度处的桩身弯矩值（kN · m）；

β_m——弯矩系数，与 Z 值有关，见表 13.6－1。

表 13.6－1　桩身内力系数值（根据“冶金建筑抗震设计规范 1997”）

$Z=\alpha h$	0.0	0.1	0.2	0.3	0.4	0.5	0.6
剪力系数 β_v	1.000	0.9953	0.9815	0.9589	0.9280	0.8896	0.8445
弯矩系数 β_m	−0.9280	−0.8282	−0.7293	−0.6322	−0.5378	−0.4468	−0.3601
$Z=\alpha h$	0.7	0.8	0.9	1.0	1.2	1.4	1.6
剪力系数 β_v	0.7938	0.7383	0.6791	0.6173	0.4896	0.3628	0.2432
弯矩系数 β_m	−0.2781	−0.2015	−0.1306	−0.0658	−0.0450	0.1301	0.1906
$Z=\alpha h$	1.8	2.0	2.4	2.6	3.0	3.5	4.0
剪力系数 β_v	0.1358	0.0440	−0.0863	−0.1245	−0.1528	−0.1169	0.0386
弯矩系数 β_m	0.2282	0.2459	0.2350	0.2136	0.1562	0.0859	0.0477

e. 钢筋混凝土桩应按偏压构建验算桩身承载力：

a）正截面。

轴向力 N 取 N_{EMIN}或 N_{EMAX}，桩顶弯矩 $M=M_0$，偏心距增大系数 $\eta \approx 1.0$，承载力抗震调整系数 $\gamma_{RE}=0.80$。

b）斜截面。

剪力 $V=H_P$，轴向力 $N=N_{Emin}$，$\gamma_{RE}=0.85$。

13.6.2　*p-y* 曲线法

p-y 曲线法的基本思想是沿桩深度方向将桩周土应力应变关系用一组曲线来表示，即 p-y曲线。在某深度 z 处，桩的横向位移 y 与单位桩长土反力合力 p 之间存在一定的对应关系。

美国石油协会制定的“固定式海上平台设计施工技术规范”API-RP2A-WSD 规范建议 p-y 曲线法，该方法是基于 Reese 和 Matlock 在砂土和黏土中进行的桩基础的现场试验提出的。

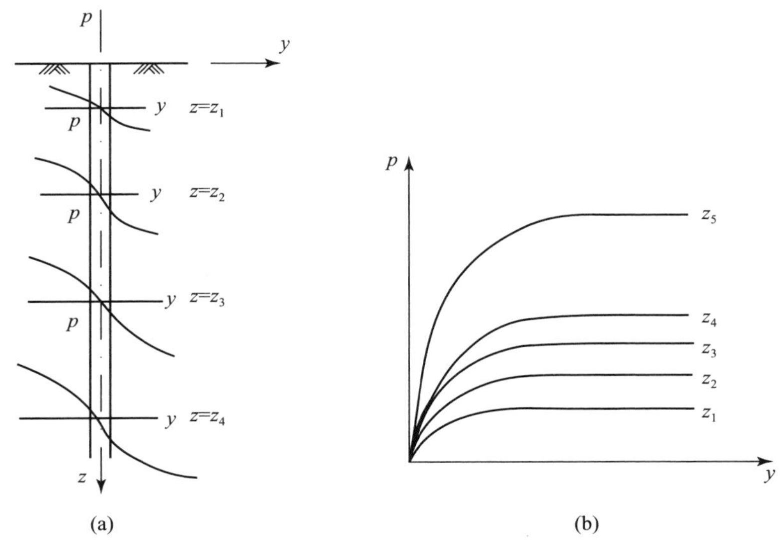

图 13.6－1　p-y 曲线

1. 软黏土中 p-y 曲线形式

软黏土极限强度 p_u 按照下式取值。

当 $0<X<X_R$ 时，$p_u=3c+\gamma X+J\dfrac{cX}{D}$　　(13.6－13)

当 $X\geqslant X_R$ 时，$p_u=9c$　　(13.6－14)

$$X_R=\frac{6D}{\dfrac{\gamma D}{c}+J}\tag{13.6－15}$$

式中　c——原状软黏土不排水抗剪强度（kPa）；

D——桩径（mm）；

γ——土体有效重度（MN/m^3）；

J——试验常数，约为 0.25~0.5；

X——深度（m）。

规范建议，长期静力荷载作用下，p-y 曲线形式按照表 13.6－2 确定，

表 13.6－2　静力荷载下 p-y 曲线

p/p_u	y/y_c
0.00	0.0
0.50	1.0
0.72	3.0
1.00	8.0
1.00	∞

循环荷载作用下，$p-y$ 曲线形式按照下表确定，

表 13.6-3　动力荷载下 $p-y$ 曲线（$X>X_R$）

p/p_u	y/y_c
0.00	0.0
0.50	1.0
0.72	3.0
0.72	∞

表 13.6-4　动力荷载下 $p-y$ 曲线（$X<X_R$）

p/p_u	y/y_c
0.00	0.0
0.50	1.0
0.72	<3.0
$0.72X/X_R$	15.0
$0.72X/X_R$	∞

其中 p、y 是实际侧向抗力及变形，

$y_c=2.5\varepsilon_c D$（mm）

2. 砂土中 $p-y$ 曲线形式

砂土极限强度 p_u 按照下式取值。

$$p_{us}=(C_1\times H+C_2\times D)\times\gamma\times H \tag{13.6-16}$$

$$p_{ud}=C_3\times D\times\gamma\times H \tag{13.6-17}$$

式中　p_u——土极限抗力（kPa）；

γ——土体有效重度（MN/m^3）；

H——深度（m）；

φ'——砂土内摩擦角（°）；

C_1、C_2、C_3——根据内摩擦角确定的系数；

D——从表面至计算深度处的平均桩径（mm）。

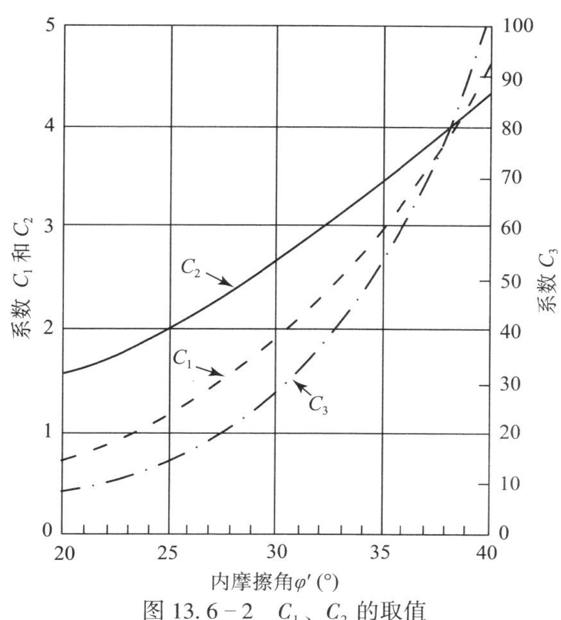

图 13.6-2　C_1、C_2 的取值

《规范》建议，砂土 $p-y$ 曲线按照下式计算，

$$p = A \times p_{u} \times \tanh\left[\frac{k \times H}{A \times p_{u}} \times y\right] \qquad (13.6-18)$$

式中　Y——水平变形（m）；

H——深度（m）；

对于循环荷载，$A=0.9$，对于静力荷载，$A=(3.0-0.8H/D)>0.9$；

k——初始土反力系数（kN/m^3），根据内摩擦角按图 13.6-3 取值。

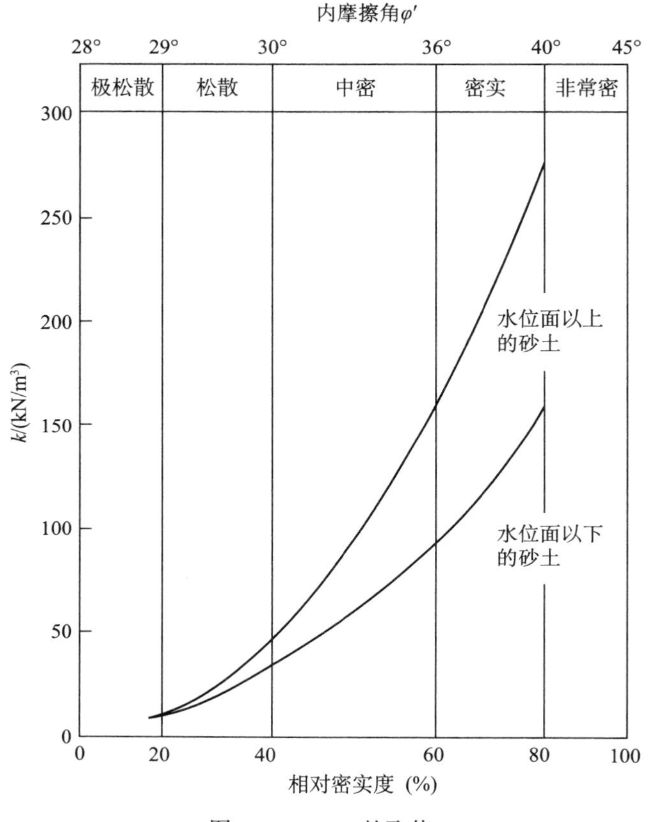

图 13.6-3　k 的取值

API 规范给出了砂土在动力荷载下的降低系数，标明了周期性水平荷载下承载力变化的灵敏度。但是 API 推荐方法主要针对风和波浪荷载的周期性作用，没有明确给出如何计算地震荷载作用下的折减系数。

韩理安根据现场试桩提出了构造 $p-y$ 曲线法的简化方法 NL 法，已被纳入《港口工程装机规范》，给出了静力下的 $p-y$ 曲线计算方法，对于需要考虑波浪等往复荷载的情况，建议 $p-y$ 曲线另外确定。

13.7　液化地基上的桩基

13.7.1　液化场地桩基承载力的计算

目前，考虑液化后土层对桩基础承载力影响的方法主要有以下几种。

1. 折减系数法

折减系数法是评价液化土层中桩基水平承载力性能的一种简化方法，也是桩基抗震设计的常用方法。

最初，国内外在评价液化土中桩基的承载特性时，将液化土层中桩的水平承载力取为零。我国《工业与民用建筑灌注桩设计与施工规范》（JGJ 4—80）规定：当液化土层为地表土层时，桩基变成高桩承台；当液化层为中间层时，如果按照 m 法计算桩基的水平承载力，首先将液化土层的 m 值取零，然后按照其他非液化土层的 m 加权平均值计算桩身应力。按照这种传统的设计方法，当液化土层为地表土层且液化层较厚时，桩基按高桩承台设计，在水平荷载作用下，桩身弯矩沿液化土层深度线性增加，液化层越厚，桩身弯矩增加越大，会造成桩基配筋量很高，设计与造价两方面都很困难。显然，用无强度法分析液化土层中桩基的水平承载力是很保守的，会造成一定的浪费，因为即使土层发生液化，依然具有一定的残余强度，其大小与土层初始相对密实度有关。

20 世纪 80 年代初，日本土力学与基础工程学会编制的《基础桩的调查 · 设计与施工》中，规定对液化土层的抗力按土层深度和液化安全系数进行折减。但是此法对液化土层的承载力不是一概取零，而是视液化土层深度及安全性的不同。在桩的水平抗震验算中将原状土的变形模量 E 乘以不大于 1 的折减系数 D_E，作为验算中土的变形模量，如表 13.7－1。其中 F_L 是液化抵抗系数，为动剪切强度比与地震剪应力比的比值。液化土层中极限侧阻力折减系数如表 13.7－2 所示。

表 13.7－1　液化土层变形模量折减系数

液化抵抗系数 F_L	由地面算起的深度 x/m	折减系数 D_E
$F_L \leqslant 0.6$	$0 \leqslant x \leqslant 10$	0
	$10 \leqslant x \leqslant 20$	1/3
$0.6 < F_L \leqslant 0.8$	$0 \leqslant x \leqslant 10$	1/3
	$10 \leqslant x \leqslant 20$	2/3
$0.8 < F_L \leqslant 1.0$	$0 \leqslant x \leqslant 10$	2/3
	$10 \leqslant x \leqslant 20$	1

表 13.7－2　液化土层桩极限阻力折减系数

$\lambda_N = N_{63.5}/N_{cr}$	液化土层深度 d/m	φ_L
$\lambda_N \leqslant 0.6$	$d \leqslant 10$	0
	$d > 10$	1/3
$0.6 < \lambda_N \leqslant 0.8$	$d \leqslant 10$	1/3
	$d > 10$	2/3
$0.6 < \lambda_N \leqslant 1.0$	$d \leqslant 10$	2/3
	$d > 10$	1.0

此方法之后逐渐被我国采用，《铁路工程抗震设计规范》（GB 50111—2006）及《建筑抗震设计规范》（GB 50011—2010）中折减系数均采用此法。

2. 综合法

《构筑物抗震设计规范》（GB 50191—2012）和《建筑抗震设计规范》（GB 50011—2010）合理地考虑了存在液化土层的低承台桩基的承载能力，提出采用二阶段设计方法。该法根据液化土层是否分担承载力分两种情形考虑，并取其中不利者作为桩基设计的依据，并且在桩的水平和竖向承载力计算中均考虑了液化影响折减系数，如表 13.7－3。其基本思路是：

（1）桩承受全部地震作用，桩周摩阻力和水平抗力均乘以不大于 1 的折减系数。因为地面最大加速度时候土尚未全部液化，只是刚度下降了，所以对液化土体刚度做一定的折减。

（2）假定液化层全部液化，但仍有较小水平地震作用于桩基，桩的水平承载力特征值可提高 25%。考虑到液化土层全部液化后的较低水平地震作用（按水平地震作用影响系数最大值的 10%取值），验算原则在前一种情况的基础上，还应按静力荷载组合校核桩身的强度与承载力。这是因为液化土中超静孔隙水压力的消散需要很长时间，往往在震后出现喷砂冒水，此时桩身摩擦力大大减小，会出现竖向承载力不足。

表 13.7－3　液化土层桩承载力折减系数

λ＝实际 N 值/临界 N 值	计算深度/m	折减系数 K
$\lambda \leqslant 0.6$	$0 \leqslant X \leqslant 10$	0
	$10 \leqslant X \leqslant 20$	1/3
$0.6 < \lambda \leqslant 0.8$	$0 \leqslant X \leqslant 10$	1/3
	$10 \leqslant X \leqslant 20$	2/3
$0.8 < \lambda \leqslant 1.0$	$0 \leqslant X \leqslant 10$	2/3
	$10 \leqslant X \leqslant 20$	1

3. $p-y$ 曲线折减法

许多学者通过考虑土层相对密实度的角度考虑 $p-y$ 曲线中抗力 p 的折减系数。

1995 年，Dobry 等进行了相对密实度 60%砂土动力离心模型试验，发现当土层液化时，土强度降低了大约 90%，因此认为在桩基设计时，可以将 p 的折减系数取为 0.1。

1997 年，Abdoun 进行了相对密实度 40%砂土动力离心模型试验，通过 0.1 的折减系数模拟桩身弯矩，发现能很好地模拟试验结果。

1998 年，Wilson 等在加州大学戴维斯分校对不同密实度的砂土进行了一系列桩土相互作用动力离心模型试验，通过与 API 规范（1993）推荐的砂土静力 $p-y$ 曲线进行比较，认为对于 $D_r=55\%$ 的砂土，p 的折减系数取 0.25～0.35；对于 $D_r=35\%$ 的砂土，折减系数取 0.1～0.2。

1999 年和 2004 年，石松孝次在大比例尺模型中进行了液化土层的桩基水平承载力试验研究，认为土反力的折减系数取 0.05～0.2 时，由 $p-y$ 曲线反分析得到的桩身变形与试验救过接近。

到目前为止，如何定量确定液化土层中桩土相互作用的 $p-y$ 关系仍缺乏系统的研究成果。

13.7.2　国内液化场地桩基计算方法

液化地基上的桩基抗震验算方法因桩与液化土的情况不同而异，一般分为下列几种情况：桩数多而密；承台旁有非液化层；桩处于液化侧扩区域内等。

1. 多桩基础的验算方法

对水塔、烟囱、筏板基础下的桩基等多桩基础，若桩数超过 5×5，平均桩矩≤4 倍桩径，桩为挤土桩，则可考虑桩的挤土效应与遮拦效应将桩间土视为不液化的，不进行单桩承载力的折减，将桩基视作面积等于桩分布面积的实体墩基础验算，其理由为：

（1）挤土效应在砂土与粉土中非常明显。在桩数多而密时往往即使将桩打断也打不下去。在打桩的振动作用下，粉土、砂土打桩后地面甚至比打桩前低数十厘米，因而桩间土可因挤土（包括振动）效应而变成非液化土。

（2）桩的遮拦效应：因为桩的刚度大，数量又较多，因而妨碍地震时液化土的剪切变形（土液化时的剪应变达到 1%～2%），而刚性桩的剪应变只有它的千分之几。

（3）桩传至桩间土上的附加应力加强了桩间土的抗液化能力。

上述（2）与（3）目前只是定性地分析，尚无定量的评估方法，但它们的有利作用可以由一些实验与文献中得到肯定。

多桩基础的验算步骤：

（1）根据静载设计通过后的桩的数量及置换率，查图 13.7－1 得打桩后桩间土的标贯值 N_1（《规范》中公式（4.4.3）即由此图中曲线归纳而得）。

（2）根据 N_1 及结构的设防烈度，考查 N_1 是否满足不液化的要求，应有

$$N_1 \geqslant N_{cr} \qquad (13.7-1)$$

式中　N_{cr}——按《规范》确定的抗液化临界标贯击数值。

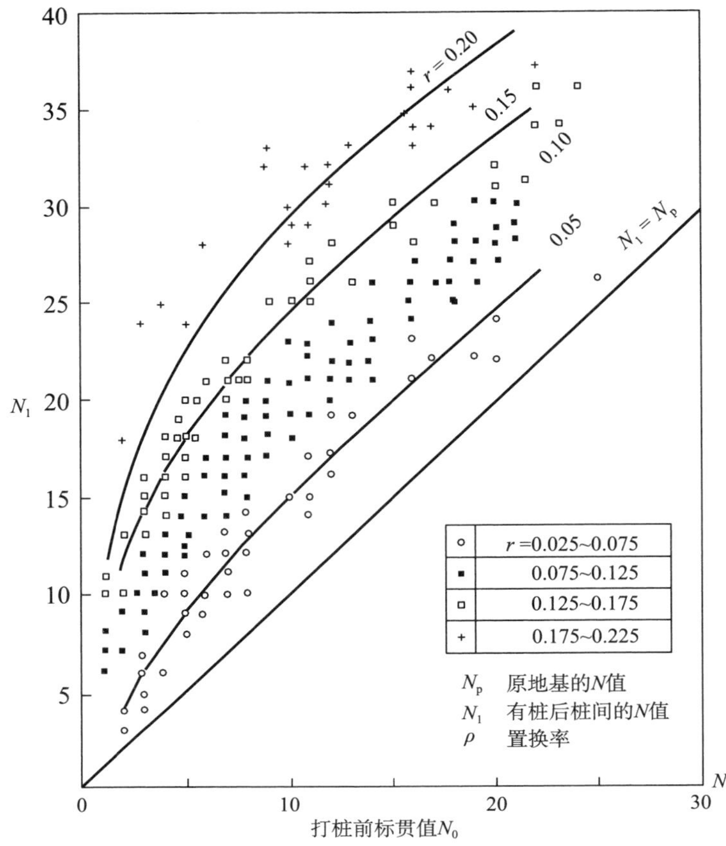

图 13.7－1　打桩前标贯实测值的变化（砂土，日本经验）

若 N_1 小于 N_{cr}甚多，则应加桩或以碎石桩等方法加密桩间土至满足上式要求。在此需强调说明，在软土中或液化土中打桩前或打桩后，加密桩间土以提高桩周摩阻力现已受到越来越多的重视。已证明常常为经济上合算，技术上合理的办法，不论在平时或在地震时都可从这种对地基的双重处理中得到好处，而加密土的费用可从桩数减少中得到补偿。

（3）对单桩承载力不作任何折减，按非液化地基上的桩基那样，校核单桩的竖向与水平向承载力与桩身强度。

（4）将桩基视作墩基，墩的平面尺寸为桩平面的包络线，按地基规范校核下卧层地基的强度。

（5）打桩完毕后，设计者应要求做桩间土的密度测定，以证实土的标贯值或静探值已达到不液化的要求，如不满足则应采取相应对策。

2. 折减系数法验算液化土中桩基

当桩基不满足上述多桩基础的要求，但桩承台底面上、下分别有厚度不小于 1.5m 和 1.0m 的非液化土或非软弱土时可按下列两种情况分别进行桩基的抗震验算：

（1）全部地震作用验算：单桩承载力可按 13.7.1 节中的规定比静载时提高 25%，但液化土层的桩周摩擦力及水平抗力均宜乘以液化影响折减系数 ψ_i，其值见表 13.7－4。ψ_i 值随液化层层位的深度增大而减小，反映出层位越深则危险性越小的现象。反之，越小，表示土抗液化强度越低，危险性越大，因而 ψ_i 值就越小。

表 13.7－4 桩承载力液化折减系数

实际标准贯入锤击数/临界标准贯入锤击数	深度的 d_s/m	折减系数 ψ_i
≤0.6	$d_s \leq 10$	0
	$10 \leq d_s \leq 20$	1/3
>0.6～0.8	$d_s \leq 10$	1/3
	$10 \leq d_s \leq 20$	2/3
>0.8～1.0	$d_s \leq 10$	2/3
	$10 \leq d_s \leq 20$	1

注：N_i 为 i 层土标准贯入锤击数实测值；
N_{cri} 为 i 层土液化判别标准贯入锤击数临界值，按《规范》公式计算。

（2）部分地震作用：按水平地震影响系数最大值的 10%采用。桩承载力仍如上述“1. 多桩基础的验算方法”但应扣去液化土的桩周摩擦力和承台上下 2m 深度范围内非液化土的桩周摩擦力。这样的验算旨在校核余震时桩的竖向承载力。

根据《建筑桩基规范》（JGJ 94—2008）中 5.3.12 规定，当承台底非液化土厚度小于 1m 时，表 13.7－4 中折减系数降低一档取值。（10 规范 4.4.4 中规定处于液化土中的桩基承台周围，宜用密实干土填筑夯实，而 01 规范 4.4.4 中则说是采用非液化土填筑夯实）

13.7.3 桩的构造要求

对桩的构造要求已在前面有所阐述，此处强调一下液化土中桩的构造配筋要求。13.7.1 节中桩的验算都是采用 m 法，而在软弱层与硬层交界处的弯矩与剪力增大现象却是 m 法所不能反映的，按 m 法计算结果配筋，则偏于不安全，这一点从下面的分析中可以看出：

桩在受到地震作用时，相当于承受二种力的综合作用：一种是由上部结构的水平摆动产生的作用于桩顶的惯性力，另一种力是由于桩－土相对运动对桩身产生的作用力（图 13.7－2）。

桩身所产生的内力应是这二种作用的叠加，而国内外抗震规范普遍采用的桩身内力计算方法 m 法或常数法却只考虑了桩顶惯性力部分，而忽略了土层运动的影响。这种简化对桩周土的刚度相对地比较均匀时，误差还不算太大。这一点可从许多在非液化土中和无软土夹层中的桩基破坏主要发生在桩上部的现象得以证实。这种破坏模式与 m 法或常数法所得桩的最危险断面是在桩顶的计算结果相一致，但在桩周有软硬土层相邻，例如液化土与非液化土；开山填土与海底淤泥等，地震时的土层相对剪切运动将使桩身在软、硬土层界面处受到相当大的弯矩与剪力，其量值与桩顶处的弯矩与剪力差不多处于同一量级。而且，地震作用越强烈，土层运动在桩身产生的弯矩与剪力所起的作用也越大。能够较好地反映土层运动对

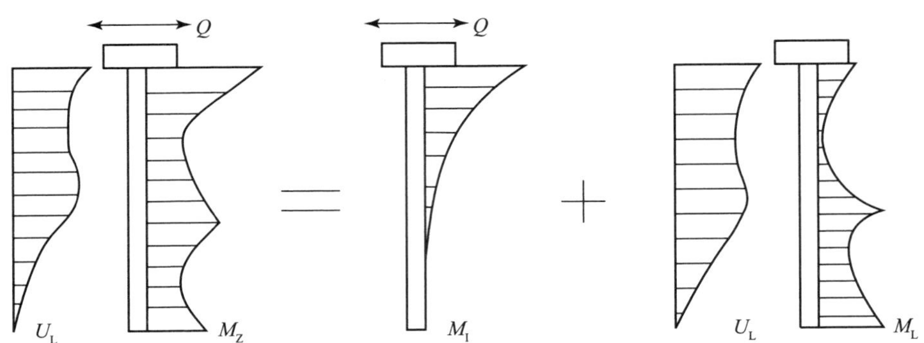

图 13.7－2　桩在地震作用下的受力模式

U_L 为土的变位；Q 为惯性力；M_I 与 M_L 为惯性力与土变形引起的桩身弯矩；M_z 为桩身总弯矩

桩身受力影响的计算方法是时程分析法，但目前尚未达到普遍应用的程度以代替实用的 m 法或常数法。因此，《建筑抗震设计规范》从构造上来对 m 法的缺点做弥补，规定在桩身受力的危险范围内加强桩身配筋。《建筑抗震设计规范》的 4.4.5 条规定（强制性条款）：

“液化土中桩的配筋范围应自桩顶至液化深度以下符合全部消除液化陷所要求的深度，其纵向钢筋应与桩顶相同，箍筋应加密”（10 规范中 4.4.5 说的是液化土和震陷软土中，且箍筋应加粗和加密，01 规范中 4.4.5 只是说液化土中以及箍筋加密）。简言之，在液化层界面上下至少约 2 倍桩径范围内，纵筋与箍筋的配置应与桩顶相同。

13.7.4　液化侧扩范围内的桩基

日本 20 世纪 80 年代的几次强震和 1995 年阪神地震中显现的土体液化侧向流动对桩的破坏作用，使之成为场地液化震害研究与防治的焦点。阪神地震后，日本《公路工程抗震设计规范》（2002）即《JRA 规范》重新修订了抗震设计规范，增加了土体液化侧向流动引起桩的受力验算的新内容，给出了土体液化侧向流动作用于桩上侧向作用力的计算方法，对于单一液化层和多液化层，计算模型分别如图 13.7－3 所示。

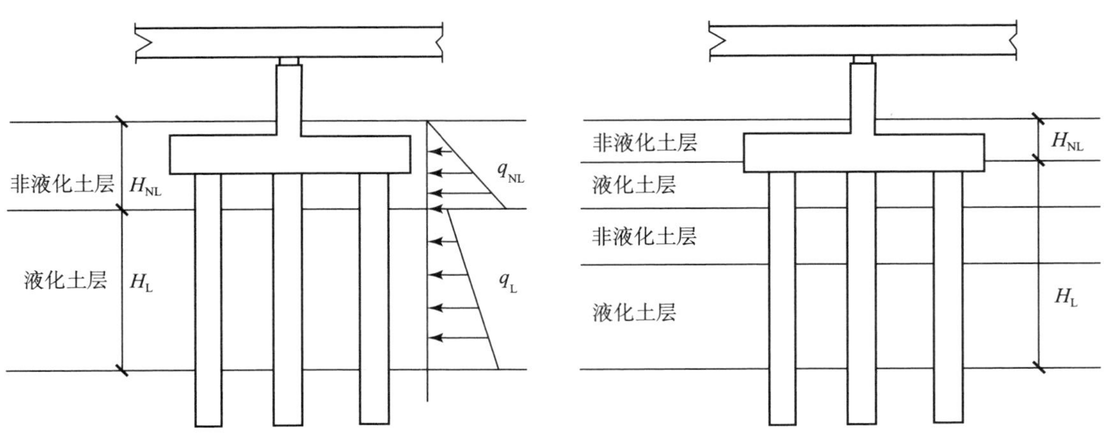

图　13.7－3

$$q_{NL}=C_S C_{NL} K_P \gamma_{NL} Z \qquad (0 \leqslant Z \leqslant H_{NL}) \qquad (13.7-2)$$

$$q_L=C_S C_L[\gamma_{NL} H_{NL}+\gamma_L(Z-H_{NL})] \qquad (H_{NL} \leqslant Z \leqslant H_{NL}+H_L) \qquad (13.7-3)$$

式中　q_{NL}——非液化土层中某一深度单位面积桩上的侧推力（kN/m^2）；

q_L——液化土层中某一深度单位面积桩上的侧推力（kN/m^2）；

C_s——海岸线到桩的距离修正系数，按表 13.7－5 选取。；

C_{NL}——非液化土层中侧推力的修正系数，通过液化指数确定表 13.7－6，其中液化指数按下式计算。

表 13.7－5　海岸线到桩距离修正系数

海岸线至桩的距离/m	修正系数 C_S
≤50	1.0
>50；≤100	0.5
>100	0

表 13.7－6　非液化土层中侧推力修正系数

液化指数 P_L	修正系数 C_{NL}
$P_L \leqslant 5$	0.2
$5<P_L \leqslant 20$	$(0.2P_L-1)/3$
$20<P_L$	1

$$P_L=\int_0^{20}(1-F_L)(10-0.5Z)\mathrm{d}Z \qquad (13.7-4)$$

C_L——液化土层侧推力的修正系数（统一取 0.3）；

K_P——被动土压力系数（常数）；

γ_{NL}——非液化土的重度（kN/m^3）；

γ_L——液化土的重度（kN/m^3）；

Z——计算深度（m）；

H_L——液化土层厚度（m）；

F_L——抗液化强度系数。

此外，《建筑抗震设计规范》明确给出了可判定液化侧向流动对桥梁桩基有影响的 2 类土层：其一为距海岸线 100m 以内且护岸两侧扩展水位高差不小于 5m 的场地；其二为已判定有液化可能，且厚度不小于 5m 且从临水面沿水平方向连续分布的砂土场地。（01 规范中 4.4.6 规定有液化侧向扩展的地段，距常时水线 100m 范围内的桩基除了考虑土流动时的侧向作用力，且承受侧向推力的面积应按边桩外缘间的宽度计算，而 10 规范中 4.4.6 中没有规定距常时水线 100m 范围内这个要求）。以上认识是基于阪神地震中土体液化侧向流动导致桥梁位移的调查结果。

参　考　文　献

崔春义、梁志孟、许成顺等，基于轴对称连续介质模型的径向非均质土中大直径管桩纵向振动特性研究［J］,岩石力学与工程学报，2022，41（05）：1031～1044

崔春义、孟坤、武亚军等，考虑竖向波动效应的径向非均质黏性阻尼土中管桩纵向振动响应研究［J］，岩

土工程学报，2018，40（08）：1433~1443

豆鹏飞、刘浩、许成顺等，非液化场地中桩—结构体系地震响应与桩基失效模式分析［J］，中国公路学报，2022，35（11）：39~51

蒋东旗、王立忠、陈云敏，远场地震引起的单桩横向位移和内力［J］，岩土工程学报，2003（02）：174~178

景立平、吴凡、李嘉瑞等，土—桩基—隔震支座—核岛地震反应试验研究［J］，岩土力学，2022，43（09）：2483~2492

李雨润、辛晓梅、闫志晓等，液化与非液化场地中直斜双桩动力特性研究［J］，地震工程与工程振动，2022，42（04）：25~34

梁发云、梁轩、张浩，局部冲刷场地桩基桥梁地震响应简化分析及离心振动台验证［J］，岩土工程学报，2021，43（10）：1771~1780

刘惠珊，桩基震害及原因分析——日本阪神大地震的启示［J］，工程抗震，1999（1）：7

苏卓林、贾科敏、许成顺等，双向地震作用下液化水平和倾斜场地—桩基—桥梁结构地震反应的差异研究［J］,地震科学进展，2022，52（11）：505~512

王睿、张建民、张嘎，液化地基侧向流动引起的桩基础破坏分析［J］，岩土力学，2011（S1）：6

王睿、张建民，可液化地基中单桩基础的三维数值分析方法及应用［J］，岩土工程学报，2015，37（011）：1979~1985

许成顺、贾科敏、杜修力等，液化侧向扩展场地—桩基础抗震研究综述［J］，防灾减灾工程学报，2021，41（04）：768~791

袁晓铭、李雨润、孙锐，地面横向往返运动下可液化土层中桩基响应机理［J］，土木工程学报，2008，41（9）：8

庄海洋，赵畅，于旭等，液化地基上隔震结构群桩与土动力相互作用振动台模型试验研究［J］，岩土工程学报，2022，44（06）：979~987

Cui C Y，Meng K，Xu C S，et al.，Vertical vibration of a floating pile considering the incomplete bonding effect of the pile-soil interface［J］，Computers and Geotechnics，2022，150：104894

第3篇　地震作用和结构抗震验算

本篇主要编写人

罗开海　　中国建筑科学研究院有限公司

姚志华（第19章）　　中国建筑科学研究院有限公司

保海娥（第20章）　　中国建筑科学研究院有限公司

第 14 章　结构抗震分析的步骤、方法和参数

14.1　两阶段抗震设计的基本原理

14.1.1　两阶段设计的基本任务

《规范》在总则中规定了抗震设计的基本思想，可以概括为“三水准设防和两阶段设计”。两阶段设计是达到三水准设防的基本手段，以达到多遇地震（小震）不坏，罕遇地震（大震）不倒的设防目标。

两阶段设计，实际体现在结构抗震分析的两个基本内容上：

第一阶段，按多遇地震的地面运动参数，进行结构线性弹性阶段的抗震分析，根据分析得出的地震作用，进行两方面的验算：一是结构构件抗震承载力极限状态验算；二是结构层间变形正常使用极限状态验算。

第二阶段，按罕遇地震的地面运动参数，进行结构非线性（弹塑性阶段）分析，检验结构层间弹塑性变形是否满足规范容许限值要求。

14.1.2　两阶段抗震分析的划分

（1）两阶段抗震分析的要点，归纳如表 14.1－1。

表 14.1－1　两阶段抗震分析

	分析的结构类型	分析目的	分析要求
第一阶段设计	各类结构	多遇地震下承载力验算	（1）多遇地震作用取值的确定（50 年超越概率 63.2%）；（2）结构抗震分析简图的确定和内力分析；（3）结构抗震承载能力极限状态验算
	钢筋混凝土结构、多高层钢结构	多遇地震防止结构和非结构构件破坏	（1）多遇地震下弹性变形计算；（2）层间变形正常使用极限状态验算

续表

	分析的结构类型	分析目的	分析要求
第二阶段设计	（1）应进行弹塑性分析验算的结构： ①8 度Ⅲ、Ⅳ类场地和 9 度时，高大的单层钢筋混凝土柱厂房的横向排架； ②7~9 度时楼层屈服强度系数小于 0.5 的钢筋混凝土框架结构和框排架结构； ③高度大于 150m 的结构； ④甲类建筑和 9 度时乙类建筑中的钢筋混凝土结构和钢结构； ⑤采用隔震和消能减震设计的结构。 （2）宜进行弹塑性变形验算的结构： ①《规范》规定需要进行时程分析，且属于竖向不规则类型的高层建筑结构； ②7 度Ⅲ、Ⅳ类场地和 8 度时乙类建筑中的钢筋混凝土结构和钢结构； ③板柱-抗震墙结构和底部框架砌体房屋； ④高度不大于 150m 的其他高层钢结构； ⑤不规则的地下建筑结构及地下空间综合体	罕遇地震下防止结构倒塌	（1）预估的罕遇地震取值的确定（50 年超越概率 2%~3%）； （2）结构弹塑性变形计算； （3）结构薄弱部位的确定； （4）层间弹塑性变形限值的验算； （5）对隔震和消能减震结构防止系统失效导致结构倒塌

（2）按《规范》要求，简单的结构和地震不起控制作用的结构，不需进行抗震分析，但需符合抗震构造有关规定要求，这些结构归纳如表 14.1－2。

表 14.1－2　地震不起控制作用的结构

结构类型	烈度	场地	范围
各类结构	6 度	Ⅰ~Ⅲ类	规则建筑结构
	6 度	Ⅳ类	（1）$H \leqslant 40$m 的规则框架结构； （2）$H \leqslant 60$m 的其他规则高层建筑； （3）其他单层和多层的规则建筑
单层钢筋混凝土柱厂房	7 度	Ⅰ、Ⅱ类	（1）柱高不超过 10m 且结构单元两端均有山墙的单跨和等高多跨厂房（锯齿形厂房除外）； （2）露天吊车栈桥
	7 度	Ⅲ、Ⅳ类	露天吊车栈桥
	8 度（0.20g）	Ⅰ、Ⅱ类	露天吊车栈桥

续表

结构类型	烈度	场地	范围
单层砖柱厂房	7 度（0.10g）	Ⅰ、Ⅱ类	(1) 柱顶标高不超过 4.5m，且结构单元两端均有山墙的单跨及等高多跨砖柱厂房，可不进行横向和纵向抗震验算； (2) 柱顶标高不超过 6.6m，两侧设有厚度不小于 240mm 且开洞截面面积不超过 50% 的外纵墙，结构单元两端均有山墙的单跨厂房，可不进行纵向抗震验算
大跨屋盖建筑	7 度	Ⅰ~Ⅳ类	(1) 矢跨比小于 1/5 的单向平面桁架和单向立体桁架结构可不进行沿桁架的水平向以及竖向地震作用计算； (2) 网架结构
木结构	7~9 度	Ⅰ~Ⅳ类	全部
生土结构	7~9 度	Ⅰ~Ⅳ类	全部
地下建筑	7 度	Ⅰ、Ⅱ类	丙类地下建筑
	8 度（0.20g）	Ⅰ、Ⅱ类	不超过 2 层、体型规则的中小跨度丙类地下建筑

14.1.3　基本计算步骤和分析方法

1. 第一阶段分析的基本步骤和分析方法

1）分析的基本步骤

表 14.1-3　抗震分析基本步骤

步骤	内容
收集基本资料，确定基本计算参数	(1) 地震活动情况、工程地质和地震地质资料，用以确定反应谱特征周期 T_g 和地基土抗震承载力设计值 f_{aE}； (2) 恒荷载、活荷载、雪荷载、设备荷载及风荷载的准确资料，用以计算抗震设计的重力荷载代表值 G_E 等； (3) 建筑、设备和工艺资料，用以判断建筑的规则性、现浇钢筋混凝土结构和钢结构的抗震等级，选择合理的结构方案、基础型式和截面尺寸； (4) 结构侧移刚度和相应的自振周期计算，以确定地震影响系数 α 值
计算地震作用和地震作用效应	(1) 取多遇地震的烈度（设计地震动参数）作为设计指标； (2) 不同类型的结构用不同的方法（底部剪力法，振型分解反应谱法，线性时程分析法）计算内力和变形，并注意有关的内力调整
结构抗震极限状态分析	(1) 构件抗震承载力极限状态验算，采用作用效应基本组合的多系数验算表达式，并引入承载力抗震调整系数 γ_{RE}； (2) 本手册 20.1 节所列的结构，尚需进行层间变形正常使用阶段极限状态验算；验算指标为弹性层间变位角限值 $[\theta_p]$

2）地震作用的方向

在地震中，建筑物是在空间内作任意方向的随机运动，因此，地震作用对建筑物可能来自任意方向，但在实际计算时，针对结构的特点予以简化。按《规范》的规定，对不同的结构类型和烈度，分别考虑若干个地震作用方向，取不利状态进行抗震设计，如表 14.1－4 所示。

表 14.1－4 结构的地震作用方向

结构类型	地震作用方向
有两个正交主轴的结构	一般情况下可分别考虑两个主轴方向的水平地震作用
有斜交抗侧力构件（当交角大于 15°时）的结构	分别考虑平行于各构件方向的水平地震作用，或同时考虑两个正交水平方向的地震作用
质量和刚度明显不对称的结构	应考虑双向水平地震作用下的扭转影响
大跨度结构和长悬臂结构件	8 度和 9 度时，考虑竖向地震作用
高层结构	9 度时，同时考虑竖向作用和某个主轴或斜向的水平地震作用
隔震结构	7 度时只考虑水平地震作用，8 度和 9 度时，同时考虑水平和竖向地震作用
周边支承空间结构	当下部支承结构为一个整体、且与上部空间结构侧向刚度比大于等于 2 时，可采用三向（水平两向加竖向）单点一致输入计算地震作用； 当下部支承结构由结构缝分开、且每个独立的支承结构单元与上部空间结构侧向刚度比小于 2 时，应采用三向多点输入计算地震作用
两线边支承空间结构	当支承于独立基础时，应采用三向多点输入计算地震作用
长悬臂空间结构	应视其支承结构特点，采用多向单点一致输入、或多向多点输入计算地震作用

3）分析方法

第一阶段设计时，对不同结构，要用不同的分析方法，归纳如表 14.1－5。

表 14.1－5 抗震分析方法的适用范围

	分析方法	适用范围
水平地震作用	底部剪力法	（1）$H \leqslant 40\text{m}$、以剪切变形为主，且质量和刚度沿高度分布比较均的结构； （2）近似于单质点体系的结构
	两个主轴方向的振型分解反应谱法	（1）一般不考虑扭转的结构，存在斜交抗侧力构件时，需沿斜向进行抗震分析； （2）规则结构，不考虑平动和扭转耦联时，平行于地震作用方向的两个边榀的地震作用乘以增大系数

续表

<table>
<tr><th></th><th>分析方法</th><th colspan="4">适用范围</th></tr>
<tr><td rowspan="5"></td><td>扭转耦联的振型分解反应谱法</td><td colspan="4">(1) 平面和竖向不规则类型的结构，考虑单向或双向水平地震作用下扭转耦联；
(2) 不对称的多层剪切型结构，可用扭转效应系数法或其他有效简化方法</td></tr>
<tr><td rowspan="3">线性时程分析法</td><td colspan="4">(1) 特别不规则的结构；
(2) 甲类结构；
(3) $H \geqslant H_0$ 的高层结构</td></tr>
<tr><td>烈度、场地</td><td>8 度Ⅰ、Ⅱ类场地和 7 度</td><td>8 度Ⅲ、Ⅳ类场地</td><td>9 度</td></tr>
<tr><td>H_0</td><td>100m</td><td>80m</td><td>60m</td></tr>
<tr><td>结构和地基相互作用简化分析</td><td colspan="4">8 度和 9 度时，建造于Ⅲ、Ⅳ类场地，采用箱基、刚性较好的筏基和桩箱联合基础的钢筋混凝土高层建筑，当结构自振周期在 1.2~5 倍特征周期范围内时，可采用《规范》简化方法考虑地基与结构动力相互作用</td></tr>
<tr><td></td><td>考虑不同基础所在不同场地类型的反应谱差异和水平地震地面运动的非一致性*</td><td colspan="4">(1) 同一建筑的不同基础下场地类型相差一类以上时，宜采用综合不同类型场地效应的反应谱；
(2) 平面尺寸大于 150m 的大型场馆，宜考虑不同基础处地面运动的差异，差异来自场地类型不同以及波传播的行波效应和失相干 (decoherence) 效应</td></tr>
<tr><td rowspan="4">竖向地震作用</td><td>总竖向地震作用法</td><td colspan="4">9 度时的高层建筑</td></tr>
<tr><td>地震作用系数法</td><td colspan="4">跨度不大于 120m、长度不大于 300m 的规则平板网架；
跨度大于 24m 的屋架、屋盖横梁及托架</td></tr>
<tr><td>静力法</td><td colspan="4">8 度悬挑长度超过 2.0m、9 度悬调长度超过 1.5m 的长悬臂构件；
其他大跨度结构</td></tr>
<tr><td>竖向振型分解反应谱法</td><td colspan="4">8 度跨度超过 24m、9 度跨度超过 18m 的大跨度空间结构</td></tr>
</table>

注：①H 为建筑总高度；

②＊栏《规范》未作规定，但对于大型场馆的设计，宜予考虑。

2. 第二阶段分析的基本步骤

第二阶段的分析方法，可以有简化方法、非线性静力分析法、非线性时程分析法。

1) 简化的弹塑性变形验算

这是《规范》推荐的对 12 层以下的规则混凝土框架结构弹塑性分析的简化力法。其分析步骤如表 14.1－6。

表 14.1－6　混凝土框架结构塑性分析简化法

步骤	内容
结构实际承载力分析	（1）由材料强度标准值，构件实际截面（包括钢筋截面）和对应于重力荷载代表值的轴向力计算构件实际正截面受弯承载力； （2）楼层实际受剪承载力计算
确定抗震薄弱层（部位）	（1）取罕遇地震烈度作为设计指标，进行弹性内力分析； （2）计算屈服强度系数 ξ_y； （3）由 ξ_y 沿高度分布寻找薄弱层（部位）
薄弱层（部位）弹塑性变形分析	根据结构类型和特性，用不同方法计算层间位移（其中，扣除截面转动形成的位移）
防倒塌验算	用弹塑性层间变位移角限值［θ_p］进行防倒塌验算

2）非线性静力分析

本法在美国称推覆分析法（Push-Over Analysis），《规范》没有规定具体分析方法（表 14.1－7）。

表 14.1－7　非线性静力分析法

步骤	内容
侧向力分布形式的确定	（1）均匀分布形式，是考虑侧向荷载同每一楼层上的总重量成正比； （2）振型分布形式，可以有两种选： 当基本振型中有 75%以上的总重量参与时，可采用等效侧力法（或底部剪力法）中侧力系数的分布形式来表达（最简便的是倒三角形分布）； 分布形式同振型分析反应谱法得出的楼层惯性力分布一致，其中应包含足够的振型组合数使总重量的 90%能参与振动
结构承载力曲线的确定	（1）结构计算模型的确定； （2）结构构件的实际承载力计算，包括构件截面开裂弯矩，和构件实际正截面受弯承载力（对抗震墙尚需计算受剪承载力）； （3）构件的弹性，开裂和屈服后刚度的估计； （4）用推覆分析法估计层间侧向刚度和层间位移角； （5）确定结构承载力曲线
结构抗震安全性的评估	有三种不同的方法可供选择： （1）用《规范》规定的容许层间位移角［θ_p］，检验结构承载力曲线上对应于层剪力（按延性系数对层弹性地震力折减后的数值）的位移角，是否符合要求； （2）用层承载力曲线相应的恢复力模型，按时程分析校核非线性层间变形是否符合《规范》限值的要求； （3）建立 ADRS 谱（以谱加速度为纵坐标，谱位移为横坐标的 S_a-S_d 谱）和承载力谱（由承载力曲线转换得来），将两条曲线放在同一个图上，得出交会点的位移值，同目标位移进行比较，检验是否满足弹塑性变形验算要求

3）非线性时程分析

结构非线性时程分析是一个比较复杂的计算分析过程，本篇以后有专项讨论。这里仅提出一些简要的分析步骤，如表 14.1－8。

表 14.1－8　线性时程分析步骤

步骤	内容
结构分析模型的建立	根据结构的类型特点和计算程序的功能，按 14.2 节原则，建立结构的分析模型
构件的单元模型的确定	根据构件的工作特点和计算机程序的功能，确定杆单元模型，可以是杆端塑性铰模型，杆端（或杆中）弹簧模型，纤维模型，用来模拟平面弯曲单元（梁），三维弯曲单元（柱），轴向拉压单元（桁架杆件单元），剪力墙单元模型等
恢复力特性模型的确定	模拟各种材料及各种力与变形分量之间的关系，可以根据结构和构件的材料与工作性能，按 16.4 节选用
输入地震波的选用	输入地震波须考虑场地条件，地震分组（设计特征周期 T_g），按《规范》要求选用实际记录地震波和人工合成地震波
运动微分方程的求解积分方法	Newmark β 法或 Wilson θ 法等逐步积分法
分析结果的处理和变形验算	根据所取输入地震波的多少，取计算结果的包线或平均值，将计算结果与《规范》的容许弹塑性位移角［θ_p］作比较

14.2　结构抗震分析模型

实际结构是空间的受力体系，但不论静力分析还是动力分析，往往采取一定的简化，以建立相应的计算简图或分析模型。

14.2.1　现阶段常用的结构抗震分析模型

表 14.2－1

名称	假定和特点	适用范围
平面结构的层间模型	（1）地震作用集中于楼盖处； （2）只考虑层间剪力和层间变形； （3）侧向变形分仅考虑剪切变形和同时考虑剪切、弯曲变形两大类	同一方向各轴线构件形式和受力基本相同的结构

续表

名称	假定和特点	适用范围
平面结构的排架、框架模型	(1) 构件考虑剪力、弯矩和轴向力; (2) 当略去梁的轴向变形时，地震作用集中于楼盖;考虑梁的轴向变形时，则集中于各节点	同上
平面结构的悬臂梁模型	(1) 连梁视为连续化的薄片且地震作用也连续化; (2) 内力有解析解和图标	同上
平面协同分析模型	(1) 楼盖处各轴线水平侧移相同，用理想铰把各榀平面结构连成巨大的平面结构; (2) 可以是相应的层间模型、框架模型或悬臂梁模型	楼盖平面内不变形，同一方向各构件不同，但基本对称分布
空间协同分析模型	(1) 以各轴线平面内的分析为基础，忽略出平面的刚度和自身的抗扭刚度，考虑绕该层质心形成的抗扭刚度; (2) 利用翼墙反映构件出平面刚度，是常用的考虑扭转的简化分析模型	一般为刚性楼盖下的扭转耦连结构，亦可考虑楼盖平面内的变形
空间三维分析模型	以空间杆件或薄壁杆件的有限元为基础，可以考虑楼盖出平面的翘曲和杆件自身的抗杻刚度	非常复杂的结构或空间受力特征明显的结构
大面积场馆的空间三维分析	除上栏要求外，对轻质柔性屋盖系统宜考虑阻尼在结构系统中分布不均匀的影响，采用具有分析非经典阻尼结构系统功能的分析程序[1]	钢筋混凝土柱网或墙体，悬吊屋盖或网壳屋盖

14.2.2 结构抗震分析模型的确定

表 14.2-2

项目	内容要求
合理简化的标志	(1) 保留结构受力的主要特征和属性; (2) 计算的周期和振型接近于实际（指试验结果或复杂模型的计算结果); (3) 采用有关的作用效应调整予以配合
选择分析模型的注意事项	(1) 各种分析模型的基本假定; (2) 实际结构的规则性、对称性和主要受力特点; (3) 结构具体情况和分析模型假定相符的程度
可适当简化的复杂结构	(1) 斜交构件夹角<15°时，可视为一个轴线; (2) 两轴线相距不大，利用楼板的作用视为同一轴线处理; (3) 把楼板视为等效梁，将同一轴线在楼板两端的构件组成较大的平面结构; (4) 空间受力特征明显的构件，如隔墙很多的电梯间，作为一个组合的空间构件而不分割成若干单独的平面构件

14.3　重力荷载代表值的计算

所谓重力荷载代表值，是在地震作用标准值的计算中和结构构件地震作用效应的基本组合中，表示结构或构件永久荷载标准值与有关可变荷载的组合值之和的物理量，指地震发生时根据遇合概率确定的“有效重力”。

14.3.1　重力荷载代表值的组成

表 14.3－1

<table>
<tr><td>公式</td><td colspan="8">$G_E = G_k + \sum \psi_{Ei} Q_{ik}$</td></tr>
<tr><td>G_k
Q_{ik}
ψ_{Ei}</td><td colspan="8">结构构件、配件永久荷载（自重）标准值
有关可变荷载的标准值
有关可变荷载的地震组合值系数</td></tr>
<tr><td rowspan="4"></td><td rowspan="3">雪荷载</td><td rowspan="3">屋面积灰载</td><td rowspan="3">屋面活荷载</td><td colspan="3">楼面活荷载</td><td colspan="2">悬吊物重力</td></tr>
<tr><td rowspan="2">按实际情况考虑</td><td colspan="2">按等效均布荷载考虑</td><td rowspan="2">软钩吊车</td><td rowspan="2">硬钩吊车</td></tr>
<tr><td>书库档案室</td><td>其他民用建筑</td></tr>
<tr><td>0.5</td><td>0.5</td><td>0.0</td><td>取实际值</td><td>0.8</td><td>0.5</td><td>0.0</td><td>0.3</td></tr>
</table>

注：①地震作用效应基本组合时，悬吊物重力的 $\psi_{Ei}=1.0$ 并按不利情况考虑；
②工业设备，按永久荷载考虑时取其自重标准值，按可变荷载考虑时按实际情况取组合值系数；
③工业建筑的楼面活荷载，原则上按实际情况考虑，当用等效均布活荷载代替时可根据实际情况取大于一般民用建筑的组合系数；
④硬钩吊车的吊重较大时，组合值系数宜按实际情况取值。

14.3.2　集中质点系的重力荷载代表值

集中质点系各质点重力荷载代表值的集中方法，随结构类型和计算模型而异。

表 14.3－2

<table>
<tr><td colspan="2">结构类型</td><td>集中方法</td></tr>
<tr><td>多层结构</td><td>顶层质点
一般层质点</td><td>屋盖和顶层上半个层高范围
楼盖和上、下各半个层高范围</td></tr>
<tr><td colspan="2">平面结构模型</td><td>左右侧从属面积的范围</td></tr>
<tr><td>单层厂房</td><td>屋顶质点
吊车质点</td><td>屋盖，柱和围护墙按连接情况由等效原则或经验折算
桥式吊车宜单独作为一个质点，横向计算时，单跨取 1 台，多跨取每跨 1 台（不多于 2 台）</td></tr>
</table>

14.4　侧移刚度的基本计算法

不论求解频率方程，还是用近似法确定结构的自振周期，以及计算结构的内力和变形都需形成结构的侧移刚度。这里列举部分常用的侧移刚度计算方法。

14.4.1　上端铰接的排架柱

表 14.4－1

公式	等截面　$K = 3EI/H^3$ 双阶柱　$K = 3EI/H^3\left[1 + \left(\frac{H_1}{H}\right)^3\left(\frac{I}{I_1}\right)\right]$
K	侧移刚度
I	等截面柱或下柱的截面惯性矩
E	弹性模量
H	柱全高
I_1、H_1	上柱的截面惯性矩和高度

14.4.2　两端固接的构件（柱和墙肢）

表 14.4－2

公式	仅弯曲变形　$K = 12EI/h^3$ 仅剪切变形　$K = GA/\mu h$ 剪切变形　$K = 12EI/h^3(1 + 2\gamma)$　　$\gamma = \frac{6\mu EI}{GAh^2}$
A、I	构件截面面积和计算方向的惯性矩
h	构件的高度
γ	刚度的剪切影响系数
μ	截面剪切形状系数，矩形截面取 1.2，其他形状见附录 14.1

14.4.3　框架结构的 *D* 值

表 14.4－3

公式	$K_f = \sum D \quad D = \alpha 12EI_c/h^3$ 一般层 $\alpha = \bar{k}/(2+\bar{k}) \quad \bar{k} = \sum(I_b/l)/2(I_c/h)$ 底层下端固定 $\alpha = (0.5+\bar{k})/(2+\bar{k}) \quad \bar{k} = \dfrac{\sum I_b/l}{I_c/h}$ 底层下端铰接 $\alpha = (0.5+\bar{k})/(1+2\bar{k})$
D	框架柱的当量侧移刚度
I_c、h	框架柱截面惯性矩和柱高
I_b、l	框架梁截面惯性矩和跨度
Σ	中柱，对其上下端的左右侧共 4 个梁求和；边柱上下端仅一侧共 2 个梁求和；底层中柱仅上端左右梁求和

14.4.4　抗侧力的填充墙框架

表 14.4－4

公式	$K_{fw} = K_f + K_w$ $K_w = \psi_k \sum 3E_w I_w^t / H_w^3(\psi_m + \gamma\psi_v)$ $\gamma = 9I_w^t / A_w^t H_w^2$
K_{fw}	考虑填充墙抗侧力作用的层间侧移刚度
K_f	框架的层间侧移刚度，可按 *D* 值法计算
H_w	填充砖墙的高度
E_w	填充砖墙砌体的弹性模量
A_w^t、I_w^t	砖墙上部横截面面积和惯性矩，当上部开洞时，分别取洞口两侧面积之和及惯性矩之和
ψ_k	位置折减系数，房屋上部约 1/3 楼层取 1.0，中部约 1/3 楼层取 0.6，下部约 1/3 楼层取 0.3
ψ_m、ψ_v	洞口影响系数，无洞口，取 $\psi_m=\psi_v=1.0$；洞口面积大于墙面面积 60%时，取 $\psi_m=\psi_v=0$； 一般洞口，$\psi_m = \left(\dfrac{h}{H_w}\right)^3\left(1-\dfrac{I_w^t}{I_w^b}\right)+\dfrac{I_w^t}{I_w^b}$ $\psi_v = \left(1+\dfrac{A_w^t}{A_w^b}\right)\left(\dfrac{h}{H_w}\right)+\dfrac{A_w^t}{A_w^b}$

续表

<table>
<tr><td>简图</td><td>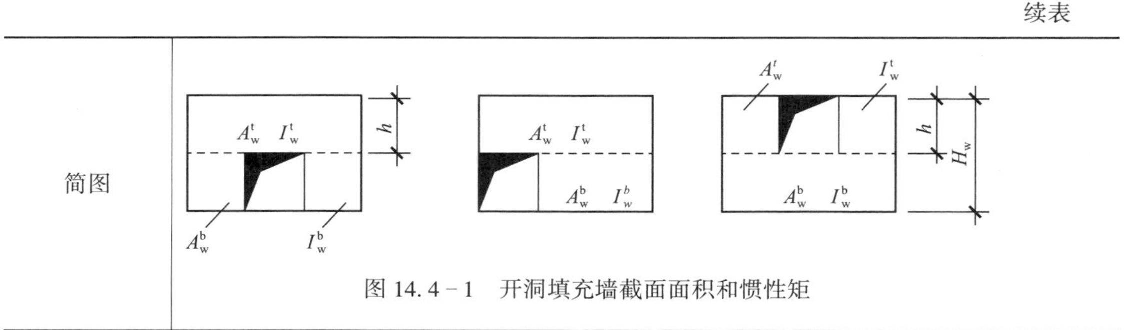

图 14.4－1　开洞填充墙截面面积和惯性矩</td></tr>
</table>

14.5　结构自振周期的基本计算方法

建筑结构的自振周期，除了多层砌体结构外，是抗震设计中必不可少的重要参数。按《规范》的规定，自振周期可采用理论方法或经验公式确定。

14.5.1　理论方法

理论方法即求解结构运动方程的频率方程（特征方程），可在教科书中找到，包括连续化方法、有限元的平方根法、迭代法等。按《规范》的规定，自振周期计算需采用与结构抗震验算相应的结构计算模型和弹性刚度，并应考虑非结构构件等的影响乘以周期折减系数 ψ_T。

1. 单质点体系结构基本自振周期 T_1 的理论计算公式

表 14.5－1

<table>
<tr><td>公式</td><td colspan="4">$T_1 = 2\pi\psi_T\sqrt{G_{eq}/gK}$</td></tr>
<tr><td>T_1</td><td colspan="4">基本自振周期（s）</td></tr>
<tr><td>G_{eq}</td><td colspan="4">质点等效重力荷载（kN），包括质点处的重力荷载代表值 G_E 和折算的支承结构自重</td></tr>
<tr><td>g</td><td colspan="4">重力加速度（m/s^2）</td></tr>
<tr><td>K</td><td colspan="4">支承结构的侧移刚度，取施加于质点上的水平力与它产生的侧移之比（kN/m）</td></tr>
<tr><td rowspan="4">ψ_T</td><td colspan="4">周期的经验折算系数，单层厂房横向按平面排架分析时</td></tr>
<tr><td colspan="2">钢筋混凝土柱或钢柱</td><td colspan="2">砖柱</td></tr>
<tr><td>有纵墙</td><td>无纵墙</td><td>钢筋混凝土屋架或组合屋架</td><td>木屋架、钢木屋架、轻钢屋架</td></tr>
<tr><td>0.8</td><td>0.9</td><td>0.9</td><td>1.0</td></tr>
</table>

2. 多层建筑的能量法，适用于水平力作用下变形容易计算的情况

表 14.5-2

<table>
<tr><td>公式</td><td colspan="5">$T_1 = 2\psi_T\sqrt{\sum G_i u_i^2 / \sum G_i u_i}$</td></tr>
<tr><td>G_i</td><td colspan="5">集中于质点 i 的重力荷载代表值（kN）</td></tr>
<tr><td>u_i</td><td colspan="5">各质点承受相当于其重力荷载代表值的水平力 G_{Ej} 时，质点 i 的侧移（m）
只考虑剪切变形　$u_i = u_{i-1} + (\sum_i^n G_{Ej})\mu h_i / GA_i$
考虑弯剪变形　$u_i = u_{i-1} + (\sum_i^n G_{Ej}) h_i^3 (1 + 2\gamma_i) / 12EI_i$　$\gamma_i = \frac{6\mu EI}{GA_i h_i^2}$</td></tr>
<tr><td>h_i</td><td colspan="5">i 质点至 $i-1$ 质点的距离</td></tr>
<tr><td>A_i</td><td colspan="5">i 质点支承结构总截面面积</td></tr>
<tr><td>I_i</td><td colspan="5">i 质点支承结构的总截面惯性矩</td></tr>
<tr><td>E、G</td><td colspan="5">材料弹性模量和剪切模量</td></tr>
<tr><td rowspan="4">ψ_T</td><td colspan="5">周期的经验折算系数，主要考虑非结构构件的影响</td></tr>
<tr><td rowspan="2">抗震墙结构</td><td colspan="3">未计入填充墙等侧移刚度</td><td>按 14.4 节计算填充墙刚度</td></tr>
<tr><td>框–墙结构</td><td>民用框架结构</td><td>工业框架结构</td><td>框架结构</td></tr>
<tr><td>1.0</td><td>0.7~0.9</td><td>0.5~0.7</td><td>0.8~0.9</td><td>1.0</td></tr>
</table>

3. 等截面悬臂杆的顶点位移法

表 14.5-3

<table>
<tr><td>公式</td><td>$T_1 = 1.7\psi_T\sqrt{u_n}$
弯曲变形　$u_n = qH^4/8EI$
剪切变形　$u_n = \mu qH^4/2GA$
开洞墙　$u_n = qH^4/8EI_{eq}$　$EI_{eq} = EI/(1 + \frac{\mu qI}{Ah^2})$</td></tr>
<tr><td>u_n</td><td>顶点位移</td></tr>
<tr><td>H</td><td>悬臂杆总高度</td></tr>
<tr><td>q</td><td>均布重力荷载代表值 $q = G_E/h$</td></tr>
<tr><td>EI</td><td>截面总抗弯刚度</td></tr>
<tr><td>GA</td><td>截面总抗剪刚度</td></tr>
<tr><td>EI_{eq}</td><td>截面等效抗弯刚度</td></tr>
</table>

14.5.2　基本自振周期的经验公式

经验公式系在一般场地按实测统计得到的。同样的房屋建在不同的地点，实测的周期可能不同；地震时房屋的振动周期与脉动测量的结果也有较大的差别。这样，经验公式往往有较大的局限性，与实测对象有关；选用时要注意经验公式的条件和适用范围。

表 14.5-4

	公式	条件和适用范围
1	$T_1 = 0.22 + 0.035H/\sqrt[3]{B}$ H——房屋总高度（m） B——房屋总宽度（m）	H<30m 规则且填充墙较多的办公楼、招待所等的框架结构
2	$T_1 = 0.29 + 0.0015H^{2.5}/\sqrt[3]{B}$	H<35m 煤炭化工系统的常用多层框架厂房
3	$T_1 = 0.33 + 0.00069H^2/\sqrt[3]{B}$	H<50m 抗震墙较多的框架-抗震墙结构
4	$T_1 = 0.04 + 0.0038H/\sqrt[3]{B}$	H=25~50m 规则的抗震墙结构
5	$T_1 = \psi_2(0.23 + 0.00025\psi_1 l\sqrt{H^3})$ ψ_1——钢筋混凝土无檩屋盖取 1.0，钢屋架取 0.85 ψ_2——贴砌砖墙取 1.0，敞开、半敞开取 $\psi_2 = 2.6 - 0.002l\sqrt{H^3} \geq 1.0$	单跨或等高多跨钢筋混凝土柱厂房，$H \leq$ 15m，平均跨度 $l \leq$ 30m 的纵向排架

14.6　设计地震动参数的确定

《规范》定义设计地震动参数为抗震设计用的地震加速度（速度、位移）时程曲线、加速度反应谱和峰值加速度。

14.6.1　《中国地震动参数区划图》(GB 18306—2015)

（1）《中国地震动参数区划图》（GB 18306—2015）提供了两张区划图；《中国地震动峰值加速度区划图》和《中国地震动反应谱特征周期区划图》。

（2）这两张区划图的设防水准为 50 年超越概率 10%，即相当于《规范》所定的设防烈度（或设计基本地震加速度对应的烈度）的概率水准。

（3）按 GB 18306—2015 的定义，地震动峰值加速度是表征地震作用强弱程度的指标，是指对应于规准化地震动加速度反应谱最大值相应的水平加速度，地震动反应谱特征周期是指规准化地震动反应谱曲线下降点对应的周期。

（4）由于《规范》采用设计基本地震加速度作为抗震设防烈度的对应地震加速度指标，以及各类结构的抗震措施尚需采用设防烈度为标准。《规范》第三章 3.2.2 条给出了区划图的地震动峰值加速度、抗震设防烈度与设计基本地震加速度之间的关系（表 14.6-1）。

表 14.6-1

抗震设防烈度	6	7	8	9
设计基本地震加速度值	0.05g	0.10（0.15）g	0.20（0.30）g	0.40g

（5）区划图提供的特征周期分区为Ⅱ类场地基本地震动加速度反应谱特征周期分区值。《规范》则在此基础上，按场地类别给出设计特征周期值。

14.6.2　地震地面运动时程曲线的确定

地震地面运动时程曲线，是对结构进行时程分析必需的资料。《中国地震动参数区划图》没有提供这方面的资料；重大工程的专项研究应该提供这方面的资料。对一般工程项目，需要地震地面运动时程曲线时，常通过以下三个途径取得：①从实际强地震记录中选取；②人工合成地震波；③先选择合适的地震记录然后对其进行调查以获得满足要求的地震波。

1. 实际强震记录的选取和人工合成地震波的合成宜符合以下的原则要求

（1）目标反应谱：

①设计加速度弹性反应谱，一般为《规范》地震影响系数。

②周期分量在 0~6s 范围。

③阻尼比 5%。

（2）目标参数：

峰值地面加速度、峰值地面位移、峰值地面速度、5%~95%总能量的地面运动持续时间（$\int a(t)^2 dt$）、震级和震中距。

（3）有效峰值加速度，按表 14.6-2 取值（mm/s^2）。

表 14.6-2

抗震设防烈度	6	7	8	9
多遇地震	18	35（55）	70（110）	140
罕遇地震	125	220（310）	400（510）	620

注：表中括号内数值相当于设计地震加速度 0.15g（7 度）和 0.30g（8 度）的相应加速度值。

（4）加速度时程强震稳态段的最小持续时间，即有效持续时间，一般从首次达到该时程曲线最大峰值的 10%那一点算起，到最后一点达到最大峰值的 10%为止；不论是实际的强震记录还是人工模拟波形，有效持续时间一般为结构基本周期的 5~10 倍，即结构顶点的位移可按基本周期往复 5~10 次。

2. 先选择合适的地震记录，然后对其进行调整，以获得更有效的输入地震波[2,3]

（1）选择三组以上满足如下要求的三分量地震加速度记录作为原始波：

①震级与目标震级之间相差不超过±0.5 级。

②峰值地面加速度、峰值地面位移和峰值地震速度与目标值均在-25%到+50%范围内。

③自由场地的记录。

④有类似的断层构造和场地类型。

⑤震中距与目标值相差不超过±10km。

⑥若震中距小于 10km，则这些加速度波对应的速度波每个都应该包含一个大的速度脉冲（fling）。

（2）逐个调整原始波以得到供输入用的地震波：

①用时间域或频率域方法迭代调整加速度记录，地震记录的调整不应超出 0.5～2.0 倍范围。

②再计算调整后的加速度记录在 0.04 到 6s 区间内至少 100 个等比周期点上的 5.0%阻尼比加速度反应谱，与这些周期点的目标谱比较，以检查地震波与目标谱的一致性。

③如果在这些点的反应谱值与目标谱值的相对误差在-5%到+10%范围内，则对调整后的地面加速度波进行积分，求速度波和位移波。

④检查其峰值加速度、峰值位移、峰值速度和 5%至 95%总能量的地面运动持续时间与相应的目标值的相对误差是否都在-5%到+10%范围内，如不满足，则需再调整。

⑤计算其 2%和 10%阻尼的加速度反应谱，检查这些谱的形状，如不满意，则需再调整。

⑥若原来的速度波包含一个大的速度脉冲（fling），则应检查调整后的速度波和位移波，看其大的速度脉冲的形状是否与调整前显著不同，如显著不同，则需再调整。

⑦计算这三至九条加速度波的互相关系数 ρ_{aij}，i、j = 1、2、…、9，检查是否都不大于 0.1；计算这三至九条速度波的相互关系数 ρ_{vij}，i、j = 1、2、…、9，检查是否都不大于 0.2。

再计算这三至九条位移波的互相关系数 ρ_{dij}，i、j = 1、2、…、9，检查是否都不大于 0.3；如不满足，则需再调整。

⑧原始的加速度波不一定都能调整到满足上述第③至⑦的要求，这时须放弃达不到要求的波，再更换其他原始波重新开始；如都满足，则进行下述工作。

⑨使满足要求的加速度波的时间步长不超过 0.01s，并用其速度波和位移波对加速度波进行基线调整。

14.7　地震影响系数的确定

14.7.1　地震影响系数 α 的含义

《规范》地震影响系数 α，取单质点弹性结构在地震作用下的最大加速度反应与重力加速度比的平均值。因此，α 是由地震动最大加速度 a_{max} 与结构地震反应放大倍数 β 组成，即

$$\alpha(T) = a_{max} \cdot \beta(T) / g = k\beta(T) \tag{14.7-1}$$

式中　T——结构自振周期；

k——地震系数，随设防水准不同，取值也不同，如表 14.7-1 所示。

由表 14.7－1 可见，相当于设防烈度的 k 值，同《中国地震动峰值加速度区划图》（GB 18306—2015）中的基本地震动峰值加速度以及《规范》中的设计基本地震加速度值相一致，多遇地震和罕遇地震的地震系数 k 值，同《规范》规定的时程分析所用地震加速度时程的最大值相一致。

表 14.7－1　地震系数 k 取值

设防水准	设防烈度			
	6	7	8	9
	k			
多遇地震 50 年超越概率 63.2%	0.018	0.035（0.055）	0.07（0.11）	0.14
设防烈度地震 50 年超越概率 10%	0.05	0.10（0.15）	0.20（0.30）	0.40
罕遇地震 50 年超越概率 2%～3%	0.125	0.22（0.31）	0.40（0.51）	0.62

14.7.2　地震影响系数最大值 α_{max}

$$\alpha_{max} = k\beta_{max} \tag{14.7-2}$$

式中　β_{max}——结构地震反应放大倍数最大值，同结构的阻尼比有关，当阻尼比为 0.05 时，β_{max}取 2.25。

地震影响系数的最大值随设防水准与设防烈度不同按表 14.7－2 取值。

表 14.7－2　地震影响系数最大值 α_{max}

设防烈度	6	7	8	9
第一阶段设计值	0.04	0.08（0.12）	0.16（0.24）	0.32
第二阶段设计值	0.28	0.50（0.72）	0.90（1.20）	1.40

14.7.3　地震影响系数随结构自振周期 T 的变化

按《规范》反应谱法计算时，基本振型和高阶振型的地震影响系数 α，均随结构振型周期而变。

1.《规范》地震影响系数曲线的规定如图 14.7－1

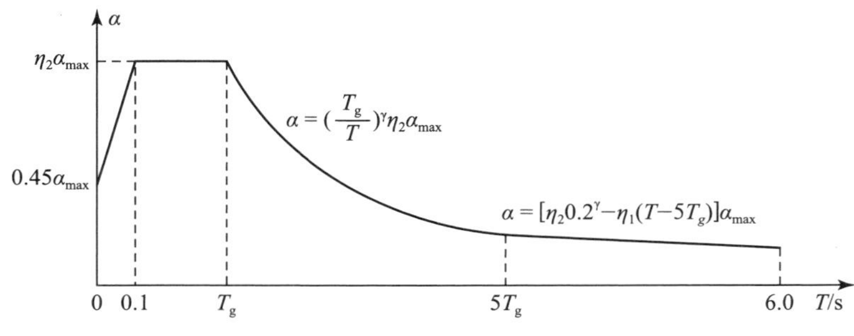

图 14.7－1　地震影响系数曲线（示意图）

2. 图 14.7－1 中各线段的范围（当阻尼比为 0.05 时）

（1）直线上升段，周期 0~0.1s 的区段。

（2）水平段，自 0.1s~T_g 的区段，取最大值 α_{max}。

（3）曲线下降段，自 T_g~$5T_g$ 区段，衰减指数取 0.9。

（4）直线下降段，自 $5T_g$~6.0s 区段，下降调整系数为 0.02，阻尼调整系数为 1。

3. 设计特征周期 T_g 值

表 14.7－3　设计特征周期 T_g（s）

设计地震分组	场地类别				
	I_0	I_1	Ⅱ	Ⅲ	Ⅳ
第一组	0.20	0.25	0.35	0.45	0.65
第二组	0.25	0.30	0.40	0.55	0.75
第三组	0.30	0.35	0.45	0.65	0.90

注：计算罕遇地震作用时，设计特征周期应增加 0.05s。

4. 阻尼比不等于 0.05 的建筑结构，图 14.7－1 中的系数按以下规定调整

（1）曲线下降段的衰减指数 γ：

$$\gamma = 0.9 + \frac{0.05 - \zeta}{0.3 + 6\zeta}$$

式中　γ——下降段的衰减指数；

ζ——阻尼比。

（2）直线下降段的下降斜率调整系数 η_1：

$$\eta_1 = 0.02 + (0.05 - \zeta)/(4 + 32\zeta)$$

式中　η_1——直线下降段的下降斜率调整系数，小于 0 时取 0。

（3）阻尼调整系数 η_2：

$$\eta_2 = 1 + \frac{0.05 - \zeta}{0.08 + 1.6\zeta}$$

式中　η_2——阻尼调整系数，当小于 0.55 时，应取 0.55。

（4）不同阻尼比的有关调整系数，如表 14.7－4。

表 14.7－4　不同阻尼比的有关调整系数

ζ	η_2	γ	η_1
0.01	1.42	1.01	0.029
0.02	1.27	0.97	0.026
0.03	1.16	0.94	0.024
0.05	1.00	0.90	0.020
0.10	0.79	0.84	0.013
0.15	0.69	0.82	0.009
0.20	0.63	0.80	0.006

附录 14.1　墙体剪切形状系数表

对于附图 14.1－1 至附图 14.1－3 不同截面形式墙体剪切形状系数 μ 值列于附表 14.1－1 至附表 14.1－3。

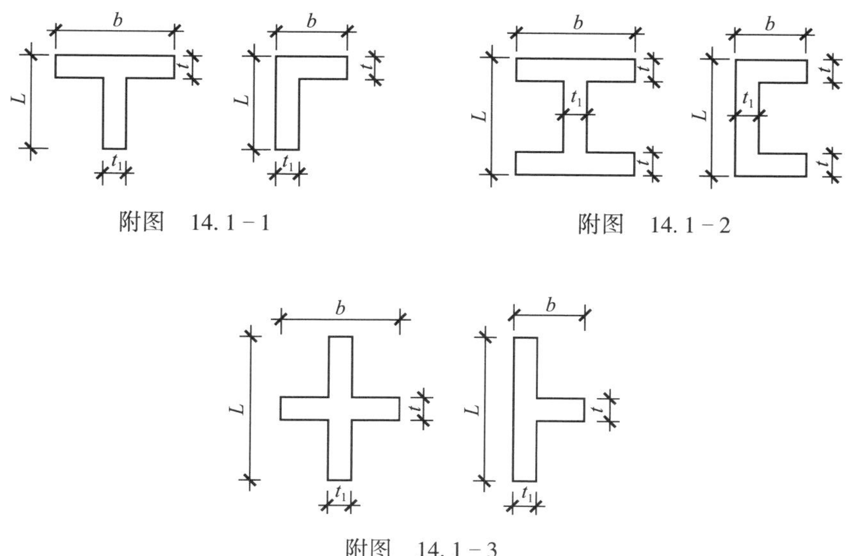

附图　14.1－1

附图　14.1－2

附图　14.1－3

附表 14.1－1　T 形截面系数

b/t_1 L/t	1	2	3	4	5	6	7	8	9	10	12	14	16	18
2	1.200	1.279	1.392	1.492	1.575	1.643	1.697	1.741	1.775	1.802	1.840	1.862	1.872	1.875
4	1.200	1.379	1.582	1.790	1.998	2.204	2.406	2.605	2.800	2.991	3.362	3.717	4.057	4.383
6	1.200	1.334	1.491	1.655	1.821	1.988	2.155	2.322	2.489	2.655	2.984	3.310	3.632	3.951
8	1.200	1.299	1.420	1.548	1.679	1.812	1.946	2.080	2.214	2.348	2.616	2.883	3.149	3.414
10	1.200	1.275	1.371	1.474	1.581	1.690	1.800	1.910	2.020	2.131	2.353	2.575	2.796	3.017
12	1.200	1.259	1.336	1.422	1.511	1.603	1.695	1.788	1.882	1.976	2.164	2.352	2.541	2.729
14	1.200	1.247	1.311	1.384	1.460	1.538	1.618	1.698	1.779	1.860	2.023	2.186	2.350	2.513
16	1.200	1.238	1.293	1.355	1.420	1.489	1.558	1.629	1.700	1.771	1.914	2.058	2.203	2.347
18	1.200	1.232	1.278	1.332	1.390	1.450	1.511	1.574	1.637	1.701	1.829	1.957	2.086	2.215
20	1.200	1.227	1.267	1.314	1.365	1.419	1.474	1.530	1.587	1.644	1.759	1.875	1.991	2.108
22	1.200	1.223	1.258	1.300	1.346	1.394	1.443	1.494	1.545	1.597	1.702	1.807	1.913	2.020
24	1.200	1.220	1.251	1.288	1.329	1.372	1.417	1.464	1.510	1.558	1.654	1.750	1.848	1.945
26	1.200	1.218	1.245	1.278	1.315	1.355	1.396	1.438	1.481	1.525	1.613	1.702	1.792	1.882
28	1.200	1.216	1.240	1.270	1.304	1.340	1.377	1.416	1.456	1.496	1.578	1.661	1.744	1.828
30	1.200	1.214	1.236	1.263	1.294	1.327	1.362	1.398	1.434	1.472	1.547	1.624	1.702	1.780
32	1.200	1.212	1.232	1.257	1.285	1.316	1.348	1.381	1.415	1.450	1.521	1.593	1.666	1.739
34	1.200	1.211	1.229	1.252	1.278	1.306	1.336	1.367	1.399	1.431	1.497	1.565	1.633	1.702
36	1.200	1.210	1.227	1.248	1.272	1.298	1.325	1.354	1.384	1.414	1.477	1.540	1.605	1.670
38	1.200	1.209	1.224	1.244	1.266	1.290	1.316	1.343	1.371	1.400	1.458	1.518	1.579	1.640
40	1.200	1.208	1.222	1.240	1.261	1.284	1.308	1.333	1.359	1.386	1.442	1.498	1.556	1.614
42	1.200	1.208	1.221	1.237	1.256	1.278	1.300	1.324	1.349	1.374	1.427	1.480	1.535	1.590
44	1.200	1.207	1.219	1.234	1.252	1.272	1.294	1.316	1.340	1.364	1.413	1.464	1.516	1.569
46	1.200	1.206	1.218	1.232	1.249	1.268	1.288	1.309	1.331	1.354	1.401	1.449	1.499	1.549
48	1.200	1.206	1.216	1.230	1.246	1.263	1.282	1.302	1.323	1.345	1.390	1.436	1.483	1.531
50	1.200	1.206	1.215	1.228	1.243	1.259	1.277	1.296	1.316	1.337	1.379	1.424	1.469	1.515

附表 14.1－2　工字形截面系数

L/t \ b/t_1	1	2	3	4	5	6	7	8	9	10	12	14	16	18
2	1.200	1.200	1.200	1.200	1.200	1.200	1.200	1.200	1.200	1.200	1.200	1.200	1.200	1.200
4	1.200	1.548	1.936	2.337	2.742	3.149	3.559	3.969	4.380	4.791	5.615	6.439	7.264	8.090
6	1.200	1.455	1.743	2.042	2.345	2.651	2.959	3.267	3.576	3.886	4.506	5.127	5.749	6.371
8	1.200	1.386	1.603	1.831	2.063	2.299	2.536	2.774	3.013	3.252	3.732	4.213	4.694	5.176
10	1.200	1.340	1.511	1.692	1.878	2.067	2.258	2.450	2.643	2.837	3.225	3.614	4.004	4.394
12	1.200	1.310	1.447	1.596	1.750	1.907	2.066	2.227	2.388	2.550	2.874	3.200	3.527	3.854
14	1.200	1.288	1.402	1.527	1.658	1.792	1.927	2.064	2.202	2.341	2.619	2.899	3.179	3.460
16	1.200	1.272	1.369	1.476	1.588	1.704	1.822	1.941	2.062	2.183	2.426	2.671	2.916	3.162
18	1.200	1.260	1.343	1.436	1.535	1.636	1.740	1.846	1.952	2.059	2.275	2.492	2.710	2.929
20	1.200	1.251	1.323	1.405	1.492	1.582	1.675	1.769	1.864	1.960	2.154	2.349	2.545	2.742
22	1.200	1.244	1.307	1.379	1.457	1.538	1.622	1.707	1.793	1.879	2.055	2.232	2.410	2.588
24	1.200	1.238	1.294	1.359	1.429	1.502	1.578	1.655	1.733	1.812	1.972	2.134	2.297	2.460
26	1.200	1.234	1.283	1.341	1.405	1.472	1.541	1.611	1.683	1.756	1.903	2.051	2.201	2.352
28	1.200	1.230	1.274	1.327	1.385	1.446	1.509	1.574	1.640	1.707	1.843	1.981	2.119	2.259
30	1.200	1.226	1.267	1.315	1.367	1.424	1.482	1.542	1.603	1.665	1.791	1.919	2.048	2.178
32	1.200	1.224	1.260	1.304	1.353	1.405	1.459	1.514	1.571	1.629	1.747	1.866	1.987	2.108
34	1.200	1.221	1.255	1.295	1.340	1.388	1.438	1.490	1.543	1.597	1.707	1.819	1.932	2.046
36	1.200	1.219	1.250	1.287	1.329	1.373	1.420	1.469	1.518	1.569	1.672	1.777	1.884	1.991
38	1.200	1.218	1.246	1.280	1.319	1.360	1.404	1.450	1.496	1.544	1.641	1.740	1.841	1.942
40	1.200	1.216	1.242	1.274	1.310	1.349	1.390	1.433	1.477	1.521	1.613	1.707	1.802	1.898
42	1.200	1.215	1.239	1.268	1.302	1.339	1.377	1.418	1.459	1.501	1.588	1.677	1.767	1.858
44	1.200	1.214	1.236	1.263	1.295	1.329	1.366	1.404	1.443	1.483	1.565	1.650	1.736	1.822
46	1.200	1.213	1.233	1.259	1.289	1.321	1.356	1.391	1.429	1.467	1.545	1.625	1.707	1.789
48	1.200	1.212	1.231	1.255	1.283	1.314	1.346	1.380	1.415	1.452	1.526	1.603	1.680	1.759
50	1.200	1.211	1.229	1.252	1.278	1.307	1.338	1.370	1.404	1.438	1.509	1.582	1.656	1.732

附表 14.1－3　十字形截面系数

L/t \ b/t_1	1	2	3	4	5	6	7	8	9	10	12	14	16	18
2	1.200	1.092	1.092	1.108	1.125	1.140	1.153	1.163	1.172	1.179	1.190	1.197	1.202	1.206
4	1.200	1.156	1.231	1.330	1.434	1.537	1.637	1.733	1.825	1.912	2.075	2.220	2.351	2.468
6	1.200	1.182	1.262	1.364	1.473	1.586	1.699	1.811	1.923	2.033	2.249	2.459	2.662	2.859
8	1.200	1.192	1.263	1.353	1.450	1.551	1.653	1.755	1.858	1.960	2.164	2.365	2.565	2.761
10	1.200	1.196	1.259	1.337	1.422	1.509	1.598	1.688	1.779	1.869	2.050	2.231	2.411	2.589
12	1.200	1.198	1.253	1.322	1.396	1.473	1.552	1.631	1.710	1.790	1.950	2.111	2.271	2.430
14	1.200	1.200	1.248	1.309	1.375	1.443	1.513	1.583	1.654	1.725	1.868	2.010	2.153	2.296
16	1.200	1.200	1.244	1.299	1.358	1.419	1.481	1.544	1.608	1.671	1.800	1.928	2.057	2.185
18	1.200	1.201	1.240	1.290	1.343	1.399	1.455	1.512	1.570	1.627	1.743	1.860	1.976	2.093
20	1.200	1.201	1.237	1.282	1.331	1.382	1.433	1.485	1.538	1.590	1.696	1.803	1.909	2.016
22	1.200	1.201	1.235	1.276	1.321	1.367	1.415	1.462	1.511	1.559	1.657	1.754	1.852	1.951
24	1.200	1.201	1.232	1.271	1.312	1.355	1.399	1.443	1.488	1.532	1.623	1.713	1.804	1.895
26	1.200	1.201	1.230	1.266	1.304	1.344	1.385	1.426	1.468	1.509	1.593	1.677	1.762	1.846
28	1.200	1.201	1.228	1.262	1.298	1.335	1.373	1.411	1.450	1.489	1.568	1.646	1.725	1.804
30	1.200	1.201	1.227	1.258	1.292	1.327	1.362	1.399	1.435	1.471	1.545	1.619	1.693	1.767
32	1.200	1.201	1.225	1.255	1.287	1.319	1.353	1.387	1.421	1.456	1.525	1.595	1.664	1.734
34	1.200	1.201	1.224	1.252	1.282	1.313	1.345	1.377	1.409	1.442	1.507	1.573	1.639	1.705
36	1.200	1.201	1.223	1.249	1.278	1.307	1.337	1.368	1.398	1.429	1.491	1.554	1.616	1.679
38	1.200	1.201	1.222	1.247	1.274	1.302	1.330	1.359	1.389	1.418	1.477	1.536	1.595	1.655
40	1.200	1.201	1.221	1.245	1.270	1.297	1.324	1.352	1.380	1.408	1.464	1.520	1.577	1.634
42	1.200	1.201	1.220	1.243	1.267	1.293	1.319	1.345	1.372	1.398	1.452	1.506	1.560	1.614
44	1.200	1.201	1.219	1.241	1.264	1.289	1.314	1.339	1.364	1.390	1.441	1.493	1.544	1.596
46	1.200	1.201	1.218	1.239	1.262	1.285	1.309	1.333	1.357	1.382	1.431	1.481	1.530	1.580
48	1.200	1.201	1.217	1.238	1.259	1.282	1.305	1.328	1.351	1.375	1.422	1.469	1.517	1.565
50	1.200	1.201	1.217	1.236	1.257	1.279	1.301	1.323	1.345	1.368	1.413	1.459	1.505	1.551

参　考　文　献

[1] 秦权、楼磊，非经典阻尼对悬桥地震反应的影响，土木工程学报，1999，32（3），17~22

[2] Caltrans, Guidelines for Generation of Response-Spectrum-Compatible Rock Motion Time Histories for Application to Caltran Toll Bridge Seismic Retrofit Project Nov. 25 1996

[3] Tamura K et al. , Ground Motion Characteristics for Seismic Design of Highway Bridge, 2nd Italy-Japan Workshop on Seismic Design and Retrofit, Feb. , 1992

第 15 章　结构水平地震作用分析的反应谱法

15.1　底部剪力法

底部剪力法是计算规则结构水平地震作用的简化方法，按照弹性地震反应谱理论，结构底部总地震剪力与等效的单质点的水平地震作用相等，由此，可确定结构总水平地震作用及其沿高度的分布。计算时，各层的重力荷载代表值集中于楼盖处，在每个主轴方向可仅考虑一个自由度。

15.1.1　适用范围

底部剪力法，一般适用于多层砌体房屋，底部一、二层为钢筋混凝土框架–抗震墙砌体房，规则的中低层钢筋混凝土框架和框架–抗震墙房屋，单层工业厂房以及可以简化为单质点体系的建筑。

15.1.2　总水平地震作用标准值

表 15.1－1

<table>
<tr><td>公式</td><td colspan="4">$F_{Ek} = \alpha_1 G_{eq}$</td></tr>
<tr><td>F_{Ek}</td><td colspan="4">结构总水平地震作用标准值</td></tr>
<tr><td>α_1</td><td colspan="4">相应于结构基本自振周期 T_1 的水平地震影响系数；对多层砌体房屋、底部框架–抗震墙砌体房屋，不计算基本自振周期，取 $\alpha_1 = \alpha_{max}$</td></tr>
<tr><td>G_{eq}</td><td colspan="4">等效单质点的重力荷载</td></tr>
<tr><td rowspan="2"></td><td>结构类型</td><td>单层或集中为单质点的结构</td><td>一般多层</td><td>不等高单层厂房</td></tr>
<tr><td>G_{eq}</td><td>G_E</td><td>$0.85G_E$</td><td>$0.9 \sim 0.95G_E$</td></tr>
</table>

15.1.3　水平地震作用沿高度分布

表 15.1－2

公式	$F_i=\dfrac{G_iG_j}{\sum_{j=i}^{n}G_jH_j}F_{Ek}(1-\delta_n)\quad(i=1,\ 2,\ \cdots,\ n)$ $\Delta F_n=\delta_n F_{Ek}$
F_i	质点 i 的水平地震作用标准值
G_i、G_j	分别为集中于质点 i、j 的重力荷载代表值
H_i、H_j	分别为质点 i、j 的计算高度
ΔF_n	顶部附加水平地震作用
δ_n	顶部附加地震作用系数

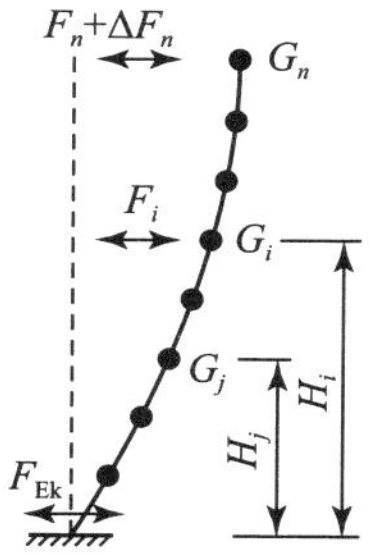

图 15.1－1　结构水平地震作用计算简图

结构类型	$T_1>1.4T_g$ 的多层钢筋混凝土结构和钢结构			其他情况
	$T_g\leqslant 0.35$	$0.35<T_g\leqslant 0.55$	$T_g>0.55$	
δ_n	$0.08T_1+0.07$	$0.08T_1+0.01$	$0.08T_1-0.02$	0.0

15.1.4　算例

【例 15.1－1】　3 层砖房，求出各楼层的重力荷载代表值和计算高度后，7 度时各楼层地震作用标准值可按表 15.1－3 计算。

表 15.1－3　砖房地震作用标准值

层	G_E/kN	H/m	G_iH_i	$G_iH_i/\sum G_jH_j$	F_i/kN
3	818	10.00	8180	0.3574	85.0
2	1330	7.00	9310	0.4067	96.8
1	1350	4.00	5400	0.2359	56.1

$\sum G_i=3498$　　$\sum G_iH_i=22890$　　$F_{Ek}=0.85\times0.08\times3498=237.90$kN

【例 15.1－2】　4 层框架，求出各楼层重力荷载代表值 G_{Ei}、计算高度 H_i 和侧移刚度 K_i 后，可用能量法按表 15.1－4 计算基本周期 T_i，求出 7 度（0.10g），二组，Ⅰ$_1$ 类场地时对应于 T_1 的地震影响系数 α_1，再按表 15.1－5 计算各层的地震作用标准值。

表 15. 1 - 4　基本周期计算

层	G_E/kN	K/ (kN/m)	Δu/m	u_i	G_iu_i	$G_iu_i^2$
4	710	52060	0. 0136	0. 1810	128. 5	23. 3
3	1040	54260	0. 0323	0. 1674	174. 1	29. 1
2	1040	54260	0. 0541	0. 1351	140. 5	19. 0
1	1100	46500	0. 0837	0. 0837	92. 1	7. 7

$\sum G_iu_i=535.2$　$\sum G_iu_i^2=79.1$

$$T_1=2\times0.6\times\sqrt{79.1/535.2}=0.46\text{s}\qquad \alpha_1=0.0545\qquad \delta_n=0.047$$

表 15. 1 - 5　框架地震作用标准值

层	G_E/kN	H/m	G_iH_i	$(1-\delta_n)\dfrac{G_iH_i}{\sum G_jH_j}$	δ_n	F_i/kN
4	710	14. 8	10508	0. 2906	0. 047	60. 8
3	1040	11. 2	11648	0. 3221		58. 1
2	1040	7. 6	7904	0. 2186		39. 4
1	1100	4. 0	4400	0. 1217		21. 9

$\sum G_E=3890$　$\sum G_iH_i=33460$　$F_{Ek}=0.85\times3890\times0.0545=180.2\text{kN}$

15. 2　平动的振型分解反应谱法

平动的振型分解反应谱法是无扭转结构抗震分析的基本方法。它把结构同一方向各阶平动振型作为广义坐标系，每个振型是一个等效单自由度体系，可按反应谱理论确定每一个振型的地震作用并求得相应的地震作用效应（弯矩、剪力、轴向力和位移、变形等），再根据随机振动过程的遇合理论，用平方和平方根的组合（SRSS）得到整个结构的地震作用效应。

15. 2. 1　结构反应的振型分解

一般情况下，描述结构在某个方向的运动，只需事先了解结构固有的 n 个自振周期的相应的振型，结构任一点的地震反应是 n 个等效单自由度体系地震反应按相应振型的线性组合，这就是振型分解的概念。

结构固有的自振周期和振型，是结构在不受任何外力作用时振动（称自由振动）的固有特性。将重力荷载代表值集中于楼层或质点之处，对应于自由振动的频率方程可写为：

$$\omega^2[m]+[K]=0$$

因此，结构的自振周期和振型取决于结构的质量分布［m］和刚度分布［K］。

这个方程数学上称为特征方程。特征方程的特征根对应于自振周期 T_1，特征方程的特征向量对应于体系的振动形状，也就是振型 X_{ji}。因而，结构各阶自振周期和振型的计算多由计算机完成。

15.2.2　各阶振型的地震作用标准值

表 15.2-1

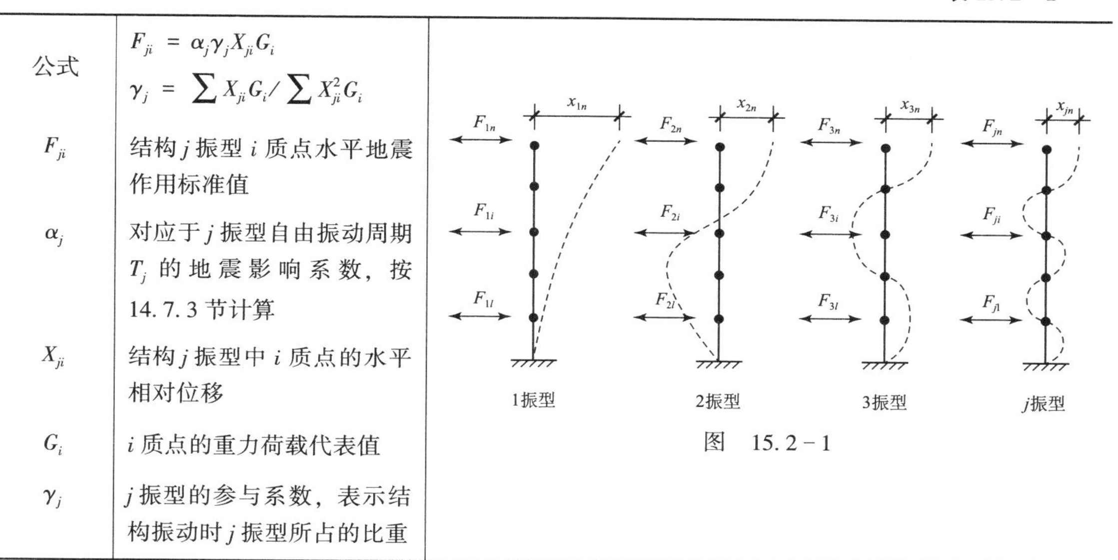

公式	$F_{ji}=\alpha_j\gamma_jX_{ji}G_i$ $\gamma_j=\sum X_{ji}G_i/\sum X_{ji}^2G_i$
F_{ji}	结构 j 振型 i 质点水平地震作用标准值
α_j	对应于 j 振型自由振动周期 T_j 的地震影响系数，按 14.7.3 节计算
X_{ji}	结构 j 振型中 i 质点的水平相对位移
G_i	i 质点的重力荷载代表值
γ_j	j 振型的参与系数，表示结构振动时 j 振型所占的比重

图　15.2-1

15.2.3　各阶振型地震作用效应的组合

确定每个振型的水平地震作用标准值后，就可按弹性力学方法求得每个振型对应的地震作用效应 S_j（弯矩、剪力、轴向力和位移、变形），然后按平方和平方根法（SRSS）加以组合，得到地震作用效应的计算值 S（表 15.2-2）。

表 15.2-2

公式	$S=\sqrt{\sum_{j=1}^{m}S_j^2}$		
S_j	j 振型水平地震作用的作用效应		
m	振型数，工程上只考虑前若干个振型的组合就可满足精度要求		
	情况	一般情况	T_1>1.5s 或房屋高宽比（H/B）>5
	m	2~3	适当增加 5~7

注：地震作用效应（内力和变形）的组合不同于水平地震作用的组合，不可用 $F_i=\sqrt{\sum F_{ji}^2}$ 作为 i 质点的水平地震作用，再按弹性力学方法求得地震内力和位移。

15.2.4　算例

【例 15.2－1】　4 层框架，顶部有出屋面小建筑，其他情况同 15.1.4 节【例 15.1－2】。用振型分解反应谱法求各楼层的地震剪力设计值（分项系数 $\gamma_E = 1.3$），为了比较，只考虑侧移刚度，周期折减系数取 $\psi_T = 0.6$。

表 15.2－3

	层	G_E/kN	K/（kN/m）	X_{1i}	X_{2i}	X_{3i}	X_{4i}
各阶周期和振型	5	90	8680	1.0000	−1.0000	1.0000	−1.0000
	4	730	52060	0.9339	−0.4816	−0.0020	0.4178
	3	1040	54260	0.8394	−0.0576	−0.1664	−0.1469
	2	1040	54260	0.6461	0.4045	−0.016	−0.3037
	1	1100	46500	0.3738	0.4789	0.1640	0.3335
				$T_1 = 0.477$s	$T_2 = 0.170$s	$T_3 = 0.122$s	$T_4 = 0.103$s

表 15.2－4

	层	F_1	V_1^c	F_2	V_2^c	F_3	V_3^c	F_4	V_4^c	$V = 1.3\sqrt{\sum V_j^2}$
楼层地震剪力设计值	5	6.3	6.3	−4.7	−4.7	3.8	3.8	−1.8	−1.8	11.6
	4	47.9	54.2	−18.3	−25.0	−0.1	3.7	6.1	4.3	77.9
	3	61.3	115.5	−3.1	−28.1	−7.4	−3.7	−3.1	1.2	154.6
	2	47.2	162.7	21.9	−6.2	−0.7	−4.4	−6.3	−5.1	211.8
	1	28.9	191.6	27.4	21.2	7.7	3.3	7.4	2.3	250.7
	$\gamma_1 = 1.332$			$\gamma_2 = 0.651$			$\gamma_3 = 0.533$			$\gamma_2 = 0.251$
	$\alpha_1 = 1.332$			$\alpha_2 = 0.08$			$\alpha_2 = 0.08$			$\alpha_2 = 0.08$

注：上角标 c 表示为考虑分项系数的计算值，1.3 为地震作用分项系数 γ_E；本篇 γ_E 即 γ_{Eh}。

15.3　扭转耦连的振型分解反应谱法

扭转耦连的振型分解反应谱法，是不对称结构抗震分析的基本方法。它与平动的振型分解反应谱法不同之处是：

（1）扭转耦连振型有平移分量也有转角分量。

（2）各阶振型地震作用效应的组合，需采用完全二次项平方根法组合（CQC 法）。

15.3.1　结构的扭转耦连振型

表 15.3－1

	主要特点
频率方程	（1）刚度矩阵 $[K]$ 包含平东刚度和绕质心的转动刚度； （2）质量矩阵 $[m]$ 包含集中质量和绕质心的转动惯性矩
振型	（1）每个振型的平移分量和转角分量耦连，不出现单一分量的振动形式； （2）扭转效应较小时，当某分量所占比重很大，可近似得到该分量的振动形式
楼层位移参考轴	即使每个楼层只考虑质心处两个正交的水平移动和一个转角共三个自由度，楼层其他各点的位移也不相同。因而，任选某竖向参考轴计算，虽然各振型的自振周期相同，但所得到的振型不同。为此，要以各楼层质心连成的参考轴作为扭转振型的基准

15.3.2　各阶扭转振型的地震作用标准值

每个楼层，考虑质心在两个正交的水平移动和绕质心的转角共三个自由度。

表 15.3－2

公式	$F_{xji}=\alpha_j\gamma_{tj}X_{ji}G_i$ $F_{yji}=\alpha_j\gamma_{tj}Y_{ji}G_i$ $F_{tji}=\alpha_j\gamma_{tj}\varphi_{ji}gJ_i$ $\gamma_{tj}=\dfrac{\sum(X_{ji}\cos\theta+Y_{ji}\sin\theta)G_i}{\sum(X_{ji}^2G_i+Y_{ji}^2G_i+\varphi_{ji}^2gJ_i)}$	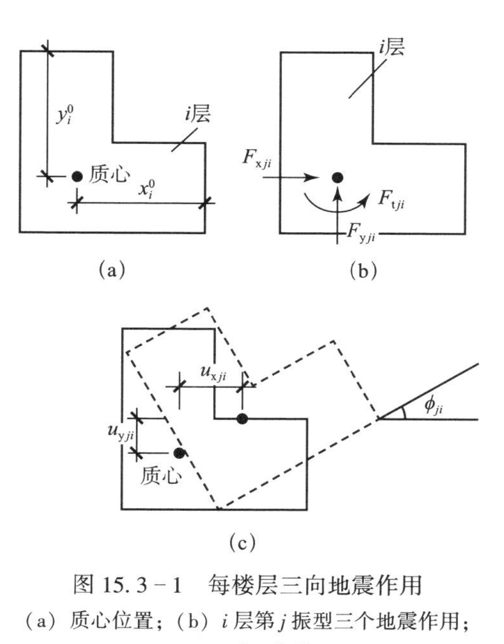 图 15.3－1　每楼层三向地震作用 （a）质心位置；（b）i 层第 j 振型三个地震作用；（c）质心位移
F_{ji}	j 扭转振型 i 楼层的地震作用标准值，下标 x、y、t 表示 x 方向、y 方向和扭转方向	
α_j	对应于 j 扭转振型自振周期 T_j 的地震影响系数，按 14.7.3 节计算	
X_{ji}	j 扭转振型 i 层质心在 x 方向的水平相对位移	
Y_{ji}	j 扭转振型 i 层质心在 y 方向的水平相对位移	
φ_{ji}	j 扭转振型 i 层的相对转角	
G_i、J_i	i 层的重力荷载代表值和绕质心的转动惯量	
g	重力加速度	
γ_{tj}	j 扭转振型在地震作用与 x 轴成 θ 角时的参与系数	

续表

	x 方向地震作用，$\theta=0$ $\gamma_{tj}=\sum X_{ji}G_i/\sum(X_{ji}^2G_i+Y_{ji}^2G_i+\varphi_{ji}^2gJ_i)$ y 方向地震作用，$\theta=\pi/2$ $\gamma_{tj}=\sum Y_{ji}G_i/\sum(X_{ji}^2G_i+Y_{ji}^2G_i+\varphi_{ji}^2gJ_i)$

15.3.3　各阶扭转振型地震作用效应的组合

确定每个扭转振型在 x 方向、y 方向和转角方向的水平地震作用标准值之后，同样用弹性力学方法求出每个振型对应的地震作用效应，但要采用完全二次项平方根法（CQC）加以组合，得到地震作用效应的计算值 S。

表 15.3－3

公式	一个水平方向地震单独作用时， $S=\sqrt{\sum_1^m\sum_1^m\rho_{jk}S_kS_j}$ $\rho_{jk}=\dfrac{8\zeta_j\zeta_k(1+\lambda_T)\lambda_T^{1.5}}{(1-\lambda_T^2)^2+4\zeta_j\zeta_k(1+\lambda_T^2)\lambda_T}$ 当阻尼比取 0.05 时，$\rho_{jk}=\dfrac{0.02\lambda_T^{1.5}}{(1+\lambda_T)[(1-\lambda_T)^2+0.01\lambda_T]}$ 二个正交水平方向地震联合作用时， $S_x=\sqrt{S_{xx}^2+(0.85S_{xy})^2}$　或　$S_x=\sqrt{S_{xy}^2+(0.85S_{xx})^2}$，取较大值 $S_y=\sqrt{S_{yy}^2+(0.85S_{yx})^2}$　或　$S_y=\sqrt{S_{yx}^2+(0.85S_{yy})^2}$，取较大值
S_k、S_j	k、j 扭转振型的地震作用标准值
λ_T	j 振型与 k 振型的自振周期比，$\lambda_T=T_j/T_k$
m	扭转振型数，可取前 9~15 个
ρ_{jk}	k 振型与 j 振型的耦连系数
ζ_j、ζ_k	分别为 j、k 振型的阻尼比
S_x、S_y	分别为双向水平地震作用下的 x、y 方向构件的扭转效应
S_{xx}、S_{xy}	分别为 x、y 方向单向水平地震作用下 x 方向构件的作用效应
S_{yy}、S_{yx}	分别为 x、y 方向单向水平地震作用下 y 方向构件的作用效应

15.3.4　楼层转动惯量计算法

楼层绕质心的转动惯量 J 为楼层各微元的质量 m_i 与各微元至质心轴线距离平方乘积的积分。计算时，可取任意点为坐标轴。

表 15.3－4

项目	质心位置	绕质心转动惯量
楼板及其均布活荷载	$x_1=\frac{1}{m_1}\int_A m_i x_i \mathrm{d}A$ $y_1=\frac{1}{m_1}\int_A m_i y_i \mathrm{d}A$ $m_1=\int_A m_i \mathrm{d}A$	$J_1=\int_A m_i[(x_i-x_1)^2+(y_i-y_1)^2]\mathrm{d}A$
集中质量	$x_2=\frac{1}{m_2}\sum m_i x_i$ $y_2=\frac{1}{m_2}\sum m_i y_i$ $m_2=\sum m_i$	$J_2=\sum m_i[(x_i-x_1)^2+(y_i-y_1)^2]$
均布荷载和集中质量(1)	$x_0=\frac{1}{m}(m_1x_1+m_2x_2)$ $y_0=\frac{1}{m}(m_1y_1+m_2y_2)$ $m=m_1+m_2$	$J=\sum m_i[(x_i-x_1)^2+(y_i-y_1)^2]$ $+\int_A m_i[(x_i-x_1)^2+(y_i-y_1)^2]\mathrm{d}A$ $=J_1+J_2+m_1[(x_1-x_0)^2+(y_1-y_0)^2]$ $+m_2[(x_2-x_0)^2+(y_2-y_0)^2]$
均布荷载和集中质量(2)*	$x_0=\frac{1}{m}(m_1x_1+\sum m_i x_i)$ $y_0=\frac{1}{m}(m_1y_1+\sum m_i y_i)$ $m=m_1+\sum m_i$	$J=J_1+m_1[(x_1-x_0)^2+(y_1-y_0)^2]$ $+\sum m_i[(x_i-x_0)^2+(y_i-y_0)^2]$

注：* 用于集中质量的质心坐标和转动惯量不另算的情况。

15.3.5　算例

3 层的框架－抗震墙结构，如图 15.3－2 所示。柱截面 550mm×550mm，梁截面 300mm×650mm，墙厚 200mm。各层的层高、质心坐标、重力荷载代表值和相应的转动惯量等基本参数见表 15.3－5。

表 15.3－5　基本参数

层	质心坐标 x_0 (m)	质心坐标 y_0 (m)	重力荷载代表值 (kN)	绕质心转动惯量 (kN·g·m²)	层高 (m)
3	18.0	7.05	4800	580657	3.6
2	18.0	11.16	8900	1312721	2.7
1	18.0	11.49	43600	866518	3.0

此结构在纵向（x 方向）不对称，需考虑扭转效应，按 8 度Ⅱ类场地第二组地震计算结果如下：

结构前 9 个振型的周期、振型坐标及 x 方向地震作用标准值、振型参与系数列于表 15.3－5；当 y 方向地震作用时，由于其对称性，仅第 3、7、9 振型的参与系数不为零，即不引起 x 方向和转角方向的振动；结构第 1、4、6 振型为扭转为主的振型。

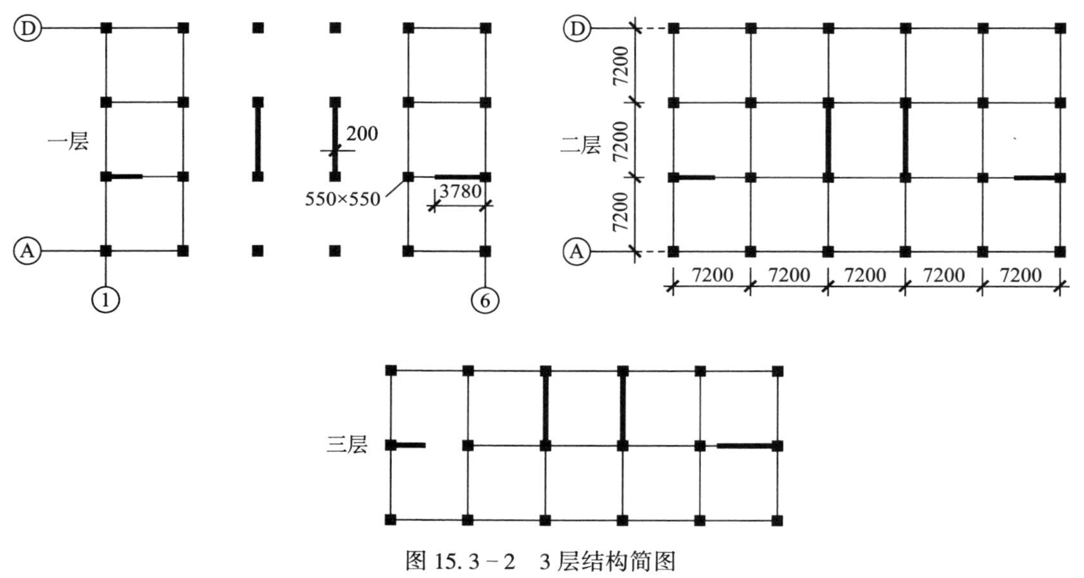

图 15.3－2　3 层结构简图

表 15.3－6 为单向 x 向和单向 y 向作用下的结果。

表 15.3-6　振型坐标和地震作用

振型		一	二	三	四	五	六	七	八	九
周期		0.221	0.202	0.112	0.082	0.057	0.042	0.037	0.026	0.026
振型坐标	x_3	0.615	1.000	0.000	1.000	1.000	0.047	0.000	0.147	0.000
	y_3	0.000	0.000	1.000	0.000	0.000	0.000	1.000	0.000	0.164
	φ_3	0.240	-0.029	0.000	0.344	-0.011	0.036	0.000	-0.002	0.000
	x_2	1.000	0.503	0.000	-0.667	-0.804	-0.265	0.000	-0.343	0.000
	y_2	0.000	0.000	0.620	0.000	0.000	0.000	-0.708	0.000	-0.370
	φ_2	0.154	-0.017	0.000	-0.165	0.027	-0.076	0.000	1.000	0.000
	x_1	0.491	0.207	0.000	-0.794	0.680	1.000	0.000	1.000	0.000
	y_1	0.000	0.000	0.287	0.000	0.000	0.000	-0.715	0.000	1.000
	φ_1	0.074	-0.007	0.000	-0.157	0.027	0.161	0.000	-0.028	0.000
参与系数		0.173	1.251	0.000	0.330	0.373	0.062	0.000	0.314	0.00
地震作用	F_{x3}	81.59	960.73	0.00	-25.35	-235.35	1.62	0.00	21.82	0.00
	F_{y3}	0.00	0.00	0.00	0.00	0.00	0.00	0.00	0.00	0.00
	F_{t3}	3858.58	-3333.70	0.00	-1054.55	326.43	150.48	0.00	-33.66	0.00
	F_{x2}	246.13	896.48	0.00	31.36	350.92	-16.95	0.00	-94.65	0.00
	F_{y2}	0.00	0.00	0.00	0.00	0.00	0.00	0.00	0.00	0.00
	F_{t2}	5573.67	-441.72	0.00	1144.30	-1762.78	-713.30	0.00	511.70	0.00
	F_{x1}	59.16	180.97	0.00	18.27	145.38	81.35	0.00	135.04	0.00
	F_{y1}	0.00	0.00	0.00	0.00	0.00	0.00	0.00	0.00	0.00
	F_{t1}	1765.94	-1260.80	0.00	718.60	-1157.21	1003.28	0.00	-753.01	0.00

按 CQC 方法组合计算 8 度Ⅱ类场地的底部总地震作用，在 x 方向地震作用下为 2092kN，在 y 方向地震作用下为 2504.88kN。

15.4　结构地震扭转效应的简化计算方法

《规范》规定，在确有依据时，尚可采用简化计算方法确定地震作用效应。

结构地震扭转效应的简化方法很多。

将平动分析得到的层间地震剪力乘以“扭转效应系数”，是物理概念较明确的简化，它来自大量的计算、比较和统计，是一种经验性的近似估计。

15.4.1 多层偏心框架扭转效应的调整

适用于 $H<40$m 的框架，其侧移刚度沿高度变化较均匀且各层质心在“计算刚心”的同侧。

表 15.4－1

公式	$V=\eta_t V_0$ 边榀框架 $\eta_t=0.65+4.5\varepsilon \quad (0.1\leqslant\varepsilon\leqslant0.3)$ 偏心参数 $\varepsilon=e_y s_y/(K_\varphi/K_x)$ $K_\varphi=\sum K_{xj}y_j^2+\sum K_{yj}x_j^2$
V、V_0	考虑扭转和平动分析时一榀框架的层间剪力
e_y	i 层“计算刚心”至 i 层及以上各层总质心在 y 方向的距离，“计算刚心”取仅 i 层有平移时作用于该层的恢复力的合力点
s_y	边榀框架至 i 层及以上各层总质心的距离
K_x	x 方向总侧移刚度，即 $K_x=\sum K_{xj}$
K_φ	i 层绕总质心的扭转刚度

注：中间各榀框架的 η_t，取边榀的数值线性插入。

15.4.2 剪切型偏心结构扭转效应的调整

对第一振型为主的剪切型结构，利用“振型刚心”的概念，得到的调整方法。

表 15.4－2

公式	$V=\eta_t V_0$ 剪力增大端 $\eta_t=\eta_{t1}=1.01+1.33\lambda_e$ 剪力减小端 $\eta_t=\eta_{t2}=1/\eta_{t1}$，中间各榀在 η_{t1}、η_{t2} 间内插 $\lambda_e=\sum_k (e_k V_k/V)/\sqrt{K_{\varphi i}/K_{xi}}$ $e_k=\sum F_{jk}Y_{jk}/F_k$
V_k、V_1	第 k 层和底部的地震剪力
e_k	第 k 层的振型刚心偏心距
K_{xi}	第 i 层的侧移刚度
$K_{\varphi i}$	第 i 层绕该层振型刚心的扭转刚度 $K_{\varphi i}=\sum K_{xj}(y_i-e_{yi})^2+\sum K_{yi}(x_i-e_{xi})^2$
F_{jk}	k 层 j 榀抗侧力构件的地震作用
F_k	k 层平动分析的地震作用，$F_k=\sum F_{jk}$
Y_{jk}	k 层中 j 榀抗侧力构件至该层质心的距离

15.4.3　算例

某 3 层结构，图 15.4－1，在横向共有 12 榀抗侧力构件，其中顶层仅 6~9 轴线有抗侧力构件。用两种扭转效应系数对平动分析结果加以修正，并与扭转耦连振型分解法加以比较，列于表 15.4－3。

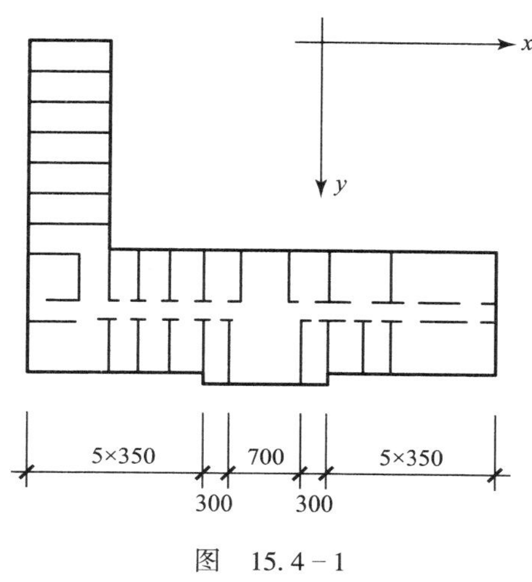

图　15.4－1

表 15.4－3

层	方法	①轴	②轴	③轴	④轴	⑤轴	⑥轴	⑨轴	⑩轴	⑪轴	⑫轴
3	平动						359	359			
	扭转						273	273			
	计算刚心法						359	359			
	振型刚心法						359	359			
2	平动	896	618	217	236	236	108	217	237		
	扭转	553	400	159	188	253	125	269	358		
	计算刚心法	896	679	260	294	538	160	332	400		
	振型刚心法	565	479	197	231	290	140	295	370		
1	平动	1466	1010	355	327	327	177	355	328		
	扭转	1125	769	284	323	399	195	415	458		
	计算刚心法	1466	1089	411	463	518	244	503	504		
	振型刚心法	1006	808	323	374	455	219	457	478		

15.5　楼层最小水平地震剪力控制

《规范》地震影响系数取消了下限值的规定，对周期较长的结构，计算的楼层水平地震剪力，有可能偏小，为保证必要的抗震安全要求，《规范》规定了楼层最小水平地震剪力限值，即：

$$V_{\mathrm{Ek}i} > \lambda \sum_{j=i}^{n} G_j \tag{15.5-1}$$

式中　$V_{\mathrm{Ek}i}$——第 i 层对应于水平地震作用标准值的楼层剪力；

λ——剪力系数，不应小于表15.5-1规定的最小地震剪力系数值，对竖向不规则结构的薄弱层，尚应乘以1.15的增大系数；

G_j——第 j 层的重力荷载代表值。

表15.5-1　楼层最小地震剪力系数

类别	6度	7度	8度	9度
扭转效应明显或基本周期小于3.5s的结构	0.008	0.016（0.24）	0.032（0.048）	0.064
基本周期大于5.0s的结构	0.006	0.012（0.018）	0.024（0.036）	0.048

注：①基本周期介于3.5s和5.0s之间的结构，可插入取值；

②括号内数值分别用于设计基本地震加速度为0.15g和0.3g的地区。

15.6　楼层地震剪力和地震作用效应的调整

15.6.1　建筑结构的不规则性的调整

一般的结构抗震分析，不能表示出不规则结构的应力集中，变形集中及有关的薄弱部位的实际内力状况，而需要做内力调整，其中有：

（1）平面规则而竖向不规则的建筑结构，薄弱层及其上一层的层地震剪力应乘以不小于1.15的增大系数。参阅《规范》3.4.4条。

（2）竖向抗侧力构件不连续时，水平地震作用下，不连续的竖向抗侧力构件，传给水平转换构件的地震内力应乘以1.25~2.0的系数。参阅《规范》3.4.4条。

15.6.2　按抗侧力构件协同工作分析的层间剪力的调整

框架-抗震墙和框架-支撑结构的抗震内力分析，是建立在两个不同的抗侧力构件按弹性刚度协同工作基础上的，分析模型的不精确，以及抗震墙和支撑可能进入弹塑性状态等，使框架结构承受过度的内力，需要调整。

（1）钢筋混凝土框架-抗震墙结构，框架的层剪力，应取为：

$$V_f = \{1.5V_f(i)_{max},\ 0.2V_0\}_{min}$$

参阅《规范》6.2.13 条。

（2）钢筋混凝土框架-核心筒结构，外框架的层剪力，应取为：

$$V_f = \begin{cases} \{1.5V_f(i)_{max},\ 0.2V_0\}_{min} & V_f(i)_{max} \geqslant 0.1V_0 \\ \{[1.5V_f(i)_{max},\ 0.2V_0]_{min},\ 0.15V_0\}_{max} & V_f(i)_{max} < 0.1V_0 \end{cases}$$

参阅《规范》6.7.1 条。

（3）钢框架-支撑（剪力墙板）结构，框架的层剪力，应取为：

$$V_f = \{1.8V_f(i)_{max},\ 0.25V_0\}_{min}$$

参阅《规范》8.2.3 条。

（4）钢框架-混凝土核心筒结构，钢框架的层剪力，应取为：

$$V_f = \{[1.5V_f(i)_{max},\ 0.2V_0]_{min},\ 0.15V_0\}_{max}$$

参阅《规范》G.2.4 条。

式中　V_0——结构底部总地震剪力；

$V_f(i)_{max}$——按协同工作分析各层框架部分地震剪力最值；

V_f——任意层框架部分地震剪力。

15.6.3　扭转影响和空间工作的效应调整

（1）规则结构不考虑扭转耦联时，平行于地震作用方向的两个边榀，应乘以增大系数；短边增大系数可取 1.15，长边增大系数可取 1.05，扭转刚度较小时，增大系数可取不小于 1.3，角部构件宜同时乘以两个方向各自的增大系数。参阅《规范》5.2.3 条。

（2）按简化方法计算偏心结构的扭转效应时，可将平动分析得到的层地震剪力乘以“扭转效应系数”。参阅 15.4 节。

（3）单层钢筋混凝土柱厂房，当符合规范规定条件时，排架柱的剪力和弯矩，应分别乘以 0.75~1.25 的调整系数。参阅《规范》附录 J。

15.6.4　砖排架柱的剪力和弯矩调整系数

单层砖柱厂房，当符合规范规定条件时，排架柱的剪力和弯矩，应分别乘以 0.6~1.1 的调整系数。参阅《规范》附录 J。

15.6.5　底部剪力法的内力调整

（1）突出屋面的小建筑，水平地震剪力宜乘增大系数 3.0。参阅《规范》5.2.4 条。

（2）底层框架-抗震墙和底部两层框架-抗震墙砖房纵向和横向底层剪力，底层和第二层剪力设计值应根据上下层侧向刚度比乘以增大系数 1.2~1.5，参阅《规范》7.2.4 条。

（3）单层钢筋混凝土柱厂房，以下部位应乘以增大系数：

①单跨和等高多跨钢筋混凝土屋盖单层厂房出屋面纵向天窗架。参阅《规范》9.1.10 条。

②斜腹杆桁架式钢筋混凝土屋面横向天窗。参阅《规范》9.1.9 条。

③钢筋混凝土屋架的不等高单层厂房，支承低跨屋盖的牛腿上排架柱各截面。参阅《规范》附录 J。

④钢筋混凝土柱单层厂房的吊车梁顶标高处上柱截面，由吊车桥架引起的地震作用效应。参阅《规范》附录 J。

15.6.6　地基与结构动力相互作用

当符合《规范》5.2.7 条规定条件时，若计入地基与结构动力相互作用影响，可按 5.2.7 条规定，对楼层水平地震剪力予以折减。

15.7　大跨屋盖结构地震反应分析方法

大型场馆，指的是大型的体育场、馆，大型机库，大型展览厅，大型歌剧院等。这些大型建筑具有覆盖面积大，占有空间大，以及结构类型复杂（悬挂结构，网壳结构等）的特点，由此带来以下的一些特殊的抗震分析问题。

（1）覆盖的场址范围在百米以上，从建筑的一端到另一端的场地条件有较大的差异，可能导致不同场点的反应谱的差异。

（2）地震波传播的空间变异，带来结构更为复杂的变形（刚体转动和伸缩）。

（3）结构阻尼特性在结构系统中分布不均匀，通常的经典阻尼分析方法，可能不够用。

（4）结构各部分的振动周期相差很大，应考虑更适合的振型组合办法。

15.7.1　不同场点反应谱有差异时的处理

同一建筑物的不同柱基坐落在不同类型场地上时，计算用的反应谱，可用下述方式之一确定。

1. 加权平均谱

设第 i 个柱的柱顶侧向刚度为 k_i，所在点场地类型对应的加速度反应谱为 $S_i(T)$，则加权平均加速度谱为

$$S_a(T)=\sum_i \frac{k_i}{\sum_j k_j}S_i(T) \tag{15.7-1}$$

2. 包络谱

取本建筑所在各类场地的反应谱之最大值组成包络图。

15.7.2　地震波行波的空间差异的影响

1. 剪切波

剪切波行波的差异会造成结构水平刚体转动，这个转动可以用加速度反应谱计算。

设地面运动加速度水平 y 向分量为 a_{gy}，考虑其沿水平 x 方向的行波，则

$$a_{gy} = a_{gy}(x - C_S t) \tag{15.7-2}$$

式中　C_S——S 波的波速（取下限）。

由式（15.7-2），有

$$\frac{\partial a_{gy}}{\partial t} = -C_S \frac{\partial a_{gy}}{\partial x} \tag{15.7-3}$$

考虑单自由度系统沿 y 方向的相对位移反应 u_y，它满足如下运动方程

$$\ddot{u}_y + 2\omega\zeta\dot{u}_y + \omega^2 u_y = -\frac{1}{m}a_{gy} \tag{15.7-4}$$

式中　ω——单自由度系统自振圆频率；

ζ——系统阻尼比；

m——质量。

将式（15.7-4）两端对时间 t 求导数得

$$(\ddot{u}_y) + 2\omega\zeta(\dot{u}_y) + \omega^2(u_y) = -\frac{1}{m}\dot{a}_{gy} \tag{15.7-5}$$

则速度反应由杜哈梅积分求得

$$\dot{u}_y = -\frac{1}{m}\int_0^t h(t-\tau)\dot{a}_{gy}(\tau)\mathrm{d}\tau \tag{15.7-6}$$

再将式（15.7-4）两端对 x 求导得转动方程

$$\left(\frac{\partial \ddot{u}_y}{\partial x}\right) + 2\omega\zeta\left(\frac{\partial \dot{u}_y}{\partial x}\right) + \omega^2\left(\frac{\partial u_y}{\partial x}\right) = -\frac{1}{m}\frac{\partial \dot{a}_{gy}}{\partial x}$$

由式（15.7-3）得

$$\left(\frac{\partial \ddot{u}_y}{\partial x}\right) + 2\omega\zeta\left(\frac{\partial \dot{u}_y}{\partial x}\right) + \omega^2\left(\frac{\partial u_y}{\partial x}\right) = \frac{1}{C_S m}\frac{\partial \dot{a}_{gy}}{\partial t} \tag{15.7-7}$$

由杜哈梅积分可得水平转动

$$\theta_Z = \frac{\partial u_y}{\partial x} = \frac{1}{C_S m}\int_0^t h(t-\tau)\dot{a}_{gy}(\tau)\mathrm{d}\tau \tag{15.7-8}$$

将式（15.7-8）与式（15.7-6）相比较，可得谱转角 S_{θ_Z}与谱速度 $S\dot{u}_y$ 的关系

$$S_{\theta_Z} = \frac{1}{C_S}S\dot{u}_y \tag{15.7-9}$$

对小阻尼系统谱速度可近似由谱加速度 S_a 求得。

故有

$$S_{\theta_Z}(T) = \frac{T}{2\pi C_S}S_a(T) \tag{15.7-10}$$

将大型场馆屋盖系统的总转动惯量及各柱柱顶对屋盖质心的抗水平刚度求出后，由式（15.7-10）即可求出刚体转动的总力矩。这样就可求出各柱由行波引起的附加弯矩等效应 E_w。

2. 压缩波

压缩波的传播可能导致基础相对位移引起的伪静力。

设第 i 个柱基础距第 r 个柱基础的距离，在压缩波传播方向的投影长度为 l_{ri}，则第 i 个柱基础与第 r 个基础间沿压缩波传播方向的相对位移

$$u_{ri} = l_{ri} v_g / C_P \leqslant \sqrt{2} d_g \tag{15.7-11}$$

式中　v_g——输入地面波的峰值地面速度；

d_g——峰值地面位移；

C_P——P 波的波速。

由相对位移 u_{ri}，可以求得柱高附加弯矩等附加效应 E_{PS}。

3. 总地震效应

总地震效应 E_t 是由常规计算的地震动效应 E_0 和以上两个附加效应用平方和的开方法计算，即

$$E_t = \sqrt{E_0^2 + E_w^2 + E_{PS}^2} \tag{15.7-12}$$

参　考　文　献

[1] 秦权、王飞，关于改进我国大跨缆索支承桥抗震设计的意见，中国铁道科学，2002 年 10 月

第 16 章　结构抗震分析的时程分析法

16.1　基本计算方法

时程分析法是由建筑结构的基本运动方程，输入对应于建筑场地的若干条地震加速度记录或人工加速度波形（时程曲线），通过积分运算求得在地面加速度随时间变化期间内结构内力和变形状态随时间变化的全过程，并以此进行构件截面抗震承载力验算和变形验算。时程分析法亦称数值积分法、直接动力法等。

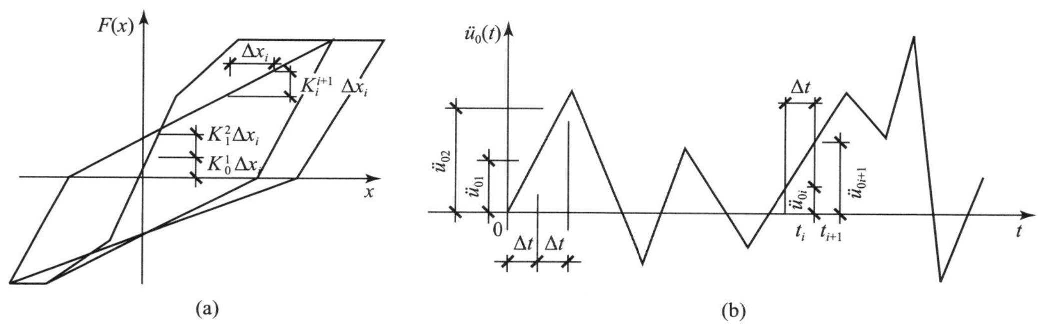

图 16.1－1　时程

16.1.1　基本方程及其解法

任一多层结构在地震作用下的运动方程是

$$[m]\{\ddot{u}\} + [C]\{\dot{u}\} + [K]\{u\} = -[m]\{\ddot{u}_g\} \tag{16.1-1}$$

式中　$\ddot{u}_g$——地震地面运动加速度波。

计算模型不同时，质量矩阵 $[m]$、阻尼矩阵 $[C]$、刚度矩阵 $[K]$、位移向量 $\{u\}$、速度向量 $\{\dot{u}\}$ 和加速度向量 $\{\ddot{u}\}$ 有不同的形式。

地震地面运动加速度记录波形是一个复杂的时间函数，方程的求解要利用逐步计算的数值方法。将地震作用时间划分成许多微小的时段，相隔 Δt，基本运动方程改写为 i 时刻至 $i+1$ 时刻的半增量微分方程：

$$\left.\begin{aligned}&[m]\{\Delta\ddot{x}\}_{i+1} + [C]_i^{i+1}\{\Delta\dot{x}\}_i^{i+1} + [K]_i^{i+1}\{\Delta x\}_i^{i+1} + \{Q\}_i = -[m]\{\ddot{u}_g\}_{i+1}\\&\{Q\}_i = \{Q\}_{i-1} + [K]_{i-1}^i\{\Delta x\}_{i-1}^i + [C]_{i-1}^i\{\Delta\dot{x}\}_{i-1}^i\\&\{Q\}_0 = 0\end{aligned}\right\} \tag{16.1-2}$$

然后，借助于不同的近似处理，把 $\{\Delta\ddot{x}\}$、$\{\Delta\dot{x}\}$ 等均用 Δx 表示，获得拟静力方程：

$$[K]_i^{i+1}\{\Delta x\}_i^{i+1}=\{\Delta P^*\}_i^{i+1} \tag{16.1-3}$$

求出 $\{\Delta x\}_i^{i+1}$ 后，就可得到 $i+1$ 时刻的位移、速度、加速度及相应的内力和变形，并作为下一步计算的初值，一步一步地求出全部结果——结构内力和变形随时间变化的全过程。

在第一阶段设计计算时，用弹性时程分析，$[K]_i^{i+1}$ 保持不变；在第二阶段设计计算时，用弹塑性时程分析，$[K]_i^{i+1}$ 随结构及其构件所处的变形状态，在不同时刻取不同的数值。

上述计算，需由专门的计算机软件实现。

16.1.2 常用的拟静力方程

表 16.1-1

方法	计算公式
中点加速度法	$[K^*]_i^{i+1}\{\Delta x\}_i^{i+1}=\{\Delta P^*\}_i^{i+1}$ $[K^*]_i^{i+1}=[K]_i^{i+1}+\dfrac{4}{\Delta t^2}[m]+\dfrac{2}{\Delta t}[C]_i^{i+1}$ $\{\Delta P^*\}_i^{i+1}=-[m]\{\ddot{u}_g\}_{i+1}+\left(\dfrac{4}{\Delta t}[m]+2[C]_i^{i+1}\right)\{\dot{x}\}_i+[m]\{\ddot{x}\}_i-\{Q\}_i$ $\{x\}_{i+1}=\{x\}_i+\{\Delta x\}_i^{i+1}$ $\{\dot{x}\}_{i+1}=\dfrac{2}{\Delta t}\{\Delta x\}_i^{i+1}-\{\dot{x}\}_i$ $\{\ddot{x}\}_{i+1}=\dfrac{4}{\Delta t^2}\{\Delta x\}_i^{i+1}-\dfrac{4}{\Delta t}\{\dot{x}\}_i-\{\ddot{x}\}_i$
威尔逊 θ 法	$[K^*]_i^{i+1}\{\Delta x_\tau\}=\{\Delta P^*\}_i^{i+1}\quad(\tau=\theta\Delta t,\ \theta=1.4)$ $[K^*]_i^{i+1}=[K]_i^{i+1}+\dfrac{6}{\tau^2}[m]+\dfrac{3}{\tau}[C]_i^{i+1}$ $\{\Delta P^*\}_i^{i+1}=-[m]\left(\{\ddot{u}_g\}_{i+1}+(\theta-1)\{\Delta\ddot{u}_g\}_{i+1}^{i+2}-\dfrac{6}{\tau}\{\dot{x}\}_i-2\{\ddot{u}\}_i\right)$ $+[C]_i^{i+1}\left(3\{\dot{x}\}_i+\dfrac{\tau}{2}\{\ddot{x}\}_i\right)-\{Q\}_i$ $\{\Delta\ddot{x}_\tau\}=\dfrac{6}{\tau^2}\{\Delta x_\tau\}-\dfrac{6}{\tau}\{\dot{x}\}_i-3\{\ddot{x}\}_i$ $\{x\}_{i+1}=\{x\}_i+\Delta t\{\dot{x}\}_i+\dfrac{\Delta t^2}{2}\{\ddot{x}\}_i+\dfrac{\Delta t^2}{6\theta}\{\Delta\ddot{x}_\tau\}$ $\{\dot{x}\}_{i+1}=\{\dot{x}\}_i+\Delta t\{\ddot{x}\}_i+\dfrac{\Delta t}{2\theta}\{\Delta\ddot{x}_\tau\}$ $\{\ddot{x}\}_{i+1}=\{\ddot{x}\}_i+\dfrac{1}{\theta}\{\Delta\ddot{x}_\tau\}$

续表

方法	计算公式
β法	$[K^*]_i^{i+1}[\Delta x]_i^{i+1} = \{\Delta P^*\}_i^{i+1}$ $[K^*]_i^{i+1} = [K]_i^{i+1} + \frac{1}{\beta\Delta t^2}[m] + \frac{1}{2\beta\Delta t}[C]_i^{i+1}$ $\{\Delta P^*\}_i^{i+1} = -[m]\left(\{\ddot{u}_g\}_{i+1} - \frac{1}{\beta\Delta t}\{\dot{x}\}_i - \frac{1}{2\beta}\right)\{\ddot{x}\}_i + [C]\left(\frac{1}{2\beta}\{\dot{x}\}_i - \left(1 - \frac{1}{4\beta}\right)\Delta t\{\ddot{x}\}_i\right)$ $\{x\}_{i+1} = \{x\}_i + \{\Delta x\}_i^{i+1}$ $\{\dot{x}\}_{i+1} = \frac{1}{2\beta\Delta t}\{\Delta t\}_i^{i+1} + \left(1 - \frac{1}{2\beta}\right)\{\dot{x}\}_i + \left(1 - \frac{1}{4\beta}\right)\Delta t\{\ddot{x}\}_i$ $\{\ddot{x}\}_{i+1} = \frac{1}{\beta\Delta t^2}\{\Delta x\}_i^{i+1} - \frac{1}{\beta\Delta t}\{\dot{x}\}_i + \left(1 - \frac{1}{2\beta}\right)\{\ddot{x}\}_i$ $\frac{1}{8} \leqslant \beta \leqslant \frac{1}{4}$；$\beta = \frac{1}{4}$，即中点加速度法；$\beta = \frac{1}{6}$，即线性加速度法

【例】

下面通过手算例子来说明逐步积分的计算过程：由于弹性分析较为简单，这里举一个弹塑性分析的例子，当刚度 K 不变时，就简化为弹性的计算。设某单质点系，重力 $G=980\text{kN}$，初始刚度 $K=5\text{kN/mm}$，（周期约 0.889s），阻尼系数 $C=0.07$（即阻尼比约 0.05）考虑 C 随变形状态的变化，恢复力如图 16.1－2 所示的理想弹塑性，地面加速度 $\ddot{u}_0(t)$ 如图 16.1－3a 所示，步长 $\Delta t=0.1\text{s}$，用中点加速度法计算。

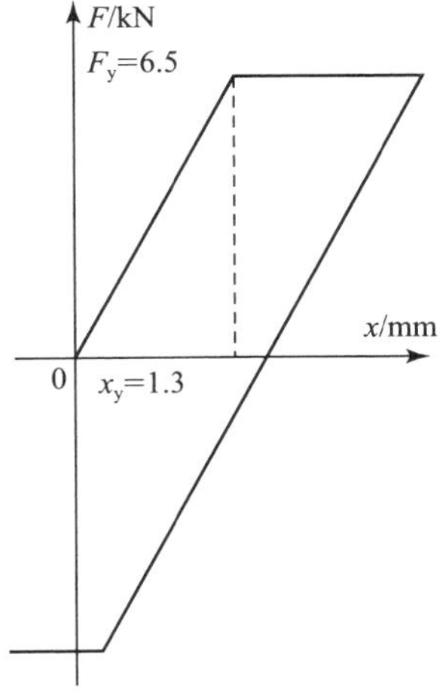

图 16.1－2　恢复模型

$$K_i^* = K_i^{i+1} + 41.4$$

$$\Delta P_i^* = -0.1\ddot{u}_{0,\ i+1} + 41.4\dot{x}_i + 0.1\ddot{x}_i - Q_i$$

$$Q_i = Q_{i-1} + 0.07\Delta\dot{x}_{i-1}^{i} + K_{i-1}^{i}\Delta x_{i-1}^{i}$$

$$\Delta x_i = \Delta P_i^* / K_i^* \qquad x_{i+1} = x_i + \Delta x_i^{i+1}$$

$$\Delta\dot{x}_i^{i+1} = 20\Delta x_i^{i+1} - 2\dot{x}_i \qquad \dot{x}_{i+1} = \dot{x}_i + \Delta\dot{x}_i^{i+1}$$

$$0.1\ddot{x}_{i+1} = -0.1\ddot{u}_{0,\ i+1} - 0.07\Delta\dot{x}_{i-1}^{i} - K_i^{i+1}\Delta x_i^{i+1} - Q_i \qquad F_{i+1} = F_i + K_i^{i+1}\Delta x_i^{i+1}$$

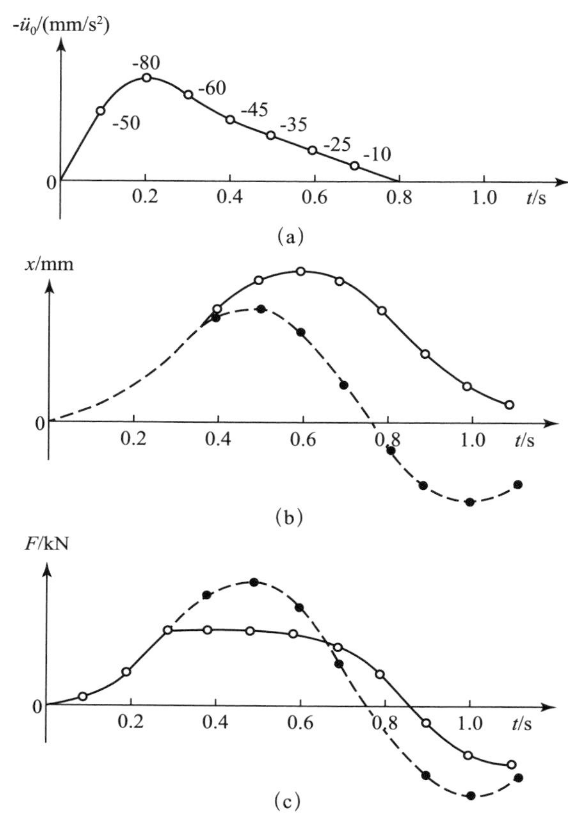

图 16.1－3　加速度波形和计算结果

于是，积分过程可按表 16.1－2 进行，计算结果见图 16.1－3（其中虚线是弹性计算结果）。计算结果表明，与弹性反应相比，考虑进入弹塑性时最大质点位移有所增大，但最大地震力则有所下降。这符合单质点弹塑性体系地震反应的一般规律。

表 16.1－2　逐步积分计算

t	(1)	0	0.1	0.2	0.3	0.4	0.5	0.6	0.7	0.8	0.9
$\ddot{u}_0$	(2)	0	−50	−80	−60	−45	−35	−25	−10	0	0
x_i	(3)	0	0.108	0.551	1.311	2.070	2.592	2.783	2.582	2.011	1.264
$\dot{x}_i$	(4)	0	2.155	6.699	8.512	6.675	3.755	−0.066	−4.095	−7.318	−7.6238
$\ddot{x}_i$	(5)	0	43.10	47.78	−11.51	−25.22	−33.18	40.60	−42.62	−21.83	15.73

续表

$0.07\Delta\dot{x}_{i-1}$	(6)	0	0.151	0.318	0.127	-0.129	-0.204	-0.258	-0.291	-0.226	
$K_{i-1}^{i}\Delta x_{i-1}$	(7)	0	0.539	2.214	3.802	0	0	0	-1.007	-2.853	
$Q_i=Q_{i-1}+(6)+(7)$	(8)	0	0.690	3.222	7.151	7.022	6.818	6.560	5.262	2.183	
$-0.1\ddot{u}_{0,i+1}$	(9)	5	8	6	4.5	3.5	2.5	1	0	0	
$4.14\dot{x}_i$	(10)	0	8.922	27.73	35.24	27.64	15.55	0.273	-16.95	-30.30	
$0.10\ddot{x}_i$	(11)	0	4.310	4.778	-1.151	-2.522	-3.318	-4.060	-4.262	-2.183	
$\Delta P_i^*=(9)+(10)+(11)-(8)$	(12)	5	20.54	35.29	31.44	21.59	7.910	-9.347	-26.48	-34.66	
K_i^{i+1}	(13)	5	5	5	0	0	0	5	5	5	5
$\Delta K_i^*=K_i^{i+1}+41.4$	(14)	46.6	46.4	46.4	41.4	41.4	41.4	41.4	46.4	46.4	46.4
$\Delta x_i=(12)/(14)$	(15)	0.108	0.443	0.760	0.759	0.522	0.191	-0.201	-0.571	-0.74	
$20\Delta x_i$	(16)	2.155	8.854	15.211	15.187	10.430	3.821	-4.029	-11.413	-14.941	
$2\dot{x}_i$	(17)	0	4.310	13.398	17.024	13.350	7.510	0.132	-8.190	-14.636	
$\Delta\dot{x}_i=(16)-(17)$	(18)	2.155	4.544	1.813	-1.837	-2.920	-3.689	-4.161	-3.223	-0.305	
$\Delta F_i=K_i^{i+1}\Delta x_i$	(19)	0.539	2.214	3.802	0	0	0	-1.007	-2.853	-3.735	
F_{i+1}	(20)	0.539	2.753	6.555	6.5	6.5	6.5	5.493	2.640	-1.095	
$0.07\Delta\dot{x}_i$	(21)	0.151	0.318	0.127	-0.129	0.204	-0.258	-0.291	-0.226	-0.021	
$0.1\ddot{x}_{i+1}=(9)-(8)-(19)-(21)$	(22)	4.310	4.778	-1.151	-2.522	-3.318	-4.262	-4.262	-2.183	1.573	

16.2　地震波选用

时程分析法又称动态分析法，它是将地震波按时段进行数值化后，输入结构体系的振动微分方程，采用逐步积分法进行结构弹塑性动力反应分析，计算出结构在整个强震时域中的振动状态全过程，给出各个时刻各杆件的内力和变形，以及各杆件出现塑性铰的顺序。它从强度和变形两个方面来检验结构的安全和抗震可靠度，并判明结构屈服机制和类型。

由上述分析可知，时程分析法计算的结果合适与否，主要依赖于输入激励（地震波）是否合适。由于实际工程设计时，输入计算模型的地震波数量有限，只能反映少数地震、局部场点地震动特征，具有鲜明的“个性”，因此，规范规定时程分析法主要作为反应谱法的“补充”，且仅要求以下几类建筑采用：甲类高层建筑、特别不规则的建筑、高度超过抗震规范表 5.1.2－1（混凝土高规表 4.3.4）规定的建筑、复杂建筑以及质量沿竖向分布特别不规则的建筑，且对时程分析法输入地震波提出了明确的控制性要求：

16.2.1　数量要求

（1）当取三组时程曲线进行计算时，结构地震作用效应宜取时程法的包络值和振型分解反应谱法计算结果的较大值。

（2）当取七组及七组以上的时程曲线进行计算时，结构地震作用效应可取时程法的平均值和振型分解反应谱法计算结果的较大值。

16.2.2　质量（频谱）要求

（1）多组时程曲线的平均地震影响系数曲线应与振型分解反应谱法所采用的地震影响系数曲线在统计意义上相符。所谓“在统计意义上相符”指的是，多组时程波的平均地震影响系数曲线与振型分解反应谱法所用的地震影响系数曲线相比，在对应于结构主要振型的周期点（T_1、T_2）上相差不大于 20%。

（2）弹性时程分析时，每条时程曲线计算所得结构底部剪力不应小于振型分解反应谱法计算结果的 65%，多条时程曲线计算所得结构底部剪力的平均值不应小于振型分解反应谱法计算结果的 80%。

16.2.3　构成要求

（1）应按建筑场地类别和设计地震分组选取实际地震记录和人工模拟的加速度时程曲线，其中实际强震记录的数量不应少于总数的 2/3。一般来说，输入 3 组时，按 2+1 原则选波；输入 7 组时，按 5+2 原则选波。

（2）规范要求同时输入天然波和人工波的原因：

①人工波是用数学方法生成的平稳或非平稳的随机过程，其优点是频谱成分丰富，可均匀地“激发”各阶振型响应；缺点是短周期部分过于“平坦”，与实际地震特性差距较大(图 16.2－1)。

②天然波是完全非平稳随机过程，其优点是高频部分（短周期）变化剧烈，利于“激发”结构的高振型；缺点是低频部分（长周期）下降过快，对长周期结构的反应估计不足(图 16.2－2)。

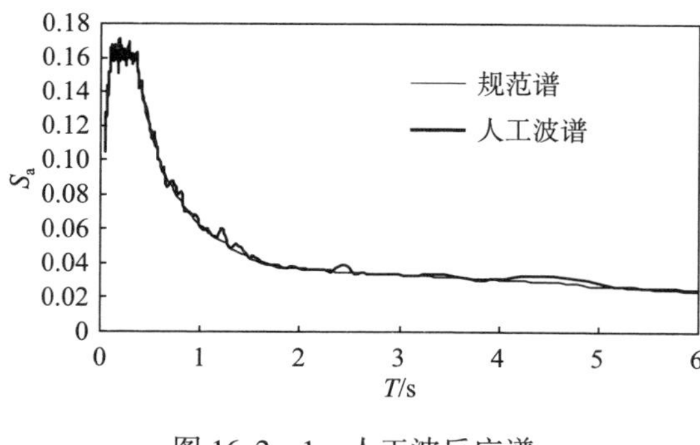

图 16.2－1　人工波反应谱

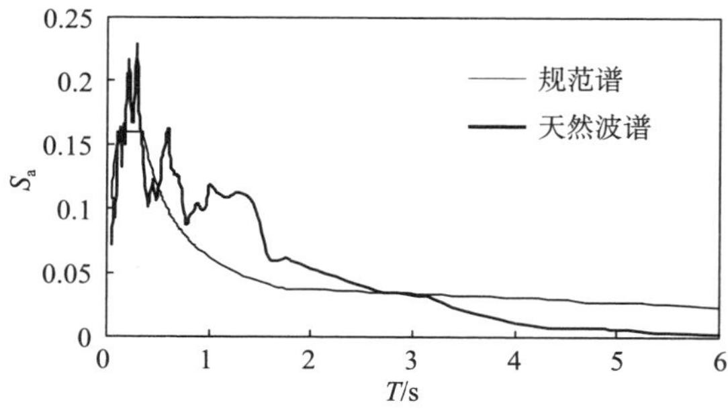

图 16.2－2　天然波反应谱

16.2.4　长度（持时）要求

输入的地震加速度时程曲线的有效持续时间，一般从首次达到该时程曲线最大峰值的10%那一点算起，到最后一点达到最大峰值的 10%为止（图 16.2-3）；不论是实际的强震记录还是人工模拟波形，有效持续时间一般为结构基本周期的 5~10 倍，即结构顶点的位移可按基本周期往复 5~10 次。

要求不低于 5 次是为了保证持续时间足够长；要求不高于 10 次，最初的愿望是为了减少计算的工作量，鉴于目前计算机的计算能力已大大增强，上限 10 次的要求已不再特别强调，实际工程选波时要着重注意 5 次的底线要求。

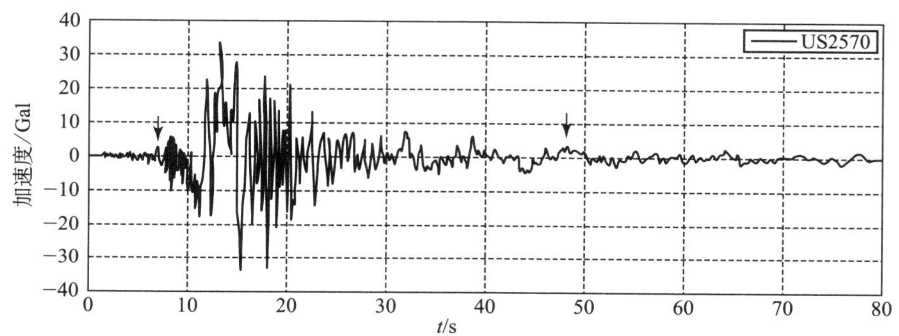

图 16.2-3　地震波有效持续时间确定示例

16.2.5　大小（峰值）要求

研究表明，实际地震中对结构反应起决定性作用的是地震波的有效峰值加速度（Effective peak acceleration，EPA），而不是通常所谓的实际峰值加速度（Peak ground acceleration，PGA）。因此，《建筑抗震设计规范》（GB 50011—2010）在条文说明中特意强调，加速度的有效峰值应按规范正文的要求进行调整。

所谓有效峰值（EPA），指的是 5%阻尼比的加速度反应谱在 0.1s~T_g 周期间的平均值 S_a 与标准反应谱动力放大系数最大值 β_{max} 的比值，即：

$$EPA = S_a/\beta_{max}$$

式中　S_a——5%阻尼反应谱在周期 0.1s~T_g 之间的平均值；

β_{max}——5%阻尼的动力放大系数最大值，我国取 2.25，美国、欧洲取 2.5，也有取 3.0 的。

一般来说，每条地震波的有效峰值 EPA 与实际的峰值 PGA 并不相等，但实际工程操作时，工程设计人员通常不太清楚 EPA 与 PGA 的差别，为操作方便，大多调整的都是 PGA。因此，建议选波人员在选波时直接给出各条地震波的 EPA 与 PGA 比值 γ，工程应用时，按设计人员的习惯调整 PGA，然后再乘上相应的调整系数 γ。

当结构采用三维空间模型等需要双向（二个水平向）或三向（二个水平和一个竖向）地震波输入时，其各向加速度最大值通常按 1（水平 1）：0.85（水平 2）：0.65（竖向）的比例调整。人工模拟的加速度时程曲线，也应按上述要求生成。

16.2.6　输入地震波的选择原则

（1）地震环境和地质条件相近原则：以上海为代表的软土地区，宜优先选择软土场地的地震记录，比如墨西哥地震记录。

（2）频谱特性相符的原则：即统计意义相符原则，实际操作时，应依据场地特征周期 T_g 和结构基本周期 T_1 两点处的反应谱误差：所选地震波的平均反应谱在 T_g 和 T_1 处谱值与规范谱相比，误差不超过 20%。

（3）选强不选弱原则：尽量选择峰值较大的天然记录，因为原始记录的峰值越小，环境噪声的比重越大，对结构动力时程分析而言，只有强震部分才有意义。一般情况下，要求原始记录的最大峰值不小于 0.1g。

16.3　弹性时程分析法

在第一阶段抗震计算中，《规范》用时程分析法进行补充计算，是在刚度矩阵 $[K]_i^{i+1}$、阻尼矩阵 $[C]_i^{i+1}$ 保持不变下的计算，称为弹性时程分析。

16.3.1　采用弹性时程分析法的房屋高度范围

表 16.3-1

烈度、场地类别	房屋高度范围/m	烈度、场地类别	房屋高度范围/m
8 度Ⅰ、Ⅱ类场地和 7 度	>100	9 度	>60
8 度Ⅲ、Ⅳ类场地	>80		

16.3.2　计算结果的工程判断

时程分析法计算结果的影响因素较多，加速度波形数量又较少，其计算结果是对反应谱法的补充，即根据差异的大小和实际可能，对反应谱法计算结果，按表 16.3-2 要求适当修正。

表 16.3-2

	内容要求
总剪力判断	每条加速度波计算得到的底部剪力，不应小于底部剪力法或振型分解反应谱法计算结果的 65%，并不大于 135%；多条时程曲线计算结果的平均值不应小于 80%，也不应大于 120%
位移判断	当计算模型未能充分考虑填充墙等非结构构件的影响时，与采用反应谱法时相似，对所获得的位移等，也要求乘以相应的经验系数

续表

	内容要求
计算结果的采用	当取 3 组加速度时程曲线输入时，计算结果取时程法的包络值和振型分解反应谱法的较大值；当 7 组或 7 组以上时程曲线输入时，计算结果可取时程法的平均值与振型分解反应谱法的较大值
比较和修正	以结构层间的剪力和层间变形为主要控制指标，根据输入时程曲线的数量按上述要求对时程分析的结果和反应谱法的结果加以比较、分析，适当调整反应谱法的计算结果

16.3.3　弹性时程分析模型

弹性时程分析可采用与反应谱法相同的计算模型：从平面结构的层间模型以至复杂结构的三维空间分析模型，计算可在采用反应谱法时建立的侧移刚度矩阵和质量矩阵的基础上进行，不必重新输入结构的基本参数。

鉴于计算结果的工程判断以模型的层间剪力和变形为主，通常以等效层间模型为主要的分析模型。该模型的组成如表 16.3-3。

表 16.3-3

主要特点	
质量矩阵	由集中于楼、屋盖处的重力荷载代表值对应的质量、转动惯量组成的对角矩阵
刚度矩阵	以楼层等效侧移刚度形成的三对角矩阵；等效侧移刚度取反应谱法求得的层间地震剪力 V_e 除以层间的位移 Δu_e，即 $K_i = V_e(i)/\Delta u_e(i)$
阻尼矩阵	对阻尼均匀的结构，使用瑞雷阻尼矩阵 C $C=aM+bK$ $\begin{Bmatrix} a \\ b \end{Bmatrix} = \dfrac{2\zeta}{\omega_1+\omega_n}\begin{Bmatrix} \omega_1\omega_n \\ 1 \end{Bmatrix}$
M	总质量矩阵
K	总刚度矩阵
ω_1	基本自振圆频率
ω_n	必须考虑的高振型 n 的圆频率
ζ	结构阻尼比，对阻尼性质不均匀的结构，例如当结构为部分钢结构，部分为混凝土结构，或安装有大型消能装置，或考虑上一结构相互作用时，通过反映构件阻尼特性的单元阻尼矩阵，建立非经典阻尼的总阻尼矩阵

当需要考虑二向或三向地震作用时，弹性时程分析应同时输入二向或三向地震地面加速度分量的时程。

16.3.4　算例

三叉型平面的高层宾馆，三个翼长度不等，高度也不相同，最高 20 层，取最高翼为主轴方向，用弹性时程分析作为空间协同分析的补充。

弹性时程分析采用等效层间模型，计算参数由空间协同分析结果导出，列于表 16.3－4。输入拟合的人工波和实际地震记录共三条加速度波形。结果表明，时程分析法和反应谱法在顶点位移 u、底部剪力 V_0 方面比较接近，而层间剪力 V_i 和层间变形 Δu_i 分布有一定差异。在第 17 层处，时程分析法计算结果有较明显的大变形和层间剪力，见图 16.3－1。适当增加第 17 层的配筋。

表 16.3－4　计算参数

层	h/mm	m/(N·s²/mm)	K_x/(N/mm)	K_y/(N/mm)
20	3050	3.383	2882	2028
19	3050	0.847	3080	2320
18	3050	0.847	3068	2520
17	3050	0.847	3116	2740
16	3050	2.621	3380	3110
15	3050	1.512	3660	3360
14	3050	3.658	4070	3940
13	3050	2.449	4462	4290
12	3050	2.449	5000	4720
11	3050	2.449	5300	5135
10	3050	2.449	5740	5610
9	3050	2.449	6260	6020
8	3050	2.449	6974	6945
7	3050	2.449	7790	7800
6	3050	2.449	9300	9470
5	3050	2.449	11320	11320
4	3050	2.449	14840	15200
3	4200	2.449	18335	16880
2	7000	6.506	17030	13900
1	4800	3.898	51030	43280

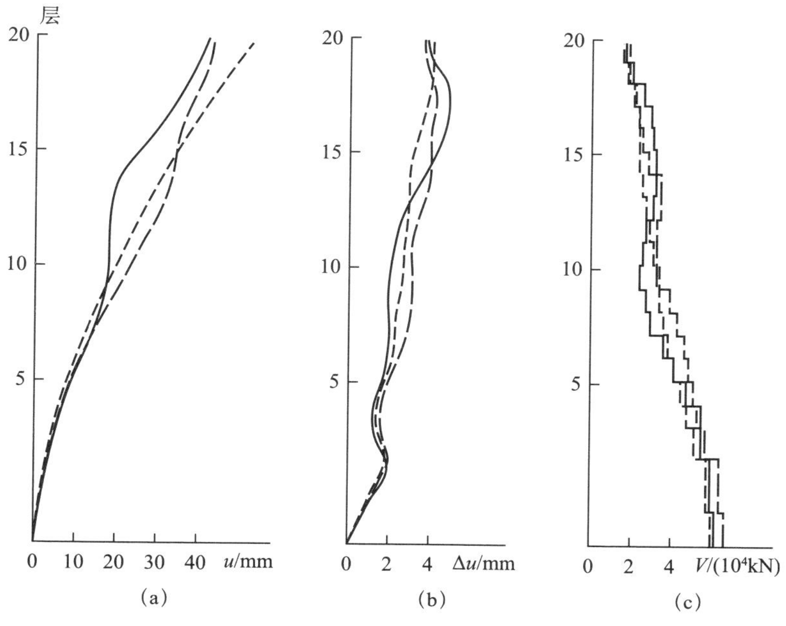

图 16.3-1　高层宾馆的计算比较

(a) 位移；(b) 层间位移；(c) 层间剪力

16.4　弹塑性时程分析法

在第二阶段抗震计算中，按《规范》采用时程分析法进行弹塑性变形计算，刚度矩阵 $[K]_i^{i+1}$、阻尼矩阵 $[C]_i^{i+1}$ 随结构及其构件所处的变形状态，在不同时刻可能取不同的数值，称为弹塑性时程分析。

16.4.1　弹塑性时程分析的内容

弹塑性时程分析法是第二阶段抗震计算时估计结构薄弱层弹塑性层间变形的方法之一，而且是最基本的方法，只是计算较为复杂。

现阶段，结构弹塑性变形的主要衡量指标是层间变位角，因此，采用弹塑性时程分析法进行计算的主要内容也是弹塑性层间变形。在弹塑性时程分析过程中，也可以取得各主要构件的弹塑性工作状态（构件屈服的部位、次序，以及是否发生脆性破坏等）。

多条加速度波的计算结果需取平均值，当计算模型未体现非结构影响时，计算的变形可适当调整。

16.4.2　弹塑性时程分析中结构与构件的非弹性特征模型

弹塑性时程分析同弹性分析（包括反应谱法与弹性时程分析法）的主要差异是分析模型中结构与构件的非弹性特征的表征——结构构件的非线性变形特征和恢复力模型。

在钢筋混凝土框架结构、框架-抗震墙结构、抗震墙结构、简体结构以及相应的钢结构中，结构的构件可以简化为两种模型：杆件模型和剪力墙模型，梁、柱、支撑构件为杆件模型，剪力墙简化为剪力墙模型，剪力墙有些情况下亦可简化为等效的框架模型，其力和变形性质可分别采用简化的非线性变形特征来描述。

1. 构件单元模型

1）杆件端部塑性铰模型

杆件单元（梁、柱）上的分布力一般按照静力等效原则转化为杆端力，无论在弹性或弹塑性状态下，杆件单元的弯矩图沿着杆件线性分布；杆件单元的曲率则在弹性状态时沿着杆件线性分布，当杆件两端出现塑性铰时在杆件两端曲率增大，形成塑性铰区，如图 16.4-1a 所示。大多数结构分析程序，采用集中塑性铰假设，塑性铰的几何长度为 0。

如采用分布塑性铰模型，当杆件出现塑性铰时，杆件分为弹性区域和弹塑性区域两段，塑性铰区域一段长度为 l_p。

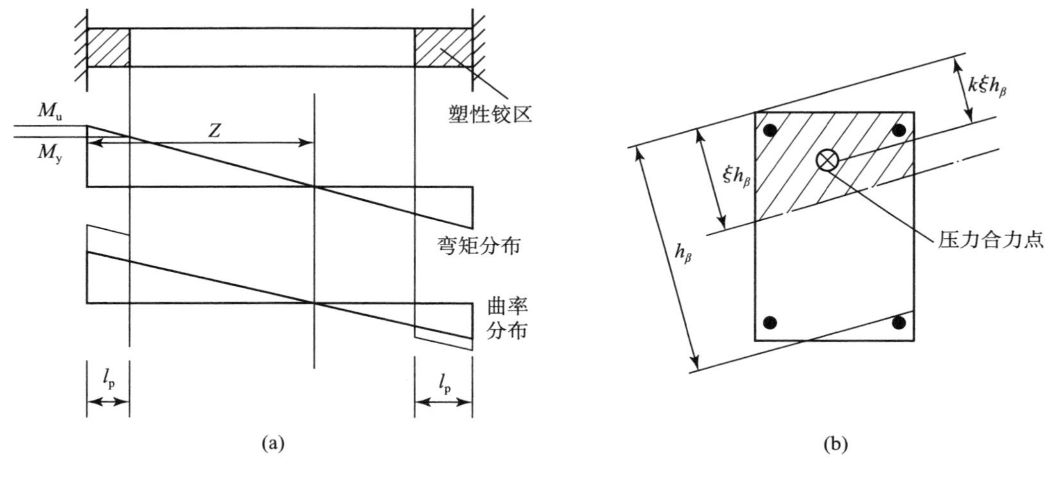

图 16.4-1　塑性铰区

用等效塑性铰长度和塑性铰截面极限曲率可以计算出层间位移，由此建立截面延性系数，构件延性系数和楼层延性系数。层间侧移 Δu_p，截面曲率 φ_u 的关系为：

$$\left.\begin{aligned}\Delta u_p &= h\theta_p \\ \theta_p &= l_p\varphi_u\end{aligned}\right\} \tag{16.4-1}$$

l_p 要通过试验研究确定。目前尚无一个普遍接受的计算方法。表 16.4-1 是若干研究者的建议。

表 16.4-1

建议者	l_p	
Barker[1]	h_0	
胡德炘	$\frac{2}{3}h_0+a\leqslant h_0$	a——构件等弯曲区段长度
坂静雄	$2\ (1-0.5\mu_s\frac{f_y}{f_c})\ h_0$	f_y、f_c——钢筋的屈服强度和混凝土轴心受压强度； μ_s——截面配筋率
陈忠义等[3]	压弯构件 $[1-0.5\ (\mu_s f_y-\mu_s' f_y'+cc/bh)\ /f_c]\ h_0$ 斜向受力压弯构件 $h_\beta\ (1-k\xi)$	μ_s'，f_y'——受压钢筋的配筋率及屈服强度； N——轴向力； h_β、k、ξ——见图 16.4-1b
Priestley[2]	$0.8L+0.022f_{ye}\geqslant 0.044f_{ye}d$	L——塑性铰根部截面至柱反弯点的距离（m）； d——柱主筋直径（m）； f_{ye}——主筋屈服强度（MPa）， $f_{ye}=1.1f_y$

2）纤维模型（Fiber Model）[5]

用纵向纤维束表达钢筋或混凝土材料的刚度，可用于柱单元或剪力墙单元模拟某一截面的弯矩-曲率关系和轴力-轴向应变关系以及两者之间的相互作用。纤维模型是基于材料的应力-应变关系，假定平截面变形，建立杆件截面的弯矩-曲率、轴力-轴向变形和纤维束的应力-应变之间的关系。通常这种关系只建立在杆端两个截面上，通过假定柔度沿杆轴方向的分布（线性分布或抛物线分布）求得杆端变形，如图 16.4-2。

（1）纤维束的力-变形关系：

纤维束的力-变形关系为（图 16.4-2c）

$$\left.\begin{aligned}\{P\}&=[K_f]\{d\}\\\{P\}&=\{m_x,\ m_y,\ P_0\}^T\\\{d\}&=\{\varphi_x,\ \varphi_y,\ \varepsilon_0\}^T\end{aligned}\right\}\tag{16.4-2}$$

式中　$[K_f]$——刚度矩阵，

$$[K_f]=\begin{pmatrix}K_{yy}&K_{xy}&K_y\\&K_{xx}&K_x\\\text{对称}&&K_0\end{pmatrix}\tag{16.4-3}$$

$$K_{yy}=\sum E_iA_iy_i^2\qquad K_y=\sum E_iA_iy_i$$

$$K_{xy}=\sum E_iA_ix_iy_i\qquad K_{xx}=\sum E_iA_ix_i^2$$

$$K_x=\sum E_iA_ix_i\qquad K_0=\sum E_iA_i$$

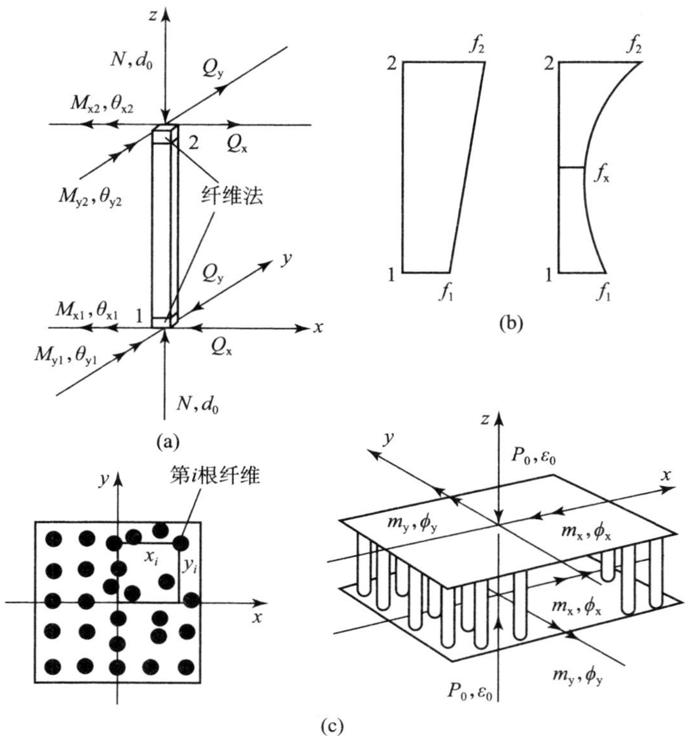

图 16.4－2　用纤维模型表达柱单元

（a）杆端力和变形分量；（b）假定柔度分布；（c）纤维束的力和变形（正方向）

（2）截面与杆端间的力–变形关系（图 16.4－3）：

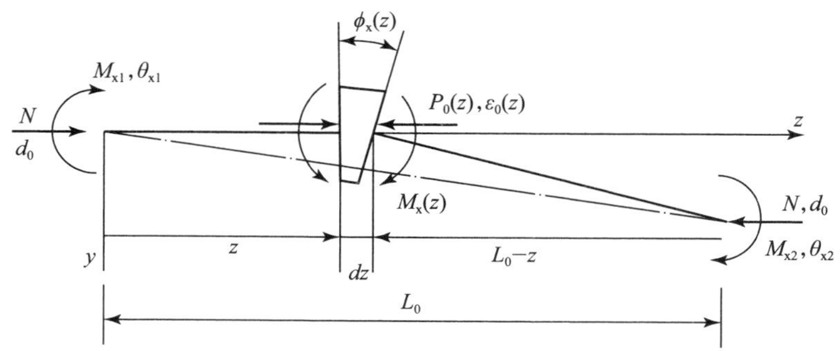

图 16.4－3　截面与杆端的力与变形关系

在位于杆件起始端距离 z 的截面上的力表达为：

$$\left.\begin{aligned}\{P(z)\} &= [T_z]\{F\}\\ \{P(z)\} &= \{m_x(z),\ m_y(z),\ P_0(z)\}^{\mathrm{T}}\\ \{F\} &= \{M_{x1},\ M_{x2},\ M_{y1},\ M_{y2},\ N\}^{\mathrm{T}}\end{aligned}\right\}\qquad(16.4-4)$$

其中

$$[T_z]=\begin{pmatrix} -(1-z/L_0) & z/L_0 & 0 & 0 & 0 \\ 0 & 0 & -(1-z/L_0) & z/L_0 & 0 \\ 0 & 0 & 0 & 0 & 1 \end{pmatrix} \tag{16.4-5}$$

杆端位移按下式计算：

$$\left.\begin{aligned} \{D\} &= \int_0^{L_0}[T_z]^{\mathrm{T}}\{d(z)\}\cdot\partial z \\ \{D\} &= \{\theta_{x1},\ \theta_{x2},\ \theta_{y1},\ \theta_{y2},\ d_0\}^{\mathrm{T}} \\ \{d(z)\} &= \{\varphi_x(z),\ \varphi_y(z),\ \varepsilon_0(z)\}^{\mathrm{T}} \end{aligned}\right\} \tag{16.4-6}$$

由式（16.4-2），截面变形 $\{d(z)\}$ 可用柔度矩阵表达：

$$\left.\begin{aligned} \{d(z)\} &= [f(z)]\{P(z)\} \\ [f(z)] &= [K_f(z)]^{-1} = \begin{pmatrix} f_{yy} & f_{xy} & f_y \\ & f_{xx} & f_x \\ \text{对称} & & f_0 \end{pmatrix} \end{aligned}\right\} \tag{16.4-7}$$

将式（16.4-4）和式（16.4-7）代入式（16.4-6），得杆端力-位移关系如下式：

或

$$\left.\begin{aligned} \{D\} &= \int_0^{L_0}[T_z]^{\mathrm{T}}[f(z)][T_z]\partial z\cdot\{F\} \\ \{D\} &= [\delta]\{F\} \\ [\delta] &= \int_0^{L_0}[T_z]^{\mathrm{T}}[f(z)][T_z]\partial z \end{aligned}\right\} \tag{16.4-8}$$

由于非线性分布状态，沿杆件长度力向的柔度矩阵 $[f(z)]$ 的分布有两种形式（图 16.4-2b）。

①线性分布：

$$[f(z)]=(1-z/L_0)\cdot[f_1]+z/L_0[f_z] \tag{16.4-9}$$

②抛物线分布：

$$[f(z)]=[f_1]+\frac{z}{L_0}(4[f_e]-3[f_1]-[f_2])+\frac{2z^2}{L_0^2}([f_1]+[f_2]-2[f_e]) \tag{16.4-10}$$

式中　$[f_1]$、$[f_2]$——杆端截面的柔度矩阵；

$[f_e]$——抛物线分布中，杆中点截面的弹性柔度矩阵，

$$[f_e]=\begin{pmatrix} 1/EI_x & 0 & 0 \\ 0 & 1/EI_y & 0 \\ 0 & 0 & 1/EA \end{pmatrix}$$

EI_x、EI_y——绕 x、y 轴的截面弯曲刚度；

EA——截面轴向刚度。

抛物线分布适用于弯矩分布为反对称的情况下（即反弯点在杆件中点），而线性分布则适用于杆件一端为非线性的情况（即反弯点远离杆件中点）。当反弯点接近杆件中点时，如采用线性分布，将过高估计刚度退化，但在实际结构分布中，有些因素是在分析模型中没有考虑到的，诸如初始裂缝、梁柱节点的变形、锚固滑移等。因此，为多考虑一些刚度退化而采用柔度线性分布是可以接受的。

（3）杆件刚度矩阵：

杆件的刚度矩阵 $[K] = [\delta]^{-1}$

杆件的柔度矩阵 $[\delta]$ 由以下式子计算：

①线性分布：

$$[\delta] = \int_0^{L_0}[T_z]^T[f_1][T_z]\cdot\partial z + \int_0^{L_0}\frac{z}{L_0}\cdot[T_z]^T([f_2]-[f_1])[T_z]\cdot\partial z \qquad (16.4-11)$$

$$[\delta] = \frac{L_0}{12}\begin{pmatrix} 3f_{yy}^1+f_{yy}^2 & -f_{yy}^1-f_{yy}^2 & 3f_{xy}^1+f_{xy}^2 & -f_{xy}^1-f_{xy}^2 & -4f_y^1-2f_y^2 \\ & f_{yy}^1+3f_{yy}^2 & -f_{xy}^1-f_{xy}^2 & f_{xy}^1+3f_{xy}^2 & 2f_y^1+4f_y^2 \\ & & 3f_{xx}^1+f_{xx}^2 & -f_{xx}^1-f_{xx}^2 & -4f_x^1-2f_x^2 \\ & & & f_{xx}^1+3f_{xx}^2 & 2f_x^1+4f_x^2 \\ \text{对称} & & & & 6f_0^1+6f_0^2 \end{pmatrix}$$

②抛物线分布：

$$[\delta] = \int_0^{L_0}[T_z]^T[f_1][T_z]\cdot\partial z + \int_0^{L_0}\frac{z}{L_0}\cdot[T_z]^T(4[f_e]-3[f_1]-[f_2])[T_z]\cdot\partial z$$
$$+\int_0^{L_0}2\frac{z^2}{L_0^2}\cdot[T_z]^T([f_1]+[f_2]-2[f_e])[T_z]\cdot\partial z \qquad (16.4-12)$$

$$[\delta] = \frac{L_0}{60}\begin{bmatrix} \begin{pmatrix}9f_{yy}^1-f_{yy}^2\\+12/EI_x\end{pmatrix} & \begin{pmatrix}-f_{yy}^1-f_{yy}^2\\-8/EI_x\end{pmatrix} & 9f_{xy}^1-f_{xy}^2 & -f_{xy}^1-f_{xy}^2 & -10f_y^1 \\ & \begin{pmatrix}-f_{yy}^1+9f_{yy}^2\\+12/EI_x\end{pmatrix} & -f_{xy}^1-f_{xy}^2 & -f_{xy}^1+9f_{xy}^2 & 10f_y^2 \\ & & \begin{pmatrix}9f_{xx}^1-f_{xx}^2\\+12/EI_y\end{pmatrix} & \begin{pmatrix}-f_{xx}^1-f_{xx}^2\\-8/EI_y\end{pmatrix} & -10f_x^1 \\ & & & \begin{pmatrix}-f_{xx}^1+9f_{xx}^2\\+12/EI_y\end{pmatrix} & 10f_x^2 \\ \text{对称} & & & & 10\begin{pmatrix}f_0^1+f_0^2\\+4/EA\end{pmatrix} \end{bmatrix}$$

当非线性集中在构件的一端时，上述基于抛物线分布的杆件的柔度矩阵，可能呈负值，在此情况下，抛物线分布的假定不适用。

3）单轴弹簧模型和多弹簧模型[4,5]

单轴弹簧模型，是将杆件的力-变形关系用设置在杆件单元的两端（弯曲转动），中间（剪切），轴向（拉压）和轴向扭转的非线性弹簧来代表，如图 16.4-4。

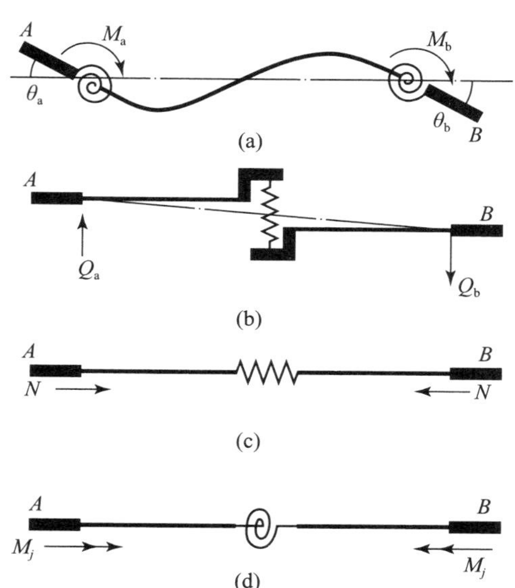

图 16.4-4　单轴弹簧横型

（a）弯曲转动弹簧；（b）单轴剪切弹簧；（c）轴向抗压弹簧；（d）轴向扭转弹簧

多弹簧模型（图 16.4-5），是由一组轴向弹簧组成各弹簧表达钢筋材料或混凝土材料的刚度，如钢筋混凝土构件，每一根钢筋可用一个钢弹簧来代表，混凝土部分适当分割，用一组混凝土弹簧来表示。多弹簧（MS）将每一个弹簧定义为轴向力和轴向变形的关系，并且假定所有的弹簧变形后仍保持平截面，以此来建立 MS 单元的转动变形和轴向变形和每个弹簧变形之间的关系，用多弹簧模型表达的柱单元，包含一个杆件单元和杆端两个 MS 单元。在建立柱单元的力和变形关系时，MS 单元视为零长度。杆件单元可以是线性弹性，也可以考虑弹塑性剪切变形。

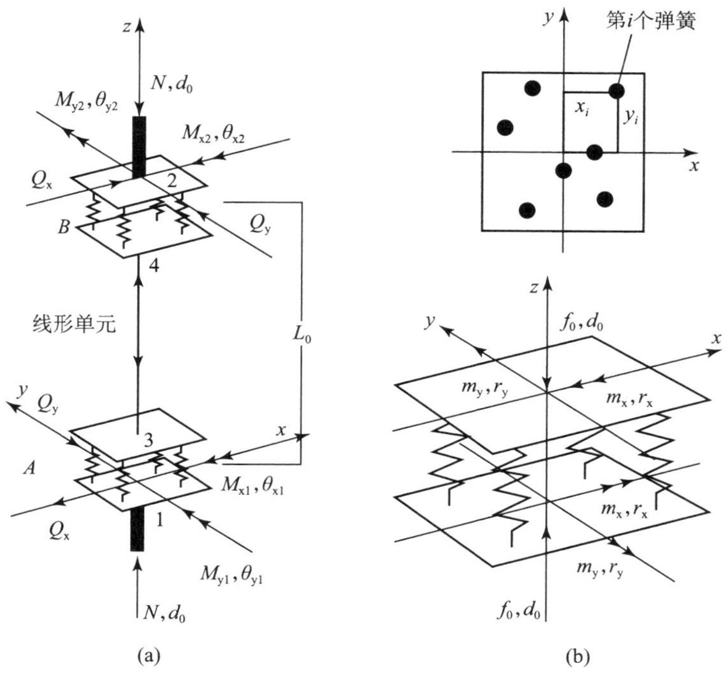

图 16.4-5　用多弹簧模型表达柱单元

（a）柱单元三维计算模型；（b）*MS* 单元力和变形（正方向）

（1）弹簧的初始刚度和强度–位移关系：

$$K_i^0 = \frac{E_i A_i}{P_z} \quad (\text{第 } i \text{ 根弹簧}) \tag{16.4-13}$$

$$f_c = \sigma_c A_i \qquad d_c = \varepsilon_c \cdot P_z \qquad (\text{混凝土})$$

$$f_{sy} = \sigma_{sy} A_i \qquad d_{sy} = \varepsilon_{sy} \cdot P_z \qquad (\text{钢})$$

式中　K_i^0——i 根弹簧的初始刚度；

E_i——材料弹性模量；

A_i——弹簧管辖的面积；

P_z——塑性区的长度，取≤$0.1L_0$；

L_0——为柱的净高；

σ_c、ε_c——混凝土的抗压强度和抗压应变；

σ_{sy}、ε_{sy}——钢的屈服应力和应变。

（2）初始柔度：

①弹簧的初始柔度：

$$\left.\begin{aligned} \delta_{sr} &= \frac{P_z}{\sum E_i A_i Y_i^2} \\ \delta_{s0} &= \frac{P_z}{\sum E_i A_i} = \frac{P_z}{EA} \end{aligned}\right\} \tag{16.4-14}$$

式中　δ_{sr}——弹簧初始弯曲柔度；

δ_{s0}——弹簧初始轴向柔度；

EI——原来柱子的初始弯曲刚度；

EA——原来柱子的初始轴向刚度；

$Y_i = x_i$，y_i——i 弹簧在 x–z 和 y–z 平面内的坐标值。

②为使线形构件（line element）和二个弹簧构件组合成的初始刚度同原有构件的总的初始刚度相近似，线形构件的柔度需要采用折减系数 γ_1、γ_2、γ_0（γ_1、γ_2 为弯曲柔度折减系数，γ_0 为轴向柔度折减系数）。

则

$$\left\{\begin{aligned} [\delta_L] &= \begin{bmatrix} \dfrac{\gamma_1 L_0}{3EI} & -\dfrac{L_0}{6EI} \\ -\dfrac{L_0}{6EI} & \dfrac{\gamma_2 L_0}{3EI} \end{bmatrix} \\ \delta_0 &= \frac{\gamma_0 L_0}{EA} \end{aligned}\right. \tag{16.4-15}$$

且　$\gamma_1 L_0/3EI > L/6EI$（或 $\gamma_1 > 0.5$），$\gamma_0 > 0$。

在柱的一个方向的总的弯曲柔度为

$$\begin{bmatrix} \dfrac{L_0}{3EI} & \dfrac{-L_0}{6EI} \\ \dfrac{-L_0}{6EI} & \dfrac{L_0}{3EI} \end{bmatrix} = \begin{bmatrix} \dfrac{\gamma_1 L_0}{3EI} + \dfrac{P_z}{\sum E_i A_i Y_i^2} & \dfrac{-L_0}{6EI} \\ \dfrac{-L_0}{6EI} & \dfrac{\gamma_2 L_0}{3EI} + \dfrac{P_z}{\sum E_i A_i Y_i^2} \end{bmatrix} \tag{16.4-16}$$

$$\frac{L_0}{EA} = \frac{\gamma_0 L_0}{EA} + \frac{P_z}{EA} + \frac{P_z}{EA} \tag{16.4-17}$$

由式（16.4－16）和式（16.4－17）得柔度折减系数：

$$\begin{cases} \gamma_1 = \gamma_2 = 1.0 - \dfrac{3}{L_0} \cdot \dfrac{P_z}{\varepsilon} \\ \gamma_0 = 1.0 - 2P_z/L_0 \end{cases} \tag{16.4-18}$$

其中

$$\varepsilon = \frac{\sum E_i A_i Y_i^2}{EI} \tag{16.4-19}$$

由式（16.4－15），对 γ_1、γ_2 而言，要求 $P_z<\dfrac{\varepsilon}{6}L_0$，对 γ_0 而言，要求 $P_z<0.5L_0$，否则初始刚度就不平衡。为粗略的数值计算，对 γ_1、γ_2，$P_z<0.15\varepsilon L_0$，对 γ_0，$P_z<0.4L_0$。

（3）构件的力-位移关系：

柱子用多弹簧模拟后成为三个构件：二端弹簧构件和一个线形构件如图 16.4-4。因此柱端的变形决定于这三个构件的变形，分别估计如下。

①弹簧的力-位移关系：

多弹簧构件的力-变形关系如下：

$$\left.\begin{aligned} \{f_j\} &= [k_j]\{d_j\} \\ \{d_j\} &= \{r_{xj},\ r_{yj},\ d_{0j}\}^{\mathrm{T}} \\ \{f_j\} &= \{m_{xj},\ m_{yj},\ f_{0j}\}^{\mathrm{T}} \end{aligned}\right\} \tag{16.4-20}$$

式中　j——构件端部序号，$j=1$ 为起始端，$j=2$ 为终端。

刚度矩阵为：

$$\left.\begin{aligned} &[k_j] = \begin{bmatrix} k_{yy}^j & k_{xy}^j & k_y^j \\ & k_{xx}^j & k_x^j \\ \text{对称} & & k_0^j \end{bmatrix} \quad (j=1,\ 2) \\ &k_{yy} = \sum k_{si} \cdot y_i^2 \quad k_y = \sum k_{si} \cdot y_i \quad k_{xy} = \sum k_{si} \cdot x_i \cdot y_i \\ &k_{xx} = \sum k_{si} \cdot x_i^2 \quad k_x = \sum k_{si} \cdot x_i \quad k_0 = \sum k_{si} \end{aligned}\right\} \tag{16.4-21}$$

式中　x_i、y_i——相对于截面形心的弹簧位置；

k_{si}——弹簧瞬间刚度。

多弹簧构件产生的柱端位移为：

起始端：

$$\{d_1\} = [T_1]^{\mathrm{T}}[\delta_1][T_1]\{f_1\} \tag{16.4-22}$$

终端：

$$\{d_2\} = [T_2]^{T}[\delta_2][T_2]\{f_2\} \tag{16.4-23}$$

式中　$\{f_1\}$、$\{f_2\}$——柱下端和上端的力分量；

$\{d_1\}$、$\{d_2\}$——弹簧构件的相应位移；

$[\delta_j]_{j=1,2}$——柔度矩阵。

$$[\delta_j] = [k_j]^{-1} = \begin{bmatrix} k_{yy}^j & k_{xy}^j & k_y^j \\ & k_{xx}^j & k_x^j \\ \text{对称} & & k_0^j \end{bmatrix}^{-1} = \begin{bmatrix} \delta_{yy}^j & \delta_{xy}^j & \delta_y^j \\ & \delta_{xx}^j & \delta_x^j \\ \text{对称} & & \delta_0^j \end{bmatrix} \quad (j = 1,\ 2)$$

$$[T_1] = \begin{bmatrix} -1 & 0 & 0 \\ 0 & -1 & 0 \\ 0 & 0 & 1 \end{bmatrix} \qquad [T_2] = \begin{bmatrix} 1 & 0 & 0 \\ 0 & 1 & 0 \\ 0 & 0 & 1 \end{bmatrix}$$

②由线形构件产生的柱端位移：

$$\{d_L\} = [\delta_L]\{f\} \tag{16.4-24}$$

$$\{d_L\} = \begin{Bmatrix} r_{x1} \\ r_{x2} \\ r_{y1} \\ r_{y2} \\ d_0 \end{Bmatrix}, \quad \{f\} = \begin{Bmatrix} m_{x1} \\ m_{x2} \\ m_{y1} \\ m_{y2} \\ N \end{Bmatrix}, \quad [\delta_L] = \begin{bmatrix} \delta_{y1} & \delta_{y3} & 0 & 0 & 0 \\ & \delta_{y2} & 0 & 0 & 0 \\ & & \delta_{x1} & \delta_{x3} & 0 \\ & & & \delta_{x2} & 0 \\ \text{对称} & & & & \delta_0 \end{bmatrix}$$

$$\delta_{y1} = \gamma_1 \cdot \frac{L_{0y}}{3EI_x} + \delta_{y1}^c, \quad \delta_{x1} = \gamma_1 \cdot \frac{L_{0x}}{3EI_y} + \delta_{x1}^c, \quad \delta_{y3} = -\frac{L_{0y}}{6EI_x}$$

$$\delta_{y2} = \gamma_2 \cdot \frac{L_{0y}}{3EI_x} + \delta_{y2}^c, \quad \delta_{x2} = \gamma_2 \cdot \frac{L_{0x}}{3EI_y} + \delta_{x2}^c, \quad \delta_{x3} = -\frac{L_{0x}}{6EI_y}, \quad \delta_0 = \frac{L_0}{EA}$$

式中　γ_1、γ_2——多弹簧构件在柱端的柔度折减系数；

δ_{yj}^c、δ_{xj}^c——构件端部弯曲连接柔度（部分刚性连接）。

③柱端的力-位移关系：

取式（16.4-22）、式（16.4-23）、式（16.4-24）之和，即可得柱端的力-位移关系为：

$$\{D'\} = [\delta]\{F'\}$$

$$\{D'\} = \{\theta'_{x1},\ \theta'_{x2},\ \theta'_{y1},\ \theta'_{y2},\ d'_z\}^{T} \tag{16.4-25}$$

$$\{F'\} = \{M'_{x1},\ M'_{x2},\ M'_{y1},\ M'_{y2},\ P'_z\}^{T}$$

$$[\delta] = \begin{bmatrix} \delta_{yy}^1 + \delta_{y1} & \delta_{y3} & \delta_{xy}^1 & & -\delta_y^1 \\ & \delta_{yy}^2 + \delta_{y2} & & \delta_{xy}^2 & \delta_y^2 \\ & & \delta_{xx}^1 + \delta_{x1} & \delta_{x3} & -\delta_x^1 \\ & & & \delta_{xx}^1 + \delta_{x2} & \delta_x^2 \\ \text{对称} & & & & \delta_0 + \delta_0^1 + \delta_0^2 \end{bmatrix}$$

2. 恢复力特性模型

图 16.4－6 列出了文献［4］的部分恢复力模型。

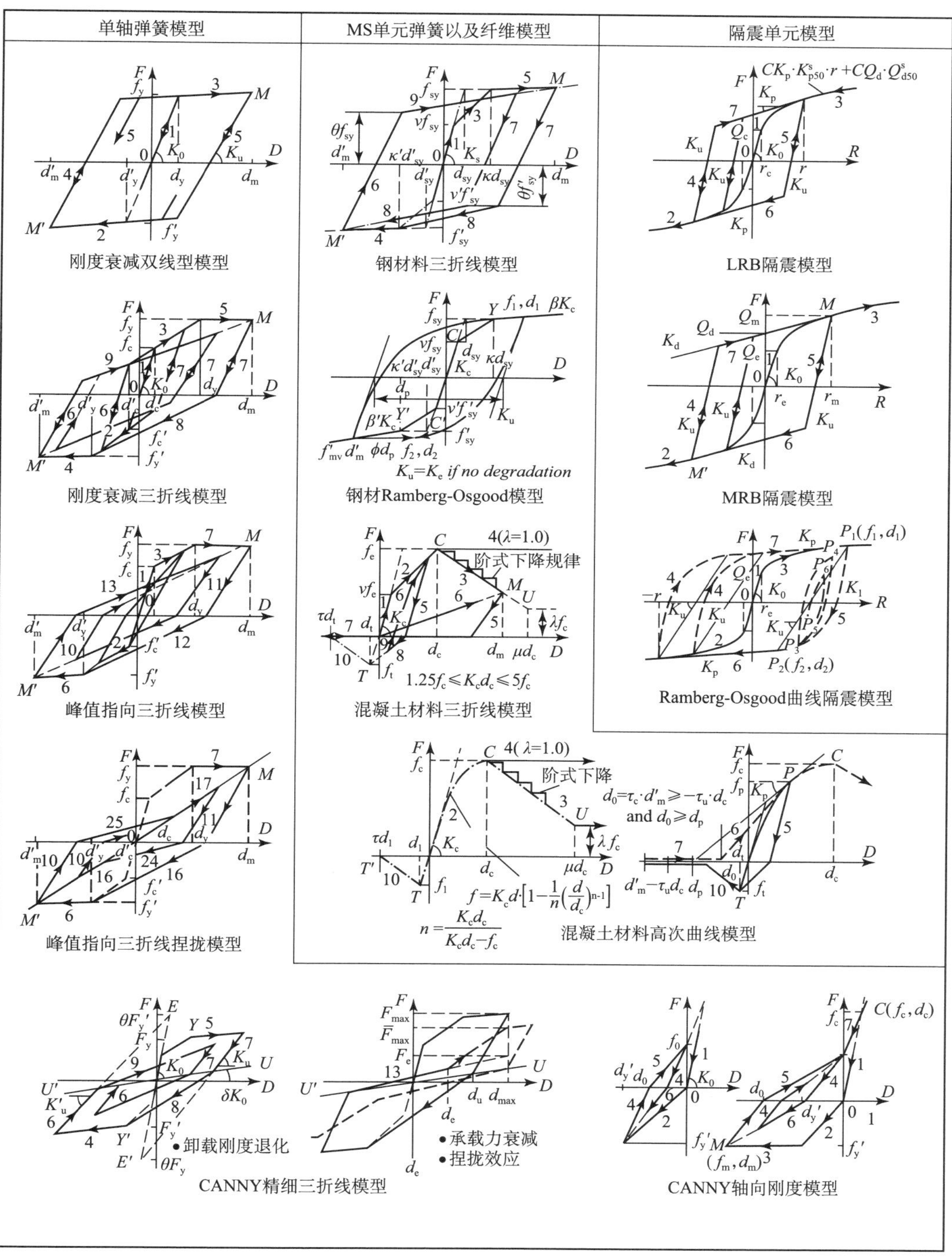

图　16.4－6

表 16.4－2 列出图 16.4－6 恢复力模型的说明（摘录示例）[5]。

表 16.4－2　图 16.4－6 中恢复力模型的说明（摘录示例）[5]

模型名称	说　明
刚度衰减双折线模型	本模型具有双线型骨架曲线。正方向和负方向的卸载刚度衰减相等再次加载时曲线走向随同卸载时刚度不变。新的屈服点可能发生在位移变号之前。 屈服后的刚度： 线段 2：$K_2=\beta' K_0$，线段 3：$K_3=\beta K_0$ β 和 β'——屈服后的刚度系数，取 0~0.2 卸载和再加载刚度： 线段 4 和线段 5：$K_u=K_0\left(\frac{d_y-d'_y}{d_m-d'_m}\right)^{\gamma}$，$d_m \geqslant d_y$，$d'_m \leqslant d'_y$，$\gamma$ 取 0~0.5
刚度衰减三折线模型	本模型具有双线性或三线性的退化衰减刚度骨架曲线。在小的滞回环中，卸载和再加载出现双线性滞回曲线。再加载的线段直接指向最外峰点。 线段 2 和 3：开裂后线段，$K_2=\alpha' K_0$，$K_3=\alpha K_0$ α、α'——开裂后线段的刚度系数 线段 4 和 5：屈服后线段，$K_4=\beta' K_0$，$K_5=\beta K_0$ β、β'——屈服后刚度系数，取 0~0.2 线段 6 和 7：卸载段，屈服前 K_6，$K_7=K_0$，屈服后 K_6，$K_7=K_0\frac{d_y-d'_y}{d_m-d'_m}$ d_m、d'_m——最外峰点变形，$d_m \geqslant d_y$，$d'_m \leqslant d'_y$ 线段 8 和 9：指向峰值线段，$K_8=\alpha' K_7$，$K_9=\alpha K_6$
峰值指向三折线模型	本模型具有双线性或三线性骨架曲线和反复卸载时的线段终止于承载力为零处。再加载的线段指向里边的峰点，然后最终指向最外边的峰点，新的屈服点开始于再加载线段到达最外边的峰点以后。 线段 2 和 3：开裂后线段，$K_2=\alpha' K_0$，$K_3=\alpha K_0$ α、α'——开裂刚度系数 线段 6 和 7：屈服后线段，$K_6=\beta' K_0$，$K_7=\beta K_0$ β、β'——屈服后刚度系数 线段 8，9，10，11：卸载线段， 当在屈服前初始曲线上卸载时［卸载点 $P(f_p,\ d_p)$，$P'(f'_p,\ d'_p)$ 分别在线段 3 和 2 上］ $K_{10}=\begin{cases} K_5 & \lvert f'_p \rvert < \lvert f_p \rvert \\ \frac{f'_p-f_c}{d'_p-d_c} & \lvert f'_p \rvert \geqslant \lvert f_p \rvert \end{cases}$，　$K_{11}=\begin{cases} K_4 & \lvert f_p \rvert < \lvert f'_p \rvert \\ \frac{f_p-f'_c}{d_p-d'_c} & \lvert f_p \rvert \geqslant \lvert f'_p \rvert \end{cases}$ 当在屈服后初始曲线上卸载时 $K_8,\ K_{10}=\frac{f'_y-f_c}{d'_y-d_c}\left(\frac{d'_y}{d'_m}\right)^{\gamma}$　　$K_9,\ K_{11}=\frac{f_y-f'_c}{d_y-d'_c}\left(\frac{d_y}{d_m}\right)^{\gamma}$ 内环卸载时：$K'_{10}=\xi K_{10}$，$K'_{11}=\xi K_{11}$，γ 取 0~0.5，ξ 取 0.5~1.0

续表

模型名称	说　明
峰值指向三折线捏拢模型	本模型与峰值指向三折线型的区别在于有捏拢效应，产生于向新屈服点的再加载之前。 线段 1~11 和 16、17 与峰值指向三折线型相似； 线段 24：$K'_s=\frac{f'_m}{d'_m-d_0}\left[\frac{d'_y}{d'_m}\right]^{\lambda}$ 线段 25：$K_s=\frac{f_m}{d_m-d_0}\left[\frac{d_y}{d_m}\right]^{\lambda}$ f_m、d_m、f'_m、d'_m=屈服后初始曲线上的峰点（M 点），d_0、d'_0=卸载（加载）至 D 轴上的交点，$M(M')$ 点； λ=刚度调整参数，取 $\lambda\approx0.5$； 其他线段走向及参数同峰值指向三折线型
CANNY 轴向刚度模型	本模型用来代表钢筋混凝构件的轴向压力和轴向拉力刚度，它具有拉伸裂缝和屈服的线段，以及拉和压间的卸载和再加载的荷载变化线段，它在受压处于弹性时，有刚度退化，没有受压屈服及破坏，但当荷载超过抗压强度 f_y 时，会发生受压屈服。 线段 1：受压弹性线段 线段 2：受拉裂缝线段，$K_2=\alpha\cdot K_0$（α 约为 0.5） 线段 3：受拉屈服线段，$K_3=\beta\cdot K_0$（β 约为 0.001） 线段 4：卸载曲线， $K_4=\frac{f_m-f_c}{d_m-d_c}$ f_m、d_m——受拉峰点 f_c、d_c——为弹性受压位移下弹性荷载指向点 C 的坐标，$f_c=\gamma\cdot\lvert f_t\rvert$，$d_c=f_c/K_0$ 线段 5：受压再加载线段，压力 $f_0=K'_2\cdot d_0$ d_0——从拉力峰点卸载下的残余位移，因此在拉伸屈服前 $K'_2=K_2$，在拉伸屈服后 $K'_2=K_2\frac{(f_m-f_c)/(d_m-d_c)}{(f'_y-f_c)/(d'_y-d_c)}$ 线段 6：指向（f_m，d_m）点的拉伸再加荷线段 $K_6=K_5$ 线段 7：荷载经过 C 点的，具有衰减刚度的弹性受压线段 定义 C 用的滞回参数 γ 取 2.0
钢材三折线（双折线）模型	本模型可以有双折线和三折线的骨架曲线。三折线代表在屈服强度前就有刚度衰减。 线段 1：弹性阶段 当荷载超过弹性阶段时， $F>\nu\cdot f_{sy}$：走向线段 5（双线型，$K=1$）或线段 3（三线型，$K>1$）， $F<\nu\cdot f'_{sy}$：走向线段 4（双线型，$K=1$）或线段 2（三线型，$K>1$）； 线段 4：受压屈服，$K_4=\beta\cdot K_s$，卸载到线段 6 线段 5：受压屈服，$K_5=\beta\cdot K_s$，卸载到线段 7

续表

模型名称	说　　明
钢材三折线（双折线）模型	线段 6、7：卸载段，其制裁刚度由以下确定： （1）三线性骨架曲线，在屈服前，不论受拉或受压（$d_m<\kappa\cdot d_{sy}$和$d'_m>\kappa\cdot d'_{sy}$）： $K_u=\begin{cases}K_s & 当\ \alpha=0\\ \dfrac{f_m-\alpha f'_{sy}}{d_m-\alpha f'_{sy}/K_s}和\dfrac{f'_m-\alpha f_{sy}}{d'_m-\alpha f_{sy}/K_s}中取小者 & 当\ \alpha>0\end{cases}$ （2）在受拉屈服或受压屈服： $K_u=K_{uy}\left(\dfrac{\kappa\cdot d'_{sy}-\kappa\cdot d_{sy}}{d'_m-d_m}\right)^{\gamma}$ 式中，$d_m\geqslant\kappa\cdot d_{sy}$，$d'_m\leqslant\kappa\cdot d'_{sy}$和 $K_{uy}=\begin{cases}K_s & 当\ \alpha=0\ 或为双折线骨架曲线\\ \dfrac{f_{sy}-\alpha\cdot f'_{sy}}{\kappa\cdot d_{sy}-\alpha\cdot f'_{sy}/K_s}或\dfrac{f'_{sy}-\alpha\cdot f_{sy}}{\kappa\cdot d'_{sy}-\alpha\cdot f_{sy}/K'_s} & 当\ \alpha>0\end{cases}$ 受拉卸载穿过水平轴和$F>\theta\cdot f_{sy}$：走向线段 9 受压卸载穿过水平轴和$F<\theta\cdot f'_{sy}$：走向线段 8 线段 8：荷载指向最大压力点 M，过了 M 点后，走向线段 4，卸载走向线段 6； 线段 9：荷载指向最大拉力点 M'，过了 M'点后，走向线段 5，卸载走向线段 7； 参数：β——线段 4 和 5 的刚度系数，取 0~0.2 θ——线段 8 和 9 的起始点，取 0~0.8 α——卸载方向指数，取 0 或≥1 γ——确定卸载刚度的指数，取 0~0.5 ν、κ——选用三线型或双线型曲线的参数，ν 取 0~1.0，κ 取≥1.0 注：坐标正向表示受拉拉力f_s 和受拉变形 d' 坐标负向表示受压压力f'_s和受压变形 d
混凝土材料三折线模型	本模型为近似描述混凝土材料滞回特性的多折线骨架曲线模型。在受压达到最大压力强度 f_c 前刚度就可能退化，在达到最大压力强度后，可以有对混凝土极限性质（软化）的选择。 线段 1：为弹性阶段，$F>\nu\cdot f_c$，走向线段 2，$F<0$ 和$f_t=0$，走向线段 7，$F<f_t$ 和$f_t\neq0$，走向线段 10 线段 2：按初始曲线加载，加载 $F>f_c$，走向线段 3 或 4，卸载，走向线段 5 线段 3：强度退化线段，按阶梯状下降时，用零刚度计算多弹簧构件的位移反应，弹簧力的变异（由于位移增量）作为非平衡力处理，在下一步校正 由线段 3 卸载时，循线段 5 的规则 线段 4：极限阶段，$K=0$，卸载时，循线段 5 的规则 线段 5：从受压峰点卸载，这是可逆的，在线段 6 与水平轴线之间卸载和再加载的交替过程 卸载刚度 K_5 仅当从外圈卸载时重新估计： $K_5=\begin{cases}K_{cu} & 当\ d_m\leqslant d_c\\ K_{cu}\cdot(d_c/d_m)^{\gamma} & 当\ d_m>d_c\end{cases}$

续表

模型名称	说　明
	式中， $K_{cu}=\begin{cases}K_c & 当\ \alpha=0\\(\alpha f_c+f_m)/(\alpha f_c/K_c+d_m) & 当\ d_m\leqslant d_c\\(\alpha f_c+f_c)/(\alpha f_c/K_c+d_c) & 当\ d_m>d_c\end{cases}$ $\alpha=0$ 表示无刚度衰减 或 $\alpha\cdot f_c\geqslant\|f_t\|$ γ 代表在 C 点（最大强度 f_c）以后的卸载刚度衰减， 卸载到 $F=0$，走向线段 7（当 $d_m\geqslant d_c$），或走向线段 8（考虑抗拉强度，并 $d_m<d_c$）， 再度加载（达到内环的峰点后），走向线段 6， 再度加载（达到初始曲线的峰点后），走向线段 2、3 或 4 线段 6：向峰点受压加载，荷载达到初始曲线的峰点后走向线 2、3 或 4 卸载时，走向线段 5 线段 7：强度为零，$K=0$，保持零强度和零刚度直到卸载和反向荷载到受拉变形， 在受压变形时再度加载，任何位置均走向线段 6 线段 8：加荷指向拉伸开裂点（当考虑拉伸强度时）， 加荷达到开裂点时，走向线段 10， 卸载时，走向线段 9，$K=K_c$ 线段 9：从线段 8 卸载。反向荷载：走向线段 5， 从卸载开始点再加载：走向线段 8 在受拉情况下的混凝土弹簧性能，可以用受拉强度 f_t 和参数 τ 表示，以下是受拉滞回特性： 线段 10：在开裂点后的受拉加载，在计算中采用零刚度，由位移增量产生的拉力的变异性按不平衡力处理，由线段 10 卸载走向线段 11 线段 11：受拉的卸载和再加载可逆线段，指向原点 注意：混凝土弹簧，在承受最大抗压强度后，失去抗拉强度 各滞回参数如下： ν、δ——确定由线段 1 转向线段 2 的参数，取 0~1.0，$\delta=0\sim\nu$， τ——受拉开裂后确定滞回线的参数，取≥1.0， α——在 C 点以前确定卸载方向的参数， γ——确定 C 点以后卸载刚度的参数，取 0~0.5

表中，钢材三折线模型和混凝土三折线模型用于纤维模型和多弹簧模型，其余为用于杆件和单轴弹簧模型。

16.4.3　结构的弹塑性分析模型和分析方法

1. 弹塑性的等效层间模型分析

计算结构弹塑性层间变形最实用的分析模型是等效层间模型，反映非弹性特征的恢复力参数见表 16.4－3。

表 16.4-3

参数	建立方法
层间剪力开裂值	取楼层各竖向构件截面开裂值之和，对柱子按上下端开裂弯矩之和除以层高求得
层间剪力屈服值	可按《规范》规定，取按构件实际配筋、材料强度标准值和对应的重力荷载代表值的轴向力计算的实际受弯承载力
层间刚度降低率	取楼层各竖向构件开裂后刚度降低率的综合平均值

2. 弹塑性的等代单柱框架模型分析

等代单柱框架模型保留了框架结构的基本特性，以杆件为基本计算单元，单元刚度矩阵采用单分量的弹塑性杆件模型。由于节点数大大减少，计算工作量大大节省，而计算结果，不论层间剪力、层间位移还是梁柱破坏状态与普通框架模型颇为接近。

表 16.4-4

项目	计算方法
计算简图	l　⇒　$l/2$ 图　16.4-7
梁截面刚度和尺寸	任意层 j，设有 m 跨梁，折算的截面惯性矩 I，与跨长 l $K=\sum_{i=1}^{m}K_i/m$ $K_i=I_i/l_i$ $K=I/l$ $I=\sum_{i=1}^{m}I_i/m$　（l_i 相同时） $b=\sum_{i=1}^{m}b_i/m$ $h=\sqrt[3]{12I/b}$
梁端恢复力	每跨梁两端恢复力参数 M_c、M_y、α 相同 $M_c=\sum_{i=1}^{m}M_{ci}/m$ $M_y=\sum_{i=1}^{m}M_{yi}/m$ $\alpha=\sum_{i=1}^{m}\alpha_i/m$

续表

项目	计算方法
柱截面刚度和尺寸	任意层 j，当有 m 跨梁，将由（$m+1$）根柱 $K=\sum_{i=1}^{m}K_i/2m$ $K_i=I_i/H_i$　（H_i 为柱高） $I=\sum_{i=1}^{m+1}I_i/2m$　（H_i 相同时） $b=\sum_{i=1}^{m+1}b_i/2m$ $h=\sqrt[3]{12I/b}$
柱端恢复力	柱两端恢复力参数 M_c、M_y、α 相同 $M_c=\sum_{i=1}^{m+1}M_{ci}/2m$ $M_y=\sum_{i=1}^{m+1}M_{yi}/2m$ $\alpha=\sum_{i=1}^{m+1}\alpha_i/(m+1)$
楼层重力	$G=\sum_{i=1}^{n}G_i/2m$ G_i——各跨的重力荷载代表值
宽柱（墙体）截面	$b=\sum_{i=1}^{m+1}b_i/2m$ $h=\sum_{i=1}^{m+1}h_i/2m$ $I=bh^3/12$
宽柱恢复力	$V_c=\sum_{i=1}^{m+1}V_{ci}/2m$ $V_y=\sum_{i=1}^{m+1}V_{yi}/2m$ $\alpha=\sum_{i=1}^{m+1}\alpha_i/(m+1)$

注：当各楼层跨数不等时，求和按各层实际跨数计算，而分母的 m 按一般层的跨数统一取值，使单柱框架保持原结构沿高度的不均匀性。

【例 16.4－1】

某 13 层工业框架，筏式基础，柱截面由 600mm×800mm 至 300mm×300mm 逐层递减，梁截面 300mm×700mm，混凝土强度等级为 C18，钢筋为 I 级。唐山地震中 6 层以上倒塌。

不论用层间模型、单柱模型还是框架模型，进行弹塑性时程分析，均发现在第 11 层附近有很大的变形，层间变位角达 1/40，7 层以上不同时刻的位移包络也明显大于 6 层以下，梁柱破坏明显重于 6 层以下。较好地解释了框架在地震中从 6 层以上倒塌，且因中柱先于边柱破坏而使构件向内倾斜，堆积厂房范围之内的震害。

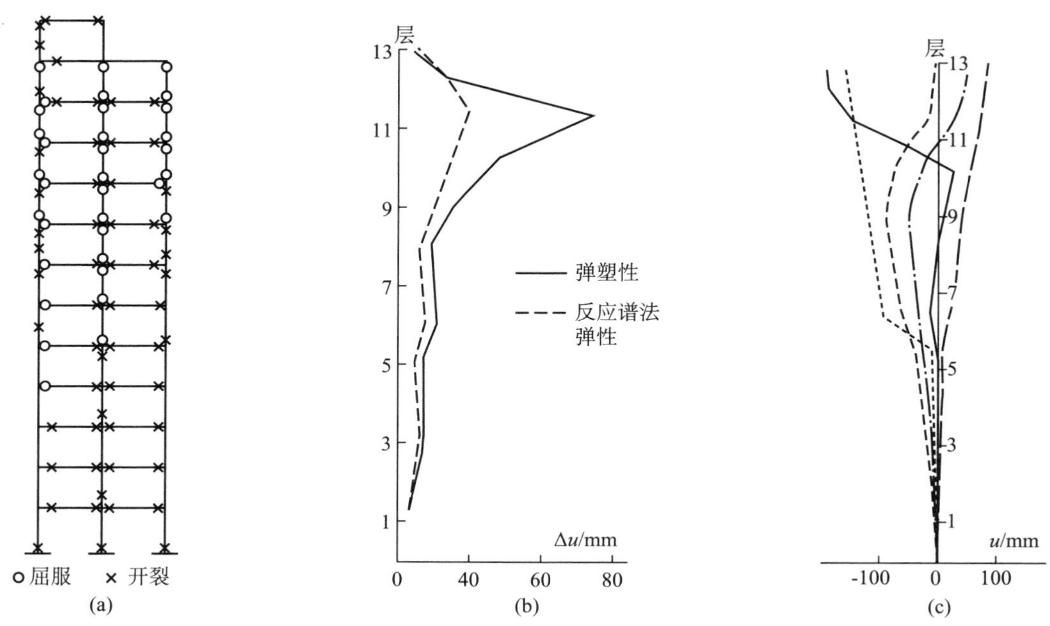

图 16.4－8　13 层工业框架的震害分析

（a）破坏分布；（b）各层最大层间位移；（c）不同时刻的位移分布

3. 三维弹塑性分析

对平面不规则或竖向不规则的结构须采用空间三维分析模型，这是较为正规的，更能反映结构在强地震作用下弹塑性性能的分析模型和分析方法。

三维弹塑性分析需要功能强大的计算机程序和较为复杂的计算步骤，为便于了解其分析内容，本文举一个计算实例来说明。

【例 16.4－2】

1. 工程概况

本例题（摘引自文献［6］及其三维弹塑性分析报告）为一实际工程，双筒结构，地上 52 层总高度 189.4m，平面接近椭圆形，长轴 45.8m，短轴 37.6m，核心筒、角筒为钢筋混凝土结构，外筒为钢骨混凝土结构，其中门厅入口处采用 2 根二层高的钢管柱，7 层以下环梁及 11、15、20、25、30、34、49 层均设钢骨混凝土环梁。主要结构平立面和构件截面尺寸参阅文献［6］，典型平面及计算简图如图 16.4－9 所示，场地类型设计上按Ⅲ类考虑，抗震设防烈度 8 度。

对本工程进行弹塑性分析，采用 CANNY 99[4]，作了静力非线性分析和非线性时程分析，结构计算模型包括 4262 个节点、3120 个梁单元、2715 个柱单元和 1231 个剪力墙单元、20978 个变形自由度。输入地震波采用 A、B 两组各三条图 16.4－8 加速度波及 EI-Centro

1940 加速度波。计算要求数据内存约为 148MB；在当时的奔腾 700 微机上做弹塑性时程分析，输入持续 20s，计算 4000 步，费时 16180s（近 5 个小时）。

2. 结构计算模型

由于结构体型和平面比较复杂，采用 3 维空间框架模型，基于每一根杆件力与变形的非线性关系建立起来的 3 维杆系模型，建模的基本假定如下：

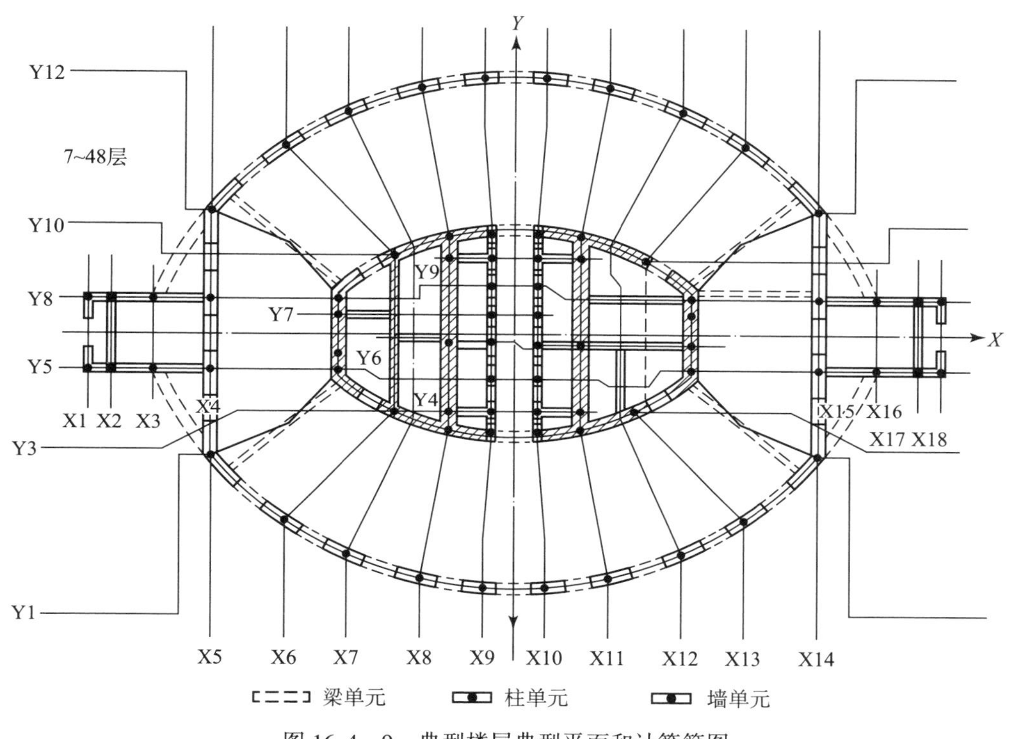

图 16.4－9　典型楼层典型平面和计算简图

（1）结构模型由刚性节点、刚性楼板和梁、柱、剪力墙等杆件单元组成。每个节点考虑五个变形自由度，即三个线位移和两个垂直平面内的角位移。因不考虑混凝杆件的扭转刚度，节点在水平面内的角位移不在计算之内。

（2）楼板在水平面内理想化成无限刚性板，在平面外假定为自由变形（零刚度）。在这样假定之下，每一层楼板有三个刚体位移自由度，即两个水平位移和一个转角。

（3）结构重量集中于各节点。只考虑由线加速度引起的、作用于节点沿三个坐标轴方向的惯性力，不考虑角加速度引起的惯性弯矩。因节点的两个水平位移自由度受楼板刚体位移支配，同一楼层内的节点水平惯性力则表现为集中在刚性楼板质量中心的两个水平惯性力和一个扭转惯性力。

图 16.4－9 为典型楼层的计算简图。圆点表示计算考虑的结构节点，节点的位移方向沿整体坐标体系 X、Y、Z 轴方向确定，X 轴和 Y 轴在楼层平面内分别沿楼层平面的长轴和短轴方向，Z 轴设为沿楼高方向上。图 16.4－9 中的长波折线（X 方向）和短波折线（Y 方向）为计算轴线。计算轴线配合结构的布置可以拐弯。计算程序对所有的轴线和楼层采用

命名方式。轴线命名为文字“X”或“Y”加一个数码。楼层命名为数码加文字“F”。数码可以任意不连续。所有结构元素（节点和杆件）都可以用 X 轴线、Y 轴线和楼层三个广义坐标表达其位置，不需编码。

3. 杆件计算模型

（1）柱杆件和剪力墙杆件单元承受轴向荷载、弯曲和剪力作用，剪力墙单元只考虑其平面内的弯曲和剪切，而柱单元则考虑双向弯曲和剪切。

（2）计算中采用多弹簧模型和纤维模型，以考虑轴力–轴向变形和弯曲之间的关联（相互作用）。

对钢筋混凝土构件，每根钢筋由一根弹塑性钢弹簧/纤维表达。

混凝土截面则分割成一定数量的混凝土弹簧/纤维。

钢骨混凝土构件截面与钢筋混凝土构件类似，但将型钢部分适当分割成一定数量的钢弹簧/纤维。

（3）对剪力墙，将多跨连续的一片剪力墙作为一个整体杆件考虑；对剪力墙截面的弯曲变形引用平截面假定，这样，位于多跨连续剪力墙上的所有节点（中间节点和端部节点）的变形自由度将受剪力墙平截面变形条件的制约，使得位于剪力墙中间或两边的柱子与剪力墙实现共同变形协调和力的平衡。

（4）梁杆件简化为只在框架平面内承受弯曲和剪切的杆件单元，采用单轴转动弹簧和剪切弹簧模型模拟其弹塑性弯曲和剪切变形；由于采用刚性楼板假定，位于楼板平面内的梁杆件不考虑轴向伸缩变形。

（5）杆件单元设置于杆件的轴线上，在计算中考虑了杆件轴线与结构节点的位置之间的偏差，对与剪力墙连接的梁杆件，将杆端节点的位于剪力墙内的部分处理成刚域，对于其他杆件，不考虑刚域，忽略节点区尺寸的影响。

4. 材料强度取值

弹塑性计算采用钢筋材料平均强度（假定为设计强度的 1.1 倍），混凝土计算抗压强度取强度设计值，混凝土抗拉强度取抗压强度的 1/10。

5. 刚度计算

结构总刚度矩阵集每一根杆件单元的刚度而成；在计算钢筋混凝土梁和柱杆件单元的刚度时，只考虑截面混凝土面积的刚度，忽略钢筋材料对刚度的贡献。在计算钢骨混凝土杆件单元的刚度时，不计钢筋，但计入型钢对刚度的贡献；对于剪力墙杆件，由于采用纤维模型，计算杆件截面的刚度时，包括了所有的钢弹簧，即在杆件刚度中计入型钢和所有钢筋材料。

6. 计算方法

采用了非线性静力分析，计算结构的极限承载和变形能力；采用非线性时程分析，了解在设计加速度地震波作用下的结构反应和抗震性能。分析过程中考虑了材料非线性，引用微小变形假定，不考虑几何非线性，但近似地考虑结构自重对水平变形引起的附加弯矩。采用逐步计算法，在每一小步中假定力和变形为线性关系，建立和求解平衡方程，得到节点和杆件的变形增量，接着检查每一根杆件的力和变形关系，如有刚度变化（非线性），找出不平衡力，并重新建立杆件和结构整体的刚度矩阵，通过迭代，消除不平衡力或将不平衡力在下一步的平衡求解过程中加以修正。

（1）非线性静力分析方法（Push Over Analysis）。

非线性静力法采用沿高度方向倒三角形分布的等效静力侧向荷载，分别作用于结构的 X 方向和 Y 方向，以顶层变形控制，逐渐增加荷载逐步分析，得到结构各楼层的层间剪力和层间变形关系，确定结构极限承载力和变形能力以及结构的破坏机构。

（2）非线性时程分析法。

进行时程分析时，对多自由度体系的运动方程采用 Newmark β 法逐步积分求解，β 取 0.25；考虑高次振型的影响，数值积分的时间间隔取 1/200s，约为弹性第十振型周期的 1/50；阻尼假定为与质量矩阵和瞬时刚度矩阵成正比的 Rayleigh 阻尼，比例系数按阻尼常数 4%确定。输入地震波采用两组各三条人工加速度波。A 组（图 16.4－10）为相当于罕遇地震的地面加速度，峰值 $0.3g$~$0.4g$，B 组（图 16.4－11）为相当于多遇地震的地面加速度波，峰值 $0.06g$~$0.08g$，（g 即单位 Gal），输入持续时间约 20s，每条加速度波分别沿 X 和 Y 方向，做单向输入；此外还采用 El-Centro 1940 加速度波，原记录放大 1.18 倍，EW 分量和 NS 分量的峰值分别为 $0.25g$ 和 $0.41g$，双向同时输入分析。

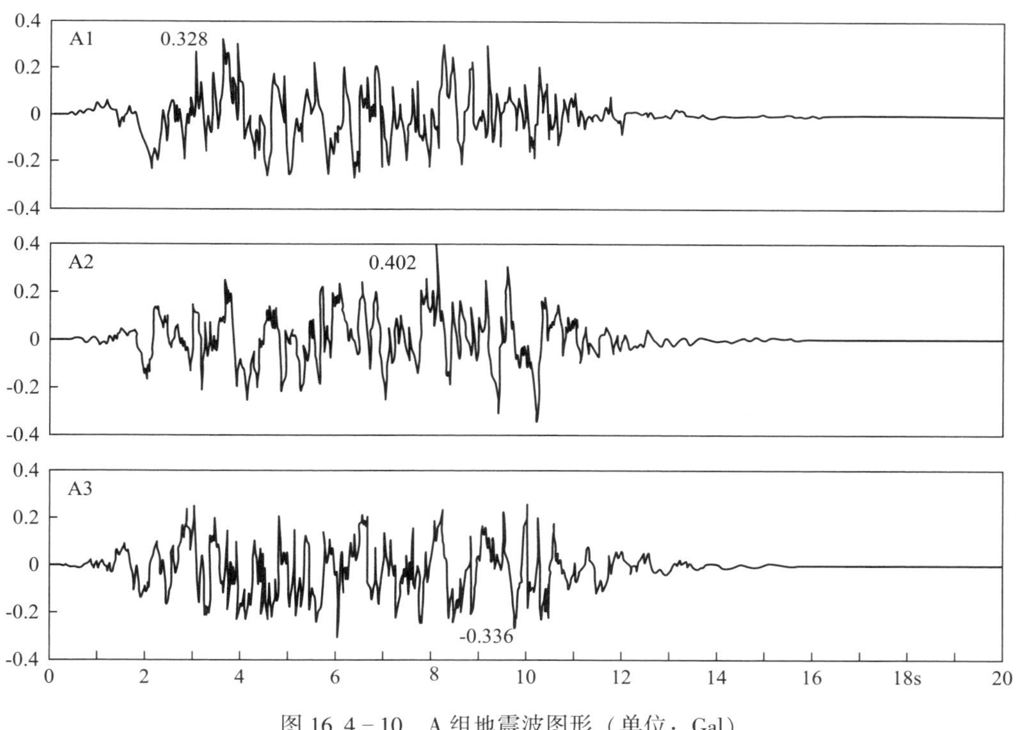

图 16.4－10　A 组地震波图形（单位：Gal）

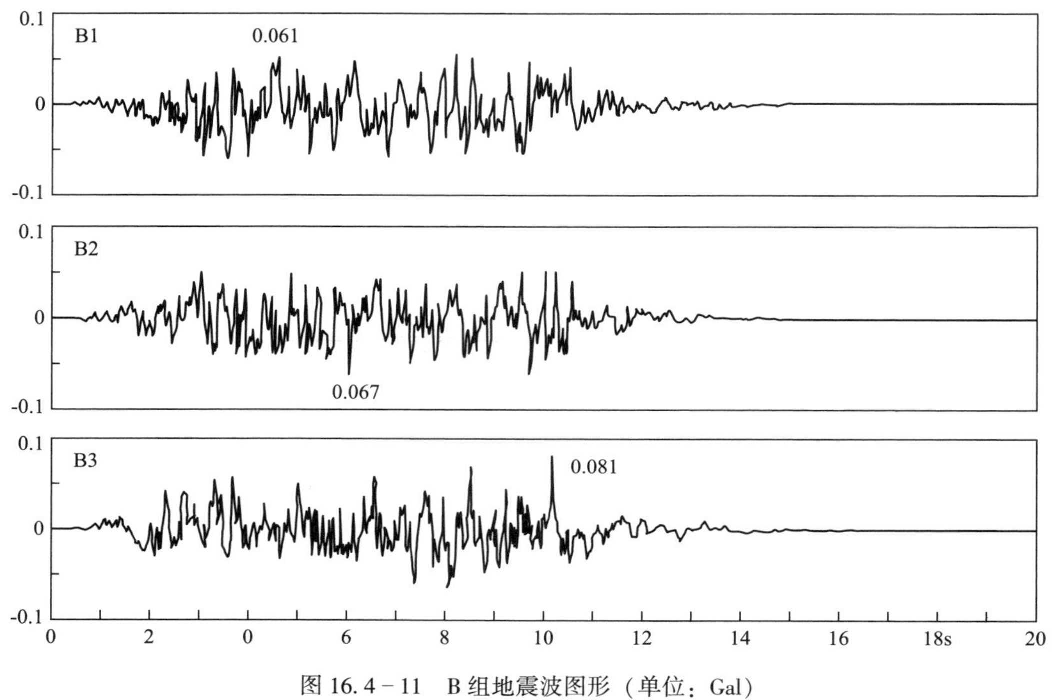

图 16.4－11　B 组地震波图形（单位：Gal）

7. 静力非线性分析计算结果

静力非线性计算分析得到的结构各楼层在 *X* 方向和 *Y* 方向层剪力和层间变形关系如图 16.4－12，各楼层相对层间变形分布如图 16.4－13。

计算结果，提供如下的结构性能信息：

（1）从层间相对变形角沿高度分布看，底部剪力与建筑物总重量的比在 *X* 方向达到 0.023、*Y* 方向达到 0.022，最大层间变形为 1/800 左右，结构处于弹性状态。除较下部层（1~4 层）外，层间变形沿高度方向的变化很小，表明各楼层刚度分布比较均匀，没有薄弱层。当底部剪力达到或略大于 0.07 倍重力荷载时，上部各层层间变形均大于 1/100 有比较大的塑性变形，最大层间相对位移出现在 33 层左右，此时层间变形分布仍然没有突变。

（2）底部剪力与建筑物总重量之比在 *X* 方向超过 0.07，*Y* 方向超过 0.08 时，还具有相当的变形能力，钢筋屈服后仍有 1/1000 的上升刚度。除底层外各楼层变形接近 1/300 时，部分杆件开始屈服。底层一部分墙和柱杆件最早弯曲屈服，其次为各层的梁杆件弯曲屈服。

8. 非线性时程分析结果

时程分析得到的结构的底部剪力、顶点位移、层间变形的地震反应最大值，如表 16.4－5 所示。

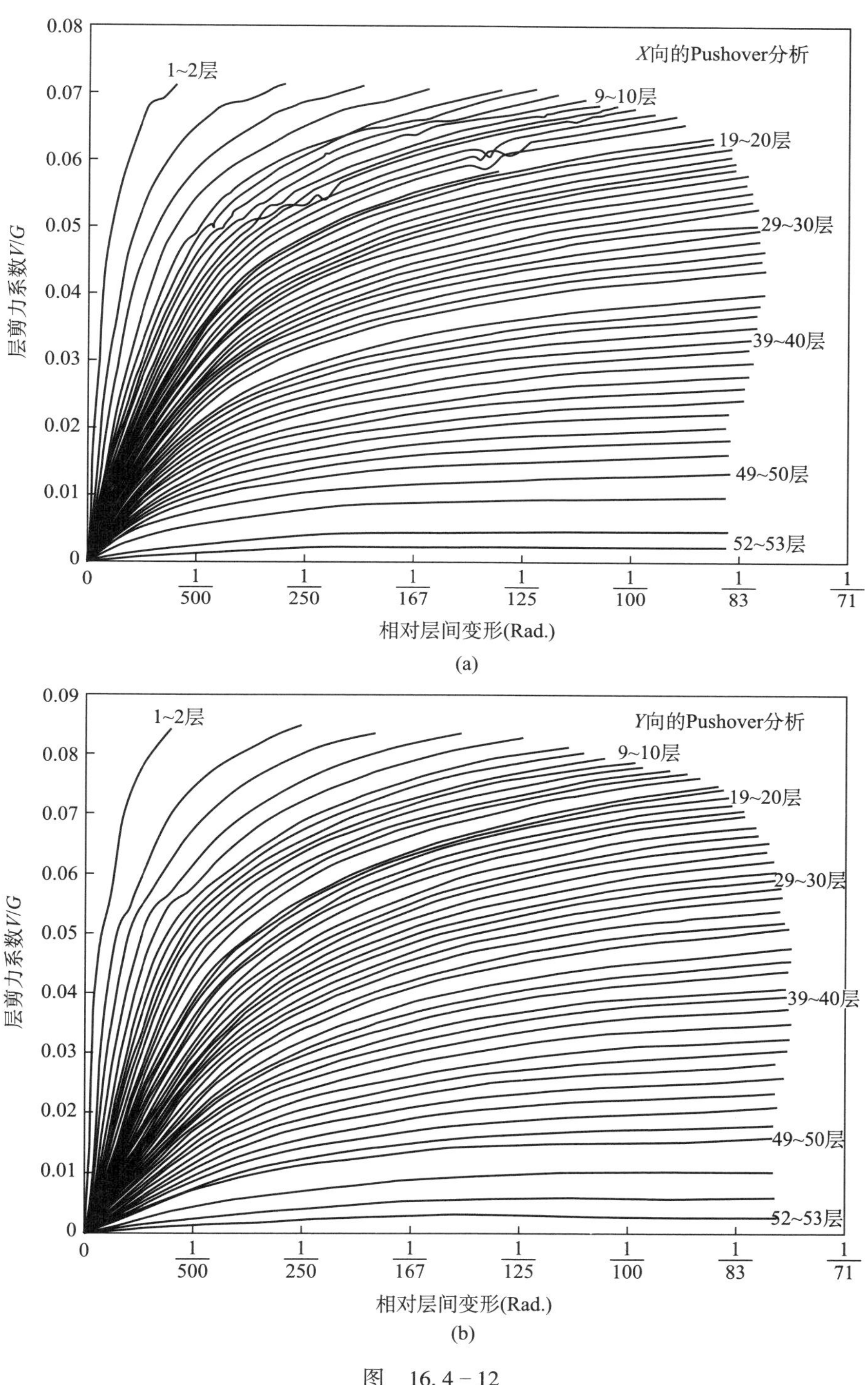

图　16.4－12

（a）X 方向 Pushover 分析结构之层剪力与相对层间变形的关系；

（b）Y 方向 Pushover 分析结构之层剪力与相对层间变形的关系

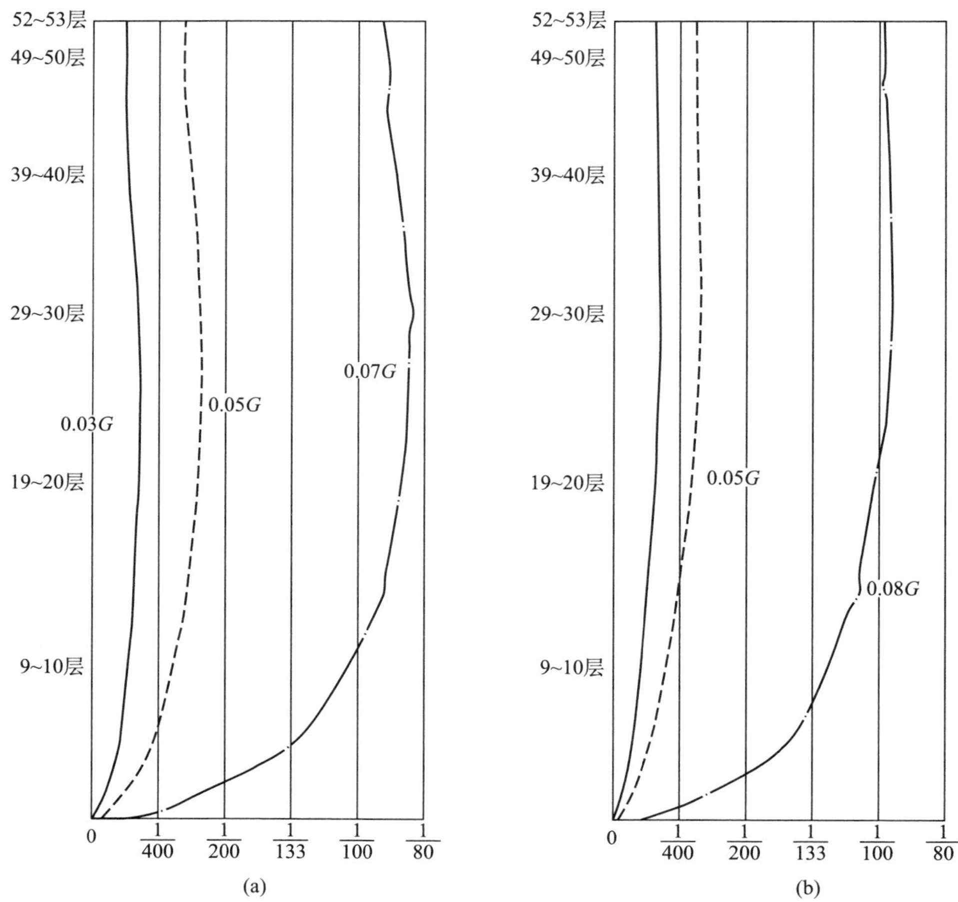

图 16.4-13　Pushover 分析时各楼层的相对层间变形分布

（a）X 方向 Pushover 分析；（b）Y 方向 Pushover 分析

表 16.4-5　结构底部剪力，顶点位移，层间变形的最大值

地震波	输入方向	最大底部剪力系数 V/G	顶点最大位移 Δ/m	最大层间相对变形 δ/h
A1	X	0.097	1.027	1/150
	Y	0.093	1.262	1/122
A2	X	0.124	1.281	1/130
	Y	0.122	1.330	1/116

续表

地震波	输入方向	最大底部剪力系数 V/G	顶点最大位移 Δ/m	最大层间相对变形 δ/h
A3	X	0.085	1.198	1/138
	Y	0.113	1.047	1/143
B1	X	0.020	0.116	1/1182
	Y	0.029	0.148	1/880
B2	X	0.023	0.131	1/993
	Y	0.025	0.153	1/800
B3	X	0.022	0.102	1/1307
	Y	0.027	0.123	1/1008

注：V 为最大底部剪力；G 为建筑总质量；δ 为层间位移；h 为层高。

V 层剪力和相对层间变形反应最大值在各楼层的分布如图 16.4－14 和图 16.4－15 所示。

杆件反应结果，在罕遇地震下，以底层为例，梁端塑性较如图 16.4－16 所示，竖向构件屈服，如图 16.4－17 所示。

计算结果得到如下的主要结构弹塑性性能信息：

（1）在 A 组加速度波作用下，最大底部剪力达总重力荷载的 0.124，最大层间相对变形小于 1/120，结构顶层最大位移相对于建筑总高度的 1/140。

（2）底部有部分构件屈服并有较大塑性变形，部分外筒梁杆件弯曲屈服，上部各层柱和剪力墙中有部分杆件钢筋屈服，有较大的延性变形，所有杆件有足够剪切承载能力，未发现剪切破坏。

（3）El-Centro 波双向输入时，最大层间相对变形反应在 EW 和 NS 方向分别为 1/200 和 1/290，即使假定两个方向的峰值同时发生，在矢量方向的最大层间相对变形反应仍小于 1/160，其结果均小于 A 组加速度波的反应。表明 El-Centro 地震波记录以高频成分的卓频，长周期结构反应不显著。

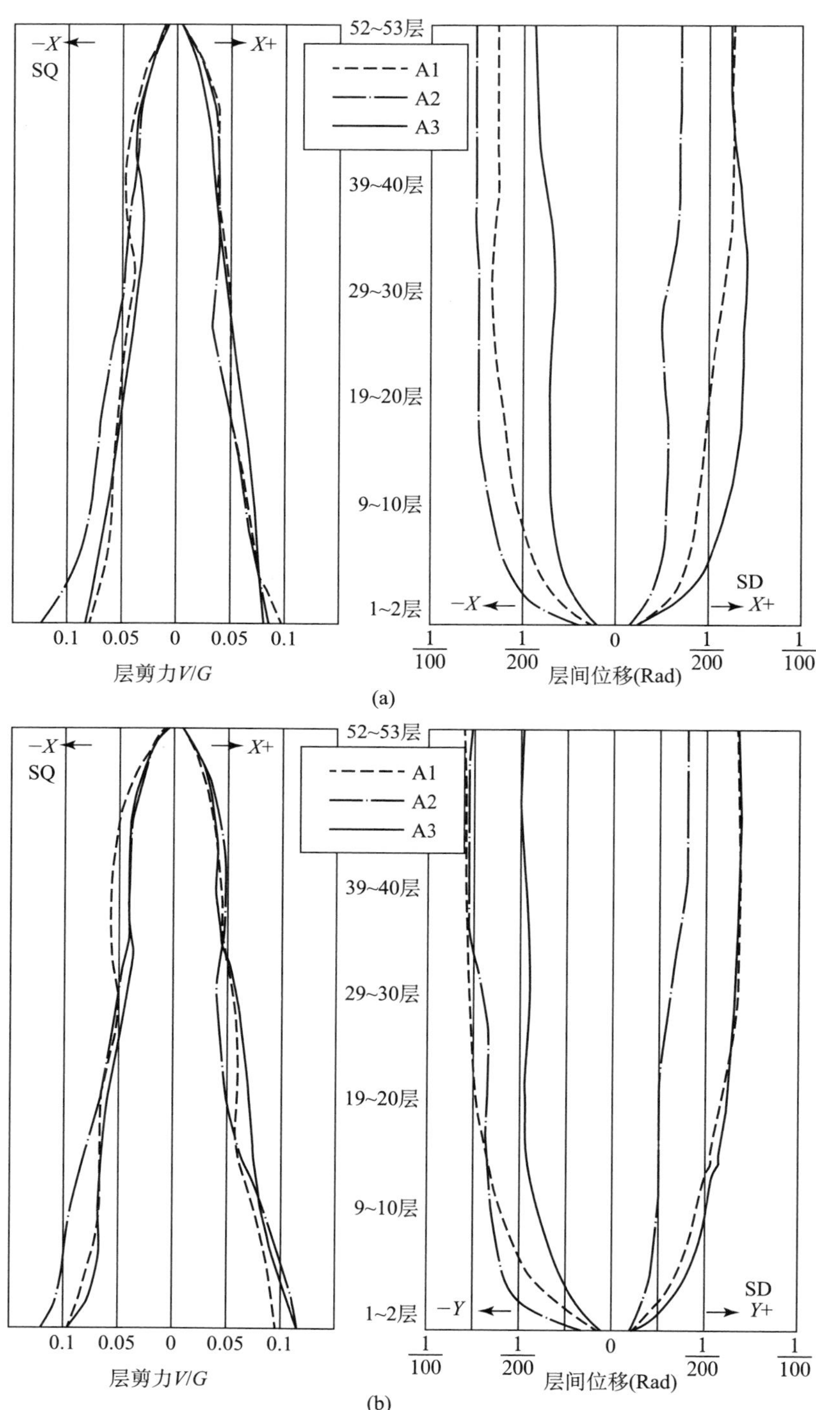

图 16.4－14　A 组地震波作用下层剪力和层间相对位移最大值的楼层分布

(a) 输入 X 向；(b) 输入 Y 向

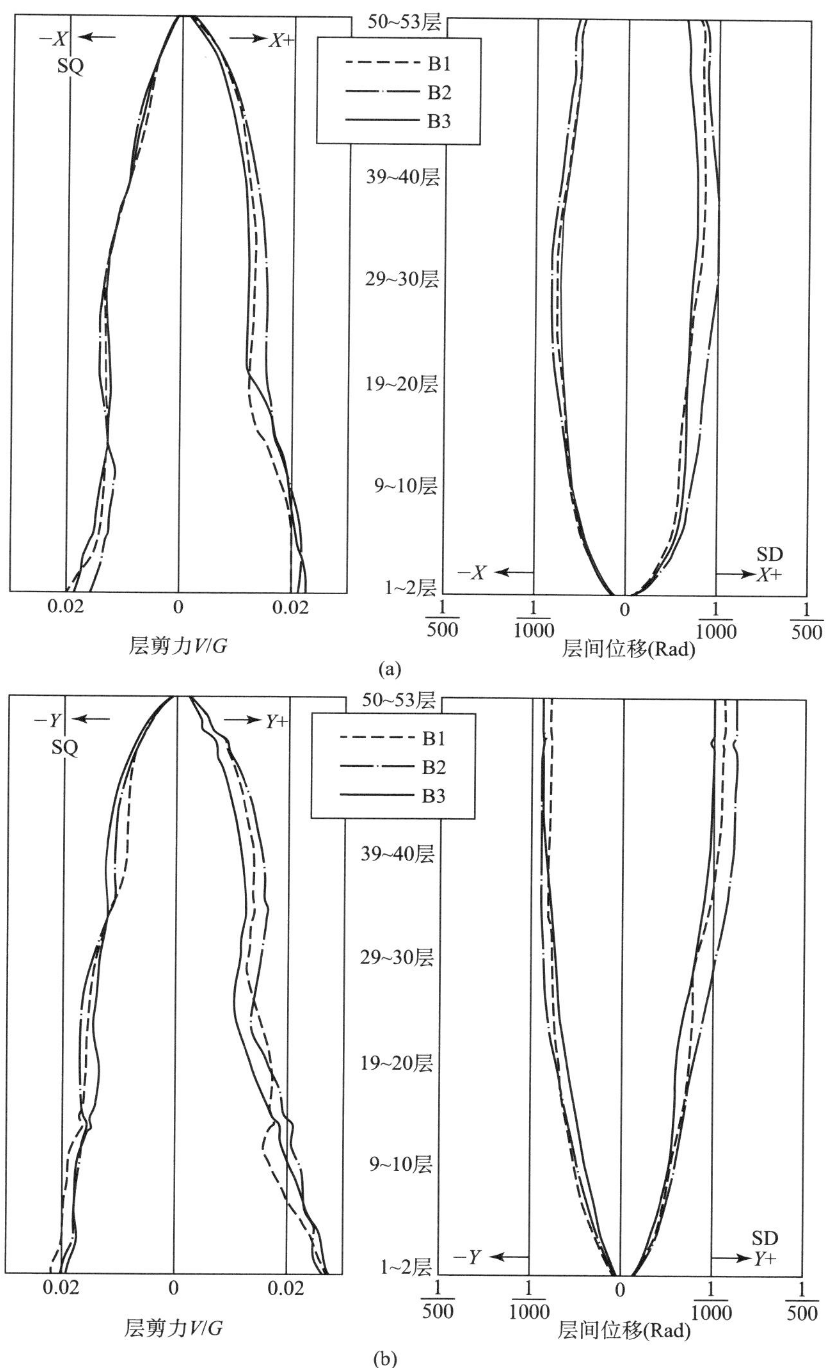

图 16.4－15　B 组地震波作用下层剪力和层间相对位移最大值的楼层分布

（a）输入 X 向；（b）输入 Y 向

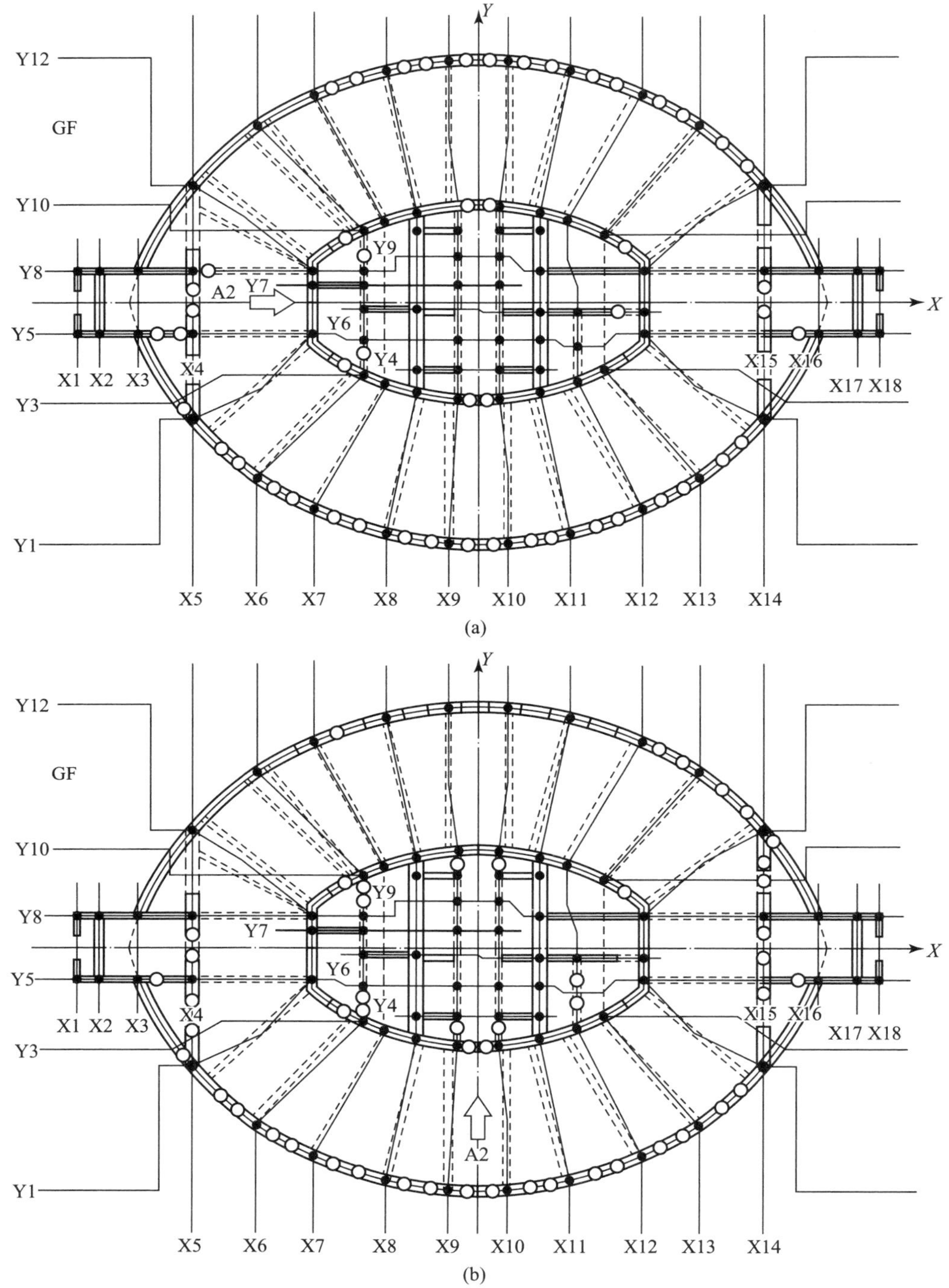

图 16.4－16　加速度 A2 波作用下 2F 层梁单元弯曲屈服位置示意图

（a）*X* 方向输入 A2 波（白圆圈表示梁端塑性铰）；

（b）*Y* 方向输入 A2 波（白圆圈表示梁端塑性铰）

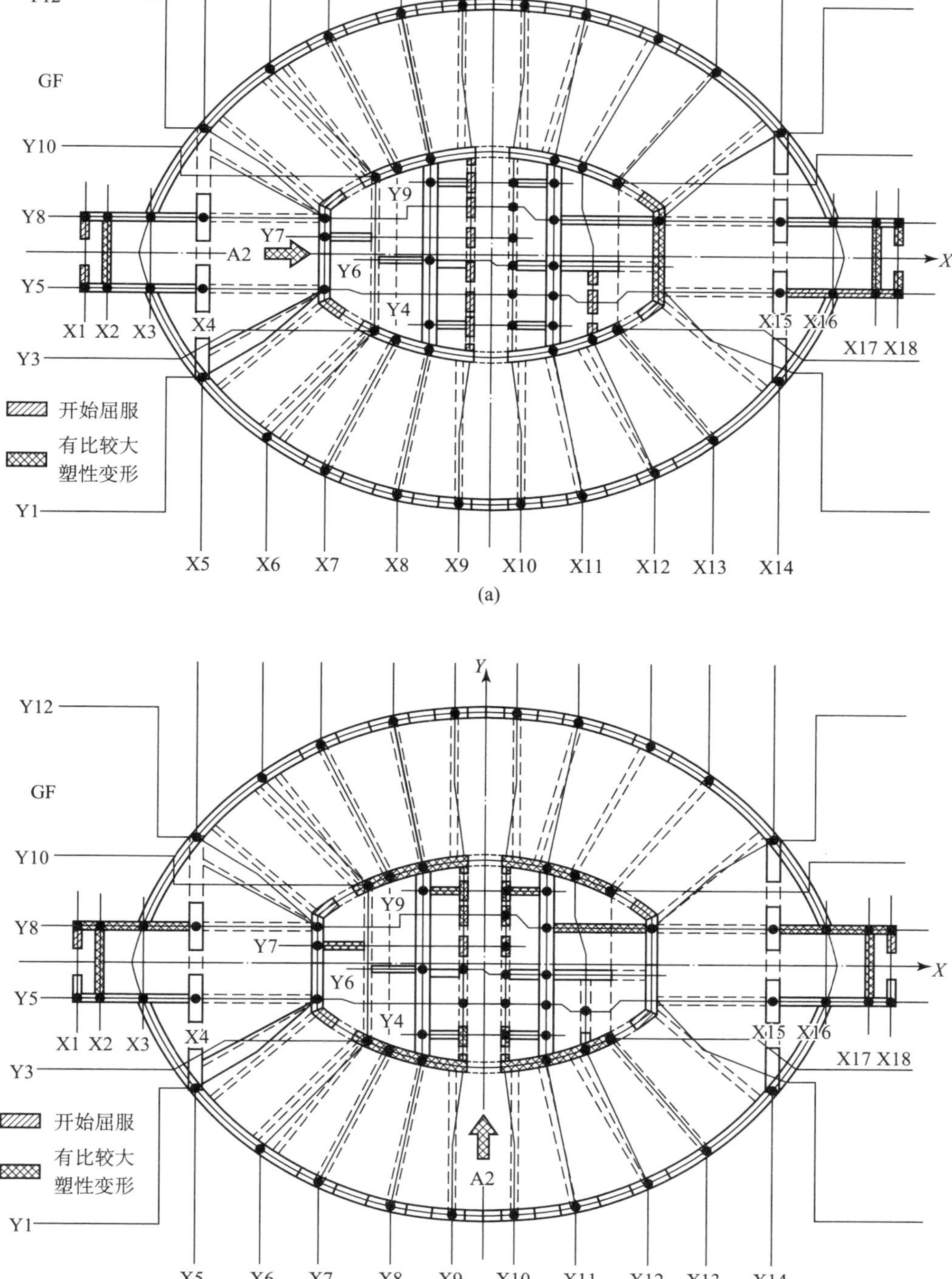

图 16.4－17　加速度 A2 波作用下底层梁单元弯曲屈服位置示意图

（a）*X* 方向输入 A2 波；（b）*Y* 方向输入 A2 波

参 考 文 献

[1] Baker A L, Recent Research in Reinforced Concrete Its Application to Design

[2] Priestley M J N, Calvi G M, Seismic Design and Retrofit of Bridge, John Wiley&Sons. New York, 1996

[3] 朱伯龙、董振祥，钢筋混凝土非线性分析，同济大学出版社，1985

[4] 李康宁、洪亮、叶献国，结构三维弹塑性分析方法及其建筑物震害研究中的应用 [J]，建筑结构，2001，(3)

[5] Li Kang-Ning, CANNY-E user's manual, CANNY consultants. PTE Ltd, 1996

[6] 徐永基、王润昌、鱼水滢、李康宁、洪亮，陕西省信息大厦超高层结构设计和安全性分析，建筑结构学报，2002

第 17 章　非线性静力分析

17.1　概　　述

非线性静力分析方法，是 GB 50011—2010 第三章 3.6.2 条规定的，对结构在罕遇地震作用下进行弹塑性变形分析的一种方法，但《规范》对此法没有作具体的规定。因此，本章稍加叙述。

非线性静力分析方法（Nonlinear Static Procedure），亦称推覆分析法（Push Over Analysis），是将沿结构高度按某种规定分布形式的侧向力，静态、单调作用在结构计算模型上，逐步增加这个侧向力，直到结构产生的位移超过容许限值，或认为结构破坏接近倒塌为止。

在结构产生侧向位移的过程中，结构构件的内力和变形可以计算出来，观察其全过程的变化，判别结构和构件的破坏状态，比一般线性抗震分析提供更为有用的设计信息。

在强地震作用下，结构处于弹塑性工作状态，目前的承载力设计方法，不能有效估计结构在强震作用下的工作性能，非线性静力分析可以估计结构和构件的非线性变形，结果比承载力设计更接近实际。

非线性静力分析与非线性时程分析比较可以获得较为稳定的分析结果，减少分析结果的偶然性，同时花费较少的分析时间和劳力。

非线性静力分析方法的研究，在美国已经有 20 多年，20 世纪 90 年代初，为发展“性能设计”，又加大了该方法的研究力度，现在有若干个分析方法，这些方法有共同点，即首先建立力-位移曲线，但在评价结构的抗震能力是否满足需要上，各取不同的办法。

FEMA273、FEMA356、ASCE41-06 等，采用“目标位移法（Target Displacement Method）”，用一组修正系数，修正结构在“有效刚度”时的位移值，以估计结构非线性非弹性位移。

ACT-40 采用“能力谱法（Capacity Spectrum Method）”，先建立 5%阻尼的线性弹性反应谱，再用能量耗散效应降低反应谱值，并以此来估计结构的非弹性位移。

以上这两种方法，都是以弹性反应谱为基础，将结构转化成等效单自由度体系，因此，它主要反映结构第一周期的性质，当高阶振型占主要地位时，如较高的高层建筑和具有局部薄弱部位的建筑，采用非线性静力分析法要受限制。

为弥补以上的非线性静力分析的不足，也可用推覆法计算得到结构的各层层间的力-位移骨架曲线，配以合适的恢复力模型，再用弹塑性时程分析法计算各层的层间位移时程曲线，以估计层间变形是否满足设计需要。

非线性静力分析的基本工作分两个部分：

第一部分是建立侧向荷载作用下的结构荷载-位移曲线图；

第二部分是对结构抗震能力的评估。

17.2　结构荷载-位移曲线的建立

17.2.1　一般步骤

（1）建立结构和构件的计算模型。

（2）确定侧向荷载分布形式。

作用在结构高度方向的荷载分布形式，应能近似地包络住地震过程的惯性力沿结构高度的实际分布。当为三维分析时，荷载在水平方向分布应能模拟每一楼层横隔板上的惯性力分布。侧向分布形式一般有以下几种：

①均匀分布形式，这种形式是考虑侧向荷载同每一楼层上的总重量成正比。

②当基本振型中有总重量的 75%以上参与时，侧向荷载的分布形式，可以用底部剪力法中侧力系数的分布形式来代表。

③侧向荷载分布与结构的反应谱振型分析法得出的楼层惯性力一致，其中应包含足够的振型组合数使总重量的 90%能够参与振动。

侧向荷载的分布，还可以有其他的选择形式，诸如分布形式使楼层惯性力同结构的变形形状成比例[7]，分布形式基于每一步加载时的割线刚度导出的振型形状[6]，分布形式使作用于楼层的荷载与楼层每一步的抗剪强度成正比例[3]。

（3）侧向荷载增加到最薄弱的构件达到刚度发生明显的变化，一般达到结构屈服荷载或构件达到屈服（或抗剪）承载力；结构的计算模型中，“屈服”后的构件刚度应予以修正，对修正后的结构计算模型，继续加大侧向荷载（荷载控制）或位移（位移控制），此时可以采用同一个侧向荷载分布形式，或采用规定容许的新的分布形式；构件性能的修正，可采用以下的办法：

①在弯曲构件达到屈服承载力处（可能在梁的端部或柱和墙的底部）设一铰。

②抗震墙在楼层达到抗剪承载力后，取消其抗剪刚度。

③支撑构件达到压屈后仍能继续承担荷载时，修正其刚度。

④构件在刚度减小后仍能继续承担荷载时，修正其刚度。

（4）重复步骤（3），直到更多的构件达到屈服（或抗剪）承载力；对“屈服”结构加载全过程的荷载形式仍可保持原样，也可以采用另外的可选择的分布形式；在每一加载阶段，每个构件的内力及弹性和塑性变形应予计算出来。

（5）所有加载阶段构件内力和变形都应记载下来，以期获得各个阶段所有构件的总内力和变形（弹性和塑性）。

（6）加载过程继续到结构性能达到不可接受的水平，或者顶点位移超过设计地震下控制点处的最大位移。

（7）以控制点的位移与底部剪力为坐标绘制不同加载阶段关系曲线，作为代表结构的非线性反应图；曲线坡度的改变，表明不同构件屈服（或失效）程度。

17.2.2　荷载–位移曲线

（1）理想化的荷载–位移曲线加图 17.2－1 所示。

在侧向总剪力（结构底部剪力）作用下，结构变形经弹性变形范围 *OA* 进入非线性变形范围 *ABC*，并经结构失稳起点进入失稳以致倒塌的 *CDE* 范围。但在实际推覆分析（Push-Over）中，在接近 *C* 及进入 *CDE* 阶段时，如分析的软件功能不足，往往因为积分不收敛而得不到曲线的全过程；现在已经有人对此作了研究并采取处理措施，从而能够获得荷载–位移的弹塑性全过程曲线。

如果结构具有较大的变形能力（延性）和较大的承载能力，则在曲线 *B* 点仍在上升阶段，即容许弹塑性变形尚未达到 *C* 点，仍可以获得足够的曲线线段供研究分析结构抗震能力之用。

（2）推覆分析得到的荷载位移曲线是侧向总剪力同顶点侧向位移（是结构各层间位移之总和）的关系，而《规范》要求分析的抗震性能是某个薄弱层的层间位移，因此，还要通过顶点位移来观察层间位移，两者的关系在分析过程中是可以得到的。

（3）荷载–位移曲线可以进一步简化为双线性或三线性骨架曲线，简化的方法可用等能量方法。

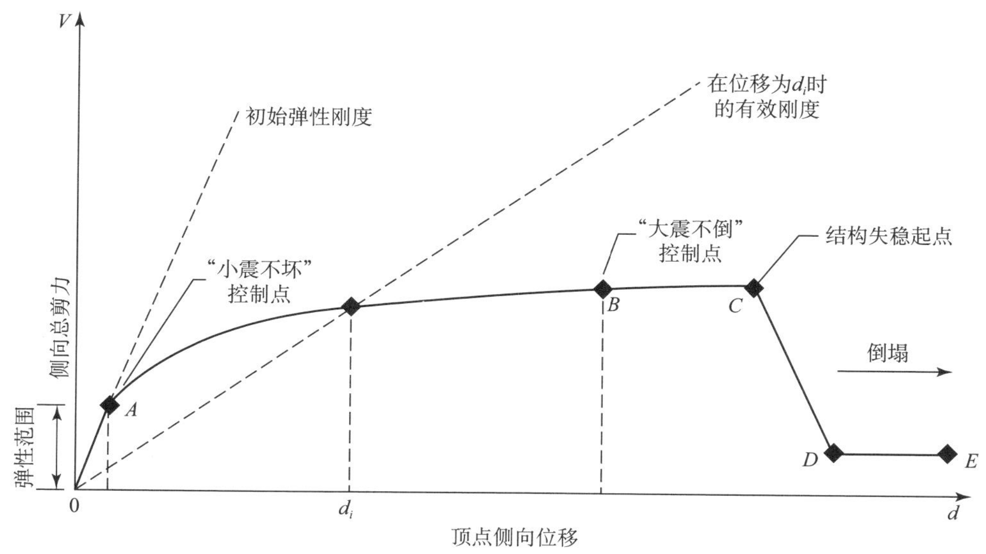

图 17.2－1　理想荷载–位移曲线

17.3　结构抗震能力的评估

通过推覆分析得到荷载-位移曲线后，还不能立即用图上某一点的位移确定为能代表结构抗震性能的“目标位移”，与规范规定的容许变形限值来作比较，以确定结构的抗震能力是否达到要求，因为推覆分析是把一个多自由度体系的结构，按照等效的单自由度结构来处理，其外作用（这里叫地震需求）和结构反应（这里叫结构的承载能力）要经过一系列的转换处理。处理方法有多种，这里介绍“能力谱法”和“位移系数法”。

17.3.1　能力谱法

能力谱法是美国规范 ATC-40 推荐的一种结构弹塑性性能评价方法，也是目前最为常用的一种弹塑性分析方法，其主要步骤如下：

1. 计算结构荷载-位移曲线

采用静力推覆分析（Pushover）方法计算结构的基底剪力-顶点位移关系曲线，即结构的荷载-位移曲线（图 17.3－1）。

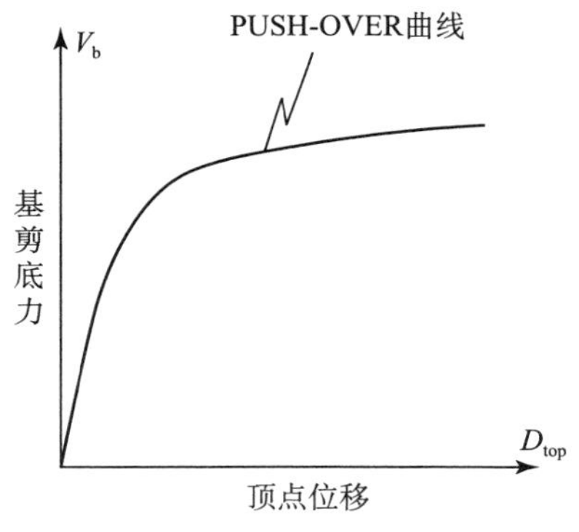

图 17.3-1　结构荷载-位移曲线

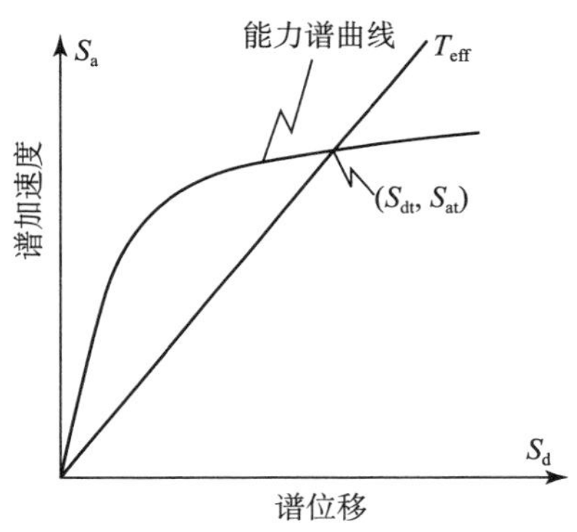

图 17.3-2　结构能力谱曲线

2. 计算结构的能力谱曲线

将荷载-位移曲线变换为用谱加速度和谱位移表示的能力谱曲线（图 17.3－2）。结构能力谱位移 S_d 及能力谱加速度 S_a 的计算按下式进行：

$$\gamma_1 = \frac{\sum_{i=1}^{n} (G_i X_{i1})/g}{\sum_{i=1}^{n} (G_i X_{i1}^2)/g} \qquad \alpha_1 = \frac{\left[\sum_{i=1}^{n} (G_i X_{i1})/g\right]^2}{\left[\sum_{i=1}^{n} G_i/g\right]\left[\sum_{i=1}^{n} (G_i X_{i1}^2)/g\right]} \tag{17.3-1}$$

$$S_a = \frac{V_b/G}{\alpha_1} \qquad S_d = \frac{D_{top}}{\gamma_1 X_{top,1}} \tag{17.3-2}$$

式中　γ_1——结构基本振型的振型参与系数；

α_1——结构基本振型的振型质量系数；

G_i——结构第 i 楼层重量；

g——重力加速度；

X_{i1}——基本振型在 i 层的位移；

$X_{top,1}$——基本振型在顶层的位移；

V——结构基底剪力；

G——结构总重量；

D_{top}——结构顶层位移；

S_a——能力谱加速度；

S_d——能力谱位移。

3. 计算需求谱

将规范的反应谱按下述方法（公式）转换为用谱加速度与谱位移表示的需求谱：

$$S_d = S_a/\omega^2 = \frac{T^2}{4\pi^2}S_a \tag{17.3-3}$$

如图 17.3-3 所示为 GB 50011—2001 规范 8 度Ⅱ类场地第 2 组罕遇地震下阻尼比分别为 5%、10%、15%和 20%的需求谱。

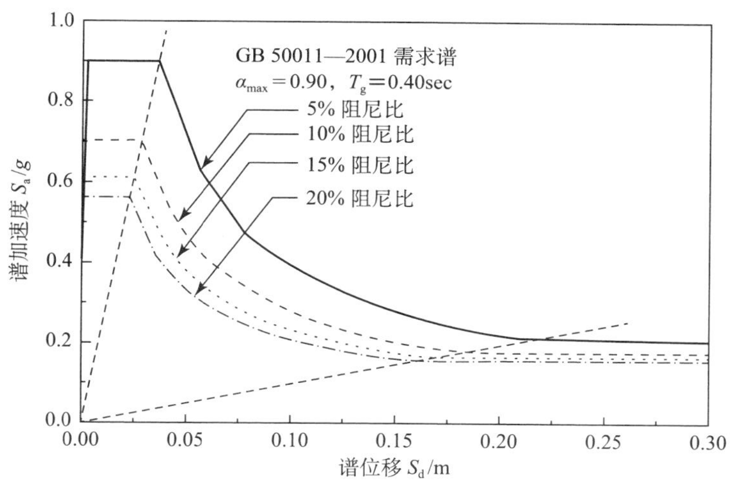

图 17.3-3　规范需求谱

4. 结构等效周期与等效阻尼的计算

结构在推覆（Pushover）过程中构件进入弹塑性状态，结构的周期、阻尼随着增加。对应于能力谱曲线上某点 $P(S_{di}, S_{ai})$，可以计算出相应的结构等效周期 T_{eff} 和等效阻尼比 β_{eff}。

结构等效周期 T_{eff} 可按下式计算：

$$T_{eff} = 2\pi\sqrt{S_{di}/S_{ai}} \tag{17.3-4}$$

结构等效阻尼比 β_{eff} 可按下式计算：

$$\beta_{\text{eff}} = \beta_{\text{e}} + \kappa\beta_0 \tag{17.3-5}$$

$$\beta_0 = \frac{E_{\text{D}}}{4\pi E_{\text{E}}} \qquad E_{\text{D}} = 4(S_{\text{ay}}S_{\text{d}i} - S_{\text{dy}}S_{\text{a}i}) \qquad E_{\text{E}} = S_{\text{a}i}S_{\text{d}i}/2 \tag{17.3-6}$$

式中　β_0——结构进入弹塑性状态后产生的附加阻尼比；

κ——附加阻尼修正系数，结构滞回特性较好时取 1.0，滞回特性一般时取 2/3，滞回特性较差时取 1/3；

β_{e}——结构弹性阻尼比；

E_{D}——结构构件进入弹塑性状态所消耗的能量；

E_{E}——结构最大弹性应变能；

S_{dy}、S_{ay}——按等面积原则确定的等效双线型能力谱曲线的屈服点坐标。

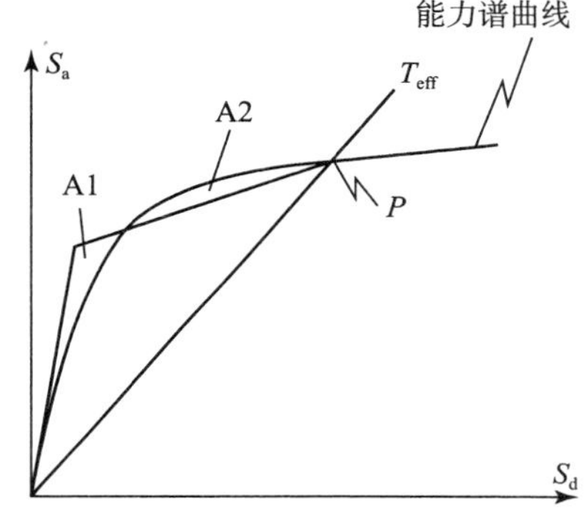

图 17.3－4　等效双线型能力谱曲线

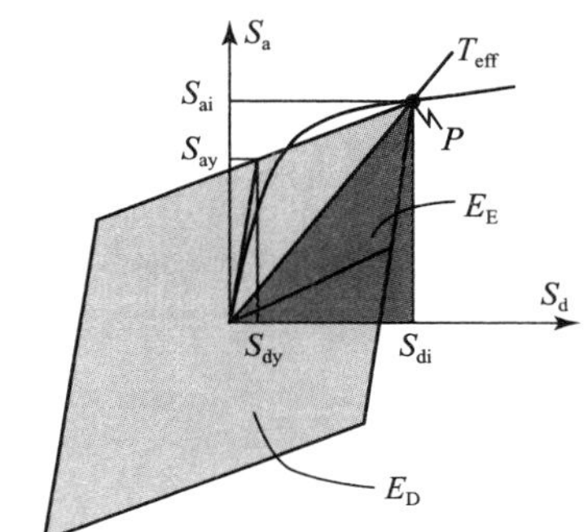

图 17.3－5　附加阻尼比计算参数图示

5. 计算需求谱曲线，确定结构性能点

结构性能点的确定可以按下述步骤进行：

（1）根据第 4 步计算的结构等效周期 T_{eff} 和等效阻尼比 β_{eff}，按《规范》反应谱计算相应的地震影响系数或需求谱加速度 S_{ai}。

（2）由式（17.3－3）计算相应的需求谱位移值 S_{di}。

（3）以（S_{di}，S_{ai}）为坐标在能力谱曲线的坐标图上绘制相应的点 D_{pi}。

（4）将上述点 D_{pi} 连成曲线，即为需求谱曲线。

（5）需求谱曲线与能力谱曲线的交点就是结构在该地震动水准下的性能点。

6. 结构性能评价

由结构的性能点，根据式（17.3－2）可得相应的结构顶点位移 D_{top}。根据得到的 D_{top}，结合 Pushover 的分析结果，采用插值的方法可以得到该地震动水准下结构的层间位移、层间位移角等指标，与性能目标要求的限值比较，就可以判断出该结构是否能满足相应的目标要求。

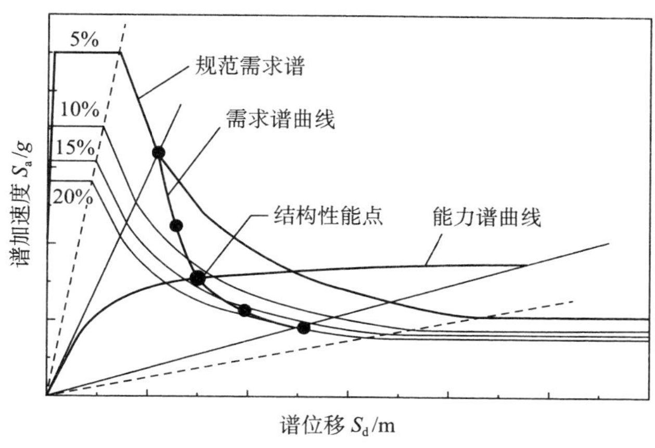

图 17.3－6　结构性能点的确定

17.3.2　位移系数法

这是 FEMA273 和 FEMA356 推荐的方法，即以弹性位移反应谱作为预测弹塑性最大位移反应的基准线，通过乘以几个系数进行修正。

1. 计算公式

原结构顶层的目标位移通过下列公式来计算：

$$\delta_t = (C_0 C_1 C_2 C_3)\frac{T_{eq}^2}{4\pi^2}S_{ae} \qquad (17.3-7)$$

式中　T_{eq}——等效单自由度体系的自振周期；

S_{ae}——等效单自由度体系的基本周期和阻尼比对应的弹性加速度反应谱值；

C_0——等效单自由度体系谱位移对应于多自由度结构体系顶点位移的修正系数；

C_1——非弹性位移相对线性分析弹性位移的修正系数；

C_2——考虑滞回曲线形状的捏拢效应的修正系数；

C_3——考虑 P-Δ 效应的修正系数。

2. 参数取值

1）系数 C_0 顶点位移修正系数

C_0 为等效单自由度体系谱位移对应于多自由度结构体系顶点位移的修正系数，有如下几种算法：

（1）取控制点处的第一振型参与系数值。

$$C_0 = X_{1n}\gamma_1 = X_{1n}\sum_{i=1}^{n}X_{1i}G_i \Big/ \sum_{i=1}^{n}X_{1i}^2 G_i \qquad (17.3-8)$$

式中　G_i——i 平面上的重量；

X_{1i}、X_{1n}——第一阵型 i 点和顶点平面上的阵型相对位移。

（2）当采用自适应荷载分布模型时，按照结构达到目标位移时所对应的形状向量，计算控制点处的振型参与系数。

（3）采用表 17.3－1 数值。

表 17.3－1　修正系数值 C_0

楼层数		1	2	3	5	≥10
一般建筑	任意荷载分布形式	1.0	1.2	1.3	1.4	1.5
剪切型建筑	三角荷载分布形式	1.0	1.2	1.2	1.3	1.3
	均匀荷载分布形式	1.0	1.15	1.2	1.2	1.2

注：剪切型建筑指楼层层间位移随建筑高度增加而减小的结构。

2）系数 C_1

C_1 为非弹性位移相对线性分析弹性位移的修正系数，按下列规定取值：

$$C_1=\begin{cases}1.0 & T_e\geqslant T_g\\ \dfrac{1.0+(R-1)T_g/T_e}{R}\quad \begin{matrix}\geqslant 1.0\\ \leqslant 1.5\end{matrix} & T_e<T_g\end{cases}\tag{17.3-9}$$

$$T_e=T_i\sqrt{\frac{K_i}{K_e}}\tag{17.3-10}$$

$$R=\frac{S_a}{V_y/W}C_m\tag{17.3-11}$$

式中　T_e——结构计算主轴方向的等效基本周期；

T_g——加速度反应谱特征周期；

R——强度系数；

T_i——按弹性动力分析得到的基本周期；

K_i——结构弹性侧向刚度；

K_e——结构等效侧向刚度，如图 17.3－7 所示，将荷载-位移曲线用双线型折线代替，初始刚度为 K_i，在曲线上 0.6 倍屈服剪力处的割线刚度称为有效刚度 K_e；

S_a——谱加速度（g）；

V_y——简化的非线性力-位移曲线所确定的屈服强度；

W——重力荷载；

C_m——等效质量系数，可取基本振型的等效振型质量；对于不同的建筑结构，考虑高振型质量参与效应时，也可按表 17.3－2 取值。

表 17.3－2　等效质量系数 C_m

建筑层数	RC 抗弯框架	RC 剪力墙	RC 托墙梁	抗弯钢框架	中心支撑钢框架	偏心支撑钢框架	其他
1~2	1.0	1.0	1.0	1.0	1.0	1.0	1.0
≥3	0.9	0.8	0.8	0.9	0.9	0.9	1.0

注：当结构基本周期大于 1.0s 时，取 C_m 等于 1.0。

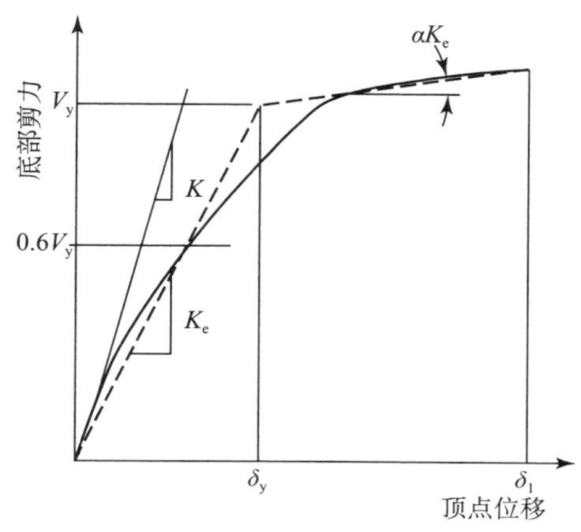

图 17.3－7　结构等效侧向刚度的确定

3）系数 C_2

上述 C_1 系数的取值，是基于非弹性的单由度体系的平均反应，具有双线型滞回模型，如果滞回环存在明显捏拢或刚度退化，则其能量吸收及消耗能力将会减小，并将产生更大的位移，目前只有少量资料能定量估计这种位移增大影响，仅仅知道对周期短，强度低，捏拢现象很明显的结构，这种影响很为重要，而且非线性程度愈小，捏拢的程度也愈小。

基于以上的认识和判断，FEMA 273 给出了如表 17.3－3 的 C_2 系数，其中考虑了两种因素，一是地震作用的大小（分三个水平，超越概率分别为 50 年 50%，50 年 10%和 50 年 2%），另一是结构或构件的承载力和刚度退化的程度。

表 17.3－3　C_2 系数取值表

地震作用水平	$T=0.1$s		$T\geq T_g$（s）	
	结构和构件承载力和刚度退化类型			
	Ⅰ①	Ⅱ②	Ⅰ①	Ⅱ②
50 年超越概率 50%	1.0	1.0	1.0	1.0
50 年超越概率 10%	1.3	1.0	1.1	1.0
50 年超越概率 2%	1.5	1.0	1.2	1.0

注：①任一楼层在设计地震下，30%以上的楼层剪力，由可能产生承载力或退化刚度的抗侧力结构或构件承担的结构；这些结构和构件包括：中心支撑框架、支撑只承担拉力的框架、非配筋砌体墙、受剪破坏为主的墙（或柱），或由以上结构组合成的结构类型；

②上述以外的各类框架。

4）系数 C_3

C_3为考虑 $P-\Delta$ 效应的位移增大系数，对于具有正屈服刚度的结构，取 $C_3=1.0$；对于具有负屈服刚度的结构，按下式计算：

$$C_3 = 1.0 + \frac{|\alpha|(R-1)^{2/3}}{T_e} \leqslant 1 + \frac{5(\theta+1)}{T} \tag{17.3-12}$$

式中　α——屈服刚度与等效弹性刚度之比；

T——弹性结构基本周期；

θ——稳定系数，

$$\theta = \frac{\sum G_i \Delta u_i}{V_i \cdot h_i} \tag{17.3-13}$$

$\sum G_i$——第 i 层以上重力荷载代表值；

Δu_i——第 i 楼层质心处的弹性和弹塑性层间位移；

V_i——第 i 层地震剪力设计值；

h_i——第 i 层层间高度。

17.4　静力弹塑性分析算例

17.4.1　工程概况

如图 17.4－1 所示，为一 5 层钢筋混凝土框架结构，层高 3.5m，楼板厚度 120mm，位于 7 度（0.10g）地区，设计地震分组为第一组，工程场地类别为Ⅲ类，楼面均布活荷载为2.5kN/m^2，均布附加恒载为 1.8kN/m^2。混凝土强度等级 C30，钢筋强度，$f_y=360$MPa，$f_{yv}=210$MPa。

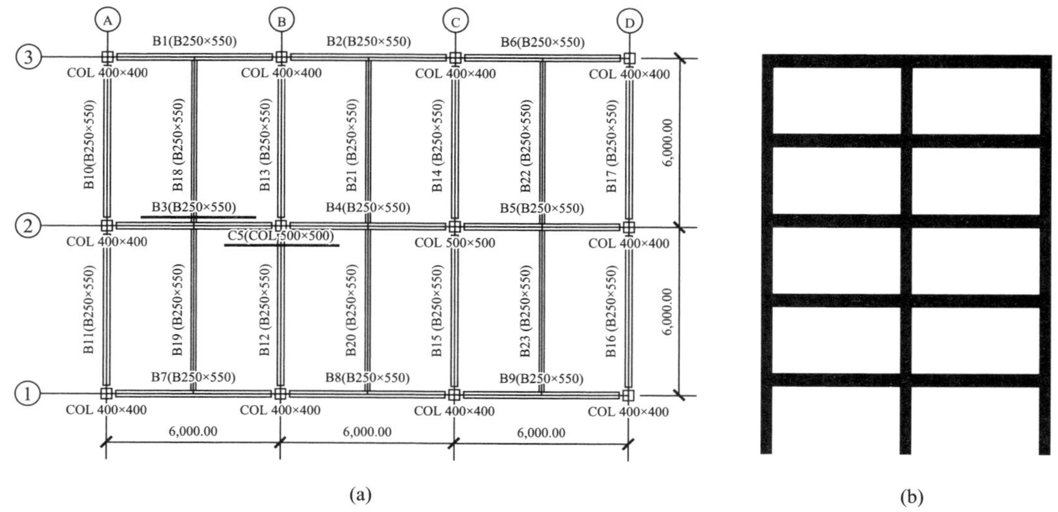

图 17.4－1　5 层钢筋混凝土框架结构
（a）结构平面布置图；（b）剖面图

17.4.2　计算模型

结构计算分析采用 CSI 的 ETABS 软件（中文版 V8.4.8）进行。建模过程中，楼板的平面内刚度假定为无穷大，弹性分析时，框架梁柱均采用线弹性杆单元模拟，在静力非线性分析（PUSH OVER）过程中，框架梁柱采用非线性单元来模拟，杆件的恢复力特性曲线采用 FEMA356 推荐的非线性恢复力骨架曲线，如图 17.4－2。

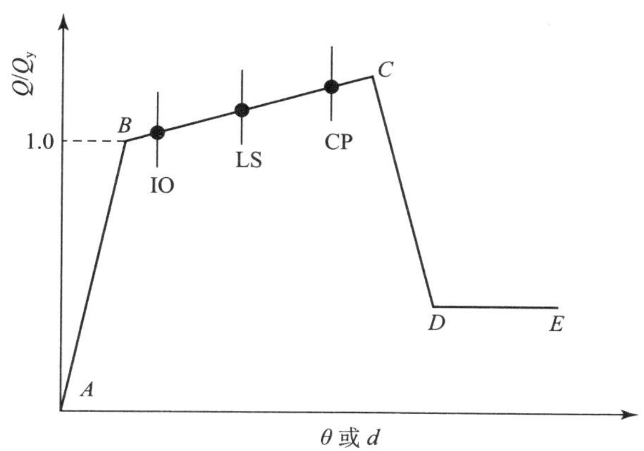

图 17.4－2　FEMA356 推荐的非线性恢复力骨架曲线

17.4.3　水平荷载分布模式

根据模态分析的结果，结构的前三阶振型分别为 Y 向平动、X 向平动以及 Z 向扭转，相应的周期分别为 0.944s、0.855s 和 0.849s。扭转周期与两平动周期的比值分别为 0.90 和 0.99，扭转效应较明显，同时，Y 向平动周期接近于 1s，因此，在 Push-Over 分析时宜考虑高阶振型的影响。本算例中，水平荷载分布模式取“多振型组合分布”形式。图 17.4－3 为 Y 向楼层剪力及水平荷载分布图。

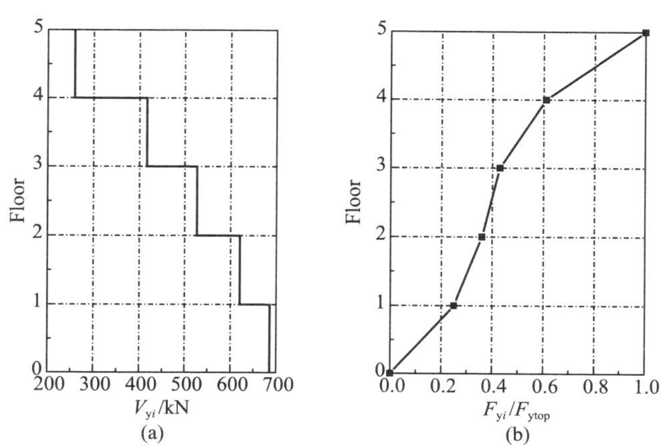

图 17.4－3　Y 向楼层剪力及水平荷载分布图

（a）Y 向楼层剪力分布图；（b）Y 向水平荷载分布图

17.4.4　荷载–位移曲线

如表 17.4－1 所示该算例沿 Y 向进行推覆分析时各步的顶点位移与基底剪力，图 17.4－4 为相应的荷载–位移曲线，即基底剪力–顶点位移曲线或结构能力曲线。

表 17.4－1　沿 Y 向推覆分析时各步的顶点位移与基底剪力

Step	0	1	2	3	4	5	6	7	8	9
D_{top}/mm	0	21.3	27.9	58.4	129.9	189.8	189.8	193.7	193.7	197.5
V_{base}/kN	0	729.8	879.9	1189.4	1583.3	1845.0	1782.1	1812.0	1681.6	1716.7

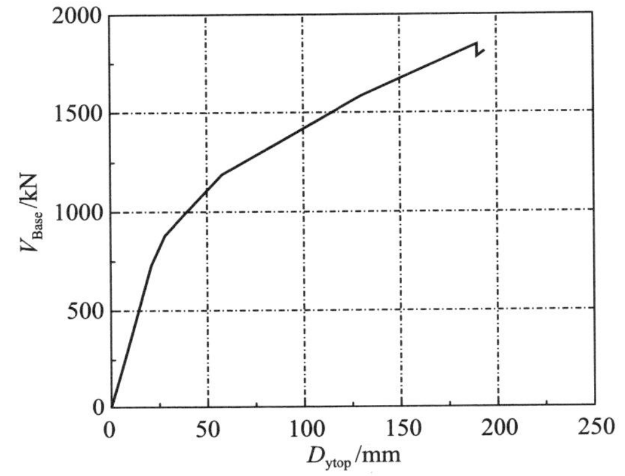

图 17.4－4　Y 向荷载–位移曲线

17.4.5　结构性能评价——能力谱法

1. 结构性能点的确定

（1）将 Push-Over 分析得到的结构能力曲线转化为能力谱曲线。

根据公式（17.3－1）和式（17.3－2），将表 17.4－1 的结构顶点位移 D_{top} 和基底剪力 V_{base} 转换为相应的谱位移 $S_d(C)$ 和谱加速度 $S_a(C)$，如表 17.4－2。以 $S_d(C)$ 和 $S_a(C)$ 为坐标即可得到结构的能力谱曲线，如图 17.4－5。

表 17.4－2　沿 Y 向推覆分析时各步的能力谱坐标及等效周期和等效阻尼比

STEP		$\gamma_1 X_{T1}$	$S_d(C)$ (m)	$S_a(C)$ (g)	T_{eff} (s)	β_{eff}
0	1.000	1.000	0.00	0.000	0.939	0.050
1	0.813	1.300	0.016	0.075	0.939	0.050
2	0.816	1.289	0.022	0.090	0.984	0.082

续表

STEP		$\gamma_1 X_{T1}$	$S_d(C)$ (m)	$S_a(C)$ (g)	T_{eff} (s)	β_{eff}
3	0.823	1.271	0.046	0.121	1.239	0.179
4	0.858	1.263	0.103	0.154	1.64	0.232
5	0.865	1.267	0.150	0.178	1.841	0.232
6	0.867	1.265	0.150	0.171	1.877	0.247
7	0.869	1.264	0.153	0.174	1.884	0.245
8	0.874	1.262	0.154	0.161	1.962	0.273
9	0.876	1.261	0.157	0.164	1.964	0.268

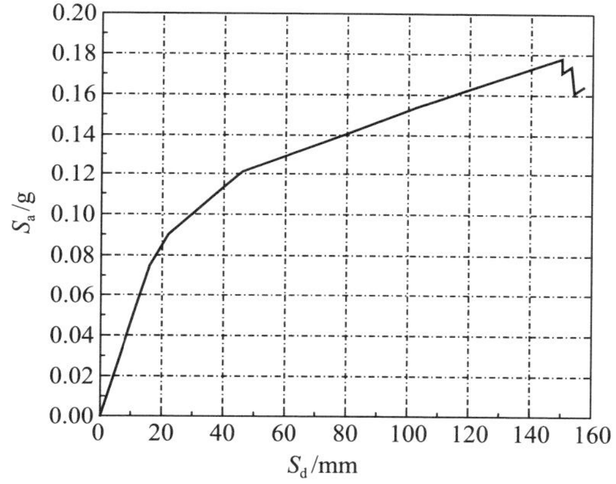

图 17.4－5　Y 向结构能力谱曲线

（2）根据等面积原则，按双线性模型计算能力谱曲线上各点的等效阻尼比 β_{eff} 和等效周期 T_{eff}（表 17.4－2）。

（3）将既定概率水准地震动的加速度设计反应谱（不同阻尼比）转化为需求谱，并与能力谱曲线绘制于同一坐标系内；如图 17.4－6 所示为 GB 50011—2010 规范 7 度（0.10g），Ⅲ类场地第 1 组罕遇地震下阻尼比分别为 5%、10%、20%和 25%的需求谱。

（4）根据等效阻尼比 β_{eff} 和相应的周期 T_{eff} 计算需求谱加速度 $S_a(D)$，用公式 $S_d(D) = \omega^2 S_a(D) = T_{eff}^2 S_a(D)/4\pi^2$ 计算相应需求谱位移 $S_d(D)$，见表 17.4－3。

表 17.4－3　沿 Y 向推覆分析时各步的需求谱加速度 $S_a(D)$ 与需求谱位移 $S_d(D)$

Step	1	2	3	4	5	6	7	8	9
$S_a(D)$ /g	0.258	0.213	0.143	0.108	0.098	0.096	0.096	0.091	0.091
$S_d(D)$ /mm	56.507	51.339	54.373	72.085	82.905	83.925	84.425	87.076	87.451

(5) 以第 (4) 步计算得到 S_d 和 S_a 为坐标在第 (3) 步的坐标系内绘制需求谱曲线，则需求谱曲线和能力谱曲线的交点即为该水准地震下结构的性能点，图 17.4-7。

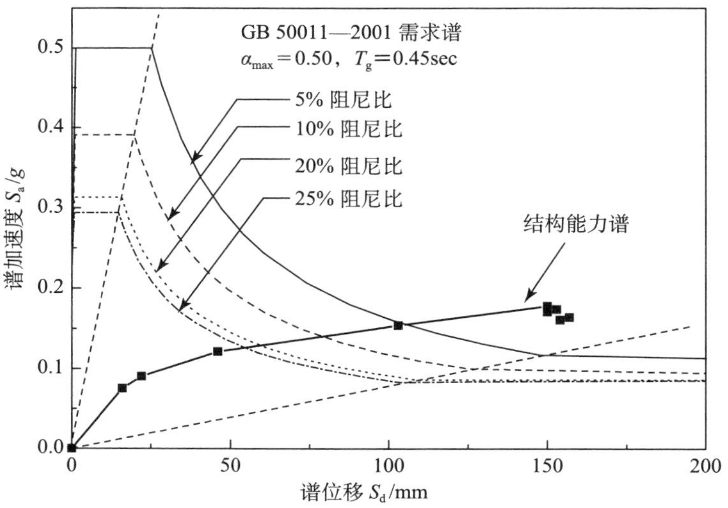

图 17.4-6 规范需求谱与结构能力谱

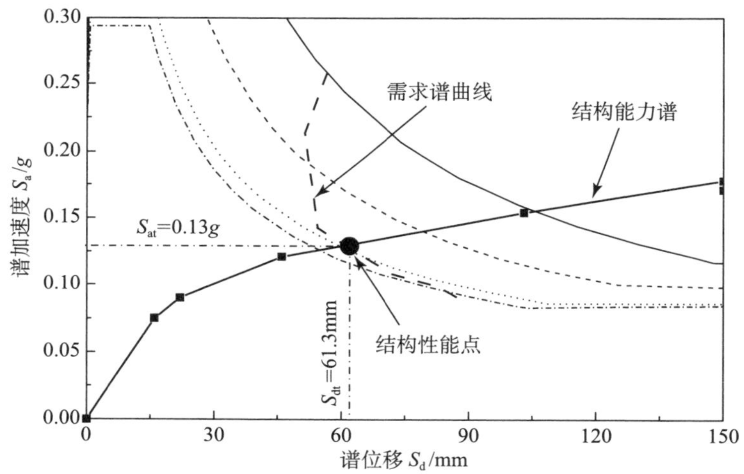

图 17.4-7 在 7 度 (0.10g) 罕遇地震下结构性能点的确定

2. 结构性能评价

(1) 根据性能点的坐标 $S_{dt}=61.3$mm 和 $S_{at}=0.13g$，按照上节第 (1) 步的转化公式进行逆转化即可得到该水准地震下结构的顶点位移 $D_{top}=76.9$mm 和相应的基底剪力 $V_{base}=1296.8$kN。

(2) 根据 D_{top}，结合 Push-Over 分析结果，采用插值的方法得到相应的楼层位移及层间位移角等指标，按照规范的相应限值要求对结构抗震性能进行评价。

如表 17.4-4、表 17.4-5 所示，为沿 Y 向推覆分析时各步的楼层位移和层间位移角，根据上节第（6）步得到的结构顶点位移 $D_{top}=76.9$mm，采用插值的方法可以得到相应的楼层位移及层间位移角，如图 17.4－8 和图 17.4－9 所示。

由图 17.4－9 可知，在结构性能点处，最大层间位移角为 1/168，小于《建筑抗震设计规范》（GB 50011—2010）第 5.5.5 条规定的钢筋混凝土框架结构弹塑性层间位移角限值 $[\theta_p]$。所以该算例结构在 Y 方向满足“大震不倒”的抗震设防要求。

表 17.4－4　沿 Y 向推覆分析时各步的楼层位移 U_y（mm）

楼层	荷载步									
	0	1	2	3	4	5	6	7	8	9
Roof	0	21.3	27.9	58.4	129.9	189.8	189.8	193.7	193.7	197.5
4	0	18.6	24.6	52.7	118.5	172.0	172.2	175.9	176.2	179.8
3	0	14.5	19.4	42.2	97.5	142.3	142.8	146.2	147.0	150.4
2	0	9.4	12.6	27.4	68.0	101.3	102.1	105.1	106.6	109.5
1	0	3.8	5.0	11.1	33.2	51.2	52.1	54.0	55.9	57.9

表 17.4－5　沿 Y 向推覆分析时各步的层间位移角 D_{rifty}（rad）

楼层	荷载步									
	0	1	2	3	4	5	6	7	8	9
Roof	0	0.0008	0.0009	0.0016	0.0032	0.0051	0.0050	0.0051	0.0050	0.0051
4	0	0.0012	0.0015	0.0030	0.0060	0.0085	0.0084	0.0085	0.0083	0.0084
3	0	0.0015	0.0019	0.0043	0.0084	0.0117	0.0116	0.0118	0.0116	0.0117
2	0	0.0016	0.0022	0.0047	0.0100	0.0143	0.0143	0.0146	0.0145	0.0148
1	0	0.0011	0.0014	0.0032	0.0095	0.0146	0.0149	0.0154	0.0160	0.0165

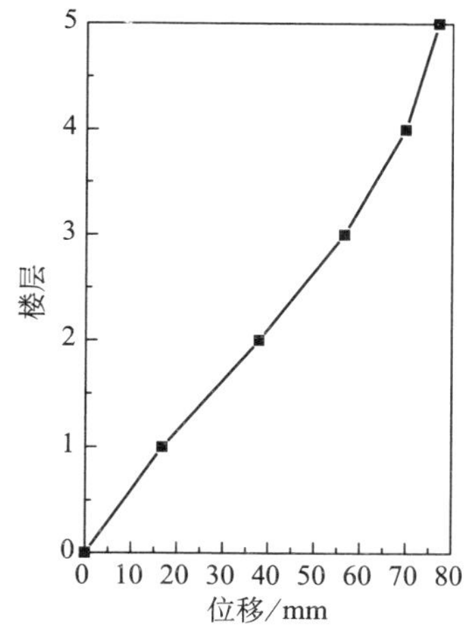

图 17.4－8　结构性能点处的位移曲线

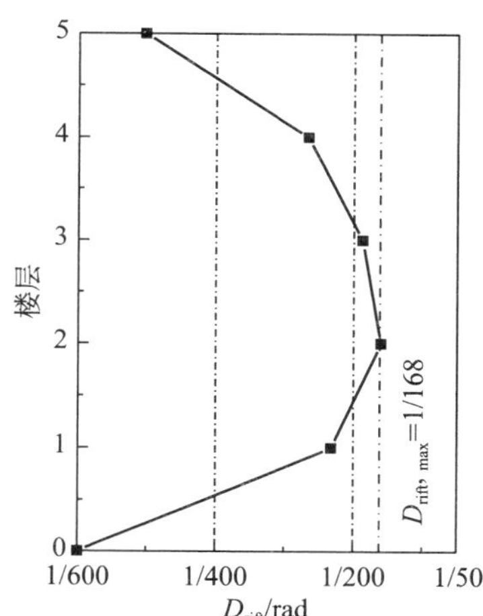

图 17.4－9　结构性能点处的层间位移角曲线

17.4.6　结构性能评价——位移系数法

1. 目标位移的确定

（1）构建双线型能力曲线，确定结构的等效侧向刚度 K_e。

如图 17.4－10 所示，为该算例沿 Y 向推覆的双线型能力曲线。值得注意的是，在本算例中等效侧向刚度 K_e 与初始刚度 K_i 是相等的，即 $K_e=K_i=729.85/21=34.75\text{kN/mm}$。

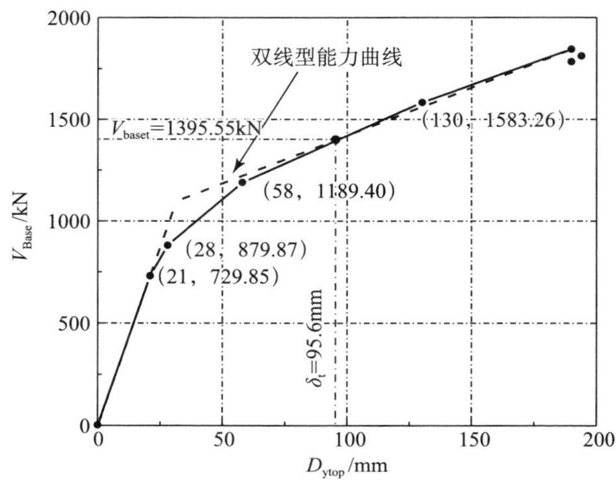

图 17.4－10　沿 Y 向推覆时结构双线型能力曲线

（2）计算结构在 Y 方向上的等效周期 T_e。

根据模态分析结果，结构在 Y 方向的弹性平动周期 $T_i=0.944\text{s}$，则等效周期 T_e 为：

$$T_e = T_i\sqrt{\frac{K_i}{K_e}} = 0.944\sqrt{\frac{34.75}{34.75}} = 0.944\text{sec}$$

（3）确定系数 C_0、C_1、C_2、C_3。

C_0：根据 17.3 节 C_0 的取值规定，$C_0=1.4$；

C_1：因为等效周期 $T_e=0.944\text{s}$ 大于本算例的场地特征周期 $T_g=0.45\text{s}$，$C_1=1.0$；

C_2：本算例的设防目标为防止倒塌，故 C_2 取 1.0～1.2 的上限值，即 $C_2=1.2$；

C_3：由于本算例结构具有正屈服刚度，故 $C_3=1.0$。

（4）计算谱加速度值 S_a。

根据等效周期 $T_e=0.944\text{s}$，按《建筑抗震设计规范》（GB 50011—2010）的规定，计算 5%阻尼比的谱加速度 S_a 值为

$$S_a = \alpha = \left(\frac{T_g}{T_e}\right)^{0.9}\alpha_{max} = \left(\frac{0.45}{0.944}\right)^{0.9}\times 0.5 = 0.257g$$

（5）计算目标位移值 δ_t。

$$\delta_t = C_0C_1C_2C_3S_a\frac{T_e^2}{4\pi^2} = 1.4\times 1.0\times 1.2\times 1.0\times 0.257\times 9810\times\frac{0.944^2}{4\pi^2} = 95.6\text{mm}$$

2. 结构性能评价

（1）根据结构顶点的目标位移 $d_t=95.6\text{mm}$ 和结构的荷载–位移曲线可得到相应的基底剪力为 $V_{base}=1395.55\text{kN}$。

（2）根据结构顶点的目标位移 $d_t=95.6\text{mm}$，结合 Push-Over 分析结果，采用插值的方法得到相应的楼层位移及层间位移角等指标，按照规范的相应限值要求对结构抗震性能进行评价。

如表 17.4－6、表 17.4－7 所示，为沿 Y 向推覆分析时各步的楼层位移和层间位移角，根据结构顶点目标位移 $d_t=95.6\text{mm}$，采用插值的方法可以得到相应的楼层位移及层间位移角，如图 17.4－11 和图 17.4－12。

由图 17.4－12 可知，在顶点目标位移点处，最大层间位移角为 1/135，小于《建筑抗震设计规范》（GB 50011—2010）（2016 年版）第 5.5.5 条规定的钢筋混凝土框架结构弹塑性层间位移角限值 $[\theta_p]$。所以该算例结构在 Y 方向满足“大震不倒”的抗震设防要求。

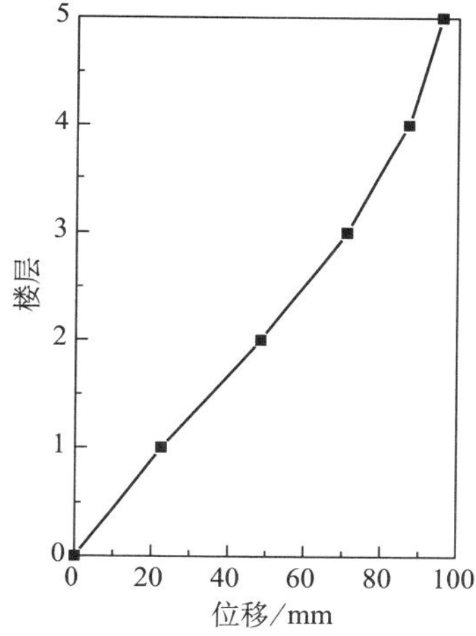

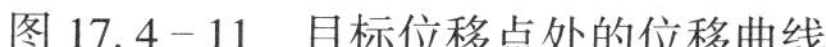

图 17.4－11　目标位移点处的位移曲线

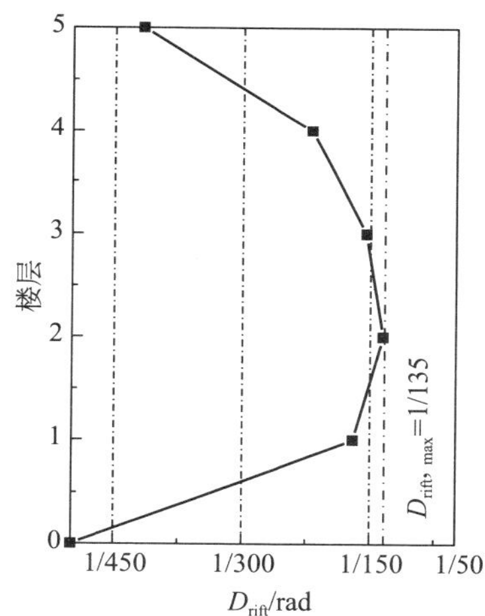

图 17.4－12　目标位移点处的层间位移角曲线

参 考 文 献

[1] ATC, An Investigation of the Correlation Between Earthquake Ground Motion and Building Performance, Report No. ATC-10, Applied Technology Council, Redwood City, California, 1982

[2] ATC, Recommended Methodology for Seismic Evaluation and Retrofit of Existing Concrete Building, Draft, Report NO. ATC-40, Applied Technology Council Redwood City, California, 1996

[3] Bracci J M, Kunnath S K, and Reinhorn A M, Simplified Seismic Performance and Retrofit Evaluation, submitted to the journal of the structural Division, American Society of Civil Engineers, New York, 1995

[4] Building seismic safety Council (BSSC), NEHRP Guidelines for the Seismic Rehabitation of Buildings, Provisions (FEMA 273) and Commentary (FEMA 274), Washington D. C.

[5] Comartin C D et al., Seismic Evaluation and Retrofit of concrete Buildings: A Practical Overview of the ATC-40 Document, Earthquake Spectra, Vol, 16, No. 1, February 2000

[6] Eberhard M O, and Sozen M A, Behavior-Based Method to Determine Design Shear in Earthquake-Resistant

Walls, Journal of the Structural Division, American Society of Civil Engineers, New York, Vol, 199, No. 2, pp. 619-640, 1993

[7] Fajfar P and Fischinger M, N2-A Method for Non-Linear Seismic Analysis of Regular Structures, Proceedings of the Ninth World Conference on Earthquake Engineering, ToKyo-kyoto, Japan, 1988

[8] Freeman S A, Nicoletti J P and Tyrell J V, Evaluation of Existing Buildings for Seismic Risk-A Case Study of Puget Sound Naval Shipyard, Bremerton, Washington, Proceedings of the First U. S. National Conference on Earthquake Engineering, Earthquake EERT Oakland California, 1975

[9] Mahaney et al., The Capacity Spectrum Method for Evaluating Structural Response during the Loma Prieta Earthquake, Proceedings, of the National Earthquake Conference, Memphis, Tennessee, 1933

[10] Otani S, New Japanese Structural Design Provisions Towards Performance-Based Design, ICCMC/IBST 2001 International Conference on Advanced Technologies in Design Construction and Maintenance of concrete structures, Hanoi, 2001

第 18 章　结构竖向抗震分析

18.1　基本计算方法

18.1.1　竖向地震反应谱分析法

对跨度大，竖向刚度较小的屋盖结构，可采用竖向地震反应谱进行竖向抗震分析，基本步骤与水平地震反应谱分析法相同：先由结构竖向刚度求得结构竖向周期和振型，再通过竖向反应谱求得对应于各振型的竖向地震作用和内力、变形，然后用平方和平方根法进行竖向振型内力的组合。二者的主要差别在于结构竖向振型、地震的竖向反应谱与结构水平振型、地震水平反应谱的区别。

在现行规范中，竖向地震设计反应谱的形状与水平地震设计反应谱相同。竖向地震影响系数 $\alpha_{v\,max}$ 的表达形式与水平地震影响系数的 α 的表达形式相同，只是最大值取水平的 0.65 倍，特征周期只考虑近震。即

$$\alpha_{v\,max} = 0.65\alpha_{max}$$

T_g 按设计地震第一组取用。

18.1.2　竖向抗震时程分析法

对重要的大跨度屋盖结构可采用竖向时程分析法，竖向抗震时程分析法与水平抗震时程分析法相同，只要输入竖向的地震加速度波形。《规范》对竖向抗震时程分析法未作要求。参照竖向地震影响系数的取值，竖向的加速度峰值也取水平加速度峰值的 0.65 倍。

18.1.3　竖向抗震简化分析模型

按《规范》的要求，结构竖向抗震分析主要采用多质点系的分析模型，不必进行竖向自振周期和振型的计算。因此，可直接利用非抗震设计时的分析模型。

18.2　高层建筑的竖向地震作用

高耸结构和高层建筑，其竖向地震内力以第一振型为主，可采用类似于底部剪力法的简化方法来计算。

18.2.1 总竖向地震作用标准值

高耸结构和高层建筑竖向抗震分析时，均离散化为具有 n 个质点的体系。结构总竖向地震作标准值 F_{Evk} 按表 18.2－1 中公式计算。

表 18.2－1

公式	$F_{Evk}=\alpha_{v\,max}G_{eq}=0.4875\alpha_{max}G_E$
$\alpha_{v\,max}$	竖向地震影响系数最大值，取水平地震影响系数的 α_{max} 的 0.65 倍
G_{eq}	等效单质点系的重力荷载，取总重力荷载代表值 G_E 的 0.75 倍

18.2.2 竖向地震作用沿高度分布

集中于各质点（或楼盖）处的竖向地震作用标准值，近似按倒三角形分布。

表 18.2－2

公式	$F_{vi}=F_{Evk}G_iH_i/\sum G_jH_j$
G_i、G_j	集中于 i、j 质点处的重力荷载代表值
H_i、H_j	集中质点 i、j 的计算高度

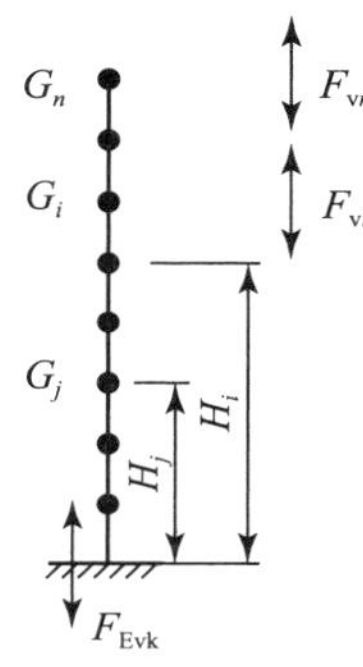

图　18.2－1

18.2.3 楼层内竖向地震作用的效应的分配

1. 第 i 楼层的竖向地震内力 N_{Evi}

表 18.2－3

公式	$N_{Evi}=\gamma_{Ev}\sum_{j=1}^{n}F_{vj}$ $\eta_{vi}=N_{Evi}/G_i$
F_{vi}	楼层 i 的竖向地震作用
η_{vi}	楼层 i 的竖向地震作用效应系数

2. 楼层内各构件的竖向地震内力

表 18.2－4

	构件名称	计算方法
1	柱、墙等竖向构件的竖向地震轴力 N_{Ev}	$N_{Ev}=\eta_{vi}N_G$ N_G 为柱、墙对应于重力荷载代表值的轴力
2	梁、板等水平构件的竖向地震内力	取均布荷载 $\eta_{vi}q_E$、集中荷载 $\eta_{vi}F_v$、计算相应的内力 q_E、F_v 为组成重力荷载代表值的均布荷载和集中荷载

18.3　大跨度结构的竖向地震作用

大跨度结构通常包括网架、大于 24m 的钢屋架和预应力混凝土屋架以及各类悬索屋盖。《规范》只规定了跨度小于 120m、长度小于 300m 的规则平板型网架以及跨度大于 24m 的屋架、屋盖横梁及托架的竖向地震作用的简化计算方法——竖向地震作用系数法、其他大跨度结构的竖向地震作用仍按静力法。

18.3.1　屋架的竖向地震作用标准值

屋架的分析，通常简化为桁架体系，质量集中于上、下弦节点处，杆件只考虑轴向力，支座视为简支，一般情况不考虑地震时支座位移的差异。

屋架各杆件的竖向地震内力 N_{Ev} 与重力荷载代表值作用下的内力 N_G 相比，除 N_G 很小不起控制作用的少数腹杆外，基本保持一个稳定的比例。可按各构件承受的重力荷载代表值 G_E 乘以竖向地震作用系数 ζ_v 来确定其竖向地震作用标准值 F_{Evk}（表 18.3－1）。

表 18.3－1

公式	$F_{Evk}=\xi_v G_E$				
ζ_v	屋架的竖向地震作用系数，根据烈度和场地取值：				
	屋架类别	烈度	Ⅰ类场地	Ⅱ类场地	Ⅲ、Ⅳ类场地
	钢屋架	8 9	不考虑（0.10） 0.15	0.08（0.12） 0. 15	0.10（0.15） 0.20
	钢筋混凝土屋架	8 9	0.10（0.15） 0.20	0.13（0.19） 0.25	0.13（0.19） 0.25

注：括号内数值相当于设计基本地震加速度为 0.30g 地区。

18.3.2　平板型网架的竖向地震作用标准值

网架地震作用计算简图，也采用桁架体系，只考虑杆件的轴向力，一般情况不考虑地震时各支座位移的差异，并采用竖向地震作用系数做简化计算。

1. 平均竖向地震作用系数简化法

忽略平板型网架中上弦跨中杆件与上弦边缘杆件竖向地震作用系数的差异，可直接按钢屋架的公式和系数值计算。即

$$F_{Evk}=\zeta_v G_E$$

2. 杆件竖向地震作用系数简化法

考虑平板型网架中上弦的跨中杆件与边缘杆件竖向地震作用系数的差异，按杆件所处位

置取相应的系数计算（表 18.3－2）。

表 18.3－2

<table>
<tr><td>公式</td><td colspan="5">$F_{Evk}=\lambda_v\left[1-\frac{r}{r_0}(1-\delta)\right]G_E$</td></tr>
<tr><td>r</td><td colspan="5">杆件中点至网架中心的距离</td></tr>
<tr><td>r_0</td><td colspan="5">钢架当量半径，取支座至网架中心的距离</td></tr>
<tr><td rowspan="4">δ</td><td colspan="5">支座处与网架中心处的竖向地震作用系数的比值</td></tr>
<tr><td rowspan="2">钢架形式</td><td colspan="2">正放类</td><td colspan="2">斜放类</td></tr>
<tr><td>正方形</td><td>矩形</td><td>正方形</td><td>矩形</td></tr>
<tr><td>δ</td><td>0.81</td><td>0.87</td><td>0.56</td><td>0.80</td></tr>
<tr><td>λ_v</td><td colspan="5">网架中心处的竖向地震作用系数，当竖向基本自振周期 T_{v1} 不大于 T_g 时，按钢屋架取值 $\lambda_v=\zeta_v$，当 $T_{v1}>T_g$ 时，取 $\lambda_v=\zeta_v\ (T_g/T_{v1})^{0.9}$</td></tr>
</table>

18.3.3　算例

【例 18.3－1】　某 72m 跨钢屋架，屋面荷载和自重下的均布荷载为 $g_E=22.1$kN/m，各杆件编号见图 18.3－1，已知静载下各杆件的计算内力 N_i^c（分项系数取 1.0）。试求各杆件竖向地震作用标准值。按 8 度Ⅳ类场地考虑。

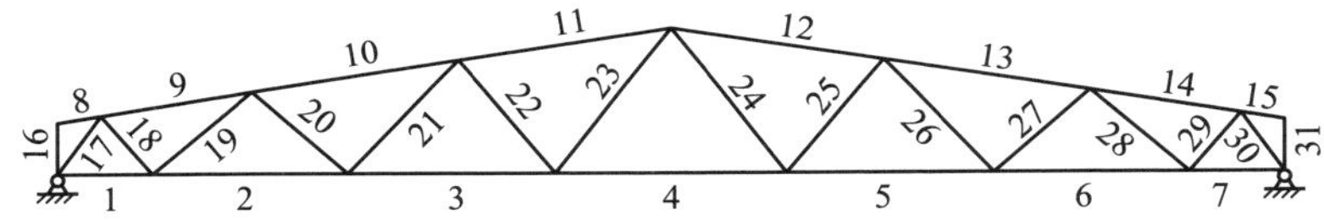

图 18.3－1　72m 跨屋架

8 度Ⅳ类场地钢屋架的竖向地震作用系数为±0.10，即各杆件的竖向地震作用标准值为计算静内力值的±10%。这里，“±”表示上下竖向地震作用的值。表 18.3－3 列出部分计算结果，略去“±”，并给出按竖向地震反应谱计算的结果，以做比较。

表 18.3－3

杆号	计算净内力	简化法	反应谱法	杆号	计算净内力	简化法	反应谱法
1，7	788	79	66	4	1761	176	182
2，6	1867	187	176	9，14	−1280	128	115
3，5	2090	209	213	10，13	2052	205	202
杆号	计算净内力	简化法	反应谱法	杆号	计算净内力	简化法	反应谱法
11，12	−1947	195	199	20，27	179	18	31

续表

杆号	计算净内力	简化法	反应谱法	杆号	计算净内力	简化法	反应谱法
17，20	-1212	121	102	21，26	-101	10	22
18，29	728	73	72	22，25	261	26	24
19，28	-813	81	83	23，24	288	29	28

18.4　长悬臂结构的竖向地震作用

长悬臂结构通常包括影剧院、体育馆的挑台，长雨篷，悬臂式屋架等，《规范》保持了《89 规范》的方法——竖向地震作用的静力法。有条件时，也可按竖向地震反应谱方法计算。

18.4.1　竖向地震作用的静力法

不分场地，直接将构件的重力荷载代表值乘以固定的系数——8 度取 0.1，9 度取 0.2，设计基本地震加速度为 0.3g 时取 0.15，作为该构件的竖向地震作用标准值。

设计时，考虑上、下竖向地震作用的最不利情况。

18.4.2　悬臂钢屋架的竖向地震作用

悬臂钢屋架的悬臂端，其竖向地震反应明显大于固定端，对大于 24m 的悬臂钢屋架，二者的比值约为 2。据此，建议采用下式计算其竖向地震作用标准值 F_{Evk}（表 18.4－1）。

表 18.4－1

公式	$F_{\mathrm{Evk}}=\left[1+\left(\frac{s}{l}\right)^2\right]\zeta_{\mathrm{v}}G_{\mathrm{E}}$
s	杆件中点至支座的距离
l	悬臂屋架的长度
ζ_{v}	支承端竖向地震作用系数，与简支钢屋架数相同的数值

18.4.3　算例

【例 18.4－1】某 35m 钢悬臂屋架，8 度Ⅳ类场地，试计算对应于竖向地震作用标准值的轴向力计算值（kN）。

表 18.4－2 十字形截面系数

位置	s/m	N_G 弦杆	N_G 腹杆	$1+(s/t)^2$	N_{Ev}弦杆		N_{Ev}腹杆	
					简化法	反应谱法	简化法	反应谱法
1	2. 5	2397	594	1. 01	242	214. 9	60. 0	
2	8. 0	2047	567	1. 05	214. 9	197. 0	59. 5	
3	14. 0	1636	538	1. 16	189. 8	174. 4	62. 4	
4	19. 0	1204	422	1. 29	155. 3	142. 9	54. 4	
5	22. 0	890	257	1. 40	124. 6	118. 5	35. 9	26. 1
6	24. 5	744	354	1. 49	110. 8	105. 0	52. 7	46. 7
7	27. 5	498	365	1. 62	80. 7	72. 9	59. 1	49. 1
8	30. 5	238	211	1. 76	41. 9	38. 0	37. 1	32. 5
9	318	84	112	1. 92	16. 1	14. 4	21. 5	19. 4

第 19 章　结构抗震承载力验算

19.1　结构承载力计算依据的原则

建筑结构各类构件按承载能力极限状态进行截面抗震验算，是第一阶段抗震设计内容。

根据《建筑抗震设计规范》（GB 50011—2010）和《建筑结构可靠度设计统一标准》（GB 50068—2001），结构抗震承载力验算应遵守以下的一些原则。

（1）一般结构的设计基准期为 50 年。表明第一阶段抗震设计时，地震作用视为可变作用，取 50 年一遇的地震作用作为标准值，即建筑所在地区，50 年超越概率为 62. 3%的地震加速度值。

（2）一般抗震结构的设计使用年限为 50 年。表明结构在 50 年内，不需大修，其抗震能力仍可满足设计时的预定目标。

（3）由地震作用产生的作用效应，按基本组合形式加入极限状态设计表达式，其各分项系数，原则上按《建筑结构可靠度设计统一标准》规定的方法，并根据经济和设计经验确定。

（4）考虑地震作用效应后，结构构件可靠度指标应低于非抗震设计采用的可靠指标，当结构构件可能为延性破坏时，取可靠指标不小于 1. 6，当结构构件为脆性破坏时，取可靠指标不小于 2. 0。

（5）为使抗震与非抗震设计的设计表达式采用统一的材料抗力，引入了“承载力抗震调整系数”，按构件受力状态对非抗震设计的承载力作适当调整。

（6）规范（GB 50011—2010）的承载能力极限状态表达式各项系数，基本上采用了规范 GBJ 11—89 的分析结果。规范 GBJ 11—89 确定结构构件抗震承载力验算表达式的步骤和方法，参见附录 19. 1。

19.2　结构超过抗震承载能力极限状态

按照规范（GB 50068—2001）的要求，抗震结构在多遇地震作用下超过承载力极限状态的标志是：

（1）地震作用下结构构件及其连接因材料强度被超过而破坏。

（2）地震作用下，结构转变为机动体系。

(3) 地震作用下，结构或构件丧失稳定。

(4) 地震作用下，整个结构作为刚体失去平衡。

(5) 地震作用下，地基丧失承载能力而破坏。

建筑结构第一阶段的抗震设计要求，应在设计基准期 50 年内，遭遇多遇地震作用时，在规定的概率条件下，结构不超过承载能力极限状态。

19.3　抗震承载力极限状态设计表达式

19.3.1　一般表达式

《规范》(GB 50011—2010)，规定地震作用效应同其他荷载效应的基本组合及极限状态表达式为

$$S = \gamma_G S_{GE} + \gamma_{Eh} S_{Ehk} + \gamma_{Ev} S_{Evk} + \psi_w \gamma_w S_{wk}$$

$$S_{GE} = S_{Gk} \sum \psi_{Ei} S_{Qik}$$

$$S \leqslant R/\gamma_{RE}$$

式中　S——构件内力组合的设计值，包括组合的弯矩、轴力和剪力设计值；

γ_G——重力荷载分项系数，一般情况应采用 1.2，当重力荷载效应对构件承载力有利时，不应大于 1.0；

γ_{Eh}、γ_{Ev}——分别为水平、竖向地震作用分项系数；

γ_w——风荷载分项系数，应采用 1.4；

S_{GE}——重力荷载代表值效应，有吊车时，尚应包括悬吊物重力标准值的效应；

S_{Ehk}——水平地震作用标准值的效应，尚应乘以相应的增大系数或调整系数；

S_{Evk}——竖向地震作用标准值的效应，尚应乘以相应的增大系数或调整系数；

S_{wk}——风荷载标准值效应；

ψ_w——风荷载组合值系数，一般结构取 0.0，风荷载起控制作用的高层建筑应采用 0.2；

ψ_{Ei}——可变荷载组合值系数；

S_{Gk}——永久荷载标准值的效应；

S_{Qik}——第 i 个可变荷载标准值的效应。

19.3.2　主要项目的说明

1. $\gamma_G S_{GE}$项

本项是为了简化计算，把有关的重力荷载（永久荷载和可变荷载）通过组合关系结合为一项，并冠以单一的重力荷载分项系数 γ_G。

（1）重力荷载代表值效应 S_{GE}是由 14.3 节的重力荷载 G_E 产生的地震作用效应，包括 S_{Gk}（由结构、配件自重标准值产生的效应）和 $\sum\psi_{Ei}S_{Qik}$（由有关可变重力荷载标准值产生的效应之和）。

（2）可变荷载组合值系数 ψ_{Ei}。

ψ_{Ei}的取值与 14.3 节相同。

（3）重力分项系数 γ_G。

按《建筑结构可靠度设计统一标准》和本章附录 19.1，一般情况取 $\gamma_G=1.2$；当重力荷载效应对构件的承载力为有利时，可取 $\gamma_G=1.0$。

抗震设计中 $\gamma_G=1.0$ 的情况，验算项目见表 19.3－1。

表 19.3－1

抗震设计中需考虑重力荷载的构（部）件	验算以下项目时，$\gamma_G=1.0$	抗震设计中需考虑重力荷载的构（部）件	验算以下项目时，$\gamma_G=1.0$
混凝土柱	大偏心受压验算	抗震墙地下缝	受剪验算
混凝土抗震墙	偏心受压验算	砌体构件	平均正应力计算
混凝土竖向构件	偏压时斜截面受剪验算	砌体件	偏压时偏心距计算
梁柱节点核心区	受剪验算		

2. 水平地震作用效应 $\gamma_{Eh}S_{Ehk}$和竖向地震作用效应 $\gamma_{Ev}S_{Evk}$

水平和竖向地震作用效应，有单独考虑其中之一或同时考虑的情况，分项系数 γ_{Eh}和 γ_{Ev}有不同的取值，如表 19.3－2。

表 19.3－2　地震作用分项系数

地震作用	γ_{Eh}	γ_{Ev}
仅考虑水平地震作用	1.3	0.0
仅考虑竖向地震作用	0.0	1.3
同时考虑水平和竖向地震作用	1.3	0.5
同时考虑水平和竖向地震作用	0.5	1.3

3. 抗震承载力设计值

构件的承载力设计值是一种抗力函数。对于非抗震设计，按《建筑结构可靠度设计统一标准》的要求，将多系数设计表达式中的抗力分项系数 γ_R 转换为材料性能分项系数 γ_m，得到非抗震设计的抗力函数，即非抗震设计的承载力设计值。

对于第一阶段的抗震设计，《规范》统一采用 R/γ_{RE} 的形式来表示抗震设计的抗力函数，即抗震设计的承载力设计值。其中的 R 表示各有关规范所规定的构件承载力设计值。抗震设计的抗力函数采用这种形式可使抗震设计与非抗震设计有所协调并简化计算。

鉴于各有关规范的承载力设计值 R 的含义不同，相应的承载力抗震调整系数 γ_{RE} 的含义也有所不同，主要有以下三种类型：

（1）用地基承载力调整系数 ζ_a 乘地基的承载力特征值 f_a，作为地基上抗震承载力设计值，$f_{aE}=\zeta_a f_a$，天然地基竖向抗震验算公式不出现 γ_{RE}，而采用 $p\leqslant f_{aE}$ 的验算表达式。

（2）以砌体抗震抗剪强度设计值 f_{vE} 替代《砌体结构设计规范》的 f_v，承重无筋砌体截面抗震承载力验算时，取 $\gamma_{RE}=1.0$。

（3）直接借用非抗震设计的承载力设计值 R_d 除以承载力抗震调整系数 γ_{RE}，转换为抗震承载力设计值 $R_{dE}=R_d/\gamma_{RE}$；如：

混凝土构件正截面受弯承载力抗震验算，直接将《混凝土结构设计规范》有关不等式的右端，均除以 γ_{RE}。

钢结构构件的各种强度的抗震验算，直接将《钢结构设计规范》各有关不等式的右端，除以 γ_{RE}。

引入 γ_{RE} 体现了构件抗震设计的可靠指标与非抗震设计可靠指标的不同。

19.4　结构抗震承载力验算方法

混凝土结构的抗震承载力验算，在本手册第 5 篇第 25 章钢筋混凝土框架房屋和第 26 章钢筋混凝土抗震墙结构房屋中有较全面的介绍，钢结构的抗震承载力验算在第 8 篇第 42 章多层和高层钢结构房屋中有较全面的介绍，本节不再重复。

本节仅介绍多层砌体房屋的抗震承载力验算方法。

砌体结构抗震承载力验算方法：

1. 砌体墙段

《规范》规定，砌体墙段只进行受剪的抗震验算，并不考虑竖向地震作用对承载力的影响。

1）验算表达式

$$S=V=1.3S_{Ehk} \tag{19.4-1}$$

$$\gamma_{RE}V\leqslant R \tag{19.4-2}$$

式中　V——地震剪力设计值；

γ_{RE}——受剪承载力抗震调整系数，分别不同情况，取值见表 19.4－1。

表 19.4-1

墙段类别	一般承重墙段	两端均有构造柱或芯柱的承重墙段	自承重墙段
γ_{RE}	1.0	0.9	0.75

2）砖砌体受剪承载力设计值

无筋砖砌体
$$R=f_{vE}A=\frac{1}{1.2}f_vA\sqrt{1+0.42\sigma_0/f_v} \tag{19.4-3}$$

水平配筋砌体
$$R=f_{vE}A+\zeta_sf_yA_{sh}$$
$$=\frac{1}{1.2}f_vA\sqrt{1+0.42\sigma_0/f_v}+\zeta_sf_yA_{sh} \tag{19.4-4}$$

墙段中部设构造柱
$$R=\eta_cf_{vE}(A-A_c)+\zeta f_tA_c+0.08f_yA_s$$
$$=\frac{1}{1.2}f_v(A-A_c)\sqrt{1+0.42\sigma_0/f_v}+\zeta f_tA_c+0.08f_yA_s \tag{19.4-5}$$

式中 σ_0——对应于重力荷载代表值的平均压应力，$\sigma_0=N_G/A$；

f_v——砌体结构设计规范的砖砌体抗震强度设计值；

A——墙段截面面积（一般情况取层高的中部截面）；

A_c——中部构造柱的横截面总面积（对横墙和内纵墙，$A_c>0.15A$ 时，取 0.15A；对外纵墙，$A_c>0.25A$ 时，取 0.25A）；

f_y——钢筋抗拉强度设计值；

A_{sh}——层间墙体竖向截面的总水平钢筋面积，其配筋率应不小于 0.07%，不大于 0.17%；

ζ_s——钢筋参与工作系数，按表 19.4-2 取用；

ζ——中部构造柱参与工作系数，居中设一根取 0.5，多于一根取 0.4；

f_t——中部构造柱的混凝土轴抗拉强度设计值；

A_s——中部构造柱的纵向钢筋截面总面积（配筋率不小于 0.6%，大于 1.4%时取 1.4%）；

η_c——墙体约束修正系数，一般取 1.0，构造柱间距不大于 3.0m 时取 1.1。

表 19.4-2

墙体高宽比	0.4	0.6	0.8	1.0	1.2
ζ_s	0.1	0.12	0.14	0.15	0.12

3）混凝土小砌块砌体受剪承载力设计值

$$R=f_{vE}A+(0.3f_tA_c+0.05f_yA_s)\zeta_c$$

$$= \zeta_N f_v A + (0.3 f_t A_c + 0.05 f_y A_s)\zeta_c \quad (19.4-6)$$

$$\zeta_N = 1 + 0.23\sigma_0/f_v \qquad (\sigma_0/f_v \leqslant 6.5) \quad (19.4-7)$$

$$\zeta_N = 1.52 + 0.15\sigma_0/f_v \qquad (6.5 \leqslant \sigma_0/f_v \leqslant 16) \quad (19.4-8)$$

$$\zeta_N = 3.92 \qquad (\sigma_0/f_v > 16) \quad (19.4-9)$$

式中　σ_0——对应于重力荷载代表值的平均压应力；

A——墙段截面面积；

A_c——芯柱截面总面积；

A_s——芯柱钢筋截面总面积；

ζ_c——芯柱参与工作系数，取值见表 19.4－3；

f_v——混凝土小型空心砌块非抗震设计的抗剪强度设计值（MPa）。

表 19.4－3

填孔率 ρ	$\rho<0.15$	$0.15\leqslant\rho<0.25$	$0.25\leqslant\rho<0.5$	$\rho\geqslant0.5$
ζ_c	0	1.0	1.10	1.15

2. 砖柱

砖柱抗震验算中，不考虑竖向地震作用，按《规范》9.3.8 条规定当偏心距 $e\leqslant0.9y$ 时（y 指截面形心到轴向力所在方向截面边缘的距离），可按无筋砖柱受压验算，承载力抗震调整系数取 $\gamma_{RE}=0.9$；当 $e>0.9y$ 时，按组合砖柱偏心受压验算，取 $\gamma_{RE}=0.85$。

1）效应组合方式

当计算地震作用下的偏心距 $e=M/N$ 时，取效应标准值

$$S = S_{GE} + S_{Ehk} \qquad S = M,\ N \quad (19.4-10)$$

当抗震受压承载力验算（$e\leqslant0.9y$）时和抗震的偏心受压承载力（$e>0.9y$）时，取效应设计值：

$$S = 1.2S_{GE} + 1.3S_{Ehk} \qquad S = N \quad (19.4-11)$$

2）无筋砖柱抗震承载力验算

验算表达式　$$0.90N \leqslant \varphi f A \quad (19.4-12)$$

式中　N——地震基本组合的轴向力设计值；

A——砖柱截面面积，应按毛面积计算，可按规定计入翼缘面积：对单层房屋，可取柱宽加 2/3 墙高，但不大于窗间墙宽度和相邻壁柱间距离；对多层房屋，当有门窗洞口时，可取窗间墙宽，当无门窗洞口时，每侧翼墙宽度，可取壁柱高的 1/3；

f——非抗震设计的砖砌体抗压强度设计值（MPa）；

φ——纵向力影响系数，由高厚比 β 和偏心距 e 决定（表 19.4－4）；

β——高厚比，取 $\beta=H_0/h$ 或 $\beta=H_0/h_T$，H_0 为计算高度，h_T 为 T 形截面折算厚度。

表 19.4-4

砂浆	β	e/h 或 e/h_f					
		0.05	0.10	0.15	0.20	0.25	0.30
M5	6	0.86	0.75	0.64	0.54	0.45	0.38
	8	0.80	0.70	0.59	0.50	0.42	0.36
	10	0.76	0.65	0.55	0.46	0.39	0.33
	12	0.70	0.60	0.51	0.43	0.36	0.31
	14	0.66	0.56	0.47	0.40	0.34	0.29
	16	0.61	0.52	0.44	0.37	0.31	0.27
	18	0.57	0.48	0.40	0.34	0.29	0.25
	20	0.53	0.44	0.37	0.32	0.27	0.23

3）对称配筋大偏心受压组合砖柱抗震承载力验算

验算表达式

$$0.85N(e+e_i) \leq f_yA_s(h_0-a)+0.425Nh\left(1-\frac{0.85N}{fA}\right)-(f_c-f)A_c^th\zeta + (1-\eta_s)f_yA_sh[\zeta-(1-\eta_s)f_yA_s/2fA] \tag{19.4-13}$$

$$e_i=\frac{\beta^2h}{2200}(1-0.022\beta)$$

$$\zeta=\frac{a}{h}+\left(\frac{f_c}{f}-1\right)\frac{A_c^t}{A}-\frac{0.85N}{fA}$$

式中　N——地震基本组合的轴向力设计值；

e——对应于作用标准值的偏心距；

e_i——附加偏心距，由高厚比 β 和截面高度 h 计算；

f_y——钢筋抗拉强度设计值；

f_c——混凝土或砂浆面层轴心抗压强度设计值，砂浆取同等强度等级混凝土设计值的70%，当砂浆为 M10 时，取 3.4MPa，为 M7.5 时，取 2.5MPa；

f——砖抗压强度设计值；

A_s——受拉钢筋的截面面积；

A_c^t——面层受压区的截面面积；

A——组合砖柱的截面面积，墙垛只算矩形部分；

a——受拉钢筋到截面近边的距离；

η_s——受压钢筋的强度系数，混凝土面层取 1.0，砂浆面层取 0.9；

ζ——计算系数。

19.5　杆件内力增大系数

19.5.1　钢筋混凝土框架，框架-抗震墙，抗震墙结构

(1) 强柱弱梁调整。

除框架顶层和柱轴压比小于 0.15 者外。

①一、二、三、四级框架（含框支柱的中间层节点）：

$$\sum M_c = \eta_c \sum M_b \tag{19.5-1}$$

一级的框架结构和 9 度的一级框架，可不符合上式要求，但应符合

$$\sum M_c = 1.2 \sum M_{bua} \tag{19.5-2}$$

式中　$\sum M_c$——节点上、下柱端截面顺时针或反时针方向组合的弯矩设计值之和，上下柱端的弯矩设计值可按弹性分析分配；

$\sum M_b$——节点左右梁端截面顺时针或反时针方向组合的弯矩设计值之和。一级框架节点左右梁端均为负弯矩时，绝对值较小的弯矩取零；

$\sum M_{bua}$——节点左右梁端反时针或顺时针方向实配的正截面抗震受弯承载力所对应的弯矩值之和，根据实配钢筋面积（计入梁受压区钢筋和相关楼板钢筋）和材料强度标注值确定；

η_c——柱端弯矩增大系数；框架结构，一、二、三、四级可分别取 1.7、1.5、1.3、1.2；其他结构类型中的框架，一级可取 1.4，二级可取 1.2，三、四级可取 1.1。

②当反弯点不在柱的层高范围内时，柱端截面组合的弯矩设计值可直接乘以上述柱端弯矩增大系数。对于一级的框架结构和 9 度的一级框架，当反弯点不在柱的高度范围内时，柱端弯矩增大系数 η_c 分别取 1.7 和 1.4。

③框架结构底层柱下端截面的弯矩设计值应采用组合的弯矩设计值乘以增大系数：一、二、三、四级分别取 1.7、1.5、1.3 和 1.2。底层柱纵向钢筋应按上下端的不利情况配置。

④框支柱顶层柱上端和底层柱下端弯矩设计值应采用组合的弯矩设计值乘以增大系数：一级为 1.5，二级为 1.25。

⑤一、二、三、四级框架和框支柱的角柱经本款上述①、②、③、④各项的调整后，弯矩设计值尚应乘以不小于 1.10 的增大系数。

(2) 柱的强剪弱弯调整。

一、二、三、四级框架柱和框支柱

$$V = \eta_{vc}(M_c^t + M_c^b)/H_n \tag{19.5-3}$$

一级的框架结构和 9 度的一级框架可不按上式调整，但应符合下式要求：

$$V = 1.2(M_{cua}^b + M_{cua}^t)/H_n \tag{19.5-4}$$

式中　V——柱端截面组合的剪力设计值；

H_n——柱的净高；

M_c^t、M_c^b——分别为柱的上下端顺时针或反时针方向截面组合的弯矩设计值；

M_{cua}^t、M_{cua}^b——分别为偏心受压柱的上下端顺时针或反时针方向实配的正截面抗震受弯承载力所对应的弯矩值，根据实配钢筋面积、材料强度标准值和轴压力等确定；

η_{vc}——柱剪力增大系数；对框架结构，一、二、三、四级可分别取 1.5、1.3、1.2、1.1；对其他结构类型的框架，一级可取 1.4，二级可取 1.2，三、四级可取 1.1。

（3）梁的强剪弱弯调整。

一、二、三级的框架梁和抗震墙的连梁，其梁端截面组合的剪力设计值应按下式调整：

$$V = \eta_{vb}(M_b^l + M_b^r)/l_n + V_{Gb} \tag{19.5-5}$$

一级的框架结构和 9 度的一级框架梁、连梁可不按上式调整，但应符合下式要求：

$$V = 1.1(M_{bua}^l + M_{bua}^r)/l_n + V_{Gb} \tag{19.5-6}$$

式中　V——梁端截面组合的剪力设计值；

l_n——梁的净跨；

V_{Gb}——梁在重力荷载代表值（9 度时高层建筑还应包括竖向地震作用标准值）作用下，按简支梁分析的梁端截面剪力设计值；

M_b^l、M_b^r——分别为梁左右端反时针或顺时针方向组合的弯矩设计值，一级框架两端弯矩均为负弯矩时，绝对值较小的弯矩应取零；

M_{bua}^l、M_{bua}^r——分别为梁左右端反时针或顺时针方向实配的正截面抗震受弯承载力所对应的弯矩值，根据实配钢筋面积（计入受压筋和相关楼板钢筋）和材料强度标准值确定；

η_{vb}——梁端剪力增大系数，一级可取 1.3，二级可取 1.2，三级可取 1.1。

（4）抗震墙强剪弱弯调整。

一、二、三级的抗震墙底部加强部位

$$V = \eta_{vw} V_w \tag{19.5-7}$$

9 度的一级可不符上式，但应符合

$$V = 1.1\frac{M_{wua}}{M_w}V_w \tag{19.5-8}$$

式中　V——抗震墙底部加强部位截面组合的剪力设计值；

V_w——抗震墙底部加强部位截面的剪力计算值；

M_{wua}——抗震墙底部截面按实配纵向钢筋面积，材料强度标准值和轴力设计值计算的抗震承载力所对应的弯矩值；有翼墙时应考虑翼墙两侧各一倍翼墙范围内的配筋；

M_w——抗震墙底部截面组合的弯矩设计值；

η_{vw}——抗震墙剪力增大系数，一级为1.6，二级为1.4，三级为1.2。

（5）一、二级框支柱，由地震作用引起的轴力，应分别乘以增大系数1.5、1.2。

（6）一级抗震墙底部加强部位以上部位，墙肢的组合弯矩设计值应乘以增大系数，增大系数可采用1.2。

（7）双肢抗震墙中，当任一墙肢为大偏心受拉时，另一墙肢的剪力设计值，弯矩设计值应乘以增大系数1.25。

19.5.2　钢结构框架和框架–支撑（墙）

1. 钢框架梁柱节点全塑性承载力验算

对于节点的左右梁端和上下柱端的全塑性承载力验算，是为了保证“强柱弱梁”实现，要求交汇节点的框架柱受弯承载力之和应大于梁的受弯承载力之和，同时出于对地震内力考虑不足、钢材超强等原因的考虑，采用强柱系数 η 以增大框架柱的承载力。

等截面梁

$$\sum W_{pc}(f_{yc}-N/A_c)\geq\eta\sum W_{pb}f_{yb}\tag{19.5-9}$$

端部翼缘变截面的梁

$$\sum W_{pc}(f_{yc}-N/A_c)\geq\sum(\eta W_{pb1}f_{yb}+V_{bp}s)\tag{19.5-10}$$

式中　W_{pc}、W_{pb}——分别为交会于节点的柱和梁的塑性截面模量；

W_{pb1}——梁塑性铰所在截面的梁塑性截面模量；

f_{yc}、f_{yb}——分别为柱和梁的钢材屈服强度；

N——地震组合的柱轴力；

A_c——框架柱的截面面积；

η——强柱系数，一级取1.15，二级取1.10，三级取1.05；

V_{pb}——梁塑性铰剪力；

s——塑性铰至柱面的距离，塑性铰可取梁端部变截面翼缘的最小处。

同时《规范》还规定，当满足以下条件之一时，可以不进行节点全塑性承载力验算：

（1）柱所在楼层的受剪承载力比相邻上一层的受剪承载力高出25%。

（2）柱轴压比不超过0.4，或 $N_2\leq\varphi A_c f$（N_2 为2倍地震作用下的组合轴力设计值）。

（3）与支撑斜杆相连的节点。

2. 中心支撑框架

斜杆轴线偏离梁柱轴线交点不超过支撑杆件的宽度时，仍可按中心支撑框架分析，但应计及支撑偏离对梁造成的附加弯矩。

3. 偏心支撑框架

（1）支撑斜杆的轴力设计值，应取与支撑斜杆相连接的消能梁段达到受剪承载力时支撑斜杆轴力与增大系数的乘积；其增大系数，一级不应小于1.4，二级不应小于1.3，三级不应小于1.2。

（2）位于消能梁段同一跨的框架梁内力设计值，应取消能梁段达到受剪承载力时框架梁内力与增大系数的乘积；其增大系数，一级不应小于 1.3，二级不应小于 1.2，三级不应小于 1.1。

（3）框架柱的内力设计值，应取消能梁段达到受剪承载力时柱内力与增大系数的乘积；其增大系数，一级不应小于 1.3，二级不应小于 1.2，三级不应小于 1.1。

附录 19.1　确定结构构件抗震承载力验算表达式的步骤、方法

1. 确定承载力设计表达式的基本步骤

附表 19.1－1

步骤一	建立分析模型	把地震作用和重力等产生的作用效应（内力）及构件抗力（承载力）都作为随机变量。通过统计建立概率分布模型和平均等统计参数
步骤二	校准目标可靠指标	建立构件承载能力极限状态方程，运用一次二阶矩方法，求得按《78 规范》设计的构件所具有的可靠指标，使新老规范可靠度水平在总体上相当
步骤三	选取地震作用、重力荷载和构件抗力的分项系数	运用最小二乘法求得一组分项系数，使主要构件在作用大小不同的各种情况下按分项系数表达式设计的可靠指标与目标可靠指标之间的差异，在总体上最小
步骤四	确定可变荷载组合值系数	运用随机过程叠加组合原理，参考《78 规范》的组合系数，获得多遇地震作用与风荷载、雪荷载、活荷载的组合值系数。使恒荷载标准值与雪、活荷载的地震组合值构成抗震设计的重力荷载代表值

2. 作用和抗力的分析模型

1）作用的概率模型和设计取值

附表 19.1－2

作用和荷载	概率分布模型	$\frac{\text{平均值}}{\text{标准值}}$	变异系数	标准值
恒荷载	正态分布	1.060	0.070	0.95μ
风荷载	极值Ⅰ型	1.109	0.293	0.90μ
雪荷载	极值Ⅰ型	1.139	0.225	0.88μ
多遇地震作用	极值Ⅰ型	1.25	0.30	0.80μ

2）构件抗力的概率模型和统计参数

附表 19.1－3

结构构件	概率分布模型	受力状态	平均值/标准值	变异系数
钢	对数正态	偏心受压	1.21	0.15
薄壁型钢	对数正态	偏心受压	1.20	0.15
钢筋混凝土	对数正态	受弯	1.13	0.10
	对数正态	大偏心受压	1.16	0.13
	对数正态	受剪	1.24	0.19
砖砌体	对数正态	受剪	1.02	0.32
木	对数正态	受弯	1.38	0.27

注：①构件抗力的标准值系《78 规范》的取值；
②变异系数指标准差与平均值的比值。

3. 正态分布变量可靠度的一次二阶矩计算法

结构构件不超过承载能力极限状态的概率，一般要通过多维积分计算。对两个正态分布的变量，可通过可靠指标 β 予以简化。这个计算采用了线性的极限状态方程，并以一阶原点距（平均值 μ）和二阶中心距（标准差 σ）表达，称“一次二阶矩方法”。

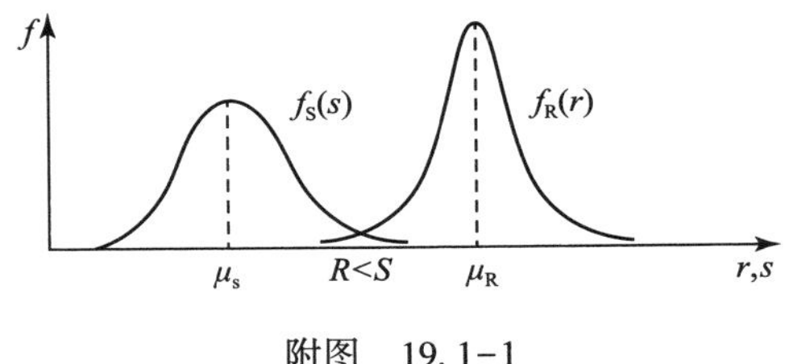

附图　19.1-1

附表 19.1－4

<table>
<tr><td rowspan="1">计算公式</td><td colspan="2">$$Z = R - S = 0$$ $$P_f = \iint f_R(r) f_S(s)\,\mathrm{d}r\mathrm{d}s = \Phi(\beta)$$ $$\beta = \frac{\mu_S}{\sigma_S} = \frac{\mu_R - \mu_S}{\sqrt{\sigma_R^2 + \sigma_S^2}}$$</td></tr>
<tr><td rowspan="5">符号</td><td>R</td><td>正态分布的抗力</td></tr>
<tr><td>S</td><td>正态分布的作用效应</td></tr>
<tr><td>P_f</td><td>结构构件失效概率的运算值</td></tr>
<tr><td>$f(\cdot)$</td><td>概率密度函数</td></tr>
<tr><td>$\Phi(\cdot)$</td><td>标准正态分布函数</td></tr>
</table>

续表

	μ_S、σ_S	结构构件作用效应的平均值和标准差
	μ_R、σ_R	结构构件抗力的平均值和标准差
	μ_S	正态分布变量 z 的平均值
	σ_S	正态分布变量 z 的标准差
	β	可靠指标

可靠指标 β 和可靠概率 P_s、失效概率 P_f 的关系见附表 19.1－5。

附表 19.1－5

β	P_s	P_f	β	P_s	P_f
1.0	0.8410	0.1590	2.5	0.99379	0.00621
1.5	0.9332	0.0668	3.0	0.99865	0.00135
2.0	0.9772	0.0228	3.5	0.99977	0.00023

4. 非正态分布变量可靠度的设计验算点方法

对于非正态分布变量和非线性极限方程的情况，国际“结构安全度联合委员会”（JCSS）推荐了“设计验算点”方法。它在“设计验算点 P^*”将非正态分布变量换为当量正态分布变量 x_i^*，然后按正态分布变量计算可靠指标 β。

1）在设计验算点当量正态化的条件

附表 19.1－6

概率密度值		$f'_x(x_i^*) = f_x(x_i^*)$
概率分布值		$F'_x(x_i^*) = F_x(x_i^*)$
当量平均值		$\mu'_x = x_i^* - \Phi^{-1}[F_x(x_i^*)]\sigma'_x$
当量标准差		$\sigma'_x = \varphi\{\Phi^{-1}[F_x(x_i^*)]\}/f_x(x_i^*)$
符号	$\Phi^{-1}(\cdot)$	标准正态分布函数的反函数
	$\varphi(\cdot)$	标准正态概率密度函数

2）“验算点方法”的迭代计算

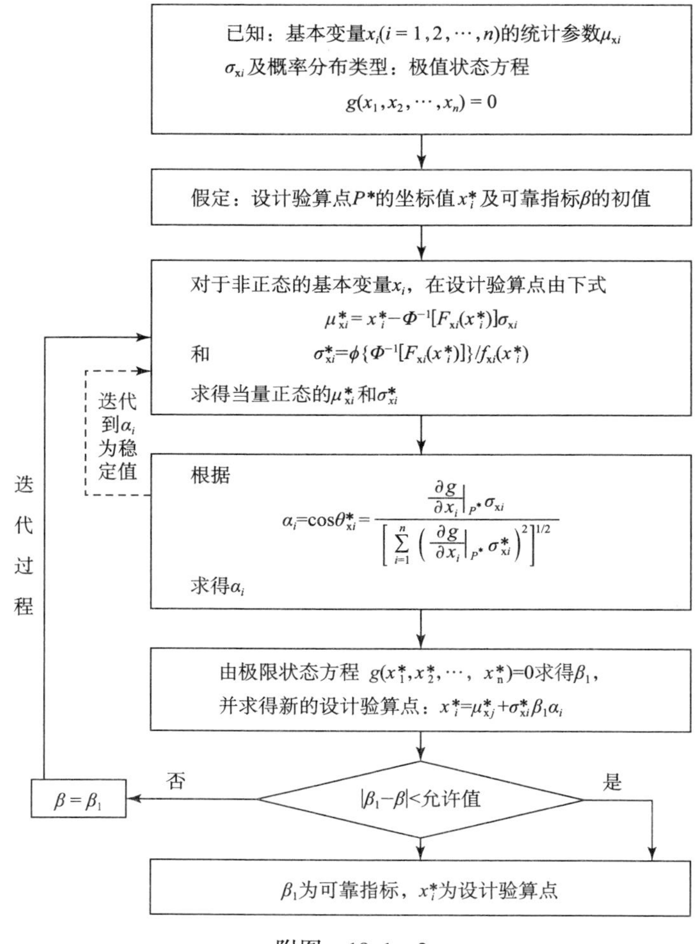

附图　19.1－2

5. 按《78 规范》设计的构件的抗震可靠指标

附表 19.1－7

材料	受力	$\rho=S_S/S_G$	0.8K	平均β	P_s
钢（A3）	偏压	0.5～4.0	1.128	1.03	0.849
薄钢（16Mn）	偏压		1.216	1.06	0.856
材料	受力	$\rho=S_S/S_G$	0.8K	平均β	P_s
砖木	受剪	—	2.00	2.28	0.989
	受弯	0.5～2.0	1.509	1.89	0.971
钢筋混凝土	受弯	0.5～3.0	1.12	1.20	0.887
	大偏压	0.5～5.0	1.24	1.66	0.952
	受剪	0.5～3.0	1.24	1.20	0.887

注：按多遇地震作用计算。

6. 作用分项系数和抗力分项系数的校准

按《78 规范》所设计构件的可靠指标作为“目标可靠指标 β”（钢结构适当调整），用最小二乘法求得一组分项系数 γ_G、γ_E 和 γ_R，使各种构件按新表达式设计的构件所具有的可靠指标 β 与目标可靠指标之间的差异，在总体上最小。运算如附表 19.1－8，其结果，按《建筑结构设计统一标准》的规定，对可变作用的新设计表达式中，取 $\gamma_G = 1.2$；地震作用分项系数取 $\gamma_E = 1.3$；抗力分项系数则取多种形式；当采用材料抗震性能分项系数时，取 $\gamma_R = 1.0$ 或不出现；当采用对应于非抗震可靠度的材料性能分项系数时，γ_R 相应转换为承载力抗震调整系数 γ_{RE}。

附表 19.1－8

计算公式	$R_k = \gamma_R(\gamma_G S_G + \gamma_E S_E)$ $R_k^* \approx 0.8K(S_G + S_E) = 0.8K(1+\rho)S_G$ $Hi = \sum_i (R_{kij}^* - R_{kij})^2$ $\dfrac{\partial H_i}{\partial \gamma_{Ei}} = 0$ $\dfrac{\partial H_i}{\partial \gamma_{Ri}} = 0$
R_{kij}^*	i 种构件在 ρ_j 比值下的 R_k^* 值
R_{kij}	i 种构件在 ρ_j 比值下的 R_k 值
ρ_j	地震作用效应与重力荷载效应的比值
S_G	重力荷载效应
S_E	地震作用效应

第 20 章　结构变形验算

20.1　结构弹性变形验算

20.1.1　一般要求

表 20.1－1

<table>
<tr><td>设计阶段和极限状态</td><td colspan="5">结构弹性变形验算，指多遇地震下结构层间变形正常使用极限状态验算</td></tr>
<tr><td>验算范围</td><td colspan="5">钢筋混凝土框架、框架-抗震墙、板柱-抗震墙、框架-核心筒、抗震墙、筒中筒、钢筋混凝土框支层、多、高层钢结构</td></tr>
<tr><td>验算目的</td><td colspan="5">（1）避免填充墙出现连通裂缝、控制框架柱开裂；
（2）抗震墙有较小的适度的开裂</td></tr>
<tr><td rowspan="2">多遇地震作用取值</td><td>烈度</td><td>6 度</td><td>7 度</td><td>8 度</td><td>9 度</td></tr>
<tr><td>α_{max}</td><td>0.04</td><td>0.08（0.12）</td><td>0.016（0.24）</td><td>0.32</td></tr>
<tr><td>作用效应组合</td><td colspan="5">按正常使用极限状态，地震作用分项系数和各有关荷载的分项系数 γ_G、γ_w 均取 1.0，即
$$S = S_{GE} + S_{Ehk} + \psi_w S_{wk}$$</td></tr>
<tr><td rowspan="9">验算方法</td><td colspan="5">容许弹性变位角验算
$$\Delta u_e \leqslant [\theta_e]h$$</td></tr>
<tr><td>Δu_e</td><td colspan="4">多遇地震作用标准值产生的楼层内最大的弹性层间变形</td></tr>
<tr><td>h</td><td colspan="4">计算楼层层高</td></tr>
<tr><td rowspan="6">$[\theta_e]$</td><td colspan="4">容许弹性层间变位角，如下：</td></tr>
<tr><td colspan="3">钢筋混凝土框架</td><td>1/550</td></tr>
<tr><td colspan="3">钢筋混凝土框架-抗震墙、板柱-抗震墙、框架-核心筒</td><td>1/800</td></tr>
<tr><td colspan="3">钢筋混凝土抗震墙、筒中筒</td><td>1/1000</td></tr>
<tr><td colspan="3">钢筋混凝土框支层</td><td>1/1000</td></tr>
<tr><td colspan="3">多、高层钢结构</td><td>1/250</td></tr>
</table>

续表

计算模型	可采用与结构内力分析相同的模型，假定基础固定，构件刚度取弹性刚度
计算方法	结构力学的位移计算方法

20.1.2　变形的结构力学计算方法

1. 不考虑扭转影响，且不扣除弯曲转角

表 20.1－2

计算方法和计算公式	底部剪力法： $\Delta u_i = V_i/K_i$ $V_i = \left[\delta_n + \dfrac{\sum_{i}^{n} G_j H_j(1-\delta_n)}{\sum_{1}^{n} G_j H_j}\right]\alpha_1 G_{eq}$ 振型分解反应谱法： $\Delta u_i = \sqrt{\sum_{1}^{m} \Delta u_{ji}^2}$　（m 个振型） $\Delta u_{ji} = u_{j,i} - u_{j,i-1}$ $[K]\{u_j\} = \{F_{Ej}\}$ 时程分析法： $\Delta u_i = \max_{t \in T_D} \lvert u_i(t) - u_{i-1}(t) \rvert$
Δu_i	i 层的弹性层间位移
V_i	i 层的地震剪力设计值（$\gamma_E = 1.0$）
K_i	i 层的弹性侧移刚度
Δu_{ji}	j 振型 i 层的层间位移
u_{ji}	j 振型 i 层的侧向位移
$[K]$	结构的弹性侧移刚度矩阵
$\{u_j\}$	j 振型侧移向量（由 n 个 u_{ji} 分量组成）
$\{F_{Ej}\}$	j 振型水平地震作用向量（由 n 个 F_{ji} 分量组成）
u_i（t）	t 时刻第 i 层侧向位移
u_{i-1}（t）	t 时刻第 $i-1$ 层侧向位移
T_D	输入地面加速度时程的持续时间

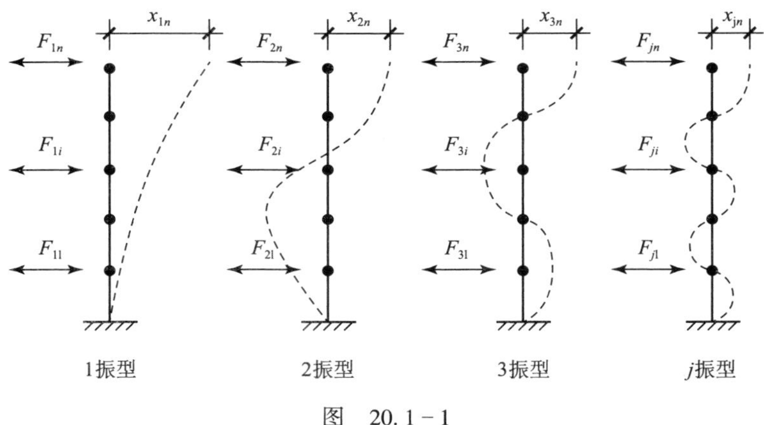

图　20.1-1

2. 考虑扭转影响、不扣除弯曲转角的弹性层间位移

表 20.1-3

<table>
<tr><td>计算公式</td><td>振型分解反应谱法：
$$\Delta u_i = \sqrt{\sum \sum \rho_{jk} \Delta u_{ji} \Delta u_{ki}}$$
$$\Delta u_{ji} = u_{j,\ i} - u_{j,\ i-1}$$
x 方向构件　$u_{ji} = u_{xj,\ i} - \varphi_{ji} s_{yi}$
y 方向构件　$u_{ji} = u_{yj,\ i} - \varphi_{ji} s_{xi}$
斜向构件
$$u_{ji} = u_{xj,\ i}\cos\theta + u_{yj,\ i}\sin\theta + \varphi_{ji} s_{\theta i}$$
$$\begin{bmatrix} K_{x} & K_{xy} & K_{x\varphi} \\ K_{yx} & K_{y} & K_{y\varphi} \\ K_{\varphi x} & K_{\varphi y} & K_{\varphi} \end{bmatrix} \begin{Bmatrix} u_{xj} \\ u_{yj} \\ u_{\varphi j} \end{Bmatrix} = \begin{Bmatrix} F_{xj} \\ F_{yj} \\ F_{\varphi j} \end{Bmatrix}$$
时程分析法：
（1）当使用层模型时：
$$\Delta u_i = \max_{t \in T_D} \sqrt{\Delta u_{xi}^2(t) + \Delta u_{yi}^2(t)}$$
$$\Delta u_{xi}(t) = u_{x,\ i}^0(t) - u_{x,\ i-1}^0(t) - [\varphi_i(t) - \varphi_{i-1}(t)] s_{yi}$$
$$\Delta u_{yi}(t) = u_{y,\ i}^0(t) - u_{y,\ i-1}^0(t) - [\varphi_i(t) - \varphi_{i-1}(t)] s_{xi}$$
（2）当使用空间杆系模型时：
$$\Delta u_i = \max_{t \in T_D} \sqrt{[u_{xi}(t) - u_{x,\ i-1}(t)]^2 + [u_{yi}(t) - u_{y,\ i-1}(t)]^2}$$
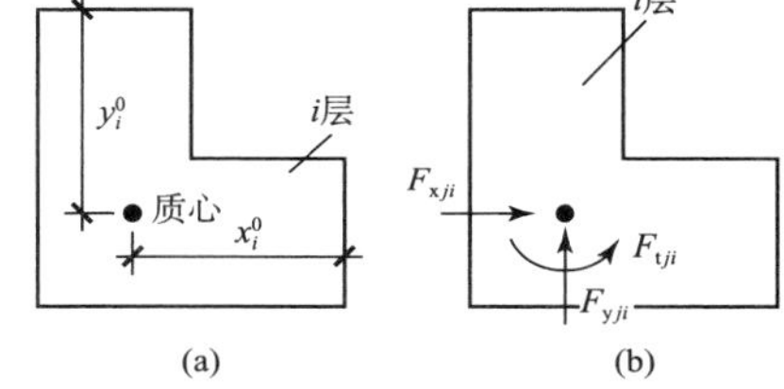

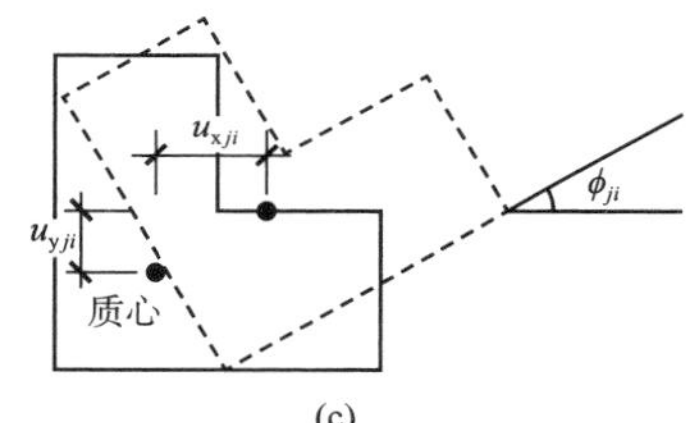

图 20.1-2　每楼层三向地震作用
（a）质心位置；
（b）i 层第 j 振型三个地震作用；
（c）质心位移</td></tr>
<tr><td>$\{u_{xj}\}$</td><td>j 振型 x 方向质心位移向量（由 n 个 u_{xji} 分量组成）</td></tr>
<tr><td>$\{u_{yj}\}$</td><td>j 振型 y 方向质心位移向量（由 n 个 u_{yji} 分量组成）</td></tr>
</table>

续表

$\{\varphi_j\}$	j 振型扭转角向量（由 n 个 φ_{ji} 分量组成）
s_{yi}	i 层质心至 x 方向构件的垂直距离
s_{xi}	i 层质心至 y 方向构件的垂直距离
θ	斜向构件与 x 方向的夹角
$s_{\theta i}$	i 层质心至 θ 方向构件的垂直距离，当 $\theta=0$ 时，$s_{\theta i}=-s_{yi}$，$\theta=\dfrac{\pi}{2}$时，$s_{\theta i}=-s_{xi}$
$\{F_j\}$	j 振型地震作用向量（x、y 和扭转方向，$3n$ 阶）
$[K]$	结构考虑扭转的刚度矩阵（$3n\times3n$ 阶）
$u_{xi}^0(t)$	层模型楼层 i 质心 x 方向 t 时刻位移
$u_{x,i-1}^0(t)$	层模型楼层 $i-1$ 质心 x 方向 t 时刻位移
$u_{yi}^0(t)$	层模型楼层 i 质心 y 方向 t 时刻位移
$u_{y,i-1}^0(t)$	层模型楼层 $i-1$ 质心 y 方向 t 时刻位移
$\varphi_i(t)$	层模型楼层 i 在 t 时刻转角
$\varphi_{i-1}(t)$	层模型楼层 $i-1$ 在 t 时刻转角
$u_{xi}(t)$	杆系模型楼层 i 边（端）柱列 t 时刻 x 方向位移
$u_{x,i-1}(t)$	层模型楼层 $i-1$ 边（端）柱列 t 时刻 x 方向位移
$u_{yi}(t)$	层模型楼层 i 边（端）柱列 t 时刻 y 方向位移
$u_{y,i-1}(t)$	层模型楼层 $i-1$ 边（端）柱列 t 时刻 y 方向位移
T_D	输入地面加速度时程的持续时间

3. 平面结构扣除转角影响的弹性层间位移

表 20.1－4

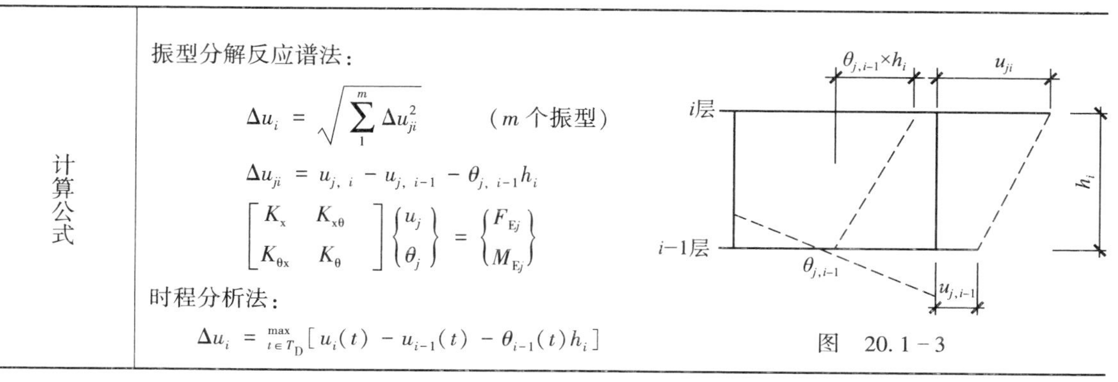

计算公式

振型分解反应谱法：

$$\Delta u_i = \sqrt{\sum_1^m \Delta u_{ji}^2} \qquad (m\ 个振型)$$

$$\Delta u_{ji} = u_{j,i} - u_{j,i-1} - \theta_{j,i-1} h_i$$

$$\begin{bmatrix} K_x & K_{x\theta} \\ K_{\theta x} & K_\theta \end{bmatrix} \begin{Bmatrix} u_j \\ \theta_j \end{Bmatrix} = \begin{Bmatrix} F_{Ej} \\ M_{Ej} \end{Bmatrix}$$

时程分析法：

$$\Delta u_i = \max_{t\in T_D}[u_i(t) - u_{i-1}(t) - \theta_{i-1}(t) h_i]$$

图　20.1－3

续表

$\{\theta_j\}$	j 楼层的转角向量
$[K_x]$	结构 x 方向水平刚度
$[K_\theta]$	结构转动刚度
$[K_{x\theta}]$	结构平动转动耦联刚度
h_i	i 层的层高
$\{M_{Ej}\}$	j 振型水平地震形成的倾覆力矩
$u_i(t)$	第 i 层 t 时刻侧向位移
$u_{i-1}(t)$	$i-1$ 层 t 时刻侧向位移
$\theta_{i-1}(t)$	$i-1$ 层 t 时刻平面内弯曲转角
T_D	输入地面加速度时程的持续时间

4. 考虑扭转且扣除弯曲转角的弹性层间位移

表 20.1－5

计算公式	振型分解反应谱法： $$\Delta u_i = \sqrt{\sum_{j=1}^{m}\sum_{k=1}^{m}\rho_{jk}\Delta u_{ji}\Delta u_{ki}}$$ x 方向构件　$\Delta u_{ji} = u_{xji} - u_{xj,\ i-1} - \varphi_{ji}s_{yi} - \theta_{yj,\ i-1}h_i$ y 方向构件　$\Delta u_{ji} = u_{yji} - u_{yj,\ i-1} - \varphi_{ji}s_{xi} - \theta_{xj,\ i-1}h_i$ 斜向构件　$\Delta u_{ji} = (u_{xji} - u_{xj,\ i-1} - \theta_{yj,\ i-1}h_i)\cos\theta + (u_{yji} - u_{yj,\ i-1} - \theta_{xj,\ i-1}h_i)\sin\theta + \varphi_{ji}s_{\theta i}$ $$\begin{Bmatrix} K_x & K_{xy} & K_{x\varphi} & K_{x\theta_x} & K_{x\theta_y} \\ & K_y & K_{y\varphi} & K_{y\theta_x} & K_{y\theta_y} \\ & & K_\varphi & K_{\varphi\theta_x} & K_{\varphi\theta_y} \\ & & & K_{\theta_x} & K_{\theta_x\theta_y} \\ & & & & K_{\theta_y} \end{Bmatrix} \begin{Bmatrix} u_{xj} \\ u_{yj} \\ \varphi_j \\ \theta_{xj} \\ \theta_{yj} \end{Bmatrix} = \begin{Bmatrix} F_{xj} \\ F_{yj} \\ F_{tj} \\ M_{xj} \\ M_{yj} \end{Bmatrix}$$ 时程分析法： （1）层模型： $$\Delta u_i = \max_{t\in T_D}\sqrt{\Delta u_{xi}^2(t) + \Delta u_{yi}^2(t)}$$ $$\Delta u_{xi}(t) = u_{x,\ i}^0(t) - u_{x,\ i-1}^0(t) - (\varphi_i(t) - \varphi_{i-1}(t))s_{yi} - \theta_{y,\ i-1}h_i$$ $$\Delta u_{yi}(t) = u_{y,\ i}^0(t) - u_{y,\ i-1}^0(t) - (\varphi_i(t) - \varphi_{i-1}(t))s_{xi} - \theta_{x,\ i-1}h_i$$ （2）杆系模型： $$\Delta u_i = \max_{t\in T_D}\sqrt{[u_{xi}(t) - u_{x,\ i-1}(t) - \theta_{y,\ i-1}(t)h_i]^2 + [u_{yi}(t) - u_{y,\ i-1}(t) - \theta_{x,\ i-1}(t)h_i]^2}$$

续表

u_{xji}、u_{yji}	j 振型 i 层 x、y 向侧移
φ_{ji}	j 振型 i 层的扭转角
θ_{xji}、θ_{yji}	j 振型 i 层绕 x、y 轴的弯曲转角
s_{xi}、s_{yi}	i 层质心至 y、x 方向构件的垂直距离
$s_{\theta i}$	i 层质心至 θ 方向构件的垂直距离
θ	斜向构件与 x 方向的夹角
h_i	i 层层高
$\{u_{xj}\}$、$\{u_{yj}\}$	j 振型 x、y 方向质心位移向量
$\{\varphi_j\}$	j 振型扭转角向量
$\{\theta_{xj}\}$、$\{\theta_{yj}\}$	j 振型绕 x、y 轴弯曲转角向量
$\{F_{xj}\}$、$\{F_{yj}\}$	j 振型 x、y 方向地震作用向量
$\{F_{tj}\}$	j 振型扭转地震作用向量
$\{M_{xj}\}$、$\{M_{yj}\}$	j 振型绕 x、y 轴的地震弯矩向量
$[K]$	结构考虑双向弯曲和扭转的刚度矩阵（$5n\times5n$ 阶）
$u_{xi}^{0}(t)$、$u_{yi}^{0}(t)$	i 层质心 t 时刻 x、y 方向位移
$\varphi_i(t)$	i 层 t 时刻的扭转角
$\theta_{x,i-1}(t)$、$\theta_{y,0-1}(t)$	$i-1$ 层 t 时刻绕 x、y 轴的弯曲转角
$u_{xi}(t)$、$u_{x,i-1}(t)$	杆系模型楼层 i 边（端）柱列 t 时刻 x，y 方向位移
$\theta_{x,i-1}(t)$、$\theta_{y,i-1}(t)$	杆系模型楼层 i 边（端）柱列 t 时刻绕 x、y 轴的弯曲转角
T_D	输入地面加速度时程的持续时间

5. 考虑双向水平地震作用的扭转影响的弹性层间位移

考虑双向水平地震作用的扭转影响，当采用振型分解反应谱法时，按单向地震作用求得弹性层间位移（如 20.1.2 节“2”和“4”）然后求联合作用结果。当采用时程分析法时，应在两个方向同时输入地震时程并进行分析，直接求得时程分析的结果。

表 20.1－6

计算公式	阵型分解反应谱法 对 x 方向，$\Delta u_i = \sqrt{\Delta u_{xxi}^2 + (0.85\Delta u_{xyi})^2}$ 或 $\sqrt{\Delta u_{xyi}^2 + (0.85\Delta u_{xxi})^2}$ ，取较大值 对 y 方向，$\Delta u_i = \sqrt{\Delta u_{yyi}^2 + (0.85\Delta u_{yxi})^2}$ 或 $\sqrt{\Delta u_{yxi}^2 + (0.85\Delta u_{yyi})^2}$ ，取较大值
Δu_{xxi}、Δu_{xyi}	分别为在 x、y 方向水平地震作用下，在 x 方向层间水平位移
Δu_{yxi}、Δu_{yyi}	分别为在 x、y 方向水平地震作用下，在 y 方向层间水平位移

20.2　结构弹塑性变形验算

20.2.1　一般要求

表 20.2－1

设计阶段和极限状态	结构弹塑性变形验算，指罕遇地震下结构层间变形不超过弹塑性层间位移角限值，属变形能力极限状态验算
验算范围	1. 下列建筑结构应进行弹塑性变形验算： （1）甲类建筑结构。 （2）9 度设防的乙类的钢筋混凝土框架结构建筑和钢结构建筑。 （3）隔震和消能减震设计的建筑结构。 （4）高度超过 150m 的各类建筑结构，包括混凝土结构、钢结构以及各种混合结构。 （5）7~9 度抗震设防，且楼层屈服强度系数小于 0.5 的钢筋混凝土框架结构和框排架结构。 （6）8 度Ⅲ、Ⅳ类场地和 9 度时，高大的单层钢筋混凝土柱厂房的横向排架。 注：高大的单层钢筋混凝土柱厂房，指的是基本周期不小于 1.5s 的厂房 2. 下列建筑结构宜进行弹塑性变形验算： （1）符合下列条件之一的竖向不规则建筑结构： 　7 度抗震设防，高度超过 100m； 　8 度抗震设防，Ⅰ、Ⅱ类场地，高度超过 100m； 　8 度抗震设防，Ⅲ、Ⅳ类场地，高度超过 80m； 　9 度抗震设防，高度超过 60m。 （2）符合下列条件的乙类建筑结构： 　7 度抗震设防且位于Ⅲ、Ⅳ类场地； 　8 度抗震设防。 （3）板柱-抗震墙结构。 （4）底部框架-抗震墙砌体房屋。 （5）高度不大于 150m 的钢结构。 （6）不规则的地下建筑结构

续表

<table>
<tr><td>验算目的</td><td colspan="5">防止结构在罕遇地震时倒塌</td></tr>
<tr><td rowspan="2">罕遇地震作用取值</td><td>烈度</td><td>6 度</td><td>7 度</td><td>8 度</td><td>9 度</td></tr>
<tr><td>α_{max}</td><td>0.28</td><td>0.50（0.72）</td><td>0.90（1.20）</td><td>1.40</td></tr>
<tr><td>作用效应组合</td><td colspan="5">只考虑罕遇地震下的弹塑性层间变形，不考虑其他荷载下产生的变形，地震作用分项系数取 1.0，其他荷载组合值系数取 0</td></tr>
<tr><td rowspan="4">验算方法</td><td colspan="5">容许弹塑性变位角验算
$$\Delta u_p \leqslant [\theta_p] h$$</td></tr>
<tr><td>Δu_p</td><td colspan="4">罕遇地震下的弹塑性层间变形</td></tr>
<tr><td>h</td><td colspan="4">层高</td></tr>
<tr><td>$[\theta_p]$</td><td colspan="4">弹塑性层间位移角限值</td></tr>
<tr><td>计算模型</td><td colspan="5">可根据结构的规则性，软件的功能，采用合理的计算模型，如层间模型、空间杆系模型等</td></tr>
<tr><td>计算方法</td><td colspan="5">（1）弹塑性时程分析法。
（2）非线性静力分析法。
（3）弹塑性位移增大系数法</td></tr>
</table>

20.2.2　弹塑性变形分析几种计算方法

1. 弹塑性时程分析法

弹塑性时程分析是计算结构弹塑性变形最为正规的方法（第 16 章）。在输入地震波为确定的形式的情况下，输出的结构变形也是确定的，如果分析计算用的计算模型能够足以代表结构的动力性能，则结构各部位的变形状态能够较好地反映结构在该地震波作用下的实际情况，但是，问题在于输入地震波不大可能完全符合未来可能遭遇的地震动状态，而且时程分析计算结果表明，不同的地震波对结构的弹塑性反应具有极大的敏感性，即不同地震波对同一结构的计算结果差异很大。因此，要选用合适的，还要有相当数量的地震波，要取用符合结构实际动力性能的结构模型，计算所得结果要由有经验的工程师判别后采用，对重要的结构最好还要经过同行专家的评审。

因此，目前对弹塑分析的应用，还有很大的局限性，主要用在重要的，复杂的，需要观察估计结构各部位的破坏状态的结构。

随着计算机分析功能的迅速发展，计算机分析软件的分析水平的不断提高，输入地震波的合理性，结构和构件的弹塑性性质和参数的研究的深入，以及结构的抗震设防逐渐发展到以“性能设计”为设防目标（基于大震下的位移设计）等条件形成，弹塑性时程分析将是最有用的方法。

2. 非线性静力分析方法

结构非线性静力分析方法（第 17 章）采用设计反应谱作为外荷载的计算基础，比弹塑性时程分析采用少量地震波输入较为有利，可以获得较为稳定的分析结果，避免偶然性和局限性，同时花费较少的分析时间和劳动，且在结构侧向位移的过程中，结构和构件的内力和变形可以计算出来，观察其全过程的变化，判别结构位移及在结构和构件中产生的破坏状态，是比较有效的抗震分析方法。

结构非线性静力分析法的缺点是，不能反映由于地震作用的反复变化，在结构构件中产生的刚度退化和内力重分布引起的非线性动力反应的全部性状，也可能导致不能充分反映结构局部承载力和塑性变形的需求，特别是高振型在结构的屈服过程占有重要分量时，更为突出。因此，当高振型影响为重要时，如较高的高层建筑和具有局部薄弱部位的建筑，选用此法要受到限制。

3. 弹塑性位移增大系数法

本法为一种简化方法，是通过大量的计算分析数据，经归纳分析找出一定的规律，提出的一种方法。此法适用于不超过 12 层且层刚度无突然变化的多层结构，和单层厂房排架柱。刚度无突变指相邻刚度变化不超过 70%，具体计算办法参见第 5 篇 25.4 节和第 6 篇 32.3 节的有关内容。

表 20.2－2

公式		$\Delta u_p = \eta_p \Delta u_e$			
Δu_p		薄弱层（部位）的弹塑性层间位移			
Δu_e		薄弱层在罕遇地震下的弹性层间位移，可按第 20.1 节的方法计算，但 α_{max} 取罕遇地震的数值			
η_p		弹塑性位移增大系数，当 $\xi_{yi} \geqslant 0.4(\xi_{yi+1}+\xi_{yi-1})$ 时按下表取值；当 $\xi_{yi} \leqslant 0.25(\xi_{yi+1}+\xi_{yi-1})$ 时取表内数值乘以 1.5；其他情况用内插法取值			
结构总层数 n		2～4	5～7	8～12	排架上柱
η_p	$\varepsilon_y=0.5$	1.30	1.50	1.80	1.30
	$\varepsilon_y=0.4$	1.40	1.65	2.00	1.60
	$\varepsilon_y=0.3$	1.60	1.80	2.20	2.00
	$\varepsilon_y=0.2$	2.10	2.40	2.80	2.60

20.3 重力二阶效应（P-Δ 效应）

《建筑抗震设计规范》（GB 50011—2010）第三章 3.6.3 条规定：“当楼层以上重力荷载与该楼层地震平均层间位移的乘积除以该楼层地震剪力与楼层高度的乘积之商大于 0.1 时，

应考虑重力二阶效应的影响。”

20.3.1　重力二阶效应

当柔性结构，如钢和钢筋混凝土框架结构，受到水平荷载时，其水平位移，会引起由于上部重力荷载产生的额外附加的（二阶）倾覆弯矩，如图 20.3－1 所示。

$$M = M_1 + M_2 = F_E \cdot h + P \cdot \Delta \tag{20.3-1}$$

式中，$M_1 = F_E h$，为初始（一阶）弯矩；$M_2 = P \cdot \Delta$，为二阶弯矩；M_2 的加入，又使 Δ 增大，同时又对附加弯矩进一步增大，如此反复，对柔弱的结构，可能产生积累性的变形增大而导致结构失稳倒塌。如图 20.3－2。

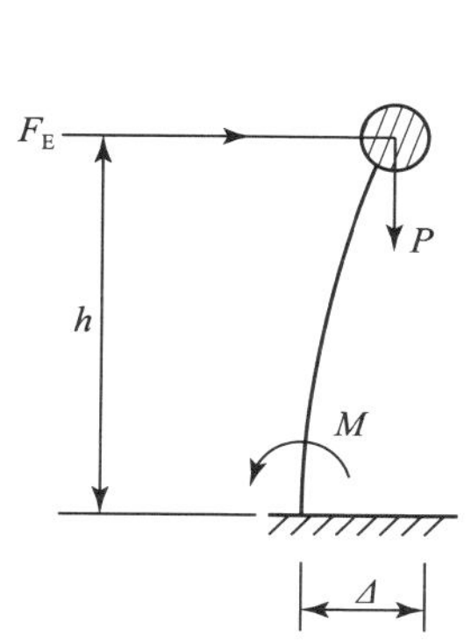

图 20.3－1　重力二阶效应示意图

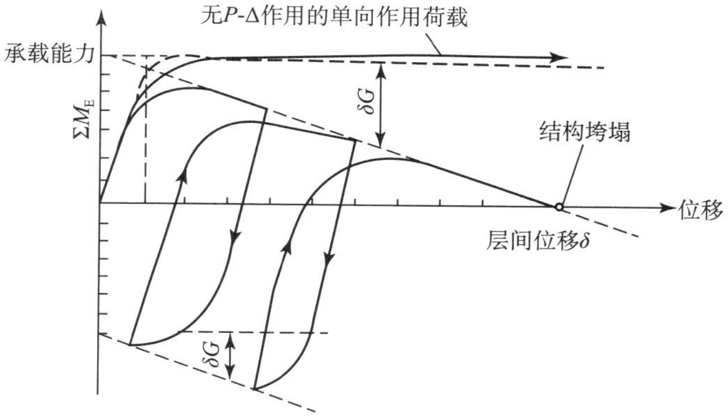

图 20.3－2　重力二阶效应引起结构失稳（引自 Pauly）

1. 稳定系数 θ

取二阶弯矩与一阶弯矩之比为 θ 称之为稳定系数。

GB 50011 —2010 规定，各层的稳定系数 θ 取值为

$$\theta_i = \frac{\sum_{1}^{n} G_i \cdot \Delta u_i}{V_i \cdot h_i} \tag{20.3-2}$$

式中　$\sum G_i$——i 层以上重力荷载计算值；

Δu_i——第 i 层楼层质心处的层间位移值；

V_i——第 i 层地震剪力设计值；

h_i——第 i 层层间高度。

当 $\theta \leqslant 0.1$ 时，不考虑二阶效应影响，其上限则受弹性和弹塑性层间位移角限值控制。

当在弹性分析时，作为简化方法，重力二阶效应的内力增大系数可取 $\frac{1}{1-\theta_i}$。

当在弹塑性分析时，宜采用考虑所有受轴向力的结构和构件的几何刚度的计算机程序进行重力二阶效应分析。亦可采用其他简化分析方法。

2. 几何刚度

1）索的几何刚度

如图 20.3－3，一根绳索长 L，具有初始拉力 T，如果索二端受到侧向位移 u_i 和 u_j，则索单元必然产生附加力 F_i 和 F_j，以维持平衡位置。

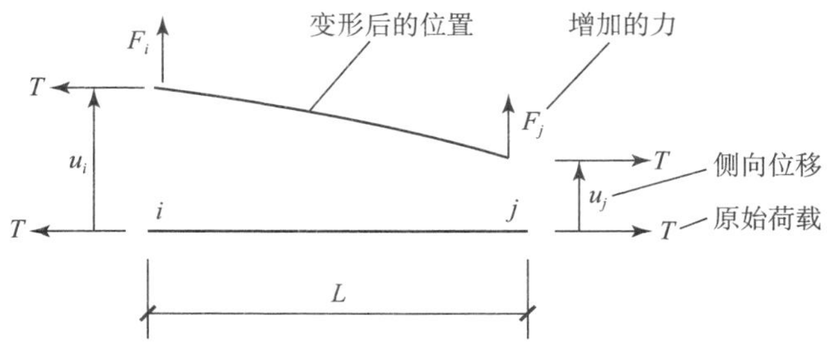

图 20.3－3　作用在索单元上的力

围绕 j 取矩，可得平衡方程如下：

$$F_i = \frac{T}{L}(u_i - u_j) \tag{20.3-3}$$

取竖向力平衡：

$$F_j = -F_i \tag{20.3-4}$$

式（20.3－3）及式（20.3－4）联合，则侧向力可表示为侧向位移，得矩阵：

$$\begin{bmatrix} F_i \\ F_j \end{bmatrix} = \frac{T}{L}\begin{bmatrix} 1 & -1 \\ -1 & 1 \end{bmatrix}\begin{bmatrix} u_i \\ u_j \end{bmatrix} \quad 或 \quad F_g = K_g V \tag{20.3-5}$$

可注意到 2×2 几何刚度矩阵，K_g 是杆件长度和外力的函数，而非索的力学性质的函数。

因此称此矩阵为“几何”或“应力”刚度矩阵，以区别“力学”刚度矩阵，后者是基于杆件的物理性质。

几何刚度存在于所有结构中，只不过当它（与结构体系的力学刚度比较）足够大时，才为重要。

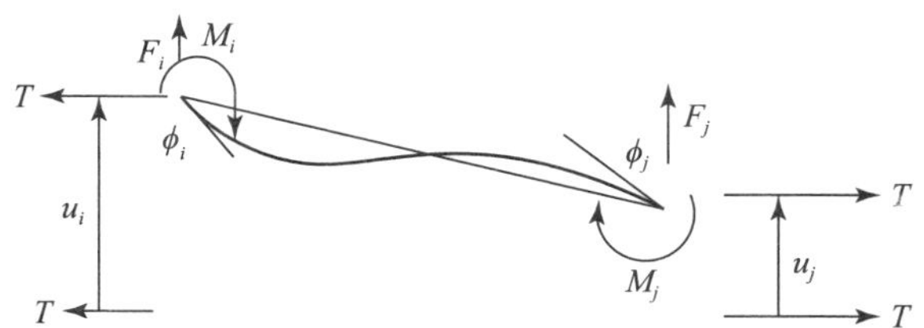

图 20.3－4　作用在杆件上的力

2）杆件的几何刚度

在图 20.3－4，杆件的变形状况为端部受弯产生转角 ϕ_i 和 ϕ_j，并产生附加弯矩 M_i 和 M_j，其力和变形的关系由［Clough 结构动力学］可表达为：

$$\begin{bmatrix} F_i \\ M_i \\ F_j \\ M_j \end{bmatrix} = \frac{T}{30L}\begin{bmatrix} 36 & 3L & 36 & 3L \\ 3L & 4L^2 & -3L & -L^2 \\ -36 & -3L & 36 & -3L \\ 3L & -L^2 & -3L & 4L^2 \end{bmatrix}\begin{bmatrix} u_i \\ \phi_i \\ u_j \\ \phi_j \end{bmatrix} \quad 或 \quad F_G = K_G U \tag{20.3-6}$$

设有剪应变的梁，其弹性的力-变形关系为：

$$\begin{bmatrix} F_i \\ M_i \\ F_j \\ M_j \end{bmatrix} = \frac{EI}{L^3}\begin{bmatrix} 12 & 6L & -12 & 6L \\ 6L & 4L^2 & -6L & -2L^2 \\ -12 & -6L & 12 & -6L \\ -6L & -2L^2 & -6L & 4L^2 \end{bmatrix}\begin{bmatrix} u_i \\ \phi_i \\ u_j \\ \phi_j \end{bmatrix} \quad 或 \quad F_E = K_E U \tag{20.3-7}$$

式（20.3－6）为几何刚度联系的力与变形的关系，式（20.3-7）为物理刚度联系的力与变形的关系，而作用在梁单元上的总力为：

$$F_T = F_E + F_G = (K_E + K_G)u = K_T u \tag{20.3-8}$$

如果杆件上作用很大的轴向力且保持常量，只需形成总刚度矩阵 K_T，即可进行由于几何刚度加进计算后的影响结果，且当所受轴力为压力时，几何刚度为负刚度，计算结果会产生应力软化，或软化效应。

几何刚度在重力二阶效应，对所有结构体系，是通用的分析程序应该考虑的问题，包含二阶效应的静力和动力问题。

20.3.2　静力和动力的重力二阶效应分析

本节介绍文献［2］的方法，是 SAP2000 程序分析重力二阶效应的依据。考虑到在建筑结构中，建筑的重量在侧向运动过程保持常量，且结构总体位移与结构总尺寸相比为较小量，可使建筑的重力二阶效应线性化，并直接加入建筑结构的基本分析方程中去，使这个效应持续的包含在静力和动力分析当中。这样获得的位移、振型和频率，体现出结构是自动的软化。构件的力满足静力和动力稳定条件，并反映附加的弯矩同直接计算得的位移相一致。

下面是方法的基本解释。

1. 变形位置的平衡方程

如图 20.3-5a 所示一个竖向悬臂结构，在侧向位移状态下，考虑由于单一质量（或某 i 层的重力）在 i 楼层产生的附加倾覆力矩，其总的倾覆效应是所有楼层重力产生的同样结果之和。图 20.3－5b 是用等效的静力作用产生同样的倾覆力矩，或以矩阵表示：

$$\begin{bmatrix} f_i \\ f_{i+1} \end{bmatrix} = \frac{G}{h_i}\begin{bmatrix} 1.0 \\ -1.0 \end{bmatrix}[u_i] \tag{20.3-9}$$

图 20.3－5b 中的侧向力可以对所有的楼层进行计算，再加到外荷载作用上去，则结构的侧向平衡方程为

$$Ku = F + Lu \tag{20.3-10}$$

式中　K——与楼层侧向位移相应的侧向刚度矩阵；

F——已知的侧向荷载；

L——含 G_i/h_i 因子的矩阵。

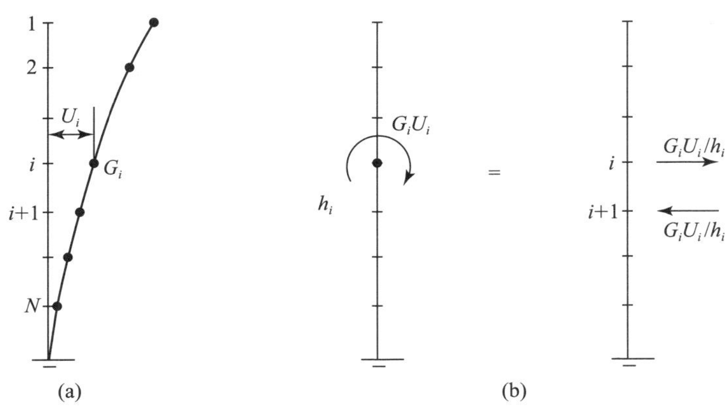

图　20.3－5

（a）楼层的重量的位移位置；（b）附加倾覆力矩

上式可以写成以下形式：

$$K^* u = F \tag{20.3-11}$$

式中
$$K^* = K - L$$

上式可以直接求出侧向位移，杆件的内力也可以由这些位移计算出来（与所用的线性理论一致），并可获得与变形后位置相应的平衡状态。

式（20.3－11）存在一个问题，即 K^* 矩阵是不对称的，然而，如用另一个静力等效荷载系统代替图 20.3－5b 中的侧向荷载，矩阵可以变成对称。

作用在 i 平面上的总的倾覆力矩为：

$$M_i = G_i u_i \tag{20.3-12}$$

i 平面上的总位移 u_i 可以写成：

$$u_i = (u_i - u_{i+1}) + (u_{i+1} - u_{i+2}) + \cdots = \sum_{j=1}^{N} (u_j - u_{j+1}) \tag{20.3-13}$$

因此，式（20.3－12）可以写成：

$$M_i = G_i \sum_{j=1}^{N} (u_j - u_{j-1}) \tag{20.3-14}$$

每层的重力 G_i 的侧向位移产生的倾覆效应，可以成为分布在 i 层以下各楼层上的力偶，或者，在 j 平面上，由于 i 层的重力在 j 和 j+1 平面上的力为：

$$\begin{bmatrix} f_j \\ f_{j+1} \end{bmatrix} = (G_i/h_i) \begin{bmatrix} 1 & -1 \\ -1 & 1 \end{bmatrix} \begin{bmatrix} u_j \\ u_{j+1} \end{bmatrix} \tag{20.3-15}$$

由于倾覆效应是累加的，所有 j 层以上的楼层重力产生的在 j 层平面的力为：

$$\begin{bmatrix} f_j \\ f_{j+1} \end{bmatrix} = (G_j/h_j) \begin{bmatrix} 1 & -1 \\ -1 & 1 \end{bmatrix} \begin{bmatrix} u_j \\ u_{j+1} \end{bmatrix} \tag{20.3-16}$$

式中　G_j——j 楼层以上总的静力荷载：

$$G_j = \sum_{i=1}^{j} G_i$$

L 变成对称形式，就不需特别求解非对称方程。

值得注意的是式（20.3－16）正好是式（20.3－5）中只包含轴力效应的柱的“几何刚度”的形式。因此，这里给出关系式，完全等效于通常在非线性结构分析中，用来建立刚度增量更为理论化的方法。

2. 三维结构方程

方程（20.3－16）可以直接用于各楼层的质心和刚心均位于同一竖向轴上时的楼层在 x、y 两个方向上的分析。然而，对于有扭转耦联（各楼层的质心和刚心不重合，且均不在上下楼层的同一个竖向轴）时，则须引入结构的三维刚度，即在质心处有两个平移，u_x、u_y 和一个转动 u_r，如图 20.3－6a。

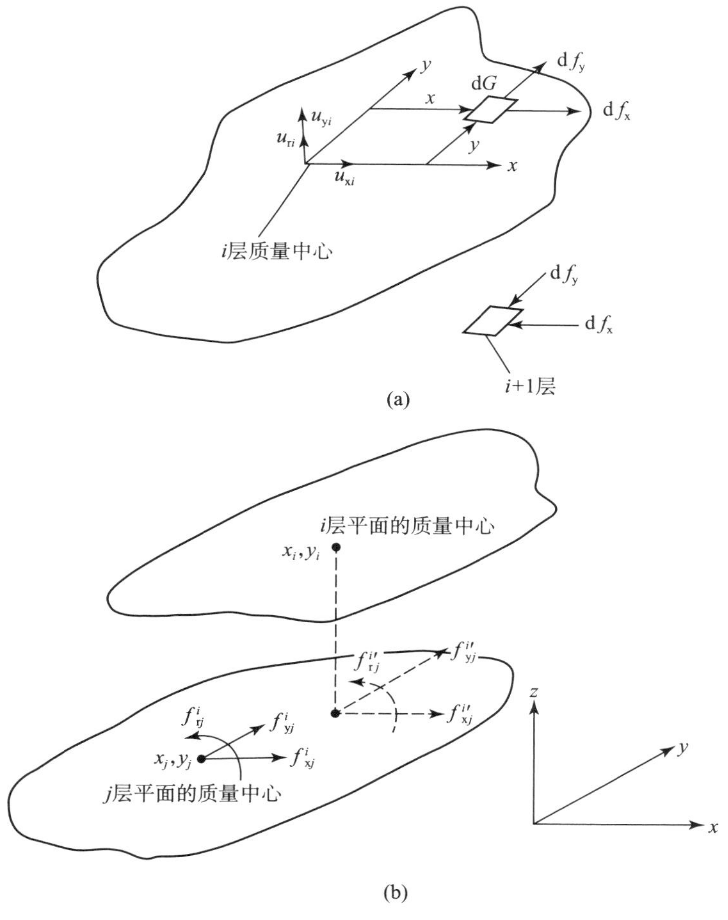

图　20.3－6

（a）典型楼层的平面的质量分布；（b）楼层力的变换

在方程（20.3－16）的倾覆力矩上，应加上由于分布在楼层上的有限大的楼层质量产生的二阶力矩，且在 x、y 坐标处，由于质量位移产生的倾覆力的增量为：

$$\left.\begin{aligned} df_x &= (1/h)u_x(x,\ y)dG \\ df_y &= (1/h)u_y(x,\ y)dG \end{aligned}\right\} \qquad (20.3-17)$$

以质量中心为原点的，在楼层 i 的位移为：

$$\left.\begin{aligned} u_x(x,\ y) &= u_{xi} - yu_{zi} \\ u_y(x,\ y) &= u_{yi} - xu_{ri} \end{aligned}\right\} \qquad (20.3-18)$$

质心的力的增量，可以用 x、y 点的力的增量表达：

$$\left.\begin{aligned} df_{xi} &= df_x \\ df_{yi} &= df_y \\ df_{ri} &= -ydf_x + xdf_y \end{aligned}\right\} \qquad (20.3-19)$$

将方程式（20.3－17）、式（20.3－18）、式（20.3－19）联合起来，并把楼层面积合成整体，则可获得质心处的力的方程：

$$\left.\begin{aligned} f_{xi} &= (1/h)G_iu_{xi} \\ f_{yi} &= (1/h)G_iu_{yi} \\ f_{ri} &= (1/h)G_ir_i^2u_{ri} \end{aligned}\right\} \qquad (20.3-20)$$

式中　r_i——楼层 i 平面内的转动半径；

$G_ir_i^2$——$\sum p_mr_m^2$ 的近似值；

p_m——实际重力在第 m 根柱中产生的轴力；

r——柱的位置。

楼层的力偶必须作用在 i 层和所有楼层平面的质量中心，对 $i=1$ 到 N，$j=i$ 到 N（如图所示）时，力的方程可如下：

$$\begin{bmatrix} f_{xj}^{i'} \\ f_{yj}^{i'} \\ f_{ry}^{i'} \\ f_{xj+1}^{i'} \\ f_{yj+1}^{i'} \\ f_{rj+1}^{i'} \end{bmatrix} = (G_i/h_j)\begin{bmatrix} 1 & 0 & 0 & 1 & 0 & 0 \\ 0 & 1 & 0 & 0 & -1 & 0 \\ 0 & 0 & r & 0 & 0 & -r \\ -1 & 0 & 0 & 1 & 0 & 0 \\ 0 & -1 & 0 & 0 & 1 & 0 \\ 0 & 0 & -r & 0 & 0 & r \end{bmatrix}\begin{bmatrix} u_{xj} \\ u_{yj} \\ u_{rj} \\ u_{xj+1} \\ u_{yj+1} \\ u_{rj+1} \end{bmatrix} \qquad (20.3-21)$$

或可写成　$F_j^{i'} = L'_{rj}U'_j$

式中“′”表示所有层的力和位移都是直接位于楼层 i 的质心之下，如图 20.3－6b 各层的质心可能不在同一个位置，因此，有必要把所有的力转换到每一层的质心处，对 j 和 $j+1$ 层，作用在各层质心处的力为：

$$\begin{bmatrix} f_{xj}^{i} \\ f_{yj}^{i} \\ f_{ry}^{i} \\ f_{xj+1}^{i} \\ f_{yj+1}^{i} \\ f_{rj+1}^{i} \end{bmatrix} = (G_i/h_j)\begin{bmatrix} 1 & 0 & 0 & 0 & 0 & 0 \\ 0 & 1 & 0 & 0 & 0 & 0 \\ (y_j - y_i) & (x_i - x_j) & 1 & 0 & 0 & 0 \\ 0 & 0 & 0 & 1 & 0 & 0 \\ 0 & 0 & 0 & 0 & 1 & 0 \\ 0 & 0 & 0 & (y_{j+1} - y_i) & (x_i - x_{j+1}) & 1 \end{bmatrix}\begin{bmatrix} f_{xj}^{i'} \\ f_{yj}^{i'} \\ f_{ry}^{i'} \\ f_{xj+1}^{i'} \\ f_{yj+1}^{i'} \\ f_{rj+1}^{i'} \end{bmatrix} \tag{20.3-22}$$

或可写成

$$F_j = A^{\mathrm{T}} \cdot F'_j$$

同样，位移 U_j'与质心位移 U_j 的关系可以用下式表达：

$$U'_j = A_j U_j$$

由此，在 j 楼层平面处由于 i 层重力产生的倾覆力矩为：

$$F'_j = L_{ij} U_j \tag{20.3-23}$$

式中

$$L_{ij} = A_j^T L'_{ij} A_j$$

这些矩阵必须计算并加上 $i=1$ 到 N 和 $j=i$ 到 N 的侧向刚度。

3. 不需修改计算机程序的重力二阶效应分析

式（20.3－16）给出第 j 楼层侧向力–位移方程（负刚度）。这个 2×2 的几何刚度矩阵是与棱柱体柱的刚度矩阵相同（该柱在顶部和根部的转动为零）。因此，有可能在建筑的上下层间引入“虚拟柱”，并设定合适的虚拟柱的有关性质，以达到几何刚度相同的效果。

“虚拟柱”的力–位移方程为：

$$\begin{bmatrix} f_j \\ f_{j+1} \end{bmatrix} = \left(\frac{12EI}{h_j^3}\right)\begin{bmatrix} 1 & -1 \\ -1 & 1 \end{bmatrix}\begin{bmatrix} u_j \\ u_{j+1} \end{bmatrix} \tag{20.3-24}$$

因此，如果柱子的转动惯量选择为：

$$I = -G_j h_j^2 / 12E$$

代入式（20.3－24）中，则“虚拟柱”便具有与几何刚度相同的刚度值。

这个方法可以引申到二维的分析模型中去，只需将 j 层的“虚拟柱”设置在 j 层以上所有楼的质量中心，且扭转刚度可以用每一个“虚拟柱”的扭转常数予以包括。

有关这方面的较详信息，可参阅下节。

20.3.3　简化的重力二阶效应分析方法

重力二阶效应的简化分析方法很多。本节介绍文献［3］的一种方法，可以用来分析不对称结构的重力二阶效应，其基本思想和方法是在标准的一阶效应计算程序中引入具有负刚度的“虚拟柱（Fictitious Column）”，可直接完成对二阶效应的分析，不需采用繁琐的、费时的反复迭代技术。

方法的依据是：①作用在建筑结构框架柱上的重力荷载，通常比欧拉屈服荷载相对较低；②由于倾覆力矩对柱子轴向力的增大效应，通常为很小，并在某种范围内相互抵消。

这些情况在地震作用下结构的工作状态是存在的，从而允许简化结构的几何刚度矩阵，近似地使非线性问题线性化。

对这些结构，柱的常量几何刚度矩阵是三对角矩阵，如图 20. 3 – 7 和表达式（20. 3 – 25），通常假定楼板自身平面内是刚性的，整个结构的几何刚度是将全部柱的侧移效应累加起来获得，相加后的几何刚度矩阵，仍是如式（20. 3 – 25）三对角矩阵。

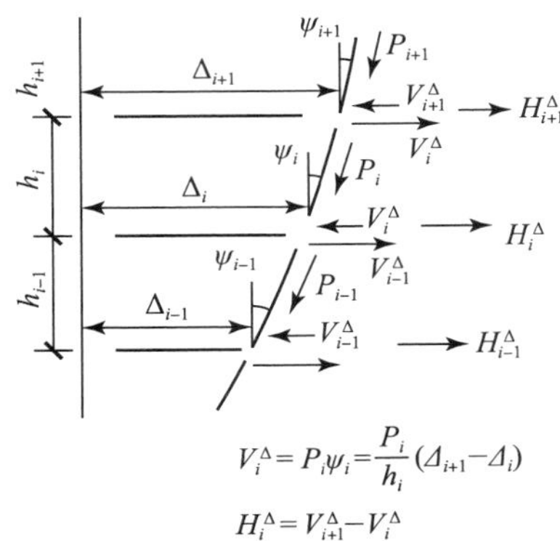

图 20. 3 – 7　由侧向荷载产生的侧移力（本图及以下图引自文献［3］）

$$\begin{Bmatrix} H_1^{\Delta} \\ H_2^{\Delta} \\ H_3^{\Delta} \\ \cdots \\ H_i^{\Delta} \\ \cdots \\ H_n^{\Delta} \end{Bmatrix} = \begin{bmatrix} \frac{P_0}{h_0}+\frac{P_1}{h_1} & \frac{P_1}{h_1} & 0 & 0 & \cdots & 0 & \cdots & \cdots \\ \frac{-P_1}{h_1} & \frac{P_1}{h_1}+\frac{P_2}{h_2} & -\frac{P_2}{h_2} & 0 & \cdots & 0 & \cdots & \cdots \\ 0 & -\frac{P_2}{h_2} & \frac{P_2}{h_2}+\frac{P_3}{h_3} & -\frac{P_3}{h_3} & \cdots & 0 & \cdots & \cdots \\ \cdots & \cdots & \cdots & \cdots & \cdots & \cdots & \cdots & \cdots \\ 0 & 0 & 0 & 0 & \cdots & \frac{P_{i-1}}{h_{i-1}}+\frac{P_i}{h_i} & \cdots & \cdots \\ \cdots & \cdots & \cdots & \cdots & \cdots & \cdots & \cdots & \cdots \\ 0 & 0 & 0 & 0 & 0 & 0 & \cdots & \frac{P_{n-1}}{h_{n-1}}+\frac{P_n}{h_n} \end{bmatrix} \begin{Bmatrix} \Delta_1 \\ \Delta_2 \\ \Delta_3 \\ \cdots \\ \Delta_i \\ \cdots \\ \Delta_n \end{Bmatrix} \tag{20. 3 – 25}$$

式中　H_i^{Δ}——产生不稳定的侧向力；

P_i——i 层柱子一阶轴力之和；

h_i——层高；

Δ_i——i 平面的侧向位移。

这个三对角线的矩阵，可视为平行于实际结构，具有负刚度性质的，虚拟剪切梁的刚度矩阵，如图 20. 3 – 8 所示，这种模拟允许使用一阶的平面框架计算机程序来估算二阶效应。

由图 20. 3 – 7 可见，层剪力 V_i^{Δ} 乃是与柱轴向力 P_i 成正比的力。

令 GA^{Δ} 为 i 层的虚拟柱的剪切刚度，

$$\frac{1}{h_i}\sum P_{ij} = -\frac{P_i}{h_i} - \frac{(GA_i^{\Delta})}{h_i} \tag{20.3-26}$$

由此，

$$GA_i^{\Delta} = GA_{ix}^{\Delta} = GA_{iy}^{\Delta} = -P_i \tag{20.3-27}$$

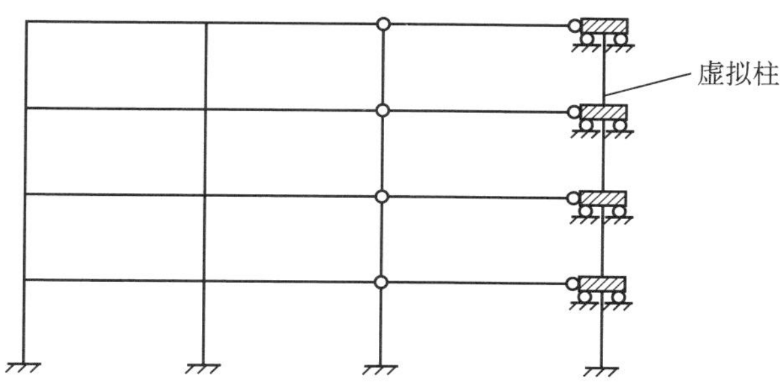

图 20.3-8　虚拟柱模型

式中　j——i 层总共的柱子数。

可见，虚拟柱的负剪切刚度，等于 i 层总的轴向力 P_i。当计算机程序不能模拟剪切位移时，可以采用转动为固定的，平移为自由的，受弯柱子作为计算模型。

$$\frac{1}{h_i}\sum_j P_{ij} = -\frac{P_i}{h_i} = \frac{12EI_i^{\Delta}}{h_i^3} \tag{20.3-28}$$

由此，

$$EI_i^{\Delta} = -\frac{P_i h_i^2}{12} \tag{20.3-29}$$

上述公式的建立是基于柱子在层间是按直线形式变位，实际上柱子有端部弯矩，还由于变位后的柱子中心轴线与轴力之间有偏心，产生附加的侧移力等，这些效应不大，可以近似地估计一个放大系数 $\gamma(1.0 < \gamma < 1.22)$，相应地，

$$GA_{ix}^{\Delta} = -\gamma_{ix}P_i \qquad GA_{iy}^{\Delta} = -\gamma_{iy}P_i \tag{20.3-30}$$

$$EI_{ix}^{\Delta} = -\gamma_{ix}\frac{P_i h_i^2}{12} \qquad EI_{iy}^{\Delta} = -\gamma_{iy}\frac{P_i h_i^2}{12} \tag{20.3-31}$$

式中　γ_{ix} 和 γ_{iy}——分别为 x 和 y 方向的放大系数。

在三维情况下（结构有两个方向的水平位移和一个绕竖轴的转动），结构的线性化的几何刚度矩阵不再是三对角了。但当侧向位移向量及相应的矩阵分隔成两个平移和一个转动时，每一个分隔后的几何刚度矩阵仍保持三对角的形式：这样仍然可以对非对称结构的几何刚度矩阵按照具有负刚度性质的柱子来模拟。在此情况下，前面计算的虚拟柱的剪切性质（平面坐标以及其扭转性质）必须一层一层来确定。

虚拟柱的位置应设在楼层柱子的荷载中心（CG）。围绕 CG 的该柱的负扭转刚度，按以下公式确定。

$$\frac{1}{h_i}\sum P_{ij}(d_{xij}^2 + d_{yij}^2) = \frac{1}{h_i}P_i r_{G_i}^2 = -\frac{GJ_i^{\Delta}}{h_i} \tag{20.3-32}$$

式中　d_x、d_y——柱子距 CG 在 x 和 y 方向的距离。

$$r_{G_i}^2 = \frac{\sum_i P_{ij}(d_{xij}^2 + d_{yij}^2)}{\sum_i P_{ij}}$$

因此
$$GJ_i^{\Delta} = -P_i r_{G_i}^2 \tag{20.3-33}$$

由此可见，虚拟柱的扭转刚度可以取楼层重力荷载和绕 CG 的转动半径平方的乘积。CG 的位置和 GJ^{Δ} 的大小，取决于楼层轴力的分布，同 GA^{Δ} 的情况不同。这里忽略了侧向力和二阶力对这一分布的影响，会产生一些误差，但影响不大。

当计算机程序无法模拟梁构件的扭转性质时，式（20.3－29）定义的等效受弯构件来代表虚拟柱的这些性质。但需要用每层两个这样的柱子来模拟负的扭转刚度，每一个应具有一半的负楼层刚度，即：

$$\frac{1}{2}EI_i^{\Delta} = \frac{1}{2}EI_{ix}^{\Delta} - \frac{1}{2}EI_{iy}^{\Delta} = -\frac{P_i h_i^2}{24} \tag{20.3-34}$$

每一个这样的柱应放在 CG 两旁距离为 γ_{G_i} 的位置上如图 20.3－9 所示。

对规则建筑每一层的虚拟柱（或二个等效柱）位于上下一根（或二根）竖轴上。然而，当柱子的轴力沿柱高度层与层的分布为不连续时，情况就不同了。因此，虚拟柱的模拟应保证层与层之间为连续。例如，上下柱在楼板平面处利用刚性的水平连杆连接。如图 20.3－10。

一旦具有负刚度性质的附加柱子，加进到结构模型中去，一阶的空间框架计算机程序便自动地生成二阶刚度矩阵的各项。

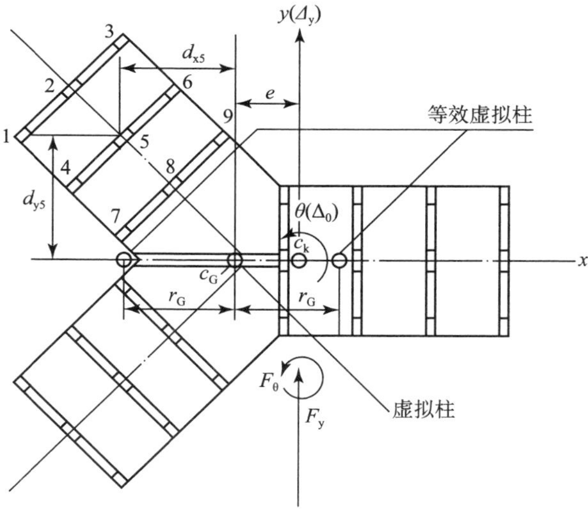

图 20.3－9　典型楼层平面及虚拟柱的位置

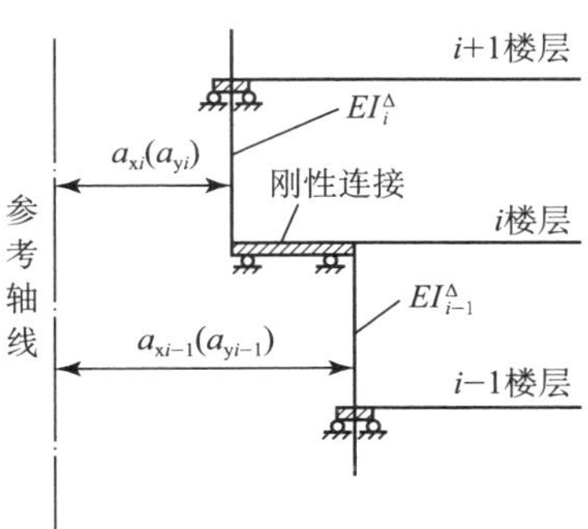

图 20.3 - 10　虚拟柱的连续性

参 考 文 献

[1] Paulay T, Priestly M, Seismic Design of Reinforced Concrete and Masonry Buildings, John Wiley & Sons, lnc, New York

[2] Rutenberg A, Simplified P-Delta Analyses for Asymmetric Structures, ASCE Journal of the Structure Divison, Vol. 108, No. 9, Sept. 1982

[3] Wilson E L et al., Practical Nonlinear Analysis Techningues for Seismic Design, Siminar Notes, April 18, 1997

第 4 篇　多层砌体房屋

本篇主要编写人

周炳章	北京市建筑设计研究院有限公司
薛慧立（第 21 章）	北京市建筑设计研究院有限公司
吴明舜（第 22 章）	同济大学
程才渊（第 23 章）	同济大学

第21章　多层砖房

21.1　一般要求

21.1.1　适用范围

砖砌体包括普通砖（包括烧结、蒸压、混凝土普通砖）、多孔砖（包括烧结、混凝土多孔砖）。采用非黏土的烧结砖、蒸压砖、混凝土砖的砌体房屋，块体的材料性能应有可靠的试验数据；当《建筑抗震设计规范》（GB 50011—2010）（2016年版）未作具体规定时，可按规范中普通砖、多孔砖房屋的相应规定执行。

21.1.2　多层砖房的层数和总高度限值

（1）各类砖砌体的多层房屋，其层数和高度不应超过表21.1－1规定。

表21.1－1　房屋的层数和总高度限值（m）

房屋类别	最小抗震墙厚度（mm）	烈度和设计基本地震加速度											
		6		7				8				9	
		0.05g		0.10g		0.15g		0.20g		0.30g		0.40g	
		高度	层数	高度	层数	高度	层数	高度	层数	高度	层数	高度	层数
普通砖	240	21	7	21	7	21	7	18	6	15	5	12	4
多孔砖	240	21	7	21	7	18	6	18	6	15	5	9	3
多孔砖	190	21	7	18	6	15	5	15	5	12	4	—	—

乙类的多层砌体房屋仍按本地区设防烈度查表，其层数应减少一层且总高度应降低3m。

（2）对如医院、教学楼等横墙较少的多层砌体房屋，层数应减少一层，总高度应减少3m。横墙较少指在同一楼层内，开间大于4.2m的房间面积占该层总面积的40%以上。

6、7度时，如果横墙较少的丙类多层砌体房屋，层数和高度又不希望降低时，也可以采取《规范》中7.3.14条的措施予以加强。

（3）当各层横墙很少时，如教学楼中无小开间的其他用途房间、多层食堂、俱乐部等，对此类房屋，除按横墙较少层数和高度各降低一层和3m外，还应根据空旷情况和结构布置，再适当降低层数和高度。横墙很少是指，对横墙较少的多层砌体房屋，开间不大于 4.2m 的房间占该层总面积不到 20%且开间大于 4.8m 的房间占该层总面积的 50%以上。

（4）采用蒸压灰砂砖和蒸压粉煤灰砖的砌体房屋，当砌体的抗剪强度仅达到普通黏土砖砌体的 70%时，房屋的层数应比普通砖房减少一层，总高度应减少 3m；当砌体的抗剪强度达到普通黏土砖砌体的取值时，房屋层数和总高度的要求同普通砖房屋。

（5）多层砖砌体房屋的层数和高度计算：

一般总高度从室外地面算到主要屋面板的板顶或檐口的高度。

全地下室层不作为一层考虑，房屋总高度算至室外地面。

半地下室层应作为一层考虑，总高度应算至半地下室室内地面。当半地下室的所有窗井两侧墙与半地下室横墙对齐，且能形成封闭的窗井墙体，此时可考虑作为扩大底盘（半地下室层），加强了半地下室的嵌固条件，降低了对上部结构的动力反应。因此，可将半地下室不再作为一层考虑。此时，总高度计算可算至室外地面。

对带阁楼的坡屋面，其总高度应算到山尖墙的 1/2 高度处。是否作一层应区别对待。当阁楼层层高较小，且仅作成吊顶时，可不作为一层计算。当阁楼层较高，且用作居住或储藏室时，则应按一层考虑。当阁楼层占顶层面积较小时，如当坡屋面下的局部建筑的实际有效使用面积或重力荷载代表值小于顶层 30%，则也可不作为一层考虑，而将该阁楼层作为局部突出，进行强度复核。此时总高度只算到顶层檐口或屋面板板顶。

（6）多层砌体房屋的层高不宜过高，一般不应超过 3.6m，底层可以稍有突破。当室内外高差大于 0.6m 时，房屋总高度应允许比表中的数据适当增加，但增加量应少于 1.0m。底层如有突破，应采取相应措施予以加强。

当使用功能确有需要时，采用约束砌体等加强措施的普通砖房屋，层高可适当放宽，但不应超过 3.9m。

约束砌体，大体上指由间距接近层高的构造柱与圈梁组成的砌体、同时拉结网片符合相应构造要求。具体构造要求参见《建筑抗震设计规范》（GB 50011—2010）（2016 年版）第 7.3.14、7.5.4 条等。

21.1.3 多层砖房的最大高宽比限制

这是为了保证地震作用时不使多层砖砌体房屋产生整体倾覆破坏的条件。具体要求见表 21.1－2。

表 21.1－2 房屋最大高宽比

烈 度	6	7	8	9
最大高宽比	2.5	2.5	2.0	1.5

房屋高宽比计算时，高度计算同前一条。宽度计算时，一般不计入平面上局部突出或凹进，如楼梯间墙的变化等。

单边走廊房屋，分两种情况。一种是悬挑外廊或由截面较小的外柱承重的走廊房屋，此时不应计入外廊的宽度作为房屋的总宽度。另一种是有封闭外墙的单边走廊，只要横墙在走廊部分通过楼板或梁有联系，对房屋抗总体弯曲有作用，则可将走廊部分的宽度计入房屋总宽度内。

建筑平面接近正方形时，其高宽比宜适当减小。当房屋平面为L形或其他形状时，应根据具体情况另行考虑，也可按整体抗弯曲进行验算。

21.1.4　抗震横墙间距的限制

多层砖砌体房屋的主要抗侧力构件是墙体。横向地震作用主要靠横墙承担，因此，横墙间距的大小直接影响房屋抗震性能的好坏。

抗震横墙间距的确定是综合考虑了各种不同楼盖做法的水平刚度不同。抗震横墙作为水平楼盖的支点，其间距应当限制在楼盖允许变形的范围内。同时，也考虑到地震区各种不同楼盖的震害程度的差异。

抗震横墙间距，一般指贯通房屋横墙全长的墙体。对于横墙在平面上有错位的情况，应具体分析其楼盖类别。当为现浇钢筋混凝土楼盖时，横墙在平面上的错位在1m以内应当是允许的；当为装配式楼盖时，如不采取其他措施，横墙在平面上的错位应在0.3m以内。

《建筑抗震设计规范》（GB 50011—2010）修订，考虑到原规定的抗震横墙最大间距在实际工程中一般并不需要这么大，故减小2~4m。鉴于基本不采用木楼盖，将“木楼、屋盖”改为“木屋盖”。

房屋抗震横墙的最大间距如表21.1-3。

表21.1-3　房屋抗震横墙的间距（m）

房屋类别	烈度			
	6	7	8	9
现浇或装配整体式钢筋混凝土楼、屋盖	15	15	11	7
装配式钢筋混凝土楼、屋盖	11	11	9	4
木屋盖	9	9	4	—

多孔砖抗震横墙厚度为190mm时，最大横墙间距应比表21.1-3中数值减少3m。

一般在房屋的顶层，因为上部结构的重量较轻，地震作用相对减少，因此，除木屋盖外，适当减少横墙数量，使房间的开间更大一些是允许的，但同时应满足抗震强度验算的要求。

对现浇钢筋混凝土屋盖，“允许适当放宽”大致指大房间平面长宽比不大于2.5，最大抗震横墙间距不超过表21.1-3中数值的1.4倍及18m。此时，抗震横墙除应满足抗震承载力计算要求外，相应的构造柱需要加强并至少向下延伸一层。

纵墙承重的房屋，横墙间距同样应满足表21.1-3规定。

21.1.5　多层砌体房屋中砌体墙段的局部尺寸限值

多层砌体房屋的局部尺寸主要是指承重或非承重窗间墙的最小尺寸；内墙垛或转角墙的最小尺寸；以及无锚固女儿墙的最大高度等。这些限值，主要是为了保证地震作用时不因局部墙段的首先破坏而造成连续破坏，导致整体结构的倒塌，或塌落伤人。

当砌体局部尺寸不满足规范限值时，可以采取局部加强措施。如加大原有的构造柱截面；如无构造柱的墙段，可以增设构造柱。但有一点必须注意，如局部墙垛过小，切不可将全截面均改为钢筋混凝土柱，否则在同一轴线上将出现不同结构材料的墙段，对地震作用的分配是不利的。

21.1.6　多层砌体房屋的结构布置

多层砌体房屋一般分为横墙承重的结构体系、纵墙承重的结构体系和纵横墙混合承重的结构体系三种。不应采用砌体墙和混凝土墙混合承重的结构体系。

根据震害调研分析，横墙承重的结构体系抗震性能最好，纵横墙混合承重体系次之，纵墙承重体系一般抗震性能较差。

多层砌体房屋尽可能采用规则的平面布置。平面轮廓凹凸尺寸，不应超过典型尺寸的50%；当超过典型尺寸的25%时，房屋转角处应采取加强措施。楼板局部大洞口的尺寸不宜超过楼板宽度的30%。在房屋转角处不应设置转角窗，避免局部破坏严重。

墙体布置宜均匀对称，沿平面内宜对齐，沿竖向应上下连续；且纵横向墙体的数量不宜相差过大。平面布置上应使横墙间距有规律地变化。房屋不可布置为，一侧横墙较多、间距较小，而另一侧为大开间或甚至大会议室。

承重横墙布置时，在横向不一定完全对齐。一般住宅中为五个开间一个单元，因此相距五开间一般有一道横墙贯通横向。但仅此布置是不够的，特别是8、9度区，还应使在一个单元内另有1~2道横墙是对齐或基本对齐的。

在纵墙布置中，纵向较长，因此纵墙的对齐要求不必过于严格。纵墙在破坏时首先发生在门窗洞口的过梁上，使纵墙分成若干墙段后，然后，地震继续作用时才会产生剪切破坏。由于建筑平面横向的宽度一般不会过大，纵墙间对纵向地震作用的分配一般均按刚度分配，纵向墙体是否完全对齐的影响较小，可以适当放宽要求。

为保证房屋纵向的抗震能力，在房屋宽度的中部（约1/3宽度范围）应设置内纵墙，其累计长度不宜少于房屋总长度的60%（高宽比大于4的墙段不计入），当房屋层数很少时，可比60%适当放宽。

在同一轴线（直线或弧线）上的墙段宽度应尽量一致或接近，以使地震作用时按刚度分配的剪力是接近的。外纵墙体开洞面积不应过大，6、7度时不宜大于墙立面总面积的55%，8、9度时不宜大于50%。

多层砌体墙沿房屋高度的布置，上下层墙体一般必须对齐、贯通，不允许有较大的错位，也应尽量避免采用自重平衡的悬挑墙体布置。

应考虑沿房屋高度方向的侧移刚度尽量一致，或均匀变化。这就要求房屋的层高尽可能一致或接近，墙体截面大小尽量一致或接近，门窗洞口沿上下方向应对齐，大小一致。

横墙较少、跨度较大的房屋，宜采用现浇钢筋混凝土楼、屋盖。房屋错层的楼板高差超过500mm时，应按两层计算；错层部位的墙体应采取加强措施。

在现浇钢筋混凝土楼盖中，一般宜为四边支承板，这样使墙体的轴压力能趋于较均匀分布，对抗震比较有利。如为装配式楼盖时，也可逐层变化楼盖支承方向，达到使纵横墙轴压力均匀分布的目的。

21.1.7　防震缝的设置

多层砌体房屋，当房屋总高度或层数与相邻建筑相差6m以上或二层时，应设置防震缝分开；当房屋有错层，且楼板高差相当于层高的1/4时，应设置防震缝分开；当房屋各部分采用不同的结构类型，刚度、质量截然不同，或结构材料差异很大时，应设置防震缝分开。

但是，在多层砖砌体房屋中，设置从上到下的防震缝是较费钱的，而且震害调查表明，不设防震缝造成的房屋破坏，一般多只是局部的，在7度和8度地区，一些平面较复杂的一、二层房屋并未因平面较复杂而震害加重，因此，能避免时尽量不设防震缝。

防震缝应根据烈度和房屋高度确定缝宽，一般可采用50~100mm。设置防震缝时可只到室外地面以上，基础部分不必分开。如结合沉降缝设置时，则另当别论。

地震区的震害调查告诉我们，一般6、7度区遇有上述情况而未设置防震缝时，亦无普遍的、严重的震害。只有8、9度区震害才较明显，因此，一般可仅在8、9度设置防震缝。

21.1.8　楼梯间

楼梯间的墙由于没有楼盖作为侧向支撑，而且楼梯间的墙到顶层时为一层半高，因而整个楼梯间墙体比较空旷而缺少支承，地震时容易首先遭到破坏，甚至倒塌。

由于房屋的转角部位和端部是应力比较集中的部位，对扭转较为敏感。因此，楼梯间布置尽量避开上述部位。

针对楼梯间的不利情况，抗震设计时应相应采取加强措施。如在楼梯间墙四角和楼梯斜梯段上下端对应的墙体处设置构造柱，在房屋顶层和突出屋顶的楼梯间墙体内设置通长的拉结网片；烈度较高时在各层休息平台或楼层半高处设置钢筋混凝土带或配筋砖带。

另外，还应注意楼梯间的开间梁的支承长度不应小于500mm，并应与圈梁连接，转角内墙垛的尺寸应满足局部尺寸的规定。

21.2　内力分析与抗震承载力验算

21.2.1　水平地震作用

多层砌体房屋的水平地震作用标准值，应按下式确定（图21.2-1）：

$$F_{Ek}=\alpha_1 G_{eq} \tag{21.2-1}$$

各楼层的地震作用：

$$F_i = \frac{G_i H_i}{\sum_{j=1}^{n} G_j H_j} F_{Ek} \quad (i = 1,\ 2,\ \cdots,\ n) \tag{21.2-2}$$

式中　F_{Ek}——结构总水平地震作用标准值；

α_1——相应于结构基本自振周期的水平地震影响系数值，多层砌体房屋取 $\alpha_1 = \alpha_{max}$；

G_{eq}——结构等效总重力荷载，多质点可取总重力荷载代表值的 85%；

F_i——质点 i 的水平地震作用标准值，一层作为一个质点；

G_i、G_j——分别为集中于质点 i 和 j 的重力荷载代表值；

H_i、H_j——质点 i 和 j 的计算高度；无地下室时可自室外地面下 500mm 算起。

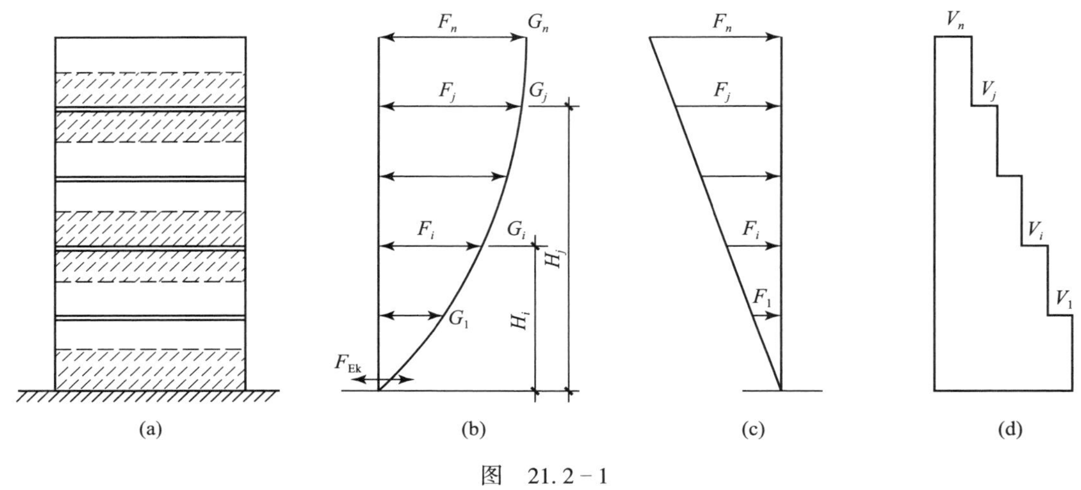

图　21.2-1

21.2.2　楼层地震剪力及其在墙段中的分配

第 i 层的地震剪力按下式计算：

$$V_i = \sum_{j=i}^{n} F_j \tag{21.2-3}$$

在求得各楼层的地震剪力后，在本层内按以下原则分配：

1. 现浇或装配整体式钢筋混凝土楼盖

现浇或装配整体式钢筋混凝土楼盖，由于其整体性好，平面的水平刚度大。因此，地震剪力可直接按墙体的刚度比例分配。而且，第一步先应按纵向或横向地震剪力，分配给相应方向的各道纵墙或横墙；然后，将某道墙上的地震剪力再逐道分配给各墙段。

装配整体式楼盖要求在装配预制板上铺设有分布钢筋的现浇叠合层，形成整体结构。此时，其地震剪力可按墙体刚度比例分配。

第 i 层第 m 段墙的地震剪力为：

$$V_{im} = \left(\frac{K_{im}}{K_i}\right) V_i \tag{21.2-4}$$

式中　V_{im}——第 i 层第 m 段墙的地震剪力（kN）；

K_{im}——第 i 层第 m 段墙的刚度（kN/m）；

K_i——第 i 层第 m 段墙的刚度之和（kN/m），$K_i = \sum_m K_{im}$；

V_i——第 i 层的地震总剪力（kN）。

2. 柔性楼盖

柔性屋盖如木屋盖，现已很少采用，但作为地震水平剪力的一种分配方式，还须列入规定。

柔性楼盖的水平刚度很小，在水平向传递地震作用的能力很差。因此，各墙段承担的地震力可按墙体两侧相邻墙体间从属面积上的荷载比例进行分配。

当楼盖单位面积的重量相等时，则可进一步简化为按各道墙的从属面积比例分配：

$$V_{im} = \left(\frac{A_{im}}{A_i}\right) V_i \tag{21.2-5}$$

式中　A_{im}——墙段从属面积；

A_i——楼层总从属面积，$A_i = \sum_m A_{im}$。

从属面积是指墙体负担地震作用的面积，不完全与承担竖向静力荷载的面积相等。墙体承担地震作用的从属面积，是按照地震水平作用来划分的荷载面积。

具体工程的平面布置是多种多样的，因此，在划分地震作用面积时，不要与竖向荷载的面积分配相混淆。

地震作用从属面积划分举例如图 21.2－2。

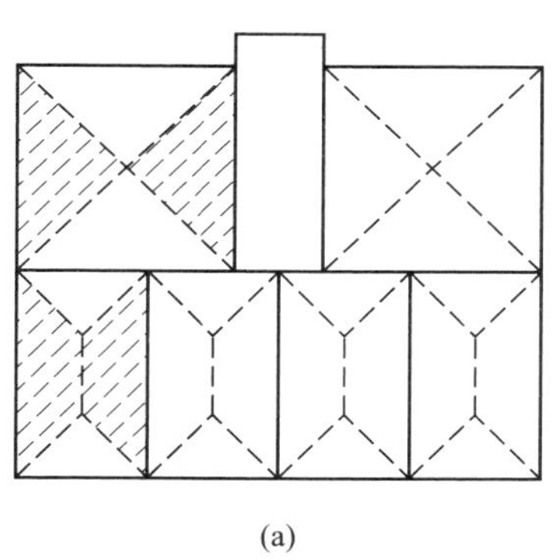

(a)

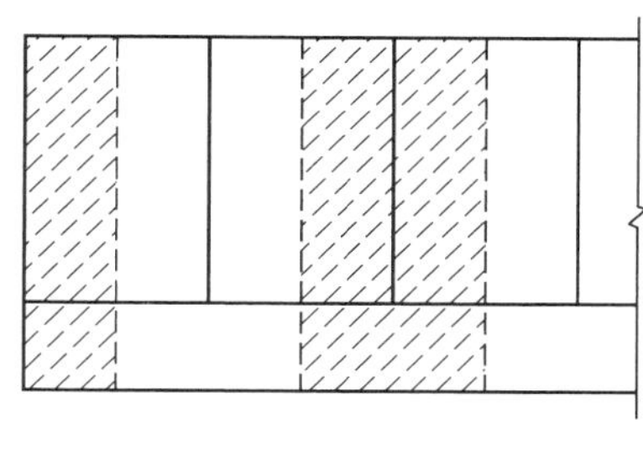

(b)

图 21.2－2　地震作用从属面积划分示意图

（a）现浇楼盖；（b）单边走廊

3. 装配式钢筋混凝土楼盖

装配式钢筋混凝土楼盖的水平刚度难以精确计算，但肯定介于刚性和柔性楼盖之间。因此，为了简化计算，规范规定装配式钢筋混凝土楼盖的水平刚度，近似取按刚性楼盖分配和柔性楼盖分配的地震剪力之和的平均值，作为半刚性的装配式楼盖的地震剪力，这显然是一种简化和近似方法。

因此，装配式钢筋混凝土楼盖的地震剪力分配为：

$$V_{im}=\frac{1}{2}\left(\frac{K_{im}}{K_i}+\frac{A_{im}}{A_i}\right)V_i \tag{21.2-6}$$

21.2.3　墙体的刚度计算

在墙段间进行地震剪力分配和截面验算时，砌体墙段的层间等效刚度，应按下列原则确定：

刚度的计算应计入高宽比的影响。墙段高宽比小于 1 时，可只计算墙段的剪切变形；墙段高宽比不大于 4，且不小于 1 时，应同时计算弯曲和剪切变形；墙段高宽比大于 4 时，可不考虑墙段的刚度，即不承担地震剪力。

墙段的高宽比一般指层高与墙长之比。对门窗洞边的小墙段，指洞净高与洞侧墙宽之比。

墙段的划分：一般宜按门窗洞口划分；设置构造柱的小开口墙段按毛墙面计算的刚度，可根据开洞率乘以洞口影响系数，见表 21.2－1。

表 21.2－1　墙段洞口影响系数

开洞率	0.10	0.20	0.30
影响系数	0.98	0.94	0.88

开洞率为洞口水平截面积与墙段水平毛截面积之比，相邻洞口之间净宽小于 500mm 的墙段视为洞口；洞口中线偏离墙段中线大于墙段长度的 1/4，表 21.2－1 中影响系数值折减 0.9；门洞的洞顶高度大于层高 80%时，表中数据不适用；窗洞高度大于 50%层高时，按门洞对待。

21.2.4　地震剪力在墙体的分配

采用简化分配的办法：

（1）当墙段高宽比小于 1，即不考虑弯曲变形时，则地震剪力可简化为按墙体净面积比例分配。

（2）纵向地震剪力在纵墙上的分配：

对现浇钢筋混凝土楼盖、装配式钢筋混凝土楼盖，均可按纵墙的刚度比分配。

对柔性楼盖，可按纵向墙体的从属面积分配。

当选择不利墙段进行截面抗剪强度验算时，应寻找竖向压应力较小的墙段进行验算，因为墙体的抗剪强度与竖向压应力成正比；同时要选择承载面积大的墙段，因为它承担较大的地震剪力；另外应包括局部截面较小的墙段。

21.2.5　截面强度验算

多层砌体砖房沿砌体灰缝截面破坏的抗震抗剪强度设计值，按《砌体结构设计规范》（GB 50003）中非抗震时的砖砌体抗剪强度设计值 f_v 取用，如表 21.2－2。

表 21.2－2　沿砌体灰缝截面破坏时砖砌体抗剪强度设计值 f_v（MPa）

砌体种类	砂浆强度等级			
	≥M10	M7.5	M5	M2.5
烧结普通砖、烧结多孔砖	0.17	0.14	0.11	0.08
混凝土普通砖、混凝土多孔砖	0.17	0.14	0.11	–
蒸压灰砂普通砖、蒸压粉煤灰普通砖	0.12	0.10	0.08	–

注：对蒸压灰砂普通砖、蒸压粉煤灰普通砖砌体，当采用专用砂浆砌筑且有可靠的试验数据时，表中强度设计值允许作适当调整，但不应高于烧结普通砖的强度设计值。

抗震抗剪强度设计值为：

$$f_{vE}=\zeta_N f_v \tag{21.2-7}$$

式中　ζ_N——砌体抗震抗剪强度的正应力影响系数，按公式（21.1－8）或表 21.2－3 确定。

$$\zeta_N=\frac{1}{1.2}\sqrt{1+0.42\sigma_0/f_v} \tag{21.2-8}$$

表 21.2－3　砌体强度的正应力影响系数

砌体类别	σ_0/f_v							
	0.0	1.0	3.0	5.0	7.0	10.0	12.0	≥16.0
普通砖，多孔砖	0.80	0.99	1.25	1.47	1.65	1.90	2.05	—

注：σ_0 为对应于重力荷载代表值的砌体截面平均压应力。

（1）多层砖砌体房屋的墙体的截面抗震受剪承载力验算：

一般情况下按下列公式验算：

$$V\leqslant f_{vE}A/\gamma_{RE} \tag{21.2-9}$$

式中　V——墙体剪力设计值；

f_{vE}——砖砌体沿灰缝截面破坏的抗震抗剪强度设计值；

A——墙体横截面面积，多孔砖取毛截面面积；

γ_{RE}——承载力抗震调整系数，承重墙取 1.0，承重墙两端有构造柱时取 0.9，自承重墙取 0.75。

（2）多层砖砌体房屋的墙段，当其截面的抗震受剪承载力略低于要求时，可采用配置水平配筋来提高截面的抗震受剪承载力，可按下式验算：

$$V\leqslant\frac{1}{\gamma_{RE}}(f_{vE}A+\zeta_s f_{yh}A_{sh}) \tag{21.2-10}$$

式中　f_{yh}——水平钢筋抗拉强度设计值；

A_{sh}——层间墙体竖向截面的水平钢筋总截面面积，其配筋率应不小于 0.07%且不大于 0.17%；

ζ_s——钢筋参与工作系数，可按表 21.2－4 确定。

表 21.2-4　钢筋参与工作系数

墙体高宽比	0.4	0.6	0.8	1.0	1.2
ζ_s	0.10	0.12	0.14	0.15	0.12

（3）当按式（21.2-9）、式（21.2-10）进行墙体截面抗震受剪承载力验算不能满足要求时，可以采用在墙段中部均匀增设构造柱予以加强；当构造柱截面不小于 240mm×240mm，间距不大于 4m 时，可计入设置在墙段中部的构造柱对受剪承载力的提高作用。按下列简化方法计算：

$$V \leqslant \frac{1}{\gamma_{RE}}[\eta_c f_{vE}(A - A_c) + \zeta_c f_t A_c + 0.08 f_{yc} A_{sc} + \zeta_s f_{yh} A_{sh}] \qquad (21.2-11)$$

式中　A_c——中部构造柱的横截面总面积（对横墙和内纵墙，$A_c>0.15A$ 时，取 $0.15A$；对外纵墙，$A_c>0.25A$ 时，取 $0.25A$）；

f_t——中部构造柱的混凝土轴心抗拉强度设计值；

A_{sc}——中部构造柱的纵向钢筋截面总面积（配筋率不小于 0.6%，大于 1.4%时取 1.4%）；

f_{yh}、f_{yc}——分别为墙体水平钢筋、构造柱钢筋抗拉强度设计值；

ζ_c——中部构造柱参与工作系数；居中设一根时取 0.5，多于一根时取 0.4；

η_c——墙体约束修正系数；一般情况取 1.0，构造柱间距不大于 3.0m 时取 1.1；

A_{sh}——层间墙体竖向截面的总水平钢筋面积，无水平钢筋时取 0.0。

21.3　抗震构造措施

21.3.1　钢筋混凝土构造柱的设置

构造柱作为加强砌体结构的整体性和变形能力，已在实践中得到证实。设置构造柱的墙体在严重开裂后不致突然倒塌，使之免于造成重大伤亡。

构造柱还能提高砌体的受剪承载力，尤其当构造柱设置在墙段中部效果更佳。

为实现建筑大震不倒的抗震性能目标，《规范》本次修订对钢筋混凝土构造柱的设置有了进一步的补充和增强，如将下部楼层构造柱间的拉结筋贯通，以提高建筑的抗倒塌能力；在楼层半高的钢筋混凝土带基础上加强了楼梯间构造柱的设置要求，使楼梯间成为应急疏散安全岛。

1. 构造柱的设置部位

构造柱的主要作用是约束墙体。当墙体在地震作用时开裂后，构造柱的约束作用将明显发挥。因此，构造柱应当设置在墙体的两端或墙体与墙体的交接部位，这样一根柱可以同时作为两个方向墙体的约束构件，更有利于构造柱作用的发挥。

因此，在下列部位应当根据抗震设防烈度和层数，设置不同数量的构造柱：

房屋外墙四角和对应转角必须设置；内外墙交接处及外墙交接处；错层部位及内墙交接处；楼梯间四角应当设置构造柱，以及楼梯斜梯段上下端对应的墙体处。另外，对大房间两侧墙的交接处，以及大洞口两侧亦应设置构造柱。大房间一般指开间大于4.2m时；大洞口一般指洞口宽度大于2.1m时。

构造柱设置要求还可详见表21.3－1，外墙在内外墙交接处已设置构造柱时允许适当放宽，但洞侧墙体应加强。

表21.3－1　多层砖砌体房屋构造柱设置要求

<table>
<tr><th colspan="4">房屋层数</th><th colspan="2" rowspan="2">设置部位</th></tr>
<tr><th>6度</th><th>7度</th><th>8度</th><th>9度</th></tr>
<tr><td>四、五</td><td>三、四</td><td>二、三</td><td>—</td><td rowspan="3">楼、电梯间四角，楼梯斜梯段上下端对应的墙体处；
外墙四角和对应转角；
错层部位横墙与外纵墙交接处；
大房间内外墙交接处；
较大洞口两侧</td><td>隔12m或单元横墙与外纵墙交接处；
楼梯间对应的另一侧内横墙与外纵墙交接处</td></tr>
<tr><td>六</td><td>五</td><td>四</td><td>二</td><td>隔开间横墙（轴线）与外墙交接处；
山墙与内纵墙交接处</td></tr>
<tr><td>七</td><td>≥六</td><td>≥五</td><td>≥三</td><td>内墙（轴线）与外墙交接处；
内墙的局部较小墙垛处；
内纵墙与横墙（轴线）交接处</td></tr>
</table>

2. 构造柱的间距控制

对于较长的墙体，仅靠两端设置柱不能对墙体起有效约束作用，这是在实践中已得到证明的。因此，为了保证两端设置构造柱的墙体的抗震性能，根据有关的试验数据和工程实践经验，应对构造柱的间距作出限制。

当房屋高度和层数接近相应烈度所限制的数值时，纵、横墙内的构造柱间距应满足下列要求：

（1）横墙内的构造柱间距不宜大于层高的二倍；房屋下部1/3楼层的构造柱间距还应适当减小；对外纵墙开间大于3.9m时，应另设加强措施，如在墙体交接处适当增大构造柱配筋，或在洞口两侧加构造柱等；对内纵墙的构造柱间距不宜大于4.2m。

（2）对横墙较少的丙类房屋，其构造柱设置尚应进一步加强：在所有纵横墙交接处、横墙的中部均应设构造柱，且柱距不宜大于3.0m。

同时，其设置的构造柱截面不宜小于240mm×240mm或190mm×240mm，配筋宜按表21.3－2的要求。

表 21.3-2　增设构造柱的纵筋和箍筋设置要求

<table>
<tr><th rowspan="2">位置</th><th colspan="3">纵向钢筋</th><th colspan="3">箍筋</th></tr>
<tr><th>最大配筋率（%）</th><th>最小配筋率（%）</th><th>最小直径（mm）</th><th>加密区范围（mm）</th><th>加密区间距（mm）</th><th>最小直径（mm）</th></tr>
<tr><td>角柱</td><td rowspan="2">1.8</td><td rowspan="2">0.8</td><td>14</td><td>全高</td><td rowspan="3">100</td><td rowspan="3">6</td></tr>
<tr><td>边柱</td><td>14</td><td rowspan="2">上端 700
下端 500</td></tr>
<tr><td>中柱</td><td>1.4</td><td>0.6</td><td>12</td></tr>
</table>

3. 特殊部位的构造柱设置

（1）局部尺寸不能满足《规范》要求时的构造柱。

《规范》对房屋局部尺寸规定了限值，在实际设计中，有时遇到困难，需要放宽（如承重外墙与非承重外墙尽端至门窗洞口的最小距离），而《规范》对该部位已要求设构造柱，则可对已设构造柱增大截面及配筋，如承担有局部荷载作用时，则应进行强度验算。

如该部位原未设构造柱，则可采用增设构造柱来满足要求。

（2）无横墙的纵墙上构造柱要求。

当横墙间距较大，楼盖为长向板均匀地支承在内外纵墙上时，纵墙上的构造柱可按一般要求来设置，即在每开间部位的纵墙上设置构造柱。

当横墙间距较大，楼盖为短向板通过进深梁支承在内外纵墙上时，此时纵墙上的构造柱由于支承着纵墙上梁的集中荷载，因此不能按单一的构造柱的要求设置，而应当按照受力的组合砖砌体进行设计。

（3）单面走廊构造柱的设置。

单面走廊分封闭的和外廊式两种。

对于封闭的单面走廊上的构造柱设置要求，应根据房屋增加一层的层数，按表 21.3-1 的要求设置构造柱，当确定的层数超出《规范》相应烈度关于房屋层数所限制的数值时，构造柱设置要求宜再适当提高。另外，应当特别注意走廊的构造柱设置。由于单面走廊外墙较长，不能仅在房屋纵向外墙的两端设置构造柱，而应当根据烈度、层数和楼屋盖做法不同，分别按每开间或隔开间在纵向外墙上设构造柱，同时还应与各道横墙相对应，并设置连梁或板内暗梁。

对于开敞的外廊，一般在对应的横墙处均设有外廊柱，因此可以不必单设构造柱，但对外廊独立外柱应当进行强度验算和满足构造要求。

（4）对于横墙较少和各层横墙很少的房屋构造柱的设置。

横墙较少一般是相对于多层住宅中每开间均有横墙的建筑而言，也应区别于多层的空旷房屋，如食堂、阅览室、俱乐部等建筑。

由于横墙相对较少的建筑，历来是地震时破坏较为严重的建筑，加之此类建筑使用的重要性，因此对此类建筑的构造柱设置要求，一般按提高一层要求来考虑，以弥补此类建筑的抗震性能。横墙较少时，规范专门要求采取 7 条加强措施，详《规范》7.3.14 条。

对带有外廊或单面走廊且横墙较少的房屋，6 度不超过四层、7 度不超过三层和 8 度不超过二层时应按增加二层的层数对待。

各层横墙很少的房屋，抗震能力相对更差，需要采取更严格的构造措施改善其抗震性能，此次规范修订明确规定，对这类建筑应按提高二层要求设置构造柱。

（5）对于蒸压灰砂砖和蒸压粉煤灰砖砌体房屋构造柱的设置。

当所采用的蒸压灰砂砖和蒸压粉煤灰砖砌体的抗剪强度仅达到普通黏土砖砌体的 70% 时，其房屋的抗震能力相应低于普通黏土砖砌体房屋。此时不仅对其最高层数加以限制，还需增加构造柱设置要求，提高其防倒塌能力，一般比同类普通黏土砖砌体房屋再提高一层要求考虑，但 6 度不超过四层、7 度不超过三层和 8 度不超过二层时应按再增加二层的层数对待。

（6）楼梯间墙体构造柱。

楼梯间墙体由于缺乏楼盖的侧向支承，因此其墙体对抗震相对不利。为了保证楼梯间墙体在开裂后不致倒塌，保证交通的通畅，因此对楼梯间墙体应设置较完整的构造柱。楼梯间横墙与内外纵墙交接处均应设构造柱，而不单在与外墙的交接处设置。另外应在楼梯斜段上下端对应墙体处增加四根构造柱，提高楼梯间防倒塌能力。

楼梯间墙的构造柱除与每层圈梁有可靠连接外，还应根据烈度不同，层数多少来区别对待，在休息板标高处配置墙体钢筋混凝土带或配筋砖带与构造柱相连。

在楼梯间顶层处，构造柱应伸到顶部，由于内外墙体高度较高，构造柱也较高，因此，在顶层楼板标高处和突出屋顶标高处应有封闭圈梁与构造柱相连接。同时，在房屋顶层和突出屋顶的楼梯间墙体应沿墙高每隔 500mm 设置通长的拉结网片。

（7）大洞口两侧构造柱。

一般洞口两侧不需要设置构造柱。当洞口较大（如宽度为 2.1m 或 2.1m 以上，高度超过层高的 2/3），则应考虑在洞口两侧增设构造柱。此时构造柱与墙的连接，同交接部位的构造柱要求一样：构造柱的上下端，应锚入上下圈梁，钢筋搭接长度不少于 $20d$。

洞口如为现浇过梁，过梁钢筋应与洞侧构造柱钢筋相连。洞口如为预制过梁，预制过梁入洞口两侧构造柱时，不应切断构造柱的主筋。

4. 构造柱沿高度方向的设置

构造柱应沿房屋全高设置，沿高度方向可以变化截面及配筋，但沿高度方向不应中断。

当顶层房屋改变结构布置，如顶层设置大会议室等时，则构造柱通到顶层楼面后，顶层应另设组合砖砌体承重。此时下层的构造柱亦应与顶层的组合砖砌体中钢筋混凝土柱主筋相连，满足受拉钢筋连接要求。

构造柱是否通到屋顶女儿墙，应视具体情况确定。当女儿墙悬臂高度大于 500mm 时，顶层构造柱必须通到女儿墙顶部，并与女儿墙压顶圈梁相连接。如女儿墙较矮时，构造柱亦可不通到女儿墙顶。

5. 构造柱的构造要求

构造柱的混凝土强度等级为 C20。

构造柱的最小截面为 180mm×240mm（墙厚 190mm 时为 180mm×190mm），纵向钢筋不少于 4ϕ12，箍筋间距不大于 250mm，并应在柱上下端适当加密。

下列情况之一，可适当加大构造柱截面及配筋：

（1）房屋四大角的构造柱。

（2）无横墙处纵墙上的构造柱。

（3）局部尺寸不满足要求处的构造柱。

（4）6、7 度超过 6 层、8 度超过 5 层和 9 度时所有构造柱。

构造柱与墙的连接应先砌墙后浇注混凝土，墙应砌成马牙槎，并沿墙高每隔 500mm 设 ϕ6 拉结钢筋，每边各伸入墙内不少于 1m。6、7 度时底部 1/3 楼层，8 度时底部 1/2 楼层，9 度时全部楼层，上述拉结钢筋网片应沿墙体水平通长设置。

构造柱应与每层圈梁连接（图 21.3-1），构造柱的纵筋应在圈梁纵筋内侧穿过，保证构造柱纵筋上下贯通。

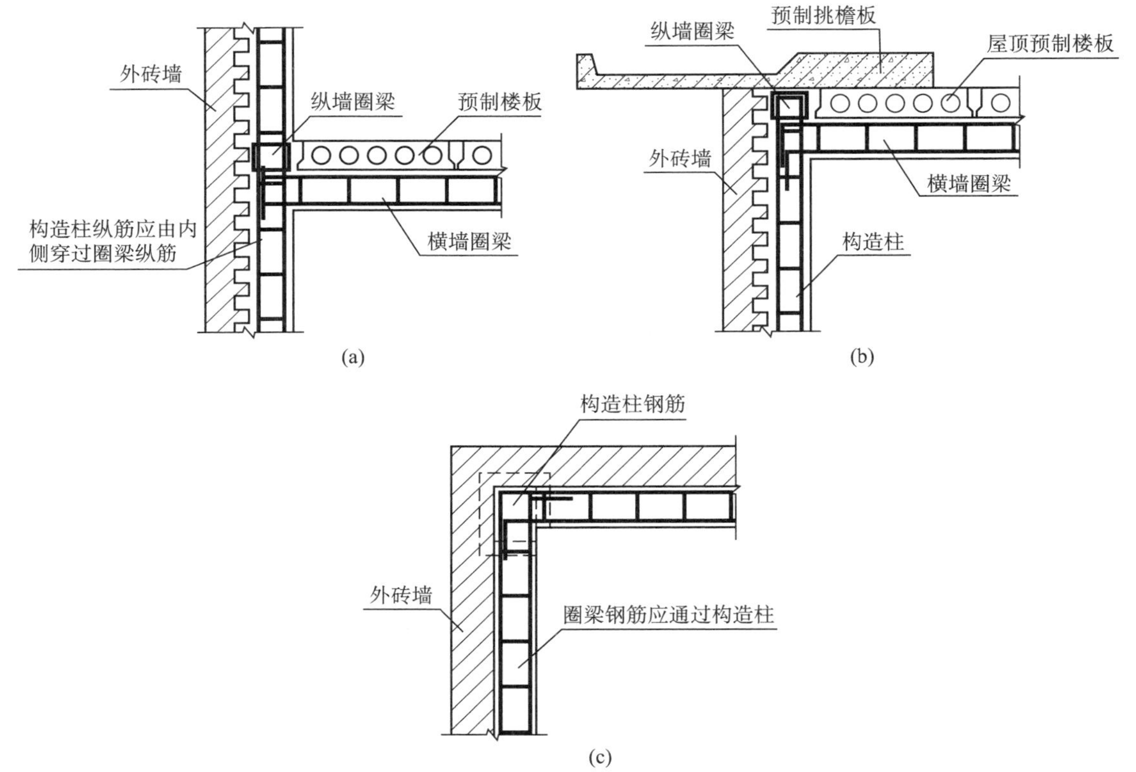

图 21.3-1　构造柱与圈梁连接

（a）外墙剖面；（b）转角平面；（c）屋面圈梁

构造柱的锚固：

（1）构造柱不需单独设置基础，因为构造柱不单独承担竖向荷载。

（2）构造柱在底部应伸入室外地面下 500mm 的基础墙处，但不需设置扩大底面。

（3）构造柱底部遇有浅于 500mm 的地圈梁时，可将构造柱锚固在该圈梁内。

21.3.2 抗震圈梁

1. 圈梁的设置要求

装配式楼、屋盖的砖房，现浇钢筋混凝土圈梁的设置要求见表21.3-3。

表21.3-3 多层砖砌体房屋现浇钢筋混凝土圈梁设置要求

烈 度	内横墙	外墙和内纵墙	圈梁最小配筋和箍筋
6度和7度	屋盖处及每层楼盖处必须设；屋盖处间距不应大于4.5m；楼盖处间距不应大于7.2m；构造柱对应部位	屋盖处及每层楼盖处	4ϕ12 ϕ6@200
8度	屋盖处及每层楼盖处必须设；各层所有横墙，且间距不应大于4.5m；构造柱对应部位	屋盖处及每层楼盖处	4ϕ12 ϕ6@200
9度	屋盖处及每层楼盖处必须设；沿各层所有横墙均应设置	屋盖处及每层楼盖处	4ϕ14 ϕ8@150

对装配式钢筋混凝土楼、屋盖或木屋盖的砖房，纵墙承重时，横墙上的圈梁间距应比表21.3-3内要求适当加密。

现浇或装配整体式钢筋混凝土楼、屋盖可以不另设圈梁，但应在现浇楼、屋盖板的边缘增设钢筋，并保证楼、屋盖与墙体和构造柱的连接。

圈梁必须采用现浇的钢筋混凝土，不应采用预制装配钢筋混凝土圈梁。

2. 抗震圈梁的构造要求

圈梁应是封闭的，遇有洞口或不能连续通过时，应采取补偿措施，如在洞口上下采用搭接圈梁等。

圈梁最好与楼、屋盖板的标高持平，也可以紧贴板的上下设置。

圈梁截面高度不应小于120mm，宽度不宜小于190mm。混凝土强度等级可采用C20。

21.3.3 楼、电梯间的构造要求

楼梯间墙因缺乏楼板支撑而形成空敞和两侧不对称，因此，不仅在楼梯间四角设置构造柱，还应在楼梯斜段上下端对应墙体处设置四根构造柱，而且楼梯间墙的圈梁设置特别重要，必须与楼梯间墙的构造柱相连接。但是，当设防烈度为7~9度时，即使这样也还有局部破坏的可能，因此，还应在休息板标高处设置配筋砂浆带或配筋混凝土带，特别在楼梯间顶层墙体内（休息板以上有一层半高的墙体），以圈梁和构造柱为边框，沿高度500mm设置2ϕ6水平向通长的钢筋锚入构造柱。

楼梯间如有局部突出的小间，如上人屋顶的楼梯间或电梯间时，应将构造柱通上去至局部突出屋顶圈梁处；局部突出的楼、电梯间墙体亦应考虑在交接处和转角处，必须设有构造柱，并沿墙高每隔 500mm 设置通长 2ϕ6 钢筋拉结，以增强局部突出部分。

对于楼梯本身的要求：尽量做跑板式楼梯或边梁式楼梯，不论预制或现浇楼梯，都不应插入墙体而削弱楼梯间的墙体截面。8、9 度时不应采用装配式楼梯段。

楼梯段与平台板应有牢固的连接。

不得采用不够牢固的楼梯栏杆或栏板，如砖砌栏板等。

21.3.4 楼板、梁的搭接长度

（1）现浇楼板在墙上的搭接长度不应小于 120mm。预制装配式楼板在墙上的搭接长度，无圈梁或圈梁未设在板的同一标高时，外墙为 120mm，内墙为 100mm；当搭在梁上时为 80mm；当采用硬架支模连接时，可不满足上述搭接长度要求。

（2）大梁应与墙、柱（包括构造柱）或圈梁有可靠连接；当有梁垫时，在墙上的搭接长度为 240mm；梁下不得采用独立砖柱；对于跨度不小于 6m 的大跨度梁，其支承构件应采用组合砌体等加强措施，并满足承载力要求。

（3）门窗洞处不应采用砖过梁。预制钢筋混凝土过梁在墙上的支承长度不宜小于 240mm，9 度时还应增加为 360mm。

（4）8、9 度时不应采用预制阳台，6、7 度时采用预制阳台，应保证与圈梁和楼板的现浇板带可靠连接。

21.3.5 非结构构件

1. 轻隔墙

各种材料的隔墙，均应与主体墙体有可靠拉结，防止倾倒伤人，具体构造应视材料不同，采用不同的连接构造，一般可以在主体墙体中预埋拉结钢筋与之拉结。

2. 烟道、管道、垃圾道和出屋顶的烟囱及通气窗

这类构件破坏虽然不会带来严重后果，但修复也极费工。在坡屋顶的出顶烟囱，破坏时可能掉落伤人。因此对这类构件亦要预先考虑一旦破坏后的补救措施，并保证地震中不致因破坏而导致严重后果。

3. 吊顶、灯饰及装饰物

虽不一定在破坏时有严重后果，但同样会给人们生命和财产带来损失，因此设计中应尽量考虑一些必要的保护性措施，以免一旦破坏而造成较大损失。

21.3.6 水平配筋墙体

水平配筋墙体系在墙体灰缝中配置水平钢筋的砌体。当墙体的抗剪强度不能满足设计要求时，为了提高墙体的抗剪能力，改善墙体抗震性能，并不增加墙体厚度，可采用水平配筋墙体。

1. 钢筋配置及连接要求

水平配筋因设置在砌体灰缝中，因此宜采用 ϕ6 以下的细钢筋，横向分布筋间距 200mm

至 300mm，纵横向筋宜平焊，以减少灰缝厚度。纵向钢筋的根数，墙厚 240mm 时不宜超过 3 根，370mm 时不宜超过 4 根。

水平钢筋设置沿高度分布按计算确定，但沿高度最多不宜超过五皮砖。过少的配筋对提高墙体的抗剪强度没有多大帮助。

水平纵筋两端宜伸入相邻垂直向墙体，伸入长度不少于 300mm，遇有构造柱时，应伸入构造柱内不少于 180mm，当无条件伸入时，可在墙端将钢筋弯折，作为锚固。

2. 材料要求

配筋墙体的砖强度等级不宜低于 MU10，砂浆强度等级不宜低于 M5，钢筋可采用 HRB335 级钢筋、HPB300 级钢筋、冷拔钢丝或冷轧螺纹钢筋。

砌筑灰缝以 10mm 左右为宜，当钢筋较粗时，可大于 10mm，但不应超过 15mm。砌筑砂浆应铺砌饱满，能够满裹整个水平钢筋。如为多孔砖时，应先铺一层砂浆封闭孔洞，然后再放置钢筋。

砌墙时钢筋不应弯曲，钢筋连接可采用焊接或搭接，最好采用预先加工好的焊网铺砌。

冬季施工时，砂浆中不应添加氯化钠盐，以免锈蚀钢筋。

3. 水平配筋墙体的纵向配筋率

由于钢筋与砌体的弹性模量相差很大，两者的变形极不一致。水平钢筋在砌体中所能发挥的强度，配筋率在 0.17%以下时，仅能达到 30%，过多配置水平钢筋，不能相应地增强水平抗剪强度。因此，与《规范》规定的计算公式相适应的水平钢筋体积配筋率为 0.17%（横墙竖向截面上的水平钢筋总面积与墙体竖向总截面面积之比）。

考虑到配置过少量的钢筋，不但对改善砌体的脆性性质没有帮助，而且也不能提高砌体的抗剪能力。因此，水平钢筋体积配筋率不应低于 0.07%。

21.3.7　约束配筋砌体

约束配筋砌体，是利用构造柱和楼盖处圈梁并在墙体中配置水平钢筋加强对脆性砖墙的约束，不仅提高墙体的抗剪能力，而且提高地震作用下砖墙的变形能力，改善墙体抗震性能。

约束砖墙砌体和约束配筋砖墙砌体可以应用于房屋薄弱部位和重要部位。如在底部框架-抗震墙砌体房屋的底部落地抗震墙，可采用带边框柱的约束普通砖墙，为提高墙抗剪承载力时，还可在墙内配置水平钢筋。

1. 材料要求

约束砖砌体墙，所采用的普通砖和多孔砖的强度等级不应低于 MU10，其砌筑砂浆强度等级不应低于 M10 或 Mb10。

2. 构造柱和圈梁设置

作为墙体约束构件，构造柱和圈梁间距不能过大。

应在各层楼、屋盖标高处均设置加强的现浇钢筋混凝土圈梁，当楼层层高较高时，可在楼层半高处增设圈梁或板带。

在房屋纵横墙交接处，尤其是横墙两端，均应设置构造柱，当构造柱间墙段较长时，还应在墙段中部增设构造柱。构造柱间距一般不应超过层高，且不宜大于 3m。

3. 构造柱和圈梁构造要求

约束砖砌体墙，宜采用加强的圈梁和构造柱。圈梁的截面高度不宜小于 150mm，上下纵筋各不应少于 3ϕ10，箍筋不小于 ϕ6，间距不大于 200mm。构造柱截面尺寸不宜小于 240mm×240mm，配筋宜符合表 21.3－2 的要求。

21.4　计算例题*

例 21.4－1　多层办公楼

1. 工程概况

5 层砖混结构办公楼，无地下室，屋面板及楼板均为现浇混凝土，纵横墙承重，门窗高 1.8m。内外墙厚均为 240mm，采用烧结普通砖，强度等级为 MU10，砂浆为 M5、M7.5、M10。抗震设防烈度为 8 度，设计基本加速度为 0.20g，设计地震分组为第二组。纵、横墙交接处均设有 240mm×240mm 的构造柱，其混凝土强度等级为 C20，配置 4 根直径为 12mm 的纵向钢筋，采用 HRB335 级钢。结构平面图如图 21.4－1。

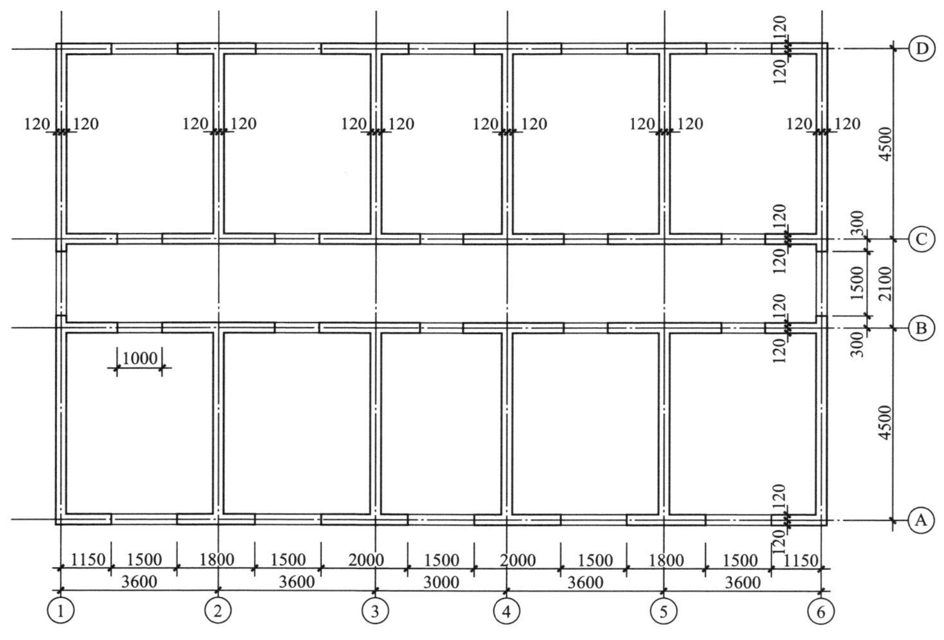

图 21.4－1　标准层平面

注：计算例题由北京市建筑设计研究院姜延平提供。

2. 地震作用计算

1）各层重力代表值

以每一楼层为一质点，包括楼盖自重、上下各半层的所有墙体自重、可变荷载等。质点假定集中在楼层标高处。各层重力荷载代表值为（计算过程从略）：

$G_5 = 2500\text{kN}$

$G_4 = 2900\text{kN}$

$G_3 = 2900\text{kN}$

$G_2 = 2900\text{kN}$

$G_1 = 3000\ \text{kN}$

$\sum G = 14200\text{kN}$

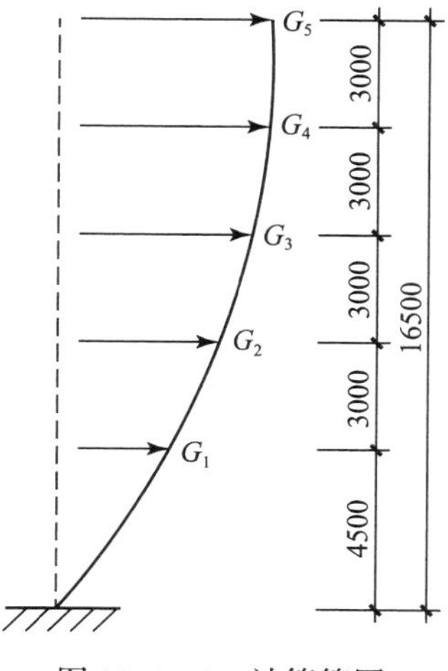

图 21.4－2　计算简图

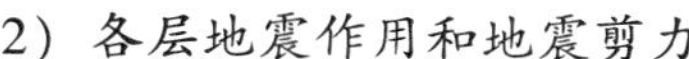
2）各层地震作用和地震剪力

（1）总水平地震作用标准值按下式计算：

$$F_{\text{Ek}} = \alpha_{\max} G_{\text{eq}} = 0.16 \times 0.85 \times 14200 = 1931.2\text{kN}$$

（2）各层水平地震作用标准值按下式计算：

$$F_i = \frac{G_i H_i}{\sum_{j=1}^{n} G_j H_j} F_{\text{Ek}}$$

（3）各层地震剪力按下式计算：

$$V_i = \sum_{i=i}^{n} F_i$$

（4）为以下计算方便，将 V_i 先乘以 γ_{Eh}，并取 γ_{Eh} 等于 1.3。

（5）计算结果，如表 21.4－1。

表 21.4－1　各层地震剪力计算

楼层	G_i/kN	H_i/m	G_iH_i	F_i/kN	V_i/kN	$1.3V_i$/kN
5	2500	16.5	41250	545.3	545.3	708.8
4	2900	13.5	39150	517.5	1062.8	1381.6
3	2900	10.5	30450	402.5	1465.3	1904.8
2	2900	7.5	21750	287.5	1752.8	2278.6
1	3000	4.5	13500	178.4	1931.2	2510.6
Σ	14200		146100	1931.2		

3. 抗震墙截面净面积计算

（1）横墙净面积：

$A_1 = A_6 = 0.24 \times 9.84 = 2.3616\text{m}^2$

$A_2 = A_3 = A_4 = A_5 = 0.24 \times 9.48 = 2.2752\text{m}^2$

$A_{横墙} = 2.3616 \times 2 + 2.2752 \times 4 = 13.824\text{m}^2$

（2）纵墙净面积：

$A_A = A_D = 0.24 \times 10.14 = 2.4336\text{m}^2$

$A_B = A_C = 0.24 \times 12.64 = 3.0336\text{m}^2$

$A_{纵墙} = (2.4336 + 3.0336) \times 2 = 10.9344\text{m}^2$

4. 横向地震剪力分配及横墙强度验算

横向地震剪力按各道墙截面面积分配，①、⑥轴竖向应力较小，横向仅验算①轴墙段：

（1）第五层强度验算：砖 MU10，砂浆 M5，$f_v = 110\text{kPa}$

$$V_5 = \frac{9.84 \times 0.24}{13.824} \times 708.8 = 121.1\text{kN}$$

$$\sigma_0 = \frac{5.4 \times 8}{4.92 \times 0.24} = 36.6$$

$$\frac{\sigma_0}{f_v} = 0.33$$

$$\zeta_N = \frac{1}{1.2}\sqrt{1 + 0.42\frac{\sigma_0}{f_v}} = 0.89$$

$$f_{vE} = 0.89 \times 110 = 97.9\text{kPa}$$

$$\frac{1}{\gamma_{RE}} f_{vE} A = \frac{1}{0.9} \times 97.9 \times 9.84 \times 0.24 = 256.9\text{kN} > 121.1\text{kN} \quad \text{（满足要求）}$$

（2）第四层强度验算：砖 MU10，砂浆 M5，$f_v = 110\text{kPa}$

$$V_4 = \frac{9.84 \times 0.24}{13.824} \times 1381.6 = 236.0\text{kN}$$

$$\sigma_0 = \frac{5.4 \times 15}{4.92 \times 0.24} + \frac{4.5 \times 3}{0.24} = 124.8$$

$$\frac{\sigma_0}{f_v} = 1.13$$

$$\zeta_N = \frac{1}{1.2}\sqrt{1 + 0.42\frac{\sigma_0}{f_v}} = 1.01$$

$$f_{vE} = 1.01 \times 110 = 111.1\text{kPa}$$

$$\frac{1}{\gamma_{RE}} f_{vE} A = \frac{1}{0.9} \times 111.1 \times 9.84 \times 0.24 = 291.5\text{kN} > 236.0\text{kN} \quad \text{（满足要求）}$$

（3）第三层强度验算：砖 MU10，砂浆 M7.5，$f_v = 140\text{kPa}$

$$V_3 = \frac{9.84 \times 0.24}{13.824} \times 1904.8 = 325.4\text{kN}$$

$$\sigma_0 = \frac{5.4 \times 22}{4.92 \times 0.24} + \frac{4.5 \times 6}{0.24} = 213.1$$

$$\frac{\sigma_0}{f_v}=1.52$$

$$\zeta_N=\frac{1}{1.2}\sqrt{1+0.42\frac{\sigma_0}{f_v}}=1.07$$

$$f_{vE}=1.07\times140=149.8\text{kPa}$$

$$\frac{1}{\gamma_{RE}}f_{vE}A=\frac{1}{0.9}\times149.8\times9.84\times0.24=393.1\text{kN}>325.4\text{kN}\qquad（满足要求）$$

（4）第二层强度验算：砖 MU10，砂浆 M10，$f_v=170\text{kPa}$

$$V_2=\frac{9.84\times0.24}{13.824}\times2278.6=389.3\text{kN}$$

$$\sigma_0=\frac{5.4\times29}{4.92\times0.24}+\frac{4.5\times9}{0.24}=301.4$$

$$\frac{\sigma_0}{f_v}=1.77$$

$$\zeta_N=\frac{1}{1.2}\sqrt{1+0.42\frac{\sigma_0}{f_v}}=1.10$$

$$f_{vE}=1.10\times170=187.0\text{kPa}$$

$$\frac{1}{\gamma_{RE}}f_{vE}A=\frac{1}{0.9}\times187.0\times9.84\times0.24=490.7\text{kN}>389.3\text{kN}\qquad（满足要求）$$

（5）第一层强度验算：砖 MU10，砂浆 M10，$f_v=170\text{kPa}$

$$V_1=\frac{9.84\times0.24}{13.824}\times2510.6=428.9\text{kN}$$

$$\sigma_0=\frac{5.4\times36}{4.92\times0.24}+\frac{4.5\times12}{0.24}=389.6$$

$$\frac{\sigma_0}{f_v}=2.29$$

$$\zeta_N=\frac{1}{1.2}\sqrt{1+0.42\frac{\sigma_0}{f_v}}=1.17$$

$$f_{vE}=1.17\times170=198.9\text{kPa}$$

$$\frac{1}{\gamma_{RE}}f_{vE}A=\frac{1}{0.9}\times198.9\times9.84\times0.24=521.9\text{kN}>428.9\text{kN}\qquad（满足要求）$$

5. 纵向地震剪力分配及纵墙强度验算

纵向地震剪力按各道墙截面面积分配，Ⓐ、Ⓓ轴竖向应力较小，纵向仅验算Ⓐ轴墙段，Ⓐ轴各墙肢各层地震剪力分配如表 21.4－2。

表 21.4－2

洞净高 h（m）	洞侧墙宽 l（m）	个数 n	$\rho=\frac{h}{l}$	$\frac{1}{\rho^3+3\rho}$	各墙肢剪力 $V_{im}=\frac{\frac{1}{\rho_i^3+3\rho_i}}{\sum\frac{1}{\rho_i^3+3\rho_i}}V_{im}$				
					V_1	V_2	V_3	V_4	V_5
1.8	1.27	2	1.42	0.14	57.52	52.20	43.64	31.65	16.24
1.8	2.0	2	0.9	0.29	119.16	108.13	90.39	65.57	33.65
1.8	1.8	2	1.0	0.25	102.72	93.22	77.92	56.53	29.01
Σ	10.14m			1.36	558.8	507.1	423.9	307.5	157.8

（1）验算 2.0m 墙肢：

构造柱配筋率＝4×113/（240×240）＝0.78%，0.6%<0.78%<1.4%。

①第五层强度验算：砖 MU10，砂浆 M5，$f_v=110\text{kPa}$

$$V_5=33.65\text{kN}$$

$$\sigma_0=\frac{3.085\times8}{2\times0.24}=51.4$$

$$\frac{\sigma_0}{f_v}=0.47$$

$$\zeta_N=\frac{1}{1.2}\sqrt{1+0.42\frac{\sigma_0}{f_v}}=0.91$$

$$f_{vE}=0.91\times110=100.1\text{kPa}$$

$$\frac{1}{\gamma_{RE}}[\eta_c f_{vE}(A-A_c)+\zeta_c f_t A_c+0.08f_{yc}A_{sc}]$$

$$=\frac{1}{1.0}[1.0\times100.1\times(2\times0.24-0.24\times0.24)+0.5\times1100\times0.24\times0.24+0.08\times0.3\times4\times113]$$

$$=84.8\text{kN}>33.65\text{kN}\qquad（满足要求）$$

②第四层强度验算：砖 MU10，砂浆 M5，$f_v=110\text{kPa}$

$$V_4=65.57\text{kN}$$

$$\sigma_0=\frac{3.085\times17}{2\times0.24}+\frac{4.5\times3}{0.24}=165.5$$

$$\frac{\sigma_0}{f_v}=1.50$$

$$\zeta_N=\frac{1}{1.2}\sqrt{1+0.42\frac{\sigma_0}{f_v}}=1.06$$

$$f_{vE}=1.06\times110=116.6\text{kPa}$$

$$\frac{1}{\gamma_{RE}}[\eta_c f_{vE}(A-A_c)+\zeta_c f_t A_c+0.08f_{yc}A_{sc}]$$

$=\dfrac{1}{1.0}$ [1.0×116.6×（2×0.24−0.24×0.24）+0.5×1100×0.24×0.24+0.08×0.3×4×113]

=91.8kN>65.57kN　　（满足要求）

③第三层强度验算：砖 MU10，砂浆 M7.5，$f_v=140\text{kPa}$

$V_3=90.39\text{kN}$

$$\sigma_0=\frac{3.085\times22}{2\times0.24}+\frac{4.5\times6}{0.24}=253.9$$

$$\frac{\sigma_0}{f_v}=1.81$$

$$\zeta_N=\frac{1}{1.2}\sqrt{1+0.42\frac{\sigma_0}{f_v}}=1.10$$

$f_{vE}=1.10\times140=154.0\text{kPa}$

$$\frac{1}{\gamma_{RE}}\left[\eta_c f_{vE}(A-A_c)+\zeta_c f_t A_c+0.08f_{yc}A_{sc}\right]$$

$=\dfrac{1}{1.0}$ [1.0×154.0×（2×0.24−0.24×0.24）+0.5×1100×0.24×0.24+0.08×0.3×4×113]

=107.6kN>90.39kN　　（满足要求）

④第二层强度验算：砖 MU10，砂浆 M10，$f_v=170\text{kPa}$

$V_2=108.13\text{kN}$

$$\sigma_0=\frac{3.085\times29}{2\times0.24}+\frac{4.5\times9}{0.24}=355.1$$

$$\frac{\sigma_0}{f_v}=2.09$$

$$\zeta_N=\frac{1}{1.2}\sqrt{1+0.42\frac{\sigma_0}{f_v}}=1.14$$

$f_{vE}=1.14\times170=193.8\text{kPa}$

$$\frac{1}{\gamma_{RE}}\left[\eta_c f_{vE}(A-A_c)+\zeta_c f_t A_c+0.08f_{yc}A_{sc}\right]$$

$=\dfrac{1}{1.0}$ [1.0×193.8×（2×0.24−0.24×0.24）+0.5×1100×0.24×0.24+0.08×0.3×4×113]

=124.4kN>108.13kN　　（满足要求）

⑤第一层强度验算：砖 MU10，砂浆 M10，$f_v=170\text{kPa}$

$V_1=119.16\text{kN}$

$$\sigma_0=\frac{3.085\times36}{2\times0.24}+\frac{4.5\times12}{0.24}=456.4$$

$$\frac{\sigma_0}{f_v}=2.68$$

$$\zeta_N=\frac{1}{1.2}\sqrt{1+0.42\frac{\sigma_0}{f_v}}=1.21$$

$f_{vE}=1.21\times170=205.7\text{kPa}$

$$\frac{1}{\gamma_{RE}}\left[\eta_c f_{vE}(A-A_c)+\zeta_c f_t A_c+0.08f_{yc}A_{sc}\right]$$

$$=\frac{1}{1.0}\left[1.0\times205.7\times(2\times0.24-0.24\times0.24)+0.5\times1100\times0.24\times0.24+0.08\times0.3\times4\times113\right]$$

$=129.4\text{kN}>119.16\text{kN}$　　（满足要求）

（2）验算 1.27m 墙肢：

①第五层强度验算：砖 MU10，砂浆 M5，$f_v=110\text{kPa}$

$V_5=16.24\text{kN}$

$$\sigma_0=\frac{1.795\times8}{1.27\times0.24}=47.1$$

$$\frac{\sigma_0}{f_v}=0.43$$

$$\zeta_N=\frac{1}{1.2}\sqrt{1+0.42\frac{\sigma_0}{f_v}}=0.90$$

$f_{vE}=0.90\times110=99.0\text{kPa}$

$$\frac{1}{\gamma_{RE}}f_{vE}A=\frac{1}{1.0}\times99.0\times1.27\times0.24=30.2\text{kN}>16.24\text{kN}$$　　（满足要求）

②第四层强度验算：砖 MU10，砂浆 M5，$f_v=110\text{kPa}$

$V_4=31.65\text{kN}$

$$\sigma_0=\frac{1.795\times17}{1.27\times0.24}+\frac{4.5\times3}{0.24}=156.4$$

$$\frac{\sigma_0}{f_v}=1.42$$

$$\zeta_N=\frac{1}{1.2}\sqrt{1+0.42\frac{\sigma_0}{f_v}}=1.05$$

$f_{vE}=1.05\times110=115.5\text{kPa}$

$$\frac{1}{\gamma_{RE}}f_{vE}A=\frac{1}{1.0}\times115.5\times1.27\times0.24=35.2\text{kN}>31.65\text{kN}$$　　（满足要求）

③第三层强度验算：砖 MU10，砂浆 M7.5，$f_v=140\text{kPa}$

$V_3=43.64\text{kN}$

$$\sigma_0=\frac{1.795\times22}{1.27\times0.24}+\frac{4.5\times6}{0.24}=242.1$$

$$\frac{\sigma_0}{f_v}=1.73$$

$$\zeta_N=\frac{1}{1.2}\sqrt{1+0.42\frac{\sigma_0}{f_v}}=1.10$$

$$f_{vE}=1.10\times140=154.0\text{kPa}$$

$$\frac{1}{\gamma_{RE}}f_{vE}A=\frac{1}{1.0}\times154.0\times1.27\times0.24=46.9\text{kN}>43.64\text{kN}\qquad（满足要求）$$

④第二层强度验算：砖 MU10，砂浆 M10，$f_v=170\text{kPa}$

$$V_2=52.20\text{kN}$$

$$\sigma_0=\frac{1.795\times29}{1.27\times0.24}+\frac{4.5\times9}{0.24}=339.5$$

$$\frac{\sigma_0}{f_v}=2.0$$

$$\zeta_N=\frac{1}{1.2}\sqrt{1+0.42\frac{\sigma_0}{f_v}}=1.13$$

$$f_{vE}=1.13\times170=192.1\text{kPa}$$

$$\frac{1}{\gamma_{RE}}f_{vE}A=\frac{1}{1.0}\times192.1\times1.27\times0.24=58.6\text{kN}>52.20\text{kN}\qquad（满足要求）$$

⑤第一层强度验算：砖 MU10，砂浆 M10，$f_v=170\text{kPa}$

$$V_1=57.52\text{kN}$$

$$\sigma_0=\frac{1.795\times36}{1.27\times0.24}+\frac{4.5\times12}{0.24}=437.0$$

$$\frac{\sigma_0}{f_v}=2.57$$

$$\zeta_N=\frac{1}{1.2}\sqrt{1+0.42\frac{\sigma_0}{f_v}}=1.20$$

$$f_{vE}=1.20\times170=204.0\text{kPa}$$

$$\frac{1}{\gamma_{RE}}f_{vE}A=\frac{1}{1.0}\times204.0\times1.27\times0.24=62.2\text{kN}>57.52\text{kN}\qquad（满足要求）$$

例 21.4－2　多层教学楼

1. 工程概况

3层砖混结构教学楼，无地下室，为重点设防类（乙类）、横墙很少的建筑。屋面板及楼板均为现浇混凝土，纵横墙承重，门窗高2.1m。内外墙厚均为240mm，采用烧结普通砖，强度等级为MU10，砂浆为M7.5。抗震设防烈度为8度，设计基本加速度为0.20g，设计地震分组为第二组。纵、横墙交接处均设有240mm×240mm的构造柱。结构平面图如图21.4－3。

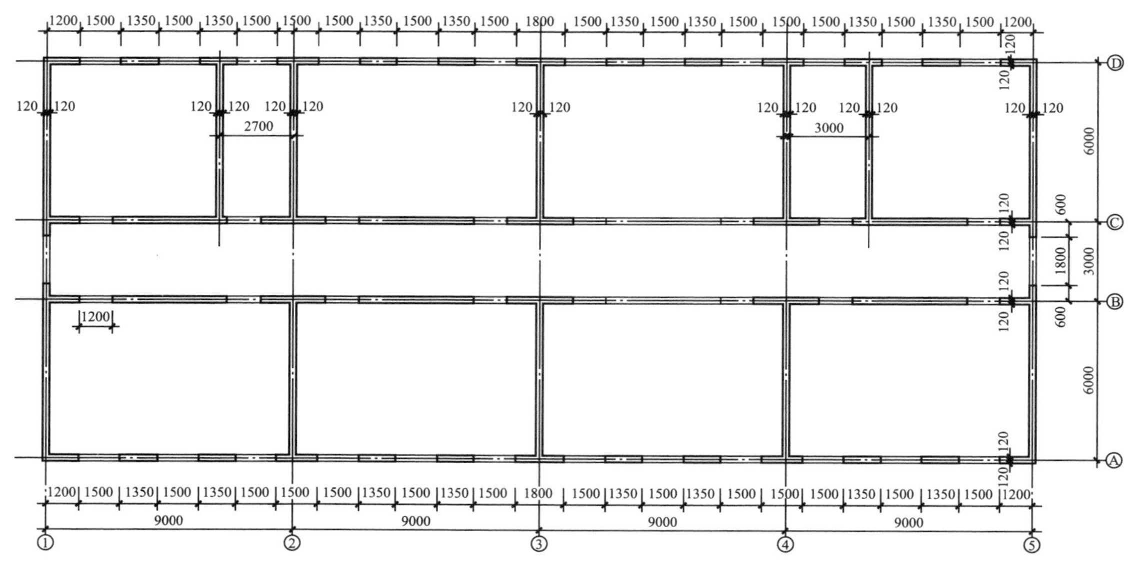

图 21.4－3　标准层平面

2. 地震作用计算

1）各层重力代表值

以每一楼层为一质点，包括楼盖自重、上下各半层的所有墙体自重、可变荷载等。质点假定集中在楼层标高处。各层重力荷载代表值为（计算过程从略）：

$G_3 = 4800\text{kN}$

$G_2 = 6220\text{kN}$

$G_1 = 6490\ \text{kN}$

$\sum G = 17510\text{kN}$

2）各层地震作用和地震剪力

（1）总水平地震作用标准值按下式计算：

$$F_{\text{Ek}} = \alpha_{\max} G_{\text{eq}} = 0.16 \times 0.85 \times 17510 = 2381.4\text{kN}$$

（2）各层水平地震作用标准值按下式计算：

$$F_i = \frac{G_i H_i}{\sum_{j=1}^{n} G_j H_j} F_{\text{EK}}$$

（3）各层地震剪力按下式计算：

$$V_i = \sum_{i=i}^{n} F_i$$

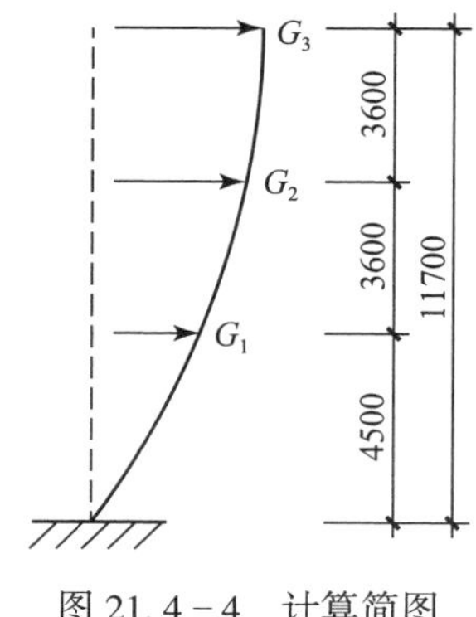

图 21.4－4　计算简图

（4）为以下计算方便，将 V_i 先乘以 γ_{Eh}，并取 γ_{Eh} 等于 1.3。

（5）计算结果，如表 21.4－3 所示。

表 21.4－3　各层地震剪力计算

楼层	G_i/kN	H_i/m	G_iH_i	F_i/kN	V_i/kN	$1.3V_i$/kN
3	4800	11.7	56160	985.21	985.21	1280.8
2	6220	8.1	50382	883.85	1869.06	2429.8
1	6490	4.5	29205	512.34	2381.40	3095.8
Σ	17510		135747	2381.4		

3. 抗震墙截面净面积计算

（1）横墙净面积：

$$A=(13.44\times2+6.24\times8)\times0.24=18.432\text{m}^2$$

（2）纵墙净面积：

$$A=(18.24+26.64)\times2\times0.24=21.5424\text{m}^2$$

4. 横向地震剪力分配及横墙强度验算

横向地震剪力按各道墙截面面积分配，⑤轴竖向应力较小，横向仅验算此墙段：

（1）第三层强度验算：砖 MU10，砂浆 M7.5，$f_v=140\text{kPa}$

$$V_3=\frac{13.44\times0.24}{18.432}\times1280.8=224.1\text{kN}$$

$$\sigma_0=\frac{10.1\times8.5}{6.72\times0.24}=53.2$$

$$\frac{\sigma_0}{f_v}=0.38$$

$$\zeta_N=\frac{1}{1.2}\sqrt{1+0.42\frac{\sigma_0}{f_v}}=0.90$$

$$f_{vE}=0.90\times140=126\text{kPa}$$

$$\frac{1}{\gamma_{RE}}f_{vE}A=\frac{1}{0.9}\times126\times13.44\times0.24=451.6\text{kN}>2221\text{kN}\qquad（满足要求）$$

（2）第二层强度验算：砖 MU10，砂浆 M7.5，$f_v=140\text{kPa}$

$$V_2=\frac{13.44\times0.24}{18.432}\times2429.8=425.2\text{kN}$$

$$\sigma_0=\frac{10.1\times(8.5+7.0)}{6.72\times0.24}+\frac{4.5\times3.6}{0.24}=164.6$$

$$\frac{\sigma_0}{f_v}=1.18$$

$$\zeta_N=\frac{1}{1.2}\sqrt{1+0.42\frac{\sigma_0}{f_v}}=1.02$$

$$f_{vE}=1.02\times140=142.8\text{kPa}$$

$$\frac{1}{\gamma_{RE}}f_{vE}A=\frac{1}{0.9}\times142.8\times13.44\times0.24=511.8kN>425.2kN$$ （满足要求）

（3）第一层强度验算：砖 MU10，砂浆 M7.5，$f_v=170kPa$

$$V_1=\frac{13.44\times0.24}{18.432}\times3095.8=541.8kN$$

$$\sigma_0=\frac{10.1\times22.5}{6.72\times0.24}+\frac{4.5\times7.2}{0.24}=275.9$$

$$\frac{\sigma_0}{f_v}=1.97$$

$$\zeta_N=\frac{1}{1.2}\sqrt{1+0.42\frac{\sigma_0}{f_v}}=1.13$$

$$f_{vE}=1.13\times140=158.2kPa$$

$$\frac{1}{\gamma_{RE}}f_{vE}A=\frac{1}{0.9}\times158.2\times13.44\times0.24=567.0kN>541.8kN$$ （满足要求）

5. 纵向地震剪力分配及纵墙强度验算

纵向地震剪力按各道墙截面面积分配，Ⓐ、Ⓓ轴竖向应力较小，纵向仅验算Ⓐ轴墙段，Ⓐ轴各墙肢各层地震剪力分配如表 21.4－4：

表 21.4－4

洞净高 h（m）	洞侧墙宽 l（m）	个数 n	$\rho=\frac{h}{l}$	$\frac{1}{\rho^3+3\rho}$	各墙肢剪力 $V_{im}=\frac{\frac{1}{\rho_i^3+3\rho_i}}{\sum\frac{1}{\rho_i^3+3\rho_i}}V_{im}$		
					V_1	V_2	V_3
2.1	1.32	2	1.59	0.114	43.31	33.99	17.92
2.1	1.35	8	1.56	0.118	44.83	35.19	18.55
2.1	1.5	2	1.4	0.144	54.70	42.94	22.63
2.1	1.8	1	1.17	0.196	74.46	58.44	30.81
Σ	10.14m			1.656	629.1	493.8	260.3

验算 1.8m 墙肢（不考虑构造柱作用）：

构造柱配筋率＝4×154/（240×240）＝1.07%，0.6%<1.07%<1.4%。

（1）第三层强度验算：砖 MU10，砂浆 M7.5，$f_v=140kPa$

$$V_3=30.81kN$$

$$\sigma_0=\frac{18\times8.5}{4.5\times0.24}=141.7$$

$$\frac{\sigma_0}{f_v}=1.01$$

$$\zeta_N=\frac{1}{1.2}\sqrt{1+0.42\frac{\sigma_0}{f_v}}=0.99$$

$$f_{vE}=0.99\times140=138.6\text{kPa}$$

$$\frac{1}{\gamma_{RE}}f_{vE}A=\frac{1}{1.0}\times138.6\times1.8\times0.24=59.9\text{kN}>30.81\text{kN}$$（满足要求）

（2）第二层强度验算：砖 MU10，砂浆 M7.5，$f_v=140\text{kPa}$

$$V_2=58.44\text{kN}$$

$$\sigma_0=\frac{18\times15.5}{4.5\times0.24}+\frac{4.5\times3.6}{0.24}=325.8$$

$$\frac{\sigma_0}{f_v}=2.33$$

$$\zeta_N=\frac{1}{1.2}\sqrt{1+0.42\frac{\sigma_0}{f_v}}=1.17$$

$$f_{vE}=1.17\times140=163.8\text{kPa}$$

$$\frac{1}{\gamma_{RE}}f_{vE}A=\frac{1}{1.0}\times163.8\times1.8\times0.24=70.8\text{kN}>58.44\text{kN}$$（满足要求）

（3）第一层强度验算：砖 MU10，砂浆 M7.5，$f_v=140\text{kPa}$

$$V_1=74.46\text{kN}$$

$$\sigma_0=\frac{18\times22.5}{4.5\times0.24}+\frac{4.5\times7.2}{0.24}=510.0$$

$$\frac{\sigma_0}{f_v}=3.64$$

$$\zeta_N=\frac{1}{1.2}\sqrt{1+0.42\frac{\sigma_0}{f_v}}=1.32$$

$$f_{vE}=1.32\times140=184.8\text{kPa}$$

$$\frac{1}{\gamma_{RE}}f_{vE}A=\frac{1}{1.0}\times184.8\times1.8\times0.24=79.8\text{kN}>74.46\text{kN}$$（满足要求）

第22章　多层混凝土小砌块房屋

22.1　一 般 规 定

（1）本章适用于混凝土空心小型砌块砌体多层房屋。小型空心砌块主要指外形尺寸为390mm×190mm×190mm，空心率为50%左右的单排孔混凝土砌块。其他形式或其他材料的小型空心砌块，除非有充分的实验研究依据，否则在使用规范有关内容时应慎重。

（2）房屋的总高度和层数。6度和7度（0.1g）不应超过21m（7层），7度（0.15g）和8度（0.2g）不应超过18m（6层），8度（0.3g）不应超过15m（5层），9度（0.4g）不应超过9m（3层）。对于横墙较少的多层小砌块房屋（同一楼层内，开间大于4.2m超过该层总面积的40%以上），房屋的总高度应比规定降低3m，层数相应减少一层；但6、7度且丙类设防的横墙较少的多层小砌块砌体房屋，按规定采取加强措施并满足抗震承载力要求时，其高度和层数仍可按规定采用。对于横墙很少的多层小砌块房屋（同一楼层内，开间不大于4.2m的房间占该层总面积不到20%且开间大于4.8m的房间占该层总面积的50%以上），房屋的总高度应比规定降低6m，层数相应减少二层。小砌块砌体房屋的总高度计算规定同多层砖房。由于混凝土小砌块属于脆性材料，总结有关的震害经验，根据不同设防烈度和使用情况限制其层数和高度是一种有效的抗震措施。

（3）小砌块砌体房屋的层高不应超过3.6m。

（4）多层砌块房屋总高度和总宽度（单面走廊房屋的总宽度不包括走廊宽度）的比值不宜超过表22.1-1的要求，以防止房屋可能出现的整体弯曲破坏。对于长宽比例接近于1的房屋，最大高宽的限值宜适当减少。

表22.1-1　房屋最大高宽比

烈度	6	7	8	9
最大高宽比	2.5	2.5	2	1.5

（5）房屋的结构体系应优先采用横墙承重或纵横向共同承重的结构体系。这种结构体系较纵墙承重结构体系震害要轻。纵横墙的布置宜均匀对称，墙段宜分段均匀分布，并沿平面各轴线上对齐。沿竖向布置应上、下连续，尽量避免悬墙的出现。对平面轮廓凹凸的要求、楼板开洞要求、错层加强措施的要求、窗间墙开洞要求等方面均与多层普通砖房相同。

（6）楼梯间不宜设置在房屋的尽端和转角处。由于楼梯间缺少楼板对墙体的支撑，设置在房屋尽端和转角处等扭转比较大和应力比较集中的区域，地震时容易破坏。

（7）抗震横墙最大间距不应超过表 22.1－2 的要求；纵墙承重房屋的横墙间距也应符合上述要求。

表 22.1－2　抗震横墙最大间距

楼、屋盖类型	烈度			
	6	7	8	9
现浇或装配整体式钢筋混凝土屋盖	15	15	11	7
装配式钢筋混凝土屋盖	11	11	9	4
木楼盖	9	9	4	—

（8）房屋墙段的局部尺寸限值要求同多层普通砖房。尺寸不足时可采用增设芯柱或构造柱来提高砌体的抗剪强度，因而在适当范围内可稍微放松对局部尺寸的限制。

（9）当房屋立面高差大于 6m，或房屋有较大的错层且楼板高差大于层高的 1/4，或房屋各部分结构刚度、质量很不均匀时，房屋宜设置防震缝，缝两侧均应设置墙体。缝宽应根据烈度和房屋高度来确定，可采用 70~100mm。房屋的沉降缝、温度缝均应按抗震缝宽度要求设置。

（10）为提高房屋的整体性、墙体的抗侧能力和变形能力，应设置钢筋混凝土芯柱或构造柱，每层应设置现浇钢筋混凝土圈梁。

22.2　内力分析与抗震承载力验算

（1）地震作用计算、楼层地震剪力及其在层间各抗侧力构件间的分配方法同多层砖房。

（2）混凝土小砌块墙体抗震受剪承载力应按下式验算：

$$V=\frac{1}{\gamma_{RE}}[f_{vE}A+(0.3f_tA_c+0.05f_yA_s)\zeta_c]$$

$$f_{vE}=\zeta_N f_y$$

式中　V——墙体剪力设计值；

f_{vE}——混凝土小砌块砌体沿阶梯形截面破坏的抗震抗剪强度设计值；

f_v——非抗震设计的混凝土小砌块砌体抗剪强度设计值；

ζ_N——混凝土小砌块砌体抗震抗剪强度的正应力影响系数：

$$\zeta_N=1+0.23\sigma_0/f_v \qquad (\sigma_0/f_v\leqslant 6.5)$$

$$\zeta_N=1.52+0.15\sigma_0/f_v \qquad (\sigma_0/f_v>6.5)$$

$$\zeta_N=3.92 \qquad (\sigma_0/f_v\geqslant 16.0)$$

σ_0——对应于重力荷载代表值的砌体截面平均压应力；

A——墙体横截面面积；

γ_{RE}——承载力抗震调整系数，承重墙两端均有芯柱或构造柱时 $\gamma_{RE}=0.9$；其余的承重墙 $\gamma_{RE}=1.0$；自承重墙 $\gamma_{RE}=0.75$；

f_t——芯柱混凝土轴心抗拉强度设计值；

A_c——芯柱截面总面积；

A_s——芯柱钢筋截面总面积；

f_y——钢筋抗拉强度设计值；

ζ_c——芯柱参与工作系数，可按表 22.2－1 采用。

表 22.2－1　芯柱参与工作系数

填孔率 ρ	$\rho<0.15$	$0.15\leq\rho<0.25$	$0.25\leq\rho<0.5$	$\rho\geq0.5$
ζ_c	0.0	1.0	1.1	1.15

注：填孔率指芯柱根数（含构造柱和填实空洞数量）与孔洞总数之比。

22.3　抗震构造措施

22.3.1　芯柱的设置与构造

房屋应按表 22.3－1 要求设置芯柱。对外廊式和单面走廊式的多层房屋、横墙较少的房屋、各层横墙很少的房屋，尚应分别按增加层数的对应要求，按表 22.3－1 设置芯柱。

（1）芯柱的设置是提高墙体的抗侧能力和变形能力、增加房屋的整体性等抗震性能的有效措施，常设置在外墙转角、楼梯间四角和楼梯段上下端对应的墙体处、纵横墙交接处、大房间的内外墙交接处和洞口两侧、错层部位横墙与外纵墙交接处等部位，有利于防止地震作用下的损坏。当 7 度达到七层，8 度达到六层和 9 度达到三层时规定横墙内芯柱间距不应大于 2m。为提高墙体的抗震受剪承载力而设置的芯柱应在墙内均匀布置，最大净距不宜大于 2m。

（2）芯柱的构造要求：

①芯柱截面不宜小于 120mm×120mm。

②芯柱混凝土强度等级不应低于 Cb20。

③芯柱的竖向插筋应贯通墙身且与圈梁连接，插筋不应小于 1ϕ12，6、7 度超过五层、8 度超过四层和 9 度时，插筋不应小于 1ϕ14。

④芯柱应伸入室外地面以下 500mm，或与埋深小于 500mm 的基础圈梁连接锚固。

表 22.3－1　小砌块房屋芯柱设置要求

房屋层数				设置部位	设置数量
6 度	7 度	8 度	9 度		
四、五	三、四	二、三		外墙转角，楼、电梯间四角；楼梯段上下端对应的墙体处；大房间内外墙交接处；错层部位横墙与外纵墙交接处；隔 12m 或单元横墙与外纵墙交接处	外墙转角，灌实 3 个孔； 内外墙交接处，灌实 4 个孔； 楼梯段上下端对应的墙体处，灌实 2 个孔
六	五	四		同上；隔开间横墙（轴线）与外纵墙交接处	
七	六	五	二	同上；各内墙（轴线）与外纵墙交接处；内纵墙与横墙（轴线）交接处和洞口两侧	外墙转角，灌实 5 个孔； 内外墙交接处，灌实 4 个孔； 内墙交接处，灌实 4~5 个孔； 洞口两侧各灌实 1 个孔
	七	≥六	≥三	同上； 横墙内芯柱间距不大于 2m	外墙转角，灌实 7 个孔； 内外墙交接处，灌实 5 个孔； 内墙交接处，灌实 4~5 个孔； 洞口两侧各灌实 1 个孔

（3）外墙转角，内外墙交接处，楼、电梯间四角等部位，可采用钢筋混凝土构造柱代替部分芯柱，同样能够通过约束砌体，提高砌体的抗剪强度和变形能力并增加房屋的整体性。

（4）构造柱的构造要求：

①构造柱最小截面可采用 190mm×190mm，纵向钢筋宜采用 4ϕ12，箍筋间距不宜大于 250mm，且在柱上下端应适当加密；6、7 度超过五层、8 度超过四层和 9 度时，构造柱纵向钢筋宜采用 4ϕ14，箍筋间距不应大于 200mm；外墙转角的构造柱可适当加大截面及配筋。

②构造柱与砌块墙连接处应砌成马牙槎，与构造柱相邻的砌块孔洞，6 度时宜填实，7 度时应填实，8、9 度时应填实并插筋；沿墙高每隔 600mm 应设 ϕ4mm 点焊的拉结钢筋网片，并应沿墙体水平通长设置。6、7 度时底部 1/3 楼层，8 度时底部 1/2 楼层和 9 度时全部楼层的拉结钢筋网片沿墙高间距不大于 400mm。

③构造柱与圈梁连接处，构造柱的纵筋应在圈梁纵筋内侧穿过，保证构造柱纵筋上下贯通。

④构造柱可不单独设置基础，但应伸入室外地面下 500mm，或与埋深小于 500mm 的基础圈梁相连。

22.3.2　圈梁的设置与构造

小砌块房屋应按表 22.3－2 要求每层设置现浇钢筋混凝土圈梁，圈梁宽度不应小于 190mm，配筋不应小于 4ϕ12，箍筋间距不应大于 200mm。

表 22.3－2　小砌块房屋现浇钢筋混凝土圈梁设置要求

墙类	烈度		
	6、7	8	9
外墙和内纵墙	屋盖处及每层楼盖处	屋盖处及每层楼盖处	屋盖处及每层楼盖处
内横墙	同上； 屋盖处间距不应大于 4.5m； 楼盖处间距不应大于 7.2m； 芯柱（构造柱）对应部位	同上； 各层所有横墙，且间距不应大于 4.5m； 芯柱（构造柱）对应部位	同上； 各层所有横墙

22.3.3　墙体的拉结与构造

小砌块房屋墙体交接处或芯柱与墙体连接处应设置 ϕ4mm 点焊的拉结钢筋网片，沿墙高间距不大于 600mm，并应沿墙体水平通长设置。6、7 度时底部 1/3 楼层、8 度时底部 1/2 楼层和 9 度时全部楼层的拉结钢筋网片沿墙高间距不大于 400mm。

22.3.4　水平现浇钢筋混凝土带的设置与构造

小砌块房屋的层数，6 度时超过五层、7 度时超过四层、8 度时超过三层和 9 度时，在底层和顶层的窗台标高处，沿纵横墙应设置通长的水平现浇钢筋混凝土带；其截面高度不小于 60mm，纵筋不小于 2ϕ10，并应有分布拉结钢筋；其混凝土强度等级不应低于 C20。水平现浇混凝土带亦可采用槽形砌块替代模板，纵筋和拉结钢筋不变，但应注意芯柱必须贯通水平现浇混凝土带。

22.3.5　层数较多小砌块房屋的构造措施

丙类设防的多层小砌块房屋，当横墙较少且总高度和总层数接近或达到规定限值时，应采取加强措施，加强措施的要求同普通砖砌体房屋；墙体中部的芯柱灌孔数量不应少于 2 孔，每孔插筋的直径不应小于 18mm，也可采用钢筋混凝土构造柱替代芯柱。

22.3.6　其他构造措施

多层小砌块房屋的其他抗震构造措施同多层普通砖砌体房屋，其中墙体的拉结钢筋网片的间距应符合砌块的模数，分别取 600mm 和 400mm。

22.4 计算例题

22.4.1 工程概况

工程选用 6 层住宅（图 22.4－1），各层层高为 2.8m。室外高差 0.6m，基础埋深－1.6m，墙厚 190mm，建筑面积为 1990.74m^2，现浇钢筋混凝土楼屋盖。砌块为 MU15，混凝土采用 C20。第一层到第三层采用 Mb10 砂浆，第四层到第六层采用 Mb7.5 砂浆。基础形式为天然地基，条形基础，基础高度为 1.2m。

场地类别Ⅳ类，抗震设防类别为丙类，抗震设防烈度为 7 度，设计基本加速度为 0.10g。

22.4.2 荷载取值

1. 屋面（无屋顶水箱）	单位（kN/m^2）
架空板	1.2
防水层	0.4
保温找坡	1.0
现浇板　$h=120$mm	3.0
板底粉刷	0.4
	合计：6.0
活载（不上人屋面）	0.7
2. 卧室、厅	
面层	1.0
现浇板　$h=100$mm	2.5
板底粉刷	0.4
	合计：3.9
活载	2.0
3. 厨房、厕所	
面层	1.0
现浇板　$h=80$mm	2.0
板底粉刷	0.4
	合计 3.4
活载	2.0
4. 楼梯	
现浇板自重	6.5（含两面粉刷）
活载	1.5

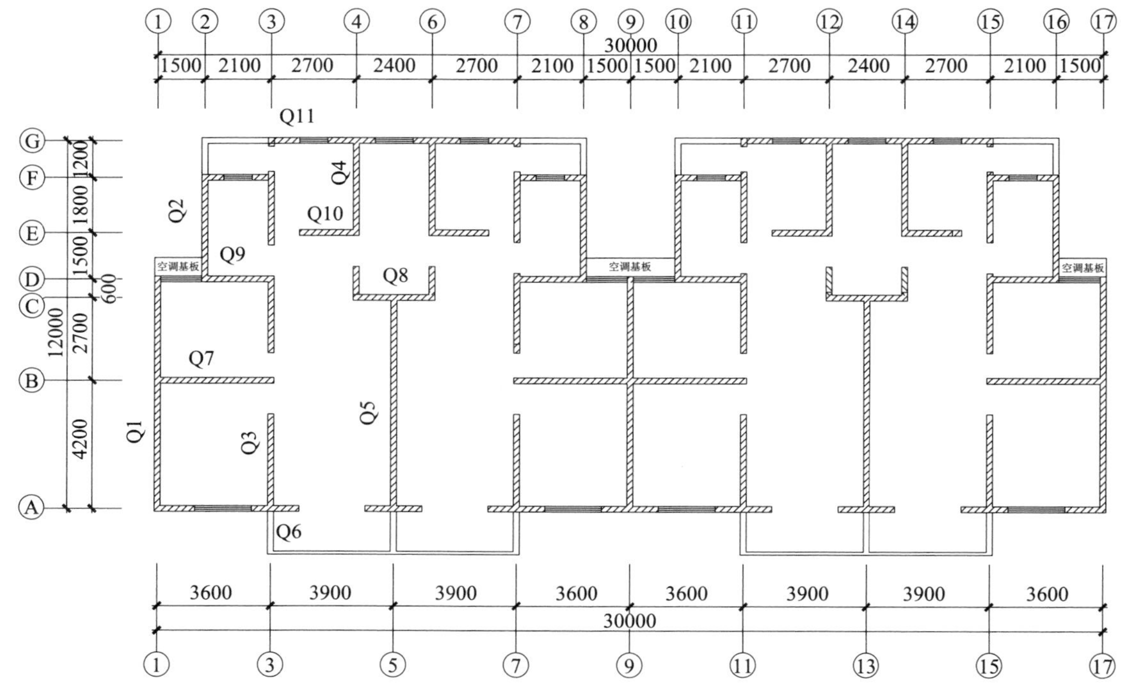

图 22.4-1　混凝土小型空心砌块房屋单元平面图

5. 阳台（梁板式）

阳台板	3.4
阳台栏杆、梁	4.8kN/m
活载	2.5

6. 墙体

190 厚小砌块	3.7（含两面粉刷，设有芯柱的墙体自重折算平均）
100 厚小砌块	3.4（含两面粉刷）
空调机板　　$h=80$	2.0
面层（空调机板）	1.0
板底粉刷（空调机板）	0.4

22.4.3　PMCAD 计算

砌体结构计算控制数据＊＊＊

结构类型:	砌体结构
结构总层数:	6
结构总高度:	17.8
地震烈度:	7.0
楼面结构类型:	现浇或装配整体式钢筋砼楼面（刚性）

墙体材料：	砼砌块
墙体材料的自重（kN/m³）：	20
地下室结构嵌固高度（mm）：	0
砼墙与砌体弹性模量比：	3
构造柱是否参与共同工作：	是
施工质量控制等级：	B 级

* * * 结构计算总结果 * * *

结构等效总重力荷载代表值（kN）：	19148.1
墙体总自重荷载（kN）：	12047.7
楼面总恒荷载（kN）：	9820.1
楼面总活荷载（kN）：	4016.8
水平地震作用影响系数：	0.080
结构总水平地震作用标准值（kN）：	1531.8

PMCAD 计算的结果见图 22.4 - 2 至图 22.4 - 13 所示。

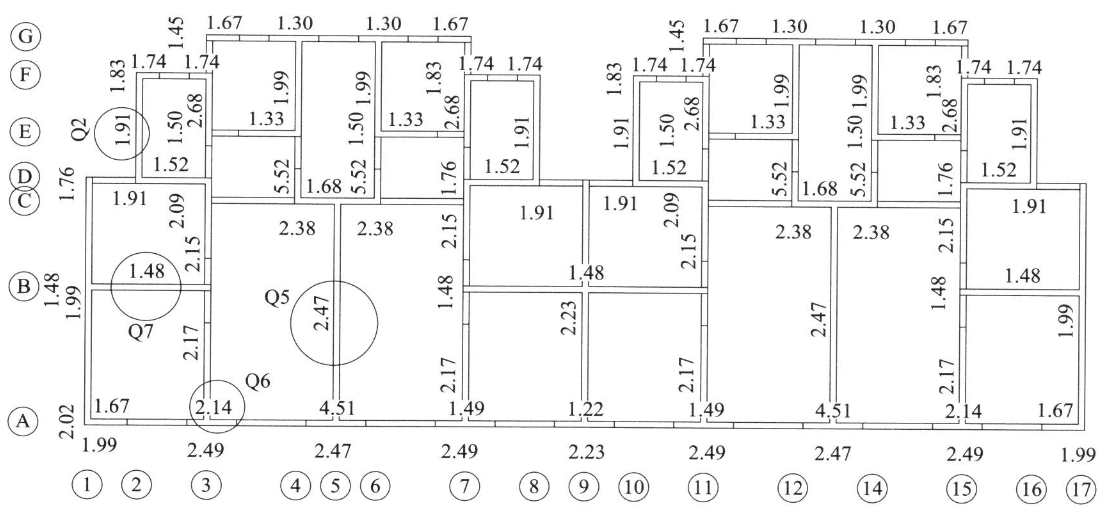

图 22.4 - 2　一层墙体抗震验算（抗力与效应之比）

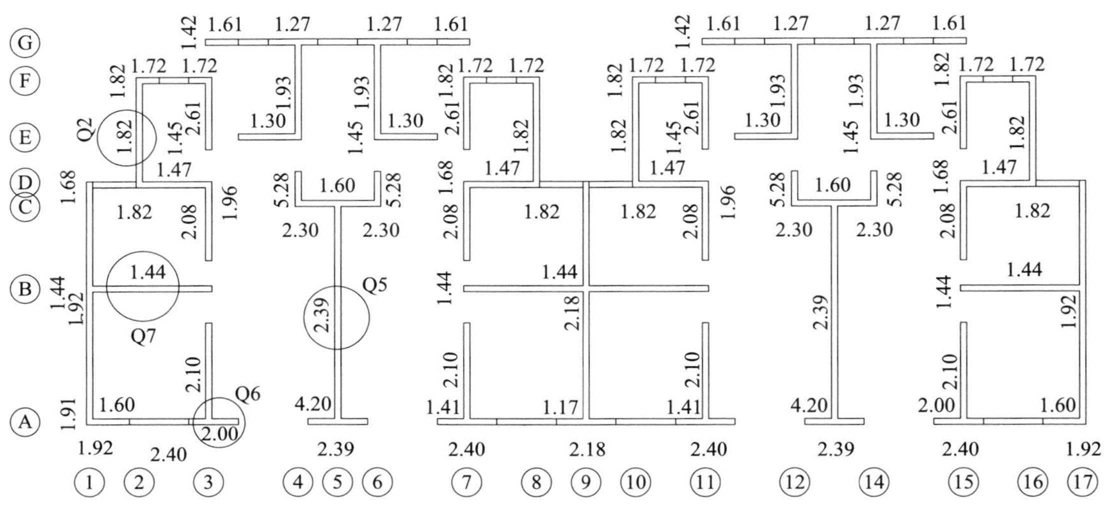

图 22.4-3　二层墙体抗震验算（抗力与效应之比）

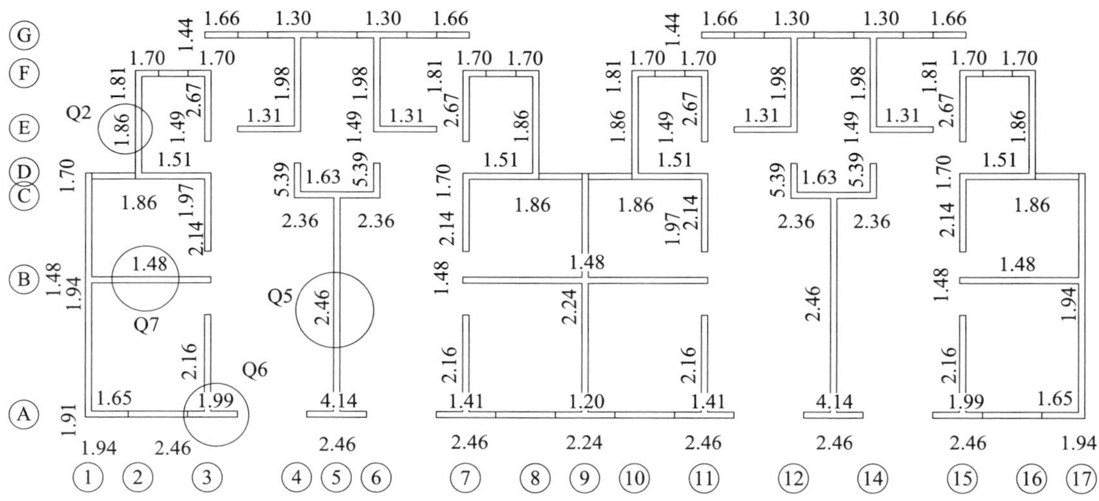

图 22.4-4　三层墙体抗震验算（抗力与效应之比）

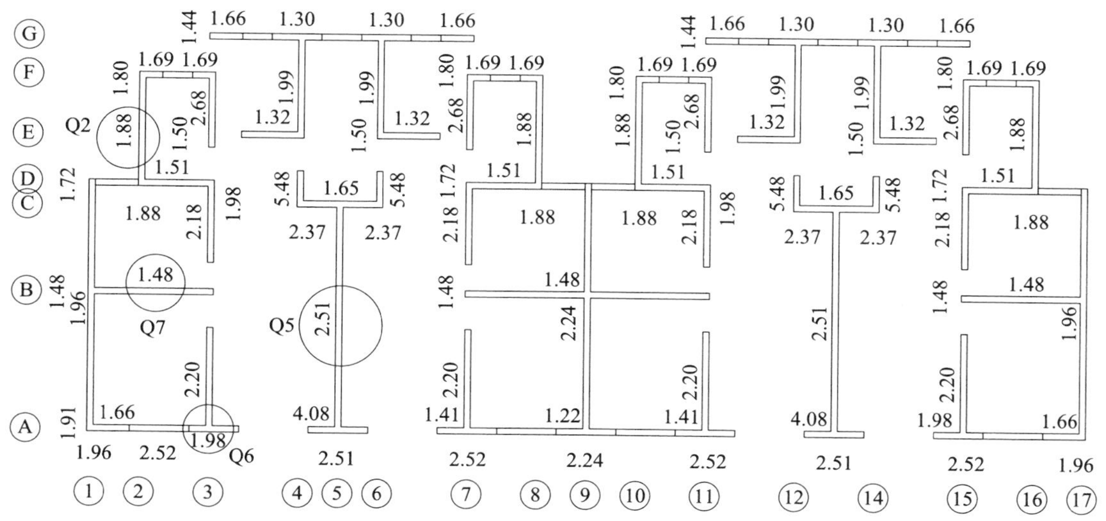

图 22.4－5　四层墙体抗震验算（抗力与效应之比）

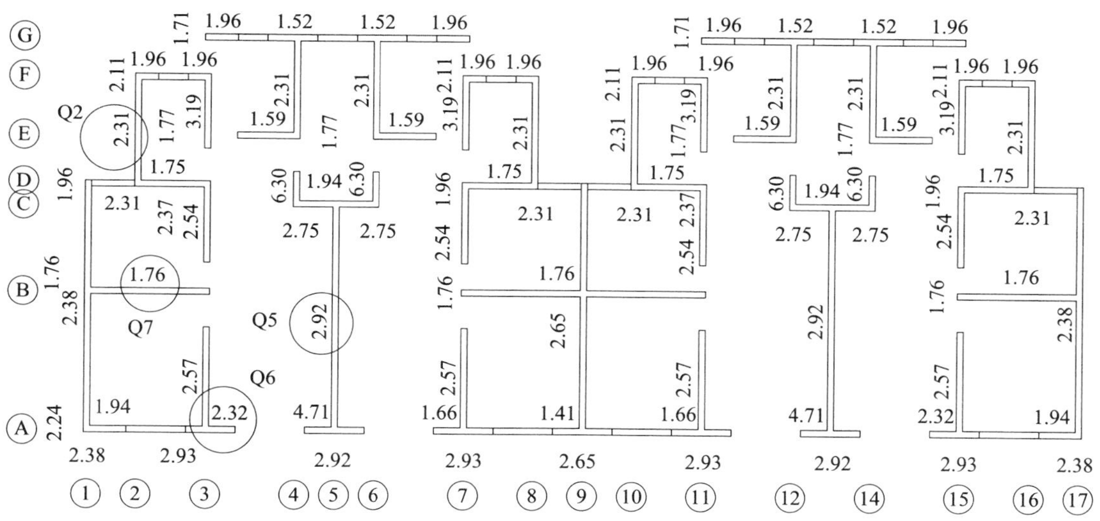

图 22.4－6　五层墙体抗震验算（抗力与效应之比）

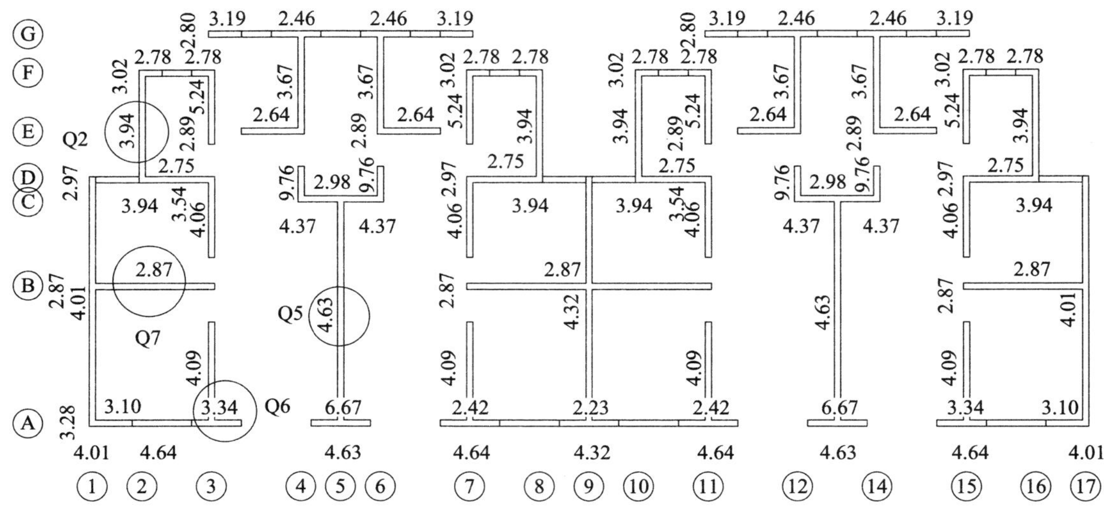

图 22.4－7　六层墙体抗震验算（抗力与效应之比）

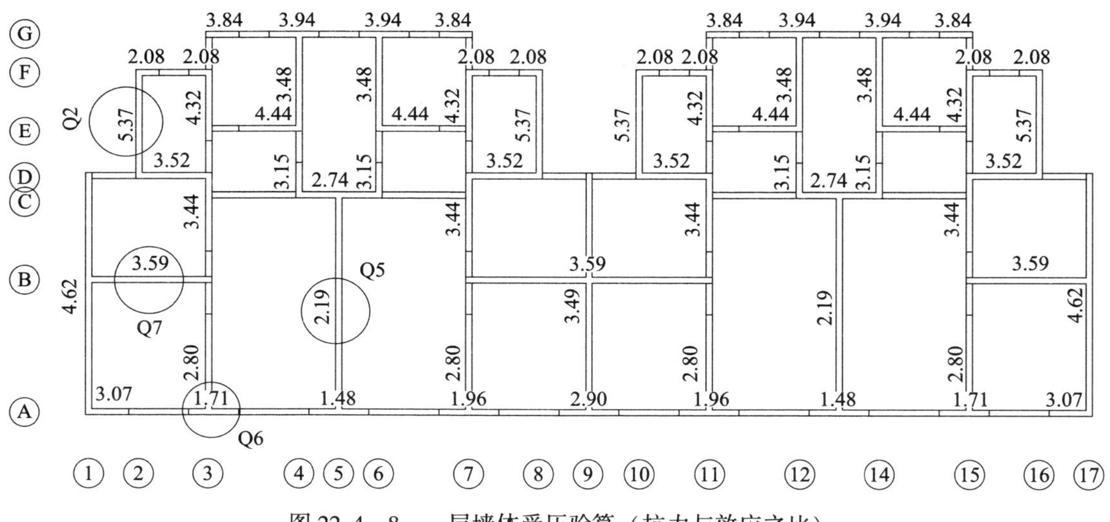

图 22.4－8　一层墙体受压验算（抗力与效应之比）

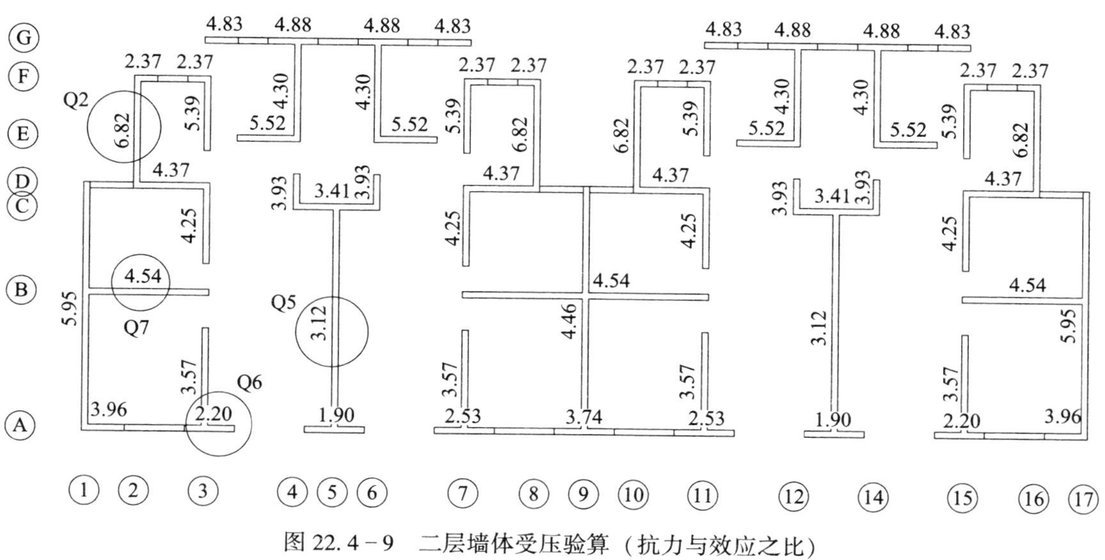

图 22.4－9　二层墙体受压验算（抗力与效应之比）

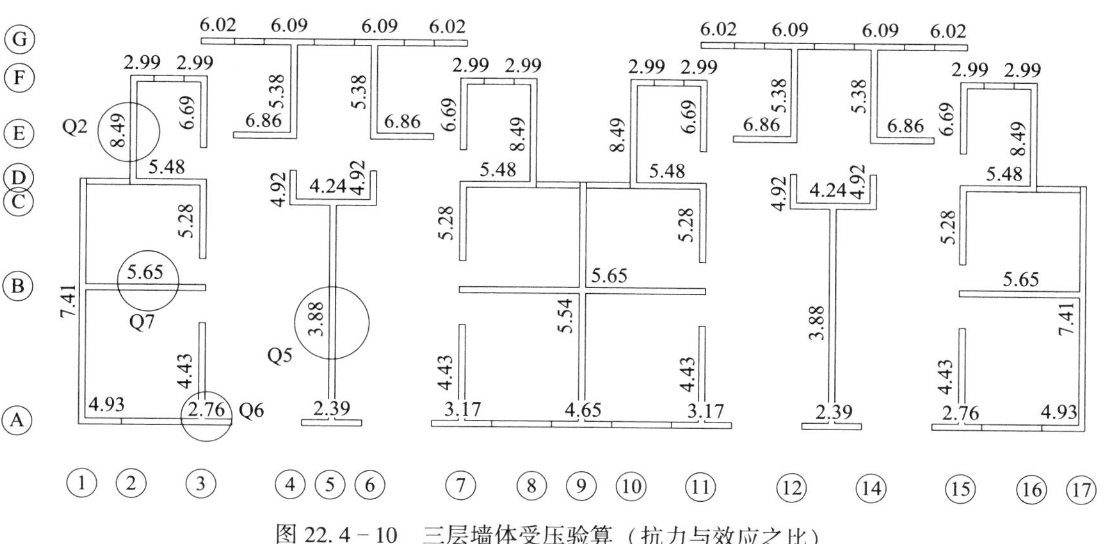

图 22.4－10　三层墙体受压验算（抗力与效应之比）

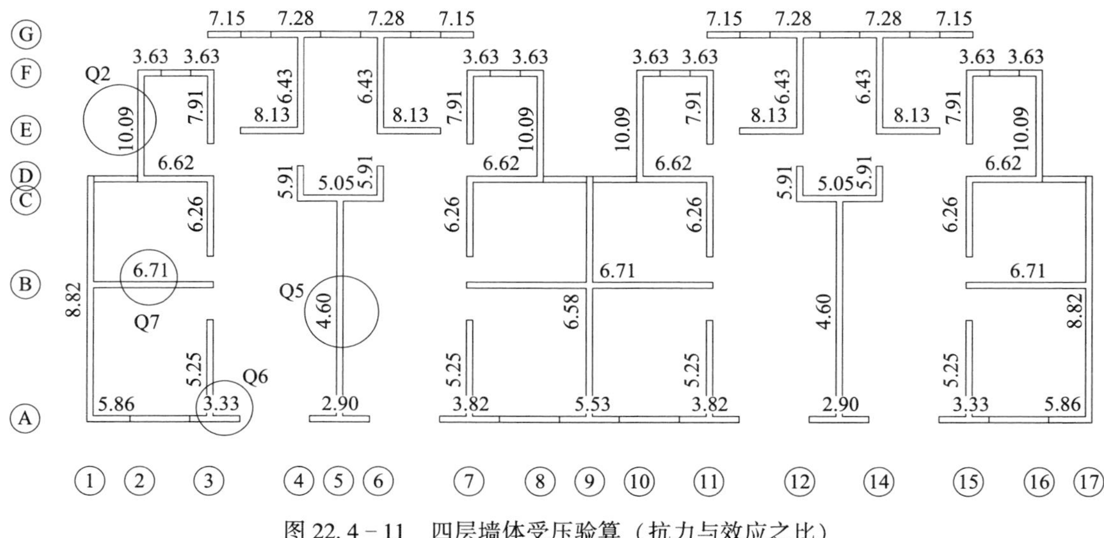

图 22.4－11　四层墙体受压验算（抗力与效应之比）

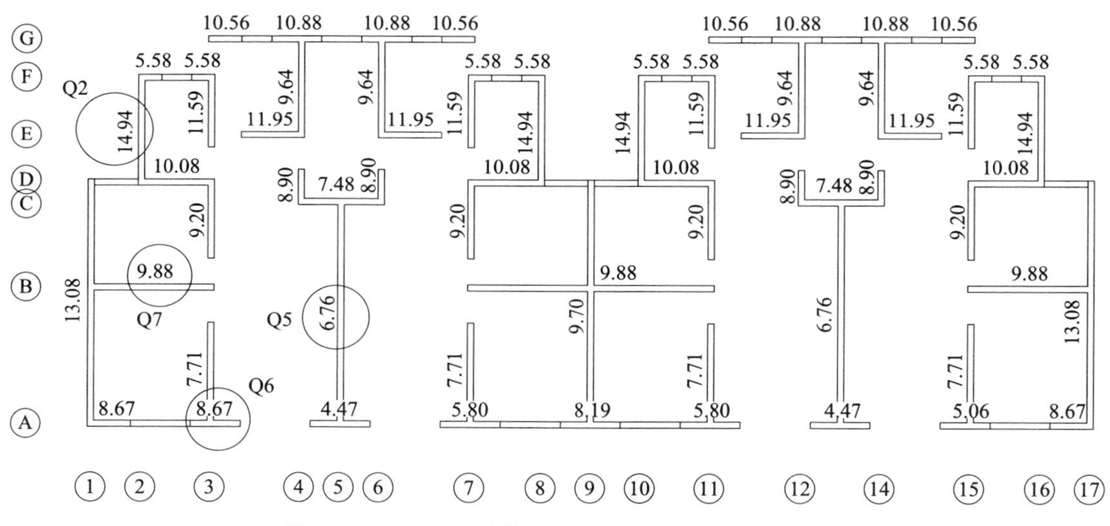

图 22.4－12　五层墙体受压验算（抗力与效应之比）

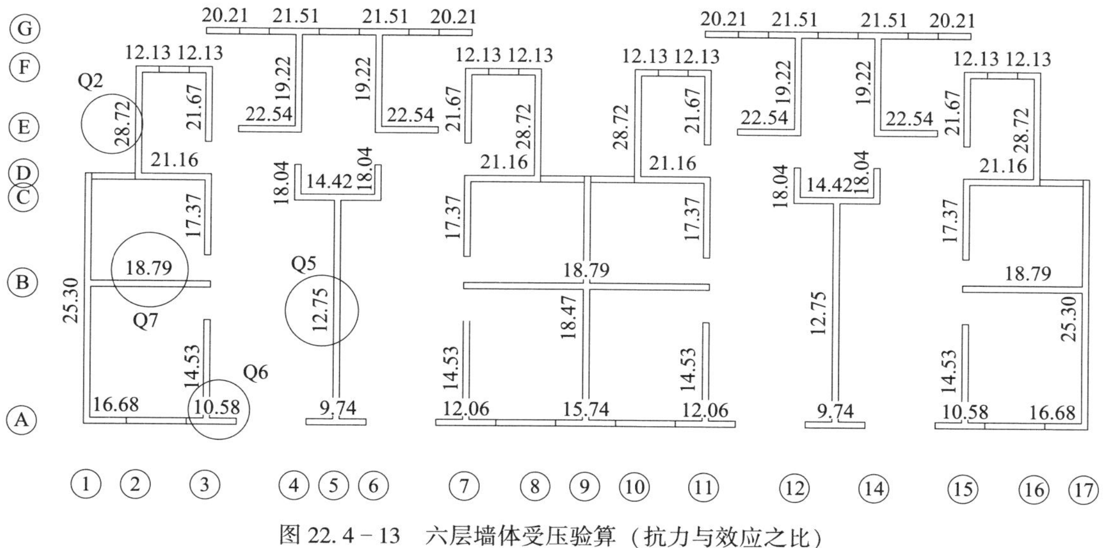

图 22.4－13　六层墙体受压验算（抗力与效应之比）

22.4.4　墙体抗震验算

选择抗震验算墙段：横墙 Q_2（墙宽 3.49m）、Q_5（墙宽 3.79m）

纵墙 Q_6（墙宽 1.5m）、Q_7（墙宽 7.09m）

1. 墙体刚度计算

（1）底层：墙厚 $t=0.19$m

表 22.4－1

轴线号	墙号	墙段高 h/m	墙段宽 b/m	$\rho=h/b$	墙段数量	$h/b<1$ $K=t/(3\rho)$	$1<h/b<4$ $K=t/(\rho^3+3\rho)$	K
1	Q_1	3.8	7.69	0.49	3	0.19/（3×0.49）=0.129		0.129×3=0.387
2	Q_2	3.8	3.49	1.09	4	0.19/（1.09^3+3×1.09）=0.042		0.042×4=0.168
3	Q_3	3.8	3.2	1.19	4	0.19/5.255=0.036		0.08×4=0.32
			2.5	1.52		0.19/8.072=0.024		
			2.3	1.65		0.19/9.44=0.020		
4	Q_4	3.8	1.1	3.45	4	0.19/51.41=0.004		0.04×4=0.16
			3.19	1.19		0.19/5.255=0.036		
5	Q_5	3.8	7.09	0.54	2	0.19/（3×0.54）=0.117		0.117×2=0.234

续表

轴线号	墙号	墙段高 h/m	墙段宽 b/m	$\rho=h/b$	墙段数量	$h/b<1$ $K=t/(3\rho)$	$1<h/b<4$ $K=t/(\rho^3+3\rho)$	K
A	Q_6	3.8	4.595	0.826	2	0.056		0.056×2=0.112
			1.8	2.11	2	0.19/15.72=0.012		0.012×2=0.024
			9	0.31	1	0.11		0.11
B	Q_7	3.8	3.79	1.003	4	0.19/4.043=0.047		0.047×4=0.188
C	Q_8	3.8	2.59	1.467	2	0.19/7.588=0.025		0.025×2=0.05
D	Q_9	3.8	3.790	1.00	4	0.050		0.050×4=0.200
E	Q_{10}	3.8	1.9	2	4	0.19/14=0.014		0.014×4=0.056
G	Q_{11}	3.8	3.395	1.12	4	0.045		0.045×4=0.18

（2）标准层：墙高 $h=2.8$m，墙厚 $t=0.19$m

表 22.4－2

轴线号	墙号	墙段高 h/m	墙段宽 b/m	$\rho=h/b$	墙段数量	$h/b<1$ $K=t/(3\rho)$	$1<h/b<4$ $K=t/(\rho^3+3\rho)$	K
1	Q_1	2.8	7.69	0.36	3	0.19/（3×0.364）=0.174		0.174×3=0.522
2	Q_2	2.8	3.49	0.802	4	0.19/（3×0.802）=0.079		0.079×4=0.316
3	Q_3	2.8	3.2	0.875	4	0.19/（3×0.875）=0.072		0.152×4=0.604
			2.5	1.12		0.19/（1.123+3×1.12）=0.04		
			2.3	1.21		0.19/（1.77+3×1.21）=0.039		
4	Q_4	2.8	1.1	2.545	4	0.19/（2.5453+3×2.545）=0.008		0.08×4=0.32
			3.19	0.878		0.19/（3×0.087）=0.072		
5	Q_5	2.8	7.09	0.359	2	0.19/（3×0.395）=0.16		0.16×2=0.32
A	Q_6	2.8	4.595	0.609	2	0.069		0.069×2=0.138
			1.8	1.56	2	0.19/8.47=0.023		0.023×2=0.046
			9	0.31	1	0.15		0.15
B	Q_7	2.8	3.79	0.739	4	0.19/2.217=0.086		0.086×4=0.344
C	Q_8	2.8	2.59	1.081	2	0.19/4.51=0.042		0.042×2=0.084
D	Q_9	2.8	3.790	0.738	4	0.063		0.063×4=0.253
E	Q_{10}	2.8	1.9	1.474	4	0.19/7.62=0.025		0.025×4=0.1
G	Q_{11}	2.8	7.990	0.350	2	0.121		0.121×2=0.242

注：计算带窗洞墙的刚度时，要考虑窗洞对墙刚度的影响。

2. 抗震验算

表 22.4－3

层	G_{eq}=1.0 恒+0.5 活（kN）
6	3108
5	3728
4	3728
3	3728
2	3728
1	4072
$\sum$22092kN	

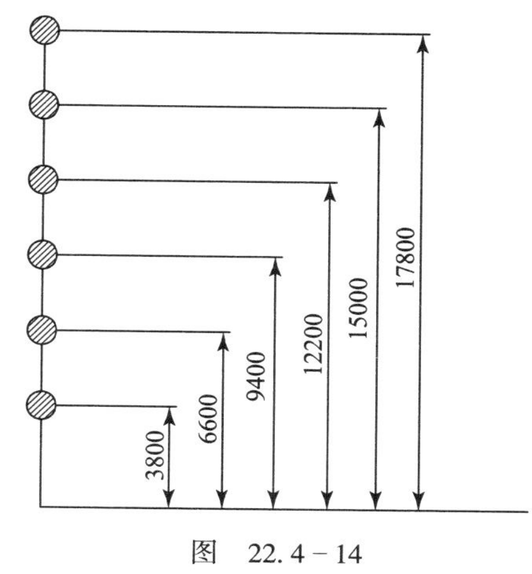

图　22.4－14

总水平地震作用标准值

$F_{EK}=\alpha_{max}G_{eq}=0.08\times22092\times0.85=1502.25kN$

$F_i=G_iH_i\times F_{EK}/\sum G_iH_i$

其中 $\sum G_iH_i=4072\times3.8+3728\times(6.6+9.4+12.2+15)+17.8\times3108=231845.6$

$F_i=G_iH_i\times F_{EK}/\sum G_iH_i=G_iH_i\times1502.25/231845.6=0.0065G_iH_i$

（1）各层地震作用标准值：

$F_6=0.0065\times3108\times17.8=359.6kN$

$F_5=0.0065\times3728\times15=363.5kN$

$F_4=0.0065\times3728\times12.2=295.6kN$

$F_3=0.0065\times3728\times9.4=227.8kN$

$F_2=0.0065\times3728\times6.6=159.9kN$

$F_1=0.0065\times4072\times3.8=100.6kN$

（2）作用与 i 层的地震剪力：

$V_6=359.6kN$

$V_5=359.6+363.5=723.1kN$

$V_4=723.1+295.6=1018.7kN$

$V_3=1018.7+227.8=1246.5kN$

$V_2=1246.5+159.9=1406.4kN$

$V_1=1406.4+100.6=1507KN$

（3）地震剪力分配：

因为楼屋面板均为现浇，故地震剪力按墙段等效刚度比例进行分配。

表 22.4－4　横墙

层次	层剪力/kN	层总刚度	墙段刚度		刚度比	墙段剪力/kN
6	359.6	2.082	Q_2	0.079	0.038	13.7
			Q_5	0.16	0.077	27.7
5	723.1	2.082	Q_2	0.079	0.038	27.5
			Q_5	0.16	0.077	55.7
4	1018.7	2.082	Q_2	0.079	0.038	38.7
			Q_5	0.16	0.077	78.4
3	1246.5	2.082	Q_2	0.079	0.038	47.4
			Q_5	0.16	0.077	96.0
2	1406.4	2.082	Q_2	0.079	0.038	53.4
			Q_5	0.16	0.077	108.3
1	1507	1.269	Q_2	0.042	0.033	49.7
			Q_5	0.117	0.093	140.15

表 22.4－5　纵墙

层次	层剪力/kN	层总刚度	墙段刚度		刚度比	墙段剪力/kN
6	359.6	1.357	Q_6	0.037	0.027	9.70
			Q_7	0.086	0.063	22.65
5	723.1	1.357	Q_6	0.037	0.027	19.52
			Q_7	0.086	0.063	45.56
4	1018.7	1.357	Q_6	0.037	0.027	27.50
			Q_7	0.086	0.063	64.18
3	1246.5	1.357	Q_6	0.037	0.027	33.66
			Q_7	0.086	0.063	78.53
2	1406.4	1.357	Q_6	0.037	0.027	37.97
			Q_7	0.086	0.063	88.6
1	1507	0.92	Q_6	0.029	0.032	48.22
			Q_7	0.047	0.051	77.0

（4）正应力计算：

横墙　$A_{Q2}=3.49\times0.19=0.663\text{m}^2$

$A_{Q5}=7.09\times0.19=1.347\text{m}^2$

纵墙　$A_{Q6}=1.5\times0.19=0.285m^2$

$A_{Q7}=3.79\times0.19=0.720m^2$

正应力　$\alpha_0=N\times L/(L\times t)=N/(t/1000)$ (N/mm)

表 22.4－6

层次	Q_2		Q_5		Q_6		Q_7	
	轴力设计值 N (kN/m)	正应力 α_0 (MPa)	轴力设计值 N (kN/m)	正应力 α_0 (MPa)	轴力设计值 N (kN/m)	正应力 α_0 (MPa)	轴力设计值 N (kN/m)	正应力 α_0 (MPa)
6	21.2	0.112	38.5	0.203	61.76	0.326	26.8	0.141
5	40.7	0.214	74.3	0.391	120.82	0.636	52.2	0.275
4	59.6	0.314	110.1	0.579	179.88	0.946	77.5	0.408
3	78.8	0.415	145.9	0.768	238.94	1.258	102.8	0.541
2	98.0	0.516	181.7	0.956	298	1.568	128.2	0.675
1	122.7	0.646	245.7	1.293	362	1.905	172.3	0.907

(5) 墙段抗力与效应之比：

表 22.4－7

墙段剪力	层	抗剪强度		Q_2 ($A=0.663m^2$)			
		砌筑砂浆	f_v (MPa)	正应力影响系数 ζ_n	$f_{vE}=\zeta_n\times f_v$ (MPa)	抗震承载力 $V_R=f_{vE}\times A_i/\gamma_{RE}\times1000$	抗力效应 $k=V_R/(V_i\times\gamma_{Eh})$
13.7	6	M7.5	0.08	1.258	0.101	74.14	4.16
27.5	5	M7.5	0.08	1.492	0.119	87.93	2.46
38.7	4	M7.5	0.08	1.722	0.138	101.48	2.02
47.4	3	M10	0.09	1.849	0.166	122.59	1.99
53.4	2	M10	0.09	2.056	0.185	136.31	1.96
49.7	1	M10	0.09	2.305	0.207	152.82	2.37
水平地震力分项系数 $\gamma_{Eh}=1.3$，承载力抗震调整系数 $\gamma_{RE}=0.9$							
墙段剪力	层	抗剪强度		Q_5 ($A=1.347m^2$)			
		砌筑砂浆	f_v (MPa)	正应力影响系数 ζ_n	$f_{vE}=\zeta_n\times f_v$ (MPa)	抗震承载力 $V_R=f_{vE}\times A_i/\gamma_{RE}\times1000$	抗力效应 $k=V_R/(V_i\times\gamma_{Eh})$
27.7	6	M7.5	0.08	1.467	0.117	175.65	4.88
55.7	5	M7.5	0.08	1.899	0.152	227.37	3.1

续表

墙段剪力	层	抗剪强度		Q_5（$A=1.347\text{m}^2$）			
		砌筑砂浆	f_v（MPa）	正应力影响系数 ζ_n	$f_{vE}=\zeta_n\times f_v$（MPa）	抗震承载力 $V_R=f_{vE}\times A_i/\gamma_{RE}\times1000$	抗力效应 $k=V_R/（V_i\times\gamma_{Eh}）$
78.4	4	M7.5	0.08	2.316	0.185	277.30	2.72
96.0	3	M10	0.09	2.534	0.228	341.33	2.74
108.3	2	M10	0.09	2.795	0.252	376.49	2.67
140.2	1	M10	0.09	3.244	0.292	436.97	2.40
水平地震力分项系数 $\gamma_{Eh}=1.3$，承载力抗震调整系数 $\gamma_{RE}=0.9$							
墙段剪力	层	抗剪强度		Q_6（$A=0.285\text{m}^2$）			
		砌筑砂浆	f_v（MPa）	正应力影响系数 ζ_n	$f_{vE}=\zeta_n\times f_v$（MPa）	抗震承载力 $V_R=f_{vE}\times A_i/\gamma_{RE}\times1000$	抗力效应 $k=V_R/（V_i\times\gamma_{Eh}）$
9.70	6	M7.5	0.08	1.750	0.140	44.33	3.52
19.52	5	M7.5	0.08	2.436	0.195	61.71	2.43
27.50	4	M7.5	0.08	2.939	0.235	74.45	2.08
33.66	3	M10	0.09	3.197	0.288	91.11	2.08
37.97	2	M10	0.09	3.611	0.325	102.91	2.08
48.22	1	M10	0.09	3.92	0.353	111.72	1.78
水平地震力分项系数 $\gamma_{Eh}=1.3$，承载力抗震调整系数 $\gamma_{RE}=0.9$							
墙段剪力	层	抗剪强度		Q_7（$A=0.720\text{m}^2$）			
		砌筑砂浆	f_v（MPa）	正应力影响系数 ζ_n	$f_{vE}=\zeta_n\times f_v$（MPa）	抗震承载力 $V_R=f_{vE}\times A_i/\gamma_{RE}\times1000$	抗力效应 $k=V_R/（V_i\times\gamma_{Eh}）$
22.65	6	M7.5	0.08	1.324	0.106	84.74	2.88
45.56	5	M7.5	0.08	1.663	0.133	106.43	1.80
64.18	4	M7.5	0.08	1.938	0.155	124.03	1.49
78.53	3	M10	0.09	2.106	0.190	151.63	1.49
88.60	2	M10	0.09	2.36	0.212	169.92	1.48
77.0	1	M10	0.09	2.729	0.246	196.49	1.96
水平地震力分项系数 $\gamma_{Eh}=1.3$，承载力抗震调整系数 $\gamma_{RE}=0.9$							

（6）构造布置：

外墙转角灌实 5 个孔，内外墙交接处灌实 4 个孔，内墙交接处灌实 4~5 个孔，楼梯段上下端对应的墙体处灌实 2 个孔，洞口两侧各灌实 1 个孔。灌芯混凝土强度等级 Cb20，每孔芯柱竖向插筋 1ϕ14，竖向插筋贯通墙身与圈梁连接，并且深入地面以下 500mm。每层布置现浇钢筋混凝土圈梁。

其余构造要求详见 22.3 节的有关规定。

第 23 章　配筋混凝土小型空心砌块抗震墙房屋抗震设计

23.1　一 般 规 定

23.1.1　配筋混凝土小砌块抗震墙的定义

配筋混凝土小砌块抗震墙是指使用砌块外形尺寸为 390×190×190mm、空心率为 50%左右的单排孔混凝土空心砌块，在砌块的肋部上开有约 100×100mm 的槽口以放置水平钢筋，在砌块的孔洞内按配筋砌体插筋间隔布置要求的规定，插有不小于 1ϕ12 垂直钢筋，用流动性和和易性好并与混凝土小砌块结合良好的自流性细石混凝土灌孔填实，且配筋砌块肢长一般不小于 1m 的墙体。配筋混凝土小砌块抗震墙必须是全部灌孔，如需布置部分不灌孔的小砌块墙体，则不灌孔的小砌块墙体应按填充墙考虑。

由于混凝土小砌块的强度等级是按砌块的毛截面计算，而小砌块的空心率在 50%左右，为了使现浇混凝土强度与小砌块强度相匹配，宜采用砌块强度 2 倍或以上的混凝土灌孔。

23.1.2　结构选型

房屋的结构布置在平面上和立面上都应力求简单、规则、均匀，避免房屋有刚度突变、扭转和应力集中等不利于抗震的受力状况。配筋混凝土小砌块抗震墙与混凝土抗震墙的受力特性相似，抗震墙的高宽比越小，就越容易产生剪切破坏。因此，为提高结构的变形能力，纵横向抗震墙宜拉通对直；每个独立墙段长度不宜大于 8m，也不宜小于墙厚的 5 倍；将较长的抗震墙分成较均匀的若干墙段，使各墙段的高宽比不小于 2，这对房屋结构的抗震比较有利。

当房屋不规则而需设置抗震缝时应满足：房屋高度不超过 24m 时，留缝宽不小于 100mm；超过 24m 时，6、7、8、9 度相应每增加 6、5、4、3m，则缝宽增加不小于 20mm。

23.1.3　房屋高度和高宽比限值

配筋混凝土小砌块抗震墙具有较好的延性，由于配筋混凝土小砌块墙体中有缝隙存在，其变形能力要比混凝土墙大得多，是目前比较理想的墙体结构构件中的一种。

配筋混凝土小砌块房屋的高度和层数应符合表 23.1－1 的规定：6 度区（0.05g）不超过 60m 和 20 层，7 度区（0.10g）不超过 55m 和 18 层以及（0.15g）不超过 45m 和 15 层，8 度区（0.2g）不超过 40m 和 13 层以及（0.30g）不超过 30m 和 10 层，9 度区则不超过

24m 和 8 层。当房屋中有某层或几层有 40%以上的房间开间属大开间时，应按表 23.1－1 中的值适当减少 6m 高度和 2 层层数；当房屋高度超过规定时，应经过专门的试验或研究，在有可靠的技术数据的基础上，采取必要的结构加强措施，则房屋的高度和层数可适当增加，但不宜超过 6m 和 2 层。

表 23.1－1　配筋混凝土小型空心砌块抗震墙房屋适用的最大高度（m）

最小墙厚（mm）	6 度	7 度		8 度		9 度
	0.05g	0.10g	0.15g	0.20g	0.30g	0.40g
190	60	55	45	40	30	24

房屋的高宽比应符合表 23.1－2 的规定，满足 6 度区不大于 4.5，7 度区不大于 4.0，8 度区不大于 3.0 和 9 度区不大于 2.0 的要求，如超过要求则应对房屋进行整体弯曲验算，且不应出现整个墙肢受拉的情况。

表 23.1－2　配筋混凝土小型空心砌块抗震墙房屋适用的最大高宽比

烈度	6 度	7 度	8 度	9 度
最大高宽比	4.5	4.0	3.0	2.0

23.1.4　抗震等级的确定

应根据建筑抗震设防类别、设防烈度和房屋的高度等因素，按照表 23.1-3 来划分配筋混凝土小砌块抗震墙房屋的不同抗震等级。由于目前配筋混凝土小砌块抗震墙主要被使用在住宅房屋中，而且已有的试验研究也主要是针对这类房屋，因此表 23.1－3 是对丙类建筑的抗震等级作了规定，如是其他类别则可参照混凝土结构的相应规定对抗震等级予以提高或降低，也可经过专门的试验或研究来确定抗震等级和有关的计算及构造要求，确保房屋的使用安全。

表 23.1－3　配筋混凝土小型空心砌块抗震墙房屋的抗震等级

烈度	6 度		7 度		8 度		9 度
高度/m	≤24	>24	≤24	>24	≤24	>24	≤24
抗震等级	四	三	三	二	二	一	一

23.1.5　抗震横墙的最大间距

配筋混凝土小砌块抗震墙结构一般用于较高的多层和小高层住宅房屋，其横墙间距应该保证楼、屋盖传递水平地震作用所需要的刚度。对于纵墙承重的房屋，其抗震横墙的间距仍同样应满足规定的要求，以使横向抗震验算时的水平地震作用能够有效地传递到横墙上。抗震横墙最大间距应满足表 23. 1 – 4 的规定。

表 23. 1 – 4 配筋混凝土小型空心砌块抗震墙的最大间距

烈度	6 度	7 度	8 度	9 度
最大间距（m）	15	15	11	7

23. 1. 6 层高要求

由于配筋混凝土小砌块抗震墙的纵向钢筋是单排布置在墙中线上，承受出平面偏心荷载相对不利，而抗震墙的高度与抗震墙出平面偏心受压的承载能力和变形有直接关系，因此规定配筋小砌块抗震墙的层高限值主要是为了保证抗震墙出平面的强度、刚度和稳定性，对底部加强部位的要求还应更严一些，即底部加强部位的层高：一、二级不宜大于 3. 2m，三、四级不应大于 3. 9m；其他部位的层高：一、二级不应大于 3. 9m，三、四级不应大于 4. 8m。由于小砌块的厚度是确定的为 190mm，因此当房屋的层高为 3. 2 ~ 4. 8m 时，与普通钢筋混凝土抗震墙的要求基本相当。在设计中还应注意，目前配筋混凝土小砌块抗震墙房屋主要是作为住宅建筑，最大开间一般在 7 ~ 8m 左右，如果房屋开间必须很大，则应对抗震墙出平面的承载能力和抗震能力进行专门验算。

23. 1. 7 短肢抗震墙的规定

短肢抗震墙是指墙肢截面高度与宽度之比为 5 ~ 8 的抗震墙，一般抗震墙是指墙肢截面高度与宽度之比大于 8 的抗震墙。L 形、T 形、“+”形等多肢墙截面的长短肢性质由较长一肢确定。

短肢抗震墙结构有利于建筑布置，能扩大使用空间，减轻结构自重，但是其抗震性能较差，因此不应采用全部为短肢墙的配筋小砌块抗震墙结构，应形成短肢抗震墙与一般抗震墙共同抵抗水平地震作用的抗震墙结构，9 度时不宜采用短肢墙；在规定的水平力作用下，一般抗震墙承受的第一振型底部地震倾覆力矩不应小于结构总倾覆力矩的 50%，且短肢抗震墙截面面积与同层抗震墙总截面面积比例，两个主轴方向均不宜大于 20%。由于一字形短肢抗震墙延性及平面外稳定性均相对较差，因此不应布置单侧楼、屋面梁与之平面外垂直或斜交，短肢抗震墙应尽可能设置翼缘，短肢墙的抗震等级应比表 23. 1 – 3 的规定提高一级采用，已为一级时，配筋应按 9 度的要求提高，以此保证短肢抗震墙具有适当的抗震能力。

23. 2 内力分析与抗震承载力验算

23. 2. 1 抗震验算

对于抗震设防烈度为 6 度的配筋混凝土小砌块房屋在满足最大高度、最大高宽比、抗震横墙最大间距、结构布置简单、规则、均匀等要求时，可以不做抗震验算，但对高于 6 度抗震设防烈度的仍应按有关规定调整地震作用效应，进行抗震验算，同时应进行多遇地震作用下的抗震变形验算。底层由于承受的剪力最大，且主要是剪切变形，其弹性层间位移角限值控制应从严，不宜超过 1/1200，楼层的层间变形主要是弯曲变形，其弹性层间位移角限值可适当放宽，不宜超过 1/800。

23.2.2　抗震墙剪力设计值调整系数

在配筋混凝土小砌块抗震墙房屋抗震设计计算中，抗震墙底部的荷载作用效应最大，因此应根据计算分析结果，对底部截面的组合剪力设计值采用剪力放大系数的形式进行调整，以使房屋的最不利截面得到加强。抗震墙底部加强部位是指高度不小于房屋总高度的 1/6 且不小于二层楼的高度，当房屋总高度小于 21m 时可取一层，房屋总高度从室内地坪算起，但应保证±0.000 以下的墙体强度不小于±0.000 以上的墙体强度。抗震墙底部加强部位截面的组合剪力设计值按以下规定调整：

$$V = \eta_{vw} V_w \tag{23.2-1}$$

式中　η_{vw}——剪力增大系数，规范根据房屋的抗震等级，规定了不同的剪力增大系数，以对应不同抗震等级房屋对抗震设计的不同要求。剪力增大系数的取值是抗震等级为一、二、三、四的房屋其剪力增大系数分别为 1.6、1.4、1.2 和 1.0。

23.2.3　抗震墙截面组合的剪力设计值的规定

配筋混凝土小砌块抗震墙截面组合的剪力设计值应符合下式的要求，以保证抗震墙在地震作用下有较好的变形能力，不至于发生脆性的剪切破坏。

剪跨比 $\lambda>2$

$$V \leqslant \frac{1}{\gamma_{RE}}(0.2 f_g b h) \tag{23.2-2}$$

剪跨比 $\lambda \leqslant 2$

$$V \leqslant \frac{1}{\gamma_{RE}}(0.15 f_g b h) \tag{23.2-3}$$

式中　f_g——灌孔小砌块砌体抗压强度设计值，满灌时可取 2 倍砌块砌体抗压强度设计值或按砌体规范计算；

b——抗震墙截面宽度；

h——抗震墙截面高度；

γ_{RE}——承载力抗震调整系数，取 0.85。

剪跨比 λ 应按墙端截面组合的弯矩计算值 M^c、对应的截面组合剪力计算值 V^c 及墙截面有效高度 h_0 确定。

$$\lambda = \frac{M^c}{V^c h_0} \tag{23.2-4}$$

在验算配筋混凝土小砌块抗震墙截面组合的剪力设计值时，如是底部加强部位应注意取用的是经剪力增大系数调整后的剪力设计值。

23.2.4　偏心受压抗震墙截面的受剪承载力计算

偏心受压抗震墙截面受剪承载力计算应符合下列公式：

$$V \leqslant \frac{1}{\gamma_{RE}}\left[\frac{1}{\lambda - 0.5}(0.48f_{gv}bh_0 + 0.1N) + 0.72f_{yh}\frac{A_{sh}}{s}h_0\right] \tag{23.2-5}$$

$$0.5V \leqslant \frac{1}{\gamma_{RE}}(0.72f_{yh}\frac{A_{sh}}{s}h_0) \tag{23.2-6}$$

式中　λ——计算截面处的剪跨比，小于 1.5 时取 1.5，大于 2.2 时取 2.2；

N——抗震墙轴向压力设计值，取值不应大于 $0.2f_g b_w h_w$；

A_{sh}——同一截面的水平钢筋截面面积；

s——水平分布筋间距；

f_{yh}——水平分布筋抗拉强度设计值；

h_0——抗震墙截面有效高度。

在使用公式计算时应注意，公式中的 f_{gv} 是灌孔小砌块砌体抗剪强度设计值，取 $f_{gv} = 0.2f_g^{0.55}$，f_g 是灌孔小砌块砌体的抗压强度设计值。

公式（23.2-6）是为了保证配筋混凝土小砌块抗震墙具有良好的受力性能和延性，而规定了水平分布钢筋所承担的剪力不应小于截面组合的剪力设计值的一半，实际上是根据剪力设计值的大小，规定了水平分布钢筋的最小配筋率。

23.2.5　大偏心受拉抗震墙截面的受剪承载力计算

大偏心受拉抗震墙截面的受剪承载力计算应符合下列公式：

$$V \leqslant \frac{1}{\gamma_{RE}}\left[\frac{1}{\lambda - 0.5}(0.48f_{gv}bh_0 - 0.17N) + 0.72f_{yh}\frac{A_{sh}}{s}h_0\right] \tag{23.2-7}$$

$$0.5V \leqslant \frac{1}{\gamma_{RE}}\left(0.72f_{yh}\frac{A_{sh}}{s}h_0\right) \tag{23.2-8}$$

当 $0.48f_{gv}bh_0-0.17N\leqslant0$ 时，取 $0.48f_{gv}bh_0-0.17N=0$。

式中　N——抗震墙组合的轴向拉力设计值。

配筋混凝土小砌块抗震墙由于其竖向钢筋是单排布置在墙中线上，当墙片全截面受拉时，受力状况并不稳定，因此应避免抗震墙出现轴心受拉或小偏心受拉的情况。

23.2.6　有关连梁的计算规定

配筋混凝土小砌块砌体由于其块型、砌筑方法和配筋方式的限制，不适宜做跨高比较大的梁构件，而在配筋混凝土小砌块抗震墙结构中，连梁是保证房屋整体性的重要构件，为了保证连梁与抗震墙节点处在弯曲屈服前不会出现剪切破坏和具有适当的刚度和承载能力，对跨高比大于 2.5 的连梁应采用受力性能较好的钢筋混凝土连梁，以确保连梁构件的“强剪弱弯”，其设计方法应符合混凝土设计规范的有关要求。对于跨高比小于 2.5 的连梁（主要指窗下墙部分），可以采用配筋混凝土小砌块砌体连梁或由混凝土梁和配筋混凝土小砌块砌体组合而成的连梁，按以下公式计算。

配筋混凝土小砌块砌体连梁的截面应满足下式的要求：

$$V \leqslant \frac{1}{\gamma_{RE}}(0.15f_g bh_0) \tag{23.2-9}$$

配筋混凝土小砌块砌体连梁的斜截面受剪承载力应按下式计算：

$$V \leqslant \frac{1}{\gamma_{RE}}\left(0.56f_{gv}bh_0 + 0.7f_{yv}\frac{A_{sh}}{s}h_0\right) \tag{23.2-10}$$

式中　A_{sv}——配置在同一截面内的箍筋各肢的全部截面面积；

f_{yv}——箍筋的抗拉强度设计值。

23.2.7　抗震墙截面的偏压和受弯承载力计算

抗震墙截面的偏压和受弯承载力计算可按下列假定进行计算：

（1）在荷载作用下，截面应变符合平截面假定。

（2）不考虑钢筋与砼砌体的相对滑移。

（3）不考虑砼砌体的抗拉强度。

（4）砼砌体的极限压应变，对偏心受压和受弯构件取 $\varepsilon_{cm}=0.003$。

（5）当构件处于大偏压受力状态时，不同位置的钢筋应变均由平截面假定计算。构件内竖向钢筋应力数值及性质由该处钢筋应变确定。

（6）当构件处于小偏压或轴心受压状态时，由于构件内分布钢筋对构件的承载能力贡献较小，可不考虑钢筋的作用。

（7）按极限状态设计时，受压区砼的应力图形可简化为等效的矩形应力图，其高度 X 可取等于按平截面假定所确定的中和轴受压区高度 X_c 乘以 0.8。

对于抗震墙截面的抗弯承载力可按校对法进行设计，即先假定纵向钢筋的直径和间距以及受压区高度，然后按平截面假定来计算截面的内力，通过不断修正受压区高度及调整纵向钢筋的直径和间距使荷载与内力达到平衡。

23.3　抗震构造措施

23.3.1　对灌孔混凝土的设计要求

配筋混凝土小砌块砌体的孔洞浇捣质量对墙体的受力性能影响很大，因此必须保证孔洞混凝土浇捣密实，没有空洞。灌孔混凝土应采用塌落度在 22~25mm，流动性和和易性好并与混凝土小砌块结合良好的自流性细石混凝土，加上要有正确的施工方法，则灌孔的施工质量才有保证。如混凝土的强度等级低于 Cb20，就很难配出施工性能能够满足灌孔要求的混凝土。

23.3.2　抗震墙中分布钢筋布置要求

配筋混凝土小砌块抗震墙的竖向分布钢筋宜对称布置，竖向分布钢筋的最小直径为

12mm，最大间距为600mm，抗震等级为一级时不应大于400mm，顶层和底层还应适当减小间距；最小配筋率控制是抗震等级为一级的房屋所有部位均不小于0.15%，二级所有部位均不小于0.13%，三级一般部位不小于0.11%，三级加强部位不小于0.13%，四级所有部位均不小于0.10%。横向分布钢筋应双排布置，最小直径为8mm，最大间距为600mm，顶层和底层则不大于400mm，抗震等级为一级时不应大于400mm；最小配筋率控制是抗震等级为一级的一般部位不小于0.13%，加强部位不小于0.15%，抗震等级二~四级则与竖向钢筋要求相同。当抗震设防烈度为9度时，竖向分布钢筋和横向分布钢筋的配筋率均不应小于0.2%。这些构造措施要求是为了保证墙体在开裂以后不至于马上丧失承载能力，而有适当的延性。

根据配筋混凝土小砌块抗震墙的施工特点，墙内的钢筋放置无法绑扎搭接，因此墙内钢筋的搭接长度不应小于48倍钢筋的直径，锚固长度不应小于42倍钢筋的直径。

23.3.3　轴压比控制

配筋混凝土小砌块抗震墙在重力荷载代表值作用下的轴压比控制是为了保证配筋混凝土小砌块抗震墙在水平荷载作用下的延性和强度的发挥，同时也是为了防止墙片截面过小、配筋率过高，保证抗震墙的结构延性，因此配筋混凝土小砌块抗震墙的轴压比应满足表23.3-1的要求。

表23.3-1　配筋混凝土小型空心砌块抗震墙轴压比要求

抗震等级	一般墙体（h/b>8）		短肢墙（h/b=5~8）		短肢墙（h/b<5）	
	底部加强部位	一般部位	有翼缘	无翼缘	有翼缘	无翼缘
一级（9度）	0.4	0.6	不宜	不宜	不宜	不宜
一级（8度）	0.5	0.6	0.5	0.4	0.4	0.3
二级	0.6	0.6	0.6	0.5	0.5	0.4
三级	0.6	0.6	0.6	0.5	0.5	0.4
四级	同非抗震设计					

23.3.4　边缘构件的配筋要求

在配筋混凝土小砌块抗震墙结构中，边缘构件无论是在提高墙体的强度和变形能力方面的作用都是非常明显的，因此参照混凝土抗震墙结构边缘构件设置的要求，结合混凝土小砌块抗震墙的特点，对构造边缘构件的设置和配筋要求应符合表23.3-2的要求，构造边缘构件的配筋范围：无翼墙端部为3孔配筋；L形转角节点为3孔配筋；T形转角节点为4孔配筋。当底部加强部位的轴压比，一级大于0.2和二级大于0.3时，还应设置约束边缘构件，约束边缘构件的范围应沿受力方向比构造边缘构件增加1孔，水平箍筋则应相应加强。约束边缘构件也可采用混凝土边框柱，但应注意使用比较强大的边框柱可能会造成墙体与边框柱的受力和变形不协调，使边框柱和配筋混凝土小砌块墙体的连接处开裂，反而影响整片墙体的抗震性能。

表 23. 3 - 2　配筋混凝土小砌块抗震墙边缘构件的配筋要求表

抗震等级	每孔竖向钢筋最小配筋量		水平箍筋最小直径	水平箍筋最大间距（mm）
	底部加强区部位	一般部位		
一级	1ϕ20	1ϕ18	ϕ8	200
二级	1ϕ18	1ϕ16	ϕ6	200
三级	1ϕ16	1ϕ14	ϕ6	200
四级	1ϕ14	1ϕ12	ϕ6	200

边缘构件水平箍筋宜采用搭接点焊网片形式，以保证对灌孔混凝土的有效约束；抗震等级为一级时，水平箍筋最小直径为 ϕ8，二～四级时为 ϕ6，但为了适当弥补钢筋直径减小造成的损失，当抗震等级为一、二、三级时，应采用 HRB335 或 RRB335 级钢筋；抗震等级为二级时，当轴压比大于 0. 3，则底部加强部位水平箍筋的最小直径不应小于 8mm。

23. 3. 5　连梁的抗震构造要求

配筋混凝土小砌块抗震墙结构中，跨高比大于 2. 5 的连梁，宜采用钢筋混凝土连梁，其截面设计应符合《混凝土结构设计规范》（GB 50010）对连梁的有关规定。跨高比小于或等于 2. 5 时可采用配筋砌体连梁，且沿梁全长布置的箍筋应满足表 23. 3-3 的要求，以保证连梁有适当的强度和延性；顶层连梁在纵向钢筋的锚固长度范围内，应设置间距不大于 200mm 的构造箍筋，直径与该连梁的箍筋直径相同；而且从梁顶以下 200mm 至梁底以上 200mm 的中间区域内应设置腰筋，伸入墙内的长度不应小于 30 倍钢筋直径和 300mm，间距不大于 200mm，每层腰筋一级不少于 2ϕ12，二～四级不少于 2ϕ10。

表 23. 3 - 3　配筋混凝土小型空心砌块砌体连梁箍筋的构建要求

抗震等级	箍筋最小直径/mm	箍筋最大间距/mm
一级	ϕ10	75
二级	ϕ8	100
三级	ϕ8	120
四级	ϕ8	150

23. 3. 6　楼盖的构造要求

为保证配筋混凝土小砌块抗震墙房屋各墙段的共同工作，提高房屋的整体性和抗震性能，宜采用现浇钢筋混凝土楼、屋盖，当房屋的抗震等级为四级时，也可以采用装配整体式钢筋混凝土楼、屋盖。各楼层均应设置现浇钢筋混凝土圈梁，圈梁混凝土抗压强度不应低于同层混凝土块体强度等级的 2 倍，或该层灌孔混凝土的强度等级，且不应小于 C20；圈梁截面高度不宜小于 200mm，圈梁内纵向钢筋直径不小于砌体内的水平分布钢筋直径且不应小于 4ϕ12；基础圈梁纵筋不应小于 4ϕ14，箍筋直径应大于等于 8mm，间距应小于等于 200mm；圈梁高度大于 300mm 时，应沿圈梁截面高度方向设置腰筋，其间距不应大于 200mm，直径不应小于 10mm。

23.4 计算例题

23.4.1 工程概况

本工程是 11 层住宅楼，采用配筋混凝土小型空心砌块砌体短肢抗震墙结构体系，现浇钢筋混凝土楼盖。本建筑层高为 2.8m，室内外高差 0.6m，混凝土小型空心砌块尺寸为 390mm×190mm×190mm，1～3 层砌块强度为 MU20，砂浆强度为 Mb15，灌孔混凝土采用 Cb30。4 层以上砌块强度为 MU10，砂浆强度为 Mb10，灌孔混凝土采用 Cb20。配筋砌体抗震墙采用混凝土小型空心砌块砌筑并插入钢筋，然后用流动性和和易性好并与混凝土小砌块结合良好的自流性细石混凝土灌孔填实。房屋单元的标准层平面图如图 23.4－1 所示。根据房屋建造要求和抗震规范的有关规定，设计的抗震设防烈度为 7 度，设计基本加速度为 0.10g，设计地震分组第一组，场地土类别为Ⅳ类，建筑抗震设防类别为丙类，建筑结构安全等级为二级，抗震等级为二级。

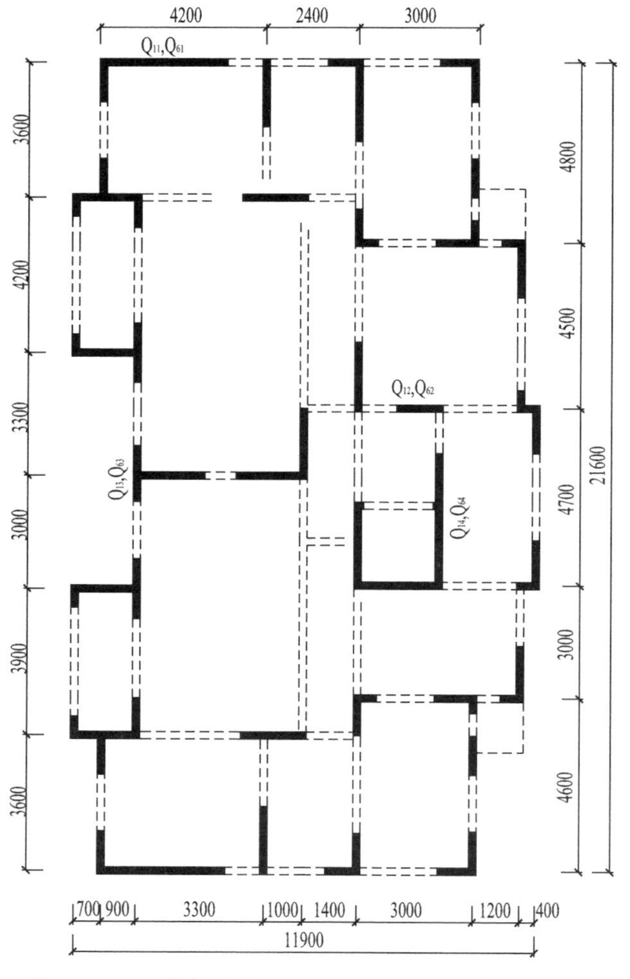

图 23.4－1　配筋混凝土小型空心砌块房屋单元平面图

23.4.2　荷载取值

1. 屋面（无屋顶水箱）	单位（kN/m^2）
架空板	1.2
防水层	0.4
保温找坡	1.0
现浇板　　$h=110mm$	2.8
板底粉刷	0.4
	合计：5.8
活载（不上人屋面）	0.7
2. 卧室、厅	
面层	1.0
现浇板　　$h=110mm$	2.8
板底粉刷	0.4
	合计：4.2
活载	2.0
3. 厨房、厕所	
面层	1.0
现浇板　　$h=90mm$	2.3
板底粉刷	0.4
	合计：3.7
活载	2.0
4. 楼梯	
现浇板自重	6.5（含两面粉刷）
活载	1.5
5. 阳台（梁板式）	
阳台板	3.7
阳台栏杆、梁	4.8kN/m
活载	2.5
6. 墙体	
190 厚小砌块灌实	5.8（含两面粉刷）
190 厚小砌块不灌实	3.4（含两面粉刷）
空调机板　　$h=80mm$	2.0
面层（空调机板）	1.0
板底粉刷（空调机板）	0.4

23.4.3 抗震验算

1. PKPM 计算结果

(1) 总信息:

结构材料信息:	配筋混凝土小砌块砌体
地下室层数:	MBASE = 0
竖向荷载计算信息:	按模拟施工加荷计算方式
风荷载计算信息:	计算 X、Y 两个方向的风荷载
地震力计算信息:	计算 X、Y 两个方向的地震力
特殊荷载计算信息:	不计算
结构类别:	短肢抗震墙结构
是否对全楼强制采用刚性楼板假定	否
采用的楼层刚度算法:	剪切刚度算法
风荷载信息:	
修正后的基本风压 (kN/m^2):	W_0 = 0.55
地面粗糙程度:	C 类
结构基本周期 (s):	T1 = 1.00
地震信息:	
振型组合方法 (CQC 耦联; SRSS 非耦联)	CQC
计算振型数:	NMODE = 15
地震烈度:	NAF = 7.00
场地类别:	KD = 4
设计地震分组:	一组
特征周期:	TG = 0.65
多遇地震影响系数最大值:	Rmax1 = 0.08
罕遇地震影响系数最大值:	Rmax2 = 0.50
抗震墙的抗震等级:	NW = 2
活荷质量折减系数:	RMC = 0.50
周期折减系数:	TC = 1.00
结构的阻尼比 (%):	DAMP = 5.00
是否考虑偶然偏心:	是
是否考虑双向地震扭转效应:	否
荷载组合信息:	
恒载分项系数:	CDEAD = 1.20
活载分项系数:	CLIVE = 1.40
风荷载分项系数:	CWIND = 1.40
水平地震力分项系数:	CEA_H = 1.30
竖向地震力分项系数:	CEA_V = 0.50

活荷载的组合系数：　CD_L =0.70
风荷载的组合系数：　CD_W =0.60
活荷载的重力荷载代表值系数：　CEA_L =0.50
抗震墙底部加强区信息：
抗震墙底部加强区层数：　IWF=2
抗震墙底部加强区高度（m）：　Z_STRENGTHEN=6.40
（2）抗倾覆验算结果：

表 23.4-1　抗倾覆弯矩与倾覆弯矩一览表

	抗倾覆弯矩 M_r	倾覆弯矩 M_{ov}	比值 M_r/M_{ov}	零应力区/%
X 风荷载	340222	7182.3	47.37	0.00
Y 风荷载	195971.1	12468.3	15.72	0.00
X 地震	340222	26149.6	13.01	0.00
Y 地震	195971.1	28885.4	6.78	0.00

结构整体稳定验算结果：
X 向刚重比 EJd/GH * *2=10.93
Y 向刚重比 EJd/GH * *2=13.04
该结构刚重比 EJd/GH * *2 大于 1.4，能够通过《高层建筑混凝土结构技术规程》（JGJ 3—2010 第 5.4.4 条）的整体稳定验算
该结构刚重比 EJd/GH * *2 大于 2.7，可以不考虑重力二阶效应
（3）振动周期（s）、X、Y 方向的平动系数，扭转系数：

表 23.4-2　振动周期及平动系数、扭转系数一览表

振型号	周期	转角	平动系数（X+Y）	扭转系数
1	0.9783	0.85	0.96（0.96+0.00）	0.04
2	0.8774	88.97	0.98（0.00+0.98）	0.02
3	0.7386	14233	0.07（0.04+0.02）	0.93
4	0.2687	178.34	0.95（0.95+0.00）	0.05
5	0.2288	85.64	0.96（0.01+0.95）	0.04
6	0.1958	133.70	0.09（0.04+0.05）	0.91
7	0.1251	177.02	0.95（0.95+0.00）	0.05
8	0.1053	8238	0.96（0.01+0.95）	0.04
9	0.0904	132.30	0.09（0.04+0.05）	0.91
10	0.0744	176.00	0.95（0.95+0.00）	0.05
11	0.064	83.83	0.97（0.01+0.96）	0.03

续表

振型号	周期	转角	平动系数（X+Y）	扭转系数
12	0.0548	136.27	0.07（0.04+0.04）	0.93
13	0.0506	175.08	0.95（0.94+0.01）	0.05
14	0.0446	83.19	0.98（0.01+0.96）	0.02
15	0.0383	141.53	0.07（0.04+0.03）	0.93

（4）层间位移角：

表 23.4－3 各工况下的最大层间位移角

工况编号	工况	最大位移方向	楼层最大层间位移角	
			第一层	其他各层
1	X 方向地震力作用	X 方向	1/3438	1/1205
2	X−5%偶然偏心地震力作用	X 方向	1/3292	1/1154
3	X+5%偶然偏心地震力作用	X 方向	1/3597	1/1261
4	Y 方向地震力作用	Y 方向	1/3922	1/1321
5	Y−5%偶然偏心地震力作用	Y 方向	1/4593	1/1541
6	Y+5%偶然偏心地震力作用	Y 方向	1/3421	1/1155
7	X 方向风荷载作用	X 方向	1/9999	1/5637
8	Y 方向风荷载作用	Y 方向	1/9999	1/4119

（5）墙片内力：

本工程内力计算采用高层建筑结构空间有限元分析与设计软件（SATWE）进行计算，各墙片在主要工况下计算得到的内力如图 23.4－2 至图 23.4－9 所示。根据计算结果通过内力组合，摘录得到的底层和六层各四片墙片的设计内力值如表 23.4－4 所示。

表 23.4－4 底层和六层部分墙片的设计内力

内力	一层墙片				六层墙片			
	Q_{11}	Q_{12}	Q_{13}	Q_{14}	Q_{61}	Q_{62}	Q_{63}	Q_{64}
N/kN	1962.3	965.1	1746.6	3136.1	1088.7	508.3	559.3	1163.8
M/(kN·m)	3927.4	181.1	334.6	2251.9	555.2	94.1	176.9	453.9
V/kN	878.9	72.2	97.4	579.5	294.5	58.3	71.1	236.4

底层属于底部加强区，因此应对截面的组合剪力设计值进行调整，$V=\eta_{VW}V_W$，η_{VW}为剪力增大系数，此处取 1.4。表 23.4－4 中的截面剪力设计值已按规定进行了调整。

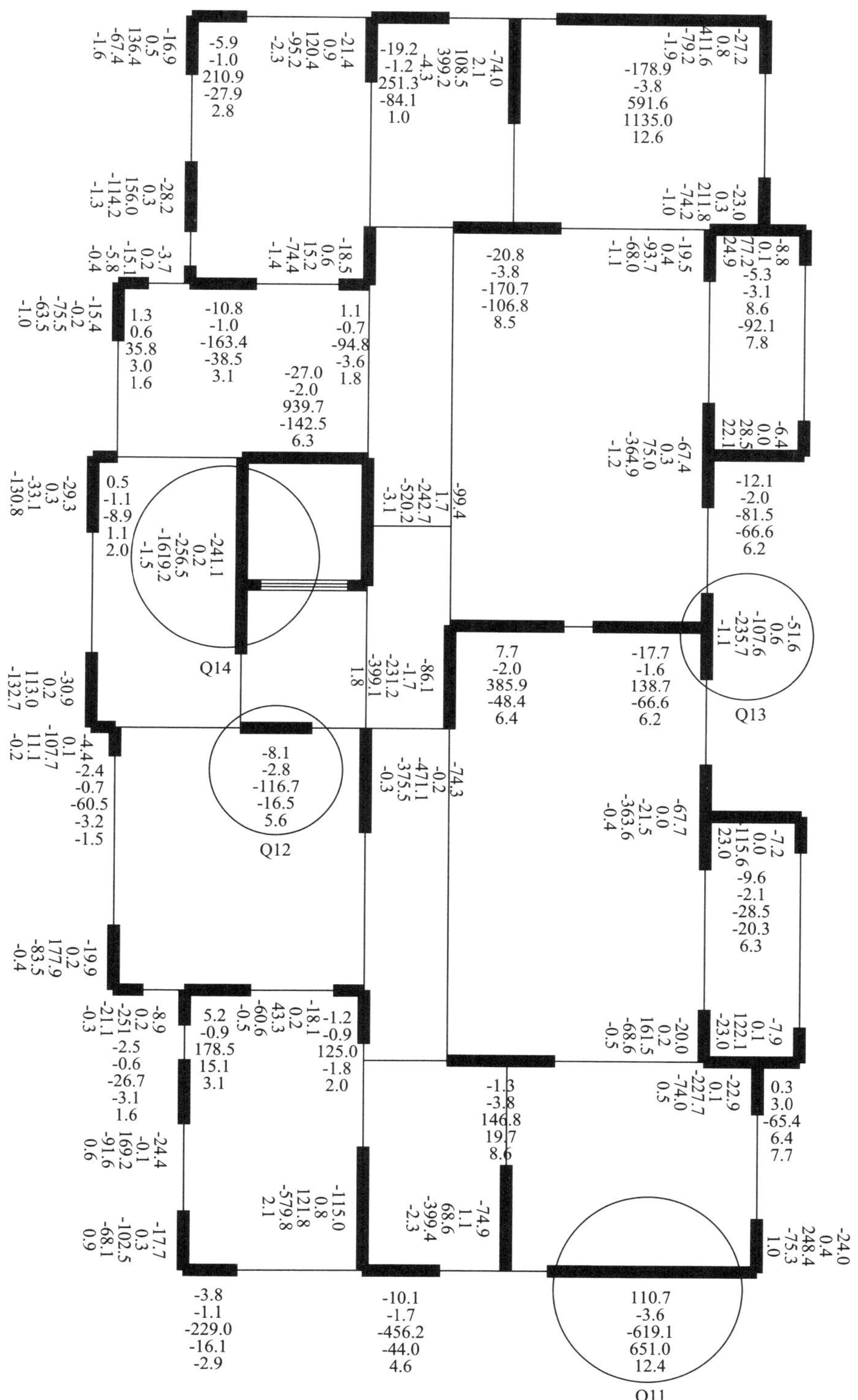

图 23.4－2　X 左向地震作用下的第一层内力图

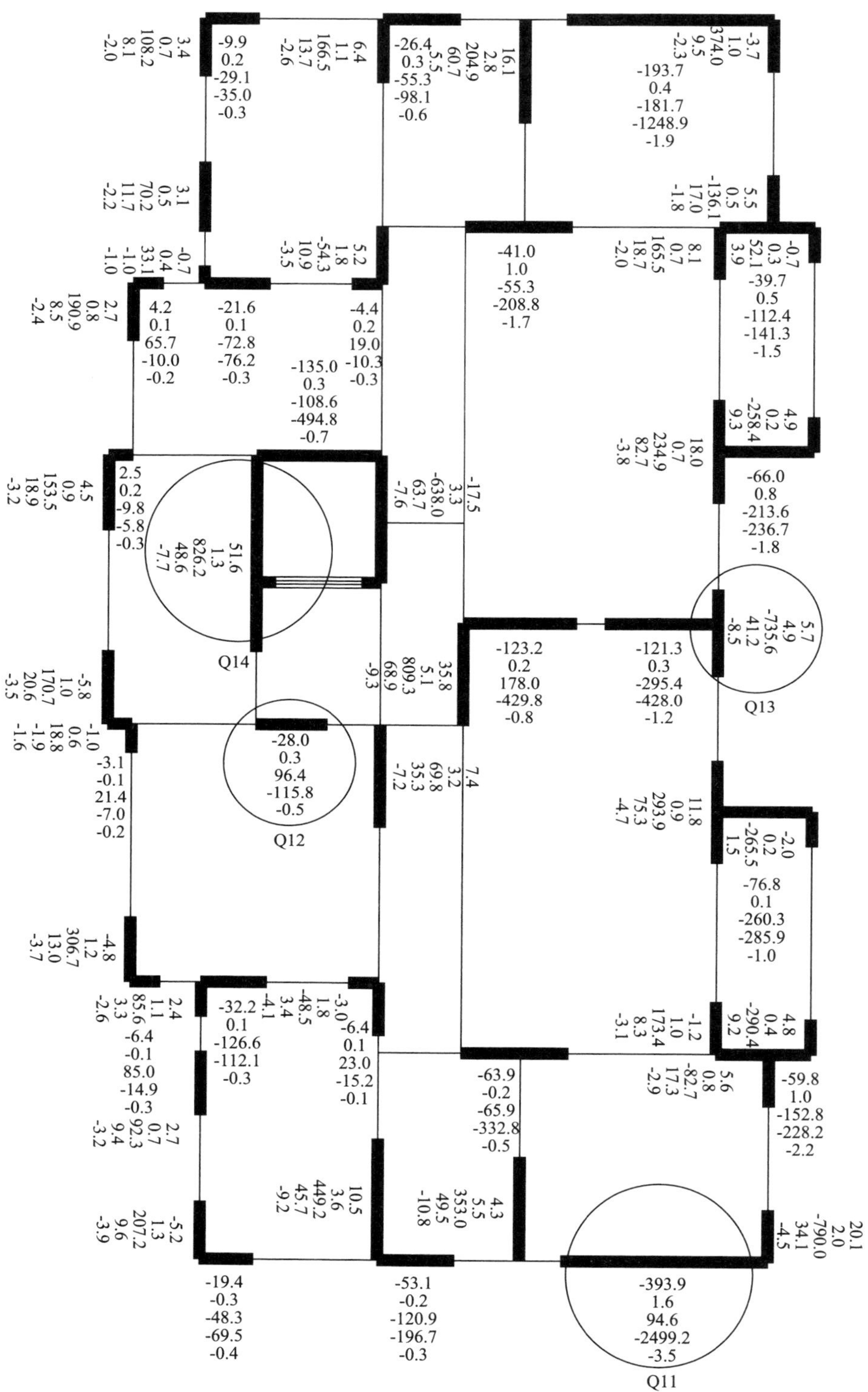

图 23.4－3　Y 右向地震作用下的第一层内力图

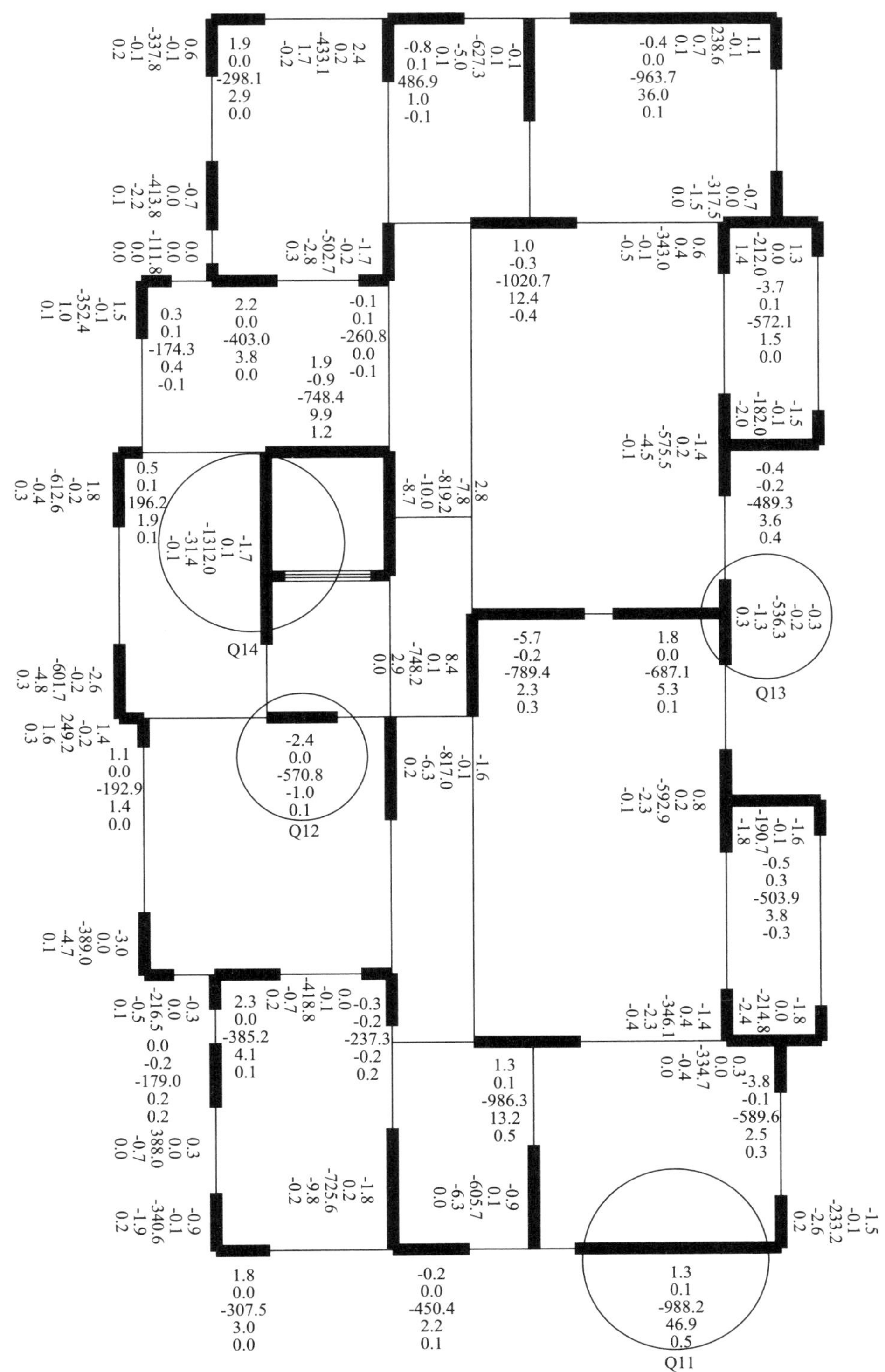

图 23.4－4　恒载作用下的第一层内力图

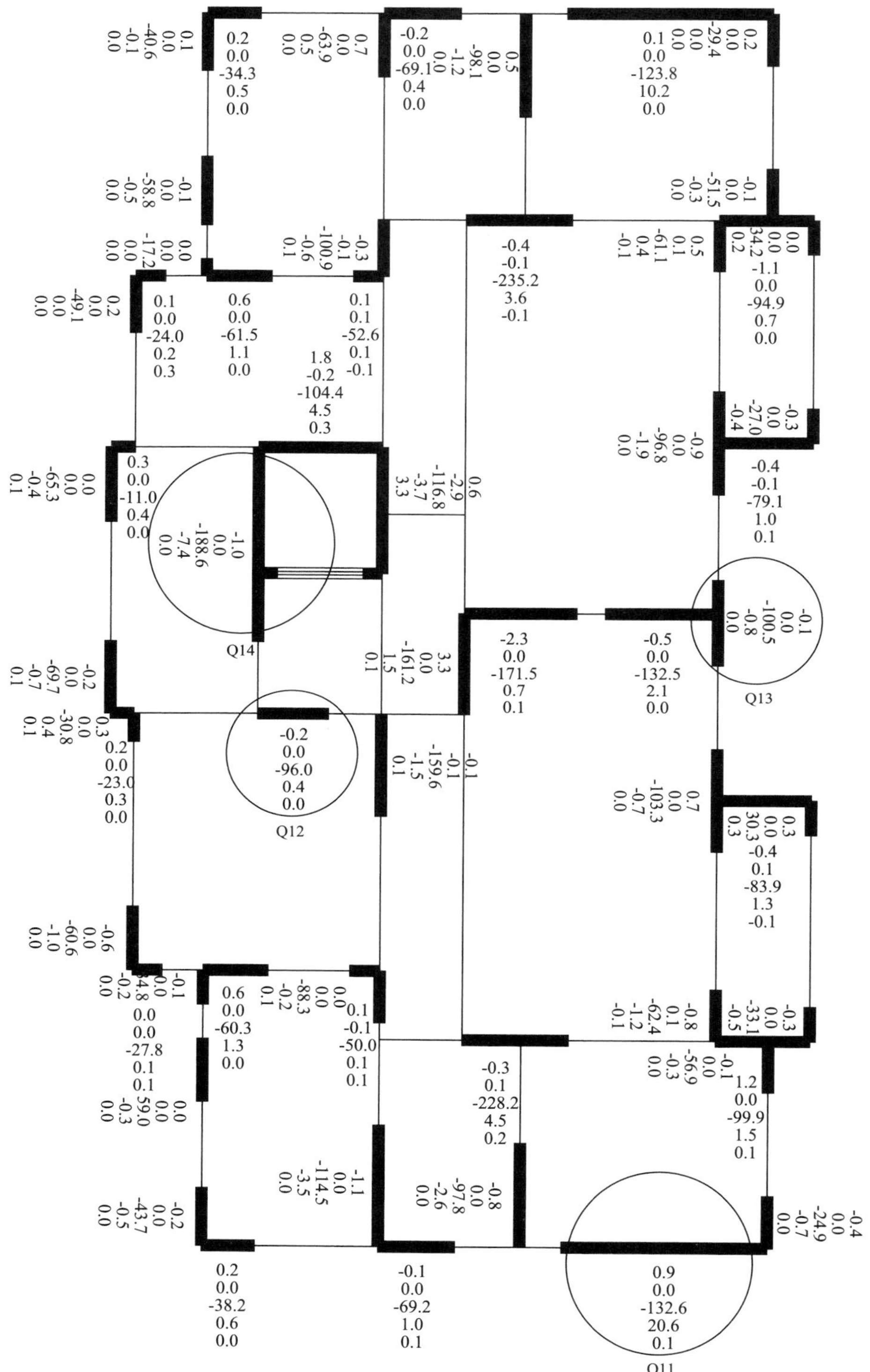

图 23.4－5　满布活载作用下的第一层内力图

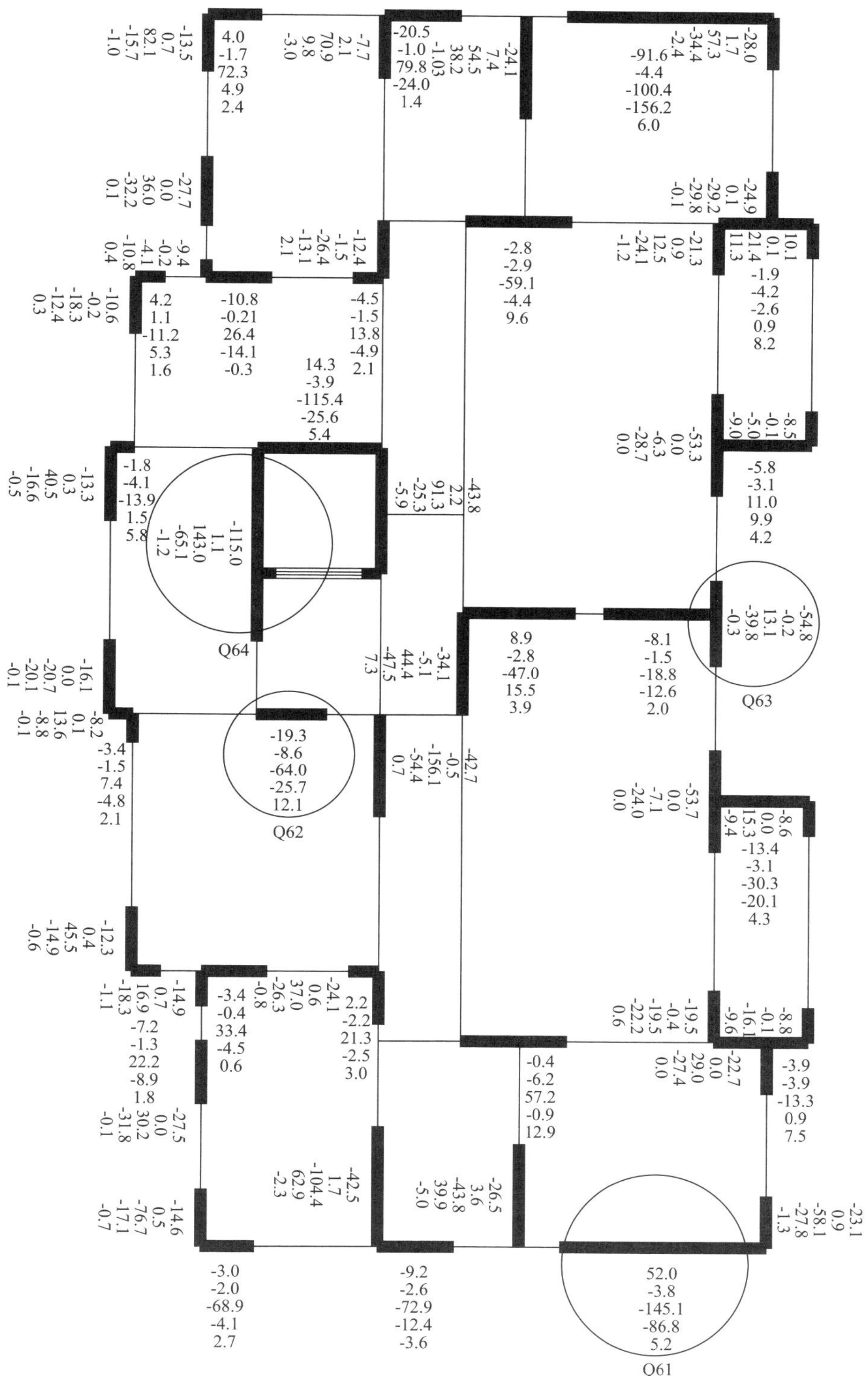

图 23.4-6 X 左向地震作用下的第六层内力图

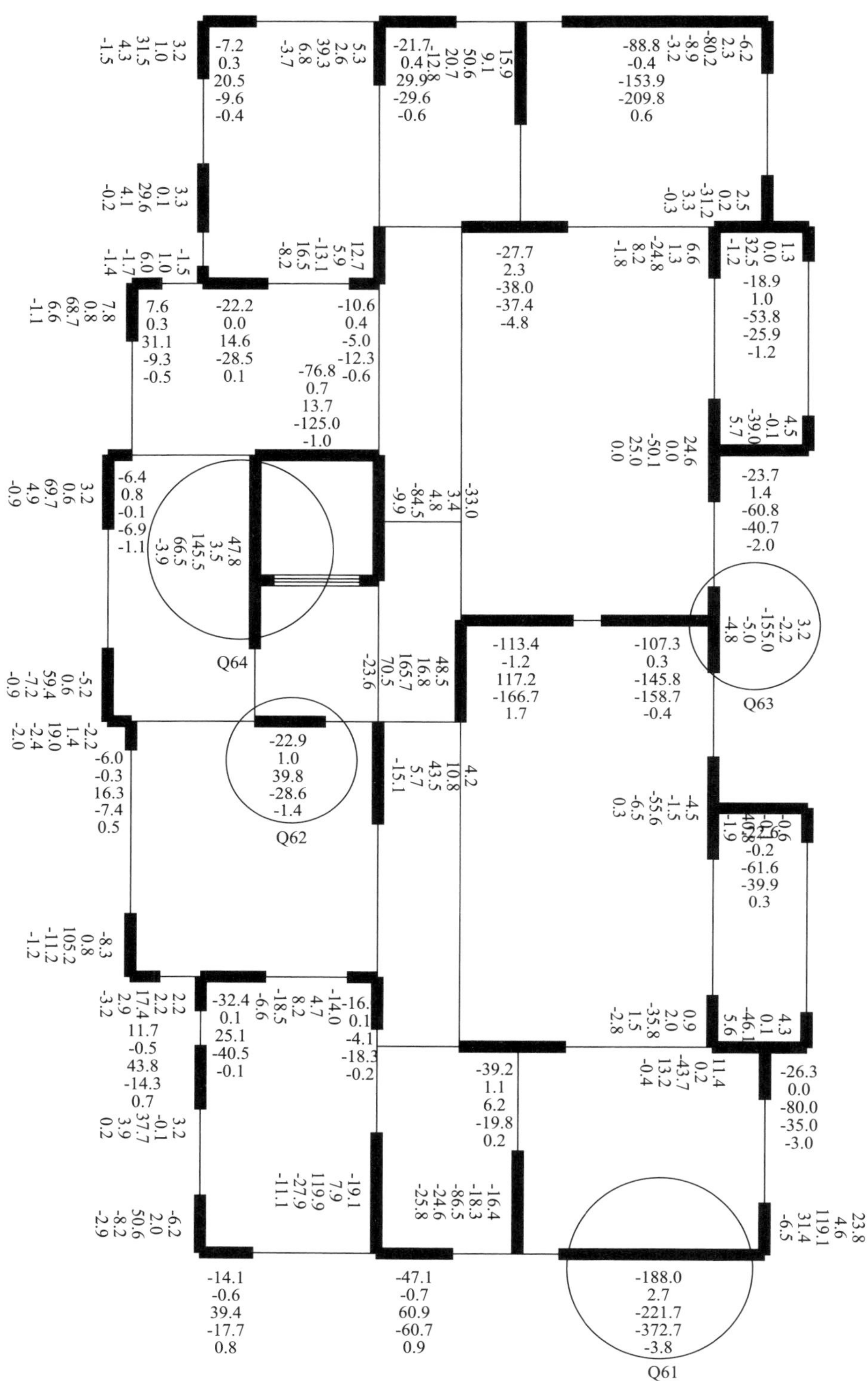

图 23.4－7　*Y* 右向地震作用下的第六层内力图

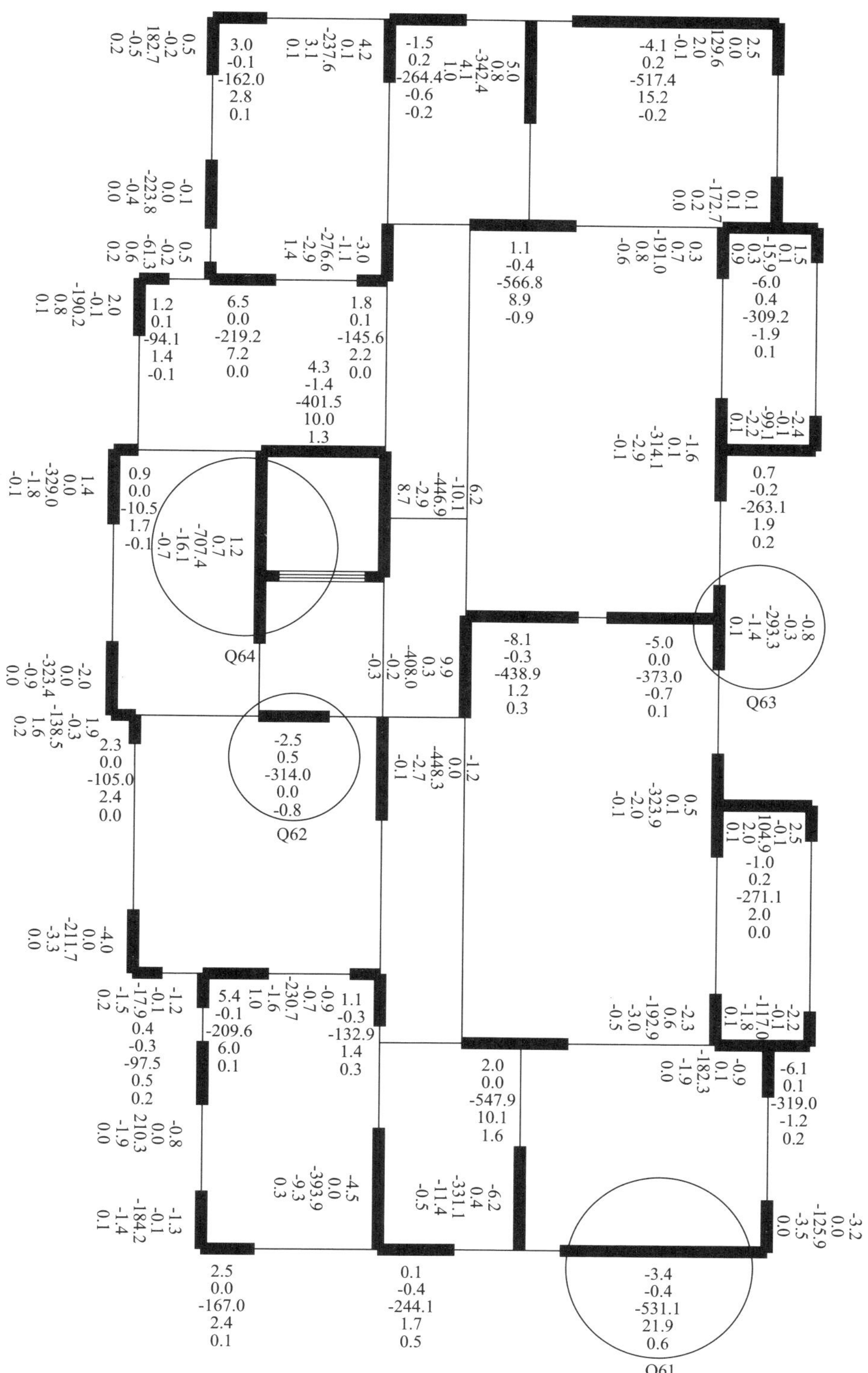

图 23.4－8　恒载作用下的第六层内力图

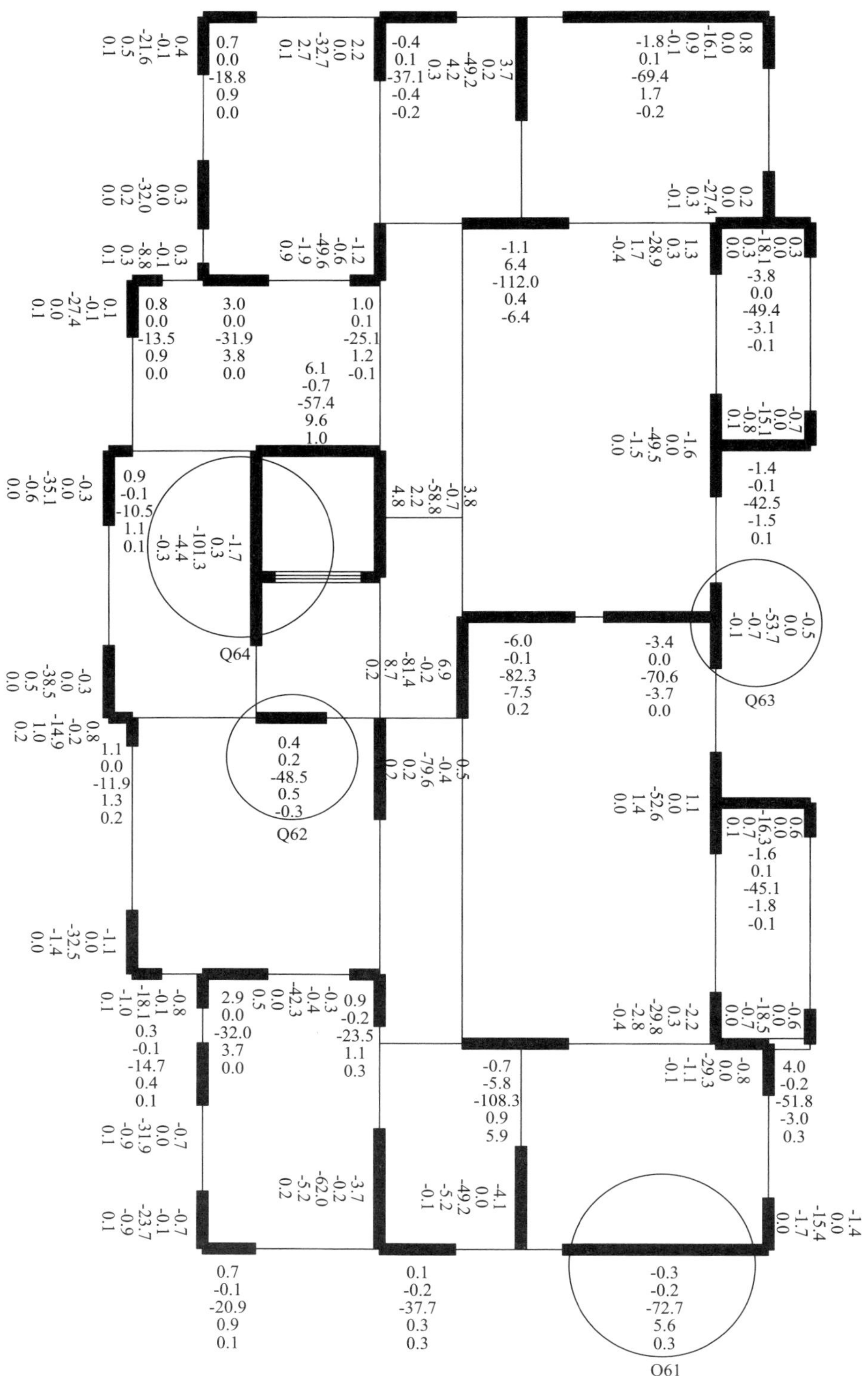

图 23.4-9　满布活载作用下的第六层内力图

2. 配筋计算

1）墙片竖向钢筋布置假定

取六层墙片 Q63 进行配筋计算，根据抗震规范附录 F 中抗震构造措施的有关要求以及内力计算结果，本工程抗震墙抗震等级为二级，竖向钢筋的最小配筋率一般部位为 0.13%，加强部位也为 0.13%。该墙片属于短肢抗震墙，根据计算结果其轴压比小于 0.3，只需设置构造边缘构件无需设置约束边缘构件。因此先假定：取墙端部 3 孔作为边缘构件预配 3ϕ16；墙内竖直分布钢筋原则上按 ϕ14@600mm 预配，所有纵筋均为 HRB335 级钢筋。墙片内最终竖向钢筋分布按计算结果调整。此外，抗震墙边缘构件还需配置水平箍筋，可按构造要求设置 ϕ6@200mm，HRB335 级钢筋。

2）墙片水平钢筋布置假定

同样根据抗震规范附录 F 中抗震构造措施的有关要求以及内力计算结果可知横向钢筋的最小配筋率一般部位为 0.13%，加强部位也为 0.13%，若配 2ϕ10@600mm 则都满足。为说明计算步骤，预配水平向钢筋为 2ϕ10@600mm，HRB335 级钢筋。

3）配筋计算

已知内力：$N=559.3\text{kN}$，$M=176.9\text{kN}\cdot\text{m}$，$V=71.1\text{kN}$，墙长 1400mm。为说明计算步骤，水平钢筋预配为 2ϕ10@600mm。

（1）抗剪计算。

由《砌体结构设计规范》（GB 50003）可以计算出砌块强度为 MU10，砂浆强度为 Mb10，灌孔混凝土强度为 Cb20 的灌孔小砌块砌体的抗压强度设计值为 $f_g=5.67\text{MPa}$。

$$f_{gv}=0.2\times5.67^{0.55}=0.52\text{MPa}$$

$$h_0=h-200=1200\text{mm}$$

$$\lambda=\frac{M}{Vh_0}=\frac{176.9}{71.1\times1.2}=2.07>2$$

$$\frac{1}{\gamma_{RE}}(0.2f_g bh)=\frac{1}{0.85}\times0.2\times5.67\times190\times1400\approx354.9\text{kN}>V=71.1\text{kN}$$

截面尺寸满足要求。

因 $N=559.3\text{kN}>0.2f_g bh=0.2\times5.67\times190\times1400=301.6\text{kN}$

故计算抗剪钢筋时取 $N=301.6\text{kN}$

$$A_{sh}=\frac{\gamma_{RE}V-\dfrac{1}{\lambda-0.5}(0.48f_{gv}bh_0+0.1N)}{0.72f_{yh}h_0}\cdot s$$

$$=\frac{0.85\times71100-\dfrac{1}{2.07-0.5}\times(0.48\times0.52\times190\times1200+0.1\times301600)}{0.72\times300\times1200}\times600$$

$$=11.6\text{mm}^2$$

预配水平向钢筋为 2ϕ10@600mm，则仅需此配筋即可。再验算水平钢筋配置是否满足下式要求：

$$\frac{1}{\gamma_{RE}}\left(0.72f_{yh}\frac{A_{sh}}{s}h_0\right)=\frac{1}{0.85}\left(0.72\times300\times\frac{157}{600}\times1200\right)\approx67.8\text{kN}$$

$$>0.5V=35.6\text{kN}$$

水平钢筋 2ϕ10@600mm 满足计算和构造要求。

（2）抗弯计算。

$$\xi_b=\frac{0.8}{1+\frac{f_y}{0.003E_s}}=\frac{0.8}{1+\frac{300}{0.003\times200000}}=0.533$$

配筋混凝土小砌块墙体大小偏心受压的相对受压区高度界限 $\xi_b=0.533$，其中配筋砌体的极限压应变值取 0.003，钢筋为 HRB335。若 $\xi<\xi_b$，为大偏心，否则为小偏心。

对于大偏心墙片构件，按平截面假定通过截面内力与荷载的平衡来计算纵向受弯钢筋所需的面积。在具体计算时可先假定受压区高度，然后通过试算逐步调整受压区高度，使之最后满足截面内力-荷载平衡。在计算中可取配筋砌体弯曲抗压强度 $f_{gm}=f_g$。

对于小偏心墙片构件，可按下式计算：

$$M=f_yA_s'(h_0-a_s')+\xi(1-0.5\xi)f_gbh_0$$

式中

$$\xi=\frac{\gamma_{RE}N-\xi_bf_{gm}bh_0}{\frac{\gamma_{RE}N_e-0.45f_{gm}bh_0^2}{(0.8-\xi_b)(h_0-a_s')}+f_{cm}bh_0}+\xi_b$$

e 的值取与钢筋混凝土小偏心受压构件相同。

在计算墙内所需钢筋时，如原假定的钢筋配置面积偏小不满足要求时，应首先增加墙片端部边缘构件的钢筋至允许的最大钢筋直径，再不满足则增加墙内分布钢筋的数量和面积，这样的设计计算顺序可以使得用钢量最为经济。

仍以六层的 Q63 墙片为例计算纵向受弯钢筋：

先假设受压区高度 X_C 为 700mm。

$$\xi=\frac{0.8X_C}{h_0}=\frac{0.8\times700}{1200}=0.467<\xi_b=0.533\qquad\text{是大偏压}$$

根据平截面假定，可求得从左到右竖向各钢筋的应变分别为 -0.0026、-0.0017、-0.00086、0.00086、0.0017、0.0026，对应的应力分别为：-300、-300、-171、171、300、300MPa。

截面内力的合力：

$$N_0=0.8\times700\times190\times5.67-(-300\times2+300\times2+171-171)\times201.1$$
$$=603.3\text{kN}>\gamma_{RE}N=475.5\text{kN}$$

不平衡，需重新计算。再假定受压区高度为 500mm。

$$\xi=\frac{0.8X_C}{h_0}=\frac{0.8\times500}{1200}=0.333<\xi_b=0.533\qquad\text{仍是大偏压}$$

根据平截面假定，可求得从左到右竖向各钢筋的应变分别为 -0.0024、-0.0012、0、0.0024、0.0036、0.0048，对应的应力分别为：-300、-240、0、300、300、300MPa。

截面内力的合力：

$$N_0 = 0.8\times600\times190\times5.67-(-300-240+300\times3)\times201.1$$
$$=444.7\text{kN}<\gamma_{RE}N=475.5\text{kN}$$

将受压区高度在 500~700mm 中插值，重复上述计算，可得 $X_C\approx600$mm。对截面形心取矩有以下计算墙片抗弯能力公式：

$$Ne_i \leqslant \frac{1}{\gamma_{RE}}\left[f_{gm}Xb\left(\frac{h}{2}-\frac{X}{2}\right)+\sum\sigma_s A_S X_i\right]$$

其中因

$$e_0=\frac{M}{N}=\frac{176.9}{559.3}=0.316\text{m}<0.3\text{h}_0=0.36\text{m}$$

$$e_a=0.12\ (0.3h_0-e_0)\ =5.3\text{mm},\ e_i=e_0+e_a=321.3\text{mm}$$

$$X=0.8X_C=480\text{mm}$$

各纵向钢筋从左到右分别为：−300、−300、−171、171、300、300MPa。

至形心的距离 X_i 按实际情况取用：

$$\frac{1}{\gamma_{RE}}\left[f_{gm}Xb\left(\frac{h}{2}-\frac{X}{2}\right)+\sum\sigma_s A_S X_i\right]$$
$$=\frac{1}{0.85}\{5.67\times480\times190\times\left(\frac{1400-480}{2}\right)$$
$$+[(300+300)\times600+(300+300)\times400+(171+171)\times200]\times201.1\}$$
$$=438.0\text{kN}\cdot\text{m}>Ne_i=179.7\text{kN}\cdot\text{m}$$

墙片两端部各三孔插筋 $\phi16$，墙中配 $\phi14$@600mm 分布钢筋能够满足抗弯承载力要求。

其余墙片的详细计算步骤略。

另外，本题中将各抗震墙均视为一字形无翼缘抗震墙进行计算，而墙片 Q63 实际为一 T 形抗震墙的一部分，所以在其 T 形转角节点处应另按规范中对 T 形节点处构造边缘构件的规定配筋，配筋范围为 T 形转角节点处的相邻 4 孔，每孔配筋 1$\phi16$。除此之外，边缘构件范围内还应设置水平箍筋 $\phi6$@200mm，HRB335 级钢筋。

4）墙片荷载效应与抗力计算结果

根据计算结果，底层和六层个四片墙片的纵向钢筋配筋图如图 23.4－10 所示，计算结果如表 23.4－5 所示。为了更清晰的表示根据计算结果布置所选抗震墙的配筋，在图 23.4－10 中没有表示 T 形和 L 形处节点布筋情况，在实际设计中还应按规范要求布置这些节点的边缘构件。

图 23.4-10　墙片竖向钢筋布置示意图

（“×”为纵向分布钢筋）

表 23.4－5 墙片荷载效应与抗力计算结果

	层次	墙片号	配筋		截面高度（mm）	墙片轴力设计值 N（kN）	轴压比	相对受压区高度 ξ	内力设计值		墙片抗力		备注
			竖向钢筋	水平分布钢筋					M（kN·m）	V（kN）	M（kN·m）	V（kN）	
第一次计算	第一层	Q_{11}	6ϕ18+3ϕ14	2ϕ10@600	3400	1962.3	0.26	0.288	3927.4	878.9	3388.2	5423	抗弯、抗剪承载力均不满足要求，需重新布筋
		Q_{12}	5ϕ18		1000	965.1	0.45	0.530	181.1	72.2	372.0	99.3	满足要求
		Q_{13}	7ϕ18		1400	1746.6	0.34	0.587	334.6	97.4	750.2	146.3	属于小偏压构件，满足要求
		Q_{14}	8ϕ18+3ϕ14		3600	3136.1	0.36	0.419	2251.9	579.5	4490.3	577.7	水平钢筋分布需按计算重新布置
	第六层	Q_{61}	6ϕ16+3ϕ14	2ϕ10@600	3400	1088.7	0.14	0.325	555.2	294.5	2051.2	351.6	满足要求
		Q_{62}	5ϕ16		1000	508.3	0.25	0.500	94.1	58.3	231.6	83.3	满足要求
		Q_{63}	6ϕ16		1400	559.3	0.19	0.400	176.9	71.1	438.0	121.1	满足要求
		Q_{64}	6ϕ16+4ϕ14		3600	1163.8	0.20	0.282	453.9	236.4	2391.5	439.2	满足要求
最终计算结果	第一层	Q_{11}	6ϕ25+3ϕ14	2ϕ12@200	3400	1962.3	0.26	0.288	3927.4	878.9	4089.0	1038.5	竖向钢筋调整后，满足要求
		Q_{12}	5ϕ18	2ϕ10@600	1000	965.1	0.45	0.530	181.1	72.2	372.0	99.3	满足要求
		Q_{13}	7ϕ18		1400	1746.6	0.34	0.587	334.6	97.4	750.2	146.3	属于小偏压构件，满足要求
		Q_{14}	8ϕ18+3ϕ14	2ϕ10@400	3600	3136.1	0.36	0.419	2251.9	579.5	4490.3	656.9	竖向钢筋调整后，满足要求
	第六层	Q_{61}	6ϕ16+3ϕ14	2ϕ10@600	3400	1088.7	0.14	0.325	555.2	294.5	2051.2	351.6	满足要求
		Q_{62}	5ϕ16		1000	508.3	0.25	0.500	94.1	58.3	231.6	83.3	满足要求
		Q_{63}	6ϕ16		1400	559.3	0.19	0.400	176.9	71.1	438.0	121.1	满足要求
		Q_{64}	6ϕ16+4ϕ14		3600	1163.8	0.20	0.282	453.9	236.4	2391.5	439.2	满足要求

注：①墙厚 t=190mm，层高 h=2.8m，第一层为底部加强部位；

②灌孔混凝土小砌块砌体抗压强度设计值：底层 f_g=9.97MPa、六层 f_g=5.67MPa；

③纵向钢筋和水平钢筋均为 HRB335 级钢筋。

第5篇　多层和高层钢筋混凝土房屋

本 篇 主 要 编 写 人

林元庆　　中国核电工程有限公司郑州分公司

杨小卫（第25章）　　中原工学院

鲍永健（第26章）　　中国核电工程有限公司郑州分公司

赵柏玲（第27章）　　中国核电工程有限公司郑州分公司

鲁晓旭（第29章）　　中国核电工程有限公司郑州分公司

第 24 章　概　　述

24.1　抗震设计一般要求

24.1.1　概念设计

建筑抗震概念设计是指根据地震灾害和工程经验等所形成的基本设计原则和设计思想，进行建筑和结构总体布置并确定细部构造的过程。在抗震设计过程中，合理选择建筑结构体系、注重建筑结构的规则性和抗侧力结构及构件的延性、加强构造措施、提高结构的整体抗震性能、避免出现结构薄弱部位等，是建筑抗震概念设计的主要内容。

1. 抗震设计的若干重要概念

（1）为了保证结构的抗震安全，根据具体情况，结构单元之间应采取牢固连接或有效分离的方法；高层建筑的结构单元宜采取加强连接的方法。

（2）尽可能设置多道抗震防线，强烈地震之后往往伴随多次余震，如只有一道防线，在首次破坏后再遭余震，将会因损伤累积而导致结构倒塌。适当处理结构构件的强弱关系，使其在强震作用下形成多道防线，并考虑某一防线被突破后所引起内力重分布的影响，是提高结构抗震性能，避免大震倒塌的有效措施。

（3）同一楼层内宜使主要耗能构件屈服以后，其他抗侧力构件仍处于弹性阶段，使“有约束屈服”保持较长阶段，保证结构的延性和抗倒塌能力。

（4）合理布置抗侧力构件，减少地震作用下的扭转效应，结构刚度、承载力沿房屋高度宜均匀、连续分布，避免形成结构的软弱或薄弱部位。

（5）结构构件应具有必要的承载力、刚度、稳定性、延性及耗能等方面的性能。主要耗能构件应有较高的延性和适当刚度，承受竖向荷载为主的构件不宜作为主要耗能构件。

在抗震设计中某一部分结构设计超强，可能导致结构形成相对薄弱部位，因此要避免出现不合理的设计加强以及在施工中钢筋不等强代换或擅自改变抗侧力构件配筋等错误做法。

（6）合理控制结构的非弹性部位（塑性铰区），掌握结构的屈服过程，实现合理的屈服机制。

（7）框架抗震设计应遵守“强柱、弱梁、更强节点”的原则，当构件屈服、刚度退化时，节点应能保持承载力和刚度不变。

（8）采取有效措施，防止钢筋滑移、混凝土过早出现剪切和压碎等脆性破坏。

（9）考虑上部结构嵌固于基础或地下室结构之上时，基础或地下室结构宜保持弹性工作状态。

（10）高层建筑的地基主要受力范围内存在较厚的不均匀软弱黏性土层时，不宜采用天然地基。采用天然地基的高层建筑应考虑地震作用下地基变形对上部结构的影响。

2. 良好的屈服机制及屈服过程

一个良好的结构屈服机制，其特征是结构在其杆件出现塑性铰后，竖向承载能力基本保持稳定，同时，可以持续变形而不倒塌，进而最大限度地吸收和耗散地震能量。因此，一个良好的结构屈服机制应满足下列条件：

（1）结构的塑性发展从次要构件开始，或从主要构件的次要杆件（或部位）开始，最后才在主要构件上出现塑性铰，从而形成多道防线。

（2）结构中所形成的塑性铰的数量多，塑性变形发展的过程长。

（3）构件中塑性铰的塑性转动量大，结构的塑性变形量大。

一般而言，结构的屈服机制可分为两种基本类型，即楼层屈服机制和总体屈服机制。若按构件的总体变形性质来定名，又称剪切型屈服机制和弯曲型屈服机制。若就构件中杆件出现塑性铰的位置和次序而论，又可称为柱铰机制和梁铰机制。

楼层屈服机制，指的是结构在侧向荷载作用下，竖向杆件先于水平杆件屈服，导致某一楼层或某几个楼层发生侧向整体屈服。可能发生此种屈服机制的结构有弱柱框架结构（图 24.1－1a 和图 24.1－1b），强连梁剪力墙结构（图 24.1－2a）等。总体屈服机制，则是指结构在侧向荷载作用下，全部水平杆件先于竖向杆件屈服，然后才是竖向杆件的屈服。可能发生此种屈服机制的结构有强柱框架结构（图 24.1－1c），弱连梁剪力墙结构（图 24.1－2b）等。

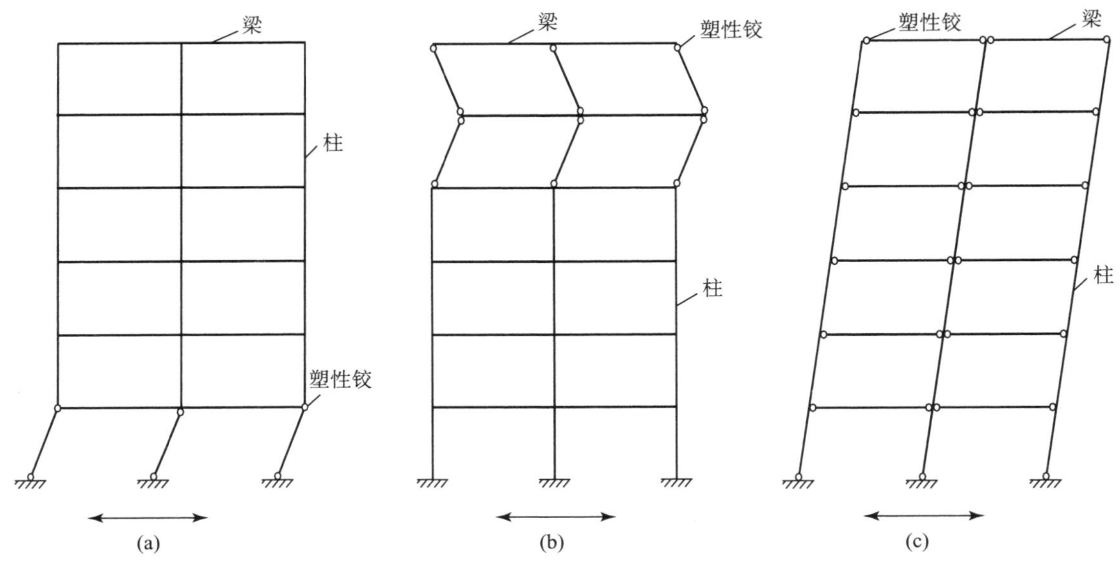

图 24.1－1　框架结构的屈服机制

（a）楼层机制；（b）楼层机制；（c）总体机制

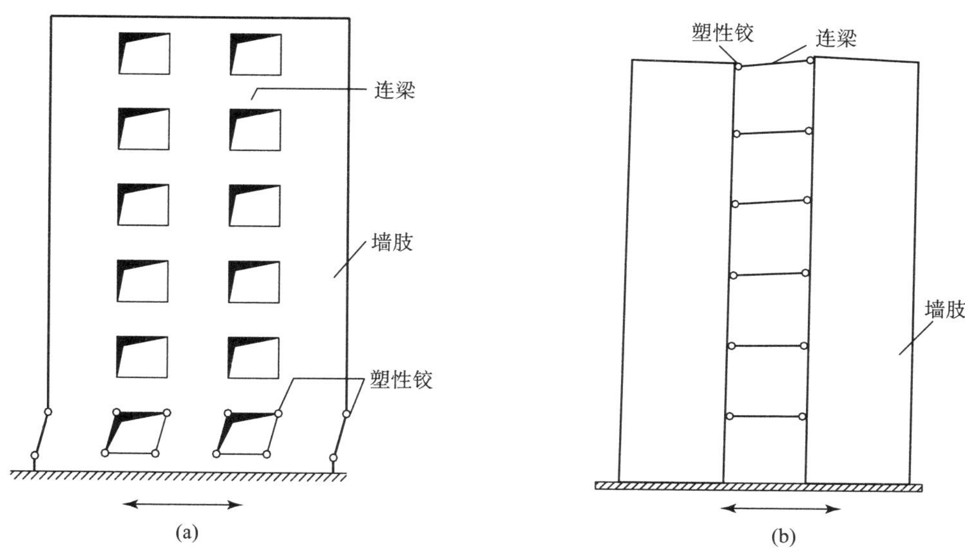

图 24.1－2　剪力墙的屈服机制

（a）楼层机制；（b）总体机制

从图 24.1－1 和图 24.1－2 可以清楚看出：①结构发生总体屈服时，其塑性铰的数量远比楼层屈服要多；②发生总体屈服的结构，侧向变形的竖向分布比较均匀，而发生楼层屈服的结构，不仅侧向变形分布不均匀，而且薄弱楼层处存在严重的塑性变形集中。因此，从建筑抗震设计的角度，我们要有意识地配置结构构件的刚度与强度，确保结构实现总体屈服机制。

结构在地震作用下的表现过程可分为三个阶段：弹性阶段、有约束屈服的弹塑性阶段和无约束全塑性阶段（图 24.1－3）；而抗震设计主要目标是：控制有约束屈服即在地震作用下首先进入屈服的构件受到仍处于弹性状态其他构件约束的阶段尽量长，以此来提高结构的抗震性能。

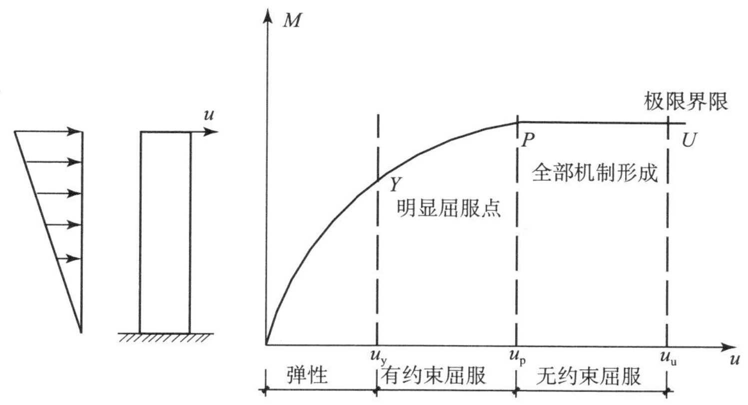

图 24.1－3　屈服历程、抗力与位移的关系

基于上述要求，选定主要耗能构件要注意以下几点：

第一，主要耗能构件的屈服过程应尽量保持受约束屈服，且具有良好的延性和耗能性能。

第二，为了保证主要耗能构件的延性，应选用轴向应力较小的构件，不宜选用承受竖向荷载为主的构件。为了提高耗能能力，构件应具有合适的刚度。

第三，主要耗能构件耗能部位的破坏形态应当是弯曲破坏而不是剪切破坏，为此应按不同承载力的要求进行构件设计。

3. 结构的延性

一般结构的延性用位移延性系数表达，即

$$\mu_\Delta = \frac{[\Delta_u]}{\Delta_y} \tag{24.1-1}$$

式中　μ_Δ——结构所能提供的有效延性系数；

$[\Delta_u]$——结构允许的极限位移，基于控制结构破坏程度不超过一定限度，破坏程度一般由抗侧力能力来表达；

Δ_y——结构的主要耗能构件从开始到全部屈服的平均位移。

一般结构的延性包括结构延性和构件延性，而结构延性又包括总体延性和楼层延性。构件延性的要求一般都高于结构延性的要求。两者的关系与结构塑性铰形成后的破坏机制有关。

1）结构延性的影响因素

由非弹性动力分析可以求得楼层或构件的延性要求，在实际工程设计，延性要求是用变形指标来表达的，结构抗震设计应使结构或构件的有效延性得到满足。钢筋混凝土结构或构件的延性要求主要与应力状态及配筋构造有关，各国学者均曾提出分析方法，研究这几方面间的定量关系，并把延性要求与构造措施联系起来，但目前保证构件延性要求的构造措施还是主要来自震害经验和试验研究。

抗震措施不外乎采用合理的结构体系、调整构件承载能力和配筋方式。在合理的配筋情况下，以受弯为主的梁构件可取得较高的延性。对于受剪为主的剪力墙和压应力较高的柱，单纯改变配筋方式难以达到较高的延性，较有效的措施是降低剪压比和轴压比。《抗震规范》中柱端配箍量随轴压比不同而变化，反映了压应力的影响。框架-剪力墙结构与建筑高度不超过 60m 同高度框架结构相比，其框架部分抗震等级可以降低，这也从侧面反映了通过降低框架柱剪应力可以达到降低构件对延性的需求。

结构受到地震反复多次的作用，在结构进入屈服之后，随着地震作用反复次数的增加结构破坏程度随之加剧。

通过耗能使结构振动迅速衰减是提高结构抗震性能的重要途径。为了提高结构的耗能能力，在保证构件弯曲屈服的条件下应有足够的截面和刚度，同时对混凝土要有良好的约束，对钢筋有良好的锚固。在相同承载力条件下，宽而浅的梁截面优于狭而深的梁截面。

由于地震有一定的持续时间，而且可能是多次作用，为了增强结构的抗倒塌能力，应使结构具有多道抗震防线，如框架结构的梁和柱，框架-剪力墙结构的连梁、剪力墙和框架，剪力墙结构的连梁和剪力墙等。第一道防线是在地震作用下首先进入屈服，进行耗能的主要构件，它们不应是承受竖向荷载的主要构件，但必须具有良好的延性。对于抗震等级低的结构主要考虑一道防线，而对高抗震等级则应考虑多道防线。

2）结构延性设计要求

在同一地震作用下，结构的不同部位有不同的延性要求，重点是预期首先屈服的部位，如梁端、柱脚、剪力墙根部、剪力墙连梁等，规范中给出了这些部位的构造措施。同类型的构件，由于其所在部位不同，对延性要求也不尽相同，如位于周边转角处、平面尺度突变处以及相对薄弱楼层处的构件等对延性要求高。重要的和不规则的高层建筑可以通过非弹性动力分析获得每个构件或楼层的延性要求，从对延性要求高而检验或调整设计以满足抗震要求。

（1）基础及嵌固部位。

一般设计都是假定上部结构嵌固于基础之上。为了保证上部结构在地震作用下能实现预期的反应，基础必须有足够的承载能力，当上部结构进入非弹性阶段时，基础仍处于弹性工作状态。因此一般情况下基础设计主要是解决承载力的问题，可以不考虑对延性的要求。

（2）地下室。

如何考虑多层地下室结构的延性要求是一个比较复杂的问题，它主要和上部结构与地下室结构的刚度比值、上部结构体系类型以及地下室埋深等因素相关。如上部为框架或框架-剪力墙结构，当地下室结构抗侧刚度较大、周边设有钢筋混凝土挡土墙、地下室顶板整体性较好时，可以考虑上部结构嵌固端为地下室顶板，地下室结构应能承受上部结构中钢筋屈服超强所引起的内力。考虑在强震作用下塑性铰范围可能发展，地下一层的结构构件延性要求仍同地上部分，地下一层以下的结构构件需满足一般承载力要求，对构件的延性要求可以逐层降低，但不得低于抗震构造措施为四级对构件的延性要求。

（3）薄弱部位。

当沿建筑高度，结构的刚度和承载力有突变时，在结构进入非弹性阶段之后，某些部位会因变形过大而不能满足延性要求，或者某些构件产生脆性破坏。针对以上情况，应对某些薄弱楼层的受弯受剪承载力进行加强，使这些部位不屈服或推迟屈服。某些关键部位，如柱和墙的根部，在强震作用下最终是要屈服的，但柱根部过早屈服则梁铰不能充分发展，剪力墙根部过早屈服则连梁也不能充分发挥耗能作用，因此对这些部位应当适当加强，以延缓屈服，同时还应考虑保证延性的构造措施。

高层建筑的底部由于使用上需要较大空间，造成结构承载力和刚度的突变，如常见的部分框支结构体系，在地震作用下由于塑性变形集中的影响，框支层对延性有很高的要求。当框支层的实际承载力同上部结构相比相差较大时，单纯采取提高钢筋混凝土结构延性的构造措施难以满足要求。此时采用基于结构抗震性能的等效弹性设计并采取适当的提高延性措施是一种简单可行的方法。

采用基于结构抗震性能的等效弹性设计是指在不同地震水准如设防烈度地震和预估罕遇地震下，对结构关键部位、关键构件采取抗剪或抗弯等效弹性设计。对于非常不规则的结构，比较合理的设计方法是进行动力弹塑性分析，根据要求调整承载力并采取有效构造措施以满足其延性要求。

（4）脆性构件的处理。

在实际建筑中，延性构件与非延性构件往往是并存的。例如框架结构的长柱与短柱，剪力墙结构的狭墙肢与宽墙肢等。试验研究表明，在保证延性构件与非延性构件（脆性构件）一定比例条件下，延性构件对脆性构件起稳定作用，使结构有较好的变形能力而不致失效。

改善脆性构件的抗震性能主要是提高承载力（受压受剪承载力），减小应力（压应力与剪应力）。此外，改变脆性构件的截面形状，采取特殊的配筋方式和提高对混凝土的约束等都是有效的方法。

在结构的同一楼层内不希望所有构件同时屈服，而是某些耗能构件屈服以后有些构件仍处于弹性阶段，这样可使"有约束屈服"持续较长阶段，保证结构的延性和抗倒塌能力。

总之，根据不同要求，在设计中可以适当采用延性构件与非延性构件，使之满足结构的总体延性要求。

（5）非对称结构延性要求。

在抗震设计中，对非对称结构应考虑由于扭转引起的地震作用。在强震作用下，延性结构可以很大程度进入非弹性阶段，此时结构的非对称效应用附加延性要求来表达比用附加剪力表达更为合理。大量的动力分析结果得到以下几点概念：

①位于结构的转角及边缘的抗侧力构件有较大的附加延性要求。

②非对称短周期结构（T_1<0.5s）对附加延性有较高要求，长周期结构的附加延性要求较低。

非对称结构较大程度进入非弹性阶段以后，结构偏心的概念和弹性阶段有明显的不同。弹性阶段的偏心是指刚度与质量两者的偏心距。塑性偏心是指当结构较大程度进入非弹性阶段后，抗侧力构件的屈服承载力中心与质量中心的偏心距称为塑性偏心。非对称结构的非弹性扭转反应与塑性偏心有直接的对应关系。利用塑性偏心概念可以有效减小由于非对称引起的附加延性要求，例如按构件屈服承载力与质量相对应的原则进行设计。

（6）构件耐震设计准则。

延性框架要求做到"强柱弱梁"，尽量实现梁铰机制。试验研究表明，当只考虑平面框架时，为了实现梁铰机制，框架柱的受弯承载力比梁的受弯承载力至少要加强 60%～80%。《抗震规范》要求抗震等级为一级的框架应满足柱端极限受弯承载力比梁端极限受弯承载力提高 20%。这样的条件并不能完全避免塑性铰发生在柱端，而只能避免出现同一楼层的柱端全部出铰或者上下柱端都出铰情况，也就是形成梁铰与柱铰的混合机制。由于不能完全避免柱铰，《抗震规范》提供柱延性设计的若干构造措施，如限制柱的轴压比和剪压比、提高柱的体积配箍率等，以上措施可以在一定范围提高柱的延性并改变柱的出铰机制。如通过设计柱的抗震承载能力远高于规范的要求，则对柱的延性要求可以适当放宽。

强剪弱弯是保证构件延性、防止脆性破坏的重要措施，它要求截面弯曲屈服时相应的剪力低于截面受剪承载力。计算截面受剪承载力时，应考虑混凝土开裂后受剪承载力的退化影响，这和地震持续时间、结构的位移幅度、剪应力的大小和混凝土的被约束条件有关。《混凝土结构设计规范》（以下简称《混凝土规范》）给出的梁、柱、墙截面受剪承载力计算公式中，考虑混凝土强度影响系数，对强度等级大于 C50 混凝土进行适当强度折减。

考虑梁柱节点的强剪弱弯关系，对于按 9 度设计或抗震等级为一级的框架结构，梁柱节点核心区的受剪承载力应大于梁的弯曲屈服超强引起的核心区的剪力。

（7）塑性铰区的控制及设计要求。

塑性铰是结构进入非弹性阶段后的耗能部位。塑性铰的形成次序、分布规律、具体部位和铰的发展范围与外部条件有关，也受到结构本身条件的影响。塑性铰的分布决定了结构的破坏机制，而其具体部位则影响到铰的耗能性能。抗震设计就是要结合外部条件和结构构造控制塑性铰出现的部位，尽量实现有利的破坏机制和有良好耗能性能的塑性铰以满足结构的延性要求。一般框架结构出现塑性铰的理想次序为梁端、柱根部。当不能完全避免柱铰时，在同一层内应当利用有利条件加强外柱以降低楼层的梁柱受弯承载力的比值。适当加强柱根部，推迟屈服，可使上部楼层的梁铰充分发展。框剪结构出现铰理想次序为剪力墙连梁、框架梁端和剪力墙根部。剪力墙结构出现铰的理想次序为连梁、墙肢根部。

塑性铰的具体部位也是应当注意的问题。对剪力墙只许其发生在墙肢根部；对框架梁，当柱截面较小时，为了保护节点核心、提高核心区受剪承载力、避免或减小梁筋在柱内滑移，利用不同屈服承载力比值将梁铰转移到柱面以外不小于梁截面高度范围的区域，屈服承载力比值为实际屈服承载力与计算要求屈服承载力的比值。但应注意，转移梁铰相当于减小梁跨，因此梁剪力相应提高，同时要求梁铰有较高的截面转角延性，也就是对梁铰的配筋构造有更严格的要求。

塑性铰发展范围和构件尺寸、截面配筋构造、位移幅度和反复受力周次有关。对梁而言，加大截面，特别是增加宽度可以提高耗能能力。对柱及剪力墙，塑性范围过大将不利于结构稳定，因此短柱和矮剪力墙都是不利的。

当建筑的体型平面比较复杂时，为了增强结构的抗倒塌能力，除了对特殊部位及构件采取提高抗震等级的构造措施外，还可以从体系方面采取对应措施。

框架结构可以结合具体情况在关键部位设置若干特殊延性框架，也就是根据具体情况适当提高某些延性框架的承载力和抗震等级。关键部位一般指平面有突变部位、较长平面的中部及尽端、转角部位等。框剪结构及剪力墙结构的抗倒塌措施，主要依靠特殊延性剪力墙的合理布置来实现，如在关键部位采用提高抗震等级的双肢或多肢有框架约束的剪力墙和在剪力墙内设置暗梁等。

这些特殊延性框架或剪力墙的作用，主要表现在，在强震作用下，有些构件遭受破坏，导致刚度和承载力退化时，这些特殊延性构件能起到“裂而不倒”的作用。为了达到这一目的，楼盖的刚度和整体性是非常重要的。

24.1.2　钢筋混凝土房屋抗震设计的基本规定

1. 现浇钢筋混凝土房屋适用的最大高度及高宽比限值

乙、丙类建筑可按表24.1-1；甲类建筑，6、7、8度宜按本地区抗震设防烈度提高一度后符合本表的要求，9度应进行专门研究。平面和竖向均不规则结构，适用的最大高度宜适当降低。

表 24.1－1　现浇钢筋混凝土房屋适用的最大高度（m）

结构类型		设防烈度				
		6	7	8（0.2g）	8（0.3g）	9
框架		60	50	40	35	24
框架－抗震墙		130	120	100	80	50
抗震墙		140	120	100	80	60
部分框支抗震墙		120	100	80	50	不应采用
筒体	框架－核心筒	150	130	100	90	70
	筒中筒	180	150	120	100	80
板柱－抗震墙		80	70	55	40	不应采用

注：①房屋高度指室外地面到主要屋面板板顶的高度（不包括局部突出屋顶部分）；
②框架－核心筒结构指周边稀柱框架与核心筒组成的结构；
③部分框支抗震墙结构指首层或底部两层为框支层的结构，不包括仅个别框支墙的情况；
④表中框架，不包括异形柱框架；
⑤板柱－抗震墙结构指板柱、框架和抗震墙组成抗侧力体系的结构；
⑥乙类建筑可按本地区抗震设防烈度确定其适用的最大高度；
⑦超过表内高度的房屋，应进行专门研究和论证，采取有效的加强措施。

高层建筑的高宽比不宜超过表 24.1－2 适用的最大高宽比。

表 24.1－2　高层建筑适用的最大高宽比

结构体系	设防烈度		
	6、7	8	9
框架	4	3	—
板柱－抗震墙	5	4	—
框架－抗震墙、抗震墙	6	5	4
框架－核心筒	7	6	4
筒中筒	8	7	5

注：①结构高宽比指房屋高度与结构平面最小投影宽度之比；
②当主体结构下部有大底盘时，下部大底盘面积和刚度相比上部较大时，高宽比可自大底盘以上算起；
③高宽比限值主要影响结构设计经济性，仅从结构安全角度讲，此限值不是必须满足。

2. 按建筑类别调整后用于结构抗震验算的烈度

表 24.1－3 建筑类别调整后用于结构抗震验算的烈度

建筑类别	设防烈度			
	6	7	8	9
甲类	7	8	9	9①
乙、丙、丁类	6②	7	8	9

注：①提高幅度，应专门研究；

②特殊要求外，不需抗震验算；

③甲类建筑应用同时按批准的地震安全评价的结果确定其地震作用。

3. 按建筑类别及场地调整后用于确定抗震等级的烈度

表 24.1－4 按建筑类别及场地调整后用于确定抗震等级的烈度

建筑类别	场地	设防烈度			
		6	7	8	9
甲、乙类	Ⅰ	6	7	8	9
	Ⅱ、Ⅲ、Ⅳ	7	8	9	9*
丙类	Ⅰ	6	6	7	8
	Ⅱ、Ⅲ、Ⅳ	6	7	8	9
丁类	Ⅰ	6	6	7-	8-
	Ⅱ、Ⅲ、Ⅳ	6	7-	8-	9-

注：①Ⅰ类场地按调整后的抗震烈度，由表 24.1－5 确定抗震等级中的抗震构造措施，但内力调整的抗震等级仍与Ⅱ、Ⅲ、Ⅳ类场地相同；

②建筑场地为Ⅲ、Ⅳ类时，对设计基本地震加速度为 0.15g 和 0.30g 的地区，宜分别按抗震设防烈度 8 度（0.20g）和 9 度（0.40g）时各抗震设防类别建筑的要求采取抗震构造措施；

③7-、8-、9-表示按其对应的抗震等级采取抗震构造措施可以适当降低，可按表 24.1－5 内≤24m 对应的抗震等级；

④*号表示比 9 度一级更有效的抗震措施，主要考虑合理的建筑平面及体型、有利的结构体系和更严格的抗震措施，具体要求应进行专门研究。

4. 抗震等级

钢筋混凝土结构的抗震措施，包括内力调整和抗震构造措施，不仅要按建筑类别区别对待，而且要按抗震等级划分，因为同样烈度下不同结构体系、不同高度有不同的抗震要求，例如：次要抗侧力构件的抗震要求可低于主要抗侧力构件；较高的房屋地震反应大，位移延性的要求也较高，表 24.1－5 中的“框架”和“框架结构”有不同的含义。“框架结构”指纯框架结构，“框架”则泛指框架结构和框架-抗震墙等结构体系中的框架。当框架-抗震墙结构有足够的抗震墙时，其框架部分属于次要的抗侧力构件，在规定水平力作用下，底层框架承受的地震倾覆力矩小于结构总地震倾覆力矩的 50%时，其框架部分的抗震等级可按框架–抗震墙结构的规定来划分。若框架部分承受的地震倾覆力矩大于结构总地震倾覆力矩的 50%，其框架部分的抗震等级应按框架结构确定，抗震墙的抗震等级可与其框架的抗震等级相同。框架承受的地震倾覆力矩可按下式计算：

$$M_c = \sum_{i=1}^{n}\sum_{j=1}^{m} V_{ij}h_i \tag{24.1-2}$$

式中　M_c——框架–抗震墙结构在规定水平力作用下框架部分分配的地震倾覆力矩，上式中不考虑框架梁对抗震墙的约束作用；

n——结构层数；

m——框架各层的柱根数；

V_{ij}——第 i 层第 j 根框架柱的计算地震剪力；

h_i——第 i 层的层高。

关于裙房的抗震等级。裙房与主楼相连，主楼结构在裙房顶板对应的上下各一层受刚度与承载力突变影响较大，抗震构造措施需要适当加强。裙房与主楼之间设防震缝，在大震作用下可能发生碰撞，该部位也需要采取加强措施。

裙房与主楼相连的相关范围，一般可从主楼周边外延 3 跨且不小于 20m，相关范围以外的区域可按裙房自身的结构类型确定其抗震等级。裙房偏置时，其端部有较大扭转效应，也需要加强。

关于地下室的抗震等级。带地下室的多层和高层建筑，当地下室结构的刚度和受剪承载力比上部楼层相对较大时，地下室顶板可视作嵌固部位，在地震作用下的屈服部位将发生在地上楼层，同时将影响到地下一层。地面以下地震响应逐渐减小，规定地下一层的抗震等级不能降低；而地下一层以下不要求计算地震作用，规定其抗震构造措施的抗震等级可逐层降低。

表 24.1–5　现浇钢筋混凝土房屋的抗震等级

<table>
<tr><td colspan="2" rowspan="2">结构类型</td><td colspan="10">设防烈度</td></tr>
<tr><td colspan="2">6</td><td colspan="3">7</td><td colspan="3">8</td><td colspan="2">9</td></tr>
<tr><td rowspan="3">框架结构</td><td>高度/m</td><td>≤24</td><td>>24</td><td colspan="2">≤24</td><td>>24</td><td colspan="2">≤24</td><td>>24</td><td colspan="2">≤24</td></tr>
<tr><td>框架</td><td>四</td><td>三</td><td colspan="2">三</td><td>二</td><td colspan="2">二</td><td>一</td><td colspan="2">一</td></tr>
<tr><td>大跨度框架</td><td colspan="2">三</td><td colspan="3">二</td><td colspan="3">一</td><td colspan="2">一</td></tr>
<tr><td rowspan="3">框架–抗震墙结构</td><td>高度/m</td><td>≤60</td><td>>60</td><td>≤24</td><td>25~60</td><td>>60</td><td>≤24</td><td>25~60</td><td>>60</td><td>≤24</td><td>25~50</td></tr>
<tr><td>框架</td><td>四</td><td>三</td><td>四</td><td>三</td><td>二</td><td>三</td><td>二</td><td>一</td><td>二</td><td>一</td></tr>
<tr><td>抗震墙</td><td colspan="2">三</td><td>三</td><td colspan="2">二</td><td>二</td><td colspan="2">一</td><td colspan="2">一</td></tr>
<tr><td rowspan="2">抗震墙结构</td><td>高度/m</td><td>≤80</td><td>>80</td><td>≤24</td><td>25~80</td><td>>80</td><td><24</td><td>25~80</td><td>>80</td><td>≤24</td><td>25~60</td></tr>
<tr><td>抗震墙</td><td>四</td><td>三</td><td>四</td><td>三</td><td>二</td><td>三</td><td>二</td><td>一</td><td>二</td><td>一</td></tr>
</table>

续表

结构类型			设防烈度							
			6		7			8		9
部分框支抗震墙结构	高度/m		≤80	>80	≤24	25～80	>80	≤24	25～80	
	抗震墙	一般部位	四	三	四	三	二	三	二	
		加强部位	三	二	三	二	一	二	一	
	框支层框架		二		二		一	一		
框架-核心筒结构	框架		三		二			一		一
	核心筒		二		二			一		一
筒中筒结构	外筒		三		二			一		一
	内筒		三		二			一		一
板柱-抗震墙结构	高度/m		≤35	>35	≤35	>35		≤35	>35	
	框架、板柱的柱		三	二	二	二		一		
	抗震墙		二	二	二	一		二	一	

注：①建筑场地为Ⅰ类时，除 6 度外应允许按表内降低一度所对应的抗震等级采取抗震构造措施，但相应的计算要求不应降低；

②接近或等于高度分界时，应允许结合房屋不规则程度及场地、地基条件确定抗震等级；

③大跨度框架指跨度不小于 18m 的框架；

④高度不超过 60m 的框架-核心筒结构按框架-抗震墙的要求设计时，应按表中框架-抗震墙结构的规定确定其抗震等级。

关于乙类建筑的抗震等级。根据《建筑工程抗震设防分类标准》（GB 50223）的规定，乙类建筑应按表 24.1－3 和表 24.1－4 经调整后烈度查表 24.1－5 确定抗震等级（内力调整和构造措施）。本章 24.1.2 节规定，乙类建筑的钢筋混凝土房屋可按本地区抗震设防烈度确定其适用的最大高度，于是可能出现 7 度乙类的框支结构房屋和 8 度乙类的框架结构、框架-抗震墙结构、部分框支抗震墙结构、板柱-抗震墙结构的房屋提高一度后，其高度超过表 24.1－5 中抗震等级为一级的高度上界。此时，内力调整不提高，只要求抗震构造措施“高于一级”，大体与《高层建筑混凝土结构技术规程》特一级的构造要求相当。

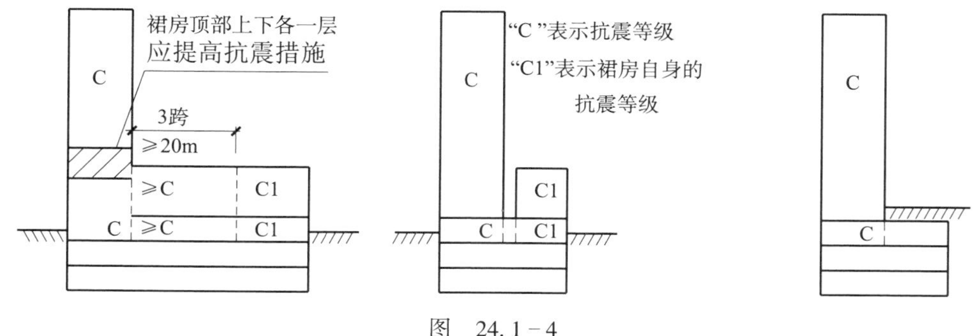

图　24.1－4

24.2　防震缝与抗撞墙

24.2.1　防震缝

当建筑平面过长、结构单元的结构体系不同、高度或刚度相差过大以及各结构单元的地基条件有较大差异时，应考虑设防震缝，其最小宽度应符合以下要求：

（1）框架结构（包括设置少量抗震墙的框架结构）房屋的防震缝宽度，当高度不超过 15m 时不应小于 100mm；超过 15m 时，6 度、7 度、8 度和 9 度相应每增加高度 5m、4m、3m 和 2m，宜加宽 20mm，见图 24.2－1。

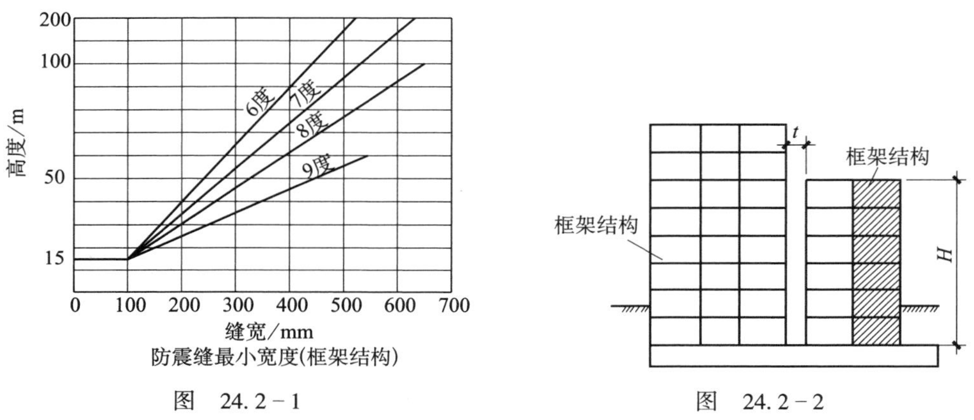

图　24.2－1　　　　图　24.2－2

（2）框架－抗震墙结构房屋的防震缝宽度不应小于框架结构规定数值的 70%，抗震墙结构房屋的防震缝宽度不应小于框架结构规定数值的 50%，且均不宜小于 100mm。

（3）防震缝两侧结构类型不同时，宜按需要较宽防震缝的结构类型和较低房屋高度确定缝宽。图 24.2－2 中计算防震缝宽度 t 时，按框架结构并取房屋高度 H。

（4）震害表明，在强烈地震作用下，由于地面运动变化、结构扭转、地基变形等复杂因素，即使满足规定防震缝宽度的相邻结构仍可能局部碰撞而损坏。防震缝宽度过大，会给建筑处理造成困难，因此，高层建筑宜选用合理的建筑结构方案，不设防震缝，同时采用合理的计算方法和有效的措施，以解决不设缝带来的不利影响，如差异沉降、偏心扭转、温度变形等。

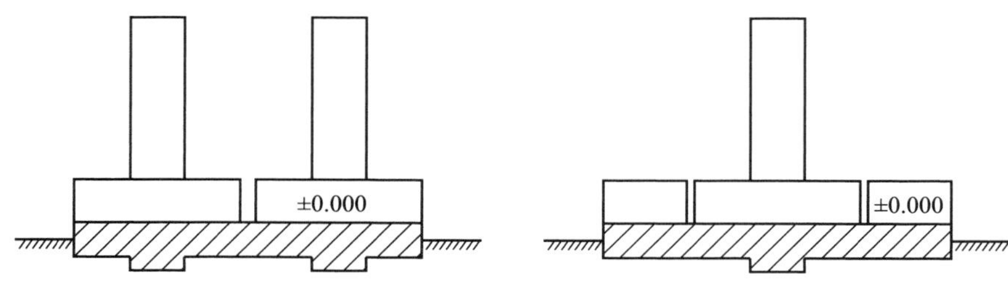

图 24.2－3　大底盘地下室示意图

当有多层地下室的高层建筑形成大底盘，上部结构为带裙房的单塔或多塔结构时，可将裙房用防震缝自地下室以上分隔，地下室顶板应有良好的整体性和刚度，能将上部结构地震作用分布到地下室结构。

（5）图24.2－4说明在大震作用下，防震缝处在发生碰撞时往往变为不利部位，不利部位产生的后果包括地震剪力增大，产生扭转、位移增大、部分主要承重构件撞坏等。

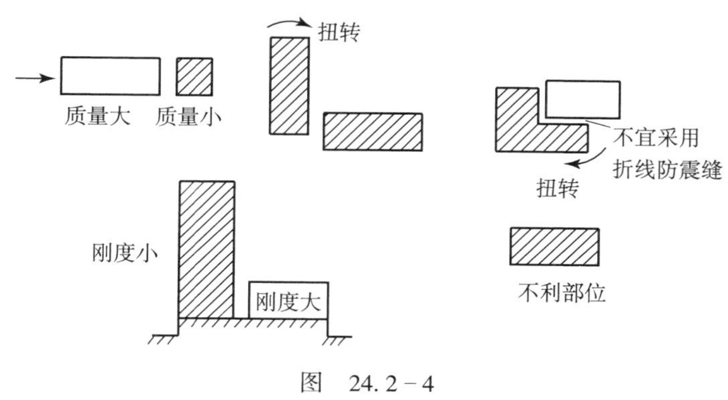

图 24.2－4

24.2.2 抗撞墙

震害和试验研究都表明框架结构对抗撞不利，特别是防震缝两侧的房屋高度相差较大或两侧层高不一致的情况。加拿大BRITISH COLUMBIA大学的模型试验表明，3层与8层相邻框架结构在EL-CENTRO地震波、PGA为0.5g作用下，板与板、板与柱两种碰撞的结果。无碰撞情况下，8层框架顶部加速度为2.5g，表示PGA放大5倍。发生碰撞后，位于3层框架顶部，当两侧楼层高度一致，楼板相撞时，加速度分别为15g和23g。两侧楼层高度不一致时，楼板和柱相撞，两侧加速度分别达到25g和36g，详见图24.2－5。

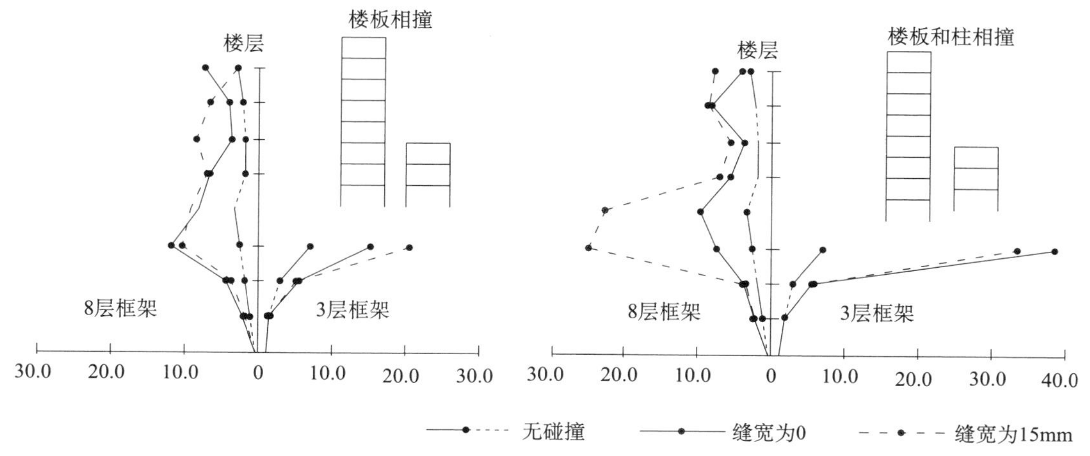

图24.2－5 框架结构在PGA为0.5g的EL-CENTRO波作用下的碰撞试验

针对上述情况，参考希腊抗震规范，对按 8、9 度设防的钢筋混凝土框架结构房屋防震缝两侧结构高度、刚度或层高相差较大时，在防震缝两侧房屋的尽端沿全高设置垂直于防震缝的抗撞墙，每一侧抗撞墙的数量不应少于两道，宜分别对称布置，墙肢长度可不大于 1/2 层高，其抗震等级可同框架结构，见图 24.2－6。框架和抗撞墙内力应按考虑和不考虑抗撞墙两种情况进行分析，并按不利情况取值，防震缝两侧抗撞墙的端柱和框架边柱，箍筋应沿房屋全高加密。

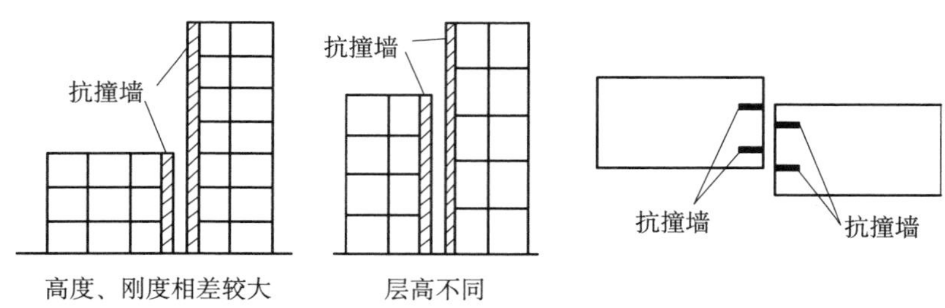

图 24.2－6　框架结构采用抗撞墙示意图

24.3　高层建筑结构侧向稳定及重力二阶效应

高宽比较大或带有软弱层及扭转效应明显的高层建筑应进行侧向稳定验算，高层建筑的楼层侧向稳定可由稳定系数 θ 来判别。

（1）框架结构第 i 楼层的稳定系数 θ_i 可按下式计算：

$$\theta_i = \frac{\sum_{j=i}^{n} G_i \Delta_i}{V_i h_i} \tag{24.3-1}$$

式中 $\sum_{j=i}^{n} G_i$——位于 i 楼层及其以上层的总重力荷载设计值，取 1.2 倍的永久荷载标准值与 1.4 倍的楼面可变荷载标准值的组合值；8、9 度时应考虑竖向地震作用，8 度时为总重力荷载的 10%，9 度时为总重力荷载的 20%；

V_i——第 i 层的地震剪力标准值；

Δ_i——第 i 层的层间位移；

h_i——楼层 i 的层高。

当 $\theta_i \leqslant 0.05$ 时，可不考虑 $P-\Delta$ 效应；

当 $0.1 \geqslant \theta_i > 0.05$ 时，结构内力及位移均应考虑 $P-\Delta$ 效应；

当 $\theta_i > 0.1$ 时，表明在地震作用下将产生楼层失稳。

当弹性分析阶段需要计及 $P-\Delta$ 效应内，内力和位移增大系数可取 $\frac{1}{(1-\theta_i)}$，结构构件的弯矩和剪力增大系数可取 $\frac{1}{(1-2\theta_i)}$。

（2）剪力墙结构、框架–剪力墙结构、板柱剪力墙结构、筒体结构的稳定系数 θ 可按下式计算：

$$\theta = \frac{\sum_{i=1}^{n} G_i H^2}{EJ_{\mathrm{d}}} \tag{24.3-2}$$

式中　G_i——第 i 楼层的总重力荷载设计值，取 1.2 倍的永久荷载标准值与 1.4 倍的楼面可变荷载标准值的组合值；8、9 度时应考虑竖向地震作用，8 度时为总重力荷载的 10%，9 度时为总重力荷载的 20%；

H——房屋高度；

EJ_{d}——结构一个主轴方向的弹性等效刚度，可按倒三角形分布荷载作用下结构顶点位移相等的原则，将结构的侧向刚度折算为竖向悬臂受弯构件的等效侧向刚度。

当 $\theta_i \leqslant 0.37$ 时，可不考虑 P–Δ 效应；

当 $0.714 \geqslant \theta_i > 0.37$ 时，结构内力及位移均应考虑 P–Δ 效应；

当 $\theta_i > 0.714$ 时，表明在地震作用下将产生楼层失稳。

当弹性分析阶段需要计及 P–Δ 效应内，位移增大系数可取 $\frac{1}{(1-0.14\theta)}$，结构构件的弯矩和剪力增大系数可取 $\frac{1}{(1-0.28\theta)}$。

（3）一般高层建筑的侧向稳定可以通过限制弹性层间位移来解决，但当地震作用较小，结构刚度较柔时，应加注意。

楼层稳定系数亦可表达为：

$$\theta_i = \frac{1}{\lambda} \cdot \frac{\Delta_i}{h_i} \tag{24.3-3}$$

式中　λ——楼层地震剪力系数：6 度时不小于 0.006，7 度时不小于 0.012，7 度（0.15g）时不小于 0.018，8 度时不小于 0.024，8 度（0.30g）时不小于 0.036，9 度时不小于 0.048。以上数值针对的基本周期大于 5.0s 的结构，其他结构的楼层最小地震剪力系数值见《抗震规范》表 5.2-5；

Δ_i / h_i——弹性层间位移角限值，框架为 1/550，框–墙、框架核心筒为 1/800，抗震墙结构及筒中筒结构为 1/1000。

表 24.3-1　θ 值

结构＼烈度	6	7	8	9
框架	0.303	0.152（0.101）	0.076（0.051）	0.038
框架–抗震墙、框架–核心筒	0.208	0.104（0.069）	0.052（0.035）	0.026
抗震墙、筒中筒	0.167	0.083（0.056）	0.042（0.028）	0.021

注：表中数值是针对基本周期大于 5.0s 的结构，括号内数值分别用于设计基本地震加速度为 0.15g 和 0.30g 的地区。

从表 24.3－1 可以看出框架结构及框架抗震墙结构按 7 度最小地震力设计时，如不考虑 $P-\Delta$ 效应，应适当加强楼层刚度。

24.4　基础及地下室结构抗震设计要求

24.4.1　基础抗震设计基本要求

基础应有足够承载力承受上部结构的重力荷载和地震作用，基础与地基应保证上部结构的良好嵌固、抗倾覆能力和整体工作性能。在地震作用下，当上部结构进入弹塑性阶段，基础应保持弹性工作，此时，基础可按非抗震的构造要求。

多层和高层建筑带有地下室时，在具有足够刚度、承载力和整体性的条件下，地下室结构可考虑为基础的一部分。如地下室顶板作为上部结构的嵌固部位，上部结构与地下室结构可分别进行抗震验算。采用天然地基的高层建筑的基础，根据具体情况应有适当的埋置深度，在地基及侧面土的约束下增强基础抗侧力稳定性。高层的基础应有一定的埋置深度。在确定埋置深度时，应综合考虑建筑物的高度、体型、地基土质、抗震设防烈度等因素。根据具体情况，天然地基的基础埋深一般不小于房屋总高的 1/15，当高层建筑与相连多层建筑用沉降缝分开并采用天然地基时，为了保证基础稳定，高层建筑基础埋深应位于多层建筑基础埋深之下，两者相差一般不宜小于 2m；沉降缝应用砂填实以保证基础的侧限。

为了保证在地震作用下基础的抗倾覆能力，在重力荷载与水平荷载标准值或重力荷载代表值与多遇水平地震标准值共同作用下，高宽比大于 4 的高层建筑，基础底面不宜出现零应力区，其他建筑基础底面的零应力区面积不宜超过基础底面面积的 15%。当高层建筑与裙房相连，地基的差异沉降和地震作用下基础的转动都会给相连结构造成损伤，因此在相连部位，高层建筑基础底面在地震作用下亦不宜出现零应力区，同时应加强高低层之间相连基础的承载力，并采取措施减少高、低层之间的差异沉降影响。

无整体基础的框架–抗震墙结构和部分框支抗震墙结构是对抗震墙基础转动非常敏感的结构，为此必须加强抗震墙基础的整体刚度，必要时应适当考虑抗震墙基础转动的不利影响。

带裙房的高层建筑，当裙房的范围较大，地基条件较好，采用天然地基的高层建筑与相连裙房之间可不设沉降缝，但应进行仔细的沉降分析，根据地基基础规范要求及工程经验，在基础与上部结构的设计方面采取有效措施，利用后浇带解决早期沉降影响，后期沉降差异不宜大于高层与裙房之间相邻跨的 3/1000。为了缓解高层与裙房之间相连基础由于差异沉降引起过大的内力，可在该基础梁、板下面铺设易压缩材料的垫层，如聚苯板等。对裙房与高层相连的框架梁两端采用适应后期差异沉降的半刚性框架节点（图 24.4－1），可以控制由于差异沉降引起梁端的塑性变形，加强梁

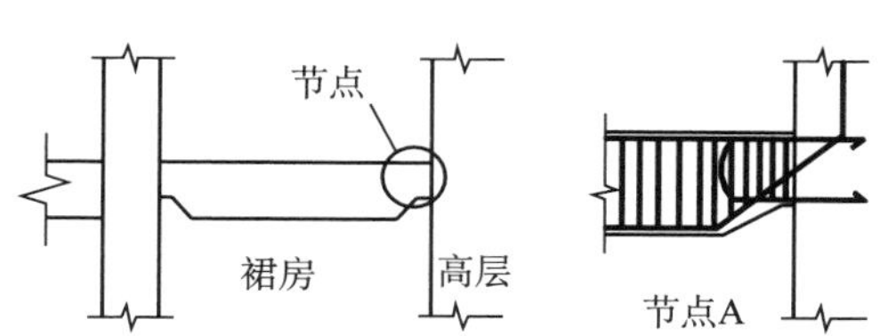

图 24.4－1　考虑后期沉降、裙房框架与主体结构连接构造

端约束及纵筋锚固，并考虑内力重分布的不利影响。

24. 4. 2　各类基础的抗震设计

1. 单独柱基

单独柱基一般用于地基条件较好的多层框架，采用单独柱基时，应采取措施保证基础在地震作用下的整体工作。属于以下情况之一时，宜沿两个主轴方向设置基础系梁。

（1）一级框架和Ⅳ类场地的二级框架。

（2）各柱基础底面在重力荷载代表值作用下的压应力差别较大。

（3）基础埋置较深，或各基础埋置深度差别较大。

（4）地基主要受力层范围内存在软弱黏性土层、液化土层或严重不均匀土层。

（5）桩基承台之间。

一般情况，系梁宜设在基础顶部，当系梁的受弯承载力大于柱的受弯承载力时，地基和基础可不考虑地震作用。应避免系梁与基础之间形成短柱。当系梁距基础顶部较远，系梁与柱的节点应按强柱弱梁设计。

一、二级框架的基础系梁除承受柱弯矩外，边跨系梁尚应同时考虑不小于系梁以上的柱下端组合的剪力设计值产生的拉力或压力。

2. 弹性地基梁

无地下室的框架结构采用地基梁时，一、二级框架地基梁应考虑柱根部钢筋屈服超强所引起的弯矩。

3. 桩基

桩的纵筋伸入承台或基础内长度应满足锚固要求，桩顶箍筋应满足柱端加密区要求，上、下端嵌固的支承短桩，在地震作用下类似短柱作用，宜采取相应构造措施。采用空心桩时，宜将柱桩的上、下端用混凝土填实。

计算地下室以下桩基承担的地震剪力，可按《抗震规范》4. 4. 2 条条文说明中考虑地下室外墙与桩共同作用，当地基出现零应力区时，不宜考虑受拉桩承受水平地震作用。

24. 4. 3　高层建筑地下室结构的抗震设计

（1）抗震计算。

多数高层建筑都带有面积较大的地下室，其上除了高层建筑外，或带有层数不多的裙房，或仅为纯地下室部分。考虑地下室周边挡土墙的影响，地下室在平面内有很大的刚度，墙外土体对地下室有很强的约束，包括前方被动土压力及侧面土摩擦力，限制了侧向位移，导致高层建筑在地下室顶部产生刚度突变，在地震作用下，很可能使高层建筑的塑性铰由基础顶部转移到地下室顶部以上。《抗震规范》规定高层建筑地下室结构的刚度和承载力适当加强，可以考虑地下室顶部为上部结构的嵌固部位，所谓嵌固部位也就是预期塑性铰出现部位，确定嵌固部位就可通过刚度和承载力调整迫使塑性铰在预期部位出现。

作用在有整体基础的主体结构地下室底部总地震剪力 V 为：

$$V = \tilde{V} + \tilde{V}_B \tag{24.4-1}$$

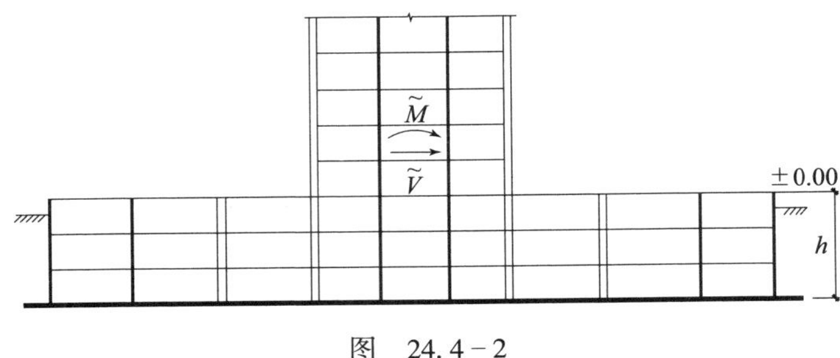

图　24.4－2

式中　$\widetilde{V}$——主体结构在地下室顶部的地震剪力；

$\widetilde{V}_B$——主体结构地下室引起的底部地震剪力：

$$\widetilde{V}_B = \beta \alpha_1 G_B \tag{24.4-2}$$

β——地下室结构地震作用降低系数（表 24.4－1）；

α_1——主体结构按结构基本自振周期的水平地震影响系数；

G_B——主体结构地下室的重力荷载代表值。

表 24.4－1

地下室层数	1	2	3	4
β	1	0.9	0.85	0.80

当为多塔大底盘结构时，塔楼群体质心宜接近大底盘的质心，并应加强大底盘地下室顶部楼盖与大底盘周边挡土墙及地下室其他抗侧力构件的整体作用，包括挡土墙外部土体的约束作用，此时每栋塔楼可不考虑总体扭转的影响。

在地震作用下，不出地面的框架不能与相连结构保证整体工作时，框架柱的地震剪力宜按从属面积的荷载进行计算。

抗震墙结构、筒体结构和框架－抗震墙结构采用整体基础且地下室的楼盖能保证地下室内主体和相连的非主体抗侧力构件在地震作用下共同工作时，作用在主体结构基础顶部的倾覆力矩 M 可按式（24.4－3）计算，高宽比大于 4 的高层建筑，M 不宜小于 $\widetilde{M}$。

$$M = \widetilde{M} + \widetilde{V}_B \frac{h}{2} + \frac{K}{\sum K}\widetilde{V}h \tag{24.4-3}$$

式中　$\widetilde{M}$——作用在主体结构地下室顶部，组合的倾覆力矩设计值；

h——地下室顶面至基础顶面的地下室深度；

K——对应于上部结构范围内的主体结构各层地下室平均楼层剪切刚度，可按公式（24.4－4）计算；

$\sum K$——主体结构地下室及距主体结构周边不大于 h 范围内的相连地下室各层平均楼层剪切刚度之和。

（2）高层建筑的地下室顶板作为上部结构的嵌固部位须满足以下条件：

①地下室的楼层剪切刚度不小于相邻上部结构楼层剪切刚度的 2 倍。

$$\frac{G_0A_0h_1}{G_1A_1h_0} \geqslant 2,\ [A_0,\ A_1] = A_w + 0.12A_C \tag{24.4-4}$$

式中 G_0、G_1——地下一层及地上一层的混凝土剪变模量；

A_0、A_1——地下一层及地上一层的折算受剪面积；

A_w——沿计算方向抗震墙的全部有效面积；

A_C——地上一层或地下一层的全部柱截面面积，当柱的截面宽度不小于 300mm 且长宽比不小于 4 时，可按抗震墙考虑。

计算多塔大底盘的地下室楼层剪切刚度比时，大底盘地下室的整体刚度与所有塔楼的总体刚度比应满足式（24.4-4）的要求，每栋塔楼范围内的地下室剪切刚度与相邻上部塔楼的剪切刚度比不宜小于 1.5。

②地下室结构布置应保证地下室顶板有足够的平面内整体刚度和承载力，能将上部结构的地震作用传递到全部地下室抗侧力构件。地下室顶板厚度不宜小于 180mm，混凝土强度等级不应低于 C30，应采用双层双向配筋，每层每个方向配筋率不应低于 0.25%。

③各类框架柱在地下室顶板部位的嵌固弯矩，由对应位置地下一层的柱上端和节点左右侧的框架梁所承担。为了避免柱塑性铰向下转移，地下一层柱截面每侧纵向钢筋面积不应小于地上一层柱对应纵向钢筋面积的 1.1 倍，且地下一层柱上端和节点左右梁端实配钢筋的抗弯承载力之和应大于地上一层柱下端实配钢筋的抗弯承载力的 1.3 倍。

④当地下一层梁刚度较大，即同一节点处两侧梁的抗弯刚度之和大于地下一层柱的抗弯刚度的 2 倍时，柱截面每侧纵向钢筋的面积应大于地上一层对应柱每侧纵筋面积的 1.1 倍，同时梁端顶面和底面的纵向钢筋的面积均应比计算增大 10% 以上。地下一层抗震墙墙肢端部边缘构件纵向钢筋的截面面积，不应小于地上一层对应墙肢端部边缘构件纵向钢筋的截面面积。

⑤作为上部结构嵌固端的地下室顶板应采用现浇楼盖体系，不能采用无梁楼盖体系；地下室顶板作为部分框支抗震墙结构的嵌固部位时，位于地下室的框支层，不计入规范所允许的框支层数之内。裙房与主体结构相连且位于同一底盘时，其嵌固部位应随主体结构且应满足嵌固的有关要求，裙房与主体结构相连，但其基础与主体基础分别设计时，可分别考虑嵌固部位。

（3）地下室结构的抗震等级。

当地下室顶板作为上部结构的嵌固部位时，地下一层抗震等级与上部结构相同，地下一层以下与抗震构造措施对应的抗震等级可逐层降低一级，但不应低于四级。地下室无上部结构的部分，抗震构造措施的抗震等级可根据具体情况采用三级或四级。

（4）框架-抗震墙、筒体及部分框支抗震墙结构嵌固在地下室顶板部位时抗侧力构件内力调整要求。

①抗震等级为一级框架-抗震墙、筒体的墙肢及部分框支-抗震墙的落地墙肢的内力调整及构造要求见图 24.4-3。地下室内墙肢底部弯矩 M_w 可根据式（24.4-3）倾覆力矩 M，按剪切刚度分配求得，其取值不宜小于 $1.2M_0$，M_0 为墙肢嵌固部位的组合弯矩设计值。筒

体的边缘构件设置范围，配筋构造要求应满足《抗震规范》6.7.2 条专门要求。

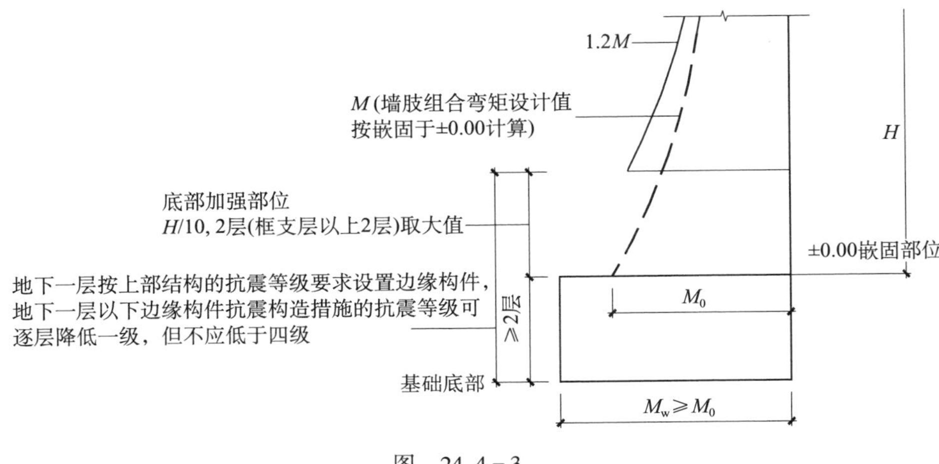

图　24.4－3

②抗震等级为二、三级框架-抗震墙、筒体的墙肢及部分框支-抗震墙的落地墙肢的内力调整及构造要求见图 24.4－4。二级筒体的边缘构件设置范围，配筋构造要求也应满足《抗震规范》6.7.2 条专门要求，其中 M_0、M_w 含义同上。

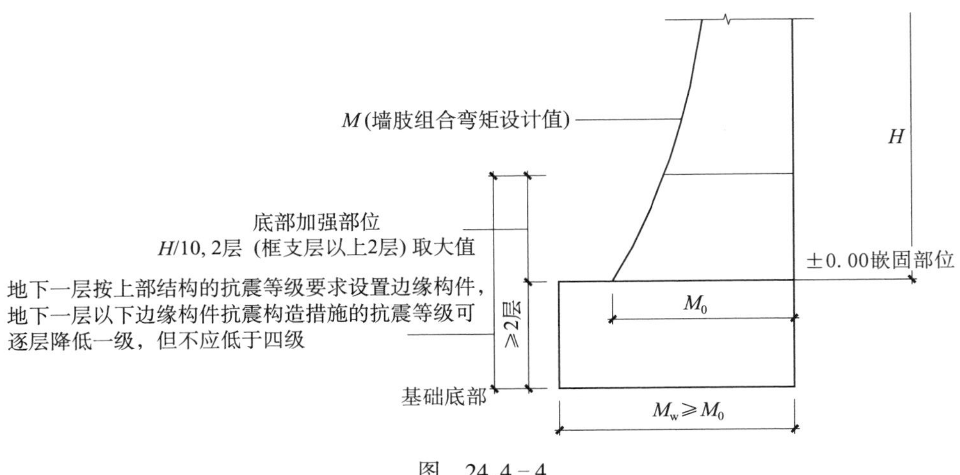

图　24.4－4

③部分框支抗震墙结构的底部加强部位及约束边缘构件设置范围如图 24.4－5 所示。

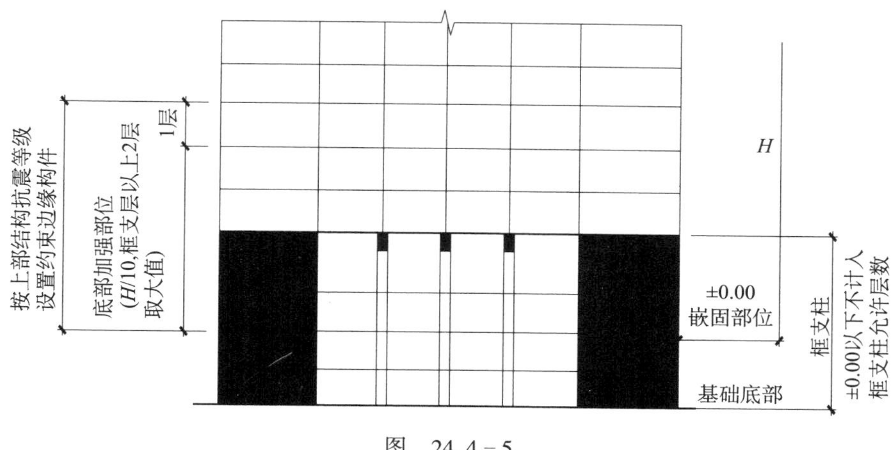

图　24.4－5

第 25 章　钢筋混凝土框架结构

25.1　一 般 原 则

25.1.1　适用范围及结构特点

框架结构是由梁、柱构件通过节点刚性连接的一种结构体系。框架梁、柱既承受重力荷载，也要承受风载和地震作用等水平力。框架结构柱网布置灵活，易满足设置大房间的要求，但随着层数和总高度的增加，水平力对结构构件的截面尺寸和配筋率的影响越来越大，影响建筑空间的合理使用，在材料用量和造价方面也趋于不合理。因此规范给出了框架结构房屋的最大适用高度，见第 24 章。

在水平力作用下，框架结构的水平位移由两部分组成。第一部分属弯曲变形，这是由框架在抵抗倾覆弯矩时发生的整体弯曲，考虑轴向力的影响，由柱子的拉伸与压缩所引起的水平位移。第二部分属剪切变形，这是由框架整体受剪，梁、柱杆件发生弯曲而引起的水平位移，当框架高宽比不大于 4 时，框架顶点位移中弯曲变形部分所占比例很小，可以忽略。框架结构的位移曲线一般呈剪切型，其特点是层间相对位移愈往建筑物顶部愈小。

国内外多次地震震害表明，框架结构由于侧向刚度小，在强烈地震作用下结构的顶点位移和层间相对位移过大，非结构性的破坏比较严重，不仅地震中危及人身安全和财产损失，而且震后的修复量和费用也很大。

25.1.2　结构布置

1. 平面布置

（1）各单元结构轴线宜保持正交，高层建筑不宜采用结构轴线斜交的体系。

（2）沿两个主轴方向，宜双向布置刚接框架体系。

（3）框架梁与柱的中线宜重合，其偏心距不宜大于柱宽的 1/4。

（4）砌体填充墙平面布置宜均匀对称。

（5）电梯间、大型设备不宜偏置于建筑的一端。

（6）平面局部突出部分尺寸宜满足第 24 章的有关要求。

2. 立面布置

（1）立面局部收进尺寸及楼层刚度变化宜满足第 24 章的有关要求。

（2）框架结构宜完整，不宜因抽柱或抽梁而使传力途径突然变化。

（3）沿楼层框架柱的承载力变化宜平缓，柱截面尺寸、纵向配筋率以及混凝土强度等级不应在同一层内同时改变。

（4）砌体填充墙的竖向布置宜均匀。

3. 结构构件

（1）框架梁净跨与梁截面高度的比值不宜小于 4，截面高宽比不宜大于 4，截面宽度不宜小于 200mm；采用梁宽大于柱宽的扁梁时，楼板应现浇，梁中线宜与柱中线重合，扁梁应双向布置，且不宜用于一级框架结构，扁梁的截面尺寸应符合图 25.1－1 所示的要求，并应满足现行有关规范对挠度和裂缝宽度的规定。

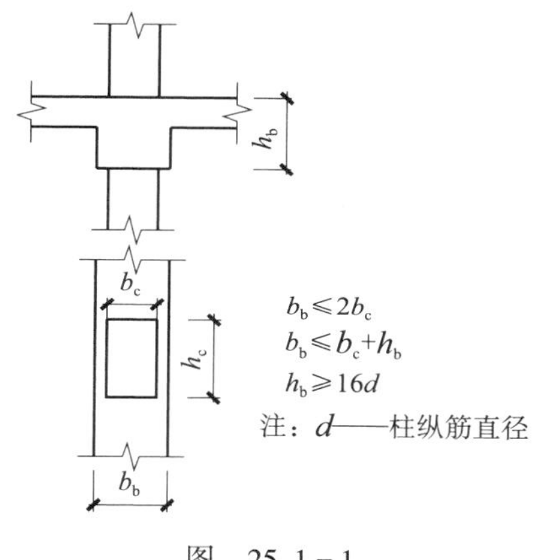

图　25.1－1

（2）框架柱剪跨比宜大于 2。截面宽度和高度，四级或不超过 2 层时不宜小于 300mm，一、二、三级且超过 2 层时不宜小于 400mm；圆柱的直径，四级或不超过 2 层时宽扁梁截面尺寸要求不宜小于 350mm，一、二、三级且超过 2 层时不宜小于 450mm。矩形截面长边与短边的边长之比不宜大于 3。

（3）柱轴压比。

①柱轴压比不宜超过表 25.1－1 的限值；建造于Ⅳ类场地且较高的高层建筑，柱轴压比应适当减小。

②柱轴压比限值增加的措施。

A. 符合下列三种情况之一时，柱轴压比限值可增加 0.10，并按增大的轴压比求配箍特征值 λ_v。

a. 沿柱全高采用井字复合箍（常用的矩形和圆形柱截面的箍筋见图 25.1－2），肢距≤200mm，箍距≤100mm，箍筋直径≥12mm。

b. 沿柱全高采用复合螺旋箍，肢距≤200mm，螺旋箍间距≤100mm，箍筋直径≥12mm。

c. 沿柱全高采用连续矩形复合螺旋箍，肢距≤200mm，螺旋筋净距≤80mm，箍筋直径≥10mm。

B. 在柱截面内附加核芯柱（核芯柱另设箍筋示意图见图 25.1－3），其中另加纵筋总面积不小柱截面面积的 0.8%，柱轴压比可增加 0.05。

C. 在柱截面内附加芯柱措施与上述复合箍三种措施之一共同采用时，柱轴压比限值可增加 0. 15，但箍筋的配箍特征值仍可按轴压比增加 0. 10 的要求。

采取上述各类措施后，柱的轴压比限值不应大于 1. 05。

表 25. 1 - 1　柱轴压比限值［λ_N］

结构类型	抗震等级			
	一	二	三	四
框架结构	0. 65	0. 75	0. 85	0. 90
框架-抗震墙 板柱-抗震墙及筒体	0. 75	0. 85	0. 90	0. 95
部分框支抗震墙	0. 6	0. 7	—	

注：①轴压比指柱组合的轴压力设计值与柱的全截面面积和混凝土轴心抗压强度设计值乘积之比值；可不进行地震作用计算的结构，取无地震作用组合的轴力设计值；

②表内限值适用于剪跨比大于 2，混凝土强度等级不高于 C60 的柱；剪跨比不大于 2 的柱，轴压比限值应降低 0. 05；剪跨比小于 1. 5 的柱，轴压比限值应专门研究并采取特殊构造措施；C65～C70 混凝土的柱轴压比限值应降低 0. 05；C75～C80 混凝土的柱轴压比限值应降低 0. 10。

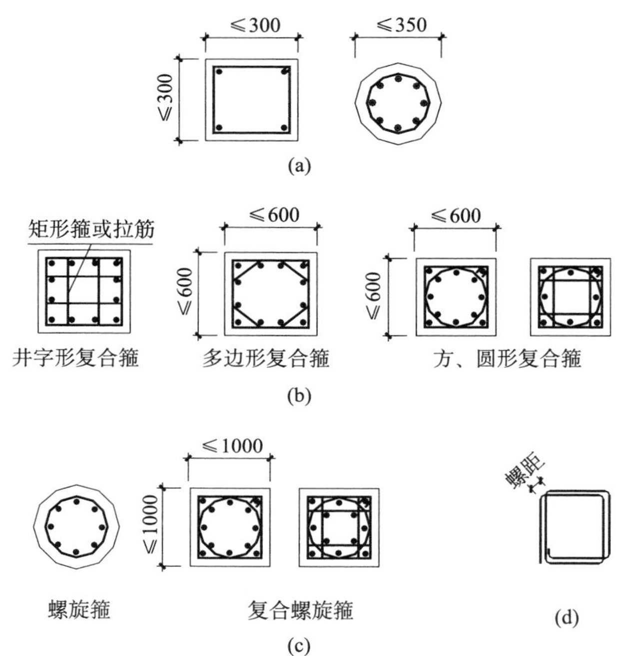

图 25. 1 - 2　常用的矩形和圆形柱截面的箍筋

(a) 普通箍；(b) 复合箍；(c) 螺旋箍；(d) 连续复合螺旋箍（用于矩形截面柱）

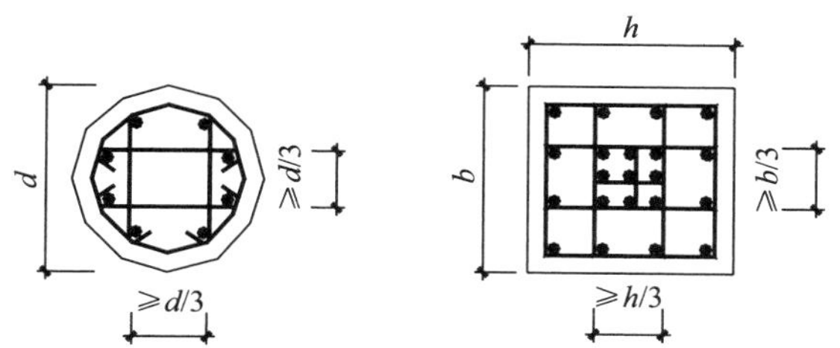

图 25.1－3　核芯柱另设构造箍筋示意图

③初步设计时柱轴压比的简化计算。

初步设计选用柱截面尺寸时，可近似按下式验算其轴压比：

$$\frac{\zeta N_G}{f_c A_c} \leqslant [\lambda_N] \tag{25.1-1}$$

式中　N_G——对应于重力荷载代表值的柱轴压力，对于一般情况指结构和构件自重标准值和可变荷载组合值；

ζ——考虑地震作用组合后轴压力增大系数，外柱取 1.30，不等跨内柱取 1.25；等跨内柱取 1.20；

f_c——混凝土轴心抗压强度设计值；

A_c——矩形或圆形柱截面面积。

4. 墙体

（1）非承重墙体应优先采用轻质墙体。

（2）钢筋混凝土结构中的砌体填充墙，宜采用柔性连接，并应符合下列要求：

①填充墙在平面和竖向的布置，宜均匀对称，宜避免形成薄弱层或短柱。

②砌体的砂浆强度等级不应低于 M5；实心块体的强度等级不宜低于 MU2.5，空心块体的强度等级不宜低于 MU3.5；墙顶应与框架梁密切结合。

③填充墙应沿框架柱全高每隔 500~600mm 设 2ϕ6 拉筋，拉筋伸入墙内的长度，6、7 度时宜沿墙全长贯通，8、9 度时应全长贯通。

④墙长大于 5m 时，墙顶与梁宜有拉结；墙长超过 8m 或层高 2 倍时，宜设置钢筋混凝土构造柱；墙高超过 4m 时，墙体半高宜设置与柱连接且沿墙全长贯通的钢筋混凝土水平系梁。

⑤楼梯间和人流通道的填充墙，尚应采用钢丝网砂浆面层加强。

25.2　内力计算

25.2.1　计算原则

重力荷载代表值和多遇水平地震作用下的框架内力计算，一般采用楼（屋）盖在自身平面内为刚性的假定，采用弹性方法分析。根据框架结构的规则与否，可选用下列几种分析方法：

（1）抗侧力构件正交且较规则的框架结构，可在框架结构的两个主轴方向分别考虑水平地震作用，每一方向的水平地震作用全部由该方向框架承担，采用平面抗侧力结构空间协同分析方法。

（2）有斜交抗侧力构件且较规则的框架结构，当相交角大于15°时，应分别计算各框架方向的水平地震作用，仍采用平面抗侧力结构空间协同分析方法。

（3）质量和刚度分布明显不对称的框架结构，应考虑双向水平地震作用下的扭转影响；允许按简化方法计算的情况下，可采用调整地震作用效应的方法考虑扭转影响。

25.2.2 刚度计算

框架刚度均采用弹性刚度 E_cI_0，现浇楼面和装配整体式楼面的楼板作为梁的有效翼缘形成T形截面，提高了楼面梁的刚度，结构计算时应予考虑。当近似考虑其影响时，应根据梁翼缘尺寸与梁截面尺寸的比例关系确定增大系数的取值。通常而言，框架梁的截面惯性矩 I_b 取值：现浇板时，中框架取 $I_b=2.0I_0$，边框架取 $I_b=1.5I_0$。

采用装配整体式楼盖及叠合梁时，中框架取 $I_b=1.5I_0$，边框架取 $I_b=1.2I_0$。

开大洞的各种板时，均取 $I_b=I_0$。

［注］ I_0 为梁的矩形截面惯性矩。

25.2.3 周期调整系数

钢筋混凝土框架房屋的周期应根据在计算中是否考虑填充墙的抗侧力刚度而采取不同的调整系数；当计入填充墙的抗侧力刚度时，周期调整系数 $\varphi_T=1.0$；当不计入填充墙抗侧力刚度时，对于多孔砖和小型砌块填充墙，可按表25.2-1采用，当为轻质墙体或外墙挂板时，φ_T 可取0.8~0.9。

表25.2-1 φ_T 取值

φ_c		0.8~1.0	0.6~0.7	0.4~0.5	0.2~0.3
φ_T	无门窗洞	0.5（0.55）	0.55（0.60）	0.60（0.65）	0.70（0.75）
	有门窗洞	0.65（0.70）	0.70（0.75）	0.75（0.80）	0.85（0.90）

注：①φ_c 为有砌体填充墙框架榀数与框架总榀数之比；

②无括号的数值用于一片填充墙长6m左右时，括号内数值用于一片填充墙长5m左右时。

25.2.4 内力调整

为使钢筋混凝土框架结构有较合理的地震破坏机制，应进行构件的强剪弱弯、强柱弱梁、强底层柱底等方面的内力调整。

这里要指出的是，当地下室顶板作为上部结构的嵌固部位时，地下一层的抗震等级应与上部结构相同，地下一层以下抗震构造措施的抗震等级可逐层降低一级，但不应低于四级。地下室中无上部结构的部分，抗震构造措施的抗震等级可根据具体情况采用三级或四级。

1. 一级框架结构

（1）框架强柱弱梁关系按下式调整（不包括框架顶层和柱轴压比小于 0.15 以及框支梁与框支柱的节点情况）：

①一级框架结构的梁柱节点处：

$$\sum M_c = 1.7 \sum M_b \tag{25.2-1}$$

一级的框架结构和 9 度的一级框架可不符合上式要求，但应符合下式要求：

$$\sum M_c = 1.2 \sum M_{bua} \tag{25.2-2}$$

式中　$\sum M_c$——节点上下柱端截面顺时针或反时针方向组合的弯矩设计值之和，上下柱端的弯矩设计值，一般情况可按弹性分析分配；

$\sum M_b$——节点左右梁端截面反时针或顺时针方向组合的弯矩设计值之和，节点左右梁端均为负弯矩时，绝对值较小的弯矩应取零；

$\sum M_{bua}$——节点左右梁端截面反时针或顺时针方向根据实配钢筋面积（计入梁受压筋和相关楼板钢筋）和材料强度标准值计算的抗震受弯承载力所对应的弯矩设计值之和。

当反弯点不在柱的层高范围内时，柱端的弯矩设计值可以直接乘以柱端弯矩放大系数 1.7。

②一级框架结构的底层（框架结构计算嵌固端所在层）柱下端截面组合的弯矩设计值应乘以增大系数 1.7。

③一级框架结构的角柱，按上述①、②调整后的组合弯矩设计值，尚应乘以不小于 1.10 的增大系数。

（2）一级框架结构中框架梁端强剪弱弯关系应按下式调整：

$$V = 1.3(M_b^l + M_b^r)/l_n + V_{Gb} \tag{25.2-3}$$

一级的框架结构和 9 度的一级框架梁可不按上式调整，但应符合下式要求：

$$V = 1.1(M_{bua}^l + M_{bua}^r)/l_n + V_{Gb} \tag{25.2-4}$$

式中　V——梁端组合剪力设计值；

l_n——梁的净跨；

V_{Gb}——梁在重力荷载代表值（9 度时高层建筑还应包括竖向地震作用标准值）作用下，按简支梁分析的梁端截面剪力设计值；

M_b^l、M_b^r——分别为梁左右端反时针或顺时针方向组合的弯矩设计值，当两端弯矩均为负弯矩时，绝对值较小一端的弯矩取零；

M_{bua}^l、M_{bua}^r——分别为梁左右端反时针或顺时针方向根据实配钢筋面积（计入梁受压筋和相关楼板钢筋）和材料强度标准值计算的正截面抗震受弯承载力所对应的弯矩值。

（3）一级框架结构中框架柱的柱端强剪弱弯按关系应按下式调整：

$$V = 1.5(M_c^t + M_c^b)/H_n \tag{25.2-5}$$

一级的框架结构和 9 度的一级框架可不按上式调整，但应符合下式要求：

$$V = 1.2(M_{cua}^{t} + M_{cua}^{b})/H_{n} \qquad (25.2-6)$$

式中　V——柱端组合剪力设计值；

H_n——柱的净高；

M_c^t、M_c^b——分别为柱的上下端顺时针或反时针方向，按柱上下端调整后截面组合的弯矩设计值；

M_{cua}^t、M_{cua}^b——分别为偏心受压柱的上下端顺时针或反时针方向根据实配钢筋面积、材料强度标准值和轴压力等计算的正截面抗震受弯承载力所对应的弯矩值。

（4）一级框架结构中梁柱节点核芯区组合的剪力设计值应按下式调整：

$$V_j = \frac{1.5\sum M_b}{h_{b0} - a'_s}\left[1 - \frac{h_{b0} - a'_s}{H_c - h_b}\right] \qquad (25.2-7)$$

一级框架结构和 9 度的一级框架可不按上式确定，但应符合下式：

$$V_j = \frac{1.15\sum M_{bua}}{h_{b0} - a'_s}\left[1 - \frac{h_{b0} - a'_s}{H_c - h_b}\right] \qquad (25.2-8)$$

式中　V_j——梁柱节点核芯区组合的剪力设计值；

h_{b0}——梁截面的有效高度，节点两侧梁截面高度不等时可采用平均值；

a'_s——梁受压钢筋合力点至受压边缘的距离；

H_c——柱的计算高度，可采用节点上、下柱反弯点之间的距离；

h_b——梁的截面高度，节点两侧梁截面高度不等时可采用平均值；

$\sum M_b$——节点左右梁端反时针或顺时针方向组合弯矩设计值之和，梁端均为负弯矩时绝对值较小的弯矩应取零；

$\sum M_{bua}$——节点左右梁端反时针或顺时针方向根据实配钢筋面积（计入受压筋）和材料强度标准值计算的正截面抗震受弯承载力所对应的弯矩值之和。

2. 二级框架

（1）框架强柱弱梁关系应按下式调整（不包括框架顶层和柱轴压比小于 0.15 以及框支梁与框支柱的节点情况）：

①二级框架结构的梁柱节点处：

$$\sum M_c = 1.5\sum M_b \qquad (25.2-9)$$

式中　$\sum M_c$——节点上下柱端截面顺时针或反时针方向组合的弯矩设计值之和，上下柱端的弯矩设计值，一般情况可按弹性分析分配；

$\sum M_b$——节点左右梁端截面顺时针或反时针方向组合的弯矩设计值之和。

当反弯点不在柱的层高范围内时，柱端的弯矩设计值可以直接乘以柱端弯矩放大系数 1.5。

②二级框架结构底层柱下端截面其组合的弯矩设计值应乘以 1.5 的增大系数。

③二级框架结构的角柱，按上述①、②调整后的组合弯矩设计值，尚应乘以不小于

1.10 的增大系数。

（2）二级框架结构中框架梁端强剪弱弯的关系应按下式调整：

$$V = 1.2(M_b^l + M_b^r)/l_n + V_{Gb} \tag{25.2-10}$$

式中　V——柱端组合剪力设计值；

l_n——梁的净跨；

V_{Gb}——梁在重力荷载代表值作用下，按简支梁分析的梁端截面剪力设计值；

M_b^l、M_b^r——分别为梁左右端反时针或顺时针方向组合的弯矩设计值。

（3）二级框架结构的框架柱和框支柱的柱端强剪弱弯关系应按下式调整：

$$V = 1.3(M_c^t + M_c^b)/H_n \tag{25.2-11}$$

式中　V——柱端组合剪力设计值；

H_n——柱的净高；

M_c^t、M_c^b——分别为柱的上下端顺时针或反时针方向，按柱上下端调整后截面组合的弯矩设计值。

（4）二级框架结构梁柱节点核芯区组合的剪力设计值，应按下式调整：

$$V_j = \frac{1.35\sum M_b}{h_{b0} - a'_s}\left[1 - \frac{h_{b0} - a'_s}{H_c - h_b}\right] \tag{25.2-12}$$

式中　V_j——梁柱节点核芯区组合的剪力设计值；

h_{b0}——梁截面的有效高度，节点两侧梁截面高度不等时可采用平均值；

a'_s——梁受压钢筋合力点至受压边缘的距离；

H_c——柱的计算高度，可采用节点上、下柱反弯点之间的距离；

h_b——梁的截面高度，节点两侧梁截面高度不等时可采用平均值；

$\sum M_b$——节点左右梁端反时针或顺时针方向组合弯矩设计值之和。

3. 三级框架

（1）三级框架结构的强柱弱梁关系应按下式调整（不包括框架顶层和柱轴压比小于0.15 以及框支梁与框支柱的节点情况）：

①梁柱节点处。

$$\sum M_c = 1.3\sum M_b \tag{25.2-13}$$

式中　$\sum M_c$——节点上下柱端截面顺时针或反时针方向组合的弯矩设计值之和，上下柱端的弯矩设计值，一般情况可按弹性分析分配；

$\sum M_b$——节点左右梁端截面顺时针或反时针方向组合的弯矩设计值之和。

当反弯点不在柱的层高范围内时，柱端的弯矩设计值可以直接乘以柱端弯矩放大系数 1.3。

②底层柱下端截面。

其组合的弯矩设计值应乘以 1.3 的增大系数。

③框架结构的角柱，按上式①、②调整后的组合弯矩设计值，尚应乘以不小于 1.10 的增大系数。

（2）三级框架梁端强剪弱弯关系，应按下式调整：

$$V = 1.1(M_b^l + M_b^r)/l_n + V_{Gb} \tag{25.2-14}$$

式中　V——柱端组合剪力设计值；

l_n——梁的净跨；

V_{Gb}——梁在重力荷载代表值作用下，按简支梁分析的梁端截面剪力设计值；

M_b^l、M_b^r——分别为梁左右端反时针或顺时针方向组合的弯矩设计值。

（3）三级框架柱和框支柱的柱端强剪弱弯关系，应按下式调整：

$$V = 1.2(M_c^t + M_c^b)/H_n \tag{25.2-15}$$

式中　V——柱端组合剪力设计值；

H_n——柱的净高；

M_c^t、M_c^b——分别为柱的上下端顺时针或反时针方向，按柱上下端调整后截面组合的弯矩设计值。

（4）三级框架梁柱节点核芯区组合的剪力设计值，应按下式调整：

$$V_j = \frac{1.2\sum M_b}{h_{b0} - a_s'}\left[1 - \frac{h_{b0} - a_s'}{H_c - h_b}\right] \tag{25.2-16}$$

式中　V_j——梁柱节点核芯区组合的剪力设计值；

h_{b0}——梁截面的有效高度，节点两侧梁截面高度不等时可采用平均值；

a_s'——梁受压钢筋合力点至受压边缘的距离；

H_c——柱的计算高度，可采用节点上、下柱反弯点之间的距离；

h_b——梁的截面高度，节点两侧梁截面高度不等时可采用平均值；

$\sum M_b$——节点左右梁端反时针或顺时针方向组合弯矩设计值之和。

4. 四级框架

（1）四级框架强柱弱梁关系应按下式调整（不包括框架顶层和柱轴压比小于 0.15 以及框支梁与框支柱的节点情况）：

①梁柱节点处：

$$\sum M_c = 1.2\sum M_b \tag{25.2-17}$$

式中　$\sum M_c$——节点上下柱端截面顺时针或反时针方向组合的弯矩设计值之和，上下柱端的弯矩设计值，一般情况可按弹性分析分配；

$\sum M_b$——节点左右梁端截面顺时针或反时针方向组合的弯矩设计值之和。

当反弯点不在柱的层高范围内时，柱端的弯矩设计值可以直接乘以柱端弯矩放大系数 1.2。

②底层柱下端截面：

其组合的弯矩设计值应乘以 1.2 的增大系数。

③框架结构的角柱，按上式①、②调整后的组合弯矩设计值，尚应乘以不小于 1.10 的增大系数。

（2）四级框架柱和框支柱的柱端强剪弱弯关系，应按下式调整：

$$V = 1.1(M_c^t + M_c^b)/H_n \quad (25.2-18)$$

式中　V——柱端组合剪力设计值；

H_n——柱的净高；

M_c^t、M_c^b——分别为柱的上下端顺时针或反时针方向，按柱上下端调整后截面组合的弯矩设计值。

25.3　截面抗震承载力验算

25.3.1　框架梁

1. 正截面抗震受弯承载力验算

（1）矩形或翼缘位于受拉区的 T 形梁。

①当 $x \geqslant 2a'_s$，且 $\leqslant \xi_b h_0$ 时。

$$x = (f_y A_s - f'_y A'_s)/\alpha_1 f_c b \quad (25.3-1)$$

$$M_b \leqslant \frac{1}{\gamma_{RE}}[\alpha_1 f_c bx(h_0 - 0.5x) + f'_y A'_s(h_0 - a'_s)] \quad (25.3-2)$$

应满足

一级　$x \leqslant 0.25h_0$　(25.3-3)

二、三级　$x \leqslant 0.35h_0$　(25.3-4)

计算 x 值时，一级 $A'_s \geqslant 0.5A_s$ 时取 $0.5A_s$，二、三级 $A'_s \geqslant 0.3A_s$ 时取 A'_s且$\leqslant 0.5A_s$。

②当 $x<2a'_s$ 时。

$$M_b \leqslant \frac{1}{\gamma_{RE}}[f_y A_s(h_0 - a'_s)] \quad (25.3-5)$$

式中　M_b——梁端组合的弯矩设计值；

f_y、f'_y——分别为普通钢筋的抗压和抗拉强度设计值；

A_s、A'_s——分别为受拉区和受压区纵向钢筋的截面面积；

x——混凝土受压区高度；

b——矩形梁截面宽度或倒 T 形截面的腹板宽度；

h_0——梁的有效高度；

a'_s——纵向受压钢筋合力点至截面近边的距离；

f_c——混凝土轴心抗压强度设计值；

α_1——受压混凝土矩形应力图的应力和混凝土抗压强度设计值的比值，当混凝土强度等级不超过 C50 时，α_1 取为 1.0；当混凝土强度等级为 C80 时，α_1 取为 0.94，其间按线性内插法取用；

ξ_b——相对界限受压区高度；

γ_{RE}——承载力抗震调整系数，取 $\gamma_{RE}=0.75$。

（2）翼缘位于受压区的 T 形（倒 L 形）梁（图 25.3－1）。

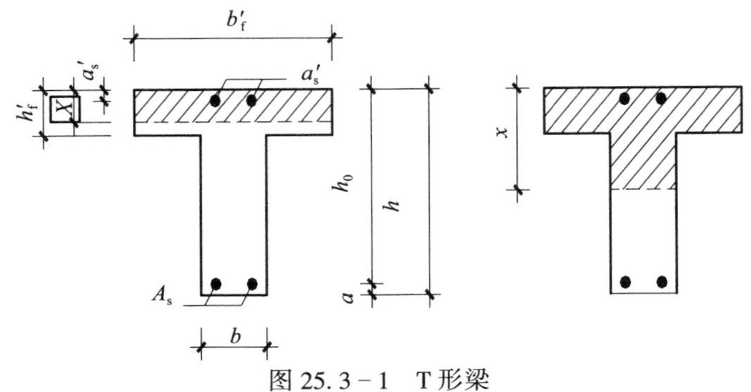

图 25.3－1　T 形梁

①当 $x \leqslant h'_f$ 时，即

$$f_y A_s \leqslant \alpha_1 f_c b'_f h'_f + f'_y A'_s \tag{25.3-6}$$

则按宽度为 b'_f 的矩形截面计算。

②当 $x > h'_f$ 时。

$$x = \frac{f_y A_s - f'_y A'_s}{\alpha_1 b f_c} - \left(\frac{b'_f}{b} - 1\right) h'_f \tag{25.3-7}$$

$$M_b \leqslant \frac{1}{\gamma_{RE}}[\alpha_1 f_c b x(h_0 - 0.5x) + \alpha_1 f_c(b'_f - b)h'_f(h_0 - 0.5h'_f) + f'_y A'_s(h_0 - a'_s)] \tag{25.3-8}$$

式中　h'_f——T 形（倒 L 形）截面受压区的翼缘高度；

b'_f——T 形（倒 L 形）截面受压区的翼缘计算高度，按表 25.3－1 取用。

按上式公式计算 T 形（倒 L 型）梁时，混凝土受压区的高度仍应符合 $x \leqslant \xi_b h_0$ 和 $x \geqslant 2a'_s$ 的要求。

表 25.3－1　T 形梁及倒 L 型梁的翼缘计算宽度 b'_f

情况			T 形、I 形截面		倒 L 形截面
			肋形梁（板）	独立梁	肋形梁（板）
1	按计算跨度 l_0 考虑		$l_0/3$	$l_0/3$	$l_0/6$
2	按梁（肋）净距 s_n 考虑		$b+s_n$	—	$b+s_n/2$
3	按翼缘高度 h'_f 考虑	$h'_f/h_0 \geqslant 0.1$	—	$b+12h'_f$	—
		$0.1 > h'_f/h_0 \geqslant 0.05$	$b+12h'_f$	$b+6h'_f$	$b+5h'_f$
		$h'_f/h_0 < 0.05$	$b+12h'_f$	b	$b+5h'_f$

注：①表中 b 为梁的腹板厚度；

②肋形梁在梁跨内设有间距小于纵肋间距的横肋时，可不考虑表中情况 3 的规定；

③加腋的 T 形、I 形和倒 L 形截面，当受压区加腋的高度 h_h 不小于 h'_f 且加腋的长度 b_h 不大于 $3h_h$ 时，其翼缘计算宽度可按表中情况 3 的规定分别增加 $2b_h$（T 形、I 形截面）和 b_h（倒 L 形截面）；

④独立梁受压区的翼缘板在荷载作用下经验算沿纵肋方向可能产生裂缝时，其计算宽度应取腹板宽度 b。

对于跨度较大的梁，尚应进行竖向荷载作用下的正常使用极限状态的验算。

2. 斜截面抗震受剪承载力验算

（1）一般情况梁：

$$V_b \leqslant \frac{1}{\gamma_{RE}}\left(0.42f_t bh_0 + f_{yv}\frac{A_{sv}}{s}h_0\right) \tag{25.3-9}$$

（2）集中荷载对梁端产生的剪力占总剪力值的 75%以上的梁：

$$V_b \leqslant \frac{1}{\gamma_{RE}}\left(\frac{1.05}{\lambda + 1}f_t bh_0 + f_{yv}\frac{A_{sv}}{s}h_0\right) \tag{25.3-10}$$

（3）框架梁均应满足如下条件：

①长梁（$l_n/h>2.5$）：

$$V_b \leqslant \frac{1}{\gamma_{RE}}(0.20\beta_c f_c bh_0) \tag{25.3-11}$$

②短梁（$l_n/h\leqslant 2.5$）：

$$V_b \leqslant \frac{1}{\gamma_{RE}}(0.15\beta_c f_c bh_0) \tag{25.3-12}$$

式中　V_b——内力调整后梁端组合的剪力设计值；

f_c——混凝土轴心抗压强度设计值；

A_{sv}——同一截面内各肢箍筋的全部截面面积；

s——箍筋间距；

f_{yv}——箍筋抗拉强度设计值；

λ——计算截面的剪跨比，可取 $\lambda=\frac{a}{h_0}$，a 为集中荷载作用点至梁端距离，当 $\lambda<1.5$ 时，取 $\lambda=1.5$，当 $\lambda>3$ 时，取 $\lambda=3.0$；

β_c——混凝土强度影响系数，当混凝土强度等级不超过 C50 时，β_c 取 1.0；混凝土强度等级为 C80 时，β_c 取 0.80，其间按线性内插法使用；

γ_{RE}——承载力抗震调整系数，取 0.85。

25.3.2　框架柱

1. 正截面抗震受弯承载力验算

（1）对称配筋的矩形截面柱，可采用下列公式验算：

①当 $x\geqslant 2a_s'$，且 $\xi\leqslant\xi_b$ 时。

$$x = \gamma_{RE}N/(\alpha_1 f_c b) \tag{25.3-13}$$

$$C_m\eta_{ns}M_2 \leqslant \frac{1}{\gamma_{RE}}\left[\alpha_1 f_c bx\left(h_0 - \frac{1}{2}x\right) + f_y' A_s'(h_0 - a_s')\right] - 0.5N(h_0 - a_s') - Ne_i \tag{25.3-14}$$

$$C_m\eta_{ns} = \left(0.7 + 0.3\frac{M_1}{M_2}\right)\left[1 + \frac{1}{1300\left(\frac{M_2}{N} + e_a\right)\Big/h_0}\left(\frac{H_n}{h}\right)^2\zeta_c\right] \quad (25.3-15)$$

②当 $x \geqslant 2a_s'$，且 $\xi > \xi_b$ 时。

$$\xi = \frac{x}{h_0} = \frac{\gamma_{RE}N - \xi_b\alpha_1 f_c bh_0}{\frac{\gamma_{RE}Ne - 0.43\alpha_1 f_c bh_0^2}{(0.8 - \xi_b)(h_0 - a_s')} + \alpha_1 f_c bh_0} + \xi_b \quad (25.3-16)$$

$$C_m\eta_{ns}M_2 \leqslant \frac{1}{\gamma_{RE}}[f_y'A_s'(h_0 - a_s') + \xi(1 - 0.5\xi)\alpha_1 f_c bh_0^2] - 0.5N(h_0 - a_s') - Ne_i \quad (25.3-17)$$

③当 $x < 2a_s'$时。

$$C_m\eta_{ns}M_2 \leqslant \frac{1}{\gamma_{RE}}f_yA_s(h_0 - a_s') - 0.5N(h_0 - a_s') - Ne_i \quad (25.3-18)$$

式中　M_1、M_2——分别为已考虑侧移影响的偏心受压构件两端截面按结构弹性分析确定的对同一主轴的组合弯矩设计值，绝对值较大端为 M_2，绝对值较小端为 M_1，当构件按单曲率弯曲时，$\frac{M_1}{M_2}$取正值，否则取负值；

N——与弯矩设计值 M_2 相应的柱端组合的轴压力设计值；

e_a——附加偏心距，取 20mm 和偏心方向截面最大尺寸的 1/30 两者中的较大值；

C_m——构件端截面偏心距调节系数，当小于 0.7 时取 0.7；

H_n——柱净高；

η_{ns}——弯矩增大系数；

e_i——初始偏心距；

ζ_c——截面曲率修正系数，当计算值大于 1.0 时取 1.0；

A——柱截面面积；

ξ_b——相对界限受压区高度，见表 25.3-2；

ξ——柱截面受压区相对高度；

γ_{RE}——承载力抗震调整系数，当柱轴压比 $\lambda_N < 0.15$ 时，取 $\gamma_{RE} = 0.75$；其他情况，取 $\gamma_{RE} = 0.80$。

表 25.3-2　ξ_b 值

混凝土强度等级	钢筋种类		
	HPB300	HRB335	HRB400、RRB400
≤C50	0.576	0.550	0.518
C80	0.533	0.493	0.463

（2）沿周边均匀配置纵向钢筋的圆形柱（图 25.3－2），可采用下列公式验算：

$$N \leqslant \alpha\alpha_1 f_c A\left(1-\frac{\sin 2\pi\alpha}{2\pi\alpha}\right)+(\alpha-\alpha_t)f_y A_s \tag{25.3-19}$$

$$C_m\eta_{ns}M_2 \leqslant \frac{1}{\gamma_{RE}}\left[\frac{2}{3}\alpha_1 f_c A\gamma\frac{\sin^3\pi\alpha}{\pi}+f_y A_s\frac{\sin\pi\alpha+\sin\pi\alpha_t}{\pi}\right]-Ne_i \tag{25.3-20}$$

$$\alpha_t = 1.25-2\alpha \tag{25.3-21}$$

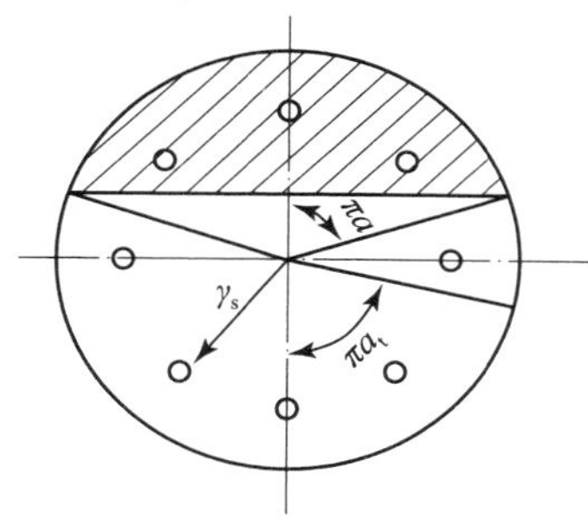

图 25.3－2　沿周边均匀配筋的圆形截面

式中　A——构件截面面积；

A_s——全部纵向钢筋的截面面积；

r——圆形截面的半径；

r_s——纵向钢筋重心所在圆周的半径；

e_0——轴向力对截面重心的偏心距；

e_a——附加偏心距，其值应取 20mm 和偏心距方向截面尺寸的 1/30 两者中的较大值；

α——对应于受压区混凝土截面面积的圆心角（rad）与 2π 的比值；

α_t——纵向受拉钢筋截面面积与全部纵向钢筋截面面积的比值；当 α 大于 0.625 时，取 α_t 等于 0。

注：本条适用于截面内纵向钢筋数量不少于 6 根的圆形截面的情况。

2. 斜截面抗震受剪承载力验算

$$V_c \leqslant \frac{1}{\gamma_{RE}}\left(\frac{1.05}{\lambda+1}f_t bh_0+f_{yv}\frac{A_{sv}}{s}h_0+0.056N_c\right) \tag{25.3-22}$$

式中　V_c——内力调整后的柱端组合的剪力设计值；

N_c——柱端组合的轴压力设计值，应取 $\gamma_G=1.0$，且当 $N_c>0.3f_c bh$ 时，取 $N_c=0.3f_c bh$；

λ——柱的剪跨比（$=\frac{H_n}{2h_0}$），当 $\lambda<1$ 时，取 $\lambda=1$；当 $\lambda>3$ 时，取 $\lambda=3$；

γ_{RE}——承载力抗震调整系数，取 0.85。

同时，框架柱均应满足

（1）剪跨比 $\lambda>2$ 的柱：

$$V_c \leqslant \frac{1}{\gamma_{RE}}(0.2\beta_c f_c bh_0) \tag{25.3-23a}$$

（2）剪跨比 $\lambda \leqslant 2$ 的柱：

$$V_c \leqslant \frac{1}{\gamma_{RE}}(0.15\beta_c f_c b h_0) \tag{25.3-23b}$$

式中　γ_{RE}——取 0.85；

H_n——柱净高；

β_c——混凝土强度影响系数：当混凝土强度等级≤C50 时 β_c 取 1.0；混凝土强度等级为 C80 时，β 取 0.8，其间按线性内插取值。

当框架柱出现拉力时，其斜截面受剪承载力应按下式验算：

$$V_c \leqslant \frac{1}{\gamma_{RE}}\left(\frac{1.05}{\lambda+1}f_t b h_0 + f_{yv}\frac{A_{sv}}{s}h_0 - 0.2N_c\right) \tag{25.3-24}$$

式中　N_c——柱端组合轴向拉力设计值，当式中 $0.2N_c > \frac{1.05}{\lambda+1}f_c b h_0$ 时，式右端括号内的计算值取为 $f_{yv}\frac{A_s}{s}h_0$，且 $f_{yv}\frac{A_{sv}}{s}h_0 \geqslant 0.36 f_t b h_0$。

25.3.3　框架节点

1. 一般框架的梁柱节点

节点核芯区的受剪水平截面抗震验算，应按下列公式计算：

$$V_j \leqslant \frac{1}{\gamma_{RE}}(0.30\eta_j f_c b_j h_j) \tag{25.3-25}$$

$$V_j \leqslant \frac{1}{\gamma_{RE}}\left(1.1\eta_j f_t b_j h_j + 0.05\eta_j N\frac{b_j}{b_c} + f_{yv}A_{svj}\frac{h_{b0}-a'_s}{s}\right) \tag{25.3-26}$$

9 度时

$$V_j \leqslant \frac{1}{\gamma_{RE}}\left(0.9\eta_j f_t b_j h_j + f_{yv}A_{svj}\frac{h_{b0}-a'_s}{s}\right) \tag{25.3-27}$$

式中　η_j——正交梁的约束影响系数，楼板为现浇，梁柱中线重合，四侧各梁截面宽度不小于该侧柱截面宽度的 1/2，且正交方向梁高度不小于框架梁高度的 3/4 时，可采用 1.5，9 度时宜采用 1.25，其他情况均采用 1.0；

h_j——节点核芯区的截面高度，可采用验算方向的柱截面高度；

γ_{RE}——承载力抗震调整系数，可采用 0.85；

N——对应于组合剪力设计值的上柱组合轴向压力较小值，其取值不应大于柱的截面面积和混凝土轴心抗压强度设计值的乘积的 50%，当 N 为拉力时，取 $N=0$；

f_{yv}——箍筋的屈服强度设计值；

f_t——混凝土抗拉强度设计值；

A_{svj}——核芯区有效验算宽度范围内同一截面验算方向各肢箍筋的总截面面积；

s——箍筋间距；

b_j——核芯区截面有效验算宽度，当验算方向的梁截面宽度不小于该侧柱截面宽度的1/2时，可采用该侧柱截面宽度；当小于柱截面宽度的1/2时可采用$b_b+0.5h_c$和b_c两者的较小者；其中：b_b为梁截面宽度，h_c为验算方向的柱截面高度，b_c为验算方向的柱截面宽度；当梁、柱的中线不重合且偏心距不大于柱宽的1/4时，核芯区的截面有效验算宽度可采用$b_b+0.5h_c$、$0.5(b_b+b_c)+0.25h_c-e$和b_c的较小者；其中e为梁与柱中线偏心距；

V_j——框架节点核芯区组合剪力设计值。

2. 圆柱框架的梁柱节点

梁中线与柱中线重合时，圆柱框架梁柱节点核芯区截面抗震验算，应按下列公式计算：

$$V_j \leqslant \frac{1}{\gamma_{RE}}(0.30\eta_j f_c A_j) \tag{25.3-28}$$

$$V_j \leqslant \frac{1}{\gamma_{RE}}\left(1.5\eta_j f_t A_j + 0.05\eta_j \frac{N}{D^2}A_j + 1.57f_{yv}A_{sh}\frac{h_{b0}-a'_s}{s} + f_{yv}A_{svj}\frac{h_{b0}-a'_s}{s}\right) \tag{25.3-29}$$

9度时

$$V_j \leqslant \frac{1}{\gamma_{RE}}\left(1.2\eta_j f_t A_j + 1.57f_{yv}A_{sh}\frac{h_{b0}-a'_s}{s} + f_{yv}A_{svj}\frac{h_{b0}-a'_s}{s}\right) \tag{25.3-30}$$

式中　A_j——节点核芯区有效截面面积；$b_b \geqslant D/2$，取$A_j=0.8D^2$，$b_b<D/2$，且$b_b \geqslant 0.4D$，取$A_j=0.8D(b_b+D/2)$；

b_b——梁的截面宽度，b_b不宜小于$0.4D$；

A_{sh}——单根圆形箍筋的截面面积；

A_{svj}——同一截面验算方向的拉筋和非圆形箍筋的总截面面积；

D——圆柱截面直径；

η_j——正交梁系的约束影响系数，此时柱截面宽度按柱直径采用；

N——轴向力，取值同一般梁柱节点；

γ_{RE}——承载力抗震调整系数，可取0.85。

3. 扁梁框架的梁柱节点

扁梁截面宽度大于柱的截面宽度时，锚入柱内的扁梁上部钢筋宜大于其全部钢筋截面面积的60%。核芯区抗震验算除应符合一般框架梁柱节点要求外，尚应满足以下要求：

节点核芯区组合的剪力设计值应符合：

$$V_j \leqslant \frac{1}{\gamma_{RE}}(0.30\eta_j f_c b_j h_j) \tag{25.3-31}$$

式中　$b_j=\frac{b_c+b_b}{2}$；

$h_j=h_c$；

$\eta_j=1.5$，中节点；

$\eta_j = 1$，其他节点；

γ_{RE}——取0.85。

节点核芯区应根据梁上部纵筋在柱宽范围内、外的截面面积比例，对柱宽以内和柱宽以外的核芯区分别验算剪力和受剪承载力。

（1）节点核芯区组合的剪力设计值：

柱内核心区：

$$V_{j-1} = \frac{\eta_{jb} \sum M_{b-1}}{h_{b0} - a_s}\left(1 - \frac{h_{b0} - a_s}{H_c - h_b}\right) \tag{25.3-32}$$

式中　V_{j-1}——柱内核芯区组合的剪力设计值；

$\sum M_{b-1}$——节点左右梁端反时针或顺时针方向组合的按钢筋总面积分配的柱内弯矩设计值之和。一级时节点左右梁端均为负弯矩时，绝对值较小的弯矩应取零；

η_{jb}——节点剪力增大系数，一级取1.5，二级取1.35，三级取1.2。

9度时和一级框架结构可不按上式确定，但应符合：

$$V_{j-1} = \frac{1.15 \sum M_{bua-1}}{h_{b0} - a'_s}\left(1 - \frac{h_{b0} - a'_s}{H_c - h_b}\right) \tag{25.3-33}$$

式中　$\sum M_{bua-1}$——节点左右梁端反时针或顺时针方向，位于柱内实配钢筋面积（考虑对应柱内受压筋）计算的抗震受弯承载力所对应的弯矩值之和，可根据实际配筋面积和材料强度标准值确定。

柱外核心区：

$$V_{j-2} = \frac{h_{jb} \sum M_{b-2}}{h_{b0} - a_s} \tag{25.3-34}$$

用相同的方法可求得柱外核芯区组合的剪力设计值 V_{j-2}。9度时和一级框架不应采用梁宽大于柱宽的扁梁。

（2）节点核芯区受剪承载力：

柱内核芯区：

$$V_j \leqslant \frac{1}{\gamma_{RE}}\left(1.1\eta_j f_t b_j h_j + f_{yv} A_{sv} \frac{h_{b0} - a'_s}{S} + 0.05\eta_j N \frac{b_j}{b_c}\right) \tag{25.3-35a}$$

9度时：

$$\mathrm{V}_j \leqslant \frac{1}{\gamma_{RE}}\left(0.9\eta_j f_t b_j h_j + f_{yv} A_{svj} \frac{h_{b0} - a'_s}{S}\right) \tag{25.3-35b}$$

柱外核芯区：

$$V_j \leqslant \frac{1}{\gamma_{RE}}\left(1.1 f_t b_j h_j + f_{yv} A_{svj} \frac{h_{b0} - a'_s}{S}\right) \tag{25.3-36}$$

核芯区箍筋除内外分别配置外，尚应有包括内外核芯的整体箍筋。

25.4　罕遇地震作用下钢筋混凝土框架结构层间弹塑性位移计算

25.4.1　层间弹塑性位移验算

7、8、9 度的框架结构，楼层屈服强度系数 ξ_y 小于 0.5 时，应进行罕遇地震作用下薄弱层的抗震变形验算。框架结构薄弱层的层间弹塑性位移应符合下式要求：

$$\Delta u_p = \eta_p \Delta u_e = \eta_p \varphi_u \frac{V_e}{K} \leqslant [\theta_p] H \tag{25.4-1}$$

$$\xi_y = V_y / V_e \tag{25.4-2}$$

式中　Δu_p——罕遇地震作用下的薄弱层层间弹塑性位移；

Δu_e——罕遇地震作用下按弹性分析的薄弱层层间位移；

V_e——罕遇地震作用标准值产生的框架层间地震剪力，7 度时可采用多遇地震作用标准值产生的层间地震剪力乘以罕遇地震与多遇地震的水平地震影响系数最大值的比值；

K——框架的层间侧移刚度；

φ_u——考虑填充墙刚度后的框架的弹性位移折减系数；对于下部 1/3 层可取 $\varphi_u=\varphi_T$，中间 1/3 层可取 $\varphi_u=0.8\varphi_T$，上部 1/3 层可取 $\varphi_u=0.5\varphi_T$；φ_T 为周期折减系数，取值见表 25.2-1；

ξ_y——楼层的屈服强度系数；

V_y——楼层受剪承载力，按构件实际配筋和材料强度标准值计算；

η_p——弹塑性位移增大系数，当薄弱层的屈服强度系数不小于相邻层该系数平均值的 0.8 时，可按表 25.4-1 采用；当不大于该平均值的 0.5 时，可按表内相应数值的 1.5 倍采用，其他情况可采用内插法取值；η_p 适用于不超过 12 层且层刚度无突变的框架结构，超过 12 层的建筑和甲类建筑可采用时程分析法等方法；

$[\theta_p]$——层间弹塑性位移角限值，一般情况可采用 1/50，当柱轴压比小于 0.40 时，可提高 10%；当柱全高的箍筋构造比规范规定的最小配筋特征值大 30%时，可提高 20%，但累计不超过 25%。

表 25.4－1 弹塑性位移增大系数 η_p

框架总层数	ξ_y		
	0.5	0.4	0.3
2～4	1.30	1.40	1.60
5～7	1.50	1.65	1.80
8～12	1.80	2.00	2.20

25.4.2 楼层受剪承载力估算

地震作用是随机的，使框架的破坏具有不确定的模式，精确地计算楼层受剪承载力是很困难的。因此，往往是假定框架在一定破坏机制条件下估算其楼层受剪承载力，简化的实用计算方法主要有三种。

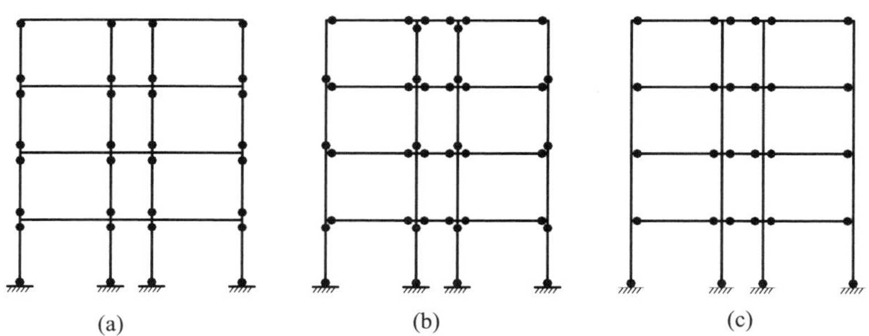

图 25.4－1 三种实用方法的简图
(a) 拟弱柱化法；(b) 节点失效法；(c) 节点平衡法

1. 拟弱柱化法（图 25.4－1a）

无论框架是"强梁弱柱型"还是"强柱弱梁型"，此法均假定框架各楼层的柱端达到截面受弯极限承载力，即柱端形成塑性铰。其计算步骤如下：

（1）计算柱端正截面受弯承载力：

当柱的 $\xi \leqslant \xi_b$ 时

$$M_{cy} = f_{yk}A_s^a(h_0 - a_s') + 0.5Nh(1 - N/\alpha_1 f_{ck}bh) \quad (25.4-3)$$

式中 M_{cy}——柱端按实际配筋和材料强度标准值计算的正截面受弯承载力；

f_{yk}——钢筋强度标准值；

A_s^a——受拉区纵向钢筋实际配筋截面面积；

N——可取重力荷载代表值的柱轴向压力；

f_{ck}——混凝土轴心抗压强度标准值。

（2）计算柱和楼层受剪承载力：

$$V_{yj}(i)=\frac{M_{cyj}^{u}(i)+M_{cyj}^{l}(i)}{H_{n}(i)} \tag{25.4-4}$$

$$V_{y}(i)=\sum_{j=1}^{m}V_{yj}(i) \tag{25.4-5}$$

式中　$V_{yj}(i)$——第 i 层第 j 根柱受剪承载力；

$M_{cyj}^{u}(i)$、$M_{cyj}^{l}(i)$——分别为第 i 层第 j 根柱上、下端正截面受弯承载力，按式（25.4－3）计算；

$H_{n}(i)$——第 i 层柱净高；

$V_{y}(i)$——第 i 层楼层受剪承载力。

（3）计算各层 ξ_{y}，并取该系数最小和相对较小的楼层验算层间弹塑性位移。

2. 节点失效法（图 25.4－1b）

假定交于框架节点的若干梁柱正截面受弯屈服，致使节点基本上丧失抗转动能力，这样的结果即使是“强柱弱梁型”框架，各楼层也将独立达到并发生楼层屈服机制，从而可判断薄弱楼层的位置并验算弹塑性位移，其计算步骤如下：

（1）计算梁、柱端正截面受弯承载能力。

柱仍按式（25.4－3）计算 M_{cy}，梁端正截面受弯承载力的计算可采用下式：

$$M_{by}=f_{yk}A_{s}^{a}(h_{0}-a_{s}') \tag{25.4-6}$$

式中　M_{by}——梁端按实际配筋和材料强度标准值计算的正截面受弯承载力。

（2）判断节点破坏机制，确定柱端采用的正截面受弯承载力（图 25.4－2）。

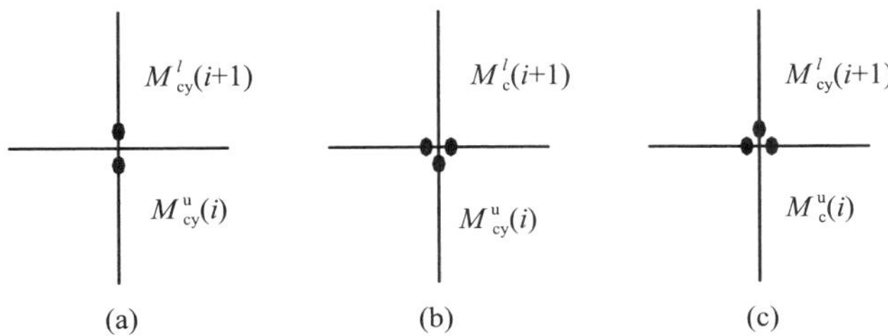

图 25.4－2　节点处丧失抗转动能力的三种情况

①图 25.4－2a 情况：

$$\sum M_{by}\left(\frac{k(i)}{k(i)+k(i+1)}\right)>M_{cy}^{u}(i) \tag{25.4-7}$$

$$\sum M_{by}\left(\frac{k(i+1)}{k(i)+k(i+1)}\right)>M_{cy}^{l}(i+1) \tag{25.4-8}$$

取 $M_{cy}^{u}(i)$ 和 $M_{cy}^{l}(i+1)$

式中　$k(i)$——第 i 层柱的线刚度。

②图 25.4－2b 情况：

$$\sum M_{by}<\sum M_{cy} \tag{25.4-9}$$

$$M_{c}^{l}(i+1)=M_{cy}^{u}(i)\frac{k(i+1)}{k(i)}<M_{cy}^{l}(i+1) \tag{25.4-10}$$

取 $M_{cy}^{u}(i)$ 和 $M_{c}^{l}(i+1)$

③图 25.4－2c 情况：

$$\sum M_{by}<\sum M_{cy}$$

$$M_{c}^{u}(i)=M_{cy}^{l}(i+1)\frac{k(i)}{k(i+1)}<M_{cy}^{u}(i) \tag{25.4-11}$$

取 $M_{c}^{u}(i)$ 和 $M_{cy}^{l}(i+1)$

（3）计算柱和楼层受剪承载力。

根据上述对节点处梁柱塑性铰判别，第 i 层第 j 柱将有图 25.4－3 五种情况，可求得柱和楼层的受剪承载力。

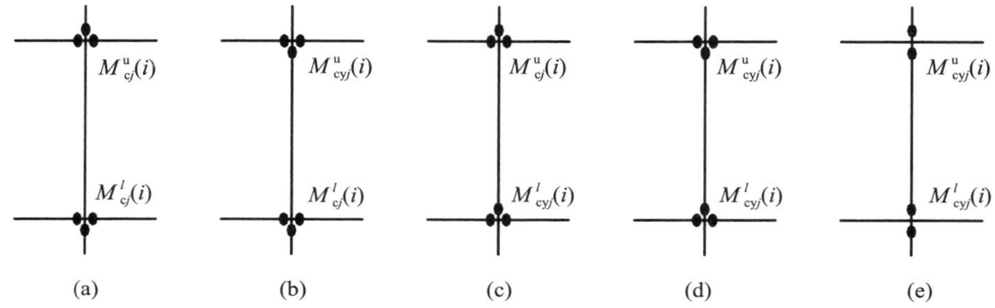

图 25.4－3　层间柱的五种破坏情况

（a）状况：

$$V_{yj}(i)=\frac{M_{cj}^{u}(i)+M_{cj}^{l}(i)}{H_{n}(i)} \tag{25.4-12}$$

（b）状况

$$V_{yj}(i)=\frac{M_{cyj}^{u}(i)+M_{cj}^{l}(i)}{H_{n}(i)} \tag{25.4-13}$$

（c）状况

$$V_{yj}(i)=\frac{M_{cj}^{u}(i)+M_{cyj}^{l}(i)}{H_{n}(i)} \tag{25.4-14}$$

（d）、（e）状况

$$V_{yj}(i)=\frac{M_{cyj}^{u}(i)+M_{cyj}^{l}(i)}{H_{n}(i)} \tag{25.4-15}$$

$$V_{y}(i)=\sum_{j=1}^{m}V_{yj}(i) \tag{25.4-5}$$

（4）计算各层 ξ_{y}，对薄弱层进行弹塑性层间位移验算。

3. 节点平衡法（图 25.4－1c）

对于“强柱弱梁型”框架，假定全部梁端均能达到正截面受弯承载力后底层柱底才屈服，此时整个框架也达到并形成整体屈服机制。在这种情况下，层间柱端正截面受弯承载力则按弹性分配确定，其他计算同上述。

$$M_{cj}^{u}(i)=\sum M_{by}\frac{k(i)}{k(i)+k(i+1)} \tag{25.4-16}$$

$$M_{cj}^{l}(i+1)=\sum M_{by}\frac{k(i+1)}{k(i)+k(i+1)} \tag{25.4-17}$$

$$V_{yj}(i)=\frac{M_{cj}^{u}(i)+M_{cj}^{l}(i)}{H_{n}(i)} \tag{25.4-18}$$

$$V_{y}(i)=\sum_{j=1}^{m}V_{yj}(i) \tag{25.4-5}$$

对于“强柱弱梁型”框架，上述三种实用方法估计 $V_y(i)$，以拟弱柱化法最大、节点平衡法最小。大量的震害现象说明，框架结构沿高度的层间屈服强度系数分布不可能非常均匀，结构总是在相对薄弱层率先进入屈服而导致变形集中，所以罕遇地震作用下框架结构的抗震变形验算，实质上是控制薄弱层变形不超过临近倒塌的限值。因此，采用节点失效法较接近实际，拟弱柱化法对 V_y 值估计偏大可能带来对 Δu_p 估计偏小，而节点平衡法偏于保守，在选用时应顾及这方面的影响。

25.5　抗震构造措施

钢筋混凝土框架结构的抗震构造措施，和内力调整一样也应按不同抗震等级要求确定，下面分别给出一、二、三、四级钢筋混凝土框架结构的抗震构造措施。

25.5.1　一级框架

1. 框架梁

（1）纵向钢筋的构造要求，列于表 25.5-1。

表 25.5-1　一级框架梁纵向钢筋的构造要求

序号	构造要求		
1	受拉钢筋最小配筋率（%）	支座	跨中
		0.4 和 $80f_t/f_y$ 二者较大者	0.3 和 $65f_t/f_y$ 二者较大者
2	梁端纵向受拉钢筋的配筋率不宜大于 2.5%，且计入受压钢筋的梁端受压高度和有效高度之比不应大于 0.25，当混凝土强度等级大于 C50 时，梁端纵向受拉钢筋的配筋率不应大于 3%（HRB335 级钢筋）和 2.6%（HRB400 级钢筋）		
3	梁端截面的受压和受拉纵向配筋量的比值，除按计算确定外，不应小于 0.5		
4	沿梁全长顶面和底面的配筋不应小于 2ϕ14，且分别不少于梁两端顶面和底面纵向配筋中较大截面面积的 1/4		
5	框架梁内贯通中柱的每根纵向直径，对于矩形截面柱，不应大于该方向截面尺寸的 1/20；对于圆形截面柱，不应大于纵向钢筋所在位置柱截面弦长的 1/20		

（2）箍筋的构造要求，列于表 25.5－2。

表 25.5－2 一级框架中箍筋的构造要求

序号	构造要求
1	梁端加密区长度为 2 倍梁高（$2h_b$）和 500mm 二者中的较大者，箍筋最大间距为纵向钢筋直径的 6 倍，梁高的 1/4 和 100mm 三者中的最小者，箍筋最小直径为 10mm；当梁端纵向受拉钢配筋率大于 2%时，箍筋最小直径应为 12mm；当混凝土强度等级大于 C50 时，梁端箍筋加密区的最小直径应增大 2mm
2	梁端加密区的箍筋肢距不宜大于 200mm 和 20 倍箍筋直径的较大者
3	非加密区的箍筋最大间距不宜大于加密区箍筋间距的 2 倍
4	第一个箍筋应设置在距节点边缘不大于 50mm 处
5	沿梁全长箍筋的面积配筋率 ρ_{sv} 不应小于 $0.3f_t/f_{yv}$

2. 框架柱

（1）纵向钢筋的构造要求，列于表 25.5－3。

表 25.5－3 一级框架柱纵向钢筋的构造要求

序号	构造要求
1	宜对称配置
2	柱截面边长大于 400mm 者，纵向钢筋间距不宜大于 200mm
3	柱纵向最小总配筋率：中柱和边柱不应小于 1.0%，角柱和框支柱不应小于 1.1%，同时每一侧配筋率不应小于 0.2%；对建造于Ⅳ类场地上较高的高层建筑，中柱和边柱不应小于 1.1%，角柱和框支柱不应小于 1.2%；当混凝土强度等级大于 C60 时，上述最小总配筋率应增大 0.1%；钢筋强度标准值小于 400MPa 时，上述最小总配筋率应增加 0.1%，钢筋强度标准值为 400MPa 时，上述最小总配筋率应增加 0.05%
4	柱总配筋率不应大于 5%，剪跨比不大于 2 的柱，每侧纵向配筋率不大于 1.2%
5	边柱、角柱及抗震墙端柱在地震作用组合产生小偏心受拉时，柱内纵筋总截面面积计算值应增加 25%

（2）箍筋的构造要求，列于表 25.5－4。

表 25.5－4　一级框架柱箍筋的构造要求

序号	构造要求	
1	柱的箍筋加密区范围	(1) 柱端，取截面高度（圆柱直径）、柱净高 1/6 和 500mm 三者的最大者。 (2) 底层柱，柱根不小于柱净高的 1/3；当有刚性地面时，除柱端外尚应取刚性地面上下各 500mm。 (3) 剪跨比不大于 2 的柱和因填充墙等形成的柱净高与柱截面高度之比不大于 4 的柱，取全高。 (4) 框支柱、角柱，取全高
2	柱箍筋加密区的箍筋间距应为 6 倍柱纵向钢筋最小直径和 100mm 的较小者；框支柱和剪跨比不大于 2 的柱，箍筋间距不应大于 100mm，箍筋最小直径为 $\phi10$；当箍筋直径大于 $\phi12$ 且箍筋肢距不大于 150mm 时，除底层柱下端外，箍筋最大间距允许采用 150mm	
3	柱箍筋加密区箍筋肢距不宜大于 200mm，至少每隔一根纵向钢筋宜在两个方向有箍筋或拉筋约束；采用拉筋复合箍时，拉筋宜紧靠纵向钢筋并钩住箍筋	

(3) 框架柱加密区的体积配箍率，不应小于 0.8%，计算复合箍的体积配箍率时，可不扣除重叠部分的箍筋体积；柱加密区的箍筋最小配箍特征值宜按表 25.5－5 采用。

表 25.5－5　一级框架柱箍筋加密区的箍筋最小配箍特征值

箍筋形式	柱轴压比						
	≤0.3	0.4	0.5	0.6	0.7	0.8	0.9
普通箍、复合箍	0.10	0.11	0.13	0.15	0.17	0.20	0.23
螺旋箍、复合或连续复合矩形螺旋箍	0.08	0.09	0.11	0.13	0.15	0.18	0.21

注：①普通箍指单个矩形箍和单个圆形箍，复合箍指由矩形、多边形、圆形箍或拉筋组成的箍筋；复合螺旋箍指由螺旋箍与矩形、多边形、圆形箍或拉筋组成的箍筋；连续复合矩形螺旋箍指全部螺旋箍为同一根钢筋加工而成的箍筋；
②框支柱宜采用复合螺旋箍或井字复合箍，其最小配箍特征值应比表内数值增加 0.02，且体积配箍率不应小于 1.5%；
③剪跨比不大于 2 的柱宜采用复合螺旋箍或井字复合箍，其体积配箍率不应小于 1.2%，9 度时不应小于 1.5%；
④计算复合螺旋箍的体积配箍率时，其非螺旋箍的箍筋体积应乘以换算系数 0.8；
⑤混凝土强度等级高于 C60 时，箍筋宜采用复合箍、复合螺旋箍或连续复合矩形螺旋箍；当轴压比不大于 0.6 时，其加密区的最小配箍特征值宜按表中数值增加 0.02；当轴压比大于 0.6 时，宜按表中数值增加 0.03。

(4) 框架柱非加密区的体积配箍率，不应小于 0.4%；箍筋间距不应大于 10 倍纵向钢筋直径。

3. 框架节点

框架节点核芯区的箍筋间距宜为 6 倍柱纵向钢筋最小直径和 100mm 的较小者，箍筋最小直径为 $\phi10$；节点核芯区配箍特征值不宜小于 0.12 且体积配箍率不宜小于 0.6%。柱剪跨比不大于 2 的框架节点核芯区配箍特征值不宜小于核芯区上、下柱端的较大配箍特征值。

4. 框架纵向钢筋和箍筋构造图

一级现浇框架纵向钢筋和箍筋构造图，见图 25.5－1 和图 25.5－2。

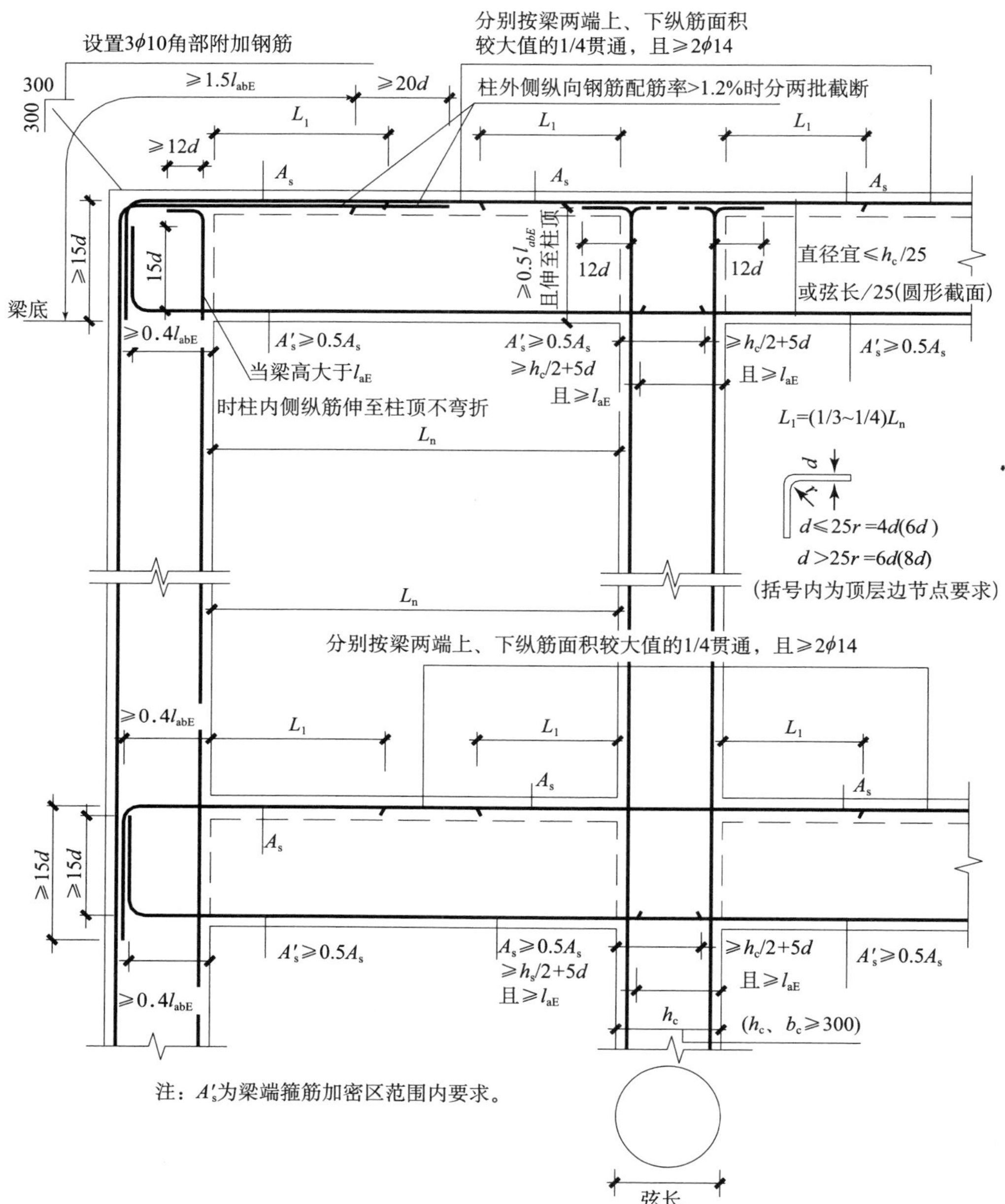

注：A'_s为梁端箍筋加密区范围内要求。

图25.5-1 一级抗震等级现浇框架纵向钢筋构造图

（此页为图 25.5－1 右半部分）

框架柱纵筋配筋率控制值

最小总配筋率/%		最大总配筋率/%
中、边柱	角柱	HRB335、HRB400 级钢筋
1.0	1.1	宜≤5

注：①剪跨比不大于 2 的短柱，每侧纵向受拉钢筋配筋率宜≤1.2%（H_n 净高）；

②Ⅳ类场地较高的高层建筑最小配筋率应增加 0.1；

③当混凝土强度等级大于 C60 时，最小配筋率应增加 0.1；

④钢筋强度标准值小于 400MPa 时，最小配筋率应增加 0.1；

⑤钢筋强度标准值为 400MPa 时，最小配筋率应增加 0.05。

框架梁纵筋配筋率控制值

受拉筋最小配筋率/%		最大配筋率/%
支座	跨中	受拉钢筋
0.4	0.3	2.5

注：①混凝土强度等级不应低于 C30。梁、柱纵向钢筋宜采用 HRB400 级和 HRB335 级；箍筋宜采用 HRB335、HRB400 和 HPB300 级热轧钢筋；

②柱纵向钢筋的接头和钢筋锚固长度按图 25.5－8 规定采用；

③L_1 值取柱边至梁负弯矩的零弯矩点再加 $20d$，且应满足《混凝土结构设计规范》（GB 50010—2010）第 9.2.3 条规定；

④框架梁承受较大竖向荷载且跨中钢筋较多时，可采用弯起钢筋，锚入柱内的弯起钢筋，当能有效地承受负弯矩时应计入受拉钢筋截面面积之内；

⑤顶层框架梁净跨 l_n>8m 且荷载较大时，梁端宜加支托；

⑥当顶层柱角纵向钢筋不能弯折锚入梁内时，应将钢筋锚入现浇板或预制板现浇叠合层内；

⑦穿过中柱的梁底部钢筋出现受拉时，应按搭接考虑。

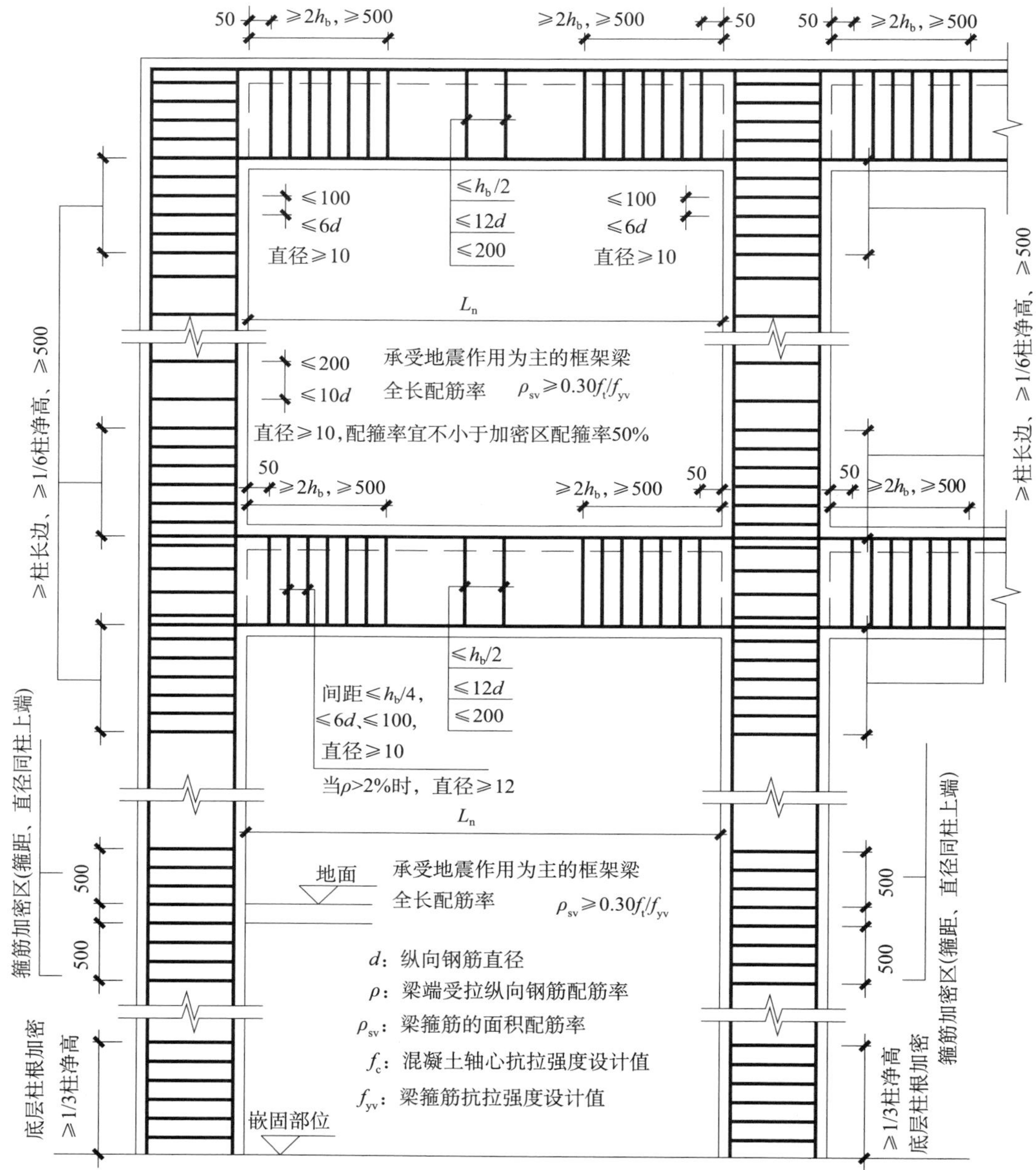

图25.5-2　一级抗震等级现浇框架箍筋构造图

(此页为图 25.5－2 右半部分)

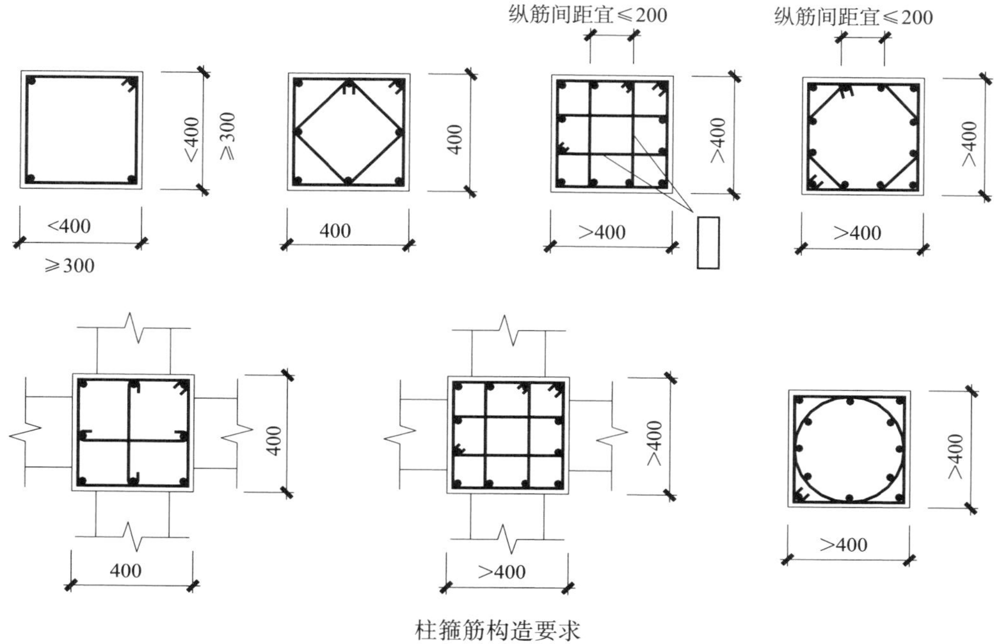

柱箍筋构造要求

注：①箍筋的间距和直径除符合本图构造要求时，尚需满足计算要求；

②箍筋采用 HRB335、HRB400 和 HPB300 级热轧钢筋；

③柱端加密区箍筋最小配箍特征值宜按表 25.5－5 要求采用：箍筋肢距宜≤200；

④柱每隔一根纵向钢筋宜在两个方向有箍筋约束；

⑤节点核心区箍筋最大间距和最小直径宜按本图柱加密区箍筋要求采用。节点核芯区配箍特征值不宜小于 0.12 且体积配箍率宜≥0.6%。当柱剪跨比不大于 2 时，节点核芯区配箍特征值不宜小于核芯区上、下柱端的较大配箍特征值；

⑥梁宽≥400 且梁内配有计算需要纵向受压钢筋每层多于 3 根时，非加密区也应设置复合箍筋。梁宽≤400且受压钢筋每层不多于 4 根时，可不设置复合箍筋；

⑦承受弯、剪、扭的梁，其箍筋和纵向钢筋配筋率及构造要求应参照《混凝土结构设计规范》（GB 50010—2010）第 9.2.10 条规定；

⑧剪跨比不大于 2 的短柱（包括嵌砌填充墙形成的短柱，H_n 为柱净高）体积配箍率宜≥1.2%，9 度时不应小于 1.5%沿柱全高箍距≤100。角柱沿柱全高箍距≤100。

25.5.2　二级框架

1. 框架梁

（1）纵向钢筋的构造要求，列于表 25.5－6。

表 25.5－6　二级框架梁纵向钢筋的构造要求

<table>
<tr><th>序号</th><th colspan="3">构造要求</th></tr>
<tr><td rowspan="2">1</td><td rowspan="2">受拉钢筋最小配筋率（%）</td><td>支座</td><td>跨中</td></tr>
<tr><td>0.30 和 $65f_t/f_y$ 二者较大者</td><td>0.25 和 $55f_t/f_y$ 二者较大者</td></tr>
<tr><td>2</td><td colspan="3">梁端纵向受拉钢筋的配筋率不宜大于 2.5%，且计入受压钢筋的梁端受压高度和有效高度之比不应大于 0.35，当混凝土强度等级大于 C50 时，梁端纵向受拉钢筋的配筋率不应大于 3%（HRB335 级钢筋）和 2.6%（HRB400 级钢筋）</td></tr>
<tr><td>3</td><td colspan="3">梁端截面的底面和顶面纵向配筋量的比值，除按计算确定外，不应小于 0.3</td></tr>
<tr><td>4</td><td colspan="3">沿梁全长顶面和底面的配筋不应小于 2ϕ14，且分别不少于梁顶面和底面两端纵向配筋中较大截面面积的 1/4</td></tr>
<tr><td>5</td><td colspan="3">框架梁内贯通中柱的每根纵向钢筋直径，对于矩形截面柱，不应大于该方向截面尺寸的 1/20；对于圆形截面柱，不应大于纵向钢筋所在位置柱截面弦长的 1/20</td></tr>
</table>

（2）箍筋的构造要求，列于表 25.5－7。

表 25.5－7　二级框架梁中箍筋的构造要求

序号	构造要求
1	梁端加密区长度为 1.5 倍梁高（1.5h_b）和 500mm 中的较大者，箍筋最大间距为纵向钢筋直径的 8 倍、梁高的 1/4 和 100mm 三者中的最小者，箍筋最小直径为 8mm，当梁端纵向受拉钢筋配筋率大于 2%时，箍筋最小直径应为 10mm；当混凝土强度等级大于 C50 时，梁端箍筋加密区的最小直径应增大 2mm
2	梁端加密区的箍筋肢距不宜大于 250mm 和 20 倍箍筋直径的较大者
3	非加密区的箍筋最大间距不宜大于加密区箍筋间距的 2 倍
4	第一个箍筋应设置在距节点边缘不大于 50mm 处
5	沿梁全长箍筋的面积配筋率不应小于 0.28f_t/f_{yv}

2. 框架柱

（1）纵向钢筋的构造要求，列于表 25.5－8。

表 25.5－8　二级框架柱纵向钢筋的构造要求

序号	构造要求
1	宜对称配筋
2	柱截面边长大于 400mm 者，纵向钢筋间距不宜大于 200mm
3	柱纵向最小总配筋率：中柱和边柱不应小于 0.8%，角柱和框支柱不应小于 0.9%，同时每一侧配筋率不应小于 0.2%；对建造于Ⅳ类场地上较高的高层建筑，中柱和边柱不应小于 0.9%，角柱和框支柱不应小于 1.0%；当混凝土强度等级大于 C60 时，上述最小总配筋率应增大 0.1%；钢筋强度标准值小于 400MPa 时，上述最小总配筋率应增加 0.1%，钢筋强度标准值为 400MPa 时，上述最小总配筋率应增加 0.05%
4	柱总配筋率不应大于 5%
5	边柱、角柱及抗震墙端柱在地震作用组合下处于小偏心受拉状态时，柱内纵筋总截面面积计算值应增加 25%

（2）箍筋加密区范围、间距和直径的构造要求，列于表 25.5－9。

表 25.5－9　二级框架柱箍筋的构造要求

<table>
<tr><th>序号</th><th colspan="2">构造要求</th></tr>
<tr><td>1</td><td>柱的箍筋加密区范围</td><td>（1）柱端，取截面高度（圆柱直径）、柱净高 1/6 和 500mm 三者中的最大者。
（2）底层柱，柱根不小于柱净高的 1/3；当有刚性地面时，除柱端外尚应取刚性地面上下各 500mm。
（3）剪跨比不大于 2 的柱和因填充墙等形成的柱净高与柱截面高度之比不大于 4 的柱，取全高。
（4）框支柱、角柱，取全高</td></tr>
<tr><td>2</td><td colspan="2">柱箍筋加密区的箍筋最大间距应为 8 倍柱纵向钢筋最小直径和 100mm 的较小者；框支柱和剪跨比不大于 2 的柱，箍筋间距不应大于 100mm，箍筋最小直径为 8；当箍筋直径不小于 10 时，且箍筋肢距不大于 200mm 时，除底层柱下端外，箍筋最大间距允许采用 150mm</td></tr>
<tr><td>3</td><td colspan="2">柱箍筋加密区箍筋肢距不宜大于 250mm；至少每隔一根纵向钢筋宜在两个方向有箍筋或拉筋约束；采用拉筋复合箍时，拉筋宜紧靠纵向钢筋并钩住箍筋</td></tr>
</table>

（3）框架柱加密区的体积配箍率，不应小于 0.6%，计算复合箍的体积配箍率时，应扣除重叠部分的箍筋体积；柱加密区的箍筋最小配箍特征值宜按表 25.5-10 采用。

表 25.5-10　二级框架柱箍筋加密区的箍筋最小配箍特征值

箍筋形式	柱轴压比								
	≤0.3	0.4	0.5	0.6	0.7	0.8	0.9	1.0	1.05
普通箍、复合箍	0.08	0.09	0.11	0.13	0.15	0.17	0.19	0.22	0.24
螺旋箍、复合或连续复合矩形螺旋箍	0.06	0.07	0.09	0.11	0.13	0.15	0.17	0.20	0.22

注：①普通箍指单个矩形箍和单个圆形箍，复合箍指由矩形、多边形、圆形箍或拉筋组成的箍筋；复合螺旋箍指由螺旋箍与矩形、多边形、圆形箍或拉筋组成的箍筋；连续复合矩形螺旋箍指全部螺旋箍为同一根钢筋加工而成的箍筋；

②框支柱宜采用复合螺旋箍或井字复合箍，其最小配箍征特值应比表内数值增加 0.02，且体积配箍率不应大于 1.5%；

③剪跨比不大于 2 的柱宜采用复合螺旋箍或井字复合箍，其体积配箍率不应小于 1.2%；

④计算复合螺旋箍的体积配箍率时，其中非螺旋箍筋的体积应乘以换算系数 0.8；

⑤混凝土强度等级高于 C60 时，箍筋宜采用复合箍、复合螺旋箍或连续复合矩形螺旋箍；当轴压比不大于 0.6 时，其加密区的最小配箍特征值宜按表中数值增加 0.02；当轴压比大于 0.6 时，宜按表中数值增加 0.03。

（4）框架柱非加密区的体积配箍率，不宜小于 0.3%；箍筋间距不应大于 10 倍纵向钢筋直径。

3. 框架节点

框架节点核芯区的箍筋最大间距应为 8 倍柱纵向钢筋最小直径和 100mm 的较小者，箍筋最小直径为 8；节点核芯区配箍特征值不宜小于 0.10 且体积配箍率不宜小于 0.5%。柱剪跨比不大于 2 的框架节点核芯区体积配箍筋不宜小于核芯区上、下柱端的较大体积配箍筋。

4. 框架纵向钢筋和箍筋构造图

二级现浇框架纵向钢筋和箍筋构造图，见图 25.5-3 和图 25.5-4。

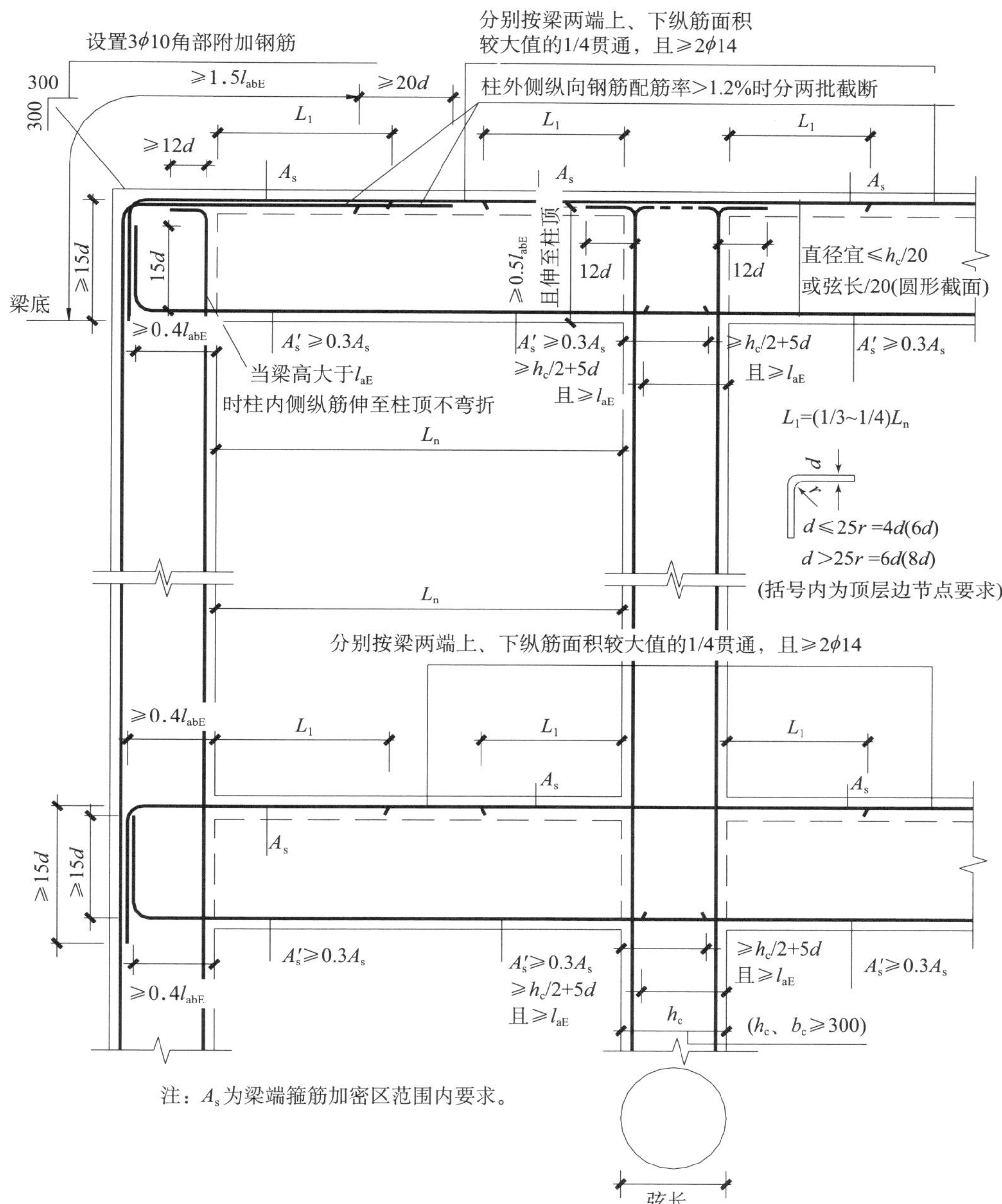

图 25.5－3　二级抗震等级现浇框架纵向钢筋构造图

（此页为图25.5－3右半部分）

框架柱纵筋配筋率控制值

最小总配筋率/%		最大总配筋率/%
中、边柱	角柱	HRB335、HRB400级钢筋
0.8	0.9	应≤5

注：①柱截面每一侧配筋率不应小于0.2%；

②Ⅳ类场地较高的高层建筑最小配筋率应增加0.1；

③当混凝土强度等级大于C60时，最小配筋率应增加0.1；

④钢筋强度标准值小于400MPa时，最小配筋率应增加0.1；

⑤钢筋强度标准值为400MPa时，最小配筋率应增加0.05。

框架梁纵筋配筋率控制值

受拉筋最小配筋率/%		最大配筋率/%
支座	跨中	受拉钢筋
0.3	0.25	2.5

注：①混凝土强度等级不应低于C30。梁、柱纵向钢筋宜采用HRB400级和HRB335级；箍筋宜采用HRB335、HRB400和HPB300级热轧钢筋；

②柱纵向钢筋的接头和钢筋锚固长度按图25.5－8规定采用；

③L_1值取柱边至梁负弯矩的零弯矩点再加$20d$，且应满足《混凝土结构设计规范》（GB 50010—2010）第9.2.3条规定；

④框架梁承受较大竖向荷载且跨中钢筋较多时，可采用弯起钢筋。锚入柱内的弯起钢筋。当能有效地承受负弯矩时应计入受拉钢筋截面面积之内；

⑤当顶层柱角纵向钢筋不能弯折锚入梁内时，应将钢筋锚入现浇板或预制板现浇叠合层内；

⑥顶层框架跨度及荷载较大时，边柱节点纵向钢筋的配筋构造宜按一级抗震构造要求采用；

⑦穿过中柱的梁底部钢筋出现受拉时，应按搭接考虑。

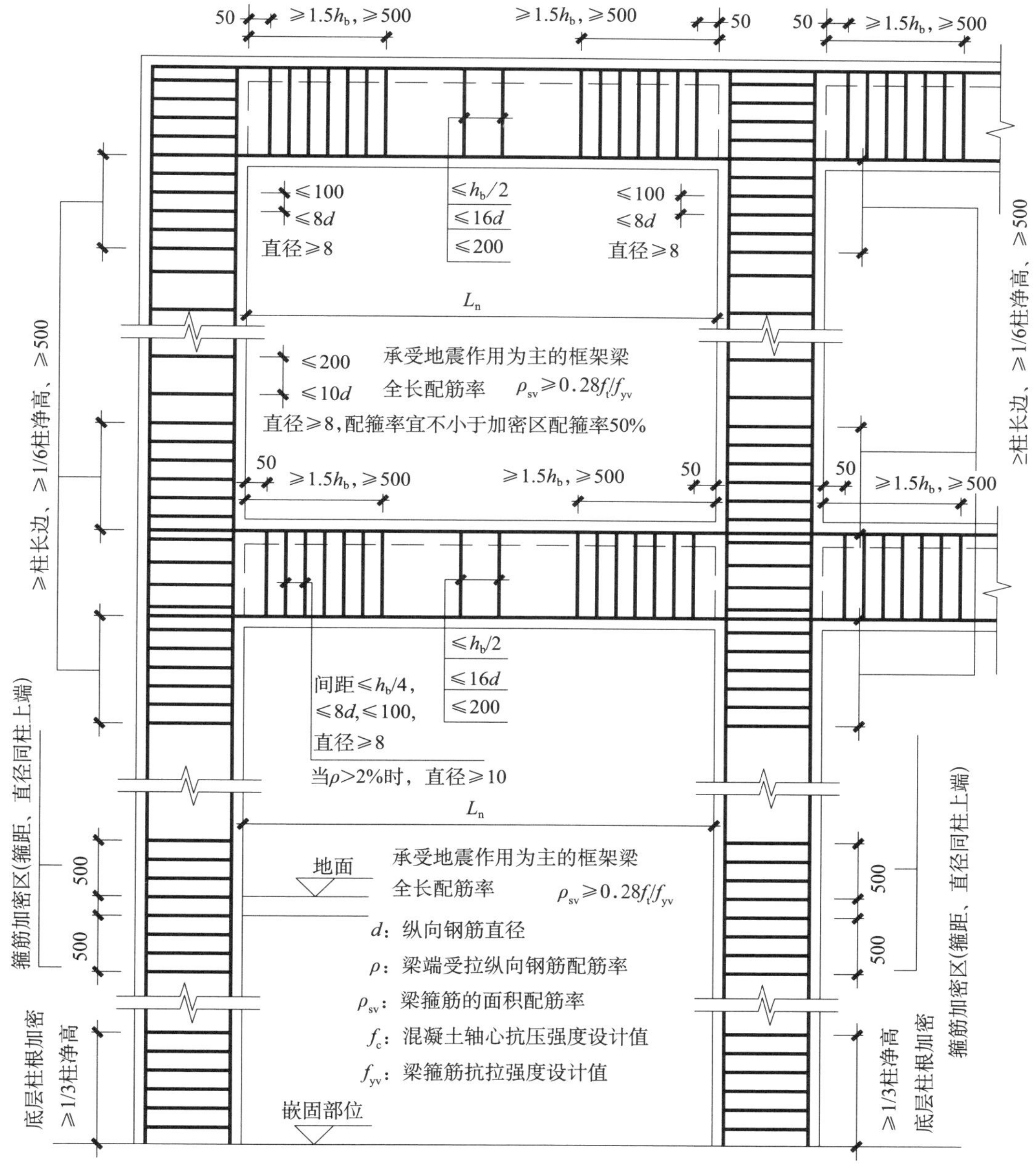

图 25.5－4　二级抗震等级现浇框架箍筋构造图

（此页为图 25.5－4 右半部分）

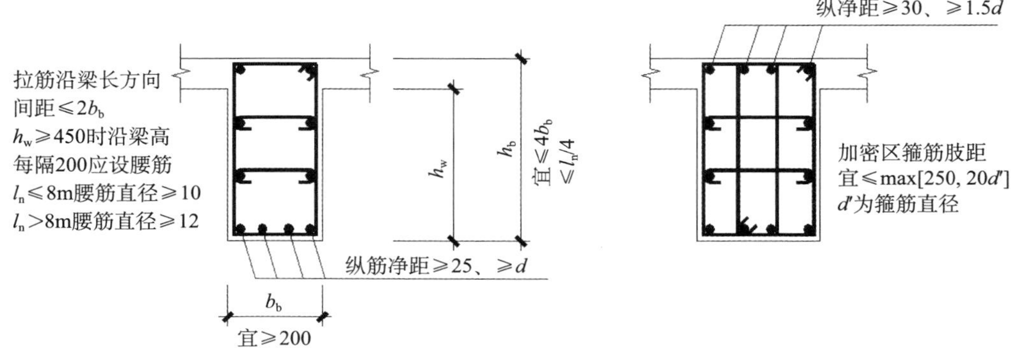

梁截面、腰筋及箍筋构造要求

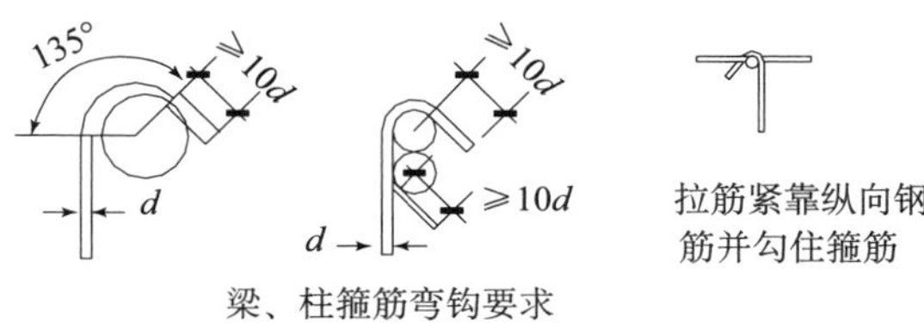

梁、柱箍筋弯钩要求

注：①箍筋的间距和直径除符合本图构造要求时，尚需满足计算要求；

②箍筋采用 HRB335、HRB400 和 HPB300 级热轧钢筋；

③柱端加密区箍筋最小配箍特征值宜按表 25.5－10 要求采用：箍筋肢距宜≤250 和 20 倍箍筋直径的较大值；

④柱每隔一根纵向钢筋宜在两个方向有箍筋约束；

⑤节点核心区箍筋最大间距和最小直径宜按本图柱加密区箍筋要求采用。节点核芯区配箍特征值不宜小于 0.10 且体积配箍率宜≥0.5%。当柱剪跨比不大于 2 时，节点核芯区配箍特征值不宜小于核芯区上、下柱端的较大配箍特征值；

⑥梁宽≥400 且梁内配有计算需要纵向受压钢筋每层多于 3 根时，非加密区也应设置复合箍筋。梁宽≤400 且受压钢筋每层不多于 4 根时，可不设置复合箍筋；

⑦承受弯、剪、扭的梁，其箍筋和纵向钢筋配筋率及构造要求应参照《混凝土结构设计规范》（GB 50010—2010）第 9.2.10 条规定；

⑧剪跨比不大于 2 的短柱（包括嵌砌填充墙形成的短柱，H_n 为柱净高）体积配箍率宜≥1.2%，沿柱全高箍距≤100。

25.5.3 三级框架

1. 框架梁

（1）纵向钢筋的构造要求，列于表 25.5－11。

表 25.5－11 三级框架梁纵向钢筋的构造要求

<table>
<tr><th>序号</th><th colspan="3">构造要求</th></tr>
<tr><td rowspan="2">1</td><td rowspan="2">受拉钢筋最小配筋率（%）</td><td>支座</td><td>跨中</td></tr>
<tr><td>0.25 和 $55f_t/f_y$ 二者较大者</td><td>0.20 和 $45f_t/f_y$ 二者较大者</td></tr>
<tr><td>2</td><td colspan="3">梁端纵向受拉钢筋的配筋率不宜大于 2.5%，且计入受压钢筋的梁端受压区高度和有效高度之比不应大于 0.35，当混凝土强度等级大于 C50 时，梁端纵向受拉钢筋的配筋率大于 3%（HRB335 级钢筋）和 2.6%（HRB400 级钢筋）</td></tr>
<tr><td>3</td><td colspan="3">梁端截面的底面和顶面纵向钢筋量的比值，除按计算确定外，不应小于 0.3</td></tr>
<tr><td>4</td><td colspan="3">沿梁全长顶面和底面的配筋不应小于 2ϕ12</td></tr>
<tr><td>5</td><td colspan="3">框架梁内贯通中柱的每根纵向钢筋直径，对于矩形截面柱，不应大于该方向截面尺寸的 1/20；对于圆形截面柱，不应大于纵向钢筋所在位置柱截面弦长的 1/20</td></tr>
</table>

（2）箍筋的构造要求，列于表 25.5－12。

表 25.5－12 三级框架梁中箍筋的构造要求

序号	构造要求
1	梁端加密区长度为 1.5 倍梁高和 500mm 中的较大者，箍筋最大间距为纵向钢筋直径的 8 倍、梁高的 1/4 和 150mm 三者中的最小者，箍筋最小直径为 8mm，当梁端纵向受拉钢筋配筋率大于 2%时，箍筋最小直径应为 10mm；当混凝土强度等级大于 C50 时，梁端箍筋加密区的最小直径应增大 2mm
2	梁端加密区的箍筋肢距不宜大于 250mm 和 20 倍箍筋直径的较大者
3	非加密区的箍筋最大间距不宜大于加密区箍筋间距的 2 倍
4	第一个箍筋应设置在距节点边缘不大于 50mm 处
5	沿梁全长箍筋的面积配筋率不应小于 $0.26f_t/f_{yv}$

2. 框架柱

（1）纵向钢筋的构造要求，列于表 25.5－13。

表 25.5－13　三级框架柱纵向钢筋的构造要求

序号	构造要求
1	宜对称配筋
2	柱截面边长大于 400mm 者，纵向钢筋间距不宜大于 200mm
3	柱纵向最小总配筋率：中柱和边柱不应小于 0.7%，角柱和框支柱不应小于 0.8%，同时每一侧配筋率不应小于 0.2%；对建造于Ⅳ类场地上较高的高层建筑，中柱和边柱不应小于 0.8%，角柱和框支柱不应小于 0.9%；当混凝土强度等级大于 C60 时，上述最小总配筋率应增大 0.1%；钢筋强度标准值小于 400MPa 时，上述最小总配筋率应增加 0.1%，钢筋强度标准值为 400MPa 时，上述最小总配筋率应增加 0.05%
4	柱总配筋率不应大于 5%
5	边柱、角柱及抗震墙端柱在地震作用组合下处于小偏心受拉状态时，柱内纵筋总截面面积计算值应增加 25%

（2）箍筋加密区范围、间距和直径的构造要求，列于表 25.5－14。

表 25.5－14　三级框架柱箍筋的构造要求

序号	构造要求	
1	柱的箍筋加密区范围	（1）柱端，取截面高度（圆柱直径）、柱净高 1/6 和 500mm 三者中的最大者。 （2）底层柱，柱根不小于柱净高的 1/3；当有刚性地面时，除柱端外尚应取刚性地面上下各 500mm。 （3）剪跨比不大于 2 的柱和因填充墙等形成的柱净高与柱截面高度之比不大于 4 的柱，取全高。 （4）框支柱，取全高
2	柱箍筋加密区的箍筋最大间距应为 8 倍柱纵向钢筋最小直径和 150mm（柱根 100mm）的较小者；框支柱和剪跨比不大于 2 的柱，箍筋间距不应大于 100mm，箍筋最小直径为 8；柱的截面尺寸不大于 400mm 时，箍筋最小直径允许采用 6	
3	柱箍筋加密区箍筋肢距不宜大于 250mm；至少每隔一根纵向钢筋宜在两个方向有箍筋或拉筋约束；采用拉筋复合箍时，拉筋宜紧靠纵向钢筋并钩住箍筋	

（3）框架柱加密区的体积配箍率，不应小于 0.4%，计算复合箍的体积配箍率时，应扣除重叠部分的箍筋体积；柱加密区的箍筋最小配箍特征值宜按表 25.5－15 采用。

表 25.5－15　三级框架柱箍筋加密区的箍筋最小配箍特征值表

箍筋形式	柱轴压比								
	≤0.3	0.4	0.5	0.6	0.7	0.8	0.9	1.0	1.05
普通箍、复合箍	0.06	0.07	0.09	0.11	0.13	0.15	0.17	0.20	0.22

续表

箍筋形式	柱轴压比								
	≤0.3	0.4	0.5	0.6	0.7	0.8	0.9	1.0	1.05
螺旋箍、复合或连续复合矩形螺旋箍	0.05	0.06	0.07	0.09	0.11	0.13	0.15	0.18	0.20

注：①普通箍指单个矩形箍和单个圆形箍，复合箍指由矩形、多边形、圆形箍或拉筋组成的箍筋；复合螺旋箍指由螺旋箍与矩形、多边形、圆形箍或拉筋组成的箍筋；连续复合矩形螺旋箍指全部螺旋箍为同一根钢筋加工而成的箍筋；

②框支柱宜采用复合螺旋箍或井字复合箍，其最小配箍征特值应比表内数值增加 0.02，且体积配箍率不应大于 1.5%；

③剪跨比不大于 2 的柱宜采用复合螺旋箍或井字复合箍，其体积配箍率不应小于 1.2%；

④计算复合螺旋箍的体积配箍率时，其中非螺旋箍筋的体积应乘以换算系数 0.8；

⑤混凝土强度等级高于 C60 时，箍筋宜采用复合箍、复合螺旋箍或连续复合矩形螺旋箍；当轴压比不大于 0.6 时，其加密区的最小配箍特征值宜按表中数值增加 0.02；当轴压比大于 0.6 时，宜按表中数值增加 0.03。

（4）框架柱非加密区的体积配箍率，不宜小于 0.2%；箍筋间距不应大于 15 倍纵向钢筋直径。

3. 框架节点

框架节点核芯区的箍筋间距宜为 8 倍柱纵向钢筋最小直径和 150mm 的较小者，箍筋最小直径为 8；节点核芯区配箍特征值不宜小于 0.08 且体积配箍率不宜小于 0.4%。柱剪跨比不大于 2 的框架节点核芯区体积配箍率不宜小于核芯区上、下柱端的较大体积配箍率。

4. 框架纵向钢筋和箍筋构造图

三级现浇框架纵向钢筋和箍筋构造图，见图 25.5－5 和图 25.5－6。

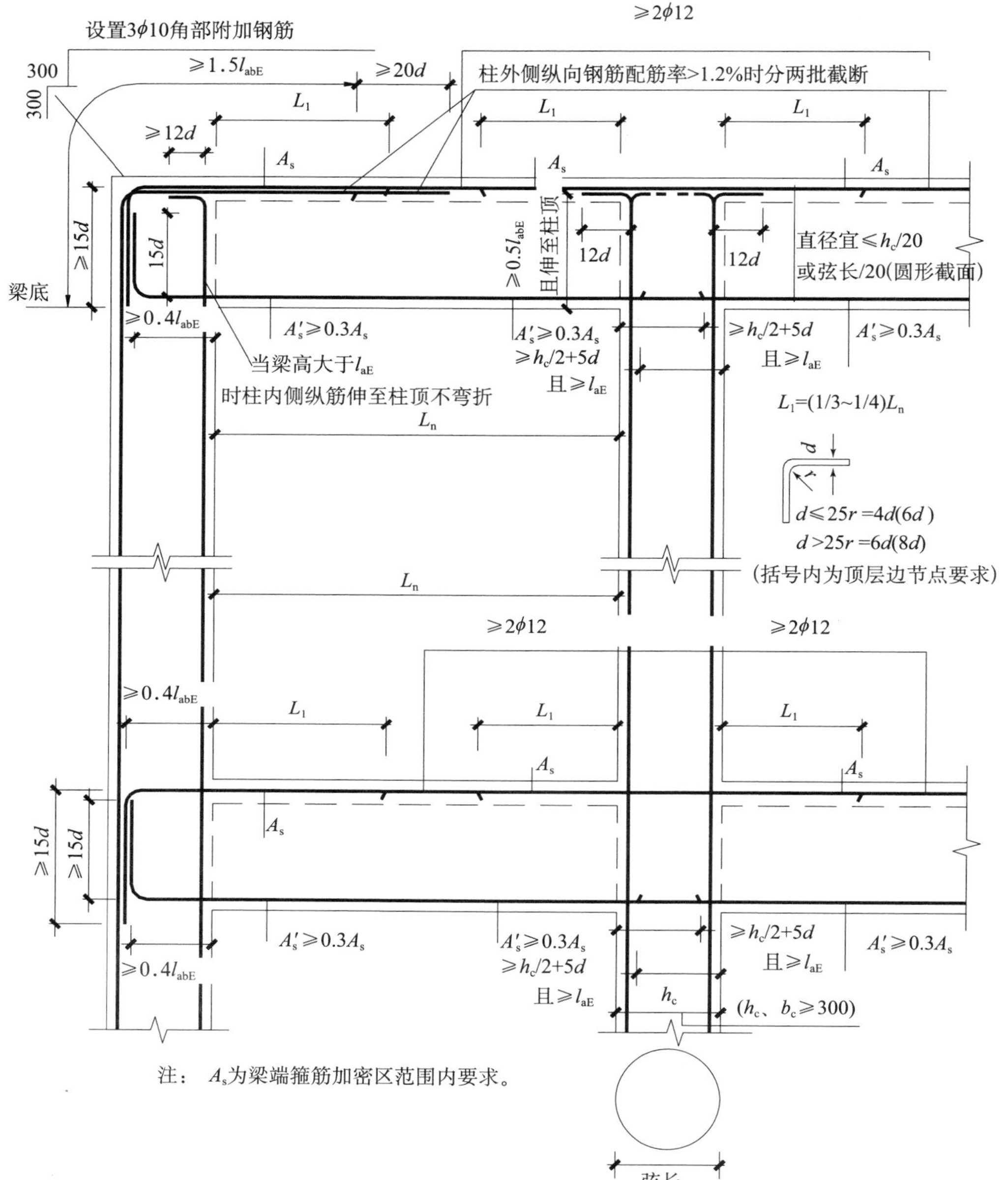

图 25.5－5　三级抗震等级现浇框架纵向钢筋构造图

（此页为图 25.5－5 右半部分）

框架柱纵筋配筋率控制值

最小总配筋率/%		最大总配筋率/%
中、边柱	角柱	HRB335、HRB400 级钢筋
0.7	0.8	应≤5

注：①柱截面每一侧配筋率不应小于 0.2%；

②Ⅳ类场地较高的高层建筑最小配筋率应增加 0.1；

③当混凝土强度等级大于 C60 时，最小配筋率应增加 0.1；

④钢筋强度标准值小于 400MPa 时，最小配筋率应增加 0.1；

⑤钢筋强度标准值为 400MPa 时，最小配筋率应增加 0.05。

框架梁纵筋配筋率控制值

受拉筋最小配筋率/%		最大配筋率/%
支座	跨中	受拉钢筋
0.25	0.2	2.5

注：①混凝土强度等级不应低于 C25；

梁、柱纵向钢筋宜采用 HRB400 级和 HRB335 级；箍筋宜采用 HRB335、HRB400 和 HPB300 级热轧钢筋；

②柱纵向钢筋的接头和钢筋锚固长度按图 25.5－8 规定采用；

③L_1 值取柱边至梁负弯矩的零弯矩点再加 $20d$，且应满足《混凝土结构设计规范》（GB 50010—2010）第 9.2.3 条规定；

④框架梁承受较大竖向荷载且跨中钢筋较多时，可采用弯起钢筋。锚入柱内的弯起钢筋。当能有效地承受负弯矩时应计入受拉钢筋截面面积之内；

⑤当顶层柱角纵向钢筋不能弯折锚入梁内时，应将钢筋锚入现浇板或预制板现浇叠合层内。当预制楼板无现浇叠合层时，应按图示要求另设附加钢筋；

⑥穿过中柱的梁底部钢筋出现受拉时，应按搭接考虑。

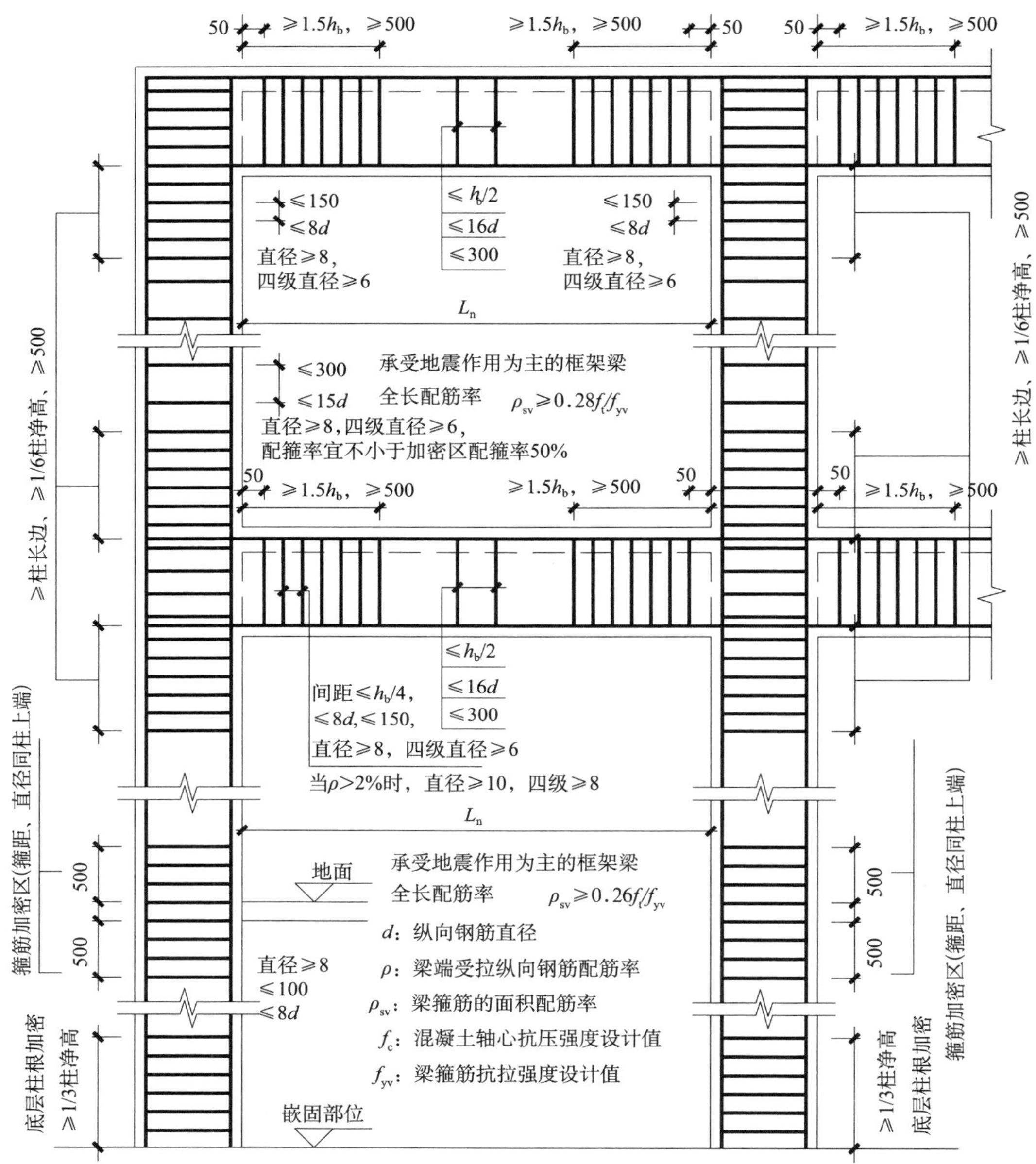

图 25.5－6　三、四级抗震等级现浇框架箍筋构造图

(此页为图 25.5－6 右半部分)

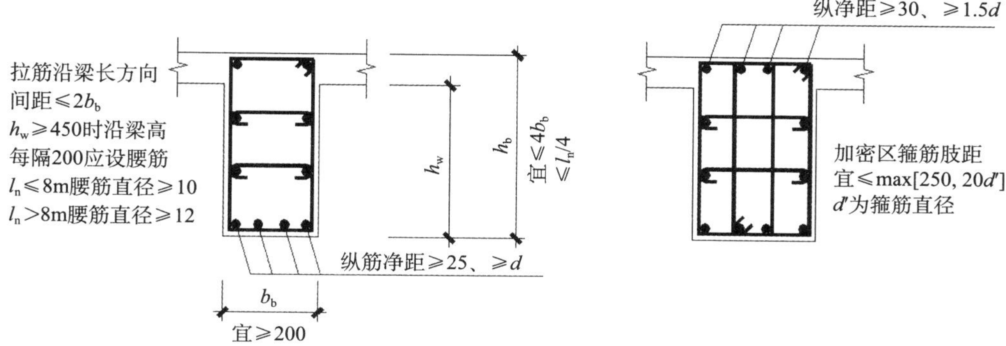

梁截面、腰筋及箍筋构造要求

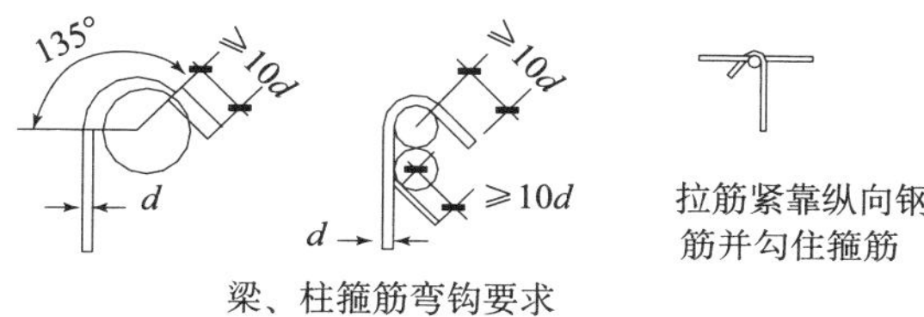

梁、柱箍筋弯钩要求

注：①箍筋的间距和直径除符合本图构造要求时，尚需满足计算要求；

②箍筋采用 HRB335、HRB400 和 HPB300 级热轧钢筋；

③柱端加密区箍筋最小配箍特征值宜按表 25.5－10 要求采用：箍筋肢距宜≤250 和 20 倍箍筋直径的较大值；

④柱每隔一根纵向钢筋宜在两个方向有箍筋约束；

⑤节点核心区箍筋最大间距和最小直径宜按本图柱加密区箍筋要求采用。节点核芯区配箍特征值不宜小于 0.08 且体积配箍率宜≥0.4%。当柱剪跨比不大于 2 时，节点核芯区配箍特征值不宜小于核芯区上、下柱端的较大配箍特征值；

⑥梁宽≥400 且梁内配有计算需要纵向受压钢筋每层多于 3 根时，非加密区也应设置复合箍筋。梁宽≤400 且受压钢筋每层不多于 4 根时，可不设置复合箍筋；

⑦承受弯、剪、扭的梁，其箍筋和纵向钢筋配筋率及构造要求应参照《混凝土结构设计规范》（GB 50010—2010）第 9.2.10 条规定；

⑧剪跨比不大于 2 的短柱（包括嵌砌填充墙形成的短柱，H_n 为柱净高）体积配箍率宜≥1.2%，沿柱全高箍距≤100。

25.5.4　四级框架

1. 框架梁

（1）纵向钢筋的构造要求，列于表 25.5－16。

表 25.5－16　四级框架梁纵向钢筋的构造要求

<table>
<tr><th>序号</th><th colspan="3">构造要求</th></tr>
<tr><td rowspan="2">1</td><td rowspan="2">受拉钢筋最小配筋率
（%）</td><td>支座</td><td>跨中</td></tr>
<tr><td>0.25 和 $55f_t/f_y$ 二者较大者</td><td>0.20 和 $45f_t/f_y$ 二者较大者</td></tr>
<tr><td>2</td><td colspan="3">梁端纵向受拉钢筋的配筋率不宜大于 2.5%；当混凝土强度等级大于 C50，梁端纵向受拉钢筋的配筋率不宜大于 3%（HRB335 级钢筋）和 2.6%（HRB400 级钢筋）</td></tr>
<tr><td>3</td><td colspan="3">沿梁全长顶面和底面纵向配筋不应少于 2ϕ12</td></tr>
</table>

（2）箍筋的构造要求，列于表 25.5－17。

表 25.5－17　四级框架梁中箍筋的构造要求

序号	构造要求
1	梁端加密区长度为 1.5 倍梁高和 500mm 二者中的较大者，箍筋最大间距为纵向钢筋直径的 8 倍、梁高的 1/4 和 150mm 三者中的最小者，箍筋最小直径为 6mm；当梁端纵向受拉钢筋配筋率大于 2%时，箍筋最小直径为 8mm；当混凝土强度等级大于 C50 时，梁端箍筋加密区的最小直径应增加 2mm
2	梁端加密区的箍筋肢距不宜大于 300mm
3	非加密区的箍筋最大间距不宜大于加密区箍筋间距的 2 倍
4	第一个箍筋应设置在距节点边缘不大于 50mm 处
5	沿梁全长箍筋的面积配筋率不应小于 $0.26f_t/f_{yv}$

2. 框架柱

（1）纵向钢筋的构造要求，列于表 25.5－18。

表 25.5－18　四级框架柱纵向钢筋的构造要求

序号	构造要求
1	宜对称配筋
2	柱截面边长大于 400mm 者，纵向钢筋间距不宜大于 200mm

续表

序号	构造要求
3	柱纵向最小总配筋率：中柱和边柱不应小于 0.6%，角柱和框支柱不应小于 0.7%，同时每一侧配筋率不应小于 0.2%；对建造于Ⅳ类场地上较高的高层建筑，中柱和边柱不应小于 0.7%，角柱和框支柱不应小于 0.8%；当混凝土强度等级大于 C60 时，柱纵向钢筋最小总配筋率应增加 0.1%；钢筋强度标准值小于 400MPa 时，上述最小总配筋率应增加 0.1%，钢筋强度标准值为 400MPa 时，上述最小总配筋率应增加 0.05%
4	柱总配筋率不应大于 5%
5	边柱、角柱及抗震墙端柱在地震作用组合下处于小偏心受拉状态时，柱内纵筋总截面面积计算值应增加 25%

（2）箍筋加密区范围、间距和直径的构造要求，列于表 25.5－19。

表 25.5－19　四级框架柱箍筋的构造要求

序号	构造要求	
1	柱的箍筋加密区范围	（1）柱端，取截面高度（圆柱直径）、柱净高 1/6 和 500mm 三者中的最大者。 （2）底层柱，柱根不小于柱净高的 1/3；当有刚性地面时，除柱端外尚应取刚性地面上下各 500mm。 （3）剪跨比不大于 2 的柱和因填充墙等形成的柱净高与柱截面高度之比不大于 4 的柱，取全高。 （4）框支柱，取全高
2	柱箍筋加密区的箍筋最大间距应为 8 倍柱纵向钢筋最小直径和 150mm（柱根 100mm）的较小者；框支柱和剪跨比不大于 2 的柱，箍筋间距不应大于 100mm；箍筋最小直径为 6（柱根 8）；柱的剪跨比不大于 2 的柱，箍筋直径不小于 8	
3	柱箍筋加密区箍筋肢距不宜大下 300mm；至少每隔一根纵向钢筋宜在两个方向有箍筋或拉筋约束；采用拉筋复合箍时，拉筋宜紧靠纵向钢筋并钩住箍筋	

（3）框架柱加密区的体积配箍率，不应小于 0.4%，计算复合箍的体积配箍率时，应扣除重叠部分的箍筋体积；柱加密区的箍筋最小配箍特征值宜按表 25.5－20 采用。

表 25.5－20　四级框架柱箍筋加密区的箍筋最小配箍特征值

箍筋形式	柱轴压比								
	≤0.3	0.4	0.5	0.6	0.7	0.8	0.9	1.0	1.05
普通箍、复合箍	0.06	0.07	0.09	0.11	0.13	0.15	0.17	0.20	0.22
螺旋箍、复合或连续复合矩形螺旋箍	0.05	0.06	0.07	0.09	0.11	0.13	0.15	0.18	0.20

注：①普通箍指单个矩形箍和单个圆形箍，复合箍指由矩形、多边形、圆形箍或拉筋组成的箍筋；复合螺旋箍指由螺旋箍与矩形、多边形、圆形箍或拉筋组成的箍筋；连续复合矩形螺旋箍指全部螺旋箍为同一根钢筋加工而

成的箍筋；

②框支柱宜采用复合螺旋箍或井字复合箍，其最小配箍征特值应比表内数值增加 0.02，且体积配箍率不应大于 1.5%；

③剪跨比不大于 2 的柱宜采用复合螺旋箍或井字复合箍，其体积配箍率不应小于 1.2%；

④计算复合螺旋箍的体积配箍率时，其中非螺旋箍筋的体积应乘以换算系数 0.8；

⑤混凝土强度等级高于 C60 时，箍筋宜采用复合箍、复合螺旋箍或连续复合矩形螺旋箍；当轴压比不大于 0.6 时，其加密区的最小配箍特征值宜按表中数值增加 0.02；当轴压比大于 0.6 时，宜按表中数值增加 0.03。

（4）四级框架柱非加密区的体积配箍率，不宜小于 0.2%；箍筋间距不应大于 15 倍纵向钢筋直径。

3. 框架节点

框架节点核芯区的箍筋间距宜为 8 倍柱纵向钢筋最小直径和 150mm 的较小者，箍筋最小直径为 6。

4. 框架纵向钢筋和箍筋构造图

四级现浇框架纵向钢筋和箍筋构造图，见图 25.5－7 和图 25.5－6。

25.5.5　钢筋锚固和搭接

有抗震设防要求的钢筋混凝土结构构件，其纵向受力钢筋的锚固长度 l_{aE} 和搭接接头的搭接长度 l_{lE}，应符合表 25.5－21 的要求，非抗震纵向受拉钢筋的最小锚固长度 l_a 列于表 25.5－22。

表 25.5－21　纵向钢筋锚固和搭接长度

抗震等级	钢筋最小锚固长度 l_{aE}	钢筋最小搭接长度 l_{lE} 同一连接区段内搭接钢筋面积百分率（%）	
		≤25	50
一、二	$1.15l_a$	$1.2l_{aE}$	$1.4l_{aE}$
三	$1.05l_a$		
四	$1.0l_a$		

表 25.5－22　非抗震纵向受拉钢筋的最小锚固长度

钢筋类型		混凝土强度等级								
		C20	C25	C30	C35	C40	C45	C50	C55	≥C60
光面钢筋	HPB300	39d	34d	30d	28d	25d	24d	23d	22d	21d
带肋钢筋	HRB335	38d	33d	29d	27d	25d	23d	22d	21d	21d
	HRB400、RRB400	—	40d	35d	32d	29d	28d	27d	26d	25d

注：①当月牙肋钢筋直径 $d \geqslant 25$ 时，其锚固长度应乘以修正系数 1.1；

②环氧树脂涂层的月牙肋钢筋的锚固长度应乘以修正系数 1.25；

③当锚固钢筋在混凝土施工过程中易受扰动（如滑模施工）时，钢筋锚固长度可乘以修正系数 1.1；

④锚固钢筋的保护层厚度为 $3d$ 时修正系数可取 0.80，保护层厚度为 $5d$ 时修正系数可取 0.70，中间按内插取值，此处 d 为锚固钢筋的直径；

⑤经上述修正后，纵向受拉的 HPB300、HRB335、HRB400 和 RRB400 级钢筋的锚固长度的修正系数不应小于 0.6；

⑥当 HRB335、HRB400 和 RRB400 级纵向受拉钢筋末端采用机械锚固措施时，包括附加锚固端头在内的锚固长度可乘以修正系数 0.6。

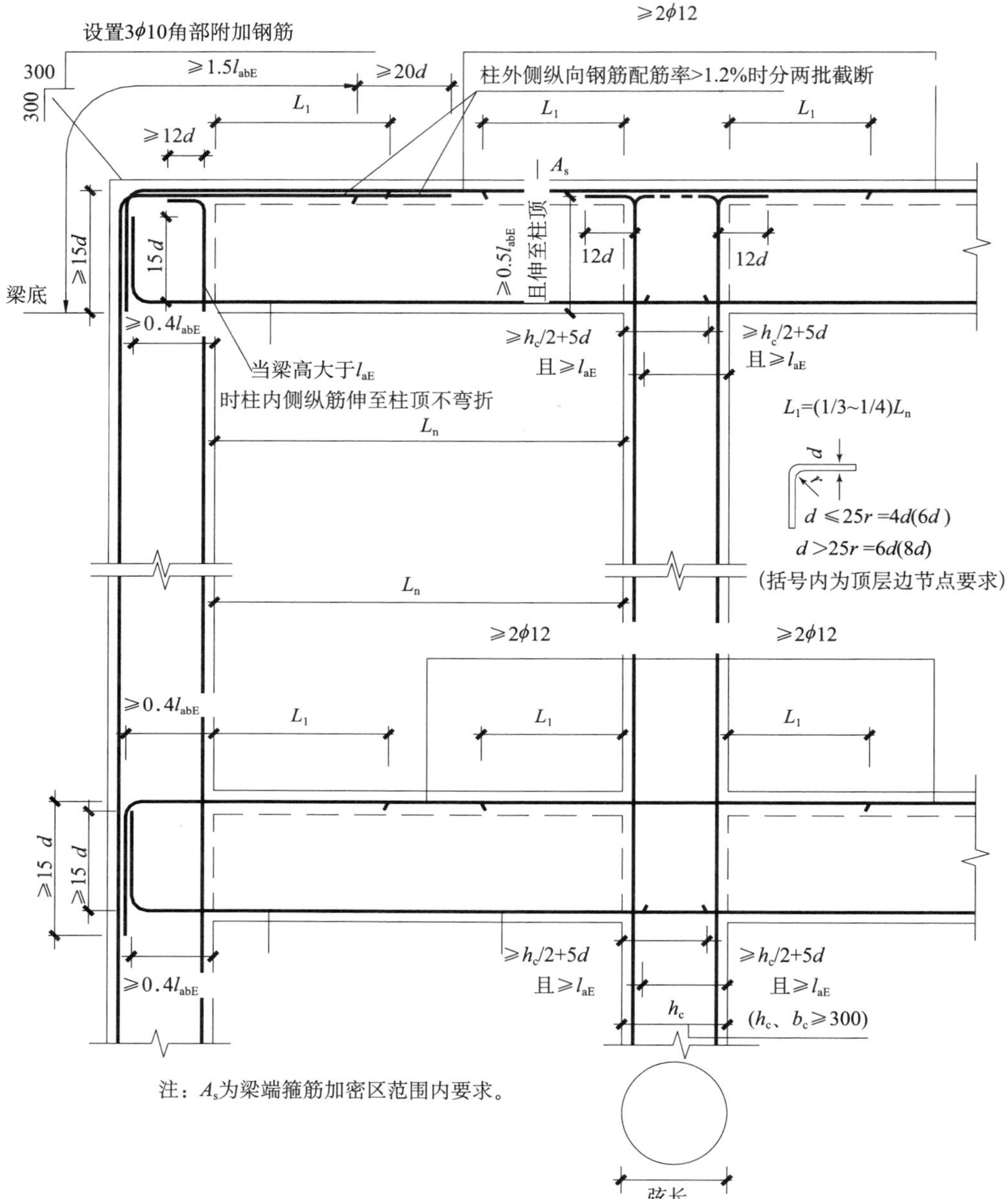

图 25.5－7　四级抗震等级现浇框架纵向钢筋构造图

（此页为图 25.5－7 右半部分）

框架柱纵筋配筋率控制值

最小总配筋率/%		最大总配筋率/%
中、边柱	角柱	HRB335、HRB400 级钢筋
0.6	0.7	应≤5

注：①柱截面每一侧配筋率不应小于 0.2%；
②Ⅳ类场地较高的高层建筑最小配筋率应增加 0.1；
③当混凝土强度等级大于 C60 时，最小配筋率应增加 0.1；
④钢筋强度标准值小于 400MPa 时，最小配筋率应增加 0.1；
⑤钢筋强度标准值为 400MPa 时，最小配筋率应增加 0.05。

框架梁纵筋配筋率控制值

受拉筋最小配筋率/%		最大配筋率/%
支座	跨中	受拉钢筋
0.25	0.2	2.5

注：①混凝土强度等级不应低于 C25。梁、柱纵向钢筋宜采用 HRB400 级和 HRB335 级；箍筋宜采用 HRB335、HRB400 和 HPB300 级热轧钢筋；
②柱纵向钢筋的接头和钢筋锚固长度按图 25.5－8 规定采用；
③L_1 值取柱边至梁负弯矩的零弯矩点再加 $20d$，且应满足《混凝土结构设计规范》（GB 50010—2010）第 9.2.3 条规定；
④框架梁承受较大竖向荷载且跨中钢筋较多时，可采用弯起钢筋。锚入柱内的弯起钢筋，当能有效地承受负弯矩时应计入受拉钢筋截面面积之内；
⑤当顶层柱角纵向钢筋不能弯折锚入梁内时，应将钢筋锚入现浇板或预制板现浇叠合层内。当预制楼板无现浇叠合层时，应按图示要求另设附加钢筋。

现浇钢筋混凝土框架柱纵向钢筋连接构造如图 25.5－8 所示。

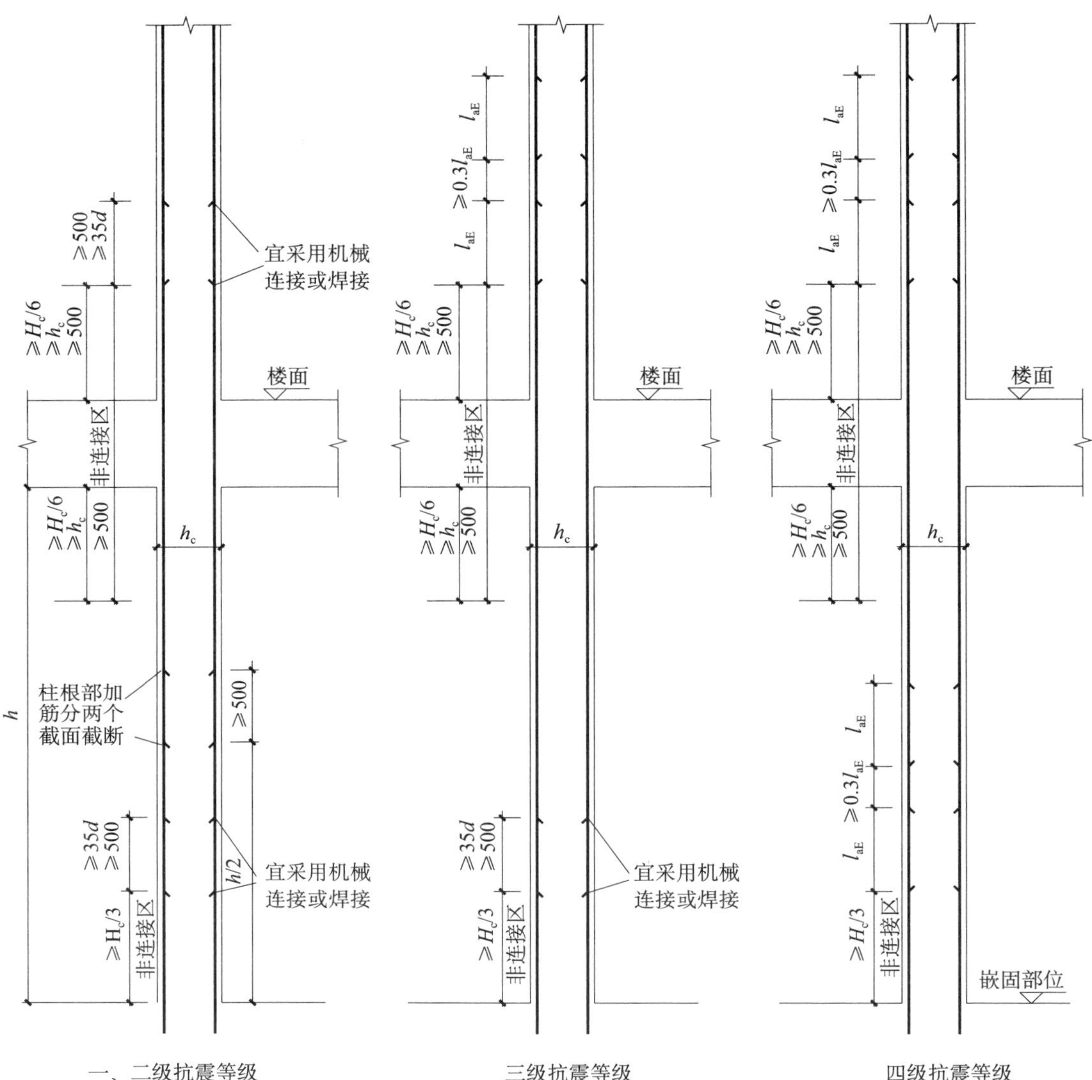

图 25.5－8 现浇框架柱纵向钢筋连接构造图

注：①一、二、三级抗震等级框架底层柱根部弯矩增大后的配筋，按图示分两个截面截断；

②柱纵向钢筋总数为 4 根时，可在同一截面连接。多于 4 根时，同一截面钢筋接头不宜多于总根数的 50%；

③三、四级抗震等级框架柱纵向钢筋直径≥22mm 时，宜采用机械连接或焊接；

④偏心受拉柱纵向钢筋应采用机械连接或焊接；

⑤当钢筋采用机械连接时，接头的质量、适用范围、构造要求等，应符合专门的规定；

⑥搭接接头范围内，箍筋间距应≤5d 且应≤100（d 为柱纵向钢筋直径）；

⑦有多层地下室的情况，当地下室顶板作为上部结构的嵌固部位时，地下一层的抗震等级应与上部结构相同，地下一层以下的抗震等级可采用三级或四级。

25.5.6　扁梁的构造要求

（1）采用梁宽大于柱宽的扁梁时，楼板应现浇，梁中线宜与柱中线重合，扁梁应双向布置，且不宜用于一级框架结构。

（2）扁梁的截面尺寸见 25.1.2 节的结构构件要求，截面设计应满足挠度及抗裂要求。

（3）扁梁在柱宽范围内的纵筋应不少于配筋总面积的 60%，柱宽以外的梁纵筋应由边梁受扭承载力来确定。

（4）边框架宜采用普通梁，也可采用梁宽不大于柱宽的扁梁，锚入边梁的扁梁纵筋保护层厚度靠边梁外侧不宜小于 50mm，边梁应考虑扭矩的不利影响。

25.6　计 算 例 题

【例 25.6-1】　四层钢筋混凝土框架结构设计

1. 工程概况

本例为一幢教学实验楼，设防烈度为 9 度，设计地震为第一组，I 类场地，现浇钢筋混凝土框架，楼、屋盖为装配整体式，外墙采用砖与加气混凝土复合墙，内墙为加气混凝土砌块墙，梁、柱的混凝土强度等级均为 C35，主筋为 HRB400 级热轧带肋钢筋。

建筑结构平、立面布置和构件尺寸如图 25.6-1 所示，各楼层重力荷载代表值如图 25.6-2 所示。

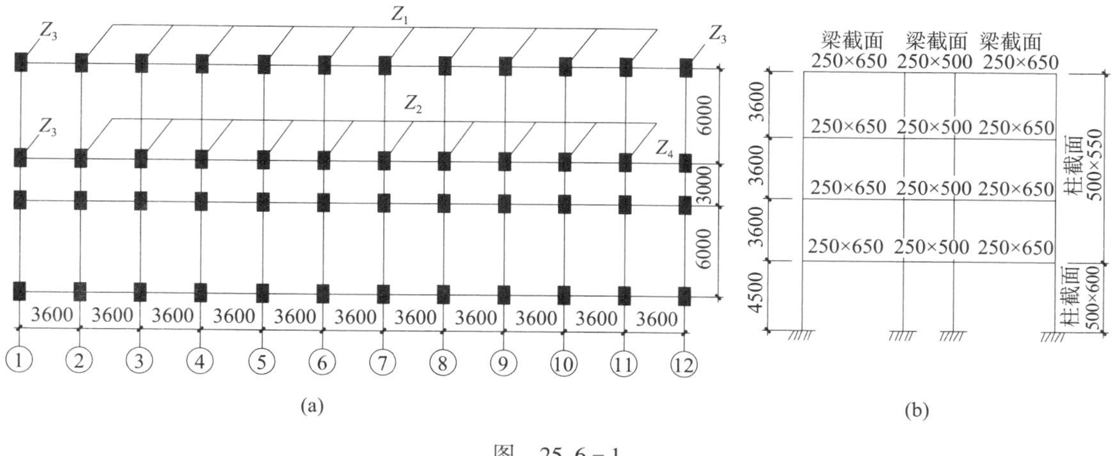

图　25.6-1
（a）平面图；（b）剖面图

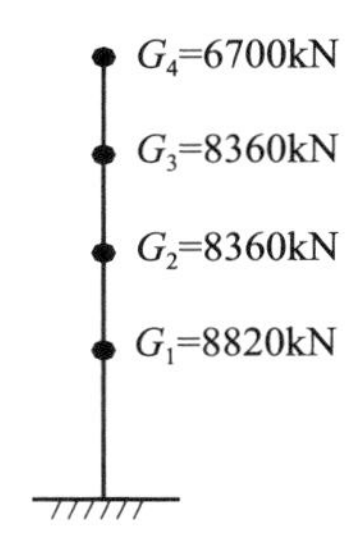

图 25. 6－2　各楼层重力荷载代表值

2. 地震作用

1）框架刚度计算

采用 D 值法计算框架刚度，其中采用现浇叠合层的楼盖时梁的惯性矩，中间框架取 $I=1.5I_0$；边框架取 $I=1.2I_0$；混凝土弹性模量为 $E_c=31.5\text{kN/mm}^2$。计算结果列于表 25. 6－1 至表 25. 6－3。

2）多遇地震作用标准值计算

该建筑物总高度为 15. 3m，且质量和刚度沿高度分布也较均匀，可采用底部剪力法计算结构的地震作用。

（1）基本自振周期。

结构基本周期计算采用能量法公式，由于房屋外墙采用砖和加气混凝土复合墙，内墙为加气混凝土砌块墙，其周期折减系数取为 0. 9，具体计算列于表 25. 6－4。

表 25. 6－1　梁的线刚度

类别	混凝土强度等级	截面	跨度	矩形截面惯性矩	边框架		中框架	
		$b\times h$ (m^2)	l (m)	I_0 ($\times10^{-3}\text{m}^4$)	I ($\times10^{-3}\text{m}^4$)	$k_b=\frac{E_cI}{l}$ ($\times10^4\text{kN}\cdot\text{m}$)	I ($\times10^{-3}\text{m}^4$)	$k_b=\frac{E_cI}{l}$ ($\times10^4\text{kN}\cdot\text{m}$)
左梁	C35	0. 25×0. 65	6. 0	5. 72	6. 86	3. 60	8. 58	4. 50
走道梁	C35	0. 25×0. 50	3. 0	2. 60	3. 12	3. 28	3. 90	4. 10

表 25.6-2　柱的线刚度

层号	混凝土强度等级	截面 $b\times h$ (m^2)	层高 H (m)	惯性矩 I_0 ($\times10^{-3}m^4$)	线刚度 $k_c=\frac{E_cI}{l}$ ($\times10^4$kN·m)
2~4	C35	0.5×0.55	3.6	6.93	6.06
1	C35	0.5×0.60	4.5	9.00	6.30

表 25.6-3　框架的总刚度

层号	K/(kN/m)				ΣK ($\times10^5$kN/m)
	Z_1	Z_2	Z_3	Z_4	
2~4	15192.5×20 =303850.0	23289.4×20 =465788.0	12849.9×4 =51399.6	20318.1×4 =81272.4	9.023
1	16701.8×20 =334036.0	20691.8×20 =413836.0	15555.6×4 =62222.4	19222.5×4 =76890.0	8.870

混凝土复合墙，内墙为加气混凝土砌块墙，其周期折减系数 φ_T 取为 0.9，具体计算列于表 25.6-4。

表 25.6-4　能量法计算结构的基本周期

层号	G_i (kN)	ΣK ($\times10^5$kN/m)	$\Delta u_i=\frac{\sum_{i=1}^{i}G_i}{D_i}$ (m)	$u_i=\sum_{i=1}^{i}\Delta u_i$ (m)	G_iu_i	$G_iu_i^2$
4	6700.0	9.023	0.007425	0.086419	579.007	50.037
3	8360.0	9.023	0.016691	0.078994	660.3898	52.1668
2	8360.0	9.023	0.025956	0.062303	520.853	32.451
1	8820.0	8.87	0.036347	0.036347	320.581	11.652
Σ	32240		0.086419		2080.83	146.31

$$T_1=2\varphi_T\sqrt{\frac{\sum_{i=1}^{n}G_iu_i^2}{\sum_{i=1}^{n}G_iu_i}}=2\times0.9\sqrt{\frac{146.31}{2080.83}}=0.48\text{s}$$

（2）水平地震作用标准值和楼层地震剪力设计值。

9 度，设计地震第一组，Ⅰ类场地：

$$\alpha_{max} = 0.32$$

$$T_g = 0.25s$$

$$\alpha_1 = \left[\frac{T_g}{T_1}\right]^{0.9} \alpha_{max} = \left(\frac{0.25}{0.48}\right)^{0.9} \times 0.32 = 0.1779$$

$$T_1 > 1.4T_g = 1.4 \times 0.25 = 0.355$$

应考虑顶部附加地震作用：

$$F_{EK} = \alpha_1 G_{eq} = 0.1779 \times 0.85 \times 32240.0 = 4875.2kN$$

$$\delta_n = 0.08T_1 + 0.07 = 0.1084$$

$$\Delta F_n = \delta_n F_{EK} = 0.1084 \times 4875.2 = 528.5kN$$

$$F_i = \frac{G_i H_i}{\sum_{i=1}^{n} G_i H_i}(1 - \delta_n) F_{EK}$$

楼层地震剪力设计值计算结果列于表 25.6－5。

表 25.6－5 楼层地震剪力设计值

层号	G_i (kN)	H_i (m)	G_iH_i (kN · m)	F_i (kN)	ΔF_n (kN)	$V_{Ei} = \gamma_{Eh}\left(\sum_{j=i}^{n} F_i + \Delta F_n\right)$
4	6700.0	15.3	102510.0	1448.0	528.5	2569.5
3	8360.0	11.7	97812.0	1381.6		4365.5
2	8360.0	8.1	67716.0	956.5		5609.0
1	8820.0	4.5	39690.0	560.6		6337.8
Σ	32240		307728.6	4346.7		

（3）框架水平地震作用效应。

将框架横向的楼层地震剪力设计值按各平面框架的侧移刚度分配，得到边框架和中框架承担的楼层地震剪力设计值。

将一榀框架中的楼层地震剪力，按各柱的 D 值分配求得各柱的地震剪力设计值 $V_{cE} = V_{Ei} D/\sum D$，近似按倒三角形楼层地震剪力设计值分布确定各柱的反弯点，计算柱端地震弯矩设计值 $M^l_{cE} = V_{cE}y_i h_i$ 和 $M^u_{cE} = V_{cE}(1-y_i)h_i$；可按节点处两侧梁的线刚度 k_b 分配求得梁端地震弯矩设计值 $M_{bE} = \sum M_{cE}k_b/\sum k_b$；然后计算梁端地震剪力设计值 $V_{bE} = (M^l_{bE}+M^r_{bE})/l_n$，并由节点两侧梁端剪力设计值之差求得柱的地震轴压力设计值 $N_E = \sum(V^l_{bE}-V^r_{bE})$，中框架内力设计值计算列于表 25.6－6 和表 25.6－7 中。

表 25.6-6　柱端地震弯矩设计值

层号	边柱					中柱				
	$D/\sum D$	V_{cE} (kN)	y_i	M_{cE}^{t} (kN·m)	M_{cE}^{b} (kN·m)	$D/\sum D$	V_{cE} (kN)	y_i	M_{cE}^{t} (kN·m)	M_{cE}^{b} (kN·m)
4	0.0168	43.2	0.35	101.1	54.4	0.0258	66.3	0.40	143.2	95.5
3	0.0168	73.3	0.45	145.1	118.7	0.0258	112.6	0.45	222.9	182.4
2	0.0168	94.2	0.50	169.6	169.6	0.0258	144.7	0.50	260.5	260.5
1	0.0188	119.2	0.70	160.9	375.5	0.0233	147.7	0.65	232.6	432.0

表 25.6-7　梁端地震弯矩和柱的轴向力设计值

层号	边柱处		中柱处				V_{cE}/kN		N_E/kN	
	M_{cE}^{b} (kN·m)	M_{cE}^{b} (kN·m)	M_{cE}^{b} (kN·m)	$k_b^r/\sum k_b$	M_{cE}^{b} (kN·m)	M_{cE}^{b} (kN·m)	边跨梁	中跨梁	边柱	中柱
4	101.1	−101.1	143.2	0.523	−74.9	−68.3	−32.6	−56.9	±32.6	±24.3
3	199.5	−199.5	318.4	0.523	−166.5	−151.9	−67.8	−126.6	±100.4	±83.1
2	288.3	−288.3	442.9	0.523	−231.6	−211.3	−96.3	−176.1	±196.7	±162.9
1	330.5	−330.5	493.1	0.523	−257.9	−2325	−109.0	−196.0	±305.7	±249.9

（4）框架重力荷载效应。

在重力荷载代表值作用下的框架内力分析，手算时可采用弯矩分配法。其中，重力荷载分项系数 1.2，梁端弯矩调幅系数为 0.8，与地震作用效应组合时，屋面活荷载不考虑，按等效均布荷载考虑楼面活荷载其组合值系数取为 0.5，中框架重力荷载作用的内力设计值计算结果，列于表 25.6-8 中。

表 25.6-8　重力荷载作用下的中框架内力设计值

层号	左边跨梁		中跨梁		边柱			中柱		
	M_{bG}^{l} (kN·m)	M_{bG}^{r} (kN·m)	M_{cE}^{b} (kN·m)	M_{bG}^{r} (kN·m)	N_G (kN)	M_{cG}^{t} (kN·m)	M_{cG}^{b} (kN·m)	N_G (kN)	M_{cG}^{t} (kN·m)	M_{cG}^{b} (kN·m)
4	−53.8	74.9	−30.4	30.4	−159.6 (−133.0)	67.2	53.9	−207.9 (−170.8)	−43.8	−47.1
3	−80.2	91.4	−22.2	22.2	−448.9 (−374.1)	26.2	48.0	−453.4 (−377.8)	−39.5	−40.6

续表

层号	左边跨梁		中跨梁		边柱			中柱		
	M_{bG}^{l} (kN·m)	M_{bG}^{r} (kN·m)	M_{cE}^{b} (kN·m)	M_{bG}^{r} (kN·m)	N_G (kN)	M_{cG}^{t} (kN·m)	M_{cG}^{b} (kN·m)	N_G (kN)	M_{cG}^{t} (kN·m)	M_{cG}^{b} (kN·m)
2	-78.8	90.7	-23.2	23.2	-738.0 (-605.0)	50.6	53.6	-752.0 (-626.7)	-43.8	-45.9
1	-76.6	88.8	-24.9	24.9	-1035.2 (-862.7)	42.2	21.6	-1057.2 (-881.0)	-34.0	-17.0

注：①弯矩以顺时针方向为正，逆时针方向为负；

②轴向力以拉力为正，压力为负，括号内数字为 $\gamma_G=1.0$ 的 N_G 值；

③表中所示柱轴向力设计值的部位为柱底截面。

3. 框架组合的内力设计值和构件截面抗震承载力验算

本例题只考虑重力荷载内力与水平地震作用内力的组合，按《抗震规范》规定，9 度区的钢筋混凝土框架房屋的抗震等级属于一级，在内力组合中，应考虑地震作用内力的调整，内力的调整原则和方法 4 按照 25.2.4 节进行。

1）梁端组合的弯矩设计值和截面抗震受弯承载力验算

（1）梁端组合的弯矩设计值。

梁端组合的弯矩设计值，以首层为例列于表 25.6-9。

表 25.6-9　首层梁端组合的弯矩设计值

组合	左大梁		走道梁	
	M_b^l/ (kN·m)	M_b^r/ (kN·m)	M_b^l/ (kN·m)	M_b^r/ (kN·m)
$G+E$	-407.1	-169.1	-260.1	-210.3
$G-E$	253.9	346.7	210.3	260.1

注：G 表示重力荷载下的内力设计值，E 表示地震作用的内力设计值。

（2）梁端截面抗震受弯承载力验算。

①左大梁。

梁左端截面纵向钢筋实际配筋为

4 Φ 22（上部）　　$A_s=1520\text{mm}^2$　　$\rho=1.00\%$

4 Φ 20（下部）　　$A_s'=1256\text{mm}^2$　　$\rho=0.82\%$

截面上部

$$x=f_y(A_s-0.5A_s)/(\alpha_1 f_c b)=360\times0.5\times1520/(16.7\times250)=65.5\text{mm}$$
$$<2a_s'=2\times40.0=80.0\text{mm}$$

$$\frac{1}{\gamma_{RE}}f_yA_s(h_0-a_s)=\frac{1}{0.75}\times 360\times 1520\times 569\times 10^{-6}$$

$$=415.1\text{kN}\cdot\text{m}>M_b^l=407.1\text{kN}\cdot\text{m}$$

截面下部

$$x<2a_s$$

$$\frac{1}{\gamma_{RE}}f_yA_s'(h_0-a_s')=\frac{1}{0.75}\times 360\times 1256\times 569\times 10^{-6}=343.0\text{kN}\cdot\text{m}$$

$$>M_b^l=253.9\text{kN}\cdot\text{m}$$

梁右端截面纵向钢筋实际配筋为

4Φ22（上部）　$A_s=1520\text{mm}^2$　$\rho=1.00\%$

4Φ20（下部）　$A_s'=1256\text{mm}^2$　$\rho=0.82\%$

截面上部

$$x=f_y(A_s-0.5A_s)/(\alpha_1f_cb)=360\times 0.5\times 1520/(16.7\times 250)=65.5\text{mm}<2a_s$$

$$\frac{1}{\gamma_{RE}}f_yA_s(h_0-a_s)=\frac{1}{0.75}\times 360\times 1520\times 569\times 10^{-6}=415.1\text{kN}\cdot\text{m}$$

$$>M_b^r=346.7\text{kN}\cdot\text{m}$$

截面下部

$$x<2a_s$$

$$\frac{1}{\gamma_{RE}}f_yA_s'(h_0-a_s')=\frac{1}{0.75}\times 360\times 1256\times 569\times 10^{-6}=343.0\text{kN}\cdot\text{m}$$

$$>M_b^r=169.1\text{kN}\cdot\text{m}$$

②走道梁。

梁左（右）端纵向钢筋实际配筋为

4Φ22（上部）　$A_s=1520\text{mm}^2$　$\rho=1.32\%$

4Φ20（下部）　$A_s'=1256\text{mm}^2$　$\rho=1.09\%$

截面上部

$$x=f_y(A_s-0.5A_s)/(\alpha_1f_cb)=360\times 0.5\times 1520/(16.7\times 250)=65.5\text{mm}<2a_s$$

$$\frac{1}{\gamma_{RE}}f_yA_s'(h_0-a_s')=\frac{1}{0.75}\times 360\times 1520\times 419\times 10^{-6}=305.7\text{kN}\cdot\text{m}$$

$$>M_b^l=260.1\text{kN}\cdot\text{m}$$

截面下部

$$x<2a_s$$

$$\frac{1}{\gamma_{RE}}f_yA_s'(h_0-a_s')=\frac{1}{0.75}\times 360\times 1256\times 419\times 10^{-6}=252.6\text{kN}\cdot\text{m}$$

$$>M_b^l=210.3\text{kN}\cdot\text{m}$$

2）梁端组合的剪力设计值和截面抗震受剪承载力验算

（1）梁端组合的剪力设计值。

本工程为 9 度区一级框架，两端截面组合的剪力设计值取下式：

$$V=\frac{1.1(M_{\text{bua}}^{l}+M_{\text{bua}}^{\text{r}})}{l_{\text{n}}}+V_{\text{Gb}}$$

大梁　　$q_{\text{k}}=33.5\text{kN/m}$，$V_{\text{Gb}}=0.6q_{\text{k}}l_{\text{n}}=0.6\times33.5\times5.4=108.5\text{kN}$

走道梁　　$q_{\text{k}}=29.0\text{kN/m}$，$V_{\text{Gb}}=0.6q_{\text{k}}l_{\text{n}}=0.6\times29.0\times2.4=41.8\text{kN}$

大梁

$$M_{\text{bua}}^{l}=f_{\text{yk}}A_{\text{s}}(h_0-a_{\text{s}})=400\times1520\times569\times10^{-6}=346.0\text{kN}\cdot\text{m}$$

$$M_{\text{bua}}^{\text{r}}=f_{\text{yk}}A_{\text{s}}'(h_0-a_{\text{s}}')=400\times1256\times569\times10^{-6}=285.9\text{kN}\cdot\text{m}$$

$$V=1.1(M_{\text{bua}}^{l}+M_{\text{bua}}^{\text{r}})/l_{\text{n}}+V_{\text{Gb}}=1.1\ (346.0+285.9)\ /5.4+108.5=237.2\text{kN}$$

走道梁

$$M_{\text{bua}}^{l}=f_{\text{yk}}A_{\text{s}}(h_0-a_{\text{s}})=400\times1520\times419\times10^{-6}=254.8\text{kN}\cdot\text{m}$$

$$M_{\text{bua}}^{\text{r}}=f_{\text{yk}}A_{\text{s}}'(h_0-a_{\text{s}}')=400\times1256\times419\times10^{-6}=210.5\text{kN}\cdot\text{m}$$

$$V=1.1(M_{\text{bua}}^{l}+M_{\text{bua}}^{\text{r}})/l_{\text{n}}+V_{\text{Gb}}=1.1\ (254.8+210.5)/2.4+41.8=255.1\text{kN}$$

底层梁的梁端组合的剪力设计值列于表 25.6－10 中。

表 25.6－10　底层梁端组合的剪力设计值（kN）

类别	左（右）大梁	走道梁
组合的剪力设计值	237.2	255.1

（2）两端截面抗震受剪承载力验算。

大梁的加密区箍筋数量取 $\phi10@100$（2），$A_{\text{sv}}=157\text{mm}^2$ 满足构造最低要求

$$\frac{1}{\gamma_{\text{RE}}}\left(0.42f_{\text{t}}bh_0+f_{\text{yv}}\frac{A_{\text{sv}}}{s}h_0\right)=\frac{1}{0.85}\left(0.42\times1.57\times250\times610+270\times\frac{157}{100}\times610\right)\times10^{-3}=422.5\text{kN}$$

$$>V=237.2\text{kN}$$

且　$$\frac{1}{\gamma_{\text{RE}}}(0.20\beta_{\text{c}}f_{\text{c}}bh_0)=\frac{1}{0.85}(0.20\times16.7\times250\times610)\times10^{-3}=599.2\text{kN}$$

$$>V=237.2\text{kN}$$

走道梁的加密区箍筋数量取 $\phi10@100$（2），$A_{\text{sv}}=157\text{mm}^2$ 满足构造最低要求

$$\frac{1}{\gamma_{\text{RE}}}\left(0.42f_{\text{t}}bh_0+f_{\text{yv}}\frac{A_{\text{sv}}}{s}h_0\right)=\frac{1}{0.85}\left(0.42\times1.57\times250\times460+270\times\frac{157}{80}\times460\right)\times10^{-3}=376.0\text{kN}$$

$$>V=255.1\text{kN}$$

且　$$\frac{1}{\gamma_{\text{RE}}}(0.20\beta_{\text{c}}f_{\text{c}}bh_0)=\frac{1}{0.85}(0.20\times16.7\times250\times460)\times10^{-3}=451.8\text{kN}$$

$$>V=255.1\text{kN}$$

3）柱端组合的弯矩设计值和截面抗震受弯承载力验算

（1）柱端组合的弯矩设计值。

底层柱下端组合的轴压力见表 25.6－11。

表 25.6－11　底层柱下端组合的轴压力设计值（kN）

组合	边柱	中柱	组合	边柱	中柱
$G+E$	-1340.9 (-1168.4)	-1307.1 (-1130.9)	$G-E$	-729.5 (-557)	-807.3 (-631.1)

注：括号内数字为 $\gamma_G=1.0$ 的 N 值。

底层柱下端截面组合的弯矩设计值 $M_c=1.7(M_{cG}\pm M_{cE})$，列于表 25.6－12。

表 25.6－12　底层柱下端组合的弯矩设计值

组合	边柱	中柱	组合	边柱	中柱
$1.7(M_{cG}+M_{cE})$	675.1	705.5	$1.7(M_{cG}-M_{cE})$	-601.7	-763.3

除底层柱下端、顶层和柱轴压比小于 0.15 者外，柱端组合的弯矩设计值应满足 $\sum M_c=1.2\sum M_{bua}$。

中柱上端

$$M_{bua}^{l}=f_{yk}A_s(h-a_s-a_s')=400\times1520\times569\times10^{-6}=346.0\text{kN}\cdot\text{m}$$

$$M_{bua}^{r}=f_{yk}A_s'(h-a_s-a_s')=400\times1256\times419\times10^{-6}=210.5\text{kN}\cdot\text{m}$$

$$\sum M_c=1.2(346.0+210.5)=667.8\text{kN}\cdot\text{m}$$

边柱上端

$$\sum M_c=1.2\sum M_{bua}=1.2\times346=415.2\text{kN}\cdot\text{m}$$

根据较大值 $\sum M_c$，按底层和第二层柱的线刚度进行分配，求得的底层柱上端组合的弯矩设计值见表 25.6－13。

表 25.6－13　底层柱上端组合的弯矩设计值

组合	边柱	中柱
$1.2\sum M_{bua}\times\dfrac{k_c(1)}{k_c(1)+k_c(2)}$	211.6	-340.4
$G+E$	332.7	
$G-E$		-431.5

表 25.6－13 中设计值均小于表 25.6－12 中设计值，底层柱上下端纵向钢筋宜按柱上下端组合的弯矩设计值不利情况配置。

柱轴压比验算

边柱　$$\lambda_N=\frac{N}{f_cbh}=\frac{1340.9\times10^3}{16.7\times500\times600}=0.27<[\lambda_N]=0.65$$

中柱　　$\lambda_N = \frac{N}{f_c bh} = \frac{1307.1 \times 10^3}{16.7 \times 500 \times 600} = 0.26 < [\lambda_N] = 0.65$

（2）柱端截面抗震受弯承载力验算。

边柱截面纵向钢筋　　12 ϕ 25$A_s = 1964\text{mm}^2$　　$\rho = 0.65\%$

取 $G+E$ 组合的柱下端组合的弯矩和轴压力设计值验算

$$x = \gamma_{RE} N / \alpha_1 f_c b = \frac{0.8 \times 1340.9 \times 10^3}{16.7 \times 500} = 128.5\text{mm} > 2a'_s$$

$$\frac{1}{\gamma_{RE}}[\alpha_1 f_c bx(h_0 - 0.5x) + f_y A'_s(h_0 - a'_s)] - 0.5N(h_0 - a'_s)$$

$$= \frac{1}{0.8}[16.7 \times 500 \times 128.5(557.5 - 0.5 \times 128.5) + 360 \times 1964 \times (557.5 - 42.5)]$$

$$-0.5 \times 1340.9 \times 10^3(557.5 - 42.5) = 773.4\text{kN} \cdot \text{m}$$

$$> M_c^b = 675.1\text{kN} \cdot \text{m}$$

取 $G-E$ 组验算

$$\lambda_N = \frac{N}{f_c bh} = \frac{729.5 \times 10^3}{16.7 \times 500 \times 600} = 0.146 < 0.15$$

$$\gamma_{RE} = 0.75$$

$$x = \gamma_{RE} N / \alpha_1 f_c b = \frac{0.75 \times 729.5 \times 10^3}{16.7 \times 500} = 65.5\text{mm} < 2a'_s$$

$$\frac{1}{\gamma_{RE}} f_y A_s(h_0 - a'_s) + 0.5N(h_0 - a'_s)$$

$$= \frac{1}{0.75} \times 360 \times 1964(557.5 - 42.5) + 0.5 \times 729.5 \times 10^3(557.5 - 42.5) = 673.3\text{kN} \cdot \text{m}$$

$$> M_c^b = 601.7\text{kN} \cdot \text{m}$$

中柱截面纵向钢筋　　12 ϕ 28　　$A_s = 2463\text{mm}^2$　　$\rho = 0.82\%$

取 $G+E$ 组合　　$x = \gamma_{RE} N / \alpha_1 f_c b = \frac{0.8 \times 1307.1 \times 10^3}{16.7 \times 500} = 125.2\text{mm} > 2a'_s$

$$\frac{1}{\gamma_{RE}}[\alpha_1 f_c bx(h_0 - 0.5x) + f_y A'_s(h_0 - a'_s)] - 0.5N(h_0 - a'_s)$$

$$= \frac{1}{0.8}[16.7 \times 500 \times 125.2(556 - 0.5 \times 125.2) + 360 \times 2463(556 - 44)]$$

$$-0.5 \times 1307.1 \times 10^3(556 - 44) = 877.6\text{kN} \cdot \text{m}$$

$$> M_c^b = 705.5\text{kN} \cdot \text{m}$$

对于 $G-E$ 组合

$$x = \gamma_{RE} N / \alpha_1 f_c b = \frac{0.8 \times 807.3 \times 10^3}{16.7 \times 500} = 77.3\text{mm} < 2a'_s$$

$$\frac{1}{\gamma_{RE}} f_y A_s(h_0 - a'_s) + 0.5N(h_0 - a'_s)$$

$$=\frac{1}{0.8}\times 360\times 2463(556-44)+0.5\times 807.3\times 10^3(556-44)=774.1\text{kN}\cdot\text{m}$$

$$>M_c^b=763.3\text{kN}\cdot\text{m}$$

4）柱端组合的剪力设计值和截面抗震受剪承载力验算

（1）柱端组合的剪力设计值。

本工程为 9 度区一级框架，柱端截面组合的剪力设计值应取下式：

$$V=1.2(M_{bua}^b+M_{bua}^t)/H_n$$

边柱

$$M_{cua}^b=M_{cua}^t=f_{yk}A_s(h_0-a_s')+0.5Nh(1-N/f_{ck}bh)$$

$$=400\times 1964(557.5-42.5)+0.5\times 1168.4\times 10^3\times 600\left(1-\frac{1168.4\times 10^3}{23.4\times 500\times 600}\right)$$

$$=696.8\text{kN}\cdot\text{m}$$

$$V=\frac{1.2(696.8+696.8)}{3.85}=434.4\text{kN}$$

中柱

$$M_{cua}^b=M_{cua}^t=f_{yk}A_s(h_0-a_s')+0.5Nh(1-N/f_{ck}bh)$$

$$=400\times 2463(556-44)+0.5\times 631.1\times 10^3\times 600\left(1-\frac{631.1\times 10^3}{23.4\times 500\times 600}\right)$$

$$=676.7\text{kN}\cdot\text{m}$$

$$V=\frac{1.2(676.7+676.7)}{3.85}=421.8\text{kN}$$

底层柱的柱端组合的剪力设计值列于表 25.6－14 中。

表 25.6－14　底层柱端组合的剪力设计值（kN）

类别	边柱	中柱
组合的剪力设计值	434.4	421.8

（2）柱端截面抗震受剪承载力验算。

边柱的加密区箍筋数量取 2ϕ10@100，$A_{sv}=314\text{mm}^2$

$$\frac{1}{\gamma_{RE}}\left(\frac{1.05}{\lambda+1}f_tbh_0+f_{yv}\frac{A_{sv}}{s}h_0+0.056N\right)$$

$$=\frac{1}{0.85}\left(\frac{1.05}{3+1}\times 1.57\times 500\times 557.5+270\frac{314}{100}\times 557.5+0.056\times 1168.4\times 10^3\right)=768.2\text{kN}$$

$$>V=434.4\text{kN}$$

且　$\frac{1}{\gamma_{RE}}(0.20\beta_cf_cbh_0)=\frac{1}{0.85}(0.20\times 16.7\times 500\times 557.5)\times 10^{-3}=1095.3\text{kN}>V$

注　　$\lambda=0.5H_n/h_0=0.5\times 3850/562.5=3.4>3.0$　　取 $\lambda=3$

中柱的加密区箍筋数量取　　$2\phi10@100$，$A_{sv}=314\text{mm}^2$

$$\frac{1}{\gamma_{RE}}\left(\frac{1.05}{\lambda+1}f_t b h_0+f_{yv}\frac{A_{sv}}{s}h_0+0.056N\right)$$

$$=\frac{1}{0.85}\left(\frac{1.05}{3+1}\times1.57\times500\times556+270\frac{314}{100}\times556+0.056\times631.1\times10^3\right)=730.9\text{kN}$$

$$>V=421.8\text{kN}$$

且　$\frac{1}{\gamma_{RE}}(0.20\beta_c f_c b h_0)=\frac{1}{0.85}(0.20\times16.7\times500\times556)\times10^{-3}=1092.4\text{kN}>V$

5）节点核芯区组合的剪力设计值和截面抗震受剪承载力验算

（1）节点核芯区组合的剪力设计值。

本工程为 9 度区一级框架组合的剪力设计值，应取下式：

$$V_j=\frac{1.15\sum M_{bua}}{h_{b0}-a'_s}\left(1-\frac{h_{b0}-a'_s}{H_c-h_b}\right)$$

对于底层中柱节点

$$V_j=\frac{1.15\times(346+210.5)}{(0.535-0.040)}\left(1-\frac{0.535-0.040}{3.30-0.575}\right)=1058.0\text{kN}$$

对于底层边柱节点

$$V_j=\frac{1.15\times346}{(0.610-0.040)}\left(1-\frac{0.610-0.040}{3.30-0.65}\right)=547.9\text{kN}$$

底层柱节点核芯区组合的剪力设计值见表 25.6－15。

表 25.6－15　底层柱节点核芯区组合的剪力设计值（kN）

类别	边柱	中柱
组合的剪力设计值	547.9	1058.0

（2）节点核芯区截面抗震受剪承载力验算。

9 度时　　$V_j\leqslant\frac{1}{\gamma_{RE}}\left(0.9\eta_j f_t b_j h_j+f_{yv}A_{svj}\frac{h_{b0}-a'_s}{s}\right)$

中柱节点箍筋采用　　$2\phi12@80$，$A_{svj}=452\text{mm}^2$

$$\frac{1}{\gamma_{RE}}\left(0.9\eta_j f_t b_j h_j+f_{yv}A_{svj}\frac{h_{b0}-a'_s}{s}\right)$$

$$=\frac{1}{0.85}\left(0.9\times1.25\times1.57\times500\times600+270\times452\times\frac{535-40}{80}\right)\times10^3=1511.8\text{kN}$$

$$>V_j=1058.0\text{kN}$$

且　$\frac{1}{\gamma_{RE}}(0.30\eta_j\beta_c f_c b_j h_j)=\frac{1}{0.85}(0.30\times1.25\times16.7\times500\times600)\times10^{-3}=2210.3\text{kN}$

$$>V_j=1058.0\text{kN}$$

4. 框架变形验算

1）框架层间弹性变形验算

多遇水平地震作用下，框架的弹性变形验算结果列于表 25.6－16 中，其中 $\gamma_{Eh}=1.0$。从表 25.6－16 所列验算结果可以看出，多遇水平地震作用的变形验算满足要求。

2）框架弹塑性变形验算

（1）罕遇地震作用下的层间弹性地震剪力。

罕遇地震作用下的层间弹性地震剪力，其反应谱的特征周期应增加 0.05s，即该工程计算罕遇地震作用的场地特征周期 T_g 应取为 0.3s，具体结果见表 25.6－17。

表 25.6－16 层间弹性位移

层号	V_{EKi}/kN	K_i/(kN/m)	Δu_{ei}/mm	$\Delta u_{ei}/H_i$	$[\theta_e]$
4	1976.5	9.023×10^5	2.19	1/1164	1/550
3	3358.0	9.023×10^5	3.72	1/968	
2	4314.6	9.023×10^5	4.78	1/753	
1	4875.2	8.87×10^5	5.50	1/818	

表 25.6－17 罕遇地震作用下层间弹性地震剪力

层	1	2	3	4
$V_{EK}(i)$/kN	21329	18876	14691	8647

（2）结构层间屈服剪力。

中框架梁柱配筋图见图 25.6－3 所示

框架梁端和柱端截面受弯承载力计算公式分别为：

$$M_{by}=f_{yk}A_s(h_0-a'_s)$$

$$M_{cy}=f_{yk}A_s(h_0-a'_s)+0.5Nh\left(1-\frac{N}{\alpha_1 f_{ck}bh}\right)$$

式中 N 值一般可仅取重力荷载作用下 $\gamma_G=1$ 时的轴压力 N_G（见表 25.6－8）。梁柱端截面受弯承载力计算结果见图 25.6－4，采用节点失效法确定框架的破坏机制，可计算出中框架各层的剪力承载力值，结果列于表 25.6－18 中。

简化罕遇地震作用下的弹塑性变形验算，以中框架为代表进行，这需要按刚度分配求得到中框架罕遇地震作用下的层间弹性地震剪力和楼层屈服强度系数 ε_y 结果列于表 25.6－19 中。

本工程 $\varepsilon_{ymin}=0.66>0.50$，不需进一步进行弹塑性变形验算。

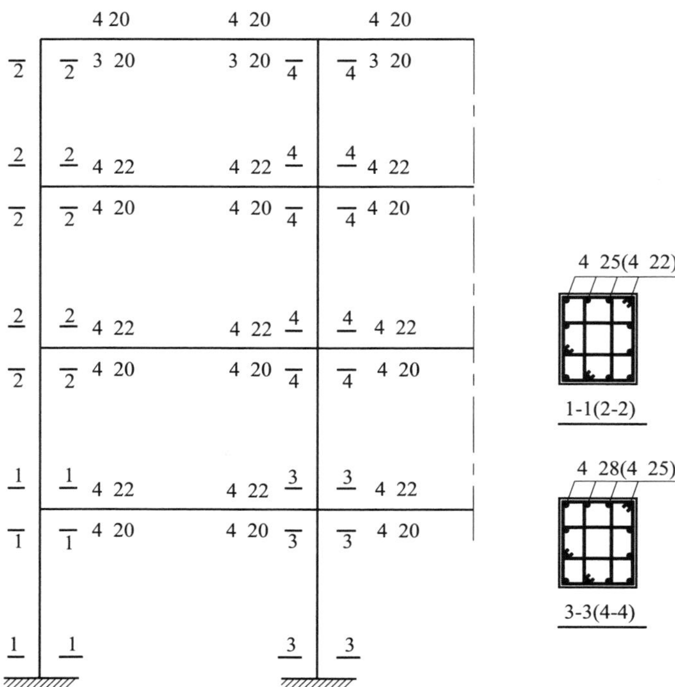

图 25.6－3　中框架梁柱配筋图

表 25.6－18　中框架各楼层层间受剪力承载力计算结果（kN）

层	1	2	3	4
V_y（边柱）	303.4×2	282.9×2	237.9×2	205.7+169.9
V_y（中柱）	356.0×2	333.6×2	296.3×2	278.6×2
$V_y(i)$	1318.8	1233.0	1068.4	932.8

表 25.6－19　罕遇地震变形验算的有关计算参数

层	1	2	3	4
$V_y(i)$（边柱）	1318.8	1233.0	1068.4	932.8
$V_e(i)$（中柱）	1798.0	1610.1	1253.1	737.6
$\xi_y(i)$	0.73	0.77	0.85	1.26

【例 25.6－2】　圆柱节点核芯区抗震验算

1. 该框架结构有关计算参数

总层数为 8 层的钢筋混凝土框架结构，抗震等级为二级，该框架结构一、二层柱截面为圆形，直径为 600mm，首层梁的截面尺寸为：跨度为 5.7m 的左、右大梁 300mm×600mm，跨度为 2.4m 的走道梁 300mm×450mm；一、二层梁、柱混凝土强度等级为 C35；梁柱节点核芯区箍筋：圆形箍 ϕ8@00，两道井字箍 ϕ8@100；底层层高 4.2m，第二层层高 3.6mm。首层梁的组合内力设计值列于表 25.6－20，底层柱顶的轴压力组合设计值列于表 25.6－21。

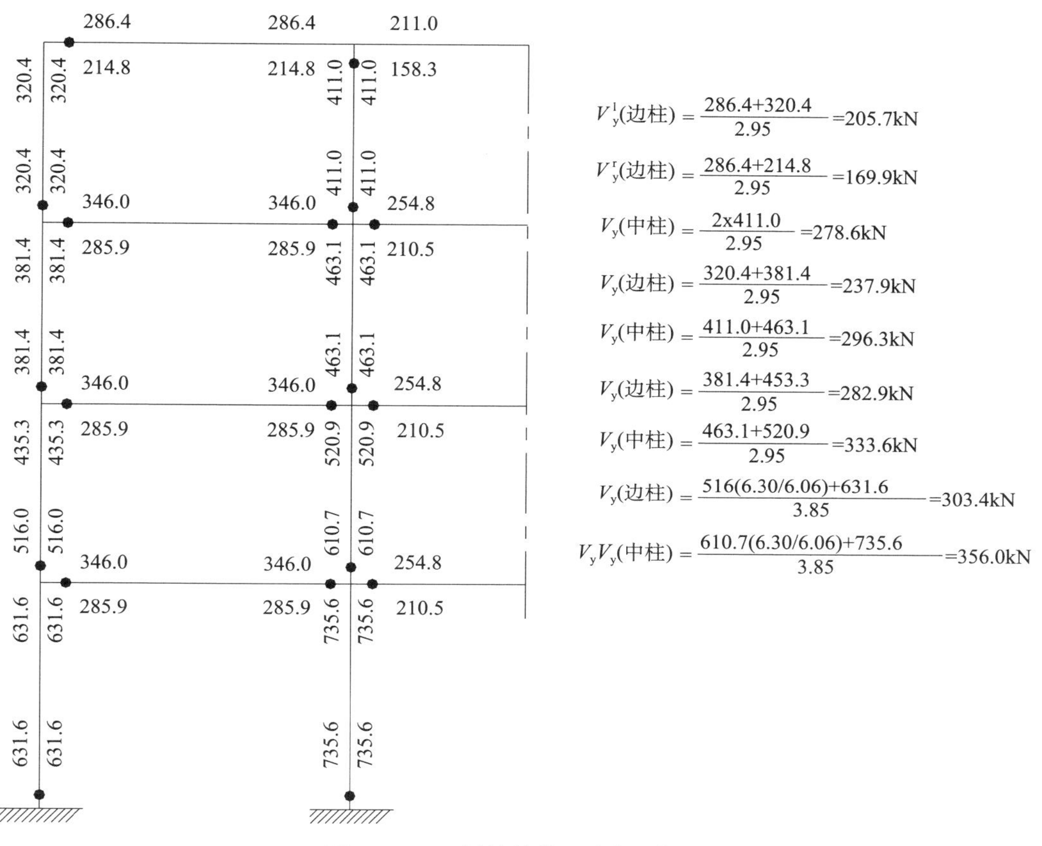

图 25.6－4　梁柱端截面受弯承载力

表 25.6－20　首层梁组合内力设计值

组合	左大梁			走道梁		
	M_b^l/(kN·m)	M_b^r/(kN·m)	V_b/kN	M_b^l/(kN·m)	M_b^r/(kN·m)	V_b/kN
$G+E$	−378.7	−54.3	−270.0	−188.2	−156.0	−266.6
$G-E$	66.7	265.2	260.9	156.0	188.2	266.6

表 25.6－21　边柱和中柱的轴压力组合设计值

组合	边柱	中柱
$G+E$	−2502.4（−2158.4）	−2958.4（−2456.5）
$G-E$	−1625.6（−1281.6）	−2856.5（−2365.5）

注：括号内数字为 $\gamma_G=1.0$ 时的组合结果。

2. 节点核芯区抗震验算

1）边节点

$$V_j = \frac{1.35\sum M_b}{h_{b0}-a'_s}\left(1-\frac{h_{b0}-a'_s}{H_c-h_b}\right) = \frac{1.35\times 378.7}{0.56-0.04}\left(1-\frac{0.56-0.04}{3.27-0.6}\right) = 791.7\text{kN}$$

$$\frac{1}{\gamma_{RE}}(0.30\eta_j f_c A_j) = \frac{1}{0.85}\times 0.3\times 1.0\times 16.7\times 0.8\times 600^2\times 10^{-3}$$

$$= \frac{1}{0.85}\times 0.3\times 16.7\times 288000\times 10^{-3} = 1697.5\text{kN}$$

$$> V_j = 791.7\text{kN}$$

$$\frac{1}{\gamma_{RE}}\left[1.5\eta_j f_t A_j + 0.5\eta_j \frac{N}{D^2}A_j + 1.57 f_{yv}A_{sn}\frac{h_{b0}-a'_s}{s} + f_{yv}A_{svj}\frac{h_{b0}-a'_s}{s}\right]$$

$$= \frac{1}{0.85}\left[1.5\times 1.0\times 1.57\times 288000 + 0.05\times 1.0\times \frac{2158400}{600^2} + 1.57\times 270\times 50.3\times 5.2\right.$$

$$\left. + 270\times 100.5\times 5.2\right]\times 10^{-3} = 1094.4\text{kN}$$

$$> V_j = 791.7\text{kN}$$

2）中节点

$$V_j = 1.35\frac{\sum M_b}{h_{b0}-a'_s}\left(1-\frac{h_{b0}-a'_s}{H_c-h_b}\right)$$

$$= 1.35\frac{378.7+156.0}{\left(\frac{0.60+0.45}{2}-0.04\right)-0.04}\left(1-\frac{0.485-0.04}{3.27-0.525}\right)$$

$$= 1359.2\text{kN}$$

$$\frac{1}{\gamma_{RE}}(0.30\eta_j f_c A_j) = \frac{1}{0.85}\times 0.3\times 1.5\times 16.7\times 288000\times 10^{-3} = 2546.3\text{kN}$$

$$> V_j = 791.7\text{kN}$$

$$\frac{1}{\gamma_{RE}}\left[1.5\eta_j f_t A_j + 0.5\eta_j \frac{N}{D^2}A_j + 1.57 f_{yv}A_{sn}\frac{h_{b0}-a'_s}{s} + f_{yv}A_{svj}\frac{h_{b0}-a'_s}{s}\right]$$

$$= \frac{1}{0.85}\left[1.5\times 1.5\times 1.57\times 288000 + 0.05\times 1.5\times \frac{2456500}{600^2}\times 288000\right.$$

$$\left. + 1.57\times 270\times 50.3\times 5.2 + 270\times 100.5\times 5.2\right]\times 10^{-3} = 1666.7\text{kN}$$

$$> V_j = 1359.2\text{kN}$$

【例 25.6－3】　扁梁节点核芯区抗震验算

1. 该框架结构有关计算参数

总层数为 8 层的钢筋混凝土框架结构，抗震等级为二级，梁、柱混凝土强度等级一～四层为 C35，五～八层为 C30；梁的截面尺寸一～八层均为 300mm×800mm，梁的跨度为 6.0m，柱截面尺寸一～三层为 500mm×500mm，四～八层为 450mm×450mm，一层层高为 4.0m，二～七层为 3.6m。一层中柱两层梁的最不利弯矩之和为 290kN·m；一层中柱两层在柱内和柱外配筋面积之比为 2.0∶1.0，一层中柱轴压力设计值为 2419.2kN，节点核芯区箍筋为 6φ8@100，试对该框架一层中柱节点核芯区进行承载力验算。

2. 该框架一层中柱节点核芯区抗震验算

1）柱内核芯区的组合剪力设计值

$$V_{j-1}=\frac{\eta_{jb}\sum M_{b-1}}{h_{b0}-a'_s}\left(1-\frac{h_{b0}-a'_s}{h_c-h_b}\right)=\frac{1.35\times290\times\frac{2}{3}\times10^3}{(300-70)}\left(1-\frac{300-70}{4000-300}\right)=1064.2\text{kN}$$

2）柱外核芯区的组合剪力设计值

$$V_{j-2}=\frac{1.35\times290\times\frac{1}{3}\times10^3}{(300-70)}=567.4\text{kN}$$

3）扁梁节点核芯区的受剪承载力和抗震验算

$$\frac{1}{\gamma_{RE}}(0.30\eta_j f_c b_j A_j)=\frac{1}{0.85}\times\left(0.3\times1.5\times16.7\times\frac{800+500}{2}\times500^2\right)\times10^{-3}=2873\text{kN}$$

$$>(V_{j-1}+V_{j-2})=1631.6\text{kN}$$

$$V_{Rj-1}=\frac{1}{\gamma_{RE}}\left[1.1\eta_j f_t b_j h_j+f_{yv}A_{svj}\frac{h_{b0}-a'_s}{s}+0.05\eta_j N\frac{b_j}{b_c}\right]$$

$$=\frac{1}{0.85}\left(1.1\times1.5\times1.57\times500\times500+270\times201\times\frac{300-70}{100}\right)\times10^{-3}$$

$$+\frac{1}{0.85}\times1.5\times0.05\times2419.2\times\frac{500}{500}$$

$$=908.8+213.5=1122.3\text{kN}>1064.2\text{kN}$$

$$V_{Rj-2}=\frac{1}{\gamma_{RE}}\left[1.1\eta_j f_t b_j h_j+f_{yv}A_{svj}\frac{h_{b0}-a'_s}{s}\right]$$

$$=\frac{1}{0.85}\left(1.1\times1.5\times1.57\times300\times500+270\times201\times\frac{300-70}{100}\right)\times10^{-3}=604.0\text{kN}$$

$$>567.4\text{kN}$$

【例 25.6-4】　高强混凝土柱抗震承载力验算

1. 该高强混凝土柱的有关计算参数

总层数为 24 层的钢筋混凝土框架-抗震墙结构房屋，建筑在 8 度抗震设防区，底层层高为 4.0m，2～24 层层高为 3.6m，房屋总高度为 87.4m，钢筋混凝土墙承担的底部倾覆力矩大于底部总倾覆力矩的 50%，底层框架柱截面尺寸为 800mm×800mm，1、2 层柱的混凝土强度等级为 C65，底层中柱的最不利组合内力设计值为 $N=10112.0$kN，$M=1260$kN·m（柱底），$V=726$KN，底层中柱配置每边 6Φ25 纵筋，箍筋加密区采用矩形井字复合箍，见图

25.6－5。试对底层中柱进行抗震承载力验算。

2. 高强混凝土柱抗震承载力验算

1）柱轴压比

$$\lambda_N = \frac{N}{f_c bh} = \frac{10112.0 \times 10^3}{29.7 \times 800 \times 800} = 0.53 < [\lambda_N]$$

$$[\lambda_N] = 0.75 - 0.05 = 0.70$$

2）正截面抗震承载力验算

$$x = \gamma_{RE} N / \alpha_1 f_c b$$

α_1 取为 0.97

$$x = 0.8 \times 10112.0 \times 10^3 / (0.97 \times 29.7 \times 800) = 351.0$$

$$\xi = \frac{x}{h_0} = \frac{351.0}{757.5} = 0.463$$

$$\xi_b = \frac{\beta_1}{1 + \dfrac{f_s}{E_s \varepsilon_{cu}}} = \frac{0.77}{1 + \dfrac{360}{2.0 \times 10^5 \times 0.0033}} = 0.498$$

$$\xi < \xi_b$$

$$M_R = \frac{1}{\gamma_{RE}}\left[\alpha_1 f_c bx\left(h_0 - \frac{x}{2}\right) + f'_y A'_s (h_0 - a'_s)\right] - 0.5N(h_0 - a'_s) - \eta N e_a$$

$$= \frac{1}{0.8}\left[0.97 \times 29.7 \times 800 \times 351.0 \times \left(757.5 - \frac{351.0}{2}\right) + 360 \times 2945 \times (757.5 - 42.5)\right]$$

$$\times 10^{-6} - 0.5 \times 10112.0 \times 0.72 = 6841.1 - 3640.3 = 3200.8\text{kN} \cdot \text{m}$$

$$> 1260.0\text{kN} \cdot \text{m}$$

3）斜截面受剪承载力抗震验算

应满足

$$\frac{1}{\gamma_{RE}}(0.2\beta_c f_c bh_0) > V$$

混凝土强度为 C65 时，β_c 取为 0.9

$$\frac{1}{\gamma_{RE}}(0.2\beta_c f_c bh_0) = \frac{1}{0.85}(0.2 \times 0.9 \times 29.7 \times 800 \times 757.5) \times 10^{-3} = 3811.4\text{kN}$$

$$> V = 726\text{kN}$$

$$V_R = \frac{1}{\gamma_{RE}}\left(\frac{1.05}{\lambda + 1} f_t bh_0 + f_{yv}\frac{A_{sv}}{s}h_0 + 0.056N\right)$$

$$= \frac{1}{0.85}\left(\frac{1.05}{1.97 + 1} \times 2.09 \times 800 \times 757.5 + 300\,\frac{678.6}{100} \times 757.5 + 0.056 \times 8426.7 \times 10^3\right)$$

$$= 2896.2\text{kN} > V_R = 726\text{kN}$$

第 26 章　钢筋混凝土抗震墙结构房屋

26.1　一 般 原 则

26.1.1　适用范围及结构特点

（1）抗震墙结构亦称剪力墙结构，是承重结构主要由抗震墙组成的结构体系，墙体承受重力荷载及水平力的作用。当建筑物底层需要大空间房间时，底层局部可以作成框架，由框架支承的抗震墙称为框支墙。

（2）抗震墙结构具有较大刚度和承载力。由于层间相对位移较小，有利于避免设备管道、建筑装修、内部隔墙等非结构构件的破坏，在高层住宅、公寓和旅馆等建筑中得到广泛采用。

（3）抗震墙结构的变形属于弯曲型或弯剪型，水平力作用下的层间位移下部楼层小，上部楼层大。

（4）高抗震墙的墙肢底部是预期塑性铰部位，属于加强部位，对于单肢墙和用弱梁连接的墙肢，其加强范围约为抗震墙高度的 1/10 或底部二层两者中的较大值。当联肢墙的连梁刚度较大，则加强部位增大，一般不需大于两倍墙肢宽度（图 26.1－1）。

抗震墙墙肢底部加强的原则是墙截面受剪承载力大于受弯屈服的最大剪力。

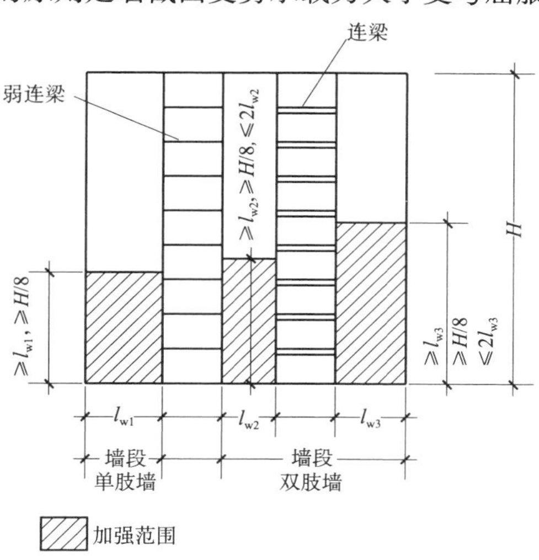

图 26.1－1　抗震墙加强部位

26.1.2　结构布置

（1）抗震墙应双向或多向布置。

（2）较长的抗震墙宜结合洞口（必要时可专门设置结构洞口）用楼板（无连梁）或跨高比大于 6 的连梁分成较均匀的若干墙段，各墙段（包括整体小开口墙和联肢墙）的高宽比不应小于 2（图 26.1-2）。

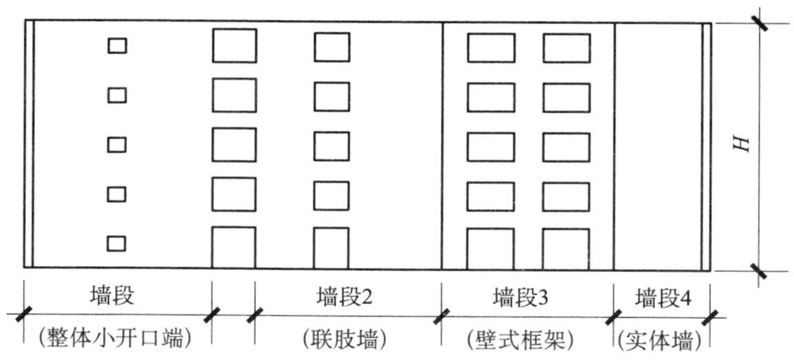

图 26.1-2　较长的抗震墙的组成示意图

（3）抗震墙的门窗洞口宜上下对齐、成列布置，形成明确的墙肢和连梁，不宜采用错洞墙。洞口设置应避免墙肢刚度相差悬殊，小墙肢的截面高度与厚度之比不大于 4 时，应按框架柱的要求进行设计，箍筋应沿全高加密。

（4）当抗震墙与墙平面外的楼面梁连接时，考虑梁端部弯矩对墙的不利影响，可采取以下措施：

①设置沿楼面梁轴线方向与梁相连的剪力墙，以抵抗该抗震墙平面外弯矩。

②设置扶壁柱，扶壁柱宜按计算确定截面与配筋。

③当不能设置扶壁柱时，应在墙与梁相交处设置暗柱，暗柱范围可取梁宽及梁两侧各一倍墙厚，并宜按计算确定配筋。

④将梁端设计成铰接或做成变截面梁（梁端截面高度减小），以减少梁在竖向荷载下的端弯矩对墙平面外弯曲的不利影响。

（5）抗震墙结构的抗震墙宜贯通到顶。当顶层有大房间需要取消一部分抗震墙时，顶层的顶板和楼板宜按转换层楼板的要求适当加强。

（6）当房屋的长度大于 60m、高度大于 70m 时，为了减少温度变形的影响，现浇混凝土外墙的外侧宜采取保温隔热措施。

26.2　内力和位移分析

26.2.1　一般原则

（1）内力和位移按弹性方法计算，可以考虑纵、横墙的共同工作，有效翼缘长度取值同框墙结构中抗震墙。所有构件的刚度均采用弹性刚度。连梁刚度可予以折减，折减系数不宜小于 0.5。

（2）高层抗震墙结构可采用平面抗侧力结构空间协同的方法进行内力和位移计算。开口较大的联肢墙按壁式框架考虑；实体墙、整截面墙和整体小开口墙按其等效刚度作单柱考虑。

布置较复杂的抗震墙结构宜按薄壁杆件体系进行三维空间分析，此时抗震墙肢作为开口空间薄壁杆件考虑，连梁作为空间杆件考虑。

抗震墙结构的分析也可采用连续化方法、有限条法或其他有效方法计算。

（3）在双十字形和井字形等平面的建筑中，当楼板为现浇时，抗震墙各墙段轴线错开距离 a 不大于实体连接墙厚度 t 的 6 倍，且不大于 2m 时，整片墙可作为整体平面抗震墙考虑，但计算所得的内力应乘以增大系数 1.2，等效刚度应乘以折减系数 0.8（图 26.2－1）。

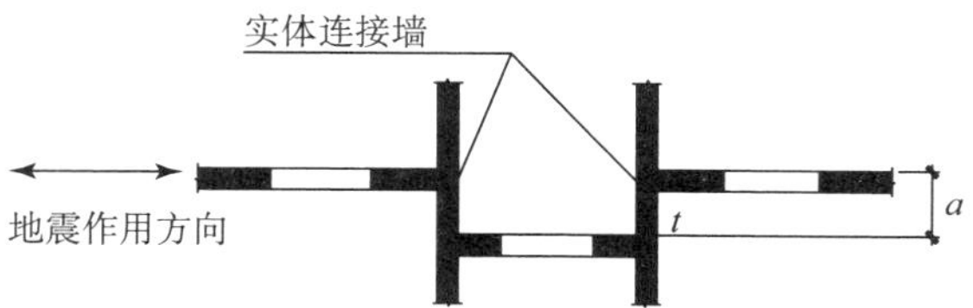

图 26.2－1　轴线错开的墙段

当折线形抗震墙的各墙段总转角不大于 15°时，可按平面抗震墙考虑（图 26.2－2）。

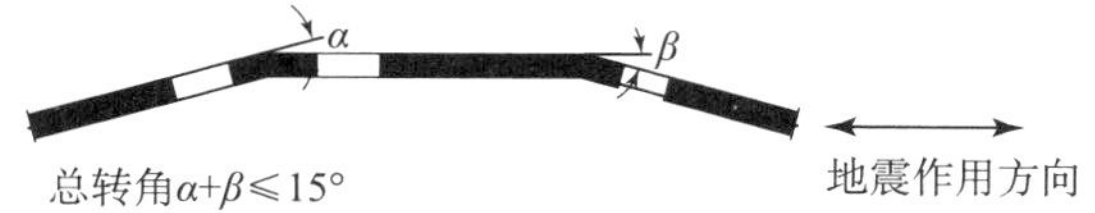

图 26.2－2　折线形抗震墙

（4）计算地震力、位移及抗震墙协同工作时，应考虑纵横墙相连的共同作用。现浇抗震墙的翼缘有效长度，每侧由墙面算起可取相邻抗震墙净间距的一半、至门窗洞口的墙长度及抗震墙总高度的 15%三者的最小值。

（5）抗震墙根据洞口大小、位置及其对墙体减弱程度可分为七类。开洞情况主要由整体性系数 α 来表达。抗震墙的整体性系数 α 可按下式计算：

双肢类抗震墙：

$$\alpha = H\sqrt{\frac{12I_{\mathrm{b}}a^2}{h(I_1+I_2)L_{\mathrm{b}}^3 I_{\mathrm{A}}}} \tag{26.2-1}$$

多肢类抗震墙：

$$\alpha = H\sqrt{\frac{12}{\tau h\sum_{j=1}^{m+1}I_j}\sum_{j=1}^{m}\frac{I_{\mathrm{b}j}a_j^2}{L_{\mathrm{b}j}^3}} \tag{26.2-2}$$

式中　I_1、I_2——墙肢 1、2 的截面平均惯性矩（按层高加权平均）；

τ——系数，3~4 肢墙取 0.8，5~7 肢墙取 0.85；

m——洞口列数；

h——平均层高；

H——抗震墙总高度；

a_j（a）——第 j 列洞口两侧墙肢轴线距离；

$L_{\mathrm{b}j}$（L_{b}）——第 j 列连梁的计算跨度，取为洞口宽度加梁高的 1/2；

I_j——第 j 列墙肢的惯性矩；

I——抗震墙的组合截面形心的平均惯性矩：

$$I_{\mathrm{A}} = I - \sum_{j=1}^{m+1}I_j \tag{26.2-3}$$

$I_{\mathrm{b}j}$（I_{b}）——第 j 列连梁的等效惯性矩（考虑剪切变形影响）：

$$I_{\mathrm{b}j} = \frac{I_{\mathrm{b}j0}}{1+\dfrac{30\mu I_{\mathrm{b}j0}}{A_{\mathrm{b}j}L_{\mathrm{b}j}^2}} \tag{26.2-4}$$

$I_{\mathrm{b}j0}$（$I_{\mathrm{b}0}$）——第 j 列连梁的截面惯性矩；

$A_{\mathrm{b}j}$——第 j 列连梁的截面面积；

μ——梁截面形状系数，矩形截面 μ-1.2，T 形截面可近似取 $\mu=A/A'$；

A'——连梁腹板面积；

A——连梁截面面积。

（6）各类抗震墙可按以下条件进行判别：

①整体墙：

无洞墙或带有很小的管道孔。

②整体小洞口墙：

$$\frac{\text{洞口面积}}{\text{墙面积}} \leqslant 16\%$$

$$d \geqslant 0.2h$$

$$\sum_{i=1}^{m} l_i < 15\% L_{\mathrm{w}}$$

$$\alpha > 10$$

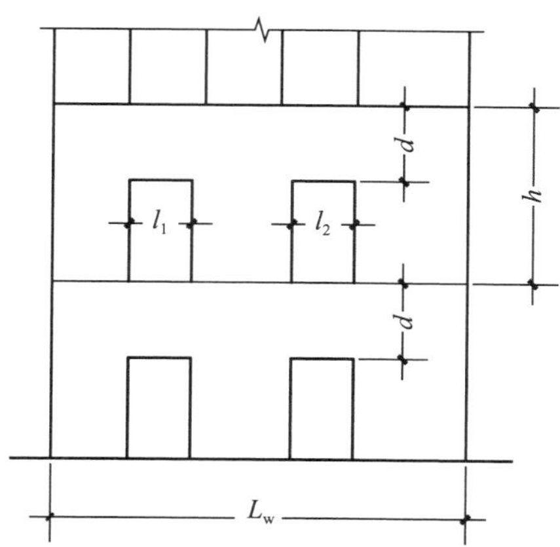

图 26.2-3　抗震墙洞口尺寸示意图

洞口净距及洞边至墙边尺寸大于洞口长边尺寸。

③小开口墙：

$$\frac{\text{洞口面积}}{\text{墙面积}} \leqslant 25\%$$

$$d \geqslant 0.2h$$

$$\alpha \geqslant 10$$

$I_A/I<\xi$，ξ 值见表 26.2-1

$$I_A = I - \sum_{j=1}^{m+1} I_j \tag{26.2-5}$$

表 26.2-1　ξ 值

α \ n	8	10	12	16	20	≥30
10~12	0.87	0.93	0.95	0.89	1	1
14~16	0.85	0.90	0.94	0.98	1	1
18~20	0.83	0.88	0.91	0.95	0.97	1
22~24	0.82	0.87	0.90	0.93	0.96	0.98
26~28	0.82	0.86	0.89	0.93	0.96	0.98
≥30	0.81	0.86	0.88	0.92	0.95	0.98

注：n 为总层数。

④壁式框架（图 5.2.3-4）：

$$\alpha \geqslant 10 \tag{26.2-6}$$

$$I_A/I > \xi \tag{26.2-7}$$

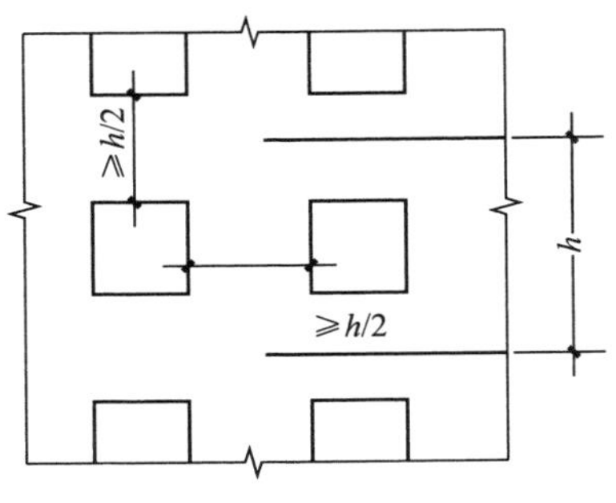

图 26.2－4　壁式框架

⑤联肢墙：

$$1 < \alpha < 10 \tag{26.2-8}$$

$$\frac{洞口面积}{墙面积} > 25\% \tag{26.2-9}$$

$$I_A/I \leqslant \xi$$

⑥大开口墙：

$\alpha \leqslant 1$，连梁跨高比≥2.5。

⑦弱梁联肢墙：

$\alpha < 1$，连梁跨高比>2.5。

在地震作用下联肢墙各层以上连梁总约束弯矩小于该层地震倾覆力矩的 20%时，该连梁定义为弱连梁。

（7）墙肢、洞口和连梁均匀的抗震墙，连梁的约束程度可用约束系数 λ_l 表达：

$$\lambda_l = \frac{\Sigma M_l}{M_0} \tag{26.2-10}$$

式中　ΣM_l——抗震墙墙段各层连梁约束弯矩之和；

M_0——抗震墙墙段底部倾覆力矩。

洞口均匀的各类抗震墙连梁的约束系数 λ_l 大约如表 26.2－2 所示。

沿抗震墙高度连梁最大剪力可近似按下式计算：

$$V_{b,\ max} = \frac{V_0}{L_w} h \varphi_{max} \tag{26.2-11}$$

式中　V_0——抗震墙墙段的底部剪力；

h——层高；

L_w——墙段长度；

φ_{max}——连梁最大剪力系数，见表 26.2－2。

表 26.2－2　连梁约束系数与连梁最大剪力系数

抗震墙类别	连梁类别	整体性系数 α	连梁约束系数 λ_l	连梁最大剪力系数 φ_{max}
铰连墙、弱联肢墙	铰接、弱	<1		
大开口墙	弱	1~2	0.19	0.17
联肢墙	较弱	1		
联肢墙	一般	2	0.47	0.37
联肢墙	一般	2.5	0.527	0.43
联肢墙	一般	3	0.584	0.48
联肢墙	较强	3~10		
整体小开口墙、壁式框架		10	0.844	0.84
整截面墙、整体小开口墙、壁式框架		>10		
实体墙		∞	1	

26.2.2　刚度计算

(1) 采用简化法进行内力和位移计算时，为了考虑轴向变形和剪切变形对抗震墙的影响，抗震墙刚度可以按顶点位移相等的原则折算为竖向悬臂受弯构件的等效刚度。

刚度沿竖向较均匀的抗震墙结构，其等效刚度 E_cI_{eq} 可分别按以下方法进行计算：

①整体小洞口墙等效刚度：

$$E_cI_{eq}=\frac{E_cI_w}{1+\dfrac{9\mu I_w}{A_wH^2}} \tag{26.2-12}$$

式中　E_c——混凝土弹性模量；

I_w——组合截面惯性矩平均值：

$$I_w=\frac{\Sigma I_ih_i}{\Sigma h_i} \tag{26.2-13}$$

I_i——i 层抗震墙组合截面惯性矩；

h_i——i 层的层高；

H——抗震墙总高度；

μ——不同截面形状剪应力分布系数，矩形截面取 $\mu=1.2$，I 形截面 $\mu=\dfrac{A}{A'}$；

A——全截面面积；

A'——腹板截面毛面积；

A_w——整体小洞口墙折算截面面积：

$$A_w=\gamma_0A \tag{26.2-14}$$

$$\gamma_0 = 1 - 1.25\sqrt{A_{0p}/A_f} \tag{26.2-15}$$

γ_0——洞口削弱系数；

A_{0p}——墙面洞口面积；

A_f——墙面总面积。

②小开口墙：

等效刚度计算公式同式（26.2－12），其中：

$$A_w = \sum_{i=1}^{m} A_i$$

式中　A_i——第 i 墙肢的截面面积；

I_w——近似取组合截面平均惯性矩的 80%。

③双肢墙、联肢墙、框支墙及壁式框架：

A. 双肢墙等效刚度：

$$E_c I_{eq} = \frac{E_c I_w}{1 + \dfrac{8\psi_0 A_1 A_2 a^2}{(I_1 + I_2)(A_1 + A_2)\alpha^2}} \tag{26.2-16}$$

B. 联肢墙等效刚度：

$$E_c I_{eq} = \frac{E_c I_w}{1 + \dfrac{8\psi_0 I_w}{(\Sigma I_j)\alpha^2}} \tag{26.2-17}$$

式中　$E_c I_w$——双肢墙或联肢墙组合截面的平均刚度；

I_j——第 j 墙肢考虑剪切变形折算的平均惯性矩；

A_1、A_2——双肢墙的墙肢截面平均面积。

其他符号说明见式（26.2－1）和式（26.2－2）。

ψ_0 系数见表 26.2－3

表 26.2－3　ψ_0 系数

α		1	1.5	2	3	4	5	6	7	8	10	14	30	∞
ψ_0	均布侧力	0.09	0.15	0.21	0.27	0.31	0.34	0.36	0.38	0.39	0.41	0.43	0.47	0.5
	倒三角形侧力	0.13	0.22	0.29	0.42	0.47	0.49	0.51	0.53	0.55	0.57			0.67

C. 框支墙等效刚度（图 26.2－5）：

$$E_c I_{eq} = \frac{E_c I_w A_c L^2 H^3}{8I_w Hh(H-h) + A_c L^2 (H-h)^3} \tag{26.2-18}$$

D. 壁式框架：

壁式框架可转换为带刚域框架，刚域的范围见图 26.2－6。当计算的刚域长度小于零时，不考虑刚域影响。带刚域杆件的等效等截面刚度可近似按下式计算：

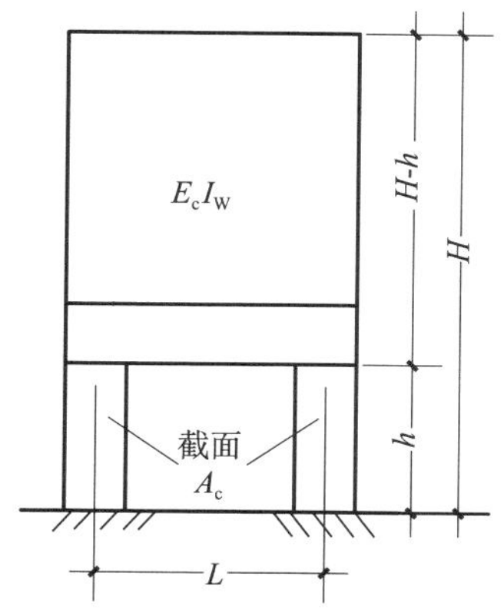

图 26.2－5　框支墙

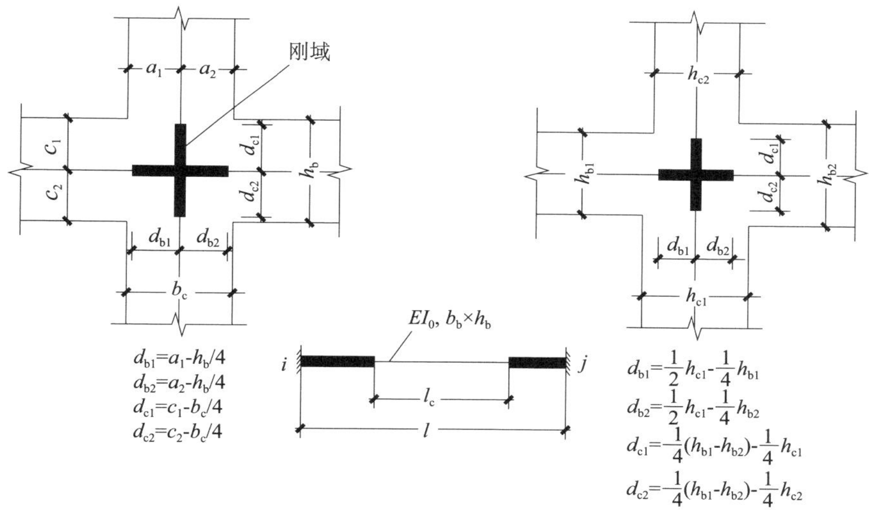

图 26.2－6　壁式框架刚域范围

$$EI_{eq}=EI_0\gamma_v\left(\frac{l}{l_0}\right)^3 \tag{26.2－19}$$

式中　EI_{eq}——等效刚度；

EI_0——杆件中段截面刚度；

l_0——杆件中段长度；

l——包括刚域的杆件长度；

γ_v——考虑剪切变形的刚度折减系数，见表 26.2－4。

表 26.2－4　γ_v 值

h_b/l_0	0	0.1	0.2	0.3	0.4	0.5	0.6	0.7	0.8	0.9	1
γ_v	1	0.97	0.89	0.79	0.68	0.57	0.48	0.41	0.34	0.29	0.25

按以上方法求得不同类型抗震墙的等效刚度后，整体小洞口墙、小开口墙、联肢墙和框支墙可按等效刚度进行各墙段地震内力分配。壁式框架带刚域杆变为等效等截面杆件后，可按 D 值进行简化计算。

26.2.3　地震作用下内力调整

（1）一、二、三级的抗震墙底部加强部位，其截面组合的剪力设计值应按下式调整：

$$V = \eta_{vw} V_w \tag{26.2-20}$$

9 度的一级可不按上式调整，但应符合下式要求：

$$V = 1.1 \frac{M_{wua}}{M_w} V_w \tag{26.2-21}$$

式中　V——抗震墙底部加强部位截面组合的剪力设计值；

V_w——抗震墙底部加强部位截面考虑地震作用组合的剪力计算值；

M_{wua}——抗震墙底部正截面抗震受弯承载力，应考虑承载力抗震调整系数、采用实配纵向钢筋面积、材料强度标准值和组合的轴力等计算；有翼墙时应考虑墙两侧各一倍翼墙厚度范围内的纵向钢筋；

M_w——底部加强部位抗震墙底截面弯矩的组合设计值；

η_{vw}——抗震墙剪力增大系数，一级为 1.6，二级为 1.4，三级为 1.2。

（2）一级抗震墙的底部加强部位以上部位，墙肢的组合弯矩设计值应乘以增大系数，其值可采用 1.2；剪力相应调整。

（3）一、二、三级的抗震墙中的连梁，其梁端剪力设计值应按下式调整：

$$V = \eta_{vb}(M_b^l + M_b^r)/l_n + V_{Gb} \tag{26.2-22}$$

9 度时可不按上式调整，但应符合下式要求

$$V = 1.1(M_{bua}^l + M_{bua}^r)/l_n + V_{Gb} \tag{26.2-23}$$

式中　V——梁端组合剪力设计值；

l_n——连梁的净跨；

V_{Gb}——梁在重力荷载代表值（9 度时高层建筑还应包括竖向地震作用标准值）作用下，按简支梁分析的梁端截面剪力设计值；

M_b^l、M_b^r——分别为连梁左右端反时针或顺时针方向组合的弯矩设计值，一级框架当两端弯矩均为负弯矩时，绝对值较小一端的弯矩取零；

M_{bua}^l、M_{bua}^r——分别为梁左右端反时针或顺时针方向根据实配钢筋面积（考虑受压筋）和材料强度标准值计算的正截面抗震受弯承载力所对应的弯矩值；

η_{vb}——连梁剪力增大系数，一级为 1.3，二级为 1.2，三级为 1.1。

（4）双肢抗震墙中，墙肢不宜出现小偏心受拉；当任一墙肢为偏心受拉时，另一墙肢的剪力设计值、弯矩设计值应乘以增大系数 1.25。

26.3　截面设计和构造措施

26.3.1　一般要求

（1）抗震墙结构混凝土强度等级不应低于 C25。

（2）抗震墙的截面尺寸应满足下列要求：

抗震墙的厚度，一、二级不应小于 160mm 且不宜小于层高或无支长度的 1/20，三、四级不应小于 140mm 且不宜小于层高或无支长度的 1/25；无端柱或翼墙时，一、二级不宜小于层高或无支长度的 1/16，三、四级不宜小于层高或无支长度的 1/20。底部加强部位的墙厚，一、二级不应小于 200mm 且不宜小于层高或无支长度的 1/16，三、四级不应小于 160mm 且不宜小于层高或无支长度的 1/20；无端柱或翼墙时，一、二级不宜小于层高或无支长度的 1/12，三、四级不宜小于层高或无支长度的 1/16。

（3）高层建筑抗震墙中竖向和水平分布钢筋，不应采用单排配筋。当抗震墙截面厚度 b_w 不大于 400mm 时，可采用双排配筋；当 b_w 大于 400mm，但不大于 700mm 时，宜采用三排配筋，当 b_w 大于 700mm 时，宜采用四排配筋。受力钢筋可均匀分布成数排。各排分布钢筋之间的拉结筋间距不应大于 600mm，直径不应小于 6mm，在底部加强部位，约束边缘构件以外的拉结筋间尚应适当加密。

（4）抗震墙竖向、横向分布钢筋的配筋，应符合下列要求：

①一、二、三级抗震墙的竖向和横向分布钢筋最小配筋率均不应小于 0.25%；四级抗震墙不应小于 0.20%；钢筋间距不宜大于 300mm，横向分布筋直径不应小于 8mm；竖向钢筋直径不宜小于 10mm。

②部分框支抗震墙结构的抗震墙底部加强部位，竖向及横向分布钢筋配筋率均不应小于 0.3%，钢筋间距不宜大于 200mm。

③抗震墙竖向、横向分布钢筋的钢筋直径不宜大于墙厚的 1/10。

（5）房屋顶层抗震墙、长矩形平面房屋的楼梯间和电梯间抗震墙、端开间的纵向抗震墙、端山墙的水平和竖向分布钢筋的最小配筋率不应小于 0.25%，钢筋间距不应大于 200mm。

（6）一级和二级抗震墙，底部加强部位在重力荷载代表值作用下墙肢的轴压比，一级（9 度）时不宜超过 0.4，一级（6、7、8 度）时不宜超过 0.5，二级不宜超过 0.6。

（7）抗震墙两端和洞口两侧应设置边缘构件，并应符合下列要求：

①抗震墙结构，一、二、三级抗震墙底部加强部位及相邻的上一层应按本节第 8 条设置约束边缘构件，但墙肢底截面在重力荷载代表值作用下的轴压比小于表 26.3-1 的规定值时可按本节第 9 条设置构造边缘构件。

表 26.3-1　抗震墙设置构造边缘构件的最大轴压比

烈度或等级	一级（9 度）	一级（7、8 度）	二级
轴压比	0.1	0.2	0.3

②一、二、三级抗震墙的其他部位和四级抗震墙，均应按本节第 9 条设置构造边缘构件。

（8）抗震墙的约束边缘构件，包括暗柱、端柱和翼墙（图 26.3-1）应符合下列要求：

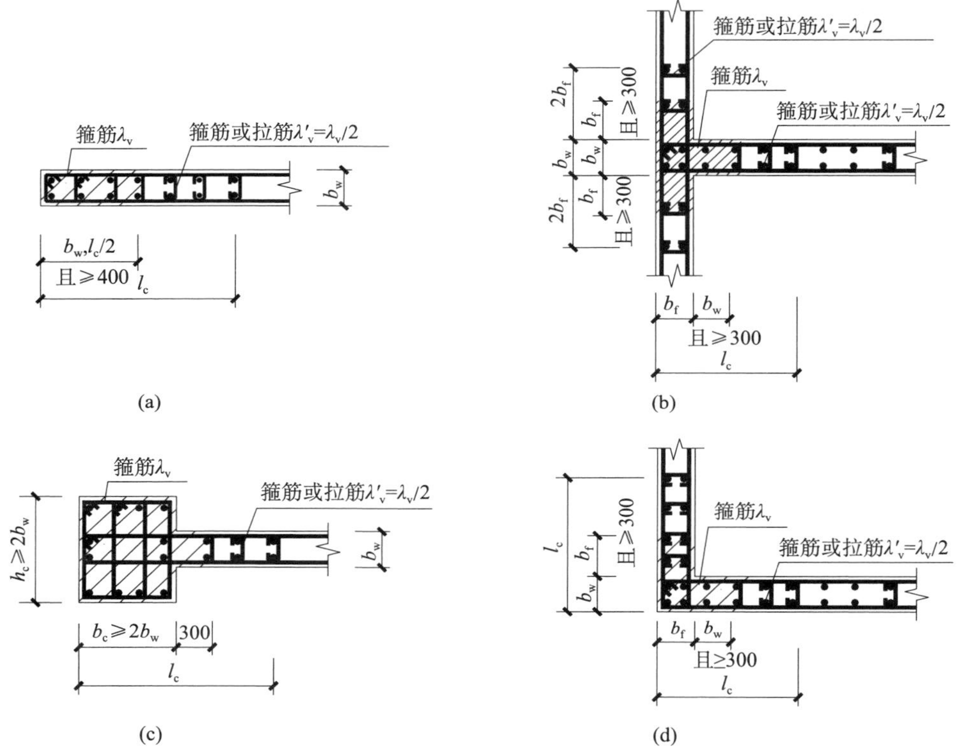

图 26.3-1　抗震墙的约束边缘构件

（a）暗柱；（b）有翼墙；（c）有端柱；（d）转角墙（L 形墙）

①约束边缘构件沿墙肢的长度、配箍特征值、箍筋和纵向钢筋宜符合表 26.3-2 的要求。

表 26.3-2　约束边缘构件范围及配筋要求

项目	一级（9 度）		一级（6、7、8 度）		二、三级	
	$\lambda\leq0.2$	$\lambda>0.2$	$\lambda\leq0.3$	$\lambda>0.3$	$\lambda\leq0.4$	$\lambda>0.4$
λ_v	0.12	0.20	0.12	0.20	0.12	0.20
l_c（暗柱）	$0.20h_w$	$0.25h_w$	$0.15h_w$	$0.20h_w$	$0.15h_w$	$0.20h_w$

续表

项目	一级（9 度）		一级（6、7、8 度）		二、三级	
	$\lambda \leqslant 0.2$	$\lambda > 0.2$	$\lambda \leqslant 0.3$	$\lambda > 0.3$	$\lambda \leqslant 0.4$	$\lambda > 0.4$
l_c（有翼墙或端柱）	$0.15h_w$	$0.20h_w$	$0.10h_w$	$0.15h_w$	$0.10h_w$	$0.15h_w$
纵向钢筋（取较大值）	$0.012A_c$，8ϕ16		$0.012A_c$，8ϕ16		$0.010A_c$，6ϕ16（三级 6ϕ14）	
箍筋或拉筋沿竖向间距	100mm		100mm		150mm	

注：①抗震墙的翼墙长度小于其 3 倍厚度或端柱截面边长小于 2 倍厚度时，按无翼墙、无端柱查表，端柱有集中荷载时，配筋构造尚应满足与墙相同抗震等级框架柱的要求；

②l_c 为约束边缘构件沿墙肢长度，不小于墙厚和 400mm；有翼墙或端柱时不应小于翼墙厚度或端柱沿墙肢方向截面高度加 300mm；

③λ_v 为约束边缘构件的配箍特征值；

④h_w 为抗震墙墙肢长度；

⑤λ 为墙肢轴压比；

⑥A_c 为图 26.3-1 中约束边缘构件阴影部分的截面面积。

②约束边缘构件箍筋体积配筋率 ρ_v 按下式计算：

$$\rho_v \geqslant \lambda_v f_c / f_{yv} \qquad (26.3-1)$$

式中　λ_v——配箍特征值，按表 26.3-2 取值；

f_c——混凝土轴心抗压强度设计值，强度等级低于 C35 时，应按 C35 计算；

f_{yv}——箍筋或拉筋抗拉强度设计值。

当采用不同等级的混凝土和不同等级的箍筋或拉筋时，约束边缘构件所需箍筋体积配箍率 ρ_v（%）见表 26.3-3。

表 26.3-3　配箍特征值 $\lambda_v = 0.2$ 时，约束边缘构件箍筋体积配箍率 ρ_v（%）

箍筋或拉筋钢种类	混凝土强度等级			
	≤C35	C40	C45	C50
HPB300	1.24	1.41	1.56	1.71
HRB335	1.11	1.27	1.41	1.54
HRB400	0.93	1.06	1.18	1.28

当采用不同墙厚、约束边缘构件沿墙肢长度及不同的箍筋或拉筋形式时，箍筋体积配箍率 ρ_v（%）见表 26.3-4。

表 26.3－4　约束边缘构件箍筋体积配箍率 ρ_v（%）

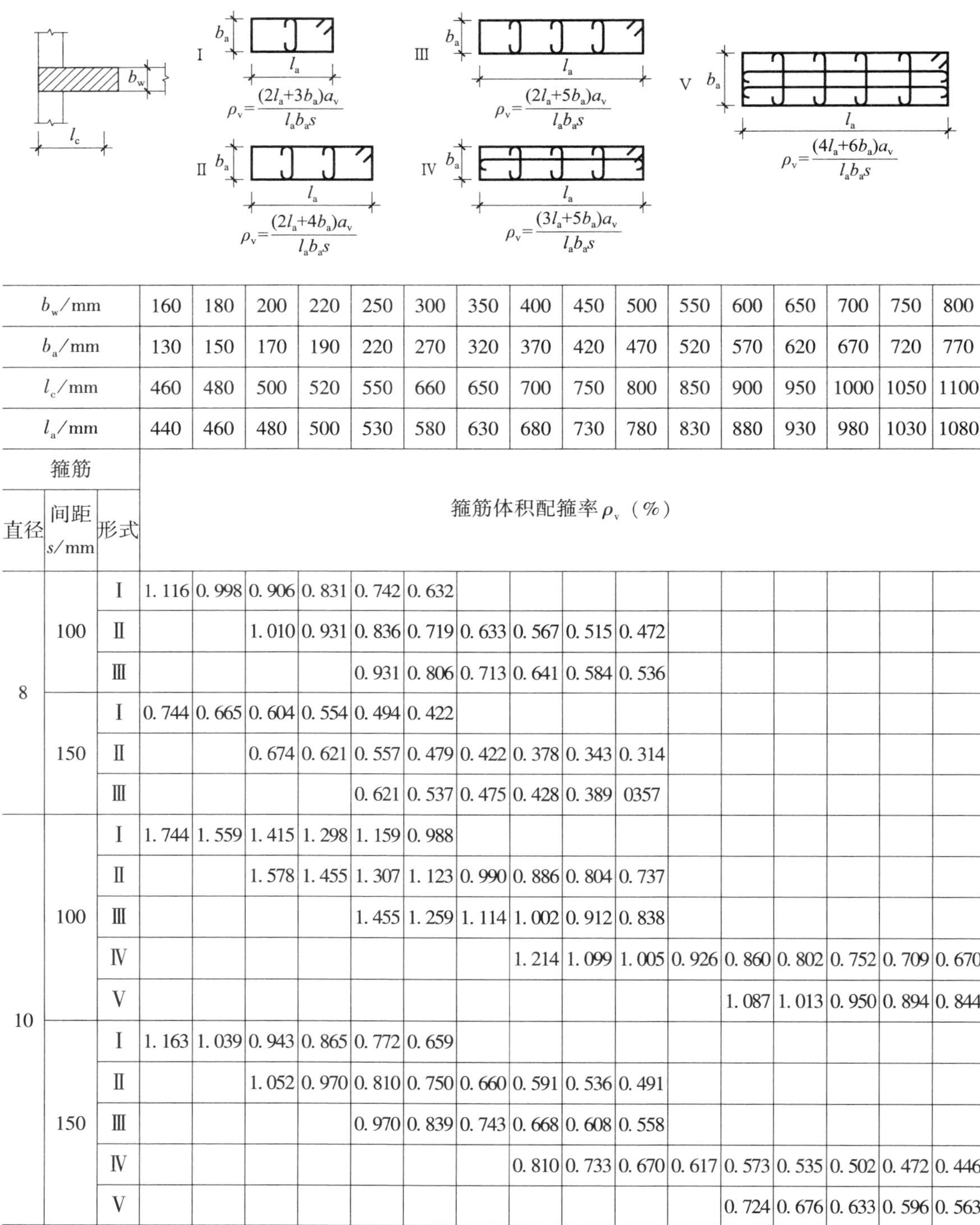

b_w/mm			160	180	200	220	250	300	350	400	450	500	550	600	650	700	750	800
b_a/mm			130	150	170	190	220	270	320	370	420	470	520	570	620	670	720	770
l_c/mm			460	480	500	520	550	660	650	700	750	800	850	900	950	1000	1050	1100
l_a/mm			440	460	480	500	530	580	630	680	730	780	830	880	930	980	1030	1080
箍筋			箍筋体积配箍率 ρ_v（%）															
直径	间距 s/mm	形式																
8	100	Ⅰ	1.116	0.998	0.906	0.831	0.742	0.632										
		Ⅱ			1.010	0.931	0.836	0.719	0.633	0.567	0.515	0.472						
		Ⅲ					0.931	0.806	0.713	0.641	0.584	0.536						
	150	Ⅰ	0.744	0.665	0.604	0.554	0.494	0.422										
		Ⅱ			0.674	0.621	0.557	0.479	0.422	0.378	0.343	0.314						
		Ⅲ					0.621	0.537	0.475	0.428	0.389	0357						
10	100	Ⅰ	1.744	1.559	1.415	1.298	1.159	0.988										
		Ⅱ			1.578	1.455	1.307	1.123	0.990	0.886	0.804	0.737						
		Ⅲ					1.455	1.259	1.114	1.002	0.912	0.838						
		Ⅳ								1.214	1.099	1.005	0.926	0.860	0.802	0.752	0.709	0.670
		Ⅴ												1.087	1.013	0.950	0.894	0.844
	150	Ⅰ	1.163	1.039	0.943	0.865	0.772	0.659										
		Ⅱ			1.052	0.970	0.810	0.750	0.660	0.591	0.536	0.491						
		Ⅲ					0.970	0.839	0.743	0.668	0.608	0.558						
		Ⅳ								0.810	0.733	0.670	0.617	0.573	0.535	0.502	0.472	0.446
		Ⅴ												0.724	0.676	0.633	0.596	0.563

续表

箍筋			箍筋体积配箍率 ρ_v（%）															
直径	间距 s/mm	形式																
12	100	Ⅰ	2.511	2.246	2.037	1.869	1.668	1.423										
		Ⅱ			2.273	2.095	1.882	1.618	1.425	1.277	1.158	1.61						
		Ⅲ					2.095	1.813	1.604	1.443	1.313	1.206						
		Ⅳ								1.749	1.583	1.447	1.334	1.238	1.155	1.083	1.020	0.964
		Ⅴ												1.565	1.459	1.368	1.287	1.216
	150	Ⅰ	1.674	1.497	1.358	1.246	1.112	0.948										
		Ⅱ			1.515	1.397	1.255	1.079	0.950	0.851	0.772	0.707						
		Ⅲ					1.397	1.209	1.070	0.962	0.875	0.804						
		Ⅳ								1.166	1.055	0.965	0.889	0.770	0.722	0.680	0.643	
		Ⅴ												1.043	0.973	0.912	0.858	0.811

为了发挥约束边缘构件的作用，每个箍筋的长边不大于短边的 3 倍，当约束边缘构件沿墙肢的长度 l_c 较长而设两个箍筋时，相邻两个箍筋应至少相互搭接 1/3 长边的距离（图 26.3－2）。

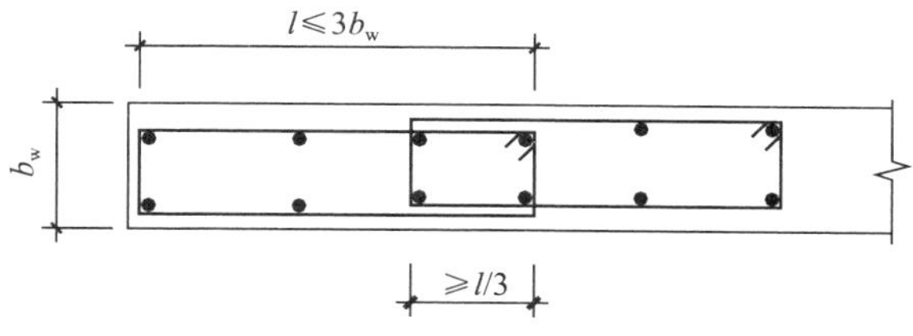

图 26.3－2　约束边缘构件箍筋

【例 26.3－1】　某 8 度设防一级抗震墙底部加强部位，墙肢长 h_w 为 6m，洞口约束边缘构件长度 $l_c=0.2h_w=1200$mm，墙厚 600mm，混凝土强度等级 C50，箍筋采用 HRB335，由表 26.3－3 所需箍筋体积配箍率为 1.54%，当箍筋间距为 100mm 所采用直径 Φ12 时，校核是否满足要求。

根据图 26.3－1，要求 $\lambda_v=0.2$，阴影范围为 $l_c/2=600$mm，箍筋采用表 26.3－4 的Ⅳ型 Φ12@100，$b_a=570$mm，$l_a=580$mm，

$$\rho_v=\frac{(3l_a+5b_a)a_v}{l_a b_a s}=\frac{(3\times580+5\times570)113.1}{580\times570\times100}=1.57\%>1.54\%\quad 满足要求$$

在 600~1200mm 要求 $\lambda_v'=\lambda_v'/2$ 范围，箍筋采用Ⅳ型 ϕ10@100，此时，$\rho_v'=1.57\times\frac{78.54}{113.1}=$

1.09%，满足表 26.3－3 箍筋采用 HPB300 时，$\rho_v'=1.71/2=0.86\%$要求。

（9）抗震墙的构造边缘构件的范围，宜按图 26.3－3 采用；构造边缘构件的配筋应满足受弯承载力要求，并宜符合表 26.3－5 的要求。

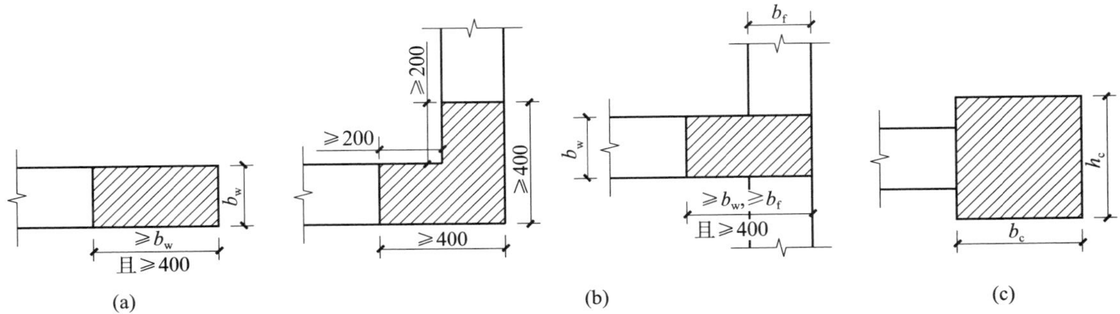

图 26.3－3　抗震墙的构造边缘构件范围

（a）暗柱；（b）翼柱；（c）端柱

表 26.3－5　抗震墙构造边缘构件的配筋要求

抗震等级	底部加强部位			其他部分		
	纵向钢筋最小量（取较大值）	箍筋		纵向钢筋最小量（取大值）	拉筋	
		最小直径（mm）	沿竖向最大间距（mm）		最小直径（mm）	沿竖向最大间距（mm）
一	$0.010A_c$，$6\phi16$	8	100	$0.008A_c$，$6\phi14$	8	150
二	$0.008A_c$，$6\phi14$	8	150	$0.006A_c$，$6\phi12$	8	200
三	$0.006A_c$，$6\phi12$	6	150	$0.005A_c$，$6\phi12$	6	200
四	$0.005A_c$，$4\phi12$	6	200	$0.004A_c$，$4\phi12$	6	250

注：①A_c 为计算边缘构件纵向构造钢筋的暗柱或端柱的面积，即图 26.3－3 抗震墙截面的阴影部分；

②对其他部位的拉筋，水平间距不应大于纵筋间距的 2 倍，转角处宜用箍筋；

③当端柱承受集中荷载时，其纵向钢筋、箍筋直径和间距应满足柱的相应要求。

（10）抗震墙墙肢长度不大于墙厚的 3 倍时，应按柱的要求进行设计；矩形墙肢的厚度不大于 300mm 时，箍筋宜沿全高加密。

（11）跨高比较小的高连梁，可设水平缝形成双连梁、多连梁或采取其他加强受剪承载力的构造。顶层连梁的纵向钢筋锚固长度范围内，应设置箍筋。

（12）抗震墙应进行斜截面受剪、偏心受压或偏心受拉、轴心受压的承载力验算。在集中荷载作用下，墙内无暗柱时还应进行局部受压承载力验算。

（13）抗震墙截面组合的剪力设计值应符合下列要求：

剪跨比 λ 大于 2.5 时

$$V_w \leq \frac{1}{\gamma_{RE}}(0.20\beta_c f_c b_w h_{w0}) \tag{26.3-2}$$

剪跨比 λ 不大于 2. 5 时

$$V_w \leqslant \frac{1}{\gamma_{RE}}(0.15\beta_c f_c b_w h_{w0}) \tag{26.3-3}$$

（14）连梁的截面剪力设计值应符合下列要求：

当 $\frac{l_0}{h_b}>2.5$ 时，$$V_b \leqslant \frac{1}{\gamma_{RE}}(0.20\beta_c f_c b_b h_{b0}) \tag{26.3-4}$$

当 $\frac{l_0}{h_b}\leqslant 2.5$ 时，$$V_b \leqslant \frac{1}{\gamma_{RE}}(0.15\beta_c f_c b_b h_{b0}) \tag{26.3-5}$$

式中　V_w、V_b——抗震墙、连梁剪力设计值；

b_w、b_b——墙肢、连梁截面宽度；

h_{w0}、h_{b0}——墙肢、连梁截面有效高度；

β_c——混凝土强度影响系数；当混凝土强度等级不大于 C50 时取 1. 0；当混凝土强度等级为 C80 时取 0. 8；当混凝土强度等级在 C50 和 C80 之间时按线性内插取用；

f_c——混凝土轴心抗压强度设计值；

γ_{RE}——承载力抗震调整系数，取 0. 85；

l_0——连梁的净跨度；

h_b——连梁截面高度。

26. 3. 2　截面验算

（1）抗震墙截面内力应符合本章 26. 2. 3 节的要求。

（2）矩形、T 形、工字形偏心受压抗震墙的正截面受压承载力应按下列公式验算（图 26. 3－4）：

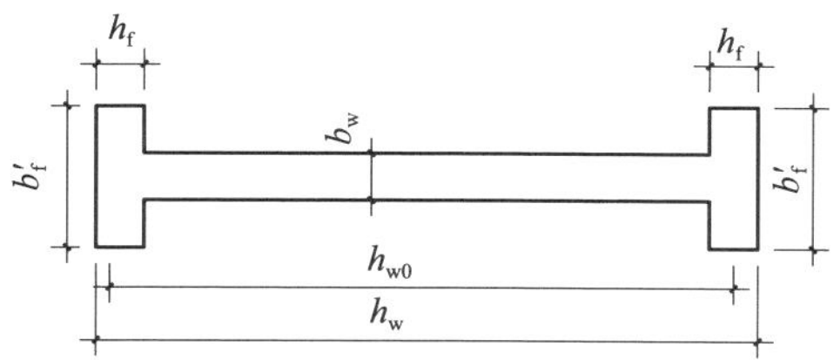

图 26. 3－4　抗震墙截面尺寸

$$N \leqslant \frac{1}{\gamma_{RE}}(A'_s f'_y - A_s\sigma_s - N_{sw} + N_c) \tag{26.3-6}$$

$$M \leqslant \frac{1}{\gamma_{RE}}\left[A'_s f'_y(h_{w0} - a'_s) - M_{sw} + M_c - \gamma_{RE}N\left(h_{w0} - \frac{h_w}{2}\right)\right] \tag{26.3-7}$$

当 $x>h'_f$ 时

$$N_c = \alpha_1 f_c b_w x + \alpha_1 f_c (b'_f - b_w) h'_f \tag{26.3-8}$$

$$M_c = \alpha_1 f_c b_w x (h_{w0} - \frac{x}{2}) + \alpha_1 f_c (b'_f - b_w) h'_f \left(h_{w0} - \frac{h'_f}{2}\right) \tag{26.3-9}$$

当 $x \leqslant h'_f$ 时

$$N_c = \alpha_1 f_c b'_f x \tag{26.3-10}$$

$$M_c = \alpha_1 f_c b'_f x \left(h_{w0} - \frac{x}{2}\right) \tag{26.3-11}$$

当 $x \leqslant \xi_b h_{w0}$ 时（大偏心受压）

$$\sigma_s = f_y \tag{26.3-12}$$

$$N_{sw} = (h_{w0} - 1.5x) b_w f_{yw} \rho_w \tag{26.3-13}$$

$$M_{sw} = \frac{1}{2}(h_{w0} - 1.5x)^2 b_w f_{yw} \rho_w \tag{26.3-14}$$

当 $x > \xi_b h_{w0}$ 时（小偏心受压）

$$\sigma_s = \frac{f_y}{\xi_b - \beta_1}\left(\frac{x}{h_{w0}} - \beta_1\right) \tag{26.3-15}$$

$$N_{sw} = 0 \tag{26.3-16}$$

$$M_{sw} = 0 \tag{26.3-17}$$

其中

$$\xi_b = \frac{\beta_1}{1 + \frac{f_y}{0.0033 E_s}} \tag{26.3-18}$$

式中　N、M——分别为组合的轴向压力和弯矩的设计值；

f_y、f'_y、f_{yw}——分别为剪力墙端部受拉、受压钢筋和墙体竖向分布钢筋的强度设计值；

f_c——混凝土轴心受压强度设计值；

ρ_w——剪力墙竖向分布钢筋配筋率；

ξ_b——相对受压区高度界限值；

A_s、A'_s——墙端部边缘构件内受拉、受压钢筋截面面积；

a'_s——受压区纵向普通钢筋合力点；

E_s——钢筋弹性模量；

x——受压区高度；

γ_{RE}——承载力抗震调整系数，取 0.85；

α_1——受压区混凝土矩形应力图的应力与混凝土轴心抗压强度设计值的比值，混凝土强度等级不超过 C50 时取 1.0，混凝土强度等级为 C80 时取 0.94，混凝土强度等级在 C50 和 C80 之间时按线性内插取值；

β_1——受压区混凝土矩形应力图高度调整系数，当混凝土强度等级不超过 C50 时取 0.80，当混凝土强度等级为 C80 时取 0.74，其间按线性内插法确定。

（3）矩形截面大偏心受压对称配筋（$A_s = A'_s$）时，正截面承载力按下列公式计算：

$$A_s = A_s' = \frac{\gamma_{RE}\left[M + N(h_{w0} - \frac{h_w}{2})\right] + M_{sw} - M_c}{f_y(h_{w0} - a')} \tag{26.3-19}$$

$$M_{sw} = \frac{1}{2}(h_{w0} - 1.5x)^2 \frac{A_{sw}f_{yw}}{h_{w0}} \tag{26.3-20}$$

$$M_c = \alpha_1 f_c b_w x(h_{w0} - \frac{x}{2}) \tag{26.3-21}$$

$$x = \frac{\gamma_{RE}N - A_{sw}f_{yw})h_{w0}}{\alpha_1 f_c b_w h_{w0} + 1.5A_{sw}f_{yw}} \tag{26.3-22}$$

式中　N、M——墙截面轴向压力及弯矩设计值；

A_{sw}——墙截面竖向分布钢筋总截面面积。

在设计时先确定竖向分布钢筋的 A_{sw} 和 f_{yw} 求出 M_{sw}，然后计算所需墙截面端部配筋 $A_s = A_s'$。

（4）矩形截面小偏心受压对称配筋（$A_s = A_s'$）时正截面承载力可近似按下列公式计算：

$$A_s = A_s' = \frac{\gamma_{RE}N_e - \xi(1 - 0.5\xi)\alpha_1 f_c b_w h_{w0}^2}{f_y'(h_{w0} - a_s')} \tag{26.3-23}$$

$$e = e_i + \frac{h_w}{2} - a_s$$

$$e_i = e_0 + e_a$$

e_a 取 20mm 和偏心方向截面尺寸的 1/30 两者中的较大值。

式中的相对受压区高度 ξ 可按下列公式计算：

$$\xi = \frac{\gamma_{RE}N - \xi_b\alpha_1 f_c b_w h_{w0}}{\dfrac{\gamma_{RE}N_e - 0.43\alpha_1 f_c b_w h_{w0}^2}{(\beta_1 - \xi_b)(h_{w0} - a_s')} + \alpha_1 f_c b_w h_{w0}} + \xi_b \tag{26.3-24}$$

式中　a_s、a_s'——墙端部边缘构件受拉或受压钢筋合力点至截面近边的距离。

（5）对称配筋的矩形截面偏心受拉抗震墙的正截面承载力应按下列公式验算：

$$N \leqslant \frac{1}{\gamma_{RE}}\left[\frac{1}{\dfrac{1}{N_{0u}} + \dfrac{e_0}{M_{wu}}}\right] \tag{26.3-25}$$

$$N_{0u} = 2A_s f_y + A_{sw}f_{yw} \tag{26.3-26}$$

$$M_{wu} = A_s f_y(h_{w0} - a_s') + A_{sw}f_{yw}\frac{h_{w0} - a_s'}{2} \tag{26.3-27}$$

式中　N——组合的轴向拉力设计值；

e_0——偏心距，$e_0 = M/N$；

γ_{RE}——取 0.85；

A_{sw}——抗震墙腹板竖向分布钢筋的全部截面面积。

（6）偏心受压抗震墙斜截面受剪承载力应按下列公式验算：

$$V_w \leqslant \frac{1}{\gamma_{RE}}\left[\frac{1}{\lambda - 0.5}\left(0.4f_t b_w h_{w0} + 0.1N\frac{A_w}{A}\right) + 0.8f_{yh}\frac{A_{sh}}{s}h_{w0}\right] \tag{26.3-28}$$

式中　N——组合的轴向压力设计值，当 $N>0.2f_c b_w h_w$ 时，取 $N=0.2f_c b_w h_w$；

V_w——墙计算截面处的调整组合剪力设计值；

A——抗震墙截面面积；

A_w——T 形或工字形截面抗震墙腹板的面积，矩形截面时应取 A；

λ——验算截面处的剪跨比，$\lambda = M_w/V_w h_{w0}$，λ 小于 1.5 时取 1.5，λ 大于 2.2 时取 2.2，此处 M_w 为与 V_w 相应的组合的弯矩设计值，计算截面与墙底之间的距离小于 $0.5h_{w0}$时，λ 应按距墙底 $0.5h_{w0}$处的弯矩值和剪力值计算；

A_{sh}——抗震墙水平分布钢筋截面面积；

s——抗震墙水平分布钢筋间距；

f_{yh}——抗震墙水平分布钢筋抗拉强度设计值；

γ_{RE}——取 0.85；

f_t——混凝土轴心抗拉强度设计值。

（7）偏心受拉矩形截面抗震墙斜截面受剪承载力按下列公式验算：

$$V_w \leqslant \frac{1}{\gamma_{RE}}\left[\frac{1}{\lambda - 0.5}\left(0.4f_t b_w h_{w0} - 0.1N\frac{A_w}{A}\right) + 0.8f_{yh}\frac{A_{sh}}{s}h_{w0}\right] \tag{26.3-29}$$

当公式在右边计算值小于$\frac{1}{\gamma_{RE}}\left(0.8f_{yh}\frac{A_{sh}}{s}h_{w0}\right)$时，取等于$\frac{1}{\gamma_{RE}}\left(0.8f_{yh}\frac{A_{sh}}{s}h_{w0}\right)$。

（8）一级抗震墙的水平施工缝截面应进行下式验算：

$$V_w \leqslant \frac{1}{\gamma_{RE}}(0.6f_y A_s + 0.8N) \tag{26.3-30}$$

式中　V_w——抗震墙的水平施工缝处调整后的组合剪力设计值；

N——抗震墙的水平施工缝处考虑地震作用组合的轴向力设计值，压力时取正值，拉力时取负值；

A_s——水平施工缝处抗震墙腹板内竖向分布钢筋、竖向附加插筋和边缘构件（不包括墙宽以外的两侧翼柱）纵向钢筋的总截面面积；

γ_{RE}——取 0.85。

（9）抗震墙连梁端部组合的剪力设计值应按公式（26.2－26）至（26.2－39）取值，连梁截面应符合式（26.3－31）和式（26.3－32）：

连梁的斜截面受剪承载力应按下列公式验算：

当$\frac{l_0}{h}>2.5$时

$$V_b \leqslant \frac{1}{\gamma_{RE}}\left(0.42f_t b_b h_{b0} + f_{yv}\frac{A_{sv}}{s}h_{b0}\right) \tag{26.3-31}$$

当$\frac{l_0}{h}\leqslant 2.5$时

$$V_b \leq \frac{1}{\gamma_{RE}}\left(0.38f_t b_b h_{b0} + 0.9f_{yv}\frac{A_{sv}}{s}h_{b0}\right) \tag{26.3-32}$$

式中　A_{sv}——连梁同一截面内箍筋总截面面积；

s——箍筋间距；

γ_{RE}——取 0.85；

f_{yv}——箍筋抗拉强度设计值。

（10）当抗震墙的连梁不满足本章 26.3.1 节第（14）条的要求时，可作如下处理：

①减小连梁截面高度或采取其他减小连梁刚度的措施。

②抗震设计的抗震墙中连梁弯矩及剪力可进行塑性调幅，以降低其剪力设计值。但在内力计算时已经按本章 26.2.1 节第（1）条的规定降低了刚度的连梁，其调幅范围应当限制或不再继续调幅。当部分连梁降低弯矩设计值后，墙肢的弯矩设计值应相应提高。

③当连梁破坏对承受竖向荷载无大影响时，可考虑在大震作用下该联肢墙的连梁不参与工作，按独立墙肢进行第二次多遇地震作用下结构内力分析，墙肢应按两次计算所得的较大内力配筋。但应考虑对结构位移的影响。

④跨高比不大于 2 的连梁可采用斜向交叉配筋方式配筋（图 26.3-11）。交叉斜筋应与墙分布筋绑扎，且每侧不应小于 2 根直径 12mm 的钢筋。

26.3.3　构造措施

（1）抗震墙钢筋锚固长度以及竖向、水平分布钢筋的连接应符合下列要求：

①抗震墙纵向钢筋最小锚固长度应取 l_{aE}。

②抗震墙竖向及水平分布钢筋的搭接连接（图 26.3-5），一级、二级抗震墙的加强部位，接头位置应错开，同一截面连接的钢筋数量不宜超过总数量的 50%，错开净距不宜小于 500mm；其他情况抗震墙的钢筋可在同一部位连接。抗震设计时，分布钢筋的搭接长度不应小于 $1.2l_{aE}$。竖向分布筋直径大于 22mm 时宜采用机械连接或焊接接头。

③暗柱及端柱内纵向钢筋连接和锚固要求与框架柱相同，宜符合第 25 章的有关规定。

（2）墙肢的长度沿结构全高不宜有突变；抗震墙有较大洞口时，一级、二级抗震墙的底部加强部位，洞口宜上下对齐。否则错开距离不宜小于 2m，洞口上下距离不小于层高的 1/5（图 26.3-6a）。三级抗震墙设有交错洞口时，宜按图 26.3-6b 的构造要求。

（3）抗震墙端部边缘构件配筋构造，墙厚度小于 400mm 时如图 26.3-7；墙厚度不小于 400mm 时如图 26.3-8。

（4）连梁配筋应满足下列要求（图 26.3-9）：

①连梁上、下纵向受力钢筋伸入墙内的锚固长度，抗震设计时不应小于 l_{aE}，并且任何情况下不应小于 600mm。

②抗震设计时，沿连梁全长箍筋的构造应按本篇第 25 章框架梁梁端加密区箍筋的构造要求采用。

③顶层连梁纵向钢筋锚入墙体的长度范围内，应配置间距不大于 150mm 的构造箍筋，箍筋直径应与该连梁的箍筋直径相同。

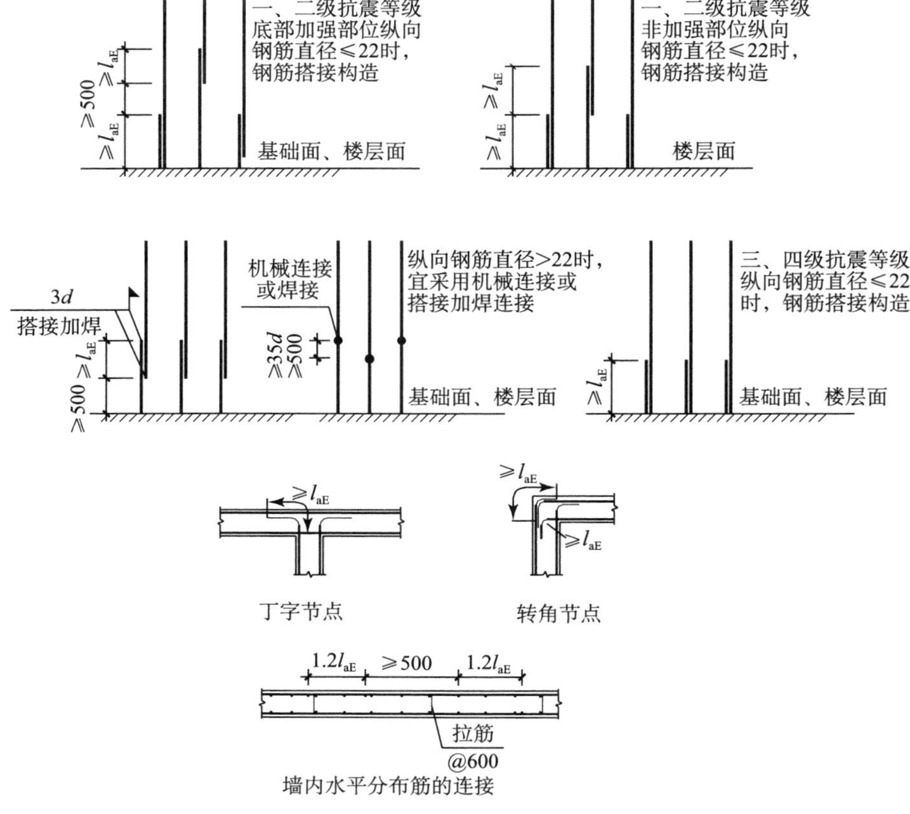

图 26.3－5　竖向及水平钢筋连接构造

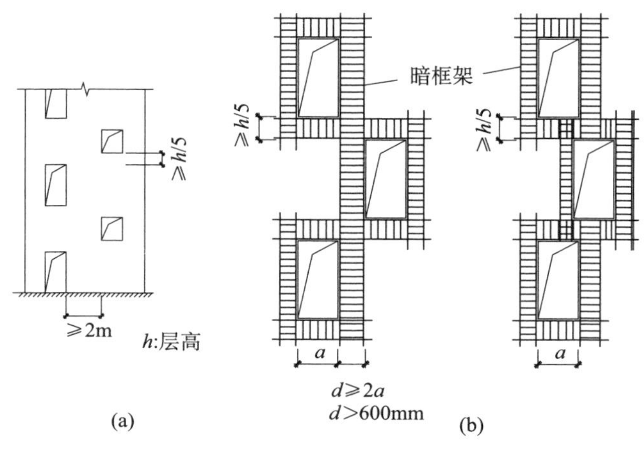

图 26.3－6　抗震墙开洞

（a）一级抗震墙；（b）二、三级抗震墙

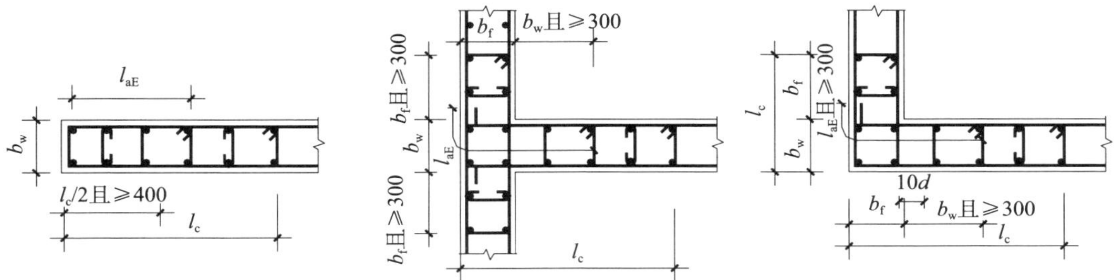

图 26.3－7　墙厚<400mm 时端部边缘构件配筋构造

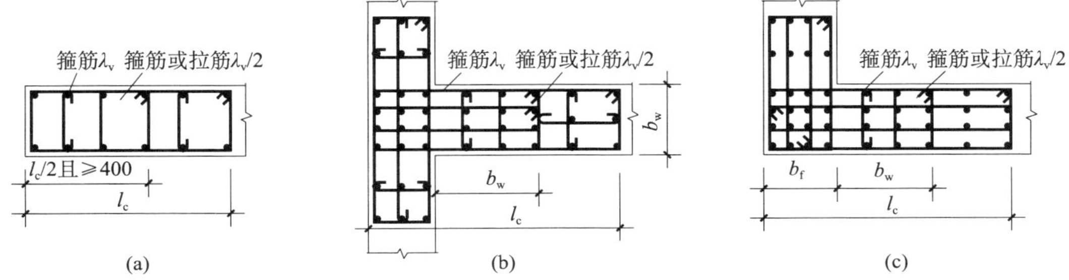

图 26.3－8　墙厚≥400mm 时端部边缘构件配筋构造

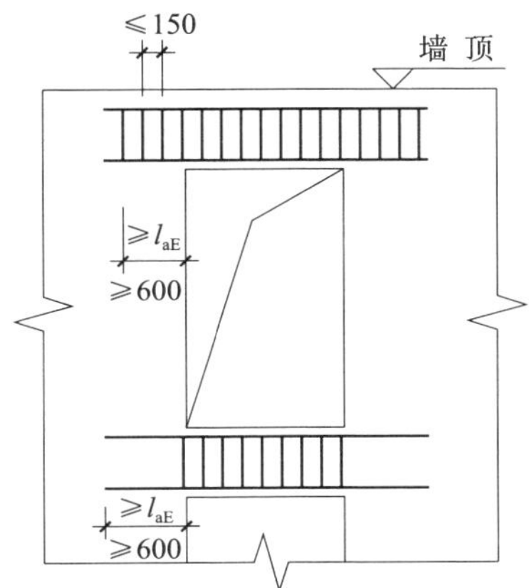

图 26.3－9　连梁配筋构造示意

④墙体水平分布钢筋应作为连梁的腰筋在连梁范围内拉通连续配置；当连梁截面高度大于 700mm 时，其两侧面沿梁高范围设置的纵向构造钢筋（腰筋）的直径不应小于 8mm，间距不应大于 200mm 时；对跨高比不大于 2.5 的连梁，梁两侧的纵向构造钢筋（腰筋）的配筋率不应小于 0.3%。

（5）连梁在各种门窗洞口处的构造如图 26.3－10a 所示。连梁有穿行管道开洞时，洞口上下的有效高度不宜小于梁高的 1/3，且不应小于 200mm，小洞口时可采用加钢套管办法（图 26.3－10b）。

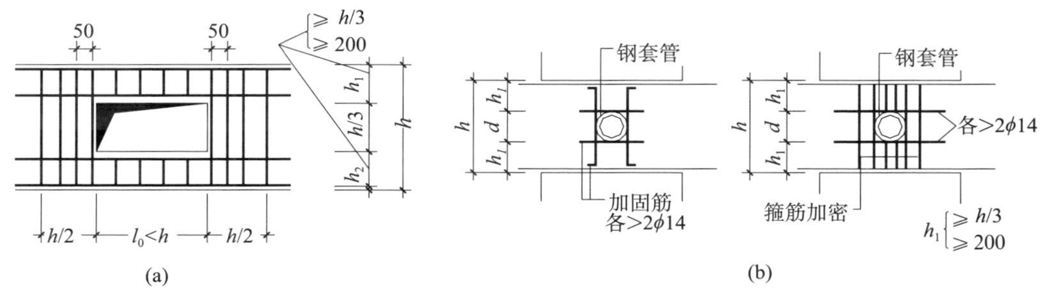

图 26.3－10　连梁开洞处构造

（6）对于墙厚 $b_w \geqslant 250$mm、跨高比小于 1 的短连梁。宜采用交叉斜筋配筋构造，以改善其延性（图 26.3－11）。

（7）抗震墙上有非连续的小洞口，且其各边长小于 800mm 时，被截断的分布钢筋应集中配置在洞口两侧，且不应小于 2φ12（图 26.3－12）。

（8）连梁开有洞口时，其内力计算见本篇第 27 章 27.3.2 节（2）部分。

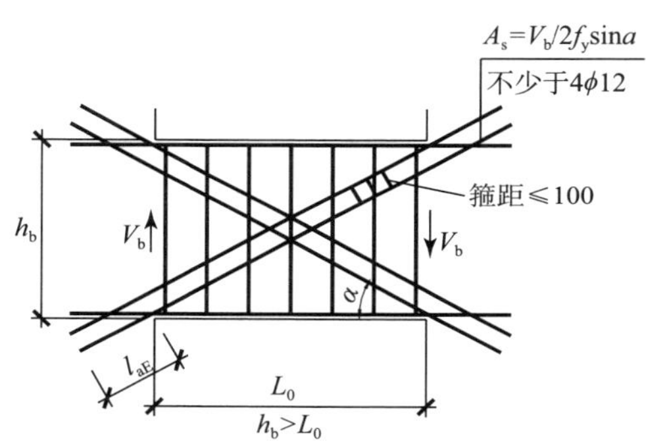

图 26.3－11　短连梁的交叉斜筋构造

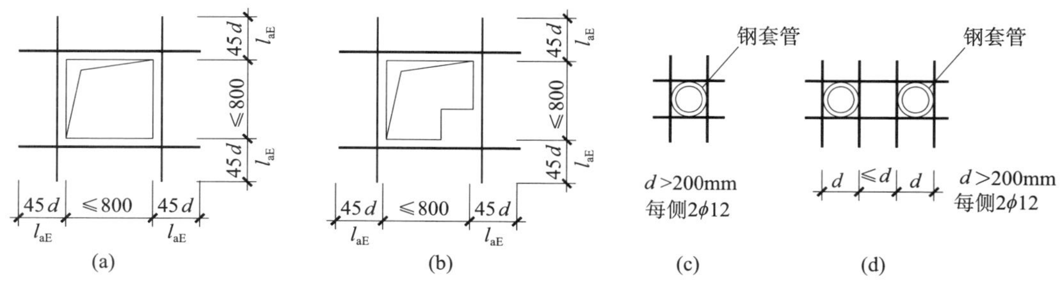

图 26.3－12　抗震墙小开洞处配筋构造

【例 26.3－2】　抗震设防烈度 8 度，抗震等级为一级的抗震墙结构，首层一墙端的墙肢截面为 $b_w = 200$mm，$h_w = 2200$mm，混凝土强度等级 C25，经分析其荷载效应和地震作用效应组合，抗震墙墙肢底部剪力设计值 $V'_w = 262.2$kN，弯矩设计值 $M_w = 414$kN · m，轴向压力设计值 $N' = 465.7$kN，重力荷载代表值作用下墙肢轴向压力设计值 $N = 1284$kN，对此墙肢进行截面设计。

（1）验算墙肢截面剪压比。

根据公式（26.2-20）底部加强部位的剪力设计值为：

$$V_w = \eta_{vw} V'_w = 1.6 \times 262.4 = 419.84\text{kN}$$

剪跨比 $\lambda = M_w / V'_w h_{w0} = 414/262.2 \times 2 = 0.79 < 2.5$，按式（26.3－3）计算：

$$V_w \leqslant \frac{1}{\gamma_{RE}}(0.15\beta_c f_c b_w h_{w0})$$

$$= \frac{1}{0.85}(0.15 \times 1 \times 11.9 \times 200 \times 2000) = 840 \times 10^3\text{N} = 840\text{kN}$$

（2）斜截面受剪承载力验算。

配置水平分布钢筋 ϕ10@200，配筋率 $\rho_v = \frac{393 \times 2}{1000 \times 200} = 0.393\% > 0.25\%$。墙肢 $\lambda = 0.79 < 1.5$ 取 $\lambda = 1.5$，偏心受压时按式（26.3－28）：

$$V_w \leqslant \frac{1}{\gamma_{RE}}\left[\frac{1}{\lambda - 0.5}(0.4 f_t b_w h_{w0} + 0.1\text{N}) + 0.8 f_{yv}\frac{A_{sh}}{s}h_{w0}\right]$$

$$= \frac{1}{0.85}\left[\frac{1}{1.5 - 0.5}(0.4 \times 1.27 \times 200 \times 2000 \times 0.1 \times 465.7 \times 10^3) + 0.8 \times 210\frac{78.54 \times 2}{200} \times 2000\right]$$

$$= 604.311 \times 10^3\text{N} = 604.31\text{kN}$$

（3）正截面偏心受压承载力验算。

竖向分布钢筋 ϕ10@200 双排，在墙肢中竖向分布钢筋总截面面积

$A_{sw} = \frac{2 \times 78.54 \times 1400}{200} = 1099.56\text{mm}^2$，按式（26.3－22）计算：

$$x = \frac{(\gamma_{RE}N' + A_{sw}f_{yw})h_{w0}}{\alpha_1 f_c b_w h_{w0} + 1.5A_w f_{yw}}$$

$$= \frac{(0.85 \times 465.7 \times 10^3 + 1099.56 \times 210)2000}{1 \times 11.9 \times 200 \times 2000 + 1.5 \times 1099.56 \times 210}$$

$$= 245.5\text{mm} < \xi_b h_{w0} = 0.55 \times 2000 = 1100\text{mm}$$

属大偏心受压，按式（26.3－20）及式（26.3－21）：

$$M_{sw} = \frac{1}{2}(h_{w0} - 1.5x)^2\frac{A_{sw}f_{yw}}{h_{w0}}$$

$$= \frac{1}{2}(2000 - 1.5 \times 245.5)^2\frac{1099.56 \times 210}{2000}$$

$$= 1.537 \times 10^8\text{N} \cdot \text{mm}$$

$$M_c = \alpha_1 f_c b_w x\left(h_{w0} - \frac{x}{2}\right)$$

$$= 1 \times 11.9 \times 200 \times 245.5\left(2000 - \frac{245.5}{2}\right)$$

$$= 10.97 \times 10^{8}\text{N}\cdot\text{m}$$

对称配筋时，按式（26.3－19）：

$$A_{s} = A'_{s} = \frac{\gamma_{RE}\left[M_{w} + N'(h_{w0} - \frac{h_{w}}{2})\right] + M_{sw} - M_{c}}{f_{y}(h_{w0} - a'_{s})}$$

$$= \frac{0.85\left[414 \times 10^{6} + 465.7 \times 10^{3}(2000 - \frac{2200}{2})\right] + 1.537 \times 10^{8} - 10.97 \times 10^{8}}{300(2000 - 200)}$$

= 负值

（4）验算墙肢截面轴压比。

重力荷载代表值作用下墙肢轴向压力设计值 $N=1284\text{kN}$，轴压比为：

$$\mu_{N} = \frac{N}{Af_{c}} = \frac{1284 \times 10^{3}}{200 \times 2200 \times 11.9} = 0.245$$

其值大于表 26.3－1 的 8 度一级 0.2，不超过 26.3 节第 6 条 8 度一级 0.5。

（5）按 26.3 节第 8 条，约束边缘构件范围 $l_{c}=0.20h_{w}=0.2\times2200=440\text{mm}$，阴影长度取 400mm，抗震等级一级时纵向钢筋截面面积为：

$$A_{s}=A'_{s}=200\times400\times1.2\%=960\text{mm}^{2}$$

且不应小于 6ϕ16，故配置 6Φ16。

（6）约束边缘构件箍筋采用 HPB300 钢筋，混凝土强度等级为 C35 时由表 26.3－3 得所需箍筋体积配箍率 $\rho_{v}=1.13\%$。采用 ϕ10@ 100I 型时体积配箍率为：

$$\rho_{v}=\frac{(2\times380+3\times170)\ 78.54}{380\times170\times100}=1.54\%$$ 满足要求

（7）水平施工缝处抗滑移能力验算。

已知水平施工缝处竖向钢筋由竖向分布钢筋及两端暗柱纵向钢筋组成，按公式（26.3－30）

$$V_{wj} < \frac{1}{\gamma_{RE}}(0.6f_{y}A_{s} + 0.8N')$$

$$419.84\text{kN} < \frac{1}{0.85}[0.6(1099.56 \times 210 + 12 \times 201.1 \times 300) + 0.8 \times 465.7 \times 10^{3})]$$

$$= 1112.33 \times 10^{3}\text{N} = 1112.33\text{kN}$$ 满足

第 27 章　钢筋混凝土框架–抗震墙结构房屋

27.1　一 般 原 则

27.1.1　适用范围

（1）框架–剪力墙结构亦称框架–抗震墙结构（以下简称框墙结构），是由框架和抗震墙（即剪力墙）两种结构协同工作的结构体系，它具有多道抗震防线，有良好的抗震性能。

（2）框墙结构具有平立面布置灵活、刚度较大和钢材用量省等优点，适用于各类房屋建筑。地震烈度较高的钢筋混凝土结构建筑，宜优先选用框剪结构。

27.1.2　结构布置

（1）抗震墙应双向设置，抗震墙的中线宜与相连框架的中线在同一平面内。如有偏心时，其偏心距不宜大于柱截面在该方向边长的 1/4。

（2）抗震墙的布置宜均匀，各抗震墙的抗侧力刚度不宜相差过大。

（3）横向抗震墙宜设置在房屋的端部附近、楼电梯间、平面形状变化处及重力荷载较大的部位（27.1－1）。

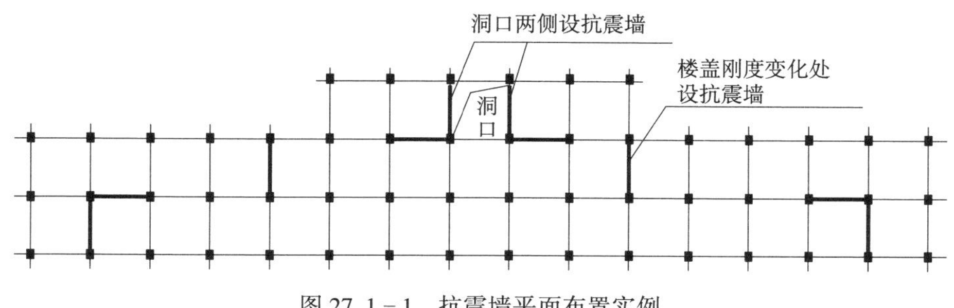

图 27.1－1　抗震墙平面布置实例

（4）当楼、屋盖平面内刚度与抗震墙刚度之比相对较大，可以忽略楼、屋盖平面内变形对整体结构内力分布的影响时，可称为刚性楼屋盖。

框架–抗震墙结构和板柱–抗震墙结构，都应通过刚性楼、屋盖的连接，将地震作用传递到抗震墙，保证结构在地震作用下的整体工作。为了保证楼、屋盖的刚性，抗震墙之间楼屋盖（楼层盖无较大开洞）的长宽比不宜超过表 27.1－1 的要求。

表 27.1－1　抗震墙之间楼屋盖的长宽比 l/b

楼、屋盖类型	设防烈度			
	6	7	8	9
框架-抗震墙结构的现浇楼、屋盖	4	4	3	2
框架-抗震墙结构的装配整体式楼、屋盖	3	3	2.5	不宜采用
板柱-抗震墙结构的现浇楼、屋盖	3	3	2	
框支层的现浇楼、屋盖	2.5	2.5	2	

注：b 为抗震墙之间的楼盖宽度。

对于抗震墙错位及平面外挑情况可按图 27.1－2 考虑。

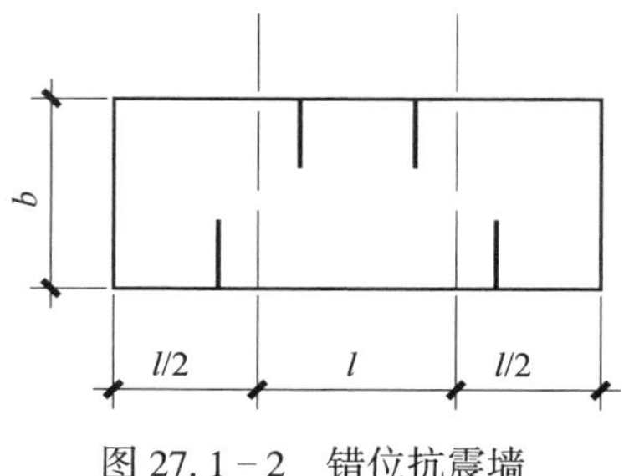

图 27.1－2　错位抗震墙

当楼、屋盖有大洞口时，例如楼、电梯间，在洞口两侧应设抗震墙。楼盖与抗震墙连接部位有空洞时，在洞口两侧应增设垂直于抗震墙的补强钢筋，保证楼盖与抗震墙之间的剪力传递。采用叠合板作为刚性楼盖时，后浇叠合层与框架梁及抗震墙通过支座配筋形成整体，设防烈度为 9 度时预制楼板与后浇叠合层宜有连接钢筋。设防烈度不大于 8 度时，可采用有现浇层的预制楼板，板上配筋现浇层厚度不应小于 50mm，当现浇层平面内力较大（需要配筋解决）或楼、屋盖有较大洞（需在洞口边缘设置梁时），现浇层厚度不宜小于 75mm，当现浇层内需埋设设备专业管道时，管道外径不宜大于现浇层厚度的 1/3，设防烈度为 8 度时，现浇层与预制楼板应通过板缝拉筋增强整体连接，拉筋间距不宜大于 1000mm，拉筋直径不宜小于 6。现浇层与抗震墙连接部位的配筋应保证楼、屋盖与抗震墙之间的剪力传递。楼、屋盖周边的边缘构件应于周边框架叠合梁相结合。

（5）纵向抗震墙宜布置在结构单元的中间区段内，房屋较长时，刚度较大的抗震墙不宜在端开间设置，否则应该采取措施以减少温度、收缩应力的影响。

（6）纵、横向抗震墙宜连接在一起，组成 L 形、T 形和口字形，以增大抗震墙的刚度和抗扭能力。洞口边缘距柱边不宜小于墙厚，也不宜小于 300mm。

（7）抗震墙宜贯通房屋全高设置，随高度的增加墙的厚度宜逐渐减薄，避免刚度突然变化。当抗震墙不能全部贯通时，相邻楼层刚度减弱不宜大于 30%，有突变的楼层楼板应按转换层楼板的要求采取加强措施。

（8）非筒体抗震墙应设计成周边有梁柱（包括暗柱）的抗震墙。

（9）抗震墙不应设置在墙面开大洞口的部位，当墙有洞口时，洞口宜上下对齐，避免错开；上下洞口间的墙高（包括梁）不宜小于层高的 1/5。

（10）设置少量抗震墙的框架结构，在规定的水平力作用下，底层框架部分所承担的地震倾覆力矩大于结构总地震倾覆力矩的 50% 时，其框架的抗震等级应按框架结构确定，抗震墙的抗震等级可与其框架的抗震等级相同。

沿高度刚度均匀的框架抗震墙结构，为了有足够数量的抗震墙，可近似采用刚度特征值来判别。

当不考虑约束梁作用时，则刚度特征值 λ 应满足下式要求：

$$\lambda = H\sqrt{\frac{C_f}{EI_{eq}}} \leqslant 2.4 \tag{27.1-1}$$

式中　H——抗震墙总高度；

C_f——框架的总刚度，见式（27.2-1）；

EI_{eq}——抗震墙的等效刚度，见式（27.2-5）。

（11）一、二级抗震墙的洞口连梁，跨高比不宜大于5，且梁截面高度不宜小于400mm。

（12）框架-抗震墙结构中的抗震墙基础，应有良好的整体性和抗转动的能力。

27.2　内力和位移分析

27.2.1　一般原则

（1）内力和位移按弹性方法计算，并应考虑抗震墙和框架两种结构的不同受力特点，按协同工作条件进行分析。

框架结构中设置了钢筋混凝土电梯井筒或其他起抗侧力作用的构件后，应按框架结构和框架-抗震墙结构两种模型进行计算，并取较大值进行设计。

（2）多遇地震作用下内力与位移计算中，结构构件均可采用弹性刚度；当计算构件的地震内力时，连梁的刚度可予以折减，折减系数不宜小于 0.50，但应保持结构的总地震作用与连梁刚度不折减时相当。

计算抗震墙的内力和变形时，可以考虑纵、横墙的共同工作，即纵（横）墙的一部分可以作为横（纵）墙的有效翼缘。

（3）框墙结构采用简化方法计算时，可将结构单元内所有的框架，连梁和抗震墙分别合并成为总的框架、连梁和抗震墙，它们的刚度分别为相应的各单个构件刚度之和。在风荷载和水平地震作用下，假定同一楼层上水平位移相等，由作为竖向悬臂剪切构件的总框架（包括总连梁）和作为竖向悬臂弯曲构件的总抗震墙共同分担。

（4）用计算机进行内力与位移计算时，较规则的框墙结构可采用平面抗侧力结构空间协同工作方法计算，开口较大的联肢墙作为壁式框架考虑，无洞口墙、整截面墙和整体小开口墙可按其等效刚度作为单柱考虑，体型和平面比较复杂的框墙结构宜采用三维空间分析方法进行内力与位移计算。

27.2.2　手算时刚度计算

（1）采用简化法时，框架的总刚度可采用 D 值法计算。

$$C_f = \overline{D}\overline{h} \tag{27.2-1}$$

$$\bar{D} = \sum_{i=1}^{n} D_i h_i / H \tag{27.2-2}$$

$$\bar{h} = \sum_{i=1}^{n} h_i / n = \frac{H}{n} \tag{27.2-3}$$

式中　$\bar{D}$——框架各层 D_i 值的平均值；

D_i——框架第 i 层所有柱 D 值之和；

$\bar{h}$——框架的平均层高；

H——结构总高度；

h_i——第 i 层层高；

n——框架层数。

（2）采用简化法进行内力和位移计算时，为了考虑轴向变形和剪切变形对抗震墙刚度的影响，抗震墙刚度可以按定点位移相等的原则折算为竖向悬臂受弯构件的等效刚度。

①对于沿竖向刚度比较均匀的无洞口墙、整截面墙和整体小开口墙的等效刚度：

$$(EI_{eq})_i = \frac{E_c I_w}{1 + \frac{9\mu I_w}{A_w H^2}} \tag{27.2-4}$$

$$EI_{eq} = \sum_{j=1}^{m} (EI_{eq})_j \tag{27.2-5}$$

式中　$(EI_{eq})_j$—— 一片抗震墙的等效刚度；

E_c——混凝土的弹性模量；

I_w——无洞口墙的截面惯性矩，整截面墙的组合截面惯性矩，整体小开口墙的合截面惯性矩的 80%，当各层层高及惯性矩不同时，可取加权平均值，

$$I_w = \frac{\sum I_i h_i}{H} \tag{27.2-6}$$

A_w——无洞口墙的截面面积；整截面墙取折算截面面积，

$$A_w = \left[1 - 1.25\sqrt{\frac{A_{op}}{A_f}}\right] A$$

整体小开口墙取墙肢截面面积之和，

$$A_w = \sum_{i=1}^{m} A_i$$

A——墙截面毛面积（不包括框架柱）；

A_{op}——墙面洞口面积；

A_f——墙面总面积；

A_i——第 i 墙肢截面面积；

H——抗震墙总高度；

m——抗震墙片数；

μ——截面形状系数，矩形截面 $\mu=1.2$，工形截面 $\mu=A/A'$。A 为全截面面积，A'为腹板截面毛面积。

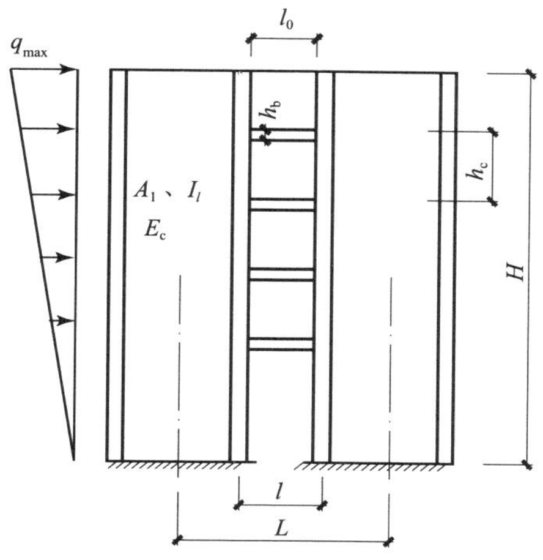

图 27.2-1　双肢墙

②由倒三角形分布荷载作用下求得的双肢墙等效刚度（图 27.2-1）为

$$EI_w = \frac{1}{\psi}(E_c I_1 + E_c I_2) \tag{27.2-7}$$

$$\psi = 1 - \frac{1}{\mu} + \frac{120}{11}\frac{1}{\mu a^2}\left[\frac{1}{3} - \frac{1 + \left(\frac{\alpha}{2} - \frac{1}{\alpha}\right)}{\alpha^2 \text{ch}\alpha}\text{sh}\alpha\right] \tag{27.2-8}$$

$$\alpha = \omega H \tag{27.2-9}$$

$$\omega^2 = \frac{12L\beta I_{b0}}{l^3 h_c(I_1 + I_2)}\left[L + \frac{(A_1 + A_2)(I_1 + I_2)}{A_1 A_2 L}\right] \tag{27.2-10}$$

$$\beta = \frac{1}{1 + 2.8\left(\frac{h_b}{l}\right)^2} \tag{27.2-11}$$

$$\overline{EI}_w = \sum_{i=1}^{n}(EI_w)_i h_i / H \tag{27.2-12}$$

$$EI_{eq} = \sum_{j=1}^{m}(\overline{EI}_w)_j \tag{27.2-13}$$

式中　EI_w——一片双肢墙的等效刚度；

$\overline{EI}_w$——一片双肢墙各层（EI_w）平均值；

A_1、A_2——双肢墙两墙肢的截面面积；

I_1、I_2——双肢墙两墙肢的截面惯性矩；

I_{b0}——连梁的截面惯性矩；

L——两墙肢截面形心间距离；

l——洞口边柱中心距，当洞口无柱时，$l=l_0+0.5h_b$；

h_b、l_0——分别为连梁的高度和净跨；

ψ——系数，可根据 α 和 μ 值由表 27.2－1 查得；

E_c——混凝土弹性模量。

表 27.2－1　ψ 值

α \ μ	1.0000	1.0500	1.1000	1.1500	1.2000	1.25000	1.3000	1.3500	1.4000	1.4500	1.5000
0.5	0.9110	0.9153	0.9191	0.9226	0.9259	0.9288	0.9316	0.9341	0.9364	0.9386	0.9407
1.0	0.7208	0.7341	0.7462	0.7572	0.7674	0.7767	0.7853	0.7932	0.8006	0.8073	0.8139
1.5	0.5376	0.5596	0.5796	0.5979	0.6147	0.6301	0.6443	0.6575	0.6697	0.6811	0.6917
2.0	0.3992	0.4278	0.4538	0.4776	0.4993	0.5194	0.5379	0.5550	0.5709	0.5857	0.5993
2.5	0.3021	0.3353	0.3655	0.3931	0.4184	0.4417	0.4631	0.4830	0.5105	0.5187	0.5347
3.0	0.2343	0.2708	0.3039	0.3342	0.3619	0.3875	0.4110	0.4328	0.4531	0.4719	0.4895
3.5	0.1862	0.2250	0.2602	0.2924	0.3218	0.3490	0.3740	0.3972	0.4187	0.4388	0.4575
4.0	0.1512	0.1916	0.2284	0.2619	0.2927	0.3210	0.3471	0.3713	0.3937	0.4146	0.4341
4.5	0.1250	0.1667	0.2046	0.2392	0.2709	0.3000	0.3270	0.3519	0.3750	0.3966	0.4167
5.0	0.1051	0.1477	0.1864	0.2218	0.2542	0.2841	0.3116	0.3371	0.3608	0.3828	0.4034
5.5	0.0895	0.1329	0.1723	0.2083	0.2412	0.2716	0.2996	0.3256	0.3496	0.3721	0.3930
6.0	0.0771	0.1211	0.1610	0.1975	0.2309	0.2617	0.2901	0.3164	0.3408	0.3635	0.3847
6.5	0.0671	0.1116	0.1519	0.1888	0.2226	0.2537	0.2824	0.3090	0.3337	0.3566	0.3781
7.0	0.0589	0.1038	0.1445	0.1817	0.2158	0.2472	0.2761	0.3029	0.3278	0.3510	0.3726
7.5	0.0522	0.0973	0.1383	0.1758	0.2101	0.2417	0.2709	0.2979	0.3230	0.3463	0.3681
8.0	0.0465	0.0919	0.1332	0.1709	0.2054	0.2372	0.2665	0.2937	0.3189	0.3421	0.3643
8.5	0.0417	0.0873	0.1288	0.1667	0.2014	0.2334	0.2628	0.2901	0.3153	0.3391	0.3611
9.0	0.0376	0.0834	0.1251	0.1631	0.1980	0.2301	0.2597	0.2871	0.3126	0.3363	0.3581
9.5	0.0341	0.0801	0.1219	0.1601	0.1951	0.2273	0.2570	0.2845	0.3101	0.3338	0.3560
10.0	0.0310	0.0772	0.1191	0.1574	0.1925	0.2248	0.2546	0.2822	0.3079	0.3317	0.3540

27.2.3　地震作用内力调整

（1）规则的框墙结构中，任一层框架部分按协同工作分析的地震剪力，不应小于结构底部总地震剪力 V_0 的 20%或框架部分各层按协同工作分析的地震剪力最大值 $V_{f,max}$ 的 1.5 倍二者的较小值。

如果建筑为阶梯形，沿竖向刚度变化较大时，不能直接用上述方法求框架所承担的最小地震剪力。可近似把各变刚度层作为相邻上部一段楼层的基底，然后再按上述方法分段计算各楼层的最小地震剪力值。

（2）按振型分解反应谱法计算时，调整应在振型组合之后进行。

（3）各层框架总剪力调整后，按调整前后的比例对应调整各柱和梁的剪力和端部弯矩；柱轴向力不调整。

（4）双肢抗震墙中，墙肢不宜出现小偏心受拉；当任一墙肢为偏心受拉时，另一墙肢的剪力设计值、弯矩设计值应乘以增大系数 1.25。

（5）一级抗震墙底部加强部位以上部位，墙肢的组合弯矩设计值应乘以增大系数，其值可采用 1.2；剪力相应调整，剪力增大系数可取为 1.3。

27.3　截面设计和构造措施

27.3.1　一般要求

（1）房屋顶层抗震墙、长矩形平面房屋的楼电梯间抗震墙、端山墙和端开间纵向墙的抗震墙、抗震墙底部加强区是抗震墙加强部位，应按第 26 章有关要求设计。

抗震墙底部加强部位的高度：房屋高度大于 24m 时可取底部两层和墙体总高度的 1/10 二者的较大值；房屋高度不大于 24m 时可取底部一层。

底部加强部位的高度从地下室顶板算起；当结构计算嵌固端位于地下一层的底板或以下时，底部加强部位尚宜向下延伸到计算嵌固端。

（2）抗震墙的混凝土强度等级不应低于 C25，墙体厚度不应小于 160mm，且不宜小于层高或无支长度的 1/20，底部加强部位的抗震墙厚度不应小于 200mm 且不宜小于层高或无支长度的 1/16，有边框的抗震墙，端柱截面宜与同层框架柱相同，并满足第 25 章对框架柱的要求；抗震墙底部加强部位的端柱和紧靠抗震墙洞口的端柱宜按柱箍筋加密区的要求沿全高加密箍筋。边框梁可保留框架梁，亦可做成宽度与墙厚相同的暗梁，暗梁截面高度不宜小于 400mm 和墙厚的较大值。

（3）框墙结构采用装配式楼板时，应每层设配筋现浇层。

（4）抗震墙应进行斜截面受剪、偏心受压或偏心受拉、竖向荷载轴心受压的承载力验算。

（5）框墙结构中的框架部分的截面设计和构造措施应符合第 25 章有关要求，抗震墙部分的截面设计和构造措施除本章规定外尚应符合第 26 章有关要求。

27.3.2　截面验算

（1）整体小开口抗震墙有边长超过 800mm 的洞口，且洞口满足式（27.3－1）时，洞口每边的配筋可按下列方法验算。

$$\sqrt{\frac{A_{op}}{A_f}} \leqslant 0.40 \tag{27.3-1}$$

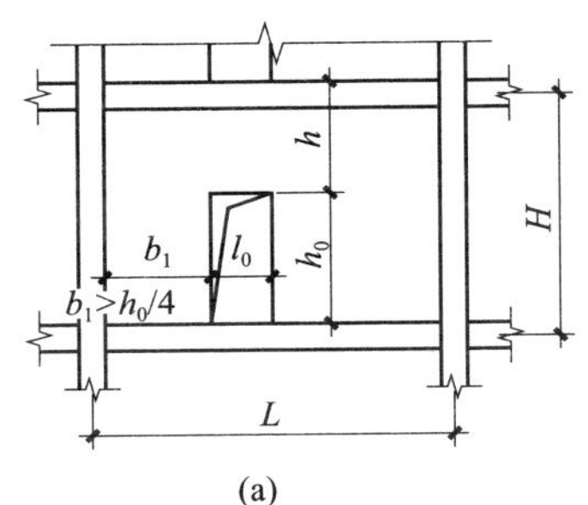

(a)

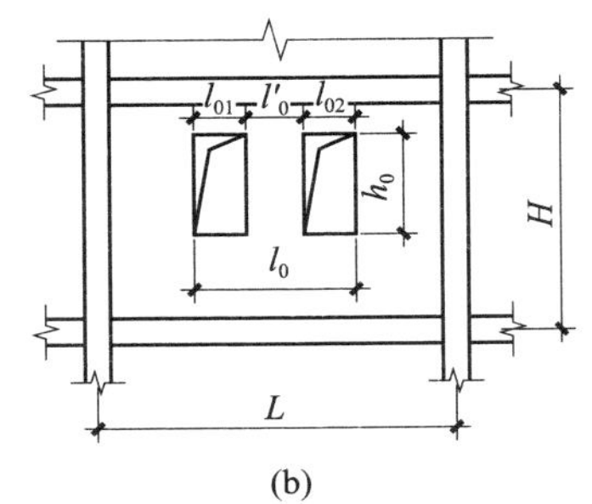

(b)

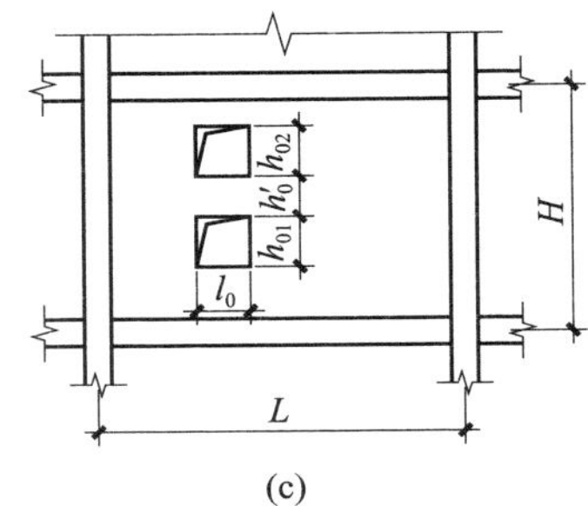

(c)

图 27.3－1　整体小开口抗震墙

式中　A_{op}——墙面洞口面积；

A_f——墙面总面积。

①单洞口（图 27.3－1a）：

$$T_v = \frac{\gamma h_0}{2(L - l_0)} V_w \tag{27.3-2}$$

$$T_h = \frac{\gamma h_0}{2(H - h_0)} \frac{H}{L} V_w \tag{27.3-3}$$

$$T_v \leqslant \frac{1}{\gamma_{RE}} A_{sv} f_y \tag{27.3-4}$$

$$T_h \leqslant \frac{1}{\gamma_{RE}} A_{sh} f_y \tag{27.3-5}$$

$$\gamma = 1 - \frac{l_0}{L} \quad 和 \quad 1 - \sqrt{\frac{l_0 h_0}{LH}} \quad 的较小值 \tag{27.3-6}$$

式中　T_v——洞口每边竖向拉力设计值；

T_h——洞口每边水平拉力设计值；

V_w——抗震墙组合的剪力设计值，应按实际配筋承载力；

γ——洞口对墙承载力降低系数；

γ_{RE}——取值为 0.85；

A_{sv}、A_{sh}——分别为洞口每边竖向和水平向钢筋面积。

②水平双洞口（图 27.3－1b）：

当 $l'_0 \leqslant 0.75h_0$ 时，按两洞口合并成一洞口考虑，计算时不考虑两洞口之间的墙肢，其两侧按构造配竖向筋。

按公式（27.3－1）至式（27.3－5）验算，但取

$$\gamma = 1 - \frac{l_{01} + l_{02}}{L} \quad 和 \quad 1 - \sqrt{\frac{\left(\frac{l_{01} + l_{02}}{L}\right) h_0}{LH}} \quad 的较小值 \tag{27.3-7}$$

当 $l'_0 > 0.75h_0$ 时，按双洞口验算。

$$T_{\mathrm{v}}=\frac{\gamma h_0}{2(L-l_{01}-l_{02})}V_{\mathrm{w}} \tag{27.3-8}$$

$$T_{\mathrm{h}}=\frac{\gamma l_0}{2(H-h_0)}\frac{H}{L}V_{\mathrm{w}} \tag{27.3-9}$$

其他按式（26.3－4）、式（26.3－5）和式（26.3－6）计算。

③竖向双洞口（图 27.3－1c）：

当 $h_0'\leqslant 0.75l_0$ 时，两洞口合并成一洞口，按公式（27.3－2）至式（27.3－5）验算，但取

$$\gamma=1-\frac{l_0}{L}\quad 和\quad 1-\sqrt{\frac{(h_{01}+h_{02})l_0}{LH}}\quad 的较小值 \tag{27.3-10}$$

当 $h_0'>0.75l_0$ 时，按双洞口验算。

$$T_{\mathrm{v}}=\frac{\gamma h_{01}(或\ \gamma h_{02})}{2(L-l_0)}V_{\mathrm{w}} \tag{27.3-11}$$

$$T_{\mathrm{h}}=\frac{\gamma l_0}{2(H-h_{01}-h_{02})}\frac{H}{L}V_{\mathrm{w}} \tag{27.3-12}$$

其他按公式（27.3－4）、式（27.3－5）和式（27.3－10）计算。

（2）抗震墙连梁或框架梁，当通行管道开有洞口时，洞口设置应满足图 27.3－2 要求，并按下列组合的内力设计值验算截面抗震承载力：

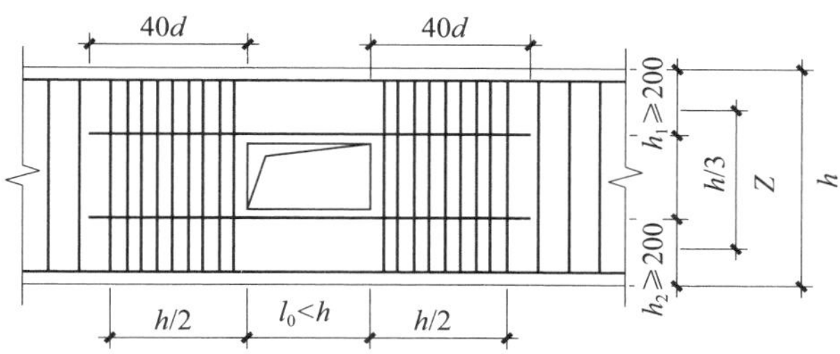

图 27.3－2　开有洞口的梁

$$V_1=\frac{h_1^3}{h_1^3+h_2^3}\eta_{\mathrm{v}}V_{\mathrm{b}} \tag{27.3-13}$$

$$V_1=\frac{h_2^3}{h_1^3+h_2^3}\eta_{\mathrm{v}}V_{\mathrm{b}} \tag{27.3-14}$$

$$M_1=V_1\frac{l_{\mathrm{n}}}{2} \tag{27.3-15}$$

$$M_2=V_2\frac{l_{\mathrm{n}}}{2} \tag{27.3-16}$$

$$N_1=N_2=\frac{M_{\mathrm{b}}}{Z} \tag{27.3-17}$$

式中　V_b、M_b——分别为洞口处连梁的组合的剪力和弯矩设计值；

V_1、V_2——分别为洞口上部及下部小梁的组合剪力设计值；

M_1、M_2——分别为洞口上部及下部小梁的组合弯矩设计值；

N_1、N_2——分别为洞口上部及下部小梁的组合轴力设计值；

Z——洞口处上下小梁间中心距；

η_v——剪力增大系数，一二级时 $\eta_v = 1.5$，三四级时 $\eta_v = 1.2$。

（3）连梁截面，以及连梁或框架梁上洞口处小梁截面，应符合下列公式要求：

$$\text{当 } l_0/h > \begin{matrix} 2.5(\text{连梁}) \\ 1.5(\text{小梁}) \end{matrix} \text{ 时，} V_b \leqslant \frac{1}{\gamma_{RE}}(0.2\beta_c f_c b_b h_{b0}) \tag{27.3-18}$$

$$\text{当 } l_0/h \leqslant \begin{matrix} 2.5(\text{连梁}) \\ 1.5(\text{小梁}) \end{matrix} \text{ 时，} V_b \leqslant \frac{1}{\gamma_{RE}}(0.15\beta_c f_c b_b h_{b0}) \tag{27.3-19}$$

式中　V_b——连梁或洞口处上、下小梁组合的剪力设计值；

b_b——连梁或洞口处上、下小梁的截面宽度；

h_{b0}——连梁或洞口处上、下小梁的截面有效高度；

l_0、h——连梁或洞口处小梁净跨和截面高度。

（4）抗震墙和连梁截面承载力验算见第 26 章抗震墙结构第 26.3 节截面验算有关部分。

27.3.3　构造措施

（1）周边有现浇梁柱的抗震墙，柱纵向钢筋设置应满足第 25 章有关要求，抗震墙边柱的轴压比限值同框架柱，在计算边柱的轴压比时，应考虑抗震墙的作用，柱箍筋设置沿层高全高加密。

梁的钢筋可按第 25 章有关构造要求配置，箍筋应按加密区要求全跨加密布置。当抗震墙的端柱在门洞边形成独立柱时，沿端柱全高的箍筋宜符合框架柱端加密区的配箍要求；并按轴压比求柱配箍率。

（2）抗震墙墙体中竖向和横向分布钢筋应双排配置，配筋率均不应小于 0.25%，直径不应小于 10mm，间距不应大于 300mm。双排分布钢筋之间应设置直径不小于 6mm、间距不大于 600mm 的拉筋（图 27.3-3）。

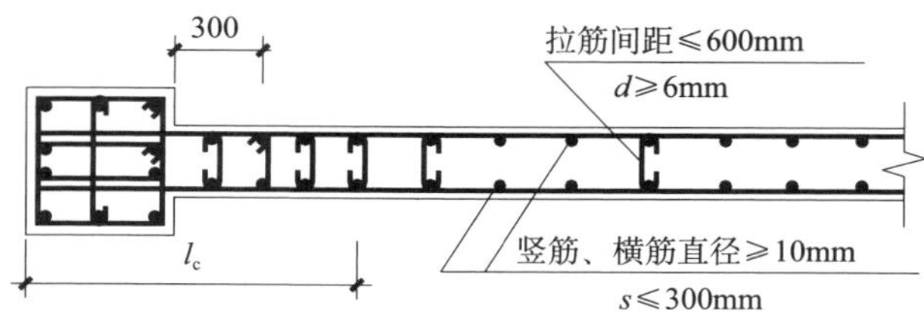

图 27.3-3　抗震墙墙体中钢筋布置

（3）抗震墙墙体上开有边长小于 800mm 的小洞口时，应将洞口范围内被截断的分布钢筋按等截面面积加配在洞口左右和上下边，这些补强钢筋的锚固长度应伸过洞口边不小于 40d。

（4）图 27.3－2 所示的小洞口上下的梁，除按计算确定外，配筋应满足下列构造要求：

①洞口小梁沿全长箍筋应按框架梁梁端加密区箍筋构造要求设置，且延伸到洞口以外各 $h/2$ 范围内。

②洞口小梁纵向钢筋伸入洞边的锚固长度不应小于 40d。上部小梁的上部钢筋和下部小梁的下部钢筋不应小于按整体梁考虑时的钢筋量，当小于整体梁的钢筋量时，可在洞口范围内另加钢筋，其伸入洞边的锚固长度不应小于 40d。

（5）用于框墙结构装配式楼盖的现浇层厚度不应小于 50mm，混凝土强度等级不应低于 C25，并应双向配置直径≥ϕ6mm、间距 150~250mm 的钢筋网，钢筋网应计算确定并锚入梁或抗震墙内。

预制空心板应均匀排列，板缝拉开的宽度不宜小于 40mm，大于 40mm 的板缝内应配钢筋，灌缝的混凝土强度等级不应低于 C25（图 27.3－4a）。

预制空心板搁置在抗震墙和梁上最小长度为 35mm，贯通楼板的墙截面面积不应小于总截面面积的 60%，预制空心板端应留出钢筋，长度不应小于 100mm，缝内设置 1ϕ8 的通长钢筋，板孔端头应留出不小于 50mm 空腔，空腔内用不低于 C25 的细石混凝土浇灌密实。

当采用预应力混凝土薄板叠合楼板或预制混凝土双钢筋或冷轧扭钢筋薄板叠合楼板时，预制板搭梁或墙上的长度一般为 20mm，现浇叠合层考虑铺设电气管线厚度不宜小于 100mm，板筋伸出板端锚入梁或墙内（图 27.3－4b）。

抗震等级为一级时，应采用现浇楼、屋盖。

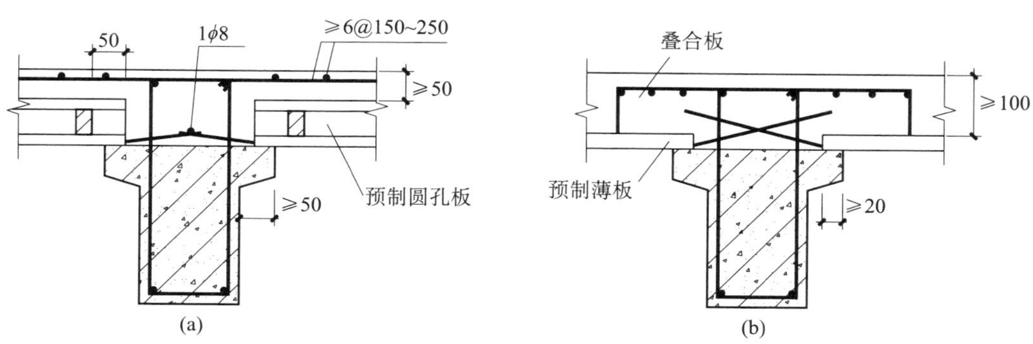

图 27.3－4　叠合板（用于二、三、四级）

（a）预制圆孔板；（b）预制薄板

第 28 章　底部大空间抗震墙结构房屋

28.1　一 般 原 则

28.1.1　适用范围及结构特点

（1）底部大空间抗震墙结构，系指上部为抗震墙结构，底部数层为落地抗震墙或筒体和支承上部抗震墙的框架（简称框支）组成的协同工作结构体系。这种结构类型由于底部有较大的空间，能适用于各种建筑的使用功能要求，因此，目前广泛应用于底部为商店、餐厅、车库、机房等用途、上部为住宅、公寓、饭店和综合楼等高层建筑。

（2）底部大空间抗震墙结构，从底部平面布置可以分为下列三种类型：

①上部楼层与底部大空间建筑外形尺寸基本一致的一般底部大空间抗震墙结构（图 28.1－1）。

②上部楼层与底部大空间建筑平面外形尺不一致，底部在高层主楼的一侧或两边具有多层裙房的底部大空间抗震墙结构（图 28.1－2）。

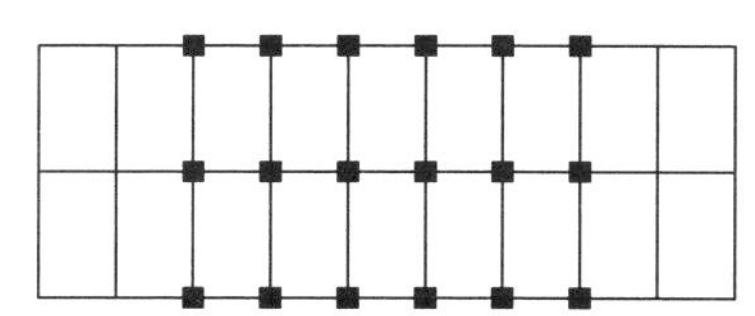

图 28.1－1　一般底部大空间抗震墙结构

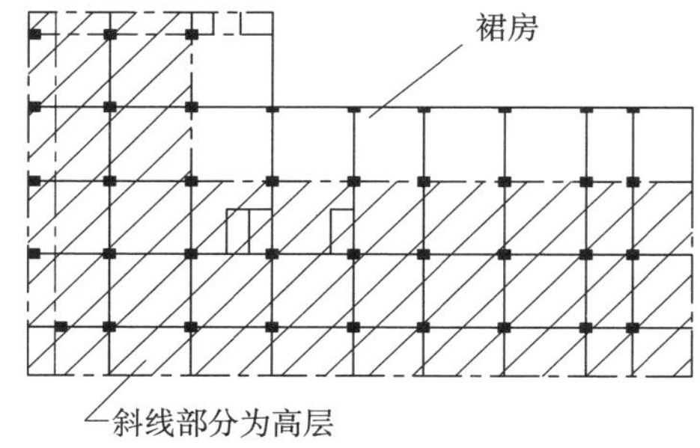

图 28.1－2　周边有裙房底部大空间抗震墙结构

③底部有多层裙房，上部有两个或多个高层塔楼的大底盘大空间抗震墙结构（图28.1－3）。

（3）底部大空间抗震墙结构，从抗震墙布置可分为下列三类：

①底部由落地抗震墙或筒体和框架组成大空间，上部为一般抗震墙的底部大空间抗震墙结构（图 28.1－4）。

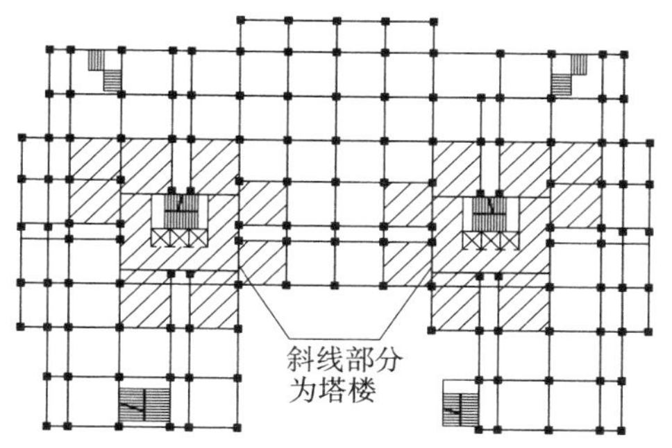

图 28.1-3　多塔楼大底盘大空间抗震墙结构

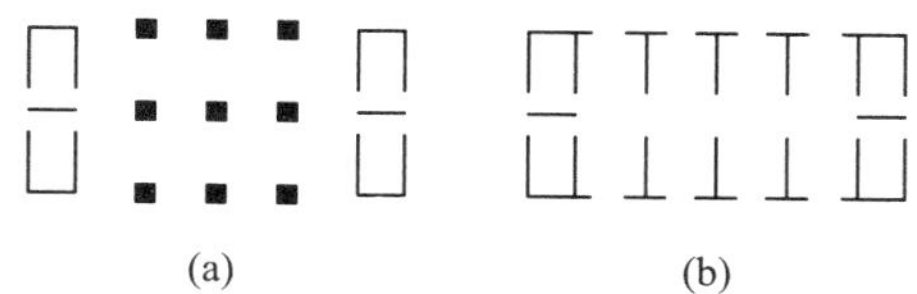

图 28.1-4　底部大空间抗震墙结构
(a) 底部；(b) 上部

②底部由落地筒体、少数横墙和框架组成大空间，上部为筒体、小开间或大开间横墙、少纵墙组成的底部大空间上部少纵墙抗震墙结构（图 28.1-5）。

③底部由高层部分的落地抗震墙、筒体、框架和裙房的框架、抗震墙组成底部大底盘大空间，上部塔楼为一般抗震墙的大底盘抗震墙结构（图 28.1-6）。

(4) 中国建筑科学研究院在原有研究的基础上，研究了转换层高度对框支抗震墙结构抗震性能的影响，研究得出，转换层位

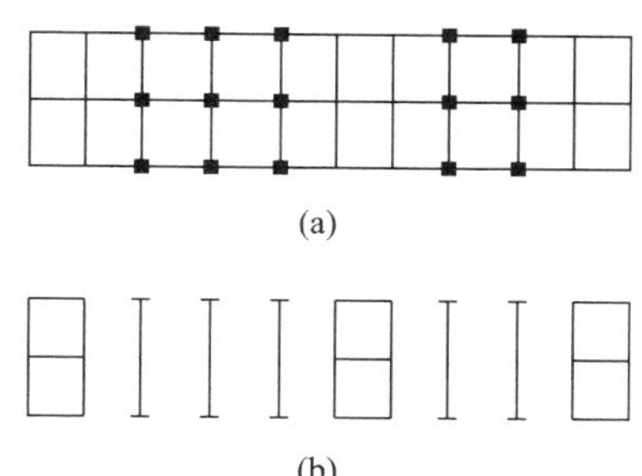

图 28.1-5　底部大空间上部少纵墙抗震墙结构
(a) 底部；(b) 上部

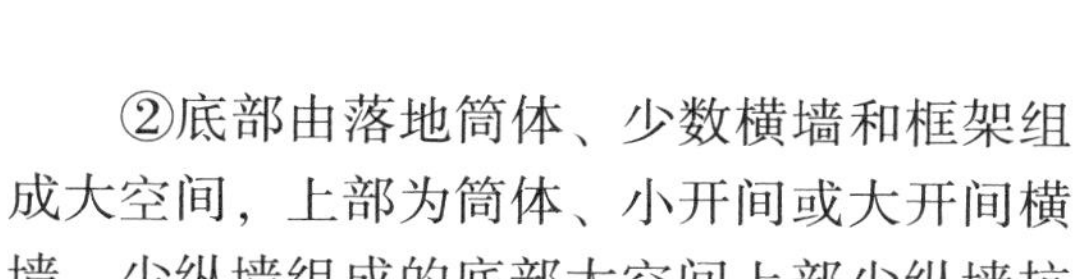

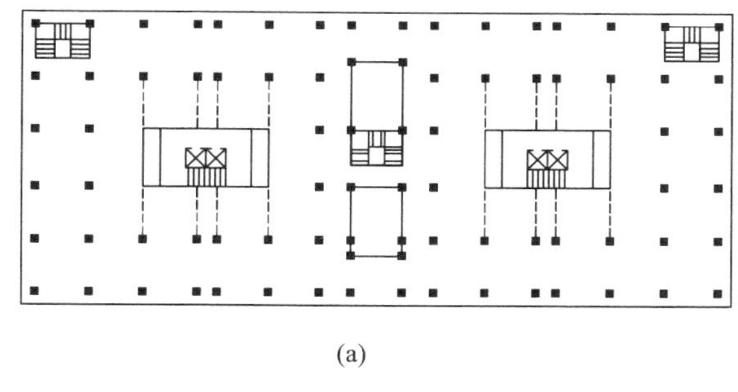

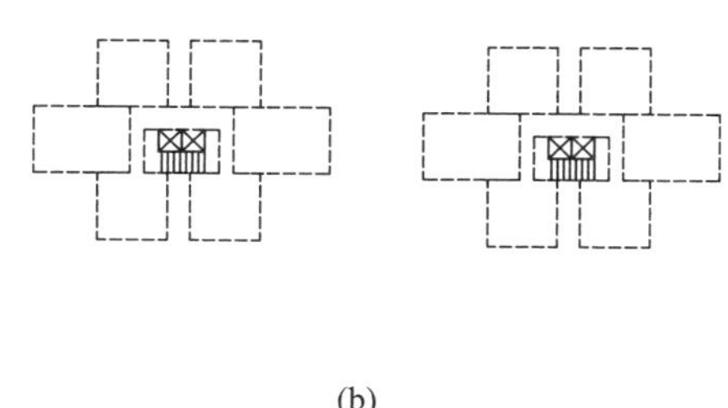

图 28.1-6　多塔楼大地盘抗震墙结构
(a) 底部；(b) 上部

置较高时，易使框支抗震墙结构在转换层附近的刚度、内力和传力途径发生突变，并易形成薄弱层，其抗震设计概念与底部一至二层框支抗震墙结构有较大差别。转换层位置较高时，转换层下部的落地抗震墙及框支结构易于开裂和屈服，转换上部几层墙体易于破坏。

带转换层的底层大空间抗震墙结构，9 度区不应采用，8 度区转换层以下不宜超过 3 层，7 度区转换层以下不宜超过 5 层。转换层设置位置超过上述规定时，应作专门分析研究并采

取有效措施，避免框支层破坏。

28.1.2　结构布置

（1）结构上部楼层部分竖向构件（抗震墙、框架柱）不能直接连续贯通落地时，应设置结构转换层，在结构转换层布置转换结构构件。转换结构构件可采用梁、桁架、空腹桁架、箱形结构、斜撑等。

（2）带转换层的高层建筑结构布置应符合以下要求：

①底部落地抗震墙和筒体为满足刚度需要可增加厚度。必要时可在底部楼层周边增设部分抗震墙。

②框支柱周围楼板不应错层布置。

③落地抗震墙和筒体的洞口宜布置在墙体的中部。

④框支抗震墙转换梁上一层墙体内不宜设边门洞，不宜在框支中柱上方设门洞。

⑤落地抗震墙的间距 l 宜符合以下规定：

底部为 1~2 层框支层时：$l \leqslant 2B$ 且 $l \leqslant 24\text{m}$。

底部为 3 层及 3 层以上框支层时：$l \leqslant 1.5B$ 且 $l \leqslant 20\text{m}$。

其中 B 为落地墙之间楼盖的平均宽度。

⑥落地抗震墙与相邻框支柱的距离，1~2 层框支层时不宜大于 12m，3 层及 3 层以上框支层时不宜大于 10m。

（3）底部大空间抗震墙结构，转换层上部结构与下部结构的侧向刚度应符合下列规定：

①当转换层设置在 1、2 层时，可近似采用转换层与其相邻上层结构的等效剪切刚度比 γ_{e1} 表示转换层上下结构刚度的变化，γ_{e1} 宜接近 1，抗震时 γ_{e1} 不应小于 0.5，γ_{e1} 可按下列公式计算：

$$\gamma_{e1} = \frac{G_1 A_1}{G_2 A_2} \times \frac{h_2}{h_1} \tag{28.1-1}$$

$$A_i = A_{w,i} + \sum_j C_{i,j} A_{ci,j} \quad (i = 1, 2) \tag{28.1-2}$$

$$C_{i,j} = 2.5\left(\frac{h_{ci,j}}{h_i}\right)^2 \tag{28.1-3}$$

式中　G_1、G_2——分别为转换层及转换层上层的混凝土剪变模量；

A_1、A_2——分别为转换层及转换层上层的折算抗剪截面积，可按式（28.1-2）计算；

$A_{w,i}$——第 i 层全部剪力墙在所计算的方向上，抗震墙有效截面面积（不包括翼缘面积）；

$A_{ci,j}$——第 i 层第 j 根柱的截面面积；

h_i——第 i 层的层高；

$h_{ci,j}$——第 i 层第 j 根柱沿计算方向的截面高度；

$C_{ci,j}$——第 i 层第 j 根柱截面面积折算系数，当计算值大于 1 时取 1。

②当转换层设置在第 2 层以上时，按《高规》3.5.2-1 公式计算的转换层与其相邻上

层的侧向刚度比不应小于 0.6。

③当转换层设置在第 2 层以上时，尚宜采用图 28.1－7 所示的计算模型按公式（28.1－4）计算转换层下部结构与上部结构的等效侧向刚度比 γ_{e2}。γ_{e2}宜接近 1，抗震设计时 γ_{e2}不应小于 0.8：

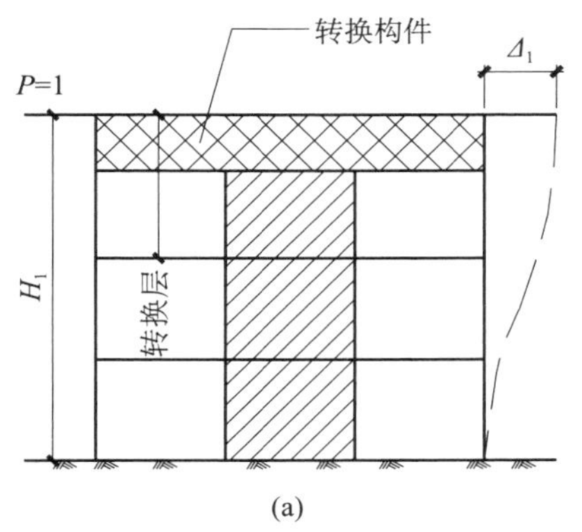

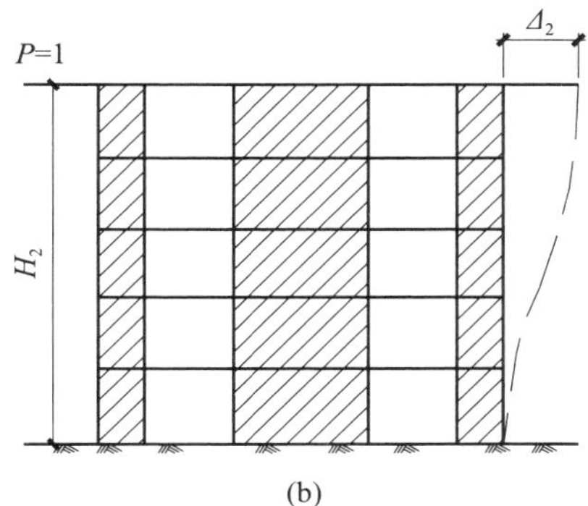

图 28.1－7　转换层上下等效侧向刚度计算模型

（a）计算模型 1：转换层及下部结构；（b）计算模型 2：转换层上部结构

$$\gamma_{e2}=\frac{\Delta_2 H_1}{\Delta_1 H_2} \tag{28.1-4}$$

式中　γ_{e2}——转换层下部结构与上部结构的等效侧向刚度比；

H_1——转换层及其下部结构（计算模型 1）的高度；

Δ_1——转换层及其下部结构（计算模型 1）在顶部单位水平力作用下的位移；

H_2——转换层上部抗震墙结构（计算模型 2）的高度，应与转换层及其下部结构的高度相等或接近 H_1；且不大于 H_1；

Δ_2——转换层上部抗震墙结构（计算模型 2）在顶部单位水平力作用下的位移。

（4）底部大空间抗震墙结构的转换层，是此类结构的关键部位：为使上部楼层剪力可靠地传递到底部落地抗震墙或落地筒体。转换层应设计成整体性好、传力明确直接、有足够的承载力的形式。设防烈度为 7 度及 7 度以上时宜避免错位转换。

（5）底部大空间抗震墙结构，框支层与上部抗震墙的交接，当转换层采用了梁板式结构时，横向上部抗震墙一般应落在框支横梁上，纵向上部抗震墙宜直接落在纵向框支梁上；当不能直接落在框支梁上时，应根据工程具体情况，采用传力直接、构造简单和受力明确的方案，并将传递给水平转换构件的地震内力乘以 1.25~2.0 的增大系数。

（6）楼梯间、电梯间一般宜布置在落地封闭筒体内，不宜布置在底部为大空间的部位。

（7）底部大空间楼层落地抗震墙或筒体上的洞口宜设置在中间区段，避免靠近端部布置洞口。

（8）框支层框支梁上方相邻层墙体不宜设边门洞，当必须有边门洞时，应在外墙设置翼缘墙，同时应加强框支梁的受剪承载力，必要时框支梁可加腋（图 28.1－8），框支中柱上方墙体不应设置门洞口。为满足框支梁的剪压比，把框支梁加宽比加腋更有效。

（9）底部大空间抗震墙框支层以上的抗震墙布置要求，见第 26 章。

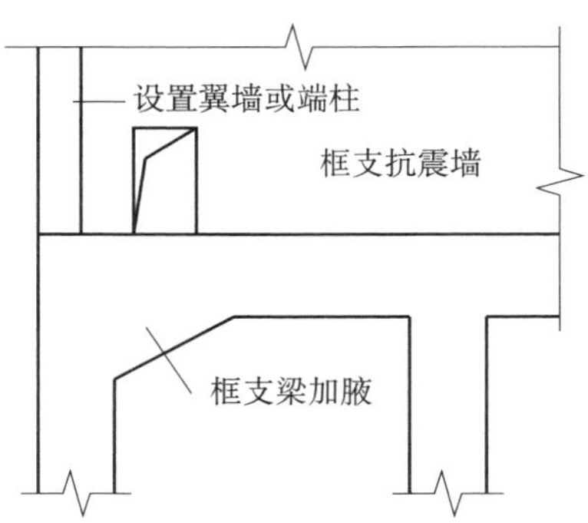

图 28.1－8 框支梁上墙体有边门洞时，洞边墙体的构造措施

28.2 内力和位移分析

28.2.1 一般原则

（1）带转换层的底部大空间抗震墙结构，内力和位移分析应符合下列要求：

①按弹性方法，应采用合适的计算模型按三维空间分析方法进行整体内力和位移计算。

②抗震计算时，宜考虑平扭耦连计算结构的扭转效应，振型数不应小于 15，对上部为多塔楼结构的振型数不应小于塔楼数的 9 倍。

③应采用弹性时程分析法进行补充计算。

④采用有限元方法对转换层结构进行局部补充计算时，转换结构以上至少取 2 层结构计入局部计算模型，同时应计入转换层和所有楼层楼盖平面内刚度。

⑤必要时宜采用弹塑性静力或动力分析方法验算薄弱层弹塑性变形。

（2）带转换层的高层建筑结构，7 度（0.15g）、8 度抗震设计时转换构件应考虑竖向地震的影响，其值分别取构件重力荷载代表值的 8%（7 度 0.15g）、10%（8 度）、15%（8 度 0.30g）。

（3）设防烈度为 7 度及 7 度以上，转换层上部的竖向抗侧力构件（墙、柱）宜直接落在转换构件上。当设防烈度为 6 度及以上，且结构竖向布置复杂，框支主梁承托抗震墙并承托转换次梁及其上抗震墙时，应按 28.1.2 节的第（5）条乘增大系数后进行应力分析，按应力校核配筋，并加强构造措施。

28.2.2 地震作用下内力调整

（1）框支层框架在地震作用下，框架柱的最上端与最下端将出现塑性铰，为了推迟塑性铰的出现，特别是与框支梁相连的柱端，需要加强柱端的受弯承载力，也就是增大柱截面组合的弯矩设计值。框支框架为一级时，顶层柱上端和底层柱下端的弯矩增大系数均取

1.5，二级时弯矩增大系数均取 1.25；中间层节点可按一、二级框架节点的“强柱弱梁”要求进行设计；框支柱为角柱时还应乘以不小于 1.1 的弯矩增大系数；在地震作用下由于落地抗震墙刚度退化，将增大框支柱的地震作用，一、二级框支柱由地震作用引起的附加（或减小）轴力可能为 50%或 20%；柱截面纵筋应按调整后的弯矩和轴力最不利情况进行设计；计算框支柱的轴压比可不考虑轴力增大；框支柱均应按考虑强剪弱弯调整后的柱弯矩进行剪力计算及斜截面设计。

（2）框支柱的最小地震剪力按下列规定：

①每层框支柱的数目不多于 10 根时，当底部框支层为 1~2 层时，每根柱所受的剪力应至少取结构基底剪力的 2%；当底部框支层为 3 层及 3 层以上时，每根柱所受的剪力应至少取结构基底剪力的 3%。

②每层框支柱的数目多于 10 根时，当底部框支层为 1~2 层时，每层框支柱承受剪力之和应至少取结构基底剪力的 20%；当框支层为 3 层及 3 层以上时，每层框支柱承受剪力之和应至少取结构基底剪力的 30%。

（3）特一级、一、二、三级落地抗震墙底部加强部位的弯矩设计值应按墙底截面有地震作用组合的弯矩值乘以增大系数 1.8，1.5，1.3，1.1 采用；其剪力设计值应按本篇第 26 章 26.2.3 节（1）进行调整。落地抗震墙墙肢不宜出现偏心受拉。

28.3　截面设计和构造措施

28.3.1　一般规定

（1）带转换层的高层建筑结构的抗震等级应符合第 24 章的规定；转换层的位置设置在 3 层及 3 层以上时，其框支柱、抗震墙（筒体）底部加强部位的抗震等级均宜按第 24 章表 24.1－5 的规定提高一级采用。

（2）转换层楼面必须采用现浇楼板，其混凝土强度等级不应低于 C30，板厚宜不小于 180mm，并应采用双层双向配筋，且每层每个方向的配筋率不应小于 0.25%。框支梁、框支柱的混凝土强度等级均不应低于 C30。

（3）框支梁设计尚应符合下列要求：

①框支梁与框支柱截面中线宜重合。

②框支梁截面宽度 b_b 不宜小于上层墙体厚度的 2 倍，且不宜小于 400mm，当梁上托柱时，尚不应小于梁宽方向的柱截面边长。梁截面高度 h_b 抗震设计时不应小于计算跨度的 1/8。

③框支梁截面组合的最大剪力设计值应符合下列条件：

有地震作用组合时

$$V \leq \frac{1}{\gamma_{RE}}(0.15\beta_c f_c b h_0) \qquad (28.3-1)$$

④当框支梁上部的墙体开有门洞或梁上托柱时，该部位框支梁的箍筋应加密配置，箍筋直径、间距及配箍率不应低于 28.3.2 节（2）③条的规定。

⑤转换梁纵向钢筋接头宜采用机械连接，同一连接区段内接头钢筋截面面积不应超过全部纵筋截面面积的 50%，接头位置应避开上部墙体开洞部位、梁上托柱部位及受力较大部位。

⑥梁上、下纵向钢筋和腰筋的锚固宜符合图 28.3－1 的要求；当梁上部配置多排纵向钢筋时，其内排钢筋锚入柱内的长度可适当减小，但不应小于钢筋锚固长度 l_{aE}。

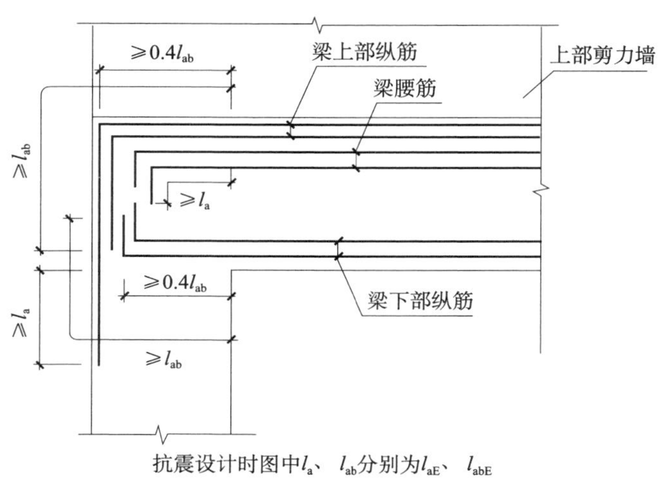

图 28.3－1 框支梁主筋和腰筋的锚固

⑦框支梁不宜开洞。若需开洞时，洞口位置宜远离框支柱边，上、下弦杆应按计算确定受弯及受剪配筋。洞口高度限值及内力计算参见本篇第 27 章 27.3.2 节内容。

⑧框支柱端加密箍筋应延伸到框支梁及柱根嵌固部位节点内。

（4）框支柱设计尚应符合下列要求：

①框支柱截面的组合最大剪力设计值应符合下列条件：

$$V \leqslant \frac{1}{\gamma_{RE}}(0.15\beta_c f_c b h_0) \tag{28.3-2}$$

②柱截面宽度，不应小于 450mm；柱截面高度，不宜小于框支梁跨度的 1/12。

③一、二级框支层的柱上端和底层的柱下端截面的弯矩组合值应分别乘以增大系数 1.5、1.3；其他层柱端弯矩设计值应符合第 25 章的有关规定。

④一、二级框支柱由地震作用引起的轴力应分别乘以增大系数 1.5、1.2，但计算柱轴压比时不宜考虑该增大系数。

⑤纵向钢筋间距，不宜大于 200mm；且不应小于 80mm。柱内全部纵向钢筋配筋率不宜大于 4.0%。

⑥框支柱在上部墙体范围内的纵向钢筋应伸入上部墙体内不少于一层，其余柱筋应锚入梁内或板内。锚入梁内的钢筋长度，从柱边算起不应小于 l_{aE}。

（5）带转换层的高层建筑结构，抗震墙底部加强部位可取框支层加上框支层以上两层的高度及墙肢总高度的 1/10 二者的较大值。

（6）框支抗震墙结构抗震墙底部加强部位，墙体两端宜设置翼墙或端柱，并应按第 26

章的规定设置约束边缘构件。

（7）落地抗震墙基础应有良好的整体性和抗转动的能力。

（8）转换层楼板厚度不宜小于 180mm，每层每个方向的配筋率不宜小于 0.25%，楼板中钢筋应锚固在边梁或墙体内；落地抗震墙和筒体外周围的楼板不宜开洞。楼板边缘和较大洞口周边应设置边梁，其宽度不宜小于板厚的 2 倍，纵向钢筋配筋率不应小于 1.0%，钢筋接头宜采用机械连接或焊接。与转换层相邻楼层的楼板也应适当加强。

28.3.2　截面验算及构造措施

（1）框支梁的截面验算见第 25 章框架梁的截面验算：当小偏受拉及为抗拉设预应力钢筋时，截面验算见《混凝土结构设计规范》（GB 50010—2010）。

（2）框支梁构造应符合下列要求：

①梁上、下部纵筋的最小配筋率，一、二级分别不应小于 0.50%、0.40%；框支上、下部纵向钢筋及腰筋在框支柱锚固要求见图 28.3－1。

②偏心受拉的框支梁，其支座上部纵筋至少应有 50%沿梁全长贯通，下部纵筋应全部直通到柱内；沿梁高应配置间距不大于 200mm、直径不小于 16mm 的腰筋。

③框支梁支座处（离柱边 $1.5h_b$ 范围内）箍筋应加密，加密区箍筋直径不应小于 10mm，间距不应大于 100mm，加密区箍筋最小面积配箍率，一、二级分别不应小于 $1.2f_t/f_{yv}$、$1.1f_t/f_{yv}$。

（3）框支柱的截面验算见第 25 章框架柱的截面验算。

（4）框支柱的构造应符合下列要求：

①一、二级框支柱纵筋最小总配筋率分别不应小于 1.1%和 0.9%（对于Ⅳ类场地土的高层建筑，上述数值应增加 0.1，当采用 335MPa 和 400MPa 级纵向钢筋时上述数值应分别增加 0.1 和 0.05，当混凝土强度等级高于 C60 时，上述数值应增加 0.1 采用），一级且剪跨比不大于 2 的柱，每侧纵向受拉钢筋的配筋率应大于 1.2%。框支柱上端纵筋锚入框支梁及板内应有足够锚固长度，并应设加密箍筋。

②框支柱的箍筋加密区范围取全高，当剪跨比不大于 2 时，箍筋间距不应大于 100mm，剪跨比大于 2 时，箍筋间距及最小直径同一般框架柱。柱箍筋肢距不宜大于 200mm。

③一、二级框支柱轴压比限值分别不宜大于 0.6 和 0.7。剪跨比不大于 2 时，分别取 0.55 和 0.65。为满足轴压比限值，特一级及一级框支往宜采用内加芯柱构造。

④框支柱宜采用复合螺旋箍或井字复合箍，剪跨比不大于 2 的框支柱宜采用内加芯柱的构造措施。箍筋直径不应小于 10mm。

⑤框支柱的最小配箍特征值 λ_v。

表 28.3-1　框支柱箍筋加密区的箍筋最小配箍特征值 λ_v

	箍筋形式	轴压比						
		0.3	0.4	0.5	0.6	0.7	0.8	0.85
一级	井字复合箍	0.12	0.13	0.15	0.17	0.19	0.22	0.24
	螺旋箍复合或连续复合矩形螺旋箍	0.10	0.11	0.13	0.15	0.17	0.20	0.22
二级	井字复合箍	0.10	0.11	0.13	0.15	0.17	0.19	0.20
	螺旋箍复合或连续复合矩形螺旋箍	0.08	0.09	0.11	0.13	0.15	0.17	0.18
体积配箍率 ρ_v 不应小于 1.5%								

⑥框支柱节点区水平箍筋原则上可同柱箍筋配置，当框支梁的腰筋拉通或可靠锚固时，可按以下要求构造设置水平箍筋、拉筋：一级时，不小于 ϕ12@100 且将每根柱纵筋勾住；二级时，不小于 ϕ10@100 且至少将柱纵筋每隔一根勾住。

（5）落地抗震墙底部加强部位墙体，其水平和竖向分布钢筋最小配筋率不应小于 0.3%，钢筋间距不应大于 200mm，钢筋直径不应小于 8mm。

（6）框支梁上部墙体的构造应满足下列要求：

①当框支梁上部的墙体开有边门洞时，洞边墙体宜设置翼缘墙、端柱或加厚（图 28.1-8），并应按第 26 章 26.3 节中约束边缘构件的要求进行配筋设计。

②框支梁上墙体竖向钢筋在转换梁内的锚固长度，抗震设计时不应小于 l_{aE}。

③框支梁上一层墙体的配筋宜按下式校核：

A. 柱上墙体的端部竖向钢筋 A_s：

$$A_s = h_c b_w(\sigma_{01} - f_c)/f_y \tag{28.3-3}$$

B. 柱边 0.2l_n 宽度范围内竖向分布钢筋 A_{sw}：

$$A_{sw} = 0.2 l_n b_w(\sigma_{02} - f_c)/f_{yw} \tag{28.3-4}$$

C. 框支梁上的 0.2l_n 高度范围内墙体水平分布筋 A_{sh}：

$$A_{sh} = 0.2 l_n b_w \sigma_{xmax}/f_{yh} \tag{28.3-5}$$

式中　l_n——框支梁的净跨；

h_c——框支柱截面高度；

b_w——墙厚度；

σ_{01}——柱上墙体 h_c 范围内考虑风荷载、地震作用组合的平均压应力设计值；

σ_{02}——柱边墙体 0.2l_n 范围内考虑风荷载、地震作用组合的平均压应力设计值；

σ_{xmax}——框支梁与墙体交接面上考虑风荷载、地震作用组合的水平拉应力设计值。

有地震作用组合时，式（28.3-3）、式（28.3-4）、式（28.3-5）中 σ_{01}、σ_{02}、σ_{xmax} 均应乘以 γ_{RE}，γ_{RE}取 0.85。

④转换梁与其上部墙体的水平施工缝处宜按本篇第 26 章 26.3.2 节第 8 条的规定验算抗滑移能力。

（7）抗震设计的长矩形平面建筑框支层楼板与落地抗震墙连接处，其截面剪力设计值应符合下列要求：

$$V_{\mathrm{f}} \leqslant \frac{1}{\gamma_{\mathrm{RE}}}(0.1\beta_{\mathrm{c}} f_{\mathrm{c}} b_{\mathrm{f}} t_{\mathrm{f}}) \tag{28.3-6}$$

$$V_{\mathrm{f}} \leqslant \frac{1}{\gamma_{\mathrm{RE}}}(f_{\mathrm{y}} A_{\mathrm{s}}) \tag{28.3-7}$$

式中　V_{f}——框支结构由不落地抗震墙传到落地墙外按刚性楼板计算的框支层楼板组合的剪力设计值，8 度时应乘以增大系数 2.0，7 度时应乘以增大系数 1.5；验算落地抗震墙时不考虑此增大系数；

b_{f}、t_{f}——分别为框支层楼板的验算截面宽度和厚度；

A_{s}——穿过落地抗震墙的框支层楼盖（包括梁和板）的全部钢筋的截面面积；

γ_{RE}——承载力抗震调整系数，可取 0.85。

（8）抗震设计的长矩形平面建筑框支层楼板，当平面较长或不规则以及各抗震墙内力相差较大时，可采用简化方法验算楼板平面内的受弯及受剪承承载力。

（9）箱形转换结构上、下楼板厚度不宜小于 180mm。板配筋时除考虑弯矩计算外，尚应考虑其自身平面内的拉力、压力的影响。

（10）采用空腹桁架转换层时，空腹桁架宜满层设置，应有足够的刚度保证其整体受力作用，空腹桁架的上、下弦杆宜考虑楼板作用，竖腹杆应按强剪弱弯进行配筋设计，加强箍筋配置，并加强与上、下弦杆的连接构造。空腹桁架应加强上、下弦杆与框架柱的锚固连接构造，且应按强柱弱梁（弦）进行配筋设计。

（11）边框支梁柱节点，应按柱端纵向钢筋屈服验算节点斜截面承载力。

附录 28.1　单片框支抗震墙的计算

框支抗震墙中当墙体开洞，由于应力集中等原因，洞口附近应力分布极为复杂，因此框支抗震墙宜利用平面有限元法进行计算。用平面有限元法计算时，宜采用高精度单元。从工程设计经验得知，宜分析到框支梁以上 3~4 层墙板（附图 28.1-1）。

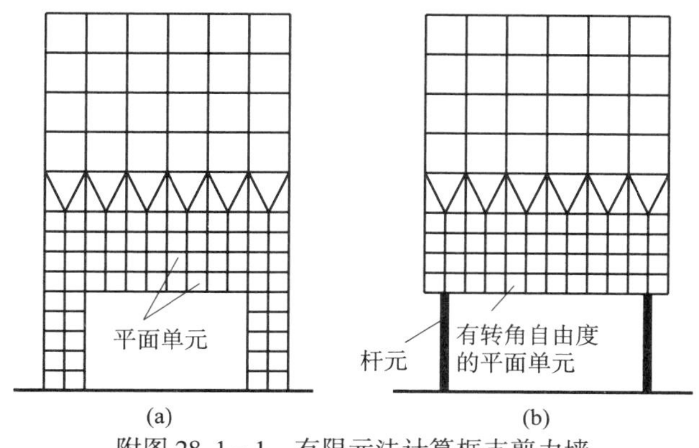

附图 28.1-1　有限元法计算框支剪力墙

较规则的框支墙可参考附表 28. 1 – 1 至附表 28. 1 – 7 进行近似计算。

附表 28. 1 – 1、附表 28. 1 – 2 分别为底层单跨和双跨、上层实体墙的计算表，附表 28. 1 – 3为框支梁剪力系数，附表 28. 1 – 4、附表 28. 1 – 5、附表 28. 1 – 6 为上层墙体有洞口，框支梁弯矩、轴力、剪力的修正系数。将附表 28. 1 – 1、附表 28. 1 – 2、附表 28. 1 – 3 中的数值乘以相应的系数来考虑开洞的影响。上层墙体洞口位于跨度中部。

附表 28. 1 – 7 为水平载荷作用下的框支梁的内力系数。当上部墙体开洞时，应加以修正，乘以附表 28. 1 – 5、附表 28. 1 – 6 相应的系数。

附表 28. 1 – 1　单跨底层框架的框支剪力墙垂直荷载作用下的内力系数

框支梁高度与跨度比 h_b/L	0. 10			0. 13			0. 16		
框支柱宽度与梁跨度比 b_c/L	0. 06	0. 08	0. 10	0. 06	0. 08	0. 10	0. 06	0. 08	0. 10
框支柱上方墙板最大应力 σ_y	−4. 7	−4. 1	−3. 6	−4. 1	−3. 7	−3. 3	−3. 6	−3. 1	−2. 9
框支梁最大拉力 N_b	0. 18	0. 16	0. 15	0. 20	0. 18	0. 16	0. 21	0. 19	0. 17
框支梁跨中弯矩 M_4	0. 006	0. 005	0. 004	0. 011	0. 009	0. 006	0. 015	0. 013	0. 011
框支梁边支座弯矩 M_3	−0. 001	−0. 001	−0. 001	−0. 002	−0. 002	−0. 002	−0. 003	−0. 003	−0. 003
框支柱柱顶弯矩 M_2	−0. 003	−0. 005	−0. 007	−0. 003	−0. 005	−0. 007	−0. 003	−0. 005	−0. 007
框支柱柱脚弯矩 M_1	0. 002	0. 003	0. 004	0. 002	0. 003	0. 004	0. 002	0. 003	0. 004
框支柱轴力 N_c	0. 5	0. 5	0. 5	0. 5	0. 5	0. 5	0. 5	0. 5	0. 5

注：应力 σ_y 乘以 q/t；轴力 N_c、N_b 乘以 qL；弯矩 M 乘以 qL^2。

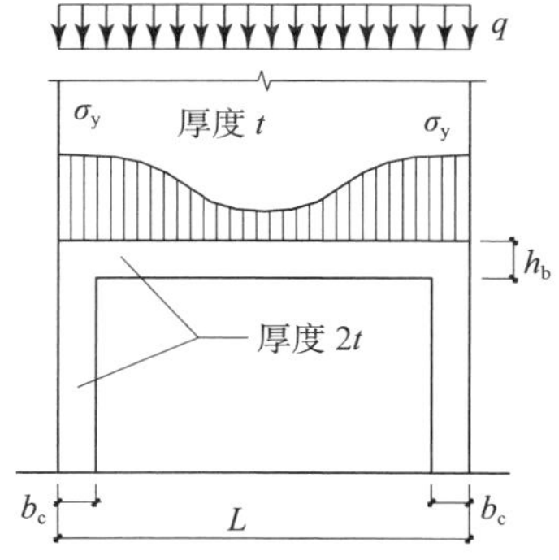

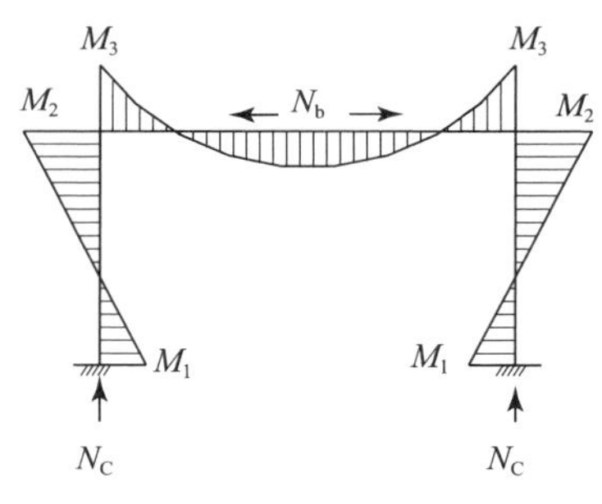

附表 28.1－2　底层为双跨框架时墙板应力系数和框支梁住内力、位移系数

框支梁、柱尺寸		框支梁高 h_b/L	0.10			0.13			0.16		
		框支梁宽 b_c/L	0.06	0.08	0.10	0.06	0.08	0.10	0.06	0.08	0.10
墙板	边柱上方最大垂直应力 σ_{y1}		-5.927	-4.969	-4.155	-5.410	-4.670	-4.021	-4.881	-4.142	-3.792
	中柱上方最大垂直应力 σ_{y2}		-3.433	-3.275	-3.085	-2.817	-2.736	-2.629	-2.373	-2.219	-2.170
	中柱上方水平拉应力	σ_{x0}	1.002	0.889	0.777	0.940	0.854	0.768	0.842	0.780	0.709
		拉应力区垂直范围 B	0.75L	0.70L	0.70L	0.70L	0.65L	0.65L	0.60L	0.55L	0.50L
		拉应力区垂直范围 A	0.40L	0.40L	0.40L	0.40L	0.40L	0.40L	0.40L	0.40L	0.40L
框支梁	最大拉力 N_b	数值	0.183	0.168	0.154	0.202	0.187	0.167	0.205	0.193	0.174
		最大拉应力截面距外侧	0.35L	0.40L	0.45L	0.35L	0.40L	0.45L	0.45L	0.45L	0.45L
	梁底最大拉力 $\sigma_{x,max}$	数值	1.636	1.368	1.252	1.536	1.276	1.122	1.429	1.177	1.061
		最大拉应力点距外侧	0.20L	0.20L	0.30L	0.20L	0.20L	0.30L	0.20L	0.25L	0.30L
	梁边支座弯矩 M_3		-0.060	-0.062	-0.063	-0.083	-0.088	-0.089	-0.112	-0.113	-0.119
	跨中最大正弯矩 M_4	数值	0.309	0.252	0.211	0.538	0.430	0.273	0.792	0.635	0.544
		最大正弯矩截面距外侧	0.15L	0.20L	0.25L	0.15L	0.20L	0.25L	0.20L	0.25L	0.25L
	梁中支座弯矩 M_3		-0.487	-0.439	-0.385	-0.768	-0.701	-0.628	-1.014	-0.958	-0.867
框支柱	中支柱轴力 N_2		-0.809	-0.819	-0.824	-0.809	-0.819	-0.824	-0.809	-0.819	-0.824
	边支柱轴力 N_1		-0.596	-0.590	-0.588	-0.596	-0.590	-0.588	-0.596	-0.590	-0.588
	边柱柱顶弯矩 M_2		-0.149	-0.246	-0.347	-0.144	-0.239	-0.343	-0.126	-0.202	-0.313
	边柱柱脚弯矩 M_1		0.067	0.124	0.188	0.066	0.122	0.187	0.059	0.106	0.172
挠度	框支梁跨中挠度 f		1.429	1.264	1.133	1.364	1.205	1.100	1.294	1.073	1.050

注：应力 σ 为表中数值乘以 q/t；轴力 N 为表中数值乘以 qL；弯矩 M 为表中数值乘以 $10^{-2}qL^2$；挠度 f 为表中数值乘以 $\frac{qL}{Et}$。

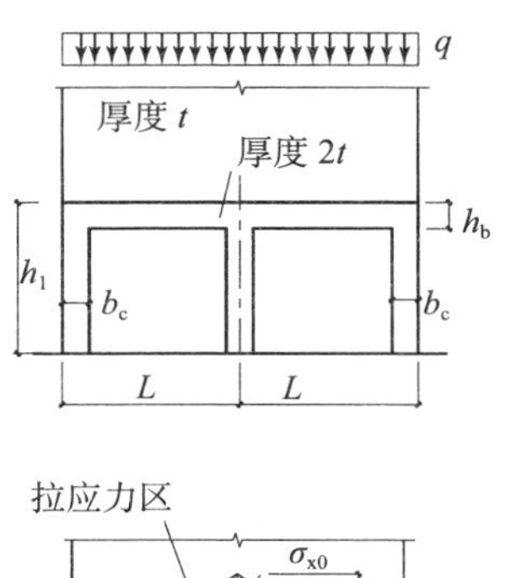

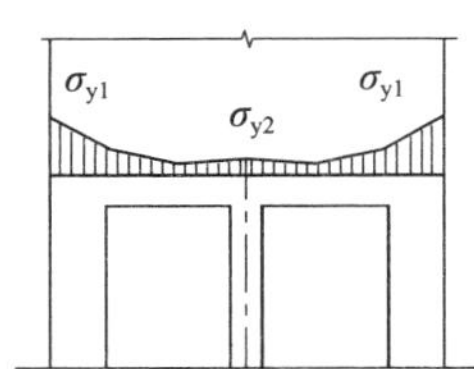

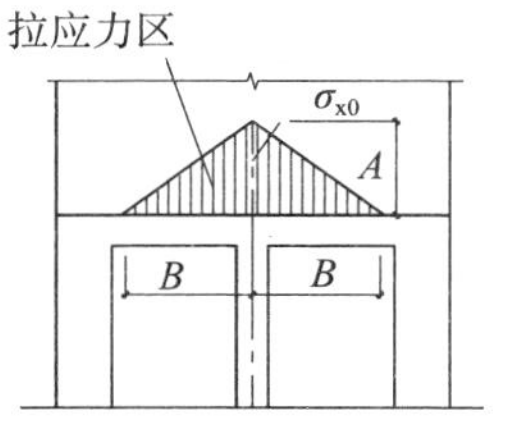

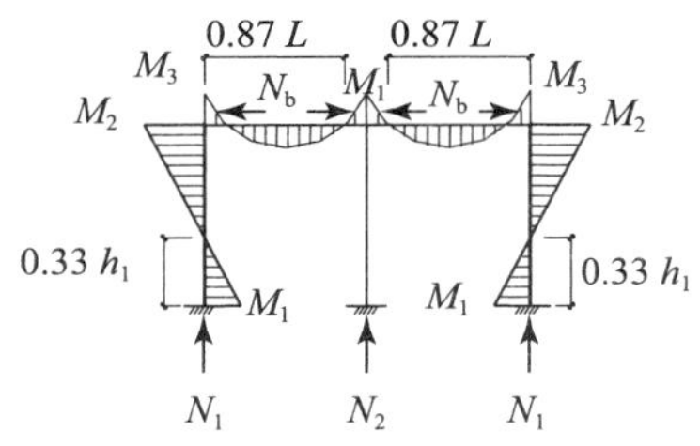

附表 28.1－3　竖向荷载作用下框支梁的剪力系数

框支梁梁高与跨度之比 h_b/L		0. 10			0. 13			0.16		
框支柱柱宽与跨度之比 b_c/L		0. 06	0. 08	0. 10	0. 06	0. 08	0. 10	0. 06	0. 08	0. 10
双跨	边柱支承面 V_{L1}	0. 17	0. 15	0. 13	0. 18	0. 16	0. 14	0. 20	0. 18	0. 16
	中柱支承面 V_{L2}	0. 22	0. 20	0. 18	0. 25	0. 22	0. 20	0. 30	0. 27	0. 25
单跨 V_L		0. 20	0. 18	0. 16	0. 23	0. 20	0. 17	0. 25	0. 22	0. 20

注：V_L 为表中数值乘以 $aL=W$。

附表 28.1－4　墙体有洞口时框支梁弯矩修正系数

S/L L/m	0. 00	0. 1	0. 2	0. 3	0. 4	0. 5	0. 6
6	1. 00	1. 20	1. 22	1. 25	1. 28	1. 30	1. 35
7	1. 00	1. 22	1. 25	1. 28	1. 32	1. 35	1. 40
8	1. 00	1. 25	1. 30	1. 35	1. 40	1. 45	1. 50

注：B 为墙体洞口宽度之和；L 为梁跨度。

附表 28.1－5　墙体有洞口时框支梁轴力修正系数

S/L L/m	0. 00	0. 1	0. 2	0. 3	0. 4	0. 5	0. 6
6	1. 00	0. 97	0. 93	0，88	0. 85	0. 80	0. 75
7	1. 00	0. 98	0. 95	0. 93	0. 90	0. 88	0. 85
8	1. 00	0. 99	0. 98	0. 96	0. 95	0. 93	0. 90

附表 28.1－6　墙体有洞口时框支梁剪力修正系数

L/m \ S/L	0.00	0.1	0.2	0.3	0.4	0.5	0.6
6	1.00	1.05	1.08	1.10	1.12	1.15	1.18
7	1.00	1.07	1.10	1.12	1.15	1.18	1.20
8	1.00	1.10	1.12	1.15	1.18	1.22	1.25

附表 28.1－7　水平力作用下框支梁的剪力系数和最大拉力系数

框支梁梁高与跨度之比 h_b/L		0.10			0.13			0.16			0.16		
柱宽与跨度之比 b_c/L		0.06	0.08	0.10	0.06	0.08	0.10	0.06	0.08	0.10	0.06	0.08	0.10
双跨框架	边柱支承面 V_{L1}	0.38	0.30	0.27	0.38	0.33	0.30	0.45	0.40	0.37	0.50	0.46	0.42
	中柱支承面 V_{L2}	0.22	0.20	0.18	0.25	0.22	0.20	0.30	0.27	0.25	0.35	0.32	0.28
单跨框支梁剪力 V_L		0.28	0.25	0.22	0.32	0.28	0.25	0.36	0.33	0.31	0.43	0.39	0.35
框支梁内最大拉力 N_{max}		0.17	0.15	0.14	0.18	0.10	0.15	0.19	0.17	0.16	0.20	0.18	0.17

注：V_L、N_{max}为上述系数乘以$\frac{3M}{2B}$；B 为剪力墙宽度；M 为框支梁上方倾覆力矩。

第29章　钢筋混凝土筒体结构房屋

29.1　概　　述

筒体结构由于其具有较强的侧向刚度而成为高层建筑结构的主要结构体系之一，这种结构体系最早的应用是在1963年美国芝加哥的一幢43层高层住宅楼，其利用建筑物的外轮廓布置密柱和窗裙梁组成的框架筒体结构（Framed tube structure，简称框筒结构）作为其抗侧力构件。其后在世界各地应用这种结构体系相继建造了高度更高的超高层建筑，最具代表性的是于2001年“9.11”事件中被撞机倒塌的美国纽约世界贸易中心双塔楼（钢结构筒中筒结构、高412m）及芝加哥市西尔斯大厦（钢结构成束筒结构、高443m），我国深圳市的国贸大厦（高159m、1985年建成）及广州市广东国际大厦（高199m、1992年建成）则为全现浇钢筋混凝土筒中筒结构。

框筒结构的密柱和裙梁一般位于建筑物的外轮廓，当使用功能允许时亦可布置在建筑物内部，在侧向力作用下，其力学性能根据立面不同的开孔率而呈现类似于实体的筒体，即与侧向力（或其分量）作用方向平行的结构部件作为腹板参加工作，而与侧向力（或其分量）作用方向垂直的结构部件作为翼缘也参加工作，因而其具有空间工作的性能。在腹板部件与翼缘部件中，通过裙梁的剪切变形传给密柱的轴向力呈非线性分布，这与理想筒体在侧向力作用下的拉、压应力线性分布有不同，称为框筒结构的剪切滞后（图29.1-1），其剪切滞后的状况与建筑物的高度、柱与裙梁的相对刚度比、高宽比等有关，框筒结构的剪切滞后状况反映了其发挥整体结构抵抗侧向力作用的能力强弱。实际上，在侧向力作用下的实体筒体的拉、压应力分布也同样存在着剪切滞后，并非理想筒体的线性分布。

在高层建筑中，可利用其必须设置的楼梯间、电梯间及附属用房，组成一组或多组实体的筒体（内筒、核心筒），形成有效的抗侧力结构，通过与框筒结构进行合理的组合，从而形成以筒体为主要抗侧力结构的筒体结构体系，其分类为：

（1）框筒结构，以沿建筑外轮廓布置的密柱、裙梁组成的框架筒体为其抗侧力构件，内部布置梁柱框架主要承受由楼盖传来的竖向荷载，平面布置示意见图29.1-2，其主要特点为可以提供很大的内部活动空间，由于在建筑物内部总会具有布置实体墙体、筒体的条件，因此钢结构在此方面实际应用很少。

（2）框架-核心筒结构，与框筒结构相反，利用建筑功能的需要在内部组成实体筒体作为主要抗侧力构件，在内筒外布置梁柱框架，其受力状态与框架-抗震墙结构相同，可以认为是一种抗震墙集中布置的框架-抗震墙结构，由于其平面布置的规则性与内部的核心筒的

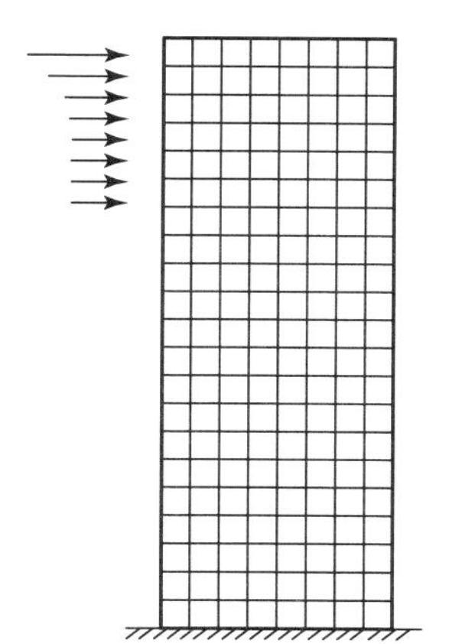

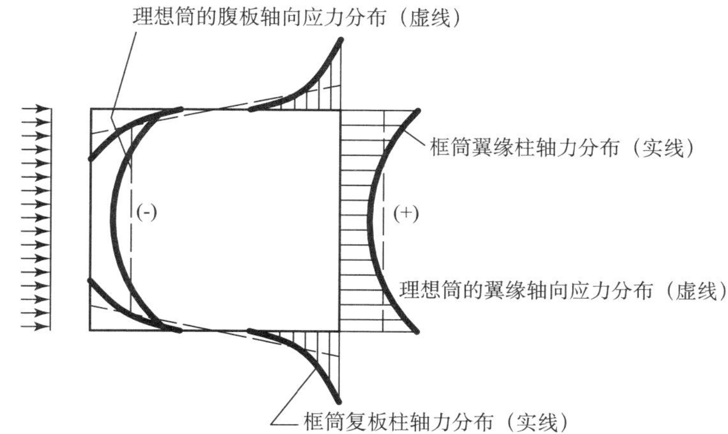

图 29.1－1　框筒结构的剪切滞后

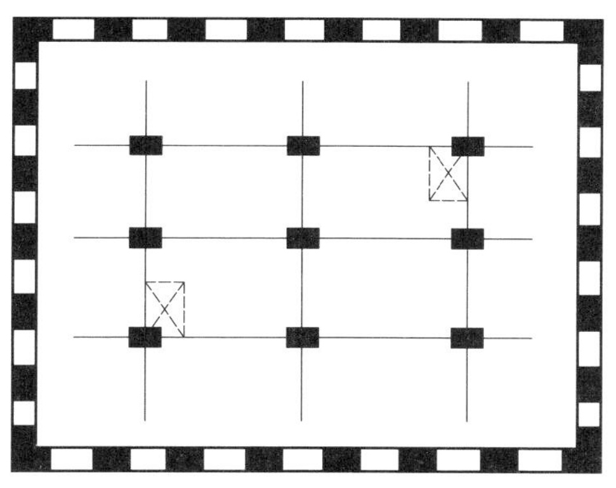

图 29.1－2　框筒结构平面布置示意

稳定性及抗侧向力作用的空间有效性，因此其力学性能与抗震性能优于一般的框架－抗震墙结构，在我国近期的高层建筑发展中，是一种常见的结构体系。在内筒与周边框架之间，可根据楼盖结构设计的需要，另布置内柱，其平面布置示意见图 29.1－3。

（3）筒中筒结构，由外部的框筒与内部的核心筒组成的筒中筒结构具有很强抗侧向力的能力。在侧向力作用下，外框筒承受轴向力为主，并提供相应的抗倾覆弯矩，内筒则承受较大比例的侧向力产生的剪力，同时亦承受一定比例的抗倾覆弯矩。由于外框筒布置的密柱柱距较小，常会对底层的使用带来限制，因此常采用转换结构将底层的柱距扩大（局部或全部底层），在国内外的超高层建筑中，筒中筒结构均有采用，其平面布置示意见图 29.1－4。根据楼盖结构设计的需要，在内筒与外框筒之间还可布置以承受竖向荷载为主的柱，以便有效降低楼盖的结构高度和层高。

（4）多重筒、成束筒结构，是框筒结构与筒中筒结构的延伸与发展，多重筒结构是在外框筒与内筒之间另加一组框架筒体或实体筒体（三重筒），成束筒则是将多组框筒拼组成平面尺寸更大的框筒结构，这在国外的超高层建筑中均有应用。在国内的高层建筑中，则有在筒中筒结构的基础上，根据需要在合适的部位（如角部）另布置若干实体筒体而组成的

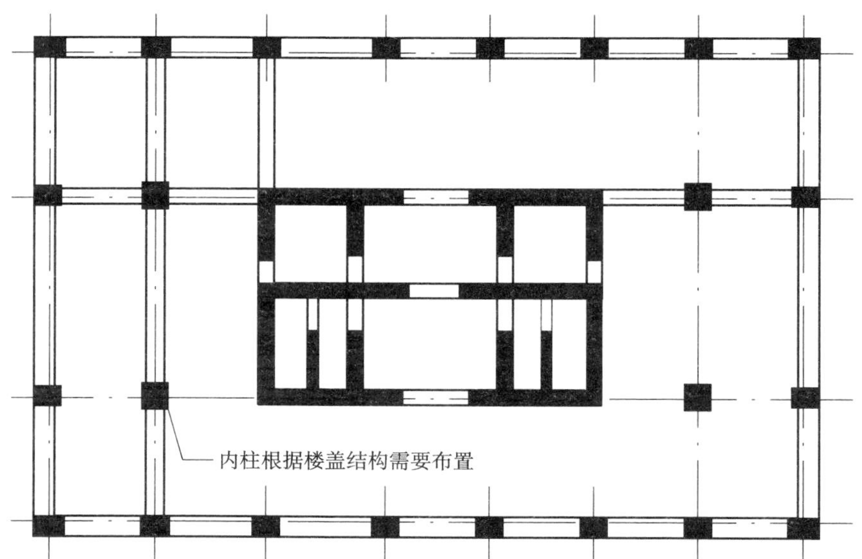

图 29.1-3　框架-核心筒结构平面布置示意

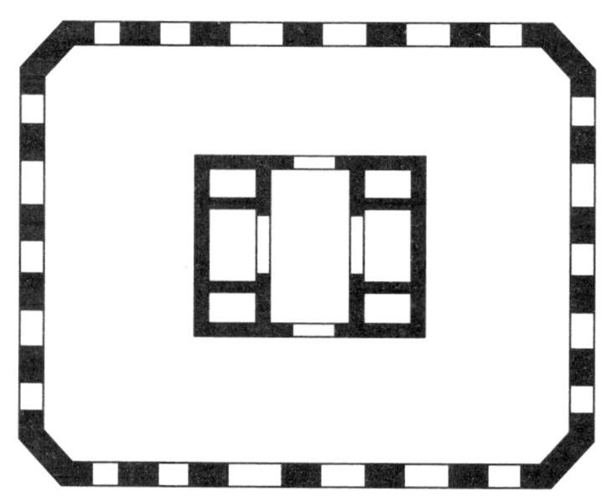

图 29.1-4　筒中筒结构平面布置示意

多筒体结构，其抗侧力性能与抗扭性能均有较大的提高。多重筒、成束筒结构的平面布置示意见图 29.1-5、图 29.1-6。

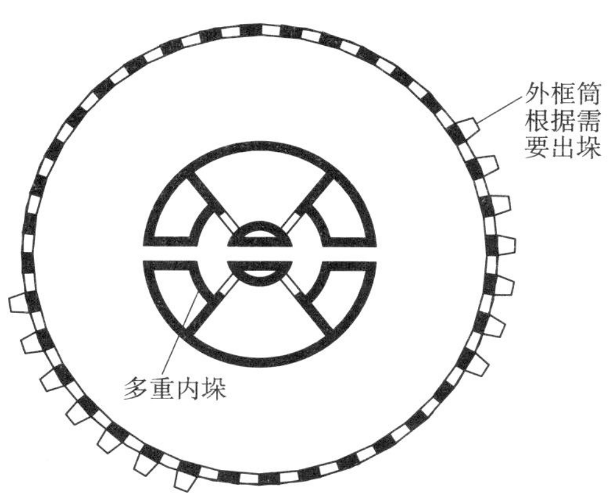

图 29.1-5　多重筒结构平面布置示意

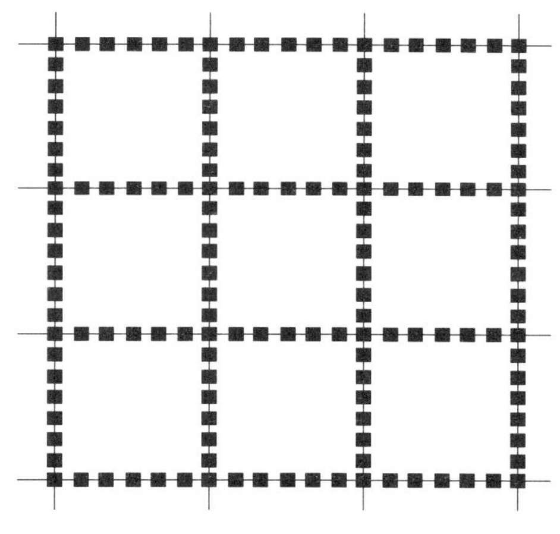

图 29.1-6　成束筒结构平面布置示意

29.2　一 般 要 求

29.2.1　框架-核心筒结构

1. 平面布置

（1）建筑平面形状及核心筒布置与位置宜规则、对称，核心筒位置宜居中。

（2）建筑平面的长宽比宜小于 1.5，单筒的框架-核心筒最大不应大于 2.0。

（3）核心筒的宽度不宜小于筒体总高度的 1/12，当筒体结构设置角筒、剪力墙或增强结构整体刚度的构件时，核心筒的宽度可适当减小。

（4）框架梁柱宜双向布置，梁、柱的中心线宜重合。如难实现时，宜在梁端水平加腋，使梁端处中心线与柱中心线接近重合，见图 29.2-1，梁、柱的截面尺寸，柱轴压比限值等应按框架、框架–抗震墙结构的要求控制。

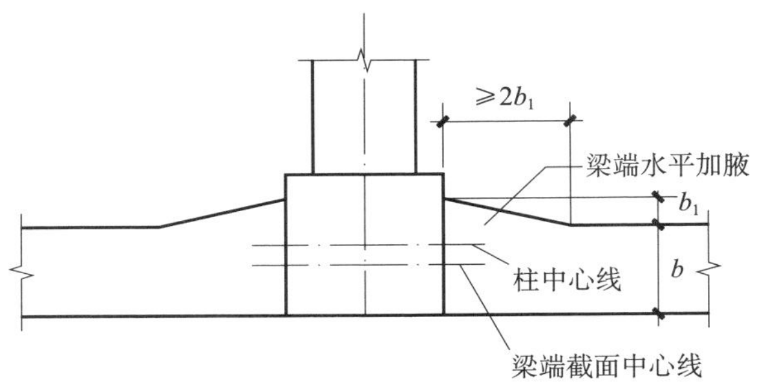

图 29.2－1　梁端水平加腋（平面）

（5）核心筒的内部墙肢布置宜均匀、对称。

（6）核心筒的外墙不宜在水平方向连续开洞，洞间墙肢的截面高度不宜小于 1.2m；当洞间墙肢的截面高度与厚度之比小于 4 时，宜按框架柱进行截面设计。筒体角部附近不宜开洞，当难避免时，筒角内壁至洞边的距离不小于 500 和墙厚的较大值。

（7）核心筒至外框柱的轴距不宜大于 12m，否则宜另设内柱以减小框架梁高对层高的影响。

2. 竖向布置

（1）核心筒宜贯通建筑物全高。

（2）核心筒墙体厚度应满足稳定性验算的要求，且外墙厚度不应小于 200mm，内墙厚度不应小于 160mm，必要时可设置扶壁柱或扶壁墙。

底部加强部位在重力荷载代表值作用下的墙肢轴压比不宜超过 0.4（一级、9 度）、0.5（一级、6、7、8 度）、0.6（二、三级）。

（3）核心筒底部加强部位及相邻上一层的墙厚应保持不变，其上部的墙厚及核心筒内部的墙体数量可根据内力的变化及功能需要合理调整，但其侧向刚度应符合竖向规则性的要求。

（4）核心筒外墙上的较大门洞（洞口宽大于 1.2m）宜竖向连续布置，以使其内力变化保持连续性；洞口连梁的跨高比不宜大于 4，且其截面高度不宜小于 600mm，以使核心筒具有较强抗弯能力与整体刚度。

（5）框架沿竖向应保持贯通，不应在中下部抽柱收进；柱截面尺寸沿竖向的变化宜与核心筒墙厚的变化错开。

（6）钢筋混凝土高层建筑，框架–核心筒结构的最大适用高度为 150m（6 度）、130m（7 度）、100m（8 度 0.2g）、90m（8 度 0.3g）、70m（9 度），其适用的最大高宽比不宜超过 7（6、7 度）、6（8 度）、4（9 度）。

3. 楼盖结构

（1）应采用现浇梁板结构，使其具有良好的平面内刚度与整体性，确保框架与核心筒能够协同工作。

（2）核心筒外缘楼板不宜开设较大的洞口。

（3）核心筒内部的楼板由于设置楼、电梯及设备管道间，开洞多，为加强其整体性，使其能有效约束墙肢（开口薄壁杆体）的扭转与翘曲及传递地震作用，楼板厚度不宜小于 120mm，宜设置双层双向钢筋。

（4）楼面结构的梁不宜支承在核心筒外围的连梁上。

29.2.2　筒中筒结构

1. 平面布置原则

（1）平面外形宜选用圆形、正多边形、椭圆形或矩形等，内筒宜居中。

三角形平面宜切角，外筒的切角长度不宜小于相应边长的 1/8，其切角部位可设置刚度较大的角柱或角筒；内筒的切角长度不宜小于相应边长的 1/10，切角处的筒壁宜适当加厚。

（2）平面的长宽比（或长短轴比）不宜大于 2（不包括另加抗震墙情况）；内筒至框筒的轴距不宜大于 12m。

（3）内筒的宽度可为高度的 1/12～1/15，如有另外的角筒或剪力墙时，内筒的平面尺寸可适当减小。

（4）内筒的内部墙肢布置宜均匀、对称；内筒的外墙不宜在水平方向连续开洞，洞间墙肢的截面高度不宜小于 1.2m；当洞间墙肢的截面高度与厚度之比小于 4 时，宜按框架柱进行截面设计。筒体角部附近不宜开洞，当难以避免时，筒角内壁至洞边的距离不小于 500mm 和墙厚的较大值。

（5）为有效提高框筒的侧向刚度，框筒柱截面形状宜选用矩形（对圆形、椭圆形框筒平面为长弧形），如有需要可在其平面外方向另加壁柱成了 T 形截面。矩形框筒柱的截面宜符合以下要求：截面宽度不宜小于 300mm 和层高的 1/12（取较大值）；截面高宽比不宜大于 3 和小于 2；轴压比限值为 0.75（一级）、0.85（二级）；当带有壁柱时，对截面宽度的要求可放宽；当截面高宽比大于 3 时，尚应满足抗震墙设置约束边缘构件的要求。

（6）框筒的柱中距不宜大于 4m，宜沿框筒的周边均匀布置。

（7）角柱是保证框筒结构整体侧向刚度的重要构件，在侧向荷载作用下，角柱的轴向变形通过与其连接的裙梁在翼缘框架柱中产生竖向轴力并提供较大的抗倾覆弯矩，因此角柱的截面选择与框筒结构抗倾覆能力的发挥有直接关系；从框筒结构的内力分布规律看，角柱在侧向荷载作用下的平均剪力要小于中部柱，在楼面荷载作用下的轴向压力也小于中部柱，（楼盖结构设计时，应注意楼面荷载向角柱的传递，以避免在地震作用下角柱出现偏心受拉的不利情况）；但从角柱所处位置与其重要性考虑，应使角柱比中部柱具有更强的承载能力，但又不宜将角柱截面设计得太大，一般宜取中柱截面的 1.0～2.0 倍。

（8）框筒裙梁的截面高度可取其净跨的 1/4；梁宽宜与柱等宽或两侧各收进 50mm。

2. 竖向布置原则

（1）框筒及内筒宜贯通建筑物全高。

内筒的墙体厚度应满足稳定性验算的要求，且外墙厚度不应小于 200mm，内墙厚度不应小于 160mm，必要时可设置扶壁柱或扶壁墙。

底部加强部位在重力荷载代表值作用下的墙肢轴压比不宜超过 0.4（一级、9 度）、0.5

（一级、6、7、8 度）、0.6（二、三级）。

（2）筒中筒结构的外框筒及内筒的外圈墙厚在底部加强部位及以上一层范围内不宜变化。

（3）内筒外围墙上的较大门洞宜竖向连续布置（逐层布置）。

（4）钢筋混凝土高层建筑，筒中筒结构的最大适用高度为 180m（6 度）、150m（7 度）、120m（8 度）、100m（8 度 0.3g）、80m（9 度），其适用的最大高宽比不宜超过 8（6、7 度）、7（8 度）、5（9 度）；从技术经济合理性考虑，筒中筒结构高度不宜低于 80m，高宽比不宜小于 3；从筒中筒结构的抗侧向力作用的能力考虑，当结构设计有可靠依据且采取合理有效的抗震措施后，其最大适用高度与适用的最大高宽比可有较大幅度的提高（必要时须经超限审查）。

（5）框筒立面的开洞率不宜大于 0.6，洞口高宽比宜与层高和柱距之比值接近。

（6）内筒外围墙的门洞口连梁的跨高比宜大于 3，且连梁截面高度不宜小于 400mm，以使内筒具有较强的整体刚度与抗弯能力。

3. 楼盖结构

（1）应采用现浇钢筋混凝土楼盖结构。

（2）楼盖结构的选择须考虑以下因素的影响：抗震设防烈度、楼盖结构的高度对层高的影响、建筑物竖向温度变化受楼盖约束的影响，楼盖结构的材料、楼盖结构的翘曲等，应通过技术经济的合理性综合分析选定楼盖结构的型式，一般可考虑以下两种型式：

无梁楼盖体系——在外框筒和内筒之间采用钢筋混凝土平板或配置后张预应力钢筋的平板，其结构高度最小，可降低层高，对建筑物外墙的竖向温度变化的约束也较小，采取适当构造措施后可假定楼盖与外框筒的连接为铰接，其适用跨度一般不大于 10m，但在地震作用下，楼盖对外框筒柱的约束较小会对其抗震性能、稳定性有影响，宜在抗震设防烈度不高的地区采用。

有梁楼盖体系——在外框筒和内筒之间布置钢筋混凝土或后张预应力钢筋混凝土肋形梁或密肋楼盖，肋形梁的中距应与外框筒柱的中距相同，密肋的中距除按技术经济合理性确定外，尚应使外框筒柱中布置有密肋与其联结（肋宽适当加宽），密肋的高度宜取外框筒至内筒的中距，并沿外框筒周边设置与密肋高度相同的边肋以加强楼盖与外框筒的连结，有梁体系的适用跨度可大于 10m。框筒柱受肋形梁的约束，在侧向荷载与楼面荷载的作用下，在其平面内与平面外均会产生较大的弯矩，应按双向偏心受压杆件验算其承载能力。

（3）在侧向荷载作用下，框筒的角柱与其相邻的中杆由于剪切滞后的影响会有轴向变形差，其反映在楼盖结构中即为楼板角部的翘曲，对结构内力影响不大，但对角部的楼板会有影响，且顶部比底部影响大，须采取适当的构造措施。

（4）内筒的外围楼板不宜开设较大的洞口。

（5）钢筋混凝土平板或密肋楼板（普通混凝土或预应力混凝土）在内筒处的支承可考虑刚接。

（6）内筒内部的楼板厚度不宜小于 120mm，宜双层双向配筋，使其能有效约束内筒墙肢（开口薄壁杆件）的扭转与翘曲。

（7）内筒的外围墙肢上的连梁不宜支承楼面结构的主梁。

29.3　截 面 设 计

29.3.1　内力调整

（1）框架-核心筒结构的框架部分的内力调整参见框架-抗震墙结构的相关部分。

（2）筒中筒结构的框筒（外筒）柱除轴压比小于 0.15 者外，其梁柱节点应满足强柱弱梁的条件，即其柱端（壁框的刚域边缘，梁端间）组合的弯矩设计值符合下式要求：

$$\sum M_c = \eta_c \sum M_b \tag{29.3-1}$$

9 度时一级框筒（外筒）柱可不符合上式要求，但应符合下式要求：

$$\sum M_c = 1.2 \sum M_{bua} \tag{29.3-2}$$

式中　$\sum M_c$——壁框刚域上下边处截面顺或反时针方向组合的弯矩设计值之和，可按弹性分析进行上下分配；

$\sum M_b$——刚域左右边处截面反或顺时针方向组合弯矩设计值之和；

$\sum M_{bua}$——刚域左右边处截面反或顺时针力向实配的正截面抗震受弯承载力所对应的弯矩值之和；

η_c——柱在刚域上下边处截面弯矩增大系数，取 1.4（一级）、1.2（二级）、1.1（三，四级）。

当反弯点不在层高范围内时，刚域上下边处组合的弯矩设计值可取其计算值乘以 η_c。

（3）框筒的底层柱的下端的组合弯矩设计值尚应分别乘以增大系数 1.7（一级）、1.5（二级）、1.3（三级）。

（4）框筒柱端截面组合的剪力设计值应符合下式要求：

$$V = \eta_{vc}(M_c^b + M_c^t)/H_n \tag{29.3-3}$$

9 度时一级框筒（外筒）柱可不符合上式要求，但应符合下式要求

$$V = 1.2(M_{cua}^b + M_{cua}^t)/H_n \tag{29.3-4}$$

式中　V——柱端（刚域边缘处）截面组合的剪力设计值；

H_n——柱的上下刚域间净高；

M_c^t、M_c^b——柱上下刚域边缘处顺或反时针方向截面组合的弯矩设计值；

M_{cua}^t、M_{cua}^b——柱上下刚域边缘处顺或反时针方向实配的正截面抗震受弯承载力所对应的弯矩值；

η_{vc}——框筒柱剪力增大系数，取 1.4（一级）、1.2（二级）、1.1（三、四级）。

（5）框筒的角柱及与其相邻的每侧各两根中柱经上述调整后的组合弯矩设计值、剪力设计值尚应乘以不小于 1.10 的增大系数。

（6）一、二、三级的框筒的裙梁当其跨高比大于 2.5 时，在刚域边缘处截面组合的剪力设计值应符合以下式要求：

$$V = \eta_{vb}(M_b^l + M_b^r)/l_n + V_{Gb} \tag{29.3-5}$$

9 度时一级框筒梁可不符合上式要求，但应符合下式要求：

$$V = 1.1(M_{bua}^l + M_{bua}^r)/l_n + V_{Gb} \tag{29.3-6}$$

式中　V——裙梁刚域边缘处截面组合的剪力设计值；

l_n——裙梁左右刚域间的净跨；

V_{Gb}——裙梁在重力荷载代表值作用下，按简支梁分析的刚域边缘处截面剪力设计值；

M_b^l、M_b^r——裙梁左右刚域边缘处截面反或顺时针方向组合的弯矩设计值；

M_{bua}^t、M_{bua}^b——裙梁左右刚域边缘处截面反或顺时针方向实配的正截面抗震受弯承载力所对应的弯矩值，当裙梁跨高比不大于 2.5 时，宜按深梁确定其受弯承载能力；

η_{vb}——裙梁剪力增大系数，取 1.3（一级）、1.2（二级）、1.1（三级）。

（7）核心筒、内筒在底部加强部位的墙肢截面组合剪力设计值应符合下式要求：

$$V = \eta_{vw} V_w \tag{29.3-7}$$

9 度的一级可不符合上式要求，但应符合下式要求：

$$V = 1.1\frac{M_{wua}}{M_w}V_w \tag{29.3-8}$$

式中　V——底部加强部位墙肢截面组合的剪力设计值；

V_w——底部加强部位墙肢截面组合的剪力计算值，其位置不一定在墙底处，应在底部加强部位的各楼层中选取最大值；

M_{wua}——底部加强部位墙肢截面按实配的抗震受弯承载力所对应的弯矩值；

M_w——底部加强部位在墙底处的墙肢截面组合的弯矩设计值；

η_{vw}——墙肢剪力墙大系数，取 1.6（一级）、1.4（二级）、1.2（三级）。

（8）抗震等级为一级的核心筒、内筒在底部加强部位以上部位，墙肢的组合弯矩设计值和组合剪力设计值应乘以增大系数，弯矩增大系数可取为 1.2，剪力增大系数可取为 1.3。

（9）核心筒、内筒常因开设门洞口而形成双肢墙肢，当任一墙肢为小偏心受拉时，另一墙肢的剪力设计值、弯矩设计值应乘以增大系数 1.25。

（10）核心筒、内筒跨高比大于 2.5 的连梁截面组合的剪力设计值宜按下式调整：

$$V = \eta_{vb} V_w \tag{29.3-9}$$

式中　V——核心筒、内筒底部加强部位连梁截面组合的剪力设计值；

V_w——连梁截面组合的剪力计算值；

η_{vb}——连梁剪力增大系数，取 1.4（一级）、1.3（二级）、1.2（三级）。

（11）核心筒、内筒的墙肢及连梁、框筒裙楼、截面应符合以下要求：

剪跨比、跨高比大于 2.5 时

$$V \leqslant \frac{1}{\gamma_{RE}}(0.20 f_c b h_0) \tag{29.3-10}$$

剪跨比、跨高比不大于 2.5 时

$$V \leqslant \frac{1}{\gamma_{RE}}(0.15f_c bh_0) \tag{29.3-11}$$

式中　V——墙肢、连梁、裙梁经调整后的组合剪力设计值；

b——墙肢、连梁、裙梁的截面宽度；

h_0——墙肢、连梁、裙梁的截面有效高度（长度）。

（12）框筒裙梁、核心筒及内筒连梁斜截面受剪承载力应按下列公式计算：

跨高比大于 2.5 时

$$V \leqslant \frac{1}{\gamma_{RE}}(0.42f_t b_b h_{b0} + f_{yv}\frac{A_{sv}}{s}h_{b0}) \tag{29.3-12}$$

跨高比不大于 2.5 时

$$V \leqslant \frac{1}{\gamma_{RE}}(0.38f_t b_b h_{b0} + 0.9f_{yv}\frac{A_{sv}}{s}h_{b0}) \tag{29.3-13}$$

29.3.2　截面设计

（1）框架–核心筒结构的框架部分截面设计参见框架–抗震墙结构的相关部分。

（2）筒中筒结构的框筒（外筒）柱的轴压比限值按框架–抗震墙结构柱的规定值：一级 0.75，二级 0.85，三级 0.90。由于受裙梁的影响，框筒柱的剪跨比多数会小于 2，则轴压比限值应相应降低 0.05；当采用 C65、C70 混凝土时，轴压比限值还须减小 0.05。

（3）核心筒、内筒墙肢的平均轴压比（重力荷载作用下的最大轴力除以墙肢面积与混凝土轴心抗压强度设计值，即 N/f_cA_w）限值及允许设置构造边缘构件的平均轴压比最大值见表 29.3－1。

表 29.3－1　核心筒、内筒墙肢的平均轴压比的允许值

平均轴压比（N/f_cA_w）	一级（9 度）	一级（7、8 度）	二、三级
轴压比限值（设置约束边缘构件）	0.4	0.5	0.6
允许设置构造边缘构件的最大值	0.1	0.2	0.3

注：构造边缘构件只用于筒体内部次要的短肢墙和筒体以外另加的抗震墙，如电梯间的分隔墙、设备管井隔墙等。

由表 29.3－1 中可看出，墙肢的边缘构件分为约束边缘构件与构造边缘构件，须依据其平均轴压比的大小分别设置，而约束边缘构件与构造边缘构件在配筋形式上的不同之处在于前者要求另配置箍筋与拉筋（拉筋的水平间距与竖筋间距相同），后者除底部加强部位宜按构造配置箍筋外，其他部位只要求配置满足构造要求的拉筋，约束边缘构件与构造边缘构件的配筋形式见图 29.3－1、图 29.3－2；当边缘构件邻近洞口时，应将边缘构件的长度扩大至洞口边，按扩大的边缘构件面积计算其构造配筋；当墙肢的长度小于 4 倍墙厚或 1.2m 时，该墙肢应按约束边缘构件配筋。

（4）核心筒、内筒的外围墙体上的墙肢均应设置约束边缘构件，筒内的墙肢一般宜设置约束边缘构件，筒内的次要短墙肢如电梯筒的隔墙、设备管井的隔墙及承受地震作用很小的墙肢等可按其所在部位及轴压比值的要求设置构造边缘构件，其配筋构造及要求见图 29.3－1、图 29.3－2。

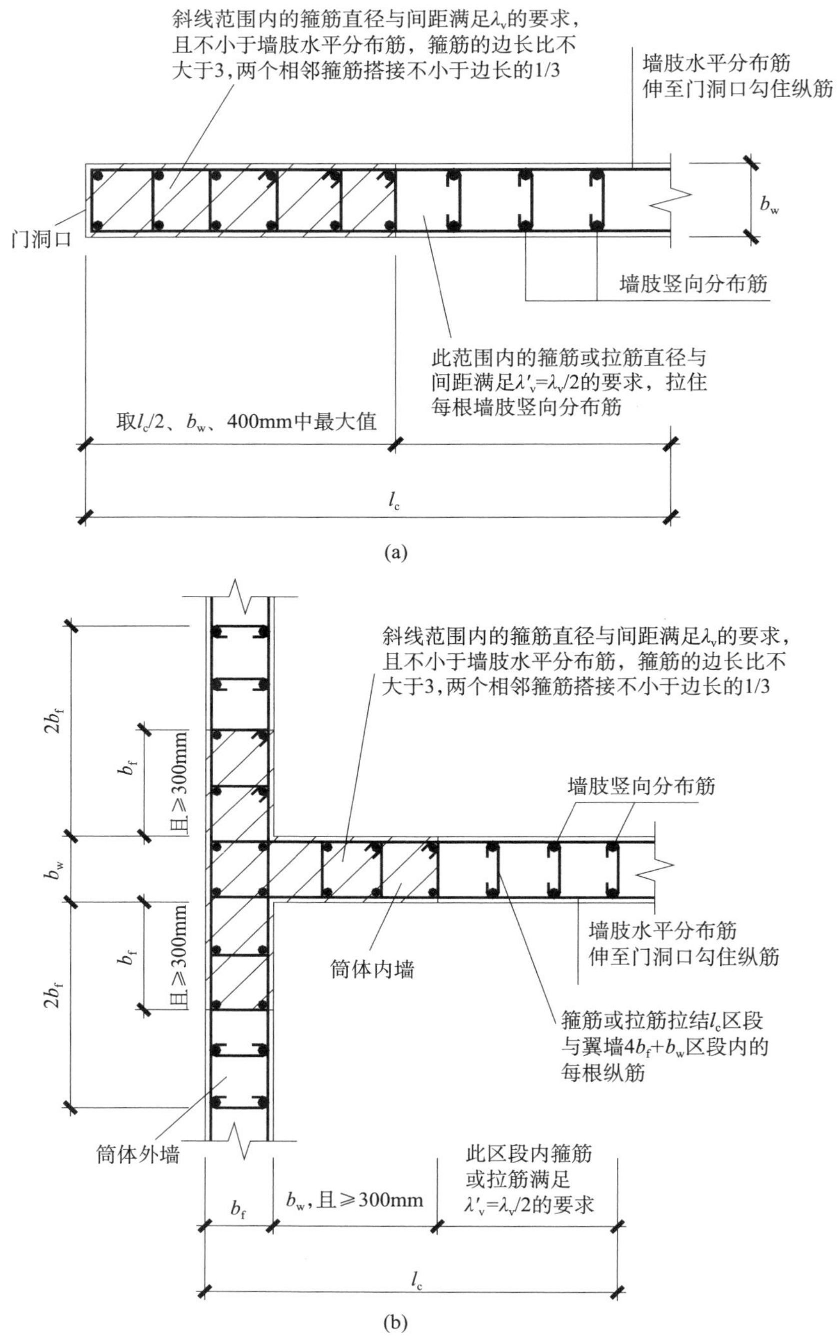

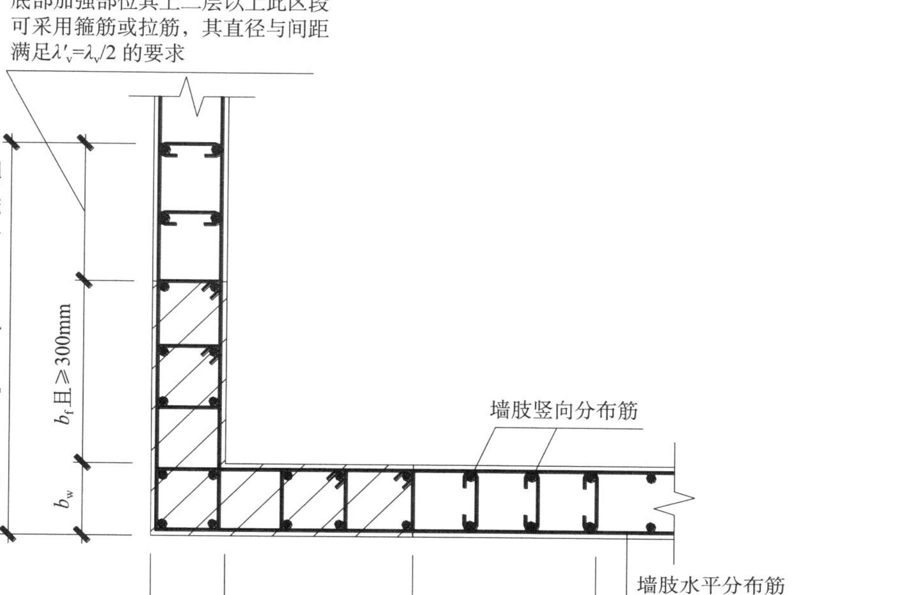

图 29.3－1　一、二级核心筒、内筒墙肢约束边缘构件

（a）核心筒、内筒的门洞口的约束边缘构件（沿全高不变）；

（b）核心筒、内筒的有翼缘约束边缘构件（沿全高不变）；

（c）核心筒、内筒外围墙体的转角约束边缘构件

（5）构件的剪压比数值直接与构件的截面选择相关，剪压比可由$\frac{\gamma_{RE}V}{f_c bh_0}$计算，式中 V 为经内力调整的构件截面组合的剪力设计值，f_c 为混凝土轴心抗压强度设计值；跨高比大于 2.5 的框筒的裙梁、内筒、核心筒上的连梁及剪跨比大于 2 的框筒柱、内筒、核心筒的墙肢，其剪压比限值为 0.2；跨高比不大于 2.5（≤2.5）的框筒裙梁、内筒、核心筒上的连梁及剪跨比不大于 2（≤2）的框筒柱、内筒、核心筒的墙肢，其剪压比限值为 0.15；不满足以上条件时，应调整 bh_0 数值、混凝土轴心抗压强度设计值，或减小连梁的刚度折减系数，以满足剪压比限值；如有条件时，框筒的裙梁、核心筒与内筒上的连梁的剪压比宜按 0.125 控制；当采用 C65、C70 级混凝土时，剪压比限值还须分别乘以相应的混凝土强度影响系数 0.90、0.87。

（6）框筒的角柱应按双向偏心受压构件计算。在地震作用下，角柱不允许出现小偏心受拉，当出现大偏心受拉时，应考虑偏心受压与偏心受拉的最不利情况；如角柱为非矩形截面，尚应进行弯矩（双向）、剪力和扭矩共同作用下的截面验算。

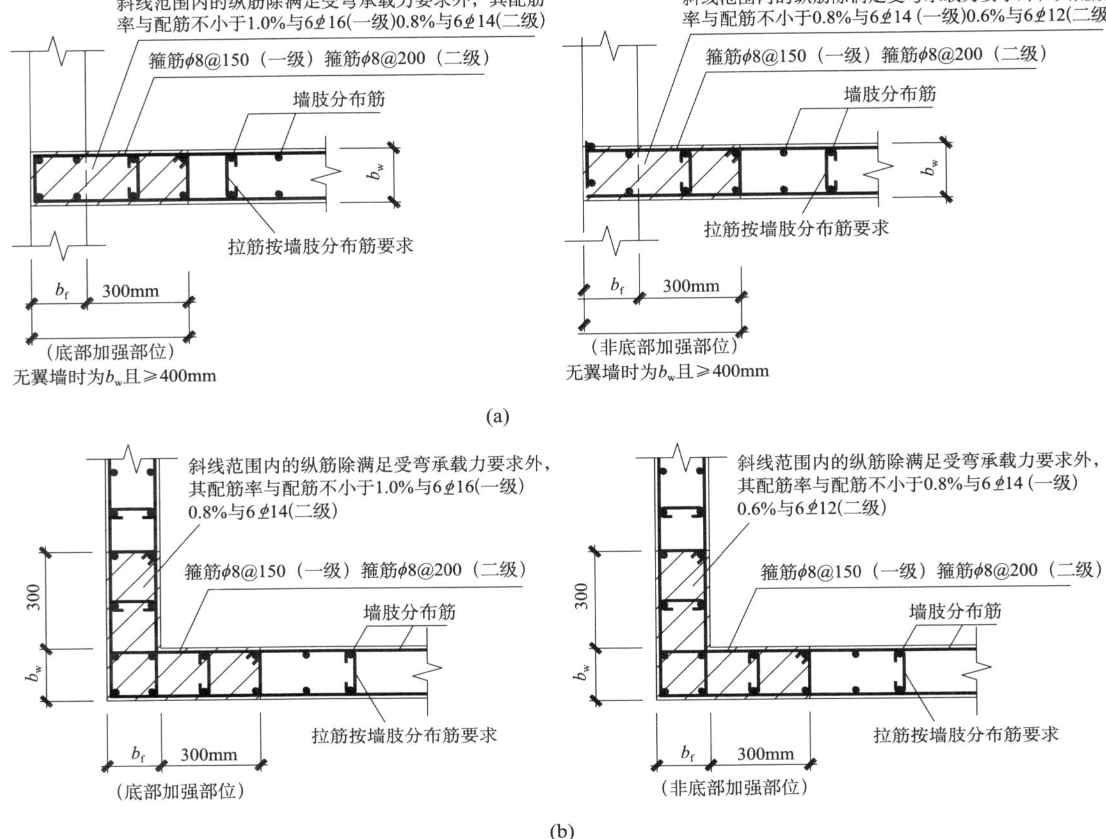

图29.3－2　一、二级核心筒、内筒墙肢构造边缘构件

（a）有翼墙、无翼墙构造边缘构件；（b）转角构造边缘构件

（7）框筒的中柱宜按双向偏心受压构件计算。当楼盖结构为有梁体系时，应考虑楼盖梁的弹性嵌固弯矩影响；当楼盖结构为平板或密肋楼板时，以等效刚度折算为等代梁考虑竖向荷载作用对柱的弹性嵌固弯矩的影响，等代梁的宽度可取框筒柱距，板与框筒连接处可按构造配置板顶钢筋，计算板跨中弯矩时可不考虑框筒对板的嵌固作用，裙梁应考虑板端嵌固弯矩引起的扭转作用。

（8）与角柱直接连接的裙梁对框筒结构的整体工作性能有较大影响，对其进行斜截面受剪承载力验算时，宜适当降低混凝土的受剪承载力的设计值，可按下式进行验算：

$$V_b \leqslant \frac{1}{\gamma_{RE}}\left(0.35f_t b_b h_{b0} + 0.9f_{yv}\frac{A_{sv}}{s}h_{b0}\right) \tag{29.3-14}$$

还应适当加强裙梁的腰筋配置，其直径不应小于14mm，间距不大于200mm。

（9）当采用空间薄壁杆计算模型时，核心筒、内筒的墙肢正截面承载力宜按双向偏心受压构件计算；当采用墙板单元计算模型时，核心筒、内筒的墙肢正截面、斜截面承载力可按离散的单片墙计算。

（10）一级核心筒、内筒墙肢施工缝截面受剪承载力应满足下式：

$$V_{wj} \leqslant \frac{1}{\gamma_{RE}}(0.6f_{yv}A_s + 0.8N) \tag{29.3-15}$$

式中　V_{wj}——墙肢施工缝处组合的剪力设计值；

A_s——施工缝处墙肢的竖向分布钢筋、有足够锚固长度的附加竖向插筋、边缘构件（不含两侧翼墙）的竖向钢筋的总面积；

N——施工缝处不利组合的轴向力设计值，压力取正值，拉力取负值。

由于核心筒、内筒承受侧向荷载比值很大，对二级的核心筒、内筒的外围墙肢也宜按式（29.3-14）验算。

（11）核心筒、内筒上的连梁的跨高比不大于 2 时，为改善其抗震性能可采取以下方法：

①连梁的斜截面受剪承载力设计值能满足验算要求时，可在连梁中间设置水平缝或控制缝，将连梁沿截面高度分为两根连梁，以改变其跨高比；连梁剪力乘以 1.2 增大系数以考虑分配不均的影响；计算分析时应考虑设水平缝对刚度降低的影响。

②当连梁的截面宽度不小于 400mm、跨高比不大于 2、剪压比小于 0.15 时，可配置交叉暗撑承受连梁的全部剪力，见图 29.3-3；跨高比不大于 2、剪压比小于 0.1 时，可采用常规受剪配筋，另配构造交叉斜筋，每方向斜筋不少于 2ϕ16。交叉暗撑的截面宽度（不计保护层）可取连梁宽度的 1/2，暗撑截面高度可取连梁宽度的 1/3，每肢暗撑的钢筋面积 A_s 可按下式计算：

$$A_s \geqslant \frac{\gamma_{RE} V_b}{2f_y \sin\alpha} \tag{29.3-16}$$

式中　V_b——连梁经内力调整的组合剪力设计值；

γ_{RE}——承载力抗震调整系数，取 0.85；

α——交叉暗撑倾角，可近似取 $\alpha = \tan^{-1}\left(\frac{h_b - 0.35b_b - 100}{l_b}\right)$；

b_b——连梁截面宽度。

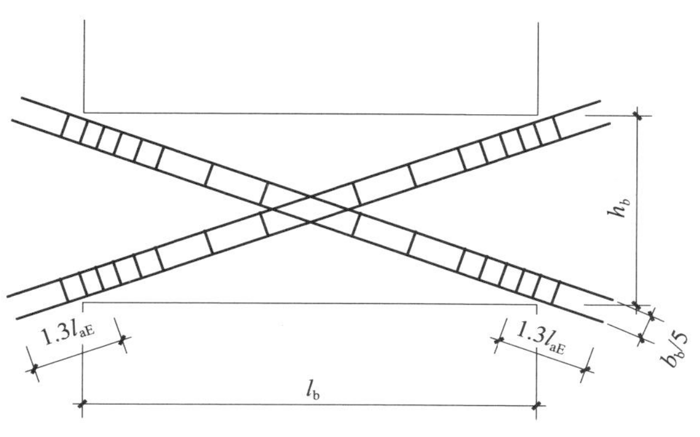

图 29.3-3　连梁配置交叉暗撑

暗撑的箍筋直径不应小于 8mm，箍筋间距不应大于 100mm。

配置交叉暗撑的连梁仍需按常规配置上下纵向钢筋及箍筋，纵向钢筋直径不宜小于 16mm，箍筋直径不小于 10mm，箍筋间距不应大于 200mm，并在连梁两侧加 ϕ10@200 的腰筋与 ϕ8 的拉筋；需要指出，当连梁跨高比不大于 2，剪压比接近 0.15 时，如以配置交叉暗撑来承受连梁的全部剪力有困难时，以图 29.3－3 所示连梁为例，连梁截面 $b_b \times h_b = 400 \times 1200$mm，$l_b = 2000$mm，跨高比 1.67，混凝土 C40，其 $f_c = 19.1\text{N/mm}^2$，$f_t = 1.71\text{N/mm}^2$，钢筋 HRB335，$f_y = 300\text{N/mm}^2$，连梁的剪压比值为 0.15 时，

$$V_b = \frac{1}{\gamma_{RE}} \times 0.15 \times b_b \times h_{b0} f_c = 1550\text{kN}$$

如采用交叉暗撑，每肢所需总钢筋面积 $A_s = 5350\text{mm}^2$，需配 4 Φ 32+4 Φ 28，而连梁的剪压比值较小时，取 0.06，则需总钢筋面积为 $A_s = 1964\text{mm}^2$（4 ϕ25），在实际工程中，核心筒、内筒上的连梁的剪压比可能大于 0.2，甚至接近 0.3（特别在底部加强部位），如不能增加墙厚或提高混凝土强度等级来降低剪压比时，可考虑在连梁中间设水平缝或在连梁内配置型钢等措施。

（12）核心筒、内筒的墙肢竖向和水平分布钢筋应采用双排配筋；当墙厚大于 400mm 时，可按需要配置多于两排的双向钢筋。

（13）核心筒外围墙肢支承楼盖梁的附墙柱或暗柱除满足受压及受弯承载力（墙肢平面外）的要求外，其纵向钢筋总配筋率不小于 1.2%（一级）、1.0%（二级）、0.8%（三级），箍筋与拉筋直径、间距满足配箍特征值 λ_v 取 0.2（一级、二级）、0.15（三级）的要求，见图 29.3－4。

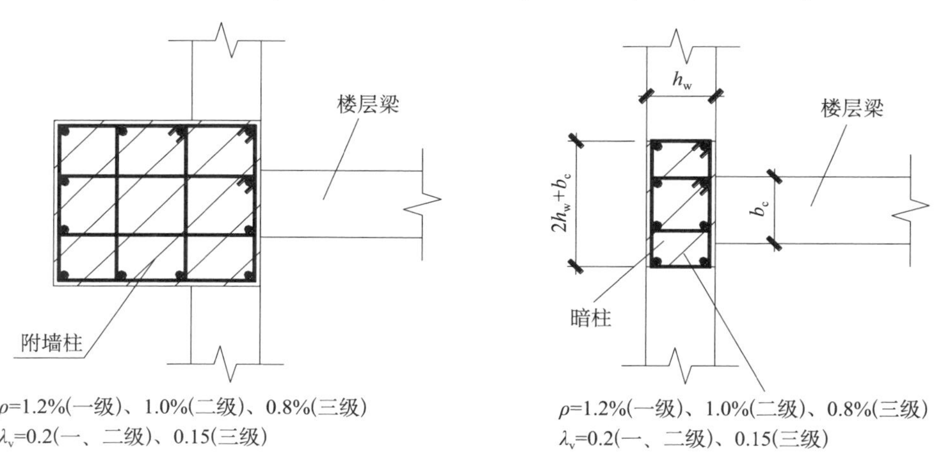

图　29.3－4

29.4　构 造 措 施

（1）筒体结构的混凝土强度等级不宜低于 C30。

（2）框筒的裙梁上、下纵向钢筋直径不应小于 16mm，腰筋的直径不应小于 12mm，间距不应大于 200mm；箍筋直径不应小于 10mm，箍筋间距不应大于 100mm，箍筋间距沿裙梁净跨不变。

（3）框筒的柱截面纵向钢筋最小总配筋率为一级 1.2%，二级 1.0%，三级 0.8%（含角柱）；中柱长边（框筒平面外方向）每一侧配筋率不应小于 0.25%；箍筋直径一、二级不应小于 10mm，三级不应小于 8mm，箍筋肢距不应大于 200mm，箍筋间距一、二级不大于 100mm，三级不大于 150mm 及 $8d$ 最小值（d 为纵向钢筋直径），箍筋间距沿柱高不变。

（4）核心筒、内筒上的连梁上、下纵向钢筋直径不应小于 16mm，箍筋直径不应小于 10mm，间距不应大于 100mm 及 $8d$（d 为纵向钢筋直径），沿连梁净跨内保持不变，顶层连梁的纵向钢筋锚固长度范围内，也应按相同间距设置箍筋；连梁的腰筋直径不宜小于 10mm，腰筋间距不应大于 200mm；连梁的跨高比小于 2.5 时，上下纵向钢筋宜配置在上下 $0.2h_b$（连梁高度）范围内，纵向钢筋直径不宜小于 14mm；腰筋配置的配筋率不应小于 0.25%，间距不应大于 200mm，直径不应小于 10mm，拉筋直径不应小于 8mm，拉筋间距沿水平方向为 3 倍箍筋间距，沿竖向为 2 倍腰筋间距。

（5）核心筒、内筒外围墙肢在底部加强部位及其相邻上一层的竖向、横向分布钢筋配筋率不应小于 0.3%（一、二级），钢筋间距不应大于 200mm。

（6）核心筒、内筒墙肢的竖向、横向分布钢筋的直径不宜大于 1/10 墙肢厚度，竖向、横向分布钢筋的拉筋直径不应小于 8mm，拉筋间距不应大于 400mm（底部加强部位）、600mm（其他部位）。

（7）因受楼盖翘曲的影响，筒中筒结构的楼盖角部的板顶宜配置双层双向钢筋，单层单向配筋率不宜小于 0.3%，钢筋的直径不应小于 8mm，间距不应大于 150mm，配筋范围不宜小于外框架（或外筒）至内筒外墙中距的 1/3 和 3m，见图 29.4－1。

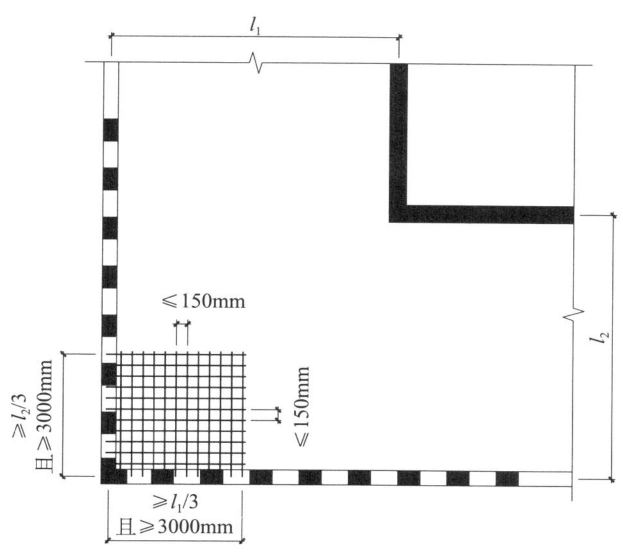

图 29.4－1 筒中筒结构楼盖角部附加钢筋

（8）框筒柱的剪跨比 $\lambda \leq 2$ 但 ≥ 1.5 时，宜在截面设计时采取设置芯柱的构造加强措施，箍筋直径不小于 12mm（一、二级）、10mm（三级），箍距 100mm，全高不变；当剪跨比 $\lambda < 1.5$ 时，应采取特殊加强措施。

29.5　带加强层的筒体结构设计

29.5.1　简述

（1）在框架-核心筒结构的顶层及中间层（常利用设备层、避难层的空间）设置若干道具有较强刚度的水平加强构件与周边加强构件，并与建筑的外柱连接而组成加强层，在侧向力（风荷载、地震荷载）作用下，水平加强构件使与其联结的外柱产生附加轴向变形，周边加强构件则使相邻的柱共同分担附加轴向变形，由外柱的附加轴向变形产生的拉、压轴向力所组成的反力矩能减小侧向力作用下结构的水平变形，以满足设计的要求，其机理示意见图 29.5－1。

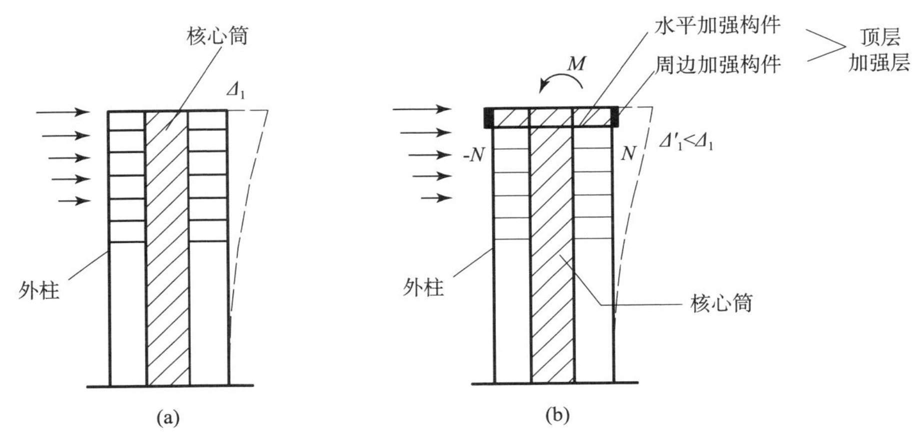

图 29.5－1　加强层的作用机理示意
（a）未设加强层；（b）顶层设加强层

（2）筒中筒结构的侧向刚度强，提高其侧向刚度的方法有：在角部设置角筒（结合平面使用功能）、加大裙梁断面（利用窗台高度设置带水平缝的裙梁）等；框架-核心筒结构的侧向刚度主要由核心筒提供，为解决其在侧向力作用下不能满足变形要求的问题，通常可以采用设置加强层的方法。

（3）加强层的设置使结构的刚度沿竖向发生突变，在重力荷载和地震作用下的内力也产生突变，中间楼层也设置加强层时，其内力变化将更复杂；因受加强层的约束，环境温度的变化也会在结构构件中产生很大的温度应力；特别是这类结构经受地震作用检验的实例还未见报道，结构设计时应采取有效的抗震措施与构造加强措施。

（4）周边加强构件的设置能使外围相邻柱的轴向变形接近，其内力变化也相对平缓，其设置效果与要求提供的刚度则须通过分析比较。

（5）水平加强构件的结构形式有：实体梁、斜腹杆桁架、整层高的箱形梁、空腹桁架等，均须以核心筒为依托外伸或贯通核心筒向两侧外伸。

（6）周边加强构件的结构形式有：实体梁、斜腹杆桁架、交叉腹杆桁架、空腹桁架等，直接与外柱联结，可沿周边贯通或按需要在某两对边设置。

29.5.2 设计原则

（1）9 度设防时不应采用加强层。

（2）加强层的设置与其位置选择应进行细致分析与优化比较，综合评价其设置效果，合理选定设置数量及位置；当设置一个加强层时，从加强层设置的地震响应考虑，宜设置在顶层（楼层地震剪力最小，内力突变的范围较小并在顶部）。

（3）水平加强构件布置的方向应根据控制侧向变形的需要，宜沿建筑物两个主轴方向同时布置水平加强构件。

（4）水平加强构件在平面上的布置应均匀对称（对建筑物的主轴），在每个加强方向不应少于 3 道；应充分利用核心筒的同一方向外墙、内墙外伸贯通建筑物全宽（实体梁），或从核心筒外伸并有效地连接支承、锚固于核心筒的外墙及同一方向的内墙上（桁架类），尽量避免外伸的水平加强构件对核心筒墙肢产生平面外弯曲变形，水平加强构件与外框架柱的连接宜采用铰接或半刚接，实体梁不宜全截面与柱连接。

（5）采用三维空间分析方法进行整体结构分析时，计算模型中应合理反映水平加强构件与周边加强构件的实际工作状况；宜进行弹性或弹塑性时程分析作补充校核。

（6）加强层及其上下相邻层的框架柱、核心筒的抗震等级应提高一级，原为一级的应采取特殊的加强措施，如强柱系数 η_c、剪力增大系数 η_{vc} 可增大 20%、柱端加密区箍筋特征值 λ_v 增大 10%、增大柱纵向钢筋构造配筋百分率为 1.4%（中柱）或 1.6%（角柱）、核心筒墙肢竖向和水平分布筋最小配筋率提高为 0.35%、墙肢约束边缘构件的构造配筋率取 1.4%、配箍特征值增大 20%等。

（7）加强层及其上下相邻层的柱箍筋全高加密，轴压比限值降低 0.05，柱截面配筋宜采用核芯柱。

29.5.3 构造要求

（1）加强层及其上下楼层的相关外柱有可能在地震组合作用下产生小偏心受拉，柱内纵向钢筋面积应比计算值增加 25%；柱纵向钢筋的连接应采用机械连接或焊接。

（2）加强层及其上下楼层的相关外梁受相邻柱的轴向变形差的影响，其纵向钢筋及箍筋宜适当加强。

（3）加强层及其上下相邻楼层的楼板刚度、配筋宜适当加强。

（4）水平加强构件、周边加强构件为实体梁时，由于其跨高比较小，配筋方式及分布筋的配筋率宜满足深受弯构件的要求。

（5）在施工顺序及连接构造上应采取措施减小结构竖向温度变形及轴向压缩对加强层的影响。

（6）加强层的水平加强构件与边柱之间宜留后浇段，待主体结构完工后补浇筑，以减小其对核心筒与外柱在重力荷载作用下的竖向变形的影响，尽量减小重力荷载作用下的内力调整与转移。

29.6　筒中筒结构的转换层

29.6.1　简述

（1）筒中筒结构的外框筒柱距较小（≤4m），在底部，常难满足建筑使用功能的要求，为此需在底层或底部几层抽柱以扩大柱距，一般做法为保留角柱隔一抽一，由于底层（底部）抽柱，会使底层（底部）的侧向刚度降低，其内力也会变化。一般是框筒柱在重力荷载下的内力（轴力为主）做局部调整，地震作用下的内力（地震剪力为主）会有少量转移（通过楼盖结构转移到内筒），因而抽柱的楼层成为转换层。

（2）筒中筒结构的外框筒底层（底部）抽柱的工程实例在国外的同类建筑中早有见到，国内也对其进行过有关的试验与内力分析研究，基本的结论是技术上可行，不构成竖向刚度的突变与结构动力待性的变化。国内也曾进行了筒中筒有机玻璃模型底层抽柱在侧向外力作用下的试验，其侧向变形与不抽柱的相近，模型的动力特性（周期、振型）也变化很小，内力分析研究也得到相近的结果。这是因为筒中筒结构的侧向刚度由内筒与外框筒组成，外框筒又是高次超静定结构，取消少量杆件不会对其内力特性构成变化，在确保底层（底部）所保留的柱子具有足够的承载能力的前提下，底层（底部）抽柱的筒中筒结构在重力荷载与地震荷载作用下的性能可以得到保证。

（3）筒中筒结构的外框筒底层（底部）抽柱应结合建筑使用功能与建筑立面设计进行，可以整层抽柱（保留角柱、隔一抽一），也可局部抽柱（但应注意抽柱位置的均匀对称，一般是位置在中部比靠近角柱有利）。

（4）筒中筒结构的外框筒底层（底部）抽柱后，可采用以下转换结构形式：梁转换、空腹桁架转换、斜撑转换、拱转换，见图 29.6－1。

需要说明的是，梁转换、空腹桁架转换图中的 N 值已非抽柱前的柱轴力，N 作用点处的附加竖向变形受其上部楼层裙梁刚度的约束，抽柱前的柱轴力通过其上部有限层的裙梁的竖向变形的协调而转移到相邻的柱，因而梁与空腹桁架的实际受力不会很大，结构三维空间分析的结果能恰当地反映其实际受力状态，这与框支结构的框支梁的受力状态有较大不同，而斜撑转换、拱转换图中所示的 N 值与抽柱前的柱轴力值不会有变化，因其作用点处不产生附加竖向变形，转换层以上的框筒内力也不会产生变化，但需注意斜撑、拱产生的水平推力的传递与对角柱的影响。

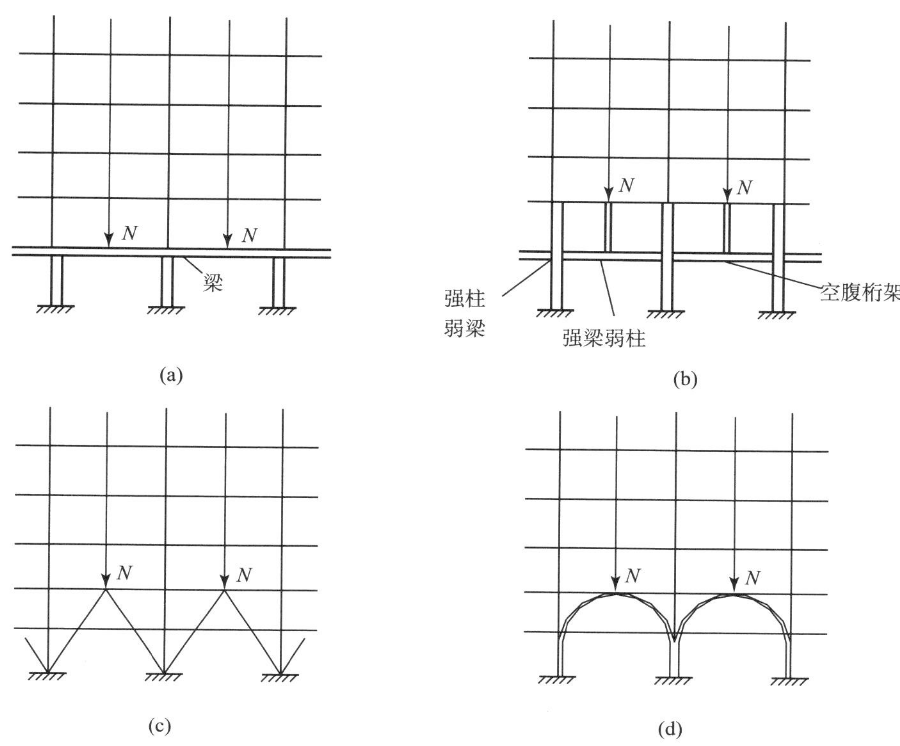

图 29.6－1　框筒抽柱转换结构形式

（a）梁转换结构；（b）空腹桁架转换结构；（c）斜撑转换结构；（d）拱转换结构

29.6.2　设计原则

（1）9 度设防时不应采用转换层，转换层结构应考虑竖向地震作用，竖向地震作用可取其重力荷载代表值的 10%（8 度）。

（2）抽柱位置应均匀对称，从角柱对筒中筒结构的重要性考虑。整层抽柱时，应遵守“保留角柱（8 度宜保留角柱与相邻柱）、隔一抽一”的原则；局部抽柱时，不应连续抽多于二根以上的柱，且其位置应在建筑物中部（对称主轴附近）。

（3）框筒的转换层高度不应超过二 层（8 度）、三层（7 度）。

（4）带转换层的筒中筒结构一般应进行不抽柱的三维空间整体分析与抽柱后的三维空间整体分析（其计算模型应能反映或模拟转换层结构的实际工作状态，转换层结构以下部分可取不带刚域杆单元即纯杆单元），并对其侧向变形与主要杆件的内力进行比较。其侧向层间变形不应有突变，框筒柱组合的轴力设计值增加比例不宜小于 80 %，其组合的剪力设计值增加比例不宜大于 30%。

（5）采用斜撑转换、拱转换层结构时，宜采用抽柱前最大组合轴力设计值对其进行简化补充计算，并与整体空间三维计算结果相比较。

（6）框筒转换层以下的柱轴压比不宜大于 0. 70（一级）、0. 80（二级），截面调整时宜使其与转换层以上的柱的轴压比值相近，柱的剪压比不宜大于 0. 10。

(7) 框筒转换层结构采用梁、空腹桁架转换时，其截面高度不宜加大，因其内力与梁、弦杆的刚度成正比，宽度宜取 b_c（柱宽）+100mm，便于上部柱纵向钢筋的锚固；采用斜撑、拱转换时，宽度不宜小于 b_c+100mm；其截面尺寸宜根据与框筒柱相同的轴压比来确定。

(8) 框筒转换层及下层柱的强柱系数 η_c、剪力增大系数 η_{vc}宜增大20%，柱配箍特征值 λ_v 增大10%、柱纵向钢筋构造配筋率为1.4%（中柱）或1.6%（角柱）。

(9) 斜撑转换、拱转换结构杆件不应出现小偏心受拉状况。

(10) 框筒转换层以下结构构件的内力乘以增大系数1.5（一级）、1.3（二级）。

(11) 采用空腹桁架转换、拱转换、斜撑转换时，应加强节点的配筋与连接锚固构造措施，弱化应力集中的不利影响，空腹桁架的竖腹杆应按强剪弱弯进行配筋设计；梁转换时转换梁及其上三层的裙梁应按偏心受拉杆件进行配筋设计与构造处理。

29.6.3　构造要求

(1) 转换层楼板（空腹桁架转换层的楼板为上、下弦杆所在楼层的楼板）厚度不应小于150mm，应采用双层双向配筋，除满足受弯承载力要求外，每层每个方向的配筋率不应小于0.25%。

(2) 转换层在内筒与外框筒之间的楼板不应开设洞口边长与内外筒间距之比大于0.20的洞口，当洞口边长大于1000mm时，应采用边梁或暗梁（平板楼盖、宽度取2倍板厚）对洞口加强，开洞楼板除满足承载力要求外，边梁或暗梁的纵向钢筋配筋率不应小于1%。

(3) 开设少量洞口的转换层楼板在对洞口周边采取加强措施后，一般可不进行转换层楼板的抗震验算（楼板剪力设计值及其受剪承载力的验算）。

(4) 转换层及其以下各层的框筒柱及其他杆件（裙梁、斜撑、拱、弦杆等）的箍筋直径应不小于12mm（一级）、10mm（二级），箍筋间距不大于100mm（沿杆长不变），箍筋肢距不大于200mm，纵向钢筋连接应采用机械连接或焊接。

(5) 采用梁转换、空腹桁架转换结构时，转换层以上三层的梁的纵向钢筋连接应采用机械连接或焊接，箍筋间距不变；转换梁及桁架下弦杆应按偏心受拉杆件设计。

第 30 章　板柱–抗震墙结构

30.1　一 般 原 则

30.1.1　适用范围及结构特点

（1）板柱–抗震墙结构指由无梁楼盖和柱组成的板柱框架与抗震墙共同承担竖向和水平作用的结构。由于内部柱间无楼层梁，便于机电管道通行，增加了房屋的净高，有利于减小建筑物层高，在城市规划限制房屋总高度的条件下能增加楼层数，可获得更多的建筑面积，从而取得更好的经济效益。

（2）此类结构适用于商场、图书馆的阅览室和书、仓储楼、饭店、公寓、高层写字楼及综合楼等房屋。

（3）此类结构采用现浇钢筋混凝土，水平构件以板为主，仅在外圈采用梁柱框架，竖向构件有柱和抗震墙或核心筒，抵抗水平地震作用主要靠抗震墙或核心筒，板柱结构侧向刚度较小。楼板对柱的约束能力不如框架梁，框架梁为杆形构件，既对梁柱节点有较好的约束作用，做到强节点，又能做到塑性铰出现在梁端，实现强柱弱梁。因此，在水平地震作用下板柱结构侧向变形的控制和延性必须由抗震墙或核心筒来保证。

（4）板柱–抗震墙结构在水平力作用方向的变形特征与框架–抗震墙相似，属于弯剪型，接近弯曲型，侧向刚度由层间位移与层高的比值（$\Delta u/h$）控制。

（5）板柱–抗震墙结构在设计时楼层平面除周边框架柱间和楼梯间设置框架梁外，内部多数柱之间没有设置框架梁，主要抗侧力构件由抗震墙或核心筒组成（图 30.1–1）。当楼层平面周边框架柱间设置框架梁、内部设有核心筒且存在少量主要承受竖向荷载、不设置框架梁的柱时，此类结构属于框架–核心筒结构（图 30.1–2），不作为板柱–抗震墙结构对待。

（6）由于此类结构抗震性能较差，特别是板柱节点是抗震的不利部位，因此，抗震设防房屋的最大适用高度，抗震设防烈度为 6、7 度时，分别为 80、70m，抗震设防烈度为 8 度（0.2g）和 8 度（0.3g）时分别为 55、40m。抗震设防烈度为 9 度的房屋，不应采用板柱–抗震墙结构。

（7）板柱–抗震墙结构的结构布置、计算分析、截面设计及构造要求除应符合本章的规定外，尚应符合第 24、第 25、第 26、第 27 章的有关规定。

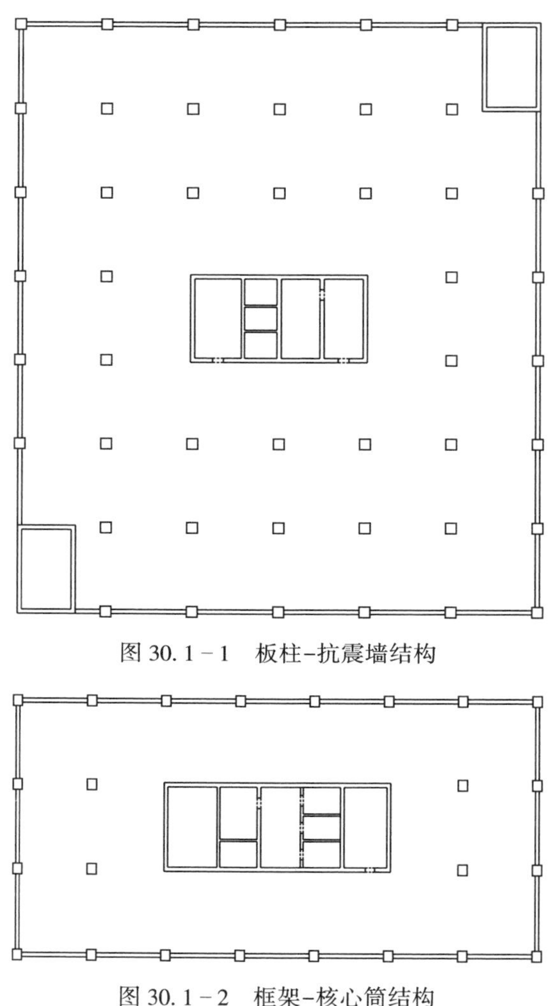

图 30.1－1　板柱-抗震墙结构

图 30.1－2　框架-核心筒结构

30.1.2　结构布置

（1）应布置成双向抗侧力结构体系，两主轴方向均应设置抗震墙。

（2）抗震设计时，房屋的地下一层顶板宜采用梁板结构。

（3）横向及纵向抗震墙应能承担该方向全部地震作用，需设置能满足层间位移角限值和侧向承载力足够的抗震墙。抗震墙布置宜避免偏心扭转。

（4）抗震设计时，房屋的周边应采用有梁框架。有楼、电梯间等较大开洞时，洞口周围宜设置框架梁，洞边设边梁。抗震墙之间的楼、屋盖长宽比，6、7 度不宜大于 3，8 度不宜大于 2。

（5）无梁板可采用无柱帽板，当板不能满足冲切承载力要求时可采用平托板式柱帽，平托板的长度和厚度按计算要求确定，且每方向长度不宜小于板跨度的 1/6，其厚度不宜小于板厚度的 1/4。7 度时宜采用有托板节点，8 度时应采用有托板节点，此时托板每方向长度尚不宜小于 4 倍板厚和柱截面对应边长之和，托板总厚度不宜小于柱纵筋直径的 16 倍。当无托板的平板受冲切承载力不足时，可采用型钢剪力架（键），此时板的厚度应满足型钢剪力架的构造要求，且不应小于 200mm。

（6）抗震设计时，无平托板的板柱-抗震墙结构应沿纵横柱轴线设置暗梁，暗梁宽度可取柱宽或柱宽及柱两侧各不大于 1.5 倍板厚之和。

（7）楼板跨度在 8m 以内时可采用钢筋混凝土平板。

（8）双向无梁板厚度与长跨之比，不宜小于表 30.1－1 的规定。

表 30.1－1 双向无梁板厚度与长跨的最小比值

非预应力楼板		预应力楼板	
无柱托板	有柱托板	无柱托板	有柱托板
1/30	1/35	1/40	1/45

（9）边缘梁截面的抗弯刚度 E_cI_b 可考虑部分翼缘，其翼缘宽度如图 30.1－3a 所示。板截面的抗弯刚度 $E_cI_s = E_c\left(板宽\times\frac{h^3}{12}\right)$，板宽取值如图 30.1－3b 所示。梁、板刚度比 $\alpha = E_cI_b/E_cI_s$。

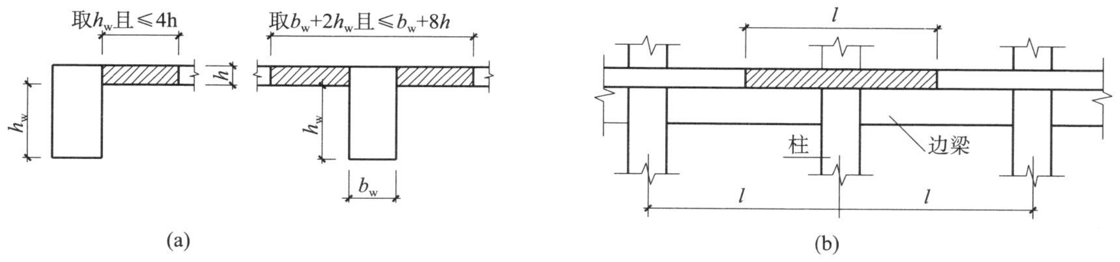

图 30.1－3 边缘梁翼缘及板宽取值

（a）边梁翼缘宽度；（b）板宽度

（10）无梁板允许开局部洞口，但应验算满足承载力及刚度要求。当未作专门分析时，在板的不同部位开单个洞的大小应符合图 30.1－4 的要求。若在同一部位开多个洞时，则在同一截面上各个洞宽之和不能大于相应单个洞的宽度。所有洞边均应设置补强钢筋。

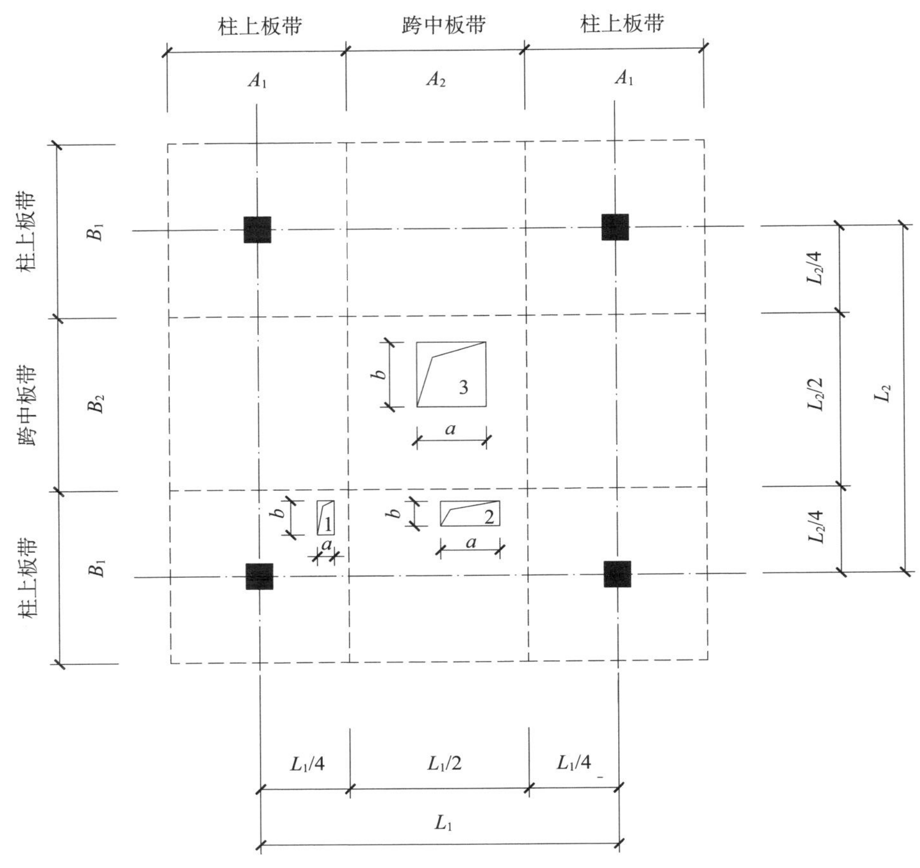

图 30.1－4　无梁楼板开洞要求

洞 1：$a \leqslant a_c/4$ 且 $a \leqslant t/2$，$b \leqslant b_c/4$ 且 $b \leqslant t/2$；其中，a 为洞口短边尺寸，b 为洞口长边尺寸，a_c 为相应于洞口短边方向的柱宽，b_c 为相应于洞口长边方向的柱宽，t 为板厚；

洞 2：$a \leqslant A_2/4$ 且 $b \leqslant B_1/4$；

洞 3：$a \leqslant A_2/4$ 且 $b \leqslant B_2/4$

30.2　内力和位移分析

（1）规则的板柱－抗震墙结构，内力和位移分析时可将板柱结构按等代框架处理，等代框架的宽度宜取垂直于等代框架方向两侧柱距各 1/4。其他的板柱－抗震墙结构，宜采用连续体有限元空间模型进行计算分析。

（2）计算地震作用时，应考虑抗震墙、有梁框架及板柱等代框架的抗侧刚度。

（3）板柱－抗震墙结构，当房屋高度大于 12m 时，抗震墙应承担全部地震作用；当房屋高度不大于 12m 时，抗震墙宜承担全部地震作用。各层板柱和有梁框架部分应能承担不少于本层地震剪力的 20%。

按振型分解反应谱法计算地震作用时，上述板柱等代框架，承担不小于各层相应方向全部地震作用的 20%，可在振型组合之后进行调整。

板柱等代框架及有梁框架的柱轴力按协同计算取值，可不予调整。

（4）按等代框架计算求得的等代框架梁弯矩值，按表 30.2－1 中所列系数分配给柱上板带和跨中板带。

表 30.2－1　等代框架梁弯矩分配系数

截面		柱上板带	跨中板带
内跨	支座截面负弯矩	0.75	0.25
	跨中正弯矩	0.55	0.45
边跨	第一支座截面负弯矩	0.75	0.25
	跨中正弯矩	0.55	0.45
	边支座截面负弯矩	0.90	0.10

（5）板柱-抗震墙结构的结构计算分析除符合本章的规定外，尚应符合第 24、第 25、第 26 及第 27 章的有关规定。

30.3　截面设计和构造措施

30.3.1　一般规定

（1）梁、柱的截面设计及构造要求见第 25 章。

（2）抗震墙的截面设计及构造要求见第 26、27 章的有关规定，底部加强部位及其上一层均应设置约束边缘构件，其他部位应设置构造边缘构件。

30.3.2　截面验算及构造措施

（1）在竖向荷载和侧向力作用下的板柱节点，其受冲切承载力计算中所用的等效集中反力设计值 $F_{l,eq}$ 可按下列情况确定：

①传递单向不平衡弯矩的板柱节点。

当不平衡弯矩作用平面与柱矩形截面两个轴线之一相重合时，可按下列两种情况进行计算：

A. 由节点受剪传递的单向不平衡弯矩 $\alpha_0 M_{unb}$，当其作用的方向指向图 30.3－1 的 AB 边时，等效集中反力设计值可按下列公式计算：

$$F_{l,\ eq} = F_l + \left(\frac{\alpha_0 M_{unb} a_{AB}}{I_c} u_m h_0\right) \eta_{vb} \qquad (30.3-1)$$

$$M_{unb} = M_{unb,\ c} - F_{l,\ eq} \qquad (30.3-2)$$

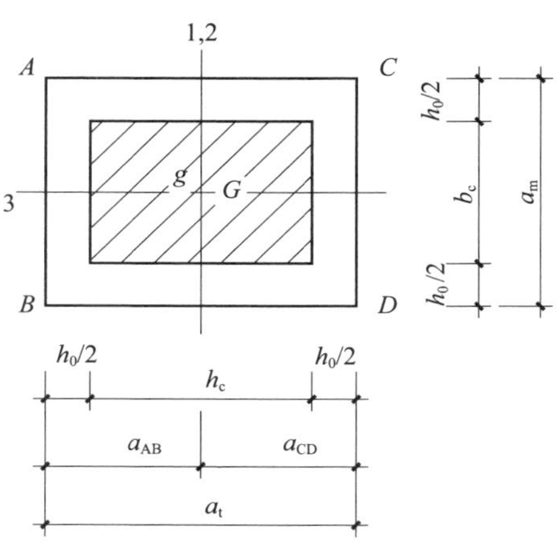

图 30.3－1　矩形柱及受冲切承载力计算的几何参数

1. 通过柱截面重心 G 的轴线；

2. 通过临界截面周长重心 g 的轴线；

3. 不平衡弯矩作用平面

B. 由节点受剪传递的单向不平衡弯矩 $\alpha_0 M_{unb}$，当其作用的方向指向图 30.3－1 的 CD 边时，等效集中反力设计值可按下列公式计算：

$$F_{l,\ eq} = F_l + \left(\frac{\alpha_0 M_{unb} a_{CD}}{I_c} u_m h_0\right) \eta_{vb} \tag{30.3-3}$$

$$M_{unb} = M_{unb,\ c} - F_{l,\ eq} \tag{30.3-4}$$

式中　F_l——在竖向荷载、侧向力作用下，柱所承受的轴向压力设计值的层间差值减去冲切破坏锥体范闱内板所承受的荷载设计值；

α_0——计算系数，按式（30.3－10）计算；

M_{unb}——竖向荷载、侧向力对轴线 2（图 30.3－1）产生的不平衡弯矩设计值；

$M_{unb,c}$——竖向荷载、侧向力对轴线 1（图 30.3－1）产生的不平衡弯矩设计值；

a_{AB}、a_{CD}——轴线 2 至 AB、CD 边缘的距离；

I_c——按临界截面计算的类似极惯性矩，按式（30.3－7）计算；

e_g——在弯矩作用平面内轴线 1 至轴线 2 的距离，按式（33.3－9）计算；对中柱截面和弯矩作用平面平行于自由边的边柱截面，$e_g=0$。

②传递双向不平衡弯矩的板柱节点。

当节点受剪传递的两个方向不平衡弯矩为 $\alpha_{0x} M_{unb,x}$、$\alpha_{0y} M_{unb,y}$ 时，等效集中反力设计值可按下列公式计算：

$$F_{l,\ eq} = F_l + (\tau_{unb,\ max} u_m h_0) \eta_{vb} \tag{30.3-5}$$

$$\tau_{unb,\ max} = \frac{\alpha_{0x} M_{unb,\ x} a_x}{I_{cx}} + \frac{\alpha_{0y} M_{unb,\ y} a_y}{I_{cy}} \tag{30.3-6}$$

式中　$\tau_{unb,max}$——双向不平衡弯矩在临界截面上产生的最大剪应力设计值；

$M_{unb,x}$、$M_{unb,y}$——竖向荷载、侧向力引起对临界截面周长重心处 x 轴、y 轴方向的不平衡弯矩设计值，可按公式（30.3－2）或公式（30.3－4）同样的方法确定；

α_{0x}、α_{0y}——x 轴、y 轴的计算系数，按本节下述第（2）条和第（3）条确定；

I_{cx}、I_{cy}——对 x 轴、y 轴按临界截面计算的类似极惯性矩，按本节下述第（2）条和第（3）条确定；

a_x、a_y——最大剪应力 τ_{max} 作用点至 x 轴、y 轴的距离；

η_{vb}——板柱节点处剪力增大系数，一级取 1.7，二级取 1.5，三级取 1.3。

③当考虑不同的荷载组合时，应取其中的较大值作为板柱节点受冲切承载力计算用的等效集中反力设计值。

（2）板柱节点考虑受剪传递单向不平衡弯矩的受冲切承载力计算中，与等效集中反力设计值 $F_{l,eq}$ 有关的参数和图 30.3－1 中所示的几何尺寸，可按下列公式计算：

中柱处临界截面的类似极惯性矩、几何尺寸及计算系数可按下列公式计算（图 30.3－1）：

$$I_c = \frac{h_0 a_t^3}{6} + 2h_0 a_m \left(\frac{a_t}{2}\right)^2 \tag{30.3－7}$$

$$a_{AB} = a_{CD} = \frac{a_t}{2} \tag{30.3－8}$$

$$e_g = 0 \tag{30.3－9}$$

$$\alpha_0 = 1 - \frac{1}{1 + \frac{2}{3}\sqrt{\frac{h_c + h_0}{b_c + h_0}}} \tag{30.3－10}$$

（3）在按公式（30.3－5）、公式（30.3－6）进行板柱节点考虑传递双向不平衡弯矩的受冲切承载力计算中，如将本节前述第（2）条的规定视作 x 轴（或 y 轴）的类似极惯性矩、几何尺寸及计算系数，则与其相应的 y 轴（或 x 轴）的类似极惯性矩、几何尺寸及计算系数，可将前述的 x 轴（或 y 轴）的相应参数进行置换确定。

（4）无梁楼板的冲切承载力满足公式（30.3－11）要求时，可配置构造箍筋。

$$F_{l,eq} \leq (0.7\beta_h f_t \eta u_m h_0)/\gamma_{RE} \tag{30.3－11}$$

公式（30.3－11）中的系数 η，应按下列两个公式计算，并取其中较小值：

$$\eta_1 = 0.4 + \frac{1.2}{\beta_0} \tag{30.3－12}$$

$$\eta_2 = 0.5 + \frac{\alpha_s h_0}{4u_m} \tag{30.3－13}$$

式中　F_l——局部荷载设计值或集中反力设计值；对板柱结构的节点，取柱所承受的轴向压力设计值的层间差值减去冲切破坏锥体范围内板所承受的荷载设计值；当有不平衡弯矩时，应按本节前述第（1）条的规定确定；

β_h——截面高度影响系数：当 $h \leqslant 800$mm 时，取 $\beta_h = 1.0$；当 $h \geqslant 2000$mm 时，取 $\beta_h = 0.9$，其间按线性内插法取用；

f_t——混凝土轴心抗拉强度设计值；

u_m——临界截面的周长：距离局部荷载或集中反力作用面积周边 $h_0/2$ 处板垂直截面的最不利周长（图 30.3－2）；

h_0——截面有效高度，取两个配筋方向的截面有效高度的平均值；

η_1——局部荷载或集中反力作用面积形状的影响系数；

η_2——临界截面周长与板截面有效高度之比的影响系数；

β_0——局部荷载或集中反力作用面积为矩形时的长边与短边尺寸的比值，β_0 不宜大于 4；当 $\beta_0 < 2$ 时，取 $\beta_0 = 2$，当面积为圆形时，取 $\beta_0 = 2$；

α_s——板柱结构中柱类型的影响系数，对中柱，取 $\alpha_s = 40$；对边柱，取 $\alpha_s = 30$；

γ_{RE}——承载力抗震调整系数，取 0.85。

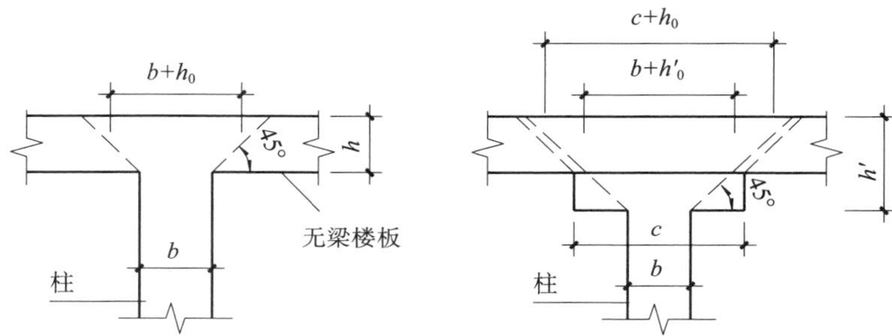

图 30.3－2　抗冲切周长

当板开有孔洞且孔洞至局部荷载或集中反力作用面积边缘的距离不大于 $6h_0$ 时，受冲切承载力计算中取用的临界截面周长 u_m，应扣除局部荷载或集中反力作用面积中心至开孔外边画出两条切线之间所包含的长度（图 30.3－3）。

（5）在局部荷载或集中反力作用下，当受冲切承载力不满足本节前述第（4）条的要求且板厚受到限制时，可配置箍筋。

此时，受冲切截面应符合下列条件：

$$F_l \leqslant (1.2 f_t \eta u_m h_0) / \gamma_{RE} \tag{30.3－14}$$

当配置箍筋时的板，其受冲切承载力应符合下列规定：

$$F_l \leqslant (0.3 f_t \eta u_m h_0 + 0.8 f_{yv} A_{svu}) / \gamma_{RE} \tag{30.3－15}$$

式中　A_{svu}——与呈 45°冲切破坏锥体斜截面相交的全部箍筋截面面积；

f_{yv}——箍筋抗拉强度设计值。

（6）对配置有箍筋的冲切破坏锥体以外的截面，尚应按公式（30.3－16）进行受冲切承载力的验算，此时取最外排抗冲切钢筋周边以外 $0.5h_0$ 处的最不利周长 u_m。

$$F_{l,eq} \leqslant (0.42 f_t \eta u_m h_0) / \gamma_{RE} \tag{30.3－16}$$

（7）围绕节点向外扩展到不需要配箍筋的位置，定义为临界截面（图 30.3－4），临界

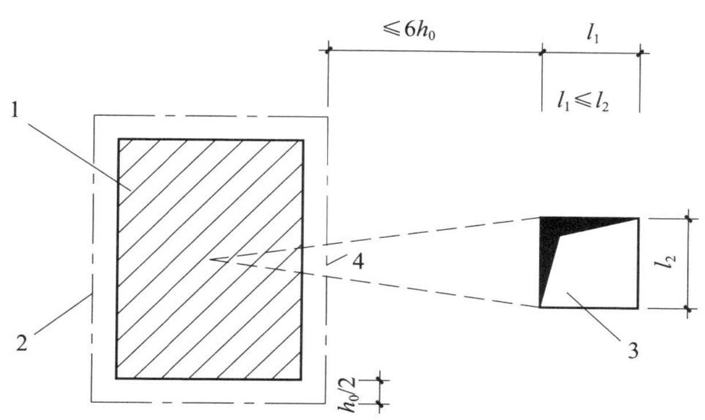

图 30.3－3　邻近孔洞时的临界截面周长

1. 局部荷载或集中反力作用面；2. 临界截面周长；
3. 孔洞；4. 应扣除的长度

注：当图中 $l_1>l_2$ 时，孔洞边长 l_2 用 $\sqrt{l_1 l_2}$ 代替

截面处按公式（30.3－1）、式（30.3－3）求得集中反力设计值应满足公式（30.3－11）的要求，式中 u_m 取临界截面的周长。冲切截面至临界截面之间的剪力均由双向暗梁承担，暗梁宽度取柱宽及柱两侧各 1.5h（h 为板厚），暗梁箍筋应满足公式（30.3－15）的要求。当冲切面以外按公式（30.3－11）计算不需要配箍筋时，暗梁应设置构造箍筋，并应采用封闭箍筋，4 肢箍，直径不小于 8mm，间距可取 300mm（图 30.3－5）。暗梁从柱面伸出长度宜大于 3.5h 范围，应采用封闭箍筋，间距不宜大于 h/3，肢距不宜大于 200mm，箍筋直径不宜小于 8mm。

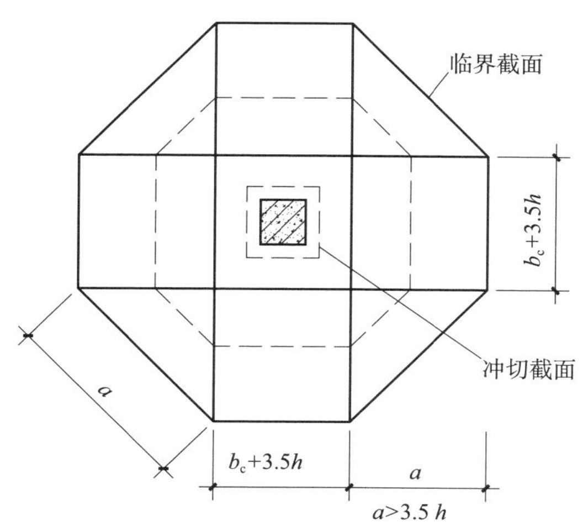

图 30.3－4　临界截面位置

（8）边缘框架梁因等代框架跨中板带边支座负弯矩而产生的扭矩，应按《混凝土结构设计规范》（GB 50010）规定进行扭曲截面承载力计算。

（9）无柱帽平板宜在柱上板带中设构造暗梁，暗梁宽度可取柱宽及柱两侧各不大于 1.5

倍板厚。暗梁支座上部纵向钢筋面积应不小于柱上板带钢筋面积的 50%，暗梁下部纵向钢筋不宜少于上部纵向钢筋的 1/2。暗梁的构造箍筋应配置成四肢箍，直径应不小于 8mm，间距应不大于 300mm（图 30.3－5）。与暗梁相垂直的板底钢筋应置于暗梁下部钢筋之上。

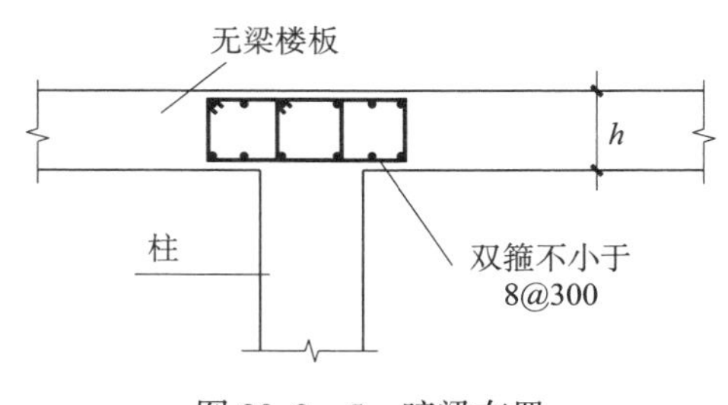

图 30.3－5　暗梁布置

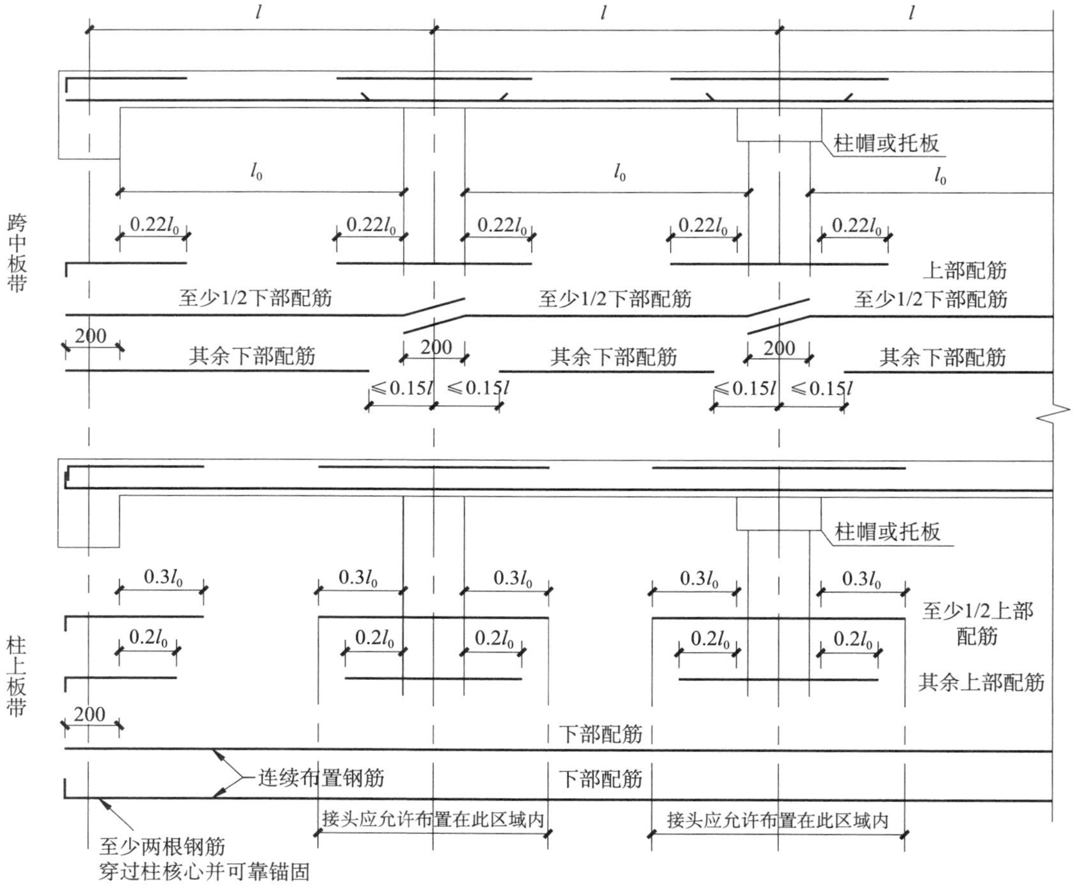

图 30.3－6　无梁楼板配筋

（10）无柱帽柱上板带的板底钢筋，宜在距柱面为 2 倍纵筋锚固长度以外搭接，钢筋端部宜有垂直于板面的弯钩。

（11）沿两个主轴方向通过柱截面的板底连续钢筋的总截面面积，应符合下式要求：

$$A_s \geqslant N_G/f_y \tag{30.3-17}$$

式中　A_s——板底连续钢筋总截面面积；

N_G——在该层楼板重力荷载代表值（8 度时尚宜计入竖向地震）作用下的柱轴压力；

f_y——楼板钢筋的抗拉强度设计值。

无梁楼板的柱上板带和跨中板带的配筋布置如图 30.3-6 所示。

（12）板柱-抗震墙结构的无梁楼盖，应设置边梁，其截面高度不小于板厚的 2.5 倍。边梁在竖向荷载作用下的弯矩和剪力，应根据直接作用在其上荷载及板带所传递的荷载进行计算。边梁的扭矩计算较困难，故板在边梁可按半刚接或铰接，考虑扭矩影响一般应按构造配置受扭箍筋，箍筋的直径和间距应按竖向荷载与水平力作用下的剪力组合值计算确定，且直径应不小于 8mm，间距不大于 200mm。

（13）无梁楼板上如需要开洞时，应满足受剪承载力的要求，且应符合图 30.1-3 的要求。各洞边加筋应与洞口被切断的钢筋截面面积相等。

（14）设有平托板式柱帽时，平托板的钢筋应按柱上板带柱边正弯矩计算确定，按构造不小于 ϕ10@150，双向布置，钢筋应锚入板内（图 30.3-7）。

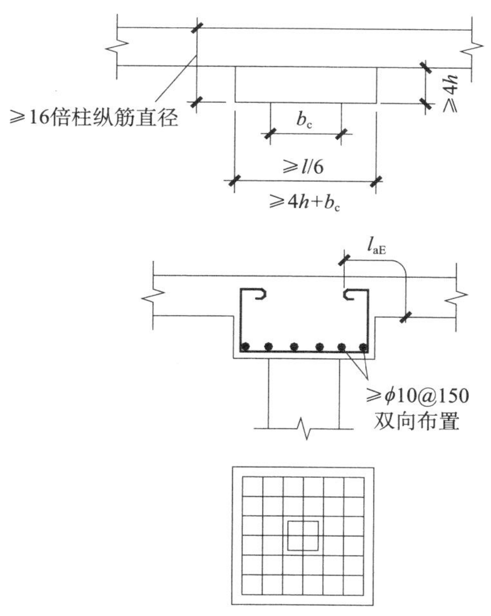

图 30.3-7　平托板配筋

【例 30.3-1】某板柱-抗震墙结构的楼层中柱，所承受的轴向压力设计值层间差值 N = 930kN，板所承受的荷载设计值 q = 13kN/m²，水平地震作用节点不平衡弯矩 M_{unb} = 133.3kN·m，楼板设置平托板（图 30.3-8），混凝土强度等级 C30，f_t = 1.43N/mm²，中柱截面 600×600mm，计算等效集中反力设计值及冲切承载力验算，抗震等级一级。

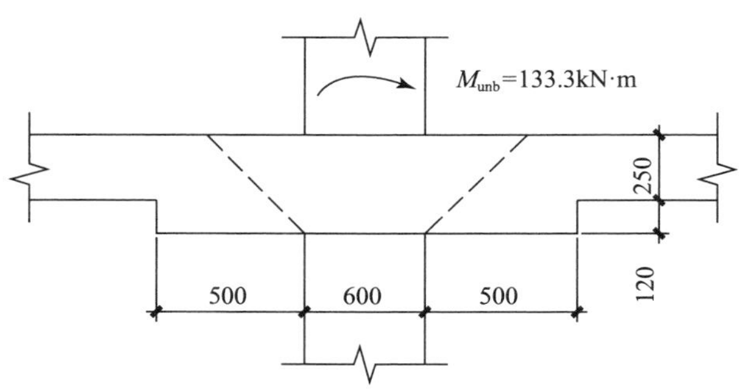

图 30.3－8　板柱节点

【解】（1）验算平托板冲切承载力，已知平托板

$$h_0=340\text{mm},\ u_m=4\times940=3760\text{mm}$$

$$h_c=b_c=600\text{mm},\ a_t=a_m=940\text{mm}$$

$$a_{AB}=a_{CD}=\frac{a_t}{2}=470\text{mm},\ e_g=0$$

由公式（30.3－10）得 $\alpha_0=1-\dfrac{1}{1+\dfrac{2}{3}\sqrt{\dfrac{h_c+h_0}{b_c+h_0}}}=0.4$，由公式（30.3－7）得中柱临界截面极惯性矩为：

$$I_c=\frac{h_0a_t^3}{6}+2h_0a_m\left(\frac{a_t}{2}\right)^2=\frac{340\times940^3}{6}+2\times340\times940\times470^2$$

$$=1882.65\times10^8\text{mm}^4$$

由公式（30.3－1）得等效集中反力设计值：

$$F_{l,\ eq}=F_l+\left(\frac{\alpha_0M_{unb}a_{AB}}{I_c}u_mh_0\right)\eta_{vb}=908.7+\left(\frac{0.4\times133.3\times10^6\times470}{1882.65\times10^8\times1000}\times3760\times340\right)\times1.3$$

$$=1129.92\text{kN}$$

其中　$F_l=N-qA'=930-13\ (0.6+0.68)^2=908.7\text{kN}$

按公式（30.3－11）验算冲切承载力：

$$F_{l,\ eq}=1129.92\text{kN}\leqslant\frac{1}{\gamma_{RE}}0.7f_tu_mh_0=[F_l]$$

$$[F_l]=\frac{1}{0.85}0.7\times1.43\times3760\times340/1000$$

$$=1505.50\text{kN}\qquad\text{满足要求}$$

（本例中 $\beta_h=1$，$\eta_1=1$，$\eta_2=1.4$，故取 $\eta=1$）

（2）验算平托板边冲切承载力，已知楼板 $h_0=230\text{mm}$，$u_m=4\ (1.6+0.23)=7.32\text{m}=7320\text{mm}$，$\alpha_0=0.4$，$a_m=a_t=1830\text{mm}$，$a_{AB}=a_{CD}=\dfrac{a_t}{2}=915\text{mm}$，$e_g=0$，由公式（30.3－7）得临界截面极惯性矩为：

$$I_c=\frac{230\times1830^3}{6}+2\times230\times1830\times915^2=9.4\times10^{11}\text{mm}^4$$

$$F'_l=930-2.06^2\times13=874.83\text{kN}$$

$$F'_{l,\text{eq}}=874.83+\left(\frac{0.4\times133.3\times10^6\times915}{9.4\times10^{11}\times1000}7320\times230\right)1.3=988.4\text{kN}$$

按公式（30.3－12），$\eta_1=1$，按公式（6.7.3－13）$\eta_2=0.5+\dfrac{40\times230}{4\times7320}=0.814$

按公式（30.3－11）验算冲切承载力：

$$[F_l]=\frac{1}{0.85}0.7\times1.43\times7320\times230\times0.814/1000=1613.91\text{kN}>F'_{l,\text{eq}}$$　满足要求

（3）在平托板边已满足公式（30.3－11）的要求后，在距暗梁边 $3.5h=875$mm 临界截面必定满足公式（30.3－11），因此，按本节前述第（7）条在暗梁从柱面起 875mm 范围配置 6ϕ8@80 箍筋，此范围以外暗梁箍筋按构造为 4ϕ8@300（图 30.3－9）。

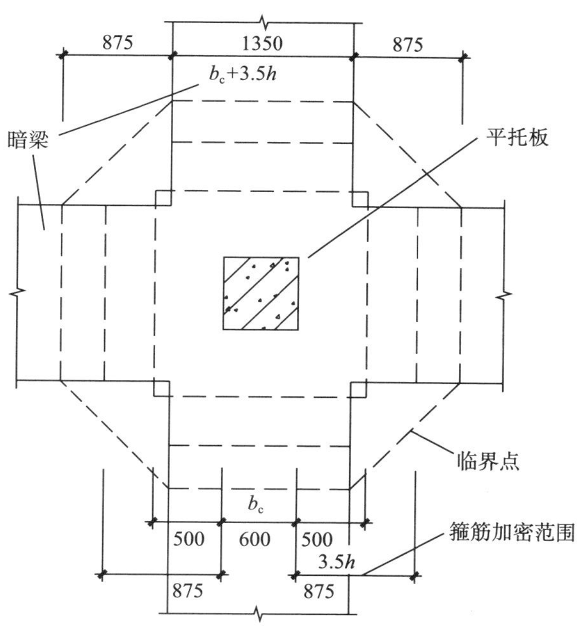

图 30.3－9　平托板和暗梁节点平面

第 31 章　预应力混凝土结构抗震设计

31.1　一 般 要 求

31.1.1　应用范围

预应力混凝土结构适用于设防烈度为 6、7、8 度时，先张法和后张有粘结预应力混凝土结构的抗震设计，9 度时应进行专门研究。无粘结预应力混凝土结构可用于分散配置预应力筋并设有抗震墙的板类结构及仅用于满足框架扁梁及悬臂梁的挠度和裂缝要求。预应力混凝土强度等级不宜低于 C40 也不宜高于 C70。

31.1.2　抗震等级

除 9 度设防外，预应力混凝土结构抗震等级均应按 GB 50011—2010 表 6.1.2 确定。除预应力部分应满足有关要求外，其他计算和构造要求均应符合非预应力混凝土结构相应抗震等级的计算和构造要求。

31.1.3　地震作用及荷载效应组合

预应力混凝土结构按弹性计算，阻尼比可取 3%，按此调整 GB 50011—2010 图 5.1.5 地震影响系数曲线。预应力混凝土结构构件的截面抗震验算可采用下列设计表达式：

$$S + \gamma_p S_p \leqslant R/\gamma_{RE} \tag{31.1-1}$$

式中　S——地震作用效应和其他荷载效应组合的设计值，按 GB 50011—2010 的公式（5.4.1）进行计算；

S_p——预应力作用的效应，按扣除相应阶段预应力损失后的预应力钢筋的合力 N_p 计算；

γ_p——预应力分项系数，当预应力效应对结构有利时取 1.0，不利时取 1.2；

R——预应力结构构件的承载力设计值；

γ_{RE}——承载力抗震调整系数，按 GB 50011—2010 的表 5.4.2 采用。当仅考虑竖向地震作用组合时，取 $\gamma_{RE}=1.0$。

31.2　预应力混凝土框架

31.2.1　预应力混凝土框架梁

（1）梁截面宽度不宜小于 250mm。

（2）矩形截面独立梁截面的高宽比不宜大于 4。

（3）梁净跨与截面高度之比不宜小于 4，梁截面高度不宜小于计算跨度的 1/22。采用预应力扁梁时，扁梁的净跨与截面高度比不宜大于 25。梁截面高度宜大于板厚的二倍，且不应小于柱纵筋最大直径的 16 倍。扁梁宽度不宜大于柱宽与梁高之和。一级框架结构的扁梁宽度不宜大于柱宽。

（4）后张有粘结预应力混凝土框架结构梁中应采用预应力筋和非预应力筋混合配筋方式，按下式计算的预应力强度比，一级抗震等级不宜大于 0.60，二、三级抗震等级不宜大于 0.75，对框架-抗震墙或框架-筒体结构中的后张有粘结预应力混凝土框架，其 λ 限值对一级抗震等级和二、三级抗震等级可分别增大 0.1 和 0.05。

$$\lambda = \frac{A_p f_{py}}{A_p f_{py} + A_s f_y} \tag{31.2-1}$$

式中　λ——预应力强度比；

A_p、A_s——分别为受拉区预应力筋和非预应力筋截面面积；

f_{py}——预应力筋的抗拉强度设计值；

f_y——非预应力筋的抗拉强度设计值。

（5）预应力混凝土框架梁端纵向受拉钢筋按非预应力钢筋抗拉强度设计值换算的配筋率不宜大于 2.5%（HRB400 级钢筋）或 3.0%（HRB335 级钢筋）。

（6）考虑受压钢筋的梁端混凝土受压区高度和梁有效截面高度之比（x/h_0），一级不应大于 0.25，二、三级不应大于 0.35。

（7）梁端截面的底面和顶面非预应力钢筋配筋量的比值除按计算确定外，一、二、三级均不应小于 1.2，同时，底面非预应力受压钢筋配筋量不应低于构件毛截面面积的 0.2%。带有翼缘 T 形或 L 形截面框架梁，在梁柱节点处考虑翼缘内纵筋对受弯的作用时，不少于翼缘内全部纵筋的 50%应通过柱或锚固于柱内。

（8）计算预应力梁的受剪承载力时，不考虑预应力的有利作用。一级框架结构计算梁端剪力时，应考虑预应力对梁端受弯承载力作用。

（9）预应力混凝土悬臂梁。

悬臂梁的根部加强段指自梁根部算起四分之一跨长、截面高度及 500mm 三者的较大值，该段受弯配筋按梁根部配筋，加强段箍筋应满足箍筋加密区要求。预应力混凝土长悬臂梁考虑竖向地震作用，应采用预应力筋和非预应力筋混合配筋方式，预应力强度比及考虑受压钢筋的混凝土受压区高度和截面有效高度之比可按预应力框架梁考虑。

悬臂梁底面和梁顶面非预应力筋配筋量的比值除按计算确定外，尚不应小于 1.2，底面非预应力配筋量不应低于毛截面面积的 0.2%。

31.2.2　预应力混凝土框架柱

预应力混凝土框架柱主要用于多层大跨度、偏心弯矩较大的框架柱，特别是顶层的边柱，可以减小柱截面尺寸，减少钢筋用量，并有利于柱的抗裂。对于偏心弯矩较大的柱，宜采用非对称配筋，一侧采用混合配筋，另一侧仅配非预应力筋，并应符合有关构造要求。预应力混凝土框架柱应满足“强柱弱梁、强剪弱弯”的要求。一级框架结构在计算强柱弱梁时，应考虑梁的预应力筋对梁的受弯承载力的作用。计算一级框架结构柱剪力时应考虑预应力筋对柱端弯矩的作用。计算预应力柱截面受剪承载力时不考虑预应力的有利作用。预应力框架柱考虑预应力作用的轴压比应满足 GB 50011—2010 第 6.3.6 条对轴压比限值的要求。预应力柱的轴压比应按下式计算：

$$\text{柱轴压比} = \frac{N + 1.2N_{pe}}{f_c A_c} \tag{31.2-2}$$

式中　N——柱组合轴向压力较大设计值；

N_{pe}——作用在柱的预应力筋总有效预加力；

f_c——混凝土轴心抗压强度设计值；

A_c——柱截面面积。

预应力柱的箍筋应沿全高加密。柱箍筋加密区最小配箍特征值及配箍率应满足 GB 50011—2010 第 6.3.9 条的要求。预应力混凝土框架柱的全部纵向钢筋按非预应力抗拉强度设计值换算的最大配筋率 ρ_{max} 不宜大于 5%。

31.2.3　预应力梁柱节点

一、二级抗震等级预应力混凝土框架梁的预应力钢筋穿过核芯区高度的中部有利于提高节点的受剪承载力和抗裂度。预应力框架梁柱节点核芯区抗震验算应满足以下要求：

（1）框架节点核芯区在地震作用下承受的水平剪力应符合：

$$V_j \leqslant \frac{1}{\gamma_{RE}}(0.30\eta_j f_c b_j h_j) \tag{31.2-3}$$

（2）对正交方向有梁约束的预应力框架中间节点，当预应力筋从一个方向或两个方向穿过节点核芯，设置在梁截面高度中部 1/3 范围内时，预应力框架节点核芯区的受剪承载力，应按下式计算：

$$V_j \leqslant \frac{1}{\gamma_{RE}}\left[1.1\eta_j f_t b_j h_j + 0.05\eta_j N\frac{b_j}{b_c} + f_{yv}\frac{A_{svj}}{s}(h_{b0} - a'_s) + 0.4N_{pe}\right] \tag{31.2-4}$$

式中　V_j——梁柱节点核芯区组合的剪力设计值；

N_{pe}——作用在节点核芯区预应力筋的总有效预加力。

其他符号含义见 GB 50011—2010 附录 D。

后张预应力筋的锚具不宜设置在节点核芯区。

31.3　预应力混凝土板柱-抗震墙结构

板柱-抗震墙结构中的平板在柱上板带平板截面承载力计算中，板端受压区高度比应符合下列要求：

8 度设防：
$$x/h_0 \leqslant 0.25 \tag{31.3-1}$$

低于 8 度设防：
$$x/h_0 \leqslant 0.35 \tag{31.3-2}$$

受拉纵向钢筋按非预应力钢筋抗拉强度设计值折算的配筋率不宜大于 2.5%。柱上板带的板端预应力筋按强度比计算的含量宜符合以下要求：

$$\frac{A_p f_{py}}{A_p f_{py} + A_s f_y} \leqslant 0.75 \tag{31.3-3}$$

沿两个方向通过柱截面的预应力和板底非预应力连续钢筋总截面面积应符合：

$$A_s f_y + A_p f_{py} \geqslant N_G \tag{31.3-4}$$

式中　A_s——通过柱截面的两个方向连续非预应力筋总截面面积；

A_p——通过柱截面的两个方向连续预应力筋总截面面积；

f_y——非预应力钢筋的抗拉强度设计值；

f_{py}——预应力钢筋的抗拉强度设计值；

N_G——对应于该层楼板重力荷载代表值作用下的柱轴压力设计值。

连续预应力钢筋宜布置在板柱节点上部然后向下进入板跨中。连续非预应力筋应布在板柱节点下部及预应力筋的下方。

后张预应力混凝土板柱结构的平面周边及楼梯、大洞口周边应设置框架梁。预应力悬挑板的顶面和底面均应配置非预应力受弯钢筋。在竖向静力荷载作用下，板柱结构的内力分析可采用等代框架法。等代框架梁的计算宽度可取垂直于计算跨度方向的两相邻柱距的各 1/4。有柱帽或托板时，等代框架梁、柱的线刚度应考虑其影响。纵横两个方向的等代框架均应承担全部作用荷载，并应考虑荷载的不利组合。

板柱-抗震墙结构的抗震设计应进行板柱框架、抗震墙及梁柱框架的协同工作分析。房屋高度大于 12m 时，抗震墙应承担全部地震作用；房屋高度不大于 12m 时，抗震墙宜承担全部地震作用。各层板柱和框架应承担不少于全部地震作用的 20%。水平地震作用下，柱网较为规则，板面无较大的集中荷载时，可采用等代框架法进行计算。

无托板或柱帽的柱上板带应在柱宽及柱两侧各 1.5 倍板厚范围内设暗梁。暗梁支座上部钢筋面积应不少于柱上板带钢筋面积的 50%，暗梁下部钢筋不宜少于上部钢筋的 1/2。板柱结构按等代框架分析应遵守一般框架的抗震设计要求。当柱的反弯点不在本层范围内时，柱端的弯矩设计值应乘以相应抗震等级的弯矩增大系数。预应力板柱节点的冲切及受剪计算同一般板柱节点。计算受冲切承载力时不考虑预应力的有利作用。板柱结构底层柱箍筋应沿全高加密。周边框架梁应考虑边跨板在竖向荷载及水平地震作用下引起的扭矩作用。

31.4　用无粘结预应力筋解决平板挠度、裂缝的若干要求

无粘结预应力混凝土用于跨度较大的平板楼盖。为满足挠度裂缝限值，可用无粘预应力筋平衡部分竖向荷载，用非预应力筋承担其余竖向荷载及水平地震作用，并满足强度比及配筋率的限值。多跨预应力连续单向板应考虑任一跨度预应力束由于地震作用失效时，可能引起多跨结构中其他各跨连续破坏，为避免发生这种破坏现象，宜将无粘结预应力筋分段锚固，或增设中间锚固点。

31.5　预应力框架设计实例

31.5.1　工程概况

某办公楼地上 3 层，采用现浇混凝土框架结构，大跨框架梁采用预应力混凝土进行设计，其余为普通钢筋混凝土。抗震设防烈度为 8 度，Ⅱ类场地。

31.5.2　设计原则

（1）设计依据：

《建筑抗震设计规范》（GB 50011—2010）

《混凝土结构设计规范》（GB 50010—2010）

《预应力混凝土结构抗震设计规程》（JGJ 140—2004）

（2）地震作用全部由框架承担。

（3）基础采用桩基，计算框架时假定柱脚为嵌固约束。

（4）楼面梁截面裂缝控制等级为三级，裂缝控制目标值 $\omega_{max}=0.15$mm，屋面梁控制较严，裂缝控制等级为二级。

（5）预应力混凝土框架的抗震等级为二级。

（6）预应力筋采用有粘结预应力筋。

31.5.3　结构平面布置及框架立面图（如图 31.5－1 所示）

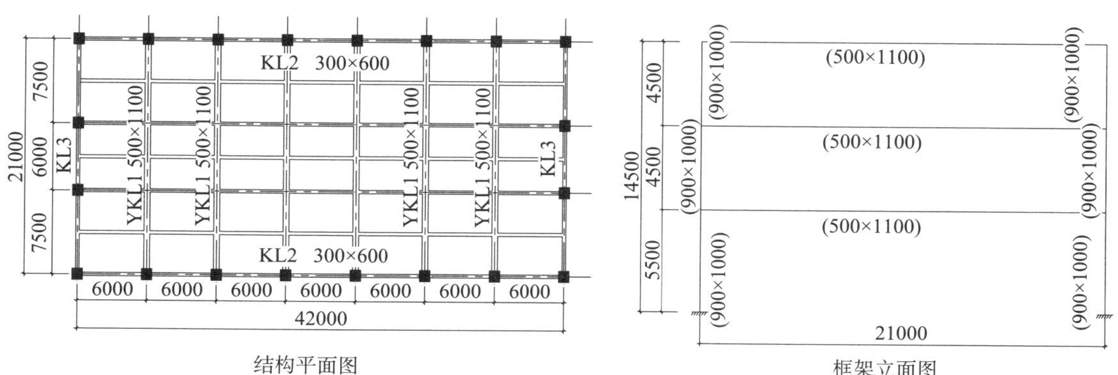

图 31.5－1　结构平面布置及框架立面图

31.5.4　材料及设计强度

表 31.5－1a　混凝土（N/mm²）

构件	强度等级	f_c	f_t	f_{tk}	E_c
预应力梁	C40	19.1	1.71	2.39	3.25×10^4
柱	C30	14.3	1.43	2.01	3.0×10^4

表 31.5－1b　预应力筋

规格	截面积（mm^2）	抗拉强度 f_{ptk}（N/mm^2）	设计强度 f_{py}（N/mm^2）	弹性模量 E_p（N/mm^2）	松弛等级
1×7Φ^s15.2	139	1860	1320	1.95×10^5	低松弛

表 31.5－1c　普通钢筋

钢筋种类	代号	标准强度 f_{yk}（N/mm^2）	设计强度 f_y（N/mm^2）	弹性模量 E_s（N/mm^2）	使用位置
HRB400		400	360	2.0×10^5	主筋
HRB335		335	300	2.0×10^5	箍筋

31.5.5　荷载

结构表 31.5－2a　楼面荷载（kN/m²）

	恒荷载（*DL*）			活荷载（LL）	活荷载准永久值系数	Σ
	混凝土（*DL*1）	管道、吊顶、面层做法及隔墙等（*DL*2）	*DL*=*DL*1+*DL*2			
屋面（*t*=120mm）	3.0	3.5	6.5	0.7	0	7.2
楼层（*t*=120mm）	3.0	3.5	6.5	2	0.4	8.5

注：次梁及框架梁的重量另计。

表 31.5－2b　框架梁上的线荷载（kN/m）

	DL	LL	Σ
屋面框架梁	55.5	4.2	59.7
楼面框架梁	54.3	12	66.3

注：已含次梁及框架的重量。

31.5.6　内力计算

按结构力学方法计算所得标准荷载作用下框架内力如图 31.5－2、图 31.5－3 所示。

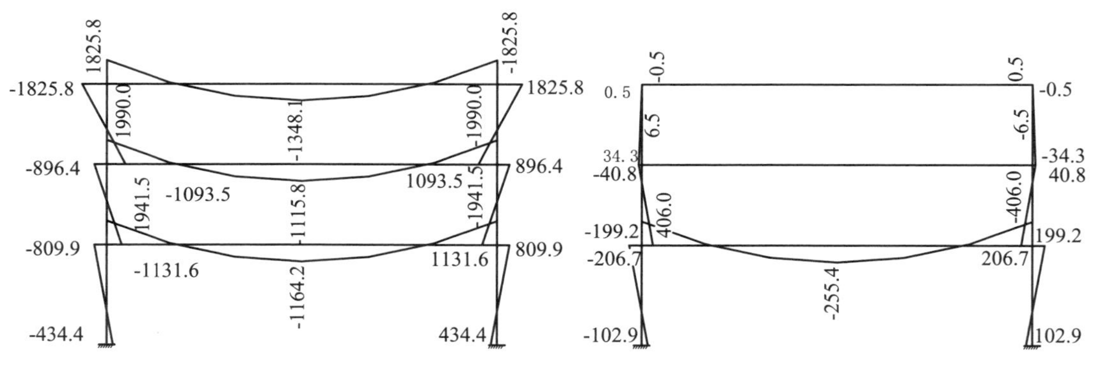

恒载弯矩图(kN·m)
(a)

活载弯矩图-1(kN·m)
(b)

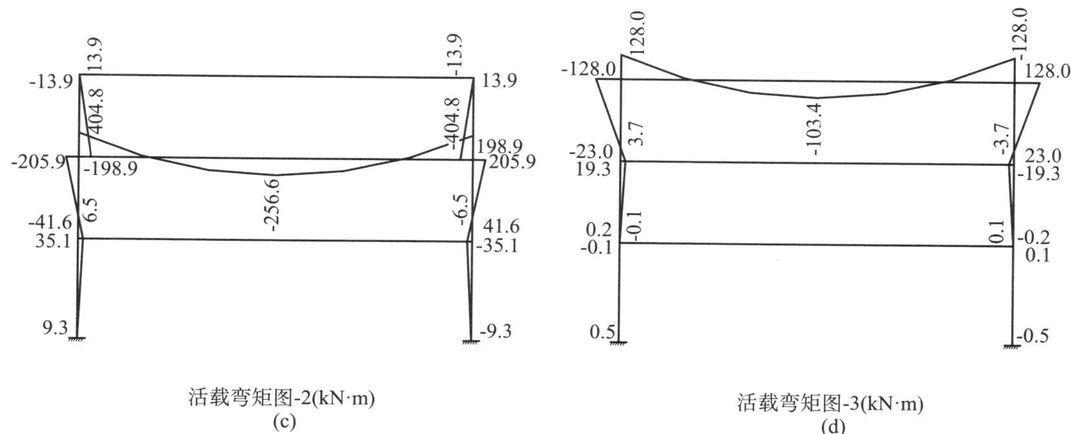

图 31.5－2　竖向荷载内力图

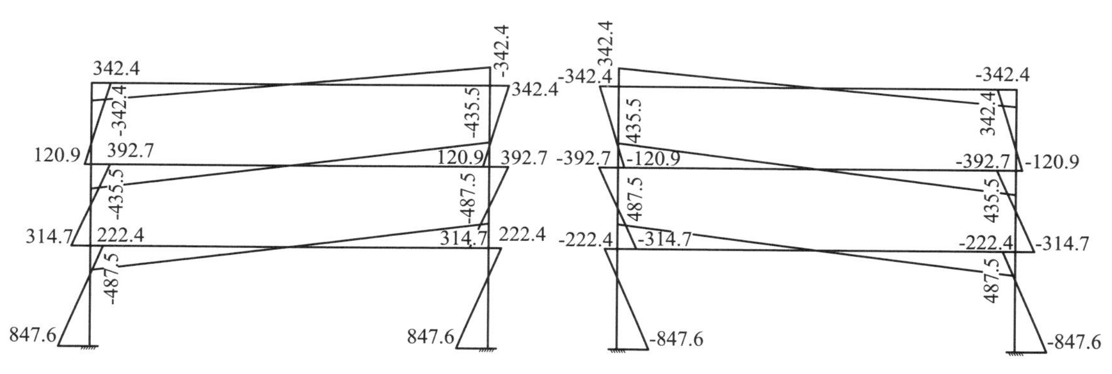

左地震弯矩图(kN·m)　　右地震弯矩图(kN·m)

图 31.5－3　地震作用弯矩图

31.5.7　内力组合

表 31.5－3　恒载、活荷载分层加载、地震作用下控制截面的内力标准值（kN·m，kN/m）

构件	截面	恒载		活载						地震			
				屋面		2 层		1 层		左震		右震	
		M	V	M	V	M	V	M	V	M	V	M	V
屋面梁	支座	1825.8		128.0		13.9		−0.5		−342.4		342.4	
	跨中	−1348.1		−103.4		13.9		−0.5		0		0	
2 层梁	支座	1990.0		3.7		404.8		6.5		−435.5		435.5	
	跨中	−1115.8		3.7		−256.6		6.5		0		0	

续表

构件	截面	恒载		活载						地震			
				屋面		2 层		1 层		左震		右震	
		M	*V*	*M*	*V*	*M*	*V*	*M*	*V*	*M*	*V*	*M*	*V*
1 层梁	支座	1941. 5		−0. 1		6. 5		406. 0		−487. 5		487. 5	
	跨中	−1164. 2		−0. 1		6. 5		−255. 4		0		0	
顶层柱	柱顶	−1825. 8		−128. 0		−13. 9		0. 5		342. 4		−342. 4	

表 31. 5 − 4　荷载组合弯矩（kN · m）

构件	截面	标准组合	准永久组合	设计组合	
		DL+*LL*	*DL*+*ψ* · *LL*	1. 2*DL*+1. 4*LL*	1. 2（*DL*+0. 5*LL*）+1. 3*ER*
屋面梁	支座	1967. 7	1882. 6	2389. 6	2721. 2
	跨中	−1437. 6	−1383. 8	−1743. 0	−1671. 4
2 层梁	支座	2405. 0	2153. 4	2969. 0	3203. 2
	跨中	−1362. 2	−1216. 9	−1683. 9	−1486. 8
1 层梁	支座	2354. 0	2106. 5	2907. 3	3211. 2
	跨中	−1413. 1	−1263. 8	−1745. 5	−1546. 4
顶层柱	柱顶	−1967. 7	−1882. 6	−2389. 6	−2721. 2

31. 5. 8　预应力设计

1. 预应力梁截面几何特征

2. 梁预应力筋束及预应力筋面积估算

1）预应力筋束形（31. 5 − 5）

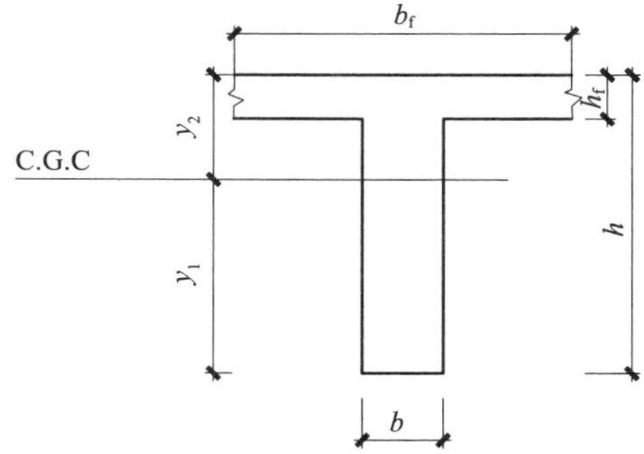

图 31. 5 − 4　梁截面参数定义

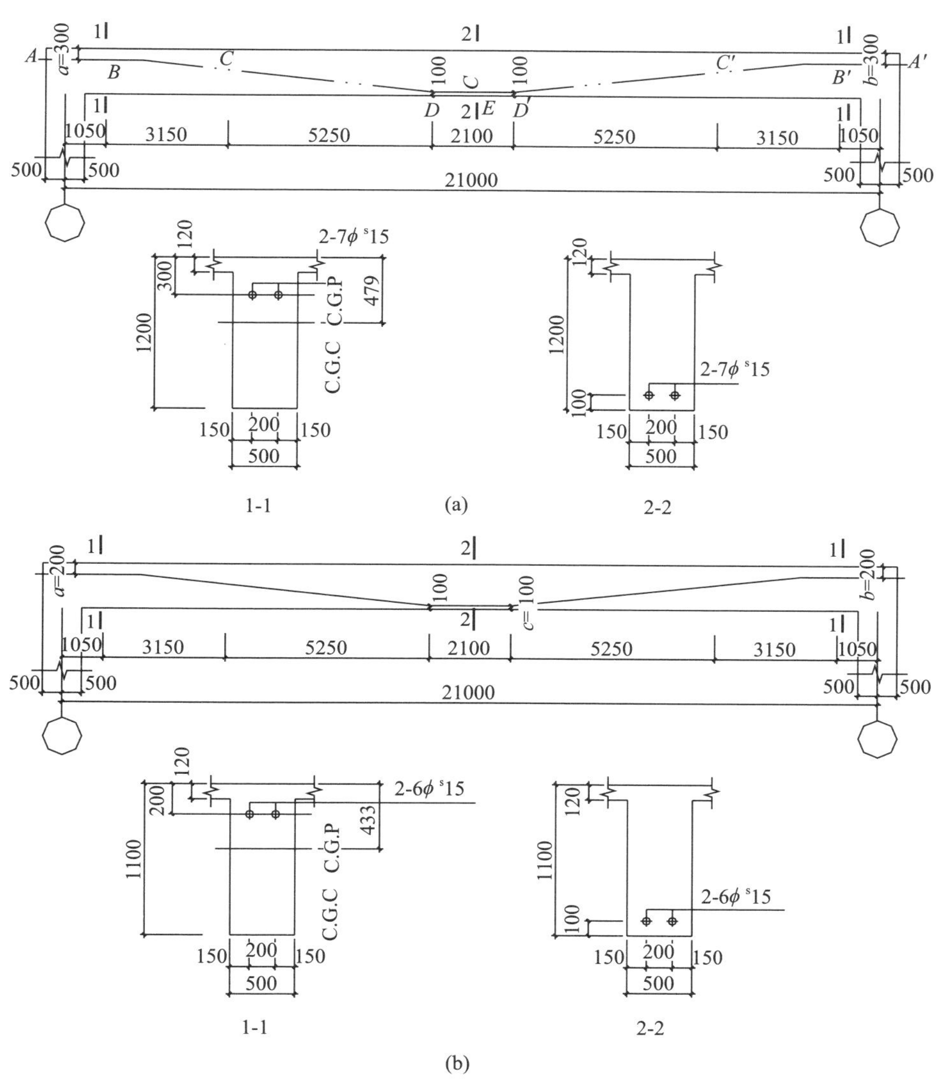

图 31.5－5　梁预应力筋束形图

（a）屋面梁；（b）1、2 层框架梁

2）预应力筋面积估算

（1）屋面梁预应力筋估算。

因为作用于屋面梁上的活荷载较小，故抗裂将由荷载的准永久组合控制，按屋面梁准永久组合满足拉应力 $0.9f_{tk}$ 控制，估算屋面梁预应力筋面积，即要求满足下式：

$$\sigma_{ck}-\sigma_{pc}=f_{tk}$$

表 31.5－5 预应力梁截面几何特征

	屋面梁	楼面梁
b/mm	500	500
h/mm	1200	1100
b_f/mm	1940	1940
h_f/mm	120	120
A/mm^2	772800	722800
I/mm^4	1.113×10^{11}	8.724×10^{10}
y_1/mm	721.0	667.0
y_2/mm	479.0	433.0
W_1/mm^3	1.545×10^8	1.308×10^8
W_2/mm^3	2.323×10^8	2.015×10^8

预应力筋截面面积为

$$A_p \geqslant \frac{\beta M_L - 0.9f_{tk}}{\left(\frac{1}{A}+\frac{e_p}{W}\right)\sigma_{pe}}$$

屋面活荷载准永久值系数为 0.0，考虑次弯矩的影响，将弯矩设计值作为适当调整，即，支座取 $\beta=0.9$，跨中取 $\beta=1.2$。

预应力筋有效预应力值 $\sigma_{pe}=1860\times0.75\times0.75=1046$MPa，取 $\sigma_{pe}=1100$MPa

支座截面

$$A_p=(1825.8\times0.9\times10^6/2.323\times10^8-0.9\times2.39)/(1/772800+179/2.323\times10^8)/1100$$
$$=2164\text{mm}^2$$

跨中截面

$$A_p=(1348.1\times1.2\times10^6/1.545\times10^8-0.9\times2.39)/(1/772800+621/1.545\times10^8)/1100$$
$$=1422\text{mm}^2$$

屋面梁配 2－7ϕ^s17.8，$A_p=2674\text{mm}^2$

（2）一、二层框架梁预应力筋面积估算。

楼面梁为支座控制，将荷载标准组合下控制截面混凝土拉应力放宽至 $2.5f_{tk}$，并考虑次弯矩的影响，将弯矩设计值作适当调整

$$A_p=(2405.0\times0.9\times10^6/2.015\times10^8-2.5\times2.39)/(1/722800+233/2.015\times10^8)/1100$$
$$=1706.2\text{mm}^2$$

一、二层框架梁配 2－7ϕ^s15，$A_p=1946\text{mm}^2$

3. 预应力损失及预应力筋的有效预加力计算

1）屋面梁

由束形图，根据几何关系，得 $a=300$mm，$b=300$mm，$c=100$mm，$\theta=0.190$rad（每一段

抛物线相应的转角）

取张拉控制力为：$\sigma_{con}=0.75f_{ptk}=0.75\times1860=1395\text{N/mm}^2$

预应力筋张拉力为：$N_{con}=2\times7\times139.0\times1395=2714.7\text{kN}$

（1）孔道摩擦损失 σ_{L2}（两端张拉，预埋波纹管，$\kappa=0.0015$，$\mu=0.25$）计算结果见表 31.5－6。

表 31.5－6　孔道摩擦损失 σ_{L2} 计算结果

线段	x（m）	θ（rad）	$\kappa x+\mu\theta$	$e^{-(\kappa x+\mu\theta)}$	终点应力（N/mm^2）	σ_{L2}/σ_{con}（%）	$S_{L2}=N_{con}\sigma_{L2}/\sigma_{con}$（kN）	$N_{pe}=N_{con}-S_{L2}$（kN）
AB	1.05	0	0.0016	0.9984	1392.8	0.16	4.34	2710.4
BC	3.15	0.1905	0.0524	0.9489	1321.6	5.26	142.8	2571.9
CD	5.25	0.1905	0.0555	0.9460	1250.2	10.38	281.8	2432.9
DE	1.05	0	0.0016	0.9984	1248.2	10.52	285.6	2429.1
$E'D'$	1.05	0	0.0016	0.9984	1248.2	10.52	285.6	2429.1
$D'C'$	5.25	0.1905	0.0555	0.9460	1250.2	10.38	281.8	2432.9
$C'B'$	3.15	0.1905	0.0524	0.9489	1321.6	5.26	142.8	2571.9
$B'A'$	1.05	0	0.0016	0.9984	1392.8	0.16	4.34	2710.4

（2）锚具回缩损失 σ_{L1}。

采用夹片锚具，回缩值为 $a=5\text{mm}$。锚具回缩损失是根据下述原理求得，即，回缩值等于图 31.5－6 中斜线部分的面积除以预应力筋的弹性模量与面积的乘积。

即，图中斜线部分的面积 $=a\times E_p\times A_p=5\times1.95\times10^5\times14\times139=1.897\times10^9$

$$p_1=(2710.4-2432.9)\times1000\times L_f/8400=33.04L_f$$

$$p=2p_1+(2714.7-2710.4)\times1000\times2=2p_1+8600$$

图中斜线部分的面积 $=0.5\times1050\times(2714.7-2710.4)\times1000\times2+2p_1\times1050+p_1L_f$

$$=4.515\times10^6+2100p_1+p_1L_f$$

$$4.515\times10^6+2100p_1+p_1L_f=1.897\times10^9 \quad (1)$$

$$p_1=33.04L_f \quad (2)$$

整理以上两式得：

$$L_f^2+2100L_f-5.73\times10^7=0$$

$$L_f=6592\text{mm}$$

$$p_1=33.04L_f=217734N=217.7\text{kN}$$

$$p=2p_1+8600=444068N=444.1\text{kN}$$

所以：

$$\sigma_{L1}(A)=p=444.1\text{kN}$$

$$\sigma_{L1}(B)=2p_1=435.4\text{kN}$$

$$\sigma_{L1}(C)=2p_1\times(L_f-3150)/L_f=227.3\text{kN}$$

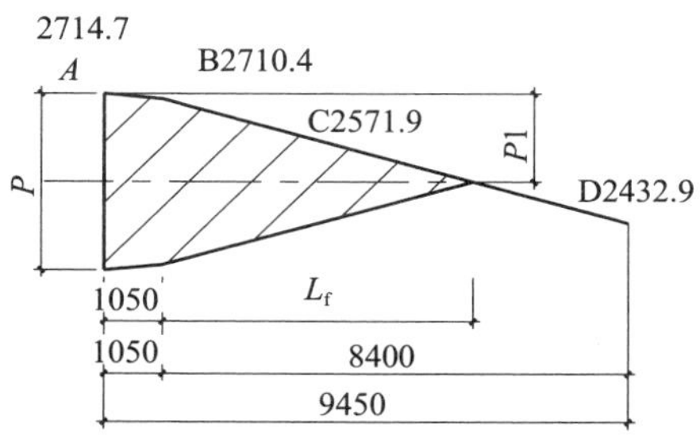

图　31.5－6

表 31.5－7　第一批损失发生后预应力筋的有效预加力值（N_{peI}）

截面位置	x (m)	$\sigma_{L1}\times A_P$ (kN)	$\sigma_{L2}\times A_P$ (kN)	$\sigma_{L1}\times A_P$ (kN)	N_{peI} (kN)
A	0	444.1	0	444.1	2270.6
B	1.05	435.4	4.34	439.7	2275.0
C	4.2	227.3	142.8	370.1	2344.6
D	9.45	0	281.8	281.8	2432.9
E	10.5	0	285.6	285.6	2429.1

（3）预应力松弛损失 σ_{L4}。

$$\sigma_{L4} = 0.2(\sigma_{con}/f_{ptk} - 0.575)\sigma_{con}$$
$$=0.2\times(0.75-0.575)\times1395.0=48.83\text{N/mm}^2$$

（4）混凝土收缩徐变引起的预应力损失 σ_{L5}。

$N_{peI} = 2270.6\text{kN}$

$$\sigma_{pc} = 2270.6\times10^3/772800 + (2270.6\times10^3\times(479-300) - 1825.8\times10^6)\times(479-300)/1.113\times10^{11}$$
$$=2.94-2.28=0.66\text{N/mm}^2$$

跨中处：

$N_{peI}=2429.1\text{kN}$

$$\sigma_{pc}=2429.1\times10^3/772800+(2429.1\times10^3\times(721.0-100)-1348.1\times10^6)\times(721-100)/1.113\times10^{11}$$
$$=3.14+0.89=4.03\text{N/mm}^2$$

非预应力筋的面积按预应力强度比满足二级抗震等级要求配置，即

$$\lambda = \frac{A_pf_{py}}{A_sf_y + A_pf_{py}} \leqslant 0.75$$

$$A_s = 0.25A_pf_{py}/\lambda/f_y = 0.25\times1946\times1320/0.75/360 = 2378\text{mm}^2$$

支座处及跨中处均取：$A_s=2455\text{mm}^2$（$5\phi25$）

$$\rho = (2455 + 1946)/772800 = 0.00569$$

收缩徐变引起的预应力损失 σ_{L5}：

支座处：

$$\sigma_{L5} = (55 + 300\sigma_{pc}/f'_{cu})/(1 + 15\rho)$$
$$= (55 + 300 \times 0.66/32)/(1 + 15 \times 0.00569)$$
$$= 56.39\text{N/mm}^2$$

跨中处：

$$\sigma_{L5} = (55 + 300\sigma_{pc}/f'_{cu})/(1 + 15\rho)$$
$$= (55 + 300 \times 4.03/32)/(1 + 15 \times 0.00569)$$
$$= 85.51\text{N/mm}^2$$

表 31.5－8　总损失 σ_L 及有效预加力值（N_{pe}）

截面位置	$\sigma_{L1} \times A_P$ (kN)	$\sigma_{L2} \times A_P$ (kN)	$\sigma_{L4} \times A_P$ (kN)	$\sigma_{L5} \times A_P$ (kN)	$\sigma_L \times A_P$ (kN)	N_{pe} (kN)
支座	444.1	0	95.0	109.7	648.8	2065.9
跨中	0	285.6	95.0	166.4	547.0	2167.7

2）一、二层楼面梁

由束形图，根据几何关系，得 $a=200\text{mm}$，$b=200\text{mm}$，$c=100\text{mm}$，$\theta=0.190\text{rad}$

取张拉控制应力为：$\sigma_{con}=0.75f_{ptk}=0.75\times1860=1395\text{N/mm}^2$

预应力筋张拉力为：$N_{con}=2\times6\times139.0\times1395=2326.9\text{kN}$

（1）孔道摩擦损失 σ_{L2} 计算结果见表 31.5－9。

表 31.5－9　孔道摩擦损失 σ_{L2} 计算结果

线段	x (m)	θ (rad)	$\kappa x+\mu\theta$	$e^{-(\kappa x+\mu\theta)}$	终点应力 (N/mm²)	σ_{L2}/σ_{con} (%)	S_{L2} (kN)	$N_{con}-S_{L2}$ (kN)
AB	1.05	0	0.0016	0.9984	1392.8	0.16	3.72	2323.2
BC	3.15	0.190	0.0524	0.9489	1321.6	5.26	122.4	2204.5
CD	5.25	0.190	0.0555	0.9460	1250.2	10.38	241.5	2085.4
DE	1.05	0	0.0016	0.9984	1248.2	10.52	244.8	2082.2
$E'D'$	1.05	0	0.0016	0.9984	1248.2	10.52	244.8	2082.2
$D'C'$	5.25	0.190	0.0555	0.9460	1250.2	10.38	241.5	2085.4
$C'B'$	3.15	0.190	0.0524	0.9489	1321.6	5.26	122.4	2204.5
$B'A'$	1.05	0	0.0016	0.9984	1392.8	0.16	3.72	2323.2

（2）锚具回缩损失 σ_{L1}。

图中斜线部分的面积 $= a \times E_p \times A_p = 5 \times 1.95 \times 10^5 \times 12 \times 139 = 1.626 \times 10^9$

$$p_1 = (2323.2 - 2085.4) \times 1000 \times L_f/8400 = 28.31L_f$$

$$p = 2p_1 + (2326.9 - 2323.2) \times 1000 \times 2 = 2p_1 + 7400$$

图中斜线部分的面积 $= 0.5 \times 1050 \times (2326.9 - 2323.2) \times 1000 \times 2 + 2p_1 \times 1050 + p_1 L_f$

$$3.885 \times 10^6 + 2100p_1 + p_1 L_f = 1.626 \times 10^9 \tag{1}$$

$$p_1 = 28.31L_f \tag{2}$$

整理以上两式得：$L_f^2 + 2100L_f - 5.73 \times 10^7 = 0$

$$L_f = 6592\text{mm}$$

$$p_1 = 28.31L_f = 186619\text{N} = 186.6\text{kN}$$

$$p = 2p_1 + 7400 = 380638\text{N} = 380.6\text{kN}$$

所以：

$$\sigma_{L1}(A) = p = 380.6\text{kN}$$

$$\sigma_{L1}(B) = 2p_1 = 373.2\text{kN}$$

$$\sigma_{L1}(C) = 2p_1 \times (L_f - 3150)/L_f = 194.9\text{kN}$$

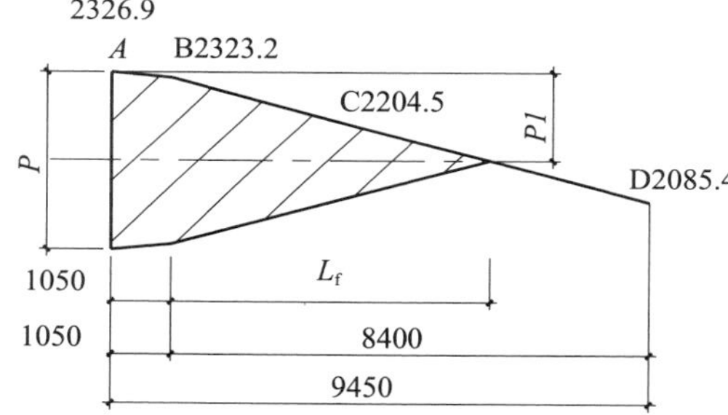

图　31.5-7

表 31.5-10　第一批损失发生后预应力筋的有效预加力值（N_{peI}）

截面位置	x（m）	$\sigma_{L1} \times A_P$（kN）	$\sigma_{L2} \times A_P$（kN）	$\sigma_{L1} \times A_P$（kN）	N_{peI}（kN）
A	0	380.6	0	380.6	1946.3
B	1.05	373.2	3.72	376.9	1950.0
C	4.2	194.9	122.4	317.3	2009.6
D	9.45	0	241.5	241.5	2085.4
E	10.5	0	244.8	244.8	2082.1

（3）预应力松弛损失 σ_{L4}。

$$\sigma_{L4} = 0.2(\sigma_{con}/f_{ptk} - 0.5)\sigma_{con} = 0.2 \times (0.75 - 0.5) \times 1395.0 = 69.75\text{N/mm}^2$$

（4）二层楼面梁混凝土收缩徐变引起的预应力损失 σ_{L5}。

支座处：

$$N_{peI} = 1946.3\text{kN}$$

$$\sigma_{pc} = 1946.3 \times 10^3/722800 + (1946.3 \times 10^3 \times (433.0 - 200) - 1900.0 \times 10^6) \times (433.0-200)/8.724\times10^{10}=2.69-4.1=-1.41\text{N/mm}^2$$

跨中处：

$$N_{peI} = 2082.1\text{kN}$$

$$\sigma_{pc} = 2082.1 \times 10^3/722800 + (2082.1 \times 10^3 \times (667 - 100) - 1115.8 \times 10^6) \times (667 - 100)/8.724\times10^{10}=2.88+0.42=3.30\text{N/mm}^2$$

非预应力筋的面积按预应力度满足二级抗震等级要求配置，即

$$A_s = 0.25A_pf_{py}/\lambda/f_y = 0.25 \times 1668 \times 1320/0.75/360 = 2039\text{mm}^2$$

支座处及跨中处均取：$A_s = 2455\text{mm}^2(5\phi25)$

$$\rho = (2455 + 1668)/722800 = 0.00570$$

收缩徐变引起的预应力损失 σ_{L5}：

支座处：

$$\sigma_{L5} = (55 + 300\sigma_{pc}/f'_{cu})/(1 + 15\rho) = (55 + 300 \times 0/32)/(1 + 15 \times 0.0057) = 50.92\text{N/mm}^2$$

跨中处：

$$\sigma_{L5} = (55 + 300\sigma_{pc}/f'_{cu})/(1 + 15\rho) = (55 + 300 \times 3.30/30)/(1 + 15 \times 0.0057) = 79.57\text{N/mm}^2$$

一层楼面梁混凝土收缩徐变引起的预应力损失 σ_{L5}

支座处：

$$N_{peI} = 1946.3\text{kN}$$

$$\sigma_{pc} = 1946.3 \times 10^3/722800 + (1946.3 \times 10^3(433.0 - 200) - 1941.5 \times 10^6) \times (433.0 - 200)/8.724 \times 10^{10} = 2.69 - 3.97 =- 1.28\text{N/mm}^2$$

跨中处：

$$N_{peI}=2082.1\text{kN}$$

$$\sigma_{pc} = 2082.1 \times 10^3/722800 + (2082.1 \times 10^3 \times (667 - 100) - 1164.2 \times 10^6) \times (667 - 100)/8.724 \times 10^{10} = 2.88 + 0.11 = 2.99\text{N/mm}^2$$

非预应力筋的面积按预应力度满足二级抗震等级要求配置，即

$$A_s = 0.25A_pf_{py}/\lambda/f_y = 0.25 \times 1668 \times 1320/0.75/360 = 2039\text{mm}^2$$

支座处及跨中处均取：$A_s=2455\text{mm}^2$（$5\phi25$）

$$\rho = (2455 + 1668)/722800 = 0.00570$$

收缩徐变引起的预应力损失 σ_{L5}：

支座处：

$$\sigma_{L5} = (55 + 300\sigma_{pc}/f'_{cu})/(1 + 15\rho) = (55 - 300 \times 0/32)/(1 + 15 \times 0.0057) = 50.92\text{N/mm}^2$$

跨中处：

$$\sigma_{L5} = (55 + 300\sigma_{pc}/f'_{cu})/(1 + 15\rho) = (55 + 300 \times 2.99/32)/(1 + 15 \times 0.0057) = 76.88\text{N/mm}^2$$

表 31.5－11　二层楼面梁预应力总损失 σ_L 及有效预加力值（N_{pe}）

截面位置	$\sigma_{L1} \times A_P$ (kN)	$\sigma_{L2} \times A_P$ (kN)	$\sigma_{L4} \times A_P$ (kN)	$\sigma_{L5} \times A_P$ (kN)	$\sigma_L \times A_P$ (kN)	N_{pe} (kN)
支座	380.6	0	81.4	84.9	546.9	1780.0
跨中	0	244.8	81.4	132.7	458.9	1868.0

表 31.5－12　一层楼面梁预应力总损失 σ_L 及有效预加力值（N_{pe}）

截面位置	$\sigma_{L1} \times A_P$ (kN)	$\sigma_{L2} \times A_P$ (kN)	$\sigma_{L4} \times A_P$ (kN)	$\sigma_{L5} \times A_P$ (kN)	$\sigma_L \times A_P$ (kN)	N_{pe} (kN)
支座	380.6	0	81.4	84.9	546.9	1780.0
跨中	0	244.8	81.4	128.2	454.4	1872.5

4. 梁预应力等效荷载计算

屋面梁预加力值 $N_p = (2065.9 + 2167.7)/2 = 2116.8\text{kN}$

二层楼面梁预加力值 $N_p = (1780 + 1868)/2 = 1824\text{kN}$

一层楼面梁预加力值 $N_p = (1780 + 1872.5)/2 = 1826.5\text{kN}$

等效荷载包括以下几部分：端力偶 M_e，端部预加轴向力 N_p，梁间等效均布力 q_p。

屋面梁：

$$M_e = N_p \times e = 2116.8 \times (479 - 300) \times 10^{-3} = 378.9\text{kN} \cdot \text{m}$$

$$q_1 = 8N_p f/L^2 = 8 \times 2116.8 \times 0.30/6.3^2 = 128.0\text{kN/m}$$

$$q_2 = 8N_p f'/L^2 = 8 \times 2116.8 \times 0.50/10.5^2 = 76.8\text{kN/m}$$

二层楼面梁：

$$M_e = 1824 \times (433 - 200) \times 10^{-3} = 425.0\text{kN} \cdot \text{m}$$

$$q_1 = 8 \times 1824 \times 0.30/6.3^2 = 110.3\text{kN/m}$$

$$q_2 = 8 \times 1824 \times 0.50/10.5^2 = 66.2\text{kN/m}$$

一层楼面梁：

$$M_e = 1826.5 \times (433 - 200) \times 10^{-3} = 425.6\text{kN} \cdot \text{m}$$

$$q_1 = 8 \times 1826.5 \times 0.30/6.3^2 = 110.4\text{kN/m}$$

$$q_2 = 8 \times 1826.5 \times 0.50/10.5^2 = 66.26\text{kN/m}$$

5. 顶层柱预应力设计

1）顶层柱预应力筋束形及预应力筋面积估算

由于顶层柱需平衡大跨屋面梁端的弯矩，且轴力相对较小，所以受力为大偏心受压，近似为受弯构件，虽然梁施加预应力后可缓解柱子大偏压受力状态，但柱头弯矩仍较大，使用阶段会出现裂缝，且柱顶截面为控制截面。现将柱子设计为预应力并考虑施工控制方便，预应力筋设计为直线，垂直偏心布置于柱形心外侧，如图 31.5－8。按下述原则估算预应力筋数量，即，柱预应力筋在柱端产生的偏心力偶平衡梁预应力筋在梁端的偏心力偶。

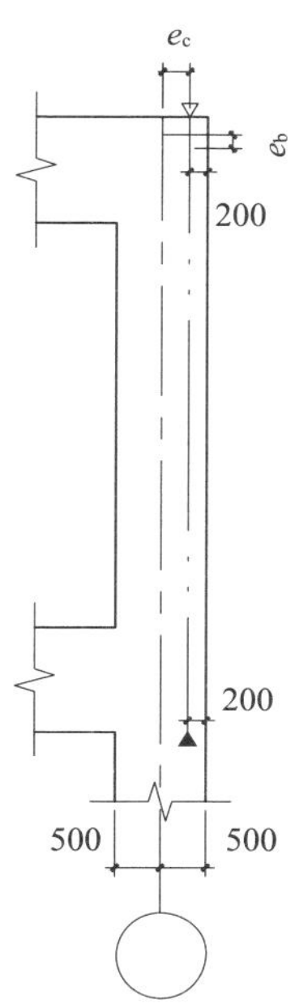

图 31.5－8　柱顶预应力筋束形图

即：

$$A_p \times \sigma_{pe} \times e_c = N_p \times e_b$$

$$A_p = \frac{N_p \cdot e_b}{\sigma_{pe} \cdot e_c} = \frac{367.2 \times 10^6}{1100 \times 300} = 1173\text{mm}^2$$

配　$2-5\phi^s15$　$A_p = 1390\text{mm}^2$

2）预应力损失估算

$a=200\text{mm}$，$b=200\text{mm}$，$\theta=0\text{rad}$

取张拉控制应力为 $0.75f_{ptk}$，$\sigma_{con}=0.75\times1860=1395\text{N/mm}^2$

预应力筋张拉力为 $N_{con}=2\times5\times139.0\times1395=1939.1\text{kN}$

（1）孔道摩擦损失 σ_{L2}（一端张拉，预埋波纹管，$\kappa=0.0015$，$\mu=0.25$）计算结果见表 31.5－13。

表 31.5－13　孔道摩擦损失 σ_{L2} 计算结果

线段	x (m)	θ (rad)	$\kappa x+\mu\theta$	$e^{-(\kappa x+\mu\theta)}$	终点应力 (N/mm^2)	σ_{L2}/σ_{con} (%)	S_{L2}	$N_{pe}=N_{con}-S_{L2}$ (kN)
柱顶	0	0	0	1	1.0×1395.0=1395.0	0	0	1939.1
柱底	4.5	0	0.0068	0.9932	0.9932×1395.0=1385.5	0.68	13.19	1925.91

（2）锚具回缩损失 σ_{L1}。

采用夹片锚具，回缩值为 $a=5mm$。

所以：　σ_{L1}（柱顶）$=a\times E_p/L=5\times19.5\times10^5/4500=216.7N/mm^2$

σ_{L1}（柱底）$=216.7N/mm^2$

表 31.5－14　第一批损失发生后预应力筋的有效预加力值（N_{peI}）

截面位置	x (m)	$\sigma_{L1}\times A_P$ (kN)	$\sigma_{L2}\times A_P$ (kN)	$\sigma_{L1}\times A_P$ (kN)	N_{peI} (kN)
柱顶	0	301.2	0	301.2	1637.9
柱底	4.5	301.2	13.2	314.4	1624.7

（3）预应力松弛损失 σ_{L4}。

$\sigma_{L4}=0.125\ (\sigma_{con}/f_{ptk}-0.5)\ \sigma_{con}=0.125\times\ (0.75-0.5)\ \times1395.0=43.6N/mm^2$

（4）混凝土收缩徐变引起的预应力损失 σ_{L5}。

柱顶：$N_{peI}=1637.9kN$

考虑自重的影响，取恒载作用下的柱内力值 $N_d=686.9kN$，$M_d=1825.6kN\cdot m$

考虑梁预应力的影响，取恒载弯曲折减系数 $\beta=0.6$

$$\sigma_{pc}=(1637.9+686.9)\times1\times10^3/9.0\times10^5$$
$$+[1637.9\times10^3\times(500-200)-1825.8\times10^6\times0.6]\times(500-200)/7.5\times10^{10}$$
$$=2.58-2.42=0.16N/mm^2$$

柱底：$N_{peI}=1624.7kN$，$N_d=788.1kN$，$M_d=1093.5kN\cdot m$

$$\sigma_{pc}=(1624.7+788.1)\times1\times10^3/9.0\times10^5$$
$$+[1624.7\times10^3\times(500-200)+1093.5\times10^6\times0.6]\times(500-200)/7.5\times10^{10}$$
$$=2.68+4.57=7.25N/mm^2$$

非预应力筋的面积取 $A_s=2946mm^2(6\phi25)$

$$\rho=(2946+1390)/900/1000=0.00482$$

收缩徐变引起的预应力损失 σ_{L5}：

柱顶：$\sigma_{L5}=(35+280\sigma_{pc}/f'_{cu})/(1+15\rho)=(35+280\times0.16/30)/(1+15\times0.00482)$

$=34.0N/mm^2$

柱底：$\sigma_{L5} = (35 + 280\sigma_{pc}/f'_{cu})/(1 + 15\rho) = (35 + 280 \times 7.25/30)/(1 + 15 \times 0.00482)$

$= 95.7 N/mm^2$

（5）总损失及有效预加力值如表 31.5－15。

表 31.5－15　总损失 σ_L 及有效预加力值（N_{pe}）

截面位置	$\sigma_{L1} \times A_P$ (kN)	$\sigma_{L2} \times A_P$ (kN)	$\sigma_{L4} \times A_P$ (kN)	$\sigma_{L5} \times A_P$ (kN)	$\sigma_L \times A_P$ (kN)	N_{pe} (kN)
柱顶	301.2	0	60.6	47.3	409.1	1530.0
柱底	301.2	13.2	60.6	133.0	508.0	1431.1

3）柱顶预应力等效荷载计算

柱顶力偶　$N_p = 1530 kN$

$M_e = N_p \times e = 1530.0 \times (500 - 200) \times 10^{-3} = 459.0\ kN \cdot m$

柱底力偶　$N_p = 1431.1 kN$

$M_e = N_p \times e = 1431.1 \times (500 - 200) \times 10^{-3} = 429.3\ kN \cdot m$

6. 预应力等效荷载及效应

预应力等效荷载及效应如图 31.5－9 及表 31.5－16。

表 31.5－16　框架综合弯矩及次弯矩计算结果（kN · m）

构件	截面	综合弯矩	主弯矩	次弯矩
屋面梁	支座	−859.8	−378.9	−480.9
	跨中	833.6	1314.4	−480.9
2 层梁	支座	−776.4	−425.0	−351.4
	跨中	682.8	1034.2	−351.4
1 层梁	支座	−794.8	−425.6	−369.2
	跨中	666.4	1035.6	−369.2

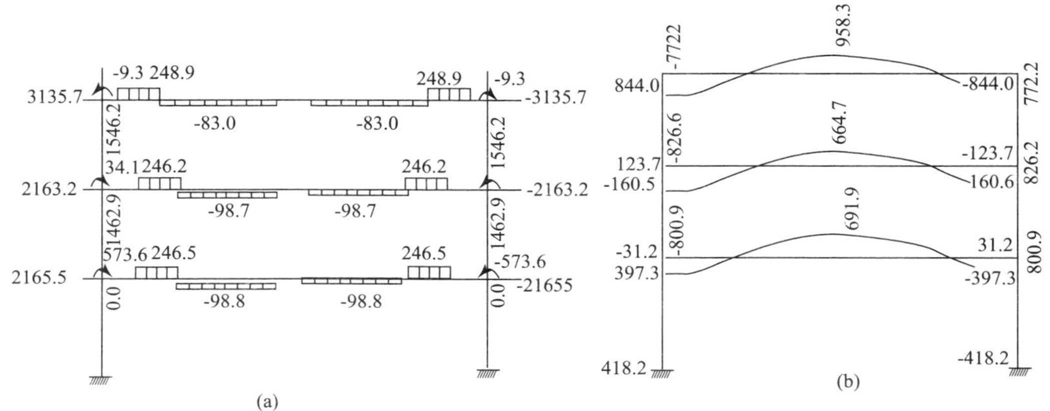

图 31.5－9　预应力等效荷载图

(a) 预应力等效荷载图；(b) 预应力等效弯矩图 (kN · m)

31.5.9　正截面承载力验算

1. 控制截面设计弯矩

表 31.5－17　控制截面设计弯矩 (kN · m)

结构构件	$1.2DL+1.4LL+1.2M_2$	$1.2(DL+0.5LL)+1.3ER-M_2$
	跨中	支座
屋面梁	−1743.0−1.2×480.9＝−2320.0	2721.2−480.9＝2240.1
2 层梁	−1683.9−1.2×351.4＝−2105.6	3203.2−351.4＝2851.8
1 层梁	−1745.5−1.2×369.2＝−2188.5	3211.1−369.2＝2841.9

2. 梁正截面承载力计算

1) 屋面梁

支座：设计弯矩 $M=2240.1\text{kN}\cdot\text{m}$，配筋 $A_s=A'_s=2455.0\text{mm}^2$，$A_p=1946\text{mm}^2$

$$x=(360\times2455+1320\times1946-360\times2455)/500/19.1=269\text{mm}$$

$$M_u=(19.1\times500\times269\times(1200-300-269/2)$$
$$+2455\times360\times1130)/0.75=3953.6\text{kN}\cdot\text{m}>2240.1\text{kN}\cdot\text{m}$$

$$\xi=x/h_0=269/1165=0.23<0.35$$

预应力强度比 $\lambda=A_p\times f_{py}/(A_s\times f_y+A_p\times f_{py})=1946\times1320/(2455\times360+1946\times1320)$
$=0.744<0.75$

配筋率 $\rho=(1946\times1320/360+2455)/500/1200=1.6\%<2.5\%$

截面抗震设计满足要求。

跨中：设计弯矩 $M=2320.0\text{kN}\cdot\text{m}$

$$x=1320\times1946/1940/19.1=69.3\text{mm}<120\text{mm}$$

$$M_u=1320\times1946\times(1200-100-69.3/2)+5\times491\times360(1200-70)$$

$= 3735.3\text{kN} \cdot \text{m} > 2320.0\text{kN} \cdot \text{m}$

2）二层楼面梁

支座：设计弯矩 $M = 2851.8\text{kN} \cdot \text{m}$，配筋 $A_s = A_s' = 2455\text{mm}^2$，$A_p = 1688\text{mm}^2$

$x = 1320 \times 1668/500/19.1 = 230.6\text{mm}$

$M_u = (1320 \times 1688 \times (1200 - 200 - 230.6/2) + 2455 \times 360 \times 1130)/\gamma_{re}$

$= 3923.4\text{kN} \cdot \text{m} > 2851.8\text{kN} \cdot \text{m}$

$\xi = x/h_0 = 230.6/1165 = 0.20 < 0.35$

预应力度 $\lambda = A_p \times f_{py}/(A_s \times f_y + A_p \times f_{py})$

$= 1688 \times 1320/(2455 \times 360 + 1688 \times 1320)$

$= 0.714 < 0.75$

3）一层楼面梁（同二层梁，计算从略）

31.5.10　截面抗裂验算

1. 框架梁抗裂验算

表 31.5-18　短期荷载效应组合时截面应力计算

结构构件	截面	$\sigma = \sigma_{sc} - \sigma_{pc}$	σ_{allow}
屋面梁	支座	$(1967.7-859.8) \times 10^6/2.323e8 - 2116.8 \times 10^3/772800 = 2.03$	2.39
	跨中	$(1437.6-833.6) \times 10^6/1.545e8 - 2116.8 \times 10^3/772800 = 1.17$	—
2 层梁	支座	$(2405.0-776.4) \times 10^6/2.015e8 - 1824.0 \times 10^3/722800 = 5.56$	—
	跨中	$(1362.2-682.8) \times 10^6/1.308e8 - 1824.0 \times 10^3/722800 = 2.24$	—
1 层梁	支座	$(2354.0-794.8) \times 10^6/2.015e8 - 1826.5 \times 10^3/722800 = 5.21$	—
	跨中	$(1413.1-691.1) \times 10^6/1.308e8 - 1866.3 \times 10^3/772800 = 3.18$	—

表 31.5-19　长期荷载效应组合时截面应力计算

结构构件	截面	$\sigma = \sigma_{sc} - \sigma_{pc}$	σ_{allow}
屋面梁	支座	$(1882.6-859.8) \times 10^6/2.323e8 - 2116.8 \times 10^3/772800 = 1.66$	2.39
	跨中	$(1383.9-833.6) \times 10^6/1.545e8 - 2116.8 \times 10^3/772800 = 0.82$	—
2 层梁	支座	$(2153.4-776.4) \times 10^6/2.015e8 - 1824.0 \times 10^3/722800 = 4.31$	—
	跨中	$(1216.9-682.8) \times 10^6/1.308e8 - 1824.0 \times 10^3/722800 = 1.55$	—
1 层梁	支座	$(2106.5-794.8) \times 10^6/2.015e8 - 1826.5 \times 10^3/722800 = 3.98$	—
	跨中	$(1263.8-666.4) \times 10^6/1.308e8 - 1826.5 \times 10^3/722800 = 2.04$	—

2. 梁裂缝宽度验算

从上述截面应力验算结果可知，屋面梁截面应力小于一般要求不出现裂缝的应力限值，不会出现裂缝；一、二层框架梁荷载标准组合下应力超出混凝土抗拉强度标准值，需进行裂缝宽度验算。二层框架梁的裂缝宽度验算如下：

$W_{max} = \alpha_{cr}\Psi(1.9c_s + 0.08d_{eq}/\rho_{te})\sigma_s/E_s$

$\alpha_{cr} = 1.5$

$A_{te} = 0.5bh + (b_f - b)h_f = 0.5 \times 500 \times 1100 + (1940 - 500) \times 120 = 447800\text{mm}^2$

$A_s = 2455\text{mm}^2(5\phi 25)$，$A_p = 1668\text{mm}^2(12\phi^s 15)$

$\rho_{te} = (A_s + A_p)/A_{te} = (2455 + 1668)/447800 = 0.0092$

$d_{eq} = \Sigma n_i d_i^2/\Sigma n_i v_i d_i^2 = (5 \times 25^2 + 12 \times 15^2)/(5 \times 1.0 \times 25 + 12 \times 0.5 \times 15) = 27.0\text{mm}$

$M_k = M_s = 2405\text{kN} \cdot \text{m}$，$M_2 = -351.4\text{kN} \cdot \text{m}$

$N_p = \sigma_{pe} \times A_p - \sigma_{L5} \times A_s = 1834.8 \times 10^3 - 50.92 \times 2455 = 1709791\text{N}$

$y_p = 433 - 200 = 233\text{mm}$，$y_s = 433 - 35 = 398\text{mm}$

$e_p = (\sigma_{pe} \times A_p \times y_p - \sigma_{L5} \times A_s \times y_s)/(\sigma_{pe} \times A_p - \sigma_{L5} \times A_s)$

$= (1834.8 \times 10^3 \times 233 - 50.92 \times 2455 \times 398)/1709791 = 220.9\text{mm}$

$e = e_p + (M_k + M_2)/N_p = 220.9 + (2405 \times 10^6 - 351.4 \times 10^6)/1709791 = 1421.9\text{mm}$

$\gamma_f' = (b_f' - b)h_f'/bh_0 = 0.0$

$z = [0.87 - 0.12(1 - \gamma_f')(h_0/e)^2]h_0 \approx 0.87h_0 \approx 0.87 \times (1100 - 35) = 926.6\text{mm}$

$\sigma_{sk} = [M_k + M_2 - N_p(z - e_p)]/(A_p + A_s)/z$

$= [2405 \times 10^6 - 351.4 \times 10^6 - 1709791 \times (926.6 - 220.9)]/(1668 + 2455)/926.6$

$= 219.1\text{N/mm}^2$

$\Psi = 1.1 - 0.65f_{tk}/\rho_{te}\sigma_{sk} = 1.1 - 0.65 \times 2.39/0.0092/219.1 = 0.329$

$\omega_{max} = \alpha_{cr}\Psi(1.9c_s + 0.08d_{eq}/\rho_{te})\sigma_s k/E_s$

$= 1.5 \times 0.329 \times (1.9 \times 35 + 0.08 \times 27.0/0.0092) \times 219.1/2.0 \times 10^5$

$= 0.163\text{mm} < w_{lim} = 0.2\text{mm}$。

一层框架梁的裂缝宽度验算（略）。

31.5.11　挠度验算

二层框架梁

换算截面惯性矩 $I_0 = 9.991 \times 10^{10}$

$W_{01} = 0.1519 \times 10^9$，$W_{02} = 0.2215 \times 10^9$

$M_s = 1362.2\text{kN} \cdot \text{m}$，$M_1 = 1216.9\text{kN} \cdot \text{m}$

短期刚度

$B_s = 0.85E_c I_0/[k_{cr} + (1 - k_{cr})]\omega$

$\gamma_f = (b_f - b)h_f/bh_0 = 0.0$

$\gamma_m = 1.5$

$\gamma = (0.7 + 120/h)\gamma_m = (0.7 + 120/1100) \times 1.5 = 1.21$

$M_{cr} = (\sigma_{pc} + \gamma f_{tk}) W_0 = (682.8 \times 10^6/1.308 \times 10^8 + 1834.8 \times 10^3/722800$
$+ 1.21 \times 2.39) \times 1.519 \times 10^8 \times 10^{-6} = 1617.8\text{kN} \cdot \text{m}$

$\alpha_E = E_s/E_c = 2.0 \times 10^5/3.25 \times 10^4 = 6.15$

$\rho = (A_s + A_p)/bh_0 = (2455 + 1688)/500/1065 = 0.0078$

$\omega = (1.0 + 0.21/\alpha_E\rho)(1 + 0.45\gamma_f) - 0.7$
$= (1.0 + 0.21/6.15/0.0078)(1 + 0.45 \times 0) - 0.7 = 4.68$

$k_{cr} = M_{cr}/M_k \quad M_k = M_s = 1362.2\text{kN} \cdot \text{m}$

$k_{cr} = M_{cr}/M_k = 1617.8/1362.2 = 1.187 > 1.0$，取 $K_{cr} = 1.0$

$B_s = 0.85E_cI_0/[k_{cr} + (1 - k_{cr})\omega] = 0.85E_cI_0$

长期刚度

$B_l = B_s \times M_k/(M_q(\theta - 1) + M_k)$

$\theta = 2$

$B_l = B_s \times 1362.2/(1362.2 + 1216.9) = 0.528B_s = 0.528 \times 0.85EI_0 = 0.45EI_0$

外荷载下的挠度根据静力计算手册，有

$f_t = 5 \times ql^4/384/B_l - l^2(3m_1\omega_{RE} + m_0\omega_{D\xi})/6B_l$

$f_{pc} = 5 \times 66.3 \times 21000^4/384/0.45EI_0$
$- 21000^2 \times (3 \times 2405.0 \times 10^6 \times 0.25 + 0)/6/0.45EI_0$
$= 7.848 \times 10^{16}/EI_0$
$= 7.848 \times 10^{16}/3.25 \times 10^4/9.911 \times 10^{10}$
$= 24.4\text{mm}$

预应力反拱：预应力筋束形近似取为抛物线形，根据有关资料，有

$f_{pc} = -((5/48 \times N_p \times e \times l^2 - N_p \times e_1 \times l^2/8)/E_c/I_0$
$- l^2(3m_1\omega_{RE} + m_0\omega_{D\xi})/6E_c/I_0)$

其中：$e = 1100 - 200 - 100 = 800\text{mm}$，$e_1 = 433 - 200 = 233\text{mm}$

$N_p = 1834.8\text{kN}$，$m_1 = 392.3$

$f_{pc} = -((5/48 \times 1834.8 \times 10^3 \times 800 \times 21000^2 - 1834.8 \times 10^3 \times 233 \times 21000^2/8)/$
$3.25 \times 10^4/9.911 \times 10^{10} - 21000^2 \times (3 \times 392.3 \times 10^6 \times 0.25 + 0)/6/3.25$
$\times 10^4/9.911 \times 10^{10})$
$= -(13.6 - 6.7) = -6.9\text{mm}$

长期反拱 $f_{pcL} = 2f_{pc} = -13.8\text{mm}$

总长期挠度 $f = f_1 + f_{pcL} = 24.4 - 13.8 = 10.6\text{mm}$

挠跨比 $f/L = 10.6/21000 = 0.0005 < 1/400$，满足要求

屋面及一层框架梁（计算从略）

31.5.12　抗震验算

(1) 强柱弱梁、强剪弱弯应满足二级框架抗震等级的要求，具体计算过程从略。

柱的内力计算与普通结构的计算方法相同，但内力组合时应计入预应力次弯矩。截面设

计时承载力应除以相应的承载力抗震调整系数。

（2）节点抗震验算。

节点区的抗震验算与普通结构的计算方法相同，核心区受剪承载力不考虑预应力的有利作用，具体计算过程从略。

31.5.13　施工图

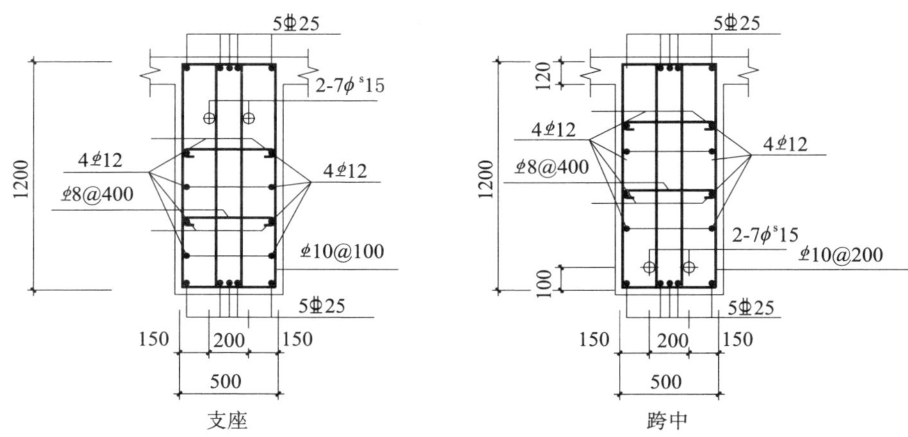

图 31.5－10　屋面梁

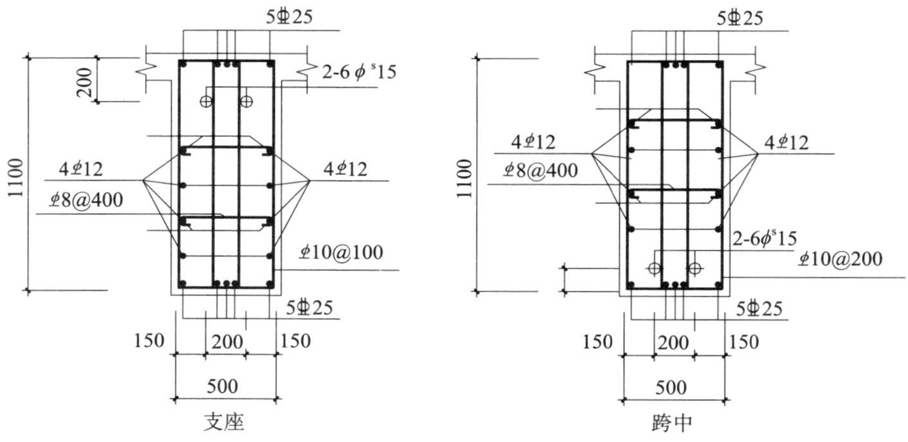

图 31.5－11　1、2 层框架梁